수학공식*

이차방정식에 대한 공식

$ax^2 + bx + c = 0$인 경우 $x = \frac{-b \pm \sqrt{b^2 - 4ac}}{2a}$

이항정리

$$(1+x)^n = 1 + \frac{nx}{1!} + \frac{n(n-1)x^2}{2!} + \cdots \quad (x^2 < 1)$$

벡터의 곱

$\vec{a}$와 $\vec{b}$ 사이의 두 각도 중 작은 것을 θ라고 하자. 그러면 다음의 관계가 있다.

$$\vec{a} \cdot \vec{b} = \vec{b} \cdot \vec{a} = a_x b_x + a_y b_y + a_z b_z = ab \cos\theta$$

$$\vec{a} \times \vec{b} = -\vec{b} \times \vec{a} = \begin{vmatrix} \hat{\mathrm{i}} & \hat{\mathrm{j}} & \hat{\mathrm{k}} \\ a_x & a_y & a_z \\ b_x & b_y & b_z \end{vmatrix}$$

$$= \hat{\mathrm{i}}\begin{vmatrix} a_y & a_z \\ b_y & b_z \end{vmatrix} - \hat{\mathrm{j}}\begin{vmatrix} a_x & a_z \\ b_x & b_z \end{vmatrix} + \hat{\mathrm{k}}\begin{vmatrix} a_x & a_y \\ b_x & b_y \end{vmatrix}$$

$$= (a_y b_z - b_y a_z)\hat{\mathrm{i}} + (a_z b_x - b_z a_x)\hat{\mathrm{j}} + (a_x b_y - b_x a_y)\hat{\mathrm{k}}$$

$$|\vec{a} \times \vec{b}| = ab \sin\theta$$

삼각함수 공식

$$\sin\alpha \pm \sin\beta = 2\sin\tfrac{1}{2}(\alpha \pm \beta)\cos\tfrac{1}{2}(\alpha \mp \beta)$$

$$\cos\alpha + \cos\beta = 2\cos\tfrac{1}{2}(\alpha + \beta)\cos\tfrac{1}{2}(\alpha - \beta)$$

미분과 적분

$$\frac{d}{dx}\sin x = \cos x \qquad \int \sin x\,dx = -\cos x$$

$$\frac{d}{dx}\cos x = -\sin x \qquad \int \cos x\,dx = \sin x$$

$$\frac{d}{dx}e^x = e^x \qquad \int e^x\,dx = e^x$$

$$\int \frac{dx}{\sqrt{x^2 + a^2}} = \ln(x + \sqrt{x^2 + a^2})$$

$$\int \frac{x\,dx}{(x^2 + a^2)^{3/2}} = -\frac{1}{(x^2 + a^2)^{1/2}}$$

$$\int \frac{dx}{(x^2 + a^2)^{3/2}} = \frac{x}{a^2(x^2 + a^2)^{1/2}}$$

Cramer의 규칙

미지수 x와 y에 대한 두 연립방정식

$$a_1x + b_1y = c_1 \quad \text{와} \quad a_2x + b_2y = c_2$$

의 답은 다음과 같다.

$$x = \frac{\begin{vmatrix} c_1 & b_1 \\ c_2 & b_2 \end{vmatrix}}{\begin{vmatrix} a_1 & b_1 \\ a_2 & b_2 \end{vmatrix}} = \frac{c_1b_2 - c_2b_1}{a_1b_2 - a_2b_1},$$

$$y = \frac{\begin{vmatrix} a_1 & c_1 \\ a_2 & c_2 \end{vmatrix}}{\begin{vmatrix} a_1 & b_1 \\ a_2 & b_2 \end{vmatrix}} = \frac{a_1c_2 - a_2c_1}{a_1b_2 - a_2b_1}.$$

* 더 많은 목록은 부록 E에 있다.

SI 접두사*

인자	접두사	기호	인자	접두사	기호
10^{24}	yotta	Y	10^{-1}	deci	d
10^{21}	zetta	Z	10^{-2}	centi	c
10^{18}	exa	E	10^{-3}	milli	m
10^{15}	peta	P	10^{-6}	micro	μ
10^{12}	tera	T	10^{-9}	nano	n
10^{9}	giga	G	10^{-12}	pico	p
10^{6}	mega	M	10^{-15}	femto	f
10^{3}	kilo	k	10^{-18}	atto	a
10^{2}	hecto	h	10^{-21}	zepto	z
10^{1}	deka	da	10^{-24}	yocto	y

* 모든 경우 ná-no-mé-ter와 같이 첫 번째 음절을 강조한다.

Halliday & Resnick
Principles of Physics
Twelfth Edition

Jearl Walker

제12판

Halliday & Resnick

일반물리학

| 물리학교재연구회 옮김 |

II

WILEY

TEXT BOOKS
텍스트북스

Principles of Physics, 12th edition

Jearl Walker
ISBN 978-11-19820-61-1

옮긴이 소개

고려대학교 물리학과
부산대학교 물리학과
서강대학교 물리학과
충남대학교 물리학과
한양대학교 물리학과

Halliday & Resnick 제12판
일반물리학
Halliday & Resnick
Principles of Physics

발행일 2026년 3월 1일 12판 2쇄 발행
지은이 Jearl Walker
옮긴이 물리학교재연구회
발행인 임은정 발행처 (주)텍스트북스 주소 서울시 영등포구 양평로 30길 14, 세종앤까뮤스퀘어 1109호
전화 02-702-5725, 6 팩스 02-702-5727 웹사이트 www.textbooks.co.kr
등록번호 제2022-000098호

ISBN 979-11-91679-41-0 93420
정가 64,000원

확인문제와 연습문제의 해답은 텍스트북스 홈페이지를 참조하기 바랍니다!!

지은이 머리말

Preface

일반물리학 강사들이 원하는 대로 처음에 David Halliday와 Robert Resnick이 1963년에 만든 교재와 필자가 MIT 1학년 학생일 때 (정말 시간이 빨리 흐른다) 교재를 결합한 국제판을 만들었다. 이 새로운 책을 만들 때 많은 흥미로운 새로운 예제를 발견하였고, 앞선 8개의 수정판으로부터 좋아하는 예제를 다시 돌아보게 되었다. 이 책의 세 가지 특징을 보면 다음과 같다.

그림 10.7.2 하이힐을 신었을 때 아킬레스건의 장력은 얼마나 증가하는가?

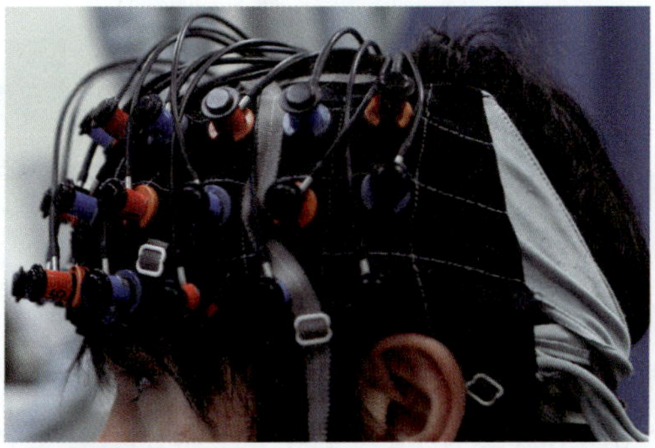

그림 34.5.4 기능성 근적외선 측정기(fNIRS)에서 사람이 근적외선을 방출하는 LED가 있는 머리에 딱 맞는 모자를 쓰고 있다. 빛은 뇌의 바깥 부분까지 침투할 수 있고, 야구를 하거나, 비행기를 조종할 때 하는 활동으로 생기는 자극을 나타낸다.

그림 9.6.4 가장 위험한 자동차 충돌은 정면충돌이다. 같은 질량의 두 자동차가 정면충돌할 때 운전자 외에 자동차에 승객이 있다면 운전자의 사망 확률은 얼마나 감소하는가?

국제판의 내용

- 모든 단원마다 있는 확인문제
- 보기문제
- 각 장의 끝에 있는 정리 및 요약

이 판을 만들 때 몇 개의 흥미로운 연구 분야에 집중하였고, 새로운 논의에 대해 썼다. 그 연구 영역은 다음과 같다.

(내 일생 동안 기다려온) 블랙홀의 첫 번째 영상을 보고, (파동 검출기로 간섭계를 사용하려는 생각을 하기 몇 해 전 MIT의 실험실에서 같이 연구한 Rainer Weiss와 논의한) 중력파를 조사한다.

추월선에 차가 다가올 때 느린 차를 추월하는 것 같은 안전한 운전 과정을 컴퓨터가 계산해야 하는 자율주행차에 대한 새로운 보기문제를 추가하였다.

Lisa Meitner가 처음 이해한 Augur-Meitner 전자를 사용하는 것을 포함하는 방사선 암치료를 탐구한다.

개복 수술을 하지 않고 인체 내부를 보는 현명한 방법을 찾기 위한 수 천 편의 의학, 공학 물리 연구 논문을 살펴보았다. 일부는 "의료 과정과 장치"라는 색인에 나타내었다. 두 가지 예는 다음과 같다.

- 단일포트 절개와 광섬유를 이용하는 로봇 수술로 인해 외과 의사는 내장에 접근할 수 있고, 이전의 수술을 하면 며칠이나 몇 주가 걸리는 환자의 회복시간을 몇 시간으로 줄인다.
- 사람이 독서와 같은 임무를 수행할 때 그 사람의 뇌를 관측하기 위해 자기뇌파검사(MEG)를 사용한다. 이 임무로 인해 약한 전기 펄스가 뇌세포 사이의 전도 경로를 따라 전해지고, 각 펄스는 매우 민감한 SQUID로 검출하는 약한 자기장을 만든다.

각 장의 주요 그림에 대한 동영상

이 책에서 빙빙 도는 아이콘으로 표시한 그림이 있다. 웹사이트 *www.wiley.com*에 이 그림에 대한 동영상이 있다. 정보가 풍부한 그림을 선택하여 학생이 일 분 정도 돌려 보아 작용하는 물리학을 볼 수 있다. 이것은 물리학에 생명력을 불어넣을 뿐만 아니라 동영상은 학생이 원하는 만큼 여러 번 반복할 수 있다.

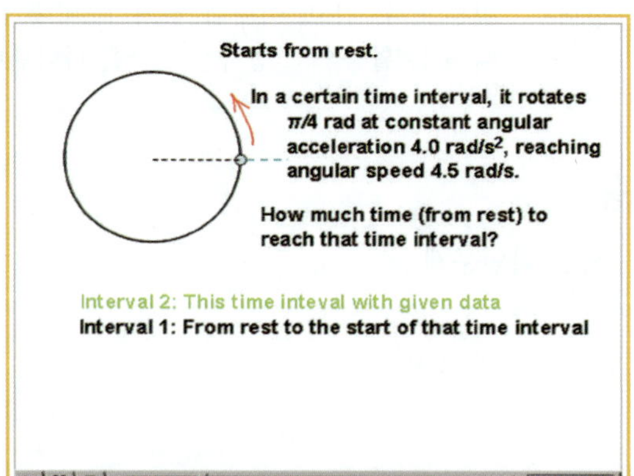

비디오 예제

Rutgers 대학교의 David Maiullo가 책에 있는 약 25개의 사진과 그림을 비디오로 만들었다. 물리학의 대부분은 움직이는 물체를 공부하는 것이고, 비디오는 종종 정지한 사진이나 그림보다 이를 더 잘 나타낸다.

비디오

여기서 300개 이상의 교육용 비디오를 제작하였다. 학생은 필자가 풀이, 연습, 보기문제나 복습에 대해 말하는 것을 들을 때 스크린에 그리거나 타이핑하는 것을 볼 수 있다. 이것은 마치 필자의 사무실에서 필자가 종이에 어떤 문제를 풀 때 학생이 옆에 있는 것과 같은 경험을 하는 것과 같다. 강사의 강의와 연습은 항상 가장 가치있는 학습도구 이지만, 이 비디오는 하루 24시간, 매일 볼 수 있고, 원하는 만큼 반복할 수 있다.

- **각 장의 주제에 대한 비디오 연습.** 학생이 머리를 긁적일 정도로 가장 도전적인 주제를 선택하였다.
- **고등학교 수학에 대한 비디오 복습.** 기본적인 대수적 계산, 삼각함수와 연립방정식과 같은 내용이 있다.
- **수학 소개 비디오.** 학생에게 새로운 벡터곱과 같은 내용이 있다.
- **보기문제의 비디오 설명.** 필자의 의도는 단지 공식을 사용하는 대신 요점에서 시작하여 물리적인 문제를 풀려는 것이다. 그러나 또한 보기문제를 어떻게 읽는지 보여주고 싶다. 즉 다른 형태의 문제로 넘어가는 문제풀이 과정을 배우는 기술적인 자료를 읽는 방법을 보이려고 한다.
- **그래프에서 자료를 읽는 방법에 대한 비디오 예제.** (물리에 대한 어떤 이해도 없이 단지 숫자만 읽는 것 이상을 보이려고 한다.)
- 교재에 있는 많은 보기문제는 책이나 비디오 형태로 온라인에서 가능하다.

평가 자료

- **각 장의 단원 안에 확인문제가 있다.** 이 문제는 그 절의 물리학에 대한 분석과 결정에 대한 것이다. 답은 책 뒷부분에 있다.
- **기호를 이용한 문제.** 대수적인 답이 필요한 이러한 문제는 각 장마다 있다.
- **대화형 연습문제와 모의실험.** 이것은 Ohio Wesleyan 대학교의 Brad Trees가 만들었다. 학생에게 어떻게 물리학의 도전 의식을 불러일으키는 개념을 이해하는 것을 도울 수 있는가? 어떻게 핵심적인 내용을 의미 있는 방법으로 학생이 집중하도록 동기를 부여하는가? 모의실험으로 이러한 핵심 질문에 대해 답하려고 한다. 각 단원에 개념을 시각화하는 한 개 이상의 모의실험을 연결해 두었다. 모의실험은 여러 관련된 변수에 대한 그림뿐만 아니라 물리계의 시각적 표현을 포함하는 시간에 따라 변하는 현상을 나타내고, 정보를 제공한다. 종종 변수를 조절하면 계의 성질을 변화시킬 수 있고, 그 다음 행동에 대한 변화에 대한 효과를 볼 수 있다. 시각적 학습자에게 모의실험은 물리학이 작동하는 것을 “볼” 수 있는 기회를 제공한다. 각 모의실험 또한 대화형 연습문제에 연결되어 있고, 이 연습문제는 학생이 모의실험 뒤에 있는 물리학과 더 깊은 상호작용을 하도록 인도한다. 연습문제는 피드백과 자세한 풀이가 있는 일련의 연습문제로 이루어져 있다. 강사는 연습용으로 연습문제를 선택하거나 학생이 추가적으로 연습하기 위해 연습문제를 추천할 수 있고, 강의 시간에 개념을 보여주고 강의토론을 진행하기 위해 각각의 모의실험을 보여줄 수 있다.

추가적인 도움에 대한 아이콘

어느 문제는 미적분학이 필요하고, 어느 문제는 생의학적 응용이 포함되었는지 알려주는 아이콘이 있다. 여기서 아이콘에 대해 안내하고, 각 장의 문제를 시작할 때 나타낼 것이다.

E 쉽다 **M** 중간 **H** 어렵다 **CALC** 미적분학이 필요 **BIO** 생의학적 응용

▶ 강사를 위한 보조자료

강사를 위한 자료는 웹사이트 www.wiley.com을 통해서 온라인으로 얻거나 Wiley 출판사와 연락하여 얻을 수 있다. 이 판에 대해 구할 수 있는 보조자료는 다음과 같다.

- **강사용 문제풀이집**은 Lawrence Livermore 국립연구소의 Sen-Ben Liao가 제작하였다. 이 풀이집은 각 장의 끝에 있는 모든 문제에 대한 풀이를 제공한다. PDF 파일로도 가능하다.
- **강의실 반응("클릭형") 질문**은 Illinois 주립대학의 David Marx가 제작하였다. 두 종류의 문제집이 있다. 하나는 읽을 수 있는 퀴즈 질문이고, 다른 하나는 문답형 강의 질문이다. 읽을 수 있는 퀴즈 질문은 주어진 자료를 읽는 어떤 학생에게도 비교적 간단하다. 문답형 강의 질문은 문답형 강의용으로 사용하도록 만들었다.
- **Wiley 물리 모의실험**은 Boston 대학교의 Andrew Duffy와 Vernier Software의 John Gastineau가 제작하였다. 이것은 강의용 시범에 사용할 수 있는 100개가 넘는 상호작용하는 모의실험(Java 애플렛)을 모아 놓은 것이다.
- **문제 은행**은 Northern Illinois 대학교의 Suzanne Willis가 제작하였다. 문제 은행에는 거의 3000개 정도의 객관식 문제가 있다.
- **모든 교재**의 그림은 강의실에서 화면을 사용하거나 인쇄하기 적합하다.
- **강의 파워포인트 슬라이드**는 교재로부터 주요 개념을 요약하고, 그림과 식을 만들어서 강사가 쉽게 시작할 수 있도록 도와준다.

▶ 학생용 보조자료

학생용 해답집 이 해답집에서는 교재 안의 각 장 끝에 있는 문제의 15퍼센트에 해당하는 문제에 대한 완전한 해답을 제공한다.

옮긴이 머리말

Translator

자연, 공학계열의 대학 신입생이 일반물리학을 수강하는 데에는 여러 목적이 있다. 이 중 가장 중요한 것은 자연, 공학계열 학생에게 문제풀이 능력을 키우는 데 있다. 과학적인 문제 풀기는 다음의 방법을 따른다. 먼저 일상적인 용어로 문제가 주어지면, 이를 이해하고, 어떻게 접근하는지 생각한다. 그리고 이 문제를 정량화하여 필요하면 수식을 사용하고, 공식을 적용한다. 그리고 미적분을 이용한 기호 연산이나, 수치 계산을 하여 답을 얻는다. 이제 이 정량적인 답의 특성을 이해하고, 그 결과를 다시 일상용어로 표현한다.

이러한 과학적 문제풀이 방법은 갓 고등학교를 졸업한 학생에게는 낯설고, 어렵게 보일 수 있다. 왜냐하면 고등학교에서는 빨리 답을 정확하게 구하는 것이 우선이지만, 대학교 수준에서는 정확한 답을 구하는 것도 중요하지만 그 답에 이르는 체계적인 논리구조를 세우는 것이 더 중요하기 때문이다. 이러한 문제풀이 능력, 특히 정량적인 문제풀이 능력은 물리학을 전공하려는 학생뿐만 아니라 자연과학, 공학, 의학, 컴퓨터 과학에 이르는 과학적 사고방식이 필요한 모든 과학 및 공학도에게는 필수적이다.

물리학은 다른 과학에 비하여 상대적으로 주어진 문제에서 중요한 부분과 중요하지 않은 부분을 떼어낼 수 있고, 중요한 부분에 대한 이해를 통해 문제를 해결한 후, 이를 결합하여 복잡한 현상을 설명할 수 있는 장점이 있다. 이러한 이유로 인해 과학적인 사고방법, 정량적 문제풀이 능력을 키우기 위해 많은 대학교에서 자연, 공학, 의학, 컴퓨터 계열 신입생에게 일반물리학 수강을 강하게 권하는 것이다.

Halliday, Resnick, Walker는 일반물리학 교재인 Principles of Physics를 개정을 거듭하여 이번에 12판을 출판하였다. 이렇게 많이 개정판이 출판될 정도로 이 교재는 과학, 공학, 의학, 컴퓨터 과학에 이르는 많은 학생에게 인기가 있다. 이 책의 특징은 흥미 있고 다양한 본문의 내용, 여러 가지 해석을 통한 다양한 물리 현상의 이해, 그리고 쉬운 것부터 어려운 것에 이르는 많은 연습문제가 있다는 것이다. 다만 국내 고등학교 교육과정에서 미적분, 행렬, 복소수 분야가 축소됨에 따라 미적분을 사용하는 이 책은 학생에게 어렵다고 잘못 알려져 있다. 고급 수학을 이용하면 더 많은 문제를 체계적으로 이해할 수 있는 반면, 수학에 매몰되어 그 안에 있는 물리적인 의미를 음미하지 못하고 넘어갈 수 있다. 이를 극복할 수 있는 좋은 방법은 이 책을 읽으면서 독자의 수학 지식이 모자라다고 생각하는 부분은 일단 넘어가고, 나중에 지식을 채운 후 다시 보는 것이다. 과학적 사고방식을 배울 수 있는 많은 자료는 미적분학 수준에 상관없이 이 책의 여러 곳에 숨어 있기 때문에 이를 찾아내어 문제풀이 능력을 키우는 것이 중요하다. 이 책은 그 목적을 이루는 데 매우 적합한 교재라고 생각한다. 이 책을 공부하며 새로운 수학도 배우고 문제를 풀다 보면 어느덧 자신의 문제풀이 능력이 매우 늘어났다는 것을 알게 될 것이다. 문제풀이 능력을 키우는 가장 좋은 방법은 많은 문제를 깊이 풀어 보는 것이다. 이 책을 공부하여 정량적 문제풀기, 과학적 사고방식을 배양하여, 이를 기초로 미래에 자신의 전공 분야에서 많은 발전이 있기를 바란다.

2024년 12월 20일

물리학교재연구회 적음

간추린 차례

Brief Contents

★ 38~44장은 텍스트북스 홈페이지(textbooks.co.kr) 자료실에서 다운로드가 가능합니다!!

차례
Contents

★ 38~44장은 텍스트북스 홈페이지(textbooks.co.kr) 자료실에서 다운로드가 가능합니다!!

★ *부록과 해답은 텍스트북스 홈페이지(textbooks.co.kr) 자료실에서 다운로드가 가능합니다!!*

제 21 장

Coulomb의 법칙

Coulomb's Law

21.1 ▸ Coulomb의 법칙

요점 _Key Ideas_

1. 주위 물체와 입자의 전기적 상호작용의 세기는 양수 또는 음수인(보통 q로 표시하는) 전하에 의존한다. 같은 부호의 전하를 갖는 입자는 서로 밀고, 반대 전하를 가진 입자는 서로 잡아당긴다.
2. 두 종류의 전하를 같은 양만큼 가지고 있는 물체는 전기적으로 중성이지만, 이 균형이 깨어진 물체는 대전되어 있고 과잉전하를 갖는다.
3. 도체는 상당히 많은 수의 전자가 자유롭게 움직이는 물질이다. 부도체(절연체)에서 대전입자는 자유롭게 움직일 수 없다.
4. 전류 i는 전하가 한 점을 지나가는 비율 dq/dt이다.

$$i = \frac{dq}{dt}.$$

5. Coulomb의 법칙은 두 대전입자 사이의 정전기력(혹은 전기적 힘)을 기술한다. 입자들의 전하가 q_1, q_2이고, 거리 r만큼 떨어져 있으며 서로에 대해 정지해 있을 때(혹은 천천히 움직일 때) 서로가 다른 입자에 작용하는 힘의 크기는 다음과 같다.

$$F = \frac{1}{4\pi\varepsilon_0}\frac{|q_1||q_2|}{r^2} \quad \text{(Coulomb의 법칙)}.$$

   여기서 $\varepsilon_0 = 8.85 \times 10^{-12}\ \mathrm{C^2/N \cdot m^2}$은 유전상수이다. 비율 $1/4\pi\varepsilon_0$은 가끔 정전기상수(혹은 Coulomb 상수) $k = 8.99 \times 10^9\ \mathrm{N \cdot m^2/C^2}$로 바꾸어서 쓴다.
6. 두 번째 대전입자로 인해 한 대전입자에 작용하는 정전기력 벡터는 두 번째 입자 방향으로 향하거나(반대 부호의 전하), 반대 방향으로 향한다(같은 부호의 전하).
7. 한 입자에 여러 정전기력이 작용할 때 알짜힘은 각각의 힘에 대한(스칼라합이 아닌) 벡터합이다.
8. 껍질정리 1: 표면에 균일하게 전하가 분포된 껍질 바깥에 있는 대전입자는 껍질의 전하가 마치 중심에 입자로 모여 있는 것처럼 잡아당겨지거나 밀려난다.
9. 껍질정리 2: 표면에 균일하게 전하가 분포된 껍질 안에 있는 대전입자는 껍질에 의해 작용하는 알짜힘이 없다.
10. 도체 구형 껍질 위의 전하는 (외부의) 표면 전체에 균일하게 퍼진다.

학습목표 _Learning Objectives_

이 단원을 읽은 후 다음을 이해해야 한다.

21.1.1 전기적으로 중성, 음으로, 양으로 대전된 상태를 구별하고 과잉전하를 찾아낸다.

21.1.2 도체, 부도체(절연체), 반도체와 초전도체를 구별한다.

21.1.3 원자 안의 입자의 전기적 성질을 기술한다.

21.1.4 전도전자가 무엇인지 밝히고, 도체를 음 혹은 양으로 대전시킬 때 그 역할을 설명한다.

21.1.5 "전기적으로 고립"되었다는 것과 "접지"를 설명한다.

21.1.6 대전된 물체가 두 번째 물체에 어떻게 전하를 유도하는지 설명한다.

21.1.7 같은 부호의 전하는 서로 밀고, 반대부호의 전하는 서로 잡아당긴다.

21.1.8 대전입자쌍 안에 있는 입자들의 자유물체그림을 그리고, 작용하는 정전기력(Coulomb 힘)을 그 입자에 힘 벡터의 꼬리를 붙여 그린다.

21.1.9 대전입자쌍 안에 있는 입자에 대해 Coulomb의 법칙을 적용하여 정전기력의 크기, 입자의 전하의 크기와 입자 사이의 거리 사이의 관계를 구한다.

21.1.10 Coulomb의 법칙은 점입자나 입자로 취급할 수 있는 물체에 적용된다.

21.1.11 입자에 하나 이상의 힘이 작용할 때 이들 힘을 스칼라가 아닌 벡터로 더하여 알짜힘을 구한다.

21.1.12 균일한 전하 껍질은 껍질의 모든 전하가 껍질의 중심에 입자로 모여 있는 것처럼 껍질 밖에 있는 전하를 잡아당기거나 밀어낸다.

21.1.13 대전입자가 균일한 전하 껍질 안에 있으면 껍질로부터 이 입자에 작용하는 알짜 정전기력은 없다.

21.1.14 과잉전하를 구형 도체에 넣으면 이 전하는 외부 표면에 균일하게 퍼져서 분포한다.

21.1.15 두 동일한 구형의 도체가 접촉하거나 도선으로 연결되면 과잉 전하는 똑같이 나뉘어 분포한다.

21.1.16 부도체는 내부에 있는 전하를 포함하여 임의로 전하를 분포시킬 수 있다.

21.1.17 전류는 한 점을 통해 전하가 지나가는 비율이다.

21.1.18 한 점을 지나는 전류에 대해 전류, 시간 간격과 그 시간 간격 동안 그 점을 지나는 전하량 사이의 관계를 구한다.

▶ 어떤 물리현상을 다루는가?

일상 주변에는 전기현상과 자기현상이 결합된 전자기적 물리현상에 의존하는 장치가 많이 있다. 흔히 사용하는 컴퓨터, 텔레비전, 라디오, 전자통신, 가정조명, 심지어 용기에 달라붙는 포장용 비닐도 전자기학에 뿌리를 두고 있다. 또한 전자기학은 자연계의 기반을 이룬다. 즉, 전자기 현상은 세상에 존재하는 모든 원자와 분자를 결합시킬 뿐만 아니라 무지개, 오로라, 번개를 일으키기도 한다.

호박 조각을 문지르고 지푸라기 조각에 가까이 가져가면 지푸라기가 호박 쪽으로 끌려오는 현상을 발견한 그리스 철학자가 전자기학을 처음으로 연구한 셈이다. 지금은 호박과 지푸라기 사이의 인력이 전기력이라는 사실을 잘 알고 있다. 또한 그리스 철학자는 어떤 종류의 돌(자연적으로 만들어진 자석)이 철 조각 가까이 다가가면 서로 달라붙는다는 사실도 발견했다. 지금은 철과 자석 사이의 인력이 자기력이라는 사실을 잘 알고 있다.

그리스 철학자가 발견한 이와 같은 현상에서 출발하여 Hans Christian Oersted가 도선에 흐르는 전류가 자침의 방향을 바꾸게 한다는 사실을 실험적으로 발견한 1820년까지 수 세기 동안 전기학과 자기학 분야는 독립적으로 발전해 왔다. Oersted가 학생을 위한 강의 교재를 준비하면서 전기학과 자기학 사이에 서로 연관이 있다는 놀라운 현상을 발견했다는 사실이 흥미롭다.

전기현상과 자기현상을 통합한 전자기학이라는 새로운 물리학 분야는 수 세기에 걸쳐 여러 물리학자가 더욱 발전시켜 왔다. 이들 중 가장 뛰어난 과학자는 Michael Faraday이다. 그는 물리학에 대한 직관적인 통찰력과 이를 구체화할 수 있는 천부적인 재능을 가진 실험가였다. Faraday의 천부적 재능은 그가 기록한 실험 노트에 한 줄의 방정식도 없다는 사실에서 쉽게 알 수 있다. 19세기 중엽에 James Clerk Maxwell은 Faraday의 아이디어를 수학적인 형태로 정리하고 자신의 새로운 아이디어를 도입하여 확고한 전자기학 이론을 확립하였다.

이와 같은 전자기학에 관한 자세한 설명은 앞으로 열여섯 개의 장에 걸쳐 펼쳐질 것이다. 먼저 전기현상부터 시작하기로 하고, 첫 번째 단계로 전하와 전기력에 관하여 설명하기로 하자.

▶ 전하

마술처럼 보이는 두 시범을 보이겠지만 여기서 할 일은 이것을 이해하는 것이다. (습도가 낮은 날에) 유리막대를 비단 천으로 문지른 후 중심에 실을 묶어 막대를 매단다(그림 21.1.1*a*). 그리고 두 번째 유리막대를 비단 천으로 문지르고 매달려 있는 막대로 가까이 가져간다. 매달려 있는 막대는 마술처럼 밀려 나간다. 두 번째 막대가 첫 번째 막대를 밀어내는 힘이 작용하는 것을 알 수 있지만, 어떻게 일어날까? 막대는 서로 닿아 있지도 않고, 밀어내는 바람도 없으며 흔들리게 할 음파도 없다.

두 번째 시범에서는 두 번째 막대를 모피로 문지른 플라스틱 막대로 바꾼다. 이번에는 매달려 있는 막대가 근처의 막대로 끌려온다(그림 21.1.1*b*). 밀어내는 것처럼 이러한 인력도 아무런 접촉도 없고 막대 사이의 어떤 교환도 없이 일어난다.

다음 장에서 매달려 있는 막대가 어떻게 다른 막대의 존재를 아는지 논의하겠지만, 이 장에서는 관련된 힘에만 집중하겠다. 첫 번째 시범에서 매달린 막대에 작용하는 힘은 *밀어내는* 힘이고, 두 번째 경우에는 *잡아당기는* 힘이다. 매우 자세히 조사한 후 과학자는 이 시범에서 나타나는 힘은 막대를 비단 천이나 모피와 접촉시켰을 때 막대에 생기게 한 *전하* 때문이라는 것을 알게 되었다. 전하는 막대, 비단과 모피와 같은 물체를 구성하는 기본 입자의 고유한 성질이다. 즉 전하는 이 입자가 존재하는 곳에는 어디나 이 입자와 더불어 자동적으로 따라오는 성질이다.

▸***두 가지 형태.*** 전하에는 두 가지 형태가 있으며, 미국 과학자이며 정치가인 Benjamin Franklin이 양전하와 음전하로 이름 붙였다. 그는 (체리와 밤처럼) 아무렇게 부를 수도 있었지만, 알짜 전하를 구하기 위해 전하를 더할 때 편리하도록 부호를 이용하여 이름 지었다. 머그잔과 같은 일상적인 물체에는 음전하 입자와 양전하 입자의 수가 같으므로, 알짜 전하는 0이고, 전하는 *균형*을 이루었다고 하며, 그 물체는 *전기적으로 중성*(짧게는 그냥 *중성*)이라고 한다.

▸***과잉전하.*** 보통 인체는 대략 중성이다. 그러나 습도가 낮은 지역에서 살 때 어떤 융단 위를 걸을 때 인체의 전하는 균형이 조금 깨어진다는 것을 알고 있다. (신발과 융단 사이의 접촉점에서) 융단으로부터 음의 전하를 얻어서 몸이 음으로 대전되거나, 음전하를 잃어 양으로 대전되기도 한다. 이 경우 여분의 전하는 *과잉전하*라고 한다. 이 사실은 문손잡이나 다른 사람과 닿기 전에는 알아채지 못할 것이다. 그러나 과잉전하가 충분히 많으면 인체와 다른 물체 사이에 스파크가 일어나서 과잉전하를 없앤다. 이 스파크는 불쾌하거나 어떨 때는 고통스럽기도 하다. 이와 같은 *충전*과 *방전*은 습도가 높을 때에는 일어나지 않는다. 왜냐하면 공기 중의 수분은 과잉전하를 얻자마자 곧바로 *중화*시키기 때문이다.

물리학에서 매우 신비한 두 문제는 다음과 같다. (1) *왜* 우주에는 전하를 띤 입자가 있을까? (이것은 도대체 무엇인가?) (2) *왜* 전하는 (하나나 세 종류가 아니고) 두 가지 형태로 존재하는가? 왜 그런지는 모른다. 그럼에도 불구하고 위의 두 시범과 비슷한 많은 실험을 통해 과학자는 다음의 사실을 발견하였다.

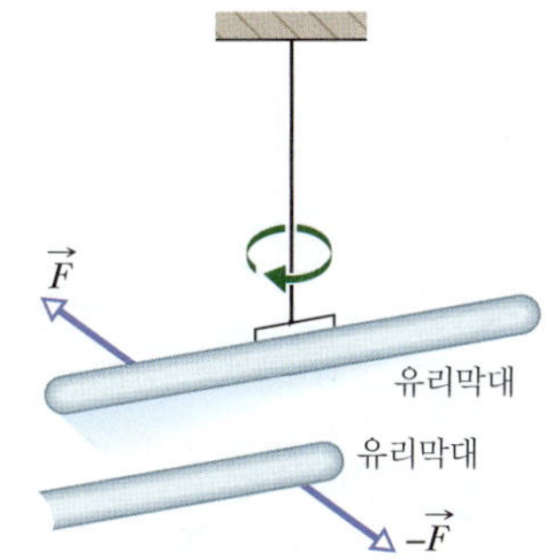

(*a*)

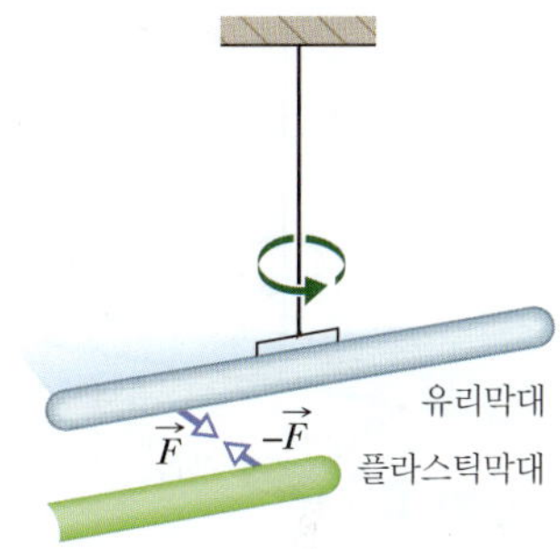

(*b*)

그림 21.1.1 (*a*) 두 유리막대는 비단 천으로 문질렀고, 하나는 실로 매달아 놓았다. 둘을 서로 가까이 놓으면 서로 밀어낸다. (*b*) 플라스틱 막대를 모피로 문지른다. 유리막대에 가까이 가져가면 막대는 서로 잡아당긴다.

> 같은 부호의 전하를 갖는 입자는 서로 밀어내고, 반대 전하를 갖는 입자는 서로 잡아당긴다.

이러한 규칙을 대전입자 사이에 작용하는 *정전기력*(혹은 *전기력*)을 정량적으로 표현한 Coulomb의 법칙으로 표현할 것이다. *정전기*라는 용어는 전하가 서로에 대해 정지해 있거나 매우 천천히 움직이는 것을 강조하기 위한 것이다.

▸***시범실험.*** 이제 막대의 움직임이 단지 마술이 아닌 것임을 이해하기 위해 시범실험으로 되돌아가자. 유리막대를 비단 천으로 문지르면 적은 양의 음전하가 막대로부터 비단으로 옮겨 가서(이는 인체와 융단 사이에서도 마찬가지이다), 막대는 적은 양의 과잉 양전하가 생긴다(어느 방향으로 음전하가 움직이는가는 분명하지 않고, 많은 실험을 해보아야 한다). 비단으로 막대를 둘러싸고 *문지르면* 접촉점이 더 많아지고, 따라서 비록 적지만 전달되는 전하도 많아진다. 막대를 실로 매달면 주위로부터 막대를 *전기적으로 고립*시키게 된다(그러므로 주위의 물체는 전하를 다시 균형을 맞추기 위해 충분한 음의 전하를 주어 막대를 중화시킬 수 없다). 두 번째 막대를 비단 천으로 문지르면 이 막대도 양으로 대전된다. 그러므로 이 막대를 첫 막대에 가까이 가져가면 두 막대는 서로 밀게 된다(그림 21.1.2*a* 참조).

다음으로 모피로 플라스틱 막대를 문지르면 막대는 모피로부터 과잉 음전하를 얻는다(역시 전달 방향은 많은 실험을 통해 알게 되었다). (음의 전하를 띤) 플라스틱 막대

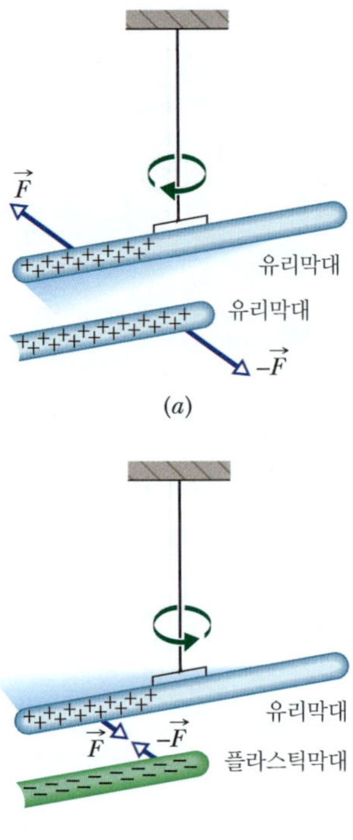

그림 21.1.2 (a) 같은 부호의 전하로 대전된 두 개의 막대는 서로 밀어내고 (b) 반대 부호의 전하로 대전된 막대는 서로 끌어당긴다. + 기호는 양의 알짜 전하를, − 기호는 음의 알짜 전하를 뜻한다.

를 (양의 전하를 띤) 매달린 유리막대 근처로 가져 오면, 막대는 서로 잡아당긴다(그림 21.1.2*b* 참조). 이 모든 것은 미묘하다. 전하나 그 이동을 볼 수 없고, 그 결과만을 볼 수 있다.

도체와 절연체

일반적으로 물질 내에서 움직이는 전하의 이동능력에 따라 물질을 구별할 수 있다. 금속, 인체, 수도관 등에서는 전하가 자유롭게 움직일 수 있는데, 이런 물질을 **도체**라고 한다. 유리나 화학적으로 정제한 물 또는 플라스틱 같은 물질에서는 어떤 종류의 전하도 자유롭게 이동할 수 없다. 이러한 물질을 **부도체** 또는 **절연체**라고 부른다. 컴퓨터 칩에 사용하는 실리콘이나 게르마늄은 도체와 절연체의 중간물질로 **반도체**라고 부른다. 물질 안에서 어떠한 저항도 받지 않고 전하가 이동할 수 있는 *완전한* 도체를 **초전도체**라고 부른다. 이 장에서는 도체와 절연체에 대해서만 다루겠다.

▸***전도경로.*** 전도를 이용하여 어떻게 물체에 있는 과잉전하를 제거할 수 있는지 예를 들어 설명해 보자. 모피로 구리막대를 문지르면 전하는 모피에서 구리막대로 이동한다. 그러나 수도꼭지를 만지면서 구리막대를 잡고 있다면, 전하의 이동에도 불구하고 구리막대는 대전되지 않는다. 왜냐하면 인체와 구리막대, 그리고 수도꼭지는 수도관을 통하여 거대한 도체인 지표면에 연결되어 있기 때문이다. 즉, 모피와의 마찰로 구리막대에 생긴 과잉전하는 서로 반발하기 때문에 구리막대와 인체를 통과한 다음에는 수도꼭지와 수도관을 지나서 즉시 지면에 닿게 될 것이고, 결국은 지면으로 퍼져나가기 때문이다. 이러한 과정을 통해서 구리막대가 전기적으로 중성으로 남게 된다.

물체와 지면 사이에 전하의 통로가 형성된 경우에 물체가 *접지되었다*고 하고, (불균형한 양전하나 음전하를 제거시켜) 물체가 중성으로 되는 경우에는 *방전되었다*고 한다. 만약에 구리 막대를 손으로 쥐는 대신에 절연체 손잡이로 잡는다면 지면까지의 전도 통로가 끊어져서 직접 손으로 구리막대를 접촉하지 않는 한 문질러서 막대를 대전시킬 수 있다.

▸***대전입자.*** 도체와 절연체의 특성은 원자의 구조와 전기적인 특성에 의해 결정된다. 원자는 양으로 대전된 *양성자*, 음으로 대전된 *전자* 및 전기적으로 중성인 *중성자*로 구성되어 있다. 양성자와 중성자는 원자 중심의 원자핵 속에 강력하게 묶여 있다.

단일 전자가 갖고 있는 전하량과 단일 양성자가 갖고 있는 전하량은 같으며 부호는 반대이다. 그러므로 전기적으로 중성인 원자에는 동일한 수의 전자와 양성자가 있다. 전자와 원자 핵 속의 양성자는 서로 다른 부호를 띠고 있으므로 전자가 핵 방향으로 끌리는 힘을 받기 때문에 전자는 핵 주위에 붙들려 있게 된다. 그렇지 않다면 원자가 존재할 수도 없고, 따라서 인류도 존재할 수 없다.

구리와 같이 도체의 원자가 모여서 고체상태를 이루면 각각의 원자에 속해 있는 (가장 느슨하게 결합되어 있는) 최외각전자 중의 일부가 원자에서 이탈하여 양으로 대전된 원자(*양이온*)를 남긴 채 고체 속을 자유로이 움직이게 된다. 이렇게 이동하는 전자를 *전도전자*라고 부른다. 부도체인 경우에는 전도전자가 거의 없다(있더라도 극소수이다).

▸***유도전하.*** 그림 21.1.3의 실험에서 도체에서 일어나는 전하의 이동을 볼 수 있다. 음으로 대전된 플라스틱 막대는 고립된 중성 구리막대의 한쪽을 끌어당긴다. 플라스틱 막대에 가까이 있는 구리막대의 많은 전도전자가 플라스틱 막대의 음전하에 의해서 밀려나게 된다. 이렇게 전도전자의 일부가 구리막대의 먼 쪽 끝부분으로 밀려나게 되면 플라스틱에 가까운 구리막대의 끝부분에는 전자가 없어지게 되므로 짝을 짓지 못한 양전하가

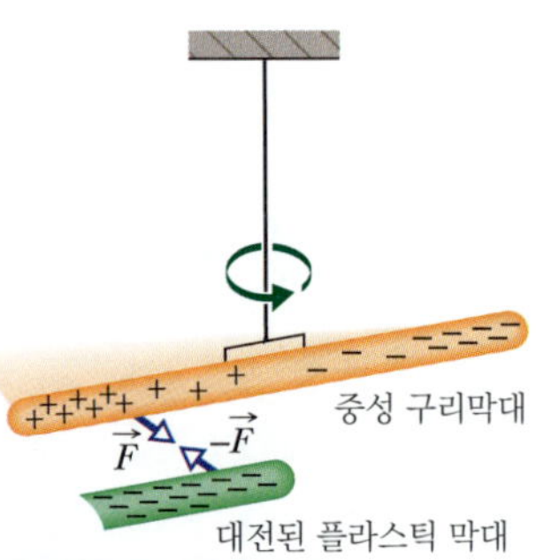

그림 21.1.3 전기적으로 중성인 구리막대를 부도체인 실에 매달아 주위로부터 전기적으로 고립시켰다. 구리막대의 한쪽 끝에 대전된 막대를 가까이 가져가면 끌린다. 그림에서 구리막대의 전도전자는 플라스틱 막대의 음전하에 의해서 막대의 먼 쪽 끝부분으로 밀려나게 된다. 플라스틱 막대의 음전하는 구리막대 끝에 남게 된 양전하를 끌어당기게 되고, 결과적으로 구리막대는 회전을 하여 플라스틱 막대에 더욱 가까워지게 된다.

나타나게 된다. 이 양전하가 플라스틱 막대의 음전하를 당긴다. 비록 구리막대는 전체로 보면 아직도 중성상태를 유지하고 있지만, 이러한 경우에 구리막대가 *유도전하*를 갖는다고 말한다. 그 이유는 가까이 다가온 플라스틱의 전하 때문에 구리막대 내에서 일부 양전하와 음전하가 공간적으로 분리되었기 때문이다.

이와 마찬가지로 양으로 대전된 유리막대를 중성인 구리막대의 근처로 가져오면 중성의 구리막대에 유도전하가 생기지만, 가까운 쪽의 끝은 전도전자를 얻어 음으로 대전되어, 유리막대에 끌리고, 반면에 먼 쪽의 끝의 양으로 대전된다.

이러한 유도현상에서 음전하인 전도전자만 움직이고 양이온은 움직이지 않는다는 사실을 주목할 필요가 있다. 따라서 물체에서 *음전하를 제거해야*만 물체를 양으로 대전시킬 수 있다.

라이프세이버 사탕에서 나오는 푸른빛 섬광

반대 부호를 가진 전하 사이의 인력에 대한 간접적인 증거는 입냄새 제거용 라이프세이버 사탕에서 볼 수 있다. 어두운 곳에서 약 15분 동안 머문 다음에 이 사탕을 씹는 친구를 쳐다보면 그가 사탕을 깨물 때마다 입에서 희미한 푸른 빛 섬광이 발생하는 것을 보게 될 것이다. 설탕 결정을 깨물어 조각으로 부스러뜨리면 각 조각은 서로 다른 수의 전자를 갖게 될 것이다. 한 결정이 A와 B 두 조각으로 깨지고, A 조각이 B 조각보다 더 많은 전자를 갖는다고 가정하자(그림 21.1.4 참조). 이것은 B가 양이온(A에게 전자를 잃은 원자)을 갖게 된다는 것을 의미한다. A에 있는 전자는 B에 있는 양이온에 강하게 끌리기 때문에 일부 전자가 조각 사이의 틈새를 뛰어 건너간다.

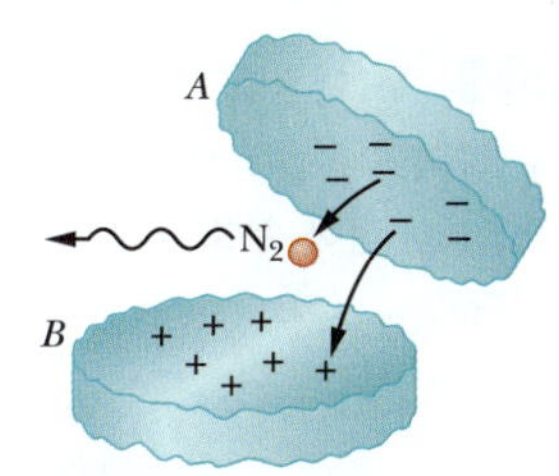

그림 21.1.4 깨져 나가는 라이프세이버 사탕 두 조각. 조각 A의 음의 표면으로부터 조각 B의 양의 표면까지 건너뛰는 전자는 공기 중의 질소 분자(N_2)와 충돌한다.

A와 B가 서로 멀어짐에 따라 공기(주로 질소 N_2)가 틈새 사이로 흘러들어 오게 되고 조각들 사이로 건너뛰는 많은 전자는 공기 중의 질소 분자와 충돌한다. 이때 전자와 질소 분자와의 충돌로 자외선이 방출되지만 자외선 영역의 빛은 우리 눈으로는 볼 수가 없다. 그러나 사탕 조각의 표면에 붙어 있는 윈터그린향 분자는 자외선을 흡수한 후 우리 눈으로 볼 수 있는 푸른 빛을 방출한다. 이것이 바로 그 친구의 입에서 나오는 푸른 빛 섬광이다.

▶ Coulomb의 법칙

이제 Coulomb의 법칙을 식으로 쓸 것이지만, 먼저 조심할 것이 있다. 이 식은 대전된 입자(그리고 입자로 취급할 수 있는 것)에 대해서만 성립한다. 전하가 여러 다른 곳에 분포될 수 있는 크기가 있는 물체에 대해서는 더 강력한 기술이 필요하다. 따라서 여기서는 대전 입자만을 고려하지, 예컨대 두 전하를 띤 고양이를 생각하지는 않겠다.

두 대전입자를 서로 가까이 놓으면 이들은 서로에게 **정전기력**을 작용한다. 힘 벡터의 방향은 전하의 부호로 결정된다. 입자들의 전하부호가 같으면 서로가 밀어낸다. 이것은 서로에게 작용하는 힘 벡터는 다른 입자로부터 멀어지는 방향이라는 것을 뜻한다(그림 21.1.5*a*, *b* 참조). 입자를 놓으면 이들은 서로 멀어지는 방향으로 가속된다. 반대로 입자가 반대 부호의 전하를 가지면 서로 잡아당긴다. 이것은 각각에 작용하는 힘 벡터가 다른 입자 쪽으로 향한다는 것을 의미한다(그림 21.1.5*c* 참조). 입자를 놓으면 서로 다가오는 방향으로 가속된다.

입자들에 작용하는 정전기력에 대한 식을 1785년 이를 실험으로 발견한 Charles-Augustin de Coulomb을 기념하여 **Coulomb의 법칙**이라고 한다. 이 식을 그림 21.1.6 처럼 입자 1은 전하가 q_1, 입자 2는 전하가 q_2인 입자들을 이용하여 벡터 형태로 쓰자(이 기호들은 양 혹은 음의 전하를 나타낸다). 또한 입자 1에 초점을 맞추어 이 입자에 작용

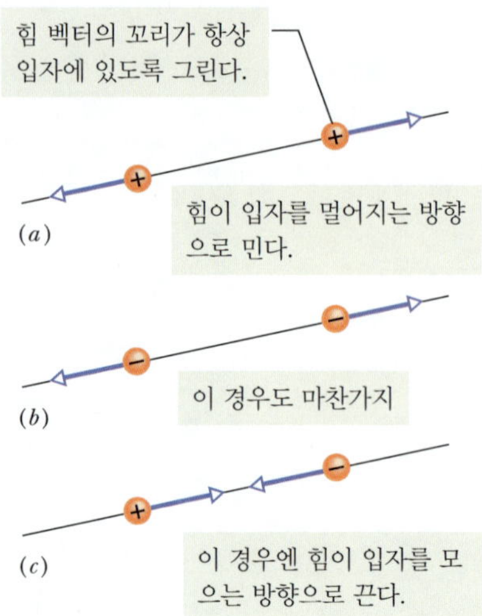

그림 21.1.5 두 대전입자의 전하 부호가 (*a*) 모두 양이거나 (*b*) 모두 음이면 서로 밀어낸다. (*c*) 전하 부호가 다르면 서로 끌어당긴다.

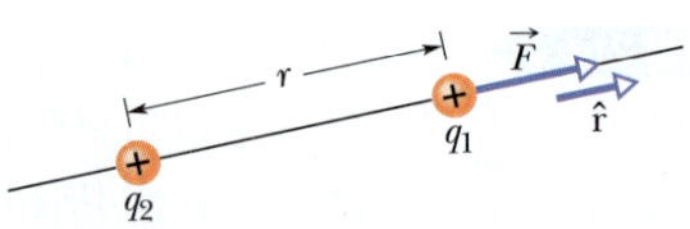

그림 21.1.6 입자 1에 작용하는 정전기력은 두 입자를 연결하고, 입자 2에서 지름 방향으로 멀어지는 지름방향의 단위벡터 $\hat{r}$로 쓸 수 있다.

하는 힘을 두 입자를 지나는 축을 따라 입자 2로부터 지름 방향으로 멀어지는 단위벡터 $\hat{r}$로 쓰자(다른 단위벡터와 마찬가지로 $\hat{r}$은 크기가 1이고 단위가 없다. 그 목적은 교통신호처럼 방향을 가리키는 화살과도 같다). 이렇게 결정하면 정전기력을 다음과 같이 쓸 수 있다.

$$\vec{F} = k\frac{q_1 q_2}{r^2}\hat{r} \qquad \text{(Coulomb의 법칙)}. \tag{21.1.1}$$

여기서 r은 두 입자 사이의 거리이고, k는 *정전기 상수*, 혹은 *Coulomb 상수*라고 부르는 양의 상수이다(k에 대해서는 다음에 논의한다).

먼저 식 21.1.1로 주어진 입자 1에 작용하는 힘의 방향을 확인하자. q_1과 q_2의 부호가 같다면 그 곱 q_1q_2는 양수이다. 따라서 식 21.1.1에 의하면 입자 1에 작용하는 힘은 $\hat{r}$의 방향이다. 입자 1이 입자 2로부터 밀려나므로 이것은 맞다. 다음으로 q_1과 q_2의 부호가 반대이면 그 곱 q_1q_2는 음수이다. 따라서 이제는 식 21.1.1에 따르면 입자 1에 작용하는 힘은 $\hat{r}$의 반대 방향이다. 입자 1이 입자 2 쪽으로 당겨지므로 이것도 맞다.

확인문제 21.1.1

그림에는 다섯 쌍의 평면판이 있다. *A*, *B*, *D*는 대전된 플라스틱판이고, *C*는 전기적으로 중성인 구리판이다. 세 쌍에 대한 정전기력의 방향이 아래 그림과 같다면 나머지 두 쌍의 판은 서로 밀어내는가, 끌어당기는가?

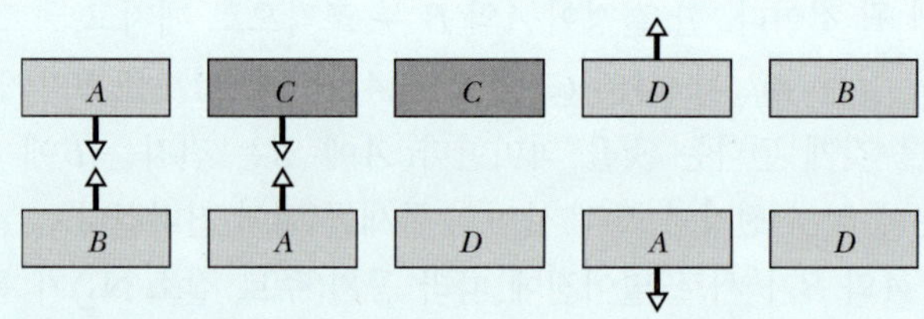

▸**참고.** 여기서 매우 신기한 것을 볼 수 있다. 식 21.1.1의 형태는 질량이 m_1, m_2이고, 거리가 r 떨어진 두 입자 사이의 중력에 대한 Newton의 식(식 13.1.3)과 같다.

$$\vec{F} = G\frac{m_1 m_2}{r^2}\hat{r} \qquad \text{(Newton의 법칙)}. \tag{21.1.2}$$

여기서 G는 중력상수이다. 비록 두 힘의 형태는 매우 다르지만 두 식 모두 거리의 제곱에 반비례하는 ($1/r^2$에 의존하는) 법칙을 기술한다. 이 식은 상호작용하는 성질의 곱이 포함되어 있다. 한 경우는 전하이고, 다른 경우는 질량이다. 그러나 두 법칙이 다른 점은 중력은 항상 잡아당기기만 하지만 정전기력은 전하의 부호에 따라 잡아당기기도 하고 밀기도 한다. 이 차이는 질량은 한 가지 형태만 있지만, 전하는 두 가지 형태라는 사실에서 비롯된다.

▸**단위.** 전하의 SI 단위는 **쿨롱**이다. 측정의 정밀도를 높이기 위한 실질적인 이유에서 쿨롱 단위는 전류 i의 SI 기본 단위, 즉 *암페어*에서 유도한 단위이다. 전류는 26장에서 자세히 다루겠지만 여기서는 전류 i는 전하가 한 점, 혹은 한 영역을 통과하여 움직이는 비율 dq/dt라는 것만 알면 된다.

$$i = \frac{dq}{dt} \qquad \text{(전류)}. \tag{21.1.3}$$

식 21.1.3을 다시 정리하여 기호를 단위(쿨롱 C, 암페어 A, 초 s)로 바꾸면 다음을 얻는다.

$$1\ \text{C} = (1\ \text{A})(1\ \text{s}).$$

▸ ***힘의 크기.*** 역사적인 이유로(또한 다른 많은 공식을 단순화시킬 수 있다는 이유에서) 식 21.1.1의 정전기상수 k는 보통 $1/4\,\pi\varepsilon_0$로 표현한다. 그러면 Coulomb의 법칙으로 나타낸 정전기력의 크기는 다음과 같다.

$$F = \frac{1}{4\pi\varepsilon_0}\frac{|q_1||q_2|}{r^2} \quad \text{(Coulomb의 법칙)}. \tag{21.1.4}$$

식 21.1.1과 21.1.4의 상수값은 다음과 같다.

$$k = \frac{1}{4\pi\varepsilon_0} = 8.99 \times 10^9\ \text{N}\cdot\text{m}^2/\text{C}^2. \tag{21.1.5}$$

상수 ε_0는 **유전율 상수**라고 부르며 때로는 다른 식에서 따로 나오기도 한다. 그 값은 다음과 같다.

$$\varepsilon_0 = 8.85 \times 10^{-12}\ \text{C}^2/\text{N}\cdot\text{m}^2. \tag{21.1.6}$$

▸ ***문제 풀기.*** 식 21.1.4에 나타난 힘의 크기에 전하의 크기가 나타난다. 그러므로 이 장에서 문제를 풀 때 식 21.1.4를 이용하여 두 번째 입자에 의해 선택된 입자에 작용하는 힘의 크기를 구하고, 힘의 방향은 두 입자의 전하부호를 고려하여 따로 결정한다.

▸ ***여러 힘.*** 이 책에 나오는 모든 힘과 마찬가지로 정전기력 사이에도 중첩원리가 적용된다. 가령 n개의 입자가 있다면 그들은 각각 쌍으로 상호작용한다. 그리고 그중에서 어떤 한 입자, 예를 들어 1번 입자에 작용하는 힘은 다음의 벡터합으로 쓸 수있다.

$$\vec{F}_{1,\text{net}} = \vec{F}_{12} + \vec{F}_{13} + \vec{F}_{14} + \vec{F}_{15} + \ \dots\ + \vec{F}_{1n}. \tag{21.1.7}$$

이 식에서 $\vec{F}_{14}$는 입자 4가 입자 1에 작용하는 힘이다.

이 식은 많은 연습문제에서 중요한 열쇠이므로, 이를 말로 표현하자. 다른 대전입자들로 둘러싸인 선택한 대전입자에 작용하는 알짜힘을 구하려면, 먼저 선택한 입자를 분명히 고르고, 다른 입자들이 서로 작용하는 힘을 구한다. 이 힘 벡터를 주어진 입자의 자유물체그림에 꼬리가 입자에 위치하도록 그린다(이것은 사소해보일지 모르지만, 이렇게 하지 않으면 틀리기 쉽다). 그리고 3장에서 주어진 규칙에 의해 스칼라가 아닌 *벡터*로 이 모든 힘을 더한다(단순히 크기만을 더하지 말아야 한다). 그 결과가 입자에 작용하는 알짜힘(혹은 합성힘)이다.

비록 힘의 벡터적인 성질 때문에 연습문제가 스칼라의 경우보다 더 힘들지만, 식 21.1.7이 성립한다는 것에 감사해야 한다. 만일 두 힘 벡터가 단순히 더해지지 않고, 어떤 이유로 서로 증폭된다면 세상은 이해하기도 다루기도 매우 어려울 것이다.

▸ ***껍질이론.*** 중력에 대한 껍질이론(13.1절)과 마찬가지로 정전기력에 대한 두 가지 껍질이론이 있다.

껍질 이론 1. 균일하게 전하가 퍼져 있는 공 모양의 구면껍질은 껍질 바깥에 대전입자가 존재할 경우 마치 그 껍질의 모든 전하가 중심에 집중되어 있는 것처럼 대전입자를 끌어당기거나 밀어낸다.

껍질 이론 2. 구면껍질 안쪽에 대전입자가 존재할 경우 껍질에 균일하게 퍼져 있는 전하가 대전입자에 미치는 알짜 정전기력은 없다.

(첫 번째 정리에서 구면껍질 위의 전하량은 대전입자의 전하량보다 훨씬 더 크다고 가정하였다. 그래야만 대전입자의 전하 때문에 구면껍질 위의 전하가 재분포하는 것을 무시할 수 있다.)

도체공

도체로 만든 공 모양의 구면껍질 위에 과잉전하를 놓으면, 과잉전하는 외부 표면에 골고루 퍼지게 된다. 예컨대 도체구 껍질 위에 과잉전자를 놓으면 이들 전자는 서로 밀쳐서 멀리 떨어지려고 이동하여, 균일하게 분포될 때까지 가능한 한 표면 위에 넓게 퍼지게 될 것이다. 즉, 모든 과잉전자 사이의 거리가 최대가 되도록 분포한다. 위에 말한 첫 번째 껍질정리에 따르면 과잉전자는 마치 그들이 껍질의 중심에 집중되어 있는 것처럼 외부에 있는 전하를 당기거나 밀어낼 것이다.

만약에 도체 구면껍질로 된 물체에서 음전하를 제거하면 껍질 위에 남게 되는 양전하 또한 껍질 표면에 골고루 퍼져서 분포하게 될 것이다. 예를 들어 n개의 전자를 제거시켰다면 껍질의 표면에 걸쳐서 골고루 퍼져 있던 n개의 양전하 자리(전자가 빠져 나간 자리)가 생긴다. 껍질정리에 따르면 이 껍질은 마치 껍질에 있는 모든 전하가 껍질의 중심에 집중되어 있는 것처럼 외부 전하를 당기거나 밀어낼 것이다.

확인문제 21.1.2

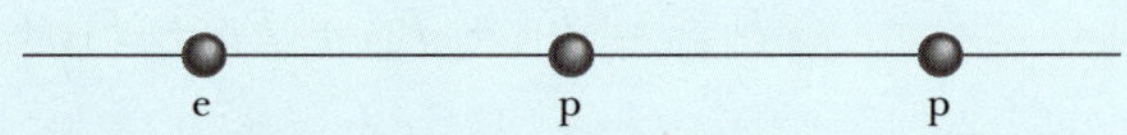

그림과 같이 두 개의 양성자 (p)와 한 개의 전자 (e)가 한 축 위에 놓여 있다. 가운데 있는 중성자에 대해 다음의 방향을 구하여라. (a) 전자에 의한 힘, (b) 다른 중성자에 의한 힘, (c) 알짜힘.

보기문제 21.1.1 다른 두 입자에 의한 합력 구하기

이 보기문제에는 사실 기본적인 것에서부터 어려운 것을 구하는 세 가지 예제로 구성되어 있다. 각 예제에는 같은 대전입자 1이 있다. 우선 여기에 작용하는 단일 힘이 있다(쉬운 문제). 그리고 두 힘이 있지만 서로 반대 방향이다(그리 나쁘지 않다). 그리고 다시 두 힘이 있지만 방향이 매우 다르다(이제는 이 힘들이 벡터라는 사실을 심각하게 고려해야 한다). 이 모든 세 예제의 열쇠는 계산기를 들기 *전에* 힘을 올바르게 그리는 것이다. 그렇지 않으면 계산기로 엉뚱한 것을 계산할지도 모른다(그림 21.1.7은 *www.wiley.com*에 동영상으로 나와 있다).

(a) 그림 21.1.7a에서 양으로 대전된 두 입자가 x축 위에 고정되어 있다. 전하량은 $q_1 = 1.60 \times 10^{-19}$ C, $q_2 = 3.20 \times 10^{-19}$ C이고, 거리는 $R = 0.0200$ m이다. 입자 2가 입자 1에 작용하는 정전기력 $\vec{F}_{12}$의 방향과 크기는 얼마인가?

요점

두 입자가 양으로 대전되었기 때문에 입자 1은 입자 2에 의해 식 21.1.4로 주어지는 힘의 크기로 밀린다. 따라서 입자 1에서 $\vec{F}_{12}$의 방향은 그림 21.1.7b의 자유물체그림처럼 입자 2로부터 *멀어지는* 음의 x축 방향이다.

두 입자: 식 21.1.4에서 r을 R로 바꾸면 F_{12}의 크기는

$$F_{12} = \frac{1}{4\pi\varepsilon_0}\frac{|q_1||q_2|}{R^2}$$
$$= (8.99 \times 10^9\ \mathrm{N\cdot m^2/C^2})$$
$$\times \frac{(1.60 \times 10^{-19}\ \mathrm{C})(3.20 \times 10^{-19}\ \mathrm{C})}{(0.0200\ \mathrm{m})^2}$$
$$= 1.15 \times 10^{-24}\ \mathrm{N}$$

이다. 따라서 힘 $\vec{F}_{12}$는 (x축 양의 방향을 기준으로) 다음과 같은 크기와 방향을 갖는다.

$$1.15 \times 10^{-24}\ \mathrm{N} \quad \text{및} \quad 180°. \qquad \text{(답)}$$

또한 $\vec{F}_{12}$를 다음과 같이 단위벡터로 쓸 수 있다.

$$\vec{F}_{12} = -(1.15 \times 10^{-24}\ \mathrm{N})\hat{\mathrm{i}}. \qquad \text{(답)}$$

(b) 그림 21.1.7*c*는 x축 위의 입자 1과 입자 2 사이에 입자 3이 놓여 있는 것 외에는 그림 21.1.7*a*와 같다. 입자 3의 전하량은 $q_3 = -3.20 \times 10^{-19}$ C이고, 입자 1까지의 거리는 $\frac{3}{4}R$이다. 입자 2와 3이 입자 1에 작용하는 알짜 정전기력 $\vec{F}_{1,\mathrm{net}}$은 얼마인가?

요점

입자 3이 있어도 입자 2가 입자 1에 작용하는 정전기력은 변하지 않는다. 따라서 힘 $\vec{F}_{12}$는 여전히 입자 1에 작용한다. 마찬가지로 입자 3이 입자 1에 작용하는 힘 $\vec{F}_{13}$는 입자 2의 존재로 영향을 받지 않는다. 입자 1과 입자 3은 반대 부호를 갖기 때문에 입자 1은 입자 3을 끌어당긴다. 따라서 힘 $\vec{F}_{13}$는 그림 21.1.7*d*의 자유물체그림처럼 입자 3 쪽으로 향한다.

세 입자: $\vec{F}_{13}$의 크기를 구하기 위해서 식 21.1.4를 이용하면

$$F_{13} = \frac{1}{4\pi\varepsilon_0}\frac{|q_1||q_3|}{(\frac{3}{4}R)^2}$$
$$= (8.99 \times 10^9\ \mathrm{N\cdot m^2/C^2})$$
$$\times \frac{(1.60 \times 10^{-19}\ \mathrm{C})(3.20 \times 10^{-19}\ \mathrm{C})}{(\frac{3}{4})^2(0.0200\ \mathrm{m})^2}$$
$$= 2.05 \times 10^{-24}\ \mathrm{N}$$

을 얻는다. $\vec{F}_{13}$를 다음과 같이 단위벡터로 쓸 수 있다.

$$\vec{F}_{13} = (2.05 \times 10^{-24}\ \mathrm{N})\hat{\mathrm{i}}.$$

입자 1에 작용하는 알짜힘 $\vec{F}_{1,\mathrm{net}}$은 $\vec{F}_{12}$와 $\vec{F}_{13}$의 벡터합이다. 즉, 식 21.1.7을 이용하여 입자 1이 받는 알짜힘 $\vec{F}_{1,\mathrm{net}}$을 다음과 같이 쓸 수 있다.

$$\vec{F}_{1,\mathrm{net}} = \vec{F}_{12} + \vec{F}_{13}$$
$$= -(1.15 \times 10^{-24}\ \mathrm{N})\hat{\mathrm{i}} + (2.05 \times 10^{-24}\ \mathrm{N})\hat{\mathrm{i}}$$
$$= (9.00 \times 10^{-25}\ \mathrm{N})\hat{\mathrm{i}}. \qquad \text{(답)}$$

따라서 $\vec{F}_{1,\mathrm{net}}$은 (x축 양의 방향을 기준으로) 다음의 크기와 방향을 갖는다.

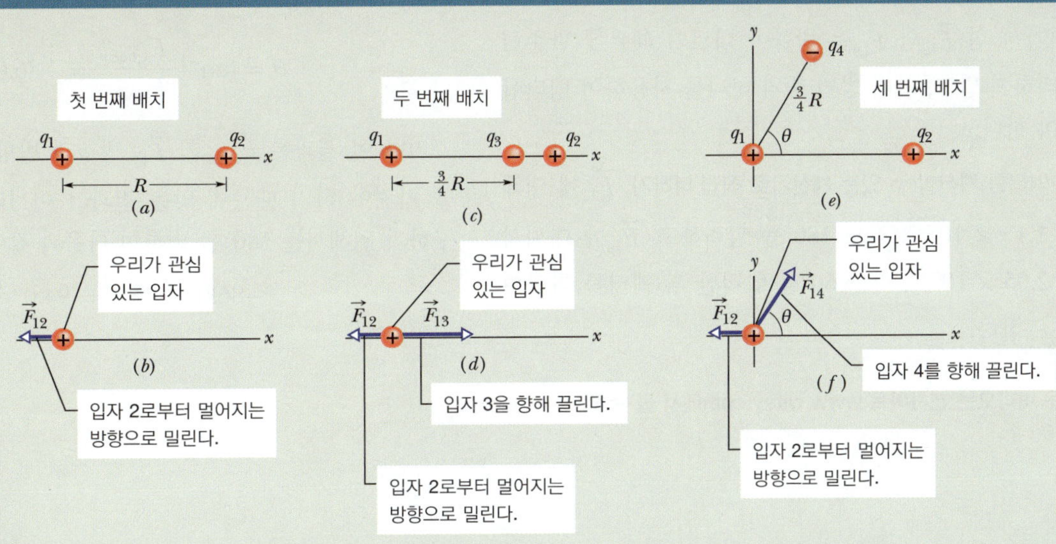

그림 21.1.7 (*a*) 전하가 q_1과 q_2인 두 대전입자는 x축에 고정되어 있다. (*b*) 입자 1의 자유물체그림으로 입자 2가 작용하는 정전기력을 알 수 있다. (*c*) 입자 1과 2 사이에 입자 3이 놓여 있다. (*d*) 입자 1의 자유물체그림. (*e*) 입자 4가 포함된 그림. (*f*) 입자 1의 자유물체그림.

$$9.00 \times 10^{-25}\ \text{N} \quad \text{및} \quad 0°.$$ 답

(c) 그림 21.1.7*e*는 입자 4를 더 놓은 것 외에는 그림 21.1.7*a*와 같다. 그리고 입자 4의 전하량은 $q_4 = -3.20 \times 10^{-19}$ C이고, 입자 1까지의 거리는 $\frac{3}{4}R$이며, *x*축과 $\theta = 60°$의 각도를 이루는 직선 위에 놓여 있다. 입자 2와 입자 4가 입자 1에 작용하는 $\vec{F}_{1,\text{net}}$는 알짜 정전기력은 얼마인가?

요점

알짜힘 $\vec{F}_{1,\text{net}}$는 입자 4가 입자 1에 작용하는 힘 $\vec{F}_{14}$와 앞에서 구한 $\vec{F}_{12}$의 벡터합이다. 입자 1과 입자 4는 서로 다른 부호의 전하를 갖기 때문에 입자 4는 입자 1을 끌어당긴다. 따라서 입자 1에 작용하는 힘 $\vec{F}_{14}$는 그림 21.1.7*f*의 자유물체그림처럼 입자 4를 *향하는* 방향이고, 각도는 $\theta = 60°$이다.

네 입자: $\vec{F}_{14}$의 크기를 구하기 위하여 식 21.1.4를 이용하면

$$\begin{aligned}F_{14} &= \frac{1}{4\pi\varepsilon_0}\frac{|q_1||q_4|}{(\frac{3}{4}R)^2}\\ &= (8.99 \times 10^9\ \text{N}\cdot\text{m}^2/\text{C}^2)\\ &\quad\times\frac{(1.60 \times 10^{-19}\ \text{C})(3.20 \times 10^{-19}\ \text{C})}{(\frac{3}{4})^2(0.0200\ \text{m})^2}\\ &= 2.05 \times 10^{-24}\ \text{N}\end{aligned}$$

을 얻는다. 따라서 입자 1에 작용하는 알짜힘 $\vec{F}_{1,\text{net}}$는 식 21.1.7에 의해

$$\vec{F}_{1,\text{net}} = \vec{F}_{12} + \vec{F}_{14}$$

이다. 여기서 힘 $\vec{F}_{12}$와 $\vec{F}_{14}$는 방향이 다르기 때문에 단순히 크기만 더하지 말고, 아래 방법 중의 하나를 사용하여 벡터합을 구해야 한다.

방법 1: **벡터를 계산할 수 있는 계산기로 직접 더하기.** $\vec{F}_{12}$에 대해서 크기 1.15×10^{-24}, 각도 180°를 입력하고, $\vec{F}_{14}$에 대해서는 크기 2.05×10^{-24}, 각도 60°를 입력한 후 벡터를 더하여 $\vec{F}_{1,\text{net}}$를 구한다.

방법 2: **단위벡터 표기법으로 구하는 방법.** 먼저 $\vec{F}_{14}$를 다음과 같이 쓴다.

$$\vec{F}_{14} = (F_{14}\cos\theta)\hat{\text{i}} + (F_{14}\sin\theta)\hat{\text{j}}.$$

$\vec{F}_{14}$에 2.05×10^{-24} N을, θ에 60°를 대입하면 다음과 같다.

$$\vec{F}_{14} = (1.025 \times 10^{-24}\text{N})\hat{\text{i}} + (1.775 \times 10^{-24}\text{N})\hat{\text{j}}.$$

따라서 $\vec{F}_{1,\text{net}}$는 다음과 같이 구할 수 있다.

$$\begin{aligned}\vec{F}_{1,\text{net}} &= \vec{F}_{12} + \vec{F}_{14}\\ &= -(1.15 \times 10^{-24}\text{N})\hat{\text{i}}\\ &\quad + (1.025 \times 10^{-24}\text{N})\hat{\text{i}} + (1.775 \times 10^{-24}\text{N})\hat{\text{j}}\\ &\approx (-1.25 \times 10^{-25}\text{N})\hat{\text{i}} + (1.78 \times 10^{-24}\text{N})\hat{\text{j}}.\end{aligned}$$ 답

방법 3: **각각의 축 성분을 구하여 더하는 방법.** *x*축 성분의 합은 다음과 같다.

$$\begin{aligned}F_{1,\text{net},x} &= F_{12,x} + F_{14,x} = F_{12} + F_{14}\cos 60°\\ &= -1.15 \times 10^{-24}\ \text{N} + (2.05 \times 10^{-24}\ \text{N})(\cos 60°)\\ &= -1.25 \times 10^{-25}\ \text{N}.\end{aligned}$$

*y*축 성분의 합은 다음과 같다.

$$\begin{aligned}F_{1,\text{net},y} &= F_{12,y} + F_{14,y} = 0 + F_{14}\sin 60°\\ &= (2.05 \times 10^{-24}\ \text{N})(\sin 60°)\\ &= 1.78 \times 10^{-24}\ \text{N}.\end{aligned}$$

따라서 알짜힘 $\vec{F}_{1,\text{net}}$의 크기는 다음과 같다.

$$F_{1,\text{net}} = \sqrt{F_{1,\text{net},x}^2 + F_{1,\text{net},y}^2} = 1.78 \times 10^{-24}\ \text{N}.$$ 답

또한 알짜힘 $\vec{F}_{1,\text{net}}$의 방향은 다음과 같다.

$$\theta = \tan^{-1}\frac{F_{1,\text{net},y}}{F_{1,\text{net},x}} = -86.0°.$$

그러나 이 결과는 $\vec{F}_{1,\text{net}}$가 $\vec{F}_{12}$ 방향과 방향 $\vec{F}_{14}$ 사이의 방향을 가져야 하기 때문에 맞는 결과가 아니다. 각도를 올바로 구하기 위해서는 180°를 더하여 다음과 같이 얻어야 한다.

$$-86.0° + 180° = 94.0°.$$ 답

▶ **교육용 비디오는 웹사이트 www.wiley.com에서 볼 수 있다.**

확인문제 21.1.3

그림은 두 개의 양성자 p와 하나의 전자 e를 이용한 세 가지 서로 다른 배열이다. (a) 양성자가 전자에 작용하는 알짜 정전기력의 크기가 가장 큰 순서대로 나열하여라. (b) 그림, (c)의 경우 전자에 작용하는 알짜힘의 방향과 선분 d 사이의 각도는 45°보다 큰가? 작은가?

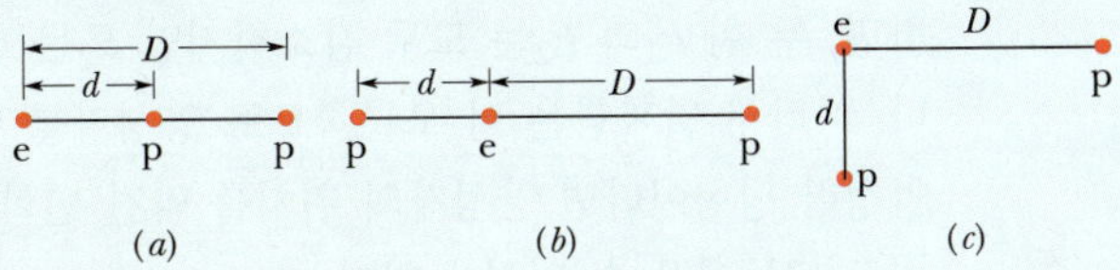

보기문제 21.1.2 입자에 작용하는 두 힘의 평형

그림 21.1.8*a*는 위치가 고정된 두 입자이다. 전하 $q_1 = +8q$의 입자가 원점에, 그리고 $q_2 = -2q$의 입자가 $x = L$에 있다. 또 하나의 양성자를 (무한 거리가 아닌) 어떤 위치에 놓으면 *평형*(양성자에 작용하는 알짜힘이 0인 상태)을 이룰 수 있는가? 이 평형은 *안정*한가? *불안정*한가?

요점

$\vec{F}_1$은 전하 q_1이 양성자에 작용하는 힘이고, $\vec{F}_2$는 전하 q_2가 양성자에 작용하는 힘이라면, 찾는 위치는 $\vec{F}_1 + \vec{F}_2 = 0$인 곳이다. 즉, 다음과 같다.

$$\vec{F}_1 = -\vec{F}_2. \tag{21.1.8}$$

다시 말하면, 두 입자가 양성자에 작용하는 두 힘의 크기는 찾는 위치에서 같아야 한다.

$$F_1 = F_2. \tag{21.1.9}$$

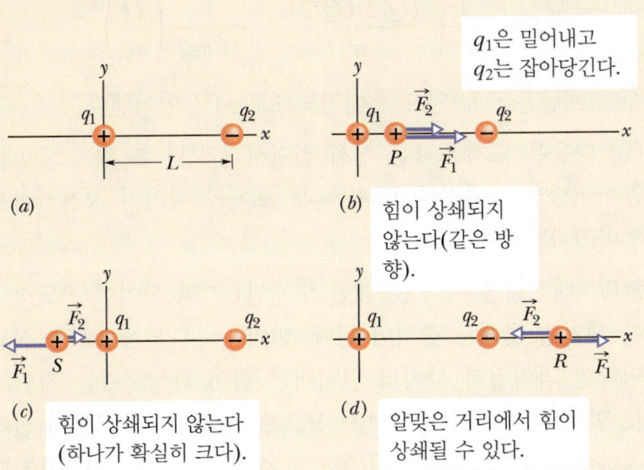

그림 21.1.8 (*a*) 전하가 q_1과 q_2인 두 입자가 x축에 고정되어 있고 거리는 L이다. (*b*)~(*d*) 양성자의 위치는 P, S, R 세 지점이 가능하다. 각 위치에서 $\vec{F}_1$은 입자 1이 양성자에 작용하는 힘, $\vec{F}_2$는 입자 2가 양성자에 작용하는 힘이다.

그리고 두 힘의 방향은 반대 방향이어야 한다.

이유: 양성자는 양전하를 갖기 때문에 양성자와 같은 부호를 갖는 전하 q_1의 입자가 양성자에 작용하는 힘 $\vec{F}_1$의 방향은 q_1으로부터 멀어지는 방향이다. 한편 양성자와 전하 q_2의 입자는 반대 부호를 갖기 때문에 양성자에 작용하는 힘 $\vec{F}_2$는 q_2를 향하는 방향이다. 양성자가 x축에 있을 때만 "q_1으로부터 멀어지는 방향"과 "q_2 쪽으로 향하는 방향"이 반대 방향일 수있다.

양성자가 그림 21.1.8*b*의 점 P처럼 x축 위의 q_1과 q_2 사이에 있다면, $\vec{F}_1$과 $\vec{F}_2$는 같은 방향이 되어 필요한 반대 방향 조건을 만족시킬 수 없다. 그림 21.1.8*c*의 점 S처럼 양성자가 x축에서 q_1의 왼쪽 어느 지점에 있다면, $\vec{F}_1$과 $\vec{F}_2$는 반대 방향이다. 그러나 식 21.1.4에 의하면 점 S에서는 $\vec{F}_1$과 $\vec{F}_2$가 같은 크기를 가질 수 없다. 더 가깝고(더 작은 r) 더 큰 크기의 전하($8q$와 $2q$)가 $\vec{F}_1$을 만들기 때문에 $\vec{F}_1$은 $\vec{F}_2$보다 항상 더 크다.

끝으로 양성자가 그림 21.1.8*d*의 점 R처럼 x축에서 q_2의 오른쪽 어느 지점에 있다면, $\vec{F}_1$과 $\vec{F}_2$는 역시 반대 방향이 된다. 그러나 더 큰 크기의 전하(q_1)가 작은 크기의 전하(q_2)보다 양성자로부터 *더 멀리* 떨어져 있기 때문에, $\vec{F}_1$과 $\vec{F}_2$가 같아질 수 있는 지점이 있다. 이 지점의 좌표를 x라 하고, 양성자의 전하를 q_p라고 하자.

풀이: 식 21.1.4를 이용하여 식 21.1.9를 다음과 같이 쓸 수 있다.

$$\frac{1}{4\pi\varepsilon_0}\frac{8qq_p}{x^2} = \frac{1}{4\pi\varepsilon_0}\frac{2qq_p}{(x-L)^2}. \tag{21.1.10}$$

(위 식이 전하의 크기로만 표현되었다는 점에 유의하여라. 힘의 방향은 그림 21.1.8*d*에서 보였으므로 양이나 음의 부호를

넣지 않았다.) 식 21.1.10을 다시 정리하면

$$\left(\frac{x-L}{x}\right)^2 = \frac{1}{4}$$

이고, 양쪽의 제곱근을 취하면 다음을 얻는다.

$$\frac{x-L}{x} = \frac{1}{2}$$

즉 $$x = 2L.$$ 답

$x = 2L$에서의 평형은 불안정하다. 즉, 양성자가 점 R의 왼편에 위치하면 F_1과 F_2는 둘 다 증가하지만 F_2는 더욱 증가하게 된다(q_2가 q_1보다 더 가깝기 때문). 그리고 알짜힘은 더 왼쪽으로 양성자를 밀어내게 된다. 양성자가 오른쪽에 위치하면, 두 힘 F_1과 F_2는 모두 감소하지만 F_2는 더 많이 감소한다. 따라서 알짜힘은 더 오른쪽으로 양성자를 밀어내게 된다. 안정한 평형이라면 양성자의 위치를 약간 변화시켜도 평형위치로 되돌아올 수 있어야 한다.

▶ 교육용 비디오는 웹사이트 www.wiley.com에서 볼 수 있다.

▶ 보기문제 21.1.3 동일한 두 도체공에서의 전하 이동

그림 21.1.9a에서 절연된 동일한 두 도체공 A와 B가 공의 크기에 비하여 먼 거리 a(중심에서 중심까지)로 떨어져 있다. 공 A는 $+Q$의 양전하로 대전되어 있지만 공 B는 전기적으로 중성이다. 초기에는 두 도체공 사이에 정전기력이 없었다(서로 멀리 떨어져 있기 때문에 공에 유도된 전하가 없다고 가정하여라).

(a) 두 공이 어떤 순간에 도선에 의해서 연결되었다고 가정하자. 도선은 알짜 전하를 무시할 만큼 충분히 가늘다. 도선을 제거한 후에 두 도체공 사이에 작용하는 정전기력은 얼마인가?

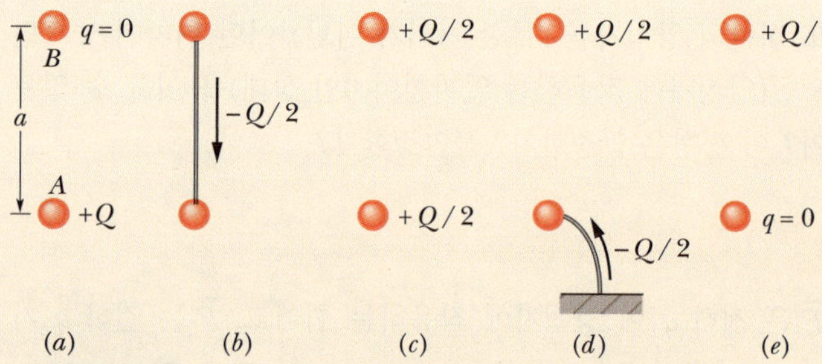

그림 21.1.9 두 개의 작은 도체공 A와 B. (a) 초기에 공 A는 양으로 대전되어 있다. (b) 도선을 통해서 음전하가 공 B에서 공 A로 이동한다. (c) 양쪽 도체공 모두 양으로 대전된다. (d) 접지선을 통하여 음전하가 공 A로 이동한다. (e) 결국 공 A는 중성이 된다.

요점

(1) 동일한 두 도체공을 도선으로 연결하면 부호와 전하량이 같아진다. (2) 초기 전하량의 합은 최종 전하량의 합과 같다.

풀이: 두 도체공을 도선으로 연결시켰을 때 공 B의 전도전자는 양으로 대전된 공 A(그림 21.1.9b 참조) 쪽으로 끌린다. 도체공 B는 음전하를 잃으므로 양으로 대전된다. 또한 A가 음전하를 얻으므로 공 A는 양으로 대전된 양이 줄어들게 된다. 공 B의 과잉전하가 $+Q/2$로 증가하고 공 A의 과잉전하가 $+Q/2$까지 줄어들어야 전하의 이동이 중지된다. $-Q/2$의 전하가 도선을 통하여 B에서 A로 이동되었을 때 이와 같은 상황이 일어난다.

이제 도선을 끊으면(그림 21.1.9c 참조) 한 공에 분포되어 있는 전하가 다른 공에 퍼져 있는 전하분포를 교란시키지 않는다고 가정할 수 있다. 왜냐하면 떨어져 있는 거리에 비하여 공의 크기가 상대적으로 매우 작기 때문이다. 따라서 각각의 공에 대하여 껍질정리를 적용할 수 있다. $q_1 = q_2 = Q/2$와 $r = a$를 식 21.1.4에 대입하면 두 도체공 사이의 정전기력의 크기는 다음과 같다.

$$F = \frac{1}{4\pi\varepsilon_0}\frac{(Q/2)(Q/2)}{a^2} = \frac{1}{16\pi\varepsilon_0}\left(\frac{Q}{a}\right)^2.$$ 답

두 도체공은 모두 양으로 대전되므로 서로 밀어낸다.

(b) 다음은 도체공 A를 잠시 접지시키고 난 후 접지 도선을 끊어버렸다고 가정하자. 이들 두 도체공 사이의 정전기력은 얼마인가?

풀이: 대전된 물체와 (거대한 도체인) 지면 사이에 전도경로가 생기면 물체는 중성이 된다. 만약 공 A가 음으로 대전되었다면 과잉전자 사이의 밀어내는 힘이 과잉전자를 지면으로 밀어낸다. 그러나 공 A가 양으로 대전되었기 때문에 전체 전하량 $-Q/2$가 지면에서 공으로 이동하여(그림 21.1.9d 참조), 공의 전하가 0이 된다(그림 21.1.9e 참조). 따라서 두 공 사이의 정전기력이 다시 0이 된다.

▶ 교육용 비디오는 웹사이트 www.wiley.com에서 볼 수 있다.

21.2 ▸ 전하는 양자화되어 있다

요점 _Key Ideas_

1. 전하는 (특정한 값으로 제한되어) 양자화되어 있다.
2. 입자의 전하는 ne로 쓸 수 있다. 여기서 n은 양 혹은 음의 정수이고, e는 기본전하로 전자와 양전자의 전하의 크기이다($\approx 1.602 \times 10^{-19}$ C).

학습목표 _Learning Objectives_

이 단원을 읽은 후 다음을 이해해야 한다.

21.2.1 기본전하가 존재한다.

21.2.2 입자나 물체의 전하는 기본전하의 양수나 음수의 정수배여야만 한다.

▶ 전하는 양자화되어 있다

Benjamin Franklin의 시대에는 전하를 연속적인 유체로 생각하였다. 전하를 유체로 생각하면 여러 가지로 편리하기 때문이었다. 그러나 오늘날 유체 자체도 공기 또는 물과 같이 연속적인 것이 아니라, 원자와 분자로 이루어져 있어 불연속적이라는 것을 알게 되었다. 실험에서 "전기적인 유체"가 연속이 아니라 기본전하로 이루어져 있음을 보일 수 있다. 다시 말하면 측정할 수 있는 모든 양전하 혹은 음전하 q는 다음과 같이 쓸 수 있다.

$$q = ne, \qquad n = \pm1, \pm2, \pm3, \ldots. \tag{21.2.1}$$

여기서 **기본전하** e의 값은 다음과 같다.

$$e = 1.602 \times 10^{-19}\ \text{C}. \tag{21.2.2}$$

전자의 전하는 $-e$이고, 양성자의 전하는 $+e$이다(표 21.2.1). 중성사는 전하가 없어서 전기적으로 중성이다. 이 세 입자가 인체와 보통 물질을 이루는 유일한 입자이다. 전자는 내부에 입자가 없지만, 양성자와 중성자는 세 개의 쿼크로 이루어져 있다(표 21.2.2). 흔하지 않은 입자는 쿼크와 반쿼크, 혹은 세 개의 쿼크, 혹은 세 개의 반쿼크로 이루어져 있다. 쿼크와 반쿼크의 전하는 분수 전하로 $\pm e/3$이나 $\pm 2e/3$이다. 그러나 각각의 쿼크는 검출될 수 없고, 역사적인 이유로 이 전하를 기본전하로 취급하지 않는다.

종종 전하가 물체인 것처럼 암시하는 "구면상의 전하", "전달된 전하", "전자가 전달한 전하"라는 문구를 보게 된다(실제로 이러한 문구가 이 장에서도 이미 사용된 바 있다). 그러나 *입자*는 물체이지만 전하는 질량과 마찬가지로 입자가 갖고 있는 고유한 특성 중의 하나임을 잊지 말아야 한다.

전하와 같이 어떤 물리량이 연속적인 임의의 값이 아니라 불연속적인 값만을 가질 때 그 물리량은 **양자화되어 있다**고 말한다. 예를 들어 전혀 전하를 갖고 있지 않은 입자

표 21.2.1 세 입자와 그 반입자의 전하

입자	기호	전하	반입자	기호	전하량
전자	e 혹은 e^-	$-e$	양전자	e^+	$+e$
양자	p	$+e$	반양성자	$\bar{p}$	$-e$
중성자	n	0	반중성자	$\bar{n}$	0

표 21.2.2 두 쿼크와 그 반입자의 전하

입자	기호	전하	반입자	기호	전하량
업	u	$+\frac{2}{3}e$	반업	$\bar{u}$	$-\frac{2}{3}e$
다운	d	$-\frac{1}{3}e$	반다운	$\bar{d}$	$+\frac{1}{3}$

혹은 $+10e$ 혹은 $-6e$를 갖는 입자는 발견할 수 있지만 $3.57e$와 같은 전하를 갖는 입자는 발견할 수 없으므로 전하는 양자화되어 있다.

전하의 크기는 작다. 예를 들어 보통의 100 W 전구는 초당 약 10^{19}개의 기본전하가 전구를 통하여 들락날락거리지만, 물속을 손으로 휘저어도 물 분자 하나하나를 감지할 수 없는 것과 마찬가지로 전하 입자는 거시적인 현상에서는 보이지 않는다(즉, 전구가 전자 하나로 켜지거나 꺼지지 않는다).

확인문제 21.2.1

크기가 같은 두 개의 도체공 A와 B가 있다. 공 A는 $-50e$의 전하를 띠고, 공 B는 $+20e$의 전하를 띠고 있다. A와 B를 접촉시킨다면, 접촉 후 공 A가 갖게 될 전하량은 얼마인가?

보기문제 21.2.1 핵 안에서의 전기 척력

철 원자의 핵은 반지름이 약 4.0×10^{-15} m이고 26개의 양성자가 있다.

(a) 4.0×10^{-15} m 떨어져 있는 두 양성자가 서로 밀어내는 정전기력의 크기는 얼마인가?

요점

양성자를 대전된 입자로 취급할 수 있으므로 양성자 사이에 작용하는 정전기력은 Coulomb의 법칙으로 구할 수 있다.

풀이: 표 21.1.1에 따르면 양성자의 전하량은 $+e$이므로 식 21.1.4에 따라 다음과 같다.

$$F = \frac{1}{4\pi\varepsilon_0}\frac{e^2}{r^2} = \frac{(8.99 \times 10^9\ \mathrm{N \cdot m^2/C^2})(1.602 \times 10^{-19}\ \mathrm{C})^2}{(4.0 \times 10^{-15}\ \mathrm{m})^2} = 14\ \mathrm{N}. \quad \text{(답)}$$

핵은 깨지지 않는다: 이 힘은 멜론처럼 거시적인 물체에 작용할 때에는 작은 힘이지만 양성자 같은 미시적인 물체에 작용할 때는 엄청나게 큰 힘이다. 이 정도의 힘이면 수소 원자(핵 안에 오직 한 개의 양성자를 지니고 있음)를 제외한 어떤 원소의 핵이라도 깰 수 있다. 그러나 매우 많은 수의 양성자를 갖고 있는 핵조차도 깨지지 않고 존재한다. 그러므로 핵 안에는 이렇게 큰 정전기적 척력을 극복하고 양성자들을 좁은 공간 안에 묶어둘 수 있는 강력한 인력이 존재한다는 것을 예측할 수 있다.

(b) 두 양성자 사이에 작용하는 중력의 크기는 얼마인가?

요점

양성자는 입자이기 때문에 양성자 사이의 중력의 크기는 Newton의 중력법칙(식 21.1.2)으로 주어진다.

풀이: 양성자의 질량은 $m_p(= 1.67 \times 10^{-27}$ kg)이므로 식 21.1.2에 따라 다음과 같다.

$$F = G\frac{m_p^2}{r^2} = \frac{(6.67 \times 10^{-11}\ \mathrm{N \cdot m^2/kg^2})(1.67 \times 10^{-27}\ \mathrm{kg})^2}{(4.0 \times 10^{-15}\ \mathrm{m})^2} = 1.2 \times 10^{-35}\ \mathrm{N}. \quad \text{(답)}$$

약력과 강력: 이 결과를 보면 양성자들 사이에 작용하는(끌어당기는) 중력은 핵 안에 있는 양성자들 사이에 작용하는 정전기력에 비하면 너무나도 약한 힘이라는 것을 알 수 있다. 실제로 양성자는 중력과는 상관없이 핵 내에서 양성자 또는 양성자와 중성자 사이에 작용하는 소위 *강한 핵력*이라고 부르는 엄청나게 큰 힘에 의하여 속박되어 있다.

중력이 정전기력보다는 매우 작지만 거시적인 상황에서는 인력이기 때문에 매우 중요하다. 즉, 중력은 작은 물체를 지속적으로 끌어당길 수 있으므로, 결국 별이나 행성과 같은 엄청나게 큰 질량을 갖는 커다란 물체를 형성하여 결과적으로 매우 큰 중력을 만든다. 반면에 정전기력은 같은 부호의 전하를 서로 밀어내므로 양전하 혹은 음전하를 모아서 커다란 정전기력을 만들 수 있는 고밀도 전하분포를 만들 수 없다.

교육용 비디오는 웹사이트 www.wiley.com에서 볼 수 있다.

21.3 ▸ 전하는 보존된다

요점_Key Ideas

1. 임의의 고립계에서 알짜 전하는 항상 보존된다.
2. 두 대전입자가 소멸과정을 거친다면, 이들은 반대 부호의 전하를 갖는다.
3. 두 대전입자가 쌍생성 과정으로 인해 나타났다면 이들은 반대 부호의 전하를 갖는다.

학습목표_Learning Objectives

이 단원을 읽은 후 다음을 이해해야 한다.

21.3.1 어떤 고립된 물리적 과정에서도 알짜 전하는 변하지 않는다(알짜 전하는 항상 보존된다).

21.3.2 입자의 소멸과정과 입자의 쌍생성을 이해한다.

21.3.3 질량수와 원자수를 양성자, 중성자와 전자의 수로 구한다.

▶ 전하는 보존된다

유리막대를 비단으로 문지르면 양전하가 유리막대에 생긴다. 이때 비단에는 같은 양의 음전하가 생기는 것을 알 수 있다. 이 실험결과가 의미하는 것은 문지르는 행위가 전하를 만들어 낸 것이 아니라, 각 물체의 전기적인 중성상태가 깨지면서 전하가 한 물체에서 다른 물체로 이동한다는 것이다. Benjamin Franklin이 처음으로 제안한 **전하의 보존**이라는 가설은 거시적인 크기로 대전된 물체뿐만 아니라 원자, 원자핵 및 기본입자에 대해서도 완벽하게 성립함을 정교한 실험을 통하여 확인할 수 있다. 지금까지 어떠한 예외도 발견되지 않았다. 따라서 전하도 에너지, 선운동량 및 각운동량과 마찬가지로 보존법칙을 따르는 물리량에 추가하여야 한다.

전하의 보존을 보여주는 가장 중요한 예는 한 원자핵이 다른 종류의 원자핵으로 변화하는 원자핵의 *방사성 붕괴*이다. 예컨대 우라늄 238($^{238}_{92}$U)은 알파입자를 방출하면서 토륨 234($^{234}_{90}$Th)으로 변환한다. *알파입자*는 ^{4}He로 표기하는 헬륨-4의 원자핵으로 이루어져 있다. 원자핵의 이름에 사용하고 원자핵의 기호 왼쪽에 위첨자로 표기하는 수를 질량수라고 하는데, 질량수는 양성자와 중성자의 총수이기도 하다. 예를 들어 $^{238}_{92}$U에 있는 양성자와 중성자의 총수는 238이다. 어떤 원자핵의 양성자 수는 부록 F에 있는 모든 원소들에 적혀 있는 *원자번호* Z이다. 그 목록으로부터 방사성 붕괴

$$^{238}_{92}\text{U} \rightarrow ^{234}_{90}\text{Th} + ^{4}_{2}\text{He} \tag{21.3.1}$$

에서 *어미핵* 92개의 양성자($+92e$의 전하량)를 가지고 있고, *딸핵* 90개의 양성자($+90e$의 전하량)를 가지고 있으며, 방출된 알파입자 ^{4}He는 2개의 양성자($+2e$의 전하량)를 가지고 있다. 즉, 방사성 붕괴 전후의 전체 전하량은 $+92e$이다. 따라서 전체 전하량이 보존된다는 것을 알 수 있다(양성자와 중성자의 총 수도 보존된다. 즉, 붕괴하기 전에는 238이었고 붕괴 후에도 234 + 4 = 238개이다).

방사성 붕괴의 다른 형태는 모핵의 양성자가 원자의 내부 전자 중 한 개를 "포획"하여 (딸핵에 남아 있는) 중성자를 만들고, (전하가 없는) *중성미자* ν를 방출하는 *전자 포획*이다.

$$\text{p} + \text{e}^- \rightarrow \text{n} + \nu. \tag{21.3.2}$$

이 과정에서 원자수 Z는 1만큼 줄지만, 알짜 전하는 보존된다. 좌변의 알짜전하는 $+e+(-e)=0$이고, 우변의 알짜전하는 $0+0=0$이다. 포획 후 외각 전자는 포획된 전자가 남겨놓은 안쪽 빈 자리로 떨어진다. 이 전이로 인해 x선을 방출한다. 혹은 다른 외각 전자에 에너지를 공급하여 원자에서 나갈 수 있다. 이 과정은 1922년에 Lise Meitner가 먼저, 그리고 1923년에 Pierre Auger가 독립적으로 발견하였다. 현재 이 과정을 암치료에 이용한다. 전자 포획을 하는 방사성 핵종을 암세포 옆에 놓아 *Auger–Meitner 전자*는 세포에 치명적 손상을 주어 암을 줄인다.

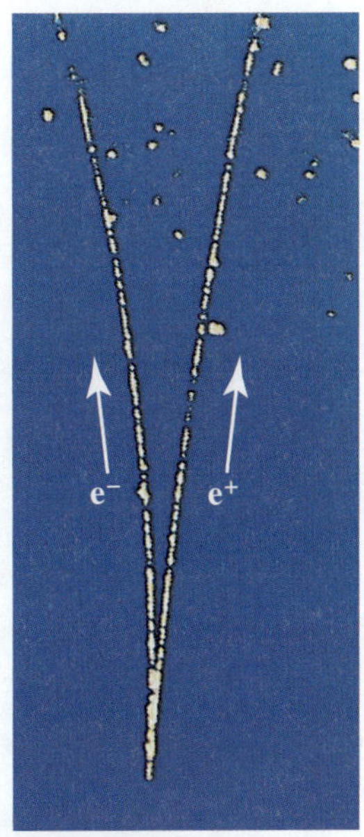

그림 21.3.1 ▸ 전자와 양전자가 거품상자 안에서 남긴 거품자국을 찍은 사진. 입자 쌍은 밑에서 직접 상자로 들어온 감마선에서 만들어졌다. 감마선은 전기적으로 중성이기 때문에 전자와 양전자가 자국을 남긴 것과는 달리 어떤 흔적도 남기지 않는다.

전하 보존의 또 하나의 예는 한 개의 전자 e^-(전하량 $-e$)와 반입자인 *양전자* e^+ (전하량 $+e$)가 두 개의 *감마선*(고에너지 빛)으로 변환되는 *소멸과정*

$$e^- + e^+ \rightarrow \gamma + \gamma \qquad (\text{소멸과정}) \tag{21.3.3}$$

를 들 수 있다. 전하보존의 원리를 적용할 때, 전하의 부호까지 고려하여 더해야 한다. 식 21.3.3의 소멸과정에서 계의 알짜 전하는 소멸과정 전과 후 모두 0이다. 따라서 전하가 보존된다.

소멸의 역과정인 *쌍생성* 과정에서도 전하는 보존된다. 이 과정에서 감마선은 다음과 같이 한 개의 전자와 한 개의 양전자로 변환된다.

$$\gamma \rightarrow e^- + e^+ \qquad (\text{쌍생성}). \tag{21.3.4}$$

그림 21.3.1은 거품상자에서 나타나는 쌍생성 과정을 나타낸다(이 장치에서 액체가 갑자기 끓는점보다 뜨거워진다. 여기에 대전입자가 지나가면 작은 증기거품이 입자의 경로를 따라 만들어진다). 감마선이 상자 아래에서 상자 속으로 들어가서 한 점에서 한 개의 전자와 한 개의 양전자로 변환된다. 이 새로운 입자들은 대전되어 움직이고 있기 때문에 각각 작은 거품 궤적을 남긴다(각 궤적은 자기장 때문에 곡선을 그리게 된다). 전하를 띠지 않고 있는 감마선은 궤적을 남기지 않는다. 전자와 양전자의 궤적이 시작되는 곳인 V 모양의 끝에서 쌍생성이 일어났다고 확실히 말할 수 있다.

PET 주사장치

인체 내부의 영상을 얻기 위해 널리 사용되는 방법은 양전자 방출 단층촬영(positron emission tomography, PET)이다. 양의 베타(양전자) 방출기를 종양 근처로 환자 안에 집어 넣는다. 양성자가 중성자로 변환하면서 핵이 양전자를 방출하면, 이 양전자는 마이크론 정도의 핵 내부(식 21.3.3)에 있는 주위의 조직에 있는 전자와 소멸한다. 양전자와 전자의 전체 운동량은 0으로 근사할 수 있다. 운동량보존으로부터 만들어지는 두 감마선 또한 전체 운동량이 0이어야 하고, 생성된 지역에서 반대 방향으로 멀어지게 된다.

PET 장치는 환자에서 생성 지역 주위에 고리로 만든 감마선 검출기로 이루어져 있

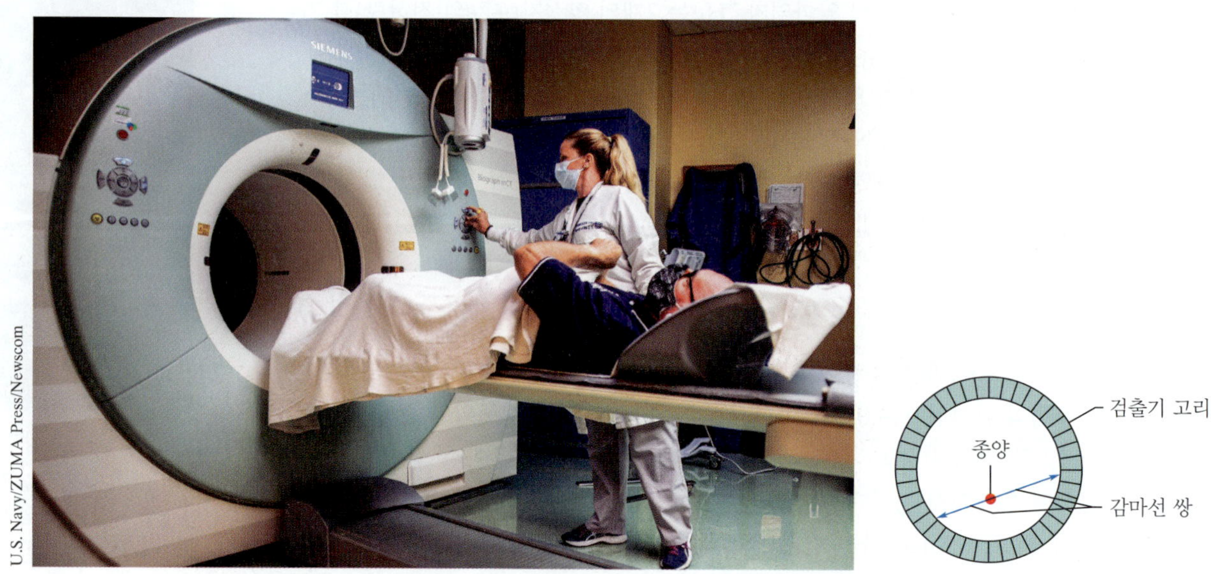

(*a*) (*b*)

그림 21.3.2 (*a*) PET 주사장치 안에 있는 환자. (*b*) 양전자와 전자가 소멸되어 검출기 고리의 반대 방향으로 감마선을 내보낸다.

다(그림 21.3.2*a*). 매우 짧은 시간 간격 동안 고리의 반대편에서(그림 21.3.2*b*) 두 검출기에서 검출할 때 이 장치는 감마선의 경로를 역추적하여 생성 장소의 위치, 따라서 종양의 위치를 결정한다. 이 위치에 대한 영상을 결합하여 고리의 여러 방향에서 방출되는 감마선의 쌍을 반복하여 위치를 결정한다.

정리 및 요약 _Review & Summary

▸전하 입자와 주변 물체와의 전기적인 상호작용의 세기는 양 혹은 음이 될 수 있는 (보통 q로 나타내는) **전하**에 의존한다. 같은 부호의 전하를 갖는 입자는 서로 밀어내고 반대 부호의 전하를 갖는 입자는 서로 끌어당긴다. 양전하와 음전하의 양이 동일한 물체는 전기적으로 중성이지만 음전하와 양전하의 양이 다르면 균형이 깨져서 전기적으로 대전된다.

도체는 상당히 많은 수의 자유로이 이동할 수 있는 전자가 있는 물체를 말한다. **부도체** 혹은 **절연체** 내에서는 대전된 입자가 자유로이 이동할 수 없다.

전류 i는 전하가 단위시간 동안 한 점을 통과하는 비율인 dq/dt이다.

$$i = \frac{dq}{dt} \qquad \text{(전류)}. \qquad (21.1.3)$$

▸Coulomb의 법칙 Coulomb의 법칙은 두 대전입자 사이의 정전기력(혹은 전기력)을 기술한다. 전하가 q_1, q_2인 입자들이 거리 r만큼 떨어져서 정지상태에 있는(혹은 거의 정지해 있는) 경우 서로에게 미치는 힘의 크기는 다음과 같다.

$$F = \frac{1}{4\pi\varepsilon_0}\frac{|q_1||q_2|}{r^2} \qquad \text{(Coulomb의 법칙)}. \qquad (21.1.4)$$

여기서 $\varepsilon_0 = 8.85 \times 10^{-12}\ \mathrm{C^2/N \cdot m^2}$은 **유전율 상수**이고, $1/4\pi\varepsilon_0$는 **정전기 상수**(혹은 **Coulomb 상수**)이며, $k = 8.99 \times 10^9\ \mathrm{N \cdot m^2/C^2}$이다.

두 번째 대전입자로 인한 대전입자에 작용하는 정전기력 벡터는 두 번째 입자를 향하는 방향이거나(반대 부호의 전하), 멀어지는 방향이다(같은 부호의 전하). 다른 형태의 힘과 마찬가지로 여러 정전기력이 한 입자에 작용하면 알짜힘은 (스칼라 합이 아닌) 각 힘의 벡터합이다.

정전기력에 대한 두 껍질정리는 다음과 같다.

껍질정리 1: 균일하게 전하가 퍼져 있는 구면껍질에서는 구면껍질 바깥에 대전입자가 존재할 경우 마치 껍질의 모든 전하가 중심에 집중되어 있는 것처럼 대전 입자를 끌어당기거나 밀어낸다.

껍질정리 2: 구면껍질 안쪽에 대전입자가 존재할 경우 구면껍질에 균일하게 퍼져 있는 전하가 대전입자에 미치는 알짜 정전기력은 0이다.

구면껍질 모양의 도체에서 전하는 (외부) 표면에 균일하게 퍼져 있다.

▸기본전하 전하는 (제한된 특정한 값을 갖도록) 양자화되어 있다. 임의의 전하량은 ne로 쓸 수 있다. 여기서 n은 양 혹은 음의 정수이며, e는 기본전하라고 부르는 물리상수이다(그 값은 약 1.602×10^{-19} C이다).

▸전하의 보존 고립계의 알짜 전하량은 항상 보존된다.

연습문제 _Problems

E Easy **M** Medium **H** Hard **CALC** Requires calculus **BIO** Biomedical application

1 M 그림 21.1에 네 입자가 정사각형을 이룬다. $q_1 = q_4 = Q$이고 $q_2 = q_3 = q$이다. (a) 전하 1과 전하 4에 작용하는 정전기력이 0이라면 Q/q는 얼마인가? (b) 각각의 네 전하에 작용하는 정전기력이 모두 0이 되는 q 값이 있는가? 설명하여라.

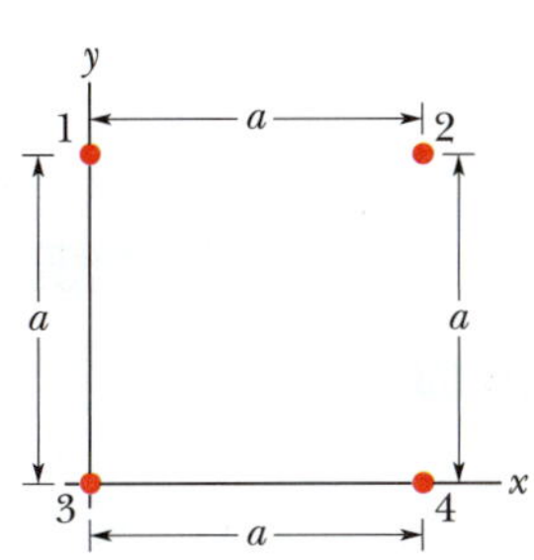

그림 21.1 연습문제 1, 2

2 M 그림 21.1에서 입자들의 전하는 $q_1 = -q_2 = 100$ nC, $q_3 = -q_4 = 200$ nC이고, 거리는 $a = 2.0$ cm이다. 입자 3에 작용하는 정전기력의 (a) x 성분과 (b) y 성분을 구하여라.

3 E 동일한 전하 -4.80×10^{-17} C이 있는 작은 두 물방울이 중심 사이의 거리가 1.00 cm 떨어져 있다. (a) 작은 물방울 사이에 작용하는 정전기력의 크기는 얼마인가? (b) 물방울의 전하를 만들기 위해 각 물방울에서 과잉전자는 각각 몇 개인가?

4 E 전형적인 번개가 칠 때 6.2×10^4 A의 전류가 20 μs 동안 흐른다. 이때 얼마나 많은 전하가 이동하는가?

5 M 그림 21.2에서 전하 +1.0 μC인 입자 1과 −3.0 μC의 입자 2가 x축 위에 $L = 8.00$ cm 떨어져 있다. 미지의 전하량 q_3이 있는 입자 3이 입자 1과 2에 의해 작용하는 알짜 정전기력이 0이 되는 곳에 있다고 하면 입자 3의 (a) x 좌표와 (b) y 좌표는 무엇인가?

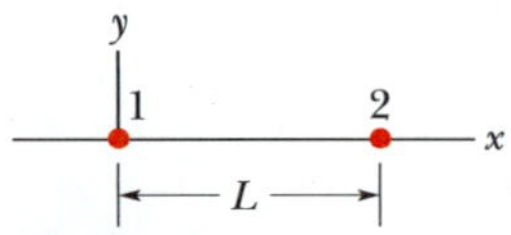

그림 21.2 연습문제 5, 6, 7

6 M 그림 21.2에서 전하 $+q$의 입자 1과 전하 $+4.00q$의 입자 2는 x 축 위에서 $L = 6.00$ cm만큼 떨어져 있다. 전하 q_3인 입자 3을 가져와서 세 입자를 놓았을 때 가만히 있다면 (a) 입자 3의 x 좌표와 (b) y 좌표 (c) q_3/q 값은 무엇인가?

7 M 그림 21.2에서 입자 1과 입자 2는 x축 위에 $L = 12.0$ cm 떨어져 고정되어 있다. 각각의 전하는 $q_1 = +e$, $q_2 = -27e$이다. 전하 $q_3 = +4e$의 입자 3을 입자 1과 2를 잇는 직선 위에 놓으면 입자 3은 입자 1과 입자 2에 의하여 알짜 정전기력 $\vec{F}_{3,\,\text{net}}$을 받는다. (a) 알짜 정전기력의 크기가 최소가 되는 입자 3의 좌표는 무엇인가? (b) 최소 정전기력의 크기는 얼마인가?

8 E 처음에 작은 구에 있던 전하 Q 중 일부분 q가 근처에 있는 두 번째 구로 전달되었다. 두 구는 입자로 취급할 수 있고, 일정한 거리만큼 떨어져 고정되어 있다. 어떤 값 q/Q에 대해 두 구 사이의 정전기력이 최대가 되는가?

9 H 그림 21.3에 대전된 네 입자가 배열된 것을 나타내었고, 각도는 $\theta = 30.0°$, 거리는 $d = 1.50$ cm이다. 입자 2의 전하는 $q_2 = +8.00 \times 10^{-19}$ C이고 입자 3과 입자 4의 전하는 $q_3 = q_4 = -1.60 \times 10^{-19}$ C이다. 다른 입자가 입자 1에 작용하는 알짜 정전기력이 0이라면 (a) 입자 2와 원점 사이의 거리 D는 얼마인가? (b) 만약 입자 3과 4가 x축에 대해서 대칭성을 유지하면서 x축 쪽으로 더 가까워지면 (a)의 거리와 비교해 보았을 때 D값은 더 큰가, 작은가, 아니면 같은가?

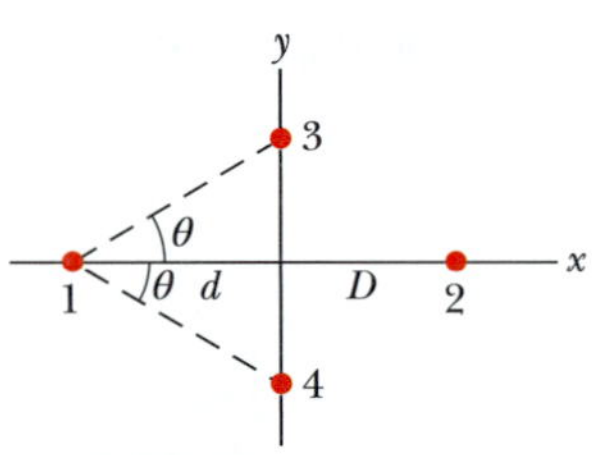

그림 21.3 연습문제 9

10 M xy 평면에 고정되어 있는 두 대전입자의 전하와 좌표는 각각 $q_1 = +2.0\ \mu\text{C}$, $x_1 = 3.5$ cm, $y_1 = 0.50$ cm와 $q_2 = -4.0\ \mu\text{C}$, $x_2 = -2.0$ cm, $y_2 = +1.5$ cm이다. 입자 1이 입자 2에 가하는 정전기력의 (a) 크기와 (b) 방향을 구하여라. 입자 1과 입자 3이 입자 2에 가하는 정전기력이 0이 되도록 하려면 전하가 $q_3 = +4.0\ \mu\text{C}$인 입자 3의 (c) x 좌표와 (d) y 좌표는 얼마가 되어야 하는가?

11 H 염화세슘 결정에서 세슘 이온(Cs^+)은 정육면체의 여덟 개 모서리에 있고, 정육면체 중심에는 염소 이온(Cl^-)이 있다(그림 21.4). 정육면체 한 변의 길이는 0.40 nm이다. Cs^+ 이온은 전자 한 개가 없고(따라서 각 이온의 전하는 $+e$이다), Cl^- 이온은 여분의 전자 하나가 있다(따라서 전하는 $-e$이다). (a) 모서리에 있는 여덟 개의 Cs^+ 이온이 Cl^- 이온에 작용하는 알짜 정전기력의 크기는 얼마인가? (b) Cs^+ 이온 중 하나가 없어지면 결정체는 결손되었다고 한다. 이 경우 일곱 개 Cs^+ 이온이 Cl^- 이온에 가하는 알짜 정전기력의 크기는 얼마인가?

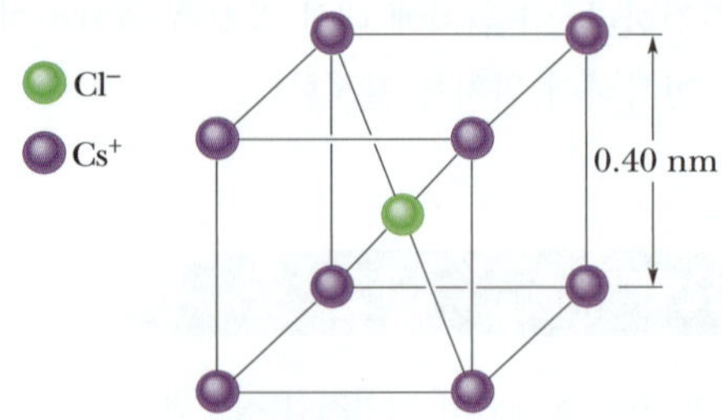

그림 21.4 연습문제 11

12 M 4.11×10^{-10} m 떨어져 있는 소듐 이온(전하가 $+e$인 Na^+)과 인접한 염소 이온(전하가 $-e$인 Cl^-) 사이의 정전기력 크기는 얼마인가?

13 M 그림 21.5에 세 개의 대전입자가 x축 위에 놓여 있다. 입자 1과 입자 2는 고정되어 있다. 입자 3은 자유로이 움직이지만, 이 상태에서 입자 1과 2로부터 입자 3에 작용하는 정전기력은 0이다. $1.2\,L_{23} = L_{12}$라면 q_1/q_2의 비율은 얼마인가?

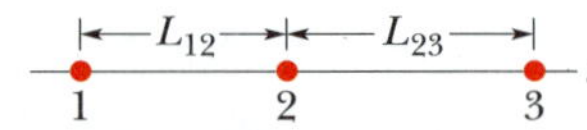

그림 21.5 연습문제 13

14 E 핵반응 (a) $^{1}\text{H} + {}^{9}\text{Be} \rightarrow \text{X} + \text{n}$; (b) $^{12}\text{C} + {}^{1}\text{H} \rightarrow \text{X}$ (c) $^{15}\text{N} + {}^{1}\text{H} \rightarrow {}^{4}\text{He} + \text{X}$에서 X를 각각 구하여라. 부록 F를 참조하여라.

15 M 그림 21.6에서 전하 $-e$의 입자 2와 입자 4가 y축 위의 $y_2 = -10.0$ cm, $y_4 = 5.00$ cm에 고정되어 있다. 입자 1과 입자 3의 전하는 $-e$이고 x축을 따라 움직일 수 있다. 전하 $+e$의 입자 5는 원점에 고정되어 있다. 처음에 입자 1은 $x_1 = -10.0$ cm에 있고 입자 3은 $x_3 = 10.0$ cm에 있다. (a) 입자 5에 작용하는 알짜 정전기력 $\vec{F}_{\text{net}}$의 방향을 반시계방향으로 40°까지 회전시키려면 입자 1의 x값은 얼마가 되어야 하는가? (b) 새로운 위치에 입자 1을 고정하고, 원래의 방향으로 $\vec{F}_{\text{net}}$를 되돌리려면 입자 3의 x값은 얼마가 되어야 하는가?

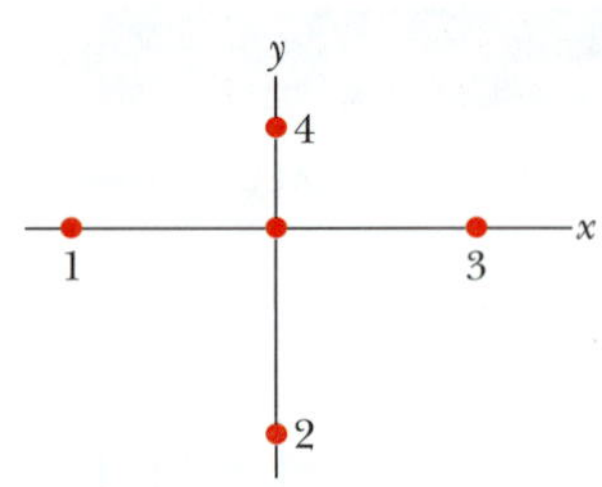

그림 21.6 연습문제 15

16 M x축 위에 세 개의 입자가 고정되어 있다. 전하 q_1인 입자 1은 $x = -a$에, 전하 q_2인 입자 2는 $x = +a$에 있다. 전하 $+Q$의 입자 3에 작용하는 알짜 정전기력이 0이라면 입자 3이 (a) $x = +0.250a$와 (b) $x = +1.75a$에 있을 때 q_1/q_2의 비율은 얼마가 되어야 하는가?

17 E 고립된 동일한 도체공 1과 2는 같은 전하를 가지고 있으며 지름에 비해서 매우 멀리 떨어져 있다(그림 21.7a). 도체공 1이 도체공 2에 작용하는 정전기력은 $\vec{F}$이다. 세 번째 동일한 도체공 3은 처음에

전기적으로 중성이고 절연된 손잡이가 있다. 도체공 3을 공 1과 접촉하고 나서(그림 21.7b), 다음에는 공 2에 접촉시키고(그림 21.7c), 마지막으로 분리(그림 21.7d)한다고 하자. 공 2에 작용하는 정전기력의 크기가 F'이면, F'/F의 비율은 얼마인가?

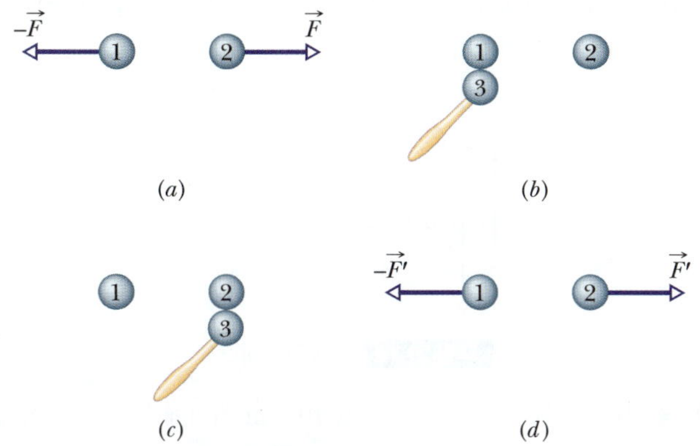

그림 21.7 연습문제 17

18 E 동전을 $+2.0 \times 10^{-8}$ C으로 대전시키려면 몇 개의 전자를 제거해야 하는가?

19 M 그림 21.8a의 x축에 대전된 입자 1과 입자 2가 고정되어 있다. 입자 1의 전하 크기는 $|q_1| = 8.00e$이다. 처음에 전하 $q_3 = +8.00e$의 입자 3을 입자 2 근처에서 x축 위에 놓았다. 이제 입자 3을 점점 x축 양의 방향으로 움직인다. 그 결과 입자 1과 입자 3이 입자 2에 작용하는 알짜 정전기력 $\vec{F}_{2,\text{net}}$가 변하게 된다. 그림 21.8b는 알짜힘의 x 성분을 입자 3의 위치 x의 함수로 나타낸 그래프이다. x축의 눈금은 $x_s = 0.80$ m이다. 그림은 $x \to \infty$일 때 $\vec{F}_{2,\text{net}} = 1.5 \times 10^{-25}$ N으로 접근한다. 입자 2의 전하 q_2를 부호와 함께 e의 배수로 나타내어라.

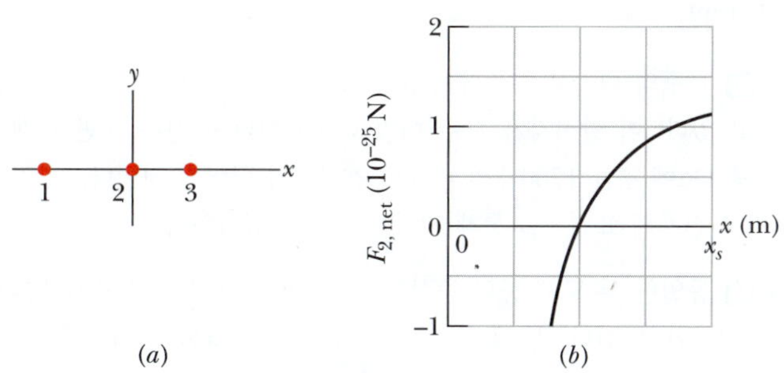

그림 21.8 연습문제 19

20 M 두 입자가 x축 위에 놓여 있다. 전하 60 μC인 입자 1은 $x = -2.0$ cm에, 전하 Q인 입자 2는 $x = 3.0$ cm인 곳에 놓여 있다. 전하 20 μC인 입자 3을 $y = 2.0$ cm로부터 가만히 놓는다. 입자 3의 초기 가속도가 (a) 양의 x축 방향, (b) 양의 y축 방향이라면 Q 값은 얼마인가?

21 H 그림 21.9에 x축 위의 전자 1과 전자 2, 그리고 동일한 각도 θ를 이루면서 동일한 전하 $-q$로 대전된 이온 3과 이온 4가 표시되어 있다. 전자 2는 자유롭게 움직이지만, 나머지 세 입자는 전자 2로부터 수평으로 거리 R에 고정되어 있고, 전자 2를 한 지점에 가두려고 한다. 물리적으로 가능한 $q \leq 5e$인 경우에 대해, 전자 2를 잡아둘 수 있는 (a) 가장 큰, (b) 두 번째로 큰, (c) 세 번째로 큰 각도 θ를 구하여라.

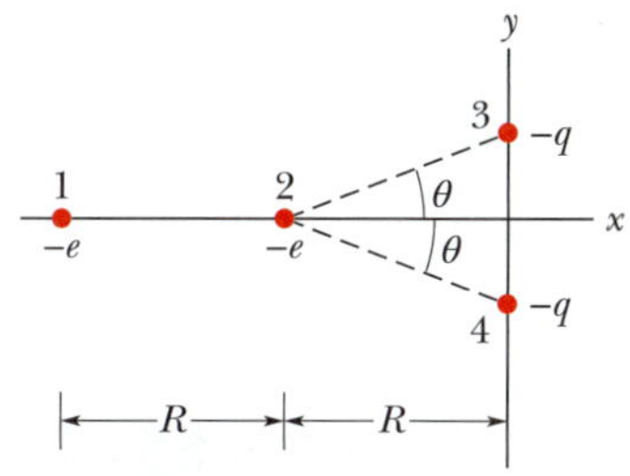

그림 21.9 연습문제 21

22 E BIO 사람의 가슴을 통하여 0.400 A 전류가 흐르면 심실세동을 일으켜서 심장박동의 규칙적인 리듬이 깨지고 뇌에 피(따라서 산소)가 흐르는 것을 막는다. 만약 2.00분 동안 이와 같은 전류가 지속하여 흐른다면 얼마나 많은 전도전자가 가슴을 통해서 흐르는가?

23 M 그림 21.10a에서 양으로 대전된 세 개의 입자가 x축 위에 고정되어 있다. 입자 B와 C는 서로 가까이 있어서 입자 A로부터 같은 거리에 있는 것으로 볼 수 있다. 입자 B와 C가 입자 A에 미치는 알짜힘은 음의 x축 방향으로 3.000×10^{-23} N이다. 그림 21.10b에서 입자 B는 입자 A의 반대 방향으로 이동했지만 입자 A로부터 여전히 같은 거리에 있다. 입자 A에 작용하는 알짜힘은 음의 x축 방향으로 2.000×10^{-24} N이다. q_C/q_B의 비율은 얼마인가?

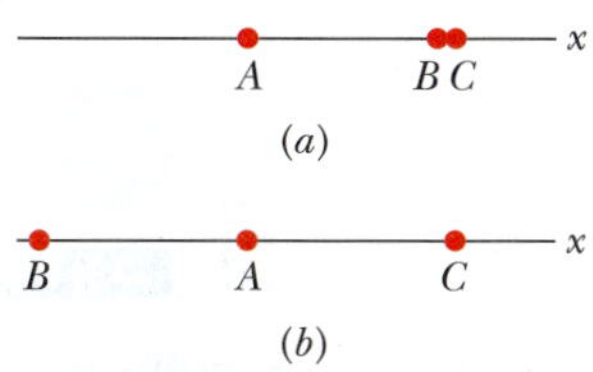

그림 21.10 연습문제 23

24 E 점전하 $q_1 = 26.0\ \mu$C과 $q_2 = -47.0\ \mu$C 사이의 정전기력의 크기가 14.0 N이면 전하 사이의 거리는 얼마인가?

25 H 그림 21.11a에 대전된 세 입자가 거리 d만큼 떨어져 있는 것을 나타내었다. 입자 A와 C는 x축 위에 고정되어 있지만, 입자 B는 입자 A를 중심으로 하는 원을 따라 움직일 수 있다. 원운동을 하면서 입자 A와 B 사이의 지름 거리는 양의 x축 방향에 대하여 각도 θ를 이룬다(그림 21.11b). 그림 21.11c는 두 상황에서 다른 입자가 입자 A에 작용하는 정전기력 F의 크기를 나타내는 그래프이다. 알짜힘 F_{net}는 각도 θ의 함수로 쓰고, 기본량 F_0의 배수로 나타내었다. 예를 들어 곡선 1의 경우 $\theta = 180°$에서 $F_{\text{net}} = 2F_0$임을 알 수 있다. (a) 곡선 1에서 입자 B의 전하와 입자 C의 전하의 (부호를 포함한) 비율은 얼마인가? (b) 곡선 2에서 이 비율은 얼마인가?

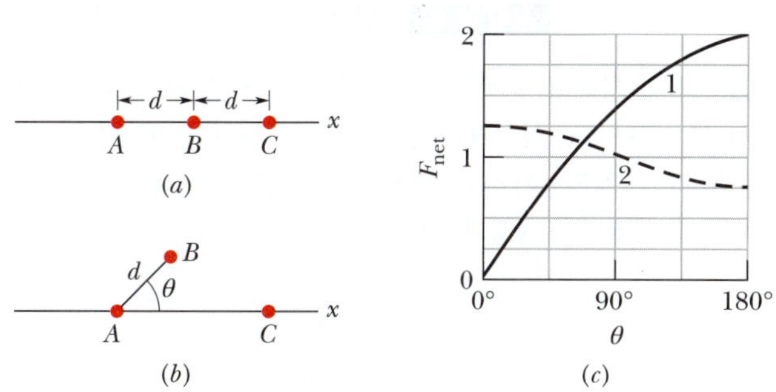

그림 21.11 연습문제 25

26 E 거리 7.48×10^{-10} m 떨어져 있는 동일한 두 개의 이온 사이에 작용하는 정전기력의 크기는 3.70×10^{-9} N이다. (a) 각 이온의 전하는 얼마인가? (b) (전하 불균형에 의해 이온을 만들기 위해) 각 이온에서 "제거된" 전자는 몇 개인가?

27 M 그림 21.12에서 세 개의 동일한 도체공에서 공 A의 전하는 $4Q$, 공 B는 $-6Q$, 공 C는 0이다. 공 A와 공 B는 고정되어 있고, 중심거리는 공의 크기보다 훨씬 크다. 실험 1에서 공 C를 공 A에 접촉시킨 다음 공 B에 접촉시키고 분리한다. 실험 2에서는 초기 전하는 같게 하고 순서를 바꾸어, 공 C를 공 B에 접촉시킨 다음 공 A에 접촉시키고 분리한다. 실험 2에서의 공 A와 공 B 사이의 정전기력과 실험 1에서의 공 A와 공 B 사이의 정전기력의 비율은 얼마인가?

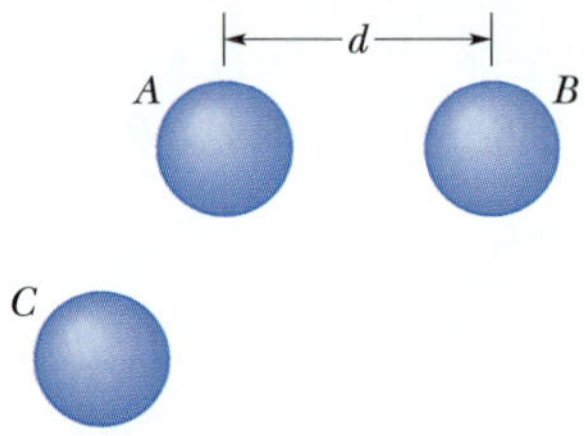

그림 21.12 연습문제 27

28 H CALC 안쪽 반지름이 4.0 cm이고 바깥쪽 반지름이 5.0 cm인 부도체 공 모양의 껍질은 안쪽과 바깥쪽 표면 사이의 부피에 전하가 불균일하게 분포한다. *부피전하밀도* ρ는 단위부피당 전하이고, 단위 세제곱미터당 쿨롱이다. 이 껍질에 대하여 $\rho = b/r$이고, 여기서 r은 공의 중심으로부터 거리이고, $b = 3.0\ \mu\text{C/m}^2$이다. 껍질의 알짜전하는 얼마인가?

29 M 그림 21.13a에서 (전하 q_1인) 입자 1과 (전하 q_2인) 입자 2가 x축 위에 4.00 cm 떨어져 고정되어 있다. 입자 3(전하 $q_3 = +8.00 \times 10^{-19}$ C)은 입자 1과 입자 2 사이에 놓여 있고, 알짜 정전기력 $\vec{F}_{3,\text{net}}$을 받는다. 그림 21.13b는 힘의 x 성분을 입자 3이 놓여 있는 x 좌표의 함수로 나타낸 그래프이며, x축의 눈금은 $x_s = 8.0$ cm이다. (a) 전하 q_1의 부호는 무엇인가? (b) q_2/q_1의 비율은 얼마인가?

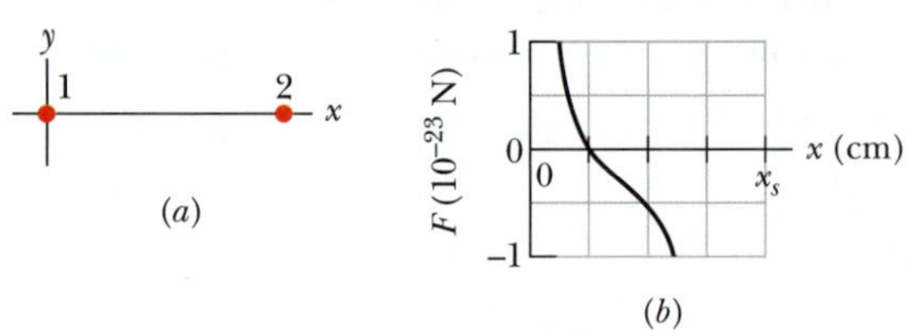

그림 21.13 연습문제 29

30 E 전자와 양전자는 *베타붕괴*로 알려진 중성자와 양성자의 핵변환에서 생성된다. (a) 양성자가 중성자로 변환된다면 전자가 생성되는가, 양전자가 생성되는가? (b) 중성자가 양성자로 변환된다면 전자가 생성되는가, 양전자가 생성되는가?

31 H 그림 21.14에서 전하 $q_1 = q_2 = +3.20 \times 10^{-19}$ C의 입자 1과 입자 2가 원점에서 y축으로 거리 $d = 22.0$ cm 떨어진 곳에 있다. $q_3 = +6.40 \times 10^{-19}$ C인 입자 3이 $x = 0$에서부터 $x = +5.0$ m까지 천천히 이동한다. 다른 두 입자가 입자 3에 작용하는 정전기력의 크기가 (a) 최소 (b) 최대가 되는 지점의 x 값은 각각 어디인가? (c) 최소, (d) 최대 크기는 얼마인가?

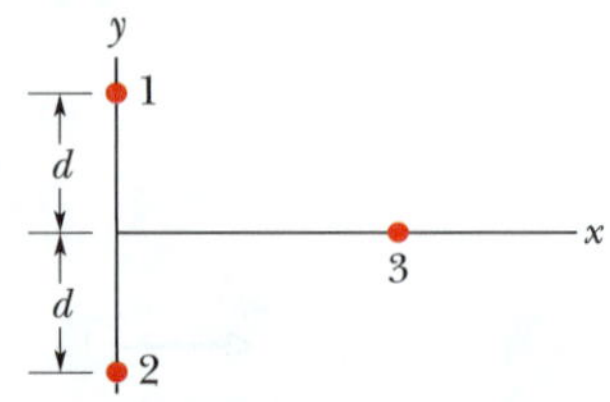

그림 21.14 연습문제 31

32 E 전하가 같은 두 입자를 3.2×10^{-3} m 거리에 두고, 정지상태에서 놓는다. 첫 번째 입자의 초기 가속도는 0.42 m/s^{2}이고 두 번째 입자의 초기 가속도는 9.0 m/s^{2}이다. 첫 번째 입자의 질량이 6.3×10^{-7} kg이면 (a) 두 번째 입자의 질량은 얼마인가? (b) 각 전하의 크기는 얼마인가?

33 M 그림 21.15a에서 입자 1과 2는 각각 전하가 20.0 μC이고 떨어진 거리는 $d = 0.50$ m이다. (a) 입자 2가 입자 1에 작용하는 정전기력의 크기는 얼마인가? 전하 20.0 μC의 입자 3을 그림 21.15b처럼 정삼각형이 되도록 놓았다. (b) 입자 2와 3이 입자 1에 작용하는 정전기력의 크기는 얼마인가?

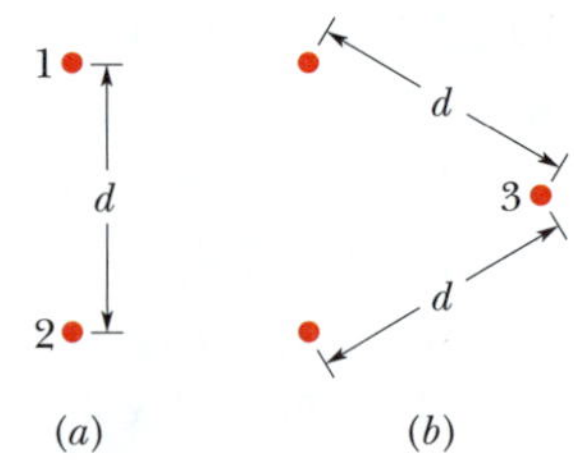

그림 21.15 연습문제 33

34 M 지구의 대기는 우주에서 오는 *우주선 양성자*와 지속적으로 충돌하고 있다. 이 양성자가 모두 대기를 통과한다면 지구 표면 1 제곱미터당 1초에 평균 1700개의 비율로 양성자가 떨어질 것이다. 이 경우에 지구 전체의 표면적을 통해 지나는 전류는 얼마인가?

35 M 동일한 두 도체 공의 중심을 20.0 cm 떼어 놓으면 0.108 N으로 서로 끌어당긴다. 두 공을 가는 도선으로 연결한다. 도선을 떼면 0.0360 N의 정전기력으로 서로 밀어낸다. 초기에 두 도체공 전하의 합이 양이라면, (a) 그들 중 음전하를 갖는 도체공과 (b) 나머지 양전하를 갖는 도체공의 초기 전하량은 얼마인가?

36 M 중성인 물 410 cm^3 안에 있는 양전하는 몇 쿨롱인가? (*힌트*: 수소 원자에는 한 개의 양성자가, 산소 원자에는 8개 양성자가 있다)

37 E 전하 $+3.00 \times 10^{-6}$ C인 입자가 전하 -1.50×10^{-6} C인 두 번째 전하와 5.30 cm 떨어져 있다. 두 입자 사이의 정전기력 크기를 구하여라.

제 22 장

전기장

Electric Fields

22.1 ▸ 전기장

요점 *Key Ideas*

1. 대전입자는 주위 공간에 (벡터량인) 전기장을 만든다. 두 번째 대전입자가 그 공간에 놓이면 그 위치에서 장의 크기와 방향에 의해 그 입자에 작용하는 정전기력이 작용한다.
2. 임의의 점에서 전기장 $\vec{E}$는 그곳에 양의 시험전하 q_0를 놓았을 때 받는 정전기력 $\vec{F}$로 정의한다.

$$\vec{E} = \frac{\vec{F}}{q_0}.$$

3. 전기장선을 이용하면 전기장의 방향과 크기를 시각화할 수 있다. 임의의 점에서 전기장 벡터는 그 점을 지나는 전기장선에 접한다. 한 영역에서 전기장선의 밀도는 그곳에서 전기장의 크기에 비례한다. 따라서 전기력선이 촘촘하게 있으면 전기장이 강하다.
4. 전기장선은 양의 전하에서 나오고 음의 전하에서 끝난다. 그러므로 양의 전하에서 나온 전기장선은 반드시 음의 전하에서 끝나야 한다.

학습목표 *Learning Objectives*

이 단원을 읽은 후 다음을 이해해야 한다.

22.1.1 대전입자 주위 공간의 모든 점에서 입자는 크기와 방향이 있는 벡터량인 전기장 $\vec{E}$를 만든다.

22.1.2 대전입자가 다른 대전입자와 직접 접촉하지 않더라도 정전기력 $\vec{F}$를 작용하는 것을 어떻게 전기장 $\vec{E}$를 이용하여 설명하는지 알아본다.

22.1.3 임의의 점에서 전기장을 측정하기 위해 (원리적으로) 작은 양의 시험전하를 사용하는 방법을 알아본다.

22.1.4 전기장선이 시작되고 끝나는 것과 이들 간격이 나타내는 것을 포함하여 전기장선에 대해 설명한다.

▶ 어떤 물리현상을 다루는가?

그림 22.1.1에 두 개의 양전하를 나타내었다. 입자 2가 있기 때문에 입자 1에 정전기력이 작용한다는 것을 앞 장에서 배웠다. 또한 힘의 방향을 알고, 약간의 자료만 있으면 힘의 크기를 계산할 수 있다. 그러나 여기에는 곤란한 문제가 숨어 있다. 입자 1은 입자 2가 있다는 것을 어떻게 "알까"? 즉 입자들은 서로 접촉하지 않는데 입자 2는 어떻게 입자 1을 밀어낼까? 어떻게 이와 같은 *원격작용*이 있을 수 있을까?

물리학의 목적 중 하나는 입자 1을 밀어내는 크기와 방향과 같은 우리 세상에 대한 관찰 사실을 기록하는 것이다. 다른 목적은 기록된 것을 설명하는 방법을 제시하는 것이다. 이 장에서는 원격 작용하는 전기력에 대한 곤란한 문제를 설명하려고 한다.

여기서 탐구할 설명은 다음과 같다. 입자 2는 입자 주위의 공간에, 그 공간이 진공이더라도, 어떤 점에서도 **전기장**을 만들어낸다. 이 공간 안의 임의의 점에 입자 1을 놓으면 입자 1은 입자 2가 이미 그 점에서 만들어 놓은 전기장에 영향을 받기 때문에 입자 2가 있다는 것을 알게 된다. 따라서 입자 2는 입자 1을 커피 머그를 접촉하여 미는 것처럼 접촉하지 않고도 밀 수 있다. 그 대신 입자 2는 자신이 만들어 놓은 전기장으로 입자 1을 미는 것이다.

그림 22.1.1 서로 접촉하지 않는데도 대전입자 1이 대전입자 2를 밀어낼 수 있는가?

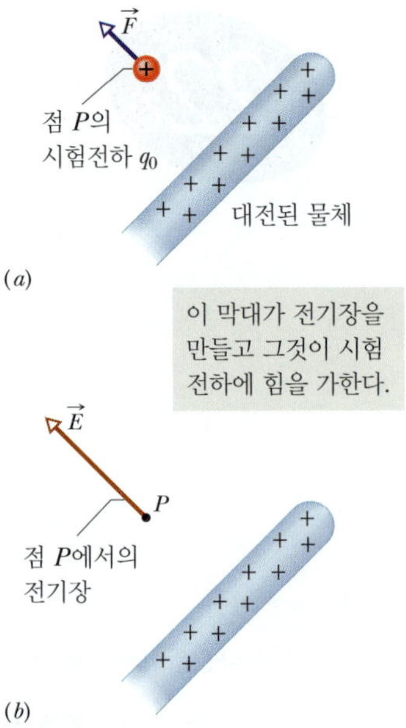

그림 22.1.2 (a) 양의 시험전하 q_0를 대전된 물체 근처의 점 P에 놓으면 정전기력 $\vec{F}$가 시험전하에 작용한다. (b) 대전된 물체가 점 P에 만드는 전기장 $\vec{E}$.

이 장에서의 목표는 다음과 같다. (1) 전기장을 정의하고 (2) 대전입자와 물체가 다양하게 배열되어 있는 경우 전기장을 계산하는 방법에 대해 논의하고 (3) 전기장이 대전입자를 (움직이게 하는 것처럼) 영향을 줄 수 있는가 논의하는 것이다.

▶ 전기장

과학과 공학에서 만든 다른 장이 사용된다. 예를 들어 강당에서 *온도장*은 강당 안의 많은 점에서 온도를 측정하여 구하는 온도의 분포이다. 마찬가지로 수영장에서 *압력장*을 정의할 수 있다. 이와 같은 장들은 모두 *스칼라장*에 대한 예이다. 왜냐하면 온도와 압력은 방향이 없고 크기만 있는 스칼라양이기 때문이다.

이와는 대조적으로 전기장은 *벡터장*이다. 왜냐하면 이것은 크기와 방향이 관련된 힘에 대한 정보를 전달하기 때문이다. 이 장은 대전된 물체 주위의 공간에서 각 점에 하나씩 주어지는 전기장 벡터 $\vec{E}$의 분포로 구성되어 있다. 원리상으로 그림 22.1.2a의 점 P와 같이 대전된 물체 주위의 한 점에서 이러한 과정으로 $\vec{E}$를 정의할 수 있다. P에서 작은 양의 전하 q_0를 놓는다. 이 전하를 *시험전하*라고 부르는데 이것을 이용하여 장을 시험하기 때문이다(전하가 작아야만 물체의 전하분포를 변화시키지 않는다). 그리고 시험전하에 작용하는 정전기력 $\vec{F}$를 측정한다. 그러면 이 점에서 전기장은 다음과 같다.

$$\vec{E} = \frac{\vec{F}}{q_0} \qquad \text{(전기장).} \tag{22.1.1}$$

시험전하는 양전하이므로, 식 22.1.1의 두 벡터는 같은 방향을 향하고, 따라서 $\vec{E}$의 방향은 측정한 $\vec{F}$의 방향이다. 점 P에서 $\vec{E}$의 크기는 F/q_0이다. 그림 22.1.2b처럼 전기장을 측정이 이루어진 점에서 꼬리가 시작되는 화살표로 나타낼 수 있다(이것은 사소하게 들릴지 모르지만, 다른 방법으로 벡터를 그리면 실수하기 쉽다. 또한 다른 흔한 실수는 *힘*과 *장*이라는 용어를 섞어서 사용하는 것이다. 전기력은 밀거나 잡아당기는 것이다. 전기장은 대전된 물체가 만드는 추상적인 성질이다). 식 22.1.1로부터 전기장에 대한 SI 단위는 N/C임을 알 수 있다.

시험전하를 여러 다른 점으로 움직여서 그곳의 전기장을 측정할 수 있으므로 대전된 물체가 만드는 전기장의 분포를 알아낼 수 있다. 이 장은 시험전하와는 무관하게 존재한다. 이것은 대전된 물체가 (진공까지도 포함한) 주위의 공간에 만드는 것이고, 이것을 측정하는 과정과는 무관하다.

다음 여러 단원에서 대전입자와 여러 대전된 물체 주위의 장을 결정할 것이다. 그러나 우선 전기장을 시각화하는 방법을 조사해보자.

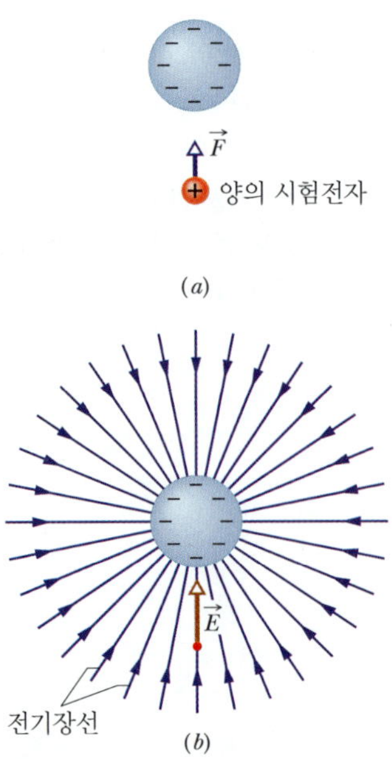

그림 22.1.3 (a) 균일한 음전하 공 근처에 있는 양의 시험전하에 작용하는 정전기력 $\vec{F}$. (b) 시험전하의 위치에서 전기장 벡터 $\vec{E}$와 공 근처의 전기장선은 음으로 대전된 공으로 *향하고* 있다.

▶ 전기장선

방 안의 공간을 살펴보자. 이 공간에 있는 벡터장, 즉 크기와 방향이 다른 벡터를 시각화할 수 있는가? 불가능해 보이지만 19세기에 전기장의 개념을 도입한 Michael Faraday는 그 방법을 찾았다. 그는 지금은 **전기장선**이라고 부르는 주어진 대전입자나 물체 주위의 공간에 선을 그렸다.

그림 22.1.3에는 구에 음의 전하가 균일하게 퍼져 있는 예제를 나타내었다. 이 구 주위에 있는 임의의 점에 양의 시험전하를 놓으면(그림 22.1.3a) 이 전하를 구의 중심으로 잡아당기는 정전기력이 생긴다. 따라서 구 주위의 모든 점에서 전기장 벡터는 구 방향으로 지름 방향 안쪽으로 향한다. 이 전기장을 그림 22.1.3b에 있는 전기장선으로 나타낼

수 있다. 그림에 나타난 점과 같은 임의의 점에서 그 점을 지나는 장선의 방향은 그 점에서의 전기장 벡터 방향과 같다.

전기장을 그리는 규칙은 다음과 같다: (1) 임의의 점에서 전기장 벡터는 그 점을 지나는 전기장선에 접하고, 방향은 같다(선이 직선인 그림 22.1.3의 경우는 쉽지만 곡선도 곧 보게 될 것이다). (2) 장선에 수직인 평면에서 선의 상대적인 밀도가 그곳의 장의 상대적인 크기를 나타낸다. 즉 밀도가 크면 크기도 크다.

그림 22.1.3에 있는 구가 양의 전하로 균일하게 덮여 있다면 그 주위의 모든 점에서 전기장 벡터는 지름 방향으로 바깥쪽을 향할 것이고, 따라서 전기장선도 그럴 것이다. 그러므로 다음의 규칙을 얻는다.

> 전기장선은 (전기장선이 출발하는) 양의 전하에서 나가고, (전기장선이 끝나는) 음의 전하로 들어간다.

그림 22.1.3*b*에서 전기장은 나타나 있지는 않지만 먼 곳에 있는 양의 전하에서 나온 것이다.

다른 예제로 그림 22.1.4*a*를 보면 무한히 큰 부도체 *평면*의 한쪽 면에 양의 전하가 균일하게 분포되어 있다(어느 쪽이든). 이 면 근처에 있는 임의의 점에 양의 시험전하를 놓으면 이 입자에 작용하는 정전기력은 바깥쪽을 향하고 면에 수직하다. 수직 방향이 그럴 듯한 것은 예를 들어 위를 향하는 힘 성분이 있다면 아래 방향으로 향하는 똑같은 성분이 균형을 이룰 것이기 때문이다. 이 때문에 밖으로 향하는 성분만 남으므로 그림 22.1.4*b*와 *c*에서 보듯이 전기장 벡터와 전기장선은 밖으로 향하며 면에 수직하다.

평면의 전하가 균일하므로 전기장 벡터와 전기장선도 균일하다. 이와 같은 장을 *균일한 전기장*이라고 한다. 즉 전기장은 모든 점에서 크기와 방향이 같다(이것은 점마다 변하는 *불균일장*보다 훨씬 다루기 쉽다). 물론 무한히 퍼진 평면은 없다. 이것은 면의 크기에 비해 면 가까이 있는 점에서, 그리고 모서리 근처가 아닌 곳에서 전기장을 측정한다는 뜻이다.

그림 22.1.5에는 같은 양의 전하를 갖는 두 입자에 대한 전기장선을 나타내었다. 여기서는 전기장선이 휘어 있지만 위의 규칙은 그대로 성립한다. (1) 임의의 주어진 점에서

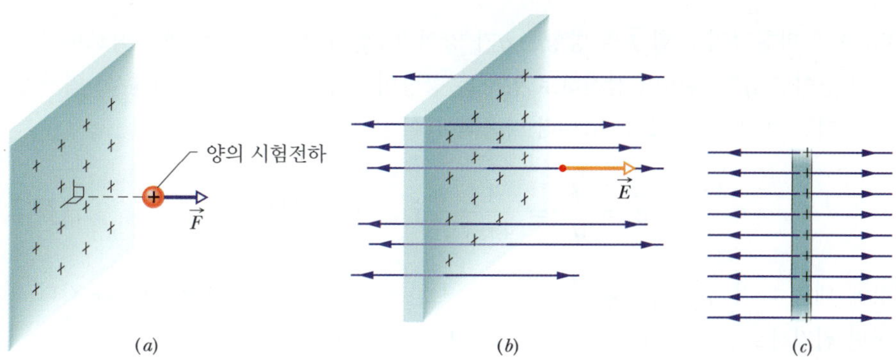

그림 22.1.4 (*a*) 양전하가 한 면에 균일하게 분포된 매우 큰 부도체판 근처에 있는 양의 시험전하에 작용하는 정전기력 $\vec{F}$. (*b*) 시험전하 위치에서의 전기장 벡터 $\vec{E}$와 부도체판 근처 공간에서의 전기장선. 전기장선은 양으로 대전된 판으로부터 멀어지는 방향으로 뻗어나간다. (*c*) (*b*)를 옆에서 본 그림.

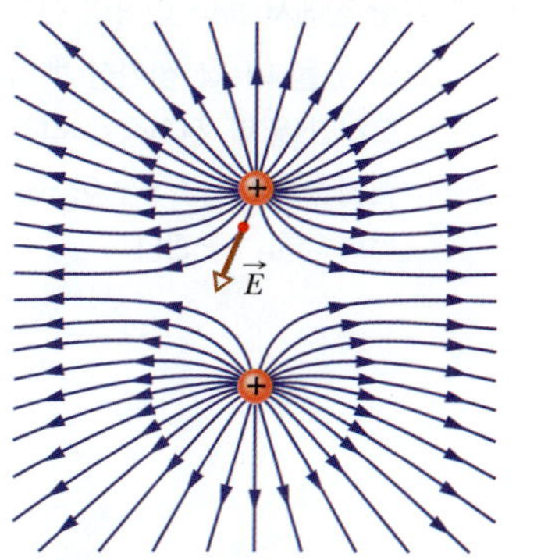

그림 22.1.5 같은 양의 전하를 갖는 두 입자에 대한 전기장선. 이 형태 자체를 보면 입자들이 서로 밀고 있다는 것이 보이지 않는가?

전기장 벡터는 그 점의 장선에 접하고 한 벡터에 대해 보였듯이 방향은 같다. (2) 촘촘한 간격은 전기장의 크기가 크다는 것을 의미한다. 입자 주위의 장선의 완전한 삼차원 형태를 상상해보려면 그림 22.1.5의 형태를 두 입자를 지나는 수직성인 *대칭축*에 대해 머릿속에서 회전시키면 된다.

확인문제 22.1.1

전기장선이 실험실 너머 오른쪽 대전판에서 왼쪽 대전판으로 퍼져 있다. 왼쪽 판은 양으로 대전되었는가, 혹은 음으로 대전되었는가?

22.2 ▸ 점전하가 만드는 전기장

학습목표_Learning Objectives

이 단원을 읽은 후 다음을 이해해야 한다.

22.2.1 대전입자를 부호까지 포함하여 그리고, 주위의 한 점을 잡고 그 점에서 꼬리가 시작되는 전기장 벡터 $\vec{E}$를 그린다.

22.2.2 대전입자의 전기장 안의 한 점에서 입자가 양으로 대전되었을 때와 음으로 대전되었을 때 전기장 벡터 $\vec{E}$의 방향을 구한다.

22.2.3 대전입자의 전기장 안의 한 점에서 장의 크기 E, 전하의 크기 $|q|$와 그 점과 입자 사이의 거리 r 사이의 관계를 구한다.

22.2.4 여기서 주어진 전기장의 크기에 대한 식은 크기가 있는 물체가 아닌 입자에만 적용된다.

22.2.5 한 점에서 하나 이상의 전기장이 있을 때 각 전기장 벡터를 그리고 알짜 전기장은 각각의 전기장을 (스칼라가 아닌) 벡터로 더하여 구한다.

요점_Key Ideas

1. 전하 q인 입자에서 거리 r만큼 떨어진 곳에서 만들어진 전기장 $\vec{E}$의 크기는 다음과 같다.

$$E = \frac{1}{4\pi\varepsilon_0}\frac{|q|}{r^2}.$$

2. 양으로 대전된 입자가 만드는 전기장 벡터는 입자로부터 멀어지는 방향을 향한다. 음으로 대전된 입자에 의해 만들어진 전기장은 입자를 향하는 방향이다.
3. 하나 이상의 대전입자가 한 점에서 전기장을 만들면 알짜 전기장은 각각의 전기장의 *벡터합*이다. 전기장은 중첩원리를 따른다.

▶ 점전하가 만드는 전기장

대전입자(또는 *점전하*)가 만드는 전기장을 구하기 위해서 점전하로부터 거리 r인 곳에 양의 시험전하를 놓는다. Coulomb의 법칙(식 21.1.4)에 따라 전하 q_0인 입자에 의해 시험전하에 작용하는 정전기력은

$$\vec{F} = \frac{1}{4\pi\varepsilon_0}\frac{qq_0}{r^2}\hat{\mathrm{r}}$$

이다. 전과 마찬가지로 힘 $\vec{F}$의 방향은 q가 양이면 (q_0가 양수이므로) 점전하로부터 멀어지는 방향이고, q가 음이면 점전하로 향하는 방향이다. (시험전하의 위치에서) 입자가 만드는 전기장 벡터는 식 22.2.1로부터 다음과 같이 쓸 수 있다.

$$\vec{E} = \frac{\vec{F}}{q_0} = \frac{1}{4\pi\varepsilon_0}\frac{q}{r^2}\hat{\mathrm{r}} \qquad \text{(대전입자)}. \qquad (22.2.1)$$

방향에 대해 다시 생각해보자. $\vec{E}$의 방향은 시험전하에 작용하는 힘의 방향과 같다. q가 양이면 점전하로부터 멀어지는 방향이고 q가 음이면 점전하로 향하는 방향이다.

그러므로 다른 대전입자가 주어지면 전하 q의 부호만 보면 그 근처의 전기장 벡터의 방향을 바로 결정할 수 있다. 주어진 거리 r에서 크기는 식 22.2.2를 크기에 대한 형태로 써서 구할 수 있다.

$$E = \frac{1}{4\pi\varepsilon_0}\frac{|q|}{r^2} \quad (\text{대전입자}). \tag{22.2.2}$$

q가 음수일 때 음의 E를 얻는 위험을 피하기 위해 $|q|$로 쓰고, 음의 부호는 방향과 관련된 것으로 생각한다. 식 22.2.2로는 E의 크기만 구할 수 있다. 방향에 대해서는 따로 생각해야 한다.

그림 22.2.1에는 한 양의 대전입자 주위의 점들에서 전기장 벡터를 나타내었지만 조심해야 한다. 각 벡터는 화살표의 꼬리가 있는 점에서 벡터량을 나타낸다. 이 벡터는 변위벡터처럼 "이곳"에서 "저곳"으로 뻗어 있는 어떤 것이 아니다.

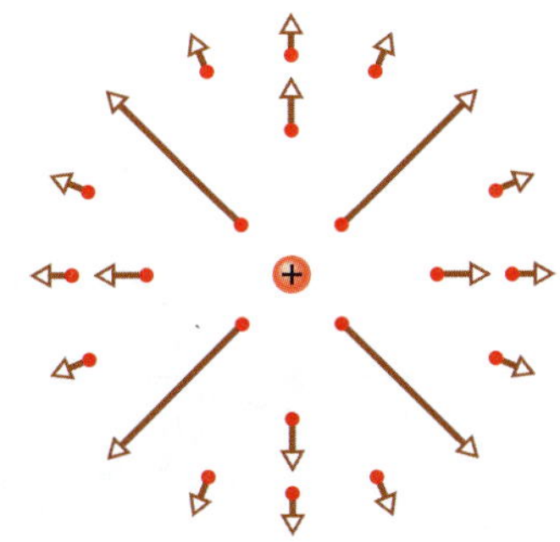

그림 22.2.1 양의 점전하 주위의 전기장 벡터.

일반적으로 여러 대전입자에 의해 주어진 점에서 여러 전기장이 만들어지면 알짜장은 양의 시험전하를 그 점에 놓고 입자 1에 의한 $\vec{F}_{01}$과 같이 각 입자에 의해 작용하는 힘을 써서 구한다. 힘은 중첩원리를 만족하므로 이 힘을 벡터로 더하면 된다.

$$\vec{F}_0 = \vec{F}_{01} + \vec{F}_{02} + \cdots + \vec{F}_{0n}.$$

전기장으로 바꾸기 위해서는 각각의 힘에 대해 식 22.1.1을 반복적으로 사용한다.

$$\begin{aligned}\vec{E} &= \frac{\vec{F}_0}{q_0} = \frac{\vec{F}_{01}}{q_0} + \frac{\vec{F}_{02}}{q_0} + \cdots + \frac{\vec{F}_{0n}}{q_0} \\ &= \vec{E}_1 + \vec{E}_2 + \cdots + \vec{E}_n.\end{aligned} \tag{22.2.3}$$

따라서 전기장 또한 중첩원리를 만족한다. 여러 입자에 의해 주어진 위치에서 만들어진 알짜 전기장을 구하려면 (입자 1에 의한 $\vec{E}_1$과 같이) 각 입자에 의한 전기장을 구하고 이 장의 벡터합을 구한다(정전기력과 마찬가지로 그저 크기만을 구할 수는 없다). 이 전기장의 덧셈이 많은 숙제문제의 주제이다.

확인문제 22.2.1

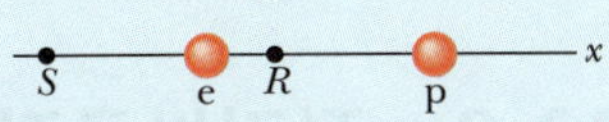

그림은 x축 위에 있는 양성자 p와 전자 e이다. (*a*) 점 S에 있는 전자와 (*b*) 점 R에 있는 전자가 만드는 전기장의 방향은 무엇인가? (*c*) 점 R과 (*d*) 점 S에서 알짜 전기장의 방향은 무엇인가?

보기문제 22.2.1 세 대전입자에 의한 알짜 전기장

그림 22.2.2*a*에 각각 $q_1 = +2Q$, $q_2 = -2Q$, $q_3 = -4Q$로 대전된 세 입자가 있다. 세 입자는 원점으로부터 d만큼 떨어져 있다. 원점에서 알짜 전기장은 얼마인가?

요점

대전된 세 입자 q_1, q_2, q_3가 원점에 각각 전기장 $\vec{E}_1, \vec{E}_2, \vec{E}_3$를 만들고, 알짜 전기장은 세 벡터의 합 $\vec{E} = \vec{E}_1 + \vec{E}_2 + \vec{E}_3$이다. 이 합을 구하려면 먼저 이 세 전기장 벡터의 크기와 방향을 구해야 한다.

크기와 방향: q_1이 만드는 $\vec{E}_1$의 크기를 구하기 위해 식 22.2.2를 이용하고 r을 d로, q를 $2Q$로 바꾸면 다음을 얻는다.

$$E_1 = \frac{1}{4\pi\varepsilon_0}\frac{2Q}{d^2}.$$

마찬가지로 $\vec{E}_2$와 $\vec{E}_3$의 크기를 다음과 같이 구할 수 있다.

$$E_2 = \frac{1}{4\pi\varepsilon_0}\frac{2Q}{d^2}, \qquad E_3 = \frac{1}{4\pi\varepsilon_0}\frac{4Q}{d^2}.$$

다음에는 원점에서 세 전기장 벡터의 방향을 구해야 한다. q_1이 양전하이기 때문에 전기장 벡터는 q_1에서 *나오는* 방향으로 생기고, q_2, q_3은 음전하이기 때문에 전기장 벡터는 각 전하 쪽으로 *향하는* 방향이 된다. 그러므로 원점에서 세

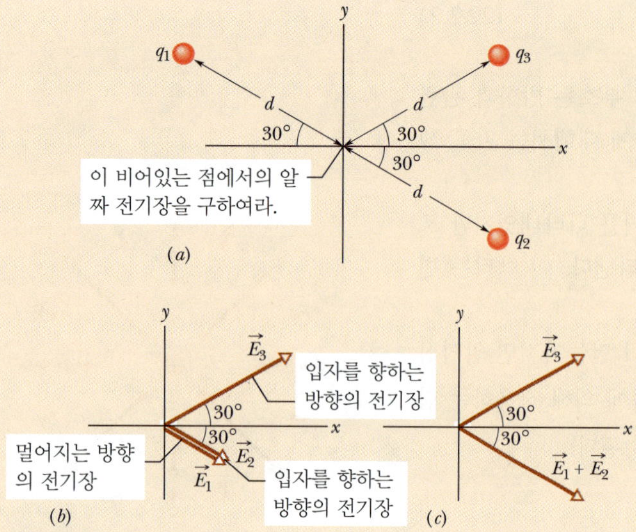

그림 22.2.2 (*a*) 원점에서 같은 거리 d에 있는 전하량이 각각 q_1, q_2, q_3인 세 입자. (*b*) 세 입자가 만드는 전기장 벡터 $\vec{E}_1$, $\vec{E}_2$, $\vec{E}_3$. (*c*) 원점에서의 전기장 벡터 $\vec{E}_3$와 $\vec{E}_1 + \vec{E}_2$.

전하가 만드는 전기장 벡터는 그림 22.2.2*b*와 같다(*주의*: 벡터의 꼬리를 전기장을 계산하려는 점에 놓는다. 이렇게 하면 실수를 줄일 수 있다. 전기장을 만드는 입자에 벡터 꼬리를 붙이면 실수하기 쉽다).

전기장 더하기: 21장에서 힘 벡터를 더한 것과 같이 전기장을 더할 수 있다. 그러나 과정을 단순화시키기 위하여 대칭성을 이용하는 것이 좋다. 그림 22.2.2*b*에서 $\vec{E}_1$과 $\vec{E}_2$는 같은 방향임을 알 수 있다. 따라서 두 벡터의 합은 같은 방향이고, 크기는

$$E_1 + E_2 = \frac{1}{4\pi\varepsilon_0}\frac{2Q}{d^2} + \frac{1}{4\pi\varepsilon_0}\frac{2Q}{d^2} = \frac{1}{4\pi\varepsilon_0}\frac{4Q}{d^2}$$

로 $\vec{E}_3$의 크기와 같다.

이제 $\vec{E}_3$와 $\vec{E}_1 + \vec{E}_2$의 벡터합을 구할 차례이다. 그림 22.2.2*c*처럼 벡터는 크기가 같고 x축에 대해 대칭이다. 그림 22.2.2*c*의 대칭성 때문에 두 벡터의 y축 성분은 (하나는 위, 다른 하나는 아래이므로) 상쇄되고 x축 성분은 (둘 다 오른쪽이므로) 더해지게 된다. 그러므로 원점에서의 알짜 전기장 $\vec{E}$는 x축 양의 방향이고 크기는 다음과 같다.

$$E = 2E_{3x} = 2E_3 \cos 30° = (2)\frac{1}{4\pi\varepsilon_0}\frac{4Q}{d^2}(0.866) = \frac{6.93Q}{4\pi\varepsilon_0 d^2}.$$ (답)

▶ **교육용 비디오는 웹사이트 www.wiley.com에서 볼 수 있다.**

22.3 ▸ 전기쌍극자가 만드는 전기장

학습목표_Learning Objectives

이 단원을 읽은 후 다음을 이해해야 한다.

22.3.1 전기쌍극자를 구하고, (크기와 부호를 포함한) 전하와 쌍극자 축과 전기쌍극자 모멘트의 방향을 지정한다.

22.3.2 쌍극자축을 따라 전하 사이를 포함한 임의의 점에서 전기장의 방향을 구한다.

22.3.3 전기쌍극자에 의한 전기장에 대한 식이 쌍극자를 이루는 각각의 대전입자에 의한 전기장에 대한 식에서 어떻게 유도되는지 설명한다.

22.3.4 한 개의 대전입자와 하나의 전

요점_Key Ideas

1. 전기쌍극자는 전하의 크기는 q로 같지만 부호가 반대인 두 입자가 작은 거리 d만큼 떨어져 있는 것이다.
2. 전기쌍극자 모멘트 $\vec{p}$의 크기는 qd이고, 그 방향은 음의 전하에서 양의 전하를 향한다.
3. (두 입자를 모두 지나는) 쌍극자축을 따라 먼 점에서 전기쌍극자에 의해 만들어지는 전기장의 크기는 qd의 곱, 즉 쌍극자모멘트의 크기 p를 이용하여 다음과 같이 쓸 수 있다.

$$E = \frac{1}{2\pi\varepsilon_0}\frac{qd}{z^3} = \frac{1}{2\pi\varepsilon_0}\frac{p}{z^3}.$$

여기서 z는 그 점과 쌍극자 중심 사이의 거리이다.

4. 전기쌍극자에 의한 전기장의 크기는 $1/z^3$에 의존하므로 쌍극자를 이루는 각각의 전하가 만드는 $1/r^2$에 비례하는 전기장의 크기에 비해 거리에 따라 훨씬 빨리 감소한다.

▶ 전기쌍극자가 만드는 전기장

그림 22.3.1에는 전하의 크기는 q로 같지만 반대의 부호를 갖는 두 입자에 의한 전기장선의 형태를 나타내었다. 이러한 전하의 배열은 매우 자주 나타나는 중요한 배열로 **전기 쌍극자**라고 한다. 입자는 거리 d만큼 떨어져 있고, *쌍극자축*에 놓여 있다. 이 축은 그림 22.3.1의 형태를 회전시켜도 변하지 않는 대칭축이다. 이제 쌍극자축 위에서 쌍극자의 중점으로부터 거리 z만큼 떨어져 있는 임의의 점 P에서 생기는 전기장 $\vec{E}$의 크기와 방향만을 고려하겠다.

그림 22.3.2a에 각 입자가 P에서 만드는 전기장을 나타내었다. 전하 $+q$인 가까운 입자는 전기장 $E_{(+)}$를 만드는데, 그 방향은 (입자로부터 직접 나가는) z축의 양의 방향이다. 전하 $-q$인 멀리 있는 입자는 (입자로 향하는) 음의 방향으로 더 작은 전기장 $E_{(-)}$를 만든다. 이제 식 22.2.3으로 주어지는 점 P에서 알짜 전기장을 구해야 한다. 그러나 전기장 벡터는 같은 축을 향하고 있기 때문에 한 축을 따라 작용하는 힘을 취급한 것처럼 벡터의 방향을 +, − 부호로 지정하자. 그러면 P에서 알짜장의 크기를 다음과 같이 쓸 수 있다.

$$\begin{aligned} E &= E_{(+)} - E_{(-)} \\ &= \frac{1}{4\pi\varepsilon_0}\frac{q}{r_{(+)}^2} - \frac{1}{4\pi\varepsilon_0}\frac{q}{r_{(-)}^2} \\ &= \frac{q}{4\pi\varepsilon_0(z-\frac{1}{2}d)^2} - \frac{q}{4\pi\varepsilon_0(z+\frac{1}{2}d)^2}. \end{aligned} \tag{22.3.1}$$

이를 다시 정리하여

$$E = \frac{q}{4\pi\varepsilon_0 z^2}\left(\frac{1}{\left(1-\dfrac{d}{2z}\right)^2} - \frac{1}{\left(1+\dfrac{d}{2z}\right)^2}\right) \tag{22.3.2}$$

으로 쓸 수 있다. 분모를 통분하면 다음을 얻는다.

$$E = \frac{q}{4\pi\varepsilon_0 z^2}\frac{2d/z}{\left(1-\left(\dfrac{d}{2z}\right)^2\right)^2} = \frac{q}{2\pi\varepsilon_0 z^3}\frac{d}{\left(1-\left(\dfrac{d}{2z}\right)^2\right)^2}. \tag{22.3.3}$$

일반적으로 쌍극자의 크기에 비해 충분히 멀리 떨어진, 즉 $z \gg d$인 곳에서 쌍극자의 전기적 효과가 물리학적으로 관심의 대상이다. 이처럼 먼 거리에서는 식 22.3.3에 $d/2z \ll 1$을 적용할 수 있다. 따라서 이렇게 근사하면 분모에서 $d/2z$항을 무시할 수 있으므로

$$E = \frac{1}{2\pi\varepsilon_0}\frac{qd}{z^3} \tag{22.3.4}$$

으로 쓸 수 있다.

쌍극자에 관한 두 물리량 q와 d의 곱 qd를 **전기 쌍극자모멘트** $\vec{p}$($\vec{p}$의 단위는 쿨롱-미터)라고 한다. 이를 이용하여 식 22.3.4를 다음과 같이 쓸 수 있다.

$$E = \frac{1}{2\pi\varepsilon_0}\frac{p}{z^3} \quad (\text{전기쌍극자}). \tag{22.3.5}$$

기쌍극자에 대해 전기장의 크기가 거리가 증가함에 따라 감소하는 비율을 비교한다. 즉 어느 것이 더 빨리 감소하는지 결정한다.

22.3.5 전기쌍극자에 대해 쌍극자모멘트의 크기 p, 전하 사이의 거리 d, 각 전하의 크기 q 사이의 관계를 구한다.

22.3.6 쌍극자축을 따라 임의의 먼 점에 대해 전기장의 크기 E, 쌍극자 중심으로부터의 거리 z와 쌍극자모멘트 크기 p, 혹은 전하의 크기 q와 전하 사이의 거리 d의 곱 사이의 관계를 구한다.

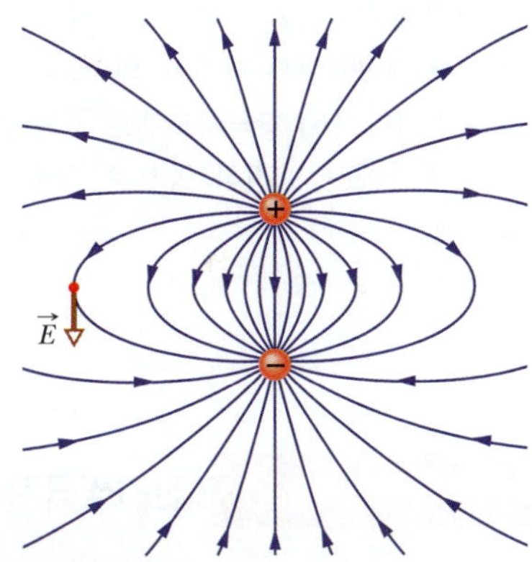

그림 22.3.1 전기쌍극자 주위의 전기장선의 모양. 한 점에서의 전기장은 (그 점을 지나는 전기장선에 접하는) 전기장 벡터 $\vec{E}$를 나타내었다.

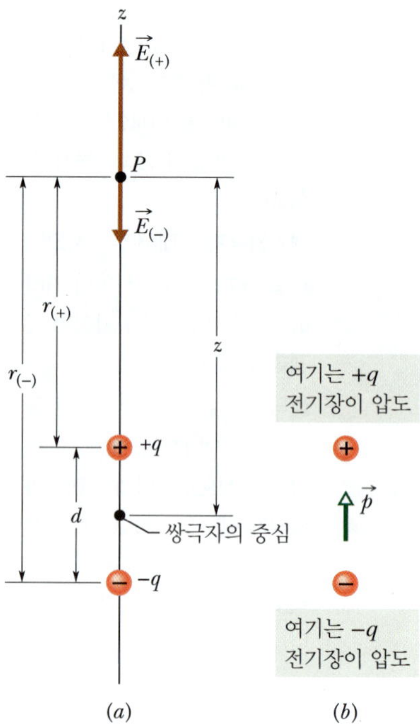

그림 22.3.2 (*a*) 전기쌍극자. 두 전하로 이루어진 쌍극자의 축 위의 한 점 *P*에 생기는 전기장 $\vec{E}_{(+)}$와 $\vec{E}_{(-)}$. *P*는 쌍극자를 구성하는 두 전하로부터 각각 $r_{(+)}$와 $r_{(-)}$에 위치하는 점이다. (*b*) 쌍극자모멘트 $\vec{p}$의 방향은 음전하에서 양전하 쪽으로 향하는 방향이다.

여기서 $\vec{p}$의 방향은 그림 22.3.2*b*처럼 음전하에서 시작하여 양전하에서 끝나도록 취한다. 이러한 $\vec{p}$의 방향을 이용하여 전기쌍극자의 방향을 표시한다.

식 22.3.5에 의하면 먼 거리에서 쌍극자의 전기장을 측정할 때 q와 d를 분리시켜 측정할 수 없고, 단지 q와 d의 곱으로만 측정할 수 있다. 예를 들어 q가 두 배로 늘어나고 d가 반으로 줄더라도 먼 거리에서의 전기장은 변하지 않는다. 식 22.3.5는 쌍극자 축 위에서만 적용할 수 있는 결과이지만, 조금 더 생각해 보면 쌍극자가 만드는 $\vec{E}$는 쌍극자가 축에 있든 없든 멀리 떨어진 모든 곳에서 $1/r^3$로 변한다는 사실을 알 수 있다. 여기서 r은 쌍극자의 중심에서 전기장을 측정하고자 하는 지점까지의 거리이다.

그림 22.3.2와 22.3.1의 전기장선을 보면 쌍극자의 축 위에서 멀리 떨어진 점에서 $\vec{E}$의 방향은 항상 쌍극자모멘트 벡터 $\vec{p}$의 방향이다. 이것은 그림 22.3.2*a*에서 점 *P*가 쌍극자축의 위가 아니라 아래에 있어도 마찬가지이다.

식 22.3.2에서 쌍극자로부터의 거리를 두 배로 늘리면 그 점에서 전기장은 1/8로 줄어든다는 것을 알 수 있다. 그러나 단일 점전하로부터 거리를 두 배로 증가시키면(식 22.2.2 참조), 전기장은 1/4로 줄어든다. 따라서 쌍극자의 전기장은 단일 전하가 만드는 전기장보다 거리에 따라 더 급격히 줄어든다. 쌍극자에서 전기장이 이같이 급격히 줄어드는 물리적 이유는 멀리 떨어진 점에서 볼 때 쌍극자는 크기는 같고 부호가 반대인 두 개의 전하가 거의 한 점에 모여 있기 때문이다. 즉 멀리 떨어진 점에서 각각의 전하가 만드는 전기장은 완전하지는 않지만 거의 상쇄된다.

확인문제 22.3.1

쌍극자축 위의 먼 점에서 전기장 $\vec{E}$의 방향과 (a) 쌍극자 위 (b) 쌍극자 아래의 점에서 쌍극자 모멘트 벡터 $\vec{p}$와 어떤 관계가 있는가?

보기문제 22.3.1 전기쌍극자와 대기의 도깨비불

그림 22.3.3*a*는 거대한 폭풍우 위쪽에 발생한 도깨비불이다. 야간 비행 중인 비행기 조종사는 수없이 보아왔지만 도깨비불이 미약하고 희미하여 단순한 환상으로만 여겨왔다. 그러다가 1990년대에 도깨비불을 영상으로 찍을 수 있었지만, 지면과 폭풍우 사이에 강력한 번개가 발생할 때, 특히 지면에서 폭풍우의 아랫부분으로 거대한 양의 음전하가 이동할 때, 도깨비불이 생기는 것으로 믿는 것 외에는 이해를 잘 못하고 있다(그림 22.3.3*b*).

전하의 이동이 일어나자마자 지면은 복잡한 양전하 분포를 띠게 된다. 그러나 구름과 지면 사이의 전하가 만드는 전기장을 구름의 높이 h에 있는 전하 $-q$와 지면 아래쪽 $-h$에 있는 전하 $+q$ 사이의 수직한 전기쌍극자(그림 22.3.3*c* 참조)로 가정하면 이 문제를 간단히 풀 수 있다. 만약 $q = 200$ C이고 $h = 6.0$ km라면, 구름 위의 고도 $z_1 = 30$ km인 지점과 성층권 위의 고도 $z_2 = 60$ km인 지점에서 쌍극자가 만드는 전기장의 크기는 얼마인가?

요점

전기쌍극자의 전기장 E를 쌍극자축에서 식 22.3.4를 이용하여 구할 수 있다.

풀이: 전기쌍극자의 전기장 크기는 다음과 같다.

$$E = \frac{1}{2\pi\varepsilon_0}\frac{q(2h)}{z^3}.$$

여기서 $2h$는 그림 22.3.3*c*처럼 $-q$와 $+q$ 사이의 거리이다. $z_1 = 30$ km인 지점에서 전기장의 크기는

$$E = \frac{1}{2\pi\varepsilon_0}\frac{(200\ \text{C})(2)(6.0\times10^3\ \text{m})}{(30\times10^3\ \text{m})^3}$$
$$= 1.6\times10^3\ \text{N/C}$$

(답)

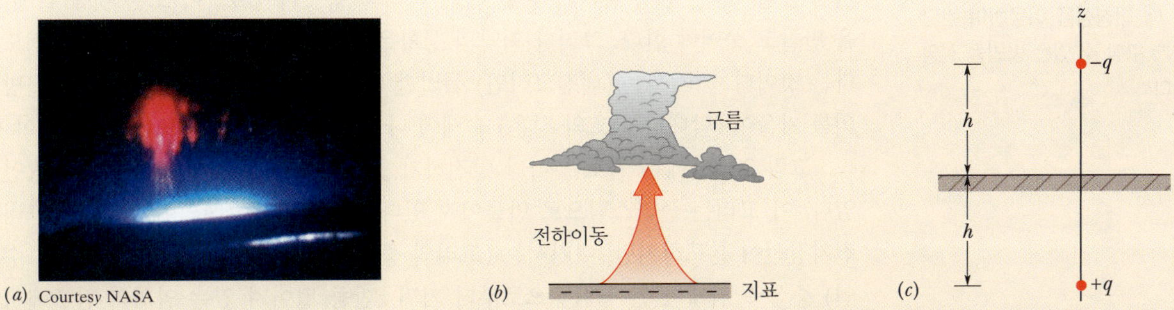

그림 22.3.3 (a) 도깨비불 사진. (b) 지면에서 구름 아래쪽으로 많은 양의 음전하를 이동시키는 번개. (c) 수직한 전기쌍극자로 나타낸 구름-지면계의 모형.

이다. 마찬가지로 z_2 = 60 km인 지점에서 전기장의 크기는 다음과 같다.

$$E = 2.0 \times 10^2 \text{ N/C}. \quad \text{(답)}$$

22.6단원에서 설명하겠지만, 전기장의 크기가 어떤 특정한 값 E_c를 넘어가면 전기장은 원자에서 전자를 떼어낼 수 있고(원자의 이온화), 원자에서 풀려난 전자는 다른 원자로 뛰어들 수 있어서, 결국은 원자가 빛을 내게 된다. E_c의 값은 전기장이 존재하는 대기 중의 밀도에 의해 결정된다. z_2 = 60 km인 지점에서 대기의 밀도는 매우 낮아서 $E = 2.0 \times 10^2$ N/C이 E_c의 값을 넘어서므로 공기 중의 원자에서 빛이 방출된다. 이 빛이 바로 "도깨비불"을 만드는 것이다. 그보다 낮은 구역에서, 구름의 바로 아래인 z_1 = 30 km인 지점에서는 대기의 밀도가 훨씬 높기 때문에 $E = 1.6 \times 10^3$ N/C은 E_c를 넘어서지 못하므로 어떤 빛도 방출하지 못한다. 따라서 "도깨비불"은 폭풍우의 위쪽에서만 나타난다.

▶ **교육용 비디오는 웹사이트 www.wiley.com에서 볼 수 있다.**

22.4 ▸ 선전하가 만드는 전기장

요점_*Key Ideas*

1. 입자가 만드는 전기장에 대한 식은 (연속적인 전하분포라고 부르는) 전하가 분포된 물체에 대해서는 적용할 수 없다.
2. 한 점에서 물체가 만드는 전기장을 구하려면, 그 물체 안의 전하요소 dq가 만드는 전기장을 먼저 고려한다. 이 요소는 충분히 작아서 입자에 대한 식을 적용할 수 있다. 그리고 적분을 통해 더하여 모든 전하요소가 만드는 전기장 $d\vec{E}$의 성분을 구한다.
3. 각각의 전기장 $d\vec{E}$는 크기와 방향이 다르므로, 먼저 대칭성을 이용하여 이 전기장의 성분 중 상쇄되는 것이 있는지 살펴보면 적분을 간단히 할 수 있다.

학습목표_*Learning Objectives*

이 단원을 읽은 후 다음을 이해해야 한다.

22.4.1 전하가 균일하게 분포했을 때, 직선을 따라 배열된 전하에 대한 선전하밀도 λ, 표면에 있는 전하에 대한 표면전하밀도 σ, 그리고 어떤 부피 안에 있는 전하에 대한 부피전하밀도 ρ를 구한다.

22.4.2 직선을 따라 균일하게 분포된 전하 주위의 주어진 점에서 알짜 전기장은 전하분포를 전하요소 dq로 잘게 나누고 한 점에서 이 요소가 만드는 전기장 벡터 $d\vec{E}$를 (적분을 이용해) 더해서 구한다.

22.4.3 균일하게 전하가 분포된 직선 주위의 점에서 전기장을 계산

▶▶ 선전하가 만드는 전기장

지금까지 한 입자 또는 이들이 단순하게 모인 대전입자만을 다루었다. 이제부터는 셀 수도 없이 수많은 대전입자가 모여서 분포하는 막대나 고리와 같은 (거의 일차원적인) 가는 물체에 관한 훨씬 더 도전적인 상황을 고려하겠다. 다음 단원에서는 표면에 전하가 퍼져 있는 원판과 같은 이차원 물체를 고려할 것이다. 다음 장에서는 전하가 공 모양으로 분포하는 것과 같은 삼차원 물체에 대해 알아볼 것이다.

▸**소개.** 많은 학생은 여러 가지 이유로 이 단원이 이 책에서 가장 어렵다고 생각한다.

할 때 대칭성을 이용하여 간단하게 구할 수 있는 방법을 설명한다.

거쳐야 할 여러 단계, 따라가야 할 많은 벡터의 특징이 있고, 이 모든 것을 끝낸 후 적분을 만들고 풀어야 한다. 그러나 최악의 상황은 전하의 분포가 달라지면 이 과정도 달라진다는 것이다. 여기서는 (대전고리인) 특별한 배열에 집중하지만, 일반적인 접근방법에 주의를 기울여 (막대나 원호와 같은) 숙제에 나오는 배열에 대해서도 풀 수 있어야 한다.

그림 22.4.1에는 원호를 따라 양전하가 균일하게 분포되어 있는 반지름 R인 고리가 있다. 이 고리는 플라스틱으로 만들어져 있다. 즉 전하가 고정되어 있다. 이 고리 주위에 전기장선이 분포하지만, 여기서는 (고리의 중심을 지나고 고리가 있는 평면에 수직인 축인) 중심축 위에 있는 중심점으로부터 거리 z만큼 떨어져 있는 임의의 점 P에서만 생각하겠다.

표 22.4.1 전하의 표기법

이름	기호	SI 단위
전하	q	C
선전하밀도	λ	C/m
면전하밀도	σ	C/m^2
부피전하밀도	ρ	C/m^3

큰 물체의 전하는 전체 전하보다는 전하밀도로 기술한다. 선전하의 경우에는 (단위 길이당 전하인) *선전하밀도* λ를 사용하고, SI 단위로는 미터당 쿨롱이다. 표 22.4.1에 대전된 평면과 부피에 대해 사용할 다른 전하밀도를 나타내었다.

▸***첫 번째 큰 문제.*** 지금까지 한 입자의 전기장에 대한 식을 썼다(여러 입자에 의한 전기장은 전기쌍극자에서 했듯이 이를 더하여 특별한 식을 만들었지만, 기본적으로는 식 22.2.2를 사용하는 것이다). 이제 그림 22.4.1의 고리를 보자. 이것은 분명이 입자는 아니므로 식 22.2.2를 적용할 수 없다. 그러면 어떻게 해야 하는가?

그 답은 머릿속에서 고리를 전하의 미소요소로 나누는 것이다. 이 요소는 너무 작아서 이것이 입자인 것처럼 취급할 수 있다. 그러면 식 22.2.2를 적용할 수 있다.

▸***두 번째 큰 문제.*** 이제 각 전하요소 dq에 대해 식 22.2.2를 적용할 수 있다는 것을 알았다(앞에 있는 d는 이 전하가 매우 작다는 것을 강조하기 위한 것이다). 그러나 점 P에서 각 전하요소가 만드는 전기장은 각자의 방향이 있다. 이것을 어떻게 더하여 P에서 알짜 전기장을 구하는가?

그 답은 벡터를 성분으로 나누고 한 성분에 대해 각각 더하고 다른 성분을 더하는 것이다. 그러나 먼저 한 성분이 단순히 상쇄되는지 확인해야 한다(성분이 상쇄되면 많은 계산을 줄일 수 있다).

▸***세 번째 큰 문제.*** 고리에는 수많은 dq 요소가 있고, 따라서 한 성분이 상쇄된다고 하더라도 수많은 $d\vec{E}$ 성분들을 더해야 한다. 우리가 셀 수 있는 것보다 많은 성분을 어떻게 더할 수 있는가? 그 답은 적분을 통하여 더할 수 있다는 것이다.

▸***실제로 계산하기.*** (구체적인 것만을 보지 않고 일반적인 과정에 유의하면서) 이 모든 것을 해보자. 그림 22.4.1에 나타난 전하요소를 임의로 선택한다. 그 (혹은 다른) 요소 dq에 대한 호의 길이를 ds라고 하자. 그러면 (단위길이당 전하인) 선전하밀도 λ를 이용하면 다음을 얻는다.

$$dq = \lambda\, ds. \tag{22.4.1}$$

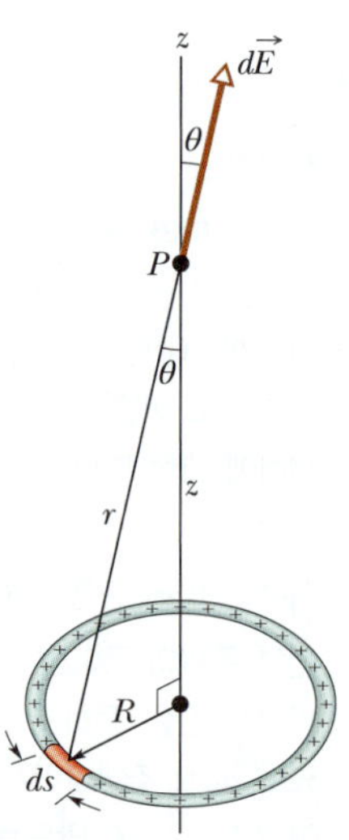

그림 22.4.1 균일한 양전하고리. 전하의 미분요소는 길이 ds(그림에서는 설명을 위하여 과장하여 크게 그렸음)를 차지한다. 미분요소는 점 P에 전기장 $d\vec{E}$를 만든다.

▸***요소의 전기장.*** 이 전하요소는 그림 22.4.1에 나타난 것처럼 요소로부터 거리 r 떨어진 P에서 미소전기장 $d\vec{E}$를 만든다(여기서 문제에서 주어지지 않은 새로운 기호를 도입하였지만, 곧 이것은 "적절한 기호"로 바꿀 것이다). 다음으로 새로운 기호인 dE와 dq로 한 입자에 대한 전기장의 식(식 22.2.2)을 다시 쓰고, 식 22.4.1을 이용하여 dq를 바꿀 것이다. 전하요소에 의한 전기장의 크기는 다음과 같다.

$$dE = \frac{1}{4\pi\varepsilon_0}\frac{dq}{r^2} = \frac{1}{4\pi\varepsilon_0}\frac{\lambda\, ds}{r^2}. \tag{22.4.2}$$

주목할 것은 새로 도입한 기호 r은 그림 22.4.1에 나타난 직각삼각형의 빗변이라는 점이다. 따라서 r을 바꾸어 식 22.4.2를 다시 쓰면 다음과 같다.

$$dE = \frac{1}{4\pi\varepsilon_0}\frac{\lambda\, ds}{(z^2 + R^2)}. \tag{22.4.3}$$

모든 전하요소는 전하가 같고 점 P로부터 같은 거리에 있으므로 식 22.4.2는 각 요소가 만들어내 전기장의 크기를 나타낸다. 그림 22.4.1에서 보면 또한 $d\vec{E}$의 각 성분은 중심축(z축)에 대해 각도 θ만큼 기울어져 있고, 따라서 이 축에 대한 수직, 수평성분이 있다.

▸***상쇄되는 성분.*** 이제 이 성분 중 하나를 없애는 깔끔한 방법이 있다. 그림 22.4.1에서 고리의 반대편에 있는 전하요소를 고려하자. 이것 또한 전기장의 크기 dE를 주지만, 이 벡터는 처음의 전하요소에서 얻은 벡터와는 반대 방향으로 각도 θ만큼 기울어져 있고, 이것을 옆에서 본 그림이 그림 22.4.2이다. 따라서 두 수직성분은 상쇄된다. 고리를 전부 둘러가면서 각 전하요소에 대해 고리 반대편에 있는 *대칭적인 짝*에 대해 항상 상쇄가 일어난다. 그러므로 수직성분은 모두 무시할 수 있다.

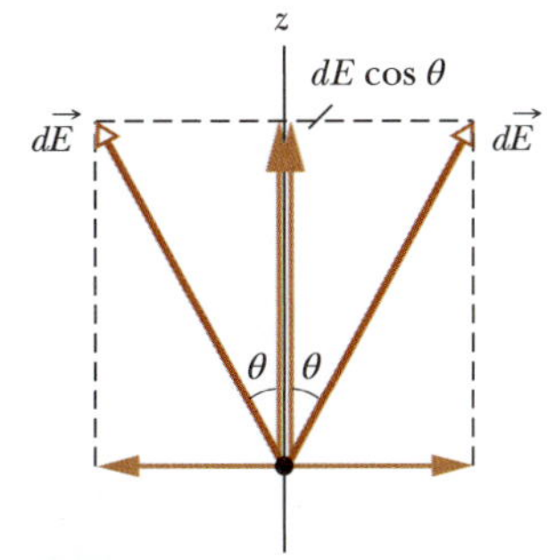

그림 22.4.2 전하요소와 (고리의 반대편에 있는) 대칭적 짝에 의해 P에서 만들어진 전기장. z축에 수직한 성분은 상쇄되고, 평행성분은 더해진다.

▸***성분 더하기.*** 여기에 또 하나의 장점이 있다. 남은 모든 성분은 양의 축 z방향을 향하므로, 스칼라처럼 더하기만 하면 된다. 따라서 P에서 알짜 전기장의 방향은 고리에서 멀어지는 방향이라는 것을 알 수 있다. 그림 22.4.2로부터 각 평행성분의 크기는 $dE \cos\theta$인 것을 알지만, θ 역시 도입되지 않은 양이다. 이는 $\cos\theta$를 그림 22.4.1에 있는 직각삼각형을 다시 이용하여 도입된 양으로 다음과 같이 쓸 수 있다.

$$\cos\theta = \frac{z}{r} = \frac{z}{(z^2 + R^2)^{1/2}}. \tag{22.4.4}$$

식 22.4.3에 식 22.4.4를 곱하면 각 전하요소의 평행성분을 얻는다.

$$dE\cos\theta = \frac{1}{4\pi\varepsilon_0}\frac{z\lambda}{(z^2 + R^2)^{3/2}}\, ds. \tag{22.4.5}$$

▸***적분.*** 각각의 작은 성분들을 수없이 많이 더해야 하기 때문에 ($s = 0$으로 정한) 시작점에서 ($s = 2\pi R$인) 원을 한 바퀴 돌면서 해당되는 요소를 고리를 따라 움직이면서 적분해야 한다. 요소를 지나면서 s라는 양만 변할 뿐 식 22.4.5의 다른 기호는 같으므로, 이들은 적분 바깥으로 내보낸다. 그러면 다음을 얻는다.

$$E = \int dE\cos\theta = \frac{z\lambda}{4\pi\varepsilon_0(z^2 + R^2)^{3/2}}\int_0^{2\pi R} ds$$
$$= \frac{z\lambda(2\pi R)}{4\pi\varepsilon_0(z^2 + R^2)^{3/2}}. \tag{22.4.6}$$

이것은 좋은 답이지만 $\lambda = q/(2\pi R)$을 이용하여 전체 전하로 바꿀 수 있다.

$$E = \frac{qz}{4\pi\varepsilon_0(z^2 + R^2)^{3/2}} \quad \text{(대전된 고리)}. \tag{22.4.7}$$

고리의 전하가 양이 아니고 음이라면 점 P에서 전기장의 크기는 식 22.4.7과 같으며 변하는 것은 단지 전기장 벡터가 고리 밖을 향하는 대신에 고리 안을 향한다는 것뿐이다.

식 22.4.7을 $z \gg R$인 중심축의 한 점에 대해서 검토해 보자. 모든 점에 대한 식 22.4.7에서 $z^2 + R^2$은 근사적으로 z^2이 될 수 있으므로 식 22.4.7은

$$E = \frac{1}{4\pi\varepsilon_0}\frac{q}{z^2} \quad \text{(먼 거리의 대전된 고리)} \tag{22.4.8}$$

로 쓸 수 있다. 먼 거리에서 고리는 점전하처럼 보이기 때문에 이 결과는 타당하다. 식 22.4.8에서 z를 r로 바꾸면 당연히 점전하가 만드는 전기장인 식 22.2.2와 같다.

또한 고리의 중심에 있는 $z = 0$인 점에 대해서 알아보면 식 22.4.7은 $E = 0$이 된다. 이것 역시 타당한 결과이다. 만일 고리의 중심에 시험전하를 놓으면 고리의 서로 반대쪽 요소가 작용하는 알짜 정전기력은 서로 상쇄되기 때문이다. 식 22.1.1에 따라 힘이 0이라면 고리의 중심에서 전기장은 0이다.

보기문제 22.4.1 대전된 원형막대의 전기장

그림 22.4.3a는 전하 $-Q$가 균일하게 분포된 플라스틱 막대이다. 이 막대는 반지름이 r이고 중심각이 120°인 원호로 만들어졌다. 이 물체는 막대의 곡률중심 P를 원점으로 놓고 x축에 대해 대칭이 되도록 배열하였다. 점 P에서 막대가 만드는 전기장 $\vec{E}$를 Q와 r로 나타내어라.

요점

막대에 전하가 균일하게 분포하기 때문에 전기장에 대한 표현을 막대의 미분요소가 만드는 전기장의 적분으로 쓸 수 있다.

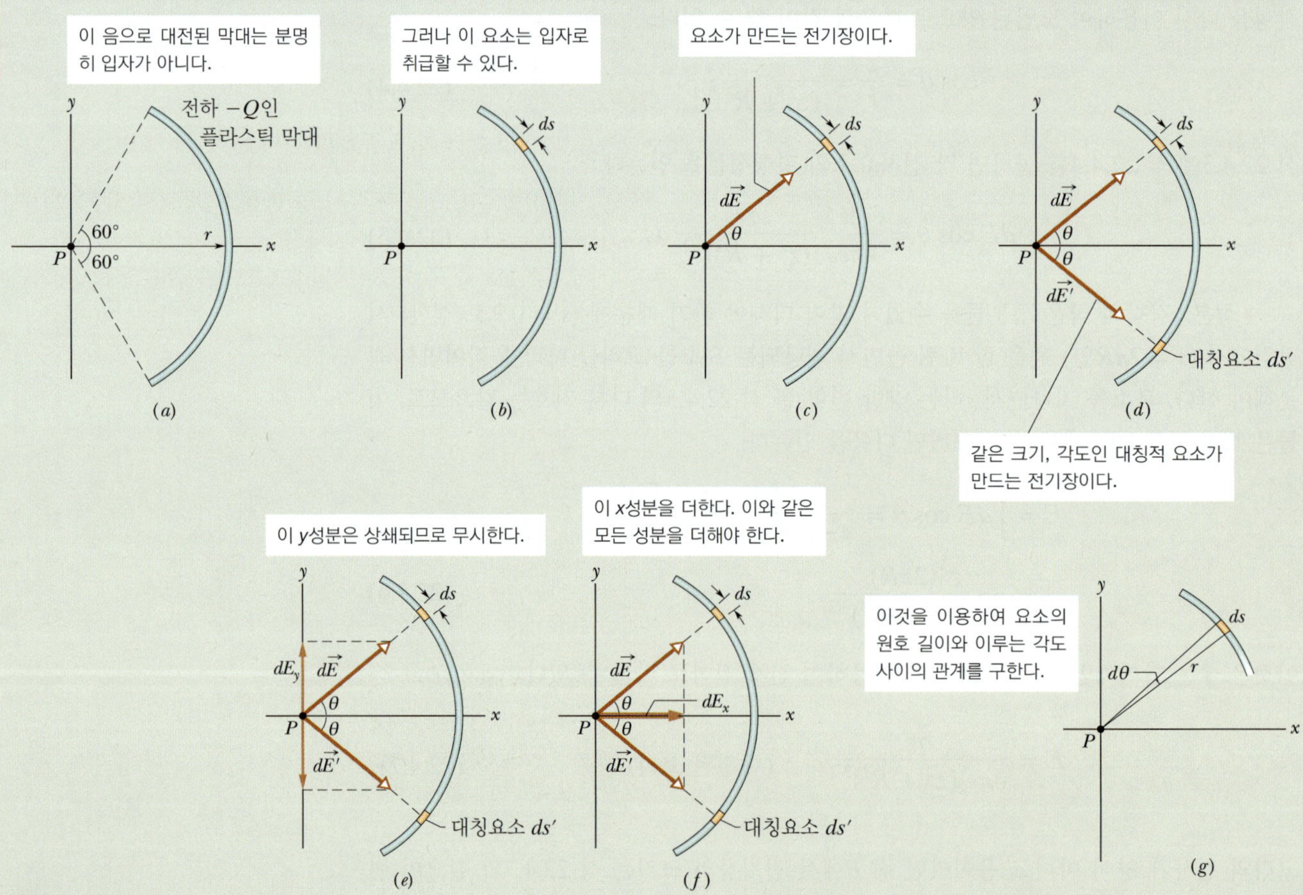

그림 22.4.3 www.wiley.com에서 음성 동영상으로 볼 수 있음. (a) 전하가 $-Q$인 플라스틱 막대는 반지름 r의 원호이고 막대의 곡률 중심인 점 P에서 120°의 각도를 이룬다. (b)~(c) 막대의 위쪽 반에 있고 x축과 0의 각을 이루고 호의 길이가 ds인 미분요소는 점 P에서 미소전기장 $d\vec{E}$를 만든다. (d) x축에 대해 ds에 대칭인 요소 ds'은 P에서 같은 크기의 전기장 $d\vec{E}'$을 만든다. (e)~(f) 전기장 성분. (g) 호의 길이 ds는 점 P에 대해 각 $d\theta$를 만든다.

미소전하: 그림 22.4.3*b*와 *c*처럼 원호 위에 *x*축으로부터 각도 θ에 위치한 막대의 미소길이 *ds*를 고려하자. 막대의 선전하밀도를 λ라고 하면 미소전하 *dq*의 크기는 다음과 같다.

$$dq = \lambda\, ds. \tag{22.4.9}$$

미소전하의 장: 미소전하는 거리 *r*인 점 *P*에 미소전기장 $d\vec{E}$를 만든다. 미소전하를 점전하로 취급하면 $d\vec{E}$의 크기는 식 22.2.2를 다시 써서

$$dE = \frac{1}{4\pi\varepsilon_0}\frac{dq}{r^2} = \frac{1}{4\pi\varepsilon_0}\frac{\lambda\, ds}{r^2} \tag{22.4.10}$$

로 쓸 수 있다. $d\vec{E}$의 방향은 전하 *dq*가 음이기 때문에 *ds*로 향한다.

대칭의 짝: 막대의 반쪽 아래에는 *ds*와 대칭인 *ds*′이라는 요소가 있다. *ds*′이 점 *P*에 만드는 전기장 $d\vec{E}$는 식 22.4.10과 같은 크기를 갖지만 전기장 벡터는 그림 22.4.3*d*에서 보여주는 방향을 가리킨다. 그림 22.4.3*e*와 *f*처럼 *ds*와 *ds*′이 만드는 전기장 벡터를 *x*와 *y*성분으로 나눈다면, *y*성분은 크기가 같고 방향이 반대이기 때문에 상쇄된다는 것을 알 수 있다. 한편 *x*성분은 크기가 같고 같은 방향을 향하는 것을 알 수 있다.

더하기: 막대가 만드는 전기장을 구하기 위해서는 막대의 미분요소가 만드는 미소전기장의 *x*성분만 (적분을 통해) 더하면 된다. 그림 22.4.3*f*와 식 22.4.10으로부터 *ds*가 만든 dE_x의 성분은 다음과 같다.

$$dE_x = dE\cos\theta = \frac{1}{4\pi\varepsilon_0}\frac{\lambda}{r^2}\cos\theta\, ds. \tag{22.4.11}$$

식 22.4.11에는 두 개의 변수 θ와 *s*가 있다. 적분하기 전에 한 개의 변수를 제거하기 위해

$$ds = r\, d\theta$$

를 이용한다. 이때 $d\theta$는 호의 길이 *ds*에 대한 점 *P*에서의 중심각이다(그림 22.4.3*g* 참조). 따라서 식 22.4.11을 $\theta = -60°$에서 $\theta = 60°$까지 적분하면 점 *P*에 막대가 만드는 전기장의 크기는 다음과 같다.

$$\begin{aligned} E &= \int dE_x = \int_{-60°}^{60°} \frac{1}{4\pi\varepsilon_0}\frac{\lambda}{r^2}\cos\theta\, r\, d\theta \\ &= \frac{\lambda}{4\pi\varepsilon_0 r}\int_{-60°}^{60°}\cos\theta\, d\theta = \frac{\lambda}{4\pi\varepsilon_0 r}\Big[\sin\theta\Big]_{-60°}^{60°} \\ &= \frac{\lambda}{4\pi\varepsilon_0 r}[\sin 60° - \sin(-60°)] \\ &= \frac{1.73\lambda}{4\pi\varepsilon_0 r}. \end{aligned} \tag{22.4.12}$$

(만일 적분의 상한 및 하한을 맞바꾸면 음의 부호를 제외하고는 같은 결과를 얻는다. 적분은 단지 $\vec{E}$의 크기에 대한 정보만을 주기 때문에 음의 부호를 제거할 수 있다.)

전하밀도: λ를 계산하기 위해서 막대가 120°인 원호, 즉 1/3 원호라는 것을 알아야 한다. 이때 호의 길이는 $2\pi r/3$이고 선전하밀도는

$$\lambda = \frac{\text{전하}}{\text{길이}} = \frac{Q}{2\pi r/3} = \frac{0.477Q}{r}$$

이므로, 이것을 식 22.4.12에 대입하면 아래와 같이 간단해진다.

$$\begin{aligned} E &= \frac{(1.73)(0.477Q)}{4\pi\varepsilon_0 r^2} \\ &= \frac{0.83Q}{4\pi\varepsilon_0 r^2}. \end{aligned}$$ (답)

이때 $\vec{E}$의 방향은 막대의 대칭축을 따라 *x*축 위에 있고 막대를 향한다. $d\vec{E}$를 단위벡터로 쓰면 다음과 같다.

$$\vec{E} = \frac{0.83Q}{4\pi\varepsilon_0 r^2}\hat{\mathrm{i}}.$$

문제풀이 요령 선전하가 만드는 전기장

전하가 균일하게 분포된 원형 또는 직선인 선전하가 점 *P*에 만드는 전기장 $\vec{E}$를 알아내는 일반적인 방법이 있다. 즉 미소전하 *dq*를 취한 뒤, 미소전하가 만드는 전기장 $d\vec{E}$를 찾아내고, 전하가 분포된 선분 전체에 대해 $d\vec{E}$를 적분하는 것이다.

1단계: 선전하가 원형이라면 전하가 분포된 호의 길이요소를 *ds*라 놓고 직선이라면 *x*축을 따라 *dx*라 놓는다. 이 요소를 그림에 표시한다.

2단계: 전하요소인 *dq*를 길이요소로 나타내어, $dq = \lambda ds$ 또는 $dq = \lambda dx$로 놓는다. λ와 *dq*가 음이더라도 양이라고 생각한다(전하의 부호는 다음 단계에서 고려한다).

3단계: 식 22.2.2를 이용하여 *P*에서 *dq*가 만드는 전기장 $d\vec{E}$를 나타내고, 그 식의 *q* 대신 $dq = \lambda ds$ 또는 $dq = \lambda dx$로 바꾸어 넣는다. 선전하가 양이라면 점 *P*에 *dq*로부터 멀어지는 방향으로 $d\vec{E}$ 벡터를 그리고 전하가 음이라면 *dq*로 향하는 벡

터를 그린다.

4단계: 언제나 대칭성을 먼저 찾아본다. 점 P가 전하분포의 대칭축에 있다면 dq가 만드는 전기장 $d\vec{E}$를 대칭축에 대해 수직성분과 수평성분으로 분해한다. 그다음 dq에 대칭인 두 번째 요소 dq'을 생각한다. 이 대칭요소가 점 P에 만든 벡터 $d\vec{E}$를 두 성분으로 분해한다. dq가 만드는 성분 중에 하나는 *상쇄되는 성분*이다. 이것은 dq'이 만드는 대응성분과 상쇄되어 더 이상 고려할 필요는 없다. dq가 만든 다른 성분은 *더해지는 성분*으로 이것을 dq'이 만드는 대응성분과 적분을 통해 더하면 된다.

5단계: 4단계의 적분을 간단히 할 수 있는 네 종류의 일반적인 균일한 전하분포 형태가 있다.

고리. 그림 22.4.1처럼 대칭축의 중앙에 점 P를 표시하고 식 22.4.3처럼 $d\vec{E}$의 표현 중 r^2을 $z^2 + R^2$으로 바꾸어 $d\vec{E}$를 나타낸다. 이때 각도 θ로 합할 $d\vec{E}$의 성분을 나타내면 식 22.4.4처럼 $\cos\theta$ 항이 도입되지만, θ는 모든 요소에 동일하므로 상수가 된다. $\cos\theta$를 식 22.4.4처럼 쓰고, 고리의 원둘레를 s에 대하여 적분한다.

원호. 그림 22.4.4처럼 원호 모양인 막대의 중심에 점 P를 표시하고, 더할 $d\vec{E}$의 성분을 각도 θ로 쓴다. 그러면 $\sin\theta$나 $\cos\theta$가 도입된다. ds를 $rd\theta$로 바꾸면 두 변수 s와 θ는 하나의 변수 θ로 줄어든다. 호의 한 끝에서 다른 끝까지 θ에 대해 적분한다.

직선의 연장선에 점 P가 있는 경우. 그림 22.4.4a처럼 직선의 연장선에 점 P가 있으면 dE를 구하기 위해 r을 x로 표시하고 직선 막대의 한 끝에서 다른 끝부분까지 적분한다.

직선과 수직인 위치에 점 P가 있는 경우. 그림 22.4.4b처럼 선전하로부터 수직거리가 y인 곳에 점 P를 정하고, r을 x와 y로 바꾸어서 dE를 쓴다. 이때 점 P가 선전하의 수직 이등분선 위에 있다면 $d\vec{E}$를 합할 성분으로 쓴다. 그러면 $\sin\theta$나 $\cos\theta$ 항이 도입되고, 삼각함수를 x와 y가 포함된 표현으로 바꾸면 두 변수 x와 θ는 하나의 변수 x로 쓸 수 있다. 그런 다음 직선 막대의 한 끝에서 다른 끝까지 적분한다. 만일 그림 22.4.4c처럼 점 P가 대칭점 위에 있지 않으면 dE_x 성분들을 더할 수 있도록 적분 형태를 만들어 x에 대해 적분하여 E_x를 구한다. dE_y에 대해서도 같은 방법으로 적분하여 E_y를 구한다. 즉 $\vec{E}$의 크기와 방향을 구하기 위해서 E_x와 E_y를 이용한다.

6단계: 적분의 상한과 하한은 순서에 따라 양이나 음의 부호를 갖기 때문에 음의 부호는 버리고 생각한다. 그 결과가 전체 전하 Q의 항으로 표현된다면, λ를 Q/L로 바꾼다. 여기서 L은 전하가 분포된 길이이고 고리인 경우에는 원둘레에 해당한다.

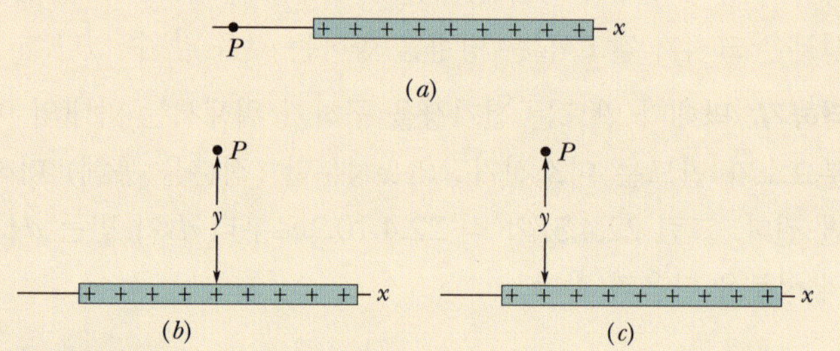

그림 22.4.4 (a) 점 P는 선전하의 연장선에 있다. (b) 점 P는 선전하의 대칭선 위에 있고 선전하로부터 수직거리 y에 있다. (c) 점 P는 (b)에서와 달리 대칭선 위에 있지 않다.

▶ **교육용 비디오는 웹사이트 www.wiley.com에서 볼 수 있다.**

확인문제 22.4.1

오른편 그림은 세 개의 부도체 막대이다. 하나는 원호이고 두 개는 직선이다. 각각의 막대는 위로부터 중앙 한 가운데까지는 전체 전하 Q의 균일한 전하를, 가운데부터 끝까지는 전체 전하 $-Q$의 균일한 전하를 가진다. 각각의 막대가 점 P에 만드는 전기장의 방향을 정하여라.

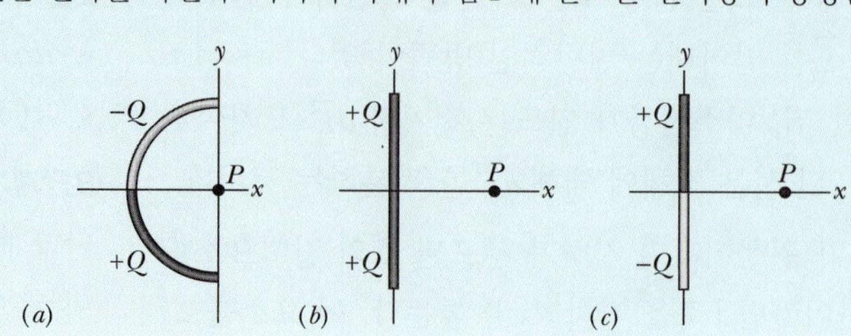

22.5 ▸ 대전된 원판이 만드는 전기장

요점_Key Ideas

1. 균일하게 대전된 원판을 지나는 중심축 위에서 전기장의 크기는 다음과 같다.

$$E = \frac{\sigma}{2\varepsilon_0}\left(1 - \frac{z}{\sqrt{z^2 + R^2}}\right).$$

여기서 z는 원판의 중심으로부터 축을 따른 거리, R은 원판의 반지름, 그리고 σ는 표면전하밀도이다.

학습목표_Learning Objectives

이 단원을 읽은 후 다음을 이해해야 한다.

22.5.1 균일하게 전하가 분포된 원판을 그리고 전하가 양수인 경우와 음수인 경우에 중심축의 한 점에서 전기장의 방향을 정한다.

22.5.2 균일하게 대전된 고리의 중심축에서 전기장에 대한 식을 이용하여 어떻게 균일하게 대전된 원판의 중심축 위에서의 전기장을 구하는 식을 얻는지 설명한다.

22.5.3 균일하게 대전된 원판 중심축 위의 한 점에 대해 표면전하밀도 σ, 원판의 반지름 R과 그 점까지의 거리 z 사이의 관계를 구한다.

▶ 대전된 원판이 만드는 전기장

이제 반지름 R인 원판의 위 표면에 균일한 표면전하밀도 σ(단위면적당 전하, 표 22.4.1 참조)가 있을 때를 고려하여 선전하로부터 면적전하로 옮겨가자. 원판은 그 주위에 전기장을 만들어내지만, 여기서는 그림 22.5.1에 나타나 있듯이 원판의 중심으로부터 거리 z만큼 떨어진 중심축 위의 임의의 점 P에서의 전기장만을 고려하자.

앞 단원처럼 위 표면에 있는 이차원 전하분포가 기여하는 전기장을 주는 이차원 적분을 구할 수 있다. 그러나 가는 고리의 중심축 위에서 전기장을 구한 앞 단원의 결과를 이용하면 계산을 간단히 할 수 있다.

그림 22.5.1에 보였듯이 $r \le R$인 임의의 반지름의 원판 위 고리를 중첩시킨다. 고리는 매우 가늘어서 고리의 전하를 전하요소 dq로 취급할 수 있다. 점 P에서 작은 전기장 dE는 식 22.4.7을 고리의 전하 dq와 반지름 r로 다시 쓸 수 있다.

$$dE = \frac{dq\, z}{4\pi\varepsilon_0(z^2 + r^2)^{3/2}}. \qquad (22.5.1)$$

고리가 만드는 전기장은 z축의 양의 방향이다.

P에서 전체 전기장을 구하려면 식 22.5.1을 $r = 0$인 원판 중심에서 $r = R$인 가장자리까지 적분을 하여 (전체 원판 표면을 임의의 고리로 쓸어버리는 방법으로) 모든 dE의 기여를 더한다. 그러나 이를 위해서는 고리의 반지름 변수 r에 대해 적분해야 한다.

식 22.5.1에서 dq를 dr로 바꾸어 대입한다. 고리는 매우 얇으므로 이 두께를 dr이라고 하자. 그러면 표면적 dA는 원주 길이 $2\pi r$과 두께 dr의 곱이다. 그러므로 표면전하밀도 σ를 이용하면 다음을 얻는다.

$$dq = \sigma\, dA = \sigma\,(2\pi r\, dr). \qquad (22.5.2)$$

이것을 식 22.5.1에 대입하고 간단히 하면 모든 dE를 더할 수 있다.

$$E = \int dE = \frac{\sigma z}{4\varepsilon_0}\int_0^R (z^2 + r^2)^{-3/2}(2r)\, dr. \qquad (22.5.3)$$

여기서 (z를 포함한) 상수를 적분 밖으로 내보냈다. 이 적분을 풀기 위해 $\int X^m dX$의 형태로 만든다. 여기서 $X = (z^2 + r^2)$, $m = -\frac{3}{2}$, 그리고 $dX = (2r)\, dr$이다. 이 적분을 하면

$$\int X^m\, dX = \frac{X^{m+1}}{m+1}$$

을 얻으므로, 식 22.5.3은 다음과 같다.

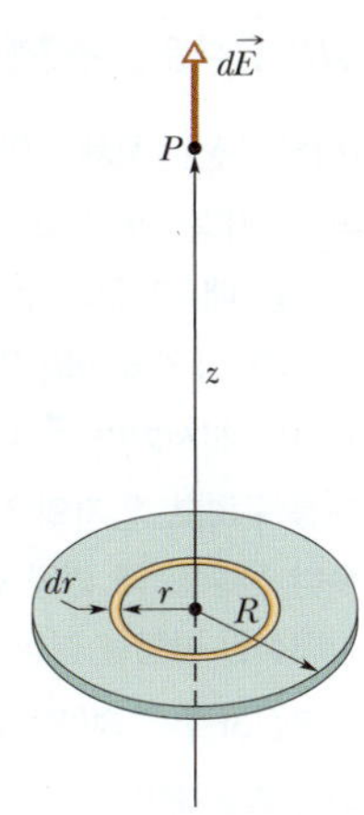

그림 22.5.1 ▸ 균일한 양전하를 갖는 반지름 R의 원판. 그림에서 원형 고리의 반지름은 r이고 폭은 dr이다. 원형 고리는 중심축 위의 점 P에 미소전기장 $d\vec{E}$를 만든다.

$$E = \frac{\sigma z}{4\varepsilon_0}\left[\frac{(z^2+r^2)^{-1/2}}{-\frac{1}{2}}\right]_0^R. \tag{22.5.4}$$

여기서 상한값과 하한값을 대입하고 정리하면 다음과 같다.

$$E = \frac{\sigma}{2\varepsilon_0}\left(1 - \frac{z}{\sqrt{z^2+R^2}}\right) \quad \text{(대전된 원판)}. \tag{22.5.5}$$

이것이 원판의 중심축에 형성된 전기장의 크기이다(적분할 때 $z \geq 0$이라고 가정한다).

만약 z는 유한하다고 하고 $R \to \infty$라고 놓으면, 식 22.5.5의 괄호 안 두 번째 항은 0에 접근한다. 따라서 위 식은 다음과 같이 간단해진다.

$$E = \frac{\sigma}{2\varepsilon_0} \quad \text{(무한 평면판)}. \tag{22.5.6}$$

이것은 플라스틱과 같은 부도체의 한쪽 면에 균일한 전하를 갖는 무한 평면판이 만드는 전기장이다. 이때의 전기장선은 그림 22.1.4와 같다.

또한 R을 유한하게 놓고 식 22.5.6에서 $z \to 0$으로 놓아도 식 22.5.5를 얻을 수 있다. 즉, 유한한 원판에 매우 가까운 곳의 전기장은 원판이 무한히 크고 유한한 거리에서의 전기장과 같다.

확인문제 22.5.1

그림 22.5.1에서 고리를 바깥쪽으로 쓸어나갈 때 점 P에서 고리가 기여하는 전기장은 어떻게 되는가?

22.6 ▸ 전기장 안의 점전하

학습목표_Learning Objectives

이 단원을 읽은 후 다음을 이해해야 한다.

22.6.1 (다른 대전된 물체가 만드는) 외부 전기장 안에 대전입자를 놓았을 때 그 점에서의 전기장 $\vec{E}$, 입자의 전하 q와 입자에 작용하는 정전기력 $\vec{F}$ 사이의 관계를 구하고, 입자의 전하가 양수나 음수일 때 힘과 전기장의 상대적인 방향을 결정한다.

22.6.2 기본전하를 측정하는 Millikan의 방법을 설명한다.

22.6.3 잉크젯 프린터의 일반적인 작용과정을 설명한다.

요점_Key Ideas

1. 전하 q인 입자가 외부 전기장 $\vec{E}$ 안에 있으면 정전기력 $\vec{F}$가 입자에 작용한다.

$$\vec{F} = q\vec{E}.$$

2. 전하 q가 양수이면 힘 벡터는 전기장 벡터와 같은 방향이다. 전하 q가 음수이면 힘 벡터는 반대 방향이다(식에서 음의 부호 때문에 힘 벡터가 전기장 벡터로부터 뒤집히게 된다).

▶ 전기장 안의 점전하

앞의 네 단원에서는 두 가지 문제 중 첫 번째 문제에 대해서 설명하였다. 즉, 주어진 전하분포의 주위에서 전기장을 구하는 문제이다. 이 절에서는 두 번째 문제에 대해서 설명하고자 한다. 즉, 정지해 있거나 천천히 움직이는 전하가 만드는 전기장 안에서 대전된 다른 입자가 고정되어 있거나 움직이고 있다면, 그 입자에 어떤 일이 일어나는지 설명해 보자.

입자에 작용하는 힘은 정전기력이고 다음과 같다.

$$\vec{F} = q\vec{E}. \tag{22.6.1}$$

여기서 q는 입자의 (부호를 포함한) 전하량이며 $\vec{E}$는 다른 전하들이 이 입자가 있는 위치에 만드는 전기장이다. 이 전기장은 입자 자신이 만드는 장을 포함하지 *않는다*. 두 전기장을 구별하기 위해서, 식 22.6.1에서 입자에 작용하는 전기장을 *외부 전기장*이라고 한다.

외부 전기장 $\vec{E}$ 안에 있는 입자에 작용하는 정전기력 $\vec{F}$는 그 입자의 전하 q가 양이면 $\vec{E}$와 같은 방향을, 음이면 반대 방향을 향한다.

기본전하의 측정

식 22.6.1은 미국의 물리학자 Robert A. Millikan이 기본전하 e를 측정하기 위해 1910년부터 1913년까지 수행한 실험에 중요한 역할을 했다. 그림 22.6.1은 Millikan이 사용한 기구를 나타낸 그림이다. 미세한 기름방울을 공간 A에 분사시키면 기름방울 중 일부분은 분사과정 중에 양전하나 음전하를 띠게 된다. 원판 P_1의 조그만 구멍을 통해서 밑으로 떨어져 상자 C로 들어가는 한 개의 기름방울을 생각해 보자. 이때 기름방울은 음전하 q를 갖는다고 가정하자.

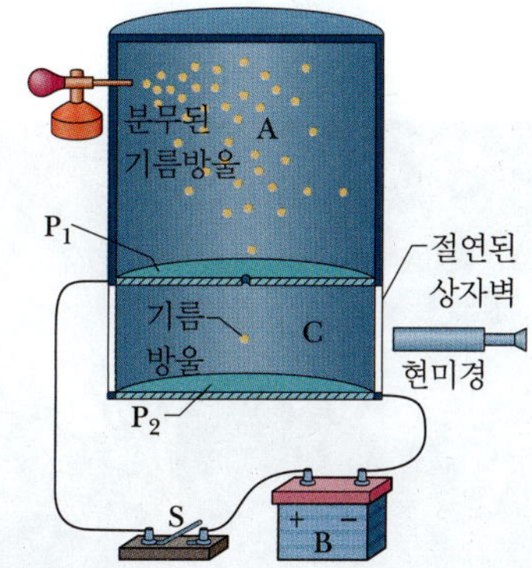

그림 22.6.1 기본전하 e를 측정하기 위한 Millikan의 기름방울 장치. 전하를 띤 기름방울이 판 P_1의 구멍을 통해서 상자 C로 이동할 때 스위치 S를 열고 닫음으로써 상자 C 내부의 전기장을 없애거나 만들어서 기름방울의 운동을 조절할 수 있다. 이때 현미경을 사용해서 기름방울의 운동을 관찰할 수 있다.

그림 22.6.1에서 스위치 S가 열려 있다면, 전지 B는 상자 C에 전기적인 영향을 미치지 못한다. 스위치가 닫혀 있으면(상자 C와 전지의 양쪽 단자를 연결시킨 경우), 전지는 원판 P_1에 양전하를 띠게 하고, 원판 P_2에 음전하를 띠게 한다. 따라서 전하를 띤 원판들은 상자 C에서 아래로 향하는 전기장 $\vec{E}$를 만든다. 식 22.6.1에 따르면 전기장이 상자 안에 있는 대전된 기름방울에 정전기력을 작용하게 되므로 기름방울의 운동에 영향을 미친다. 특히 음전하를 띤 기름방울은 위쪽으로 움직이려고 할 것이다.

스위치를 열고 닫으면서 기름방울의 운동을 조절하여 전하 q에 미치는 효과를 조사한 Millikan은 q의 값이 다음과 같음을 발견했다.

$$q = ne, \qquad n = 0, \pm1, \pm2, \pm3, \ldots . \tag{22.6.2}$$

여기서 e는 *기본전하*로 알려진 기본상수이며 그 값은 1.6×10^{-19} C으로 알려져 있다. Millikan의 실험은 전하가 양자화되어 있다는 것을 증명하는 중요한 실험적 증거이므로, 그 업적을 인정받아 1923년에 Nobel 물리학상을 받았다. 현재는 현대적인 다양한 실험 방법을 이용하여 Millikan이 했던 초창기 실험보다 훨씬 더 정확하게 실험할 수 있다.

잉크젯 인쇄

양질의 고속 인쇄가 필요해지면서 타자기를 대신할 수 있는 다양한 인쇄 방법에 대한 연구가 이루어져 왔다. 종이에 작은 잉크를 분사하여 문자를 만드는 것도 그중의 하나이다.

그림 22.6.2은 두 개의 대전된 편향판 사이를 움직이는 전하를 띤 잉크방울을 나타낸다. 이때 편향판 사이에는 아래로 향하는 균일한 전기장 $\vec{E}$가 형성되어 있다. 잉크방울은 식 22.6.1에 따라 위로 휘어져 종이에 부딪치게 되며, 종이에 부딪치는 방울의 위치는 전기장 $\vec{E}$의 크기와 전하 q에 의해 결정된다.

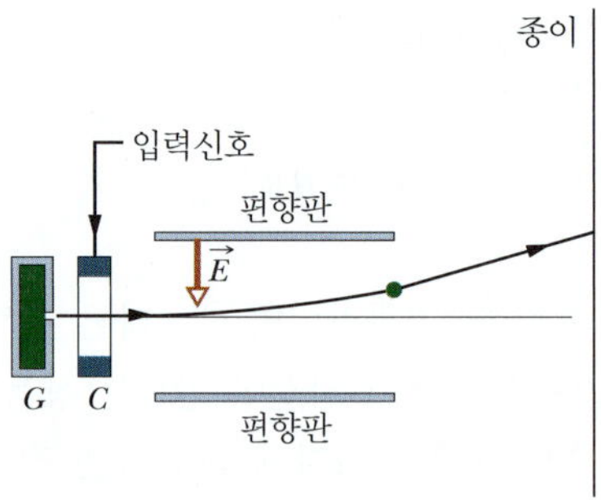

그림 22.6.2 잉크젯 인쇄기. 잉크방울은 방울발생기 G에서 만들어져 대전장치 C에서 전하를 받는다. 컴퓨터에서 나온 입력신호는 잉크방울의 전하를 조절하고 이는 전기장 $\vec{E}$에 의한 효과를 제어해서 잉크 방울이 떨어지는 위치를 결정한다.

실제로는 전기장 E가 일정하므로 잉크의 위치는 대전장치에서 잉크방울에 전달된 전하 q에 의하여 결정된다. 편향판에 들어가기 전에 잉크방울은 먼저 대전장치를 통과하는데, 이 대전장치는 인쇄되는 내용을 전기적인 신호로 바꾸어 동작하도록 되어 있다.

전기방전

만약 공기 중의 전기장 세기가 어떤 임계값 E_c를 넘어서면 전기장이 공기 중의 원자에서 전자를 분리시키는 *방전현상*이 일어난다. 이때 분리된 전자들이 전기장에 의해 가속되어 운동하므로 공기 중에 전류가 흐르게 된다. 전자가 빠르게 움직이면서 이동경로에 있는 여러 원자와 충돌하면 원자가 빛을 방출하기 시작한다. 이렇게 방출된 빛을 이용해서 전자들의 경로를 볼 수 있다. 그림 22.6.3은 전기방전을 일으킬 수 있을 만큼 충분히 큰 전기장 속에서 대전된 금속선이 방출하는 빛이다.

Adam Hart-Davis/Photo Researchers, Inc.

그림 22.6.3 금속선에 대전된 전하로 인한 전기장이 충분히 커서 주변 공간에서 전기방전을 일으킨다.

확인문제 22.6.1

(a) 그림의 외부 전기장이 전자에 작용하는 정전기력의 방향은 무엇인가? (b) 외부 전기장 안으로 들어오기 전에 전자가 y축에 평행하게 움직이고 있었다면 전자는 어느 방향으로 가속되는가? (c) 전자가 처음에 오른쪽으로 움직이고 있었다면, 전자의 속력은 증가하는가, 감소하는가, 아니면 불변인가?

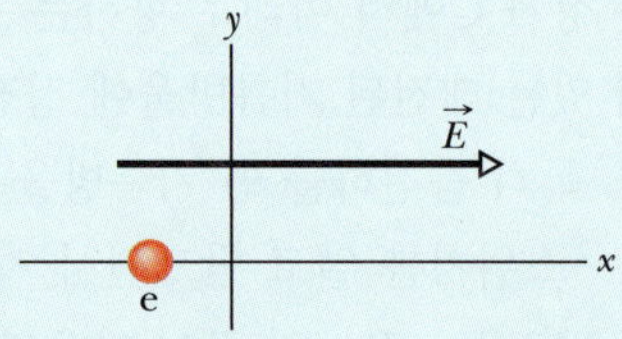

보기문제 22.6.1 전기장에서의 대전입자의 운동

그림 22.6.4는 잉크젯 인쇄기의 편향판이다. 1.3×10^{-10} kg의 질량 m과 $Q = 1.5 \times 10^{-13}$ C 크기의 음전하를 띠는 잉크방울이 초기속력 $v_x = 18$ m/s로 x축을 따라 편향판 사이로 들어간다. 편향판의 길이 L은 1.6 cm이고, 판은 전하를 띠고 있어서 두 판 사이에 전기장을 만든다. 아래로 향하는 전기장 $\vec{E}$는 균일하고, 크기는 1.4×10^6 N/C이라고 가정하면 잉크방울이 판을 떠나는 순간의 수직 편향거리는 얼마인가? (잉크방울에 작용하는 중력은 잉크방울에 작용하는 정전기력에 비해서 매우 작으므로 무시하여라.)

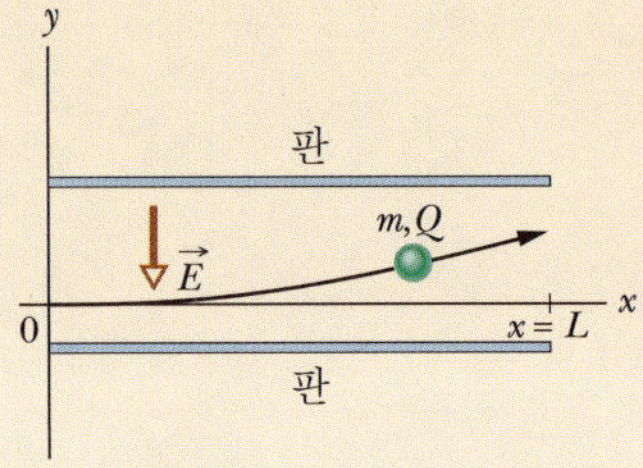

그림 22.6.4 질량 m과 전하 Q의 잉크방울은 잉크젯 인쇄기의 전기장 안에서 휘어진다.

요점

잉크방울이 음전하를 띠고 있고 전기장은 *아래로* 향하고 있으므로 식 22.6.1에 따라 일정한 정전기력 QE가 전하를 띤 잉크방울에 *위쪽으로* 향하는 힘을 작용한다. 따라서 잉크방울이 (x축에 대하여) 일정한 속력 v_x로 평행하게 움직이는 동안, 위쪽으로 등가속도 a_y로 가속된다.

풀이: Newton의 제2법칙($F = ma$)를 y축에 적용하면

$$a_y = \frac{F}{m} = \frac{QE}{m} \tag{22.6.3}$$

이다. 여기서 t를 잉크방울이 판 사이의 영역을 통과하는 동안 걸린 시간이라면, 시간 t 동안에 잉크방울의 수직변위와 수평변위는 각각 다음과 같다.

$$y = \tfrac{1}{2}a_y t^2 \quad \text{및} \quad L = v_x t. \tag{22.6.4}$$

두 식에서 t를 없애고 a_y 대신 식 22.6.3을 대입하면 다음을 얻는다.

$$\begin{aligned} y &= \frac{QEL^2}{2mv_x^2} \\ &= \frac{(1.5 \times 10^{-13}\ \text{C})(1.4 \times 10^6\ \text{N/C})(1.6 \times 10^{-2}\ \text{m})^2}{(2)(1.3 \times 10^{-10}\ \text{kg})(18\ \text{m/s})^2} \\ &= 6.4 \times 10^{-4}\ \text{m} \\ &= 0.64\ \text{mm}. \end{aligned}$$

답

▶ 교육용 비디오는 웹사이트 www.wiley.com에서 볼 수 있다.

▶ 보기문제 22.6.2 Millikan의 기름 방울

그림 22.6.1의 Millikan 기름 방울 장치에서 반지름 R = 2.76 μm인 방울에는 전자 세 개의 과잉 전하가 있다. 이 방울이 정지하도록 방울이 균형을 이루기 위해 필요한 전기장의 크기 E와 방향은 무엇인가? 기름의 밀도 ρ는 920 kg/m^{3}이다.

요점

(1) 방울에 작용하는 중력은 아래 방향이고, 크기는 mg이다. m은 방울의 질량이다.

(2) 방울이 평형을 이루려면 작용하는 정전기력은 크기가 같고, 위를 향해야 한다.

풀이: 식 22.6.1로부터 정전기력의 크기는 $F = (3e)E$로 쓸 수 있다. 또한 방울의 질량은 구의 부피에 밀도를 곱해서 구할 수 있다. 힘이 균형을 이루면

$$\left(\tfrac{4}{3}\pi R^3 \rho\right)g = (3e)E.$$

이 성립한다. 따라서 다음을 얻는다.

$$\begin{aligned} E &= \frac{4\pi R^3 \rho g}{9e} \\ &= \frac{(4\pi)(2.76\times10^{-6}\ \text{m})^3(920\ \text{kg/m}^3)(9.80\ \text{m/s}^2)}{9(1.60\times10^{-19}\ \text{C})} \\ &= 1.65\times10^6\ \text{N/C}. \end{aligned}$$

답

방울은 음으로 대전되어 있으므로 식 22.6.1에 의하면 $\vec{E}$와 $\vec{F}$는 반대 방향이어야 하므로 $\vec{F} = -3e\vec{E}$이다. 따라서 전기장은 아래로 향해야 한다.

22.7 ▸ 전기장 안의 쌍극자

요점 _Key Ideas_

1. 쌍극자모멘트 $\vec{p}$인 전기쌍극자가 외부 전기장 $\vec{E}$ 안에 있을 때 작용하는 토크는 다음의 벡터곱으로 주어진다.

$$\vec{\tau} = \vec{p} \times \vec{E}.$$

2. 전기장 안에 있는 쌍극자모멘트의 방향과 관련된 퍼텐셜에너지 U는 다음의 스칼라곱으로 주어진다.

학습목표 _Learning Objectives_

이 단원을 읽은 후 다음을 이해해야 한다.

22.7.1 외부 전기장 안에 있는 전기쌍극자, 그리고 전기장의 방향, 전기쌍극자의 방향, 쌍극자 양 끝에 작용하는 정전기력의 방향과 이 힘이 쌍극자를 회전시

키려는 방향을 나타내고, 쌍극자에 작용하는 알짜힘을 구한다.

22.7.2 쌍극자모멘트 벡터와 전기장 벡터의 벡터곱을 크기-각도와 단위벡터 표현방법으로 계산하여 외부 전기장 안에 있는 전기쌍극자에 작용하는 토크를 계산한다.

22.7.3 외부 전기장 안에 있는 전기쌍극자에 대해 쌍극자의 퍼텐셜에너지와 전기장 안에서 쌍극자를 회전시키는 토크가 한 일 사이의 관계를 맺는다.

22.7.4 외부 전기장 안에 있는 전기쌍극자에 대해 쌍극자모멘트 벡터와 전기장 벡터의 스칼라곱을 크기-각도와 단위벡터 표현방법으로 계산한다.

22.7.5 외부 전기장 안에 있는 전기쌍극자에 대해 퍼텐셜에너지가 최대, 최소인 각도와 토크의 크기가 최소, 최대가 되는 각도를 구한다.

$$U = -\vec{p} \cdot \vec{E}.$$

3. 쌍극자의 방향이 변하면 전기장이 한 일은 다음과 같다.

$$W = -\Delta U.$$

방향의 변화가 외부요인 때문이라면 이 요인에 의해 한 일은 $W_a = -W$이다.

▶ 전기장 안의 쌍극자

전기쌍극자의 쌍극자모멘트 $\vec{p}$는 쌍극자의 축을 따라 음의 전하에서 양의 전하로 향하는 벡터라고 정의하였다. 균일한 외부 전기장 $\vec{E}$에서 쌍극자의 운동모습은 쌍극자의 구조 자체에 대해 자세히 알지 못하더라도 두 벡터 $\vec{E}$와 $\vec{p}$로 완전히 설명할 수 있다.

물 분자(H_2O)는 그림 22.7.1에서 볼 수 있듯이 전기쌍극자이다. 검은 점은 여덟 개의 양성자를 갖는 산소 핵과 각각 한 개의 양성자를 가지는 두 개의 수소 핵이다. 색칠한 부분은 핵 주위의 전자 영역을 나타낸다.

두 개의 수소 원자와 한 개의 산소 원자는 일직선에 놓여 있지 않고 그림 22.7.1처럼 약 105°의 각도를 이룬다. 그 결과 물 분자는 명확히 "산소 쪽"과 "수소 쪽"이 구분된다. 또한 물 분자 안의 열 개 전자는 수소 핵보다 산소 핵 쪽에 더 가깝게 있으려는 경향이 있다. 이 때문에 분자의 산소 쪽이 수소 쪽보다 약간 더 음의 전하를 띠게 되어 그림처럼 분자의 대칭축을 따라 전기 쌍극자모멘트 $\vec{p}$를 형성하게 된다. 만약 물 분자가 외부 전기장 안에 놓여 있다면 그림 22.3.2의 간단한 전기쌍극자처럼 행동할 것이다.

그림 22.7.2*a*와 같이 균일한 외부 전기장 $\vec{E}$ 안에 전기쌍극자가 놓여 있다고 가정해 보자. 전기쌍극자는 내부 정전기력에 의해서 강체구조를 갖는다고 가정하고 전하의 부호는 반대이며 크기는 q이고, 거리가 d라고 가정하자. 이때 쌍극자모멘트 $\vec{p}$는 $\vec{E}$와 각도 θ를 이룬다.

쌍극자의 양 끝에 정전기력이 작용한다. 전기장이 균일하기 때문에 정전기력은 서로 반대 방향으로 작용하고(그림 22.7.2*a* 참조), $F = qE$와 같은 크기를 갖는다. 즉, *전기장이 균일하기 때문에* 쌍극자에 작용하는 알짜 힘은 0이고 쌍극자의 질량중심은 움직이지 않는다. 그러나 이 힘은 쌍극자의 질량중심에 대해서 토크 $\vec{\tau}$를 만든다. 쌍극자의 질량중심은 두 전하를 연결하는 선 위에, 한쪽 끝에서부터 x, 다른 끝에서부터 $d - x$의 거리에 있다. 식 10.6.1($\tau = rF\sin\phi$)에 따라 전체 토크 $\vec{\tau}$의 크기는 다음과 같다.

$$\tau = Fx\sin\theta + F(d-x)\sin\theta = Fd\sin\theta. \tag{22.7.1}$$

또한 $\vec{\tau}$의 크기를 전기장 $\vec{E}$와 쌍극자모멘트 qd의 크기로 쓸 수도 있다. 즉, 식 22.7.1의 F 대신 qE를 대입하고, d 대신에 p/q를 대입하면 $\vec{\tau}$의 크기는

$$\tau = pE\sin\theta \tag{22.7.2}$$

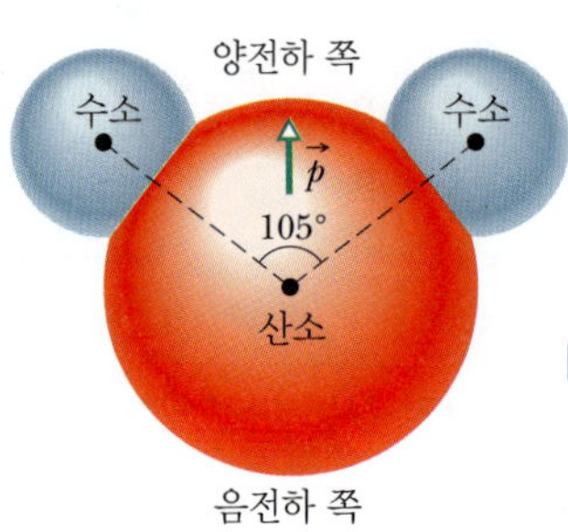

그림 22.7.1 H_2O 분자. 3개의 핵(검은 점으로 표시)과 핵 주위의 전자 영역이 표시되어 있다. 전기 쌍극자모멘트 $\vec{p}$는 음전하의 산소 쪽에서 양전하의 수소 쪽으로 향한다.

이다. 이 식을 다음과 같이 벡터 형태로 일반화시킬 수 있다.

$$\vec{\tau} = \vec{p} \times \vec{E} \quad \text{(쌍극자에 작용하는 토크)}. \tag{22.7.3}$$

벡터 $\vec{p}$와 $\vec{E}$를 그림 22.7.2*b*에 나타내었다. 쌍극자에 작용하는 토크는 $\vec{E}$의 방향으로 θ를 줄이려고 한다. 그림 22.7.2에서 전기쌍극자의 회전방향은 시계방향이다. 10장에서 논의하였듯이 토크의 크기와 함께 음의 부호를 포함시켜서 시계방향으로 회전을 일으키는 토크를 쓸 수 있다. 그림 22.7.2의 토크를 이렇게 쓰면 다음과 같다.

$$\tau = -pE \sin\theta. \tag{22.7.4}$$

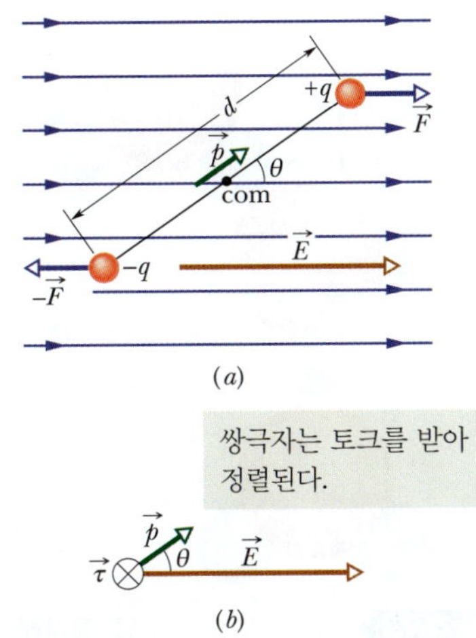

그림 22.7.2 (*a*) 균일한 전기장 안에 있는 전기쌍극자. 크기는 같지만 부호가 반대인 두 전하의 중심은 거리 *d*만큼 떨어져 있다. 이 사이의 직선은 강하게 묶여 있는 것을 나타낸다. (*b*) 전기장 $\vec{E}$로 인해 쌍극자에 토크 $\vec{\tau}$가 생긴다. $\vec{\tau}$의 방향은 기호 ⊗로 표시한 것처럼 지면으로 들어간다.

전기쌍극자의 퍼텐셜에너지

전기쌍극자의 퍼텐셜에너지는 전기장 안에서 전기쌍극자의 방향과 관련이 있다. 쌍극자가 평형상태의 방향을 향할 때, 즉 쌍극자모멘트 $\vec{p}$가 전기장 $\vec{E}$와 같은 방향일 때 ($\vec{\tau} = \vec{p} \times \vec{E} = 0$) 쌍극자는 가장 낮은 퍼텐셜에너지를 갖는다. 전기쌍극자가 다른 방향일 때는 더 큰 퍼텐셜에너지를 갖는다. 따라서 쌍극자는 평형위치에 있을 때 가장 낮은 중력 퍼텐셜에너지를 갖는 진자와 같다. 쌍극자나 진자를 다른 방향으로 회전시키기 위해서는 외부에서 일을 해주어야 한다.

퍼텐셜에너지에 대해서는 영점 퍼텐셜에너지를 자유롭게 정의할 수 있다. 왜냐하면 퍼텐셜에너지의 차이만이 물리적인 의미를 가지기 때문이다. 외부 전기장 안에 있는 전기쌍극자의 퍼텐셜에너지에 대한 표현식은 그림 22.7.2에서 각도 θ가 90°일 때 퍼텐셜에너지가 0이 되도록 선택하면 가장 간단하다. 그러면 쌍극자가 90°로부터 다른 θ값으로 회전하였을 때 쌍극자에 작용하는 전기장이 한 일 W를 계산하면 식 8.1.1($\Delta U = -W$)에 의해서 다른 θ값에서 쌍극자 퍼텐셜에너지 U를 구할 수 있다. 식 10.8.5($W = \int \tau\, d\theta$)와 식 22.7.4를 이용하면 임의의 각도 θ에 대한 퍼텐셜에너지는

$$U = -W = -\int_{90^\circ}^{\theta} \tau\, d\theta = \int_{90^\circ}^{\theta} pE \sin\theta\, d\theta \tag{22.7.5}$$

이다. 위의 적분을 계산하면

$$U = -pE\cos\theta \tag{22.7.6}$$

를 얻는다. 이 식은 다음과 같이 벡터형태로 일반화할 수 있다.

$$U = -\vec{p} \cdot \vec{E} \quad \text{(쌍극자의 퍼텐셜에너지)}. \tag{22.7.7}$$

식 22.7.6과 22.7.7에 의하면 쌍극자의 퍼텐셜에너지는 $\theta = 0°$일 때, 즉 $\vec{p}$와 $\vec{E}$가 같은 방향일 때 가장 작다($U = -pE$). 또한 $\theta = 180°$일 때, 즉 $\vec{p}$와 $\vec{E}$가 서로 반대 방향일 때 퍼텐셜에너지가 가장 크다($U = pE$).

쌍극자가 초기 방향 θ_i에서 다른 방향 θ_f까지 회전할 때 외부 전기장이 쌍극자에 한 일은

$$W = -\Delta U = -(U_f - U_i) \tag{22.7.8}$$

이다. 여기서 U_i와 U_f는 식 22.7.7에서 구한 값이다. 만약 방향의 변화가 작용한 (외부에

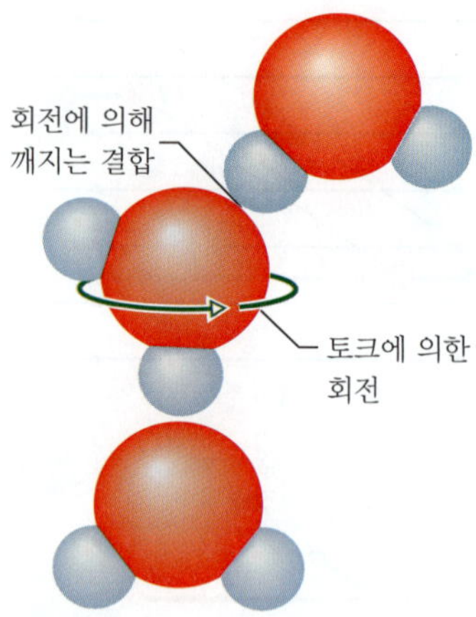

그림 22.7.3 세 물 분자의 모임. 전자레인지 안에서 진동하는 전기장에 의한 토크가 분자 사이의 결합 중 하나를 깨고, 따라서 모임을 깬다.

서 가해진) 토크에 의한 것이라면 외부에서 쌍극자에 해준 일 W_a는 전기장이 한 일의 음수이다. 즉, 다음과 같다.

$$W_a = -W = (U_f - U_i). \qquad (22.7.9)$$

마이크로파 요리

분자가 비교적 자유롭게 움직이는 물 안에서 각각의 분자쌍극자가 만드는 전기장이 주위의 쌍극자에 영향을 준다. 그 결과 두 세 개가 모이는 분자 결합이 일어난다. 왜냐하면 한 쌍극자의 음전하 부분(산소)와 다른 쌍극자의 양전하 부분(수소)이 서로 잡아당기기 때문이다. 이 모임이 만들어질 때마다 전기퍼텐셜에너지는 모인 분자와 주위 분자의 막운동으로 전달된다. 그리고 분자 사이의 충돌로 인해 이 모임이 깨질 때마다 에너지 전달 방향은 뒤집힌다. (평균 열운동과 관련된) 물의 온도는 변하지 않는다. 왜냐하면 알짜 에너지 전달은 평균적으로 0이 되기 때문이다.

전자레인지 안에서는 다른 일이 일어난다. 오븐이 작동할 때 마이크로파가 (오븐 안에서) 앞뒤로 빨리 진동하는 전기장을 만든다. 오븐 안에 물이 있으면 진동하는 전기장은 물분자에 진동하는 토크를 작용하여 쌍극자모멘트가 전기장의 방향으로 향하도록 연속적으로 앞뒤로 회전시킨다. 결합된 분자는 정렬하기 위해 결합 공동축에 대해 비틀릴 수 있지만, 세 개가 결합된 분자는 두 결합 중 적어도 하나는 깨져야 한다(그림 22.7.3).

이 결합을 깨는 에너지는 전기장, 즉 마이크로파에서 나온다. 그러면 이 모임에서 깨진 분자는 새로운 모임을 만들면서 얻은 에너지를 열에너지로 전달한다. 따라서 모임이 만들어지지만 모임이 깨질 때 제거되지 않으면 열에너지가 물로 전달되고, 물의 온도는 증가한다. 물이 가열되므로 물을 포함하는 음식은 전자레인지 안에서 요리할 수 있다. 물분자가 전기쌍극자가 아니라면 이런 일은 일어나지 않고, 전자레인지는 아무 소용도 없을 것이다.

확인문제 22.7.1

그림은 외부 전기장 안에 있는 전기쌍극자 네 개의 방향이다. 방향에 따라 (a) 쌍극자에 가해지는 토크와 (b) 쌍극자의 퍼텐셜에너지가 큰 순서대로 각각 나열하여라.

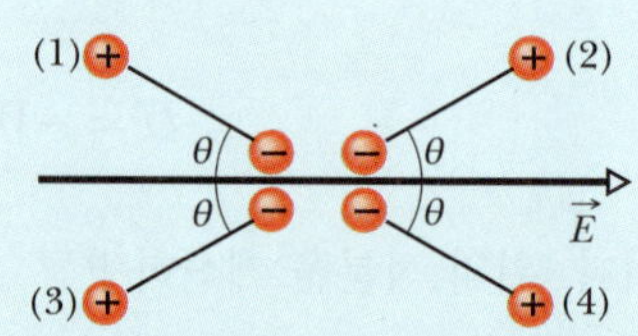

보기문제 22.7.1 전기장에서의 전기쌍극자의 토크와 에너지

수증기 상태에 있는 중성의 물 분자(H_2O)는 6.2×10^{-30} C · m의 전기 쌍극자모멘트를 가지고 있다.

(a) 양전하와 음전하를 갖는 분자의 중심은 얼마나 멀리 떨어져 있는가?

요점

분자의 쌍극자모멘트가 양전하 혹은 음전하의 크기 q와 전하 사이의 거리 d에 의해 결정된다.

풀이: 물 분자에는 열 개의 전자와 열 개의 양성자가 있다. 따라서 쌍극자모멘트의 크기는

$$p = qd = (10e)(d)$$

이다. 여기서 d는 구하고자 하는 거리이며, e는 기본전하다. 따라서

$$d = \frac{p}{10e} = \frac{6.2 \times 10^{-30}\ \mathrm{C \cdot m}}{(10)(1.60 \times 10^{-19}\ \mathrm{C})}$$
$$= 3.9 \times 10^{-12}\ \mathrm{m} = 3.9\ \mathrm{pm}$$ (답)

이다. 이 거리는 실제 수소 원자의 반지름보다 더 작다.

(b) 만약 분자가 1.5×10^4 N/C의 전기장 안에 있다면 전기장이 분자에 작용하는 최대 토크는 얼마인가? (이 정도의 전기장은 실험실 내에서 쉽게 만들 수 있다.)

요점

$\vec{p}$와 $\vec{E}$ 사이의 각도가 90°가 될 때 토크는 최대가 된다.

풀이: 식 22.7.2에 $\theta = 90°$를 대입하면 토크는 다음과 같다.

$$\begin{aligned}\tau &= pE\sin\theta \\ &= (6.2 \times 10^{-30}\ \text{C}\cdot\text{m})(1.5 \times 10^4\ \text{N/C})(\sin 90°) \\ &= 9.3 \times 10^{-26}\ \text{N}\cdot\text{m}.\end{aligned}$$ (답)

(c) 완전히 정렬된 $\theta = 0°$인 위치에서 시작해서 전기장 안에서 분자들을 180° 회전시키려면 *외부 전기장*이 해야 할 일은 얼마인가?

요점

(분자에 작용하는 토크를 통해) 외부에서 하는 일은 방향의 변화로 인한 분자의 퍼텐셜에너지 변화와 같다.

풀이: 식 22.7.9에서 한 일은 다음과 같다.

$$\begin{aligned}W_a &= U_{180°} - U_0 \\ &= (-pE\cos 180°) - (-pE\cos 0) \\ &= 2pE = (2)(6.2 \times 10^{-30}\ \text{C}\cdot\text{m})(1.5 \times 10^4\ \text{N/C}) \\ &= 1.9 \times 10^{-25}\ \text{J}.\end{aligned}$$ (답)

▶ **교육용 비디오는 웹사이트 www.wiley.com에서 볼 수 있다.**

정리 및 요약 _Review & Summary

▸***전기장*** 전하 사이의 정전기력을 설명하는 한 가지 방법은 각각의 전하가 주위 공간에 전기장을 형성한다고 가정하는 것이다. 이때 각 전하에 작용하는 정전기력은 다른 전하가 공간에 만든 전기장 때문에 생긴다.

▸***전기장의 정의*** 어떤 점에서의 *전기장* $\vec{E}$는 그곳에 놓여 있는 양의 시험전하 q_0에 작용하는 정전기력 $\vec{F}$로 다음과 같이 정의한다.

$$\vec{E} = \frac{\vec{F}}{q_0}. \tag{22.1.1}$$

▸***전기장선*** *전기장선*을 사용하면 전기장의 크기와 방향을 쉽게 알 수 있다. 어떤 점에서의 전기장 벡터는 전기장선의 접선방향이다. 어느 공간에서 전기장선의 밀도는 전기장의 크기에 비례한다. 전기장선은 양의 전하에서 나와서 음의 전하로 들어간다.

▸***점전하가 만드는 전기장*** 점전하 q로부터 거리 r인 곳에서 전기장 $\vec{E}$의 크기는 다음과 같다.

$$E = \frac{1}{4\pi\varepsilon_0}\frac{|q|}{r^2}. \tag{22.2.2}$$

$\vec{E}$의 방향은 전하가 양이면 점전하의 반대쪽을 향하고 전하가 음이면 점전하 쪽을 향한다.

▸***전기쌍극자가 만드는 전기장*** *전기쌍극자*는 크기는 같고 부호가 반대이며, 분리거리가 d인 두 개의 전하 q로 구성되어 있다. **전기쌍극자 모멘트** $\vec{p}$의 크기는 qd이며 음의 전하에서 양의 전하로 향하는 방향을 갖는다. 쌍극 자축 위의 한 점에 쌍극자가 만드는 전기장의 크기는 다음과 같다.

$$E = \frac{1}{2\pi\varepsilon_0}\frac{p}{z^3}. \tag{22.3.5}$$

여기서 z는 쌍극자의 중심에서 임의의 점까지의 거리이다.

▸***연속적인 전하분포가 만드는 전기장*** *연속적인 전하 분포*가 만드는 전기장은 전하요소를 점전하로 생각하고 모든 전하요소가 만드는 전기장 벡터를 적분하여 구할 수 있다.

▸***원판에 의한 전기장*** 균일하게 대전된 원판의 중심축 위의 한 점에서 전기장의 크기는 다음과 같다.

$$E = \frac{\sigma}{2\varepsilon_0}\left(1 - \frac{z}{\sqrt{z^2 + R^2}}\right). \tag{22.5.5}$$

여기서 z는 원판의 중심에서 축 위의 거리이고, R은 원판의 반지름이고, σ는 표면전하밀도이다.

▸***전기장 안의 점전하가 받는 힘*** 점전하 q가 다른 전하가 만든 전기장 $\vec{E}$에 놓여 있을 때 점전하에 작용하는 정전기력 $\vec{F}$는

$$\vec{F} = q\vec{E} \tag{22.6.1}$$

이다. 힘 $\vec{F}$는 q가 양이면 $\vec{E}$와 같은 방향을, q가 음이면 반대 방향을 향한다.

▸***전기장 안의 쌍극자*** 전기 쌍극자모멘트 $\vec{p}$인 전기쌍극자가 전기장 $\vec{E}$ 안에 놓여 있을 때 전기장은 전기쌍극자에 토크

$$\vec{\tau} = \vec{p} \times \vec{E} \tag{22.7.3}$$

를 가한다. 쌍극자는 전기장 안에서 쌍극자의 방향에 의존하는 다음과 같은 퍼텐셜에너지 U를 갖는다.

$$U = -\vec{p} \cdot \vec{E}. \tag{22.7.7}$$

이 퍼텐셜에너지는 $\vec{p}$가 $\vec{E}$에 수직일 때 0이라고 정의한다. $\vec{p}$가 $\vec{E}$와 같은 방향일 때 퍼텐셜에너지는 최소이며($U = -pE$), $\vec{p}$가 $\vec{E}$에 반대 방향일 때 퍼텐셜에너지는 최대($U = pE$)이다.

연습문제 _Problems

E Easy M Medium H Hard CALC Requires calculus BIO Biomedical application

1 M 전기쌍극자가 크기 60 N/C인 균일한 전기장 $\vec{E}$ 안에 있다. 그림 22.1은 전기장 $\vec{E}$와 쌍극자모멘트 $\vec{p}$ 사이의 각도 θ에 대한 쌍극자에 작용하는 토크의 크기 τ를 나타낸 그래프이다. 수직축의 눈금은 $\tau_s = 80 \times 10^{-28}$ N · m이다. $\vec{p}$의 크기는 얼마인가?

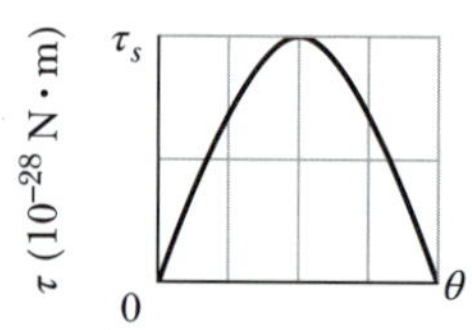

그림 22.1 연습문제 1

2 M 쌍극자 축을 따라 전기쌍극자의 전기장은 식 22.3.4와 22.3.5로 근사한다. 식 22.3.3에 대해 이항정리를 하여 쌍극자 축을 따라서 생기는 전기쌍극자의 전기장에 대한 근사식을 구하면 다음 항은 무엇인가? 즉 다음의 표현에서 E_{next}는 무엇인가?

$$E = \frac{1}{2\pi\varepsilon_0}\frac{qd}{z^3} + E_{next}?$$

3 E 그림 22.2에 중심축이 같은 평행한 부도체 고리가 두 개 있다. 반지름 R인 고리 1에는 균일한 전하 q_1이 분포하고, 같은 반지름의 고리 2에는 균일한 전하 q_2가 분포한다. 고리 사이의 거리는 $d = 4.00R$이다. 중심축 선 위에서 고리 1로부터 거리 R인 점 P에서 전기장이 0이다. 전하의 비율 q_1/q_2는 얼마인가?

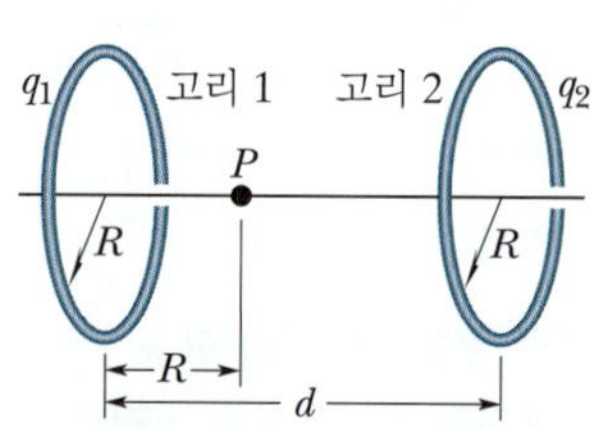

그림 22.2 연습문제 3

4 M CALC 전하가 반지름이 $R = 3.80$ cm인 고리에 균일하게 분포되어 있고, (고리 면에 수직으로) 고리 중심축을 따라 전기장의 크기 E를 측정한다. 고리 중심으로부터 어느 거리에서 전기장의 크기가 최대인가?

5 M 그림 22.3에서 유리막대를 구부려서 반지름 $r = 3.00$ cm의 반원을 만들었다. $+q = 4.50$ pC의 전하는 위쪽 절반에 분포하고, $-q = -4.50$ pC의 전하는 아래쪽 절반에 분포한다. 반원의 중심인 점 P에서 전기장 $\vec{E}$의 (a) 크기와 (b) 방향은 무엇인가?

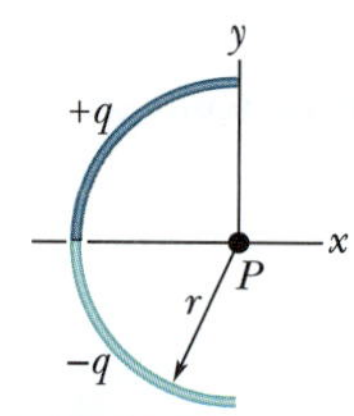

그림 22.3 연습문제 5

6 E 전기쌍극자가 0.78 nm 떨어진 $+2e$와 $-2e$의 전하로 구성되어 있다. 이 쌍극자는 1.5×10^6 N/C의 전기장 안에 놓여 있다. 쌍극자 모멘트가 전기장에 (a) 평행할 때, (b) 수직일 때, (c) 반대 방향일 때 쌍극자에 작용하는 토크의 크기를 각각 구하여라.

7 M 균일하게 대전된 반지름 R의 원판으로 전기장을 만드는 기구를 만들려고 한다. 원판 중심을 지나는 수직축을 따라 중심에서 거리 $3.00R$인 점 P(그림 22.4a)에서 전기장의 크기가 가장 중요하다. 가격을 분석해 보니 원판 대신 바깥쪽 반지름이 R로 같고, 안쪽 반지름이 $R/2.00$인 고리(그림 22.4b)로 바꾸는 것이 더 이익이다. 고리의 면전하밀도가 원래 원판의 면전하밀도와 같다고 하면 고리로 전환했을 때 점 P에서 전기장의 크기는 몇 퍼센트 감소하는가?

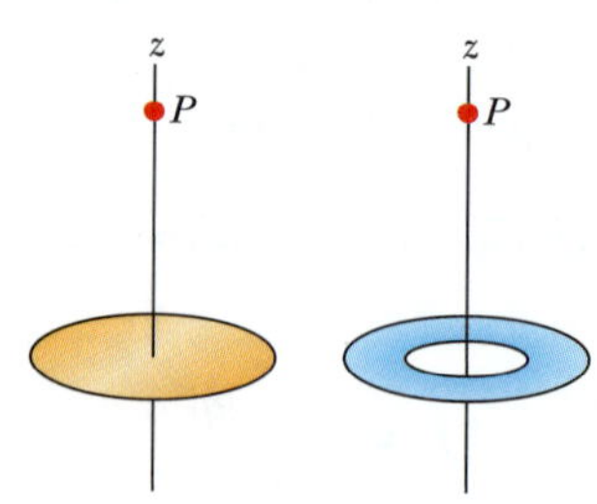

그림 22.4 연습문제 7

8 M 질량 10.0 g, 전하 $+2.50 \times 10^{-5}$ C인 토막이 전기장 $\vec{E} = (3000\hat{i} - 600\hat{j})$N/C 안에 놓여 있다. 물체에 작용하는 힘의 (a) 크기와 (b) (x축의 양의 방향에 대한) 방향은 무엇인가? $t = 0$일 때 물체를 원점에 가만히 놓았다면 $t = 3.00$ s일 때 (c) x 좌표, (d) y 좌표는 얼마인가?

9 M 그림 22.5에 전하가 $q_1 = -5.00q$인 입자 1과 $q_2 = +3.00q$인 입자 2가 축 위에 놓여 있다. (a) 입자의 알짜 전기장이 0이 되는 위치를 거리 L로 나타내고 (b) 입자 사이와 주위의 알짜 전기장선을 그려라.

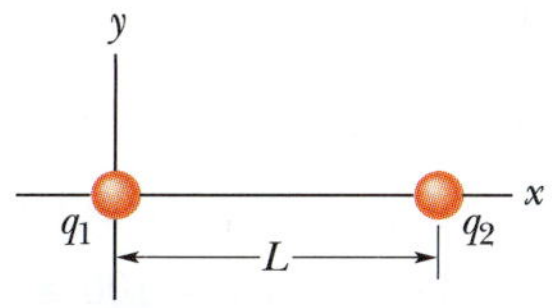

그림 22.5 연습문제 9

10 E 플루토늄-239의 핵에는 94개의 양성자가 있다. 핵은 반지름 6.64 fm의 구이고, 양전하가 균일하게 분포되어 있다고 가정한다. 원자핵의 표면에서 양성자가 만드는 전기장의 (a) 크기와 (b) (지름 방향의 안쪽 혹은 바깥쪽인) 방향은 무엇인가?

11 M 그림 22.6에서 한 개의 전하는 $+q$이고, 다른 하나는 $-q$인 두 개의 플라스틱 막대가 xy 평면에서 반지름 R = 4.00 cm의 원을 이루고 있다. x축은 두 연결점을 통과하고, 전하는 양쪽 막대에 균일하게 분포한다. q = 15.0 pC이면, 원의 중심 P에 만들어진 전기장 $\vec{E}$의 (a) 크기와 (b) 방향은 무엇인가?

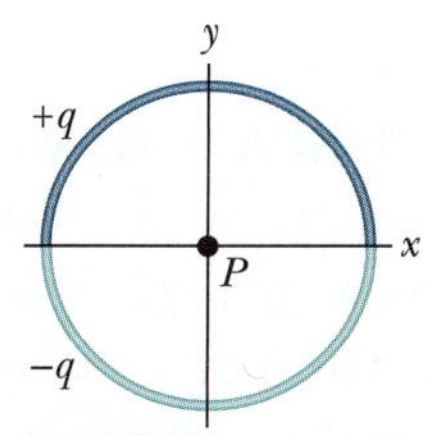

그림 22.6 연습문제 11

12 E 습기가 많은 공기는 3.0×10^6 N/C의 전기장에서 (분자가 이온화되어) 방전된다. 그 전기장 안에서 (a) 전자와 (b) 전자 한 개를 잃은 이온에 작용하는 정전기력의 크기는 얼마인가?

13 M 그림 22.7a에 전하 $+Q$가 균일하게 분포된 부도체 막대가 반지름 R의 반원을 이루고 있다. 이 막대는 중심점 P에서 크기 E_{arc}인 전기장을 만든다. 원호가 점 P로부터 거리 R인 곳에 있는 한 점으로 뭉쳐진다면(그림 22.7b) 점 P에서 전기장의 크기는 E_{arc}의 몇 배인가?

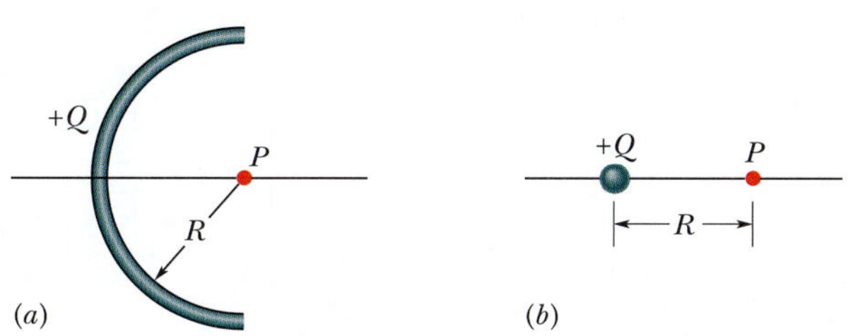

그림 22.7 연습문제 13

14 M BIO 꿀벌을 +45.0 pC의 전하가 표면에 균일하게 분포된 지름 1.000 cm의 공으로 가정하자. 또한 꿀벌의 전하가 가까운 쪽에 −1.50 pC, 먼 쪽에 +1.50 pC를 유도하여, 지름 40.0 μm의 공 모양 꽃가루가 꿀벌의 표면에 전기적으로 달라붙었다고 가정하자. (a) 꿀벌이 꽃가루에 작용하는 알짜 정전기력의 크기는 얼마인가? 한편 꿀벌이 −45.0 pC로 대전된 다른 꽃의 암술머리 근처 1.000 mm까지 꽃가루를 가져왔다고 가정하자. (b) 암술머리가 꽃가루에 작용하는 알짜 정전기력의 크기는 얼마인가? (c) 꽃가루는 꿀벌에 붙어있는가, 암술머리로 떨어지는가?

15 M 원판을 옆에서 본 그림 22.8에는 과잉전자에 의한 균일한 전하밀도를 갖고 있는 원판의 중심축 위에 양성자(p)가 놓여 있다. 원판의 중심에 있는 전자 e_c, 중심에서 반지름이 R인 양끝 반대쪽에 있는 전자를 각각 e_s라고 하자. 처음에 양성자는 원판으로부터 $z = R$ = 3.00 cm인 곳에 있다. (a) 전자 e_c가 만드는 전기장 $\vec{E}_c$의 크기와 (b) 두 전자 e_s로 인한 알짜 전기장 $\vec{E}_{s,net}$의 크기는 각각 얼마인가? 양성자가 $z = R/10.0$인 곳으로 이동하면, 이 지점에서 (c) $\vec{E}_c$와 (d) $\vec{E}_{s,net}$의 크기는 각각 얼마인가? (e) (a)와 (c)로부터 원판에 점점 가까워질수록 $\vec{E}_c$가 증가함을 알 수 있다. (b)와 (d)를 비교하면 $\vec{E}_{s,net}$의 크기는 감소한다. 그 이유를 설명하여라.

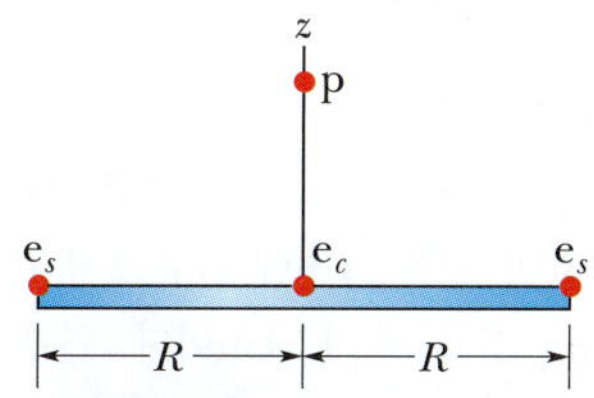

그림 22.8 연습문제 15

16 E 중심이 같은 두 개의 도체 공 껍질 중 작은 껍질에는 균일한 양의 전하 q_1이 분포되어 있다. 큰 껍질은 균일한 음의 전하 $-q_2$가 분포되어 있다. 두 껍질 사이와 바깥에서 전기장선을 그려라. 다음의 경우를 고려한다. $q_1 = q_2$, $q_1 > q_2$, $q_1 < q_2$.

17 H *전기사중극자.* 그림 22.9는 전기사중극자이다. 이것은 쌍극자 모멘트의 크기는 같지만 방향이 반대인 두 개의 쌍극자로 구성되어 있다. 쌍극자의 축 위 중심에서 거리가 z인 점에서 E의 값이 다음과 같음을 보여라. ($z \gg d$임을 가정한다.)

$$E = \frac{3Q}{4\pi\varepsilon_0 z^4},$$

여기서 $Q(= 2qd^2)$는 전하분포의 *사중극자 모멘트*라고 한다.

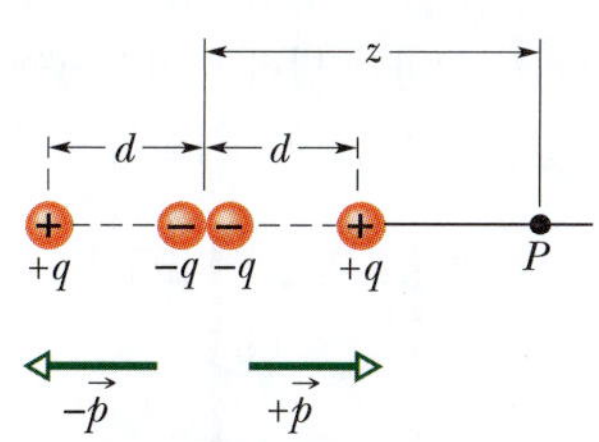

그림 22.9 연습문제 17

18 E 속력 6.00×10^8 cm/s의 전자가 1.00×10^3 N/C의 전기장 영역 안으로 들어와서 전자의 운동을 방해하는 방향으로 형성된 전기장선을 따라 들어간다. (a) 순간적으로 멈추기 직전까지 전자는 전기장 안에서 얼마나 멀리 움직이는가? (b) 그때까지 시간은 얼마나 걸리는가? (c) 전기장이 있는 영역의 길이가 8.00 mm라면(전자가 멈추기

에는 너무 짧다), 전자는 처음 운동에너지의 몇 퍼센트를 잃는가?

19 **M** 그림 22.10에서 전자를 초기속력 $v_0 = 2.00 \times 10^6$ m/s로 x축에 대해 $\theta_0 = 40.0°$로 쏘았다. 전자는 균일한 전기장 $\vec{E} = (6.00 \text{ N/C})\hat{j}$를 통과한다. 전자를 검출하는 화면은 $x = 3.00$ m인 지점에 y축과 평행하게 놓여 있다. 전자가 화면에 부딪힐 때 전자의 속도를 단위벡터 표기방법으로 나타내어라.

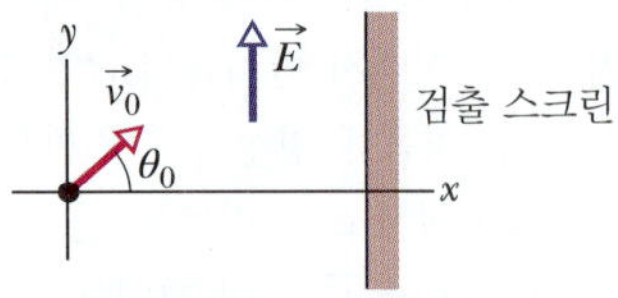

그림 22.10 연습문제 19

20 **E** 8.00 μm 떨어져 있는 1.50 nC의 두 전하로 이루어진 전기쌍극자가 1100 N/C의 전기장 안에 있다. (a) 전기쌍극자모멘트의 크기는 얼마인가? (b) 쌍극자가 전기장 $\vec{E}$와 같은 방향일 때와 반대 방향일 때 퍼텐셜에너지 차이는 얼마인가?

21 **M** 그림 22.11a는 균일하게 대전된 원판이다. 중심 z축은 원판의 표면에 수직이고, 중심은 원판에 있다. 그림 22.11b는 축을 따라서 전기장의 크기를 최대값인 원판 표면에서의 크기 E_m의 단위로 나타낸 그래프이다. z축의 눈금은 $z_s = 12$ cm이다. 원판의 반지름은 얼마인가?

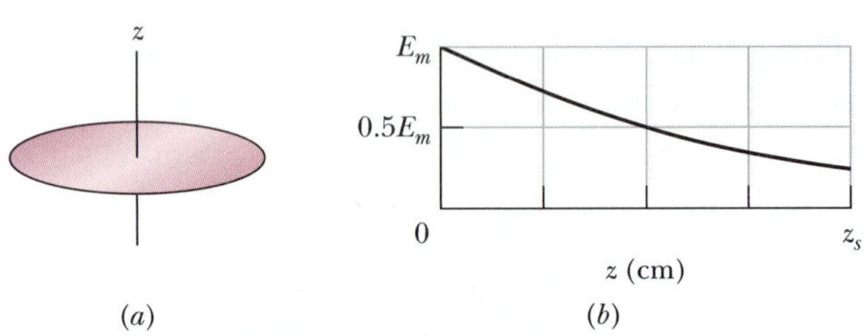

그림 22.11 연습문제 21

22 **E** 전자가 전기장에 의해 동쪽으로 7.50×10^9 m/s^{2}로 가속된다. 전기장의 (a) 크기와 (b) 방향을 구하여라.

23 **M** 평행한 두 구리판이 3.0 cm 떨어져서 그림 22.12에 나타낸 대로 균일한 전기장을 만들고 있다. 전자를 음극판에서 놓고, 동시에 양성자를 양극판에서 놓았다. 입자 사이의 힘을 무시한다면 입자들이 서로 지나칠 때 양극판에서 얼마나 멀리 떨어진 곳에 있는가? (이 문제를 푸는 데 전기장을 알 필요가 없다는 사실이 놀랍지 않은가?)

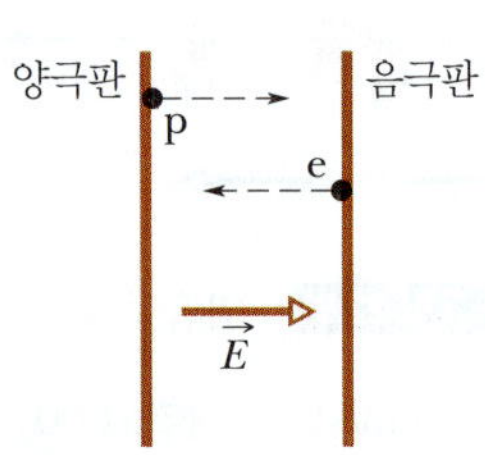

그림 22.12 연습문제 23

24 **E** 대전된 구름은 지표면 근처의 공기에 전기장을 만든다. -2.0×10^9C의 대전입자가 이 전기장 안에 놓여 있을 때 6.0×10^{-6}N의 정전기력을 아래로 받는다. (a) 전기장의 크기는 얼마인가? (b) 전기장 안에 놓여 있는 양성자에 작용하는 정전기력 $\vec{F}_{el}$의 크기와 (c) 방향은 무엇인가? (d) 양성자에 작용하는 중력 $\vec{F}_g$의 크기는 무엇인가? (e) 이 경우 F_{el}/F_g의 비율은 얼마인가?

25 **M** 크기가 40 N/C인 균일한 전기장 $\vec{E}$에 전기쌍극자가 놓여 있다. 그림 22.13은 쌍극자 $\vec{p}$와 $\vec{E}$ 사이의 각도 θ에 대한 쌍극자의 퍼텐셜에너지 U이며, 수직축의 눈금은 $U_s = 100 \times 10^{-28}$ J이다. $\vec{p}$의 크기는 얼마인가?

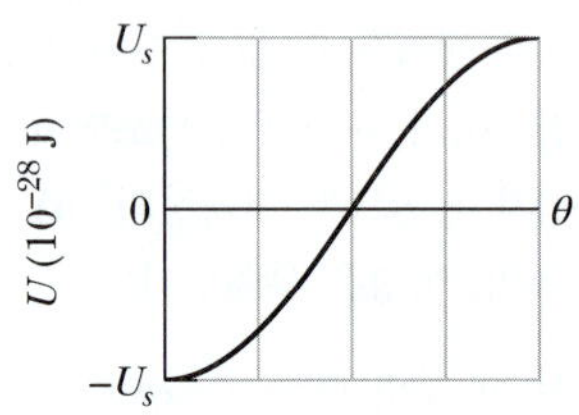

그림 22.13 연습문제 25

26 **E** 두 대전입자가 x 축에 고정되어 있다. 전하 -3.00×10^{-7} C인 입자 1은 $x = 6.00$ cm에 있고, 전하 $+3.00 \times 10^{-7}$ C인 입자 2는 $x = 21.0$ cm인 곳에 있다. 입자 중간에서 알짜 전기장을 단위벡터 표기법으로 나타내어라.

27 **H** 대전된 두 구슬이 반지름 $R = 60.0$ cm의 플라스틱 고리 위에 그림 22.14a처럼 놓여 있다. 구슬 2는 그림에서 보이지는 않지만 고리 위에 고정되어 있다. 고정되어 있지 않은 구슬 1은 처음에 $\theta = 0°$인 x축 위에 있다. 그 후 $\theta = 180°$가 되는 반대 방향으로 xy 평면의 1사분면과 2사분면을 지나 움직인다. 그림 22.14b는 두 구슬이 원점에 만드는 알짜 전기장의 x성분이고, 그림 22.14c는 y 성분이다. 수직축의 눈금은 $E_{xs} = 5.0 \times 10^4$ N/C과 $E_{ys} = -9.0 \times 10^4$ N/C이다. (a) 구슬 2가 놓인 곳의 각도 θ를 구하여라. (b) 구슬 1과 (c) 구슬 2의 전하는 얼마인가?

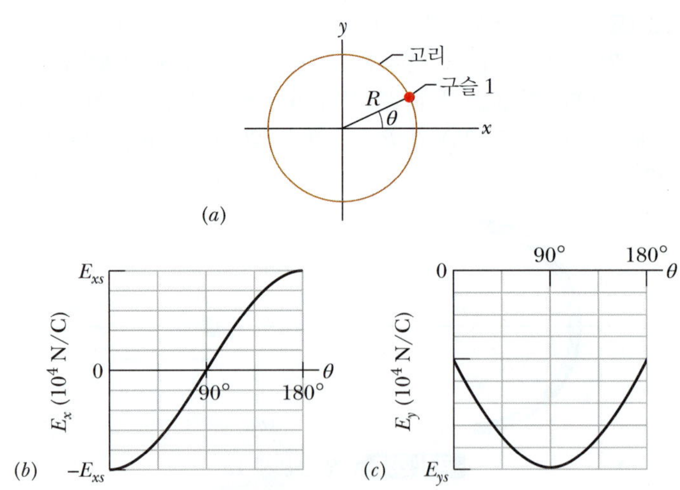

그림 22.14 연습문제 27

28 **E** (헬륨 원자의 핵인) 알파입자의 질량은 6.64×10^{-27} kg이고 전하는 $+2e$이다. 알파입자에 작용하는 중력과 정전기력이 평형을 이루기 위해 필요한 전기장의 (a) 크기와 (b) 방향은 무엇인가?

29 **M** 그림 22.15는 같은 평면 위에 있는 반지름이 R과 $R' = 3.00R$인 두 동심원 고리이다. 점 P는 고리의 중심축인 z축 위에 $D = 3.00R$인 거리에 있다. 작은 고리에는 전하 $+Q$가 균일하게 분포하고, 점 P에서 알짜 전기장은 0이 되도록 큰 고리에 균일하게 분포하는 전하를 Q로 나타내어라.

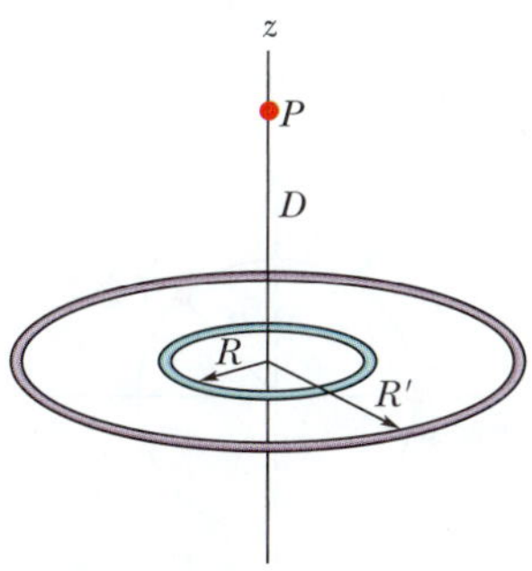

그림 22.15 연습문제 29

30 **M** 어떤 순간 평행한 두 대전판 사이를 움직이는 전자의 속도 성분은 $v_x = 1.5 \times 10^5$ m/s, $v_y = 3.0 \times 10^3$ m/s이다. 대전판 사이의 전기장은 균일하고 $\vec{E} = (200\text{ N/C})\hat{j}$이면 (a) 이 전기장 안에서 전자의 가속도와 (b) 전자의 x 좌표가 2.0 cm만큼 변한 후 전자의 속도를 구하여라.

31 **M** 그림 22.16에서 $q_1 = q_2 = +e$, $q_3 = +2e$이다. 거리는 $a = 4.00$ μm이다. 점 P에서 세 입자에 의한 알짜 전기장의 (a) 크기와 (b) 방향은 무엇인가?

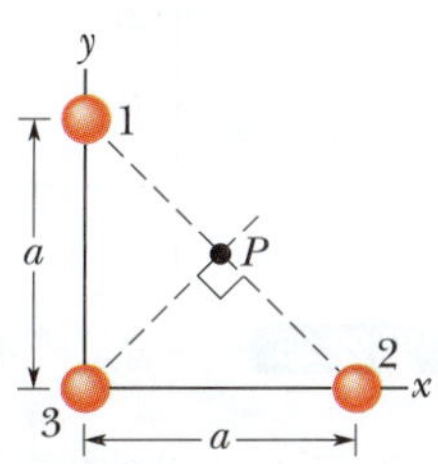

그림 22.16 연습문제 31

32 **E** *여러 가지 밀도*. (a) 중심각이 40°이고 반지름이 4.00 cm인 원호에 전하 $-450e$가 균일하게 분포되어 있다. 원호의 선전하밀도는 얼마인가? (b) 전하 $-450e$가 반지름이 2.00 cm인 원판의 표면에 균일하게 분포되어 있다. 원판의 면전하밀도는 얼마인가? (c) 전하 $-450e$가 반지름이 2.00 cm인 공의 표면에 균일하게 분포되어 있다. 공 표면의 면전하밀도는 얼마인가? (d) 전하 $-450e$가 반지름이 2.00 cm인 공에 균일하게 분포되어 있다. 공의 부피전하밀도는 얼마인가?

33 **E** 그림 22.17에서 왼쪽 전기장선의 간격이 오른쪽 전기장선 간격의 두 배이다. (a) A에서 전기장의 크기가 20 N/C이라면 A에 있는 양성자에 작용하는 힘의 크기는 얼마인가? (b) B에서 전기장의 크기는 얼마인가?

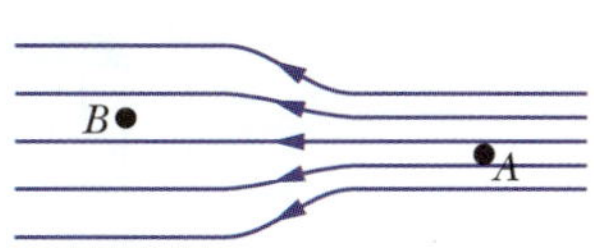

그림 22.17 연습문제 33

34 **E** 전자를 3.5×10^4 N/C의 전기장 안에서 가만히 놓았다. 전자의 가속도를 구하여라. (중력은 무시한다.)

35 **M** **CALC** 그림 22.18에서 길이 $L = 8.15$ cm인 부도체 막대에 전하 $-q = -6.50$ fC이 균일하게 분포한다. (a) 막대의 선전하밀도는 얼마인가? 막대의 끝으로부터 거리 $a = 12.0$ cm인 점 P에서 전기장의 (b) 크기와 (c) (x축의 양의 방향에 대한) 방향은 각각 무엇인가? 막대로부터 거리 $a = 50$ m인 곳에서 (d) 막대가 만드는 전기장의 크기와 (e) 막대 대신 점전하 $-q = -6.50$ fC로 바꾸었을 때 전기장의 크기는 얼마인가? (이 거리에서 막대는 점처럼 "보인다".)

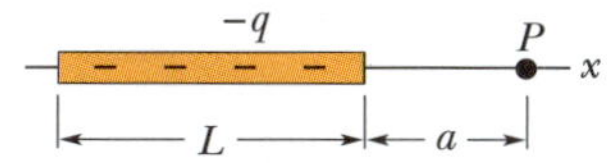

그림 22.18 연습문제 35

36 **M** 전자가 균일한 전기장 $E = 30$ N/C의 영역으로 전기장과 같은 방향으로 초기 속력 30 km/s로 들어간다. (a) 이 영역에 들어간 후 1.5 ns이 되는 순간에 전자의 속력은 얼마인가? (b) 1.5 ns 동안 전자가 이동한 거리는 얼마인가?

37 **M** 그림 22.19에서 $x = -3.00$ m에 있는 전하는 $-q = -3.20 \times 10^{-19}$ C이고 $x = 3.00$ m에 있는 전하는 $q = 3.20 \times 10^{-19}$C이다. $y = 5.20$ m인 점 P에서 전기장의 (a) 크기와 (b) (x축의 양의 방향에 대한) 방향은 무엇인가?

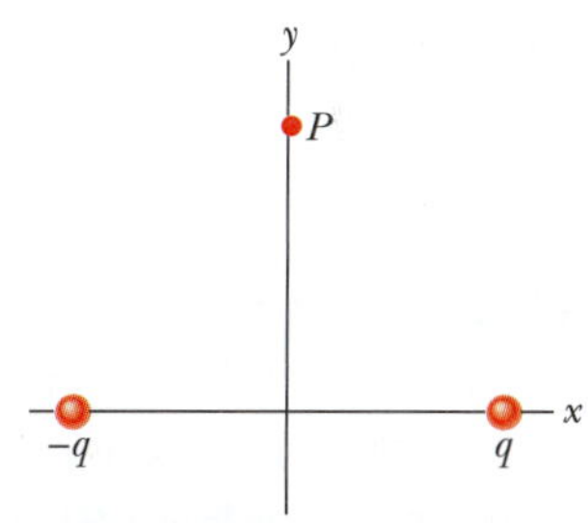

그림 22.19 연습문제 37

38 **M** 두 개의 대전판 사이에 균일한 전기장이 있다. 전자 하나가 정지 상태에서 음극판을 떠나 0.50 cm 떨어져 있는 양극판에 1.5×10^{-8}초 후에 충돌하였다. 두 번째 판에 충돌할 때 (a) 전자의 속력을 구하여라. (b) 전기장 $\vec{E}$의 크기는 얼마인가?

39 **M** 그림 22.20a에 분리거리가 L인 두 개의 대전입자가 x축에 고정되어 있다. 입자의 전하 크기의 비율 q_1/q_2는 4.00이다. 그림 22.20b는 입자 2의 x축 오른쪽에서 알짜 전기장의 x성분 $E_{\text{net},x}$를 나타낸 그래프이다. x축의 눈금은 $x_s = 60.0$ cm이다. (a) $x > 0$에서 $E_{\text{net},x}$가 최대가 되는 x는 얼마인가? (b) 입자 2의 전하가 $-q_2 = -3e$이라면 $E_{\text{net},x}$의 최대값은 얼마인가?

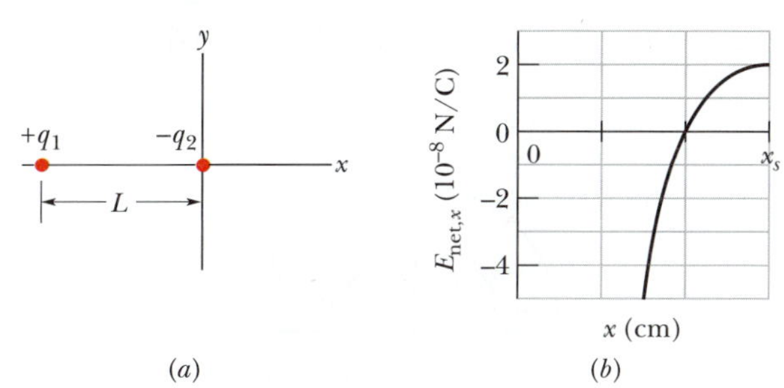

그림 22.20 연습문제 39

40 **M** 식 22.3.4와 식 22.3.5는 쌍극자 축 위에서 전기쌍극자의 전기장 크기를 근사한 것이다. 쌍극자 중앙에서 거리 $z = 4.00d$에 있는 점 P를 고려하자(d는 쌍극자 입자 사이의 분리거리이다). 식 22.3.4와

22.3.5의 근사식으로 계산한 점 P에서 전기장의 크기를 E_{appr}이라고 하자. 실제로 정확한 크기를 E_{act}라고 하자. 비율 E_{appr}/E_{act}는 얼마인가?

41 M 그림 22.21에서 길이 $a = 5.00$ cm인 정사각형 모서리에 있는 네 입자의 전하는 $q_1 = +10.0$ nC, $q_2 = -20.0$ nC, $q_3 = +20.0$ nC, $q_4 = -10.0$ nC이다. 정사각형 중심에서 입자가 만드는 알짜 전기장을 단위벡터 표기법으로 구하여라.

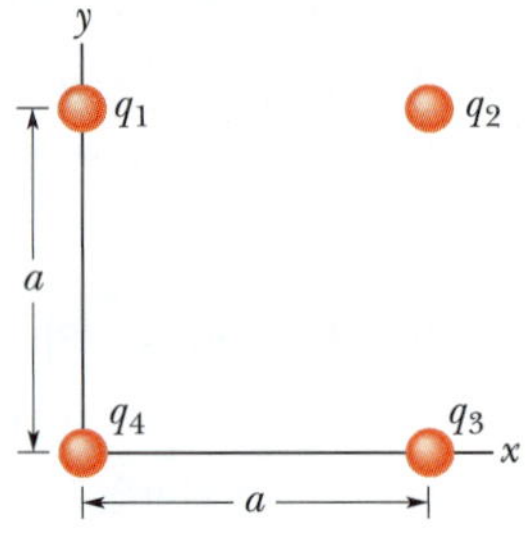

그림 22.21 연습문제 41

42 E 반지름 2.5 cm인 원판 윗면의 면전하밀도가 2.1 $\mu C/m^2$이다. 원판의 중심축으로부터 $z = 12$ cm 떨어진 곳에 원판이 만드는 전기장의 크기는 얼마인가?

43 M 그림 22.34처럼 전자(e)를 균일하게 대전된 반지름이 R인 원판의 중심축 위에서 정지한 상태에서 놓았다. 원판의 면전하밀도는 +1.50 $\mu C/m^2$이다. 만약 원판의 중심에서 (a) 거리 R, (b) R/100, (c) R/1000인 지점에서 전자를 놓으면 초기 가속도의 크기는 각각 얼마인가? (d) 가속도 크기는 놓아준 지점이 원판에 가까워져도 왜 조금밖에 증가하지 않는가?

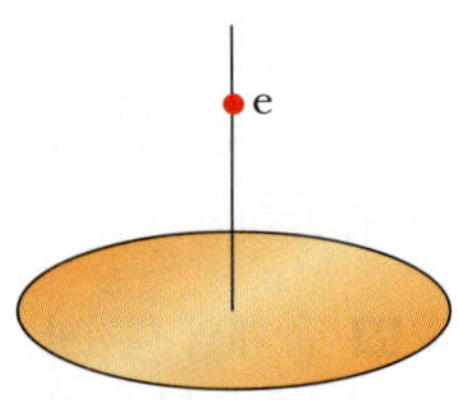

그림 22.22 연습문제 43

44 M 전기쌍극자의 크기가 $p = 3.02 \times 10^{-25}$ C · m이고 처음 각도가 64°이면, 크기가 $E = 70.0$ N/C인 균일한 전기장 안에서 쌍극자를 180°로 회전시킬 때 필요한 일은 얼마인가?

45 M 그림 22.23처럼 반지름 $r = 3.00$ cm의 원호 위에 전자(e)와 양성자(p)가 불균일하게 분포되어 있다. $\theta_1 = 30.0°$, $\theta_2 = 35.0°$, $\theta_3 = 30.0°$, $\theta_4 = 20.0°$이다. 원호의 중심에서 만들어진 알짜 전기장의 (a) 크기와 (b) (양의 x축에 대한) 방향은 무엇인가?

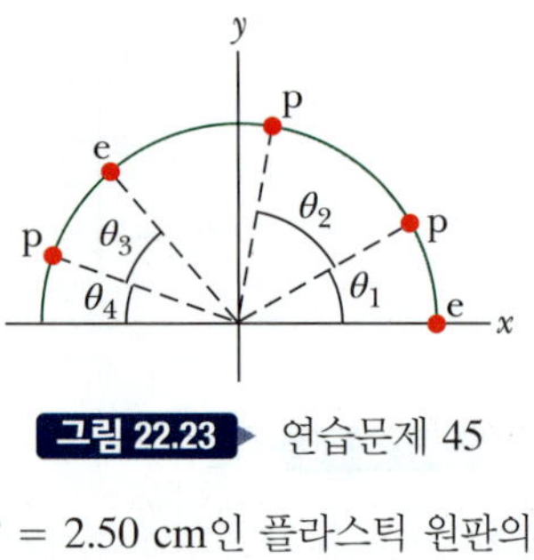

그림 22.23 연습문제 45

46 M 반지름이 $R = 2.50$ cm인 플라스틱 원판의 표면에 전하 $Q = +(2.00 \times 10^6)e$가 균일하게 분포되어 있다. 원판의 중심에서 반지름이 $r = 0.50$ cm이고, 폭이 30 μm인 원형 고리 안에 들어 있는 전하는 몇 쿨롱인가?

47 H 그림 22.24는 반지름 $R = 50.0$ cm의 플라스틱 고리이다. 두 개의 대전된 작은 구슬이 고리 위에 있다. 왼쪽 부분에 고정되어 있는 구슬 1의 전하는 +2.00 μC이고, 전하 +6.00 μC인 구슬 2는 고리를 따라 자유로이 움직일 수 있다. 두 구슬은 고리의 중심에 크기 E인 알짜 전기장을 만든다. $E = 2.00 \times 10^5$ N/C이 되도록 구슬 2를 놓았을 때 θ 값 중 (a) 양수값과 (b) 음수값을 각각 구하여라.

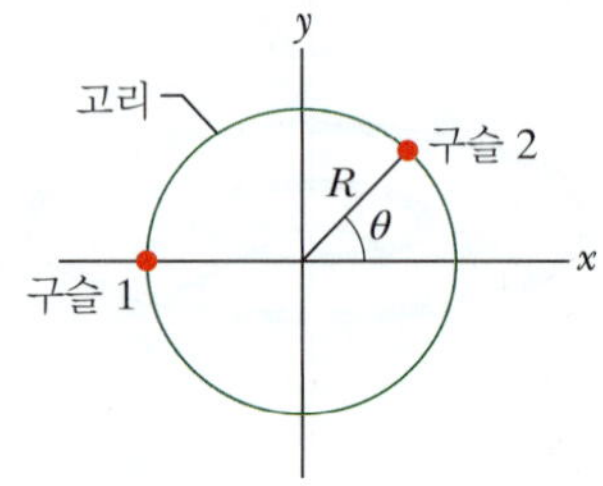

그림 22.24 연습문제 47

48 E 대전입자가 이 입자에서 42 cm 떨어진 곳에 크기 2.0 N/C의 전기장을 만든다. 입자의 전하를 구하여라.

49 M 그림 22.25에는 좌표계의 원점에 중심이 있는 세 개의 동심 원호가 있다. 각각의 원호에는 균일하게 전하가 분포한다. $Q = 2.00$ μC이고 $R = 6.00$ cm이다. 원점에서 이 원호가 만드는 전기장의 (a) 크기와 (b) (x축 양의 방향에 대한) 방향은 무엇인가?

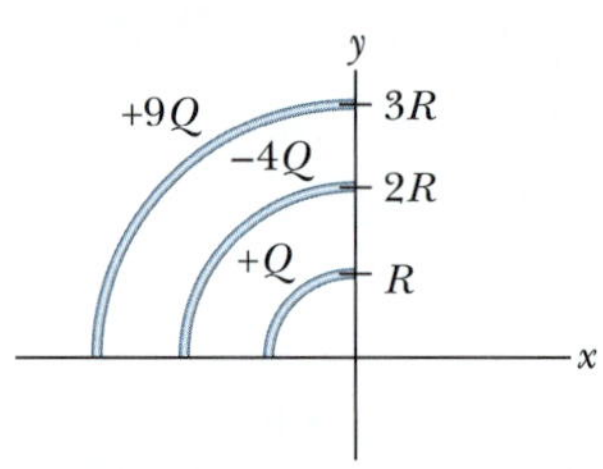

그림 22.25 연습문제 49

50 E 고속 양성자빔은 전기장으로 양성자를 가속시키는 "총"을 이용하여 만든다. (a) 총의 전기장 크기가 8.50×10^4 N/C이면 양성자의 가속도는 얼마인가? (b) 전기장 안에서 양성자가 1.40 cm의 거리를 통과하는 동안 가속된다면 양성자의 속력은 얼마인가?

51 H CALC 그림 22.26에 있는 오른쪽으로 무한히 긴 부도체 막대의 균일한 선전하밀도는 λ이다. (a) 점 P에서 전기장 $\vec{E}_p$는 거리 R과 무관하고, 막대와 45°의 각도를 이룬다는 것을 증명하여라. (힌트: 막대와 평행한 $\vec{E}_p$ 성분과 수직성분을 따로 계산하여라.)

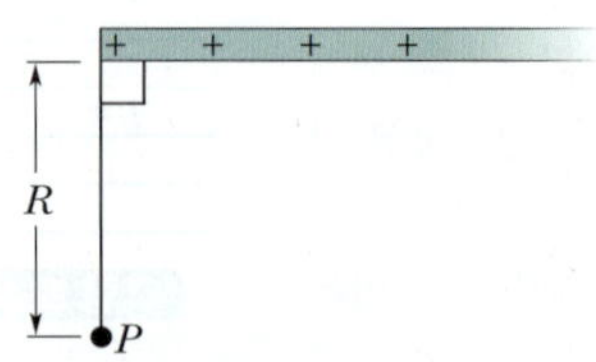

그림 22.26 연습문제 51

52 M 쌍극자모멘트 $\vec{p}$, 회전관성 I의 전기쌍극자가 균일한 전기장

$\vec{E}$ 안에서 평형위치 주위로 작은 진폭으로 진동할 때 진동수를 구하여라.

53 M 그림 22.27에서 $q_1 = q_2 = +5e$, $q_3 = +3e$, $q_4 = -12e$이다. 거리는 $d = 3.6\ \mu$m이다. 네 전하가 점 P에 만드는 알짜 전기장은 얼마인가?

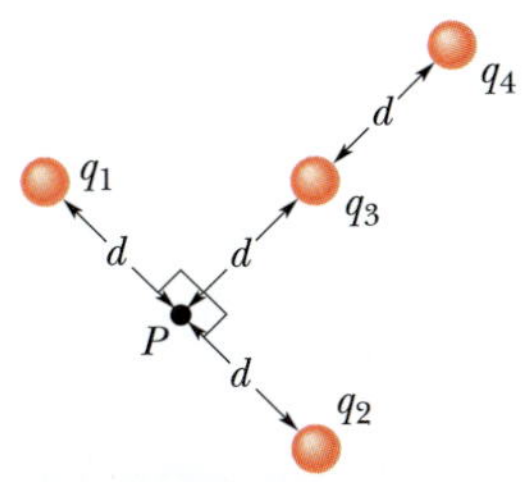

그림 22.27 연습문제 53

54 E Millikan의 실험에서 반지름 1.64 μm, 밀도 0.851 g/cm^{3}의 기름방울이 아래 방향으로 크기 2.408×10^5 N/C의 전기장을 가했을 때 상자 C에서 떠있다(그림 22.6.1). 기름방울의 전하를 e로 나타내어라.

55 M 그림 22.28에 전기쌍극자를 나타내었다. $r \gg d$인 점 P에 전기쌍극자가 만드는 전기장의 (a) 크기와 (b) (양의 x축 방향에 대한) 방향을 구하여라.

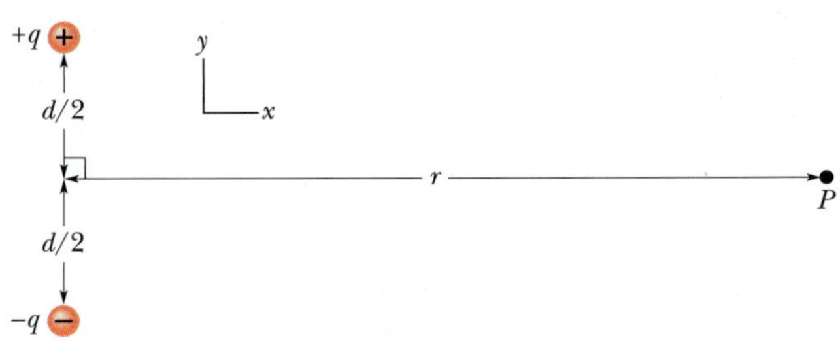

그림 22.28 연습문제 55

56 E 점전하가 만드는 전기장이 1.20 m 떨어진 곳에서 3.50 N/C이라면 전하의 크기는 얼마인가?

57 M CALC 전하 Q가 균일하게 분포된 가는 부도체 막대로 반지름 R의 원을 만들었다(그림 22.29). 고리의 중심을 통과하는 수직선이 z축이고, 원점은 고리의 중심에 있다. (a) $z = 0$과 (b) $z = \infty$에서 막대가 만드는 전기장의 크기는 각각 얼마인가? (c) 전기장이 최대가 되는 양의 z값을 R로 나타내어라. (d) $R = 3.00$ cm이고 $Q = 4.00\ \mu$C이면 전기장의 최대 크기는 얼마인가?

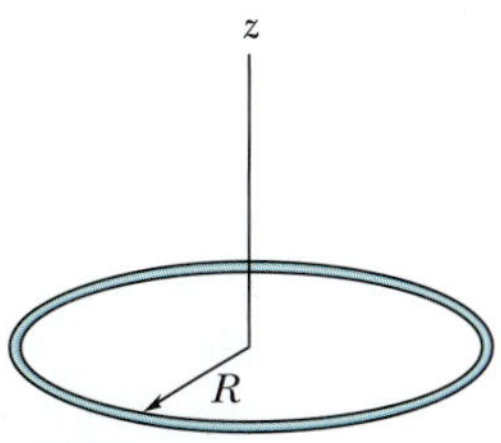

그림 22.29 연습문제 57

58 M 두 대전입자가 x 축에 고정되어 있다. 전하 $q_1 = 2.1 \times 10^{-8}$ C인 입자 1은 $x = 20$ cm에 있고, 전하 $q_2 = -9.00q_1$인 입자 2는 $x = 70$ cm인 곳에 있다. 두 입자가 만드는 알짜 전기장이 0이 되는 (무한대를 제외한) 축 위의 좌표는 어디인가?

59 H CALC 그림 22.30에 길이 $L = 14.5$ cm인 가는 부도체 막대에 전하 $q = 7.81$ pC이 균일하게 분포한다. 막대의 수직 이등분선 위 $R = 9.00$ cm인 점 P에서 전기장의 (a) 크기와 (b) (양의 x축 방향에 대한) 방향은 각각 무엇인가?

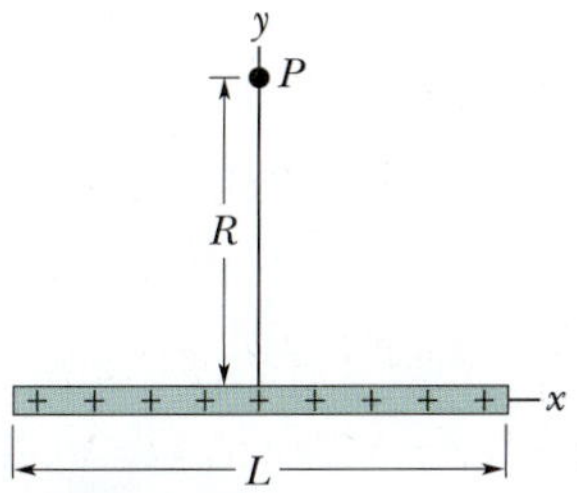

그림 22.30 연습문제 59

60 E 전하가 균일하게 분포된 반지름이 0.200 m인 대전된 플라스틱 원판의 중심축을 따라 어떤 거리에서 전기장은 원판의 표면 중심의 전기장의 절반이 되는가?

61 E 전자가 전기쌍극자의 축 위에 중심에서 30 nm 떨어진 곳에 있다. 쌍극자모멘트가 3.6×10^{-29} C · m이면 정전기력의 크기는 얼마인가? 25 nm는 쌍극자를 이루는 대전입자 사이의 거리보다 훨씬 길다고 가정한다.

제 23 장

Gauss의 법칙

Gauss' Law

23.1 ▸ 전기다발

요점_Key Ideas

1. 표면을 지나는 전기다발 Φ는 표면을 통과하는 전기장의 양이다.
2. 표면의 (조각요소인) 면적요소에 대한 면적벡터 $d\vec{A}$는 그 요소에 수직이고 크기는 요소의 면적 dA인 벡터이다.
3. 면적벡터 $d\vec{A}$인 조각요소를 지나는 전기다발 $d\Phi$는 스칼라곱으로 주어진다.

$$d\Phi = \vec{E} \cdot d\vec{A}.$$

4. 표면을 지나는 전체 다발은 다음과 같다.

$$\Phi = \int \vec{E} \cdot d\vec{A} \quad (\text{전체 다발}).$$

5. (Gauss 법칙에서 사용하는) 폐곡면을 지나는 알짜 다발은

$$\Phi = \oint \vec{E} \cdot d\vec{A} \quad (\text{알짜 다발})$$

이다. 여기서 전체 표면에 대해 적분한다.

학습목표_Learning Objectives

이 단원을 읽은 후 다음을 이해해야 한다.

23.1.1 Gauss의 법칙은 (Gauss 표면이라고 부르는 실제 혹은 가상의) 폐곡면 위의 점에서 전기장과 그 표면으로 둘러싸인 알짜 전하 사이의 관계를 맺는다.

23.1.2 (표면을 스쳐지나가는 것이 아니라) 표면을 관통하는 전기장의 양을 그 표면을 지나는 전기다발 Φ라고 한다.

23.1.3 평면에 대한 면적벡터는 그 표면에 수직이고 크기는 표면의 면적과 같은 벡터이다.

23.1.4 임의의 표면은 (조각요소인) 작은 면적 요소로 나눌 수 있고, 각각은 충분히 작고 평평해서 면적 벡터 $d\vec{A}$를 부여할 수 있다. 이 벡터는 요소에 수직이고 크기는 요소의 면적과 같다.

23.1.5 크기-각도 표현과 단위벡터 표현을 이용하여 전기장 벡터 $\vec{E}$와 (조각요소에 대한) 면적 벡터 $d\vec{A}$의 스칼라곱을 구한 후 적분하여 표면을 통과하는 다발 Φ를 계산한다.

23.1.6 폐곡면에 대해 들어오고 나가는 다발과 관련된 부호를 설명한다.

23.1.7 전기장 벡터 $\vec{E}$와 (조각요소에 대한) 면적 벡터 $d\vec{A}$의 스칼라곱을 모든 폐곡면에 대해 부호까지 포함하여 적분해서 폐곡면을 지나는 알짜 다발 Φ를 계

▶ 어떤 물리현상을 다루는가?

앞 장에서 막대와 같은 대전물체 주위의 점에서 전기장을 구하였다. 이때 많은 계산이 필요했다. 전하분포를 전하요소 dq로 나누고, 이 요소가 만드는 전기장 $d\vec{E}$를 구한 후 벡터를 성분으로 나누었다. 그리고 모든 요소로부터 나오는 성분이 상쇄되는지 더해지는지 결정하였다. 마지막으로 모든 요소에 대해 적분하여 더해지는 성분을 더했고, 이때 표현 방법도 약간씩 달랐다.

물리학의 주된 목표 중의 하나는 이와 같이 복잡한 계산이 필요한 문제를 간단하게 푸는 방법을 찾는 것이다. 이 목표를 이루는 중요한 도구 중의 하나가 대칭성이다. 이 장에서는 어떤 대칭적인 상황에서 대전 물체의 전기장을 구할 때 전하와 전기장 사이에 나타나는 아름다운 관계를 통해 몇 줄이면 충분하게 계산할 수 있는 방법에 대해 논할 것이다. 그 관계를 **Gauss 법칙**이라고 부르며, 독일의 수학자이며 물리학자인 Carl Friedrich Gauss (1777~1855)가 만들었다.

먼저 Gauss 법칙의 특성을 알기 위한 간단한 예를 잠깐 살펴보자. 그림 23.1.1에 가상적인 구에 둘러싸여 있는 전하 Q인 입자를 나타내었다. (*Gauss 표면*이라고 부르는) 구 위의 점에서 전기장 벡터는 ($E = kQ/r^2$인) 적당한 크기를 갖고 (양의 전하이기 때문

산한다.

23.1.8 (정육면체의 옆면과 같이) 폐곡면을 잘라내어 그 표면을 지나는 알짜 다발을 구하는 적분을 간단히 할 수 있는지 결정한다.

에) 입자로부터 지름방향으로 멀어지는 방향을 향한다. 전기장선 또한 바깥 방향이고, (전기장의 크기와 관계있는) 적당한 밀도를 가지고 있다. 이때 전기장 벡터와 전기장선은 표면을 *뚫고 지나간다*고 한다.

그림 23.1.2는 비슷한 그림이지만 둘러싸인 입자의 전하가 $+2Q$이다. 둘러싸인 전하가 두 배 커졌으므로 (같은) Gauss 표면을 바깥 방향으로 뚫고 지나가는 전기장 벡터의 크기도 그림 23.1.1보다 두 배 커졌고, 또한 전기장선의 밀도도 두 배가 된다. 이 표현이 간단히 말하면 Gauss 법칙이다.

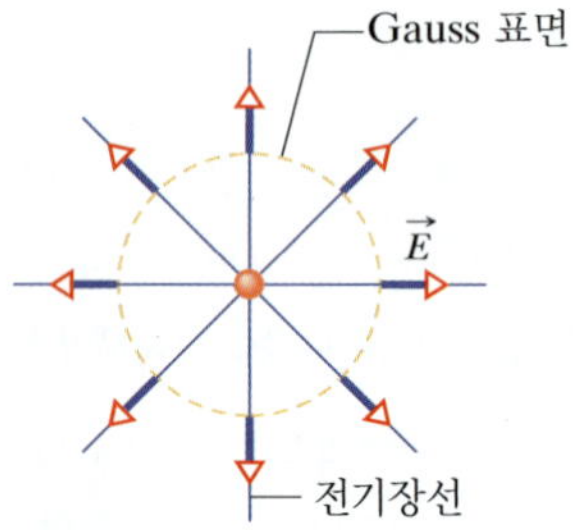

그림 23.1.1 전기장 벡터와 전하 $+Q$인 입자를 둘러싼 가상의 구형 Gauss 표면을 지나는 전기장선.

Gauss 법칙은 (닫힌) Gauss 표면 위의 점에서 전기장과 이 표면으로 둘러싸인 전하 사이의 관계를 맺는다.

이제 그림 23.1.3에 나타난 같은 구형 Gauss 표면(원한다면 *Gauss 구면*, 혹은 더 멋있게 표현하여 *G-구면*)으로 둘러싸인 입자에 대한 세 번째 예를 살펴보자. 둘러싸인 전하의 크기와 부호는 무엇일까? 전기장선이 안으로 들어가므로 즉시 전하는 음수임을 알 수 있다. 전기장선의 밀도가 그림 23.1.1의 반이므로 전하는 $0.5Q$임을 알 수 있다(Gauss 법칙을 쓰는 것은 상자의 포장지를 보고 선물 상자 안에 무엇이 있는지 알 수 있는 것과도 같다).

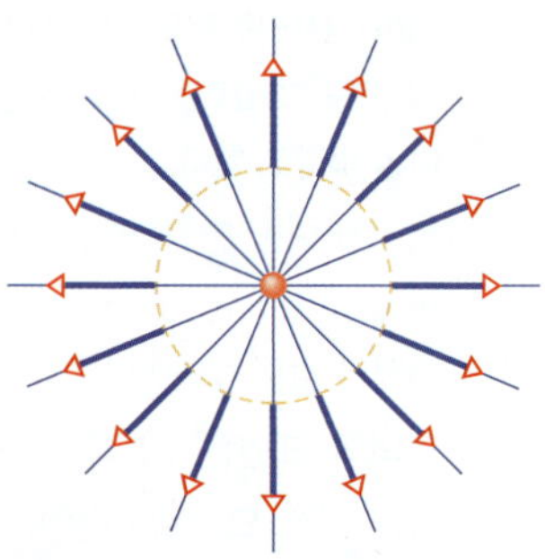

그림 23.1.2 이제 둘러싸인 입자의 전하가 $+2Q$이다.

이 장의 문제는 두 종류이다. 어떨 때는 전하를 알고, Gauss 법칙을 이용하여 전기장을 구한다. 어떤 때는 Gauss 표면 위의 전기장을 알고, Gauss 법칙을 이용하여이 표면에 둘러싸인 전하를 구한다. 그러나 앞에서 한 것처럼 단순히 그림을 그려 전기장선의 밀도를 비교하는 것만으로는 할 수 없다. 표면을 뚫고 지나가는 전기장이 얼마나 많은지 결정하는 정량적인 방법이 필요하다. 그 척도를 전기다발이라고 부른다.

전기다발

▸*평평한 표면, 균일한 전기장.* 우선 균일한 전기장 $\vec{E}$ 안에 있는 면적 A인 평평한 표면부터 시작하자. 그림 23.1.4a에 면적 ΔA인 작은 정사각형 조각을 지나가는 전기장선 중의 하나를 나타내었다(Δ는 "작다"는 것을 뜻한다). 실제로는 (그림 23.1.4b에 나타난 크기 $E_x = E\cos\theta$인) x성분만 조각을 지난다. y성분은 표면을 스쳐 지나갈 뿐이고 (뚫고 지나가지는 않는다) Gauss 법칙에 기여하지 않는다. 조각을 지나가는 전기장의 *크기*는 이것을 지나가는 **전기다발 $\Delta\Phi$**로 정의한다.

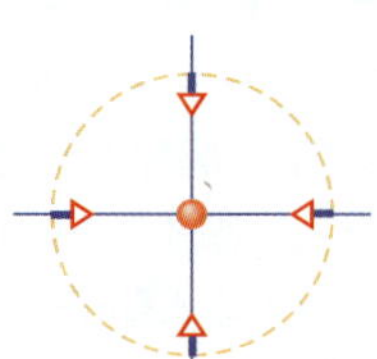

그림 23.1.3 이제 둘러싸인 전하가 무엇인지 알 수 있는가?

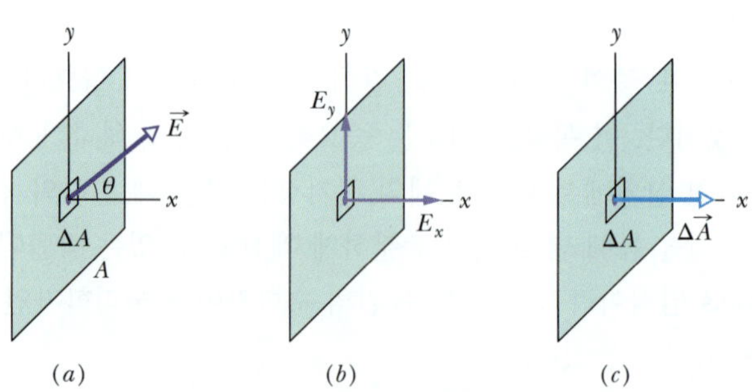

그림 23.1.4 (a) 평평한 표면 위의 작은 정사각형 조각을 뚫고 지나가는 전기장 벡터. (b) x성분만 조각을 뚫고 지나가고, y성분은 스쳐 지나간다. (c) 조각의 면적벡터는 조각에 수직하고 그 크기는 조각의 면적이다.

$$\Delta\Phi = (E\cos\theta)\,\Delta A.$$

이 식의 우변을 다른 방법으로 쓰면 $\vec{E}$의 뚫고 지나가는 성분만으로 쓸 수 있다. 조각에 수직이고, 크기가 조각의 넓이 ΔA로 주어지는 면적벡터 $\Delta\vec{A}$를 정의한다(그림 23.1.4c). 그러면

$$\Delta\Phi = \vec{E}\cdot\Delta\vec{A}$$

로 쓸 수 있고, 스칼라곱은 자동적으로 $\Delta\vec{A}$에 평행한 $\vec{E}$의 성분을 주고, 이것이 조각을 지나간다.

그림 23.1.4의 표면을 지나는 전체 다발 Φ를 구하려면 표면에 있는 모든 조각을 지나는 다발을 더한다.

$$\Phi = \sum \vec{E}\cdot\Delta\vec{A}. \qquad (23.1.1)$$

그러나 수백 개 혹은 그 이상을 더하고 싶지는 않으므로 면적 ΔA인 작은 정사각형 조각을 작게 만들어 면적이 dA인 *조각요소*(혹은 *면적요소*)로 만들어 합을 적분으로 변환시킨다. 그러면 전체다발은 다음과 같다.

$$\Phi = \int \vec{E}\cdot d\vec{A} \qquad \text{(전체 다발)}. \qquad (23.1.2)$$

이제 전체 표면에 대해 스칼라곱을 적분하여 전체 다발을 구할 수 있다.

▸***스칼라곱.*** 적분 안에 있는 스칼라곱은 두 벡터를 단위벡터 표기방법으로 써서 계산할 수 있다. 예를 들어 그림 23.1.4에서 $d\vec{A} = dA\hat{\mathrm{i}}$이고, $\vec{E}$는 $(4\hat{\mathrm{i}} + 4\hat{\mathrm{j}})$ N/C으로 쓸 수 있다. 한편 스칼라곱을 크기-각도 표현인 $E\cos\theta\, dA$로 구할 수도 있다. 전기장이 균일하고, 표면이 평평하면 $E\cos\theta$는 상수이고, 적분 밖으로 나온다. 남은 $\int dA$는 바로 모든 조각요소의 면적을 더해 전체 면적을 구하는 방법이다. 따라서 이 간단한 상황에서 전체 다발은 다음과 같다.

$$\Phi = (E\cos\theta)A \qquad \text{(균일한 전기장, 평평한 표면)}. \qquad (23.1.3)$$

▸***폐곡면.*** Gauss 법칙을 이용해 다발과 전하 사이의 관계를 구하려면 폐곡면이 필요하다. 균일하지 않는 전기장 안에 있는 그림 23.1.5의 폐곡면을 사용하자(걱정할 필요는 없다. 숙제문제에서는 덜 복잡한 표면을 사용할 것이다). 앞에서 한 것과 같이 작은 정사각형 조각을 지나가는 다발을 먼저 생각한다. 그러나 이제는 전기장의 뚫고 지나가는 성분뿐만 아니라 (그림 23.1.1에서 23.1.3까지 했듯이) 안으로 혹은 밖으로 나가는지도 알아야 한다.

▸***방향.*** 뚫고 지나가는 방향을 구하려면 조각에 수직한 면적벡터 $\Delta\vec{A}$를 사용하지만 이것을 언제나 표면으로부터 나가는 방향을 향하도록 (*내부에서 멀어지는 방향으로*) 그린다. 그러면 만일 전기장 벡터가 바깥 방향으로 표면을 뚫고 지나가면 이 벡터와 면적벡터는 같은 방향을 향한다. 각도는 $\theta = 0$이고, $\cos\theta = 1$이다. 따라서 스칼라곱 $\vec{E}\cdot\Delta\vec{A}$는 양수이고, 다발도 양수이다. 반대로 전기장 벡터가 안쪽으로 뚫고 들어오면 각도는 $\theta = 180°$이고 $\cos\theta = -1$이다. 따라서 스칼라곱과 다발은 음수이다. 전기장 벡터가 표면을 (뚫지 않고) 스쳐 지나가면 ($\cos 90° = 0$이므로) 스칼라곱과 다발은 0이다. 그림 23.1.5에 일반적인 예를 나타내었고, 이를 요약하면 다음과 같다.

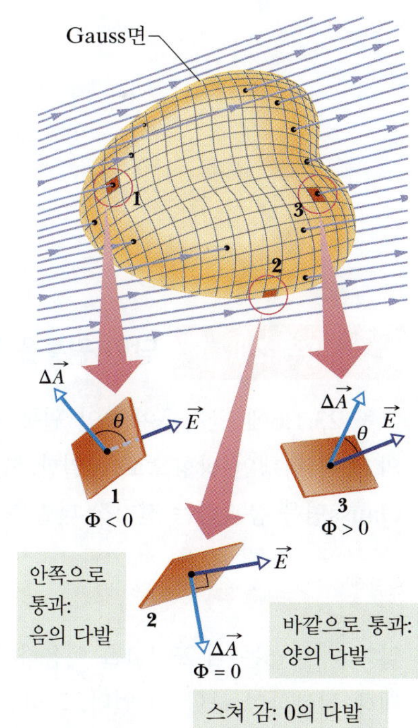

그림 23.1.5 전기장 안에 있는 임의의 모양을 갖는 Gauss 표면. 표면은 면적 ΔA인 작은 정사각형 조각으로 나뉘어 있다. 1, 2, 3으로 표시한 특정한 세 조각에 대해 전기장 벡터 $\vec{E}$와 면적벡터 $\Delta\vec{A}$를 나타내었다.

안으로 뚫고 들어오는 전기장은 음의 다발이다. 바깥으로 뚫고 나가는 전기장은 양의 다발이다. 스쳐 지나가는 전기장의 다발은 0이다.

▸*알짜 다발.* 원칙적으로 그림 23.1.5의 표면을 지나는 **알짜 다발**을 구하려면 (부호를 포함하여) 모든 조각을 지나는 다발을 구하고 이를 더해야 한다. 그러나 이러한 많은 작업을 하지는 않을 것이다. 그 대신 면적 벡터 $d\vec{A}$인 조각요소를 작게 만들고 적분을 한다.

$$\Phi = \oint \vec{E} \cdot d\vec{A} \quad \text{(알짜 다발).} \qquad (23.1.4)$$

적분부호의 동그라미는 표면을 지나는 *알짜* 다발을 얻기 위해서는 폐곡면 전체에 대해 적분해야 한다는 것을 의미한다(그림 23.1.5와 같이 다발은 한 면에서는 들어오고, 다른 면에서는 나갈 수 있다). Gauss 법칙은 폐곡면에 둘러싸인 전하를 구해야 하기 때문에 표면을 지나는 알짜 다발을 결정해야 한다는 것을 염두에 두어야 한다(이제 법칙을 나타낼 것이다). 또한 다발은 스칼라이다(전기장 벡터에 대해 말했지만 다발은 뚫고 지나가는 전기장의 양이지 벡터 자체는 아니다). 다발의 SI 단위는 쿨롱당 뉴턴-제곱미터 ($\text{N} \cdot \text{m}^2/\text{C}$)이다.

확인문제 23.1.1

그림은 z축 양의 방향으로 균일한 전기장 $\vec{E}$가 통과하는, 각 면의 면적이 A인 Gauss 상자이다. (a) xy 평면에 있는 앞면, (b) 뒷면, (c) 윗면, (d) 모든 면을 통과하는 전기장 다발을 E와 A로 각각 나타내어라.

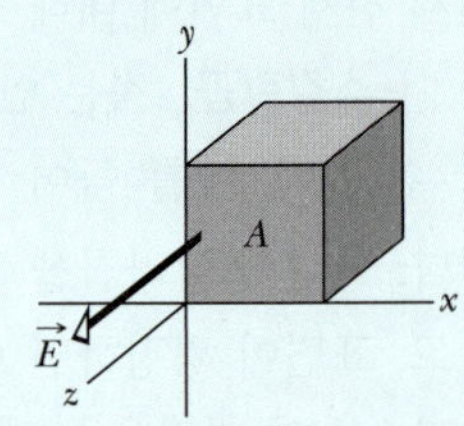

보기문제 23.1.1 닫힌 원통을 통과하는 균일한 전기장의 다발

그림 23.1.6에 반지름이 R인 원통 모양의 Gauss면이 원통의 축에 평행인 방향으로 균일한 전기장 $\vec{E}$ 안에 놓여 있다. Gauss면을 통과하는 전기장 다발은 얼마인가?

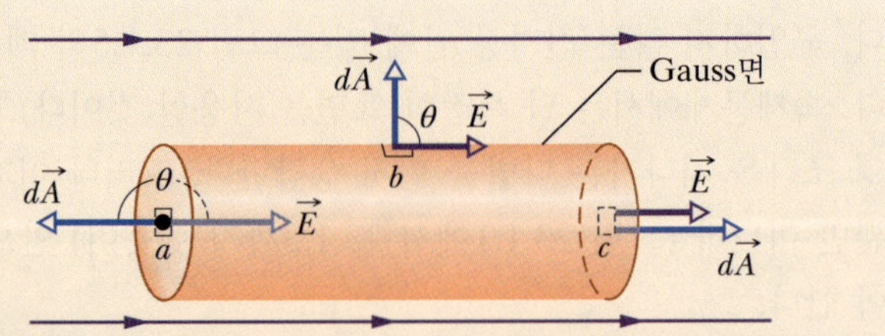

그림 23.1.6 양 끝이 막혀 있는 원통 모양의 Gauss면이 균일한 전기장 속에 있다. 원통의 축은 전기장의 방향과 평행하다.

요점

알짜 다발 Φ는 식 23.1.4를 이용하여 $\vec{E} \cdot d\vec{A}$를 원통 표면에 대해 적분하여 구할 수 있다. 그러나 적분 하나로 표현할 수는 없다. 그 대신 약간 더 똑똑하게 문제를 풀자면 실제로 적분을 계산할 수 있도록 표면을 부분으로 나누면 된다.

풀이: 식 23.1.4의 적분을 세 부분으로 나눈다. 왼쪽에 있는 원통 끝면 a, 원통 옆면 b, 오른쪽의 끝면 c에 대한 적분이다.

$$\Phi = \oint \vec{E} \cdot d\vec{A}$$

$$= \int_a \vec{E} \cdot d\vec{A} + \int_b \vec{E} \cdot d\vec{A} + \int_c \vec{E} \cdot d\vec{A}. \qquad (23.1.5)$$

왼쪽 끝면의 조각요소를 고른다. 면적벡터 $d\vec{A}$는 조각에 수직이고 원통의 내부로부터 밖으로 나온다. 그림 23.1.6을 보면 이 조각과 조각을 뚫고 나오는 전기장 사이의 각도가 180°라는 것을 뜻한다. 또한 끝면을 지나는 전기장이 균일하므로 E를 적분 밖으로 내보낼 수 있다. 따라서 왼쪽 끝면을 지나는 다발은 다음과 같다.

$$\int_a \vec{E}\cdot d\vec{A} = \int E(\cos 180°)\, dA = -E\int dA = -EA.$$

여기서 $\int dA$는 끝면의 면적 $A(=\pi R^2)$이다. 마찬가지로 오른쪽 끝면의 모든 점에 대한 각도 $\theta = 0$이므로

$$\int_c \vec{E}\cdot d\vec{A} = \int E(\cos 0)\, dA = EA$$

▶ **교육용 비디오는 웹사이트 www.wiley.com에서 볼 수 있다.**

이다. 마지막으로 원통의 옆면에 대해서는 모든 점에 대한 각도 θ가 90°이므로

$$\int_b \vec{E}\cdot d\vec{A} = \int E(\cos 90°)\, dA = 0$$

이다. 위의 결과를 식 23.1.5에 대입하면 다음을 얻는다.

$$\Phi = -EA + 0 + EA = 0.$$ (답)

Gauss면을 통과하는 전기장선이 왼쪽 끝면으로 들어와서 오른쪽 끝면을 통해 다시 나가는 경우이기 때문에 폐곡면을 통과하는 알짜 다발은 0이다.

▶ 보기문제 23.1.2 닫힌 정육면체를 통과하는 불균일한 전기장의 다발

$\vec{E} = 3.0x\hat{\mathrm{i}} + 4.0\hat{\mathrm{j}}$로 주어진 *불균일한* 전기장이 그림 23.1.7a에 있는 Gauss 상자를 통과한다(E의 단위는 N/C이고 x의 단위는 미터이다). 오른쪽 면, 왼쪽 면, 윗면을 통과하는 전기장 다발은 각각 얼마인가?(다른 면은 다른 보기문제에서 고려한다.)

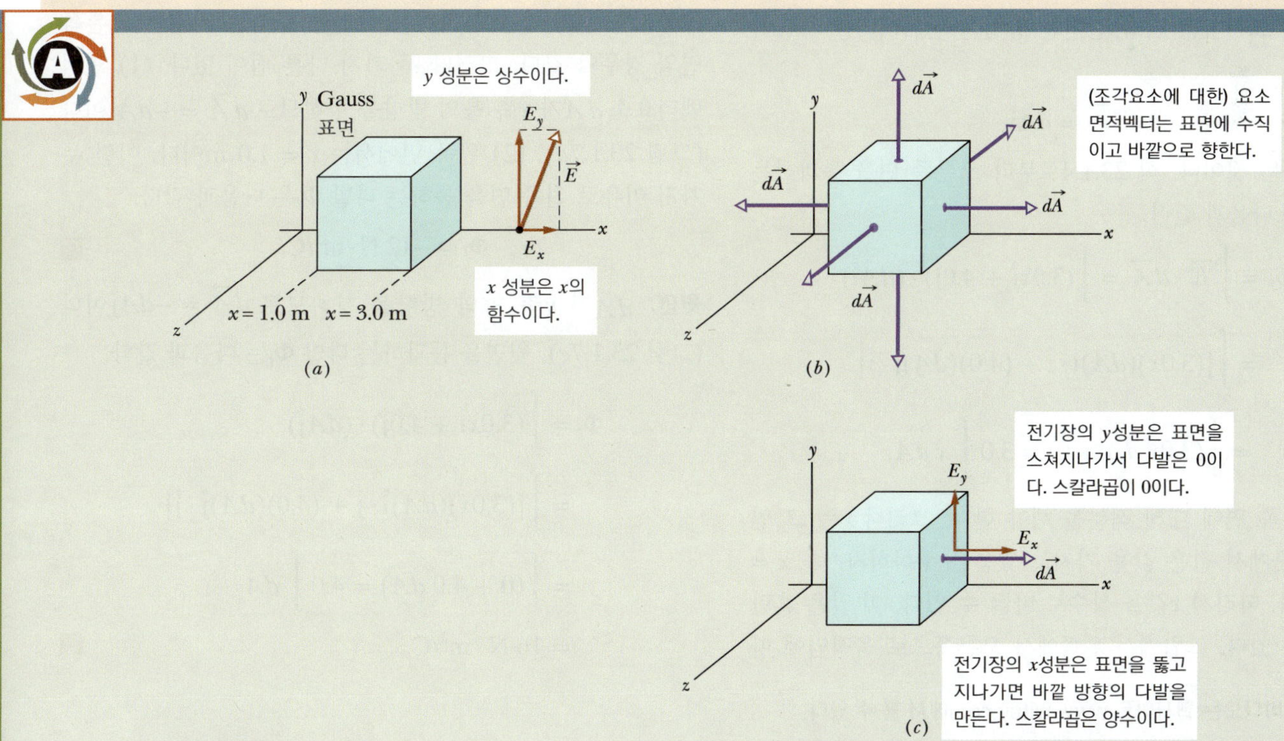

그림 23.1.7 (a) 변수 x에 따라 변하는 불균일한 전기장에서 한 변이 x축에 닿아있는 Gauss 상자. (b) 각각의 조각요소는 그 면에 수직으로 바깥쪽을 향하는 벡터를 갖는다. (c) 오른쪽면: 장의 x성분이 면을 관통하며 양의 (바깥쪽) 다발을 만든다. y성분은 면을 관통하지 않기 때문에 다발을 만들지 않는다.

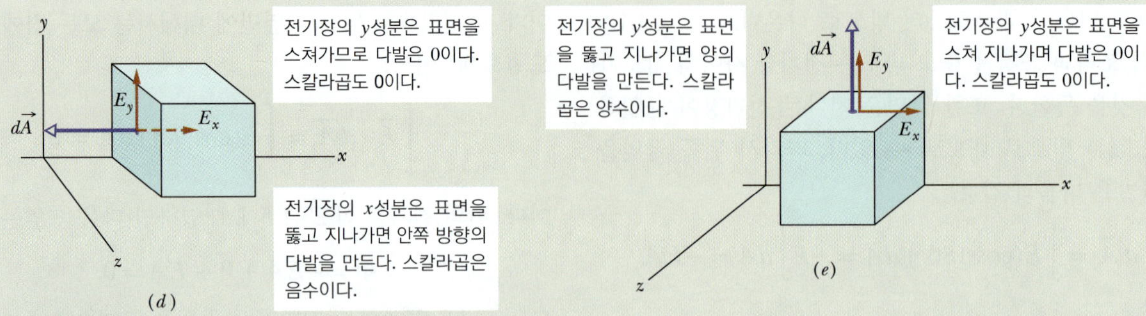

그림 23.1.7 *(계속)* (*d*) 왼쪽 면: 장의 x성분이 음의 (안쪽) 다발을 만든다. (*e*) 윗면: 장의 y성분이 양의 (바깥쪽) 다발을 만든다.

요점

각 면에서 스칼라곱 $\vec{E}\cdot d\vec{A}$를 표면에 대해 적분하여 Gauss 면을 통과하는 다발 Φ를 구할 수 있다.

오른쪽 면: 면적벡터 $\vec{A}$는 항상 면에 수직이고 Gauss면의 내부에서 바깥쪽으로 향한다. 그러므로 상자의 오른쪽 면에 대한 모든 면적요소(작은 조각)의 벡터 $d\vec{A}$는 x축 양의 방향을 가리켜야 한다. 이런 요소의 예는 그림 23.1.7의 b와 c에 보였는데, 한 면에서는 어떤 요소를 택해도 동일한 벡터이다. 이 벡터를 표시하는 가장 간편한 방법은 단위벡터를 사용하여

$$d\vec{A} = dA\hat{\mathrm{i}}$$

로 표시하는 것이다. 식 23.1.4로부터 오른쪽 면을 통과하는 다발 Φ_r은 다음과 같다.

$$\Phi_r = \int \vec{E}\cdot d\vec{A} = \int (3.0x\hat{\mathrm{i}} + 4.0\hat{\mathrm{j}})\cdot(dA\hat{\mathrm{i}})$$

$$= \int [(3.0x)(dA)\hat{\mathrm{i}}\cdot\hat{\mathrm{i}} + (4.0)(dA)\hat{\mathrm{j}}\cdot\hat{\mathrm{i}}]$$

$$= \int (3.0x\, dA + 0) = 3.0\int x\, dA.$$

이제 오른쪽 면에 대해 적분을 해야 한다. 그러나 x는 그 면의 모든 곳에서 같은 값을 가지고 있음을 주목하자. 즉, x = 3.0 m이다. 따라서 x값을 상수로 바꿀 수 있다. 이 말은 혼란스러울 수 있다. 그림에서 왼쪽에서 오른쪽으로 움직임에 따라 x는 분명히 변수이지만 오른쪽 면은 x축에 수직이기 때문에 이 면의 모든 점들은 같은 x 좌표를 갖는다(y와 z 좌표는 이 적분과 아무 상관이 없다). 따라서

$$\Phi_r = 3.0\int (3.0)\, dA = 9.0\int dA$$

이다. 적분 $\int dA$는 바로 오른쪽 면의 면적 A = 4.0 m^{2}이다. 따라서 다음을 얻는다.

$$\Phi_r = (9.0\ \mathrm{N/C})(4.0\ \mathrm{m^2}) = 36\ \mathrm{N\cdot m^2/C}.$$ **답**

왼쪽 면: 왼쪽 면을 통과하는 다발을 구하는 과정은 오른쪽 면의 경우와 같다. 그러나 두 가지 다른 점이 있다. (1) 면적벡터요소 $d\vec{A}$가 x축 음의 방향을 향하므로 $d\vec{A} = -dA\hat{\mathrm{i}}$이다(그림 23.1.7$d$). (2) 왼쪽 면에서는 x = 1.0 m이다. 이런 두 가지 이유로 왼쪽 면을 통하는 다발 Φ_l은 다음과 같다.

$$\Phi_l = -12\ \mathrm{N\cdot m^2/C}.$$ **답**

윗면: $d\vec{A}$가 y축 양의 방향을 향하므로 $d\vec{A} = -dA\hat{\mathrm{j}}$이다(그림 23.1.7$e$). 윗면을 통과하는 다발 Φ_t는 다음과 같다.

$$\Phi_t = \int (3.0x\hat{\mathrm{i}} + 4.0\hat{\mathrm{j}})\cdot(dA\hat{\mathrm{j}})$$

$$= \int [(3.0x)(dA)\hat{\mathrm{i}}\cdot\hat{\mathrm{j}} + (4.0)(dA)\hat{\mathrm{j}}\cdot\hat{\mathrm{j}}]$$

$$= \int (0 + 4.0\, dA) = 4.0\int dA$$

$$= 16\ \mathrm{N\cdot m^2/C}.$$ **답**

▶ **교육용 비디오는 웹사이트 www.wiley.com에서 볼 수 있다.**

23.2 ▸ Gauss의 법칙

요점_Key Ideas

1. Gauss 법칙에 의하면 폐곡면을 지나가는 알짜 다발 Φ와 이 표면이 둘러싸는 알짜 전하 q_{enc} 사이에는 다음의 관계가 있다.

$$\varepsilon_0\Phi = q_{enc} \qquad \text{(Gauss 법칙)}.$$

2. Gauss 법칙은 둘러싼 Gauss 표면을 뚫고 지나가는 전기장으로 표현할 수 있다.

$$\varepsilon_0 \oint \vec{E} \cdot d\vec{A} = q_{enc} \qquad \text{(Gauss 법칙)}.$$

학습목표_Learning Objectives

이 단원을 읽은 후 다음을 이해해야 한다.

23.2.1 Gauss 법칙을 적용하여 폐곡면을 지나는 알짜 다발 Φ와 둘러싸인 알짜 전하 q_{enc} 사이의 관계를 구한다.

23.2.2 둘러싸인 알짜 전하의 부호가 Gauss 표면을 지나는 알짜 다발의 (안쪽 혹은 바깥쪽) 방향과 어떻게 대응되는지 살펴본다.

23.2.3 Gauss 표면 바깥의 전하는 폐곡면을 통하는 알짜 다발에 전혀 영향을 끼치지 않는다.

23.2.4 Gauss 법칙을 이용하여 대전 입자가 만드는 전기장의 크기를 구한다.

23.2.5 대전입자나 균일하게 대전된 구에서 중심이 같은 구로 이루어진 Gauss 표면을 이용하여 Gauss 법칙을 적용한다.

▶ Gauss의 법칙

Gauss의 법칙은 폐곡면(Gauss면)을 통과하는 전기장의 알짜 다발 Φ와 Gauss면으로 *둘러싸인 알짜* 전하 q_{enc} 사이의 관계를 나타내는 식으로 다음과 같다.

$$\varepsilon_0\Phi = q_{enc} \qquad \text{(Gauss의 법칙)}. \qquad (23.2.1)$$

전기장 다발을 정의한 식 23.1.4를 위 식에 대입하면 Gauss의 법칙은

$$\varepsilon_0 \oint \vec{E} \cdot d\vec{A} = q_{enc} \qquad \text{(Gauss의 법칙)} \qquad (23.2.2)$$

이다. 식 23.2.1과 23.2.2는 알짜 전하가 진공이나 공기 안에 존재할 때만 성립한다. 25장에서는 운모, 기름, 유리와 같은 물질 속에 있는 경우도 포함시켜 Gauss의 법칙을 다시 정의할 것이다.

식 23.2.1과 23.2.2에서 알짜 전하 q_{enc}는 Gauss면으로 *둘러싸인* 모든 양전하와 음전하의 대수적인 합이며, 양수, 음수, 또는 0이 될 수 있다. 전하의 부호가 Gauss면을 통과하는 알짜 다발에 영향을 주기 때문에, 전하의 크기뿐만 아니라 부호까지 포함시켜야 한다. 만약 q_{enc}가 양이라면 알짜 다발은 *바깥쪽으로* 향하고, q_{enc}가 음이라면 *안쪽으로* 향한다.

전하가 크거나 Gauss면 가까이에 있어도 Gauss면 바깥에 있는 전하는 Gauss의 법칙에서 q_{enc}에 포함되지 않는다. Gauss면 내부에 있는 전하들의 정확한 형태 또는 위치는 Gauss의 법칙에 관여하지 않는다. 식 23.2.1과 23.2.2의 우변에 관계되는 것은 오직 Gauss면으로 둘러싸인 알짜 전하의 크기와 부호이다. 그러나 식 23.2.2의 좌변에서 $\vec{E}$는 Gauss면 내부와 외부의 *모든* 전하와 관계가 있으므로 불합리하게 보이기도 하지만, 외부 전하가 만드는 전기장선이 Gauss면을 통해 들어가서 그대로 다시 나가기 때문에 Gauss면의 외부에 있는 전하가 만드는 전기장은 Gauss면을 *통과하는* 알짜 다발에 기여하지 못한다는 것을 명심해야 한다.

크기는 같고 부호가 반대인 두 전하와 이들이 주위 공간에 만든 전기장선을 나타낸 그림 23.2.1과 같은 경우를 생각해 보자. 즉, 네 개의 Gauss면을 하나씩 살펴보자.

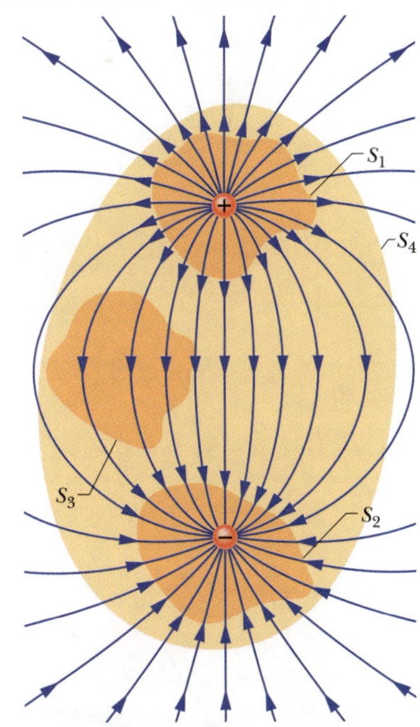

그림 23.2.1 ▸ 크기는 같고 부호가 반대인 두 점전하와 전기장을 나타내는 전기장선. 네 개의 Gauss면이 있다. 면 S_1은 양전하를, 면 S_2는 음전하를 둘러싸고 있다. 면 S_3은 어떤 전하도 포함하고 있지 않으며, 면 S_4는 두 전하를 모두 포함하므로 알짜 전하가 0이다.

▸**면 S_1.** 면 위의 모든 점에서 전기장은 외부로 향한다. 따라서 이 면을 통과하는 전기장

다발은 양의 값이며, Gauss의 법칙에 따라 이 면의 내부에 있는 알짜 전하량은 양의 값이다(식 23.2.1에서 Φ가 양이면 또한 q_{enc}도 양이다).

- **면 S_2.** 면 위의 모든 점에서 전기장은 안쪽으로 향한다. 따라서 전기장 다발은 음의 값이고, Gauss의 법칙에 따라 이 면으로 둘러싸인 알짜 전하량은 음의 값을 갖는다.
- **면 S_3.** 이 면은 어떤 전하도 포함하지 않으므로 $q_{enc} = 0$이다. Gauss의 법칙(식 23.2.1)에 의해 이 면을 통과하는 전기장의 알짜 다발은 0이다. 이 면을 통과하는 모든 전기장선은 위쪽으로 들어와서 아래쪽으로 나가기 때문에 타당한 결과이다.
- **면 S_4.** 이 면으로 둘러싸인 양과 음의 전하는 크기가 같기 때문에 이 면은 *알짜* 전하를 포함하지 않는다. Gauss의 법칙은 이 면을 통과하는 다발이 0임을 알려준다. 이는 면 S_4로 들어가는 전기장선의 수가 밖으로 나가는 수와 같다는 사실로도 설명할 수 있다.

만약 큰 전하 Q를 그림 23.2.1처럼 면 S_4에 가까이 가져가면 어떻게 될까? 물론 전기장선의 형태는 변하겠지만 네 개의 Gauss면 각각을 통과하는 알짜 다발은 변하지 않을 것이다. 따라서 Q는 네 개 Gauss면의 외부에 있기 때문에 Q의 값은 Gauss의 법칙에 어떤 영향도 끼치지 못한다.

확인문제 23.2.1

그림은 Gauss 상자가 전기장 안에 있는 세 경우이다. 화살표와 숫자는 정육면체의 각 면을 지나가는 전기장선의 방향과 $N \cdot m^2/C$의 단위로 나타낸 다발의 크기이다(흐린 화살표는 보이지 않는 면에 해당한다). 상자가 (a) 양의 알짜 전하, (b) 음의 알짜 전하, (c) 0의 알짜 전하를 포함하고 있는 경우는 각각 어느 것인가?

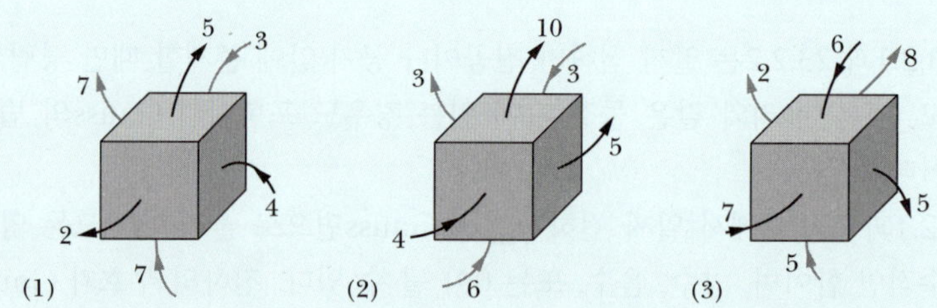

Gauss 법칙과 Coulomb 법칙

Gauss의 법칙을 적용할 수 있는 한 가지 예는 대전입자의 전기장을 구하는 것이다. 이 전기장은 구면 대칭성이 있다(전기장은 입자의 거리 r에만 의존하고, 방향과는 무관하다). 그러므로 대칭성을 이용하기 위해서는 양전하 q인 대전입자를 나타낸 그림 23.2.2에 보였듯이 입자 주위에 구형의 Gauss 표면을 만든다. 그러면 구 위의 임의의 점에서도 전기장 E의 크기는 같다(모든 점은 같은 거리 r만큼 떨어져 있다). 이 특징으로 인해 적분이 간단해진다.

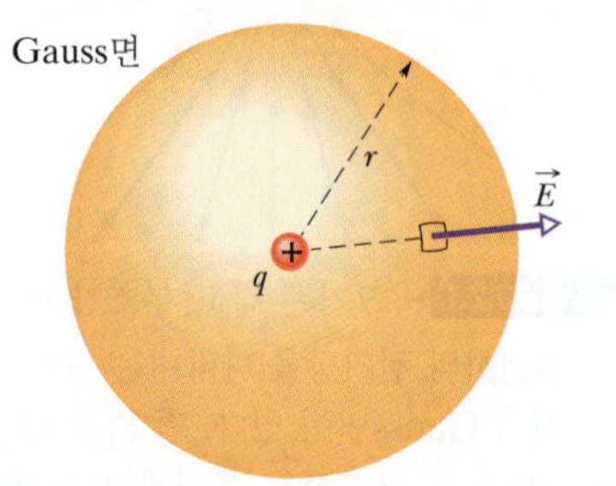

그림 23.2.2 중심에 점전하 q가 있는 Gauss 구면.

여기서 할 연습은 전과 같다. 표면 위의 조각요소를 선택하고, 조각에 수직이면서 바깥 방향으로 향하는 면적 벡터 $d\vec{A}$를 그린다. 대칭성 때문에 조각에서 전기장 $\vec{E}$는 항상 바깥쪽으로 향하므로 $d\vec{A}$와의 각도는 $\theta = 0$이다. 따라서 Gauss 법칙을 다음과 같이 쓸 수 있다.

$$\varepsilon_0 \oint \vec{E} \cdot d\vec{A} = \varepsilon_0 \oint E\, dA = q_{\text{enc}}. \tag{23.2.3}$$

여기서 $q_{\text{enc}} = q$이다. 전기장의 크기 E는 어느 조각요소에 대해서도 같기 때문에 E는 적분 밖으로 내보낼 수 있다.

$$\varepsilon_0 E \oint dA = q. \tag{23.2.4}$$

남은 적분은 바로 구면 위의 조각요소의 면적을 모두 더하는 것이고, 이는 전체 면적 $4\pi r^2$이라는 것을 이미 알고 있다. 이를 대입하면

$$\varepsilon_0 E(4\pi r^2) = q$$

즉 다음을 얻는다.

$$E = \frac{1}{4\pi\varepsilon_0}\frac{q}{r^2}. \tag{23.2.5}$$

이것이 바로 Coulomb 법칙을 사용해 구한 식 22.2.2와 같다.

확인문제 23.2.2

고립된 대전입자를 둘러싸는 반지름 r의 Gauss 구면을 통과하는 알짜 다발 Φ_i가 있다. 둘러싸는 Gauss면이 (a) 더 큰 Gauss 구면, (b) 한 변의 길이가 r인 Gauss 상자, (c) 한 변의 길이가 $2r$인 Gauss 상자로 바뀌었다고 하자. 각 경우에 새 Gauss면을 통과하는 알짜 다발은 Φ_i보다 큰가, 작은가, 아니면 같은가?

보기문제 23.2.1 Gauss 법칙을 이용하여 전기장 구하기

그림 23.2.3a에 전하 $Q = -16e$가 반지름 $R = 10$ cm인 구면에 균일하게 분포된 플라스틱 구껍질의 단면을 나타내었다. (a) 거리 $r_1 = 6.00$ cm인 곳의 점 P_1, (b) 거리 $r_2 = 12.0$ cm인 곳의 점 P_2에서 전기장의 크기와 방향을 구하여라.

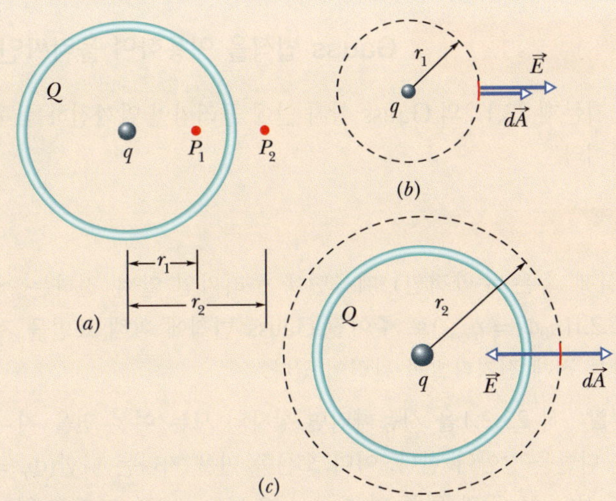

그림 23.2.3 (a) 대전된 플라스틱 구 껍질이 대전입자를 둘러싼다. (b) P_1에서 전기장을 구하기 위해 그 점이 Gauss 구면 위에 있도록 한다. 전기장은 바깥으로 향한다. 조각요소에 대한 면적벡터는 바깥 방향이다. (c) P_2는 Gauss 구면 위에 있다. $\vec{E}$는 안쪽 방향이고, $d\vec{A}$는 여전히 바깥 방향이다.

요점

(1) 그림 23.2.3a는 구면 대칭성이 있으므로 Gauss 표면을 입자와 껍질의 중심과 같은 곳에 중심을 둔 구면의 형태로 정하면 한 점에서 전기장을 구할 때 Gauss 법칙(식 23.2.2)을 적용할 수 있다. (2) 한 점에서 전기장을 구하려면 그 점을 Gauss 표면 위에 둔다(그러면 구하고자 하는 $\vec{E}$는 Gauss 법칙에 있는 적분 내부의 스칼라곱에 있는 $\vec{E}$이다). (3) Gauss 법칙을 적용하면 폐곡면을 지나는 알짜 전기다발과 둘러싸인 알짜 전하 사이의 관계를 구할 수 있다. 어떤 외부의 전하도 포함되지 않는다.

풀이: 점 P_1에서 전기장을 구하려면 P_1이 표면에 있는, 즉 반지름 r_1인 구면을 Gauss 표면으로 정한다. Gauss 구면에 둘러싸인 전하가 양수이므로 이 표면을 지나는 전기다발은 양

수이고, 따라서 바깥쪽 방향이다. 그러므로 전기장 $\vec{E}$는 표면을 바깥쪽으로 뚫고 지나가며, 대칭성 때문에 그림 23.2.3*b* 처럼 *지름* 바깥쪽 방향을 향한다. 이 그림에는 플라스틱 껍질은 Gauss 표면이 둘러싸지 않았으므로 이 껍질은 포함되지 않았다.

구면 위의 점 P_1에서 조각요소를 고려하자. 면적벡터 $d\vec{A}$는 지름방향으로 나가는 방향이다(항상 Gauss 표면에서 나가는 방향이어야 한다). 따라서 $\vec{E}$와 $d\vec{A}$ 사이의 각도 θ는 0이다. 이제 식 23.2.2 (Gauss 법칙)의 좌변을 다음과 같이 다시 쓸 수 있다.

$$\varepsilon_0 \oint \vec{E} \cdot d\vec{A} = \varepsilon_0 \oint E \cos 0\, dA = \varepsilon_0 \oint E\, dA = \varepsilon_0 E \oint dA.$$

마지막 단계에서 전기장의 크기 E는 Gauss 구면 위의 모든 점에서 같아서 상수이므로 적분 밖으로 내보냈다. 남은 적분은 구면의 조각요소의 면적을 모두 더하는 것이지만 이미 구의 표면적은 $4\pi r^2$이라는 것을 알고 있다. 이 결과들을 대입하면 Gauss 법칙인 식 23.2.2에 의해

$$\varepsilon_0 E 4\pi r^2 = q_{enc}$$

임을 알 수 있다. P_1이 포함된 Gauss 표면이 둘러싼 유일한 전하는 대전입자의 전하이다. E에 대해 풀고 $q_{enc} = 5e$와 $r = r_1 = 6.00 \times 10^{-2}$ m를 대입하면 P_1에서 전기장의 크기를 다음과 같이 얻는다.

$$E = \frac{q_{enc}}{4\pi\varepsilon_0 r^2}$$
$$= \frac{5(1.60 \times 10^{-19}\ \text{C})}{4\pi(8.85 \times 10^{-12}\ \text{C}^2/\text{N}\cdot\text{m}^2)(0.0600\ \text{m})^2}$$
$$= 2.00 \times 10^{-6}\ \text{N/C}.$$ (답)

P_2에서 전기장을 구하려면 P_2가 표면에 있는 Gauss 구면을 잡고, 같은 방법을 사용하면 된다. 그러나 이번에 구가 둘러싸는 알짜 전하는 $q_{enc} = q + Q = 5e + (-16e) = -11e$이다. 알짜 전하가 음수이므로 구면 위의 전기장벡터는 안으로 향하고(그림 23.2.3*c*), $\vec{E}$와 $d\vec{A}$ 사이의 각도 θ는 180°이므로 스칼라곱은 $E(\cos 180°)\, dA = -E\, dA$이다. E에 대해 Gauss 법칙을 풀고, $r = r_2 = 12.00 \times 10^{-2}$ m를 대입하면 다음을 얻는다.

$$E = \frac{-q_{enc}}{4\pi\varepsilon_0 r^2}$$
$$= \frac{-[-11(1.60 \times 10^{-19}\ \text{C})]}{4\pi(8.85 \times 10^{-12}\ \text{C}^2/\text{N}\cdot\text{m}^2)(0.120\ \text{m})^2}$$
$$= 1.10 \times 10^{-6}\ \text{N/C}.$$ (답)

구면 대칭성을 흉내내어 Gauss 구면을 잡는 대신 P_1이나 P_2를 Gauss 상자 위에 놓았다면 계산이 얼마나 달라질지 주목하여라. 이때 각도 θ와 전기장 크기 E는 상자의 표면에서 매우 변하고, Gauss 법칙의 적분을 계산하는 것은 어려울 것이다.

▶ 보기문제 23.2.2 Gauss 법칙을 이용하여 둘러싸인 전하 구하기

보기문제 23.1.2의 Gauss 상자 안에 둘러싸인 알짜전하를 구하여라.

요점

(실제 혹은 수학적인) 폐곡면에 둘러싸인 알짜 전하는 식 23.2.1($\varepsilon_0\Phi = q_{enc}$)로 주어진 Gauss 법칙에 의해 표면을 지나는 전체 전기다발과 관련이 있다.

다발: 식 23.2.1을 사용하려면 상자의 모든 여섯 면을 지나는 다발을 알아야 한다. 이미 오른쪽 면을 지나는 다발(Φ_r = 36 N · m²/C)과 왼쪽 면(Φ_l = −12 N · m²/C), 그리고 윗면(Φ_t = 16 N · m²/C)을 지나는 다발은 알고 있다.

바닥면에 대해서는 면적벡터요소 $d\vec{A}$가 y축 아래 방향을 향한다는 것만을 *제외하고는* 윗면과 같은 방법으로 구할 수 있다(Gauss 표면에서 항상 *바깥쪽*을 향해야 한다). 따라서 $d\vec{A} = -dA\hat{\text{j}}$이고, 다음을 얻는다.

$$\Phi_b = -16\ \text{N}\cdot\text{m}^2/\text{C}.$$

앞면에 대해서는 $d\vec{A} = dA\hat{\text{k}}$이고 뒷면은 $d\vec{A} = -dA\hat{\text{k}}$이다. 주어진 전기장 $\vec{E} = 3.0\,x\hat{\text{i}} + 4.0\hat{\text{j}}$에 $d\vec{A}$와 스칼라곱을 취하면 0이므로 이 면을 지나는 다발은 없다. 이제 상자의 여섯 면을 지나는 전체 다발을 구할 수 있다.

$$\Phi = (36 - 12 + 16 - 16 + 0 + 0)\ \text{N}\cdot\text{m}^2/\text{C}$$
$$= 24\ \text{N}\cdot\text{m}^2/\text{C}.$$

둘러싸인 전하: 다음으로 Gauss 법칙을 사용하여 상자로 둘러싸인 전하 q_{enc}를 구한다.

$$q_{enc} = \varepsilon_0\Phi = (8.85 \times 10^{-12}\ \text{C}^2/\text{N}\cdot\text{m}^2)(24\ \text{N}\cdot\text{m}^2/\text{C})$$
$$= 2.1 \times 10^{-10}\ \text{C}.$$ (답)

따라서 상자가 둘러싼 전하는 양의 *알짜* 전하이다.

▶ **교육용 비디오는 웹사이트 www.wiley.com에서 볼 수 있다.**

23.3 ▸ 대전되고 고립된 도체

요점_Key Ideas

1. 고립된 도체의 과잉전하는 도체의 외부 표면에만 있다.
2. 대전된 고립 도체 내부전기장은 0이고, (근처의) 외부전기장은 표면에 수직이며 그 크기는 표면전하밀도 σ에 의존한다.

$$E = \frac{\sigma}{\varepsilon_0}.$$

학습목표_Learning Objectives

이 단원을 읽은 후 다음을 이해해야 한다.

22.3.1 전기쌍극자를 구하고, (크기와 부호를 포함한) 전하와 쌍극자 축과 전기쌍극자 모멘트의 방향을 지정한다.

22.3.2 쌍극자축을 따라 전하 사이를 포함한 임의의 점에서 전기장의 방향을 구한다.

22.3.3 전기쌍극자에 의한 전기장에 대한 식이 쌍극자를 이루는 각각의 대전입자에 의한 전기장에 대한 식에서 어떻게 유도되는지 설명한다.

22.3.4 한 개의 대전입자와 하나의 전기쌍극자에 대해 전기장의 크기가 거리가 증가함에 따라 감소하는 비율을 비교한다. 즉 어느 것이 더 빨리 감소하는지 결정한다.

22.3.5 전기쌍극자에 대해 쌍극자모멘트의 크기 p, 전하 사이의 거리 d, 각 전하의 크기 q 사이의 관계를 구한다.

22.3.6 쌍극자축을 따라 임의의 먼 점에 대해 전기장의 크기 E, 쌍극자 중심으로부터의 거리 z와 쌍극자모멘트 크기 p, 혹은 전하의 크기 q와 전하 사이의 거리 d의 곱 사이의 관계를 구한다.

▶ 대전되고 고립된 도체

Gauss의 법칙을 사용하여 다음과 같은 도체에 관한 중요한 정리를 증명할 수 있다.

> 과잉전하가 고립된 도체 위에 놓이면 전하는 도체의 표면에서만 움직인다. 따라서 도체의 내부에는 과잉전하가 존재하지 않는다.

같은 부호의 전하가 서로 밀어낸다는 것을 고려하면 위의 원리를 쉽게 이해할 수 있을 것이다. 표면에서 움직이는 전하는 가능하면 서로 멀리 떨어진다. 이러한 추측을 증명하기 위해 Gauss의 법칙으로 돌아가 보자.

그림 23.3.1a는 전기적으로 절연된 실에 매달린 전하 q의 구리덩어리의 단면이다. Gauss면은 도체의 실제 표면 바로 안쪽에 있다.

도체 내부에서 전기장은 0이어야 한다. 만약 도체 내부에서 전기장이 0이 아니라면 전기장이 내부의 전도전자(또는 자유전자)에 힘을 작용하여 도체 내에 전류가 흐르게 된다(즉, 전하는 도체 안에서 움직인다). 물론 고립된 도체 내에는 지속적인 전류가 존재하지 않기 때문에 내부 전기장은 0이다(내부 전기장은 도체가 대전될 때 *생긴다*. 그러나 과잉전하는 재빨리 전기장[(내부와 외부의 모든 전하들이 만드는 전기장의 벡터합)이 0이 되도록 스스로 움직인다. 그렇게 되면 전하는 움직이지 않고 각각의 전하에 대해 작용하는 알짜힘은 0이 되어 전하는 *정전기적 평형상태*에 놓인다].

만약 $\vec{E}$가 구리 도체 내부 어디에서나 0이라면 Gauss면 위의 모든 점에 대해서도 전기장은 0이어야 한다. 왜냐하면 비록 도체의 표면에 가까이 있더라도 Gauss면은 도체 내부에 위치하기 때문이다. 이것은 Gauss면을 통과하는 다발이 0이라는 뜻이다. Gauss의 법칙을 이용하면 Gauss면 내부에서 알짜 전하가 0임을 알 수 있다. 결국 과잉전하가 Gauss면의 내부에는 없기 때문에 모두 Gauss면 밖에 존재해야 한다. 따라서 도체의 표면에만 전하가 분포한다.

속이 비어 있는 고립된 도체

그림 23.3.1b는 똑같이 매달려 있는 도체이지만 이번에는 도체 내부에 구멍이 있는 경우이다. 구멍을 만들기 위해서 전기적으로 중성인 부분을 파낼 때, 그림 23.3.1a의 전하분포 또는 전기장의 모양이 바뀌지는 않을 것이라고 예상할 수 있다. 정량적인 증명을 위해 Gauss의 법칙을 적용해 보자.

구멍의 표면에 가깝지만 주위의 도체 내부에 있는 Gauss면을 생각해 보자. 도체 내에서는 $\vec{E} = 0$이기 때문에 새로운 Gauss면을 통과하는 다발은 0이다. 즉 Gauss의 법칙

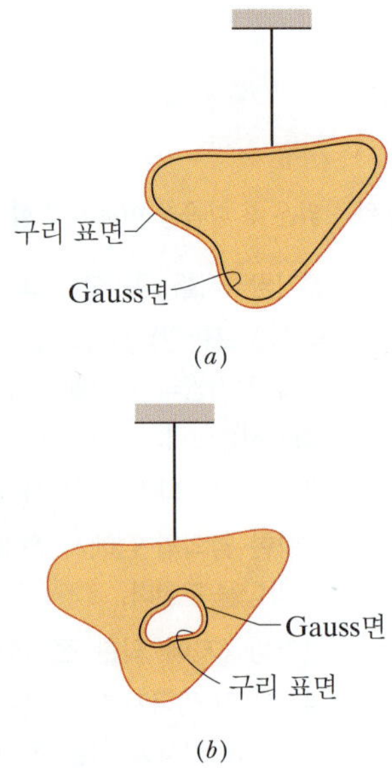

그림 23.3.1 (a) 전하 q의 구리 덩어리가 절연된 실에 매달려 있다. 실제 표면의 바로 안쪽에 Gauss면이 놓여 있다. (b) 구리 덩어리 속에 빈 구멍이 있다. 이때 Gauss면은 빈 구멍의 표면에 가까운 금속 내부에 있다.

에 따라 알짜 전하를 포함할 수 없어서, 구멍의 안쪽 벽에는 어떤 전하도 존재하지 않는다고 결론내릴 수 있다. 그림 23.3.1a처럼 과잉전하는 도체의 외부 표면에만 존재한다.

제거된 도체

플라스틱 박막을 입혀서 과잉전하를 도체의 표면에 고정시킨 다음에 도체를 완벽하게 제거할 수 있다고 상상해 보자. 이는 그림 23.3.1b의 구멍이 점점 커져서 오직 표면 위의 전하만 남겨 놓고 나머지는 모두 사라지는 경우이다. 이렇게 되더라도 전기장의 모양은 전혀 변하지 않는다. 얇은 껍질 안에서 전기장은 0이고 모든 외부 점에 대해서 전기장은 이전의 상태로 유지된다. 결국 전기장은 전하가 만드는 것이지 도체가 만드는 것이 아님을 알 수 있다. 도체는 단순히 전하가 자신의 자리로 흐르는 길을 마련해 줄 뿐이다.

외부 전기장

지금까지 절연된 도체의 과잉전하가 도체의 표면에서만 움직인다는 사실을 확인하였다. 그러나 도체가 공의 모양이 아니라면 전하는 표면에 균일하게 분포되지 않는다. 달리 말하면 면전하밀도 σ(단위면적당 전하)가 도체의 표면 위에서 변한다. 일반적으로 이와 같은 변화는 표면전하가 만드는 전기장을 결정하기 어렵게 만든다.

그러나 도체의 표면 바로 밖에서의 전기장은 Gauss의 법칙으로 쉽게 결정할 수 있다. 이를 위해 표면 위의 면적이 매우 작아서 곡률이 무시될 정도로 편평한 면을 생각해 보자. 그림 23.3.2처럼 그 면에 끼워진 원통 모양의 작은 Gauss면을 고려하자. 한쪽 면은 도체의 내부에, 다른 쪽 면은 도체의 외부에 있게 되며 원통은 도체의 표면에 수직이다.

도체의 표면과 그 표면의 바로 바깥쪽에서 전기장 $\vec{E}$ 또한 도체의 표면에 수직이다. 만약 그렇지 않다면 도체의 표면을 따라 전기장 성분이 있게 되어 표면전하에 힘이 작용하여 표면전하가 움직인다. 이러한 운동은 처음에 가정했던 정전기적 평형상태에 위배되므로 $\vec{E}$는 반드시 도체의 표면에 수직이어야 한다.

Gauss면을 통과하는 다발을 모두 더해 보자. 도체 내부에서 전기장이 0이기 때문에 도체 내부에 있는 원통 Gauss면을 통과하는 다발은 0이다. 원통의 옆면을 통과하는 다발 또한 0이다. 이는 도체의 내부에서는 전기장이 0이고, 외부에서는 전기장과 Gauss면이 평행이기 때문이다. 그러므로 Gauss면을 통과하는 다발은 오직 도체 외부의 윗면을 통과하는 다발뿐이며, $\vec{E}$는 원통의 윗면에 수직이다. 윗면의 면적이 A이고 매우 작다면 전기장의 크기 $\vec{E}$가 일정하기 때문에 그 면을 통과하는 다발은 EA이고, 이는 곧 전체 Gauss면을 통과하는 전체 다발 Φ이다.

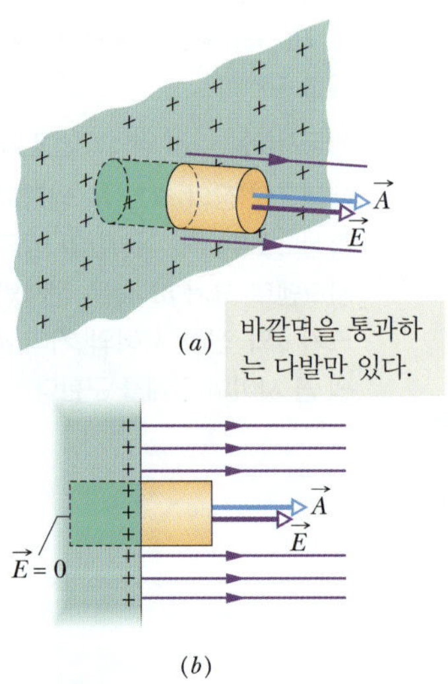

그림 23.3.2 표면이 양의 과잉전하로 대전되어 있는 크고, 고립된 도체 일부분의 (a) 투시도와 (b) 옆에서 본 단면. 도체 안에 수직으로 박힌 (닫힌) 원통형 Gauss면은 전하의 일부분을 포함하고 있다. 전기장선은 도체 외부의 원통 끝면을 지나가고, 도체 안에 있는 원통 끝면은 지나지 않는다. 도체 외부에 있는 면적 A인 끝면의 면적벡터는 $\vec{A}$이다.

Gauss면으로 둘러싸인 전하 q_{enc}는 면적이 A인 도체의 표면 위에 있다. 만약 σ가 단위면적당 전하라면 q_{enc}는 σA와 같다. q_{enc} 대신 σA를, Φ 대신 EA를 대입하면 Gauss의 법칙(식 23.2.1)은

$$\varepsilon_0 EA = \sigma A$$

이 되어 다음을 얻는다.

$$E = \frac{\sigma}{\varepsilon_0} \quad \text{(도체의 표면).} \tag{23.3.1}$$

즉, 도체 외부에서 전기장의 크기가 면전하밀도에 비례한다. 전하의 부호가 전기장의 방향을 결정한다. 만약 도체 위의 전하가 양이라면 전기장은 그림 23.3.2처럼 도체의 외부로 향한다. 만약 전하가 음이라면 전기장은 도체로 향하게 된다.

그림 23.3.2에서 전기장선은 주위의 어디인가에 존재하는 음전하에서 끝이 난다. 만약 도체 근처로 음전하를 가까이 가져오면 어느 점에서든지 전하밀도가 변하므로 전기장의 크기도 변하게 된다. 그러나 σ와 E 사이의 관계식은 여전히 식 23.3.1이다.

보기문제 23.3.1 도체공 껍질, 전기장과 둘러싸인 전하

그림 23.3.3*a*는 안쪽 반지름이 R인 도체공 껍질의 단면이다. $-5.0\ \mu C$의 점전하가 도체 껍질의 중심에서 $R/2$인 거리에 놓여 있다. 공 껍질이 전기적으로 중성이라면 공의 안쪽 표면과 바깥쪽 표면에 유도된 전하는 각각 얼마인가? 전하들은 균일하게 분포하는가? 공 껍질의 내부와 외부에서 전기장의 모양은 어떠한가?

요점

그림 23.3.3*b*는 공 껍질 내부 벽의 바로 바깥쪽에 위치한 공 모양의 Gauss면이다. 전기장은 금속 내부에서(금속 안의 Gauss면 위에서) 0이어야 한다. 이는 Gauss면을 통과하는 전기장 다발이 0이라는 뜻이다. 즉, Gauss 법칙에 따라 Gauss면으로 둘러싸인 *알짜* 전하는 0이다.

풀이: 껍질 속에 있는 $-5.0\ \mu C$의 점전하와 함께 $+5.0\ \mu C$의 전하가 공 껍질의 안쪽 벽에 분포해야 한다. 만약 점전하가 공의 중심에 있다면 양전하는 공의 내부 벽을 따라 균일하게 분포할 것이다. 그러나 문제의 점전하는 중심에 있지 않기 때문에 양전하는 음전하에 가장 가까운 안쪽 벽의 한 부분으로 쏠리게 되어 양전하의 분포는 그림 23.3.3*b*처럼 한쪽으로 쏠린 모양이다.

껍질은 전기적으로 중성이므로 전체 전하 $-5.0\ \mu C$의 전자들이 바깥쪽 벽에 있을 때에만 껍질의 안쪽 벽이 $+5.0\ \mu C$의 전하를 가질 수 있다. 음전하는 그림 23.3.3*b*처럼 공의 외부에 균일하게 분포한다. 이와 같이 음전하가 균일하게 분포되는 이유는 껍질이 공 모양이고 내부 벽의 양전하의 불균일한 전하분포가 껍질에서는 아무런 전기장을 만들지 않아 바깥쪽 벽의 전하분포에 어떤 영향도 끼치지 않기 때문이다. 또한이 음전하는 서로 민다.

껍질 안과 밖에서 전기장선은 그림 23.3.3*b*처럼 껍질에 수직으로 교차한다. 껍질 안쪽에서 전기장선의 형태는 양전하의 분포가 한쪽으로 치우쳐 있기 때문에 역시 한쪽으로 쏠리게 된다. 껍질 바깥에서의 모양은 마치 점전하가 공의 중심에 놓여 있고 껍질이 없는 경우와 같다. 이것은 점전하가 껍질 내부의 어디에 놓여 있든지 마찬가지이다.

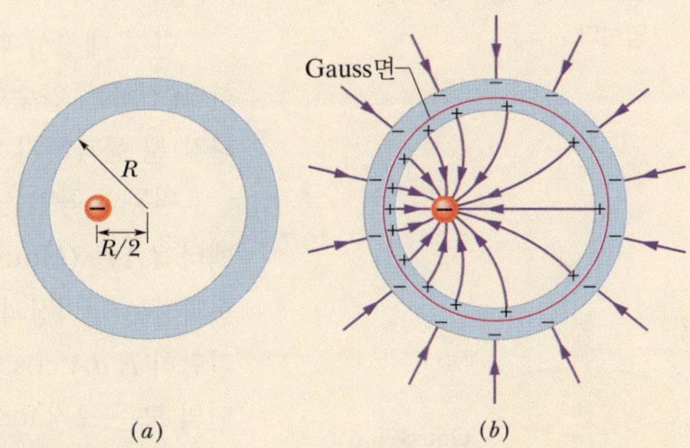

그림 23.3.3 (*a*) 음의 점전하는 전기적으로 중성인 구형 금속껍질 안에 위치하고 있다. (*b*) 그 결과 양전하는 껍질의 내부 벽 위에 불균일하게 분포한다. 그리고 같은 양의 음전하가 바깥쪽 벽에 균일하게 분포한다.

교육용 비디오는 웹사이트 www.wiley.com에서 볼 수 있다.

확인문제 23.3.1

구형 금속 껍질의 중심에 전하 $+Q$가 있다. 껍질의 알짜전하는 $+3Q$이다. (a) 껍질 내부 표면에 있는 전체 전하 q_{int}는 얼마인가? (b) 껍질 외부 표면에 있는 전체 전하 q_{ext}는 얼마인가? (c) 일반적인 식 $E = kq/r^2$를 이용하여 중심입자(전하 $+Q$)로부터 지름거리 r에 있는 점에서 전기장의 크기를 구하려고 한다. 점이 입자와 껍질의 안쪽 표면 사이에 있을 때 기호 q는 어떤 양으로 바꾸어야 하는가? (d) 점이 껍질의 안쪽 표면과 바깥쪽 표면 사이에 있을 때 기호 q는 어떤 양으로 바꾸어야 하는가? (e) 점이 껍질의 외부 표면 바깥쪽에 있을 때 기호 q는 어떤 양으로 바꾸어야 하는가?

23.4 ▸ Gauss 법칙의 적용: 원통대칭

학습목표_Learning Objectives

이 단원을 읽은 후 다음을 이해해야 한다.

23.4.1 직선 위에 분포한 전하나 균일한 선전하밀도 λ로 대전된 (플라스틱 막대와 같은) 원형 표면 바깥에서 전기장을 구할 때 어떻게 Gauss의 법칙을 사용하는지 설명한다.

23.4.2 원통 표면에서 선전하밀도 λ와 중심축에서 지름거리 r 떨어진 곳에서 전기장의 크기 E 사이의 관계를 적용한다.

23.4.3 균일한 부피전하밀도 ρ가 분포된 (플라스틱 막대와 같은) 원통형 부도체 표면 내부에서 전기장의 크기를 구할 때 어떻게 Gauss 법칙을 사용하는지 설명한다.

요점_Key Ideas

1. 균일한 선전하밀도 λ로 대전된 무한히 긴 선전하(혹은 대전된 막대) 근처에서 전기장은 이 선에 수직이고 크기는 다음과 같다.

$$E = \frac{\lambda}{2\pi\varepsilon_0 r} \qquad \text{(선전하)}.$$

여기서 r은 직선에서 점까지의 수직거리이다.

▶ Gauss 법칙의 적용: 원통대칭

그림 23.4.1에 무한히 긴 원통형 플라스틱 막대가 균일한 선전하밀도 λ로 대전되어 있다. 막대의 중심축으로부터 막대 바깥쪽에 거리 r인 곳에서 전기장의 크기 E를 구해 보자. 이 문제는 (전하요소 dq, 전기장벡터 $d\vec{E}$ 등을 이용한) 22장의 접근방법을 이용할 수 있다. 그러나 Gauss 법칙을 사용하면 더 빠르고 쉬우며 (더 예쁘게) 풀 수 있다.

전하분포와 전기장에는 원통대칭성이 있다. 반지름 r인 곳에서 전기장을 구하려면 막대를 반지름 r, 높이 h인 중심축이 같은 Gauss 원통면으로 막대의 일부분을 둘러싼다 (특정한 점에서의 전기장을 구하려면, 그 점을 지나는 Gauss 표면을 넣는다).

먼저 대칭성 때문에 임의의 점에서 전기장은 반드시 지름방향으로 바깥쪽을 향해야 한다(전하는 양수이다). 이것은 위아래 끝면의 임의의 점에서 전기장은 표면을 스쳐 지나갈 뿐 통과하지 않는다는 것을 뜻한다. 그러므로 각 끝면을 지나는 다발은 0이다.

원통의 곡면을 지나는 다발을 구하려면 우선 표면 위의 임의의 조각요소에 대해 면적벡터 $d\vec{A}$는 (Gauss 표면의 내부에서 멀어지는) 지름방향으로 바깥쪽을 향해서 조각을 통과하는 전기장과 같은 방향이라는 것을 알아야 한다. Gauss 법칙에 나타난 스칼라곱은 간단히 $E\,dA \cos 0 = E\,dA$이고, E는 적분 밖으로 내보낼 수 있다. 남은 적분은 원통 곡면의 모든 조각요소의 면적을 더하는 것인데, 이 전체면적은 원통의 높이 h와 원둘레 $2\pi r$을 곱한 것이라는 것을 이미 알고 있다. 그러면 원통을 지나는 알짜 다발은 다음과 같다.

$$\Phi = EA\cos\theta = E(2\pi rh)\cos 0 = E(2\pi rh).$$

Gauss 법칙의 다른 쪽에는 원통이 둘러싼 전하 q_{enc}가 있다. (단위길이당 전하인) 선전하밀도가 균일하므로 둘러싸인 전하는 λh이다. 따라서 Gauss 법칙

$$\varepsilon_0 \Phi = q_{enc}$$

는

$$\varepsilon_0 E(2\pi rh) = \lambda h$$

가 되어 다음을 얻는다.

$$E = \frac{\lambda}{2\pi\varepsilon_0 r} \qquad \text{(선전하)}. \qquad (23.4.1)$$

이는 축에서 지름방향으로 거리 r인 지점에 무한히 긴, 직선의 선전하가 만드는 전기장이다. $\vec{E}$의 방향은 선전하가 양이라면 지름방향을 따라 바깥쪽을 향하고, 음이라면 지름방향으로 안쪽을 향한다. *유한한* 길이의 선전하의 경우에도, 선의 끝 부분과 (선으로부터의 거리와 비교하여) 너무 가깝지 않은 지점에서의 전기장은 근사하여 식 23.4.1로 쓸 수 있다.

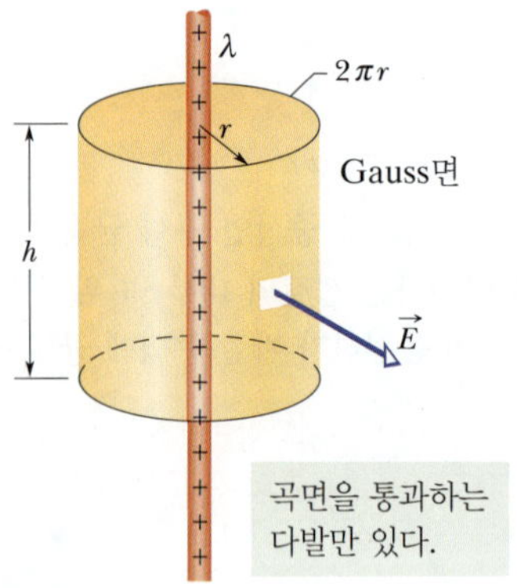

그림 23.4.1 ▸ 전하가 균일하게 분포된 긴 플라스틱 원통막대의 일부분을 둘러싼 원통 모양의 Gauss면.

막대가 균일한 부피전하밀도 ρ로 대전되었다면 막대 *내부에서* 전기장의 크기를 비슷한 방법을 사용하여 구할 수 있다. 그림 23.4.1에 있는 Gauss 원통을 줄여서 막대 안에 있도록 한다. 이 원통이 둘러싸는 전하 q_{enc}는 전하밀도가 균일하므로 둘러싸인 막대의 부피에 비례한다.

확인문제 23.4.1

그림에 가는 도선과 중심축이 같은 원통형 금속 껍질이 있다. 모두 길고, 껍질의 안쪽 반지름은 r_i, 바깥 반지름은 r_o이다. 도선은 균일한 선전하밀도 $+\lambda_w$로 대전되어 있고, 껍질은 전기적으로 중성이다. 이 절에서 논의했듯이 원통형 대칭성이 있는 균일한 전하분포로 인한 전기장의 크기는 $E = \lambda/2\pi\varepsilon_0 r$이다. 이것을 *원통 방정식*이라고 하자. (a) $r = 0.5r_i$에서 E를 구하려면 원통 방정식에 λ 대신 무엇을 사용해야 하는가? (b) 반지름 r_i와 r_o 사이에서 E를 구하려면 원통 방정식에 λ 대신 무엇을 사용해야 하는가? (c) 껍질 안쪽 벽을 따라 생기는 선전하밀도 λ_i는 얼마인가? (이것은 껍질 길이 방향으로 단위길이당 전하을 뜻한다.) (d) 껍질 바깥쪽 벽을 따라 생기는 선전하밀도 λ_o는 얼마인가? (e) $r = 2r_o$에서 E를 구하려면 원통 방정식에 λ 대신 무엇을 사용해야 하는가?

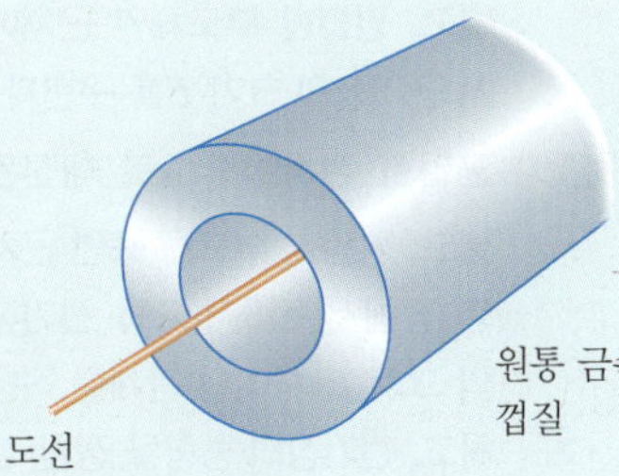

보기문제 23.4.1 번개 충돌 반지름

전자 기둥이 구름에서 지면까지 뻗어 있는 것은 보이지 않지만, 이 기둥이 만들어진 후 번개가 칠 때 보이는 부분이 생긴다. 이 전자는 구름에 있고, 기둥 안에 이온화된 공기 분자에서 나온다. 기둥을 따라 선전하밀도 λ는 전형적으로 -1×10^{-3} C/m이다. 일단 기둥이 지면에 도달하면 그 안에 있는 전자는 빨리 지면으로 옮겨 간다. 공기 분자가 3×10^6 N/C보다 큰 전기장에서 깨질 때(이온화될 때) 이 기둥의 반지름은 얼마인가?

요점

기둥은 직선이지도 않고, 무한히 길지도 않지만 이 기둥을 그림 23.4.2와 같이 선전하로 근사할 수 있다. (이 기둥의 알짜 전하는 음전하이므로 전기장 $\vec{E}$는 안쪽 방향이다.)

풀이: 식 23.4.1에 의하면 전기장 E는 전하 기둥 축으로부터 거리에 따라 감소한다. 전하 기둥 표면은 $\vec{E}$의 크기가 3×10^6 N/C인 반지름 r인 곳에 있어야 한다. 왜냐하면 이 반지름 안에 있는 공기 분자는 이온화되고, 바깥 쪽의 분자는 그렇지 않기 때문이다. 식 23.4.1을 r에 대해 풀고 알려진 값을 대입하면 기둥의 반지름은 다음과 같다.

$$r = \frac{\lambda}{2\pi\varepsilon_0 E}$$

$$= \frac{1 \times 10^{-3}\ \text{C/m}}{(2\pi)(8.85 \times 10^{-12}\ \text{C}^2/\text{N}\cdot\text{m}^2)(3 \times 10^6\ \text{N/C})}$$

$$= 6\ \text{m}.$$

(번개가 칠 때 빛나는 부분의 반지름은 이것보다 작아서 아마 0.50 m 정도일 것이다. 그림 23.4.2로부터 너비가 얼마나 되는지 볼 수 있을 것이다.) 비록 기둥의 반지름이 6 m라고 해도, 번개가 치는 점에서 이 거리보다 약간 먼 곳에 있다고 안전하다고 가정하지 말아야 한다. 왜냐하면 번개가 칠 때 나오는 전자는 지면을 따라 이동하기 때문이다. 이러한 *지면 전류*는 치명적이다.

Steven Puetzer/Photographer's Choice RF/Getty Images

그림 23.4.2 나무에 번개가 친다. 나무는 젖어있기 때문에 대부분의 전하는 나무 위의 물을 따라 이동하고, 나무는 아무런 해를 입지 않는다. 전하가 수액을 따라 이동하면 나무에 들어오면 수액은 증발한다. 이 증기가 팽창하여 나무는 폭발할 것이다.

▶ **교육용 비디오는 웹사이트 www.wiley.com에서 볼 수 있다.**

23.5 ▸ Gauss 법칙의 적용: 면대칭

학습목표_Learning Objectives

이 단원을 읽은 후 다음을 이해해야 한다.

23.5.1 Gauss 법칙을 적용하여 균일한 표면전하밀도 σ로 대전된 넓고, 평평한 부도체면 근처에서 전기장의 크기 E를 구한다.

23.5.2 균일한 전하밀도 σ로 대전된 넓고, 평평한 *부도체* 표면 근처의 점에서 전하밀도와 전기장의 크기 E 사이의 관계를 적용하고, 전기장의 방향을 정한다.

23.5.3 균일한 전하밀도 σ로 대전된 두 개의 넓고, 평형한 평행한 *도체* 표면 근처의 점에서 전하밀도와 전기장의 크기 E 사이의 관계를 적용하고, 전기장의 방향을 정한다.

요점_Key Ideas

1. 균일한 면전하밀도 σ로 대전된 무한한 부도체 평면이 만드는 전기장은 그 면에 수직이고 크기는 다음과 같다.

$$E = \frac{\sigma}{2\varepsilon_0} \qquad \text{(부도체 전하 평면)}.$$

2. 면전하밀도 σ로 대전된 고립된 대전 도체 표면의 바로 바깥에서 외부 전기장은 표면에 수직이고 크기는 다음과 같다.

$$E = \frac{\sigma}{\varepsilon_0} \qquad \text{(외부, 대전된 도체)}.$$

도체 내부에서 전기장은 0이다.

▶ Gauss 법칙의 적용: 면대칭

얇은 절연체판

그림 23.5.1은 균일한 (양의) 면전하밀도 σ로 대전된 무한히 크고 얇은 절연체판이다. 한 쪽 면이 균일하게 대전된 얇은 플라스틱 판이 그와 같은 모형일 것이다. 이런 경우에 판에서 거리 r인 곳의 전기장 $\vec{E}$를 구해 보자.

Gauss면은 그림과 같이 판을 수직으로 뚫는 끝면의 면적이 A인 닫힌 원통으로 잡는다. 대칭성에 의해서 $\vec{E}$가 얇은 판에 수직이어야 하기 때문에 원통의 끝면에서도 수직이다. 더구나 전하가 양이므로 $\vec{E}$는 판에서 *바깥으로* 향하고, 전기장선 역시 바깥으로 향하면서 Gauss면을 통과한다. 한편 전기장선은 원통 Gauss면의 옆면을 통과하지 않기 때문에 옆면의 전기장 다발은 0이다. 그러므로 $\vec{E} \cdot d\vec{A}$는 단순히 $E\,dA$가 되어, Gauss의 법칙

$$\varepsilon_0 \oint \vec{E} \cdot d\vec{A} = q_{\text{enc}}$$

는

$$\varepsilon_0(EA + EA) = \sigma A$$

가 된다. 여기서 σA는 Gauss면 내부의 전하이다. 따라서 다음을 얻는다.

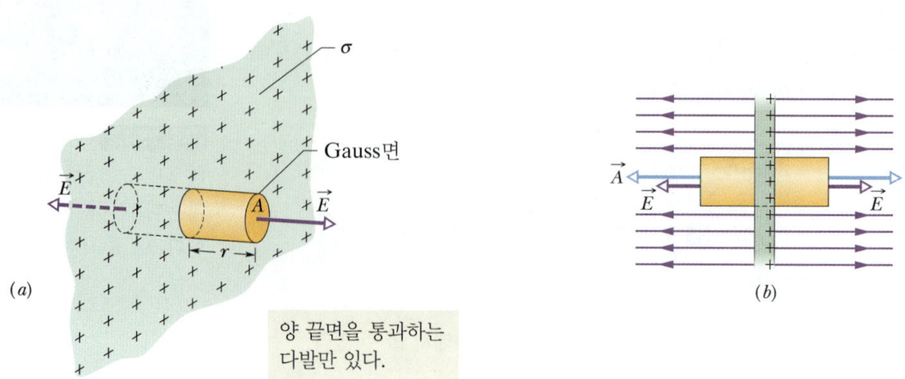

그림 23.5.1 ▸ 무한히 크고 얇은 플라스틱 판의 (a) 투시도와 (b) 옆에서 본 단면. 평면의 한 쪽 면에 면전하밀도 σ가 분포한다. 원통의 Gauss면이 평면을 수직으로 통과한다.

$$E = \frac{\sigma}{2\varepsilon_0} \quad \text{(대전된 판)}. \tag{23.5.1}$$

여기서 판은 균일한 전하밀도를 가진 무한 크기의 평면이므로 위의 결과는 판에서 유한한 거리만큼 떨어진 모든 점에서도 적용된다. 식 23.5.1은 각각의 전하가 만든 전기장 성분을 적분하여 구한 식 22.5.6과 같다.

두 도체판

그림 23.5.2*a*는 양의 과잉전하가 분포한 얇고 무한히 넓은 도체판의 단면이다. 23.3단원에서 과잉전하가 도체판의 표면에만 분포한다는 것을 설명하였다. 도체판은 얇고 매우 넓기 때문에 과잉전하는 판의 양쪽 면 위에 분포한다.

만약 양전하를 특수한 형태로 분포하도록 만드는 외부 전기장이 존재하지 않는다면 양쪽 면 모두 균일한 면전하밀도 σ_1으로 분포할 것이다. 따라서 식 23.3.1로부터 도체판 바로 바깥에서의 전기장 크기는 $E = \sigma_1/\varepsilon_0$임을 금방 알 수 있다. 한편 과잉전하는 양이기 때문에 전기장의 방향은 판에서 멀어져가는 방향이다.

그림 23.5.2*b*에는 면전하밀도가 σ_1인 같은 크기의 음전하를 갖는 동일한 도체판이 놓여있다. 이 경우 전기장의 크기는 같지만 전기장의 방향은 판 쪽으로 들어오는 방향이다.

그림 23.5.2*a*와 23.5.2*b*의 도체판을 서로 가깝고 평행하게 놓는다고 가정하자(그림 23.5.2*c*). 도체판들을 서로 가까이 하면 한 도체판의 과잉전하가 다른 도체판의 과잉전하를 끌어당기므로, 그림 23.5.2*c*처럼 과잉전하가 두 판의 마주 보는 면으로 움직이게 된다. 따라서 서로 마주 보는 각 면에 두 배의 전하가 모이므로 각 면에서의 새로운 면전하밀도 σ는 $2\sigma_1$이 된다. 따라서 두 도체판 사이의 전기장은

$$E = \frac{2\sigma_1}{\varepsilon_0} = \frac{\sigma}{\varepsilon_0} \tag{23.5.2}$$

이다. 전기장은 양의 도체판에서 음의 도체판으로 향한다. 바깥쪽 면에는 어떤 과잉전하도 남아 있지 않기 때문에 판의 왼쪽과 오른쪽 바깥에서 전기장은 0이다.

두 도체판을 서로 가까이 가져갈 때 판 위의 전하가 움직이기 때문에 두 개의 판으로 된 계의 전하분포는 단순히 각각의 판에 대한 전하분포의 합이 아니다.

무한한 평면 위의 전하가 만드는 전기장과 같이 비현실적인 상황을 논의하는 이유는 "무한한" 상황에 대한 분석을 통해 많은 실제적인 문제에 대해 좋은 근사식을 얻을 수 있기 때문이다. 따라서 식 23.5.1은 전기장을 구하고자 하는 지점이 절연체면의 가장자리에 아주 가까이 있지 않는 유한한 크기의 절연체판에도 적용할 수 있다. 또한 식 23.5.2는 전기장을 구하고자 하는 지점이 도체판의 가장자리에 매우 가까이 있지 않는 유한한 크기의 두 도체판에 적용할 수 있다. 절연체판 또는 도체판의 전기장을 구할 때 가장자리

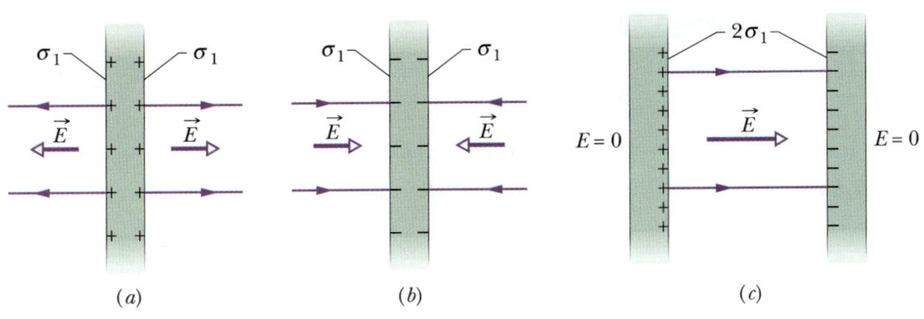

그림 23.5.2 (*a*) 양의 과잉전하를 가진 얇고 매우 넓은 도체판. (*b*) 음의 과잉전하를 가진 동일한 판. (*c*) 두 판이 평행으로 가까이 놓여 있다.

에서의 문제는 가장자리에서는 면대칭이라는 가정이 더 이상 성립되지 않는 것이다. 실제로 전기장선은 가장자리에서 곡선 모양이므로 수학적으로 표현하기 매우 어려워진다(*가장자리 효과* 혹은 *모서리 효과*라고 부른다).

→ 확인문제 23.5.1

(단면으로 나타낸) 그림에 양전하가 균일하게 분포된 큰 부도체 판을 나타내었다. 그림에 나타낸 세 점에서 전자를 정지상태에서 놓는다. 전자의 초기 가속도가 가장 큰 것부터 차례로 세 점을 나열하여라.

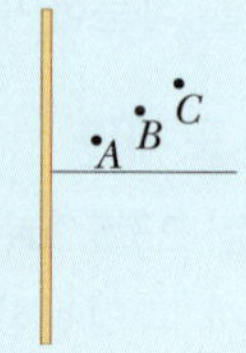

▶ 보기문제 23.5.1 대전된 두 평행판 근처의 전기장

그림 23.5.3*a*는 넓은 두 평행 부도체판의 일부분이다. 각 평행판은 한쪽 면에 균일한 전하가 분포한다. 양전하인 평면의 면전하밀도 크기는 $\sigma_{(+)} = 6.8\ \mu\text{C/m}^2$이고, 음전하인 평면의 면전하밀도 크기는 $\sigma_{(-)} = 4.3\ \mu\text{C/m}^2$이다.

(a) 평행판의 왼쪽, (b) 평행판 사이, (c) 평행판의 오른쪽에서 전기장 $\vec{E}$를 구하여라.

요점

부도체 위에 있는 전하가 고정되어 있으므로 그림 23.5.3*a*에서 (1) 평행판이 서로 고립되어 있다고 생각하고, 각각의 평행판이 만드는 전기장을 구한 후, (2) 고립된 평행판의 전기장을 중첩원리에 따라 더하여 전기장을 구할 수 있다(전기장이 서로 평행하므로 대수적으로 더할 수 있다).

풀이: 식 23.5.1로부터 임의의 지점에서 평행판의 양전하가 만드는 전기장 $\vec{E}_{(+)}$의 방향은 판에서 *멀어지는* 방향이고, 크기는

$$E_{(+)} = \frac{\sigma_{(+)}}{2\varepsilon_0} = \frac{6.8 \times 10^{-6}\ \text{C/m}^2}{(2)(8.85 \times 10^{-12}\ \text{C}^2/\text{N}\cdot\text{m}^2)} = 3.84 \times 10^5\ \text{N/C}$$

이다. 마찬가지로 평행판의 음전하가 만드는 전기장 $\vec{E}_{(-)}$의 방향은 판으로 *향하는* 방향이고, 크기는

$$E_{(-)} = \frac{\sigma_{(-)}}{2\varepsilon_0} = \frac{4.3 \times 10^{-6}\ \text{C/m}^2}{(2)(8.85 \times 10^{-12}\ \text{C}^2/\text{N}\cdot\text{m}^2)} = 2.43 \times 10^5\ \text{N/C}$$

이다. 그림 23.5.3*b*는 평면의 왼쪽(L), 가운데(B), 오른쪽(R)에서 각 판이 만드는 전기장이다.

이들 세 영역의 전기장은 중첩원리를 따른다. 평행판의 왼쪽에서 전기장의 크기는

$$\begin{aligned} E_L &= E_{(+)} - E_{(-)} \\ &= 3.84 \times 10^5\ \text{N/C} - 2.43 \times 10^5\ \text{N/C} \\ &= 1.4 \times 10^5\ \text{N/C} \end{aligned}$$ (답)

이다. $E_{(+)}$가 $E_{(-)}$보다 크기 때문에 이 영역에서 알짜 전기장 $\vec{E}_L$은 그림 23.5.3*c*처럼 왼쪽을 향한다. 평행판의 오른쪽에서 전기장 $\vec{E}_R$은 그림 23.5.3*c*처럼 크기는 같지만 방향은 오른쪽이다.

두 평행판 사이에서는 두 전기장을 더해서

$$\begin{aligned} E_B &= E_{(+)} + E_{(-)} \\ &= 3.84 \times 10^5\ \text{N/C} + 2.43 \times 10^5\ \text{N/C} \\ &= 6.3 \times 10^5\ \text{N/C} \end{aligned}$$ (답)

을 얻는다. 여기서 전기장 $\vec{E}_B$는 오른쪽을 향한다.

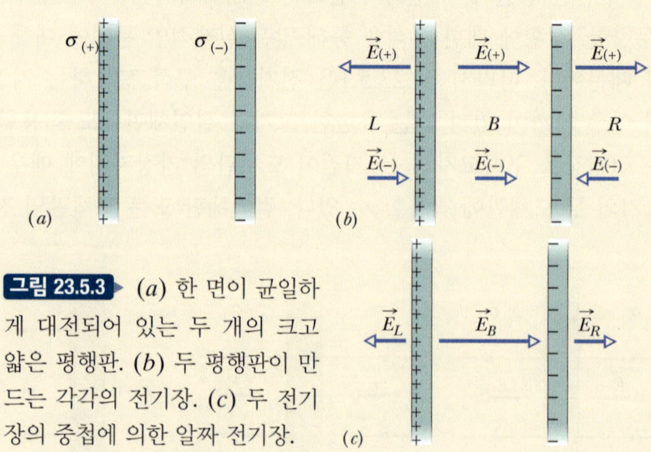

그림 23.5.3 (*a*) 한 면이 균일하게 대전되어 있는 두 개의 크고 얇은 평행판. (*b*) 두 평행판이 만드는 각각의 전기장. (*c*) 두 전기장의 중첩에 의한 알짜 전기장.

▶ 교육용 비디오는 웹사이트 www.wiley.com에서 볼 수 있다.

23.6 ▸ Gauss 법칙의 적용: 구대칭

요점 *Key Ideas*

1. 균일한 전하 q가 있는 구면 껍질 밖에서 껍질에 의한 전기장은 (전하의 부호에 따라 안쪽 혹은 바깥쪽인) 지름방향이고 크기는 다음과 같다.

$$E = \frac{1}{4\pi\varepsilon_0}\frac{q}{r^2} \quad \text{(구형 바깥 껍질).}$$

여기서 r은 껍질 중심으로부터 측정하는 점까지의 거리이다. 전기장은 모든 전하가 껍질의 중심에 있는 입자에 모여 있을 때의 전기장과 같다.

2. 껍질 안에서 껍질에 의한 전기장은 0이다.

3. 균일한 부피전하밀도로 대전된 공 안에서 전기장은 지름방향이고, 크기는 다음과 같다.

$$E = \frac{1}{4\pi\varepsilon_0}\frac{q}{R^3}r \quad \text{(대전된 구의 내부).}$$

여기서 q는 전체 전하, R은 구의 반지름이고, r은 구의 중심에서 측정지점까지의 지름거리이다.

학습목표 *Learning Objectives*

이 단원을 읽은 후 다음을 이해해야 한다.

23.6.1 균일한 전하껍질은 마치 모든 껍질의 전하가 껍질 중심에 모여 있는 것처럼 껍질 바깥에 있는 대전입자를 잡아당기거나 밀어낸다.

23.6.2 대전입자가 균일한 전하껍질로 둘러싸여 있으면 껍질이 입자에 작용하는 정전기력은 없다.

23.6.3 균일한 전하를 갖는 구면 껍질 밖의 점에서 전기장의 크기 E, 껍질 위의 전하 q와 껍질 중심으로부터의 거리 r에 대한 관계를 구한다.

23.6.4 균일한 전하가 있는 구면 껍질에 둘러싸인 점에 대한 전기장의 크기를 구한다.

23.6.5 (균일한 전하를 띤 공인) 균일한 구형 전하분포에 대해 내부와 외부의 점에서 전기장의 크기와 방향을 결정한다.

▶ Gauss 법칙의 적용: 구대칭

21.1단원에서 증명 없이 언급했던 다음의 두 껍질정리를 Gauss의 법칙으로 증명해 보자.

> 균일한 전하를 띤 공 껍질은 외부에 놓인 전하에 대해 마치 모든 껍질의 전하가 공의 중심에 모여 있는 것같이 전하를 당기거나 밀어낸다.

그림 23.6.1은 전체 전하가 q이고, 반지름이 R인 공 껍질이다. 또한 중심이 같은 공 모양의 Gauss면인 S_1과 S_2가 있다. 면 S_2에 Gauss의 법칙을 적용하여 23.2단원의 과정을 따르면 $r \geq R$인 경우에 다음을 얻는다.

$$E = \frac{1}{4\pi\varepsilon_0}\frac{q}{r^2} \quad \text{(공 껍질, } r \geq R\text{에서의 전기장).} \tag{23.6.1}$$

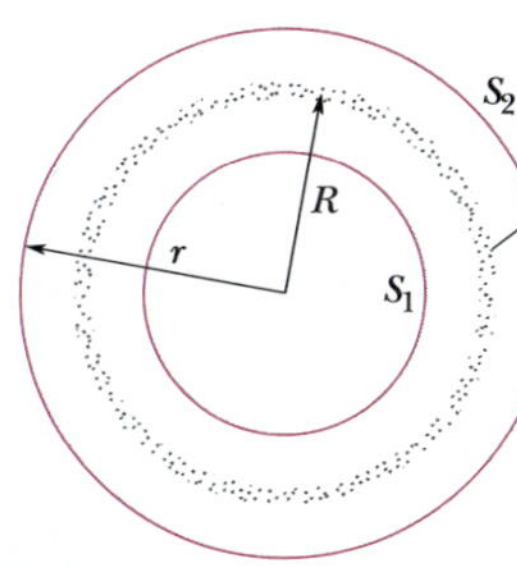

그림 23.6.1 ▸ 전체 전하가 q인 얇고 균일하게 대전된 공 껍질과 두 개의 Gauss면 S_1 및 S_2의 단면. S_2는 껍질을 둘러싸고, S_1은 껍질 안의 빈 공간만을 둘러싼다.

이것은 공 껍질 중심에 놓인 점전하 q가 만드는 전기장과 같다. 그러므로 공 껍질 외부에 있는 전하에 작용하는 힘의 크기는 공의 중심에 위치한 점전하 q가 작용하는 힘과 같다. 따라서 첫 번째 껍질정리를 증명하였다.

면 S_1에 Gauss의 법칙을 적용하면 $r < R$의 경우에 바로

$$E = 0 \quad \text{(공 껍질, } r < R\text{에서의 전기장)} \tag{23.6.2}$$

을 얻을 수 있다. 왜냐하면 Gauss면 내부에 어떤 전하도 없기 때문이다. 따라서 하나의 전하가 껍질로 둘러싸여 있다면 껍질은 내부 전하에 대해서는 어떤 정전기력도 작용하지 않는다. 즉, 두 번째 껍질정리도 증명하였다.

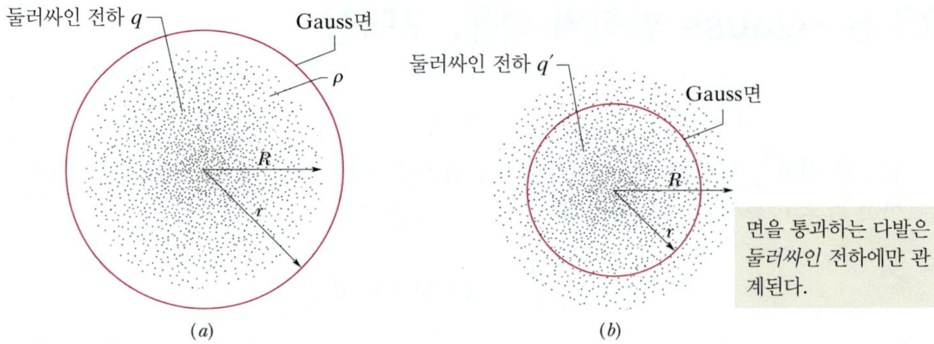

그림 23.6.2 반지름 R인 구대칭의 점전하 분포. 여기서 ρ는 중심으로부터 거리의 함수로 주어지는 부피전하밀도이다. 물체는 도체가 아니므로 전하는 고정된 위치에 있다. (*a*) $r > R$인 동심의 구형 Gauss면. (*b*) $r < R$인 동심의 구형 Gauss면.

균일한 전하를 띤 공 껍질은 내부에 놓여 있는 전하에 대해서는 어떤 정전기력도 작용하지 않는다.

그림 23.6.2처럼 어떠한 구대칭의 전하분포도 공 껍질을 모아서 만들 수 있다. 두 껍질정리를 적용하는 데 있어 부피전하밀도 ρ는 각각의 껍질에서 일정해야 하지만 그 값이 모든 껍질에 대하여 항상 같을 필요는 없다. 전체적인 전하분포를 보면, ρ는 공의 중심으로부터의 거리 r에 따라서만 변할 수 있다. 따라서 전하분포의 효과를 껍질 하나씩 따져보면 된다.

그림 23.6.2*a*의 경우 $r > R$인 Gauss면 안에 모든 전하가 놓여 있다. 이 경우는 식 23.6.1에 의해 마치 점전하가 공의 중심에 있는 것처럼 전기장이 형성된다.

그림 23.6.2*b*는 Gauss면이 $r < R$에 놓여 있는 경우이다. Gauss 면에서 전기장을 알기 위해 전하를 Gauss면 안에 있는 전하와 Gauss면 *바깥에* 있는 전하로 나누어 보자. 식 23.6.2에 의하면 Gauss면 바깥에 있는 전하는 Gauss면 위의 전기장에 영향을 주지 못한다. 한편 식 23.6.1에 의하면 Gauss면으로 *둘러싸인* 전하가 마치 공의 중심에 전하가 집중되어 있는 것처럼 전기장을 만든다. 둘러싸인 전하를 q'이라고 하면 식 23.6.1을 다음과 같이 다시 쓸 수 있다.

$$E = \frac{1}{4\pi\varepsilon_0}\frac{q'}{r^2} \quad \text{(구대칭의 전하분포, } r \le R\text{에서의 전기장)}. \tag{23.6.3}$$

만약 반지름 R로 둘러싸인 전체 전하 q가 균일하다면, 그림 23.6.2*b*에서 반지름 r로 둘러싸인 q'은 q에 비례한다.

$$\frac{(\text{반지름 } r\text{인 공의 안쪽에 포함되어 있는 전하})}{(\text{반지름 } r\text{인 공의 부피})} = \frac{\text{전체 전하량}}{\text{전체 부피}}.$$

즉, 다음과 같다.

$$\frac{q'}{\frac{4}{3}\pi r^3} = \frac{q}{\frac{4}{3}\pi R^3}. \tag{23.6.4}$$

따라서 다음과 같이 쓸 수 있다.

$$q' = q\frac{r^3}{R^3}. \tag{23.6.5}$$

이것을 식 23.6.3에 대입하면 다음을 얻는다.

$$E = \left(\frac{q}{4\pi\varepsilon_0 R^3}\right)r \qquad \text{(균일한 전하밀도, } r \le R\text{에서의 전기장).} \qquad (23.6.6)$$

→ 확인문제 23.1.4

그림은 (양의) 균일한 면전하밀도를 갖는, 동일한 두 개의 넓고 평행한 부도체 판과 균일한 (양의) 부피전하밀도를 갖는 공이다. 알짜 전기장의 크기가 큰 지점부터 작은 지점까지 순서대로 나열하여라.

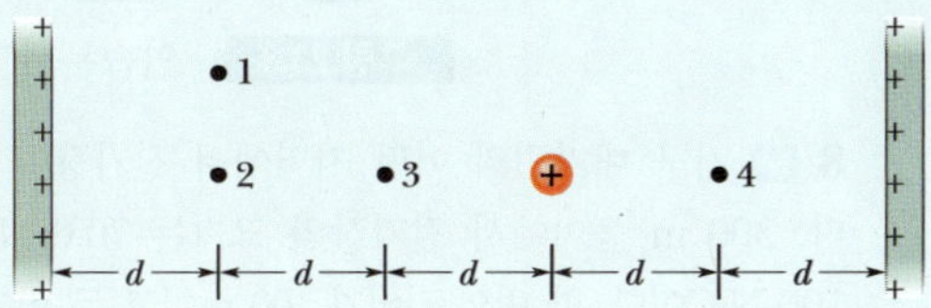

정리 및 요약 _Review & Summary

▸ ***Gauss 법칙*** *Gauss 법칙*과 Coulomb 법칙은 전하와 전기장 사이의 정전기적인 관계를 다른 형태로 표현한 것이다. Gauss의 법칙에 따르면

$$\varepsilon_0\Phi = q_{enc} \qquad \text{(Gauss의 법칙)} \qquad (23.2.1)$$

이다. 여기서 q_{enc}는 가상의 폐곡면(*Gauss면*) 내의 알짜 전하이며, Φ는 그 면을 통과하는 전기장의 알짜 *다발*

$$\Phi = \oint \vec{E}\cdot d\vec{A} \qquad \text{(Gauss 표면을 지나는 전기다발)} \qquad (23.1.4)$$

이다. Coulomb의 법칙은 Gauss의 법칙으로부터 이끌어 낼 수 있다.

▸ ***Gauss 법칙의 적용*** Gauss 법칙과 대칭성을 사용하면 정전기 현상의 중요한 결과를 유도해 낼 수 있다. 그 예는 다음과 같다.

1. 고립된 *도체*의 과잉전하는 모두 도체의 표면에 분포한다.
2. *대전된 도체의 표면* 근처에서의 전기장은 그 면에 수직이며, 크기는 표면전하밀도 σ에 의존한다.

$$E = \frac{\sigma}{\varepsilon_0} \qquad \text{(도체의 표면).} \qquad (23.3.1)$$

   도체 안에서 $E = 0$이다.
3. 균일한 선전하밀도가 λ인 무한대의 *선전하*가 만드는 전기장의 방향은 선전하에 수직이고 크기는

$$E = \frac{\lambda}{2\pi\varepsilon_0 r} \qquad \text{(선전하)} \qquad (23.4.1)$$

   이다. 여기서 r은 선전하로부터 전기장 E를 구하는 점까지의 수직거리이다.
4. 균일한 면전하밀도가 σ인 *무한한 부도체의 면전하*가 만드는 전기장의 방향은 평면에 수직이고, 그 크기는 다음과 같다.

$$E = \frac{\sigma}{2\varepsilon_0} \qquad \text{(대전된 판).} \qquad (23.5.1)$$

5. 반지름이 R이고 전체 전하가 q인 *공 껍질 바깥에* 만드는 전기장은 지름방향을 향하고 그 크기는

$$E = \frac{1}{4\pi\varepsilon_0}\frac{q}{r^2} \qquad \text{(공 껍질, } r \ge R\text{)} \qquad (23.6.1)$$

   이다. 여기서 r은 껍질의 중심에서 전기장을 측정하고자 하는 곳까지의 거리이다(껍질 밖에서는 마치 공 껍질의 모든 전하가 공의 중심에 집중되어 있는 것같이 작용한다). 균일한 공 껍질 *내부*의 전기장은 정확히 0이다.

$$E = 0 \qquad \text{(공 껍질, } r < R\text{).} \qquad (23.6.2)$$

6. *전하가 균일하게 분포해 있는 공 내부*의 전기장은 지름방향을 향하고, 그 크기는 다음과 같다.

$$E = \left(\frac{q}{4\pi\varepsilon_0 R^3}\right)r. \qquad (23.6.6)$$

연습문제 _Problems

E Easy M Medium H Hard CALC Requires calculus BIO Biomedical application

1 M 한 변의 길이가 0.900 m인 정육면체가 그림 23.9에서 균일한 전기장에 놓여 있다. 전기장이 N/C의 단위로 (a) $6.00\hat{i}$ (b) $-2.00\hat{j}$ (c) $-3.00\hat{i} + 4.00\hat{k}$일 때 오른쪽 면을 통과하는 전기다발을 구하여라. (d) 각 전기장에 대해 정육면체를 통과하는 전체 전기다발을 구하여라.

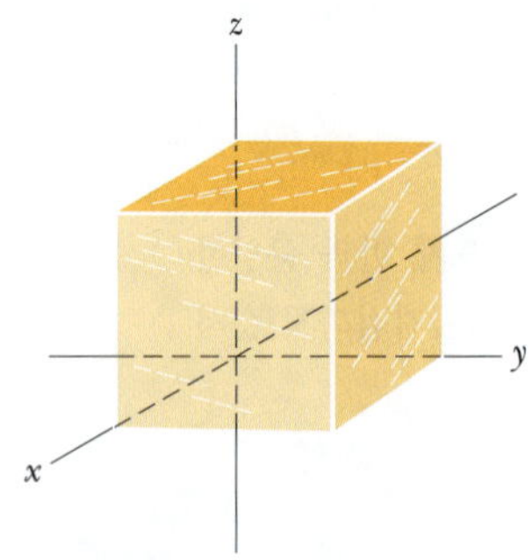

그림 23.1 연습문제 1, 2, 3

2 E 그림 23.1의 정육면체 표면 위의 각 점에서 전기장은 z축에 평행하다. 정육면체 한 변의 길이는 2.0 m이다. 윗면에서 $\vec{E} = -34\hat{k}$ N/C이고, 아래 면에서 $\vec{E} = +20\hat{k}$ N/C이다. 정육면체 내부에 들어 있는 알짜 전하를 구하여라.

3 M 그림 23.1은 한 변의 길이가 0.900 m인 정육면체 모양의 Gauss면이다. 전기장이 $\vec{E} = (3.00y\hat{j})$ N/C이면(y는 미터 단위) (a) 표면을 통과하는 알짜 다발 Φ와 (b) Gauss면에 둘러싸인 알짜 전하 q_{enc}는 얼마인가? $\vec{E} = [-4.00\hat{i} + (6.00 + 3.00y)\hat{j}$ N/C이면 (c) Φ와 (d) q_{enc}는 얼마인가?

4 E 음전하가 균일하게 분포하는 공에 지름을 따라 가느다란 구멍이 한쪽 표면에서 다른 쪽 표면까지 뚫려 있다. 또한 구멍 안쪽이나 공의 바깥쪽에 임의의 위치에 양성자를 놓을 수 있다고 하자. 반지름이 R인 공의 표면에 양성자를 놓았을 때, 양성자에 작용하는 정전기력의 크기를 F_R이라고 하자. 양성자를 (a) 공에서 더 멀리 놓을 때 (b) 구멍 안으로 밀어 넣을 때 양성자에 작용하는 힘의 크기가 $0.60F_R$이 되는 곳이 표면으로부터 얼마나 떨어져 있는지 R의 배수로 각각 구하여라.

5 M 그림 23.2는 L = 4.0 cm 떨어져 있는 매우 긴 대전된 두 평행 도선의 일부이다. 균일하게 분포한 선전하밀도는 선 1은 +6.0 μC/m이고 선 2는 −2.0 μC/m이다. x 축 위 어느 곳에서 두 선이 만드는 알짜 전기장이 0이 되는가?

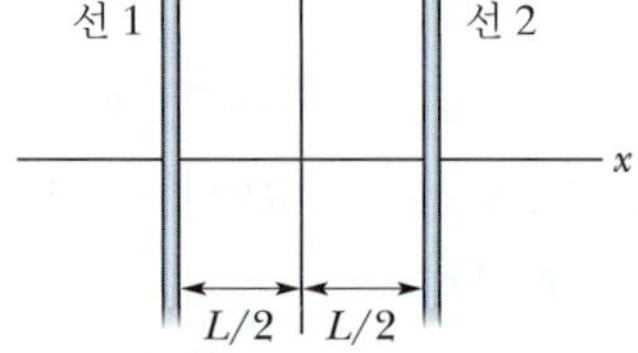

그림 23.2 연습문제 5

6 E 대전된 복사기 도체드럼 표면 바로 위의 전기장 E의 크기는 1.7×10^5 N/C이다. 드럼의 면전하밀도는 얼마인가?

7 H 그림 23.3은 전하분포가 균일한 속이 찬 공의 단면을 나타낸다. 각 공의 반지름은 R이다. 두 공의 중심을 잇는 직선 위의 점 P는 공 1의 중심으로부터 거리가 R/2.00인 곳에 있다. 점 P에서 알짜 전기장이 0일 때 전하의 비율 q_2/q_1 값을 구하여라.

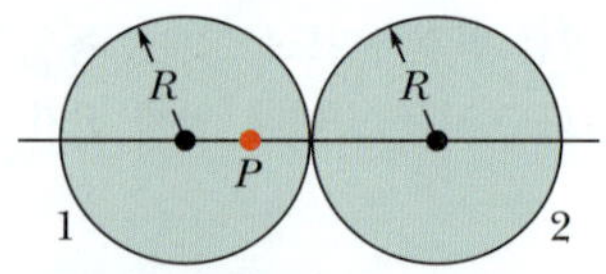

그림 23.3 연습문제 7

8 M 지구 대기권의 어떤 지역에서 전기장이 수직으로 지면을 향한다. 300 m 높이에서 전기장의 크기는 70.0 N/C이고, 200 m에서는 100 N/C이다. 한 변의 길이가 100 m이고 두 면이 각각 200 m와 300 m의 높이에 있는 정육면체 안에 있는 알짜 전하를 구하여라.

9 E 그림 23.4처럼 단위길이당 전하가 $\lambda = 4.50 \times 10^{-8}$ C/m인 길고, 얇은 반지름 R = 3.00 cm의 금속관이 있다. 중심축으로부터의 거리가 (a) $r = R$/2.00일 때, (b) r = 2.00R일 때 전기장의 크기 E를 구하여라. (c) r = 0에서 r = 2.00R까지의 범위에서 E를 r의 함수로 그려라.

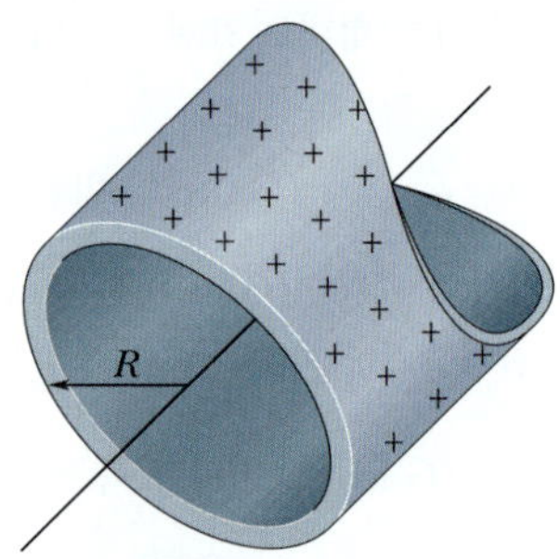

그림 23.4 연습문제 9

10 M CALC 전기장 $\vec{E} = 4.0\hat{i} - 4.0(y^2 + 2.0)\hat{j}$가 그림 23.1.7에 나타낸 대로 놓은 Gauss 정육면체를 통과한다. (E의 크기는 N/C이고, 위치 x는 미터 단위이다.) (a) 윗면, (b) 아랫면, (c) 왼쪽 면, (d) 뒷면을 통과하는 전기다발은 얼마인가? (e) 정육면체를 통과하는 알짜 전기다발은 얼마인가?

11 M 그림 23.5처럼 질량이 m = 1.8 mg이고 전하 $q = 1.5 \times 10^{-8}$ C이 균일하게 분포된 작은 부도체공이 (단면으로 나타낸) 얇고 균일하게 대전된 부도체 판과 각도 θ = 30°를 이루며 부도체 실에 매달려 있다. 공에 작용하는 중력을 고려하고, 부도체 판이 무한히 크다고 가정하여 판의 면전하밀도 σ를 계산하여라.

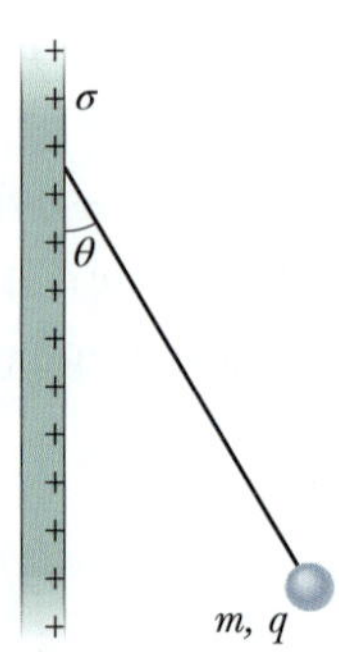

그림 23.5 연습문제 11

12 **H** **CALC** 반지름 4.0 cm의 속이 차고 긴 부도체 원통에 전하가 불균일하게 분포한다. 부피전하밀도 ρ는 원통의 축으로부터 거리 r의 함수로 $\rho = Ar^2$이다. $A = 2.5\ \mu\text{C/m}^5$인 경우 (a) $r = 2.0$ cm와 (b) $r = 5.0$ cm인 지점에서 전기장의 크기를 구하여라.

13 **M** 그림 23.6처럼 반지름 $R_1 = 1.30$ mm, 길이 $L = 5.50$ m의 도체 막대가 반지름이 $R_2 = 10.0R_1$이고 길이가 같은 동축 도체 원통 껍질 안에 있다. 막대의 알짜 전하는 $Q_1 = +3.40 \times 10^{-12}$ C이고, 껍질의 알짜 전하는 $Q_2 = -2.00Q_1$이다. 축으로부터 거리 $r = 2.00R_2$인 지점에서 전기장의 (a) 크기와 (b) (지름 안쪽 혹은 밖) 방향은 무엇인가? $r = 5.00R_1$인 지점에서 (c) E와 (d) 방향은 무엇인가? 껍질의 (e) 안쪽 표면과 (f) 바깥쪽 표면의 전하는 얼마인가?

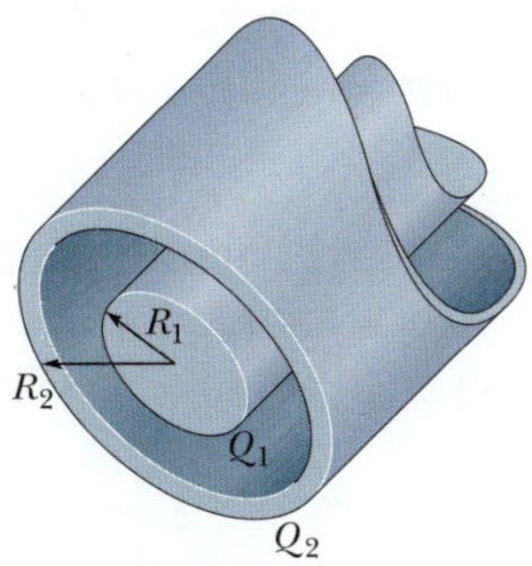

그림 23.6 연습문제 13

14 **E** 반지름이 각각 10.0 cm와 15.0 cm인 두 개의 대전된 동심 구껍질이 있다. 안쪽 구껍질의 전하는 6.50×10^{-8} C이고 바깥쪽 구껍질의 전하는 2.00×10^{-8} C이다. (a) $r = 12.0$ cm와 (b) $r = 20.0$ cm인 점에서 전기장을 구하여라.

15 **M** 그림 23.7에 균일한 면전하밀도가 $\sigma = -2.00\ \mu\text{C/m}^2$인 얇고 매우 큰 부도체 판이 있다. 그리고 판으로부터 거리 d인 곳에 전하 $Q = 8.00\ \mu$C인 입자가 있다. 판과 입자는 모두 고정되어 있다. $d = 0.200$ m일 때 판과 입자가 만드는 알짜 전기장 $\vec{E}_{\text{net}}$가 0이 되는 곳의 (무한대가 아닌) (a) 양과 (b) 음의 x 축 위의 위치를 구하여라. (c) $d = 0.800$ m이면 $\vec{E}_{\text{net}} = 0$이 되는 곳의 x 축 위의 좌표는 무엇인가?

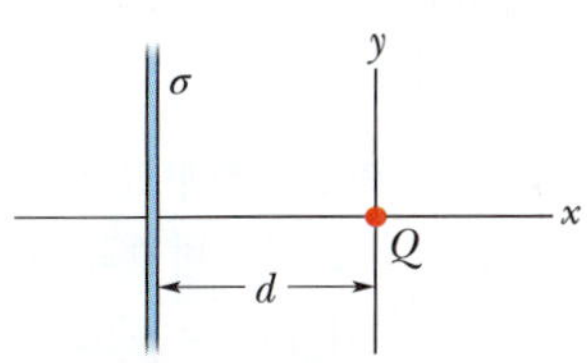

그림 23.7 연습문제 15

16 **M** 점전하 $+q$가 Gauss 정육면체의 한 꼭지점에 놓여 있다. (a) 그 꼭지점을 이루는 면과 (b) 정육면체의 나머지 각각의 면을 통과하는 전기다발을 q/ε_0의 배수로 구하여라.

17 **M** 그림 23.8a는 대전된 큰 원통 껍질과 대전된 가는 꽉찬 고체 원통이며, 중심축이 같다. 둘 다 부도체이며 가늘고, 바깥쪽 표면의 면전하밀도는 균일하다. 그림 23.8b는 전기장 E의 지름방향 성분을 중심축으로부터 거리 r의 함수로 나타낸 그래프이며, $E_s = 6.0 \times 10^3$ N/C이다. 원통 껍질의 선전하밀도는 얼마인가?

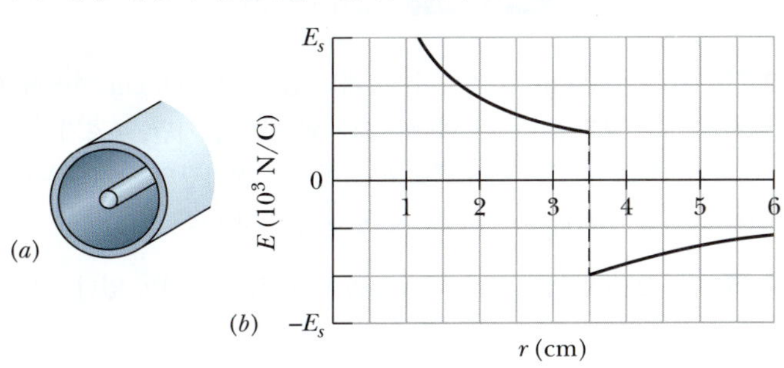

그림 23.8 연습문제 17

18 **H** **CALC** $R = 5.60$ cm인 속이 찬 부도체공의 불균일한 부피전하밀도는 $\rho = (14.1\ \text{pC/m}^3)r/R$이며, r은 공의 중심으로부터의 거리이다. (a) 공 전체의 전하는 얼마인가? (b) $r = 0$, (c) $r = R/2.00$, (d) $r = R$인 곳에서 전기장의 크기는 얼마인가? (e) 전기장의 크기 E를 r의 함수로 그려라.

19 **E** 그림 23.9a에 균일하게 대전된 넓은 플라스틱 판 세 개가 평행으로 놓여 있다. 그림 23.9b는 평행판을 통과하는 x축을 따라 알짜 전기장의 성분을 나타낸 그래프이며, 수직축의 눈금은 $E_s = 6.0 \times 10^5$ N/C이다. 판 3과 판 2의 전하밀도의 비율은 얼마인가?

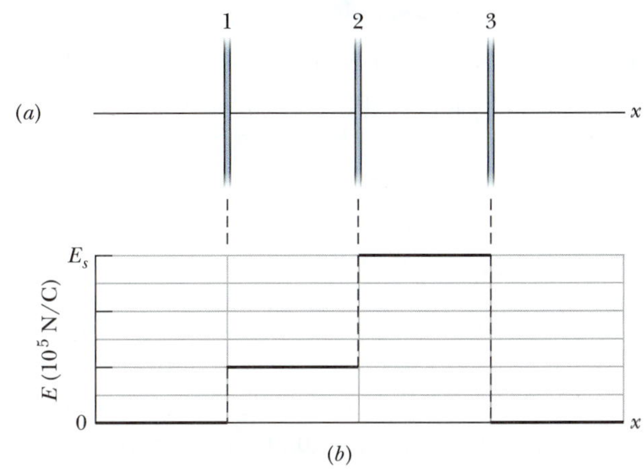

그림 23.9 연습문제 19

20 **M** 두 개의 길고 얇은 원통이 있다. 각 원통의 반지름은 3.0 cm와 6.0 cm이며 중심이 같다. 안쪽 원통의 단위길이당 전하는 3.0×10^{-6} C/m이고 바깥쪽 원통의 단위길이당 전하는 -7.0×10^{-6} C/m이다. 원통의 중심축으로부터 거리 $r = 4.0$ cm인 곳에서 전기장의 (a) 크기 E와 (b) (지름 방향으로 안쪽 혹은 바깥쪽인지) 방향을 구하여라. $r = 8.0$ cm에서 (c) E와 (d) 방향을 구하여라.

21 **M** 양으로 대전된 입자가 공 껍질의 중심에 있다. 그림 23.10은 전기장의 크기 E를 반지름 r의 함수로 나타낸 그래프이며, 수직축의 눈금은 $E_s = 20.0 \times 10^7$ N/C이다. 공 껍질의 알짜 전하는 대략 얼마인가?

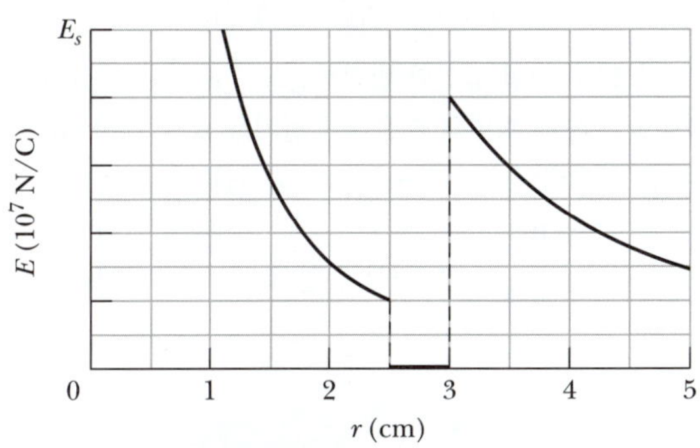

그림 23.10 연습문제 21

22 **E** 지름이 0.600 m이고 균일하게 대전된 도체공의 면전하밀도는 $8.1\ \mu\text{C/m}^2$이다. (a) 도체공의 알짜 전하를 구하여라. (b) 공의 표면에서 나가는 알짜 전기다발을 구하여라.

23 E 그림 23.11에 양성자가 한 변이 d인 정사각형의 중심에서 수직 위 $d/2$인 거리에 있다. 정사각형을 통과하는 전기다발의 크기는 얼마인가? (*힌트*: 정사각형을 한 변이 d인 정육면체의 한 면이라고 생각하여라.)

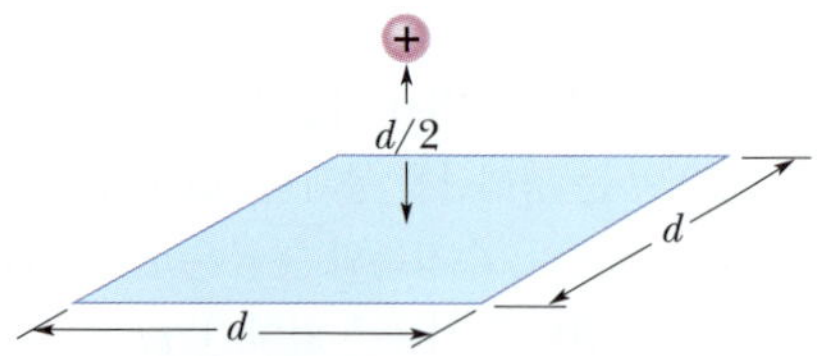

그림 23.11 연습문제 23

24 M 길고 가는 부도체 막대에 선전하밀도 2.0 nC/m의 전하가 균일하게 분포한다. 막대의 축은 (안쪽 반지름 = 5.0 cm이고, 바깥쪽 반지름 = 10 cm인) 긴 도체 원통 껍질과 같은 축 위에 있다. 원통 껍질의 알짜 전하는 0이다. (a) 원통 껍질의 축으로부터 20 cm 떨어진 곳에서 전기장의 크기는 얼마인가? 원통 껍질의 (b) 안쪽과 (c) 바깥쪽 표면의 면전하밀도는 얼마인가?

25 M 그림 23.12처럼 두 개의 부도체공 껍질이 x 축 위에 고정되어 있다. 껍질 1은 반지름이 0.50 cm이고 바깥쪽 표면에 균일한 면전하밀도 +4.0 $\mu C/m^2$가 분포한다. 공 껍질 2는 반지름이 2.0 cm이고 바깥쪽 표면에 균일한 면전하밀도 −2.0 $\mu C/m^2$가 분포한다. 공 껍질의 중심이 거리 $L = 8.0$ cm로 떨어져 있을 때, $x = \infty$을 제외하고 x축의 어느 곳에서 알짜 전기장이 0인가?

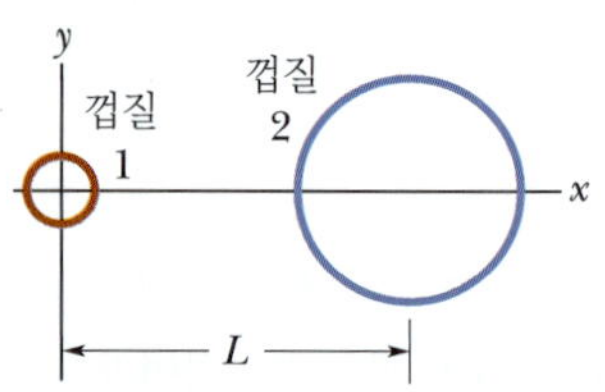

그림 23.12 연습문제 25

26 M 면전하밀도가 3.00×10^{-6} C/m^{2}인 큰 금속판의 중앙을 향하여 전자를 쏘았다. 전자의 초기 운동에너지가 1.60×10^{-17} J이고, (면전하의 정전기적 반발로) 전자가 금속판에 도착하는 순간 멈춘다면 전자는 금속판으로부터 얼마나 먼 거리에서 발사해야 하는가?

27 E 그림 23.13처럼 균일한 면전하밀도가 $\sigma = 7.20$ pC/m^{2}인 무한하고, 평평한 부도체 평면의 가운데에 반지름 $R = 1.80$ cm의 조그만 원형 구멍을 도려내었다. z축은 구멍의 중심을 원점으로 하고 판에 수직이다. $z = 2.56$ cm에 있는 점 P에서의 전기장을 단위벡터 표기방법으로 구하여라. (*힌트*: 식 22.5.5와 중첩원리를 이용하여라)

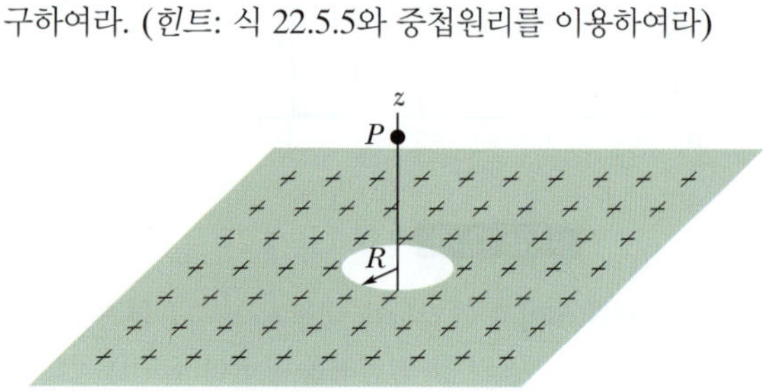

그림 23.13 연습문제 27

28 E 지구의 방사선대를 통과하는 인공위성은 상당히 많은 전자와 부딪힌다. 이때 쌓이는 전하는 인공위성의 전자장치에 손상을 줄 뿐만 아니라 작업을 방해하기도 한다. 지름이 1.3 m인 공 모양의 금속 인공위성이 한 번 공전할 때마다 1.6 μC의 전하가 쌓인다고 가정하자. (a) 이로 인한 면전하밀도를 계산하여라. (b) 면전하가 인공위성 표면 바로 바깥쪽에 만드는 전기장의 크기를 구하여라.

29 M 그림 23.14에 한 변의 길이가 1.50 m인 정육면체 Gauss 폐곡면을 나타내었다. 이 영역에 균일하지 않은 전기장 $\vec{E} = (3.00x + 4.00)\hat{i} + 6.00\hat{j} + 7.00\hat{k}$ N/C에 놓여 있고, x의 단위는 미터이다. 정육면체에 들어 있는 알짜 전하는 얼마인가?

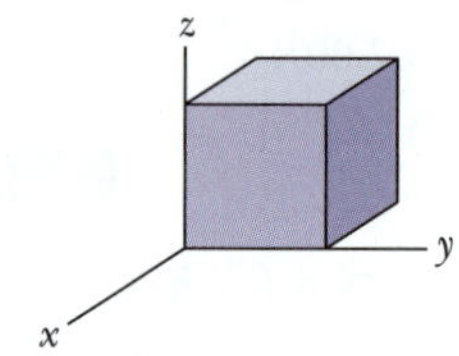

그림 23.14 연습문제 29

30 M 음의 전하로 대전된 긴 직선 도선의 선전하밀도 크기는 5.0 nC/m이다. 직선 도선과 같은 축 위에 반지름 1.5 cm의 얇은 부도체 원통 껍질이 도선을 둘러싸고 있다. 껍질은 바깥쪽 표면에 면전하밀도 σ로 양전하가 분포하여 원통 바깥의 알짜 전기장은 0이다. σ를 계산하여라.

31 M 그림 23.15에 있는 반지름 $a = 2.00$ cm인 속이 찬 공이 안쪽 반지름 $b = 2.00a$, 바깥쪽 반지름 $c = 2.40a$인 도체공 껍질과 중심이 같다. 공의 전하 $q_1 = +7.00$ fC는 균일하게 분포하고, 공 껍질의 알짜 전하는 $q_2 = -q_1$이다. (a) $r = 0$, (b) $r = a/2.00$, (c) $r = a$, (d) $r = 1.50a$, (e) $r = 2.30a$, (f) $r = 3.50a$인 곳에서 전기장의 크기는 얼마인가? 공 껍질의 (g) 안쪽 표면과 (h) 바깥쪽 표면의 알짜 전하는 얼마인가?

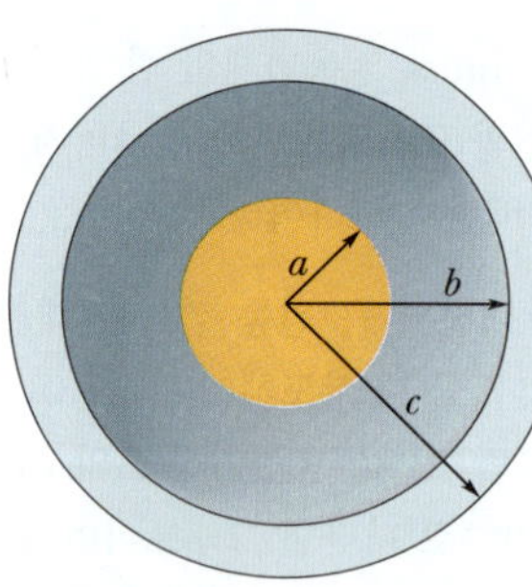

그림 23.15 연습문제 31

32 M 면적이 0.60 m^{2}인 커다란 두 개의 금속판이 5.0 cm 떨어져서 평행하게 마주 보고 있다. 각 면에는 크기의 $|q|$로 같지만, 부호가 반대인 전하가 분포되어 있다. 두 금속판 사이에서 전기장의 크기 E는(가장자리 효과를 무시하여) 55 N/C이다. $|q|$를 구하여라.

33 E 그림 23.16에 한 변이 3.2 mm인 정사각형 평면이 있다. 이 면은 크기 $E = 760$ N/C의 균일한 전기장에 놓여 있고, 전기장선은 그림에 나타낸 대로 평면의 수직선과 각도 $\theta = 35°$를 이룬다. 이 표면이

상자의 한 면인 것처럼 생각하여 이 수직선을 "바깥" 방향으로 정한다. 이 평면을 통과하는 전기다발을 구하여라.

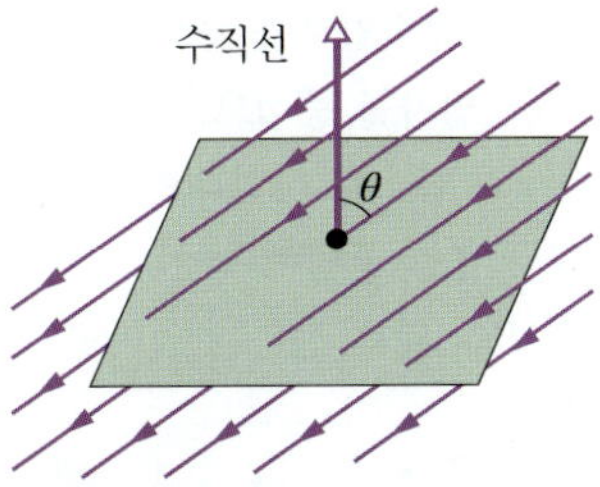

그림 23.16 연습문제 33

34 E 2.0 μC/m로 균일하게 대전된 매우 긴 부도체 막대에서 수직으로 9.0 m 떨어진 곳에 전자를 놓는다. 전자의 초기 가속도 크기를 구하여라.

35 M 그림 23.17에 한 변의 길이가 2.00 m인 정육면체 Gauss면이 한 꼭지점의 좌표가 $x_1 = 5.00$ m, $y_1 = 4.00$ m인 곳에 있다. 정육면체는 전기장 $\vec{E} = -3.00\hat{i} - 5.00y^2\hat{j} + 3.00\hat{k}$ N/C에 놓여 있고, y의 단위는 미터이다. 정육면체에 들어 있는 알짜 전하는 얼마인가?

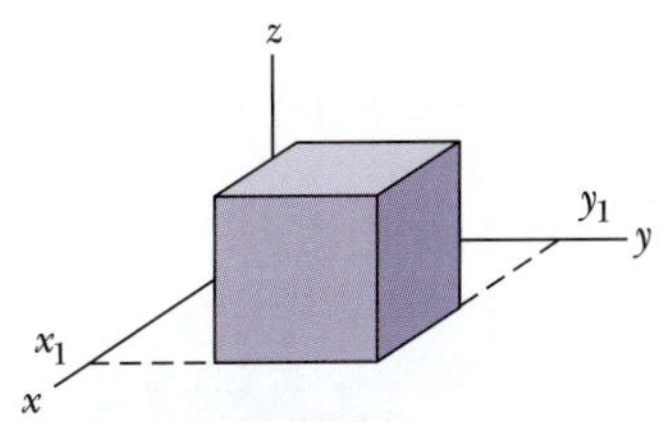

그림 23.17 연습문제 35

36 E 무한히 긴 대전된 직선에 의해 거리 1.5 m에서 크기 4.5×10^4 N/C의 전기장이 생긴다. 선전하밀도를 구하여라.

37 E 그림 23.18은 양전하가 균일하게 분포되어 있는 공이 만드는 전기장의 크기를 공의 안쪽과 바깥쪽에서 나타낸 그래프이다. 수직축의 눈금은 $E_s = 10 \times 10^7$ N/C이다. 공 표면의 전하는 얼마인가?

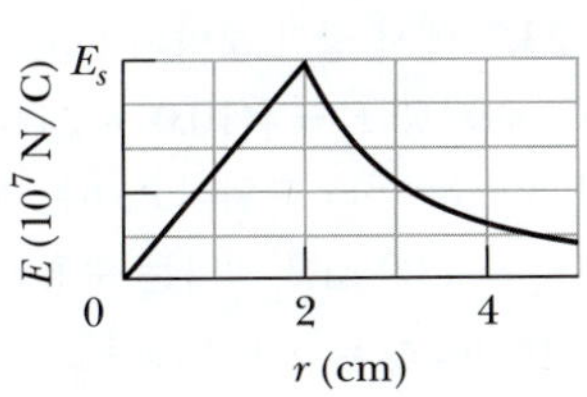

그림 23.18 연습문제 37

38 E 한 변이 8.0 cm이고 무시할 수 있을 만큼 얇은 두께를 갖는 정사각형 금속판의 전체 전하는 3.8×10^{-6} C이다. (a) 전하는 금속판의 양면에 균일하게 분포한다고 가정하고, 금속판의 중심에 가까운 곳(예컨대 0.50 mm의 거리)에서 전기장의 크기 E를 구하여라. (b) 금속판을 점전하로 가정하고 (판의 크기에 비해 큰) 30 m 떨어진 곳에서 E를 구하여라.

39 E 그림 23.19는 같은 면전하밀도 $\sigma = 2.80 \times 10^{-22}$ C/m^{2}가 균일하게 분포한 두 개의 부도체 평면판의 단면을 나타내었다. (a) 두 판의 위 (b) 두 판의 사이 (c) 두 판의 아래에서 전기장 $\vec{E}$를 각각 단위벡터 표기방법으로 나타내어라.

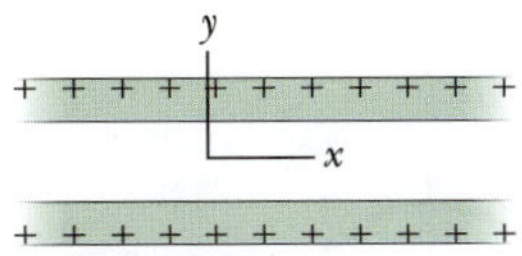

그림 23.19 연습문제 39

40 E 반지름이 10 cm인 도체공에 미지의 전하가 있다. 공의 중심으로부터 15 cm인 지점에서의 전기장이 크기는 5.0×10^3 N/C이고, 방향은 지름을 따라 안쪽을 향한다면, 이 공의 알짜 전하는 얼마인가?

41 M CALC 그림 23.20은 안쪽 반지름이 a = 2.30 cm이고, 바깥쪽 반지름이 b = 2.40 cm인 부도체공 껍질이다. (부도체 껍질 안에서) 양의 부피전하밀도는 $\rho = A/r$이며, A는 상수이고 r은 중심으로부터의 거리이다. 추가적으로 전하가 q = 45.0 fC인 작은 공은 중심에 있다. 껍질 내부에서($a \le r \le b$) 전기장을 균일하게 만드는 A값은 무엇인가?

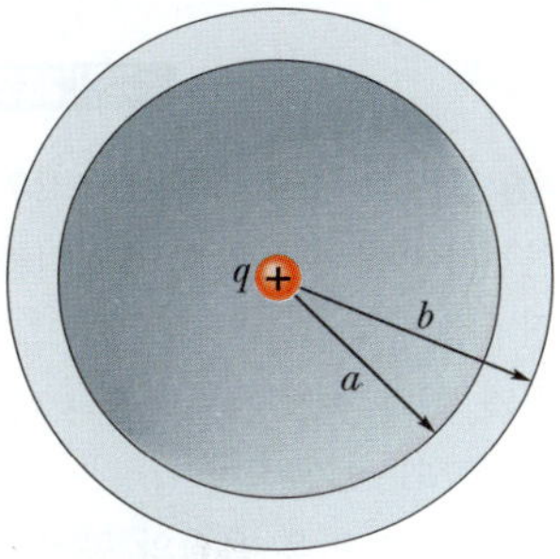

그림 23.20 연습문제 41

42 H CALC 구대칭이지만 지름 방향으로 불균일한 전하분포가 지름 방향으로 밖으로 향하는 전기장 $E = Kr^4$을 만든다. 여기서 r은 공의 중심으로부터의 거리이고 K는 상수이다. 전하분포의 부피전하밀도 ρ를 구하여라.

43 M 그림 23.21a에서 전자를 속력 $v_s = 2.0 \times 10^5$ m/s로 균일하게 대전된 플라스틱판에서 수직으로 멀어지는 방향으로 쏜다. 이 부도체판은 평평하고, 매우 크다. 그림 23.21b는 전자가 출발점으로 다시 돌아올 때까지 속도의 수직성분 v를 시간 t의 함수로 나타낸 그래프이다. 판의 면전하밀도는 얼마인가?

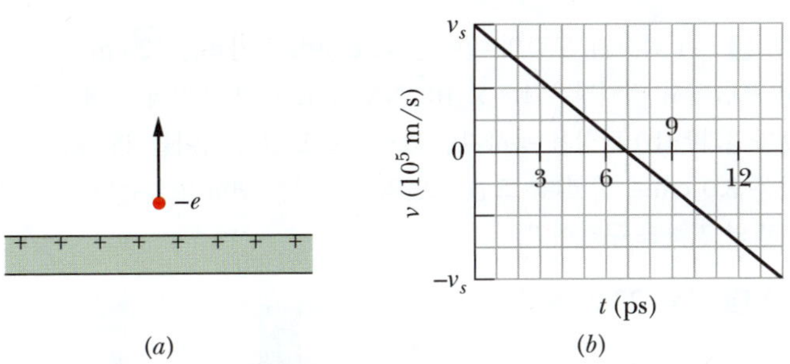

그림 23.21 연습문제 43

44 M 고립된 도체에는 알짜 전하가 $+14 \times 10^{-6}$ C이 있고, 내부의 빈 구멍 안에 전하 $q = +4.0 \times 10^{-6}$ C의 점전하가 놓여 있다. (a) 구멍의 벽과 (b) 도체의 바깥쪽 면의 전하는 얼마인가?

45 M 그림 23.22에 고정된 두 부도체 공껍질을 나타내었다. 껍질 1은 바깥 표면이 균일한 표면전하밀도 +6.0 μC/m^{2}로 대전되어 있고, 반지름은 3.0 cm이다. 껍질 2는 바깥 표면이 균일한 전하밀도 +5.0 μC/m^{2}로 대전되어 있고, 반지름이 2.0 cm이다. 두 껍질의 중심

은 $L = 10$ cm 떨어져 있다. $x = 2.0$ cm에서 알짜 전기장을 단위벡터 표기방법으로 나타내어라.

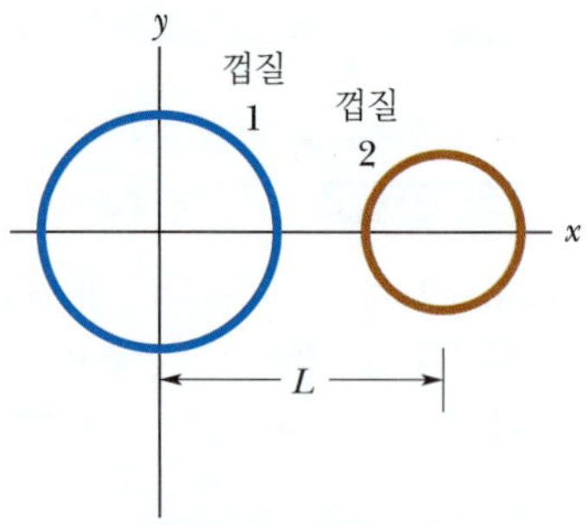

그림 23.22 연습문제 45

46 M 닫혀 있는 욕실에서 샤워기를 틀었을 때 욕조 바닥에 물이 튀면서 음전하 이온이 욕실 안의 공기를 채워서 공기 중에는 최대 1000 N/C의 전기장이 형성된다. 욕실의 크기가 2.5 m × 3.0 m × 2.0 m라고 하자. 공기 중의 전기장은 천장과 바닥 그리고 네 벽면에 수직이며, 균일한 전기장의 크기는 한 방향으로 균일하게 약 400 N/C으로 근사하여라. 그리고 그 면을 욕실의 공기를 둘러싼 Gauss 폐곡면으로 생각한다. (a) 부피전하밀도 ρ를 구하여라. (b) 욕실의 공기 안에 존재하는 단위 부피당 과잉전하를 기본전하 e의 배수로 구하여라.

47 E 그림 23.23처럼 잠자리채를 균일한 전기장 $E = 1.8$ mN/C인 곳에 놓았다. 반지름이 $a = 11$ cm인 원 모양의 테가 전기장에 수직으로 놓여 있다. 그물의 알짜전하는 0이다. 잠자리채의 그물을 통과하는 전기다발을 구하여라.

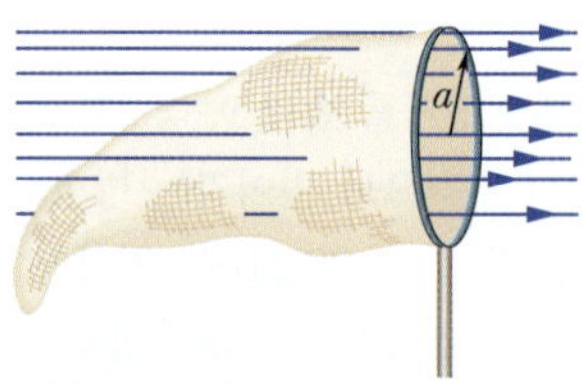

그림 23.23 연습문제 47

48 E (a) 복사기 드럼의 길이는 42 cm이고, 지름은 12 cm이다. 드럼 표면에서 전기장은 1.7×10^5 N/C이다. 드럼 표면의 전체 전하는 얼마인가? (b) 탁상용 복사기를 만들려고 드럼의 길이를 28 cm로, 지름은 8.0 cm로 줄였다. 드럼 표면의 전기장은 변하지 않는다. 새로운 드럼의 전하를 구하여라.

49 E 그림 23.24처럼 두 개의 크고, 얇은 금속판이 가까운 곳에서 평행하게 마주 보고 있다. 안쪽 표면에서 면전하밀도의 크기가 9.00×10^{-22} C/m^{2}로 같고, 부호는 서로 반대이다. 금속판의 (a) 왼쪽, (b) 오른쪽, (c) 중간에서 전기장 $\vec{E}$를 단위벡터 표기방법으로 구하여라.

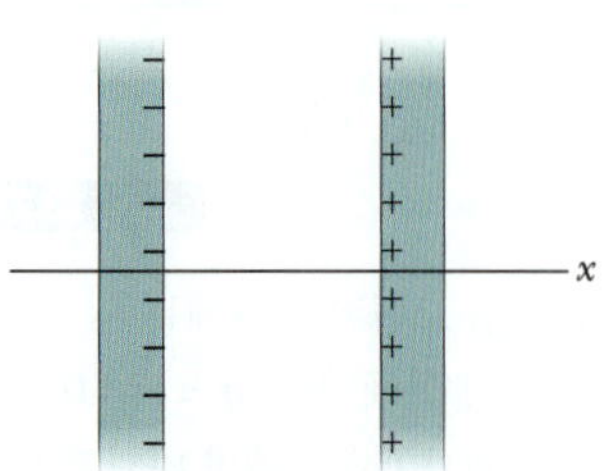

그림 23.24 연습문제 49

50 E 0.50 μC의 대전입자가 한 변이 55 cm인 Gauss 정육면체의 중심에 있다. 표면을 지나는 알짜 전기다발을 구하여라.

51 M *다발과 부도체공 껍질.* 매우 얇은 부도체 물질로 만든 중심이 같은 두 공 껍질의 중앙에 대전입자를 놓는다. 그림 23.25a는 그 단면이다. 그림 23.25b는 대전입자를 중심으로 반지름 r인 Gauss 공을 통과하는 알짜 다발 Φ을 r의 함수로 나타내었다. 수직축의 눈금은 $\Phi_s = 10 \times 10^5$ N·m^2/C이다. (a) 중앙에 놓인 입자의 전하는 얼마인가? (b) 껍질 A와 (c) 껍질 B의 알짜 전하는 얼마인가?

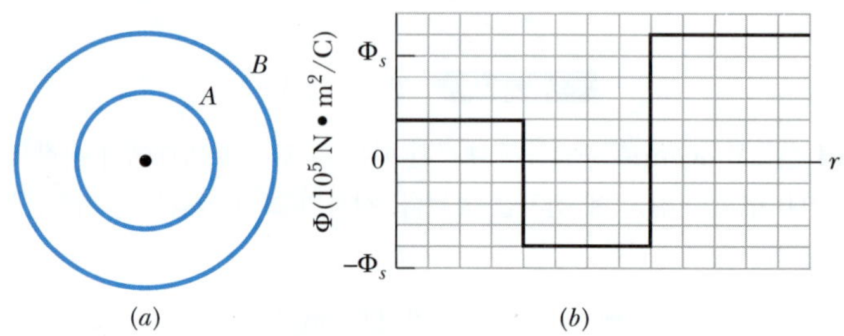

그림 23.25 연습문제 51

52 M 그림 23.26에 균일한 부피전하밀도가 $\rho = 1.84$ nC/m^{3}이고 안쪽 반지름이 $a = 10.0$ cm, 바깥쪽 반지름이 $b = 2.00a$인 공 껍질이 있다. 껍질의 중심으로부터 거리가 (a) $r = 0$, (b) $r = a/2.00$, (c) $r = a$, (d) $r = 1.50a$, (e) $r = b$, (f) $r = 3.00b$인 곳에서 전기장의 크기를 구하여라.

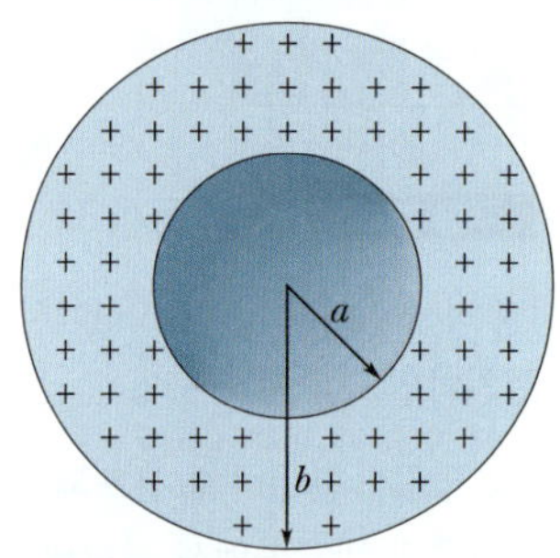

그림 23.26 연습문제 52

53 H CALC 그림 23.27에서 상자 모양의 Gauss면이 $+24.0\varepsilon_0$ C의 알짜 전하를 포함하고 전기장 $\vec{E} = [(10.0 + 2.00x)\hat{\mathrm{i}} - 7.00\hat{\mathrm{j}} + bz\hat{\mathrm{k}}]$ N/C 안에 놓여 있다. x, z는 미터 단위이고, b는 상수이다. 밑면은 xz 평면에 있고, 윗면은 $y_2 = 1.00$ m를 지나는 수평면이다. $x_1 = 1.00$ m, $x_2 = 4.00$ m, $z_1 = 1.00$ m, $z_2 = 3.00$ m일 때 상수 b는 얼마인가?

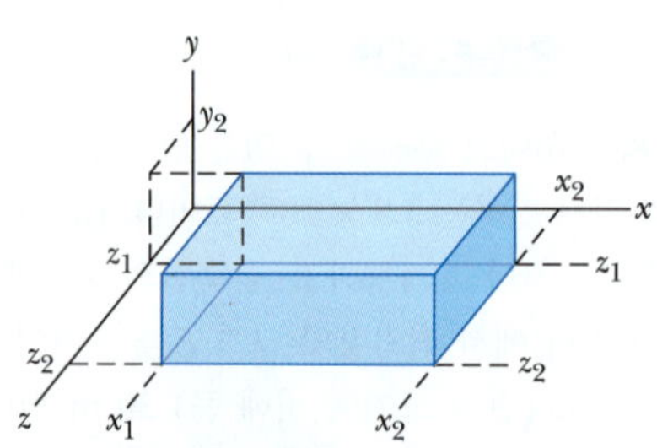

그림 23.27 연습문제 53

54 H 그림 23.28에 두께가 $d = 9.40$ mm이고 균일한 부피전하밀도가 $\rho = 5.80$ fC/m^{3}인 매우 큰 부도체 판의 단면을 나타내었다. x축의 원점은 매우 큰 부도체 판의 중앙에 있다. x 좌표가 (a) 0, (b)

2.00 mm, (c) 4.70 mm, (d) 26.0 mm인 곳에서 전기장의 크기는 얼마인가?

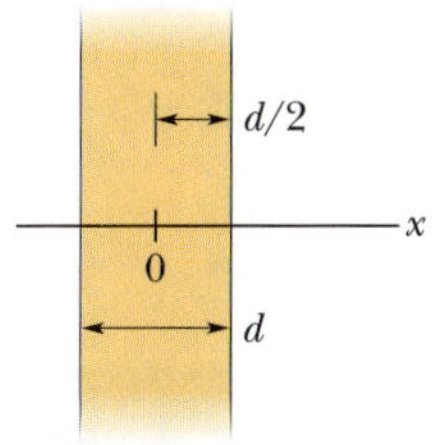

그림 23.28 연습문제 54

55 E *다발과 도체공 껍질*. 중심이 같은 두 도체공 껍질의 중심에 대전입자가 있다. 그림 23.29*a*에 단면을 나타내었다. 그림 23.29*b*는 중심에 대전입자가 놓여 있는 반지름 *r*의 Gauss 공을 통과하는 알짜 다발 Φ를 r의 함수로 나타낸 그래프이다. 수직축의 눈금은 $\Phi_s = 10 \times 10^5$ N · m^2/C이다. (a) 중심에 있는 입자의 전하는 얼마인가? (b) 껍질 *A*와 (c) 껍질 *B*의 알짜 전하는 얼마인가?

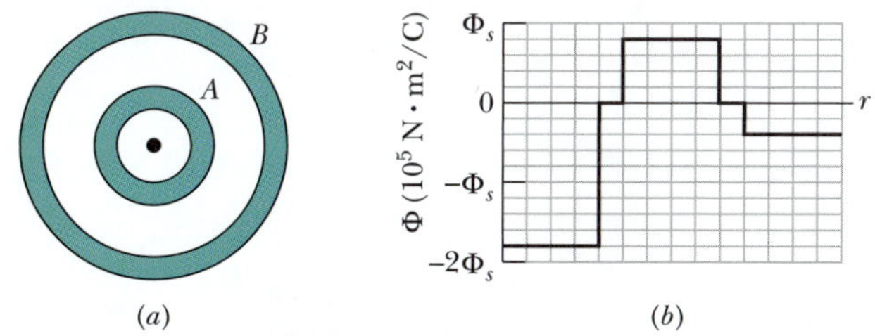

그림 23.29 연습문제 55

제 24 장

전기퍼텐셜

Electric Potential

24.1 ▸ 전기퍼텐셜

요점 *Key Ideas*

1. 대전된 물체가 만드는 전기장 안의 점 P에서 전기퍼텐셜 V는

$$V = \frac{-W_\infty}{q_0} = \frac{U}{q_0}$$

이다. 여기서 W_∞는 양의 시험전하 q_0를 무한대에서 P까지 가져올 때 전기력이 한 일이고, U는 시험전하–대전물체 계에 저장된 전기 퍼텐셜에너지이다.

2. 전하 q인 입자가 대전물체에 의한 전기퍼텐셜이 V인 점에 놓여 있을 때 입자–물체 계의 전기 퍼텐셜에너지 U는 다음과 같다.

$$U = qV.$$

3. 입자가 퍼텐셜 차이 ΔV를 지나며 움직일 때 전기 퍼텐셜에너지의 변화는 다음과 같다.

$$\Delta U = q\,\Delta V = q(V_f - V_i).$$

4. 입자가 작용하는 힘이 없이 전기퍼텐셜의 변화 ΔV 사이를 지나갈 때 역학적 에너지 보존을 적용하면 운동에너지의 변화는 다음과 같다.

$$\Delta K = -q\,\Delta V.$$

5. 입자에 힘이 작용하여 W_{app}의 일을 하면 운동에너지의 변화는 다음과 같다.

$$\Delta K = -q\,\Delta V + W_{app}.$$

6. $\Delta K = 0$인 특별한 경우에 작용한 힘이 한 일은 퍼텐셜차를 지나가는 입자의 운동에만 의존한다.

$$W_{app} = q\,\Delta V.$$

학습목표 *Learning Objectives*

이 단원을 읽은 후 다음을 이해해야 한다.

24.1.1 정전기력은 보존력이므로 관련된 퍼텐셜에너지가 있다.

24.1.2 대전물체의 전기장 안의 모든 점에서 물체는 물체의 전하에 따라 양수, 음수일 수 있는 스칼라 양인 전기퍼텐셜 V를 만든다.

24.1.3 물체의 전기장 안에 있는 한 점에 놓인 대전입자에 대해 그 점에서 물체에 의한 전기퍼텐셜 V, 입자의 전하 q와 입자–물체 계의 퍼텐셜에너지 U 사이의 관계를 구한다.

24.1.4 줄과 전자볼트 사이의 에너지 단위를 변환한다.

24.1.5 대전입자가 전기장 안에서 한 점에서 다른 점으로 움직일 때 퍼텐셜의 변화 ΔV, 입자의 전하 q, 퍼텐셜에너지의 변화 ΔU와 전기력이 한 일 W 사이의 관계를 구한다.

24.1.6 대전입자가 대전물체가 만든 전기장 안의 두 점 사이를 움직일 때 전기력이 한 일의 양은 경로에 무관하다.

24.1.7 대전입자가 이 입자에 작용하는 힘이 없고 퍼텐셜 변화 ΔV가 생기며 움직일 때 ΔV와 입자의 운동에너지 변화 ΔK 사이의 관계를 구한다.

24.1.8 대전입자가 이 입자에 작용하는 힘이 작용하며 퍼텐셜 변화

▶ 어떤 물리현상을 다루는가?

물리학의 목표 중 하나는 21장에서 공부한 전기력 같은 기본 힘을 찾아내는 것이다. 그 힘은 보존력인가, 즉 퍼텐셜에너지가 힘과 무슨 관련이 있는가를 결정하는 것도 이와 관련된 목표라고 할 수 있다. 힘과 퍼텐셜에너지와의 연관성을 알아내려는 이유는 역학에너지 보존원리를 힘이 존재하는 닫힌 계에 적용할 수 있기 때문이다. 이 원리를 이용하면 힘만 가지고는 계산하기 매우 힘든 실험적 결과를 비교적 쉽게 계산해 낼 수 있다. 물리

ΔV가 생기면서 움직일 때 ΔV, 입자의 운동에너지 변화 ΔK와 작용한 힘이 한 일 W_{app} 사이의 관계를 구한다.

학자는 정전기력이 보존력이며 전기 퍼텐셜에너지를 갖는다는 사실을 실험적으로 발견하였다. 이 장에서는 먼저 퍼텐셜에너지의 전기적 형태를 정의하고 어떻게 사용할 수 있는지 알아보도록 한다.

이를 잠깐 알아보기 위해 22장에서 고려한 상황으로 돌아가 보자. 그림 24.1.1에서 양의 전하 q_1을 띤 입자 1은 양의 전하 q_2인 입자 2 근처의 점 P에 놓여 있다. 22장에서 입자 2가 아무런 접촉 없이 입자 1을 밀 수 있다고 설명하였다. (벡터량인) 힘 $\vec{F}$를 설명하기 위해 P에서 입자 2가 만들어 내는 (역시 벡터량인) 전기장 $\vec{E}$를 정의하였다. 이 장은 입자 1이 P에 있든 없든 존재한다. 입자 1을 그곳에 놓는다면 전하 q_1에 의해 밀리고, 이것은 이미 존재하고 있었던 $\vec{E}$ 때문이다.

그림 24.1.1 입자 2가 만드는 전기장 안의 점 P에 입자 1이 놓여 있다.

이와 관련된 문제가 있다. P에서 입자 1을 놓으면 이 입자는 움직이기 시작하고, 따라서 운동에너지를 갖는다. 에너지는 마술처럼 나타날 수 없는데 도대체 어디서 나타날까? 이것은 그림 24.1.1의 배열에서 두 입자 사이의 힘과 관련된 전기 퍼텐셜에너지 U에서 나온다. (스칼라 양인) 퍼텐셜에너지 U를 설명하기 위해 입자 2에 의해 P에서 만들어진 (역시 스칼라 양인) **전기퍼텐셜** V를 정의한다. 전기퍼텐셜은 입자 1이 P에 있든 없든 존재한다. 입자 1을 그곳에 놓으면 전하 q_1 때문에 두 입자계의 퍼텐셜에너지가 생기고, 또한 전기퍼텐셜도 이미 생긴 것이다.

이 장의 목표는 (1) 전기퍼텐셜을 정의하고, (2) 대전입자와 물체가 다양하게 배열할 때 어떻게 계산하는지 논의하고 (3) 전기퍼텐셜 V가 전기 퍼텐셜에너지 U와 어떤 관계에 있는지 논의하는 것이다.

전기퍼텐셜과 전기 퍼텐셜에너지

전기퍼텐셜(간단하게는 *퍼텐셜*)을 전기 퍼텐셜에너지로 정의할 것이므로, 첫 번째 할 일은 퍼텐셜에너지를 측정하는 방법을 이해하는 것이다. 8장을 돌이켜 보면 물체의 중력 퍼텐셜에너지 U는 (1) (탁자 높이에 있는 물체와 같이) 기준배열에 대해 $U = 0$을 부여하고 (2) 물체가 그 높이에서 위나 아래로 움직일 때 중력이 한 일 W를 계산한다. 그러면 퍼텐셜에너지를 다음과 같이 정의한다.

$$U = -W \qquad \text{(퍼텐셜에너지).} \tag{24.1.1}$$

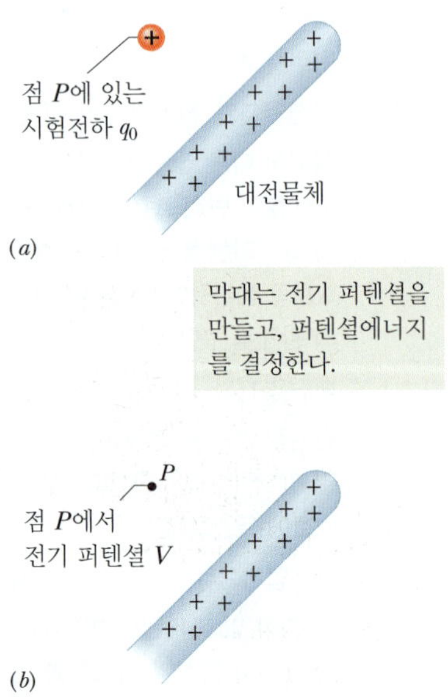

그림 24.1.2 (*a*) 시험전하를 막대의 전기장 안에서 무한대로부터 점 P까지 가져온다. (*b*) (*a*)의 배열에서 퍼텐셜에너지에 근거하여 P에서 전기퍼텐셜 V를 정의한다.

이제 새로운 보존력인 전기력에 대해 같은 과정을 따라가 보자. 그림 24.1.2*a*에서 대전막대의 전기장 안에 있는 점 P에 있는 양의 시험전하 q_0와 관련된 퍼텐셜에너지 U를 구하고 싶다. 먼저 $U = 0$으로 정하는 기본배열을 결정한다. 시험전하가 막대로부터 무한히 멀리 떨어진 배열이 합리적이다. 왜냐하면 이때 막대와 어떤 상호작용도 없기 때문이다. 다음으로 시험전하를 무한대에서 점 P로 옮겨와 그림 24.1.2*a*의 배열을 만든다. 그 과정에서 전기력이 시험전하에 한 일을 계산한다. 그러면 최종 배열에 대한 퍼텐셜에너지는 식 24.1.1로 주어지고, W는 전기력이 한 일이다. 시험전하가 무한히 먼 곳에서 가져왔다는 것을 강조하기 위해 W_∞라는 표현을 쓰자. 일, 따라서 퍼텐셜에너지는 막대의 전하에 따라 양수일 수도, 음수일 수도 있다.

다음으로 전기력이 한 일과 이로 인해 생기는 퍼텐셜에너지를 이용해 P에서 전기퍼텐셜 V를 정의한다.

$$V = \frac{-W_\infty}{q_0} = \frac{U}{q_0} \qquad \text{(전기퍼텐셜).} \tag{24.1.2}$$

즉 전기퍼텐셜은 양의 시험전하를 무한대에서 가져왔을 때 단위전하당 전기 퍼텐셜에너지이다. 막대는 시험전하가 (혹은 다른 어떤 것도) P에 존재하는가에 상관없이 그곳에 퍼텐셜 V를 만든다(그림 24.1.2*b*). 식 24.1.2로부터 (퍼텐셜에너지나 전하와 관련된 방향이 없으므로) V는 스칼라 양임을 알 수 있고, (퍼텐셜에너지와 전하는 부호가 있으므로) 양수이거나 음수일 수 있다.

이 과정을 반복하면 막대의 전기장 안에 있는 모든 점에서 전기퍼텐셜을 만들 수 있다. 사실 모든 대전된 물체는 전기장을 통해 모든 점에서 전기퍼텐셜 V를 만든다. 예를 들어 이미 V가 있다는 것을 알고 있는 점에 전하 q를 놓으면 즉시 그 배열의 퍼텐셜에너지를 구할 수 있다.

(전기 퍼텐셜에너지) = (입자의 전하) (전기 퍼텐셜에너지/단위전하).

즉

$$U = qV \tag{24.1.3}$$

이다. 여기서 q는 양수일 수도, 음수일 수도 있다.

▸***두 경로.*** (1) V를 *퍼텐셜*이라고 부르는 (이제는 매우 오래된) 결정은 이 용어가 *퍼텐셜에너지*와 쉽게 혼동되므로 그리 성공적이지 않다. 물론 두 양은 연관되어 있지만(이것이 여기서의 요점이다) 이들은 매우 다르고 바꿔 사용할 수 없다. (2) 전기퍼텐셜은 스칼라이지 벡터가 아니다(연습문제에서 이 점에 기뻐할 것이다).

▸***용어.*** 퍼텐셜에너지는 물체로 이루어진 계(혹은 배열)에 대한 성질이지만, 가끔 이것을 한 물체에 부여하지는 않는다. 예를 들어 외야로 때려낸 야구공의 중력 퍼텐셜에너지는 실제로는 야구공–지구 계의 퍼텐셜에너지이다(왜냐하면 이것은 야구공과 지구 사이에 작용하는 힘과 관련이 있기 때문이다). 그러나 야구공만이 눈에 띄게 움직이므로 (그 운동은 지구의 운동에 눈에 띄게 영향을 미치지 않으므로) 중력 퍼텐셜에너지를 흔히 공에 부여한다. 비슷한 방법으로 전기장 안에 대전입자를 놓고 이 입자가 전기장(혹은 전기장을 만드는 대전물체)에 눈에 띄는 영향이 없으면, 전기 퍼텐셜에너지를 흔히 입자 자체에 부여한다.

▸***단위.*** 식 24.1.2로부터 퍼텐셜에 대한 SI 단위는 쿨롱당 줄이다. 이 결합은 자주 나타나기 때문에 *볼트*(줄여서 V)라는 특별한 단위를 사용한다. 따라서 다음의 관계가 있다.

1 볼트 = 1 줄/쿨롱.

두 번 단위를 변환하면 전기장에 대한 단위를 쿨롱당 뉴턴에서 더 전통적인 단위로 바꿀 수 있다.

$$\begin{aligned} 1\ \mathrm{N/C} &= \left(1\frac{\mathrm{N}}{\mathrm{C}}\right)\left(\frac{1\ \mathrm{V}}{1\ \mathrm{J/C}}\right)\left(\frac{1\ \mathrm{J}}{1\ \mathrm{N\cdot m}}\right) \\ &= 1\ \mathrm{V/m}. \end{aligned}$$

두 번째 괄호 안에 있는 변환인자는 위의 볼트에 대한 정의에서 나왔고, 세 번째 변환인자는 줄의 정의에서 유도되었다.

전기장 안에서의 운동

▸***전기퍼텐셜의 변화.*** 대전물체가 만드는 전기장 내에서 첫 번째 점 i에서 두 번째 점 f로 움직일 때 전기퍼텐셜은

$$\Delta V = V_f - V_i$$

만큼 변한다. 전하 q의 입자를 i에서 f로 움직이면 식 24.1.3으로부터 계의 퍼텐셜에너지의 변화는 다음과 같다.

$$\Delta U = q\,\Delta V = q(V_f - V_i). \tag{24.1.4}$$

이 변화는 q와 ΔV의 부호에 따라 양수일 수도, 음수일 수도 있다. i부터 f까지 퍼텐셜 차이가 없다면 (이 점의 퍼텐셜 값이 같으면) 이 변화는 0일 수도 있다. 정전기력은 보존력이므로 i와 f 사이의 퍼텐셜에너지 변화 ΔU는 이 점 사이의 모든 경로에 대해 같다(*경로에 무관하다*).

▸***전기장이 한 일.*** 일반적인 보존력의 관계(식 8.1.1)를 적용하면 퍼텐셜에너지 변화 ΔU와 입자가 i와 f 사이를 움직일 때 정전기력이 한 일 W 사이의 관계를 얻을 수 있다.

$$W = -\Delta U \qquad \text{(일, 보존력)}. \tag{24.1.5}$$

다음으로 식 24.1.4에 퍼텐셜의 변화를 대입하여 일과 관계를 맺을 수 있다.

$$W = -\Delta U = -q\,\Delta V = -q(V_f - V_i). \tag{24.1.6}$$

지금까지는 일이 힘에 의한 것이라고 했지만, 여기서는 W는 전기장에 의해 입자가 한 일이라고도 말할 수 있다(물론 전기장이 힘을 만든다). 일은 양수, 음수, 혹은 0이 될 수 있다. 임의의 두 점 사이의 ΔU는 경로에 무관하므로 전기장이 한 일 W도 그렇다(어려운 경로에 대한 일을 계산할 때에는 쉬운 경로로 바꾸어라. 결과는 같다).

▸***에너지 보존.*** 대전입자가 전기장에 의한 전기력 이외에 다른 힘이 작용하지 않는 전기장을 지나면 역학에너지는 보존된다. 전기 퍼텐셜에너지를 입자에만 부여할 수 있다고 가정하자. 그러면 점 i에서 점 f로 움직이는 입자의 역학에너지 보존을

$$U_i + K_i = U_f + K_f \tag{24.1.7}$$

또는

$$\Delta K = -\Delta U \tag{24.1.8}$$

로 쓸 수 있다. 식 24.1.4에 대입하면 입자의 운동에너지 변화는 입자가 퍼텐셜차를 지나간 결과로 생기는 유용한 식을 구할 수 있다.

$$\Delta K = -q\,\Delta V = -q(V_f - V_i). \tag{24.1.9}$$

▸***작용력이 한 일.*** 전기력 이외의 어떤 힘이 입자에 작용하면 이 추가적인 힘을 *작용력* 혹은 *외부력*이라고 하고, 이 힘은 *외부 요인* 때문이다. 이와 같은 작용력은 입자에 일을 할 수 있지만 보존력이 아닐 수 있으므로 일반적으로 퍼텐셜에너지를 부여할 수는 없다. 이 일 W_{app}은 식 24.1.7을 다음과 같이 수정하여 포함시킨다.

(초기 에너지) + (작용력이 한 일) =(최종에너지)

즉

$$U_i + K_i + W_{\text{app}} = U_f + K_f \tag{24.1.10}$$

이다. 이를 다시 배열하고, 식 24.1.4를 대입하면 다음과 같이 쓸 수 있다.

$$\Delta K = -\Delta U + W_{app} = -q\,\Delta V + W_{app}. \qquad (24.1.11)$$

작용력이 한 일은 양수, 음수 또는 0이 될 수 있으므로 계의 에너지는 증가, 감소, 혹은 똑같이 남아 있을 수 있다.

입자가 움직이기 전과 후에 정지해 있는 특별한 경우에는 식 24.1.10과 24.1.11에서 운동에너지 항이 0이므로 다음을 얻는다.

$$W_{app} = q\,\Delta V \qquad (K_i = K_f\text{인 경우}). \qquad (24.1.12)$$

이 특별한 경우에는 W_{app}는 퍼텐셜 차이 ΔV를 지나는 입자의 운동에만 의존하지 입자의 운동에너지의 변화에 의존하지는 않는다. 식 24.1.6과 24.1.12를 비교하면 이 특별한 경우에 작용력이 한 일은 전기장이 한 일의 음수이다.

$$W_{app} = -W \qquad (K_i = K_f\text{인 경우}). \qquad (24.1.13)$$

▸***전자볼트.*** 원자 혹은 아원자 물리학에서 에너지를 SI 단위로 측정하는 것은 10의 지수를 매우 많이 써야 한다. (SI 단위는 아니지만) 더 편리한 단위는 *전자볼트*(eV)로 (전자나 양성자와 같은) 한 개의 기본전하 e를 퍼텐셜 차이 ΔV가 정확히 1볼트인 곳을 지나면서 하는 일로 정의한다. 식 24.1.6으로부터 이 일의 크기는 $q\,\Delta V$임을 알고 있다. 따라서 다음을 얻는다.

$$\begin{aligned} 1\text{ eV} &= e(1\text{ V}) \\ &= (1.602\times10^{-19}\text{ C})(1\text{ J/C}) = 1.602\times10^{-19}\text{ J}. \end{aligned} \qquad (24.1.14)$$

확인문제 24.1.1

그림에서 균일한 전기장 안에 있는 점 i에서 점 f로 양성자를 움직인다. (*a*) 전기장과 (*b*) 가한 힘이 한 일은 양수인가, 음수인가? (*c*) 전기 퍼텐셜에너지는 증가하는가, 감소하는가? (*d*) 양성자는 전기퍼텐셜이 높은 곳으로 이동하는가, 낮은 곳으로 이동하는가?

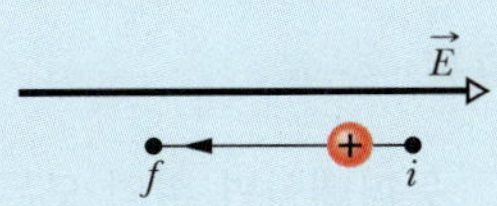

보기문제 24.1.1 뮤온을 이용한 뇌우의 퍼텐셜 측정

(고속 양성자와 같은) 우주선이 대기권 상부의 분자와 부딪히면 뮤온이 생성된다. 이 기본입자는 전자와 그 반입자인 양전자와 관련이 있다. 뮤온 μ^-의 전하는 $-e$이고, 반입자 μ^+의 전하는 $+e$이다. 뮤온 중 일부는 평균적으로 4.0 GeV의 에너지로 지구 표면을 향해 떨어진다. 그러나 뮤온이 뇌우 속의 전기장을 지나게 되면 전하의 부호와 전기장의 방향에 따라 에너지를 얻거나 잃는다. μ^+가 두께 d = 6.0 km인 뇌우를 지나 곧바로 아래로 움직이는 간단한 상황을 고려하자(그림 24.1.3*a*). 이 층 안의 전기장 $\vec{E}$의 방향은 균일하고 수직 방향이라고 가정한다. 뮤온이 예상한 4.0 GeV 대신 5.2 GeV의

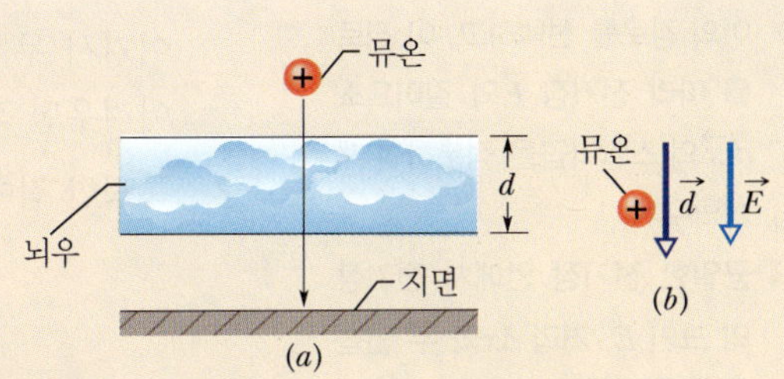

그림 24.1.3 ▸ (*a*) 양의 뮤온이 대기권 상부에서 뇌우의 전기장을 지나 지구 표면으로 움직이기 시작한다. (*b*) 뮤온은 에너지를 얻으므로 전기장 $\vec{E}$는 높은 퍼텐셜에서 낮은 퍼텐셜로 가는 변위 $\vec{d}$와 같은 방향이어야 한다.

에너지로 지구 표면에 도달했다면 $\vec{E}$의 방향은 무엇이고, 이 전기장이 뮤온에 한 일은 얼마인가? $\vec{E}$의 크기와 구름 꼭대기와 바닥 사이의 전기퍼텐셜의 변화 ΔV는 얼마인가? 꼭대기와 바닥 중 어느 곳의 퍼텐셜이 높은가?

요점

(1) 일정한 힘 $\vec{F}$가 변위 $\vec{d}$를 지나는 뮤온에 한 일은

$$W = \vec{F} \cdot \vec{d} = Fd \cos \theta,$$

이다. 여기서 θ는 힘과 변위 벡터 사이의 각도이다.
(2) 전기력과 전기장은 힘에 대한 식 $\vec{F} = q\vec{E}$의 관계가 있다. 여기서 $q = +e$는 뮤온의 전하이다.
(3) 식 24.1.6으로부터 전기장이 뮤온에 한 일은 뮤온이 이동한 전기퍼텐셜의 변화 ΔV와 $W = q\,\Delta V$의 관계가 있다.

풀이: 뇌우의 전기장은 뮤온의 에너지를 증가시켰으므로 양의 일을 한다.

$$\begin{aligned} W &= 5.2\text{ GeV} - 4.0\text{ GeV} = 1.2\text{ GeV} \\ &= (1.2 \times 10^9\text{ eV})(1.602 \times 10^{-19}\text{ J/eV}) \\ &= 1.922 \times 10^{-10}\text{ J} \approx 1.9 \times 10^{-10}\text{ J.} \end{aligned}$$ (답)

뮤온은 양전하를 띠므로 양의 일이란 전기장은 변위 $\vec{d}$의 방향은 아래쪽이라는 것을 의미하고(그림 24.1.3*b*), 따라서 $\theta = 0°$이다.

$$W = Fd \cos \theta = (qE)d \cos 0° = eEd.$$ (답)

이로부터 다음을 얻는다.

$$\begin{aligned} E &= \frac{W}{ed} = \frac{1.922 \times 10^{-10}\text{ J}}{(1.602 \times 10^{-19}\text{ C})(6.0 \times 10^3\text{ m})} \\ &= 2.0 \times 10^5\text{ V/m.} \end{aligned}$$ (답)

식 24.1.6으로부터 구름 층을 지나는 전기퍼텐셜의 변화 ΔV는 다음과 같다.

$$\Delta V = \frac{W}{q} = \frac{1.922 \times 10^{-10}\text{ J}}{1.602 \times 10^{-19}\text{ C}} = 1.2 \times 10^9\text{ V} = 1.2\text{ GV.}$$ (답)

▶ **교육용 비디오는 웹사이트 www.wiley.com에서 볼 수 있다.**

24.2 ▸ 등퍼텐셜면과 전기장

학습목표 *Learning Objectives*

이 단원을 읽은 후 다음을 이해해야 한다.

24.2.1 등퍼텐셜면을 이해하고 이것이 관련된 전기장의 방향과 어떤 관계가 있는지 설명한다.

24.2.2 위치의 함수로 전기장이 주어지면 시작점에서 끝점으로 가는 퍼텐셜 변화 ΔV를 두 점 사이의 경로를 선택하고, 이 경로를 따라 전기장 $\vec{E}$와 길이요소 $d\vec{s}$의 스칼라곱을 적분하여 계산한다.

24.2.3 균일한 전기장 안에서 전기장의 크기 E, 거리 Δx와 두 인접한 등퍼텐셜선 사이의 퍼텐셜 차이 ΔV 사이의 관계를 구한다.

24.2.4 한 축을 따라 위치의 함수로 전기장 E의 그래프가 주어졌을

요점 *Key Ideas*

1. 등퍼텐셜면 위의 모든 점에서 전기퍼텐셜은 같다. 시험전하를 한 표면에서 다른 표면으로 이동시킬 때 하는 일은 면 위에 있는 시작점과 끝점의 위치와, 이 점을 잇는 경로에 무관하다. 전기장 $\vec{E}$는 항상 등퍼텐셜면에 수직인 방향이다.
2. 두 점 i와 f 사이의 전기퍼텐셜 차이는 다음과 같다.

$$V_f - V_i = -\int_i^f \vec{E} \cdot d\vec{s}.$$

여기서 두 점을 연결하는 임의의 경로에 대해 적분한다. 특정한 경로에 대한 적분이 어려우면 적분이 더 쉬운 다른 경로를 선택할 수도 있다.

3. 특정한 점에서 퍼텐셜을 $V_i = 0$으로 정하면

$$V = -\int_i^f \vec{E} \cdot d\vec{s}$$

이 된다.

4. 크기 E인 균일한 전기장 안에서 거리 Δx만큼 떨어진 높은 등퍼텐셜면에서 낮은 등퍼텐셜면 사이의 퍼텐셜의 변화는 다음과 같다.

$$\Delta V = -E\,\Delta x.$$

때 시작점에서 끝점 사이의 퍼텐셜 변화 ΔV를 그래프를 적분하여 계산한다.

24.2.5 퍼텐셜이 0인 점을 이용하는 방법을 설명한다.

▶ 등퍼텐셜면

전기퍼텐셜이 같은 공간의 모든 점은 **등퍼텐셜면**을 형성하며, 이는 가상의 면이 될 수도 있고 실제의 면이 될 수도 있다. 전하가 등퍼텐셜면 위의 두 점 i와 f 사이에서 움직일 때, 전기장이 전하에 한 알짜 일은 0이다. 이것은 식 24.1.6으로부터 유도할 수 있는데, $V_f = V_i$이므로 W는 0이다. 퍼텐셜에너지나 퍼텐셜과 마찬가지로 일은 경로에 무관하기 때문에 점 i와 f를 잇는 임의의 경로에 대해서도 주어진 등퍼텐셜면 위에서만 움직인다면 $W = 0$이다.

그림 24.2.1은 어떤 전하분포가 만든 전기장에서 생각할 수 있는 *몇 개의* 등퍼텐셜면이다. 대전입자가 경로 I과 II를 따라 한 점에서 다른 점으로 이동할 때 전기장이 전하에 하는 일은 0이다. 왜냐하면 시작점과 끝점이 모두 같은 등퍼텐셜면 위에 존재하기 때문에 퍼텐셜의 변화가 없다. 대전입자가 경로 III과 IV를 따라 이동할 경우에는 전기장이 한 일은 0이 아니다. 그러나 처음과 끝의 퍼텐셜이 두 경로에 대해서 같기 때문에 전기장이 한 일은 경로 III과 IV에서 같다.

대칭성에 의해 점전하나 구대칭 분포를 갖는 전하가 만드는 등퍼텐셜면은 동심인 공의 집합이다. 균일한 전기장의 등퍼텐셜면은 전기장선에 수직인 면의 집합이다. 실제로 등퍼텐셜면은 언제나 전기장선에 수직하므로 전기장선의 접선방향인 전기장에도 수직이다. 만약 전기장이 등퍼텐셜면에 수직이 *아니라면* 전기장이 평면 성분을 가져서, 시험전하가 면을 따라 이동할 때 시험전하에 일을 하게 될 것이다. 그러나 식 24.1.6에 따르면 등퍼텐셜면에서는 일을 할 수 없으므로, 유일한 결론은 전기장 $\vec{E}$가 등퍼텐셜면 위의 모든 점에서 수직해야 한다는 것이다. 그림 24.2.2에 균일한 전기장과 점전하가 만드는 전기장, 전기쌍극자가 만드는 전기장의 전기장선과 등퍼텐셜면의 단면을 나타내었다.

▶ 전기장에서 퍼텐셜 구하기

전기장 안의 두 점 i와 f 사이의 퍼텐셜차는 두 점을 연결하는 임의의 경로 위의 모든 점에서 전기장 벡터 $\vec{E}$를 알면 계산할 수 있다. 즉, 양의 시험전하가 i에서 f로 움직일 때 전기장이 시험전하에 한 일을 구하고 식 24.1.6을 사용하면 된다.

그림 24.2.3처럼 전기장선으로 나타낸 불균일한 전기장과 점 i에서 f로 이어지는 경

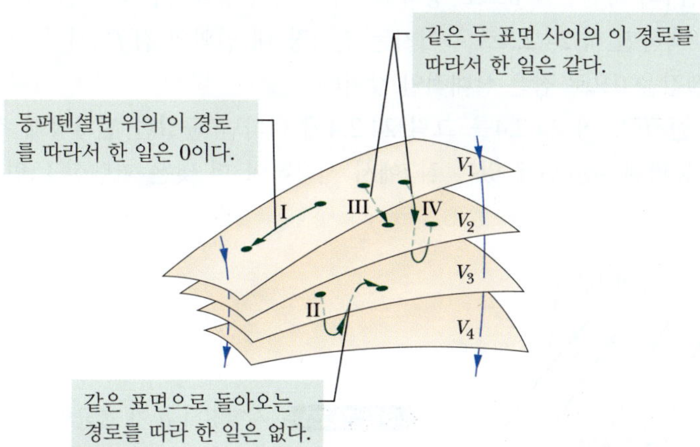

그림 24.2.1 퍼텐셜이 각각 $V_1 = 100$ V, $V_2 = 80$ V, $V_3 = 60$ V, $V_4 = 40$ V인 네 개의 등퍼텐셜면에서 시험전하가 이동하는 네 가지의 다른 경로가 표시되어 있다. 두 개의 전기장선도 표시되어 있다.

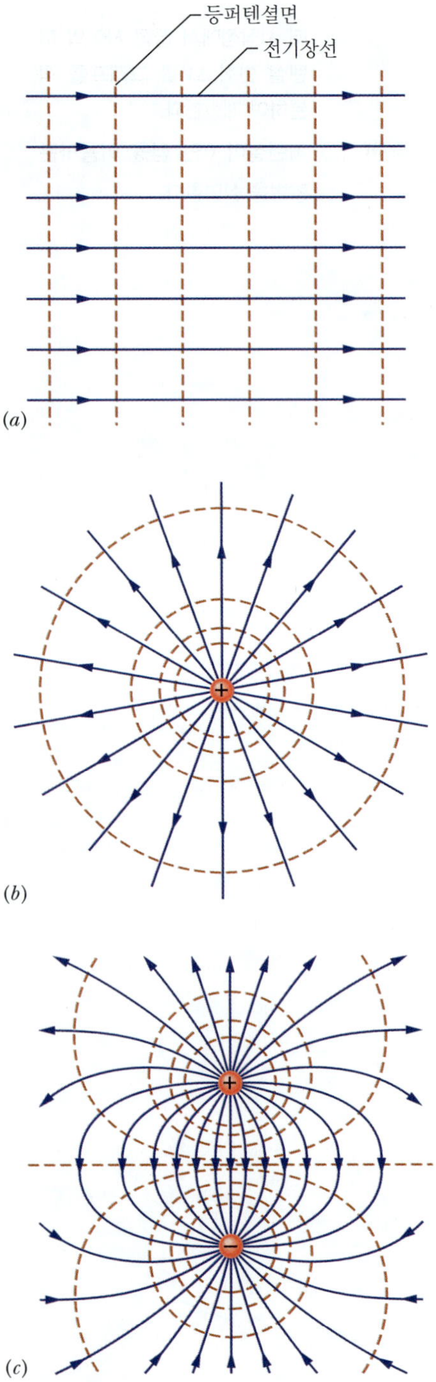

그림 24.2.2 전기장선(보라색)과 등퍼텐셜면(주황색)의 단면. (a) 균일한 전기장, (b) 점전하가 만드는 전기장, (c) 전기쌍극자가 만드는 전기장.

로를 따라 움직이는 시험전하 q_0를 생각해 보자. 경로 위 임의의 점에서 시험전하가 미소변위 $d\vec{s}$를 움직이는 동안 정전기력 $q_0\vec{E}$가 전하에 작용한다. 7장에서 설명하였듯이 어떤 입자가 미소변위 $d\vec{s}$를 이동하는 동안 힘 $\vec{F}$가 입자에 한 일 dW는 다음과 같이 힘과 미소변위의 스칼라곱으로 주어진다.

$$dW = \vec{F} \cdot d\vec{s}. \tag{24.2.1}$$

그림 24.2.3의 경우에 $\vec{F} = q_0\vec{E}$이므로 식 24.2.1은

$$dW = q_0\vec{E} \cdot d\vec{s} \tag{24.2.2}$$

이다. 입자가 i에서 f로 움직이는 동안 전기장이 입자에 한 전체 일 W를 구하기 위해 다음과 같이 모든 미소변위 $d\vec{s}$에 대해서 전하에 한 일을 적분한다.

$$W = q_0 \int_i^f \vec{E} \cdot d\vec{s}. \tag{24.2.3}$$

식 24.2.3의 일을 식 24.1.6에 대입하면 다음과 같다.

$$V_f - V_i = -\int_i^f \vec{E} \cdot d\vec{s}. \tag{24.2.4}$$

따라서 전기장 안의 두 점 i와 f 사이의 퍼텐셜차 $V_f - V_i$는 $\vec{E} \cdot d\vec{s}$를 i에서 f까지 (특정한 경로를 따라 적분한) *선적분*의 음의 값이다. 하지만 정전기력은 보존되기 때문에 (사용하기 쉽든 어렵든) 모든 경로에 대해서 같은 값을 갖는다.

식 24.2.4를 사용하여 전기장 내 임의의 두 점 사이의 퍼텐셜차를 구할 수 있다. 만약 점 i에서의 퍼텐셜 V_i를 0이라고 정하면 식 24.2.4는

$$V = -\int_i^f \vec{E} \cdot d\vec{s} \tag{24.2.5}$$

이다. 여기서 V_f의 아래첨자 f를 떼었다. 식 24.2.5로 구한 전기장 내 임의의 점 f에서의 퍼텐셜 V는 점 i의 *퍼텐셜을 0으로 정하고*, 이에 대한 *상대적인* 퍼텐셜 값이다. 만약 점 i를 무한대로 택하면 식 24.2.5로 주어지는 전기장 내 임의의 점 f에서의 퍼텐셜 V는 무한대의 퍼텐셜값을 0으로 잡은 상대적인 값이다.

▸***균일한 전기장.*** 식 24.2.4를 그림 24.2.4에 나타난 균일한 전기장에 적용해 보자. 퍼텐셜 V_i인 등퍼텐셜선 위에 있는 점 i에서 시작하여 더 낮은 퍼텐셜 V_f인 등퍼텐셜선

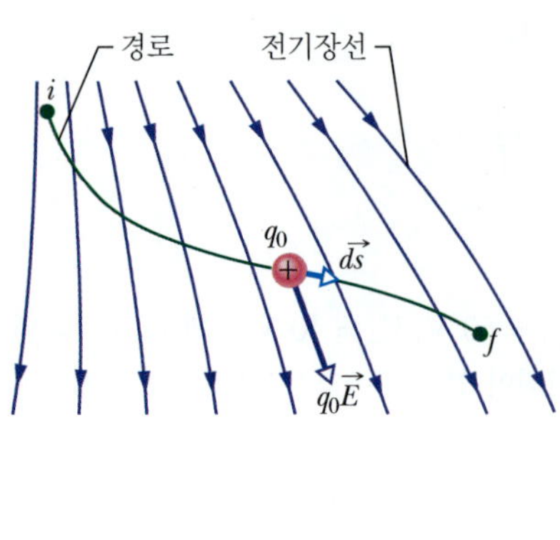

그림 24.2.3 시험전하 q_0가 불균일한 전기장 내의 경로를 따라 i에서 f로 이동한다. 미소변위 $d\vec{s}$에서 정전기력 $q_0\vec{E}$가 시험전하에 작용한다. 이 힘은 시험전하가 있는 위치에서 전기장선의 방향을 가리킨다.

위의 점 f로 움직인다. 두 등퍼텐셜선 사이의 간격은 Δx이다. 또한 전기장 $\vec{E}$와 평행한 (따라서 등퍼텐셜선과 수직한) 경로를 따라서 움직인다. 식 24.2.4에서 $\vec{E}$와 $d\vec{s}$ 사이의 각도는 0이므로 스칼라곱은 다음과 같다.

$$\vec{E} \cdot d\vec{s} = E\,ds \cos 0 = E\,ds.$$

균일한 전기장의 경우 E는 상수이므로 식 24.2.4는 다음과 같다.

$$V_f - V_i = -E \int_i^f ds. \tag{24.2.6}$$

이 적분은 i에서 f로 움직일 때 모든 변위요소 ds를 더하라는 것이고, 이미 그 합은 길이 Δx임을 알고 있다. 따라서 이 균일한 전기장 안에서 퍼텐셜 변화 $V_f - V_i$는 다음과 같이 쓸 수 있다.

$$\Delta V = -E\,\Delta x \quad \text{(균일한 전기장)}. \tag{24.2.7}$$

이것은 거리 Δx만큼 떨어진 균일한 전기장의 크기 E 안에 두 등퍼텐셜선 사이의 전압 변화 ΔV이다. 전기장의 방향으로 거리 Δx만큼 움직이면 퍼텐셜은 감소한다. 반대 방향으로는 증가한다.

전기장 벡터는 높은 퍼텐셜에서 낮은 퍼텐셜 방향으로 향한다.

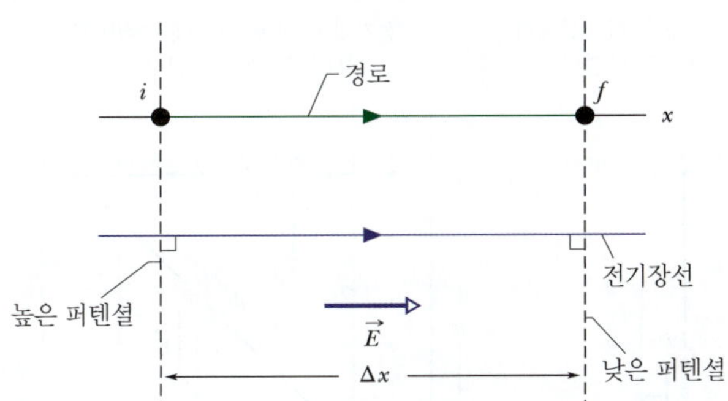

그림 24.2.4 균일한 전기장 $\vec{E}$ 안에 이웃한 두 등퍼텐셜선 사이에서 전기장선과 평행하게 점 i에서 f로 이동한다.

확인문제 24.2.1

다음 그림은 평행한 등퍼텐셜면의 단면과 한 등퍼텐셜면에서 다른 등퍼텐셜면으로 움직이는 전자의 다섯 가지 경로이다. (a) 등퍼텐셜면에 대해 전기장의 방향은 어떠한가? (b) 각 경로에 대해서 한 일은 양인가, 음인가, 0인가? (c) 한 일이 큰 순서대로 나열하여라.

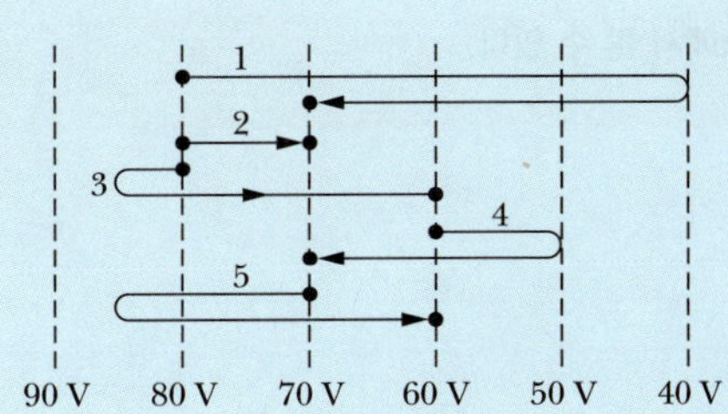

보기문제 24.2.1 전기장에서 퍼텐셜차 구하기

(a) 그림 24.2.5*a*의 균일한 전기장 $\vec{E}$ 안에서 두 점 i와 f가 있다. 이 점은 (나타내지는 않았지만) 같은 전기장선 위에 있으며 거리 d만큼 떨어져 있다. 양의 시험전하 q_0를 그림에서 나타낸 전기장의 방향에 평행한 경로를 따라 i에서 f로 이동시킬 때 퍼텐셜차 $V_f - V_i$를 구하여라.

요점

식 24.2.4를 이용하여 전기장 안의 두 점을 잇는 경로를 따라 $\vec{E} \cdot d\vec{s}$를 적분하여 퍼텐셜차를 구할 수 있다.

풀이: 식 24.2.7을 유도할 때 이미 균일한 전기장 안에서 전기장선의 방향인 경로에 대한 계산을 했다. 표현 방법만 조금 바꾸면 식 24.2.7을 다음과 같이 쓸 수 있다.

$$V_f - V_i = -Ed. \quad \text{(답)}$$

(b) 양의 시험전하 q_0를 그림 24.2.5*b*의 경로 icf를 따라 i에서 f로 이동시킬 때 퍼텐셜차 $V_f - V_i$를 구하여라.

풀이: 시험전하 q_0가 두 개의 직선 ic와 cf의 경로를 따라 움직이는 것을 제외하고는 (a)의 요점을 적용할 수 있다. 직선 ic 위의 모든 점에서 시험전하의 변위 $d\vec{s}$와 $\vec{E}$는 수직이다. 따라서 $\vec{E}$와 $d\vec{s}$ 사이의 각도 θ는 90°이고, 스칼라곱 $\vec{E} \cdot d\vec{s}$는 0이다. 따라서 식 24.2.4에 따라 점 i와 c의 퍼텐셜은 같아서 $V_c - V_i = 0$이다. 이것은 미리 알 수 있었다. 이 점은 전기장선에 수직한 같은 등퍼텐셜면에 있다.

$\theta = 45°$인 직선 cf에 대해서는 식 24.2.4에서

$$V_f - V_i = -\int_c^f \vec{E} \cdot d\vec{s} = -\int_c^f E(\cos 45°)\, ds$$

$$= -E(\cos 45°) \int_c^f ds$$

를 얻는다. 이 식의 적분은 직선 cf의 길이이다. 그림 24.2.5*b*에서 길이는 $d/\cos 45°$이다. 따라서 다음을 얻는다.

$$V_f - V_i = -E(\cos 45°)\frac{d}{\cos 45°} = -Ed. \quad \text{(답)}$$

이것은 당연히 (a)에서 얻은 값과 같다. 즉, 두 점 사이의 퍼텐셜차는 경로에 무관하다. 시험전하를 이동시켜 두 점 사이의 퍼텐셜차를 구하고자 할 때 식 24.2.4을 간단히 사용할 수 있도록 경로를 택하면 시간과 노력을 줄일 수 있다.

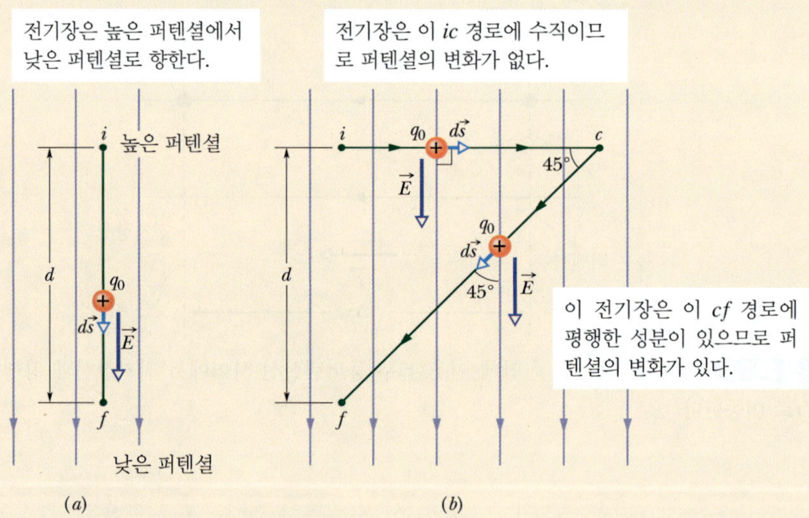

그림 24.2.5 (*a*) 시험전하 q_0가 균일한 외부 전기장의 방향을 따라 점 i에서 점 f까지 직선으로 움직인다. (*b*) 같은 전기장 내에서 전하 q_0가 경로 icf로 움직인다.

▶ **교육용 비디오는 웹사이트 www.wiley.com에서 볼 수 있다.**

24.3 ▸ 점전하에 의한 퍼텐셜

요점_Key Ideas

1. 한 개의 대전입자에서 거리 r만큼 떨어진 곳의 전기퍼텐셜은

$$V = \frac{1}{4\pi\varepsilon_0}\frac{q}{r}$$

이다. 여기서 V의 부호는 q의 부호와 같다.

2. 여러 대전입자가 만드는 퍼텐셜은 다음과 같다.

$$V = \sum_{i=1}^{n} V_i = \frac{1}{4\pi\varepsilon_0}\sum_{i=1}^{n}\frac{q_i}{r_i}.$$

따라서 퍼텐셜은 방향을 고려하지 않은 각각의 퍼텐셜을 대수적으로 더한 양이다.

학습목표_Learning Objectives

이 단원을 읽은 후 다음을 이해해야 한다.

24.3.1 대전입자가 만드는 전기장 내의 한 점에서 전기퍼텐셜 V, 입자의 전하 q와 입자로부터의 거리 r 사이의 관계를 구한다.

24.3.2 입자가 만드는 퍼텐셜의 부호와 입자의 전하 사이의 상관관계를 이해한다.

24.3.3 구면 대칭성을 갖는 전하분포 표면 위나 바깥에서는 모든 전하가 구의 중심에 모여 있는 것처럼 전기퍼텐셜을 계산한다.

24.3.4 여러 대전입자가 주어진 점에 만드는 알짜 퍼텐셜을 계산할 때 벡터를 더하는 것이 아니라 대수적으로 더한다.

24.3.5 대전입자에 대한 등퍼텐셜선을 그린다.

▶ 점전하에 의한 퍼텐셜

이제 식 24.2.4를 이용하여 점전하 주위의 공간에 대해 무한대에서의 기준 퍼텐셜 0에 대한 상대적인 전기퍼텐셜 V를 구하는 방법을 알아보자. 양의 전하 q인 고정된 입자로부터 거리 R인 점 P를 고려하자(그림 24.3.1 참조). 식 24.2.4를 사용하기 위해 점 P에서 무한대 위치로 양의 시험전하 q_0를 이동시킬 수 있다. 경로와는 무관하기 때문에 가장 간단한 경로로 고정된 입자에서 P를 지나 무한대로 뻗는 지름방향의 직선을 택한다.

식 24.2.4를 사용하기 위해서는 다음의 스칼라곱을 계산해야만 한다.

$$\vec{E}\cdot d\vec{s} = E\cos\theta\, ds. \tag{24.3.1}$$

그림 24.3.1에서 전기장 $\vec{E}$의 방향은 고정된 입자로부터 바깥으로 지름방향이다. 따라서 이 경로를 따르는 시험전하의 미소변위 $d\vec{s}$의 방향도 전기장의 방향과 같다. 즉 식 24.3.1에서 각도가 $\theta = 0$이므로, $\cos\theta = 1$이다. 경로가 지름방향이기 때문에 ds를 dr로 바꿔 쓴다. 적분극한 R과 ∞를 대입하면 식 24.2.4를 다음과 같이 쓸 수 있다.

$$V_f - V_i = -\int_R^{\infty} E\, dr. \tag{24.3.2}$$

한편 $V_f = 0$(무한대)와 $V_i = V$(위치 R)이다. 식 22.2.2에 따라 시험전하 위치에서 전기장의 크기는

$$E = \frac{1}{4\pi\varepsilon_0}\frac{q}{r^2} \tag{24.3.3}$$

를 식 24.3.2에 이를 대입하면 다음을 얻는다.

$$0 - V = -\frac{q}{4\pi\varepsilon_0}\int_R^{\infty}\frac{1}{r^2}\,dr = \frac{q}{4\pi\varepsilon_0}\left[\frac{1}{r}\right]_R^{\infty}$$
$$= -\frac{1}{4\pi\varepsilon_0}\frac{q}{R}. \tag{24.3.4}$$

이를 V에 대해 풀고 R을 r로 바꾸면 다음을 얻는다.

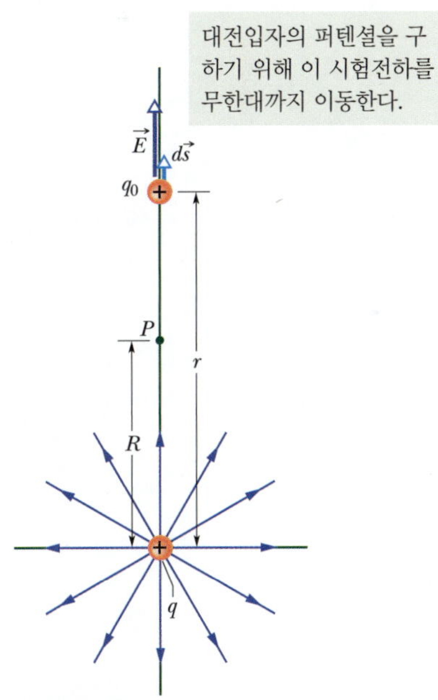

그림 24.3.1 ▸ 양의 점전하 q가 점 P에서 전기장 $\vec{E}$와 전기 퍼텐셜 V를 만든다. 시험전하 q_0를 점 P에서 무한대까지 이동시켜서 퍼텐셜을 구할 수 있다. 대전입자로부터 거리 r인 곳에서 시험전하가 미소변위 $d\vec{s}$로 움직이는 것을 나타내었다.

$$V = \frac{1}{4\pi\varepsilon_0}\frac{q}{r}. \qquad (24.3.5)$$

이 결과는 양전하 q가 만드는 전기퍼텐셜 V를 지름방향의 거리 r의 함수로 쓴 것이다.

양전하에 대해서 식 24.3.5를 유도했지만 음전하에 대해서도 q을 음수로 놓고 동일하게 유도할 수 있다. 여기서 V의 부호가 q의 부호와 같음에 유의하여라.

양전하 입자는 양의 전기 퍼텐셜을 만들고, 음전하 입자는 음의 전기 퍼텐셜을 만든다.

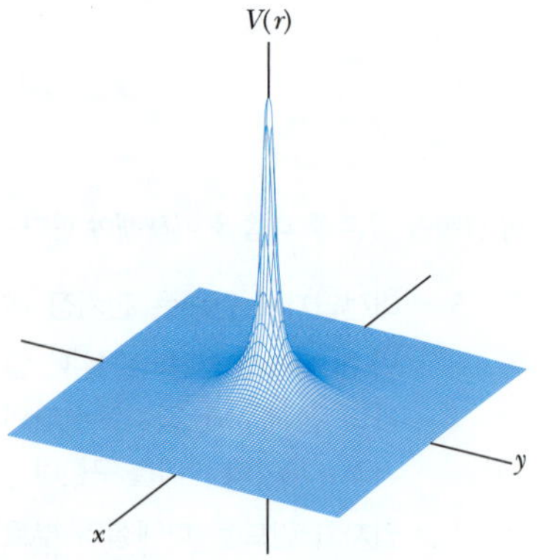

그림 24.3.2 xy 평면의 원점에 있는 양의 점전하가 만드는 전기 퍼텐셜 $V(r)$을 컴퓨터로 그린 그림. xy 평면의 각 점에서 퍼텐셜을 수직으로 그렸다. 윤곽선은 그림을 보기 쉽게 하기 위해 그려 넣었다. 식 24.3.5에 따라 $r = 0$에서 무한대가 되는 V 값은 그리지 않았다.

그림 24.3.2는 양전하 입자에 관한 식 24.3.5를 컴퓨터로 그린 것이다. V의 크기를 수직방향으로 그렸다. $r \to 0$일 때 V의 크기가 증가함을 알 수 있다. 그림 24.3.2에서는 $r = 0$에서 V의 크기가 유한하게 그렸지만 실제로 식 24.3.5에 따르면 V는 무한대 값을 갖는다.

식 24.3.5를 이용하면 구대칭 전하분포의 *외부 표면이나 바깥*의 전기퍼텐셜도 구할 수 있다. 실제의 구형 전하분포를 중심에 집중된 전하로 바꾸어 21.1단원과 23.6단원에서 다룬 껍질 정리 중의 하나를 사용하면 이를 증명할 수 있으며, 실제 분포 내부의 점을 고려하지 않는다면 식 24.3.5를 유도할 수 있다.

점전하 무리가 만드는 퍼텐셜

대전입자 무리가 만드는 알짜 전기퍼텐셜은 중첩원리를 이용하여 구할 수 있다. 전하의 부호를 포함한 식 24.3.5를 이용하여 주어진 지점에 각 전하가 만드는 퍼텐셜을 계산한 다음, 이 퍼텐셜을 모두 더하면 된다. 따라서 전하의 개수가 n인 경우 알짜 퍼텐셜은 다음과 같다.

$$V = \sum_{i=1}^{n} V_i = \frac{1}{4\pi\varepsilon_0}\sum_{i=1}^{n}\frac{q_i}{r_i} \quad (n\text{개의 점전하}). \qquad (24.3.6)$$

여기서 q_i는 i번째 전하의 전하량이며 r_i는 i번째 전하에서 주어진 점까지의 거리이다. 식 24.3.6의 합은 *대수적 합이며*, 점전하 무리가 만드는 전기장을 계산할 때와 같은 벡터합이 아니다. 바로 여기에 전기장보다는 퍼텐셜로 계산하는 방법이 갖는 중요한 이점이 있다. 스칼라량을 계산하는 것이 방향을 고려해야 하는 벡터량을 계산하는 것보다 훨씬 쉽기 때문이다.

확인문제 24.3.1

그림은 두 양성자의 세 가지 배열이다. 양성자가 점 P에 만드는 알짜 전기 퍼텐셜의 크기가 큰 순서대로 나열하여라.

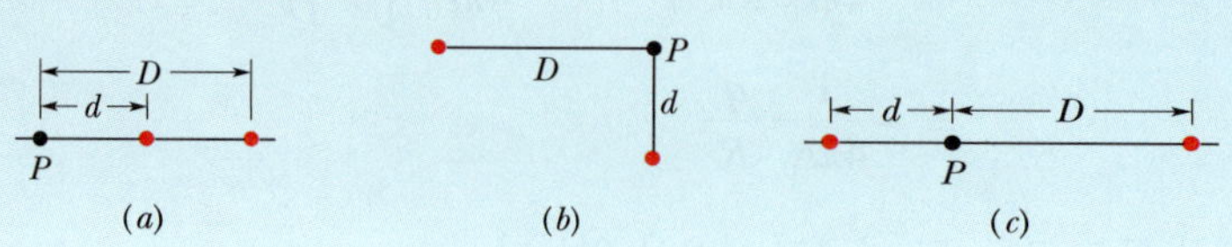

보기문제 24.3.1 여러 대전입자의 알짜 퍼텐셜

그림 24.3.3*a*처럼 정사각형의 꼭짓점에 점전하가 놓여 있을 때 정사각형의 중심 *P*에서 퍼텐셜은 얼마인가? 거리 *d*는 1.3 m이고 각각의 전하는 다음과 같다.

$$q_1 = +12\text{ nC},\quad q_3 = +31\text{ nC},$$
$$q_2 = -24\text{ nC},\quad q_4 = +17\text{ nC}.$$

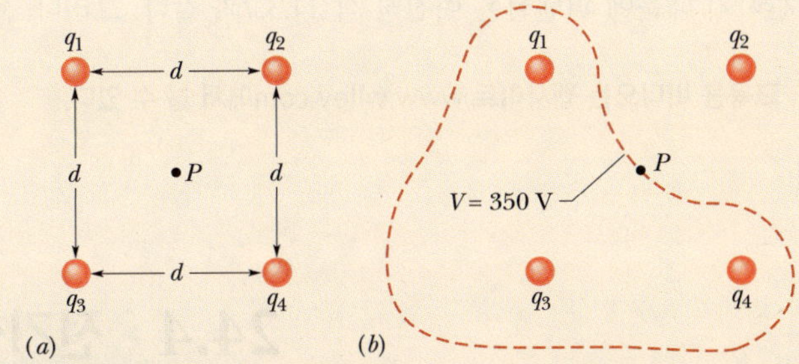

그림 24.3.3 (*a*) 네 개의 점전하. (*b*) (대략 그린) 폐곡선은 점 *P*를 포함하는 등퍼텐셜면 단면이다.

요점

점 *P*의 전기퍼텐셜 *V*는 4개의 점전하가 만드는 전기퍼텐셜의 대수적인 합이다(전기퍼텐셜은 스칼라이기 때문에 점전하의 방향은 중요하지 않다).

풀이: 식 24.3.6로부터 다음을 얻는다.

$$V = \sum_{i=1}^{4} V_i = \frac{1}{4\pi\varepsilon_0}\left(\frac{q_1}{r} + \frac{q_2}{r} + \frac{q_3}{r} + \frac{q_4}{r}\right).$$

여기서 거리 *r*은 모두 $d/\sqrt{2}$이므로 0.919 m이고, 전하의 합은

$$q_1 + q_2 + q_3 + q_4 = (12 - 24 + 31 + 17) \times 10^{-9}\text{ C}$$
$$= 36 \times 10^{-9}\text{ C}$$

이다. 따라서 다음을 얻는다.

$$V = \frac{(8.99 \times 10^9\text{ N}\cdot\text{m}^2/\text{C}^2)(36 \times 10^{-9}\text{ C})}{0.919\text{ m}}$$
$$\approx 350\text{ V.}$$ (답)

그림 24.3.3*a*에서 세 양전하 근처의 퍼텐셜은 매우 큰 양의 값을 가지며, 음전하 근처의 퍼텐셜은 매우 큰 음의 값을 갖는다. 따라서 정사각형 근처에는 점 *P*와 같은 중간 값의 퍼텐셜을 갖는 점이 존재한다. 그림 24.3.3*b*의 곡선은 *P*를 포함하는 등퍼텐셜 곡선이다. 이 곡선 위 모든 점의 퍼텐셜은 점 *P*의 퍼텐셜과 같은 값을 갖는다.

보기문제 24.3.2 퍼텐셜은 벡터가 아니라서 방향과는 무관하다.

(a) 그림 24.3.4*a*에는 12개의 전자(전하 $-e$)가 같은 간격으로 반지름이 *R*인 원의 둘레에 고정되어 있다. 무한대에서의 *V*를 0이라고 할 때, 전자가 원의 중심 *C*에 만드는 퍼텐셜과 전기장은 각각 얼마인가?

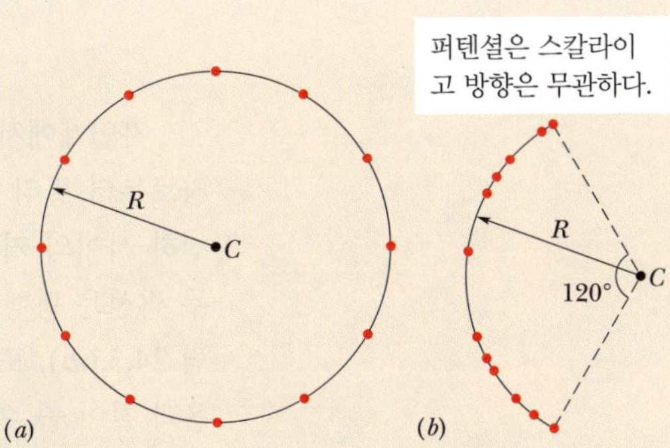

그림 24.3.4 (*a*) 12개의 전자가 원둘레 위에 균일하게 분포한다. (*b*) 전자가 원둘레의 일부분에 불균일하게 분포한다.

요점

(1) 점 *C*에서 전기퍼텐셜 *V*는 모든 점전하가 만드는 전기퍼텐셜의 대수적인 합이다. 전기퍼텐셜은 스칼라이기 때문에 점전하의 방향은 중요하지 않다. (2) 점 *C*의 전기장은 벡터량이므로 전자의 방향이 *중요하다*.

풀이: 모든 전자는 같은 음의 전하 $-e$를 가지고 *C*에서 *R*만큼 떨어져 있으므로, 식 24.3.6에 따라

$$V = -12\frac{1}{4\pi\varepsilon_0}\frac{e}{R}$$ (답) (24.3.7)

이다. 그림 24.3.4*a*에 나타난 전자 배열의 대칭성 때문에 *C*에서 전기장 벡터는 원호의 반대편에 있는 전자가 만드는 전기장 벡터에 의해 상쇄된다. 즉, *C*에서 전기장은 다음과 같다.

$$\vec{E} = 0.$$ (답)

(b) 전자가 원호를 따라 움직여서 사이각 120°의 원호 위에 그림 24.3.4*b*처럼 불균일하게 분포한다면, *C*에서의 퍼텐셜은 얼마인가? *C*에서의 전기장이 변한다면 어떻게 변하는가?

이유: 각 전자와 점 C 사이의 거리가 변하지 않았고 방향과는 무관하기 때문에 퍼텐셜은 여전히 식 24.3.7과 같다. 그러나 전자의 배열이 더 이상 대칭적이지 않으므로 전기장은 0이 아니다. 이제는 전자의 배열에 따라 알짜 전기장이 존재한다.

▶ **교육용 비디오는 웹사이트 www.wiley.com에서 볼 수 있다.**

24.4 ▸ 전기쌍극자가 만드는 퍼텐셜

학습목표_Learning Objectives

이 단원을 읽은 후 다음을 이해해야 한다.

24.4.1 전기쌍극자가 한 점에서 만드는 퍼텐셜 V를 전하 사이의 거리 d와 한 전하의 크기 q를 곱한 쌍극자모멘트 p로 계산한다.

24.4.2 전기쌍극자에 대해 퍼텐셜이 양수, 음수, 그리고 0인 위치를 구한다.

24.4.3 한 개의 대전입자와 전기쌍극자에 대해 거리가 늘어날수록 퍼텐셜이 어떻게 감소하는지 비교한다.

요점_Key Ideas

1. 쌍극자모멘트의 크기 $p = qd$인 전기쌍극자로부터 거리 r 떨어진 곳에서 쌍극자의 전기퍼텐셜은 $r \gg d$인 경우

$$V = \frac{1}{4\pi\varepsilon_0}\frac{p\cos\theta}{r^2}$$

이다. θ는 쌍극자모멘트 벡터와 쌍극자의 중심에서 측정하는 점을 잇는 직선 사이의 각도이다.

▶ 전기쌍극자가 만드는 퍼텐셜

식 24.3.6을 전기쌍극자에 적용하여 그림 24.4.1a의 점 P에서 퍼텐셜을 구해 보자. 점 P에서 거리 $r_{(+)}$에 있는 양전하는 퍼텐셜 $V_{(+)}$를 만들고 거리 $r_{(-)}$에 있는 음전하는 퍼텐셜 $V_{(-)}$를 만든다. 점 P에서의 전체 퍼텐셜은 식 24.3.6에 따라 다음과 같다.

$$V = \sum_{i=1}^{2} V_i = V_{(+)} + V_{(-)} = \frac{1}{4\pi\varepsilon_0}\left(\frac{q}{r_{(+)}} + \frac{-q}{r_{(-)}}\right)$$

$$= \frac{q}{4\pi\varepsilon_0}\frac{r_{(-)} - r_{(+)}}{r_{(-)}r_{(+)}}. \qquad (24.4.1)$$

자연계에서 나타나는 많은 분자가 갖는 쌍극자 크기는 매우 작다. 따라서 보통 쌍극자로부터 멀리 떨어진 점, 즉 $r \gg d$인 점에 대해서만 관심이 있다. 여기서 d는 쌍극자의 전하 사이의 거리이고, r은 쌍극자의 중점으로부터 P까지의 거리다. 이 경우 P에 이르는 두 직선은 평행하고, 길이의 차는 빗변이 d인 직각삼각형의 한 변으로 근사할 수 있다(그림 24.3.6b). 또한 이 차이는 매우 작아서 길이의 곱은 r^2으로 근사할 수 있다. 따라서 다음과 같이 쓸 수 있다.

$$r_{(-)} - r_{(+)} \approx d\cos\theta \qquad \text{및} \qquad r_{(-)}r_{(+)} \approx r^2.$$

이 값을 식 24.4.1에 대입하면 V는 다음과 같은 근사식으로 쓸 수 있다.

$$V = \frac{q}{4\pi\varepsilon_0}\frac{d\cos\theta}{r^2}.$$

여기서 각도 θ는 쌍극자의 축으로부터 측정한 값으로서 그림 24.4.1a에 표시되어 있다. 또한 V는 다음과 같이 쓸 수 있다.

$$V = \frac{1}{4\pi\varepsilon_0}\frac{p\cos\theta}{r^2} \quad \text{(전기쌍극자).} \qquad (24.4.2)$$

여기서 $p(=qd)$는 22.3단원에서 정의한 전기 쌍극자모멘트 $\vec{p}$의 크기이다. 벡터 $\vec{p}$는 음전하에서 양전하로 향하는 쌍극자축 방향이다(따라서 θ는 $\vec{p}$의 방향으로부터 측정한다). 전기 쌍극자의 방향을 나타내기 위해 이 벡터를 사용한다.

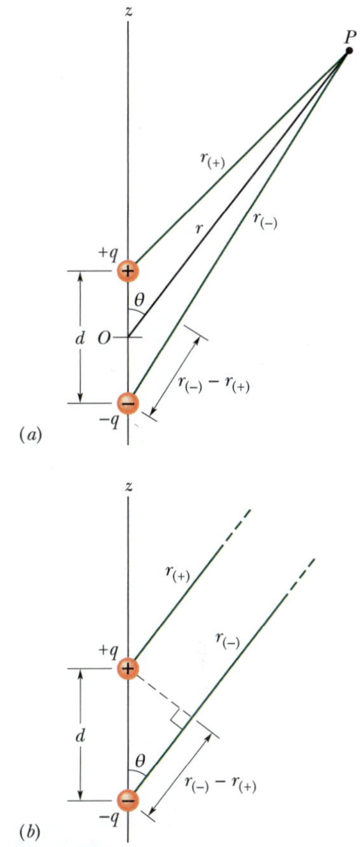

그림 24.4.1 (*a*) 점 P는 쌍극자의 중심 점 O로부터 거리 r만큼 떨어져 있다. 선분 OP는 쌍극자의 축과 각도 θ를 이룬다. (*b*) 점 P가 쌍극자로부터 멀리 떨어져 있으면 길이 $r_{(+)}$와 $r_{(-)}$인 선분은 근사적으로 길이 r인 선분에 평행하며, 점선은 길이 $r_{(-)}$인 선분에 근사적으로 수직이다.

확인문제 24.4.1

같은 거리 r로 그림 24.4.1의 쌍극자 중심에서 멀리 떨어진 세 점이 있다. 점 a는 쌍극자의 양전하 위의 축에 있고, 점 b는 음전하 아래의 축에 있다. 그리고 점 c는 두 전하를 연결하는 선의 수직 이등분선 위에 있다. 쌍극자가 만드는 전기퍼텐셜이 큰 순서대로 나열하여라.

유도 쌍극자모멘트

물과 같은 많은 분자는 *영구적인* 전기 쌍극자모멘트가 있다. *극성이 없는* 분자나 원자는 양전하와 음전하의 중심이 일치하여 쌍극자모멘트가 형성되지 않는다(그림 24.4.2*a* 참조). 그러나 원자나 극성이 없는 분자를 외부 전기장에 놓으면 전기장이 전자궤도를 변형시켜 양전하와 음전하의 중심을 갈라 놓는다(그림 24.4.2*b* 참조). 전자는 음전하를 갖기 때문에 외부 전기장의 방향과 반대 방향으로 이동한다. 이러한 변형에 의해 쌍극자모멘트 $\vec{p}$가 형성되며 $\vec{p}$는 전기장의 방향을 가리킨다. 이때 전기장에 의하여 쌍극자모멘트가 *유도되었다*고 말하며, 원자나 분자는 전기장에 의하여 *편극되었다*(쌍극자는 양극과 음극을 갖는다)고 한다. 전기장을 없애면 유도된 쌍극자모멘트와 편극은 사라진다.

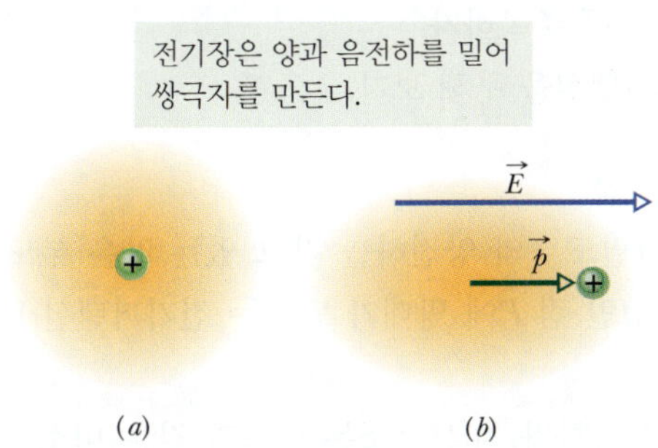

그림 24.4.2 (*a*) 양으로 대전된 핵(녹색)과 음으로 대전된 전자(금색 그림자)가 있는 원자. 양전하와 음전하의 중심이 일치한다. (*b*) 원자가 외부 전기장 $\vec{E}$에 놓이면 전자궤도가 변형되어 양전하와 음전하의 중심은 더 이상 일치하지 않아서 유도 쌍극자모멘트 $\vec{p}$가 나타난다. 여기서는 이러한 변형을 과장하여 그렸다.

24.5 ▸ 연속적인 전하분포가 만드는 퍼텐셜

요점_*Key Ideas*

1. (크기가 있는 물체에) 전하가 연속적으로 분포할 때 퍼텐셜은 다음 방법으로 구한다. (1) 전하분포를 입자로 여길 수 있는 전하요소 dq로 나누고 (2) 전체 분포에 대해 적분하여 각 요소가 만드는 퍼텐셜을 더 한다.

$$V = \frac{1}{4\pi\varepsilon_0}\int \frac{dq}{r}.$$

2. 적분을 계산하기 위해 dq는 선전하밀도 λ와 (dx 같은) 길이요소의 곱, 또는 면전하밀도 σ와 ($dx\,dy$ 같은) 면적요소의 곱으로 바꾸어 쓴다.

학습목표_*Learning Objectives*

이 단원을 읽은 후 다음을 이해해야 한다.

24.5.1 일직선 상에 또는 표면에 균일하게 분포된 전하에 대해 전하분포를 전하요소로 갈라서 각 요소가 만드는 퍼텐셜을 (적분을 이용해) 더하여 주어진 점의 알짜 퍼텐셜을 구한다.

3. 전하가 대칭적으로 분포된 경우에는 이차원 적분은 일차원 적분으로 간단히 쓸 수 있다.

연속적인 전하분포가 만드는 퍼텐셜

(균일하게 대전된 얇은 막대나 원판처럼) 전하분포 q가 연속적이라면 점 P에서 퍼텐셜 V를 구할 때 식 24.3.6의 합을 사용할 수 없다. 그 대신 어떤 점 P에서 퍼텐셜 V를 구하기 위해서는 전하분포의 미분요소 dq를 선택하고 dq가 점 P에 만드는 퍼텐셜 dV를 결정한 다음, 연속적인 전하분포에 대해 적분을 해야 한다.

다시 한번 무한대에서의 퍼텐셜은 0이라고 하자. 미소전하 dq를 점전하로 생각하면 식 24.3.5를 이용하여 dq가 점 P에 만드는 퍼텐셜 dV를 다음과 같이 쓸 수 있다.

$$dV = \frac{1}{4\pi\varepsilon_0}\frac{dq}{r} \qquad (\text{양 또는 음의 } dq). \tag{24.5.1}$$

여기서 r은 P와 dq 사이의 거리이다. 점 P에서 전체 퍼텐셜 V를 구하기 위해서는 다음과 같이 퍼텐셜 dV를 모든 전하요소가 만드는 퍼텐셜을 더하기 위해 적분해야 한다.

$$V = \int dV = \frac{1}{4\pi\varepsilon_0}\int \frac{dq}{r}. \tag{24.5.2}$$

이 적분은 전하분포 전체에 대해 계산해야 한다. 전기퍼텐셜은 스칼라이기 때문에 식 24.5.2에서 *벡터 성분을 고려할 필요가 없다는* 점에 주목하자.

이제 연속적으로 대전된 선과 원판의 전기퍼텐셜을 구해 보자.

선전하

그림 24.5.1*a*처럼 길이가 L이고 균일한 선전하밀도 λ의 양전하를 갖고 있는 얇은 부도체 막대가 있다. 막대의 왼쪽 끝에서 수직거리 d인 점 P에 막대가 만드는 전기퍼텐셜 V를 구해 보자.

그림 24.5.1*b*처럼 막대의 미분요소 dx를 생각하자. 미분요소는 다음과 같은 미소전하를 갖는다.

$$dq = \lambda\, dx. \tag{24.5.3}$$

이 전하요소는 이로부터 $r = (x^2 + d^2)^{1/2}$ 떨어진 점 P에 전기퍼텐셜 dV를 만든다(그림 24.5.1*c*). 미소전하를 점전하로 생각하면 식 24.5.1을 사용하여 퍼텐셜 dV를 다음과 같이 쓸 수 있다.

$$dV = \frac{1}{4\pi\varepsilon_0}\frac{dq}{r} = \frac{1}{4\pi\varepsilon_0}\frac{\lambda\, dx}{(x^2+d^2)^{1/2}}. \tag{24.5.4}$$

막대의 전하는 양이고 무한대에서 $V = 0$이므로, 24.3단원의 논의로부터 식 24.5.4의 dV가 양수라는 사실을 알 수 있다.

막대가 점 P에 만드는 전체 전기퍼텐셜 V는 식 23.5.4를 이용하여 $x = 0$에서 $x = L$까지(그림 24.5.1*d*와 *e*) 막대를 따라 적분하여 다음과 같이 얻는다(부록 E의 적분 17을 사용한다).

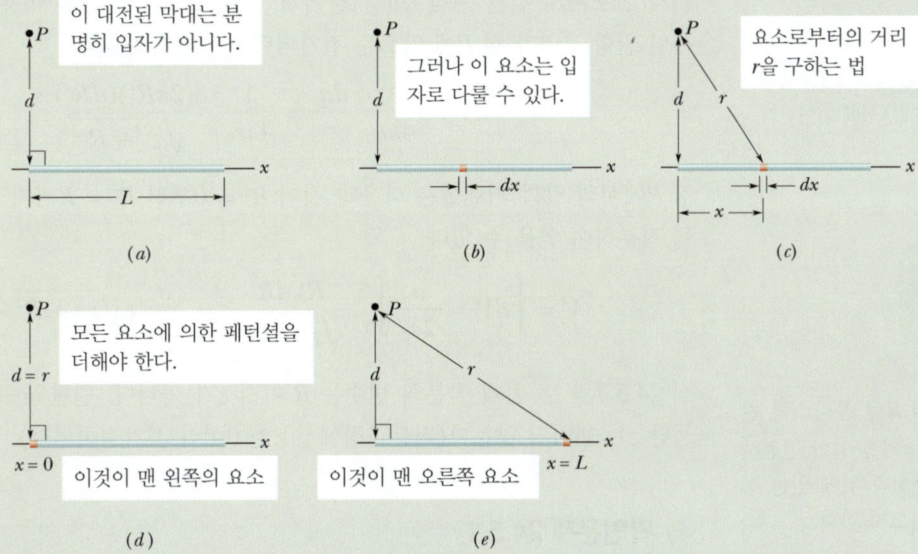

그림 24.5.1 (a) 균일하게 대전된 얇은 막대가 점 P에 전기퍼텐셜 V를 만든다. (b) 한 요소는 입자로 다룰 수 있다. (c) 요소에 의한 P에서의 퍼텐셜은 거리 r에 의존한다. 맨 왼쪽(d)에서 오른쪽(e)까지 모든 요소에 의한 퍼텐셜을 더해야 한다.

$$\begin{aligned} V = \int dV &= \int_0^L \frac{1}{4\pi\varepsilon_0} \frac{\lambda}{(x^2+d^2)^{1/2}}\, dx \\ &= \frac{\lambda}{4\pi\varepsilon_0} \int_0^L \frac{dx}{(x^2+d^2)^{1/2}} \\ &= \frac{\lambda}{4\pi\varepsilon_0} \left[\ln\left(x + (x^2+d^2)^{1/2} \right) \right]_0^L \\ &= \frac{\lambda}{4\pi\varepsilon_0} \left[\ln\left(L + (L^2+d^2)^{1/2} \right) - \ln d \right]. \end{aligned}$$

한편 일반적인 관계 $\ln A - \ln B = \ln(A/B)$를 이용하면

$$V = \frac{\lambda}{4\pi\varepsilon_0} \ln \left[\frac{L + (L^2+d^2)^{1/2}}{d} \right] \tag{24.5.5}$$

로 간단히 쓸 수 있다. 퍼텐셜 V는 양의 값인 dV의 합이기 때문에 양이어야 한다. 로그함수에서 변수가 1보다 크면 로그함수는 양이기 때문에 V는 실제로 양의 값을 갖는다.

대전된 원판

22.5단원에서 전하가 면전하밀도 U로 한 면에 균일하게 분포된 반지름 R인 플라스틱 원판의 축 위 한 점에서 전기장의 크기를 계산한 바 있다. 이 절에서는 축 위 임의의 점에서 퍼텐셜 $V(z)$를 유도해 보자. 원판 위의 전하분포가 원형이므로 각 $d\theta$와 지름거리 dr을 사용한 미분요소로부터 시작할 수 있다. 그러면 이차원 적분을 만들어야 한다. 그러나 훨씬 쉽게 계산할 수 있는 방법이 있다.

그림 24.5.2처럼 반지름이 R'이고 두께가 dR'인 원형 고리로 이루어진 미분요소를 생각하자. 그러면 미분요소의 전하는 다음과 같다.

$$dq = \sigma(2\pi R')(dR').$$

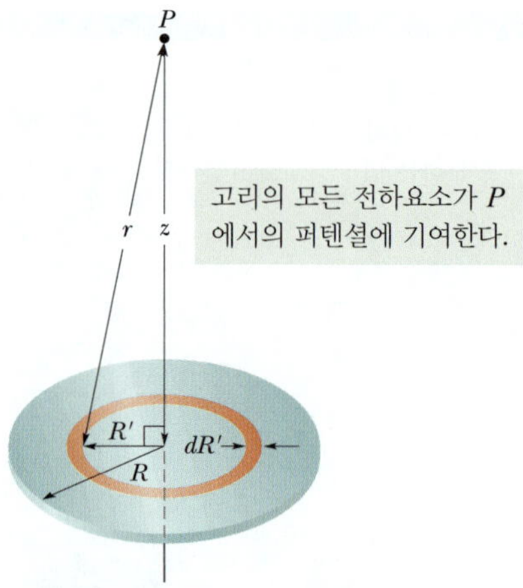

그림 24.5.2 반지름이 R인 플라스틱 원판의 위쪽 표면에 밀도 σ의 균일한 면전하가 분포한다. 원판의 중심축 위에 있는 점 P에서 퍼텐셜 V를 구하고자 한다.

여기서 $(2\pi R')(dR')$은 고리 윗면의 표면적이다. 미분요소의 모든 부분은 원판의 중심축 위의 점 P에서 같은 거리 r만큼 떨어져 있다. 그림 24.5.2를 이용하여 식 24.5.1을 다시 쓰면 원형 고리가 점 P에 만드는 전기퍼텐셜은 다음과 같다.

$$dV = \frac{1}{4\pi\varepsilon_0}\frac{dq}{r} = \frac{1}{4\pi\varepsilon_0}\frac{\sigma(2\pi R')(dR')}{\sqrt{z^2 + R'^2}}. \tag{24.5.6}$$

점 P에서의 알짜 퍼텐셜은 다음과 같이 $R' = 0$부터 $R' = R$까지 모든 고리에 대한 기여를 적분하여 얻을 수 있다.

$$V = \int dV = \frac{\sigma}{2\varepsilon_0}\int_0^R \frac{R'\,dR'}{\sqrt{z^2 + R'^2}} = \frac{\sigma}{2\varepsilon_0}\left(\sqrt{z^2 + R^2} - z\right). \tag{24.5.7}$$

식 24.5.7의 두 번째 적분의 변수는 R'이지 z가 아니다. 원판의 표면에 대해서 적분하는 동안 z는 변하지 않는다(적분과정에서 $z \geq 0$이라고 가정하였다).

확인문제 24.5.1

그림에 중심이 같은 원호의 세 가지 배열을 나타내었다. 이 배열에서 바깥 원호의 반지름은 같고, 모두 전하 $+Q$로 대전되었고, 중간 원호도 반지름이 같고, 모두 전하 $+2Q$로 대전되었고, 안쪽 원호의 반지름은 같고 모두 전하 $+0.5Q$로 대전되었다. 원점에서 알짜퍼텐셜이 큰 것부터 차례로 나열하여라.

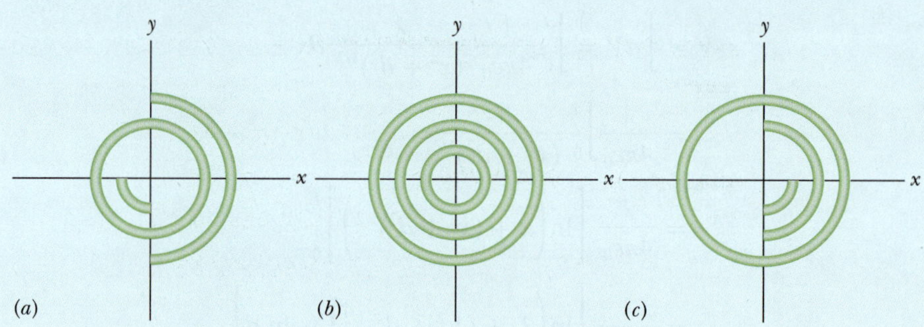

24.6 ▸ 퍼텐셜에서 전기장 구하기

학습목표_Learning Objectives

이 단원을 읽은 후 다음을 이해해야 한다.

24.6.1 한 축을 따라 위치의 함수로 전기퍼텐셜이 주어졌을 때 이 축에 대한 전기장을 구한다.

24.6.2 전기퍼텐셜이 한 축을 따라 거리에 대한 그래프로 주어졌을 때 그 축에 대한 전기장을 결정한다.

24.6.3 균일한 전기장에 대해 전기장의 크기 E, 간격 Δx와 이웃한

요점_Key Ideas

1. 임의의 방향에 대한 $\vec{E}$의 성분은 그 방향으로 거리에 따른 퍼텐셜의 변화율의 음수이다.

$$E_s = -\frac{\partial V}{\partial s}.$$

2. $\vec{E}$의 x, y, z성분은 다음과 같이 구한다.

$$E_x = -\frac{\partial V}{\partial x}; \qquad E_y = -\frac{\partial V}{\partial y}; \qquad E_z = -\frac{\partial V}{\partial z}.$$

$\vec{E}$가 균일하면 다음과 같이 쓴다.

$$E = -\frac{\Delta V}{\Delta s}.$$

여기서 s는 등퍼텐셜에 수직하다.

3. 등퍼텐셜면에 평행한 방향의 전기장은 0이다.

등퍼텐셜선 사이의 퍼텐셜차 ΔV 사이의 관계를 구한다.

24.6.4 전기장의 방향과 퍼텐셜이 감소하거나 증가하는 방향 사이의 관계를 구한다.

퍼텐셜에서 전기장 구하기

24.2단원에서 기준점에서 점 f까지의 경로를 따라 전기장을 알고 있을 때, 점 f의 퍼텐셜을 어떻게 구하는지를 설명하였다. 이 절에서는 반대로 퍼텐셜을 알고 있을 때 전기장을 구하는 방법을 알아보자. 그림 24.2.2에서 알 수 있듯이 이러한 문제는 기하학적으로 쉽게 풀 수 있다. 전하 무리 근처의 모든 점의 퍼텐셜 V를 알고 있다면 등퍼텐셜면을 그릴 수 있다. 또한 등퍼텐셜면에 수직인 전기장선으로 $\vec{E}$의 변화를 알 수 있다. 여기서는 이러한 기하학적 과정을 수학적으로 표현하고자 한다.

그림 24.6.1에는 촘촘하게 배열된 여러 등퍼텐셜면의 단면이 있다. 인접한 두 면 사이의 퍼텐셜차는 dV이다. 그림에서 알 수 있듯이 임의의 점 P에서 전기장 $\vec{E}$는 P를 지나는 등퍼텐셜면에 수직하다.

양의 시험전하 q_0가 한 등퍼텐셜면에서 인접한 등퍼텐셜면으로 미소변위 $d\vec{s}$만큼 움직였다고 하자. 식 24.2.2로부터 이동과정에서 전기장이 시험전하에 한 일이 $-q_0dV$라는 것을 알 수 있다. 또한 식 24.2.2와 그림 24.6.1로부터 전기장이 한 일은 스칼라곱 $(q_0\vec{E})\cdot d\vec{s}$, 즉 $q_0 E(\cos\theta)ds$로 쓸 수 있다. 일에 대한 두 결과는 같으므로

$$-q_0\, dV = q_0 E(\cos\theta)\, ds, \tag{24.6.1}$$

즉, 다음을 얻는다.

$$E\cos\theta = -\frac{dV}{ds}. \tag{24.6.2}$$

여기서 $E\cos\theta$는 $\vec{E}$의 $d\vec{s}$ 방향 성분이므로 식 24.6.2는

$$E_s = -\frac{\partial V}{\partial s} \tag{24.6.3}$$

로 쓸 수 있다. 이 식에서는 E에 첨자를 붙였으며 편미분 기호를 사용하여 식 24.6.3이 어떤 특정한 축(여기서는 s축)을 따라 가면서 생기는 V의 변위라는 사실과 $\vec{E}$의 그 축방향 성분만을 포함하고 있다는 점을 강조하였다. (본질적으로 식 24.2.4의 역이 되는) 식 24.6.3을 말로 표현하면 다음과 같다.

임의의 방향에 대한 $\vec{E}$의 성분은 그 방향으로 전기퍼텐셜의 거리에 대한 변화율의 음수이다.

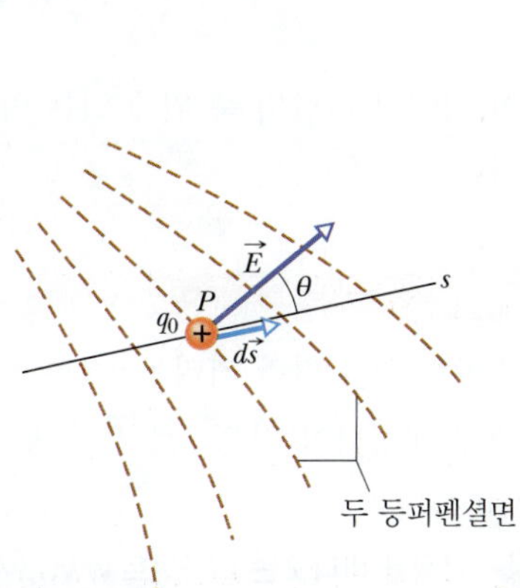

그림 24.6.1 시험전하 q_0를 한 등퍼텐셜면에서 다른 등퍼텐셜면으로 거리 $d\vec{s}$만큼 움직인다(등퍼텐셜면 사이의 간격은 이해를 돕기 위해 과장하여 그렸다). 변위 $d\vec{s}$와 전기장 $\vec{E}$의 방향 사이의 각도는 θ이다.

s축을 x, y, z축으로 택하면 임의의 점에서 $\vec{E}$의 x, y, z성분은 다음과 같다.

$$E_x = -\frac{\partial V}{\partial x}; \qquad E_y = -\frac{\partial V}{\partial y}; \qquad E_z = -\frac{\partial V}{\partial z}. \tag{24.6.4}$$

따라서 전하분포 근처의 모든 점에서 V를 안다면, 즉 함수 $V(x, y, z)$를 안다면 편미분하여 모든 점에서 $\vec{E}$의 성분을 구할 수 있으므로 $\vec{E}$ 자체를 알 수 있다.

$\vec{E}$가 균일한 간단한 경우에 식 24.6.3은

$$E = -\frac{\Delta V}{\Delta s} \tag{24.6.5}$$

이다. 여기서 s는 등퍼텐셜면에 수직이다. 등퍼텐셜면에서는 퍼텐셜 변화가 없기 때문에 등퍼텐셜면에 평행한 방향에 대해서는 전기장의 성분이 모두 0이다.

확인문제 24.6.1

그림은 같은 간격으로 떨어져 있고 각각의 전기퍼텐셜이 주어져 있는 서로 다른 세 평행판 쌍이다. 각 평행판 사이의 전기장은 균일하고 판에 수직이다. (a) 판 사이의 전기장의 크기가 큰 순서대로 나열하여라. (b) 전기장이 오른쪽을 향하는 것은 어느 것인가? (c) 세 번째 평행판 사이의 가운데에 전자를 놓았을 때 전자는 그대로 있는가, 오른쪽으로 등속운동을 하는가, 왼쪽으로 등속운동을 하는가, 오른쪽으로 가속되는가, 아니면 왼쪽으로 가속되는가?

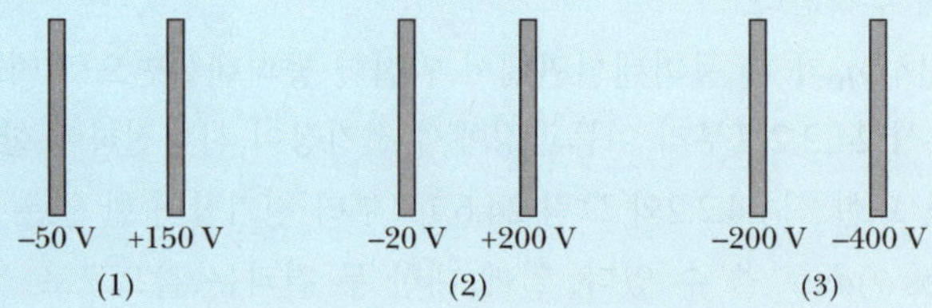

보기문제 24.6.1 퍼텐셜에서 전기장 구하기

대전된 원판의 중심축 위에 있는 임의의 점에서의 퍼텐셜은 식 24.5.7에 따라 다음과 같다.

$$V = \frac{\sigma}{2\varepsilon_0}\left(\sqrt{z^2 + R^2} - z\right).$$

이 식에서 원판의 축 위에 있는 임의의 점에서 전기장을 구하여라.

요점

원판의 축을 따라 거리 z의 함수로 $\vec{E}$를 구해야 한다. 이 축에 대해 대칭성이 있으므로 $\vec{E}$의 방향은 반드시 원판의 축 방향이어야 한다. 따라서 $\vec{E}$의 z축 방향 성분 E_z를 구해야 한다. 이 성분은 거리 z에 따라 변하는 전기퍼텐셜 변화율의 음의 값과 같다.

풀이: 따라서 식 24.6.4의 마지막 항을 이용하면

$$E_z = -\frac{\partial V}{\partial z} = -\frac{\sigma}{2\varepsilon_0}\frac{d}{dz}\left(\sqrt{z^2 + R^2} - z\right)$$

$$= \frac{\sigma}{2\varepsilon_0}\left(1 - \frac{z}{\sqrt{z^2 + R^2}}\right) \quad \text{(답)}$$

를 얻는다. 이는 22.5단원에서 Coulomb의 법칙에 따라 적분하여 유도한 결과와 똑같다.

▶ 교육용 비디오는 웹사이트 www.wiley.com에서 볼 수 있다.

24.7 ▸ 대전입자계의 전기 퍼텐셜에너지

요점_Key Ideas

1. 대전입자계의 전기 퍼텐셜에너지는 초기에 입자가 서로 무한히 멀리 떨어진 곳에서 정지해 있을 때 이 입자를 모아 계를 이룰 때 필요한 일이다.

$$U = W = \frac{1}{4\pi\varepsilon_0}\frac{q_1 q_2}{r}.$$

학습목표_Learning Objectives

이 단원을 읽은 후 다음을 이해해야 한다.

24.7.1 대전입자계의 전체 퍼텐셜에너지는 무한히 멀리 떨어져 있는 입자에서 시작하여 이 계를 만들기 위해 작용력이 한 일과 같다.

24.7.2 대전입자 쌍에 대한 퍼텐셜에너지를 계산한다.

24.7.3 계에 대전입자가 두 개보다 많을 때 계의 전체 퍼텐셜에너지는 각 입자쌍의 퍼텐셜에너지를 모두 더한 것과 같다.

24.7.4 대전입자계에 역학적에너지 보존원리를 적용한다.

24.7.5 대전입자계로부터 대전입자의 탈출속도(계로부터 무한히 먼 곳으로 움직일 때 필요한 최소한의 초기 속도)를 계산한다.

▶ 대전입자계의 전기 퍼텐셜에너지

이 절에서는 두 대전입자로 이루어진 계의 퍼텐셜에너지를 계산하고 이 결과를 두 개보다 많은 입자가 있는 계로 어떻게 확장하는가에 대한 논의를 할 것이다. 우선 처음에 무한히 멀리 떨어져 있는 두 개의 대전입자를 이동시켜서 마지막에 서로 가까이 정지해 있도록 만들 때 (외부 작용으로) 해야 하는 일을 조사하는 것이다. 만일 두 입자의 부호가 같다면 이들이 서로 밀어내는 것을 견뎌내야 한다. 이때 한 일은 양수이며 최종 두 입자계에 대해 양의 퍼텐셜에너지를 갖게 만든다. 만일 그 반대로 두 입자가 반대 부호의 전하를 갖는다면 입자가 서로 잡아당기기 때문에 쉽게 이동시킬 수 있다. 이때 한 일은 음수이며 계에 음의 퍼텐셜에너지를 준다.

그림 24.7.1에 있는 두 입자계를 만들기 위해 이 과정을 따라가 보자. (양의 전하 q_1인) 입자 1과 (양의 전하 q_2인) 입자 2가 거리 r만큼 떨어져 있다. 두 입자가 양전하일 경우만 다루지만, 이 결과는 모두 음의 전하를 가졌거나 다른 부호의 전하인 경우에도 성립한다.

먼저 입자 2를 한 곳에 고정시키고 입자 1을 무한히 먼 곳에 두고 시작한다. 이때 두 입자계의 초기 퍼텐셜에너지는 U_i이다. 다음으로 입자 1을 최종 위치로 가져오고, 이때 계의 퍼텐셜에너지는 U_f이다. 외부에서 한 일로 인해 계의 퍼텐셜에너지는 $\Delta U = U_f - U_i$만큼 변한다.

식 24.1.4($\Delta U = q(V_f - V_i)$)를 이용하면 ΔU와 입자 1을 움직일 때 퍼텐셜의 변화 사이의 관계를 구할 수 있다.

$$U_f - U_i = q_1(V_f - V_i). \qquad (24.7.1)$$

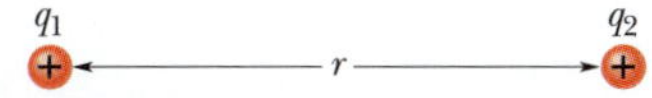

그림 24.7.1 ▸ 두 전하가 거리 r만큼 떨어져 고정되어 있다.

이 항을 구해 보자. 초기의 퍼텐셜에너지는 (24.1단원에서 논의하였듯이) 기준배열을 이루고 있으므로 $U_i = 0$이다. 식 24.7.1의 두 퍼텐셜은 입자 2에 의한 것이고 식 24.3.5로 주어진다.

$$V = \frac{1}{4\pi\varepsilon_0}\frac{q_2}{r}. \qquad (24.7.2)$$

이 의미는 입자 1이 초기에 거리 $r = \infty$에 있을 때 그 위치에서 퍼텐셜은 $V_i = 0$이라는 것이다. 입자를 거리 r 떨어진 최종위치로 움직일 때 그 위치에서 퍼텐셜은

$$V_f = \frac{1}{4\pi\varepsilon_0}\frac{q_2}{r} \qquad (24.7.3)$$

이다. 이 결과를 식 24.7.1에 대입하고 첨자 f를 없애면 최종 배열의 퍼텐셜에너지는 다음과 같다.

$$U = \frac{1}{4\pi\varepsilon_0}\frac{q_1 q_2}{r}. \quad \text{(두 입자계)} \qquad (24.7.4)$$

식 24.7.4에는 두 전하의 부호도 포함되어 있다. 두 전하가 같은 부호이면 U는 양수이다. 서로 반대 부호이면 U는 음수이다.

다음으로 전하 q_3인 세 번째 입자를 가져올 때에는 입자 3을 무한대의 거리에 놓고 시작하여 입자 1로부터의 거리 r_{31}, 입자 2로부터의 거리 r_{32}인 최종 위치로 가져오면서 이 계산을 반복하면 된다. 최종 위치에서 입자 3의 위치에서 퍼텐셜 V_f는 입자 1에 의한 퍼텐셜 V_1과 입자 2에 의한 퍼텐셜 V_2를 대수적으로 더하면 된다. 계산을 마치면 다음 사실을 얻는다.

입자계의 전체 퍼텐셜에너지는 계의 각각의 입자쌍에 대한 퍼텐셜에너지의 합이다.

이 결과는 어떤 주어진 개수의 입자로 이루어진 계에 대해서도 성립한다.

이제 입자계의 퍼텐셜에너지에 대한 표현을 구했으므로 식 24.1.10에 나타낸 계의 에너지 보존원리를 적용할 수 있다. 예를 들어 계가 많은 입자로 이루어져 있다면 한 입자가 나머지 입자로부터 벗어나는 데 필요한 운동에너지(그리고 연관된 *탈출속도*)를 고려할 수 있다.

확인문제 24.7.1

그림에 고정된 두 대전입자를 나타내었다. $q_1 = +e$, $q_2 = +2e$이다. 전하 $q_3 = +e$인 세 번째 입자를 원점 주위의 원호를 따라 점 A에서 점 B를 지나 점 C로 움직인다. 세 입자계의 전체 전기퍼텐셜에너지를 큰 점부터 차례로 나열하여라.

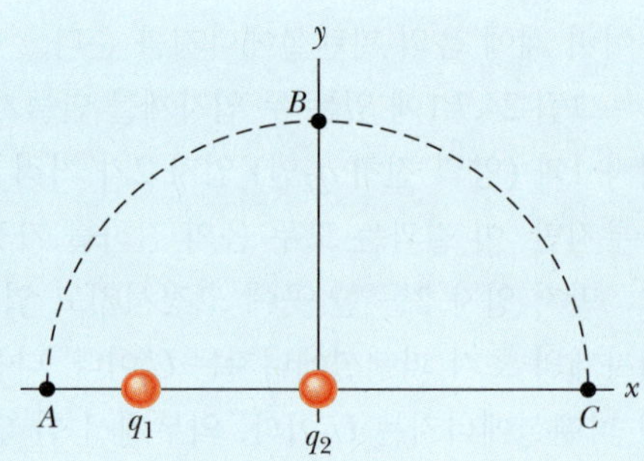

보기문제 24.7.1 세 대전입자계의 퍼텐셜에너지

그림 24.7.2에 세 개의 대전입자가 그림에는 나타내지 않은 힘에 의해 고정되어 있다. 이 전하계의 전기 퍼텐셜에너지는 얼마인가? $d = 12$ cm이고

$$q_1 = +q, \quad q_2 = -4q \text{ 와 } \quad q_3 = +2q$$

로 가정한다. 여기서 $q = 150$ nC이다.

요점

계의 퍼텐셜에너지 U는 무한히 멀리 떨어져 있는 각 전하를 가져와 계를 만들 때 해야 하는 일이다.

풀이: 머릿속에서 예를 들어 q_1인 전하를 한 위치에 두고 다른 입자들은 무한히 먼 곳에서 시작하여 그림 24.7.2의 계를 만들어 보자. 그리고 예를 들어 전하 q_2인 다른 입자를 무한대에서 가져와 원하는 위치에 놓는다. 식 24.7.4에서 r을 d로 바꾸면 q_1, q_2 전하쌍에 대한 퍼텐셜에너지 U_{12}는

$$U_{12} = \frac{1}{4\pi\varepsilon_0}\frac{q_1q_2}{d}$$

이다. 이제 마지막 전하 q_3을 무한대에서 가져와서 놓는다. 마지막 단계에서 해야 하는 일은 q_3을 q_1 근처로 가져올 때 하는 일과 q_2 근처로 가져올 때 한 일을 더하면 된다. 식 24.7.4에서 r을 d로 바꾸면 그 합은

$$W_{13} + W_{23} = U_{13} + U_{23} = \frac{1}{4\pi\varepsilon_0}\frac{q_1q_3}{d} + \frac{1}{4\pi\varepsilon_0}\frac{q_2q_3}{d}$$

이다. 세 전하계의 전체 퍼텐셜에너지 U는 세 전하쌍과 관련된 퍼텐셜에너지의 합이다. (전하를 모으는 순서와는 무관한)

이 합은 다음과 같다.

$$\begin{aligned}U &= U_{12} + U_{13} + U_{23}\\ &= \frac{1}{4\pi\varepsilon_0}\left(\frac{(+q)(-4q)}{d} + \frac{(+q)(+2q)}{d} + \frac{(-4q)(+2q)}{d}\right)\\ &= -\frac{10q^2}{4\pi\varepsilon_0 d}\\ &= -\frac{(8.99\times10^9\ \mathrm{N\cdot m^2/C^2})(10)(150\times10^{-9}\ \mathrm{C})^2}{0.12\ \mathrm{m}}\\ &= -1.7\times10^{-2}\ \mathrm{J} = -17\ \mathrm{mJ}.\end{aligned}$$ (답)

음의 퍼텐셜에너지는 세 전하가 무한히 멀리 분리되어 정지한 상태에서 시작하여 이 구조를 만들 때 음의 일을 했다는 것을 의미한다. 다르게 표현하면 외부에서 17 mJ인 양의 일을 하면 세 전하를 무한히 멀리 떨어뜨려 놓아 이 구조를 완전히 분해할 수 있다.

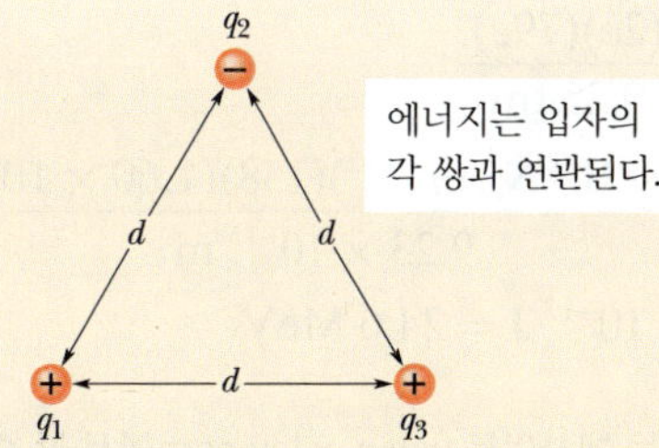

그림 24.7.2 세 개의 전하가 정삼각형의 꼭짓점에 고정되어 있다. 이때의 전기 퍼텐셜에너지는 얼마인가?

여기서 배울 점은 대전입자계가 주어져 있을 때 이 계의 퍼텐셜에너지는 모든 가능한 입자쌍의 퍼텐셜에너지를 구하고 그 결과를 더한다는 것이다.

▶ **교육용 비디오는 웹사이트 www.wiley.com에서 볼 수 있다.**

보기문제 24.7.2 전기 퍼텐셜에너지와 역학적에너지 보존

두 개의 양성자와 두 개의 중성자로 구성되어 있는 알파입자가 79개의 양성자와 118개의 중성자를 가지고 있는 금 원자핵을 향해 정면으로 움직이면서, 금 원자의 전자 껍질 영역을 통과한다(그림 24.7.3 참조). 알파입자는 속력이 점점 줄어들다가 알파입자와 금 원자핵 사이의 중심 거리가 $r = 9.23$ fm인 곳에 잠시 정지한 후 원래의 경로를 따라 되돌아간다(금 원자가 알파입자의 질량보다 훨씬 크기 때문에 금 원자는 움직이지 않는다고 가정할 수 있다). 알파입자가 (금 원자의 바깥에) 멀리 떨어져 있었을 때 운동에너지 K_i는 얼마인가? 알파입자와 금 원자 사이에 작용하는 힘은 정전기력뿐이라고 가정하고, 각 입자를 대전입자로 취급한다.

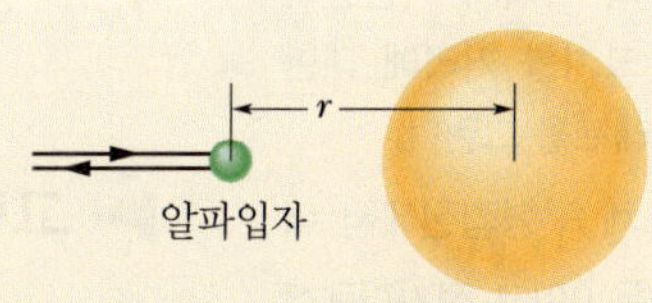

그림 24.7.3 금 원자핵의 중심을 향해 날아오는 알파입자는 모든 운동에너지가 전기 퍼텐셜에너지로 변하는 순간 정지하였다가 다시 원래의 경로로 되돌아간다.

요점

전 과정 동안 *알파입자*와 *금 원자* 계의 역학에너지가 보존된다.

설명: 알파입자가 원자의 바깥에 있을 때 계의 전기 퍼텐셜에너지 U_i는 0이다. 왜냐하면 원자에 들어 있는 전자와 양성자의 수가 같아서 *알짜* 전기장이 없기 때문이다. 알파입자가 원자의 전자껍질 영역을 통과하면 전자에 의한 전기장은 0이 된다. 이는 23.6절에 논의했던 것처럼 알파입자보다 더 바깥에 있는 전자들이 음전하로 대전된 공 껍질처럼 행동하여 껍질 안의 전기장을 0으로 만들기 때문이다. 그러나 알파입자의 양성자와 금 원자핵의 양성자 사이에는 정전기적 척력이 작용한다.

척력 때문에 알파입자의 속력이 느려지면서 운동에너지가 계의 전기 퍼텐셜에너지로 전환된다. 이러한 에너지 전환은 알파입자가 순간적으로 멈출 때 완결되고, 이때 운동에너지 K_f는 0이 된다.

풀이: 역학에너지 보존법칙에서

$$K_i + U_i = K_f + U_f \tag{24.7.5}$$

이다. 이미 두 가지 값($U_i = 0$와 $K_f = 0$)은 알고 있으며, 멈추는 순간의 퍼텐셜에너지 U_f는 식 24.7.4의 우변으로 주어진다. 또한 $q_1 = 2e$, $q_2 = 79e$(e는 기본전하 1.60×10^{-19} C)와 $r = 9.23$ fm가 주어져 있다. 이를 이용하여 식 24.7.5를 다시 정리하면 다음을 얻는다.

$$K_i = \frac{1}{4\pi\varepsilon_0}\frac{(2e)(79e)}{9.23\ \text{fm}}$$
$$= \frac{(8.99\times10^9\ \text{N}\cdot\text{m}^2/\text{C}^2)(158)(1.60\times10^{-19}\ \text{C})^2}{9.23\times10^{-15}\ \text{m}}$$
$$= 3.94\times10^{-12}\ \text{J} = 24.6\ \text{MeV}.$$ (답)

▶ 교육용 비디오는 웹사이트 www.wiley.com에서 볼 수 있다.

24.8 ▸ 고립된 대전 도체의 퍼텐셜

학습목표_Learning Objectives

이 단원을 읽은 후 다음을 이해해야 한다.

24.8.1 고립된 도체(혹은 연결된 고립된 도체)의 과잉 전하는 도체의 모든 점이 같은 퍼텐셜이 되도록 도체 표면에 분포한다.

24.8.2 고립된 도체 구형껍질에 대해 껍질의 안과 밖에서 퍼텐셜과 전기장의 크기를 거리에 대한 함수로 그래프를 그린다.

24.8.3 고립된 도체 구형껍질에서 내부 전기장은 0이고 전기퍼텐셜은 표면과 같은 값을 가지며, 외부에서 전기장과 전기퍼텐셜은 껍질의 모든 전하가 중심에 모여 있는 경우와 같은 값을 갖는다.

24.8.4 고립된 원통형 도체 껍질에서는 내부에서는 전기장이 0이고 전기퍼텐셜은 표면과 같은 값을 가지고, 외부에서 전기장과 전기퍼텐셜은 원통의 전하가 중심축에 모여 있는 경우와 같은 값을 갖는다.

요점_Key Ideas

1. 도체의 과잉전하는 고체의 외부표면에만 존재한다.
2. 내부를 포함한 도체 전체는 균일한 퍼텐셜 값을 갖는다.
3. 고립된 도체가 외부 전기장에 놓이면 내부의 어떤 점에서도 전도전자가 만드는 전기장과 그곳에 있는 외부 전기장은 서로 상쇄된다.
4. 또한 표면의 모든 점에서 전기장은 표면에 수직하다.

▶ 고립된 대전 도체의 퍼텐셜

23.3단원에서 고립된 도체 내부의 모든 점에서 $\vec{E} = 0$이라는 결론을 내렸으며, Gauss의 법칙을 사용하여 과잉전하는 모두 도체의 표면에만 있다는 것을 증명하였다(이는 도체의 내부에 공동이 있어도 성립한다). 여기서 고립된 도체 내부의 모든 점에서 $\vec{E} = 0$이라는 사실을 이용하여 다음과 같은 사실을 증명할 수 있다.

> 고립된 도체에 있는 과잉전하는 도체 표면에 분포하여 도체의 모든 점(내부이건 표면이건)이 같은 퍼텐셜이 되도록 한다. 이는 도체가 내부에 공동이 있거나 공동이 알짜 전하를 포함하는 경우에도 성립한다.

이것은 식 24.2.4에서 직접 증명할 수 있다.

$$V_f - V_i = -\int_i^f \vec{E}\cdot d\vec{s}.$$

도체 내의 모든 점에서 $\vec{E} = 0$이기 때문에 도체 내의 모든 점의 쌍에 대하여 $V_f = V_i$이다.

그림 24.8.1a는 반지름이 1.0 m이고 1.0 μC의 전하를 띤 고립된 도체 공 껍질의 퍼텐셜을 공 껍질의 중심거리 r의 함수로 그린 것이다. 공 껍질의 바깥에 있는 점에 대해서는 전하 q가 공 껍질의 중심에 위치한 것처럼 행동하므로 식 24.3.5를 사용하여 $V(r)$을 구할 수 있다. 이 방정식은 공 껍질의 표면에 이르기까지 성립한다. 이제 작은 시험전하

를 공 껍질을 통하여 중심으로 향해 밀어 넣어 보자(공 껍질에 조그마한 구멍이 있다고 가정하자). 공 껍질의 내부에 들어서기만 하면 시험전하에 작용하는 알짜 전기력이 없으므로 시험전하를 미는 데 더 이상의 일을 할 필요가 없다. 따라서 그림 24.8.1*a*처럼 공 껍질 내부의 모든 점에서의 퍼텐셜은 공 껍질의 표면에서의 값과 같다.

그림 24.8.1*b*는 같은 공 껍질에 대한 전기장이 지름방향의 거리에 따라 어떻게 변하는지 보여준다. 공 껍질 내부의 모든 점에서 $\vec{E} = 0$이라는 점에 유의하자. 그림 24.8.1*b*의 곡선은 그림 24.8.1*a*의 곡선을 식 24.6.3을 이용하여 r에 대해 미분하여 구할 수 있다(상수의 미분은 0임을 기억하자). 식 24.2.5를 사용하여 r에 대해 그림 24.8.1*b*의 곡선을 적분하여 그림 24.8.1*a*의 곡선을 유도할 수도 있다.

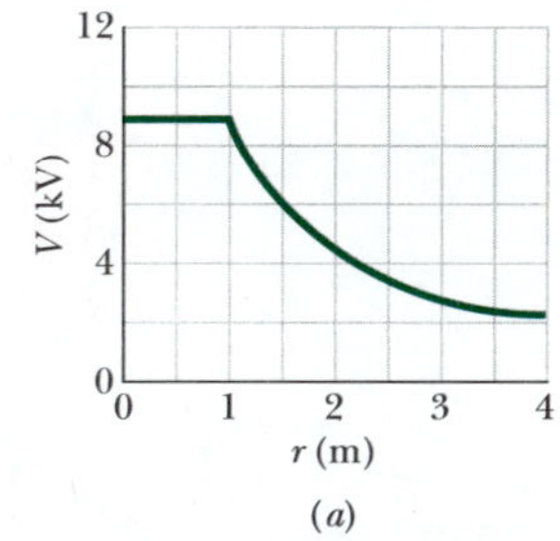

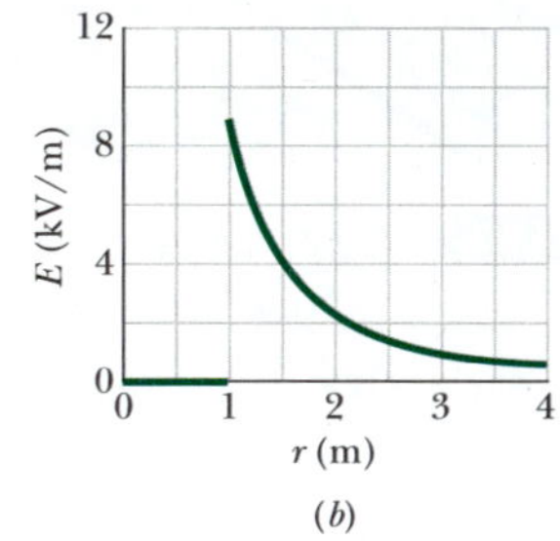

그림 24.8.1 (*a*) 반지름 1.0 m의 대전된 공 껍질에 대한 $V(r)$. (*b*) 같은 공 껍질에 대한 $E(r)$.

대전된 도체의 스파크 방전

공 모양이 아닌 도체 위에서는 전하가 도체의 표면에 균일하게 분포하지 않는다. 뾰족한 점이나 가장자리에서 표면의 전하밀도와 이에 비례하는 외부 전기장은 매우 크게 나타난다. 뾰족한 점이나 그 근처의 공기는 이온화될 수 있으며 코로나 방전을 일으키기도 한다. 폭풍우가 몰려올 때 골프를 치거나 산에 오르면 소나무의 꼭대기나 골프채, 암벽망치 등에서 코로나 방전을 볼 수 있다. 머리카락 끝이 일어서는 현상과 같은 코로나 방전은 흔히 번개가 칠 수 있다는 전조이다. 이런 상황에서는 도체 껍질로 둘러싸인 공동 안으로 몸을 숨기는 것이 현명하다. 자동차는 (플라스틱으로 만들어졌거나 무개차가 아니라면) 거의 이상적인 공동의 역할을 할 수 있다(그림 24.8.2 참조).

인체는 상당히 좋은 도체이므로 움직이거나 옷을 갈아입을 때 쉽게 대전될 수 있다. 이럴 때 옷과 피부 사이에 많은 접촉점이 생긴다. 여러 형태의 섬유에서 이 접촉점을 통해 전도전자의 일부는 한 표면에서 다른 표면으로 이동할 수 있다. 예를 들어 스웨터를 벗을 때 전자를 얻을 수 있다. 습도가 높으면 이 전자는 바로 몸에서 공기 중에 떠있는 물방울로 빠져나간다. 그러나 습도가 낮으면 과잉전하가 매우 많아서 인체와 주위의 퍼텐셜차는 5 kV 이상이 된다. 이렇게 대전되었을 때 컴퓨터 키보드에 손을 대면 인체의 과잉전하가 컴퓨터 칩에 흘러서 과부하가 걸리고 망가지게 된다.

사람과 다른 형태의 물질이 접촉하여 매우 많은 전하가 사람을 떠나면서 불꽃 방전이 일어나는 수 많은 예가 있다. 건조한 날씨에 플라스틱 미끄럼틀을 타고 내려오는 어린이의 전기퍼텐셜은 약 60 kV가 된다. 대전된 어린이가 (다른 사람과 같은) 도체에 닿으면 어린이는 아마도 매우 고통스러운 불꽃을 일으키며 물체로 방전할 것이다.

이와 같은 불꽃 방전은 (마취 기체와 같은) 가연성 기체가 있는 병원 수술실에서는 위험할 것이다. 움직이면서 방전되는 전하를 모으기 위해 수술 팀은 도체로 된 신발을 신고, 도체 바닥 위에 선다. 또한 불꽃 방전으로 인해 셀프 주유소에서 손님이 자동차 탱크를 채울 때까지 기다리기 위해 자동차 의자로 미끄러져 들어갈 때 화재가 발생한 예가 있다. 자동차 의자와 접촉할 때 사람이 매우 많은 전하를 가지고 있어서, 자동차에서 노즐을 빼려고 돌아왔을 때 손가락과 펌프 노즐 사이에서 불꽃이 일어날 수 있다. 불꽃은 노즐 주위의 휘발유 증기에 불을 붙일 수 있다.

비행기가 구름, 비, 얼음 알갱이나, 혹은 공기 속을 지나기만 해도 상당히 많은 전하를 모아서 높은 전기퍼텐셜이 생긴다. 폭발을 일으킬지도 모르는 큰 방전을 피하기 위해 각 날개에 뾰족한 점이

Courtesy Westinghouse Electric Corporation

그림 24.8.2 스파크가 차체에 떨어진 다음 절연체인 왼쪽 앞 바퀴를 타고 빠져 나간다(바퀴에 나타난 섬광을 보아라). 차 안에 있는 사람은 무사하다.

CPC Collection/Alamy Stock Photo

그림 24.8.3 비행기가 매우 많이 대전되어 생기는 크고 해로운 방전 불꽃 가능성을 피하기 위해 정전기 날개는 공기로 계속하여 방전시킨다.

있는 *정전기 날개*를 설치한다(그림 24.8.3). 뾰족한 점에서 전기장은 공기분자를 이온화할 정도로 충분히 크고, 이 이온은 날개와 (부도체인 유리창을 제외한) 나머지 외부 표면의 전하를 중화시킨다. 높은 퍼텐셜이 만들어지는 것은 지면이나 물에 있는 사람을 구출하는 헬리콥터 구조에서도 위험하다. 헬리콥터는 구조되는 사람이 구조 밧줄을 잡기 전에 지면이나 물에 닿는 도선을 통해 방전해야 한다.

외부 전기장에 놓인 고립된 도체

고립된 도체가 *외부 전기장*에 놓여 있다면 그림 24.8.4처럼 도체가 과잉전하를 가지고 있는 것과는 관계없이 도체 내의 모든 점에서는 여전히 같은 퍼텐셜을 갖는다. 자유전자가 도체의 표면에서 움직여서 도체의 내부에 형성하는 전기장이 외부 전기장을 상쇄하게 된다. 또한 전자는 알짜 전기장이 표면의 모든 점에서 표면에 수직하도록 분포한다. 그림 24.8.4에 있는 이러한 표면전하를 그 자리에 고정시킨 채 도체를 완전히 제거할 수 있다면 전기장의 형태가 전혀 변하지 않은 채 외부나 내부에서 그대로 유지될 것이다.

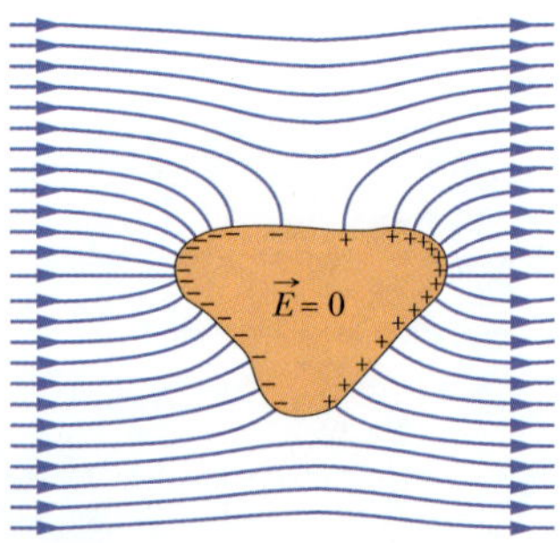

그림 24.8.4 대전되지 않은 도체가 외부 전기 장에 놓여 있다. 도체 내의 자유전자가 도체의 표면에 그림처럼 분포하여 도체 내부의 알짜 전기장은 0이 되며, 표면에 수직한 알짜 전기장을 만든다.

➡ 확인문제 24.8.1

양전하 q, 혹은 음전하 $-q$로 대전시킬 수 있는 고립된 도체 구껍질이 있고, 중심에서 시작하여 지름거리 r에서 전기퍼텐셜 V를 그리려고 한다. (a) $+q$에 해당하는 그림은 어느 것인가? (b) $-q$에 해당하는 것은 어느 것인가?

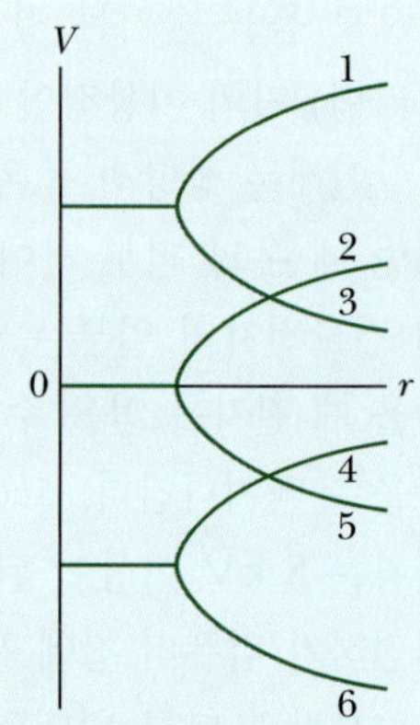

정리 및 요약 _Review & Summary

▸***전기퍼텐셜*** 대전물체의 전기장 안의 점 P에서 전기퍼텐셜 V는

$$V = \frac{-W_\infty}{q_0} = \frac{U}{q_0} \tag{24.1.2}$$

이다. 여기서 W_∞는 양의 시험전하를 무한대의 거리에서 P로 가져올 때 전기력이 한 일이고, U는 시험입자-물체 계에 저장된 퍼텐셜에너지이다.

▸***전기 퍼텐셜에너지*** 대전물체의 전기퍼텐셜이 V인 점에 점전하 q가 놓여 있으면 입자-물체 계의 전기 퍼텐셜에너지는

$$U = qV \tag{24.1.3}$$

이다. 입자가 퍼텐셜차 ΔV를 지나면 전기 퍼텐셜에너지 차는 다음과 같다.

$$\Delta U = q\,\Delta V = q(V_f - V_i). \tag{24.1.4}$$

▸***역학적 에너지*** 입자가 외부력이 작용하지 않고 전기퍼텐셜 변화 ΔV를 지날 때 역학적 에너지 보존을 적용하면 운동에너지의 변화는

$$\Delta K = -q\,\Delta V \tag{24.1.9}$$

이다. 만일 입자에 외부력이 작용하여 W_{app}의 일을 하면 운동에너지 변화는 다음과 같다.

$$\Delta K = -q\,\Delta V + W_{app}. \tag{24.1.11}$$

$\Delta K = 0$인 특별한 경우에는 퍼텐셜차를 지나는 입자의 운동에는 외

부력이 한 일만 기여한다.

$$W_{app} = q\,\Delta V \qquad (K_i = K_f\text{인 경우}). \tag{24.1.12}$$

▸**등퍼텐셜면** **등퍼텐셜면**에 있는 모든 점은 같은 퍼텐셜을 갖는다. 시험전하가 한 등퍼텐셜면에서 다른 등퍼텐셜면으로 이동할 때 하는 일은 등퍼텐셜면 위의 초기 위치와 최종 위치, 그리고 움직인 경로에 무관하다. 전기장은 언제나 등퍼텐셜면에 수직이다.

▸***$\vec{E}$에서 V를 구하는 방법*** 임의의 두 점 i와 f 사이의 퍼텐셜차는

$$V_f - V_i = -\int_i^f \vec{E}\cdot d\vec{s} \tag{24.2.4}$$

이다. 적분은 두 점을 잇는 임의의 경로에 대해 계산하면 된다. 만약 어떤 특정한 경로를 통하는 적분이 어렵다면 적분이 쉬운 다른 경로를 택해도 된다. $V_i = 0$으로 선택하면, 특정 점에서의 퍼텐셜은 다음과 같다.

$$V = -\int_i^f \vec{E}\cdot d\vec{s}. \tag{24.2.5}$$

크기 E인 균일한 전기장의 특별한 경우에 Δx만큼 떨어진 두 이웃한 (평행한) 등퍼텐셜선 사이의 퍼텐셜차는 다음과 같다.

$$\Delta V = -E\,\Delta x. \tag{24.2.7}$$

▸***대전입자가 만드는 퍼텐셜*** 점전하로부터 거리가 r인 점에서 점전하가 만드는 퍼텐셜은 다음과 같다.

$$V = \frac{1}{4\pi\varepsilon_0}\frac{q}{r}. \tag{24.3.5}$$

여기서 V와 q의 부호는 같다. 여러 개의 대전입자가 만드는 퍼텐셜은 다음과 같다.

$$V = \sum_{i=1}^{n} V_i = \frac{1}{4\pi\varepsilon_0}\sum_{i=1}^{n}\frac{q_i}{r_i}. \tag{24.3.6}$$

▸***전기쌍극자가 만드는 퍼텐셜*** 쌍극자모멘트 $p = qd$인 전기쌍극자에서 거리 r 떨어져 있는 곳의 퍼텐셜은 다음과 같다.

$$V = \frac{1}{4\pi\varepsilon_0}\frac{p\cos\theta}{r^2}. \tag{24.4.2}$$

여기서 $r \gg d$이며, 각도 θ는 그림 24.4.1에 정의되어 있다.

▸***연속적인 전하분포가 만드는 퍼텐셜*** 연속적인 전하분포에 대하여 식 24.3.6은 다음과 같다.

$$V = \frac{1}{4\pi\varepsilon_0}\int\frac{dq}{r}. \tag{24.5.2}$$

여기서 적분은 모든 전하분포에 대해 계산한다.

▸***V에서 $\vec{E}$ 구하기*** 임의의 방향에 대한 $\vec{E}$의 성분은 그 방향의 거리 변화에 대한 퍼텐셜 변화율의 음의 값이다.

$$E_s = -\frac{\partial V}{\partial s}. \tag{24.6.3}$$

전기장 $\vec{E}$의 x, y, z성분은 다음과 같다.

$$E_x = -\frac{\partial V}{\partial x};\quad E_y = -\frac{\partial V}{\partial y};\quad E_z = -\frac{\partial V}{\partial z}. \tag{24.6.4}$$

$\vec{E}$가 균일할 때 식 24.6.3을 다음과 같이 쓸 수 있다.

$$E = -\frac{\Delta V}{\Delta s}. \tag{24.6.5}$$

여기서 s는 등퍼텐셜면에 수직하다.

▸***대전입자 계의 전기 퍼텐셜에너지*** 대전입자 계의 전기 퍼텐셜에너지는 초기에 서로 무한히 떨어져서 정지해 있는 전하를 이 계로 모으는 데 필요한 일과 같다. 분리 거리가 r인 두 전하에 대해서는 다음과 같다.

$$U = W = \frac{1}{4\pi\varepsilon_0}\frac{q_1q_2}{r}. \tag{24.7.4}$$

▸***대전된 도체의 퍼텐셜*** 평형을 이루고 있는 도체의 과잉전하는 도체의 바깥 표면에 분포한다. 이 전하들은 스스로 분포하여 (1) 도체의 표면과 내부의 모든 점에서의 퍼텐셜을 일정하게 만들고, (2) 내부의 모든 점에서 외부 전기장을 상쇄시키며, (3) 표면의 모든 점에서 전기장의 방향이 표면에 수직이 되도록 한다.

연습문제 _Problems

E Easy M Medium H Hard CALC Requires calculus BIO Biomedical application

1 M 그림 24.1에 두 점전하 $q_1 = +5e$와 $q_2 = -15e$가 $d = 30.0$ cm 떨어져 고정되어 있다. 무한대에서 $V = 0$으로 정의할 때 x축 위에서 알짜 전기퍼텐셜이 0이 되는 x의 (a) 양의 값과 (b) 음의 값은 얼마인가?

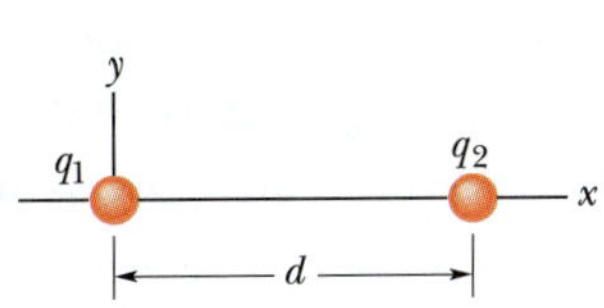

그림 24.1 ▸ 연습문제 1, 2

2 M 그림 24.1에 점전하 q_1과 q_2가 거리 d만큼 떨어져 있다. 두 점전하가 $x = d/5$에 만드는 알짜 전기장은 0이다. 무한대에서 $V = 0$일 때, x축 위에서 알짜 전기퍼텐셜이 0이 되는 (무한대가 아닌) x의 위치를 d로 나타내어라.

3 M CALC 그림 24.2에 길이가 $L = 12.0$ cm이고 양전하 $Q = 80.0$ fC이 균일하게 분포된 플라스틱 막대가 x축 위에 놓여 있다. 무한대에서 $V = 0$일 때 막대 끝으로부터 거리 $d = 2.50$ cm 떨어진 점 P_1에서 전기퍼텐셜을 구하여라.

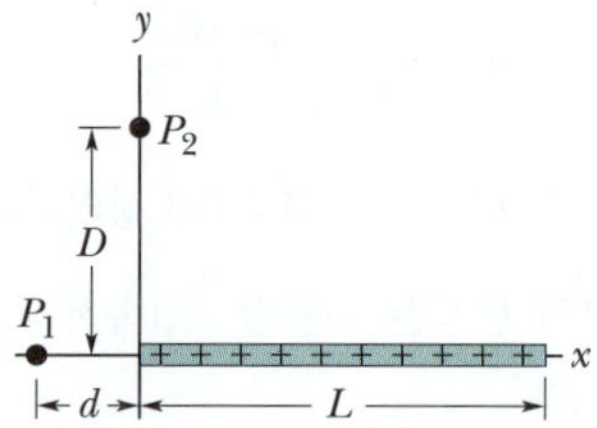

그림 24.2 연습문제 3~6

4 **H** **CALC** 그림 24.2에 길이가 $L = 12.0$ cm이고 불균일한 선전하밀도 $\lambda = cx$로 주어진 플라스틱 막대가 있다. 여기서 $c = 35.0\ \text{pC/m}^2$이다. 무한대에서 $V = 0$일 때 막대 끝으로부터 거리 $d = 3.00$ cm인 점 P_1에서 전기퍼텐셜을 구하여라.

5 **M** **CALC** 그림 24.2에 24.0 fC의 전하가 균일하게 분포한 길이 $L = 13.5$ cm의 얇은 플라스틱 막대가 있다. (a) 점 P_1의 전기퍼텐셜을 거리 d로 나타내어라. (b) d 대신 x로 바꾸어 점 P_1에서 전기장 E_x 성분의 크기를 구하여라. (c) x축 양의 방향에 대해 E_x의 방향은 무엇인가? (d) $x = d = 6.20$ cm인 점 P_1에서 값을 구하여라. (e) 그림 24.12의 대칭성으로부터 점 P_1에서 E_y를 구하여라.

6 **H** **CALC** 그림 24.2에 길이가 $L = 10.0$ cm인 플라스틱 막대가 불균일한 선전하밀도 $\lambda = cx$로 대전되어 있다. 여기서 $c = 61.0\ \text{pC/m}^2$이다. (a) 무한대에서 $V = 0$일 때 $y = D = 3.56$ cm인 y축 위의 점에서 전기퍼텐셜을 구하여라. (b) 점 P_2에서 전기장의 E_y 성분을 구하여라. (c) 점 P_2에서 전기장의 E_x 성분은 왜 (a)의 결과를 이용하여 구할 수 없는가?

7 **M** *우물 안의 양성자.* 그림 24.3은 x축을 따라 변하는 전기퍼텐셜 V이다. 수직축의 눈금은 $V_s = 10.0$ V이다. 초기 운동에너지가 4.00 eV인 양성자를 $x = 3.5$ cm인 곳에서 놓았다. (a) 양성자가 초기에 x축 음의 방향으로 움직인다면 양성자는 반환점에 도달하겠는가? (만약 그렇다면 그 점의 x 좌표는 무엇인가?) 아니면 그래프의 영역 밖으로 나가는가? (만약 그렇다면 $x = 0$에서 속력은 얼마인가?) (b) 양성자가 초기에 x축 양의 방향으로 움직인다면 양성자는 반환점에 도달하는가? (만약 그렇다면 그 점의 x 좌표는 무엇인가?) 아니면 이 영역 밖으로 나가는가? (만약 그렇다면 $x = 6.0$ cm에서 속력은 얼마인가?) 만약 양성자가 $x = 3.0$ cm의 바로 왼쪽으로 움직인다면 양성자에 작용하는 전기력의 (c) 크기 F와 (d) 방향(x 축의 양의 방향 혹은 음의 방향)은 각각 무엇인가? 만약 양성자가 $x = 5.0$ cm의 바로 오른쪽으로 움직인다면 (e) 크기 F와 (f) 방향은 각각 무엇인가?

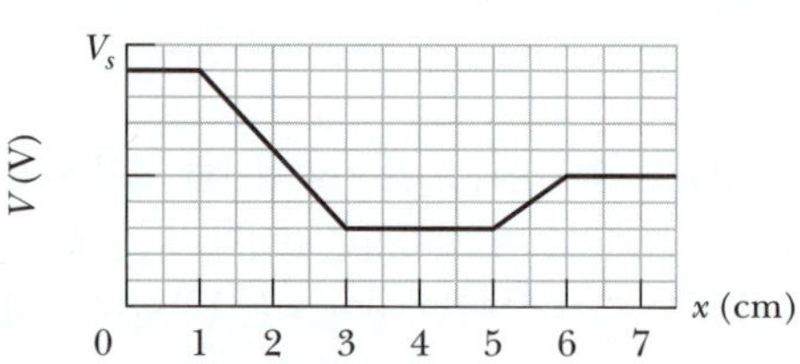

그림 24.3 연습문제 7

8 **E** 두 개의 커다란 평행한 도체판이 12 cm 떨어져 있고, 크기가 같고 부호가 반대인 전하가 마주 보는 면에 놓여 있다. 두 판 사이의 임의의 점에 있는 전자는 6.7×10^{-15} N의 힘을 받는다. (a) 전자가 있는 위치에서 전기장은 얼마인가? (b) 두 판의 퍼텐셜 차는 얼마인가?

9 **E** 플라스틱 막대를 반지름이 $R = 6.00$ cm인 원모양으로 휘었다. 1/4의 원호에 걸쳐서 양의 전하 $Q_1 = +4.20$ pC이 균일하게 분포하고, 나머지 원호에는 음의 전하 $Q_2 = -6Q_1$이 균일하게 분포한다(그림 24.4). 무한대에서 $V = 0$일 때 (a) 원의 중심 C, (b) 원의 중심으로부터 거리 $D = 6.71$ cm 떨어진 축 위의 점 P에서 전기퍼텐셜은 얼마인가?

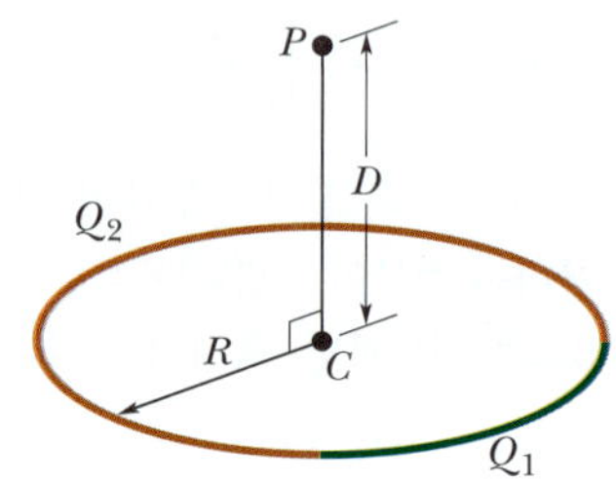

그림 24.4 연습문제 9

10 **H** N개의 전자가 다음과 같은 두 가지 배열 중의 하나에 놓을 수 있다. 첫 번째 배열은 전자가 반지름 R인 가는 고리 위에 균일하게 분포하여, 인접한 전자 사이의 거리가 어디든지 같은 경우이다. 두 번째는 $N - 1$개의 전자는 고리 위에 균일하게 분포하고 하나의 전자가 고리의 중심에 놓여 있는 경우이다. (a) 두 번째 경우의 에너지가 첫 번째 경우보다 작게 되는 N의 최소값은 얼마인가? (b) (a)에서 구한 N 값에 대해, 고리 위 임의의 전자(e_0라고 하자)를 생각하자. 몇 개의 다른 고리 위 전자들이 중심에 있는 전자보다 e_0에 더 가까이 있는가?

11 **M** 그림 24.5에서 $Q = +8e$인 처음에 정지한 전하를 무한대에서 점선을 따라 옮겨와서 두 개의 고정된 전하 $q_1 = +4e$와 $q_2 = -q_2/2$ 근처에 그림과 같이 놓을 때 필요한 일은 얼마인가? 거리 $d = 1.40$ cm이고 $\theta_1 = 43°$, $\theta_2 = 60°$이다.

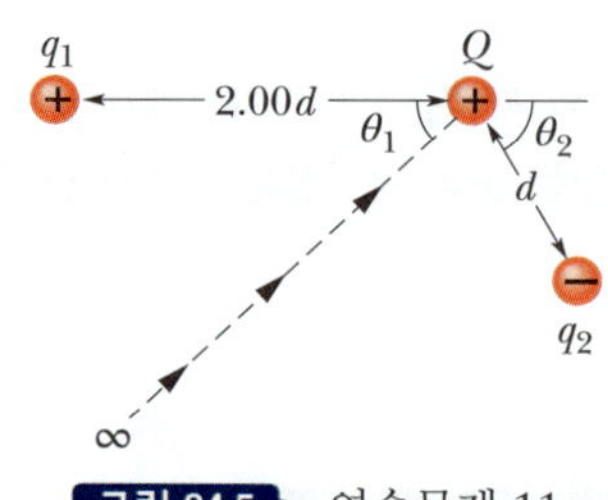

그림 24.5 연습문제 11

12 **H** **CALC** $q = +3.50$ fC의 전하가 균일하게 분포된 반지름이 $R = 3.20$ cm의 부도체 공이 있다. 공 중심의 전기퍼텐셜을 $V_0 = 0$으로 잡는다. 중심거리가 (a) $r = 1.45$ cm와 (b) $r = R$인 곳에서 V를 구하여라. (*힌트*: 23.6단원을 참조하여라)

13 **M** **CALC** 한쪽 면이 균일한 면전하밀도 $\sigma = 3.69\ \text{fC/m}^2$로 대전된 반지름 $R = 64.0$ cm의 플라스틱 원판에서 3/4을 제거하였다. 남은 1/4을 그림 24.6에 나타내었다. 무한대에서 $V = 0$일 때, 남아있는 1/4이 점 P에 만드는 퍼텐셜은 얼마인가? 점 P는 원래 판의 중심축 위에 있으며 원래 판의 중심에서 $D = 25.9$ cm 떨어져 있다.

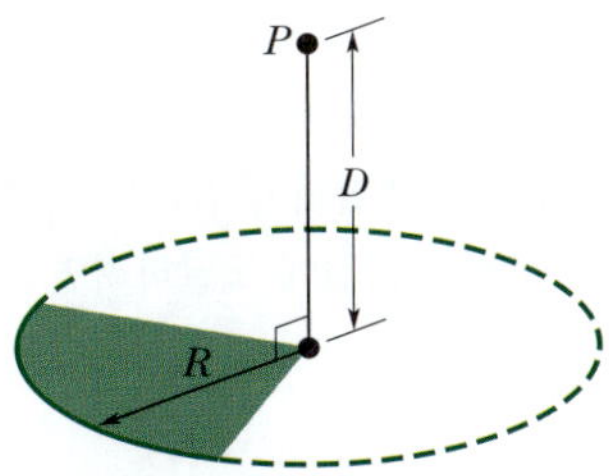

그림 24.6 연습문제 13

14 M 두 개의 작은 금속공 A와 B의 질량은 각각 m_A = 5.00 g 및 m_B = 10.0 g이다. 두 공에는 같은 양전하 q = 5.00 μC이 분포한다. 두 공을 길이 d = 1.00 m인 질량이 없는 부도체의 끈으로 연결한다. 끈의 길이는 공의 반지름보다 훨씬 크다. (a) 계의 전기 퍼텐셜에너지는 얼마인가? (b) 끈을 끊는 순간 각 공의 가속도는 얼마인가? (c) 끈을 끊고 오랜 시간이 지났을 때 각 공의 속력은 얼마인가?

15 M 그림 24.7에 xy 평면에 놓인 전자의 좌표축의 값 x와 y에 의존하는 전기퍼텐셜을 나타내었다(퍼텐셜은 z와 무관하다). 수직축의 눈금은 V_s = 1000 V이다. 전자에 작용하는 정전기력을 단위벡터 표기 방법으로 나타내어라.

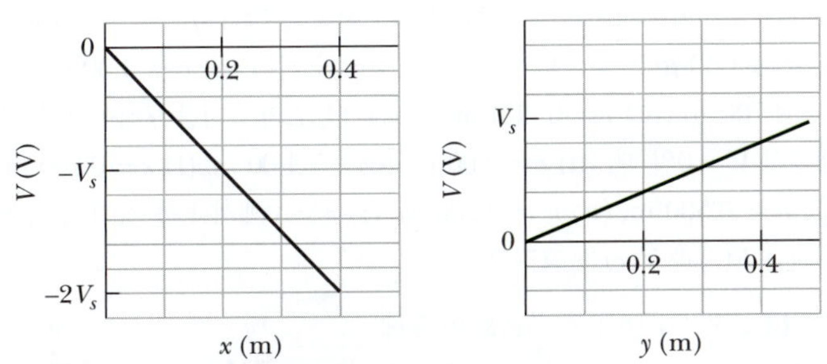

그림 24.7 연습문제 15

16 M 반지름이 7.0 cm인 대전된 금속공의 알짜전하는 3.0×10^{-8} C이다. (a) 공 표면의 전기장은 얼마인가? (b) 무한대에서 V = 0이라면 공 표면에서 전기퍼텐셜은 얼마인가? (c) 공의 표면에서 얼마만큼 떨어졌을 때 전기퍼텐셜이 500 V 감소하는가?

17 M 그림 24.8a에 나타낸 대로 x축 위에 입자 1(전하 +5.0 μC)과 입자 2(전하 +3.0 μC)를 거리 d = 4.0 cm로 떨어뜨려 고정시켰다. 입자 3은 입자 2의 오른쪽에서 x축을 따라 움직일 수 있다. 그림 24.8b는 세 입자로 이루어진 계의 전기 퍼텐셜에너지 U를 입자 3의 x 좌표의 함수로 나타낸 그래프이다. 수직축의 눈금은 U_s = 5.0 J이다. 입자 3의 전하는 얼마인가?

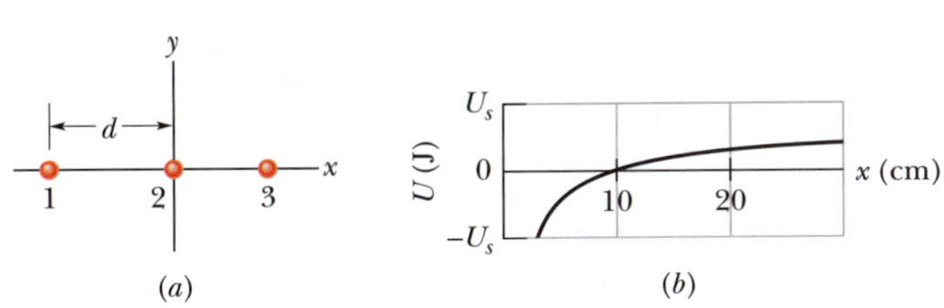

그림 24.8 연습문제 17

18 E 어떤 12 V의 자동차 축전지는 회로의 한 끝에서 다른 끝으로 67A · h (암페어시)의 전하를 보낼 수 있다. (a) 이것이 나타내는 전하량은 몇 쿨롱인가? (*힌트*: 식 21.1.3 참조) (b) 이 전체 전하가 12 V의 퍼텐셜 차를 지닌다면 에너지는 얼마나 이동하는가?

19 M 그림 24.9에 원점이 곡률중심으로 같은 원의 1/4인 얇은 플라스틱 원호 세 개가 있다. 각각의 막대에는 전하 Q_1 = +40 nC, Q_2 = $+3.0Q_1$, Q_3 = $-8.0Q_1$이 균일하게 분포한다. 막대가 원점에 만드는 알짜 전기퍼텐셜은 얼마인가?

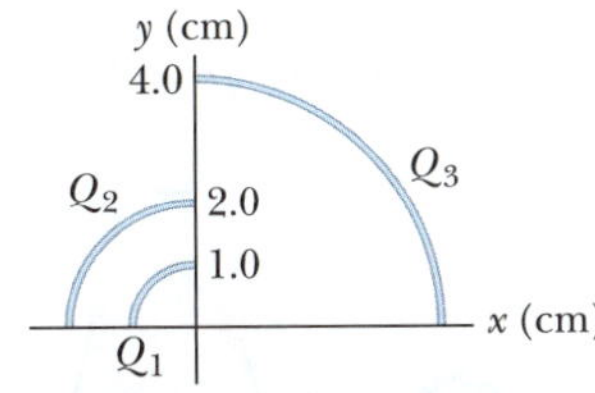

그림 24.9 연습문제 19

20 E CALC 서로 평행한 판 1과 판 2의 사이의 전기퍼텐셜 V는 $V = 1800x^2$이다. 여기서 x는 판 1까지의 수직거리로 단위는 미터이고, V의 단위는 볼트이다. x = 1.30 cm에서 전기장의 (a) 크기를 구하여라. (b) 전기장의 방향은 판 1 쪽으로 향하는가, 멀어지는 방향인가?

21 M 그림 24.10에서 대전입자(전자 또는 양성자)가 d = 2.00 mm 떨어진 평행하고 대전된 두 판 사이에서 오른쪽으로 움직인다. 각 판의 퍼텐셜은 V_1 = −90.0 V, V_2 = −50.0 V이다. 왼쪽 판에서 초기 속력 90.0 km/s의 입자가 느려지고 있다. (a) 입자는 전자인가, 양성자인가? (b) 입자가 판 2에 도착할 때의 속력은 얼마인가?

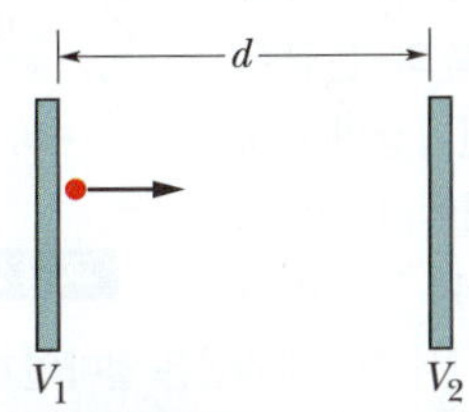

그림 24.10 연습문제 21

22 E (a) 3.50 nm 떨어져 있는 두 전자의 전기 퍼텐셜에너지는 얼마인가? (b) 거리가 증가하면 퍼텐셜에너지는 증가하는가, 감소하는가?

23 E 점전하 q = 2.8 nC과, q로부터 d_1 = 2.0 m 떨어진 점 A와 d_2 = 1.0 m 떨어진 점 B를 고려하자. (a) 두 점이 그림 24.11a처럼 서로 반대 방향에 있을 때 전기퍼텐셜차 $V_A - V_B$는 얼마인가? (b) 점 A와 점 B가 그림 24.11b와 같다면 전기퍼텐셜차는 얼마인가?

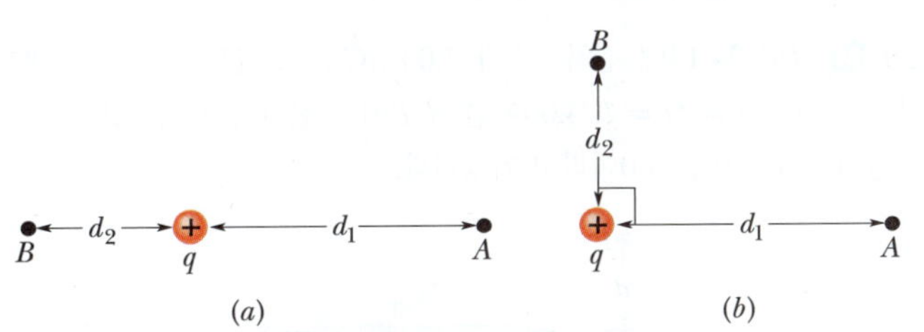

그림 24.11 연습문제 23

24 M CALC 어느 영역에서 전기장의 성분은 $E_y = E_z = 0$이고 E_x = (2.10 N/C)x이다. y = 3.00 m인 y축 위에 점 A가 있고,

$x = 4.00$ m인 x축 위에 점 B가 있다. 퍼텐셜차 $V_B - V_A$는 얼마인가?

25 M 그림 24.12*a*에서 전자가 무한대에서 시작하여 대전된 작은 공으로부터 거리 $R = 6.00$ cm인 점까지 움직인다. 이때 $W = 2.16 \times 10^{-13}$ J의 외부일을 해야 한다. (a) 공의 전하 Q는 얼마인가? 공을 12등분하여 그림 24.12*b*처럼 반지름이 $R = 8.00$ cm인 원형 시계판의 시간 위치에 하나씩 놓았다. 이제 전자를 무한히 먼 거리에서 원의 중심으로 가져온다. (b) 12개의 대전된 입자로 이루어진 계에 이렇게 전자 하나를 첨가한다면 계의 전기 퍼텐셜에너지는 얼마나 변하는가?

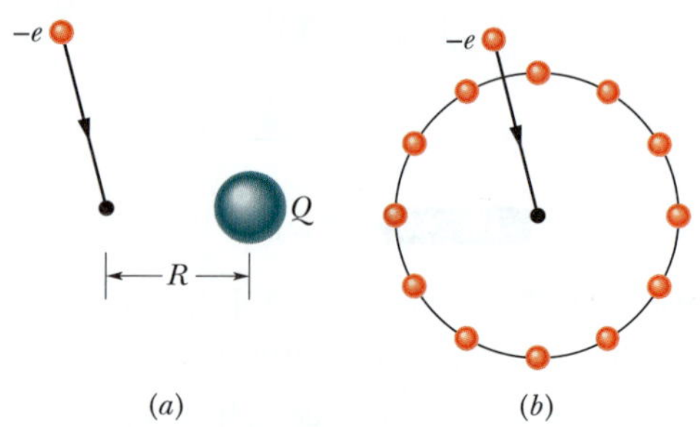

그림 24.12 연습문제 25

26 M −9.0 nC의 전하가 가는 플라스틱 고리 위에 균일하게 분포하며, 고리의 중심은 원점에 있고 yz 평면에 놓여 있다. 점전하 −1.5 pC을 x축 위 $x = 3.0$ m인 지점에 놓았다. 고리의 반지름이 1.5 m일 때 점전하를 원점으로 옮기는 데 필요한 외부 일을 구하여라.

27 M CALC 그림 24.13은 전기장의 x 성분을 x의 함수로 나타낸 그래프이다. 수직축의 눈금은 $E_{xs} = 20.0$ N/C이다. 전기장의 y 성분과 z 성분은 이 영역에서 0이다. 원점에서 전기퍼텐셜이 14 V라고 하면 (a) $x = 2.0$ m인 곳에서 전기퍼텐셜은 얼마인가? (b) $0 \le x \le 6.0$ m인 x축 위의 점에서 전기퍼텐셜의 양의 최대값은 얼마인가? (c) 전기퍼텐셜이 0인 x의 위치는 어디인가?

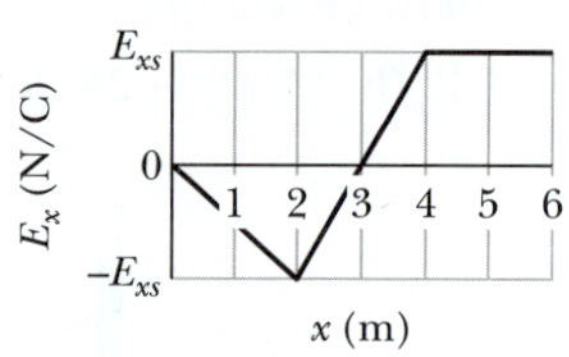

그림 24.13 연습문제 27

28 E 공 1의 반지름은 R_1이고 전하는 q이다. 공 2는 반지름이 $3.00R_1$이고, 공 1에서 멀리 떨어져 있으며 초기에는 대전되지 않았다. 도선에 있는 전하는 무시할 정도로 작은 가는 도선으로 두 공을 연결하였다. (a) 공 1의 퍼텐셜 V_1은 공 2의 퍼텐셜 V_2보다 큰가, 작은가, 아니면 같은가? (b) 공 1과 (c) 공 2의 전하를 q로 나타내어라. (d) 두 공의 면전하밀도 비율 σ_1/σ_2는 얼마인가?

29 M 그림 24.14에 전하밀도가 3.00 μC/m로 균일한 가는 막대를 나타내었다. $d = D = L/4.00$이면 점 P에서 전기퍼텐셜은 얼마인가? 무한대에서 퍼텐셜이 0이라고 가정한다.

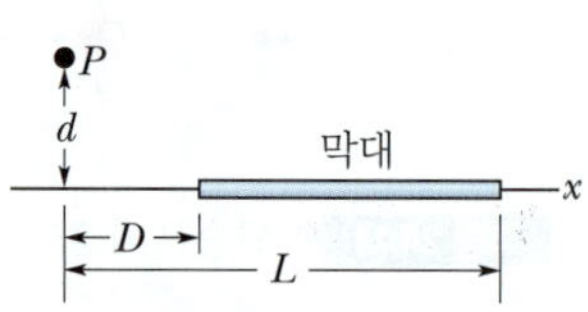

그림 24.14 연습문제 29

30 M 반지름이 R인 구형의 얇은 도체 껍질이 고립되어 있는 지지대 위에 −290 V의 퍼텐셜로 대전되어 놓여 있다. 껍질의 중심으로부터 r ($r \gg R$)에 있는 점 P에서 껍질의 중심을 향해 전자를 쏜다. 전자가 방향을 반대로 바꾸기 직전에 껍질에 도달하려면 초기 속력 v_0는 얼마가 되어야 하는가?

31 M 양전자(전하는 $+e$이고 질량은 전자와 같다)가 x축 양의 방향으로 축을 따라 속력 1.5×10^7 m/s로 움직이다가, $x = 0$인 곳에 x축 방향의 전기장과 만난다. 그림 24.15는 이 전기장의 전기퍼텐셜을 나타낸 그래프이다. 수직축의 눈금은 $V_s = 500.0$ V이다. (a) 양전자는 $x = 0$인 곳으로 나오는가(운동방향이 바뀐다는 것을 의미한다), $x = 0.50$ m인 곳으로 나오는가(운동방향이 바뀌지 않는다는 것을 의미한다)? (b) 양전자가 전기장이 있는 영역에서 나올 때의 속력은 얼마인가?

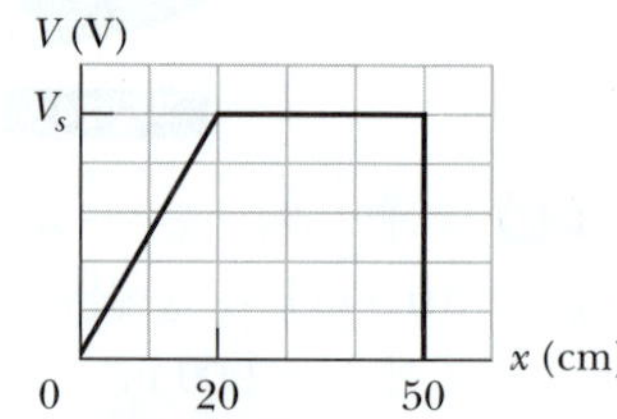

그림 24.15 연습문제 31

32 M 반지름이 $R_1 = 0.500$ m, $R_2 = 1.00$ m인 얇고 고립된 동심의 두께를 무시할 수 있는 두 도체 껍질의 전하는 각각 $q_1 = +2.00$ μC, $q_2 = +1.00$ μC이다. 공의 중심으로부터의 거리 (a) $r = 4.00$ m (b) $r = 0.700$ m, (c) $r = 0.200$ m에서 전기장 E의 크기를 구하여라. 무한대에서 $V = 0$일 때, (d) $r = 4.00$ m, (e) $r = 1.00$ m, (f) $r = 0.700$ m, (g) $r = 0.500$ m, (h) $r = 0.200$ m, (i) $r = 0$에서 V를 각각 구하여라. (j) $E(r)$과 $V(r)$을 그려라.

33 E 그림 24.16에서 무한히 먼 곳에서 정지한 입자로 전하 $q = 3.90$ pC, $a = 64.0$ cm인 배열을 만들기 위해 한 일은 얼마인가?

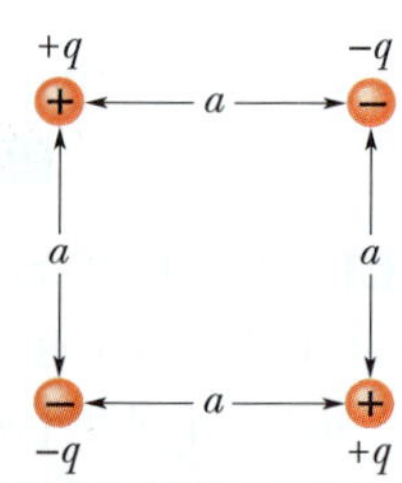

그림 24.16 연습문제 33

34 E 속이 빈 금속공이 접지($V = 0$)에 대해 +650 V의 퍼텐셜을 갖고 5.0×10^{-9} C의 전하로 대전되어 있다. 공의 중심에서 전기퍼텐셜을 구하여라.

35 M 그림 24.17에서 네 입자가 점 P에 만드는 알짜 전기퍼텐셜은 얼마인가? 무한대에서 $V = 0$이고, $q = 5.00$ fC, $d = 2.20$ cm이다.

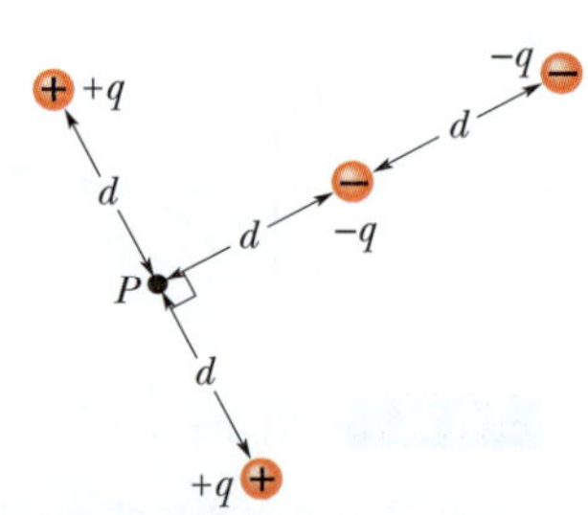

그림 24.17 연습문제 35

36 **E** 번개가 칠 때 지면과 구름 사이의 전기퍼텐셜차는 2.5×10^9 V이다. 전자볼트의 단위로 지면과 구름 사이를 움직이는 전자의 전기퍼텐셜에너지 변화의 크기를 구하여라.

37 **E** 그림 24.18에 전하 $Q = -14.6$ pC의 전하가 균일하게 분포된 플라스틱 막대를 구부려서 만든 반지름 $R = 3.71$ cm, 중심각 $\phi = 120°$인 원호가 있다. 무한대에서 $V = 0$일 때 원호의 곡률중심 P에서 전기퍼텐셜은 얼마인가?

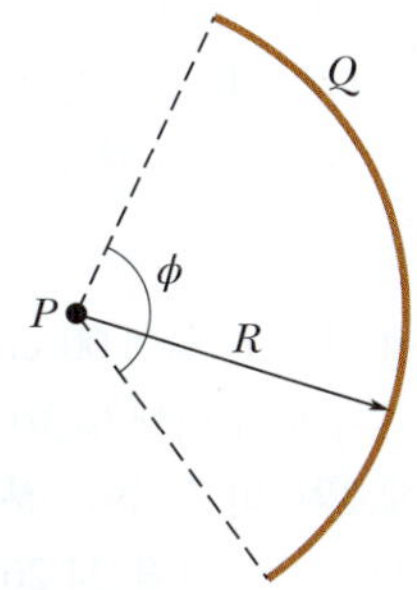

그림 24.18 연습문제 37

38 **E** 암모니아 분자 NH_3의 영구 쌍극자모멘트는 1.47 D이다. 여기서 D는 debye 단위이며 1 D $= 3.34 \times 10^{-30}$ C · m이다. 쌍극자의 축을 따라 72.0 nm 떨어진 점에서 암모니아 분자가 만드는 전기퍼텐셜을 구하여라. (무한대에서 $V = 0$이다.)

39 **M** 그림 24.19에 전하 $Q_1 = +7.21$ pC의 원호와 전하가 $Q_2 = 4.00Q_1$과 $Q_3 = -2.00\ Q_1$인 두 입자가 원점에 만드는 알짜 전기퍼텐셜은 얼마인가? 원호의 곡률중심은 원점에 있고, 반지름은 $R = 1.50$ m이며 각도는 $\theta = 20.0°$이다.

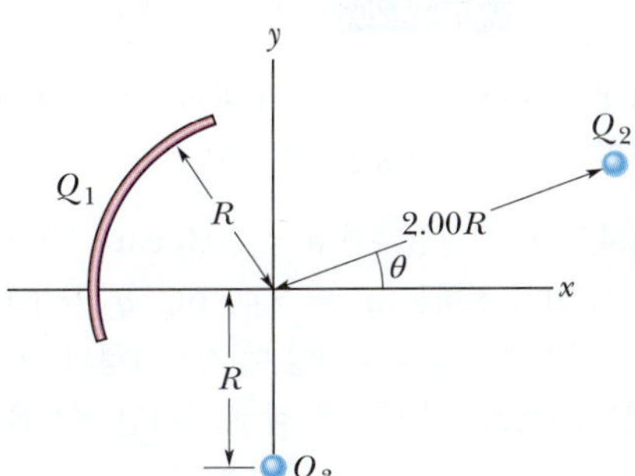

그림 24.19 연습문제 39

40 **M** CALC 퍼텐셜이 $V = 2.00xyz^2$로 주어지는 영역에서 위치 $(3.00\hat{i} - 2.00\hat{j} + 2.00\hat{k})$ m에서 전기장의 크기는 얼마인가? 여기서 V의 단위는 볼트이며 x, y, z의 단위는 미터이다.

41 **M** 그림 24.20a에서 기본 전하 $+e$의 입자가 초기에 쌍극자축 위의 양전하 쪽 위치 $z = 20$ nm에 있다. (z의 원점은 쌍극자의 중심에 있다.) 쌍극자축의 음의 방향으로 $z = -23$ nm가 될 때까지 쌍극자 중심 주위의 원형 궤도를 따라 입자를 움직인다. 그림 24.20b는 입자에 작용한 힘이 한 일 W_a를 양의 z축 방향에 대한 각도 θ의 함수로 그린 그래프이다. 수직축의 눈금은 $W_{as} = 4.0 \times 10^{-30}$ J이다. 쌍극자모멘트의 크기는 얼마인가?

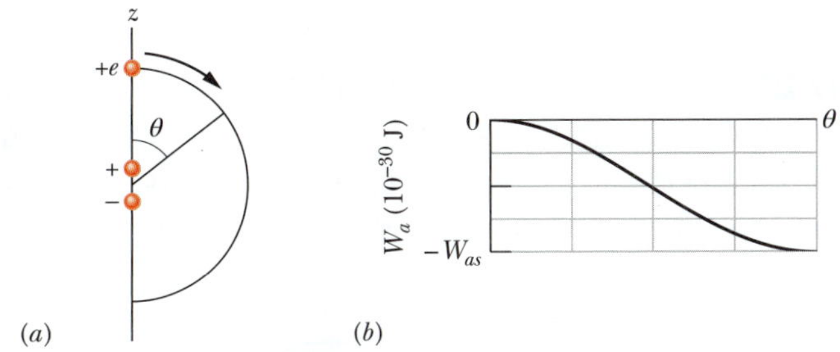

그림 24.20 연습문제 41

42 **E** 우주선이 지구 이온층의 희박한 이온화된 기체를 지날 때 한 번 공전할 때 우주선의 퍼텐셜은 전형적으로 -1.0 V만큼 변한다. 우주선을 반지름 6.0 m인 구라고 가정하여 우주선에 달라붙는 전하량을 추정하여라.

43 **E** 전자가 그림 24.21의 전기장선을 따라 A에서 B로 이동할 때, 전기장은 전자에 1.95×10^{-19} J의 일을 한다. 전기퍼텐셜차 (a) $V_B - V_A$, (b) $V_C - V_A$, (c) $V_C - V_B$는 얼마인가?

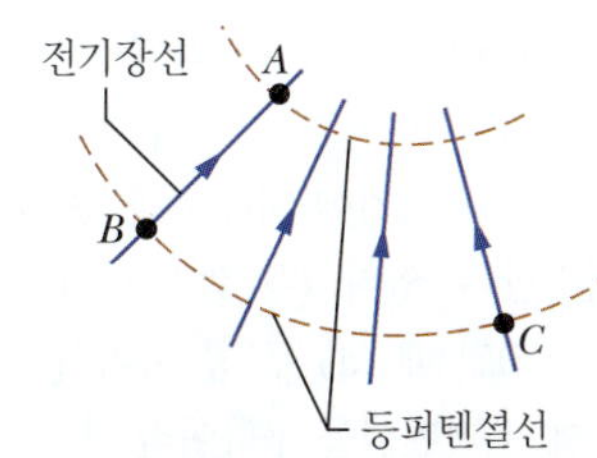

그림 24.21 연습문제 43

44 **M** 전하 q인 입자가 점 P에 고정되어 있고, 질량이 m이며 같은 전하 q인 두 번째 입자가 P에서 r_1인 곳에 고정되어 있다. 그리고 두 번째 입자를 놓았다. 이 입자가 P에서 r_2의 거리에 있을 때 속력을 결정하여라. $q = 0.30$ μC, m = 20 mg, $r_1 = 0.90$ mm, $r_2 = 2.5$ mm이다.

45 **M** 그림 24.22의 직사각형에서 각 변의 길이는 5.0 cm와 15 cm이며 $q_1 = -5.0$ μC, $q_2 = +3.0$ μC이다. 무한대에서 $V = 0$일 때 (a) 꼭지점 A와 (b) B의 전기퍼텐셜은 얼마인가? (c) 세 번째 전하 $q_3 = +3.0$ μC을 B에서 A로 대각선을 따라 옮기는 데 필요한 일은 얼마인가? (d) 이 일은 세 전하로 이루어진 계의 전기 퍼텐셜에너지를 증가시키는가, 감소시키는가? 이 전하를 (e) 직사각형의 내부에서 대각선이 아닌 경로나 (f) 직사각형의 바깥쪽 경로를 따라 움직일 때 필요한 일은 더 많은가, 더 적은가, 아니면 같은가?

그림 24.22 연습문제 45

46 **M** 전자를 초기 속력 8.0×10^5 m/s로 고정되어 있는 양성자를 향해 쏘았다. 초기에 전자가 양성자로부터 먼 거리에 있었다면, 양성자로부터 얼마만큼 떨어진 거리에서 전자의 속력이 순간적으로 초기

속력의 두 배가 되는가?

47 M 그림 24.23*a*는 고정된 전기쌍극자의 음전하 쪽으로 쌍극자축을 따라 움직이는 전자이다. 운동에너지가 100 eV인 전자는 초기에 쌍극자로부터 매우 먼 곳에 있었다. 그림 24.23*b*는 쌍극자의 중심으로부터 거리 *r*의 함수로 운동에너지 *K*를 나타낸 그래프이다. 수평축의 눈금은 $r_s = 0.20$ m이다. 쌍극자모멘트의 크기를 구하여라.

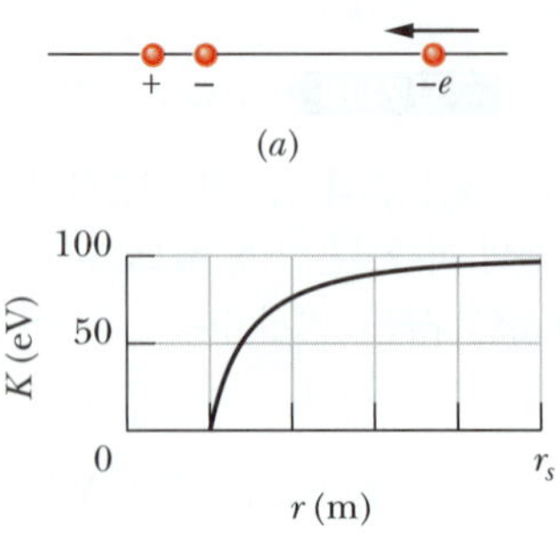

그림 24.23 연습문제 47

48 E 반지름이 각각 3.0 cm인 두 금속공의 중심이 4.0 m 떨어져 있다. 구 1의 전하는 $+1.0 \times 10^{-8}$ C이고, 구 2의 전하는 -3.0×10^{-8} C이다. 둘 사이의 간격은 공의 크기에 비해 매우 커서 각각의 전하는 균일하게 분포한다고 생각할 수 있다. (두 껍질은 서로 영향을 끼치지 않는다.) 무한대에서 $V = 0$일 때 (a) 두 공 사이의 중간점, (b) 구 1의 표면, (c) 구 2의 표면에서 퍼텐셜을 구하여라.

49 E 그림 24.24에서 일곱 개의 대전입자가 한 변의 길이가 6.0 cm인 정사각형의 변에 고정되어 있다. 무한히 먼 곳에 정지해 있는 전하 +6*e*의 입자를 정사각형의 중심으로 가져오기 위해 해야하는 일은 얼마인가?

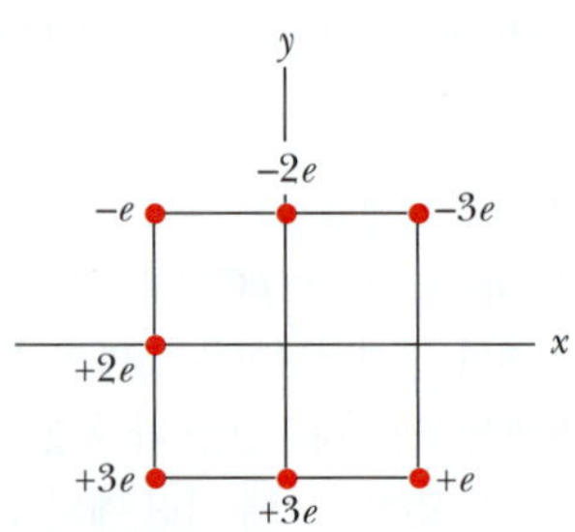

그림 24.24 연습문제 49

50 M CALC 무한한 얇은 부도체 판의 면전하밀도는 $\sigma = +5.80$ pC/m²이다. (a) 전하 $q = +1.60 \times 10^{-19}$ C의 입자가 판에서 $d = 2.00$ cm 떨어진 점 *P*까지 움직인다면 전기장이 한 일은 얼마인가? (b) 전기퍼텐셜 *V*를 판 위에서 0으로 정의한다면 점 *P*에서 *V*는 얼마인가?

51 M 그림 24.25*a*에 두 개의 대전입자가 있다. 전하 q_1인 입자 1은 거리 *d*인 곳에 고정되어 있다. 전하 q_2인 입자 2는 *x*축을 따라 움직일 수 있다. 그림 24.25*b*는 두 입자가 원점에 만드는 알짜 전기퍼텐셜 *V*를 입자 2의 *x* 좌표의 함수로 그린 그래프이다. *x*축의 눈금은 $x_s = 16.0$ cm이다. $x \to \infty$일 때 $V = 5.76 \times 10^{-7}$ V으로 접근한다. q_2를 *e*로 나타내어라.

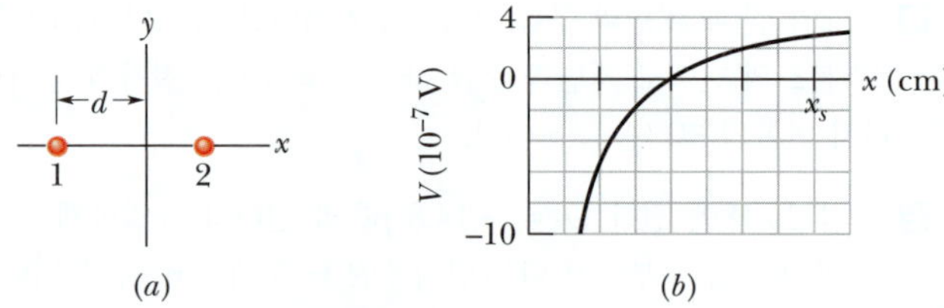

그림 24.25 연습문제 51

52 H CALC $\lambda = bx$로 주어진 불균일한 선전하분포에서 *b*는 상수이고, *x*축을 따라 $x = 0$에서 $x = 0.20$ m인 곳에 있다. $b = 15$ nC/m²이고, 무한대에서 $V = 0$로 놓으면 (a) 원점과 (b) *y*축 위 $y = 0.15$ m에서 전기퍼텐셜은 얼마인가?

53 E (a) 그림 24.26*a*에 길이 $L = 6.00$ cm이고, 균일한 선전하밀도가 $\lambda = +7.00$ pC/m인 부도체 막대가 있다. 무한대에서 전기퍼텐셜을 $V = 0$으로 정의할 때, 막대의 수직이등분선을 따라 $d = 8.00$ cm인 점 *P*에서 *V*는 얼마인가? (b) 그림 24.26*b*는 동일한 막대이지만 오른쪽 반이 음으로 대전된 경우이다. 왼쪽 반과 오른쪽 반의 균일한 선전하밀도의 크기는 $\lambda = 3.68$ pC/m이다. 무한대에서 $V = 0$일 때 점 *P*에서 *V*는 얼마인가?

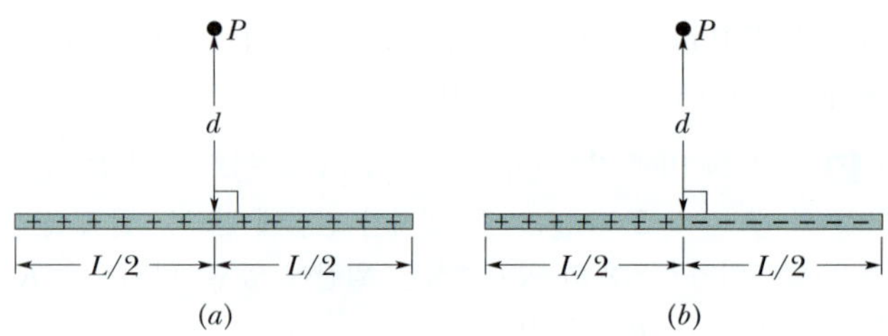

그림 24.26 연습문제 53

54 E 반지름 $r = 0.15$ m인 도체공의 퍼텐셜이 2000 V이고, 무한대에서 $V = 0$이면 도체공의 과잉전하는 얼마인가?

55 M 그림 24.27에 대전입자를 $a = 20.0$ cm의 간격으로 직사각형 모양으로 고정시켰다. 전하는 $q_1 = 3.40$ pC, $q_2 = 6.00$ pC의 배수로 나타내었다. 무한대에서 $V = 0$일 때 직사각형의 중심에서 알짜 퍼텐셜은 얼마인가? (*힌트*: 이 배열을 잘 조사하면 계산을 간단히 할 수 있다.)

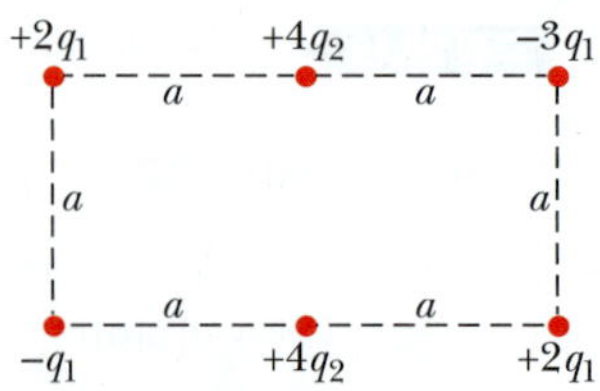

그림 24.27 연습문제 55

56 M 무한한 부도체판의 한쪽 면이 면전하밀도 $\sigma = 0.10\ \mu$C/m²로 대전되어 있다. 퍼텐셜이 30 V만큼 차이가 나는 등퍼텐셜면은 얼마나 떨어져 있는가?

57 M 그림 24.28의 웃는 얼굴은 다음의 세 요소로 만든다.

1. 전하가 $-3.0\ \mu$C이고 반지름이 6.0 cm인 원을 만드는 가는 막대.

2. 전하가 2.0 μC이고 반지름이 4.0 cm이며 중심각이 90°인 원호를 이루는 가는 막대.

3. 반지름 방향에 수직이고 크기가 1.28×10^{-21} C · m인 전기쌍극자.

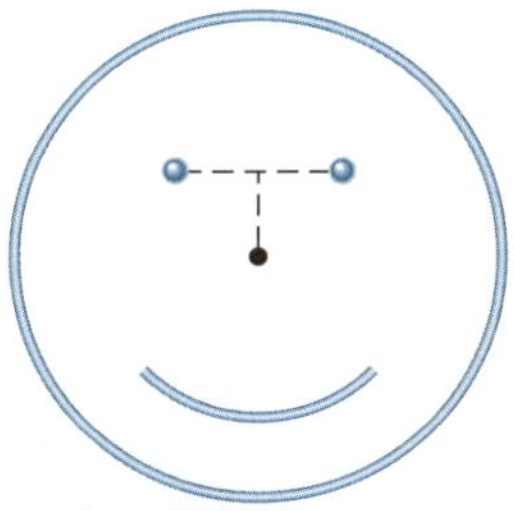

그림 24.28 연습문제 57

중심에서 알짜 전기퍼텐셜은 얼마인가?

58 E CALC xy 평면 위의 점에서 전기퍼텐셜은 $V = (2.0\ \text{V/m}^2)x^2 - (3.00\ \text{V/m}^2)y^2$이다. 점 (1.5 m, 2.0 m)에서 전기장을 단위벡터 표기방법으로 구하여라.

59 E 번개가 칠 때 구름과 지면 사이의 퍼텐셜차는 1.0×10^9 V이고, 전달된 전하는 42 C이라고 하자. (a) 이동한 전하로 인한 에너지 변화를 구하여라. (b) 모든 에너지가 1000 kg의 자동차를 정지상태에서 가속시킬 때 사용한다면 최종 속력은 무엇인가?

60 M 구형 물방울의 전하는 30.0 pC이며, 표면의 퍼텐셜은 600 V이다(무한대에서 $V = 0$). (a) 물방울의 반지름은 얼마인가? (b) 이와 같은 전하와 반지름을 갖는 두 물방울이 합쳐져서 하나의 물방울을 만든다면 새로운 물방울 표면의 퍼텐셜은 얼마인가?

61 H CALC 균일하게 대전된 무한한 두 부도체 판이 각각 $x = -50$ cm와 $x = +50$ cm에 있고, yz 평면에 평행하다. 판의 면전하밀도는 각각 $-50\ \text{nC/m}^2$와 $+35\ \text{nC/m}^2$이다. 원점과 x축 위 $x = +80$ cm인 지점 사이의 퍼텐셜차는 얼마인가? (*힌트*: Gauss의 법칙을 이용하여라.)

62 M 1.6×10^{-15} C의 전하가 균일하게 분포하는 반지름 2.5 cm인 공의 표면 위에 정지해 있는 전자의 *탈출속력*은 얼마인가? 즉, 공으로부터 무한대의 거리에 도착했을 때 운동에너지가 0이 되기 위한 전자의 초기 속력은 얼마인가?

63 E 전하 +7.5 μC의 입자를 x축 위 $x = 60$ cm인 점에서 정지상태에서 놓았다. 이 입자는 원점에 고정되어 있는 전하 Q 때문에 움직이기 시작한다. (a) $Q = +40\ \mu$C과 (b) $Q = -40\ \mu$C일 때 40 cm 움직인 순간에 전자의 운동에너지는 얼마인가?

64 E 두 개의 커다란 평행 금속판이 1.5 cm 간격으로 떨어져 있고, 각 판에는 크기는 같고 부호가 반대인 전하가 분포한다. 음으로 대전된 판의 퍼텐셜을 0으로 정하면, 두 판 사이의 중간점에서 퍼텐셜은 +9.0 V이다. 판 사이에서 전기장은 얼마인가?

65 E 반지름 0.15 m인 대전된 도체구의 표면에서 퍼텐셜은 289 V를 만들었다. (무한대에서 $V = 0$으로 정했다.) (a) 구 표면에서 전하, (b) 표면전하밀도를 구하여라.

66 M 전하 50 μC의 두 입자가 x축 위의 $x = \pm 3.0$ m에 고정되어 있다. 정지해 있는 전하 $q = -15\ \mu$C의 입자를 y축 양의 위치에서 놓았다. 대칭성으로 인해 이 입자는 y축을 따라 움직이며, 점 $x = 0$, $y = 4.0$ m를 통과할 때 운동에너지는 1.2 J이다. (a) 원점을 통과할 때 입자의 운동에너지는 얼마인가? (b) 입자가 순간적으로 정지하게 되는 음의 y 값은 무엇인가?

67 M 두 전자가 4.0 cm 떨어져 고정되어 있다. 무한대로부터 또 다른 전자를 쏘았더니 두 전자의 중점에서 정지하였다. 전자의 초기 속력은 얼마인가?

제 25 장

전기용량

Capacitance

25.1 ▸ 전기용량

학습목표_Learning Objectives

이 단원을 읽은 후 다음을 이해해야 한다.

25.1.1 평행판 축전기, 전지와 열린 혹은 닫힌 스위치가 있는 회로의 대략적인 그림을 그린다.

25.1.2 전지, 열린 스위치와 충전되지 않은 축전기가 있는 회로에서 스위치를 닫았을 때 전도전자에 무슨 일이 일어나는지 설명한다.

25.1.3 축전기에 대해 각 판에 있는 전하 q("축전기의 전하")의 크기와 판 사이의 퍼텐셜차 V ("축전기 사이의 퍼텐셜")와 축전기의 전기용량 C 사이의 관계를 구한다.

요점_Key Ideas

1. 축전기는 전하 $+q$와 $-q$가 있는 두 고립된 도체 (극판)로 이루어져 있다. 전기용량 C는

$$q = CV$$

로 정의한다. 여기서 V는 극판 사이의 퍼텐셜차이다.

2. 전지, 열린 스위치와 충전되지 않은 축전기로 이루어진 회로를 스위치를 닫아 연결하면, 전도전자가 움직여서 축전기판에 반대 전하가 남는다.

▶ 어떤 물리현상을 다루는가?

물리학의 목표 중 하나는 공학자가 고안하는 실용적인 장치에 대한 과학적 기초를 제공하는 것이다. 이 장에서는 지극히 평범한 예로 전기에너지를 저장하는 소자인 축전기에 초점을 맞춘다. 예컨대 카메라 안의 전지는 축전기를 충전시켜서 섬광전구에 필요한 에너지를 저장한다. 전지는 천천히 에너지를 공급하기 때문에 섬광전구가 섬광을 방출하기에는 너무 느리다. 그러나 일단 축전기가 충전되면 섬광전구가 켜질 때 폭발적으로 밝은 빛을 방출할 수 있을 정도로 충분히 빨리 에너지를 공급할 수 있다.

축전기의 물리학은 전기장이 관련된 현상과 여러 전기장치로 일반화할 수 있다. 예를 들어 기상학자는 지구 대기의 전기장을 번개를 통하여 부분적으로 방전시키는 거대한 구형 축전기로 모형화한다. 스키어가 슬로프를 내려오며 모으는 전하는 축전기에 저장되었다가 불꽃으로 방전되는 현상으로 모형화할 수 있다(마른 눈 위에서 야간에 스키를 타면 이런 불꽃을 볼 수 있다).

축전기에 관한 논의에서 첫 번째 단계는 얼마나 많은 전하가 축적될 수 있는지 결정하는 것이다. 이러한 "얼마나 많이"를 전기용량이라고 부른다.

▶ 전기용량

그림 25.1.1에는 크기와 모양이 다른 여러 종류의 축전기가 있다. 그림 25.1.2에는 모든 축전기의 기본적인 요소인 서로 떨어져 있는 두 도체가 있다. 두 도체의 기하학적 모양에 상관없이, 즉 편평하거나 아니거나, 두 도체를 *극판*이라고 부른다.

그림 25.1.3a는 축전기를 설명하기 위하여 흔히 사용하는 *평행판 축전기*의 전형적인 구조이다. 즉, 분리간격이 d인 면적 A의 두 평행판으로 구성되어 있다. 축전기를 나타내는 데 사용하는 기호(⊣⊢)는 평행판 축전기의 구조에 기초를 두고 있으나 기하학적 구

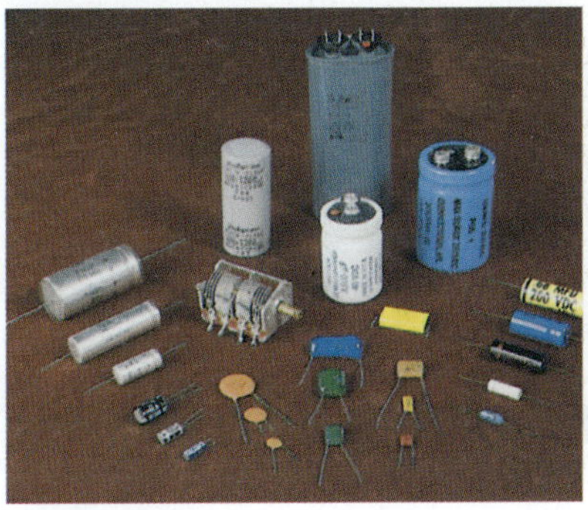

Paul Silvermann/Fundamental Photographs

그림 25.1.1 ▸ 여러 종류의 축전기.

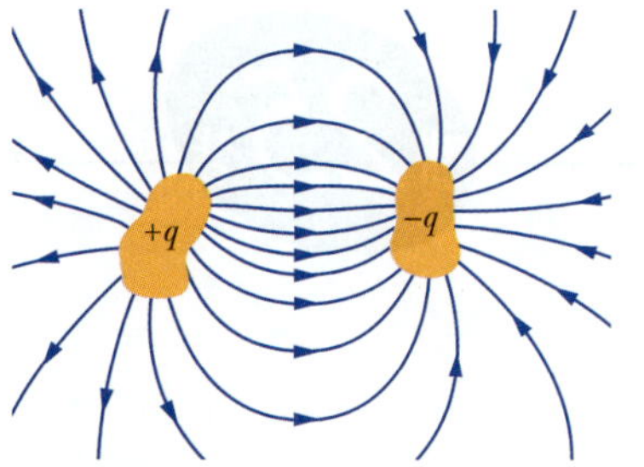

그림 25.1.2 주위와 전기적으로 고립되어 서로 떨어져 있는 두 도체는 *축전기*를 이룬다. 축전기가 대전되면 *극판* 역할을 하는 두 도체에는 크기는 같고 부호가 반대인 전하 q가 있다.

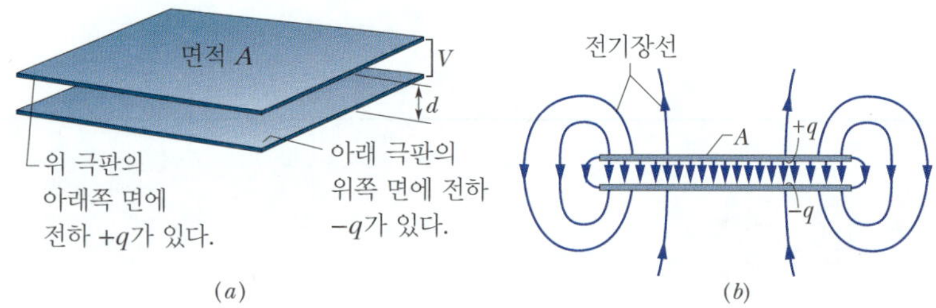

그림 25.1.3 (a) 분리간격이 d이고 면적 A의 두 극판으로 이루어진 평행판 축전기. 마주 보고 있는 두 극판의 표면에는 크기는 같고 부호가 반대인 전하 q가 대전된다. (b) 두 극판 사이에서 전기장이 균일하다. 극판의 모서리 부근에서 전기장선은 "휘어진" 모양으로 전기장이 균일하지 않다.

조에 상관없이 모든 축전기의 기호로 사용한다. 당분간 극판 사이에 매질(유리, 플라스틱 등)이 없다고 가정한다. 25.5절에서 이 제한을 없앤다.

축전기가 *대전될 때* 극판들이 크기는 같고 부호가 반대인 $+q$와 $-q$의 전하를 갖게 되지만, *축전기의 전하*는 극판 전하의 절대값인 q로 표시한다(q는 축전기에 쌓이는 알짜 전하가 아니다. 알짜 전하는 0이라는 점을 유의하여라).

극판은 도체이기 때문에 등퍼텐셜면을 이룬다. 즉, 극판 위 모든 곳의 전기퍼텐셜은 똑같다. 그러나 두 극판 사이에는 퍼텐셜차가 존재한다. 오래된 관습에 따라 퍼텐셜차의 절대값을 앞 장에서처럼 ΔV로 쓰지 않고 그냥 V로 쓰겠다.

축전기의 전하 q와 퍼텐셜차 V는 서로 비례한다. 즉

$$q = CV \tag{25.1.1}$$

이다. 여기서 비례상수 C를 축전기의 **전기용량**이라고 한다. 전기용량 값은 극판의 기하학적 모양에 의존하지만 전하나 퍼텐셜차와는 무관하다. 전기용량은 극판 사이의 퍼텐셜차에 따라 생성된 전하가 얼마나 많이 모이는가를 알려주는 척도이다. 즉, *전기용량이 크면 클수록 더 많은 전하가 모인다.*

전기용량의 SI 단위는 식 25.1.1에 따라 볼트당 쿨롱이다. 이 단위는 자주 등장하므로 특별한 이름을 붙여 *패럿*(F)이라고 부른다. 즉, 다음과 같다.

$$1 \text{ 패럿} = 1\text{ F} = 1\text{ C/V}. \tag{25.1.2}$$

앞으로 보겠지만 패럿은 매우 큰 단위이다. 작은 단위로는 마이크로패럿($1\ \mu\text{F} = 10^{-6}$ F)이나 피코패럿($1\text{ pF} = 10^{-12}$ F)이 있고, 이 크기가 실제로 사용하기에 편리한 단위이다.

축전기 대전시키기

축전기를 대전시키는 한 가지 방법은 전지를 포함하는 *전기회로*에 축전기를 연결하는 것이다. 전기회로란 전하가 흐를 수 있는 경로를 말한다. *전지*는 내부에서 전기력이 내부 전하를 움직이도록 하는 전기화학적 반응으로 작동하여 *단자*(전하가 전지로 들어오고 나가는 점) 사이에 일정한 퍼텐셜차를 유지시키는 장치이다.

그림 25.1.4a에서 전지 B, 스위치 S, 대전되지 않은 축전기 C 및 연결용 도선이 회로를 이룬다. 그림 25.1.4b는 *회로도*이다. 회로도에서는 전지, 스위치, 축전기를 기호로 나타낸다. 전지는 단자 사이의 퍼텐셜차를 V로 유지시킨다. 높은 퍼텐셜 쪽의 단자는 +로 표시하여 *양의 단자*라 부르고, 낮은 퍼텐셜 쪽은 −로 표시하며 *음의 단자*라고 부른다.

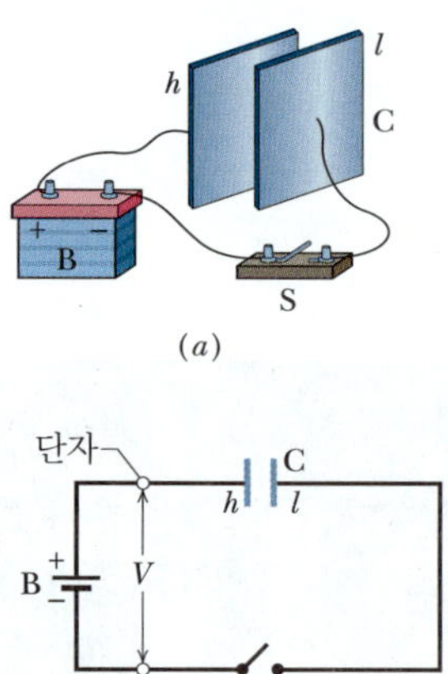

그림 25.1.4 (a) 회로로 연결된 전지 B, 스위치 S, 축전기 C의 극판 h와 l. (b) 같은 *회로 요소*를 기호로 나타낸 회로도.

그림 25.1.4a와 25.1.4b의 회로는 스위치 S가 *열려* 있으므로 *불완전한* 상태이다. 즉, 도선이 전기적으로 열려 있다. 회로에서 스위치를 *닫으면* 도선이 연결되어 완전한 회로를 이루면서 도선을 통하여 전하가 흐르게 된다. 21장에서 논의한 바와 같이 도선과 같은 도체를 흐르는 전하는 전자이다. 그림 25.1.4의 회로가 완전한 회로를 이루면 전자는 전지가 만드는 전기장에 의해 도선을 통하여 이동한다. 전기장은 전자를 축전기 극판 h에서 전지의 양의 단자로 이동시키고, 이때 전자를 잃은 극판 h는 양으로 대전된다. 한편 전지의 음의 단자에서 축전기 극판 l로 전자가 이동하고 전자를 얻은 극판 l은 전자를 잃은 극판 h가 양으로 대전되는 만큼 음으로 대전된다.

초기에 극판이 대전되지 않았을 때 극판 사이의 퍼텐셜차는 0이다. 극판이 반대 전하로 대전됨에 따라 퍼텐셜차는 전지의 단자 사이의 퍼텐셜차 V와 같아질 때까지 증가한다. 그러면 극판 h와 전지의 양의 단자가 같은 퍼텐셜이 되며 그 사이의 도선에는 더 이상 전기장이 없게 된다. 마찬가지로 극판 l과 음의 단자는 같은 퍼텐셜에 도달하고 그들 사이의 도선에는 전기장이 없어서 더 이상 전자의 이동이 없다. 이때 식 25.1.1로 주어지는 퍼텐셜차 V와 전하 q를 가지고 축전기가 *완전히 충전되었다*고 한다.

이 책에서는 축전기가 대전되는 동안이나 후에 두 극판 사이의 공간을 통하여 한 극판에서 다른 극판으로 전하가 흐르지 않는다고 가정한다. 또한 축전기가 *방전될 수 있는* 회로가 꾸며지기 전까지는 전하를 무한히 저장할 수 있다고 가정한다.

→ 확인문제 25.1.1

축전기의 (a) 전하 q가 두 배로 될 때와 (b) 그 사이의 퍼텐셜차 V가 세 배로 될 때 각각 전기용량 C는 증가하는가, 감소하는가, 아니면 불변인가?

25.2 ▸ 전기용량 계산하기

학습목표_Learning Objectives

이 단원을 읽은 후 다음을 이해해야 한다.

25.2.1 평행판 축전기의 전기용량을 구할 때 어떻게 Gauss 법칙을 사용하는지 설명한다.

25.2.2 평행판 축전기, 원통형 축전기, 구형 축전기, 고립된 공에 대한 전기용량을 계산한다.

요점_Key Ideas

1. 축전기의 배열에 대한 전기용량은 일반적으로 다음의 방법으로 결정한다. (1) 극판에 전하 q가 있다고 가정한다. (2) 이 전하에 의한 전기장 $\vec{E}$를 구한다. (3) 극판 사이의 퍼텐셜차 V를 계산한다. (4) $q = CV$의 관계를 통해 C를 계산한다. 몇 개의 예를 들면 다음과 같다.
2. 면적 A, 간격 d인 평평한 평행판으로 이루어진 평행판 축전기의 전기용량은

$$C = \frac{\varepsilon_0 A}{d}$$

이다.

3. (두 개의 긴 중심이 같은 원통으로 구성된) 길이 L, 반지름 a, b인 원통형 축전기의 전기용량은

$$C = 2\pi\varepsilon_0 \frac{L}{\ln(\frac{b}{a})}$$

이다.

4. 반지름이 a, b인 중심이 같은 구면판으로 이루어진 구면 축전기의 전기용량은

$$C = 4\pi\varepsilon_0 \frac{ab}{b - a}$$

이다.

5. 반지름 R인 고립된 공의 전기용량은

$$C = 4\pi\varepsilon_0 R$$

이다.

▶ 전기용량 계산하기

이 절에서는 특정한 기하학적 모양을 가진 축전기의 전기용량을 계산한다. 앞으로 다양한 모양의 축전기를 다룰 예정이므로 간단한 구조를 택하는 것이 현명하다. 일반적인 계산방법은 다음과 같다. (1) 극판에 전하 q가 있다고 가정한다. (2) Gauss의 법칙을 사용하여 극판 사이의 전기장 $\vec{E}$를 계산한다. (3) $\vec{E}$를 알면 식 24.2.4를 이용하여 극판 사이의 퍼텐셜차 V를 계산한다. (4) 식 25.1.1을 이용하여 전기용량 C를 계산한다.

먼저 몇 가지를 가정하면 전기장과 퍼텐셜차의 계산을 단순화시킬 수 있다. 차례대로 논의해 보자.

전기장 계산하기

축전기 극판 사이의 전기장 $\vec{E}$는 Gauss의 법칙을 통하여 다음과 같이 극판의 전하 q와 관계가 있다.

$$\varepsilon_0 \oint \vec{E} \cdot d\vec{A} = q. \tag{25.2.1}$$

여기서 q는 Gauss면으로 둘러싸인 전하이고, $\oint \vec{E} \cdot d\vec{A}$의 적분은 Gauss면을 지나는 전체 전기다발이다. 전기다발이 지나는 모든 곳에서 $\vec{E}$는 같은 크기 E를 갖고 $\vec{E}$와 $d\vec{A}$ 벡터가 평행이 되도록 Gauss면을 잡으면 식 25.2.1은 다음과 같다.

$$q = \varepsilon_0 EA \qquad \text{(식 25.2.1의 특별한 경우)}. \tag{25.2.2}$$

여기서 A는 Gauss면 중에서 전기장 다발이 지나는 부분의 면적이다. 편의상 두 극판에 분포한 전하를 완전히 감싸도록 Gauss면을 그린다(그림 25.2.1 참조).

퍼텐셜차 계산하기

24장의 식 24.2.4에서 축전기 극판 사이의 퍼텐셜차는 전기장 $\vec{E}$와 다음과 같은 관계가 있다.

$$V_f - V_i = -\int_i^f \vec{E} \cdot d\vec{s}. \tag{25.2.3}$$

여기서 적분은 한 극판에서 출발하여 다른 극판에서 끝나는 임의의 경로를 따라 계산한다. 이 경로는 흔히 음극판에서 양극판으로 이르는 전기장선을 따라 선택한다. 이 경로에서 $\vec{E}$와 $d\vec{s}$ 벡터는 반대 방향이므로 스칼라곱 $\vec{E} \cdot d\vec{s}$는 $-E\,ds$가 된다. 그러면 식 25.2.3의 오른쪽 항은 양의 값이 된다. 퍼텐셜차 $V_f - V_i$를 V로 쓰면 식 25.2.3을

$$V = \int_-^+ E\,ds \qquad \text{(식 25.2.3의 특별한 경우)} \tag{25.2.4}$$

로 나타낼 수 있다. 여기서 $-$와 $+$ 부호는 적분경로가 음극판에서 시작하여 양극판에서

q와 E를 연관시키기 위해 Gauss의 법칙을 사 용한다. 그 다음 E를 적분하여 퍼텐셜차를 얻는다.

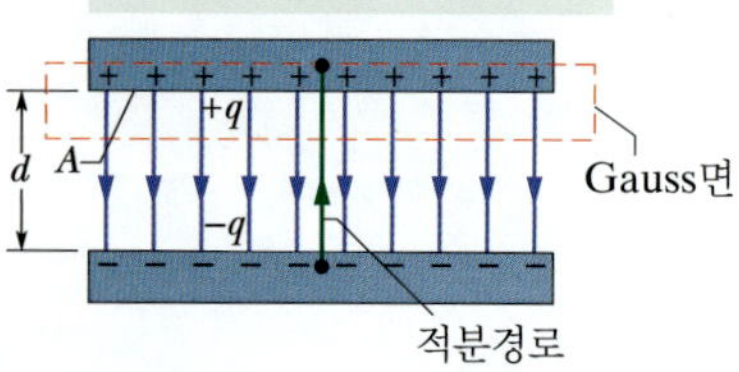

그림 25.2.1 대전된 평행판 축전기. Gauss면은 양극판의 전하를 감싼다. 식 25.2.4의 적분은 음극판에서 양극판으로 가로지르는 경로를 따른다.

끝나는 것을 나타낸다.

이제 식 25.2.2와 25.2.4를 구체적인 경우에 적용시킬 준비가 되었다.

평행판 축전기

그림 25.2.1처럼 평행판 축전기의 극판이 매우 넓어서 극판의 모서리에서 전기장이 "휘는" 것을 무시한다면, 극판 사이의 공간에서 $\vec{E}$가 일정하다고 가정할 수 있다.

Gauss면은 그림 25.2.1처럼 양극판에 분포한 전하 q를 모두 둘러싸도록 그린다. 그러면 식 25.2.2로부터

$$q = \varepsilon_0 EA \tag{25.2.5}$$

로 쓸 수 있다. 여기서 A는 극판의 면적이다.

한편 식 25.2.4는 다음과 같다.

$$V = \int_-^+ E\,ds = E\int_0^d ds = Ed. \tag{25.2.6}$$

여기서 E가 상수이기 때문에 적분 밖으로 꺼낼 수 있으며, 그러면 두 번째 적분은 바로 극판 사이의 거리 d가 된다.

식 25.2.5의 q와 식 25.2.6의 V를 관계 $q = CV$(식 25.1.1)에 대입하면 다음을 얻는다.

$$C = \frac{\varepsilon_0 A}{d} \quad \text{(평행판 축전기)}. \tag{25.2.7}$$

결국 전기용량은 기하학적인 요소인 극판의 면적 A와 간격 d에만 의존한다. 극판의 면적 A를 증가시키거나 극판의 간격 d를 감소시키면 전기용량 C가 증가한다.

식 25.2.7은 Coulomb의 법칙에서 정전기상수를 $1/4\pi\varepsilon_0$로 쓰게 된 이유를 알려준다. 그렇게 쓰지 않으면 공학에서 Coulomb의 법칙보다 더 자주 쓰이는 식 25.2.7은 위와 같이 간단한 형태가 되지 않을 것이다. 또한 식 25.2.7을 이용하면 공학에서 자주 사용하는 유전율 상수 ε_0를 축전기 문제에 적합한 단위로 다음과 같이 쓸 수 있다.

$$\varepsilon_0 = 8.85 \times 10^{-12}\ \text{F/m} = 8.85\ \text{pF/m}. \tag{25.2.8}$$

앞에서는 유전율 상수를 다음과 같이 나타내었다.

$$\varepsilon_0 = 8.85 \times 10^{-12}\ \text{C}^2/\text{N}\cdot\text{m}^2. \tag{25.2.9}$$

원통형 축전기

그림 25.2.2는 길이가 L이고 반지름이 각각 a와 b인, 두 개의 동축 원통으로 구성된 원통형 축전기의 단면이다. 원통의 가장자리에서 생길 수 있는 전기장의 "휘어짐"을 무시하기 위하여 $L \gg b$라고 가정하였다. 두 극판에 같은 크기의 전하 q가 분포한다.

그림 25.2.2와 같이 Gauss면으로 길이 L, 반지름 r인 원통을 선택한다. 이것은 축전기의 원통과 동축이며 가운데 원통을 둘러싸고 있어서 그 원통의 전하 q도 포함한다. 식 25.2.2는 다음과 같이 이 전하와 전기장의 크기 E 사이의 관계를 맺는다.

$$q = \varepsilon_0 EA = \varepsilon_0 E(2\pi rL).$$

여기서 $2\pi rL$은 Gauss면의 휘어진 옆면 면적이며, 양 끝면에서는 전기다발이 없다. 위 식을 E에 대하여 풀면

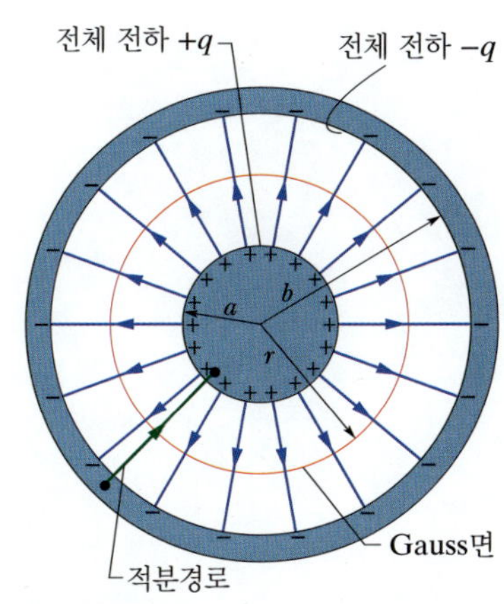

그림 25.2.2 긴 원통형 축전기의 단면. 반지름 r의 원통형 Gauss면(양극판을 에워싼다)이 표시되어 있고 식 25.2.4가 적용되도록 지름방향의 적분경로도 표시되었다. 이 그림은 구형 축전기의 중심을 지나는 단면으로도 사용할 수 있다.

$$E = \frac{q}{2\pi\varepsilon_0 Lr} \tag{25.2.10}$$

이고, 이 결과를 식 25.2.4에 대입하면

$$V = \int_{-}^{+} E\,ds = -\frac{q}{2\pi\varepsilon_0 L}\int_{b}^{a}\frac{dr}{r} = \frac{q}{2\pi\varepsilon_0 L}\ln\left(\frac{b}{a}\right) \tag{25.2.11}$$

를 얻는다. 여기서 $ds = -dr$을 사용하였다(지름방향으로 안쪽으로 적분한다). 이제 $C = q/V$에서 다음을 얻는다.

$$C = 2\pi\varepsilon_0 \frac{L}{\ln(b/a)} \quad \text{(원통형 축전기).} \tag{25.2.12}$$

결국 원통형 축전기의 전기용량도 평행판 축전기의 전기용량과 마찬가지로 기하학적 요소인 길이 L과 두 반지름 b, a에만 의존함을 알 수 있다.

구형 축전기

그림 25.2.2는 반지름이 각각 a와 b인 두 개의 동심의 공 껍질로 구성된 구형 축전기의 단면이기도 하다. Gauss면으로는 두 공 껍질과 동심인 반지름 r인 공을 그린다. 이러한 Gauss면에 식 25.2.2를 적용하면

$$q = \varepsilon_0 EA = \varepsilon_0 E(4\pi r^2)$$

이다. 여기서 $4\pi r^2$은 Gauss 구면의 면적이고, 이 식을 E에 대하여 풀면 다음을 얻는다.

$$E = \frac{1}{4\pi\varepsilon_0}\frac{q}{r^2}. \tag{25.2.13}$$

이 결과는 균일한 공 전하분포가 만드는 전기장에 관한 식 23.6.2와 똑같다.

이 식을 식 25.2.4에 대입하면

$$V = \int_{-}^{+} E\,ds = -\frac{q}{4\pi\varepsilon_0}\int_{b}^{a}\frac{dr}{r^2} = \frac{q}{4\pi\varepsilon_0}\left(\frac{1}{a} - \frac{1}{b}\right) = \frac{q}{4\pi\varepsilon_0}\frac{b-a}{ab} \tag{25.2.14}$$

를 얻는다. 여기서는 $ds = -dr$을 이용하였다. 식 25.2.14를 식 25.1.1에 대입하여 C에 대하여 풀면 다음과 같이 전기용량을 구할 수 있다.

$$C = 4\pi\varepsilon_0 \frac{ab}{b-a} \quad \text{(구형 축전기).} \tag{25.2.15}$$

고립된 공

위의 구형 축전기에서 "없어진 극판"을 반지름이 무한대인 도체공이라고 가정하여 반지름이 R인 *한 개의* 공 껍질로 이루어진 구형 축전기의 전기용량을 구할 수 있다. 결국 양으로 대전된 고립된 축전기의 표면을 떠난 전기장선은 어디에선가 끝나야 한다. 축전기가 들어 있는 방의 벽은 반지름이 무한대인 공으로 사용될 수 있다.

축전기의 전기용량을 구하기 위하여 우선 식 25.2.15를

$$C = 4\pi\varepsilon_0 \frac{a}{1 - a/b}$$

로 쓴 다음 $b \to \infty$로 두고 a를 R로 바꾸면 다음을 얻는다.

$$C = 4\pi\varepsilon_0 R \quad \text{(고립된 공)}. \tag{25.2.16}$$

이 공식과 전기용량에 대하여 유도한 다른 공식(식 25.2.7, 25.2.12, 25.2.15)을 보면 전기용량은 상수 ε_0에 길이의 차원을 가지는 양을 곱한 값이다.

확인문제 25.2.1

동일한 전지로 대전된 축전기에 대하여 축전기에 저장된 전하는 다음 각 상황에서 증가하는가, 감소하는가, 아니면 불변인가? (a) 평행판 축전기의 극판 간격이 증가한다. (b) 원통형 축전기의 안쪽 원통의 반지름이 증가한다. (c) 구형 축전기의 바깥쪽 껍질의 반지름이 증가한다.

보기문제 25.2.1 평행판 축전기 판의 충전

그림 25.2.3*a*에서 스위치 S는 전기용량이 $C = 0.25\ \mu\text{F}$인 대전되지 않은 축전기를 퍼텐셜차가 $V = 12$ V인 전지와 연결시킨다. 아래쪽 축전기판의 두께는 $L = 0.50$ cm이고 표면적은 $A = 2.0 \times 10^{-4}\ \text{m}^2$이다. 축전기판은 구리로 만들었고 구리 안의 전도전자의 밀도는 $n = 8.49 \times 10^{28}$ 전자/m^3이다. 축전기가 충전될 때 전자가 판 속으로 침투하는 깊이 d는 얼마인가(그림 25.2.3*b* 참조.)?

요점

축전기판에 모이는 전하는 식 25.1.1($q = CV$)에 따라 전기용량과 퍼텐셜차와 관계된다.

풀이: 아래쪽 축전기판이 전지의 음단자와 연결되므로 전도전자는 판의 표면으로 이동한다. 식 25.1.1에서 그곳에 모이는 전체 전하의 크기는 다음과 같다.

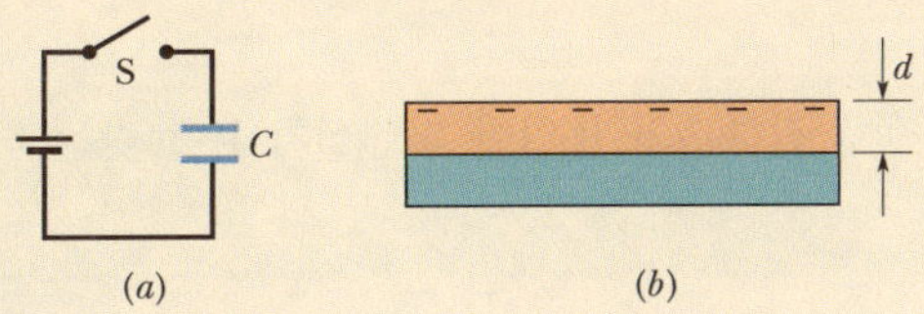

그림 25.2.3 (*a*) 전지와 축전기 회로. (*b*) 아래쪽 축전기판.

$$q = CV = (0.25 \times 10^{-6}\ \text{F})(12\ \text{V}) = 3.0 \times 10^{-6}\ \text{C}.$$

이 결과를 e로 나누면 표면으로 이동한 전도전자의 수 N을 다음과 같이 얻는다.

$$N = \frac{q}{e} = \frac{3.0 \times 10^{-6}\ \text{C}}{1.602 \times 10^{-19}\ \text{C}} = 1.873 \times 10^{13}\ \text{전자}.$$

이 전자들은 표면적이 A이고 깊이가 d인 부피 안에 들어 있다. 한편 전도전자의 밀도는

$$n = \frac{N}{Ad}$$

이므로, 깊이 d는 다음과 같다.

$$d = \frac{N}{An} = \frac{1.873 \times 10^{13}\ \text{1개}}{(2.0 \times 10^{-4}\ \text{m}^2)(8.49 \times 10^{28}\ \text{전자}/\text{m}^3)} = 1.1 \times 10^{-12}\ \text{m} = 1.1\ \text{pm}.$$ (답)

흔히 전지가 대전입자를 공급하여 축전기가 충전된다고 말한다. 그러나 전지는 도선과 축전기판에 전기장을 만들어서 축전기판 표면의 전자가 반대쪽 표면으로 이동하게 만들 뿐이다.

▶ 교육용 비디오는 웹사이트 www.wiley.com에서 볼 수 있다.

25.3 ▸ 축전기의 병렬연결과 직렬연결

학습목표_Learning Objectives

이 단원을 읽은 후 다음을 이해해야 한다.

25.3.1 전지와 (a) 병렬연결된 세 축전기, (b) 직렬연결된 세 축전기의 회로도를 그린다.

25.3.2 병렬연결된 축전기는 같은 퍼텐셜값을 가지고, 동등한 축전기도 같은 값을 갖는다.

25.3.3 병렬연결된 축전기의 동등한 전기용량을 계산한다.

25.3.4 병렬연결된 축전기에 저장된 전체 전하는 각 축전기에 저장된 전하의 합이다.

25.3.5 직렬연결된 축전기는 같은 전하를 갖고, 동등한 축전기도 같은 값을 갖는다.

25.3.6 직렬연결된 축전기의 동등한 전기용량을 계산한다.

25.3.7 직렬연결된 축전기에 작용되는 퍼텐셜은 각 축전기 사이의 퍼텐셜의 합이다.

25.3.8 전지와 직렬, 병렬연결된 축전기로 이루어진 회로에서 단계적으로 회로를 간단히 하여 동등한 축전기를 구하여 최종 동등한 축전기의 전하와 퍼텐셜을 결정한다. 그리고 이 단계를 거꾸로 적용하여 각 축전기의 전하와 퍼텐셜을 구한다.

25.3.9 전지, 열린 스위치와 하나 혹은 그 이상의 충전되지 않은 축전기로 이루어진 회로에서 스위치를 닫았을 때 회로의 한 점을 통해 이동하는 전하량을 결정한다.

25.3.10 충전된 전하가 하나 혹은 그 이상의 충전되지 않은 축전기와 병렬연결되어 있을 경우 평형상태에 도달했을 때 각 축전기의 전하와 퍼텐셜차를 결정한다.

요점_Key Ideas

1. 각 축전기가 병렬, 직렬연결로 결합되었을 때 동등한 전기용량 C_{eq}는 다음과 같다.

$$C_{eq} = \sum_{j=1}^{n} C_j \qquad \text{(병렬연결된 } n\text{개의 축전기),}$$

$$\frac{1}{C_{eq}} = \sum_{j=1}^{n} \frac{1}{C_j} \qquad \text{(직렬연결된 } n\text{개의 축전기).}$$

동등한 전기용량은 더 복잡한 직렬-병렬결합에서 전기용량을 계산할 때 사용할 수 있다.

▶ 축전기의 병렬연결과 직렬연결

회로에 여러 개의 축전기가 연결되어 있을 때 하나의 동등한 축전기로 바꿀 수 있다. **등가축전기**란 여러 개의 축전기 조합이 가지는 전기용량과 같은 크기의 전기용량을 갖는 하나의 축전기를 말한다. 이렇게 바꾸면 회로를 단순화할 수 있으므로 회로에서 미지의 물리량을 쉽게 구할 수 있다. 여기서는 두 가지의 기본적인 축전기 조합에 대해서 논의한다.

축전기의 병렬연결

그림 25.3.1a는 전지 B에 세 개의 축전기가 *병렬로* 연결된 전기회로이다. 전지의 단자는 세 축전기의 극판에 직접 연결되어 있다. "병렬연결"에서는 축전기의 한쪽 극판이 모두 연결되어 있고, 다른 쪽 극판 역시 직접 연결되어 있으며 모든 축전기에 동일한 퍼텐셜차 V가 걸린다. 따라서 각각의 축전기에는 동일한 퍼텐셜차 V가 걸리며 축전기에 전하가 대전된다(그림 25.3.1a에서 가해진 퍼텐셜 V가 전지에 의하여 계속 유지된다). 일반적으로 다음과 같이 요약할 수 있다.

> 병렬연결된 축전기에 퍼텐셜차 V가 걸릴 때 퍼텐셜차 V는 각각의 축전기에 동일하게 걸린다. 축전기에 저장된 전체 전하 q는 모든 축전기에 저장된 전하의 총합이 된다.

축전기의 병렬회로를 분석할 때 다음 사항을 고려하면 간단하다.

> 병렬연결된 축전기를 동일한 *전체* 전하 q와 동일한 퍼텐셜차 V를 갖는 하나의 동등한 축전기로 바꿀 수 있다.

그림 25.3.1b는 그림 25.3.1a의 세 축전기(전기용량 C_1, C_2, C_3)를 하나의 동등한 축전기(등가 전기용량 C_{eq})로 바꾼 회로도이다.

그림 25.3.1b의 등가 전기용량 C_{eq}를 구하기 위하여 식 25.1.1을 이용하여 각 축전기의 전하를 구하면

$$q_1 = C_1V, \quad q_2 = C_2V, \qquad \text{및} \qquad q_3 = C_3V$$

이다. 그림 25.3.1a의 병렬연결에서 전체 전하는

$$q = q_1 + q_2 + q_3 = (C_1 + C_2 + C_3)V$$

이다. 이러한 병렬연결이 갖는 것과 같은 전체 전하 q와 퍼텐셜차 V에 의한 등가 전기용량은

$$C_{eq} = \frac{q}{V} = C_1 + C_2 + C_3$$

이다. 이 결과는 임의의 n개의 축전기에 대해서도 다음과 같이 쉽게 확장할 수 있다.

$$C_{eq} = \sum_{j=1}^{n} C_j \qquad \text{(축전기 } n\text{개의 병렬연결)}. \tag{25.3.1}$$

결국 병렬연결의 등가 전기용량은 각 축전기의 전기용량을 더한 값이다.

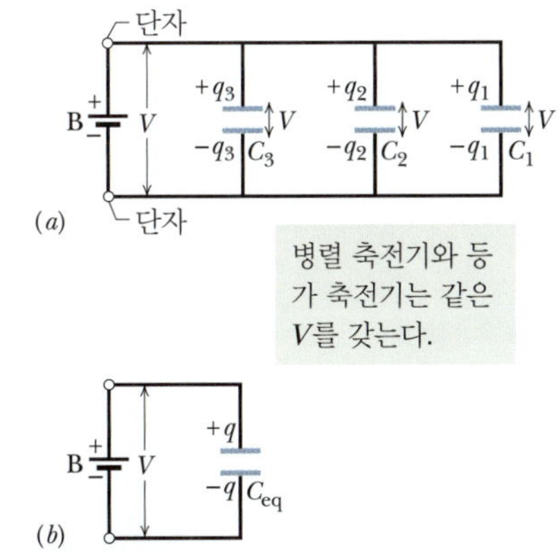

그림 25.3.1 (a) 전지 B에 병렬연결된 세 개의 축전기. 전지는 각 축전기에 퍼텐셜차 V를 걸어준다. (b) 등가 전기용량 C_{eq}를 갖는 등가 축전기로 바꾼 회로도.

축전기의 직렬연결

그림 25.3.2a는 전지 B에 세 개의 축전기가 *직렬로* 연결된 회로이다. "직렬연결"에서는 축전기가 하나의 끝에서 다른 끝으로 연결되어 있으며, 퍼텐셜차 V가 전체 축전기의 양 끝에 걸린다(그림 25.3.2a에서 퍼텐셜차 V는 전지 B에 의하여 유지된다). 직렬로 연결된 축전기에 걸쳐서 존재하는 퍼텐셜차는 각 축전기에 동일한 q를 만들기 때문에 다음과 같이 말할 수 있다.

> 퍼텐셜차 V가 직렬연결한 여러 개의 축전기에 걸리면, 축전기는 같은 전하 q를 갖는다. 모든 축전기 사이의 퍼텐셜차의 합은 전체 퍼텐셜차 V와 같다.

어떻게 직렬연결된 축전기들이 같은 전하로 대전되는지 각 축전기에 전하가 대전되면 다음 축전기를 대전시키는 일련의 *연쇄과정*을 따라가며 설명할 수 있다. 축전기 3에서 시작하여 축전기 1로 향하는 대전 과정을 먼저 생각해 보자. 직렬연결된 축전기에 전지를 연결하면 축전기 3의 아래 극판에 전하 $-q$가 생성된다. 이 전하는 축전기 3의 위 극판의 음전하를 밀어낸다(위 극판에는 전하 + q가 생긴다). 밀려난 음전하는 축전기 2의 아래 극판으로 이동한다(전하 $-q$로 된다). 축전기 2의 아래 극판의 음전하는 축전기 2의 위 극판의 음전하를 밀어내고(전하 $+q$가 생긴다), 밀려난 음전하는 축전기 1의 아래 극판으로 이동한다(전하 $-q$로 된다). 결국 축 전기 1의 아래 극판의 전하는 축전기 1의 위 극판에서 전지로 음전하를 이동시키며, 이때 축전기 1의 위 극판은 $+q$의 전하를 갖는다.

직렬연결된 축전기 회로에는 다음과 같은 두 가지 특성이 있다.

1. 직렬연결에서 전하가 하나의 축전기에서 다른 축전기로 이동할 때 그림 25.3.2a에서 축전기 3에서 2로 이동하는 것처럼 전하는 단 하나의 경로를 통하여 이동한다. 만약 다른 경로가 존재한다면, 이들 축전기는 직렬연결이 아니다.
2. 전지는 단자에 연결된 두 극판(그림 25.3.2a에서 축전기 3의 아래 극판과 축전기 1의 위 극판)에만 전하를 만든다. 다른 극판에 생성된 전하들은 단지 전하의 이동에 의한

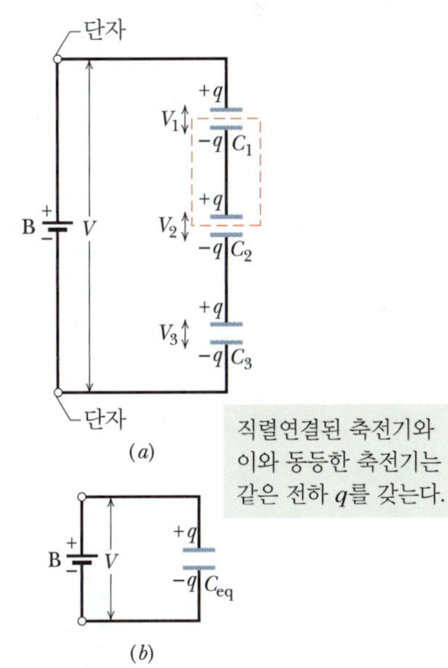

그림 25.3.2 (a) 전지 B에 직렬연결된 세 개의 축전기. 전지는 직렬연결의 양 끝에 퍼텐셜차 V를 걸어준다. (b) 등가 전기용량 C_{eq}를 갖는 등가 축전기로 바꾼 회로도.

것이다. 즉, 그림 25.3.2*a*에서 점선으로 둘러싸인 부분은 회로의 나머지 부분으로부터 전기적으로 고립되어 있다. 따라서 이 부분의 알짜 전하는 전지에 의해서 변화될 수 없으며 단지 전하를 재분배하는 역할만을 한다.

결국 축전기의 직렬회로를 분석할 때, 다음 사항을 고려하면 간단하게 풀 수 있다.

> 직렬연결된 축전기를 동일한 전하 q와 동일한 *전체* 퍼텐셜차 V를 갖는 하나의 등가 축전기로 바꿀 수 있다.

그림 25.3.2*b*는 그림 25.3.2*a*의 세 축전기(전기용량 C_1, C_2, C_3)를 하나의 등가 축전기(등가 전기용량 C_{eq})로 바꾼 회로도이다.

그림 25.3.2*b*의 등가 전기용량 C_{eq}를 구하기 위하여 식 25.1.1을 이용하여 각 축전기의 퍼텐셜차를 구하면

$$V_1 = \frac{q}{C_1},\quad V_2 = \frac{q}{C_2},\qquad \text{및}\qquad V_3 = \frac{q}{C_3}$$

이다. 전지의 퍼텐셜차 V는 세 축전기의 퍼텐셜차의 합이므로

$$V = V_1 + V_2 + V_3 = q\left(\frac{1}{C_1} + \frac{1}{C_2} + \frac{1}{C_3}\right)$$

이다. 이때 등가 전기용량은

$$C_{eq} = \frac{q}{V} = \frac{1}{1/C_1 + 1/C_2 + 1/C_3}$$

즉, 다음과 같다.

$$\frac{1}{C_{eq}} = \frac{1}{C_1} + \frac{1}{C_2} + \frac{1}{C_3}.$$

이 결과는 임의의 n개의 축전기에 대해서도 다음과 같이 쉽게 확장할 수 있다.

$$\frac{1}{C_{eq}} = \sum_{j=1}^{n} \frac{1}{C_j} \qquad \text{(축전기 } n\text{개의 직렬연결)}. \tag{25.3.2}$$

식 25.3.2으로부터 등가 전기용량은 직렬연결된 축전기 중 가장 작은 전기용량의 값보다 항상 작다는 것을 알 수 있다.

→ 확인문제 25.3.1

퍼텐셜 V의 전지는 전하 q를 동일한 두 축전기의 조합에 저장한다. 만일 축전기가 (a) 병렬연결, (b) 직렬연결되어 있다면 각 축전기에 걸리는 퍼텐셜차와 대전된 전하량은 각각 얼마인가?

보기문제 25.3.1 병렬과 직렬로 연결된 축전기

(a) 그림 25.3.3*a*처럼 축전기가 연결된 회로에 퍼텐셜차 V가 걸린다. 등가 전기용량을 구하여라. 다음 값이 주어져 있다.

$$C_1 = 12.0\ \mu\text{F},\quad C_2 = 5.30\ \mu\text{F},\quad C_3 = 4.50\ \mu\text{F}.$$

요점

직렬연결된 어떤 축전기도 등가 축전기로 바꿀 수 있으며 병렬연결된 어떤 축전기도 등가 축전기로 바꿀 수 있다. 그러므로 우선 그림 25.3.3*a*에 있는 축전기가 병렬로 연결되었는지 직렬로 연결되었는지 확인하여야 한다.

등가 전기용량 구하기: 축전기 1과 3은 차례로 연결되었지만 직렬연결이 아니다. 축전기들에 가해진 퍼텐셜 V는 축전기 3의 아래 극판에 전하를 생성한다. 그 전하로 인하여 축전기 3의 위 극판으로부터 전하는 이동한다. 그러나 이동한 전하는 축전기 1과 축전기 2 둘 모두의 아래 극판으로 움직일 수 있다는 점을 주목하자. 전하를 이동시키는 데에는 1개 이상의 경로가 있기 때문에 축전기 3은 축전기 1(또는 축전기 2)과 직렬연결이 아니다.

축전기 1과 축전기 2는 병렬연결일까? 그렇다. 위 극판끼리 같은 선으로 함께 연결되었고 아래 극판끼리도 같은 선으로 함께 연결되었으므로, 위 극판 쌍과 아래 극판 쌍 사이에 같은 전기퍼텐셜이 가해진다. 따라서 축전기 1과 축전기 2는 병렬연결이며 식 25.3.1로부터 등가 전기용량 C_{12}는

$$C_{12} = C_1 + C_2 = 12.0\ \mu\text{F} + 5.30\ \mu\text{F} = 17.3\ \mu\text{F}$$

이다. 그림 25.3.3*b*에서 축전기 1과 2를 축전기 12로 부르는 동등한 축전기로 바꾸었다(A와 B점에서의 연결은 그림 25.3.3*a*와 25.3.3*b*에서 똑같다).

축전기 12는 축전기 3과 직렬연결일까? 다시 한 번 더 직렬연결된 전기용량을 보면 축전기 3의 위 극판에서 이동하는 전하는 축전기 12의 아래 극판으로 완전히 가야 한다. 따라서 축전기 12와 축전기 3은 직렬연결이며 이것을 그림 25.3.3*c*처럼 등가 전기용량 C_{123}으로 바꿀 수 있다. 이제 식 25.3.2으로부터

$$\frac{1}{C_{123}} = \frac{1}{C_{12}} + \frac{1}{C_3}$$

$$= \frac{1}{17.3\ \mu\text{F}} + \frac{1}{4.50\ \mu\text{F}} = 0.280\ \mu\text{F}^{-1}$$

이다. 따라서 다음을 얻는다.

$$C_{123} = \frac{1}{0.280\ \mu\text{F}^{-1}} = 3.57\ \mu\text{F}.$$ 답

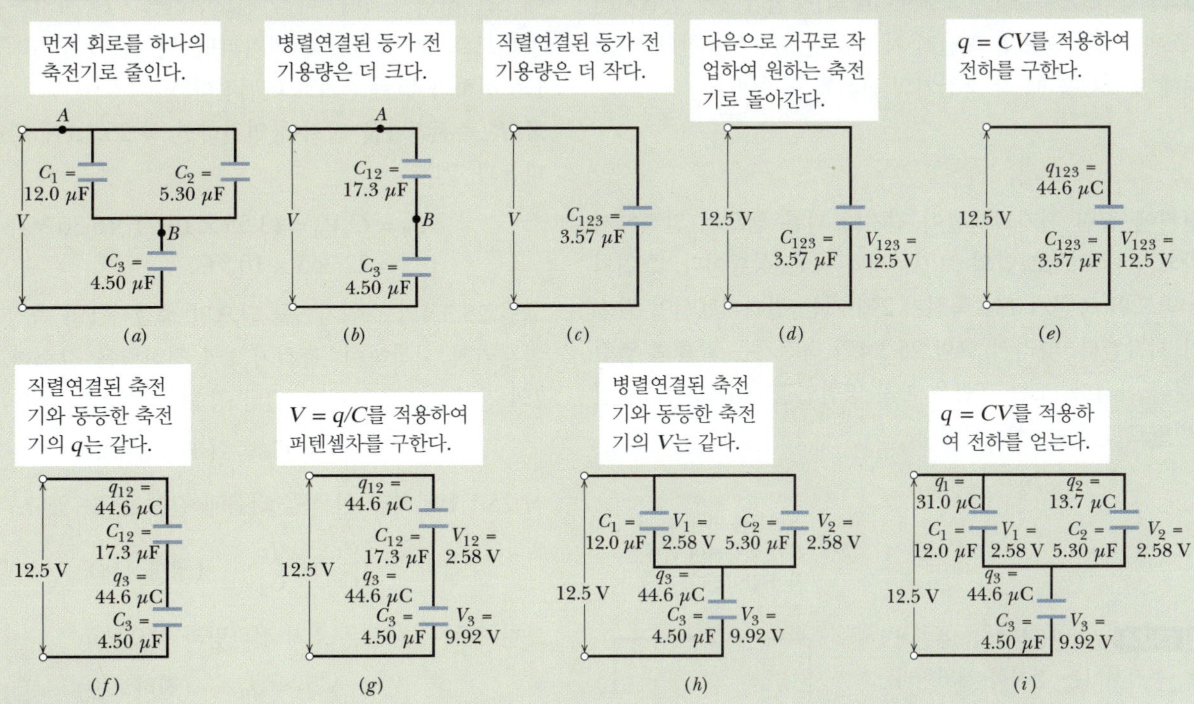

그림 25.3.3 (*a*)-(*d*) 세 축전기를 하나의 등가 축전기로 간단하게 만든다. (*e*)-(*i*) 전하를 구하기 위해 거꾸로 작업한다.

(b) 퍼텐셜차 $V = 12.5$ V가 그림 25.3.3*a*의 입력단자에 걸려 있을 때 C_1에 저장된 전하량은 얼마인가?

요점

특정 축전기의 전하를 계산하기 위해서는 거꾸로 등가 전기용량에서 시작해야 한다. '거꾸로 계산하기'에는 두 가지 방법이 있다. (1) 직렬-q: 직렬연결된 축전기의 전하량은 등가 축전기와 같다. (2) 병렬-V: 병렬연결된 축전기의 퍼텐셜차는 등가 축전기와 같다.

거꾸로 계산하기: 축전기 1에 대전된 전하 q_1을 구하기 위하여 등가 축전기 123으로부터 시작하여 거꾸로 계산해보자. 주어진 퍼텐셜차 $V(= 12.5\ \text{V})$가 그림 25.3.3*a*에서 세 축전기의 조합에 걸리기 때문에 그림 25.3.3*d*와 *e*에서 C_{123}에도 걸린다. 따라서 식 25.1.1($q = CV$)에서

$$q_{123} = C_{123}V = (3.57\ \mu\text{F})(12.5\ \text{V}) = 44.6\ \mu\text{C}$$

이다. 그림 25.3.3*b*에서 직렬연결된 축전기 12와 3은 등가 축전기 123과 똑같은 전하를 가진다(그림 25.3.3*f*). 따라서 축전기 12의 전하는 $q_{12} = q_{123} = 44.6\ \mu\text{C}$이다. 식 25.1.1과 그림 25.3.3*g*로부터 축전기 12에 걸린 퍼텐셜차는

$$V_{12} = \frac{q_{12}}{C_{12}} = \frac{44.6\ \mu\text{C}}{17.3\ \mu\text{F}} = 2.58\ \text{V}$$

이어야 한다. 한편 병렬연결된 축전기 1과 2는 둘 다 등가 축전기 12와 같은 퍼텐셜차를 가진다. 따라서 축전기 1의 퍼텐셜차는 $V_1 = V_{12} = 2.58$ V이며, 식 25.1.1과 그림 25.3.3*i*에 따라 축전기 1에 대전된 전하는 다음과 같다.

$$q_1 = C_1V_1 = (12.0\ \mu\text{F})(2.58\ \text{V}) = 31.0\ \mu\text{C}.$$ (답)

▶ **교육용 비디오는 웹사이트 www.wiley.com에서 볼 수 있다.**

▶ 보기문제 25.3.2 축전기로 다른 축전기 충전하기

전기용량 $C_1 = 3.55\ \mu\text{F}$의 축전기 1이 6.30 V의 전지로 퍼텐셜차 $V_0 = 6.30$ V로 충전되었다. 그 후 전지를 없애고, 그림 25.3.4처럼 전기용량 $C_2 = 8.95\ \mu\text{F}$의 축전기 2에 연결시킨다. 스위치 S를 닫으면 축전기 사이로 전하가 이동한다. 평형상태에 도달했을 때 각 축전기의 전하를 구하여라.

요점

축전기에 걸린 전기퍼텐셜이 전지나 다른 샘으로 일정하게 유지되지 *않으므로* 앞의 보기문제와 다른 상황이다. 스위치 S를 닫으면 축전기 1이 축전기 2에 거는 전기퍼텐셜이 감소하기 시작한다. 따라서 그림 25.3.4의 축전기는 *직렬로* 연결된 것이 아니다. 또한 그림은 마치 병렬연결처럼 보여도 사실은 *병렬로* 연결된 것도 아니다.

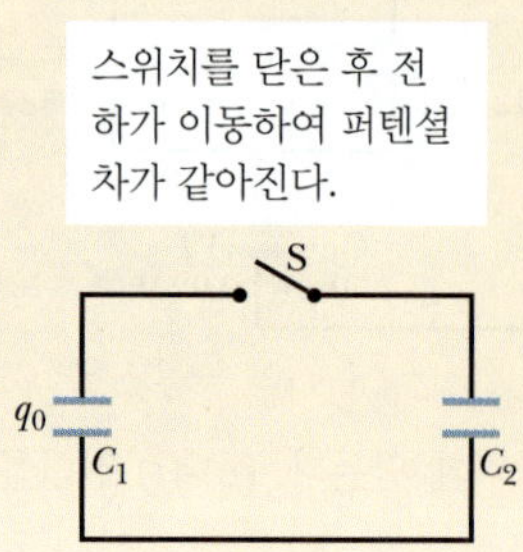

그림 25.3.4 ▶ 퍼텐셜차 V_0를 축전기 1에 걸고, 충전시키는 전지를 제거한다. 그 후 스위치 S를 닫으면 축전기 1에 대전된 전하가 축전기 2로 나눠진다.

축전기 1에 걸린 전기퍼텐셜이 감소하면 축전기 2에 걸리는 전기퍼텐셜은 증가한다. 따라서 두 축전기가 평형상태에 도달하면 도선을 따라 전도전자를 이동시키는 전기장이 없으므로 두 축전기의 전기퍼텐셜은 같아진다. 즉, 축전기 1의 전하가 두 축전기로 나눠진다.

풀이: 축전기 1을 전지에 연결하면 식 25.1.1에 따라 전하는 다음과 같다.

$$q_0 = C_1V_0 = (3.55 \times 10^{-6}\ \text{F})(6.30\ \text{V}) = 22.365 \times 10^{-6}\ \text{C}.$$

그림 25.3.4의 스위치 S를 닫으면 축전기 1이 축전기 2를 충전시키기 시작하여, 축전기 1의 전하량은 감소하고 축전기 2의 전하량은 증가한다. 결국 평형상태에서는 다음과 같다.

$$V_1 = V_2 \qquad \text{(평형상태)}.$$

식 25.1.1에 따라 위 식을 다음과 같이 쓸 수 있다.

$$\frac{q_1}{C_1} = \frac{q_2}{C_2} \qquad \text{(평형상태)}.$$

또한 전체 전하량은 초기 전하량과 같으므로

$$q_1 + q_2 = q_0 \qquad \text{(전하보존)}$$

에서 다음을 얻는다.

$$q_2 = q_0 - q_1.$$

이제 두 번째 평형 방정식을

$$\frac{q_1}{C_1} = \frac{q_0 - q_1}{C_2}$$

으로 바꾸고, q_1을 구하면

$$q_1 = 6.35\ \mu\text{C}$$ (답)

이고, 축전기 2의 전하 q_2는 다음과 같다.

$$q_2 = 16.0\ \mu\text{C}.$$ (답)

▶ 교육용 비디오는 웹사이트 www.wiley.com에서 볼 수 있다.

25.4 ▸ 전기장에 저장된 에너지

학습목표_Learning Objectives

이 단원을 읽은 후 다음을 이해해야 한다.

25.4.1 축전기를 충전시킬 때 필요한 일이 어떻게 축전기의 퍼텐셜에너지로부터 나오는지 설명한다.

25.4.2 축전기에 대해 퍼텐셜에너지 U, 전기용량 C, 전기퍼텐셜차 V 사이의 관계를 구한다.

25.4.3 축전기에 대해 퍼텐셜에너지, 내부 부피, 내부 에너지 밀도 사이의 관계를 구한다.

25.4.4 임의의 전기장에 대해 장의 퍼텐셜에너지 밀도 u, 장의 크기 E 사이의 관계를 구한다.

25.4.5 공기 중에 떠있는 먼지에서 일어나는 스파크의 위험에 대해 설명한다.

요점_Key Ideas

1. 충전된 축전기의 전기 퍼텐셜에너지 U는

$$U = \frac{q^2}{2C} = \tfrac{1}{2}CV^2$$

으로 주어지고, 축전기를 충전시키는 데 필요한 일과 같다. 이 에너지는 축전기의 전기장 $\vec{E}$와 관련지을 수 있다.

2. 축전기나 다른 임의의 장치에서 만들어진 전기장에는 이와 관련된 에너지가 저장되어 있다. 진공에서 크기가 E인 전기장의 에너지밀도(단위부피당 퍼텐셜에너지) u는 다음과 같다.

$$u = \tfrac{1}{2}\varepsilon_0 E^2.$$

▶ 전기장에 저장된 에너지

축전기를 대전시키기 위해서는 외부에서 일을 해야만 한다. 한 극판에서 다른 극판으로 전자를 하나씩 옮길 때 하는 일을 상상할 수 있다. 전하가 쌓이면서 극판 사이의 전기장이 커지며 계속하려는 전달을 방해한다. 그러므로 더 많은 양의 일이 필요하다. 사실 전지가 저장된 화학에너지를 사용하여 이 모든 일을 한다. 이 일은 극판 사이의 전기장 안에 전기 퍼텐셜에너지로 저장된 것으로 생각한다.

어떤 순간에 한 극판에서 다른 극판으로 전하 q'을 옮긴다고 가정하자. 이때 극판 사이의 퍼텐셜차 V'은 q'/C일 것이다. 한편 추가로 옮길 전하가 dq'이라면 더 해야 할 일은 식 24.1.6으로부터

$$dW = V'\,dq' = \frac{q'}{C}\,dq'$$

이다. 따라서 축전기를 최종값 q까지 대전시키는 데 필요한 일은

$$W = \int dW = \frac{1}{C}\int_0^q q'\,dq' = \frac{q^2}{2C}$$

이다. 이만큼의 일이 퍼텐셜에너지 U로 축전기에 저장된다. 따라서 다음과 같다.

$$U = \frac{q^2}{2C} \quad \text{(퍼텐셜에너지)}. \tag{25.4.1}$$

한편 식 25.1.1을 사용하여 다음과 같이 쓸 수 있다.

$$U = \tfrac{1}{2}CV^2 \quad \text{(퍼텐셜에너지)}. \tag{25.4.2}$$

식 25.4.1과 식 25.4.2는 축전기의 모양에 상관없이 항상 성립한다.

에너지의 저장에 관한 물리학적 통찰력을 얻기 위하여 두 평행판 축전기 1과 2를 생각해 보자. 축전기 1의 극판 간격이 축전기 2의 두 배라는 점만 제외하면 같다고 하자. 그러면 축전기 1의 극판 사이의 부피는 축전기 2의 두 배가 되며 식 25.2.7로부터 전기용량은 축전기 2의 절반이다. 두 축전기가 같은 전하 q를 가지고 있을 때 식 25.2.2에 따라 극판 사이의 전기장은 동일하다. 그러면 식 25.4.1로부터 축전기 1은 축전기 2가 저장하는 퍼텐셜에너지의 두 배가 된다는 것을 알 수 있다. 따라서 전하량이나 전기장이 동일한 두 축전기 중에서 극판 사이의 부피가 두 배인 축전기는 두 배의 퍼텐셜에너지를 저장할 수 있다. 따라서 다음과 같은 결론에 도달한다.

대전된 축전기의 두 극판 사이의 전기장에 퍼텐셜에너지가 저장되는 것으로 볼 수 있다.

공중먼지의 폭발

24.8단원에서 논의한 것처럼 옷, 카펫, 미끄럼틀 같은 물질과 접촉하면 상당한 전기퍼텐셜이 걸린다. 이때 수도꼭지 같은 접지물체와 인체 사이에 불꽃이 튀면 상당히 고통스러울 것이다. 화장품이나 음식물 공장처럼 분말을 만들거나 이용하는 현장에서 불꽃이 튀면 큰 사고가 발생하기 쉽다. 분말덩어리는 잘 타지 않겠지만, 공중을 떠다니는 먼지 알갱이에 불꽃이 튀면 주위의 산소와 반응하여 점화되면서 공중먼지 구름이 불탈 수 있다. 그림 25.4.1에 이와 같은 분말 폭발의 결과를 나타내었다. 현장 기술자들은 불꽃이 발생할 모든 가능성을 제거할 수는 없지만, 공중먼지를 점화시키는 데 필요한 최소 문턱 에너지값 $U_t(\approx 150\ \text{mJ})$ 이하로 에너지가 유지되도록 조치하고 있다.

ITAR-TASS News Agency/Alamy Stock

그림 25.4.1 ▶ 분말폭발의 결과

에너지밀도

평행판 축전기의 가장자리에서 전기장선이 휘는 현상을 무시하면 극판 사이의 전기장은 모든 곳에서 같은 값을 갖는다. 따라서 극판 사이의 단위부피당 퍼텐셜에너지인 **에너지밀도** u는 균일하다. u는 전체 퍼텐셜에너지를 극판 사이의 부피 Ad로 나누어 구할 수 있다. 즉 식 25.4.2를 이용하여

$$u = \frac{U}{Ad} = \frac{CV^2}{2Ad} \tag{25.4.3}$$

을 얻는다. 식 25.2.7($C = \varepsilon_0 A/d$)을 이용하면,

$$u = \tfrac{1}{2}\,\varepsilon_0\left(\frac{V}{d}\right)^2 \tag{25.4.4}$$

이다. 그러나 식 24.6.5($E = -\Delta V/\Delta s$)로부터 V/d는 전기장의 크기 E와 같으므로

$$u = \tfrac{1}{2}\,\varepsilon_0 E^2 \qquad \text{(에너지밀도)} \tag{25.4.5}$$

이다. 이 결과는 평행판 축전기의 전기장이라는 특별한 경우에 유도된 것이지만 전기장의 원천에 상관없이 일반적으로 성립한다. 어느 곳이라도 전기장 $\vec{E}$가 존재하면 단위부피당 전기 퍼텐셜에너지는 식 25.4.5로 주어진다.

→ 확인문제 25.4.1

공기를 채운 축전기 1과 2는 축전기 1의 판 간격이 축전기 2의 두 배라는 것을 제외하고 같다. $d_1 = 2d_2$. 같은 전하가 대전되어 있다. (a) 판 사이의 전기장 크기를 비교하면 $E_1 > E_2$, $E_1 < E_2$, $E_1 = E_2$ 중 어느 것이 맞는가? (b) 축전기 1의 부피(판 사이의 부피)는 축전기 2의 부피 V_2와 비교하면 $V_1 = V_2$, $V_1 = 2V_2$, $V_1 = V_2/2$ 중 어느 것이 맞는가? (c) 축전기 1의 퍼텐셜에너지 U_1과 축전기 2의 퍼텐셜에너지 U_2를 비교하면 $U_1 = U_2$, $U_1 = 2U_2$, $U_1 = U_2/2$ 중 어느 것이 맞는가?

▶ 보기문제 25.4.1 병원 들것의 화재

종종 화상 환자는 고압산소실이라고 부르는 산소가 풍부한 밀폐된 방 안에 있는 들것에 누워 치료를 받는다(그림 25.4.2*a*). 치료가 끝나면 병원 직원이 들것을 끌어내어 바퀴 달린 침대로 옮겨 이것을 굴려서 환자는 방 밖으로 나간다. 마지막에 방을 나가는 들것이 불이 붙는 사건이 적어도 두 번 발생하였다. 이미 화상으로 고생하는 환자를 놓은 들것에 불이 붙는 것은 분명히 위험한 상황이고, 산소가 풍부한 공기 중에서는 훨씬 쉽게 불이 붙지만, 의문은 다음과 같다. 들것은 왜 불이 붙는가?

조사관은 환자 피부, 환자가 입은 병원 가운과 들것의 담요 사이에 전하가 분리된다는 것을 알게 되었다. 또한 들것과 들것 아래 있는 방의 금속틀은 전기용량 $C_i = 250$ pF인 평행판축전기를 만든다는 것을 발견하였다(그림 25.4.2*b*). 들것이 과잉전하를 방전하고, 관련된 에너지가 불꽃으로 나가면 불꽃이 들것에 불을 붙일 수 있는가? 측정해보니 불꽃은 들것과 틀로 이루어진 축전기의 퍼텐셜차 V가 2000 V를 넘을 때 일어나고, 축전기의 퍼텐셜에너지가 0.20 mJ을 초과해야 불이 붙는다. 그러나 들것과 금속틀로 이루어진 축전기의 퍼텐셜차는 $V_i = 600$ V에 불과해서 불꽃을 만들기 충분하지 않다.

(a) 들것을 방에서 뺄 때 들것과 금속틀의 면적은 감소한다(그림 25.4.2*c*). 따라서 축전기판의 면적은 처음 값 A_i에서 감소한다. 판이 겹친 면적이 $A_f = 0.10\ A_i$이면 퍼텐셜차 V_f는 얼마인가?

요점

(1) 축전기 사이의 퍼텐셜차 V는 전하 q와 전기용량 C는 $q = CV$인 관계가 있다. (2) 들것을 방에서 뺄 때 전하 q는 변하지 않는다. (3) 평행판축전기의 전기용량은 판의 면적과 $C = \varepsilon_0 A/d$인 관계가 있다.

풀이: 식 25.1.1로부터 전하 q는

$$q = C_i V_i = C_f V_f,$$

이고, 따라서

$$V_f = \frac{C_i}{C_f}V_i$$

이다. 이것을

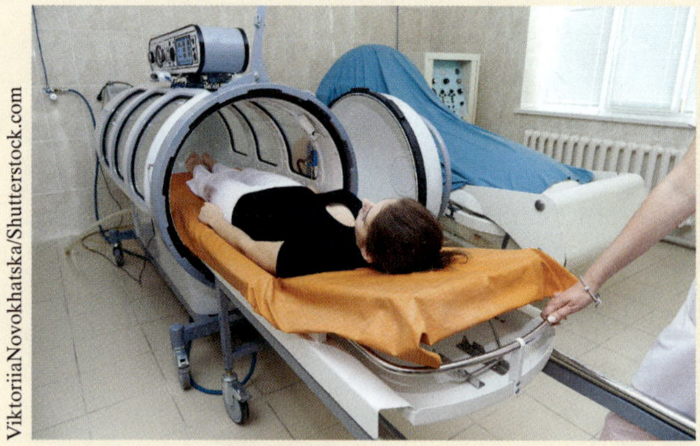

(a)

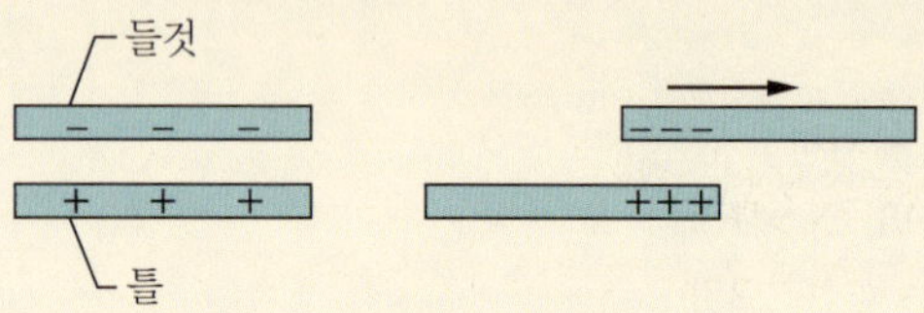

(b) (c)

그림 25.4.2 (a) 고압산소실. (b) 들것과 방의 금속틀이 축전기를 만들어 떠다니는 정전기로 대전된다. (c) 들것을 방에서 뺄 때 전하는 작은 면적으로 몰려간다.

$$C_f = \frac{\varepsilon_0 A_f}{d} = \frac{\varepsilon_0(0.10A_i)}{d}$$
$$= 0.10\frac{\varepsilon_0 A_i}{d} = 0.10C_i$$

로 쓸 수 있다. 이것을 퍼텐셜차에 대한 표현에 대입하면

$$V_f = \frac{C_i}{0.10C_i}V_i = 10V_i = (10)(600\text{ V})$$
$$= 6000\text{ V}$$

을 얻는다. 들것을 뺄 때 축전기의 전하는 더 작은 판의 면적으로 몰려들기 때문에 퍼텐셜차는 증가한다. 퍼텐셜차 V_f = 6000 V는 불꽃을 만들기 충분히 크고도 남는다.

(b) 판의 면적이 0.10 A_i일 때 들것-틀 축전기의 에너지 U_f는 얼마인가?

요점

축전기에 저장된 퍼텐셜에너지 U는 전기용량 C와 퍼텐셜차 V로 나타내면 $U = \frac{1}{2}CV^2$이다.

풀이: C_f = 0.10C_i를 이용하면 다음과 같이 쓸 수 있다.

$$U_f = \tfrac{1}{2}C_fV_f^2 = \tfrac{1}{2}(0.10C_i)V_f^2$$
$$= \tfrac{1}{2}(0.10)(250 \times 10^{-12}\text{ F})(6000\text{ V})^2$$
$$= 4.5 \times 10^{-4}\text{ J} = 0.45\text{ mJ}.$$

이것은 들것에 불이 나기 충분한 에너지이다. 조사관은 들것을 방에서 뺄 때 전하가 작은 면적으로 몰려들기 때문에 들것-틀 축전기가 만드는 불꽃에 의해 들것 화재가 발생했다고 결론내렸다.

▶ **교육용 비디오는 웹사이트 www.wiley.com에서 볼 수 있다.**

25.5 ▸ 유전체를 넣은 축전기

학습목표_Learning Objectives

이 단원을 읽은 후 다음을 이해해야 한다.

25.5.1 극판 사이에 유전체를 채워 넣으면 전기용량이 증가한다.

25.5.2 유전체가 있을 때와 없을 때 축전기의 전기용량을 계산한다.

25.5.3 유전상수 κ인 유전체를 채워 넣은 곳에서 유전율 상수 ε_0가 포함된 모든 정전기에 대한 식은 이 상수에 유전상수를 곱하여 $\kappa\varepsilon_0$로 바꾸어 수정한다.

25.5.4 흔히 보는 유전체의 이름을 알아본다.

요점_Key Ideas

1. 축전의 극판 사이의 공간을 유전체로 채워 넣으면 진공(실제로는 공기) 안에서 전기용량 C에 1보다 큰 수인 물질의 유전상수 κ를 곱한다.
2. 유전체로 채워진 곳에서 유전율 상수 ε_0가 포함된 모든 정전기에 대한 식은 ε_0에 유전상수를 곱한 $\kappa\varepsilon_0$로 바꾸어 수정한다.
3. 유전체가 외부 전기장 안에 있을 때 외부 전기장과 반대 방향의 내부 전기장이 생겨서, 물질 내의 전기장의 크기를 감소시킨다.
4. 표면에 전하량이 고정된 축전기에 유전체를 집어 넣을 때 극판 사이의 알짜 전기장은 감소한다.

▶ 유전체를 넣은 축전기

축전기 극판 사이의 공간을 *유전체*로 채우면 전기용량이 어떻게 변할까? 여기서 유전체

란 기름이나 플라스틱과 같은 절연체 물질이다. 1837년에 Michael Faraday가 이런 물질을 처음으로 연구하였다. 전기용량 개념의 대부분을 Faraday가 만들었기 때문에 그의 이름을 따서 전기용량의 SI 단위를 정했다. 그림 25.5.1과 같은 단순한 장비를 사용하여 전기용량이 κ배로 *증가한다*는 것을 알았으며 이것을 절연체 물질의 **유전상수**라고 불렀다. 표 25.5.1에 몇 가지 유전체와 유전상수가 있다. 진공의 유전상수는 1로 정의한다. 공기는 대체로 빈 공간이므로 유전상수는 1보다 약간 클 뿐이다. 보통의 종이도 축전기의 전기용량을 상당히 증가시키며 스트론튬 티타네이트 같은 특정한 물질은 전기용량을 수백 배 증가시킬 수 있다.

25.5.5 대전된 축전기에 유전체를 더할 때 (a) 전지에 연결된 경우와 (b) 전지에 연결되지 않은 경우의 결과를 구별한다.

25.5.6 극성유전체와 비극성유전체를 구별한다.

25.5.7 대전된 축전기에 유전체를 더할 때 유전체 안의 원자에 일어나는 일로 극판 사이의 전기장의 변화를 설명한다.

유전체를 넣은 또 다른 효과는 극판 사이에 가할 수 있는 퍼텐셜차를 *파괴 퍼텐셜*이라고 부르는 값 V_{max}로 제한하는 것이다. 만일이 값을 넘으면 유전물질은 파괴될 것이며 극판 사이에 전도 경로를 형성한다. 모든 유전물질은 고유의 *유전강도*가 있다. 이는 파괴되지 않고 견딜 수 있는 전기장의 최대값이다. 몇 개의 값이 표 25.5.1에 있다.

식 25.2.16 바로 다음에 논의하였듯이 어떠한 축전기의 전기용량도

$$C = \varepsilon_0 \mathscr{L} \tag{25.5.1}$$

의 형태로 쓸 수 있다. 여기서 $\mathscr{L}$는 길이의 차원을 갖는 양이다. 예컨대 평행판 축전기의 경우 $\mathscr{L} = A/d$이다. Faraday가 발견한 것은 극판 사이의 공간을 유전체로 *완전히* 채운 경우 식 25.5.1이

$$C = \kappa\varepsilon_0 \mathscr{L} = \kappa C_{air} \tag{25.5.2}$$

로 바뀐다는 것이었다. 여기서 C_{air}는 극판 사이에 공기만 채워진 축전기의 전기용량 값이다. 예를 들어 유전상수가 310인 스티론튬 티타네이트로 축전기를 채운다면 전기용량은 310배가 된다.

그림 25.5.2에서 Faraday 실험의 핵심을 볼 수 있다. 그림 25.5.2*a*에서 전지는 극판 사이의 퍼텐셜차 V를 일정하게 유지한다. 유전체 판을 극판 사이에 넣으면 극판에 대전된 전하 q는 κ배만큼 증가한다. 추가적인 전하는 전지에 의하여 축전기 극판으로 보내진다. 그림 25.5.2*b*에는 전지가 없다. 따라서 유전체 판을 넣을 때 전하 q는 일정하게 남는다. 그러면 극판 사이의 퍼텐셜차 V는 κ배만큼 감소한다. $q = CV$이므로, 이들 두 관찰

표 25.5.1 유전체의 특성[a]

물질	유전상수 κ	유전강도 (kV/min)
공기	1.00054	3
폴리스티렌	2.6	24
종이	3.5	16
변압기의 절연유	4.5	
내열유리	4.7	14
루비 운모	5.4	
도자기	6.5	
실리콘	12	
게르마늄	16	
에탄올	25	
물(20°C)	80.4	
물(25°C)	78.5	
티타늄 세라믹	130	
스트론튬 티타네이트	310	8

진공은 $\kappa = 1$

[a]물을 제외하고는 실온에서 측정하였다

The Royal Institute, England/Bridgeman Art Library/NY

그림 25.5.1 Faraday가 사용한 단순한 정전기 실험장치. 조립된 장비는 (왼쪽으로부터 두 번째) 중심에 황동으로 만든 공과 같은 중심을 가지는 황동 껍질로 구성된 구형 축전기이다. Faraday는 공과 껍질 사이의 공간에 유전체 물질을 넣었다.

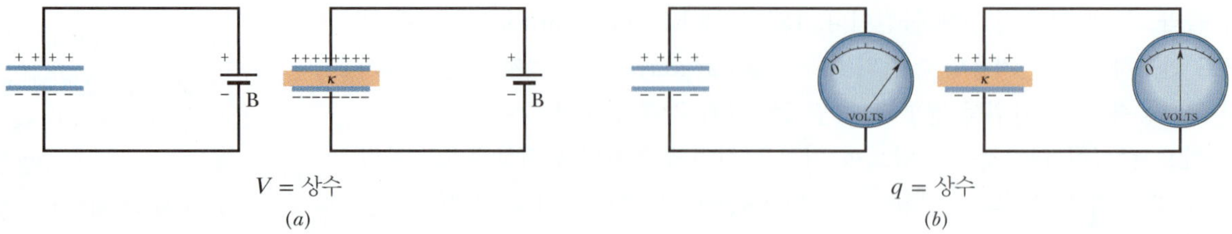

그림 25.5.2 (*a*) 전지 B를 연결하여서 축전기의 극판 사이에 퍼텐셜차가 유지된다면 유전체의 효과는 극판의 전하를 증가시키는 것이다. (*b*) 축전기 극판의 전하가 유지된다면 유전체의 효과는 극판 사이의 퍼텐셜차를 감소시키는 것이다. 표시된 눈금은 전위차계의 눈금이다. *전위차계*는 퍼텐셜차(여기서는 극판 사이의 퍼텐셜차)를 측정하는 데 사용되는 장치이다. 축전기는 전위차계를 통하여 방전될 수 없다.

결과 모두 유전체에 의하여 전기용량이 증가한다는 사실과 일치한다.

식 25.5.1과 25.5.2를 비교하면 유전체의 효과를 다음과 같이 일반화할 수 있다.

> 유전상수 κ인 유전체로 채워진 영역에서 유전율 상수 ε_0를 포함하는 모든 정전기에 대한 식에서 ε_0를 $\kappa\varepsilon_0$로 바꾼다.

따라서 유전체 내부에서 점전하가 만드는 전기장의 크기는 식 23.6.1의 수정된 형태로 다음과 같다.

$$E = \frac{1}{4\pi\kappa\varepsilon_0}\frac{q}{r^2}. \tag{25.5.3}$$

또한 유전체 내에 잠겨 있는 고립된 도체의 바로 바깥에서 전기장의 크기는 다음과 같다(식 23.3.1 참조).

$$E = \frac{\sigma}{\kappa\varepsilon_0}. \tag{25.5.4}$$

κ는 항상 1보다 크기 때문에 두 수식 모두 전하분포가 고정되어 있을 때 *유전체의 효과*

보기문제 25.5.1 유전체를 축전기에 넣었을 때의 일과 에너지

전기용량 C가 13.5 pF인 평행판 축전기를 전지로 극판 사이의 퍼텐셜차 V = 12.5 V까지 충전시켰다. 그런 다음에 전지를 끊고 세라믹판(κ = 6.50)을 극판 사이에 넣었다.

(a) 판을 넣기 전에 축전기의 퍼텐셜에너지는 얼마인가?

요점

축전기의 퍼텐셜에너지 U_i를 전기용량 C와 퍼텐셜 V(식 25.4.2) 또는 C와 전하 q(식 25.4.1)로 다음과 같이 쓸 수 있다.

$$U_i = \tfrac{1}{2}CV^2 = \frac{q^2}{2C}.$$

풀이: 초기 퍼텐셜 V(= 12.5 V)가 주어졌기 때문에 식 25.4.2를 사용하면 초기에 저장된 에너지는 다음과 같다.

$$U_i = \tfrac{1}{2}CV^2 = \tfrac{1}{2}(13.5\times10^{-12}\ \text{F})(12.5\ \text{V})^2$$
$$= 1.055\times10^{-9}\ \text{J} = 1055\ \text{pJ} \approx 1100\ \text{pJ}.$$ (답)

(b) 판을 넣은 후 축전기와 판으로 이루어진 장치의 퍼텐셜에너지는 얼마인가?

요점

전지와의 연결이 끊어졌기 때문에 축전기에 대전된 전하는 유전체를 끼울 때 변할 수 없다. 그러나 퍼텐셜차는 *변한다.*

풀이: 이제 식 25.4.1을 사용하여 최종 퍼텐셜에너지 U_f를

써야 하지만 판은 전기용량이 κC인 축전기 안에 있으므로 다음을 얻는다.

$$U_f = \frac{q^2}{2\kappa C} = \frac{U_i}{\kappa} = \frac{1055\ \text{pJ}}{6.50}$$
$$= 162\ \text{pJ} \approx 160\ \text{pJ}. \quad \text{(답)}$$

판을 끼웠을 때 퍼텐셜에너지는 κ배만큼 감소한다.

판을 끼워 넣은 사람은 "손실된" 에너지를 분명하게 느낄 것이다. 축전기가 판을 약하게 끌어당기면서 다음의 일을 하기 때문이다.

$$W = U_i - U_f = (1055 - 162)\ \text{pJ} = 893\ \text{pJ}.$$

만일 판이 고정되지 않고 마찰이 없는 극판 사이로 미끄러질 수 있다면 판은 893 pJ의 (일정한) 역학에너지로 극판 사이에서 앞뒤로 진동할 것이며 이 계의 에너지는 운동하는 판의 운동에너지와 전기장에 저장된 퍼텐셜에너지 사이에서 왕복하며 움직일 것이다.

▶ **교육용 비디오는 웹사이트 www.wiley.com에서 볼 수 있다.**

는 *유전체가 없을 때에 비하여 전기장을 약화시킨다*는 뜻이다.

▶ 유전체: 원자의 관점

전기장 내에 유전체를 넣을 때 원자와 분자의 관점에서 무슨 일이 발생할까? 분자의 형태에 따라 두 가지 가능성이 있다.

1. *극성 유전체.* 물과 같은 유전체의 분자는 영구 전기 쌍극자모멘트가 있다. 이와 같은 물질(*극성 유전체*라고 부른다)에서 전기쌍극자는 그림 25.5.3처럼 외부 전기장의 방향으로 정렬하려고 한다. 분자는 열적 막운동으로 계속해서 서로 부딪치기 때문에 이 정렬은 완전하지 않다. 그러나 가해진 전기장의 크기가 증가할수록 정렬은 더 잘 된다(또는 온도가 감소하여 부딪침이 줄어들면 보다 더 완전하게 정렬된다). 전기쌍극자의 정렬은 가해진 외부 전기장에 반대 방향이며 크기가 작은 새로운 전기장을 생성한다.
2. *비극성 유전체.* 분자는 영구 전기 쌍극자모멘트가 없더라도 외부 전기장에 놓일 때 쌍극자모멘트가 유도된다. 24.4단원에서 외부 전기장이 음전하와 양전하의 중심을 약간 분리시켜서 분자를 "잡아당기려" 하기 때문에 쌍극자모멘트가 생긴다는 것을 알았다(그림 24.4.2 참조).

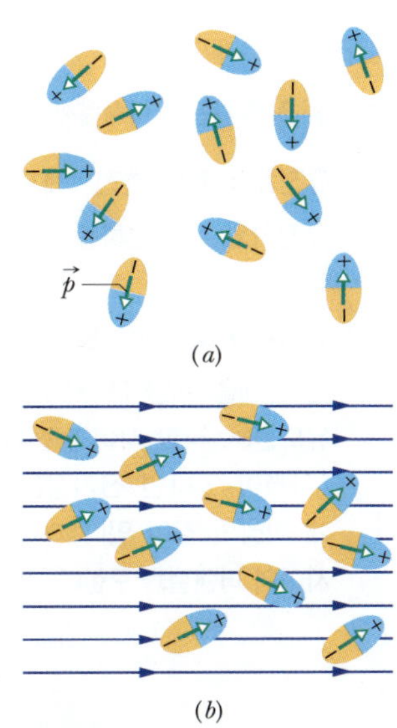

그림 25.5.3 (*a*) 외부 전기장이 없을 때 영구 전기 쌍극자모멘트를 가지는 분자는 막방향을 가리킨다. (*b*) 전기장을 가하여 쌍극자가 부분적으로 정렬되었다. 열적 요동으로 완전하게 정렬되지 않는다.

그림 25.5.4*a*에 외부 전기장을 가하지 않은 비극성 유전체 판이 있다. 그림 25.5.4*b*에서 전기장 $\vec{E}_0$가 축전기에 걸렸으며, 이들 극판은 대전되어 있다. 그 결과 판 내부에서 양전하와 음전하 분포의 중심이 약간 분리되어 판의 한 면에 양전하를 생성하고(쌍극자의 양전하 쪽 끝에 있다) 반대면에 음전하를 생성한다(쌍극자의 음전하 쪽 끝에 있다). 전체적으로는 중성을 유지하며 판 내부의 어떤 부피요소에도 과잉전하는 없다.

그림 25.5.4*c*에서 표면에 유도된 전하는 외부 전기장 $\vec{E}_0$의 반대 방향으로 전기장 $\vec{E}'$을 형성한다. 유전체 내의 합성 전기장 $\vec{E}$(전기장 $\vec{E}_0$와 $\vec{E}'$의 벡터합)는 $\vec{E}_0$와 방향은 같고 크기는 더 작다.

그림 25.5.4*c*에서 표면전하가 만드는 전기장 $\vec{E}'$과 그림 25.5.3에서 영구 전기쌍극자가 만드는 전기장은 같은 방법으로 만들어진다. 새로운 전기장은 가해진 전기장 $\vec{E}$와 반대 방향이다. 따라서 극성과 비극성 유전체의 효과로서 축전기 전극 사이에서는 가해진 전기장이 약화된다.

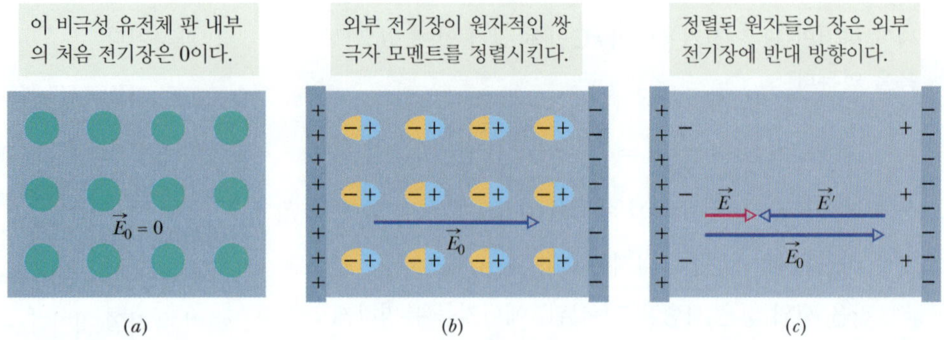

그림 25.5.4 (a) 비극성 유전체 판. 원은 전기적으로 중성인 원자이다. (b) 대전된 축전기의 극판에 전기장이 가해진다. 전기장은 원자를 약간 잡아당겨서 양전하와 음전하의 중심을 분리시킨다. (c) 전하의 분리로 판의 면에 표면전하가 생성된다. 이들 전하는 가해진 전기장 $\vec{E}_0$의 반대 방향으로 전기장 $\vec{E}'$을 만든다. 유전체 내의 전체 전기장 $\vec{E}$($\vec{E}_0$와 $\vec{E}'$의 벡터합)는 $\vec{E}_0$와 같은 방향이고 크기는 더 작다.

25.6 ▸ 유전체와 Gauss의 법칙

학습목표_Learning Objectives

이 단원을 읽은 후 다음을 이해해야 한다.

25.6.1 유전체를 채운 축전기에서 자유전하와 유도전하를 구별한다.

25.6.2 유전체가 축전기의 일부분, 혹은 전체를 채울 때 자유전하, 유도전하, 극판 사이의 전기장(간격이 있다면 전기장은 한 개 이상의 값이 있다)과 극판 사이의 퍼텐셜을 구한다.

요점_Key Ideas

1. 유전체를 축전기 안에 집어넣으면 유전체 면에 유도전하가 생기고, 극판 사이의 전기장을 약화시킨다.
2. 유도전하는 극판 위의 자유전하보다 작다.
3. 유전체가 있을 때 Gauss 법칙은

$$\varepsilon_0 \oint \kappa \vec{E} \cdot d\vec{A} = q$$

로 일반화한다. 여기서 q는 자유전하이다. 적분 안에 유전상수 κ를 집어넣으면 어떤 유도된 표면전하도 포함된다.

▶ 유전체와 Gauss의 법칙

23장의 Gauss의 법칙에 대한 논의에서 전하가 진공 중에 존재한다고 가정하였다. 이 절에서는 표 25.5.1과 같은 유전체 물질이 존재하는 경우에 Gauss의 법칙을 보정하여 일반화할 것이다. 그림 25.6.1은 전극의 면적이 A인 평행판 축전기에 유전체가 있는 경우와 없는 경우이다. 극판에 대전된 전하 q는 두 경우 모두 같다고 가정한다. 극판 사이의 전기장은 25.5단원에 기술한 방법 중 하나의 방법으로 유전체의 면에 전하를 유도한다.

그림 25.6.1a의 유전체가 없는 경우에, 그림 25.2.1처럼 극판 사이의 전기장 $\vec{E}_0$를 구할 수 있다. 위쪽 극판에 있는 전하 $+q$를 Gauss 면으로 에워싸고, Gauss의 법칙을 적용시킨다. E_0를 전기장의 크기라면 다음을 얻는다.

$$\varepsilon_0 \oint \vec{E} \cdot d\vec{A} = \varepsilon_0 EA = q, \tag{25.6.1}$$

즉

$$E_0 = \frac{q}{\varepsilon_0 A} \tag{25.6.2}$$

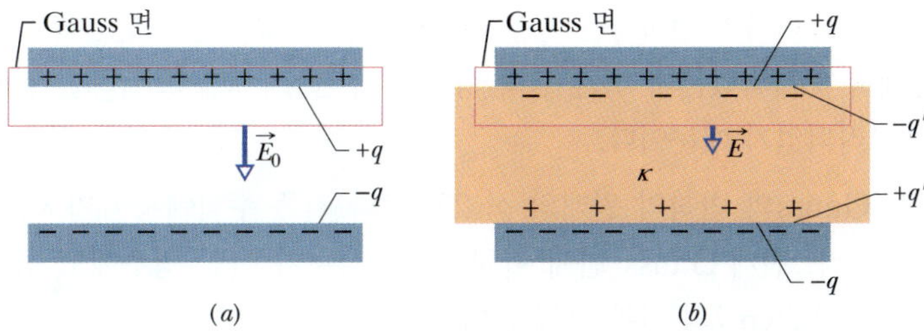

그림 25.6.1 유전체 판이 (a) 없는 경우와 (b) 삽입되어 있는 경우의 평행판 축전기. 극판의 전하 q는 두 경우에 모두 같다고 가정한다.

이다.

그림 25.6.1*b*에서 유전체가 공간에 채워진 경우에 극판 사이(그리고 유전체 내부의) 전기장을 같은 Gauss 면을 이용하여 구할 수 있다. 그러나 이 경우에 Gauss 면은 두 종류의 전하를 둘러싼다. Gauss 면은 위 극판에 있는 전하 $+q$뿐만 아니라 유전체의 위쪽 면에 있는 유도된 전하 $-q'$도 둘러싼다. 도체 극판에 있는 전하는 극판의 전기퍼텐셜을 변화시키면 움직일 수 있기 때문에 *자유전하*라고 부른다. 유전체의 표면에 유도된 전하는 표면으로부터 움직일 수 없기 때문에 자유전하가 아니다.

그림 25.6.1*b*에 있는 Gauss 면에 의하여 둘러싸인 알짜 전하는 $q - q'$이므로 Gauss의 법칙에서 다음을 얻는다.

$$\varepsilon_0 \oint \vec{E} \cdot d\vec{A} = \varepsilon_0 EA = q - q', \tag{25.6.3}$$

$$E = \frac{q - q'}{\varepsilon_0 A}. \tag{25.6.4}$$

한편 유전체의 효과로 원래 전기장 E_0는 κ배만큼 약화된다. 따라서

$$E = \frac{E_0}{\kappa} = \frac{q}{\kappa \varepsilon_0 A} \tag{25.6.5}$$

로 쓸 수 있다. 식 25.6.4와 식 25.6.5를 비교하면

$$q - q' = \frac{q}{\kappa} \tag{25.6.6}$$

이다. 식 25.6.6에서 유도된 표면전하의 크기 q'은 자유전하 q의 크기보다 작으며 유전체가 없다면 0이 된다는 것을 알 수 있다(식 25.6.6에서 $\kappa = 1$이기 때문이다).

식 25.6.6의 $q - q'$을 식 25.6.3에 대입하면, Gauss의 법칙을 다음 형태로 쓸 수 있다.

$$\varepsilon_0 \oint \kappa \vec{E} \cdot d\vec{A} = q \quad \text{(유전체에서의 Gauss의 법칙).} \tag{25.6.7}$$

이 식은 평행판 축전기에 대하여 유도된 것이지만 모든 경우에 잘 맞는 Gauss 법칙의 일반적인 표현식이다. 다음을 유의하자.

1. 다발의 적분은 $\vec{E}$가 아니라 $\kappa\vec{E}$에 대해서 계산한다(벡터 $\varepsilon_0\kappa\vec{E}$는 때로는 *전기변위* $\vec{D}$라고 부르며, 따라서 식 25.6.7은 $\oint \vec{D} \cdot d\vec{A} = q$의 형태로 쓸 수 있다).

2. Gauss 면으로 둘러싸인 전하 q는 *자유전하만* 취한다. 유도된 표면전하는 식 25.6.7의 오른쪽 항에서 무시되었는데 이는 왼쪽 항에서 유전상수 κ를 도입하는 것으로 유도전하가 이미 고려되었기 때문이다.

3. 식 25.6.7은 Gauss의 법칙의 원래의 식 23.2.2와 최종 수식에서 ε_0가 $\kappa\varepsilon_0$로 바뀐다는 점에서만 다르다. 전체 Gauss 면에 걸쳐서 κ가 상수가 아닌 경우에도 성립하도록 하기 위하여 κ를 식 25.6.7의 적분 안에 둔다.

보기문제 25.6.1 축전기 간격을 부분적으로 채운 유전체

그림 25.6.2는 극판의 면적이 A, 극판의 간격이 d인 평행판 축전기이다. 전지를 연결해 양 극판 사이에 퍼텐셜차 V_0가 걸린다. 다음에 전지를 끊고 두께가 b이고 유전상수가 κ인 유전체판을 극판 사이에 넣는다. $A = 115\ \text{cm}^2$, $d = 1.24\ \text{cm}$, $V_0 = 85.5\ \text{V}$, $b = 0.780\ \text{cm}$, $\kappa = 2.61$이다.

(a) 유전체판을 넣기 전 전기용량 C_0는 얼마인가?

풀이: 식 25.2.7에서 다음을 얻는다.

$$C_0 = \frac{\varepsilon_0 A}{d} = \frac{(8.85 \times 10^{-12}\ \text{F/m})(115 \times 10^{-4}\ \text{m}^2)}{1.24 \times 10^{-2}\ \text{m}}$$
$$= 8.21 \times 10^{-12}\ \text{F} = 8.21\ \text{pF}.$$ (답)

(b) 극판에 존재하는 자유전하는 얼마인가?

풀이: 식 25.1.1로부터 다음을 얻는다.

$$q = C_0V_0 = (8.21 \times 10^{-12}\ \text{F})(85.5\ \text{V})$$
$$= 7.02 \times 10^{-10}\ \text{C} = 702\ \text{pC}.$$ (답)

판을 넣기 전에 충전시키는 전지가 끊어졌으므로, 자유전하는 판이 넣어짐에 따라 변화되지 않고 유지된다.

(c) 극판 사이의 공간에서와 유전체판에서 전기장 E_0는 얼마인가?

요점

Gauss의 법칙을 식 25.6.7의 형태로 그림 25.6.2에서 Gauss 면 I에 적용해야 한다.

풀이: 그 면은 빈 공간을 지나서 축전기 위 극판에 있는 자유전하만을 둘러싼다. 전기장은 Gauss 면의 아래만을 관통한다. 면적벡터 $d\vec{A}$와 전기장 벡터 $\vec{E}_0$는 둘 다 아래쪽을 향하므로 식 25.6.7에서 스칼라곱은

$$\vec{E}_0 \cdot d\vec{A} = E_0\,dA\cos 0° = E_0\,dA$$

이다. 이제 식 25.6.7은 다음과 같다.

$$\varepsilon_0\kappa E_0 \oint dA = q.$$

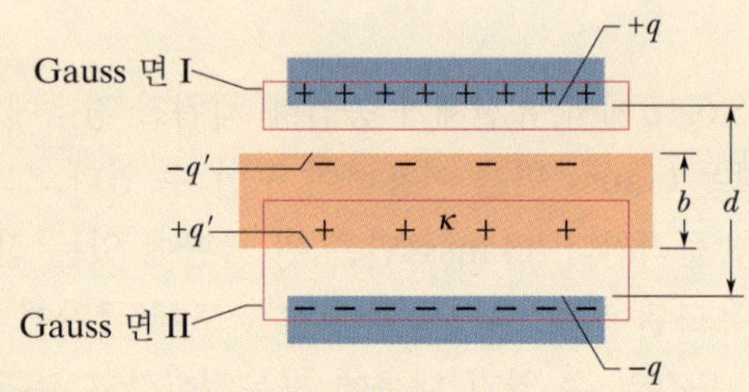

그림 25.6.2 유전체판이 전극 사이 공간의 일부만을 채우는 평행판 축전기.

위 적분 결과는 단순히 극판의 면적 A이므로

$$\varepsilon_0\kappa E_0 A = q$$

에서 다음을 얻는다.

$$E_0 = \frac{q}{\varepsilon_0\kappa A}.$$

결국 Gauss 면 I이 유전체를 지나지 않기 때문에 $\kappa = 1$을 넣어야 한다. 따라서 다음을 얻는다.

$$E_0 = \frac{q}{\varepsilon_0\kappa A} = \frac{7.02 \times 10^{-10}\ \text{C}}{(8.85 \times 10^{-12}\ \text{F/m})(1)(115 \times 10^{-4}\ \text{m}^2)}$$
$$= 6900\ \text{V/m} = 6.90\ \text{kV/m}.$$ (답)

판을 넣을 때 그림 25.6.2에서 Gauss 면 I로 둘러싸인 전하의 양이 변하지 않기 때문에 E_0의 값이 변하지 않는다는 점에 주목하여라.

(d) 유전체 판에서 전기장 E_1은 얼마인가?

요점

식 25.6.7을 그림 25.6.2의 Gauss 면 II에 적용해야 한다.

풀이: 그 면은 자유전하 $-q$와 유도전하 $+q'$을 둘러싼다. 그러나 식 25.6.7을 사용할 때에는 $+q'$을 무시하여

$$\varepsilon_0 \oint \kappa\vec{E}_1 \cdot d\vec{A} = -\varepsilon_0\kappa E_1 A = -q \qquad (23.6.8)$$

를 얻는다. 이 식에서 초기 음의 부호는 전기장 $\vec{E}_1$이 아래쪽

을 향하고 면적벡터 $d\vec{A}$(항상 그렇듯이 닫힌 Gauss 면의 안에서 밖을 향함)가 위쪽을 향하기 때문에 Gauss면의 윗부분에서의 스칼라곱 $\vec{E}_1 \cdot d\vec{A}$로부터 나온다. 여기서 유전상수는 유전체판의 값이다($\kappa = 2.61$). 따라서 식 25.6.8로부터 다음을 얻는다.

$$E_1 = \frac{q}{\varepsilon_0 \kappa A} = \frac{E_0}{\kappa} = \frac{6.90 \text{ kV/m}}{2.61} = 2.64 \text{ kV/m.}$$ (답)

(e) 판을 넣은 후에 극판 사이의 퍼텐셜차 V는 얼마인가?

요점

아래 극판으로부터 위 극판으로 직접적으로 뻗어나가는 직선 경로를 따라 적분하여서 V를 구해야 한다.

풀이: 유전체 내에서 경로의 길이는 b이며 전기장은 E_1이다. 유전체 위와 아래의 공간에서 전체 경로의 길이는 $d - b$이며 전기장은 E_0이다. 따라서 식 25.2.4에서

$$\begin{aligned} V &= \int_-^+ E\,ds = E_0(d-b) + E_1 b \\ &= (6900 \text{ V/m})(0.0124 \text{ m} - 0.00780 \text{ m}) \\ &\quad + (2640 \text{ V/m})(0.00780 \text{ m}) \\ &= 52.3 \text{ V} \end{aligned}$$ (답)

를 얻는다. 이것은 원래의 퍼텐셜차 85.5 V보다 작다.

(f) 극판 사이에 판이 들어 있는 축전기의 전기용량은 얼마인가?

요점

전기용량 C는 식 25.1.1을 이용해 자유전하 q와 퍼텐셜차 V의 관계를 구한다.

풀이: (b)에서 q를, (c)에서 V를 취하면

$$C = \frac{q}{V} = \frac{7.02 \times 10^{-10} \text{ C}}{52.3 \text{ V}} = 1.34 \times 10^{-11} \text{ F} = 13.4 \text{ pF}$$ (답)

을 얻는다. 이 값은 원래의 전기용량 8.21 pF보다 더 크다.

▶ **교육용 비디오는 웹사이트 www.wiley.com에서 볼 수 있다.**

확인문제 25.6.1

대전되고 고립된 축전기의 두 판 사이를 두 유전체로 완전히 채웠다. 유전체 1의 유전상수는 작다. 유전체 2의 유전상수는 크다. 유전체 1을 집어넣었다가 뺀다. 그리고 유전체 2를 집어넣는다.

(a) 두 상황의 자유전하는 어떤 관계가 있는가? $q_1 = q_2$, $q_1 > q_1$, $q_1 < q_2$?
(b) 유도전하는 어떤 관계가 있는가? $q_1' = q_2'$, $q_1' > q_2'$, $q_1' < q_2'$?
(c) 판 사이의 퍼텐셜차는 어떤 관계가 있는가? $V_1 = V_2$, $V_1 > V_2$, $V_1 < V_2$?

정리 및 요약 _Review & Summary

▸***축전기와 전기용량*** **축전기**는 전하가 $+q$와 $-q$인 두 개의 고립된 도체(극판)로 이루어진다. 축전기의 **전기용량** C는

$$q = CV \tag{25.1.1}$$

로 정의한다. 여기서 V는 극판 사이의 퍼텐셜차이다.

▸***전기용량 계산하기*** 일반적으로 특정한 축전기 구조의 전기용량을 결정하는 방법은 다음과 같다. (1) 전하 q가 극판에 놓여 있다고 가정하고 (2) 전하가 만드는 전기장 E를 구하고 (3) 퍼텐셜차 V를 구하여 (4) 식 25.5.1로부터 C를 계산한다. 몇몇 경우에 대한 결과는 다음과 같다.

면적이 A이고 간격이 d인 서로 평행한 평평한 극판으로 이루어진 *평행판 축전기*의 전기용량은 다음과 같다.

$$C = \frac{\varepsilon_0 A}{d}. \tag{25.2.7}$$

길이가 L이고 반지름이 a와 b인 *원통형 축전기*(두 개의 긴 동축 원통)의 전기용량은 다음과 같다.

$$C = 2\pi\varepsilon_0 \frac{L}{\ln(b/a)}. \tag{25.2.12}$$

반지름이 a와 b인 동축 구형 극판으로 이루어진 *구형 축전기*의 전기용량은 다음과 같다.

$$C = 4\pi\varepsilon_0 \frac{ab}{b-a}. \tag{25.2.15}$$

반지름 R인 *고립된 공*의 전기용량은 다음과 같다.

$$C = 4\pi\varepsilon_0 R. \tag{25.2.16}$$

▸***축전기의 직렬연결과 병렬연결*** 각각 **병렬**과 **직렬**로 연결된 축전기 조합의 **등가 전기용량** C_{eq}는 다음과 같다.

$$C_{eq} = \sum_{j=1}^{n} C_j \quad (\text{축전기 } n\text{개의 병렬연결}), \tag{25.3.1}$$

$$\frac{1}{C_{eq}} = \sum_{j=1}^{n} \frac{1}{C_j} \quad (\text{축전기 } n\text{개의 직렬연결}). \tag{25.3.2}$$

등가 전기용량은 더 복잡하게 연결된 축전기의 전기용량을 계산하는 데 사용할 수 있다.

▸***퍼텐셜에너지와 에너지밀도*** 대전된 축전기의 **전기 퍼텐셜에너지**

$$U = \frac{q^2}{2C} = \tfrac{1}{2}CV^2 \tag{25.4.1, 25.4.2}$$

은 축전기를 대전시키는 데 필요한 일과 같다. 이 에너지는 축전기의 전기장 $\vec{E}$와 관련이 있다. 이 개념을 확장시켜서 저장된 에너지를 전기장에 연관시킬 수 있다. 진공 중에서 크기 E인 전기장 내에서 **에너지 밀도** u, 또는 단위 부피당 퍼텐셜에너지는 다음과 같다.

$$u = \tfrac{1}{2}\varepsilon_0 E^2. \tag{25.4.5}$$

▸***유전체를 넣은 축전기의 전기용량*** 축전기의 극판 사이의 공간이 유전체 물질로 완전히 채워져 있다면 전기용량 C는 κ배만큼 증가한다. 여기서 κ는 **유전상수**라고 부르는 물질의 특성이다. 유전체가 완전히 채워진 영역에서 ε_0를 포함하는 모든 정전기 방정식은 ε_0를 $\kappa\varepsilon_0$로 바꾸면 된다.

유전체를 넣은 효과는 물리적으로는 전기장이 유전체판 내의 영구 전기쌍극자 또는 유도 전기쌍극자에 미치는 작용으로 이해할 수 있다. 그 결과 유전체의 표면에 유도된 전하가 형성되며 같은 양의 극판의 자유전하에 대하여 유전체 내에서는 전기장이 약해진다.

▸***유전체가 있는 경우의 Gauss의 법칙*** 유전체가 들어 있으면 Gauss의 법칙은 다음과 같이 일반화된다.

$$\varepsilon_0 \oint \kappa\vec{E}\cdot d\vec{A} = q. \tag{25.6.7}$$

여기서 q는 자유전하이다. 유도전하의 효과는 적분 내의 유전상수 κ에 포함되었다.

연습문제 _Problems

E Easy **M** Medium **H** Hard **CALC** Requires calculus **BIO** Biomedical application

1 **E** 그림 25.1에서 나타낸 결합의 등가전기용량을 구하여라. C_1는 10.0 μF, C_2는 5.00 μF, C_3는 8.00 μF이다.

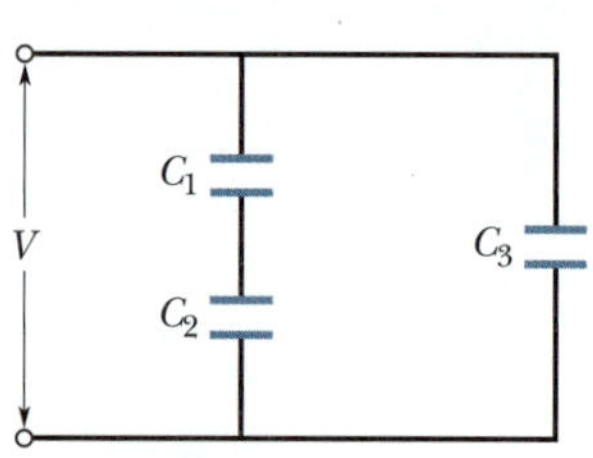

그림 25.1 연습문제 1, 2

2 **M** 그림 25.1에서 전기용량 $C_1 = 10.0$ μF, $C_2 = 5.00$ μF, $C_3 = 4.00$ μF인 축전기 회로의 퍼텐셜차는 V = 80 V이다. 축전기 3의 (a) 전하량 q_3, (b) 퍼텐셜차 V_3, (c) 저장된 에너지 U_3를 구하여라. 축전지 1의, (d) q_1, (e) V_1, (f) U_1을 구하여라. 축전기 2의 (g) q_2, (h) V_2, (i) U_2를 구하여라.

3 **E** 그림 25.2에서 회로의 등가전기용량을 구하여라. C_1 = 10.0 μF, C_2 = 5.00 μF, C_3 = 4.00 μF이다.

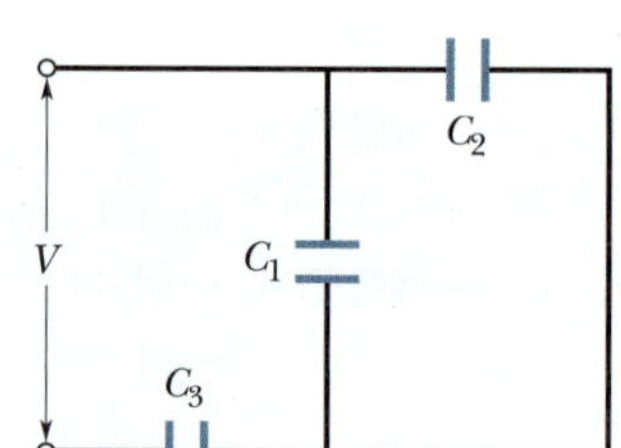

그림 25.2 연습문제 3, 4, 5

4 **M** 그림 25.2에서 전기용량이 각각 C_1 = 10.0 μF, C_2 = 5.00 μF, C_3 = 4.00 μF인 축전기 회로에 V = 60.0 V의 퍼텐셜차가 걸린다. 만일 축전기 3이 합선되어 도선처럼 연결된다면 축전기 1에 (a) 대전된 전하량 (b) 퍼텐셜차는 얼마나 증가하는가?

5 **M** 그림 25.2에서 C_1 = 10.0 μF, C_2 = 5.00 μF, C_3 = 15.0 μF인 축전기 회로에 50 V의 퍼텐셜차가 걸린다. 축전기 3의 (a) 전하량 q_3, (b) 퍼텐셜차 V_3, (c) 저장된 에너지 U_3를 구하여라. 축전지 1의 (d) q_1, (e) V_1, (f) U_1을 구하여라. 축전기 2의 (g) q_2, (h) V_2, (i) U_2를 구하여라.

6 E 날씨가 좋은 날에 관찰되는 크기 150 V/m의 전기장으로 인하여 공기 2.00 m^3에 저장되는 에너지는 얼마인가?

7 E 대전되지 않은 평행판 축전기(전기용량 C)를 전지에 연결하면 전자가 이동하여 (면적 A의) 평행판 중 하나가 음으로 대전된다. 그림 25.3은 특정 축전기의 평행판에 전자 침투깊이 d를 전지의 퍼텐셜차 V의 함수로 그린 그래프이다. 구리판의 전도전자의 밀도는 8.49×10^{28} 전자/m^3이다. 수직축의 눈금은 $d_3 = 1.00$ pm이고, 수평축의 눈금은 $V_s = 40.0$ V이다. 비율 C/A의 값은 얼마인가?

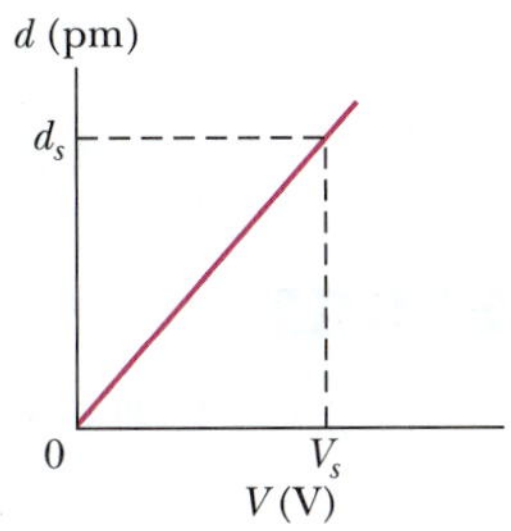

그림 25.3 연습문제 7

8 M 평행판 축전기의 면적이 0.12 m^2이고 간격은 1.2 cm이다. 전지로 극판을 퍼텐셜차 120 V까지 대전시키고 연결을 끊었다. 두께 4.0 mm, 유전상수 4.8인 유전체판을 극판 사이에 대칭적으로 넣었다. (a) 판을 넣기 전 전기용량은 얼마인가? (b) 판을 넣고 난 후 전기용량은 얼마인가? (c) 판을 넣기 전과 (d) 판을 넣은 후 자유전하 q는 얼마인가? (e) 극판과 유전체 사이의 공간과 (f) 유전체 안에서 전기장의 크기는 각각 얼마인가? (g) 판을 넣으면 극판 사이의 퍼텐셜차는 얼마인가? (h) 판을 넣는 데 해야 하는 외부 일은 얼마인가?

9 H 그림 25.4에 24.0 V 전지와 전기용량이 각각 $C_1 = 1.00\ \mu$F, $C_2 = 2.00\ \mu$F, $C_3 = 3.00\ \mu$F, $C_4 = 4.00\ \mu$F인 대전되지 않은 축전기 네 개가 있다. 스위치 S_1만 닫히면 (a) 축전기 1 (b) 축전기 2 (3) 축전기 3 (d) 축전기 4에 대전된 전하량은 각각 얼마인가? 두 스위치가 모두 닫히면 (e) 축전기 1, (f) 축전기 2, (g) 축전기 3, (h) 축전기 4에 대전된 전하량은 얼마인가?

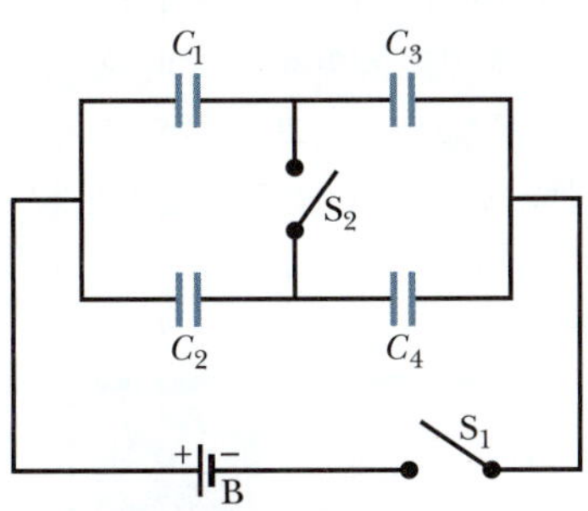

그림 25.4 연습문제 9

10 E 평행판 축전기 극판은 반지름 6.00 cm인 원판이며, 간격은 1.30 mm이다. (a) 전기용량을 계산하여라. (b) 퍼텐셜차 120 V가 걸려 있을 때 전하를 구하여라.

11 H 그림 25.5a의 축전기 3은 *가변축전기*이다. (전기용량 C_3를 변화시킬 수 있다.) 그림 25.5b에 축전기 1 사이의 전기퍼텐셜 V_1을 C_3의 함수로 그렸다. 수평축의 눈금은 $C_{3s} = 12.0\ \mu$F이다. 전기퍼텐셜 V_1은 $C_3 \to \infty$일 때 점근적으로 $V = 10$ V로 접근한다. (a) 전지 사이의 전기퍼텐셜 V는 얼마인가? (b) C_1, (c) C_2는 얼마인가?

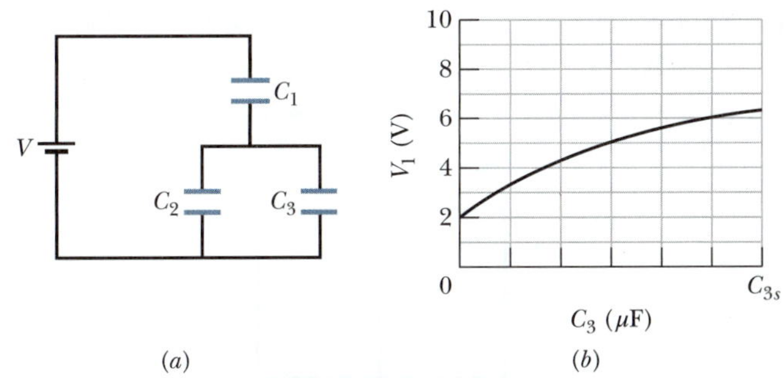

그림 25.5 연습문제 11

12 E 공기를 채운 평행판 축전기의 전기용량이 1.3 pF이다. 극판의 간격을 두 배로 늘리고, 극판 사이에 왁스를 넣었다. 새로운 전기용량은 3.0 pF이다. 왁스의 유전상수를 구하여라.

13 M 그림 25.6은 극판의 면적이 $A = 4.00$ cm^2이고 간격이 $d = 4.62$ mm인 평행판 축전기이다. 극판 사이의 공간에 위쪽 반은 유전상수 $\kappa_1 = 11.0$의 물질로, 아래쪽 반은 유전상수 $\kappa_2 = 12.0$의 물질로 채워져 있다. 전기용량은 얼마인가?

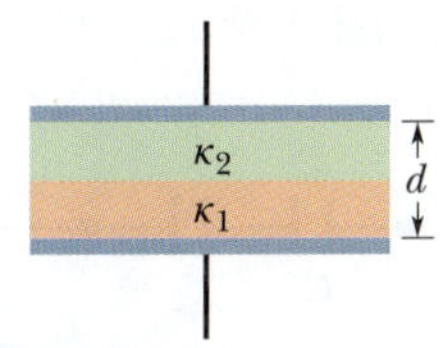

그림 25.6 연습문제 13

14 M 정지해 있는 전자를 점전하로 가정한다. 전자로부터 거리가 (a) $r = 1.00$ mm, (b) $r = 1.00\ \mu$m, (c) $r = 1.00$ nm, (d) $r = 1.00$ pm일 때 전기장의 에너지밀도 u는 각각 얼마인가? (e) $r \to 0$인 극한에서 u는 얼마인가?

15 H 그림 25.7은 24.0 V 전지와 전기용량이 $C_1 = 4.00\ \mu$F, $C_2 = 6.00\ \mu$F, $C_3 = 3.00\ \mu$F인 세 개의 대전되지 않은 축전기이다. 축전기 1이 완전히 대전될 때까지 스위치를 왼쪽으로 연결하였다. 그 다음 스위치를 오른쪽으로 연결하였다. (a) 축전기 1 (b) 축전기 2 (c) 축전기 3에 있는 최종 전하는 얼마인가?

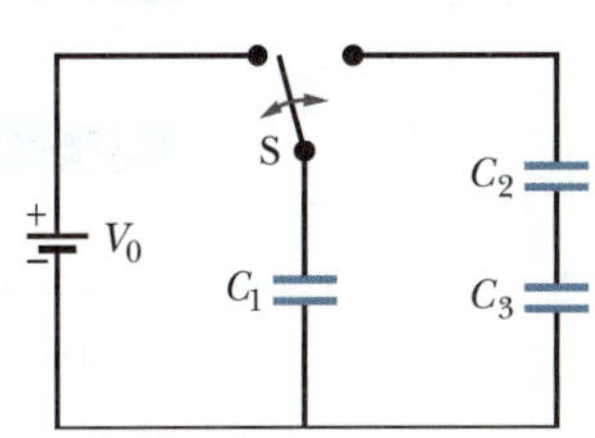

그림 25.7 연습문제 15

16 M 전기용량이 1 nF 정도이고, 파괴퍼텐셜이 10000 V를 초과하도록 축전기를 설계하려고 한다. 길이가 긴 내열유리 음료수 잔의 옆면을 유전체로 사용하기 위하여 안쪽과 바깥쪽의 곡면에 얇은 알

루미늄박을 나란히 붙여서 전극으로 작동시키려고 한다. 잔의 높이는 15 cm이고 안쪽 반지름은 3.7 cm, 바깥쪽 반지름은 3.8 cm이다. 축전기의 (a) 전기용량과 (b) 파괴퍼텐셜은 얼마인가?

17 M 그림 25.8에서 20.0 V 전지에 의하여 평행판 축전기에는 얼마의 전하가 대전되는가? 축전기 하나는 공기로 채웠으며 다른 하나는 $\kappa = 3.00$인 유전체로 채웠다. 두 축전기 모두 극판의 면적이 $5.00 \times 10^{-3}\ \text{m}^2$이며, 간격은 2.00 mm이다.

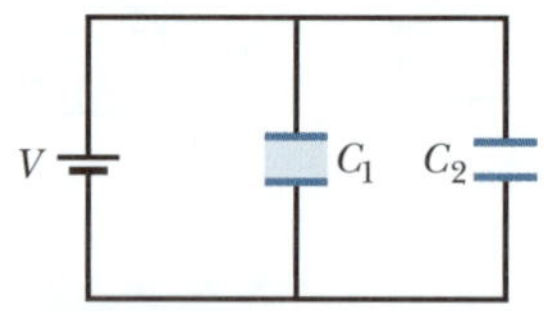

그림 25.8 연습문제 17

18 M 전기용량이 각각 6.0 μF인 두 개의 평행판축전기를 12 V 전지에 병렬 연결하였다. 축전기 하나는 압축하여서 극판의 간격이 처음 값의 50.0%가 되었다. 압축 때문에 (a) 전지에서 축전기로 이동되는 추가적인 전하는 얼마인가? (b) 축전기에 저장된 전체 전하의 증가량은 얼마인가?

19 M 그림 25.9에서 전지의 퍼텐셜차는 $V = 9.0$ V이고, $C_2 = 3.0\ \mu$F, $C_4 = 4.0\ \mu$F이며 모든 축전기는 초기에 대전되지 않았다. 스위치를 닫으면 14 μC의 전체 전하량이 점 a를 지나며 8.0 μC의 전체 전하는 점 b를 지난다. (a) C_1과 (b) C_3는 얼마인가?

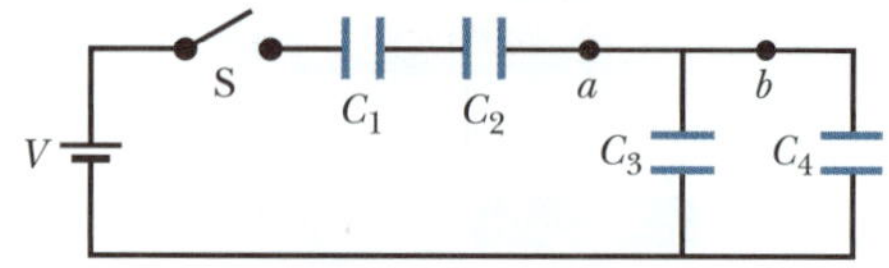

그림 25.9 연습문제 19

20 E 극판의 면적이 25 cm²이고 간격이 1.0 mm인 공기로 채운 평행판 축전기가 600 V의 퍼텐셜차로 대전된다. (a) 전기용량, (b) 각 극판에 대전된 전하량의 크기, (c) 저장된 에너지, (d) 극판 사이의 전기장, (e) 극판 사이의 에너지밀도를 구하여라.

21 M 안전기술자가 부도체 용기 내에 가연성 도체 액체를 보관하는 일을 평가한다. 액체를 판매하는 회사에서는 반지름 $r = 0.20$ m의 나지막한 원통형 플라스틱 용기에 높이 $h = 10$ cm까지 채웠고, 이 높이는 용기의 전체 내부 높이는 아니다(그림 25.10). 조사 결과 회사에서는 액체를 채우는 동안 용기의 바깥 표면에 전하밀도의 크기가 1.6 μC/m²(근사적으로 균일하다)인 음전하가 생기는 것을 알았다. 액체가 도체이기 때문에 용기의 전하로 인해 액체에서 전하가 분리된다. (a) 액체 중심에 유도되는 음전하는 얼마인가? (b) 접지에 대한 액체 가운데 부분의 전기용량이 35 pF이라고 가정한다. 유효 축전기의 음전하와 관련된 퍼텐셜에너지는 얼마인가? (c) 만일 접지와 액체 가운데 부분 사이에 불꽃방전이 생기면 퍼텐셜에너지가 불꽃으로 이동될 수 있다. 액체를 점화시키는 데 필요한 최소 불꽃에너지는 10 mJ이다. 이 상황에서 불꽃은 액체를 점화시킬 수 있는가?

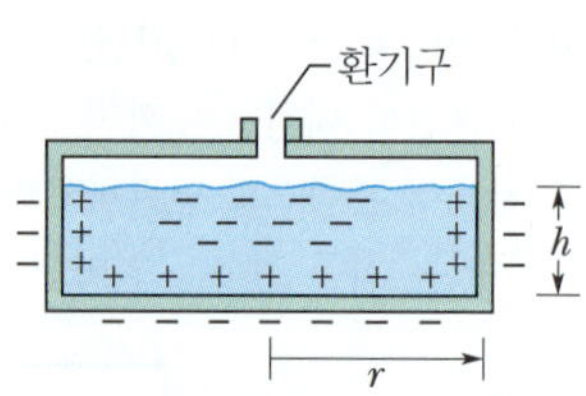

그림 25.10 연습문제 21

22 E 송전선으로 사용하는 동축 전선은 안쪽 반지름이 0.20 mm이고 바깥쪽 반지름이 0.60 mm이다. 전선의 미터당 전기용량을 구하여라. 도체 사이의 공간은 폴리스티렌으로 채운다고 가정한다.

23 M 그림 25.11에서 $C_1 = 10.0\ \mu$F, $C_2 = 20.0\ \mu$F, $C_3 = 25.0\ \mu$F이다. 어떤 축전기도 200 V 이상의 퍼텐셜차를 견딜 수 없다면 (a) 점 A와 B 사이에 걸릴 수 있는 최대 퍼텐셜차는 얼마인가? (b) 3개의 축전기로 이루어진 회로에 저장될 수 있는 최대 에너지는 얼마인가?

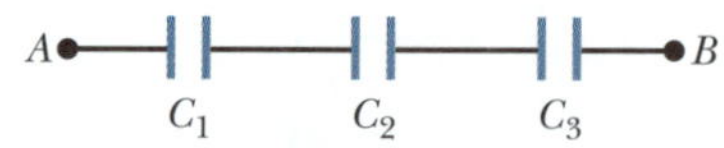

그림 25.11 연습문제 23

24 E 그림 25.6.2에서 전지를 연결한 채 유전체판을 넣는다고 하자. (a) 전기용량, (b) 축전기 극판에 대전된 전하, (c) 빈 공간의 전기장, (d) 판이 들어간 후 판에서 전기장을 구하여라.

25 E 그림 25.12에서 대전되지 않은 각 축전기의 전기용량은 40.0 μF이다. 스위치를 닫으면 $V = 4200$ V의 퍼텐셜차가 걸린다. 전류계 A를 지나는 전하량은 몇 쿨롱인가?

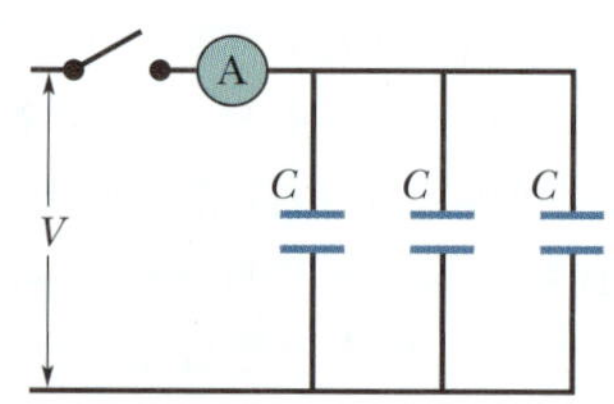

그림 25.12 연습문제 25

26 E 공기를 채운 평행판축전기의 전기용량은 50 pF이다. (a) 각 극판의 면적이 0.20 m²이면 간격은 얼마인가? (b) 극판 사이를 $\kappa = 5.6$인 물질로 채우면 전기용량은 얼마가 되는가?

27 M 그림 25.13은 극판의 면적이 $A = 8.20\ \text{cm}^2$이고, 간격이 $2d = 7.12$ mm인 평행판축전기이다. 극판 사이의 공간에서 왼쪽 반은 유전상수 $\kappa_1 = 21.0$의 물질로 채워져 있으며, 오른쪽 반의 위쪽은 유전상수 $\kappa_2 = 42.0$의 물질로, 그리고 오른쪽 반의 아래쪽은 유전상수 $\kappa_3 = 58.0$의 물질로 채웠다. 전기용량은 얼마인가?

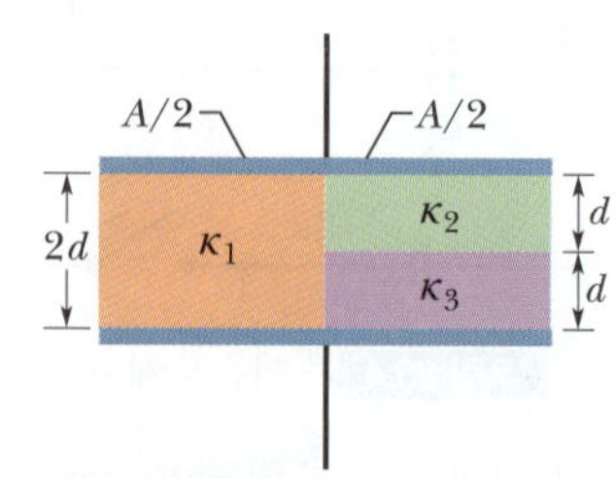

그림 25.13 연습문제 27

28 M 반지름이 $b = 1.70$ cm와 $a = 1.20$ cm인 두 개의 동축 도체 공 껍질 사이의 공간을 유전상수 $\kappa = 23.5$인 물질로 채웠다. 퍼텐셜차 $V = 73.0$ V를 안쪽과 바깥쪽 껍질에 걸었다. (a) 장치의 전기용량, (b) 안쪽 껍질에 대전된 자유전하 q, (c) 안쪽 껍질의 표면을 따라 유

도된 전하 q'을 구하여라.

29 M 그림 25.14는 공기로 채운 4개의 축전기가 있는 회로의 일부로, 더 큰 회로에 연결한다. 아래의 그래프는 전기퍼텐셜 $V(x)$를 축전기 4를 지나는 회로의 아래쪽 부분을 따라 위치 x의 함수로 나타낸 것이다. 마찬가지로 위에 있는 그래프는 전기퍼텐셜 $V(x)$를 축전기 1, 2, 3을 통과하는 회로의 위쪽 부분을 따라서 위치 x의 함수로 나타낸 것이다. 축전기 3의 전기용량은 0.80 μF이다. (a) 축전기 1과 (b) 축전기 2의 전기용량은 얼마인가?

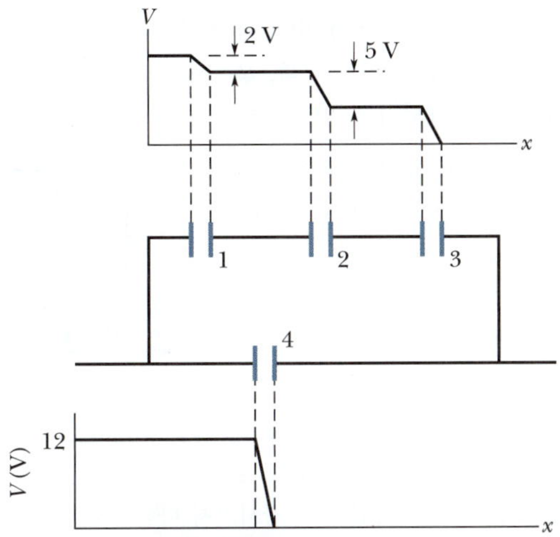

그림 25.14 연습문제 29

30 E 구형 축전기의 극판의 반지름은 38.0 mm와 44.0 mm이다. (a) 전기용량을 구하여라. (b) 극판의 간격과 전기용량이 같은 평행판 축전기의 극판 면적은 얼마가 되어야 하는가?

31 M 그림 25.15에서 V = 20 V, C_1 = 10 μF, $C_2 = C_3$ = 20 μF이다. 우선 스위치 S는 축전기 1이 평형에 이를 때까지 왼쪽으로 연결한다. 그리고 스위치를 오른쪽으로 연결한다. 다시 평형에 도달할 때 축전기 1에 대전되는 전하량은 얼마인가?

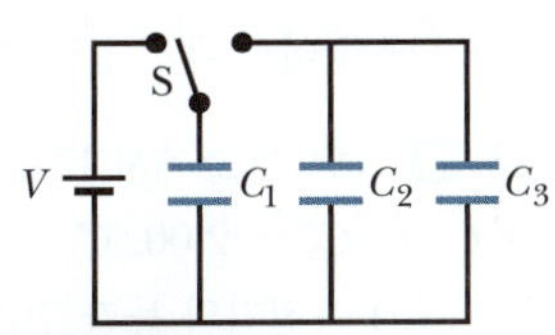

그림 25.15 연습문제 31

32 E 500 V의 퍼텐셜차로 에너지 10 kW·h를 저장하는 데 필요한 전기용량은 얼마인가?

33 M 그림 25.16은 극판의 면적이 A = 4.00 cm^{2}이고 간격이 d = 5.56 mm인 평행판축전기이다. 극판 사이의 공간에 왼쪽 반은 유전상수 κ_1 = 7.00의 물질로 채웠고, 오른쪽 반은 유전상수 κ_2 = 12.0의 물질로 채웠다. 전기용량은 얼마인가?

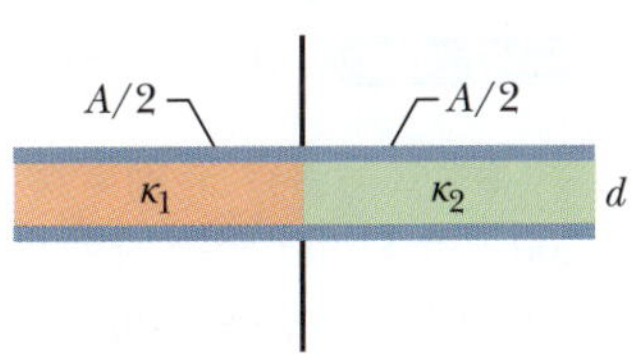

그림 25.16 연습문제 33

34 M 면적 60.0 cm^{2}인 두 개의 평행한 극판에 크기는 8.9 × 10^{-7} C으로 같고 부호가 반대인 전하가 분포한다. 극판 사이의 공간을 채우는 유전체 물질 내에서 전기장은 1.4 × 10^6 V/m이다. (a) 물질의 유전상수를 구하여라. (b) 유전체 각 표면에 유도된 전하의 크기를 구하여라.

35 M 그림 25.17에서 전지의 퍼텐셜차는 V = 20.0 V이며 5개 축전기의 전기용량은 각각 10.0 μF이다. (a) 축전기 1과 (b) 축전기 2에 대전된 전하량은 얼마인가?

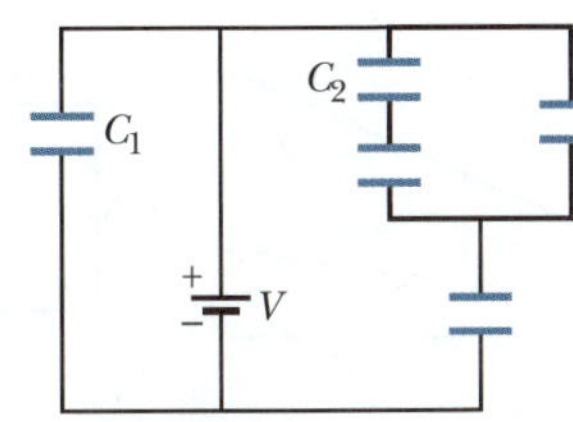

그림 25.17 연습문제 35

36 M 지름 10 cm인 대전되어 고립된 금속공은 무한대에서 V = 0으로 할 때 퍼텐셜이 6000 V이다. 공의 표면 근처에서 전기장의 에너지밀도를 구하여라.

37 M 그림 25.18은 수동으로 동조되는 라디오에 사용하는 가변 "공기틈" 축전기이다. 극판은 교대로 연결된다. 한 무리의 극판은 제 자리에 고정되어 있고 다른 무리의 극판은 회전한다. n = 8개 극판의 극성이 교대로 바뀌는 축전기를 고려하자. 각 극판의 면적은 A = 1.70 cm^{2}이고, 인접한 극판의 간격은 d = 3.40 mm이다. 이 장치의 최대 전기용량은 얼마인가?

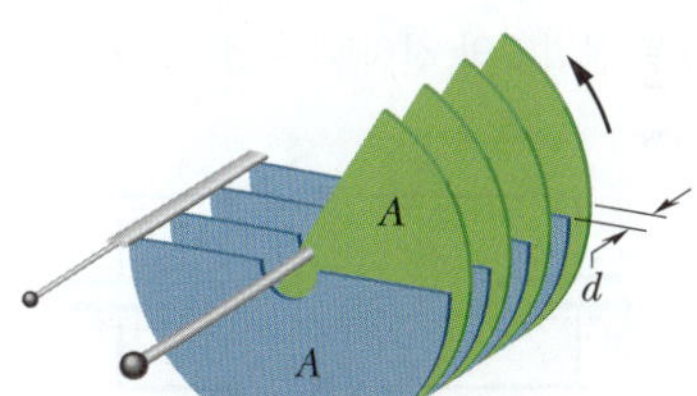

그림 25.18 연습문제 37

38 M 극판의 면적이 8.50 cm^{2}이고 간격이 3.00 mm이며 공기로 채워진 평행한 축전기를 12.0 V 전지로 대전하였다. 전지를 떼어 내고 (방전 없이) 간격을 8.00 mm까지 잡아당겼다. 모서리 효과를 무시하고 (a) 극판 사이의 퍼텐셜차, (b) 처음에 저장된 에너지, (c) 나중에 저장된 에너지를 구하여라. (d) 극판을 분리하는 데 필요한 일을 구하여라.

39 E 그림 25.19에서 두 금속 물체의 전하량은 각각 +70 pC과 −70 pC이고, 둘 사이의 퍼텐셜차는 20 V이다. (a) 계의 전기용량은 얼마인가? (b) 만일 두 물체가 +350 pC과 −350 pC으로 대전된다면 전기용량은 얼마인가? (c) 퍼텐셜차는 얼마인가?

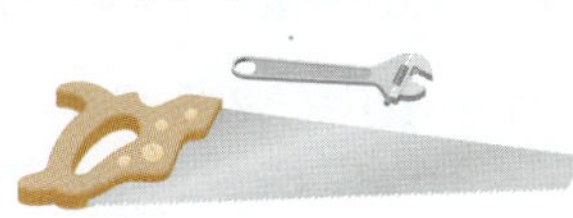

그림 25.19 연습문제 39

40 E 반지름이 각각 $R = 1.50$ mm인 동일한 공 모양의 두 수은방울이 뭉쳐서 하나의 수은방울이 되면 전기용량은 얼마인가?

41 M 그림 25.20*a*에서 그래프 1은 축전기 1에 걸리는 전기퍼텐셜에 대한 축전기 1에 저장될 수 있는 전하량 q이다. 수직축의 눈금은 $q_3 = 16.0\ \mu$C이고, 수평축의 눈금은 $V_s = 2.0$ V이다. 그래프 2와 3은 각각 축전기 2와 3에 대한 비슷한 그래프이다. 그림 25.20*b*는 축전기 세 개와 8.0 V 전지로 이루어진 회로이다. 이 회로에서 축전기 2에 저장된 전하량은 얼마인가?

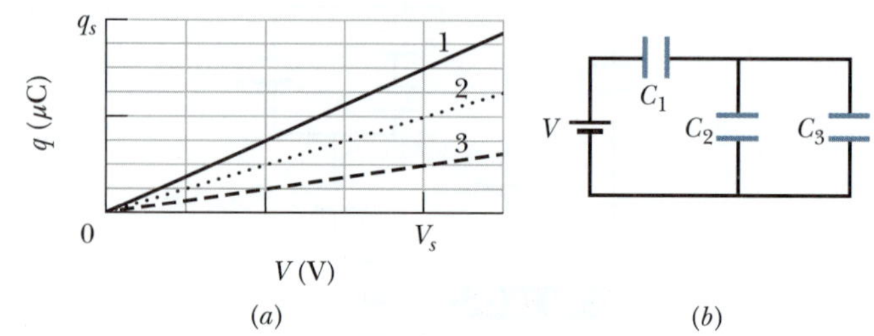

그림 25.20 연습문제 41

42 E 전기용량이 100 pF이고 극판의 면적이 100 cm^{2}인 운모 유전체($\kappa = 5.4$)를 극판 사이의 공간에 완전히 채운 평행판축전기가 있다. 25 V의 퍼텐셜차를 걸었을 때 (a) 운모 안의 전기장 크기 E를 구하여라. (b) 극판에 대전된 자유전하의 크기와 (c) 운모에 형성된 유도전하의 크기를 구하여라.

43 M 그림 25.21에서 전기용량은 $C_1 = 1.0\ \mu$F과 $C_2 = 3.0\ \mu$F이고, 두 축전기는 퍼텐셜차 $V = 200$ V로 반대의 극성으로 대전되었다. 스위치 S_1과 S_2를 닫았다. (a) 점 a와 b 사이의 퍼텐셜차는 얼마인가? (b) 축전기 1, (c) 축전기 2의 전하량은 얼마인가?

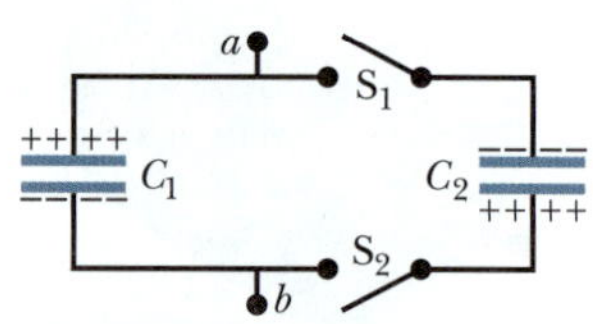

그림 25.21 연습문제 43

44 E 두 축전기 2.0 μF과 4.0 μF은 병렬로 연결되어 125 V의 퍼텐셜차가 걸려 있다. 축전기에 저장된 전체 에너지를 계산하여라.

45 E 그림 25.22의 축전기 전기용량은 45 μF이며, 처음에는 대전되어 있지 않다. 120 V 퍼텐셜차의 전지를 연결하였다. 스위치 S를 닫으면 전지를 통해서 흘러간 전하량은 얼마인가?

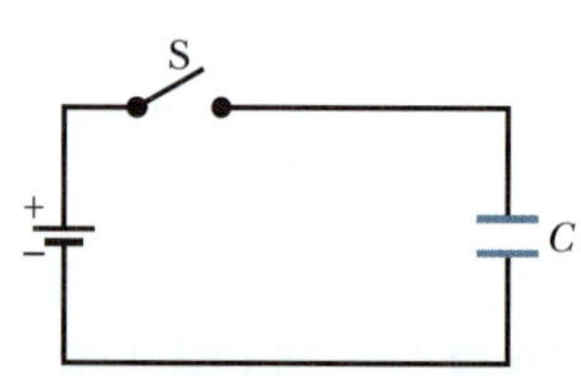

그림 25.22 연습문제 45

46 E 퍼텐셜 110 V를 축전기에 걸어서 0.0110 C의 전하량을 저장하려면 1.00 μF 축전기 몇 개를 병렬로 연결하여야 하는가?

47 M 그림 25.23에서 축전기는 초기에 대전되지 않았다. 전기용량은 $C_1 = 4.0\ \mu$F, $C_2 = 8.0\ \mu$F, $C_3 = 12\ \mu$F이며, 전지의 퍼텐셜차는 $V = 6.0$ V이다. 스위치 S를 닫으면 몇 개의 전자가 (a) 점 a, (b) 점 b, (c) 점 c, (d) 점 d를 각각 지나는가? 그림에서 전자는 (e) 점 b, (f) 점 c에서 위로 가는가, 아래로 가는가?

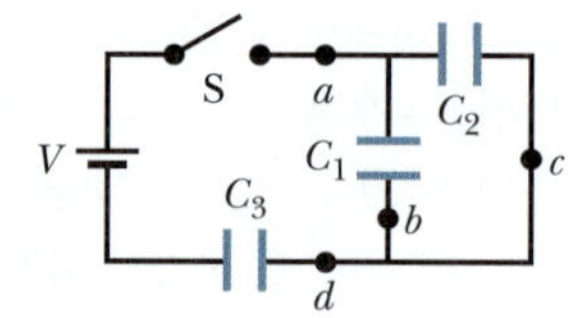

그림 25.23 연습문제 47

48 M 평행판 축전기를 $\kappa = 5.5$인 유전체로 채웠다. 각 극판의 면적은 0.020 m^{2}이고 간격은 2.0 mm이다. 극판 사이의 전기장이 200 kN/C을 초과하면 축전기는 망가진다(즉, 끊어지고 타버린다). 축전기에 저장될 수 있는 최대 에너지는 얼마인가?

49 M 그림 25.24에서 공기로 채워진 원통형 축전기 두 개를 퍼텐셜 $V =$ 20 V의 전지에 직렬로 연결하였다. 축전기 1은 안쪽 극판 반지름 5.0 mm, 바깥쪽 극판 반지름 1.5 cm, 길이 5.0 cm이다. 축전기 2는 안쪽 극판 반지름 2.5 mm, 바깥쪽 극판 반지름 1.0 cm, 길이 9.0 cm이다. 축전기 2의 바깥쪽 극판은 늘어날 수 있는 도체 유기박막이며 축전기는 팽창하여 극판 간격을 증가시킬 수 있다. 팽창시켜서 바깥 극판의 반지름이 2.5 cm로 증가한다면 (a) 얼마나 많은 전자가 점 P를 통과하여 이동하는가? (b) 전자는 전지를 향하여 움직이는가, 전지에서 멀어지는 방향으로 움직이는가?

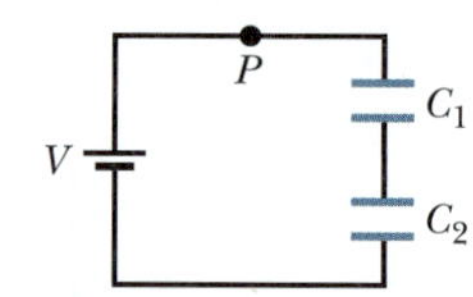

그림 25.24 연습문제 49

50 E 공기를 채운 전기용량은 7.4 pF인 축전기에 최대 퍼텐셜차 652 V에서 7.4 μJ의 에너지를 저장하려고 한다. 오차한계 내에서 표 25.5.1에서 어느 유전체로 축전기를 채워야 하는가?

51 M 그림 25.25에서 12.0 V의 전지를 전기용량 $C_1 = C_6 = 3.00\ \mu$F과 $C_3 = C_5 = 2.00$, $C_2 = 2.00$, $C_4 = 4.00\ \mu$F인 축전기에 연결하였다. (a) 축전기의 등가 전기용량 C_{eq}와 (b) C_{eq}에 의하여 저장된 전하는 얼마인가? 축전기 1의 (c) V_1과 (d) q_1, 축전기 2의 (e) V_2와 (f) q_2, 그리고 축전기 3의 (g) V_3와 (h) q_3는 각각 얼마인가?

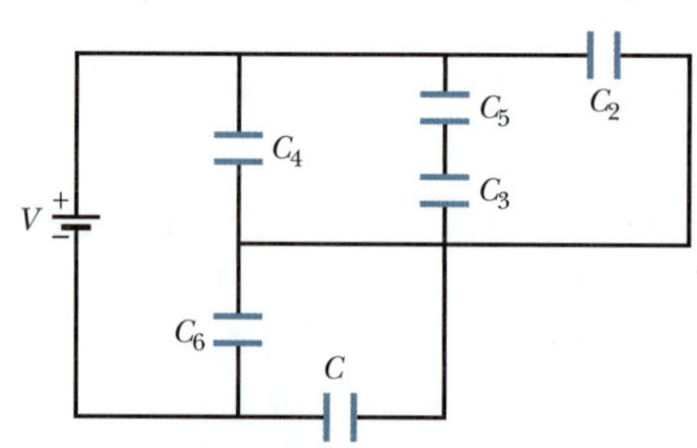

그림 25.25 연습문제 51

52 E 면적 1.00 m^{2}의 평평한 금속판 두 개로 평행판 축전기를 만든다. (a) 전기용량이 2.00 F이 되려면 극판 사이의 간격은 얼마이어야 하는가? (b) 이런 축전기를 실제로 만들 수 있는가?

53 M 그림 25.26에 두 개의 평행판축전기(극판 사이에는 공기가 있

다)가 전지에 연결되어 있다. 축전기 1은 극판의 면적이 1.5 cm^2이고 (극판 사이의) 전기장 크기는 3000 V/m이다. 축전기 2는 극판의 면적이 0.70 cm^2이고 전기장의 크기는 1500 V/m이다. 두 축전기에 대전된 전체 전하량은 얼마인가?

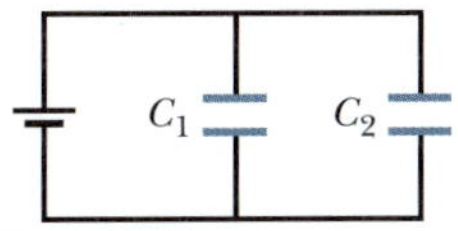

그림 25.26 연습문제 53

54 **M** 225 pF의 축전기를 퍼텐셜차 50 V로 대전시킨 후 전지를 떼었다. 축전기를 (처음에 대전되지 않은) 두 번째 축전기와 병렬로 연결한다. 첫 번째 축전기의 퍼텐셜차가 35 V로 떨어진다면 두 번째 축전기의 전기용량은 얼마인가?

55 **M** 어떤 물질의 유전상수는 2.8이고 유전강도는 18 MV/m이다. 이 물질을 평행판축전기 안에 유전물질로 사용하여 전기용량이 1.5×10^{-2} μF이고 4.0 kV의 퍼텐셜차를 견딜 수 있도록 하려면 극판의 최소 면적은 얼마이어야 하는가?

제 26장

전류와 저항

Current and Resistance

26.1 ▸ 전기장

요점_Key Ideas

1. 도체 내에서 전류 i는

$$i = \frac{dq}{dt}$$

로 정의한다. 여기서 dq는 시간 dt 동안 지나가는 양의 전하량이다.

2. 보통 전도전자만 움직일 수 있지만, 관습적으로 전류의 방향은 양의 전하가 움직이는 방향으로 정한다.

학습목표_Learning Objectives

이 단원을 읽은 후 다음을 이해해야 한다.

26.1.1 주어진 시간 간격 동안 한 점을 지나는 전하량을 구하여, 그 점을 지나는 전하의 비율로 전류를 정의한다.

26.1.2 (전지에 의해 도선에 작용하는 것처럼) 전류는 보통 전기장에 의해 전도전자가 움직여서 생긴다.

26.1.3 회로의 접합점을 찾아 (전하가 보존되므로) 접합점으로 들어가는 전체 전류는 접합점에서 나오는 전체 전류와 같다.

26.1.4 전류 흐름을 나타내는 화살표를 회로도에서 그리는 방법을 설명하고 화살표는 벡터를 의미하지 않는다.

▶ 어떤 물리현상을 다루는가?

앞의 다섯 장에서는 전하가 정지상태에 있는 정전기학을 다루었지만, 이 장과 다음 장에서는 **전류**, 즉 움직이는 전하에 대해서 논의하겠다.

전류의 예는 수없이 많고 여러 직업과도 관련이 있다. 기상학자는 번개에 관심을 가지며 대기를 통한 전하의 느린 흐름에 관심이 있다. 생물학자, 생리학자, 그리고 의료기술 분야에서 연구하는 의공학자는 근육을 조절하는 신경 전류에 관심이 있으며, 특히 이들 전류가 척추부상을 어떻게 회복시킬 수 있는가에 관심이 있다. 전기공학자는 동력시스템, 번개 보호시스템, 정보저장 시스템, 음악 시스템 등 수많은 전기시스템에 관심이 있다. 우주공학자는 태양에서 나오는 대전입자의 흐름이 궤도 내에서 통신 시스템을 교란하고 심지어 지상에 있는 전력수송 시스템을 교란할 수 있기 때문에 전하의 흐름을 추적하고 연구한다. 이와 같은 학문적 작업뿐만 아니라 일상생활의 거의 모든 부분인 주식거래에서 현금자동인출, 비디오 오락에서 사회정보망에 이르기까지 전류가 운반하는 정보에 의존한다.

이 장에서는 전류에 대한 기초적인 물리학을 논의하고 전류가 왜 어떤 물질에서는 흐르고 어떤 물질에서는 흐를 수 없는지를 논의한다. 전류의 정의부터 시작하자.

▶ 전류

움직이는 전하의 흐름이 전류이지만 움직이는 모든 전하가 전류를 만드는 것은 아니다. 만일 주어진 면을 통하여 흐르는 전류가 있다면 그 면을 통과하는 전하의 알짜 흐름이 있음에 틀림없다. 다음의 두 경우를 살펴보면 명확해진다.

1. 고립된 구리도선 안의 자유전자(전도전자)는 대략 10^6 m/s 정도의 속력으로 막방향으로 움직인다. 이때 구리도선의 한 가상적인 단면을 통해서 *오른쪽 또는 왼쪽 방*

(a)

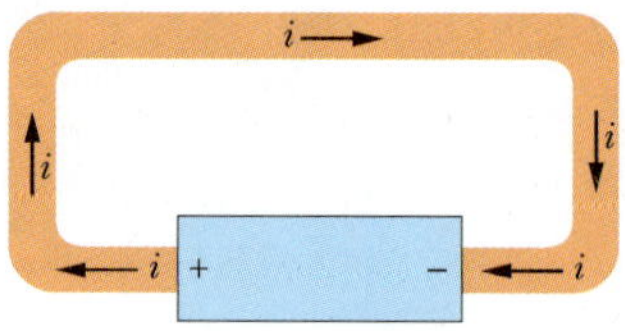

(b)

그림 26.1.1 (a) 정전기적 평형상태에 있는 구리고리. 고리 전체의 퍼텐셜이 같으므로 구리 내부의 모든 점에서 전기장은 0이다. (b) 전지를 연결하여 고리의 양 끝에 퍼텐셜 차가 생기면 전지의 한 단자로부터 다른 단자로 형성된 전기장에 의해서 전하가 고리를 따라 움직인다. 이런 전하의 이동이 바로 전류 i이다.

향으로 지나가는 전자의 수는 1초당 수십억 개나 된다. 그러나 전자의 운동은 막운동이므로 특정 방향으로의 *알짜 흐름이 없다*. 따라서 *전류가 흐르지 않는다*. 구리도선의 양끝을 전지에 연결하면 한쪽 방향으로의 흐름이 조금 더 많아지면서 그 방향으로 전자의 알짜 이동이 생기므로 결국 전류가 흐르게 된다.

2. 고무호스로 화단에 물을 뿌릴 때 양전하(물분자 속의 양성자)가 물이 흐르는 방향으로 초당 수백만 개나 흐른다. 이때 음전하(물 분자 속의 전자)도 정확히 같은 방향으로 같은 양이 흐르기 때문에 전류가 흐르지 않는다.

이 장에서는 고전물리학의 범위 내에서 구리도선과 *같은 금속 전도체*를 통해서 움직이는 *전도전자의 정상상태 흐름*에 대해서 논의하겠다.

그림 26.1.1*a*처럼 고립된 도체 고리는 과잉전자의 존재에 상관없이 동일한 퍼텐셜을 갖는다. 따라서 도체 고리에는 전도전자가 있더라도 전기력이 작용하지 않으므로 전류가 흐르지 않는다.

그러나 그림 26.1.1*b*처럼 고리를 전지에 연결하면 도체는 더 이상 퍼텐셜이 같지 않다. 이때 전기장이 고리 모양을 만들면서 전기력이 전도전자에 작용하여 전류가 흐르게 된다. 전지를 연결하자마자 전자의 흐름은 곧바로 일정한 값이 되고, 전류의 크기가 시간에 따라 변하지 않는 *정상상태*에 도달한다.

그림 26.1.2는 전류가 흐르고 있는 도체의 한 일부분이다. 만약 전하량 dq가 시간 dt 동안 가상적인 단면 aa'을 지나간다면 그 면을 지나가는 전류 i를 다음과 같이 정의한다.

$$i = \frac{dq}{dt} \quad \text{(전류의 정의).} \tag{26.1.1}$$

이때 시간을 0에서 t까지 적분하면 단면을 지나간 전체 전하량은 다음과 같다.

$$q = \int dq = \int_0^t i\,dt. \tag{26.1.2}$$

여기서 전류 i는 시간의 함수일 수도 있다.

정상상태의 경우 전류가 가상적인 단면 aa', bb', cc' 또는 위치나 방향에 관계없이 도체의 모든 곳에서 같다. 왜냐하면 전하가 보존되기 때문이다. 정상상태에서는 단면 aa'을 지나는 모든 전자가 단면 cc'을 지나야만 한다. 같은 방법으로 화단에 물을 뿌릴 때 물의 흐름이 정상상태라면 호스로 들어온 물이 모두 노즐을 빠져나가는 것과 같은 원리이다. 이때 호스에 있는 물의 양은 보존된다.

전류의 SI 단위는 다음과 같이 쿨롱/초 또는 암페어(A)이고 SI 기본단위이다.

$$1\text{암페어} = 1\ A = 1\text{쿨롱/초} = 1\ \text{C/s}.$$

암페어는 SI 단위계의 기초단위이다. 암페어에 대한 정식 정의는 29장에서 논의하겠다.

식 26.1.1로 정의한 전류는 전하와 시간 둘 다 스칼라량이기 때문에 역시 스칼라량이다. 그러나 그림 26.1.1*b*처럼 전하가 움직이는 것을 표시하기 위하여 화살표로 전류를 나타낸다. 이때의 화살표는 벡터가 아니므로 벡터로 더할 필요가 없다. 그림 26.1.3*a*를 보면 전류 i_0가 흐르는 도선이 두 갈래로 나누어져 있다. 전하가 보존되어야 하므로 각각의 갈래를 따라 흐르는 전류의 크기를 합하면 원래의 전류 크기와 같아진다. 즉, 다음과 같다.

$$i_0 = i_1 + i_2. \tag{26.1.3}$$

전류의 방향은 어떤 단면에 대해서도 같다.

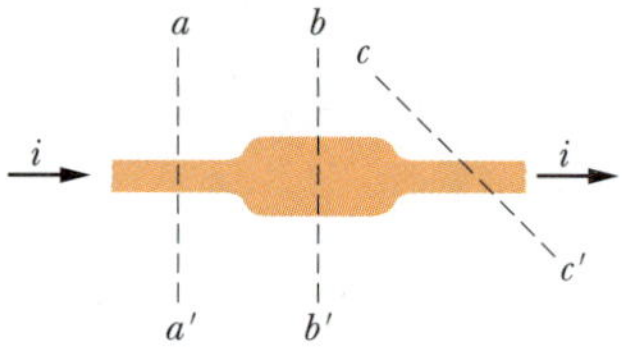

그림 26.1.2 도체를 따라 흐르는 전류 i는 가상적 단면 aa', bb' 및 cc'에서 모두 같다.

그림 26.1.3*b*처럼 도선을 휘거나 구부려도 식 26.1.3이 만족된다. 이때의 전류 화살표는 공간의 방향이 아니라 도선을 따라 흐르는 전류의 방향을 나타낼 뿐이다.

갈래점으로 들어가는 전류는 갈래점을 통해 나가는 전류와 같아야 한다(전하는 보존된다).

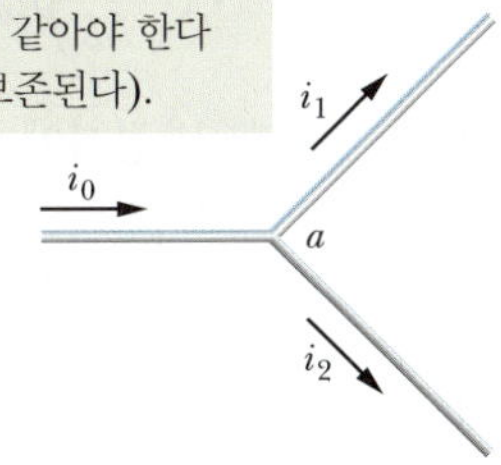

(*a*)

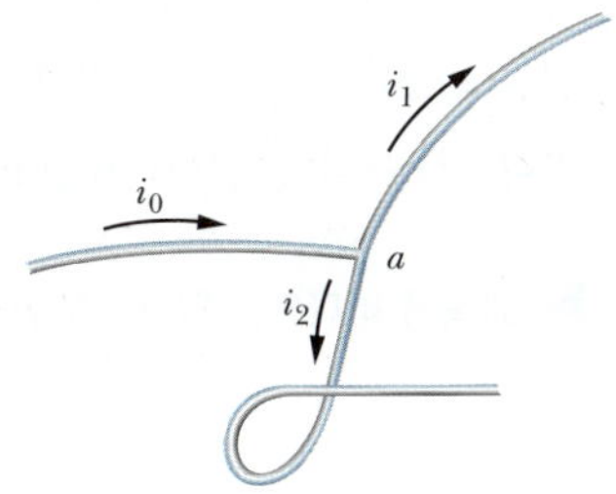

(*b*)

그림 26.1.3 $i_0 = i_1 + i_2$라는 관계식은 세 도선의 공간적 방향에 관계없이 접합점 *a*에서 항상 성립한다. 전류는 벡터량이 아니라 스칼라량이다.

전류의 방향

그림 26.1.1*b*의 전류 화살표는 양으로 대전된 입자가 전기장에 의하여 힘을 받아 고리를 지나 이동하는 방향을 나타낸다. 이와 같이 *양전하 운반자*는 전지의 양극으로부터 멀어져서 음극을 향하여 이동할 것이다. 사실 그림 26.1.1*b*의 구리도선을 따라 실제로 이동하는 전하운반자는 전자이며 따라서 음으로 대전되어 있다. 전기장에 의해 전자는 음극에서 양극으로 전류 화살표와는 반대 방향으로 움직인다. 그러나 오랜 관례에 따라 양전하가 이동하는 방향으로 전류 화살표를 그리므로 다음과 같이 정리할 수 있다.

실제 전하운반자가 음전하이고 반대 방향으로 이동하더라도 양전하 운반자가 이동하는 방향으로 전류 화살표를 그린다.

*대부분*의 상황에서 양전하 운반자가 한쪽 방향으로 움직인다고 기술하는 것은 실제로 음전하운반자가 반대 방향으로 움직이는 것과 동일한 효과를 나타내기 때문에 이런 관례를 사용할 수 있다(효과가 동일하지 않을 때는 관례를 버리고 실제 운동을 기술할 것이다).

확인문제 26.1.1

그림은 회로의 일부분이다. 오른편 아래 도선에서 전류 *i*의 크기는 얼마이며 어느 방향인가?

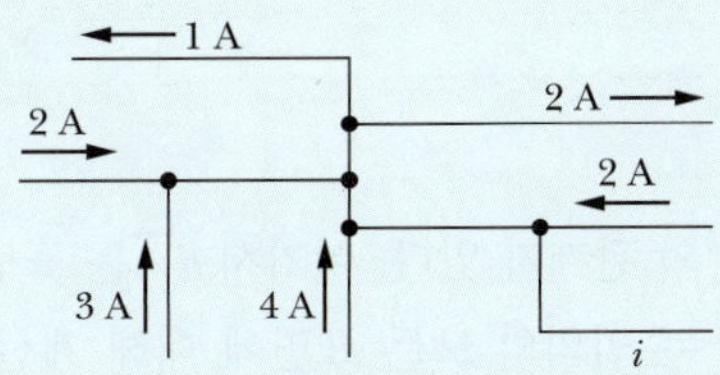

보기문제 26.1.1 전류는 전하가 한 점을 통과하는 비율이다.

물이 450 cm^3/s의 부피흐름률 dV/dt로 정원용 호스를 통하여 흐른다. 음전하의 전류는 얼마인가?

요점

음전하의 전류 *i*는 호스를 통하여 움직이는 물 분자 안에 있는 전자에 의하여 생긴다. 전류는 음전하가 호스의 단면을 지나는 비율이다.

풀이: 단면을 통하여 1초당 지나는 분자의 수로 전류를 나타내면

$$i = \begin{pmatrix}\text{전자당}\\\text{전하량}\end{pmatrix}\begin{pmatrix}\text{분자당}\\\text{전자수}\end{pmatrix}\begin{pmatrix}\text{초당}\\\text{분자수}\end{pmatrix}$$

이므로 다음과 같이 쓸 수 있다.

$$i = (e)(10)\,\frac{dN}{dt}.$$

한 개의 산소 원자에는 8개의 전자가 있고, 2개의 수소 원자에는 각각 1개의 전자가 있기 때문에 물 분자(H_2O)에는 분자당 10개의 전자가 있다.

dN/dt는 다음과 같이 부피흐름률 dV/dt로 쓴다.

$$\begin{pmatrix}\text{초당}\\\text{분자수}\end{pmatrix} = \begin{pmatrix}\text{몰당}\\\text{분자수}\end{pmatrix}\begin{pmatrix}\text{단위질량당}\\\text{몰수}\end{pmatrix} \times \begin{pmatrix}\text{단위부피당}\\\text{질량}\end{pmatrix}\begin{pmatrix}\text{초당}\\\text{부피}\end{pmatrix}.$$

“몰당 분자수”는 Avogadro 수 N_A이다. “단위질량당 몰수”는 몰당 질량, 즉 몰질량 *M*의 역수이다. “단위부피당 질량”은 물의 (질량)밀도 ρ_{mass}이다. 초당 부피는 부피흐름률 dV/dt이다. 따라서 다음과 같다.

$$\frac{dN}{dt} = N_A\left(\frac{1}{M}\right)\rho_{mass}\left(\frac{dV}{dt}\right) = \frac{N_A\rho_{mass}}{M}\frac{dV}{dt}.$$

이것을 i에 대한 방정식에 대입하면 다음을 얻는다.

$$i = 10eN_AM^{-1}\rho_{mass}\frac{dV}{dt}.$$

우리는 Avogadro 수를 알고 있다. N_A는 6.02×10^{23} 분자/mol, 즉 $6.02 \times 10^{23}/\text{mol}^{-1}$이며 표 14.1.1로부터 정상조건에서 물의 밀도 ρ_{mass}는 1000 kg/m^{3}이다. 부록 F(단위는 g/mol이다)의 몰질량으로부터 물의 몰질량을 구할 수 있다. 산소의 몰질량(16 g/mol)을 수소의 몰질량(1 g/mol)의 2배에 더하면 18 g/mol = 0.018 kg/mol을 얻는다. 그러므로 물속에서 전자에 기인한 음의 전하가 만드는 전류는 다음과 같다.

$$\begin{aligned} i &= (10)(1.6 \times 10^{-19}\text{ C})(6.02 \times 10^{23}\text{ mol}^{-1}) \\ &\quad \times (0.018\text{ kg/mol})^{-1}(1000\text{ kg/m}^3)(450 \times 10^{-6}\text{ m}^3\text{/s}) \\ &= 2.41 \times 10^7\text{ C/s} = 2.41 \times 10^7\text{ A} \\ &= 24.1\text{ MA}. \end{aligned}$$

(답)

음전하의 전류는 물 분자를 구성하는 세 원자의 핵에 의한 양전하의 전류와 정확하게 상쇄된다. 따라서 호스를 통과하는 전하의 알짜 흐름은 없다.

교육용 비디오는 웹사이트 www.wiley.com에서 볼 수 있다.

26.2 ▸ 전류밀도

학습목표_Learning Objectives

이 단원을 읽은 후 다음을 이해해야 한다.

26.2.1 전류밀도와 전류밀도벡터를 구한다.

26.2.2 (도선과 같은) 도체의 단면 위의 면적요소를 통과하는 전류에 대해 요소의 면적벡터 $d\vec{A}$를 구한다.

26.2.3 도체의 단면을 지나는 전류는 전류밀도벡터 $\vec{J}$와 요소의 면적벡터 $d\vec{A}$의 스칼라곱을 모든 단면에 대해 적분하여 구한다.

26.2.4 도체의 단면에 균일하게 퍼져 있는 전류의 경우 전류 i, 전류밀도의 크기 J와 면적 A 사이의 관계를 구한다.

26.2.5 유선을 이해한다.

26.2.6 전도전자의 운동을 유동속력으로 설명한다.

26.2.7 전도전자의 유동속력과 막운동 속력을 그 상대적인 크기를 포함하여 구별한다.

26.2.8 전하운반자 밀도 n을 구한다.

26.2.9 전류밀도 J, 전하운반자 밀도 n과 전하운반자 유동속력 v_d 사이의 관계를 구한다.

요점_Key Ideas

1. (스칼라양인) 전류 i는 (벡터량인) 전류밀도 $\vec{J}$와

$$i = \int \vec{J} \cdot d\vec{A}$$

의 관계가 있다. 여기서 $d\vec{A}$는 표면 면적요소에 수직인 벡터이고, 적분은 도체를 자르는 임의의 모든 표면에 대해 계산한다. 전류밀도 $\vec{J}$는 움직이는 전하가 양수이면 전하의 속도와 같은 방향이고, 음의 전하인 경우는 반대 방향이다.

2. 전기장 $\vec{E}$가 도체 안에 생겼을 때 (양으로 가정한) 전하운반자는 $\vec{E}$의 방향으로 유동속력 v_d로 움직인다.

3. 유동속도 $\vec{v}_d$는 전류밀도와

$$\vec{J} = (ne)\vec{v}_d$$

의 관계가 있다. 여기서 ne는 운반자 전하밀도이다.

▶ 전류밀도

전류를 고려할 때 특정 도체를 따라 흐르는 전류 i를 생각하거나 도체 내의 한 점을 지나는 전하의 흐름을 생각하는 두 가지 관점이 있다. 이러한 흐름을 기술하기 위하여 양전하가 움직이는 방향과 같고 음전하이면 방향이 반대가 되는 **전류밀도** $\vec{J}$를 도입하자. 각 단면에서 전류밀도의 크기 J는 요소를 통과하는 단위면적당 전류와 같다. 전류의 크기는 $\vec{J} \cdot d\vec{A}$이며 $d\vec{A}$는 요소에 수직인 면적벡터이다. 이때 전체 전류는

$$i = \int \vec{J} \cdot d\vec{A} \qquad (26.2.1)$$

이다. 만일 전류가 단면에서 균일하고 $d\vec{A}$에 나란하면 $\vec{J}$ 역시 단면에서 균일하고 $d\vec{A}$에 나란하므로, 식 26.2.1은

$$i = \int J\,dA = J\int dA = JA$$

이다. 따라서 다음과 같다.

$$J = \frac{i}{A}. \tag{26.2.2}$$

여기서 A는 면의 전체 면적이다. 식 26.2.1과 26.2.2에서 전류밀도의 SI 단위는 A/m^2이다.

22장에서 전기장을 전기장선으로 나타내었다. 이와 마찬가지로 그림 26.2.1은 전류밀도를 *유선*으로 나타낸 그림이다. 그림 26.2.1에서 오른쪽 방향의 전류는 넓은 곳에서 좁은 곳으로 이동하고 있다. 이동하는 동안 전하가 보존되므로 전하의 양과 전류의 크기도 바뀌지 않는다. 그러나 전류밀도는 변한다. 좁은 도체에서 전류밀도는 더 크다. 유선의 간격은 전류밀도를 나타낸다. 유선의 간격이 촘촘한 것은 전류밀도가 더 크다는 뜻이다.

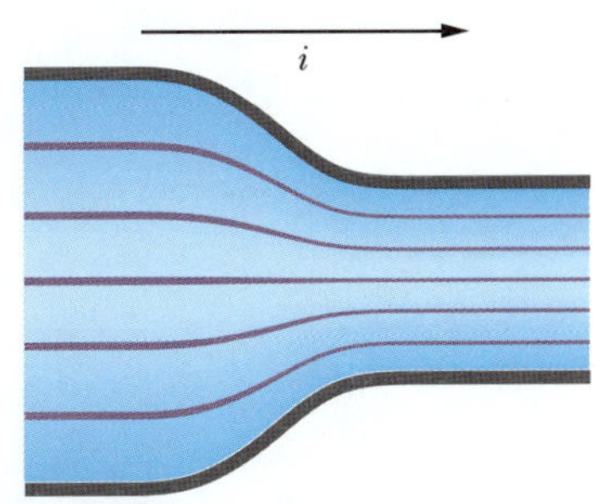

그림 26.2.1 도체를 따라 흐르는 전류밀도를 나타내는 유선.

유동속력

도체에 전류가 흐르지 않을 때 전도전자는 특정 방향으로의 알짜 운동 없이 마구잡이로 움직인다. 도체에 전류가 흐를 때에도 전자들은 여전히 막운동하지만 도체에 가해진 전기장의 반대 방향으로 **유동속력** v_d로 *밀려가게* 된다. 유동속력은 막운동에 비하면 매우 작다. 예컨대 구리도선에서 전자의 유동속력은 10^{-5} 내지 10^{-4} m/s 정도이지만 막운동의 속력은 대략 10^6 m/s이다.

그림 26.2.2에서 전도전자의 유동속력 v_d와 도선의 전류밀도 크기 J의 관계를 알 수 있다. 편의상 그림 26.2.2는 가해진 전기장 $\vec{E}$의 방향으로 움직이는 *양전하*를 나타내었다. 여기서 전하는 모두 같은 유동속력 v_d로 움직이고, 전류밀도 J는 도선의 단면 A에서 균일하다고 가정한다. 도선의 길이 L 안에 있는 전하의 수는 nAL이며, n은 단위부피당 전하의 수이다. 한 전하의 크기가 e이므로 길이 L 안에 들어 있는 전체 전하량은 다음과 같다.

$$q = (nAL)e.$$

한편 모든 전하가 도선을 따라 같은 유동속력 v_d로 움직이므로 전체 전하는 시간간격

$$t = \frac{L}{v_d}$$

동안 단면을 통과한다. 식 26.2.1은 전류 i가 단위시간당 단면을 통과하는 전하량이므로

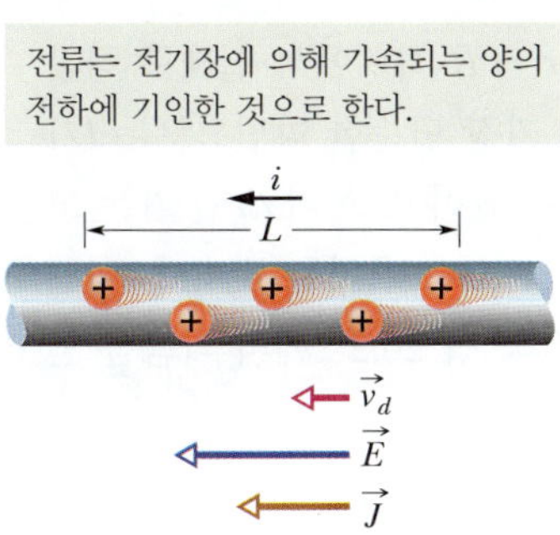

그림 26.2.2 전기장 $\vec{E}$의 방향으로 유동속력 v_d로 이동하는 양전하. 편의상 전류밀도 $\vec{J}$의 방향과 전류 화살표는 같은 방향으로 그린다.

$$i = \frac{q}{t} = \frac{nALe}{L/v_d} = nAev_d \tag{26.2.3}$$

이다. v_d를 구하고 식 26.2.2($J = i/A$)를 넣으면

$$v_d = \frac{i}{nAe} = \frac{J}{ne}$$

이며, 벡터 형태로 쓰면 다음과 같다.

$$\vec{J} = (ne)\vec{v}_d. \tag{26.2.4}$$

여기서 ne는 SI 단위로 C/m^3이며 *전하운반자 밀도*라고 한다. 양전하의 경우 ne는 양수이고 식 26.2.4에서 $\vec{J}$와 $\vec{v}_d$는 같은 방향이며, 음전하의 경우 ne는 음수이고 $\vec{J}$와 $\vec{v}_d$는 반대 방향이다.

확인문제 26.2.1

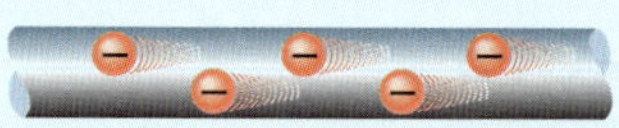

그림에는 도선 내에서 왼쪽으로 이동하는 전도전자가 있다. (a) 전류 i, (b) 전류밀도 $\vec{J}$를 각각 구하여라. (c) 도선에서 전기장 $\vec{E}$는 왼쪽을 향하는가, 오른쪽을 향하는가?

보기문제 26.2.1 균일한 전류밀도와 불균일한 전류밀도

(a) 반지름 $R = 2.0$ mm의 원통형 도선에서 전류밀도는 도선의 단면에 균일하며 $J = 2.0 \times 10^5\ A/m^2$이다. 중심으로부터 거리 $R/2$과 R 사이인 도선의 바깥부분을 통과하는 전류는 얼마인가?(그림 26.2.3*a* 참조)

요점

전류밀도가 단면에 걸쳐서 균일하기 때문에 전류밀도 J는 전류 i와 단면적 A로 주어진 식 26.2.2($j = i/A$)로 결정된다.

풀이: 그러나 도선의 전체 면적이 아니라 작은 단면적 A'을 통과하는 전류를 원하므로, 먼저

$$A' = \pi R^2 - \pi\left(\frac{R}{2}\right)^2 = \pi\left(\frac{3R^2}{4}\right)$$
$$= \frac{3\pi}{4}(0.0020\ m)^2 = 9.424 \times 10^{-6}\ m^2$$

을 구하고, 식 26.2.2를

$$i = JA'$$

으로 쓰고, 주어진 값을 대입하면 다음을 얻는다.

$$i = (2.0 \times 10^5\ A/m^2)(9.424 \times 10^{-6}\ m^2)$$
$$= 1.9\ A.$$ (답)

(b) 단면을 통과하는 전류밀도가 중심거리 r에 따라 $J = ar^2$과 같이 변한다고 가정하자. 여기서 $a = 3.0 \times 10^{11}\ A/m^4$이며 r은 미터단위이다. (a)와 같은 도선의 바깥부분을 통과하는 전류는 얼마인가?

요점

전류밀도가 불균일하기 때문에 식 26.2.1($i = \int \vec{J} \cdot d\vec{A}$)에 따라 전류밀도를 $r = R/2$부터 $r = R$까지 적분해야 한다.

풀이: 도선의 길이 방향인 전류밀도 벡터 $\vec{J}$와 도선의 단면에 수직인 미소면적 벡터 $d\vec{A}$는 같은 방향이다. 따라서 다음과 같다.

$$\vec{J} \cdot d\vec{A} = J\,dA\cos 0 = J\,dA.$$

미소면적 dA를 $r = R/2$과 $r = R$ 사이에서 실제로 적분할 수 있는 것으로 바꿔야 한다. 가장 단순한 방법으로는 J가 r의 함수로 주어지므로 원둘레는 $2\pi r$이고, 폭이 dr인 가는 고리(그림 26.2.3*b* 참조)의 면적 $2\pi r dr$로 택하는 것이다. 이제 적분변수 r로 적분할 수 있다. 결국 식 26.2.1에서 다음을 얻는다.

$$i = \int \vec{J} \cdot d\vec{A} = \int J\, dA$$
$$= \int_{R/2}^{R} ar^2\, 2\pi r\, dr = 2\pi a \int_{R/2}^{R} r^3\, dr$$
$$= 2\pi a \left[\frac{r^4}{4}\right]_{R/2}^{R} = \frac{\pi a}{2}\left[R^4 - \frac{R^4}{16}\right] = \frac{15}{32}\pi a R^4$$
$$= \frac{15}{32}\pi(3.0 \times 10^{11}\ \text{A/m}^4)(0.0020\ \text{m})^4 = 7.1\ \text{A}.$$ (답)

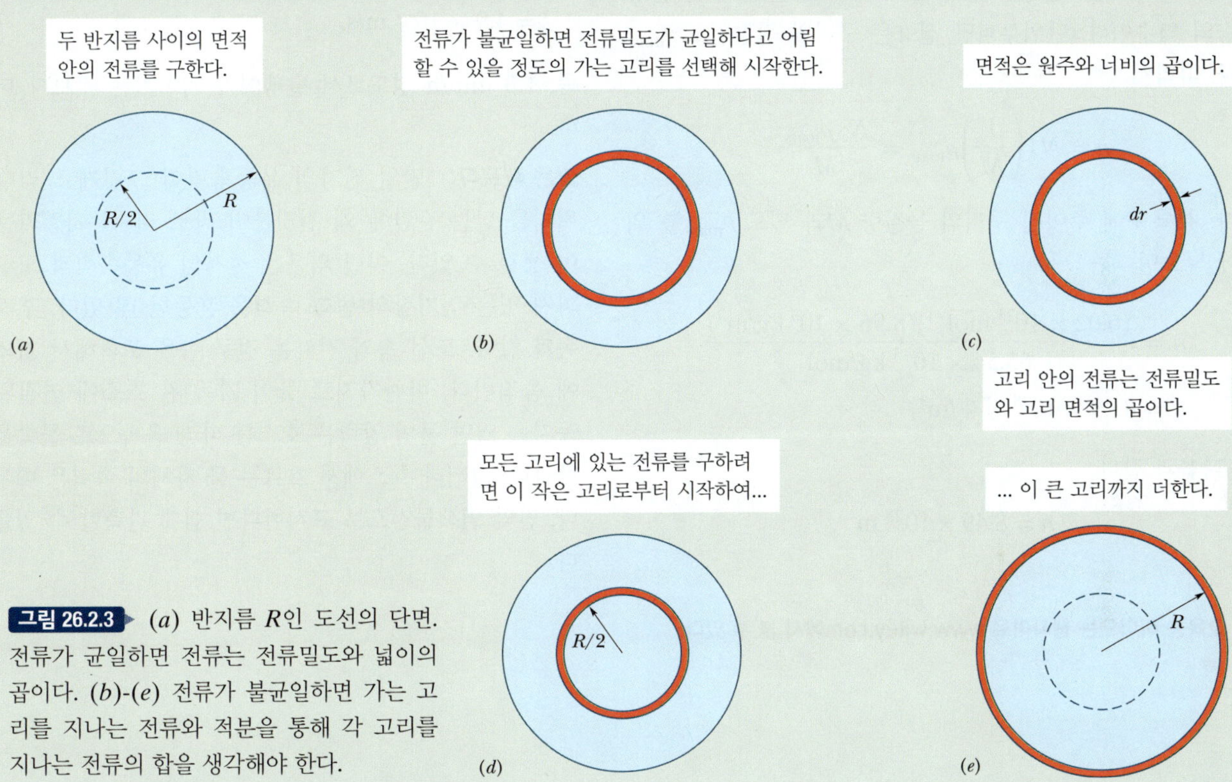

그림 26.2.3 (*a*) 반지름 *R*인 도선의 단면. 전류가 균일하면 전류는 전류밀도와 넓이의 곱이다. (*b*)-(*e*) 전류가 불균일하면 가는 고리를 지나는 전류와 적분을 통해 각 고리를 지나는 전류의 합을 생각해야 한다.

▶ **교육용 비디오는 웹사이트 www.wiley.com에서 볼 수 있다.**

보기문제 26.2.2 전류가 흐를 때 전자는 아주 천천히 움직인다.

반지름 $r = 900\ \mu\text{m}$의 구리도선에 전류 $i = 17$ mA가 흐를 때, 전도전자의 유동속력은 얼마인가? 구리 원자 하나에는 전류를 흐르게 하는 전자가 한 개 있으며, 전류밀도는 균일하다고 가정한다.

요점

1. 유동속력 v_d는 식 26.2.4에 따라 전류밀도 $\vec{J}$와 단위부피당 전도전자 수 n과 $J = nev_d$의 관계가 있다.
2. 전류밀도가 균일하므로 크기 J는 식 26.2.2로 주어진 전류 i와 도선의 굵기에 관계있다($J = i/A$, 여기서 A는 도선 단

면의 면적이다).

3. 구리 원자 한 개당 하나의 전도전자가 있으므로 단위부피당 전도전자의 수 n은 단위부피당 원자의 수와 같다.

풀이: 세 번째 요점에서 시작하면

$$n = \begin{pmatrix}\text{단위질량당}\\ \text{원자수}\end{pmatrix} = \begin{pmatrix}\text{몰당}\\ \text{원자수}\end{pmatrix}\begin{pmatrix}\text{단위질량당}\\ \text{몰수}\end{pmatrix}\begin{pmatrix}\text{단위부피당}\\ \text{질량}\end{pmatrix}$$

이다. 단위몰당 원자수는 Avogadro 수인 $N_A(= 6.02 \times 10^{23}\ \text{mol}^{-1})$이고, 단위질량당 몰수는 구리의 몰질량 M인 몰당 질량의 역수이다. 단위부피당 질량은 구리의 질량밀도 ρ_{mass}이다. 따라서

$$n = N_A\left(\frac{1}{M}\right)\rho_{\text{mass}} = \frac{N_A \rho_{\text{mass}}}{M}$$

이다. 부록 F에 주어진 구리의 몰질량 M과 밀도 ρ_{mass}를 위 식에 넣으면

$$n = \frac{(6.02 \times 10^{23}\ \text{mol}^{-1})(8.96 \times 10^3\ \text{kg/m}^3)}{63.54 \times 10^{-3}\ \text{kg/mol}}$$
$$= 8.49 \times 10^{28}\ \text{전자/m}^3,$$

즉, 다음과 같다.

$$n = 8.49 \times 10^{28}\ \text{m}^{-3}.$$

다음에는 처음의 두 요점을 조합하여

$$\frac{i}{A} = nev_d$$

로 쓴다. 여기서 A 대신 $\pi r^2 (= 2.54 \times 10^{-6}\ \text{m}^2)$을 넣어 v_d를 구하면 다음과 같다.

$$v_d = \frac{i}{ne(\pi r^2)}$$
$$= \frac{17 \times 10^{-3}\ \text{A}}{(8.49 \times 10^{28}\ \text{m}^{-3})(1.6 \times 10^{-19}\ \text{C})(2.54 \times 10^{-6}\ \text{m}^2)}$$
$$= 4.9 \times 10^{-7}\ \text{m/s}.$$ (답)

즉, 1.8 mm/h 정도로서 달팽이가 기어가는 것보다 더 느리다.

빛은 빠르다: "만일 전자의 유동속력이 그렇게 느리다면 스위치를 닫는 순간에 왜 전깃불이 바로 켜지는가?"라는 의문이 생길 수 있다. 이런 의문은 전자의 유동속력과 도선 속에 퍼져 있는 전기장의 *변화* 속력을 혼동한 데 있다. 후자는 광속과 같다. 도선 속의 전자는 전구 속을 포함해서 거의 동시에 움직인다. 마찬가지로 물이 가득 찬 호스에 연결된 수도꼭지를 열면 물의 압력은 호스를 따라 음속으로 물속을 퍼져 나간다. 그러나 호스에서 흐르는 물 자체의 속력은 매우 느리다. 만약 염색물감으로 표시한다면 쉽게 관측할 수 있을 것이다.

▶ **교육용 비디오는 웹사이트 www.wiley.com에서 볼 수 있다.**

26.3 ▸ 저항과 비저항

학습목표_Learning Objectives

이 단원을 읽은 후 다음을 이해해야 한다.

26.3.1 물체 사이에 걸린 퍼텐셜차 V, 물체의 저항 R, 그리고 이 물체를 지나 흐르는 전류 i 사이의 관계를 구한다.

26.3.2 저항을 이해한다.

26.3.3 주어진 물체의 한 점에서 만들어진 전기장의 크기 E, 물질의 비저항 ρ와 그 점에서 전류밀도의 크기 J 사이의 관계를 구한다.

26.3.4 도선 안에 만들어진 균일한 전

요점_Key Ideas

1. 도체의 저항 R은

$$R = \frac{V}{i}$$

로 정의한다. 여기서 V는 도체 사이에 걸린 퍼텐셜차이고 i는 전류이다.

2. 물질의 비저항 ρ와 전도도 σ는 다음의 관계가 있다.

$$\rho = \frac{1}{\sigma} = \frac{E}{J}.$$

여기서 E는 가한 전기장의 크기이고, J는 전류밀도의 크기이다.

3. 전기장과 전류밀도는 비저항과

$$\vec{E} = \rho \vec{J}$$

의 관계가 있다.

4. 길이 L, 균일한 단면적을 갖는 도선의 저항 R은

$$R = \rho\frac{L}{A}$$

이다. 여기서 A는 단면적이다.

5. 대부분의 물질에서 비저항 ρ는 온도에 따라 변한다. 금속을 포함한 많은 물질에서 ρ와 온도 T 사이의 관계는

$$\rho - \rho_0 = \rho_0\alpha(T - T_0)$$

의 근사식으로 쓸 수 있다. 여기서 T_0는 기준온도, ρ_0는 T_0에서의 비저항, 그리고 α는 물질에 대한 비저항의 온도계수이다.

기장에 대해 전기장의 크기 E, 두 끝점 사이의 퍼텐셜차 V와 도선의 길이 L 사이의 관계를 구한다.

26.3.5 비저항 ρ와 전도도 σ 사이의 관계를 구한다.

26.3.6 물체의 저항 R, 물질의 비저항 ρ, 길이 L과 단면적 A 사이의 관계를 구한다.

26.3.7 도체의 비저항 ρ를 온도 T의 함수로 표현한 근사식을 적용한다.

26.3.8 금속에 대해 비저항 ρ를 온도 T에 관한 그래프를 그린다.

저항과 비저항

기하학적으로 같은 모양의 구리막대와 유리막대의 양끝에 같은 퍼텐셜차를 걸어도 두 막대에 흐르는 전류는 전혀 다르다. 이런 차이를 만들어내는 도체의 특성이 전기**저항**이다. 도체의 두 점 사이에 퍼텐셜차가 V일 때 흐르는 전류 i를 측정하여 도체의 저항을 결정한다. 이때 저항 R은 다음과 같이 정의한다.

$$R = \frac{V}{i} \quad (R\text{의 정의}). \tag{26.3.1}$$

저항의 SI 단위는 식 26.3.1에서 V/A이다. 저항은 자주 사용하는 물리량으로 **옴**(기호로는 Ω)이라고 부르는 단위를 사용한다. 즉, 다음과 같다.

$$1\text{옴} = 1\ \Omega = 1\ \text{V/A}. \tag{26.3.2}$$

회로 내에서 특정한 저항값을 주는 도체를 **저항기**라고 한다(그림 26.3.1 참조). 회로도에서는 기호 -\/\/\/-로 표시한다. 식 26.3.1을

$$i = \frac{V}{R}$$

로 다시 쓰면 왜 저항이라고 하는지 쉽게 알 수 있다. 즉, 주어진 퍼텐셜차에 대해 저항이 클수록 전류가 작게 흐르기 때문이다.

도체의 저항은 퍼텐셜차를 거는 방법에 따라 달라진다. 예를 들어 그림 26.3.2에서는

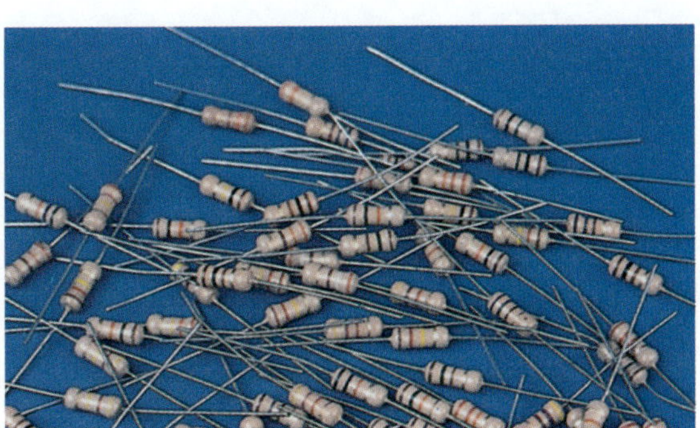
TopFoto

그림 26.3.1 여러 종류의 저항기. 둘레의 색깔 띠로 저항의 크기를 구분한다.

표 26.3.1 실온(20°C)에서 물질의 비저항

물질	비저항, ρ ($\Omega \cdot$ m)	비저항의 온도계수 α(K^{-1})
전형적인 금속		
은	1.62×10^{-8}	4.1×10^{-3}
구리	1.69×10^{-8}	4.3×10^{-3}
금	2.35×10^{-8}	4.0×10^{-3}
알루미늄	2.75×10^{-8}	4.4×10^{-3}
망가닌[a]	4.82×10^{-8}	0.002×10^{-3}
텅스텐	5.25×10^{-8}	4.5×10^{-3}
철	9.68×10^{-8}	6.5×10^{-3}
백금	10.6×10^{-8}	3.9×10^{-3}
전형적인 반도체		
순수한 실리콘	2.5×10^{3}	-70×10^{-3}
n형 실리콘[b]	8.7×10^{-4}	
p형 실리콘[c]	2.8×10^{-3}	
전형적인 절연체		
유리 용융수정	$10^{10} - 10^{14}$ ~ 10^{16}	

[a]작은 α값을 갖도록 특별히 만든 합금
[b]인 불순물로 도핑하여 전하운반자 밀도가 10^{23} m^{-3}인 실리콘
[c]알루미늄 불순물로 도핑하여 전하운반자 밀도가 10^{23} m^{-3}인 실리콘

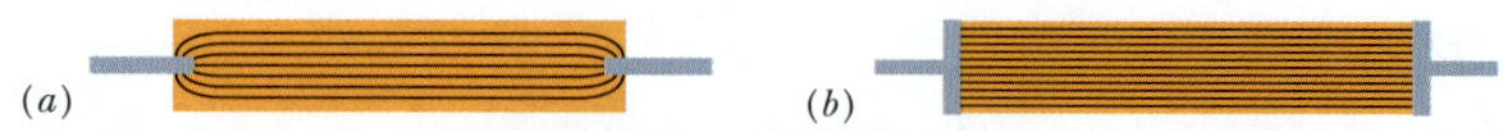

그림 26.3.2 다른 방식으로 도체막대에 퍼텐셜차를 건 모양. 회색의 연결부위 저항은 무시할 수 있다. (a)처럼 각 막대 끝의 작은 부분에 연결된 상태에서의 저항은 (b)처럼 전체 막대 끝을 덮도록 연결할 때보다 더 크다.

같은 도체에 두 가지 방법으로 퍼텐셜차를 걸어주고 있다. 전류밀도의 흐름을 나타내는 유선의 모양에서 알 수 있듯이 두 경우의 전류가 다르므로 측정한 저항도 다를 것이다. 별다른 말이 없으면 그림 26.3.2b처럼 퍼텐셜차가 걸려 있는 것으로 생각한다.

다른 경우에 여러 번 한 것처럼 일반적인 관점을 얻기 위하여 특정한 물체를 다루지 말고 물질을 다룬다. 여기서는 특정한 저항기에 퍼텐셜차 V를 걸어주는 것 대신, 저항 물질 내 한 점에서의 전기장 $\vec{E}$에 초점을 맞추기로 한다. 저항기에 흐르는 전류 i 대신 그 점에서의 전류 밀도 $\vec{J}$를 다루며, 이때에는 물체의 저항 R 대신 다음과 같이 정의하는 *물질의* **비저항** ρ를 다룬다.

$$\rho = \frac{E}{J} \quad (\rho\text{의 정의}). \tag{26.3.3}$$

(이 식을 식 26.3.1과 비교하여라.)

식 26.3.3에서 E와 J의 SI 단위를 취하면 ρ의 단위는 $\Omega \cdot$ m이다. 즉, 다음과 같다.

$$\frac{\text{단위}(E)}{\text{단위}(J)} = \frac{\text{V/m}}{\text{A/m}^2} = \frac{\text{V}}{\text{A}}\text{m} = \Omega \cdot \text{m}.$$

(비저항의 단위 *옴-미터*를 저항을 측정하는 장비인 *옴미터*와 혼동하지 말아라.) 여러 물질의 비저항 값이 표 26.3.1에 있다.

식 26.3.3을 벡터로 쓰면 다음과 같다.

$$\vec{E} = \rho\vec{J}. \tag{26.3.4}$$

식 26.3.3과 26.3.4는 전기적 특성이 모든 방향으로 다 같은 *등방성 물질*에만 적용된다.

때로는 물질의 **전도도** σ를 쓴다. 전도도는 비저항의 역수로 다음과 같다.

$$\sigma = \frac{1}{\rho} \quad (\sigma\text{의 정의}). \tag{26.3.5}$$

전도도의 SI 단위는 옴-미터의 역수인 $(\Omega \cdot \text{m})^{-1}$이다. 때로는 미터당 모(mho)라는 단위도 사용한다(모는 옴을 거꾸로 쓴 것이다). 전도도 σ의 정의로 식 26.3.4를 다음과 같이 쓸 수 있다.

$$\vec{J} = \sigma\vec{E}. \tag{26.3.6}$$

비저항으로 저항 계산하기

다음의 중요한 차이를 구분해야 한다.

> 저항은 물체의 성질이다. 비저항은 물질의 성질이다.

구리와 같은 물질의 비저항을 알면 구리로 만든 도선의 저항을 계산할 수 있다. 도선의 단면적을 A, 길이를 L이라 하고 도선 양 끝의 퍼텐셜 차가 V라고 하자(그림 26.3.3 참조). 전류밀도를 나타내는 유선이 균일하면 전기장과 전류밀도는 도선 내의 모든 곳에서 일정하며 그 값은 식 24.6.5와 26.2.2에서

$$E = V/L \text{ 및 } J = i/A \tag{26.3.7}$$

이다. 이제 식 26.3.3과 26.3.7을 결합하면 다음을 얻는다.

$$\rho = \frac{E}{J} = \frac{V/L}{i/A}. \tag{26.3.8}$$

한편 V/i는 저항 R이므로 식 26.3.8을

$$R = \rho \frac{L}{A} \tag{26.3.9}$$

로 쓸 수 있다. 식 26.3.9는 균일한 단면적을 가진 균질의 등방성 물질에 그림 26.3.2b처럼 퍼텐셜차가 있을 때 성립되는 식이다.

V, i, R과 같은 거시적 물리량은 특정한 도체의 전기적 특성을 측정할 때 사용한다. 그 양은 계기에서 직접 읽을 수 있다. E, J, ρ와 같은 미시적 물리량은 물질의 기본적인 전기적 특성을 알고자 할 때 사용한다.

전류는 퍼텐셜차가 만든다.

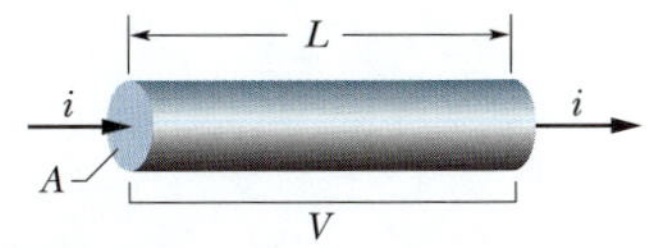

그림 26.3.3 길이 L, 단면적 A인 도선의 양끝에 퍼텐셜차 V가 걸려서 전류 i가 흐른다.

확인문제 26.3.1

그림에 단면적과 길이를 표시한 원통형 구리 세 개가 있다. 양끝에 동일한 퍼텐셜차 V가 걸릴 때, 구리를 흐르는 전류가 큰 순서대로 나열하여라.

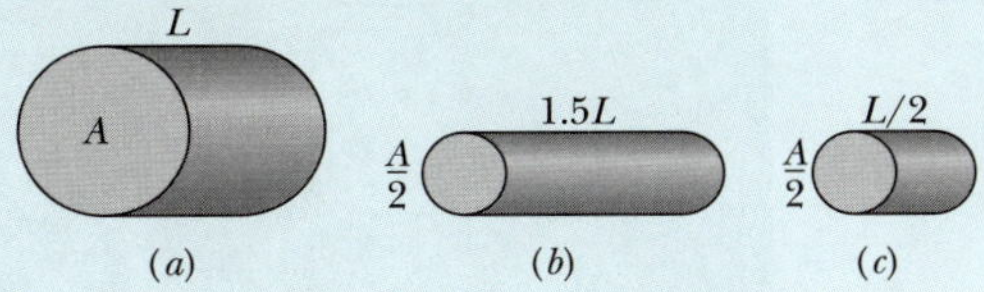

온도에 따른 변화

물리적 특성을 나타내는 대부분의 값은 온도에 따라 변하며 비저항도 예외가 아니다. 그림 26.3.4는 넓은 온도 영역에서 구리 비저항의 변화를 나타낸 그래프이다. 구리와 같은 대다수의 금속에서도 온도와 비저항 사이의 관계식은 넓은 온도 영역에 걸쳐서 꽤 선형적이다. 다음과 같은 선형관계식을 실험적인 근사식으로 쓸 수 있는데, 대부분의 공학적 계산에서도 유용하다.

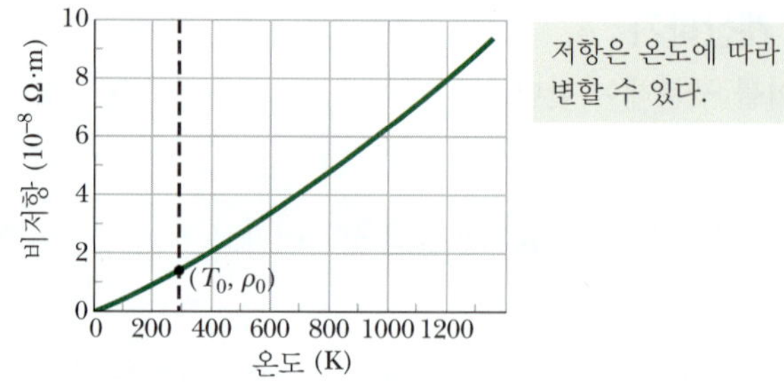

그림 26.3.4 구리의 비저항의 온도의존성. 곡선상의 점은 온도 $T_0 = 293$ K와 비저항 $\rho_0 = 1.69 \times 10^{-8}$ Ω · m에 해당하는 기준점이다.

$$\rho - \rho_0 = \rho_0 \alpha (T - T_0). \tag{26.3.10}$$

여기서 T_0는 선택된 기준온도이며, ρ_0는 그 온도에서의 비저항이다. 보통 $T_0 = 293$ K (상온)이며, 이 온도에서 구리의 비저항은 $\rho_0 = 1.69 \times 10^{-8}$ Ω · m이다.

식 26.3.10은 온도의 차이로 주어진다. 따라서 섭씨 눈금을 사용하거나 켈빈 눈금을 사용하거나 이들 눈금 간격의 크기가 동일하므로 문제가 되지 않는다. 식 26.3.10에서 α는 *비저항의 온도계수*라고 부르는데, 필요한 영역의 온도에서 실험과 잘 일치하도록 선택한다. 여러 금속의 α 값을 표 26.3.1에서 찾을 수 있다.

보기문제 26.3.1 번개가 칠 때 생기는 지면 전류의 위험

그림 26.3.5a에 사람과 젖소를 나타내었고, 전류 $I = 100$ kA인 번개가 지면을 때리는 지점으로부터 각각 지름거리 $D = 60.0$ m 떨어져 있다. 전류는 번개를 친 점을 중심으로 하는 반구를 따라 땅으로 균일하게 퍼져나간다. 사람의 발은 지름거리 $\Delta r_{per} = 0.50$ m만큼 떨어져 있다. 소의 앞발과 뒷발은 지름거리 $\Delta r_{cow} = 1.50$ m 떨어져 있다. 땅의 비저항은 $\rho_{gr} = 100$ Ω · m이다. 사람의 왼쪽 발과 오른쪽 발 사이의 저항과 소의 앞 발굽과 뒤 발굽 사이의 저항은 R 4.00 Ω · m이다.

(a) 사람에 흐르는 전류 i_p는 얼마인가?

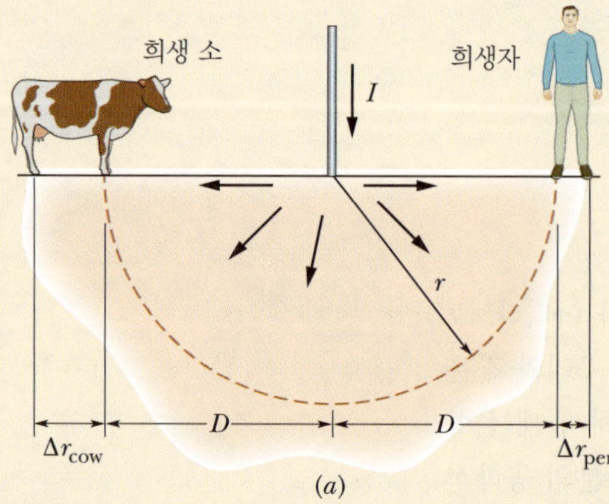

그림 26.3.5 (*a*) 번개가 쳐서 땅의 반구를 통해 퍼져서 젖소와 사람으로 흐르는 전류. 각각 번개친 점에서 거리 D인 곳에 있다. 위험은 분리거리 Δr에 의존한다. (*b*) 번개가 친 점에서 지면 전류가 바닥에 남긴 자국.

요점

(1) 번개가 치면 전기장이 생기고, 주위에 있는 땅에 전기퍼텐셜을 만든다. (2) 한 발이 다른 발보다 번개가 친 점에 가까이 있으므로 사람 사이에 퍼텐셜차 ΔV가 생긴다. (3) 이 ΔV로 인하여 사람에 전류 i_p가 흐른다.

퍼텐셜차: 번개 전류 I는 땅의 반구를 통해 균일하게 퍼지고, 번개친 점에서 반지름 r인 곳에서 전류밀도는 식 26.2.2로부터($J = i/A$)

$$J = \frac{I}{2\pi r^2}$$

이고, $2\pi r^2$은 반구의 곡면 면적이다. 식 26.3.4($\rho = E/J$)로부터 전기장의 크기는 다음과 같다.

$$E = \rho_{gr} J = \frac{\rho_{gr} I}{2\pi r^2}.$$

식 24.2.4($\Delta V = -\int \vec{E} \cdot d\vec{s}$)로부터 지름거리 D에 있는 점과 지름거리 $D + \Delta r$인 점 사이의 퍼텐셜차 ΔV는

$$\Delta V = -\int_D^{D+\Delta r} E\, dr.$$

이다. E에 대한 표현을 대입하고, 적분하면 퍼텐셜차를 얻는다.

$$\Delta V = -\int_D^{D+\Delta r} \frac{\rho_{gr} I}{2\pi r^2} dr = -\frac{\rho_{gr} I}{2\pi}\left[-\frac{1}{r}\right]_D^{D+\Delta r}$$

$$= \frac{\rho_{gr} I}{2\pi}\left(\frac{1}{D+\Delta r} - \frac{1}{D}\right)$$

$$= -\frac{\rho_{gr} I}{2\pi}\frac{\Delta r}{D(D+\Delta r)}.$$

전류: 사람의 발 하나가 번개가 친 점으로부터 지름거리 D에 있고, 다른 발은 지름거리 $D+\Delta r$인 곳에 있으면 두 발 사이의 퍼텐셜차는 위에서 구한 ΔV이다. 이 퍼텐셜차로 인해 사람을 통해 전류 i_p가 흐른다. 전류를 구하기 위해 식 26.3.1($R = V/i$)을 사용한다. 여기서 V는 ΔV의 크기이다. 따라서

$$i = \frac{V}{R} = \frac{\rho_{gr} I}{2\pi}\frac{\Delta r}{D(D+\Delta r)}\frac{1}{R}.$$

으로 쓸 수 있다. 주어진 값과 발 사이의 간격 $\Delta r_{\text{pre}} = 0.50$ m를 대입하면 사람에 흐르는 전류를 구할 수 있다.

$$i_p = \frac{(100\ \Omega\cdot\text{m})(100\ \text{kA})}{2\pi} \times \frac{0.50\ \text{m}}{(60.0\ \text{m})(60.0\ \text{m} + 0.50\ \text{m})}\frac{1}{4.00\ \text{k}\Omega}$$

$$= 0.0548\ \text{A} = 54.8\ \text{mA}.$$ (답)

이 전류 크기는 비자발적인 근육수축을 일으키고, 사람은 쓰러지지만 아마 곧 회복할 것이다. 이 사람은 발을 모아 서서 을 수 센티미터로 만들면 전류의 크기를 매우 작게 만들 수 있다.

(b) 젖소를 흐르는 전류 i_c는 얼마인가?

풀이: 다시 전류 i에 대한 결과를 사용하지만 새로운 Δr은 $\Delta r_{\text{cow}} = 1.50$ m이다. 젖소를 흐르는 전류는 다음과 같다.

$$i_c = 0.162\ \text{A} = 162\ \text{mA}.$$ (답)

이 값은 치명적이다. 소에 대한 지면 전류에 의한 위험은 더 크다. 왜냐하면 Δr이 더 크기 때문이다. 물론 소는 발굽을 모아 위험을 줄일 수는 없다. (이것은 이상한 광경일 것이다.)

▶ **교육용 비디오는 웹사이트 www.wiley.com에서 볼 수 있다.**

26.4 ▸ Ohm의 법칙

요점 *Key Ideas*

1. (도체, 저항, 혹은 다른) 장치는 그 저항 $R(= V/i)$이 가한 퍼텐셜차 V와 무관하면 Ohm의 법칙을 따른다고 한다.
2. 주어진 물질의 비저항 $\rho(= E/J)$가 가한 전기장 $\vec{E}$의 크기와 방향에 무관하면 Ohm의 법칙을 따른다고 한다.
3. 금속 내의 전도전자가 기체 내의 분자처럼 행동한다고 가정하면 금속의 비저항은

$$\rho = \frac{m}{e^2 n\tau}$$

학습목표 *Learning Objectives*

이 단원을 읽은 후 다음을 이해해야 한다.

26.4.1 Ohm의 법칙을 만족하거나, 만족하지 않는 *물체*를 구별한다.

26.4.2 Ohm의 법칙을 만족하거나, 만족하지 않는 *물질*을 구별한다.

26.4.3 전류가 흐를 때 전도전자의 일반적인 운동을 기술한다.

26.4.4 도체 내의 전도전자에 대해 평균 자유시간 τ, 유효속력과 열적 (막)운동 사이의 관계를 구한다.

26.4.5 비저항 ρ, 전도전자의 밀도 n과 전자의 평균 자유시간 τ 사이의 관계를 적용한다.

으로 쓸 수 있다. 여기서 n은 자유전자의 단위부피당 개수이고, τ는 금속원자와 전자가 충돌하는 사이의 평균시간이다.

4. 금속은 평균 자유시간 τ가 금속에 가해진 어떤 전기장의 크기 E에 거의 무관하기 때문에 Ohm의 법칙을 만족한다.

Ohm의 법칙

앞에서 논의하였듯이 저항기는 특정한 저항값을 갖는 도체이다. 따라서 저항기 양끝에서 퍼텐셜차의 크기나 방향(극성)을 바꾸어도 저항의 크기는 항상 같아야 한다. 그러나 퍼텐셜차를 거는 방법에 따라 저항이 달라지는 전도장치도 있다.

그림 26.4.1a는 이러한 장치를 구분하는 방법을 나타낸다. 이 장치에 퍼텐셜차 V를 걸어서 생기는 전류 i를 V의 크기와 방향을 변화시키면서 측정한다. V의 방향은 정하기 나름이지만 여기서는 전도장치의 왼쪽 퍼텐셜이 오른쪽보다 클 때 양으로 택한다. 이에 따라 왼쪽에서 오른쪽으로 흐르는 전류의 방향도 양이 된다. V의 극성이 반대로 바뀌면 (오른쪽 퍼텐셜이 왼쪽보다 클 때) 음의 값이 되며 전류도 음의 방향을 갖는다.

그림 26.4.1b는 어떤 장치에 대한 $i-V$ 그림이다. 이 결과는 원점을 지나는 직선으로 모든 V 값에 대하여 직선의 기울기 i/V는 일정하다. 즉, 장치의 저항 $R = V/i$는 퍼텐셜차 V의 크기나 극성에 무관하다.

그림 26.4.1c는 다른 전도장치에 대한 그림이다. 이 장치에서 전류는 V의 극성이 양이고 크기가 1.5 V 이상일 때만 흐를 수 있다. 전류가 흐르는 영역에서도 i와 V의 비율이 선형이 아니다. 즉, 퍼텐셜차 V에 따라 달라진다.

두 장치에 대하여 하나는 Ohm의 법칙을 따르고 다른 하나는 그렇지 않은 것으로 구분할 수 있다.

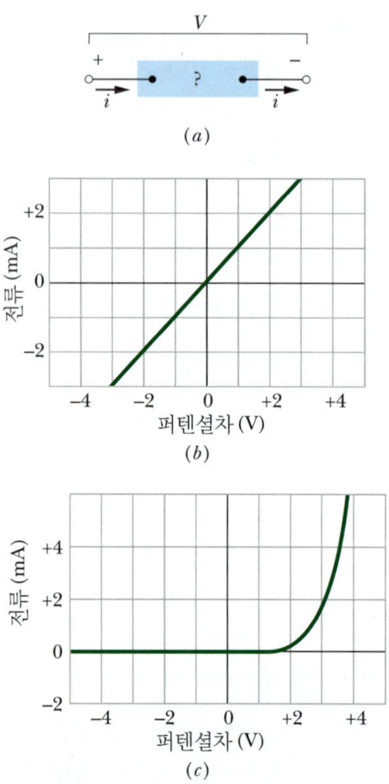

그림 26.4.1 (a) 퍼텐셜차 V가 양끝에 걸려서 전류 i가 흐르고 있다. (b) 1000 Ω의 저항기에 흐르는 전류와 퍼텐셜차의 관계. (c) 반도체인 pn 접합 다이오드에 대한 곡선.

> **Ohm의 법칙**은 전도장치를 통해서 흐르는 전류가 장치에 걸린 퍼텐셜차에 *항상* 정비례한다는 것이다.

(Ohm의 법칙은 특정한 상황에서만 성립한다. 그러나 관습상 법칙이라고 부른다.) 그림 26.4.1b의 장치는 저항값이 1000 Ω으로 Ohm의 법칙을 따른다. 그러나 그림 26.4.1c는 pn 접합 다이오드라 부르는 장치로 Ohm의 법칙을 따르지 않는다.

> 전도장치의 저항이 퍼텐셜차의 크기나 극성에 무관하면 Ohm의 법칙을 따른다.

흔히 $V = iR$을 Ohm의 법칙이라고 하는데 잘못된 것이다. 이 식은 저항의 정의식으로 Ohm의 법칙을 따르든 안 따르든 상관없이 모든 전도장치에 적용된다. 장치의 퍼텐셜차와 전류를 측정하면 pn 접합 다이오드는 물론 거의 모든 소자에서 *V값에서의 저항값* $R = V/i$를 결정할 수 있다. 그러나 Ohm의 법칙의 핵심은 V에 대한 i의 변화가 직선이어서 R이 V와 무관하다는 것이다. 이것을 식 26.3.4($\vec{E} = \rho\vec{J}$)를 이용하면 전도물질에 대해 일반화할 수 있다.

> 전도물질의 비저항이 전기장의 크기나 방향에 무관하면 Ohm의 법칙을 따른다.

구리와 같은 전도체이거나 순수한 실리콘, 또는 불순물을 함유한 반도체이더라도 균질한 모든 물질은 적당한 전기장 값 내에서는 Ohm의 법칙을 따른다. 그러나 전기장이 지나치게 커지면 모두 Ohm의 법칙에 어긋나게 된다.

확인문제 26.4.1

다음 표는 여러 값의 퍼텐셜차(볼트 단위)에 대해 두 장치를 흐르는 전류(암페어 단위)를 측정한 값이다. 이 자료에서 Ohm의 법칙을 따르지 않는 장치를 결정하여라.

장치 1		장치 2	
V	i	V	i
2.00	4.50	2.00	1.50
3.00	6.75	3.00	2.20
4.00	9.00	4.00	2.80

Ohm의 법칙에 대한 미시적 관점

왜 특정한 물질이 Ohm의 법칙을 따르는지 알기 위해서는 원자의 수준에서 전도 과정을 자세히 조사하여야 한다. 이 절에서는 구리와 같은 금속에서의 전도만 고려하여 자유전자 모형에 근거를 두고 분석한다. *자유전자 모형*에서 금속 내의 전도전자는 닫힌 용기 내에서 기체의 분자처럼 시료 내에서 자유롭게 움직인다고 가정한다. 또한 전자는 다른 전자와는 충돌하지 않고, 금속의 원자와 충돌한다고 가정한다.

고전물리학에 따르면 전자는 기체 내의 분자와 마찬가지로(19.6단원 참조) Maxwell의 속력분포를 이루며 평균 전자속력은 온도에 의존한다. 그러나 전자의 운동은 고전물리학의 법칙을 따르지 않고 양자물리학의 법칙을 따른다. 양자적 실체에 더 가깝게 가정하면 금속 내에 있는 전도전자는 단일 유효속력 v_{eff}로 움직이며 이 속력은 실질적으로 온도에 무관하다. 구리의 경우 $v_{\text{eff}} \approx 1.6 \times 10^6$ m/s이다.

금속 시료에 전기장을 가할 때 전도전자들은 막운동이 약간 변하여 평균 유동속력 v_d를 갖고 전기장의 방향에 반대 방향으로 아주 느리게 밀려간다. 전형적인 금속도체에서의 유동 속력은 약 5×10^{-7} m/s로 유효속력(1.6×10^6 m/s)보다 매우 작다. 그림 26.4.2는 두 속력 사이의 관계를 나타낸다. 회색 선은 전기장이 없을 때 가능한 전자의 막운동경로이다. 전자는 가는 도중에 여섯 번 충돌하며 A에서 B로 진행한다. 초록색 선은 전기장 $\vec{E}$가 가해졌을 때 달라진 전자의 막운동 경로이다. 전자는 꾸준히 오른쪽으로 밀려가서 B가 아닌 B'에서 끝난다. 그림 26.4.2는 $v_d \approx 0.02v_{\text{eff}}$로 가정하고 그렸다. 그러나 실제값이 $v_d \approx (10^{-13})v_{\text{eff}}$이므로 그림은 대단히 과장된 것이다.

전기장 $\vec{E}$ 안에서 전도전자의 운동은 막충돌에 의한 움직임과 $\vec{E}$에 의한 움직임의 조합이다. 모든 자유전자를 다 고려할 때 전자의 막운동은 평균하여 0이 되므로 유동속력

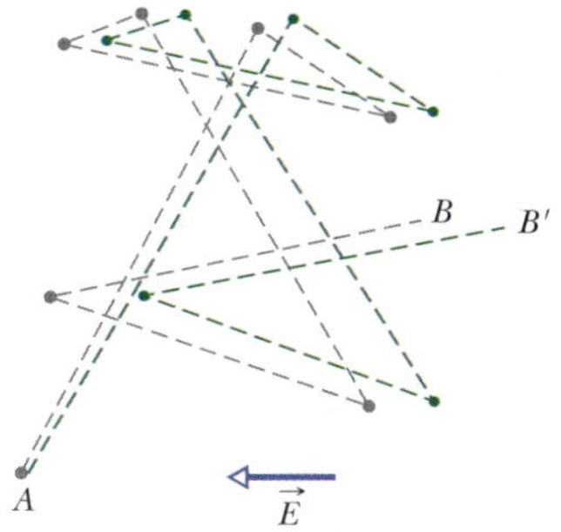

그림 26.4.2 회색선은 A에서 B로 움직이는 전자이다. 전자는 도중에 여섯 번 충돌한다. 녹색선은 전기장 $\vec{E}$를 가했을 때 전자의 경로이다. 전자가 $-\vec{E}$의 방향으로 일정하게 밀려가는 것을 주목하여라(실제로 전기장 안에서 전자는 충돌 사이에 포물선 경로를 따르므로 이를 나타내기 위하여 녹색선은 약간의 곡선이어야 한다).

에 아무런 기여를 하지 않는다. 따라서 유동속력은 전기장이 전자에 미치는 효과에만 의존한다.

질량 m의 전자가 크기 E의 전기장 안에 있다면 전자는 Newton의 제2법칙

$$a = \frac{F}{m} = \frac{eE}{m} \tag{26.4.1}$$

에 따라 가속도가 생긴다. 전도전자가 겪는 충돌의 특성은 충돌 이후 각 전자가 이전의 유동속도에 대한 기억을 완전히 잃어버린다는 것이다. 각 전자는 매번 충돌한 이후 새롭게 시작하여 막방향으로 움직인다. 충돌 사이의 평균 시간 τ 동안 평균적으로 전자는 유동속력 $v_d = a\tau$를 얻을 것이다. 어느 순간 모든 전자의 유동속력을 측정한다면 평균 유동속력 역시 $a\tau$일 것이다. 따라서 어느 순간에 전자의 평균 유동속력은 $v_d = a\tau$이다. 이제 식 26.4.1에서

$$v_d = a\tau = \frac{eE\tau}{m} \tag{26.4.2}$$

를 얻는다. 이들 결과를 식 26.2.4($\vec{J} = ne\vec{v}_d$)와 결합하면, 유동속도의 크기는

$$v_d = \frac{J}{ne} = \frac{eE\tau}{m} \tag{26.4.3}$$

이며, 전기장은

$$E = \left(\frac{m}{e^2 n\tau}\right) J \tag{26.4.4}$$

로 쓸 수 있다. 이것을 식 26.3.4($\vec{E} = \rho\vec{J}$)와 비교하면, 크기는 다음과 같다.

$$\rho = \frac{m}{e^2 n\tau}. \tag{26.4.5}$$

금속의 경우에 비저항 ρ가 전기장 $\vec{E}$의 세기에 무관하게 일정하다면 금속은 Ohm의 법칙을 따르므로 식 26.4.5를 얻는다. 식 26.4.5에 있는 양을 생각해보자. 우리는 부피당 전도전자의 수 n이 전기장과 무관하고 m과 e가 상수라고 가정한다. 그러므로 충돌 사이의 평균 시간(또는 *평균 자유시간*) τ는 전기장의 세기와 관계없이 일정하다. 실제로 전기장에 의하여 생기는 유동속력 v_d는 유효속력 v_{eff}보다 훨씬 더 작아서 전자의 속력 및 τ가 전기장에 의하여 거의 영향 받지 않기 때문에 τ를 상수로 볼 수 있다.

보기문제 26.4.1 평균 자유시간과 평균 자유거리

(a) 구리 내에 있는 전도전자의 충돌 사이의 평균 자유시간 τ는 얼마인가?

요점

구리의 평균 자유시간 τ가 근사적으로 상수이며, 특히 구리시료에 가해지는 전기장에 의존하지 않는다. 따라서 가해진 전기장의 어떤 특정한 값도 고려할 필요가 없다. 그러나 전기장 안에서 구리의 비저항 ρ는 τ에 의존하기 때문에 식 26.4.5 ($\rho = m/e^2 n\tau$)로부터 평균 자유시간 τ를 구할수 있다.

풀이: 그 식은 다음과 같다.

$$\tau = \frac{m}{ne^2\rho}. \tag{26.4.6}$$

구리의 경우 단위부피당 전도전자의 수는 $8.49 \times 10^{28}\ \text{m}^{-3}$이다. ρ의 값은 표 26.3.1에 있다. 분모는

$$(8.49 \times 10^{28}\ \mathrm{m^{-3}})(1.6 \times 10^{-19}\ \mathrm{C})^2(1.69 \times 10^{-8}\ \Omega \cdot \mathrm{m})$$
$$= 3.67 \times 10^{-17}\ \mathrm{C^2 \cdot \Omega/m^2}$$
$$= 3.67 \times 10^{-17}\ \mathrm{kg/s}$$

이며, 여기서 단위를 다음과 같이 바꾼다.

$$\frac{\mathrm{C^2 \cdot \Omega}}{\mathrm{m^2}} = \frac{\mathrm{C^2 \cdot V}}{\mathrm{m^2 \cdot A}} = \frac{\mathrm{C^2 \cdot J/C}}{\mathrm{m^2 \cdot C/s}} = \frac{\mathrm{kg \cdot m^2/s^2}}{\mathrm{m^2/s}} = \frac{\mathrm{kg}}{\mathrm{s}}.$$

이 결과를 이용하고 전자의 질량 m의 값을 대입하면 다음을 얻는다.

$$\tau = \frac{9.1 \times 10^{-31}\ \mathrm{kg}}{3.67 \times 10^{-17}\ \mathrm{kg/s}} = 2.5 \times 10^{-14}\ \mathrm{s}.$$ (답)

(b) 도체 내에서 전도전자의 평균 자유거리 λ는 전자가 충돌 사이에 이동하는 평균 거리이다(이 정의는 19.5단원에서 다른 기체분자의 평균 자유거리와 비슷하다). 구리에서 전도전자의 유효속력 v_{eff}가 1.6×10^6 m/s라고 가정하면 전도전자에 대한 λ는 얼마인가?

요점

입자가 시간 t 동안에 일정한 속력 v로 이동하는 거리 d는 $d = vt$이다.

풀이: 구리 내의 전자인 경우는 다음과 같다.

$$\lambda = v_{\text{eff}}\tau \tag{26.4.7}$$
$$= (1.6 \times 10^6\ \mathrm{m/s})(2.5 \times 10^{-14}\ \mathrm{s})$$
$$= 4.0 \times 10^{-8}\ \mathrm{m} = 40\ \mathrm{nm}.$$ (답)

이것은 구리 격자에서 가장 가까운 이웃 원자 사이의 거리의 150배 정도이다. 따라서 각 전도전자가 다시 충돌하기 전에 상당히 많은 구리원자를 지난다.

▶ **교육용 비디오는 웹사이트 www.wiley.com에서 볼 수 있다.**

26.5 ▸ 일률, 반도체, 초전도체

요점 *Key Ideas*

1. 퍼텐셜차 V가 유지되는 전기회로에서 에너지 전달률인 일률 P는 다음과 같다.
$$P = iV.$$
2. 저항형 장치에서 일률은 다음으로도 쓸 수 있다.
$$P = i^2R = \frac{V^2}{R}.$$
3. 저항에서 전기 퍼텐셜에너지는 전하운반자와 원자 사이의 충돌로 인해 내부 열에너지로 변환된다.
4. 반도체는 전도전자가 거의 없는 물질이지만 전하 운반자에 기여하는 다른 원자를 불순물로 첨가하면 도체가 될 수 있다.
5. 초전도체는 모든 전기저항을 잃어버린 물질이다. 이러한 물질은 매우 낮은 온도가 필요하지만, 어떤 물질들은 상온 같은 높은 온도에서도 초전도 성질이 있다.

학습목표 *Learning Objectives*

이 단원을 읽은 후 다음을 이해해야 한다.

26.5.1 회로의 전도전자가 저항형 장치에서 어떻게 에너지를 잃는지 설명한다.

26.5.2 일률은 에너지가 한 형태에서 다른 형태로 전환되는 비율이다.

26.5.3 저항형 장치에서 일률 P, 전류 i, 전압 V와 저항 R 사이의 관계를 구한다.

26.5.4 전지에서 일률 P, 전류 i, 퍼텐셜차 V 사이의 관계를 구한다.

26.5.5 전지와 저항형 장치가 있는 회로에서 에너지 보존을 적용하여 회로의 에너지 전달을 구한다.

26.5.6 도체, 반도체와 초전도체를 구분한다.

▶ 회로의 일률

그림 26.5.1은 저항이 없는 도선으로 전지 B와 미지의 전도장치를 연결한 전기회로이다. 미지의 전도장치는 저항기, 충전지(재충전이 가능한 전지), 또는 전동기 같은 전기장치일 수 있다. 전지 양끝의 퍼텐셜차가 V이므로 미지의 전도장치에 걸리는 퍼텐셜차도 V이다. 이때 단자 a의 퍼텐셜이 단자 b의 퍼텐셜보다 높다.

전지의 양끝이 외부 전도장치에 연결되어 있고, 전지에 의해서 퍼텐셜차가 같은 값으로 유지되므로 일정한 전류 i가 a 단자에서 b 단자로 흘러들어간다. 이때 시간 간격 dt

왼쪽에 있는 전지는 전류를 만드는 전도전자에 에너지를 준다.

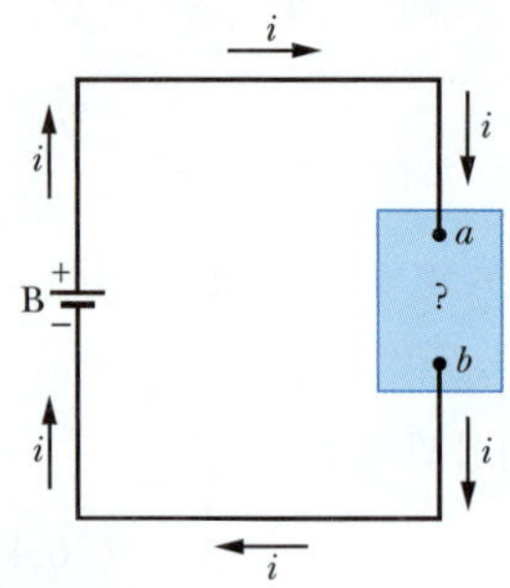

그림 26.5.1 전지 B에 의해 미지의 전도장치가 포함된 전기회로에 전류 i가 흐른다.

동안에 이동한 전하량 dq는 $i\,dt$이다. 전하량 dq가 이동하면서 퍼텐셜이 V만큼 줄어들므로 전기 퍼텐셜에너지 또한 다음의 양만큼 줄어든다.

$$dU = dq\,V = i\,dt\,V. \tag{26.5.1}$$

에너지보존법칙에 따라 a에서 b까지 줄어든 전기 퍼텐셜에너지는 다른 형태의 에너지로 전환된다. 이러한 에너지 이동을 나타내는 비율 dU/dt가 일률 P이며 다음과 같다.

$$P = iV \quad \text{(전기에너지 전달률)}. \tag{26.5.2}$$

특히 일률 P는 전지에서 미지의 전도장치로 에너지가 이동하는 비율을 뜻한다. 미지의 전도 장치가 역학적으로 연결된 전동기라면 이동된 에너지는 물체에 일을 할 것이며, 장치가 축전지라면 이동된 에너지가 전지 내의 화학에너지로 저장될 것이다. 또한 저항기라면 열에너지로 바뀌면서 온도가 올라갈 것이다.

식 26.5.2에서 일률의 단위는 볼트−암페어(V · A)이고 다음이 성립한다.

$$1\ \text{V}\cdot\text{A} = \left(1\ \frac{\text{J}}{\text{C}}\right)\left(1\ \frac{\text{C}}{\text{s}}\right) = 1\ \frac{\text{J}}{\text{s}} = 1\ \text{W}.$$

저항기 내에서 전자가 일정한 유동속력으로 움직이는 것은 돌멩이가 물속에서 일정한 종단 속력으로 떨어지는 현상과 비슷하다. 전자의 평균 운동에너지는 운동 중 변하지 않으며 줄어든 전기 퍼텐셜에너지가 저항기와 주변의 열에너지로 나타난다. 미시적 관점에서 보면 전자와 저항기 내의 분자 사이의 충돌로 인하여 저항기 격자의 온도가 증가하게 된다. 에너지 이동은 역류될 수 없으므로 열에너지로 전환된 역학에너지는 *잃어버린다*.

저항기나 저항 R을 가진 장치에서 식 26.3.1($R = V/i$)과 26.5.2로 저항에 의한 전기에너지의 소모율을

$$P = i^2R \quad \text{(저항 소모율)} \tag{26.5.3}$$

즉, 다음과 같이 쓸 수 있다.

$$P = \frac{V^2}{R} \quad \text{(저항 소모율)}. \tag{26.5.4}$$

주의: 위의 두 식을 식 26.5.2와 잘 구분해야 한다. 즉, 모든 종류의 전기에너지 전환에는 $P = iV$를, 저항이 있는 장치에서 전기 퍼텐셜에너지가 열에너지로 전환될 때는 $P = i^2R$과 $P = V^2/R$을 사용한다.

확인문제 26.5.1

저항 R인 장치에 퍼텐셜차 V를 걸어 전류 i가 흐르게 하였다. 저항에 의해 전기에너지가 열에너지로 변환되는 비율이 다음 변화에 따라 가장 큰 것부터 나열하여라. (a) R은 그대로 두고, V를 두 배로 늘린 경우, (b) R은 그대로 두고, i를 두 배로 늘린 경우, (c) V는 그대로 두고, R을 두 배로 늘린 경우, (d) i는 그대로 두고, R을 두 배로 늘린 경우

보기문제 26.5.1 전류를 운반하는 열선에서 에너지 소모율

니켈-크롬-철의 합금인 니크롬으로 만든 열선의 저항은 72 Ω이다. (1) 전체 열선에 120 V의 퍼텐셜이 걸릴 경우와 (2) 열선을 반으로 나누어 각각의 열선에 120 V가 걸릴 경우에 에너지 소모율을 각각 구하여라.

요점

저항 물질에 흐르는 전류가 역학에너지를 열에너지로 전환시킨다. 전환(소모)율은 식 26.5.2와 26.5.4이다.

풀이: 퍼텐셜차 V와 저항 R을 알고 있으므로 식 26.5.4에서 (1)의 경우에는 다음을 얻는다.

$$P = \frac{V^2}{R} = \frac{(120\ \text{V})^2}{72\ \Omega} = 200\ \text{W}. \quad \text{(답)}$$

한편 (2)의 경우에는 반쪽 열선의 저항값이 (72 Ω)/2, 즉 36 Ω이므로 각각의 반쪽 열선에 의한 소모율은

$$P' = \frac{(120\ \text{V})^2}{36\ \Omega} = 400\ \text{W}$$

이고, 두 반쪽에서는 다음과 같다.

$$P = 2P' = 800\ \text{W}. \quad \text{(답)}$$

즉, 전체 열선의 소모율보다 네 배나 더 크다. 그렇다면 열선을 한 개 사서 반으로 잘라 사용하면 네 배나 큰 난방 효과를 얻을 수 있다. 좋은 생각이 아닐까? (도선에 흐르는 전류량은 어떻게 될까?)

▶ **교육용 비디오는 웹사이트 www.wiley.com에서 볼 수 있다.**

반도체

반도체 소자는 21세기를 정보시대로 이끈 마이크로 전자공학 혁명의 핵심이다. 표 26.5.1에서 전형적인 반도체인 실리콘과 전형적인 금속도체인 구리의 특성을 비교할 수 있다. 실리콘은 전하운반자의 수가 매우 적고 비저항이 매우 크며 비저항의 온도계수가 음의 값으로 매우 크다. 따라서 구리의 저항은 온도에 따라서 증가하지만 순수한 실리콘은 감소한다.

순수한 실리콘은 절연체에 가까운 큰 저항을 가지므로 마이크로 전자회로에 직접 사용하지 않는다. 그러나 *도핑*이라는 과정을 통하여 소량의 특정 불순물을 첨가하여 비저항을 크게 줄일 수 있다. 표 26.3.1에서 실리콘에 두 가지 불순물을 넣기 전후의 비저항 값을 비교할 수 있다.

대략적으로 반도체, 절연체, 그리고 금속도체의 비저항(또는 전도도) 차이를 전자의 에너지로 설명할 수 있다(더 자세히 설명하려면 양자물리학이 필요하다). 구리와 같은 금속도체에서 대부분의 전자는 원자에 단단히 고정되어 있어서 자유롭게 운동하면서 전류가 형성되려면 많은 에너지가 필요하다. 그러나 몇몇 전자는 아주 느슨하게 묶여 있어서 작은 에너지로도 자유상태가 된다. 도체에 가해진 전기장이나 열에너지가 필요한 에너지를 공급할 수 있다. 전기장은 전자를 자유롭게 할 뿐만 아니라 도선을 따라 움직이도록 추진하는 역할도 한다. 전기장은 도체를 통하여 전류가 흐르게 한다.

절연체 물질 내에서 전자를 자유롭게 움직이려면 더 큰 에너지가 필요하다. 열에너지로는 충분하지 않고 절연체에 적절한 전기장을 가해도 매우 부족하다. 따라서 절연체

표 26.5.1 구리와 실리콘의 전기적 특성

특성	구리	실리콘
물질의 종류	금속	반도체
전하운반자 밀도, m^{-3}	8.49×10^{28}	1×10^{16}
비저항, $\Omega \cdot \text{m}$	1.69×10^{-8}	2.5×10^{3}
비저항의 온도계수, K^{-1}	$+4.3 \times 10^{-3}$	-70×10^{-3}

내에는 움직일 수 있는 전자가 없고 전기장이 가해져도 전류가 흐르지 않는다.

반도체는 전자를 자유롭게 하는 데 그렇게 큰 에너지가 필요하지 않은 것을 *제외하고는* 절연체와 같다. 중요한 것은 도핑이라는 과정을 통하여 느슨하게 고정되어서 쉽게 움직일 수 있는 전자나 양전하를 만들 수 있다는 점이다. 또한 반도체의 도핑을 조절하여 전류를 형성하는 전하운반자의 밀도를 조절할 수 있고, 따라서 전기적 특성을 바꿀 수도 있다. 트랜지스터나 접합 다이오드 같은 대부분의 반도체 장치는 다른 종류의 불순물 원자를 실리콘의 다른 영역에 선택적으로 따로따로 도핑하여 만든 것이다.

이제 도체의 비저항에 대한 식 26.4.5를 다시 살펴보자.

$$\rho = \frac{m}{e^2 n\tau}. \tag{26.5.5}$$

여기서 n은 단위부피당 전하운반자의 수이며, τ는 전하운반자의 충돌 사이의 평균 시간이다. 이 식은 반도체에도 적용된다. 온도가 증가함에 따라 변수 n과 τ가 어떻게 변하는지 살펴보자.

도체에서 n은 크지만 온도의 변화에 따라 거의 일정하다. 금속의 경우 온도에 따라 비저항이 증가하는 것은(그림 26.3.4 참조) 전하운반자의 충돌률이 증가하기 때문이다. 이는 식 26.5.5에서 충돌 사이의 평균 시간 τ의 감소로 나타난다.

반도체에서는 n은 작으나 온도가 증가함에 따라 열적 요동이 증가하여 전하운반자가 더 많아지기 때문에 n은 대단히 급격히 증가한다. 따라서 온도가 증가함에 따라 비저항이 *감소하며* 이는 표 26.5.1에서 실리콘의 경우 비저항의 온도계수가 음의 값을 가지는 것으로도 알 수 있다. 금속의 경우에 지적했던 동일한 충돌률의 증가는 현상이 반도체의 경우에도 발생하지만, 전하운반자 수의 급격한 증가에 비해 그 효과는 미미하다.

초전도체

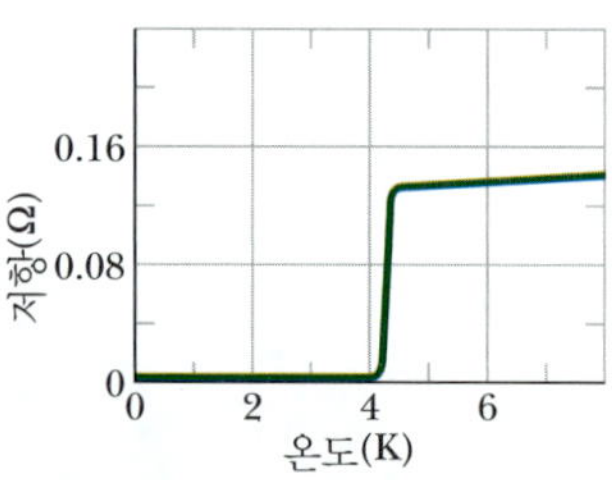

그림 26.5.2 수은의 저항이 절대온도 4 K 근처에서 0으로 떨어진다.

Courtesy Shoji Tonaka/International Superconductivity Technology Center, Tokyo, Japan

원반 모양의 자석이 액체 질소로 냉각시킨 초전도체 물체 위로 뜬다. 금붕어도 따라 올라간다.

1911년 네덜란드의 물리학자인 Kamerlingh Onnes는 약 4K 이하에서 수은의 비저항이 완전히 사라지는 현상을 발견하였다(그림 26.5.2 참조). 이와 같은 **초전도현상**의 응용 가치는 말할 수 없이 엄청나게 크다. 왜냐하면 초전도체에서는 전하가 열에너지의 손실 없이 흐를 수 있기 때문이다. 예를 들어서 초전도체 고리에서 생성된 전류는 손실 없이 몇 년 동안 지속되어 왔다. 전류를 만드는 전자는 시작할 때 힘과 에너지원이 필요하지만 그 이후에는 필요하지 않다.

1986년 이전에 초전도체의 기술적 발전의 걸림돌은 초전도현상이 나타나는 극저온을 유지해야 한다는 것이었다. 그러나 1986년에는 상당한 고온(따라서 더 싸게 만드는)에서도 초전도현상을 보이는 새로운 세라믹 물질이 발견되었다. 실온에서도 사용이 가능한 상온 초전도체 장치를 실제로 응용하는 것이 일상화되는 날이 언젠가 올지도 모른다. 초전도는 도체에서의 현상과는 아주 다른 것이다. 사실 은이나 구리 같은 정상적인 도체는 어떤 온도에서도 초전도체가 될 수 없고, 새로운 세라믹 초전도체는 초전도 상태에 필요한 충분히 낮은 온도가 아닐 때에는 전기가 전혀 통하지 않는 절연체이다.

초전도에 대한 설명으로는 전류를 만드는 전자가 결합된 쌍으로 움직인다는 것이 있다. 한 쌍 내에 있는 전자 중 하나가 움직임에 따라 초전도 물질의 분자구조를 전기적으로 일그러뜨려서 수명이 짧은 양전하를 생성시킨다. 한 쌍 내에 있는 다른 전자는 이 양전하에 끌린다. 이론에 따르면 전자 사이의 이와 같은 결합은 전자가 물질의 분자와 충돌하는 것을 방해하여 전기저항을 제거한다. 이 이론은 1986년 이전의 저온 초전도체를 잘 설명하지만 고온 초전도체를 설명하려면 새로운 이론이 필요하다.

정리 및 요약 _Review & Summary

▸**전류** 도체에서 **전류** i는 다음과 같이 정의한다.

$$i = \frac{dq}{dt}. \qquad (26.1.1)$$

여기서 dq는 시간 dt 동안 도체를 자르는 가상적인 면을 지나는 (양) 전하의 양이다. 관례적으로 전류의 방향은 양의 전하운반자가 움직이는 방향으로 선택한다. 전류의 SI 단위는 **암페어**(A)이며 1 A = 1 C/s 이다.

▸**전류밀도** 전류(스칼라량)는 **전류밀도** $\vec{J}$(벡터량)와

$$i = \int \vec{J} \cdot d\vec{A} \qquad (26.2.1)$$

의 관계가 있다. 여기서 $d\vec{A}$는 면적 dA인 미소면적에 수직인 벡터량이며, 적분은 도체를 자르는 어떠한 표면을 선택해도 된다. 움직이는 전하가 양전하이면 $\vec{J}$는 움직이는 전하의 속도와 같은 방향이고 음전하이면 $\vec{J}$는 반대 방향이다.

▸**도체 안에 전기장** 도체 안에 전기장 $\vec{E}$가 있을 때 전하 운반자(양전하라고 가정하자)는 $\vec{E}$와 같은 방향을 가지는 **유동속력** v_d를 얻으며, 속도 $\vec{v}_d$는 전류밀도와

$$\vec{J} = (ne)\vec{v}_d \qquad (26.2.4)$$

의 관계가 있다. 여기서 ne는 *전하운반자 밀도*이다.

▸**도체의 저항** 도체의 **저항** R은 다음과 같이 정의한다.

$$R = \frac{V}{i} \quad (R\text{의 정의}). \qquad (26.3.1)$$

여기서 V는 도체에 걸리는 퍼텐셜차이며 i는 전류이다. 저항의 SI 단위는 **옴**(Ω)이며 1 Ω = 1 V/A이다. 비슷한 식으로 물질의 **비저항** ρ와 **전도도** σ를 다음과 같이 정의한다.

$$\rho = \frac{1}{\sigma} = \frac{E}{J} \quad (\rho\text{와 }\sigma\text{의 정의}). \qquad (26.3.5, 26.3.3)$$

여기서 E는 가해진 전기장의 크기이다. 비저항의 SI 단위는 옴 · 미터(Ω · m)이다. 식 26.3.3은 다음의 벡터식에 해당한다.

$$\vec{E} = \rho\vec{J}. \qquad (26.3.4)$$

길이가 R이고 단면이 균일한 도체 도선의 저항 L은

$$R = \rho\frac{L}{A} \qquad (26.3.9)$$

이며, 여기서 A는 단면적이다.

▸**온도에 따른 ρ의 변화** 대부분 물질의 비저항 ρ는 온도에 따라 변한다. 금속을 포함하여 많은 물질의 경우 ρ와 온도 T 사이의 관계는

$$\rho - \rho_0 = \rho_0\alpha(T - T_0) \qquad (26.3.10)$$

로 근사한다. 여기서 T_0는 기준온도이며, ρ_0는 온도 T_0에서의 비저항이고, α는 물질에 대한 비저항의 온도계수이다.

▸**Ohm의 법칙** 주어진 장치(도체, 저항기 또는 다른 전기 장치)에서 식 26.3.1에서 V/i로 정의하는 저항 R이 가해진 퍼텐셜차 V에 무관하다면 그 장치는 *Ohm의 법칙*을 따른다. 어느 물질에서 식 26.3.3으로 정의한 비저항이 가해진 전기장 $\vec{E}$의 크기와 방향에 무관하다면 그 물질은 Ohm의 법칙을 따른다.

▸**금속의 비저항** 금속 내에 있는 전도전자가 기체 분자처럼 자유롭게 움직인다고 가정하면 금속의 비저항에 대한 다음의 수식을 유도할 수 있다.

$$\rho = \frac{m}{e^2 n\tau}. \qquad (26.4.5)$$

여기서 n은 단위부피당 자유전자의 수이며 τ는 전자와 금속원자의 충돌 사이의 평균 시간이다. τ가 금속에 가해진 전기장의 크기 E에 무관하다는 사실을 이용하여 금속이 왜 Ohm의 법칙을 따르는지를 설명할 수 있다.

▸**일률 퍼텐셜차** V가 유지되는 전기장치에서 일률 P, 또는 에너지 전달률은 다음과 같다.

$$P = iV \quad (\text{전기에너지 전달률}). \qquad (26.5.2)$$

▸**저항 소모율** 장치가 저항기라면 식 26.5.2를

$$P = i^2R = \frac{V^2}{R} \quad (\text{저항 소모율}) \quad (26.5.3, 26.5.4)$$

로 쓸 수 있다. 저항기에서 전기 퍼텐셜에너지는 전하운반자와 원자 사이의 충돌을 통하여 내부 열에너지로 전환된다.

▸**반도체** *반도체*는 전도전자가 거의 없지만 자유전자를 제공하는 다른 원자를 *도핑하여* 도체가 될 수 있는 물질이다.

▸**초전도체** *초전도체*는 저온에서 전기저항을 모두 잃어버리는 물질이다. 최근의 연구에서 제법 높은 온도에서 초전도 물질을 발견한 바 있다.

연습문제 _Problems

E Easy M Medium H Hard CALC Requires calculus BIO Biomedical application

1 M 그림 26.1a는 길이 9.00 mm의 저항체 막대에(그림 26.1b) 전지를 연결하여 만든 전기장의 크기 $E(x)$의 그래프이다. 수직축의 눈금은 E_s = 4.00 × 10^3 V/m이다. 막대는 같은 물질이지만 반지름이 다른 세 개의 부분으로 이루어졌다. (그림 26-1b에서는 다른 반지름을

나타내지 않았다.) 부분 3의 반지름은 2.00 mm이다. (a) 부분 1과 (b) 부분 2의 반지름을 구하여라.

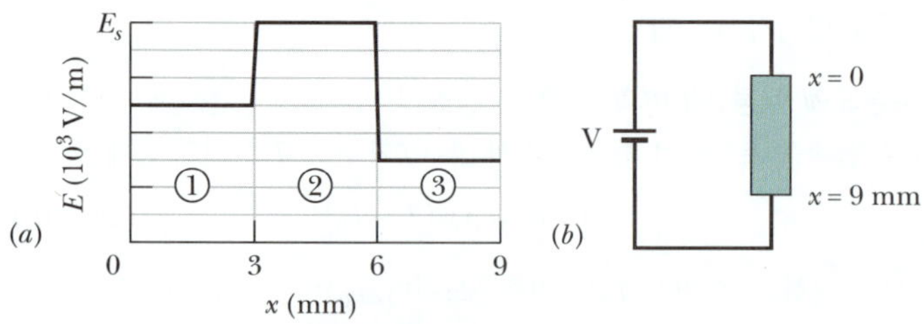

그림 26.1 연습문제 1

2 M 직육면체 토막의 단면적은 2.40 cm^2이고, 앞면과 뒷면 사이의 길이는 15.8 cm이며 저항은 935 Ω이다. 토막의 전자밀도는 5.33×10^{22} 전도전자/m^3이다. 앞면과 뒷면 사이에 퍼텐셜차를 35.8 V로 유지한다. (a) 토막에 흐르는 전류는 얼마인가? (b) 전류밀도가 균일하다면 크기는 얼마인가? (c) 전도전자의 유동속력과 (d) 토막 안에서 전기장의 크기는 얼마인가?

3 H CALC 그림 26.2에서 비저항이 731 Ω·m이고, 왼쪽 반지름 a = 2.00 mm, 오른쪽 반지름 b = 2.30 mm이며, 길이 L = 1.94 cm인 끝이 잘린 수직 원뿔을 통하여 전류가 흐른다. 전류밀도가 길이에 수직인 단면에 걸쳐서 균일하다고 가정할 때 원뿔의 저항을 구하여라.

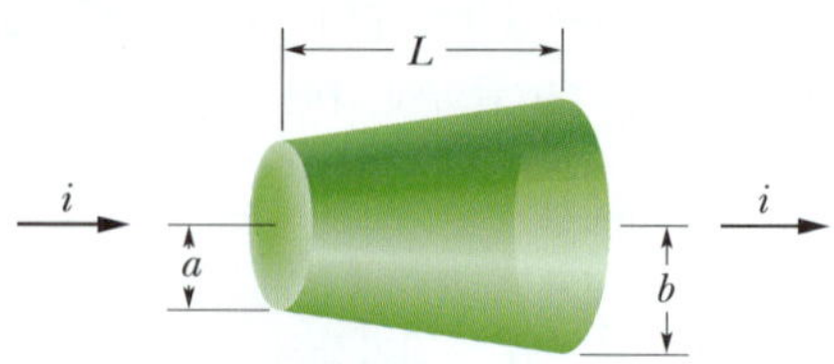

그림 26.2 연습문제 3

4 M 단면적 2.00×10^{-6} m^2, 길이 4.00 m인 구리 도선에 1.60 A의 전류가 균일하게 흐른다. (a) 도선 내 전기장의 크기는 얼마인가? (b) 30분 동안 얼마나 많은 전기에너지가 열에너지로 전환되는가?

5 M 도선 C와 도선 D는 다른 물질로 만들었으며 길이는 $L_C = L_D$ = 1.0 m이다. 도선 C의 비저항과 지름은 각각 2.0×10^{-6} Ω·m와 1.00 mm이며, 도선 D의 비저항과 지름은 각각 1.0×10^{-6} Ω·m와 0.50 mm이다. 도선을 그림 26.3처럼 연결하였고, 1.5 A의 전류가 흐른다. (a) 점 1과 2 사이와 (b) 점 2와 3 사이의 전기 퍼텐셜차는 얼마인가? (c) 점 1과 2 사이와 (d) 점 2와 3 사이의 에너지 소모율은 얼마인가?

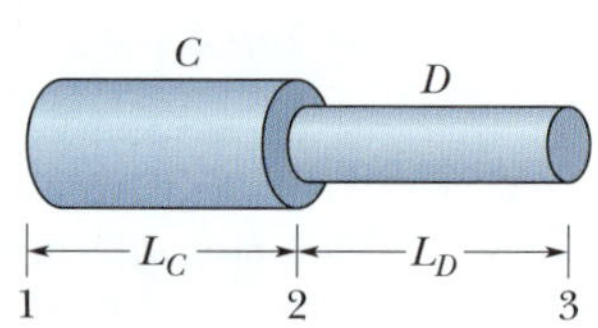

그림 26.3 연습문제 5

6 M CALC 전류밀도의 크기가 (a) $J_a = J_0 r/R$과 (b) $J_b = J_0(1 - r/R)$이면 반지름 R = 3.40 mm의 도선에 흐르는 전류는 각각 얼마인가? 은 중심으로부터의 거리이고, $J_0 = 7.00 \times 10^4$ A/m^2이다. (c) 어느 함수가 도선의 표면 근처에서 전류밀도를 최대로 만드는가?

7 H CALC 그림 26.4a에 저항체 막대가 있다. 막대의 단위길이당 저항은 x축 양의 방향으로 증가한다. 막대 위의 위치 x에서 폭 dx인 좁은 (미소)부분의 저항 dR은 $dR = 5.00x\,dx$이다. 여기서 dR의 단위는 옴이고, x의 단위는 미터이다. 그림 26.14b에 이와 같은 좁은 부분을 나타내었다. $x = 0$과 $x = L$ 사이에서 막대의 길이를 잘게 나누고, 그 길이에 퍼텐셜차 V = 5.0 V의 전지를 연결한다(그림 26.14c). 그 길이에 흐르는 전류가 200 W의 열에너지로 전환되도록 하려면 어떤 $x = L$에서 막대를 잘라야 하는가?

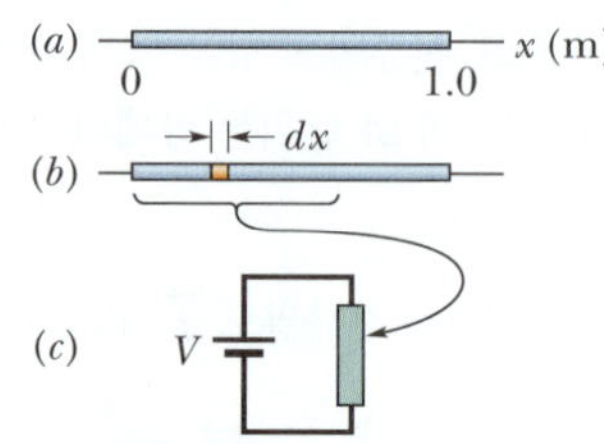

그림 26.4 연습문제 7

8 E 전류가 2.00 A일 때 저항기에는 100 W의 비율로 열에너지가 생성된다. 저항은 얼마인가?

9 H 그림 26.5에 있는 도선은 지름 D_1 = 4.00R인 부분 1과 지름 D_2 = 2.00R인 부분 2가 연결되어 있다. 도선은 구리이고 전류가 흐른다. 전류가 각 단면에 걸쳐 균일하게 분포한다고 가정한다. 부분 2에 있는 길이 L = 1.20 m를 따라 전기퍼텐셜의 변화 V는 10.0 μV이고 단위부피당 전하운반자의 수는 8.49×10^{28} m^{-3}이다. 부분 1에서 전도전자의 유동속력은 얼마인가?

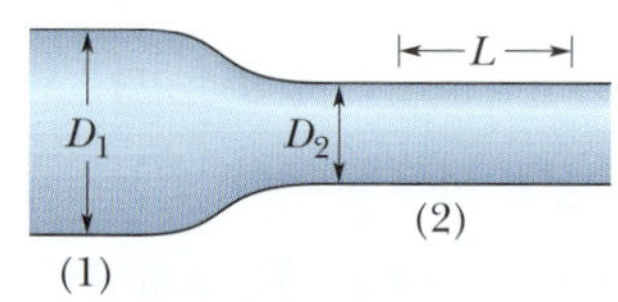

그림 26.5 연습문제 9

10 E 1000 A의 전류가 흐를 수 있는 고압 송전선의 재료로 구리와 알루미늄을 고려하고 있다. 단위길이당 저항은 0.150 Ω/km이어야 한다. 구리와 알루미늄의 밀도는 각각 8960과 2600 kg/m^3이다. 구리 송전선에서 (a) 전류밀도의 크기 J와 (b) 단위길이당 질량 λ를 구하여라. 알루미늄 송전선에서 (c) J와 (d) λ를 구하여라.

11 M 그림 26.6은 더 높은 퍼텐셜 V_s = 12.0 μV인 위치 x = 0에서 더 낮은 퍼텐셜 0인 위치 x_s = 3.00 m까지 균일한 전류가 흐르는 구리 도선에 걸린 전기퍼텐셜 $V(x)$이다. 도선의 반지름은 1.50 mm이다. 도선에 흐르는 전류는 얼마인가?

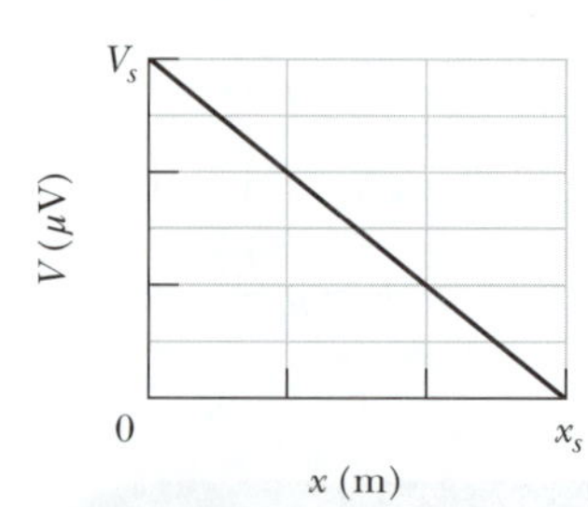

그림 26.6 연습문제 11

12 E 전류 7.0 A가 4.0분 동안 도선에 흘렀다. 이 시간 동안 도선의 임의의 단면을 통해 지나간 (a) Coulomb 수와 (b) 전자의 수를 구하여라.

13 M 지구의 저고도 대기층에는 흙에 있는 방사성 원소와 우주 공

간에서 들어오는 우주선으로 생성되는 음이온과 양이온이 있다. 어떤 지역에서 대기의 전기장 크기는 100 V/m이며 전기장은 수직으로 아래를 향한다. 1가로 대전된 양이온의 밀도는 620 cm^{-3}이며 대기 전기장에 의해 아래쪽으로 밀려가고, 1가로 대전된 음이온의 밀도는 550 cm^{-3}이며 위쪽으로 밀려간다(그림 26.7). 이 지역에서 측정한 공기의 전도도는 $2.70 \times 10^{-14}(\Omega \cdot m)^{-1}$이다. (a) 전류밀도의 크기와 (b) 양이온과 음이온의 유동속력이 같다고 가정하고 이온의 유동속력을 계산하여라.

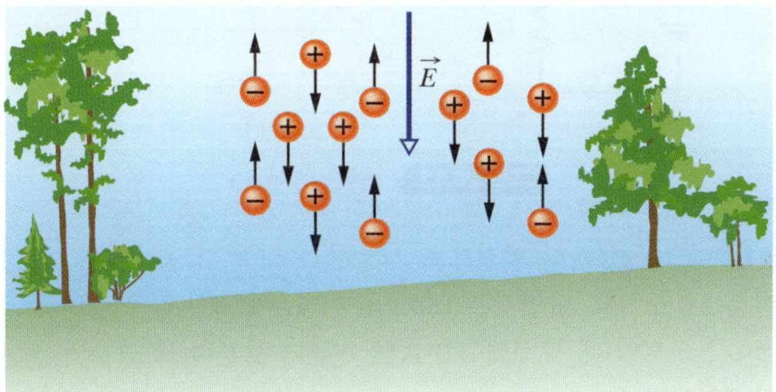

그림 26.7 연습문제 13

14 E 길이 4.00 m, 지름 6.00 mm인 도선의 저항은 15.0 mΩ이다. 양 끝에 퍼텐셜차 23.0 V를 가한다. (a) 도선에 흐르는 전류는 얼마인가? (b) 전류밀도의 크기는 얼마인가? (c) 도선 물질의 비저항을 구하여라. (d) 표 26.3.1을 사용하여 어떤 물질인지 판별하여라.

15 E 전기회로에 지정된 전류보다 큰 전류가 흐를 때 회로 내의 퓨즈가 녹아 회로가 끊어지도록 설계되어 있다. 전류밀도가 440 A/cm^2이면 퓨즈가 녹는다고 하자. 전류가 0.80 A까지 흐르려면 원통형 퓨즈의 지름은 얼마이어야 하는가?

16 M 같은 물질로 만든 같은 길이의 두 도체가 있다. 도체 A는 반지름 0.80 mm인 속이 찬 도선이다. 한편 도체 B는 바깥 반지름 2.0 mm, 안쪽 지름 1.0 mm인 속이 빈 도선이다. 양 끝에서 측정한 저항의 비율 R_A/R_B를 구하여라.

17 E 원통형 도선에 전류가 흐른다. 그림 26.8a처럼 중심축 주위에 반지름이 r인 원을 그려서 그 원 안의 전류 i를 결정하려고 한다. 그림 26.8b에는 전류 i를 r^2의 함수로 나타낸 그래프이다. 수직축의 눈금은 i_s = 4.0 mA이고, 수평축의 눈금은 r_s^2 = 2.0 m^2이다. (a) 전류밀도는 균일한가? (b) 균일하다면 크기는 얼마인가?

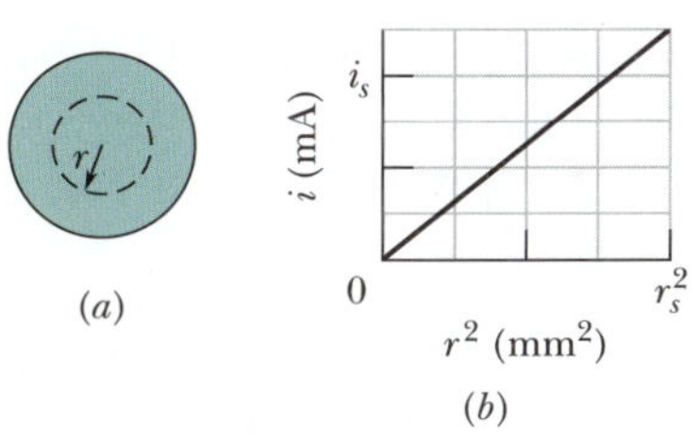

그림 26.8 연습문제 17

18 M 고립된 도체공의 반지름은 10 cm이다. 도체공에 연결된 한 도선을 통해 1.0000020 A의 전류가 들어오고, 다른 도선을 통해서 1.0000000 A의 전류가 나간다. 도체공의 퍼텐셜이 620.0 V 증가하는데 걸리는 시간은 얼마인가?

19 E 1400 W 난방기를 115 V의 퍼텐셜에서 작동한다. (a) 난방기를 작동하면 흐르는 전류는 얼마인가? (b) 열선의 저항은 얼마인가? (c) 1.0시간 동안 방출하는 열에너지는 얼마인가?

20 E 저항이 10 Ω인 열선으로 만든 난방기를 가열할 때 120 V의 퍼텐셜차가 걸린다. (a) 전기에너지가 열에너지로 전환되는 비율은 얼마인가? (b) 전기사용료가 70원/kW · h이면 5.0시간 동안 사용하는 비용은 얼마인가?

21 H CALC BIO *폭풍 속에서 헤엄치기.* 그림 26.9는 물속에서 헤엄치는 사람으로부터 D = 25.0 m인 곳에 전류의 크기가 I = 78 kA인 번개가 떨어진 그림이다. 물의 비저항은 30 Ω · m이고, 지름방향으로 사람의 폭은 0.70 m이고, 저항은 4.00 kΩ이다. 번개가 친 곳을 중심으로 반구 모양으로 전류가 퍼진다고 하자. 사람을 통과하는 전류는 얼마인가?

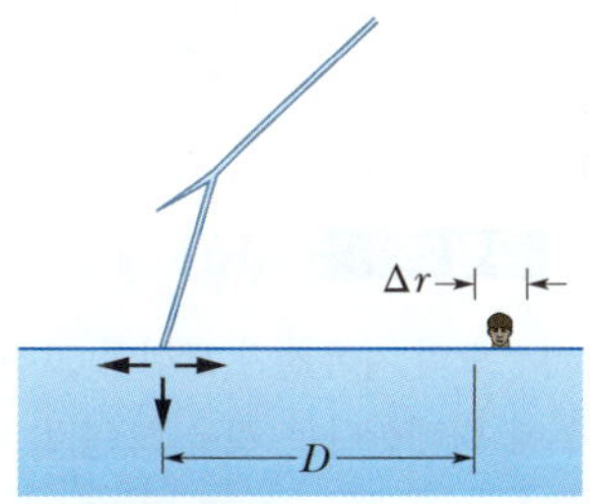

그림 26.9 연습문제 21

22 M 난방기에 120 V의 퍼텐셜차를 가하면 작동하는 동안 400 W가 소모된다. (a) 작동하는 동안 저항은 얼마인가? (b) 전자는 난방기 요소의 단면을 어떤 비율로 흐르는가?

23 M 그림 26.10a에서 단면적은 같지만, 전도도가 다른 세 부분으로 이루어진 저항띠에 9.00 V 전지를 연결하였다. 그림 26.10b는 전기퍼텐셜 $V(x)$를 띠에서 위치 x의 함수로 나타낸 그래프이다. 수평축의 눈금은 x_s = 8.00 mm이다. 세 번째 부분의 전도도는 3.00×10^7 $(\Omega \cdot m)^{-1}$이다. (a) 첫 번째 부분과 (b) 두 번째 부분의 전도도는 각각 얼마인가?

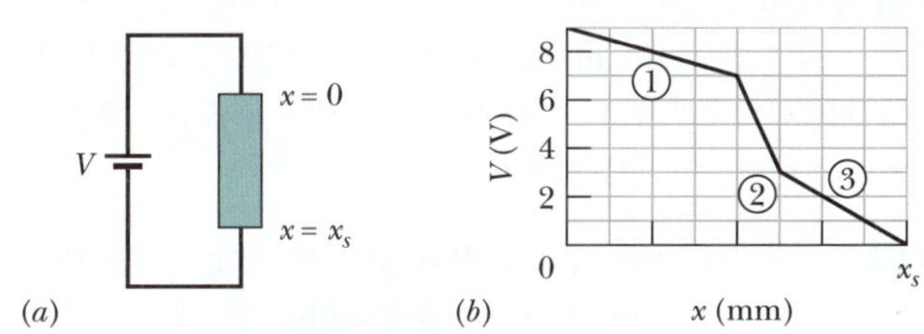

그림 26.10 연습문제 23

24 M 전자가 자동차의 전지에서 시동모터까지 도달하는 데 시간이 얼마나 걸리는가? 전자는 전류 250 A, 단면적 0.21 cm^2, 길이 0.85 m인 구리선을 통하여 이동한다. 또한 단위부피당 전하운반자의 수는 8.49×10^{28} m^{-3}이다.

25 E 지름 3.0 mm의 구리 도선에 작지만 측정가능한 1.2×10^{-10}A의 전류가 흐른다. 단위부피당 전하운반자의 수는 8.49×10^{28} m^{-3}

이다. 전류가 균일하다고 가정하고 (a) 전류밀도, (b) 전자의 유동속력을 구하여라.

26 M 너비 50 cm의 대전된 띠가 (전자의) 전하샘과 공 사이를 30 m/s의 속력으로 이동한다. 띠는 60.0 μA에 해당하는 비율로 전하를 운반한다. 띠의 면전하밀도를 구하여라.

27 M 그림 26.11a에서 전지와 저항 1과 2를 통하여 2.00 A의 전류가 흐른다. 전류로부터 두 저항기 모두에 열에너지 E_{th}가 이동한다. 그림 26.11b의 곡선 1과 2는 저항기 1과 2의 열에너지 E_{th}를 시간 t의 함수로 나타낸 그래프이다. 수직축의 눈금은 $E_{th,s}$ = 80.0 mJ이고, 수평축의 눈금은 t_s = 5.00 s이다. 전지의 일률은 얼마인가?

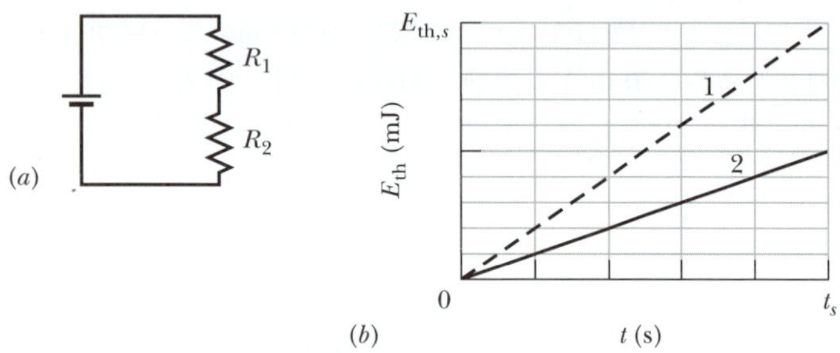

그림 26.11 연습문제 27

28 M 금속에서 전기전도의 자유전자 모형과 고전물리학을 이용하여 금속의 비저항이 $\sqrt{T}$에 비례한다는 것을 보여라. 여기서 T는 절대온도이다(식 19.6.5 참조).

29 M BIO *폭발하는 신발*. 번개로 생긴 지면 전류가 빗물을 증발시키면 빗물에 젖은 신발이 폭발할 수 있다. 지면 전류 때문에 갑자기 물이 증발하면서 급격하게 팽창하여 신발을 찢어버리기 때문이다. 밀도가 1000 kg/m^{3}인 물을 증발시키려면 2256 kJ/kg이 필요하다. 비저항 150 Ω · m, 길이 12.0 cm, 수직 단면적이 20 × 10^{-5} m^{2}인 물에 수평 방향의 지면전류가 2.00 ms 동안 흐르면서 물을 증발시키기 위한 평균 전류는 얼마인가?

30 E 어떤 도선의 저항은 R이다. 동일한 물질로 만들고, 길이는 1/3, 지름은 반인 두 번째 도선의 저항은 얼마인가?

31 E 단위 m^{3}당 1.0 × 10^{8}개의 2가 양이온으로 구성된 이온빔이 북쪽으로 속력 1.0 × 10^5 m/s로 움직인다. 전류밀도 $\vec{J}$의 (a) 크기와 (b) 방향을 구하여라. (c) 이 이온빔 안의 전체 전류 i를 계산하려면 추가적으로 어떤 양이 필요한가?

32 M 반지름 2.00 mm, 길이 2.00 cm인 구리 도선에 3.00 nV의 퍼텐셜차를 걸었다. 1.20 ms 동안 단면을 통과하는 전하량은 얼마인가?

33 E 3.00 V 전지에 저항값을 알 수 없는 저항을 연결하였더니 저항의 에너지 소모율이 0.750 W였다. 이 저항기를 1.50 V 건전지에 연결하였다. 에너지 소모율은 얼마인가?

34 M 100 W 전구를 120 V 전원에 꽂았다. (a) 전구를 일주일 동안 계속해서 켜두는 비용은 얼마인가? 전기에너지의 가격은 70원/kW·h라고 가정한다. (b) 전구의 저항은 얼마인가? (c) 전구에 흐르는 전류는 얼마인가?

35 E 그림 26.12a에서 전지에 20 Ω의 저항을 연결하였다. 그림 26.12b는 저항 안의 열에너지 증가 E_{th}를 시간 t의 함수로 나타낸 그래프이다. 수직축의 눈금은 $E_{th,s}$ = 2.50 mJ이고, 수평축의 눈금은 t_s = 2.0 s이다. 전지 사이의 전기퍼텐셜은 얼마인가?

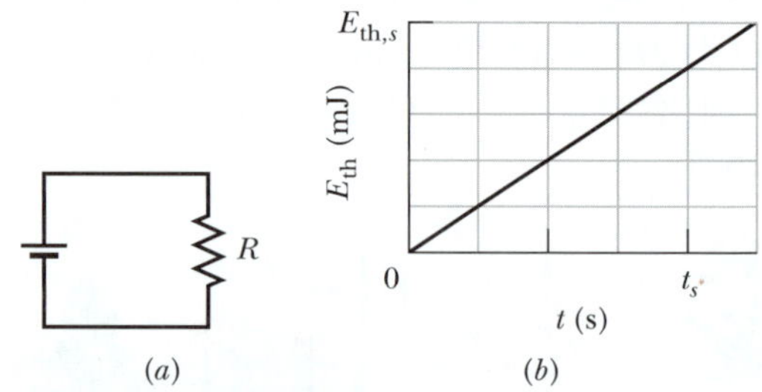

그림 26.12 연습문제 35

36 E 니크롬선(흔히 열선으로 사용하는 니켈-크롬-철의 합금)의 길이는 1.0 m이고, 단면적은 1.0 mm^{2}이다. 이 도선 양쪽 끝의 전기퍼텐셜이 2.0 V일 때 도선에 4.0 A의 전류가 흐른다. 니크롬의 전도도 σ를 계산하여라.

37 M CALC 원통형 도선 안에서 전류밀도의 크기 $J(r)$은 도선 단면의 중심으로부터 거리의 함수로 $J(r) = Br$이다. 여기서 r은 미터, J는 A/m^{2}이고 B = 2.00 × 10^5 A/m^{3}이다. 이 함수는 도선의 반지름 2.00 mm까지 적용된다. 도선과 중심이 같고, 중심거리는 0.800 mm, 지름방향의 두께가 10.0 μm인 고리의 단면을 통과하는 전류는 얼마인가?

38 M 저항 2.65 $\mu\Omega$의 가는 도선 125개로 이루어진 전선이 있다. 모든 도선의 양 끝에 같은 퍼텐셜차를 걸면 전체 전류는 0.600 A이다. (a) 가는 도선 각각에 흐르는 전류는 얼마인가? (b) 가한 퍼텐셜차는 얼마인가? (c) 도선의 저항은 얼마인가?

39 M BIO *폭풍 속에서 연날리기*. Benjamin Franklin이 폭풍우 속에서 연을 날렸다는 얘기는 전설일 뿐이다. 그는 자살할 정도로 어리석지 않았다. 0.800 km 상공까지 올라간 반지름 2.00 mm의 연줄에 비저항 150 Ω · m의 물이 0.500 mm 두께로 묻었다고 하자. 연줄 양 끝의 퍼텐셜차가 200 MV이면 연줄을 따라 흐르는 전류는 얼마인가? 이 정도 크기의 전류가 위험한 것이 아니라, 전류가 흐르는 연줄이 500000 A의 전류가 흐르는 번개를 유도하기 때문에 위험한 것이다. (이것은 매우 치명적인 값이다.)

40 E BIO 인간은 심장 가까운 곳에 50 mA의 작은 전류만 흘러도 전기충격을 받는다. 작업 중인 전기기사가 젖은 손으로 두 도선을 잡으면 몸으로 전류가 흐르게 된다. 전기기사의 인체 저항이 4000 Ω일 때 치명적인 전압은 얼마인가?

41 M 지구 근처의 태양풍(태양에서 방출된 입자의 흐름)에서 양성자 밀도는 5.00 cm^{-3}이고 속력은 470 km/s이다. (a) 양성자의 전류밀도를 구하여라. (b) 지구자기장이 양성자 방향을 변화시키지 않는다면 지구가 받는 전체 전류는 얼마인가?

42 M CALC 원형 도선에서 전류밀도의 크기는 J = (2.75 × 10^{10} A/m^4)r^2이다. r은 중심으로부터 도선 반지름 3.00 mm 이내의 거리

이다. 도선 양 끝에 가해진 퍼텐셜은 80.0 V이다. 1.00 시간 동안 열에너지로 전환되는 에너지는 얼마인가?

43 M 도선의 규격번호가 6만큼 증가하면 반지름은 절반이 된다. 규격번호가 1만큼 증가하면 지름은 $2^{1/6}$배만큼 감소한다(연습문제 4에 있는 표 참조). 1000 ft의 10번 구리 도선의 저항이 근사적으로 1.00 Ω이면 18 ft의 22번 구리도선의 저항은 얼마인가?

44 M 보통 사용하는 손전등의 전구는 0.30 A와 2.9 V로 등급을 정한다. (전류와 전압값은 작동값이다.) 상온(20°C)에서 텅스텐 전구 필라멘트의 저항이 1.1 Ω이면, 전구가 켜졌을 때 필라멘트의 온도는 얼마인가?

45 E 반지름 12 cm의 원통에 절연된 16번 구리 도선(지름 = 1.3 mm)을 한 겹으로 200번 감아 코일을 만들었다. 코일의 저항은 얼마인가? 단 절연체의 두께는 무시한다. (표 26.3.1 참조.)

46 M CALC 원형 단면의 반지름이 $R = 2.00$ mm인 도선 안에서 전류밀도 J의 크기가 $J = (6.50 \times 10^8)r^2$이다. 여기서 J의 단위는 A/m^2이고 중심거리 r은 미터 단위이다. $r = 0.900\ R$과 $r = R$ 사이에 흐르는 전류는 얼마인가?

47 E 반지름 1.0 mm, 길이 1.5 m, 저항 50 mΩ인 물질의 비저항은 얼마인가?

48 M 길이 6.0 m, 반지름 0.30 mm인 도선에 115 V를 가하면 전류밀도의 크기는 $1.4 \times 10^8\ A/m^2$이다. 도선의 비저항을 구하여라.

49 M 저항 4.0 Ω인 도선을 잡아당겨 원래 길이의 세 배로 만들었다. 물질의 비저항과 밀도는 잡아당겨도 변하지 않는다고 가정하고 길어진 도선의 저항을 구하여라.

50 E 그림 26.13에서 퍼텐셜차 $V = 16$ V의 전지를 저항 $R = 6.0\ \Omega$의 저항판에 연결하였다. 전자가 저항판의 한 끝에서 다른 끝으로 움직일 때 (a) 그림에서 전자는 어느 방향으로 움직이는가? (b) 저항판 내의 전기장이 전자에 한 일은 얼마인가? (c) 전자는 얼마나 많은 에너지를 저항판의 열에너지로 옮기는가?

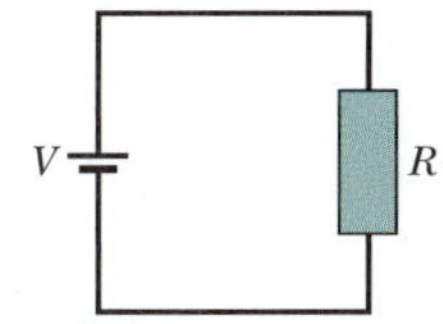

그림 26.13 연습문제 50

51 M 난방기 양쪽 끝 사이에 단면적 $2.60 \times 10^{-6}\ m^2$인 니크롬선을 넣고, 퍼텐셜차를 75.0 V로 유지한다. 니크롬의 비저항은 $5.00 \times 10^{-7}\ \Omega \cdot m$이다. (a) 방출되는 일률이 7000 W이면 길이는 얼마인가? (b) 같은 방출률을 100 V를 이용하여 얻으려면 도선의 길이는 얼마가 되어야 하는가?

52 E 어떤 핫도그 조리기는 핫도그의 양쪽 끝에 120 V의 퍼텐셜차를 걸고, 생성되는 열에너지로 요리하도록 작동한다. 전류는 10.0 A이고 핫도그 하나를 요리하는 데 필요한 에너지는 60.0 kJ이다. 만일 에너지 공급률이 변하지 않는다고 할 때 네 개의 핫도그를 동시에 요리하려면 얼마나 오래 걸리는가?

53 E 어떤 학생이 9.0 V, 5.5 W의 라디오를 오후 9시부터 오전 2시까지 최대 음량으로 계속 틀어 두었다. 통과하는 전하량은 얼마인가?

54 E 여러 지름의 절연된 구리선에 대하여 최대 안전전류를 설정한 (미국) 국립전기규정의 일부가 아래 표에 있다. 안전전류밀도를 지름의 함수로 그려라. 안전전류밀도가 최대인 도선의 규격은 어떤 것인가? ("게이지"는 도선의 지름을 식별하는 방법이며 1 mil = 10^{-3} in이다)

게이지	4	6	8	10	12	14	16	18
지름, mils	204	162	162	102	81	64	51	40
안전전류, A	70	50	50	25	20	15	6	3

제 27 장

회로이론

Circuits

27.1 ▸ 단일고리 회로

요점_*Key Ideas*

1. 기전력 장치는 그 양 끝 단자 사이에 퍼텐셜차를 유지하기 위해 전하에 일을 한다. dW가 양의 전하 dq를 음의 전극에서 양의 전극으로 움직이는 데 필요한 일이라면 장치의 (단위전하당 일인) 기전력은 다음과 같다.

$$\mathscr{E} = \frac{dW}{dq} \qquad (\mathscr{E}\text{의 정의}).$$

2. 이상적인 기전력 장치는 내부 저항이 없다. 양 단자 사이의 퍼텐셜차는 기전력과 같다.

3. 실제 기전력 장치는 내부저항이 있다. 단자 사이의 퍼텐셜차는 장치에 전류가 흐르지 않을 때에만 기전력과 같다.

4. 전류의 방향으로 저항 R을 지날 때 퍼텐셜 변화는 $-iR$이다. 반대 방향으로는 $+iR$이다(저항 규칙).

5. 이상적인 기전력 장치를 기전력의 화살표 방향으로 지날 때 퍼텐셜의 변화는 $+\mathscr{E}$이다. 반대 방향으로는 $-\mathscr{E}$이다(기전력 규칙).

6. 고리규칙은 에너지 보존을 적용하여 얻을 수 있다.
고리규칙. 회로의 임의의 닫힌 고리를 완전히 한 바퀴 돌 때 겪는 퍼텐셜 변화의 대수적인 합은 0이다.
전하보존을 적용하면 접합점 규칙(26장 참조)을 얻는다.
접합점 규칙. 임의의 접합점으로 들어오는 전류의 합은 그 점을 나가는 전류의 합과 같다.

7. 기전력 $\mathscr{E}$, 내부저항 r인 실제 전지가 전지를 통과하는 전류 i를 만드는 전하운반자에 일을 할 때 전하 운반자로 전달되는 에너지 비율 P는

$$P = iV$$

이다. V는 전지 단자 사이의 퍼텐셜이다.

8. 전지에서 열에너지로 소모되는 에너지의 비율은

$$P_r = i^2 r$$

이다.

9. 전지의 화학적 에너지 변화율 P_{emf}는

학습목표_*Learning Objectives*

이 단원을 읽은 후 다음을 이해해야 한다.

27.1.1 기전력의 작용은 기전력이 하는 일로 이해한다.

27.1.2 이상적인 전지에서 기전력, 전류와 (에너지 전달률인) 일률 사이의 관계를 구한다.

27.1.3 전지와 세 저항이 연결된 단일 회로도를 그린다.

27.1.4 회로규칙을 적용하여 회로를 고리 주위로 한 바퀴 돌았을 때 퍼텐셜차에 대한 고리의 식을 쓴다.

27.1.5 저항을 지날 때 저항에 대한 규칙을 적용한다.

27.1.6 기전력장치를 통과할 때 기전력에 대한 규칙을 적용한다.

27.1.7 직렬연결된 저항은 등가 저항에 흐르는 전류와 같다.

27.1.8 직렬연된된 저항의 등가 저항을 계산한다.

27.1.9 직렬연결된 저항에 가한 퍼텐셜은 각 저항에 걸린 퍼텐셜의 합과 같다.

27.1.10 회로 내의 임의의 두 점 사이의 퍼텐셜차를 계산한다.

27.1.11 실제 전지와 이상적인 전지를 구별하고, 회로도에서 실제 전지를 이상적인 전지와 내부저항으로 바꾸어 나타낸다.

27.1.12 회로 내의 실제 전지에서 기전

력의 방향과 그 반대 방향으로 흐르는 전류에 대해 양 끝 단자 사이의 퍼텐셜차를 계산한다.

27.1.13 회로를 접지한다는 것의 의미를 이해하고 이와 같은 연결에 대한 그림을 그린다.

27.1.14 회로를 접지시킨다고 회로의 전류가 영향을 받지는 않는다.

27.1.15 실제 전지에서 에너지 소모율을 계산한다.

27.1.16 기전력 방향과 그 반대 방향으로 흐르는 전류에 대해 실제 전지에서 알짜 에너지 전달률을 계산한다.

$$P_{\text{emf}} = i\mathscr{E}$$

이다.

10. 저항이 직렬로 연결되었을 때 같은 전류가 흐른다. 저항의 직렬연결과 같은 등가의 저항은 다음과 같다.

$$R_{\text{eq}} = \sum_{j=1}^{n} R_j \qquad (\text{직렬연결된 } n\text{개의 저항}).$$

어떤 물리현상을 다루는가?

온 세상은 전기회로로 둘러싸여 있다. 가지고 있는 여러 전자장치에 대해 자랑하기도 할 것이고, 머릿속에는 가지고 싶은 장치의 명단이 있기도 할 것이다. 주택에 전기를 공급하는 장치뿐만 아니라 모든 이러한 장치는 현대의 전자공학에 의해 만들어졌다. 물론 전자공학의 경제적 가치를 명확히 밝힐 수는 없지만 해가 바뀔수록 전자장치가 더 많아짐에 따라 부가 가치는 점점 커지고 있다. 전자장치로 라디오와 TV를 켜고 우편배달부가 배달하던 편지는 전자우편으로 바뀌고 있다. 학자들은 도서관보다는 컴퓨터를 이용하여 자료를 찾으며, 논문을 복사하여 보관하기보다는 컴퓨터에 저장하고 출력하여 사용한다. 물론 이 책의 전자서적을 읽고 있을 수도 있다.

전자공학의 근본은 물리학이다. 이 장에서는 저항, 전지와 27.4단원에서 다룰 축전기로 이루어진 전기회로를 다룬다. 우선은 *한 방향으로만 흐르는 전류*, 즉 *직류*(*DC*)를 다루겠다. 다음과 같은 질문으로 이 장을 시작해 보자. 어떻게 전하를 흐르게 할 수 있을까?

전하 "펌프"

저항기에 전류를 흐르게 하려면 저항기의 양끝에 퍼텐셜차를 만들어야 한다. 한 가지 방법은 대전된 축전기를 저항에 연결하는 것이다. 이때 축전기의 전하가 순식간에 방전되면서 축전기 양끝의 퍼텐셜이 같아진다. 이렇게 되면 저항기에는 더 이상 퍼텐셜차가 생기지 않으므로 전류도 흐르지 않는다.

전하의 흐름을 일정하게 유지하려면 전하의 펌프 같은 것이 필요하다. 이런 장치를 **기전력장치**라고 한다. 이때 전하에 일을 한다는 뜻에서 흔히 **기전력** $\mathscr{E}$를 제공한다고 말한다. *기전력*에서 힘을 뜻하는 '*력*'자는 기전력장치의 작용을 충분히 이해하지 못한 채 막연히 힘으로 생각했던 옛적부터 사용한 관습적인 용어이다.

26장에서는 전기회로에서 전하의 흐름을 회로에 걸리는 전기장의 개념으로 이해했다. 이 장에서는 약간 다른 관점으로 전하를 흐르게 하는 데 필요한 에너지를 살펴보기로 한다.

가장 흔한 기전력장치로는 여러 종류의 기계에 사용하는 *전지*가 있다. 하지만 일상생활에서 가장 중요한 기전력장치는 *발전기*이다. 발전기가 송전소와 전선으로 연결된 가정에 퍼텐셜차를 만들어 준다. *태양전지* 같은 기전력장치는 인공위성뿐만 아니라 가정에서도 이용한다. 또 다른 기전력장치로는 우주왕복선이나 남극기지에서 동력을 제공하는 *연료전지*와 *열전지*가 있다. 기전력장치는 반드시 기계적인 장치일 필요가 없다. 전기뱀장어도 일종의 기전력장치라 할 수 있다.

이런 기전력장치의 작동방법은 달라도 기본 기능은 모두 같다. 즉, 전하에 일을 하여 퍼텐셜차를 유지한다.

▶ 일, 에너지, 기전력

그림 27.1.1은 하나의 저항 R(저항의 기호는 -ᐱᐱᐱ-임)과 기전력장치(전지로 간주할 수 있음)로 이루어진 간단한 회로이다. 기전력장치는 양극 단자의 퍼텐셜을 음극 단자보다 높게 유지한다. 그림 27.1.1에서는 음극에서 양극으로 그려진 화살표로 기전력을 표현한다. 화살표 꼬리의 작은 원은 전류의 흐름을 나타내는 화살표와 다르다는 뜻이다.

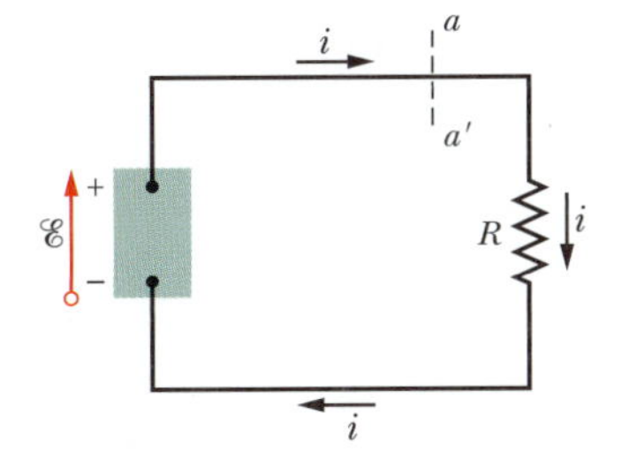

그림 27.1.1 기전력 $\mathscr{E}$가 전하에 일을 하고 저항 R에 정상전류가 흐르는 간단한 전기회로.

기전력장치가 회로에 연결되어 있지 않으면 회로에는 전류가 흐르지 않는다. 그림 27.1.1처럼 기전력장치를 회로에 연결하면 내부의 화학반응에 의해 양전하가 화살표를 따라 음극에서 양극으로 이동한다. 이때의 전류방향은 그림 27.1.1에서 시계방향이다.

기전력장치의 내부에서 양전하는 퍼텐셜이 낮은 음극에서 퍼텐셜이 높은 양극으로 이동한다. 즉, 기전력장치의 내부에서 양전하의 이동방향은 두 극 사이에 걸린 전기장의 방향(기전력장치의 양극에서 음극으로 향하는 방향)과는 반대이다.

따라서 기전력장치 내부에는 전하를 이동시키기 위하여 일을 하는 에너지 샘이 있어야 한다. 전지나 연료전지에서는 화학적 에너지, 발전기에서는 물리적 에너지, 열전지에서는 온도 차이에서 나오는 에너지, 태양전지에서는 태양에너지가 각각 일을 하는 샘이 된다.

그림 27.1.1의 회로를 일과 에너지의 관점에서 분석해 보자. 시간 dt 동안 전하 dq가 단면적 aa'을 지나간다면, 같은 양의 전하가 기전력장치의 음극으로 들어가서 양극에서 나와야 한다. 즉, 기전력장치는 dW의 일을 dq에 해주어야 한다. 이때 기전력을 이 일로

$$\mathscr{E} = \frac{dW}{dq} \qquad (\mathscr{E}\text{의 정의}) \qquad (27.1.1)$$

로 정의한다. 간단히 말해 기전력은 낮은 퍼텐셜에서 높은 퍼텐셜로 단위전하를 이동시키는 데 필요한 일이다. 기전력의 SI 단위는 J/C이며 24장에서 정의한 *볼트*의 단위와 같다.

이상적인 기전력장치란 내부 저항이 없는 장치이다. 이 경우에 기전력장치의 양끝 사이의 퍼텐셜차는 곧 기전력이 된다. 예컨대 기전력이 12.0 V인 전지의 양끝에는 12.0 V의 퍼텐셜차가 있다.

전지같은 **실제 기전력장치**에는 내부 저항이 있다. 기전력장치가 회로에 연결되어 있지 않을 때는 전하의 흐름이 없으므로 양끝의 퍼텐셜차는 기전력과 같다. 그러나 전류가 흐르게 되면 양끝의 퍼텐셜차가 기전력과 달라진다. 이에 대한 자세한 논의는 이 단원의 마지막 부분에서 다루겠다.

기전력장치를 회로에 연결하면 에너지를 전하에 전달하여 전하가 회로의 다른 부분으로 이동하게 된다. 그림 27.1.2a는 이상적이고 충전이 가능한 두 전지 A, B와 저항기 R 및 전류로부터 에너지를 받아 물건을 들어 올리는 전동기로 이루어진 회로이다. 두 전지가 서로 다른 방향으로 연결되어 있으므로, 전류의 방향은 기전력이 더 큰 전지, 즉 전지 B에 의해서 결정된다. 전지 B의 내부 화학에너지는 전류를 제공하는 만큼 줄어든다. 반면에 전지 A의 화학에너지는 전류가 양극에서 음극으로 흐르기 때문에 증가한다. 즉, 전지 B가 전지 A를 충전시키는 것이다. 전지 B는 전동기 M에도 에너지를 제공하며 저항기 R에서는 에너지가 소모되고 있다. 그림 27.1.2b에는 전지 B의 에너지가 세 곳으로 전달되는 것을 표현하였다. 각각은 전지의 화학에너지를 감소시킨다.

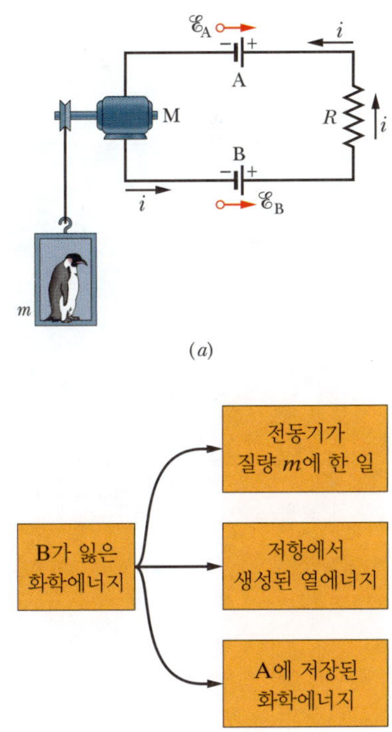

그림 27.1.2 (a) 회로에서 $\mathscr{E}_B > \mathscr{E}_A$이므로 전지 B가 전류의 방향을 결정한다. (b) 회로에서의 에너지전달.

▶ 단일고리 회로에서 전류 계산하기

이 절에서는 그림 27.1.3과 같은 *단일고리*로 이루어진 회로에 흐르는 전류를 계산하는 두 가지 방법을 논의한다. 한 가지 방법은 에너지 보존법칙을, 다른 하나는 퍼텐셜차를 이용하는 방법이다. 단일고리 회로는 기전력 $\mathscr{E}$의 이상적인 전지와 저항기 R, 그리고 두 부분의 도선으로 이루어져 있다(도선의 저항은 특별히 언급하지 않는 한 무시할 수 있다고 가정한다. 즉, 도선은 전하가 움직이는 경로를 제공해 주는 역할만 한다).

에너지 방법

식 26.5.3($P = i^2R$)으로부터 시간 dt 동안 그림 27.1.3의 저항기에서 열로 소모되는 에너지가 $i^2R\,dt$임을 알고 있다. 이 에너지는 시간에 따라 *감소한다*. (도선의 저항은 무시한다고 가정하였으므로 도선에서 열에너지가 발생하지 않는다.) 같은 시간 동안 전하 $dq = i\,dt$가 전지 B를 통해 이동하고, 전지가 전하에 한 일의 크기는 식 27.1.1에서 다음과 같다.

$$dW = \mathscr{E}\,dq = \mathscr{E}i\,dt.$$

에너지 보존법칙에 따르면 (이상적인) 전지가 하는 일은 저항기에서 소모되는 열에너지와 같아야 하므로

$$\mathscr{E}i\,dt = i^2R\,dt$$

에서 다음을 얻는다.

$$\mathscr{E} = iR.$$

기전력 $\mathscr{E}$는 전지가 움직이는 전하에 전달하는 단위전하당 에너지이고, iR은 움직이는 전하가 저항기의 열에너지로 전달하는 단위전하당 에너지이다. 이때 두 에너지가 같으므로, i에 대해 풀면 다음을 얻는다.

$$i = \frac{\mathscr{E}}{R}. \qquad (27.1.2)$$

퍼텐셜 방법

그림 27.1.3의 한 점에서 출발하여 회로를 따라가다가 퍼텐셜차가 생길 때마다 더해 나간다면 출발점에 돌아왔을 때 퍼텐셜은 원래 값이 되어야 한다. 이 결과는 그림 27.1.3의 단일고리 회로뿐만 아니라 27.2단원에서 논의할 복잡한 회로 중 하나인 *다중고리* 회로에서도 성립한다. 따라서 다음과 같이 요약할 수 있다.

고리규칙: 회로의 고리를 따라 퍼텐셜차를 더해 나가면 그 결과는 0이다.

이 규칙은 독일 물리학자인 Gustav Robert Kirchhoff의 이름을 따서 *Kirchhoff의 고리규칙* 또는 *Kirchhoff의 전압규칙*이라 한다. 이 규칙은 산의 각 지점이 하나의 해발고도를 가진다는 것과 마찬가지이다. 즉, 산의 어떤 지점에서 출발해 다시 그 지점으로 돌아오면 고도 변화의 합은 0이 된다.

그림 27.1.3에서 퍼텐셜이 V_a인 점 a에서 출발하여 시계방향으로 퍼텐셜차의 변화를

기록하면서 다시 a로 되돌아 왔다고 하자. 출발점의 퍼텐셜은 전지 음극의 퍼텐셜인데 이상적인 전지라면 전지의 두 극 사이의 퍼텐셜차는 $\mathscr{E}$이다. 따라서 전지를 지날 때의 퍼텐셜차는 $+\mathscr{E}$이다.

위쪽 도선을 지나 저항기의 위 부분에 도달할 때까지는 저항이 없으므로 퍼텐셜차는 없다. 즉, 전지의 양극과 저항기 위 부분의 퍼텐셜은 같다. 하지만 저항기를 지나게 되면 식 26.3.1로 주어지는 퍼텐셜차($V = iR$)가 생긴다. 이때 저항기 위 부분의 퍼텐셜이 더 높으므로 퍼텐셜은 낮아져야 한다. 따라서 저항기에서의 퍼텐셜의 변화는 $-iR$이다.

아래쪽 도선을 따라 다시 점 a로 되돌아올 때 저항이 없으므로 퍼텐셜차도 없다. 다시 점 a에 되돌아 왔으므로 퍼텐셜은 V_a가 되어야 한다. 회로를 따라 완전히 한 바퀴 돌았으므로 출발 때의 퍼텐셜이 도중에 나타나는 퍼텐셜차를 모두 더한 최종 퍼텐셜과 같아야 한다. 즉,

$$V_a + \mathscr{E} - iR = V_a$$

가 성립한다. 양쪽에서 V_a를 없애면

$$\mathscr{E} - iR = 0$$

이다. 이 식을 i에 대해 풀면 $i = \mathscr{E}/R$이 된다. 이 결과는 에너지 보존법칙(식 27.1.2)을 이용하여 얻은 것과 같다.

한편 *반시계방향*으로 회로를 돌면서 고리규칙을 적용하면

$$-\mathscr{E} + iR = 0$$

이므로, 그 결과는 다시 $i = \mathscr{E}/R$이다. 결국 고리규칙을 적용하는 방향은 문제가 되지 않는다.

그림 27.1.3의 단일회로보다 복잡한 회로에서 퍼텐셜차를 계산하기 위하여 다음과 같은 두 규칙을 정리해 두자.

저항규칙: 전류의 방향으로 저항기를 지나면 퍼텐셜의 변화는 $-iR$이고 반대 방향이면 $+iR$이다.

기전력규칙: 기전력 화살표의 방향으로 기전력장치를 지나면 퍼텐셜의 변화는 $+\mathscr{E}$이고 반대 방향이면 $-\mathscr{E}$이다.

확인문제 27.1.1

그림에는 전지 B와 저항 R(도선의 저항은 무시한다)을 가진 단일고리 회로의 전류 i가 표시되어 있다. (a) B에서 기전력 화살표는 왼쪽 방향인가, 오른쪽 방향인가? 세 점 a, b, c에 대해 (b) 전류의 세기, (c) 퍼텐셜, (d) 전기 퍼텐셜 에너지가 큰 순서대로 각각 나열하여라.

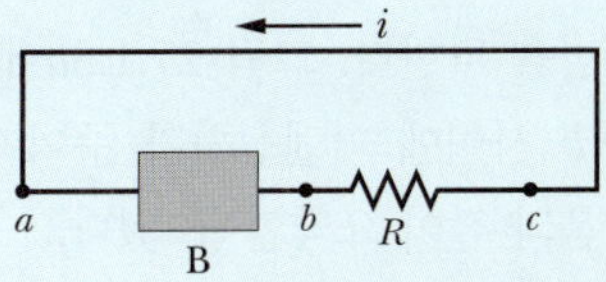

전지는 높은 퍼텐셜로부터 낮은 퍼텐셜로 저항기를 거쳐 전류를 흐르게 한다.

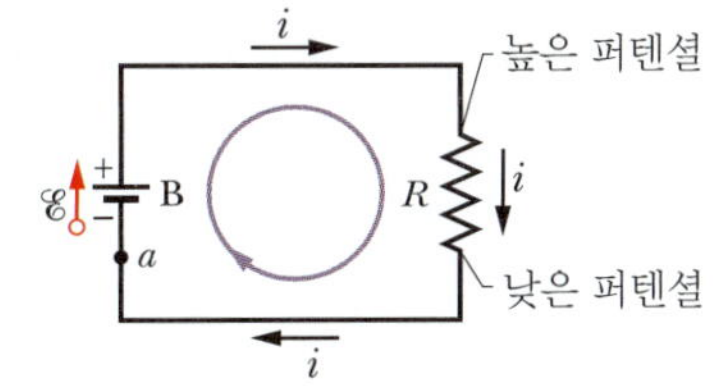

그림 27.1.3 기전력 $\mathscr{E}$의 이상적인 전지 B에 저항 R이 연결된 단일고리 회로. 전류 i는 회로의 어느 점에서나 같다.

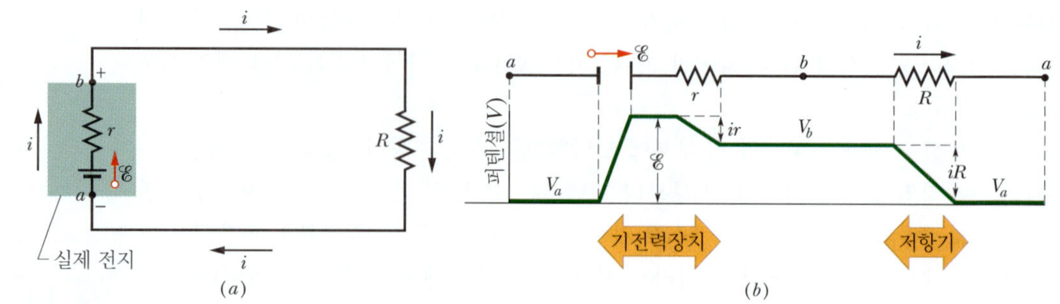

그림 27.1.4 (*a*) 내부 저항 r과 기전력 $\mathscr{E}$를 갖는 실제 전지가 있는 단일고리 회로. (*b*) 같은 회로를 펼쳐서 그렸다. a로부터 시계방향으로 회로를 따라갈 때의 퍼텐셜이 나타나 있다. 기준 퍼텐셜인 V_a는 임의로 0으로 정하고, 회로의 다른 퍼텐셜은 V_a에 대해 상대적으로 그렸다.

다른 단일고리 회로

이 절에서는 그림 27.1.3의 단일회로를 두 가지 방법으로 확장한다.

내부 저항

그림 27.1.4*a*는 내부 저항 r이 있는 실제 전지가 저항기 R에 연결된 경우이다. 전지의 내부 저항은 전지 내부의 자체저항이므로 없앨 수 없다. 그러나 그림 27.1.4*a*에서는 편의상 전지를 이상적인 전지와 내부 저항으로 나누어 표시하였다. 이때 그 순서는 중요하지 않다.

점 a에서 시작해 시계방향으로 고리규칙을 적용하면 퍼텐셜의 *변화*는

$$\mathscr{E} - ir - iR = 0 \tag{27.1.3}$$

이고, 전류를 구하면 다음과 같다.

$$i = \frac{\mathscr{E}}{R + r}. \tag{27.1.4}$$

여기서 $r = 0$이면, 즉 이상적인 전지라면 식 27.1.2와 같아진다.

그림 27.1.4*b*는 회로의 퍼텐셜 변화를 나타낸 그래프이다(그림 27.1.4*b*를 그림 27.1.4*a*의 *닫힌 회로*와 좀 더 분명히 연관시키려면 왼쪽의 점 a와 오른쪽의 점 a가 겹치도록 원통형으로 말면 된다). 여기서 회로를 따라가는 것은 퍼텐셜의 산을 걸어가는 것과 같다. 출발점으로 되돌아오면 원래의 높이로 되돌아오는 것을 분명히 알 수 있다.

물론 실생활에서 모든 전지는 내부 저항이 있지만, 이 책에서 실제 전지라는 말이 없거나 내부저항이 명시되어 있지 않으면 이상전지를 뜻하는 것으로 한다.

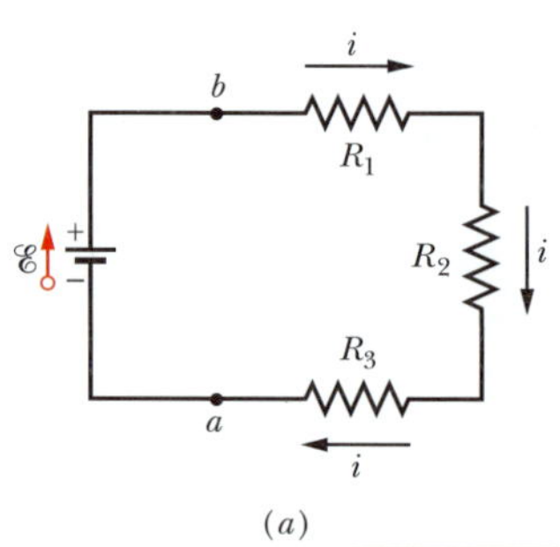

직렬로 연결된 저항과 등가저항은 똑같은 전류가 흐른다.

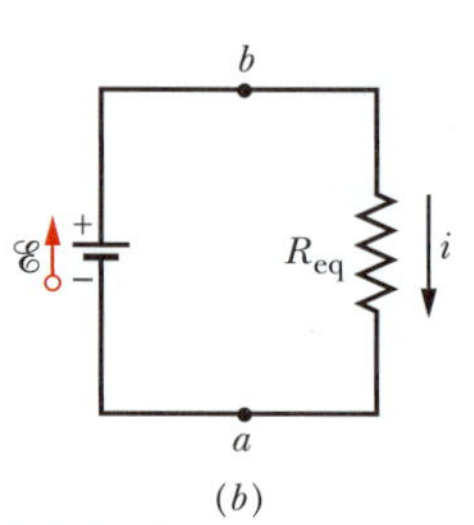

그림 27.1.5 (*a*) a, b 사이에 직렬로 연결된 세 개의 저항. (*b*) 등가저항 R_{eq}로 바꾼 등가회로.

직렬연결의 저항

그림 27.1.5*a*에 세 개의 저항기가 기전력이 $\mathscr{E}$인 전지에 직렬로 연결된 회로이다. **직렬연결**이란 여러 개의 저항기를 잇달아 연결하고 퍼텐셜차 V가 연결의 양 끝에 걸리는 연결방법을 말한다. 그림 27.1.5*a*에서 저항기는 점 a와 점 b 사이에 잇달아 연결되어 있고 a와 b 사이에 퍼텐셜차가 주어지면 각각의 저항기에는 똑같은 전류 i가 흐르게 된다. 즉, 다음과 같이 요약할 수 있다.

직렬연결된 저항에 퍼텐셜차 V가 걸리면 저항에는 같은 전류 i가 흐른다. 각 저항 사이의 퍼텐셜차의 합은 전체 퍼텐셜차 V와 같다.

직렬연결된 저항기를 따라 움직이는 전하는 외길을 따라가는 것과 같다. 만약 다른 길이 있다면 각각의 저항기에는 다른 전류가 흐르게 될 것이다. 따라서 직렬연결된 저항기를 합해서 하나의 저항기처럼 생각할 수 있다.

> 직렬연결된 저항은 하나의 등가저항 R_{eq}로 바꿀 수 있다. 이때 원래의 회로와 등가회로에서 전류 i와 퍼텐셜차 V는 같다.

그림 27.1.5*b*는 그림 27.1.5*a*의 세 저항을 하나의 등가저항 R_{eq}로 바꾼 등가회로이다.

그림 27.1.5*b*에서 R_{eq}를 구하려면 고리규칙을 적용하면 된다. 그림 27.1.5*a*의 점 *a*에서 출발하여 회로를 따라 시계방향으로 퍼텐셜 차이를 더해나가면

$$\mathscr{E} - iR_1 - iR_2 - iR_3 = 0$$

즉,

$$i = \frac{\mathscr{E}}{R_1 + R_2 + R_3} \tag{27.1.5}$$

를 얻는다. 그림 27.1.5*b*에서 세 저항을 하나의 등가 저항 R_{eq}로 바꾸면

$$\mathscr{E} - iR_{eq} = 0$$

즉,

$$i = \frac{\mathscr{E}}{R_{eq}} \tag{27.1.6}$$

를 얻는다. 두 식 27.1.5와 27.1.6을 비교하면 등가저항은 다음과 같다.

$$R_{eq} = R_1 + R_2 + R_3.$$

이 결과를 n개의 저항이 직렬연결된 경우로 확장시키면 다음과 같다.

$$R_{eq} = \sum_{j=1}^{n} R_j \qquad \text{(직렬연결된 } n\text{개의 저항).} \tag{27.1.7}$$

결국 저항을 직렬연결하면 항상 등가저항이 커진다.

확인문제 27.1.2

그림 27.1.5*a*에서 $R_1 > R_2 > R_3$일 때 (a) 전류가 큰 저항부터 나열하여라. (b) 퍼텐셜차가 큰 저항부터 나열하여라.

▶ 두 점 사이의 퍼텐셜차

주어진 회로에서 두 점 사이의 퍼텐셜차를 직접 구해야 할 필요가 있다. 예컨대 그림 27.1.6에서 점 *b*와 *a* 사이의 퍼텐셜차 $V_b - V_a$는 얼마일까? 점 *a*(퍼텐셜 V_a)에서 시작하여 전지를 통해 점 *b*(퍼텐셜 V_b)로 가면서 만나게 되는 퍼텐셜의 변화를 따라가 보자. 전지의 기전력을 지나갈 때 퍼텐셜차는 $\mathscr{E}$이다. 전지의 내부 저항 r을 지나갈 때 퍼텐셜은

내부 저항은 양 단지의 퍼텐셜차를 감소시킨다.

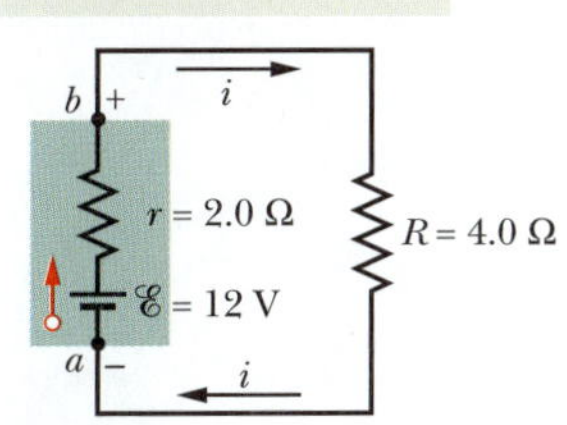

그림 27.1.6 *a*, *b*는 실제 전지의 두 극으로 퍼텐셜차가 있다.

ir만큼 감소한다. 그러므로 a, b에서의 퍼텐셜은 다음 식을 만족한다.

$$V_a + \mathscr{E} - ir = V_b,$$
$$V_b - V_a = \mathscr{E} - ir. \tag{27.1.8}$$

이 식을 풀기 위해서는 우선 전류 i를 구해야 한다. 회로가 그림 27.1.4a와 같으므로 식 27.1.4로부터 전류는

$$i = \frac{\mathscr{E}}{R + r} \tag{27.1.9}$$

이다. 이 식을 식 27.1.8에 넣으면

$$\begin{aligned} V_b - V_a &= \mathscr{E} - \frac{\mathscr{E}}{R + r} r \\ &= \frac{\mathscr{E}}{R + r} R \end{aligned} \tag{27.1.10}$$

이고, 그림 27.1.6의 값을 넣으면 다음과 같다.

$$V_b - V_a = \frac{12\ \text{V}}{4.0\ \Omega + 2.0\ \Omega} 4.0\ \Omega = 8.0\ \text{V}. \tag{27.1.11}$$

이번에는 반대로 a에서 b로 반시계방향으로 저항 R을 지나가 보자. 전류와 반대 방향으로 움직이기 때문에 퍼텐셜은 iR만큼 증가한다. 따라서 다음을 얻는다.

$$V_a + iR = V_b,$$

즉

$$V_b - V_a = iR. \tag{27.1.12}$$

식 27.1.9의 i를 대입하면 식 27.1.10을 다시 얻는다. 그리고 그림 27.1.6의 값을 대입하면 같은 결과 $V_b - V_a = 8.0$ V를 얻는다.

> 회로에서 두 점 사이의 퍼텐셜차를 구하려면 한 점에서 시작하여 다른 점까지 회로를 따라가면서 모든 퍼텐셜차를 더해 나가면 된다.

실제 전지의 퍼텐셜차

그림 27.1.6에서 점 a, b는 전지의 양끝이다. 따라서 퍼텐셜차 $V_b - V_a$는 전지 양끝 사이의 퍼텐셜차인 V가 된다. 즉, 식 27.1.8에서 다음과 같다.

$$V = \mathscr{E} - ir. \tag{27.1.13}$$

그림 27.1.6의 내부 저항 r이 0이면 식 27.1.13으로부터 V는 전지의 기전력 $\mathscr{E}$, 즉 12 V가 된다. 하지만 $r = 2.0\ \Omega$이기 때문에 식 27.1.13에 의해 V는 $\mathscr{E}$보다 작다. 식 27.1.11에서 V는 8.0 V가 된다. 이 결과는 전지를 통해 흐르는 전류의 값에 따라 달라진다. 같은 전지라도 다른 회로에 연결하여 다른 전류가 흐르게 되면 V는 다른 값을 갖는다.

회로의 접지

그림 27.1.7a는 a가 접지된 것을 제외하고는 그림 27.1.6의 회로와 같다. *접지*는 기호 ⏚를 사용한다. *접지*는 회로를 도체선으로 지면과 연결하는 것이다(실제로는 전기적으로 도체인 축축한 흙과 지하의 암석에 연결한다). 접지된 지점의 퍼텐셜은 0으로 정의한

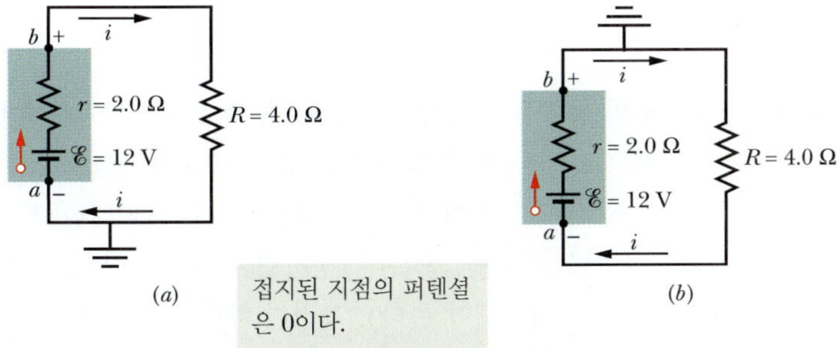

그림 27.1.7 (*a*) 점 *a*가 접지되어 있다. (*b*) 점 *b*가 접지되어 있다.

다. 그림 27.1.7*a*에서 *a*의 퍼텐셜은 $V_a = 0$이다. 식 27.1.11로부터 *b*에서의 퍼텐셜은 $V_b = 8.0$ V이다.

그림 27.1.7*b*는 *b*가 접지된 것을 제외하고는 같은 회로이다. 따라서 $V_b = 0$이다. 식 27.1.11로부터 *a*에서의 퍼텐셜은 $V_a = -8.0$ V이다.

일률, 퍼텐셜, 기전력

전지뿐만 아니라 다른 기전력장치도 전류 i를 유지하기 위해 전하에 일을 할 때 에너지 샘에서 전하로 에너지를 전달한다. 물론 실제 기전력장치에는 내부 저항이 있으므로 내부 저항으로도 에너지가 전달된다(26.5단원 참조). 이러한 전달에 대해 알아보자.

기전력장치에서 전하로 전달되는 일률 P는 식 26.5.2으로 주어진다. 즉 다음과 같다.

$$P = iV. \tag{27.1.14}$$

여기서 V는 기전력장치 양끝의 퍼텐셜차이다. 식 27.1.13의 $V = \mathscr{E} - ir$을 식 27.1.14에 대입하면

$$P = i(\mathscr{E} - ir) = i\mathscr{E} - i^2r \tag{27.1.15}$$

이다. 식 26.5.3으로부터 27.1.15의 i^2r은 기전력장치 내부에서 열로 소모되는 에너지의 비율 P_r이므로

$$P_r = i^2r \qquad \text{(내부 소모율)} \tag{27.1.16}$$

이다. 결국 식 27.1.15의 $i\mathscr{E}$는 기전력장치가 전하와 내부 저항에 전달하는 에너지의 일률 P_{emf}로서 다음과 같다.

$$P_{emf} = i\mathscr{E} \qquad \text{(기전력의 일률).} \tag{27.1.17}$$

전지에 전류가 반대로 흘러서 전지가 *충전될 때*에는 전하운반자로*부터* 전지로 *에너지가 전달된다*. 이때는 전지의 화학에너지와 내부 저항에 의해 발생하는 열에너지로 나타난다. 화학 에너지의 변화율은 식 27.1.17이고 발생하는 열에너지의 변화율은 식 27.1.16이며, 전하가 에너지를 제공해 주는 비율, 즉 일률은 식 27.1.14이다.

확인문제 27.1.3

전지의 기전력은 12 V이고 내부 저항은 2 Ω이다. 전류가 (a) 전지의 음극에서 양극으로 흐를 때, (b) 양극에서 음극으로 흐를 때, (c) 흐르지 않을 때 각각 전지 양끝의 퍼텐셜차는 12 V보다 큰가, 작은가, 아니면 같은가?

▶ 보기문제 27.1.1 두 개의 실제 전지가 있는 단일회로

그림 27.1.8a의 회로에서 기전력과 저항은 다음과 같다.

$$\mathscr{E}_1 = 4.4\ \text{V},\quad \mathscr{E}_2 = 2.1\ \text{V},$$

$$r_1 = 2.3\ \Omega,\quad r_2 = 1.8\ \Omega,\quad R = 5.5\ \Omega.$$

(a) 회로에 흐르는 전류 i는 얼마인가?

요점

고리규칙을 적용하여 전류 i를 구하는 방정식을 세울 수 있다. 여기서 회로 전체를 돌 때 퍼텐셜 변화를 더하면 된다.

풀이: 전류 i의 방향을 알 필요는 없지만, 두 전지의 기전력 크기를 비교해 보면 쉽게 그 방향을 짐작할 수 있다. $\mathscr{E}_1$이 $\mathscr{E}_2$보다 크므로 전류 i의 방향은 전지 1에 따라 정해진다. 즉, 전류의 방향은 시계방향이다. 이제 점 a에서 시작하여 반시계방향으로 전류 반대 방향으로 돌며 고리 규칙을 적용하자(어디에서 시작하고 어떤 경로를 따라 가는가에 대한 결정은 임의로 할 수 있지만, 한 번 결정하면 + 또는 − 부호에 대한 결정은 항상 일정해야 한다). 그러면 다음을 얻는다.

$$-\mathscr{E}_1 + ir_1 + iR + ir_2 + \mathscr{E}_2 = 0.$$

이 식은 시계방향으로 회로를 따라가거나 점 a가 아닌 다른 점에서 시작해도 똑같이 얻을 수 있다. 이 식을 퍼텐셜의 변화를 그려 놓은 그림 27.1.8b와 한 항씩 비교해 보면 이해하기 쉽다(a에서의 퍼텐셜은 임의로 0으로 하였다).

위의 식을 풀어 전류 i를 구하면 다음을 얻는다.

$$i = \frac{\mathscr{E}_1 - \mathscr{E}_2}{R + r_1 + r_2} = \frac{4.4\ \text{V} - 2.1\ \text{V}}{5.5\ \Omega + 2.3\ \Omega + 1.8\ \Omega}$$

$$= 0.2396\ \text{A} \approx 240\ \text{mA}.$$ (답)

(b) 그림 27.1.8a에서 전지 1의 양끝에 나타나는 퍼텐셜차는 얼마인가?

요점

점 a와 b 사이의 퍼텐셜차를 계산해야 한다.

풀이: 전지 1의 음극인 점 b에서 시작하여 전지 1의 양극인 점 a까지 퍼텐셜의 변화를 따라가면

$$V_b - ir_1 + \mathscr{E}_1 = V_a$$

이므로, 다음을 얻는다.

$$V_a - V_b = -ir_1 + \mathscr{E}_1$$

$$= -(0.2396\ \text{A})(2.3\ \Omega) + 4.4\ \text{V}$$

$$= +3.84\ \text{V} \approx 3.8\ \text{V}.$$ (답)

이 값은 전지의 기전력보다 작다. 이 결과는 그림 27.1.8a의 점 b에서 시작하여 회로를 반시계방향으로 돌아서 점 a로 되돌아와도 같다. 여기서 두 가지를 배운다. (1) 회로상에서 두 점 사이의 퍼텐셜차는 선택한 경로에 무관한다. (2) 전지의 전류가 옳은 방향이면, 단자와 단자 사이의 퍼텐셜차는 낮다. 즉 전지에 인쇄되어 있는 전지의 기전력보다 낮다.

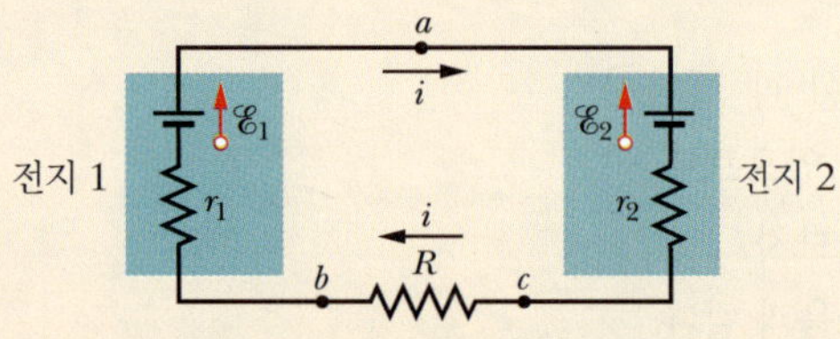

(a)

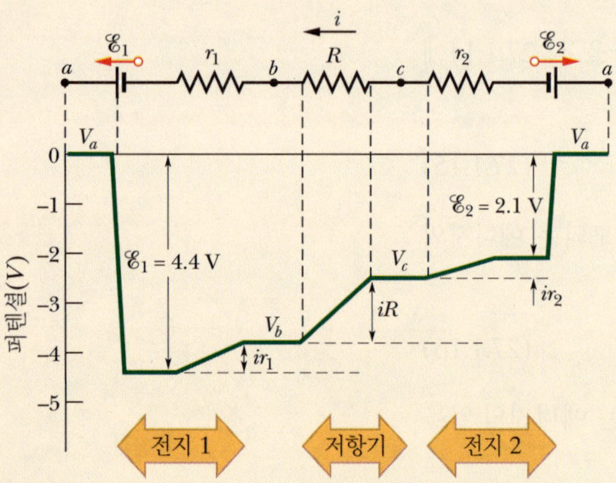

(b)

그림 27.1.8 (a) 실제 전지 두 개와 저항이 있는 단일고리 회로. 전지는 서로 반대이므로 저항을 통해 반대 방향으로 전류를 흘려보낸다. (b) a에서 반시계방향으로 갈 때의 퍼텐셜 변화. a의 퍼텐셜은 임의로 0으로 두었다(회로와 그래프를 잘 비교하기 위해 a에서 회로를 잘라 펼쳤다).

▶ **교육용 비디오는 웹사이트 www.wiley.com에서 볼 수 있다.**

27.2 ▸ 다중고리 회로

요점_Key Ideas

1. 저항이 병렬연결되었을 때 모두 같은 퍼텐셜차를 갖는다. 저항의 병렬연결과 같은 등가저항은 다음과 같이 주어진다.

$$\frac{1}{R_{eq}} = \sum_{j=1}^{n} \frac{1}{R_j} \quad (n\text{개의 병렬연결된 저항}).$$

학습목표_Learning Objectives

이 단원을 읽은 후 다음을 이해해야 한다.

27.2.1 접합점 규칙을 적용한다.

27.2.2 전지와 병렬연결된 세 저항에 대한 회로도를 그리고, 전지와 직렬연결된 세 저항의 그림과 구별한다.

27.2.3 병렬연결된 저항에는 같은 퍼텐셜차가 생기고, 등가저항 사이의 값과 같다.

27.2.4 병렬연결된 저항의 등가저항을 계산한다.

27.2.5 병렬연결된 저항에 흐르는 전체 전류는 각 저항에 흐르는 전류의 합이다.

27.2.6 전지와 병렬 및 직렬 연결된 저항이 있는 회로에서 등가저항을 구하여 단계적으로 회로를 간단히 하여 전지를 지나는 전류를 결정한다. 그리고 이 단계를 거꾸로 해서 각 저항의 전류와 퍼텐셜차를 구한다.

27.2.7 회로를 등가저항을 이용하여 간단히 할 수 없을 때에는 회로의 고리가 몇 개인지 확인하고, 갈래점에서 전류의 이름과 방향을 선택한 후 다양한 고리에 대한 고리 방정식을 만들어 미지의 전류에 대한 연립방정식을 푼다.

27.2.8 동일한 실제 전지가 직렬연결된 회로에서 이 전지를 한 개의 이상적인 전지와 한 개의 저항으로 바꾼다.

27.2.9 동일한 실제 전지가 병렬로 연결된 회로에서 이 전지를 한 개의 이상적인 전지와 한 개의 저항으로 바꾼다.

▶ 다중고리 회로

그림 27.2.1은 하나 이상의 고리로 이루어진 다중고리 회로이다. 이 회로에는 점 b와 d로 표시한 두 개의 *접합점*이 있으며 각 접합점을 연결하는 세 개의 *갈래길*이 있다. 즉, 왼쪽 갈래길(bad), 오른쪽 갈래길(bcd), 가운데 갈래길(bd)이 있다. 세 갈래길에 흐르는 전류는 각각 얼마일까?

각각의 갈래길에 흐르는 전류를 아래첨자로 구분하였다. 전류 i_1은 bad 갈래 모든 점에서 같은 값이고, 전류 i_2는 bcd 갈래를 지나는 전류값이며, 갈래길 bd로는 전류 i_3가 흐른다. 전류들의 방향은 임의로 정했다.

세 도선이 만나는 접점 d에 대해서 잠시 생각해 보자. 이 점으로 전류 i_1, i_3를 통해 전하가 들어오고 전류 i_2를 통해 전하가 나간다. 접합점에서 전하가 사라지지 않으므로 들어오는 전하량과 나가는 전하량은 같아야만 한다. 즉,

$$i_1 + i_3 = i_2 \tag{27.2.1}$$

이어야 한다. 이 조건이 접점 b에 대해서도 똑같이 적용된다는 것을 쉽게 확인할 수 있다. 따라서 식 27.2.1은 다음과 같은 규칙이다.

접합점규칙: 하나의 접합점으로 들어오는 전류의 합은 나가는 전류의 합과 같다.

이 규칙을 *Kirchhoff의 접합점규칙* 또는 *Kirchhoff의 전류법칙*이라고 부른다. 다시 말하자면 접합점에서 전하가 새로 생성되거나 소멸되지 않는 전하의 보존을 나타내는 규칙이다. 에너지보존을 나타내는 *고리규칙*과 더불어 전하의 보존을 나타내는 *접합점규칙*을 사용하면 복잡한 회로도 간단히 분석할 수 있다.

식 27.2.1은 세 개의 미지수를 포함하고 있다. 다중고리 회로를 완벽하게 이해하려면 세 미지수를 모두 알아야 하므로 두 개의 방정식을 더 세워야 한다. 회로규칙을 두 번 더 작용하여 필요한 두 방정식을 얻을 수 있다. 그림 27.2.1에서 세 개의 닫힌 고리 중 두 고리를 선택하면 된다. 즉, 왼쪽 고리($badb$), 오른쪽 고리($bcdb$)와 바깥쪽 큰 고리($badcb$) 중에서 어느 고리를 선택하든지 상관 없다. 여기서는 왼쪽 고리와 오른쪽 고리를 선택해 보자.

접합점 b에서 반시계방향으로 왼쪽 고리를 따라 고리규칙을 적용하면 다음을 얻는다.

$$\mathscr{E}_1 - i_1R_1 + i_3R_3 = 0. \tag{27.2.2}$$

같은 방법으로 접합점 b에서 오른쪽 고리를 따라가면 다음을 얻는다.

$$-i_3R_3 - i_2R_2 - \mathscr{E}_2 = 0. \tag{27.2.3}$$

이제 식 27.2.1, 27.2.2, 27.2.3을 풀면 세 미지수를 구할 수 있다.

만약 큰 고리에 대해 같은 방법을 적용하였다면 다음의 식을 얻을 것이다.

$$\mathscr{E}_1 - i_1R_1 - i_2R_2 - \mathscr{E}_2 = 0.$$

이 식은 식 27.2.2와 식 27.2.3의 합에 해당된다.

접합점으로 들어가는 전류는 나가는 전류와 같아야 한다 (전하는 보존된다).

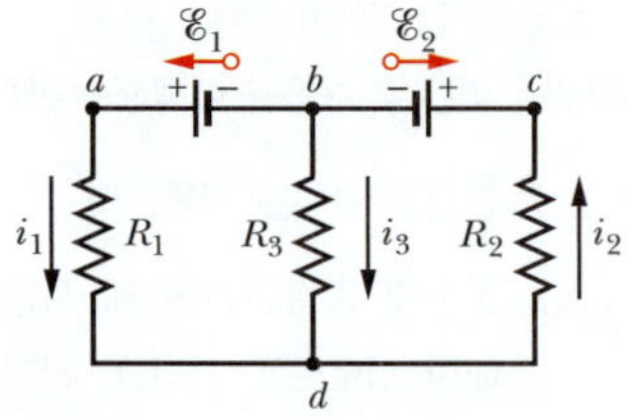

그림 27.2.1 세 개의 갈래길을 가진 다중 고리 회로. 왼쪽 갈래길은 *bad*, 오른쪽 갈래길은 *bcd*, 가운데 갈래길은 *bd*이다. 회로는 왼쪽 고리 *badb*, 오른쪽 고리 *bcdb*, 큰 고리 *badcb*의 세 개의 고리로 이루어져 있다.

저항의 병렬연결

그림 27.2.2*a*에는 기전력 $\mathscr{E}$의 이상적인 전지에 세 개의 저항이 *병렬*로 연결되어 있다. 저항을 병렬로 연결한다는 것은 저항의 한쪽을 한 묶음으로 연결하고 다른 쪽도 하나로 연결하는 것이다. 여기에 퍼텐셜차를 걸어주면 모든 저항에 동일한 퍼텐셜차가 걸리므로 각각의 저항을 통해서 크기가 다른 전류가 흐르게 된다. 따라서 다음과 같이 쓸 수 있다.

> 병렬연결된 저항에 퍼텐셜차 V가 걸리면 저항 모두 같은 퍼텐셜차 V를 갖는다.

그림 27.2.2*a*에서 걸어준 퍼텐셜차 V는 전지에 의해 유지되며, 그림 27.2.2*b*는 하나의 등가 저항 R_{eq}로 바꾼 그림이다.

> 병렬연결된 저항은 실제 저항과 같은 퍼텐셜차 V, 같은 전체 전류 i인 등가저항 R_{eq}로 바꿀 수 있다.

그림 27.2.2*b*의 R_{eq}를 구하기 위해 그림 27.2.2*a*의 각 저항에 흐르는 전류를 구하면 다음과 같다.

$$i_1 = \frac{V}{R_1}, \quad i_2 = \frac{V}{R_2}, \quad i_3 = \frac{V}{R_3}.$$

여기서 V는 a와 b 사이의 퍼텐셜차로 모든 저항에 똑같이 걸린다. 그림 27.2.2*a*의 접합점 a에 접합점규칙을 적용하면

$$i = i_1 + i_2 + i_3 = V\left(\frac{1}{R_1} + \frac{1}{R_2} + \frac{1}{R_3}\right) \tag{27.2.4}$$

병렬연결된 저항과 등가저항은 똑같은 퍼텐셜차가 걸린다.

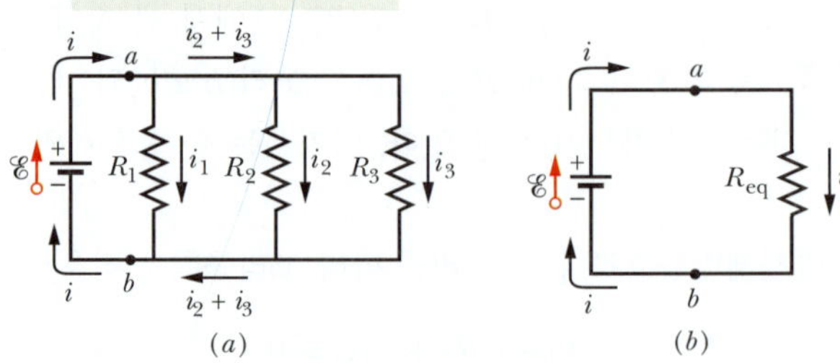

그림 27.2.2 (*a*) *a*, *b* 사이에 세 개의 저항이 병렬로 연결되어 있다. (*b*) 위 회로를 하나의 등가저항으로 바꾼 등가회로.

을 얻는다. 등가저항을 사용한 그림 27.2.2b의 회로에 흐르는 전류는

$$i = \frac{V}{R_{eq}} \tag{27.2.5}$$

이므로 식 27.2.4와 27.2.5를 결합하면 다음을 얻는다.

$$\frac{1}{R_{eq}} = \frac{1}{R_1} + \frac{1}{R_2} + \frac{1}{R_3}. \tag{27.2.6}$$

이 결과를 n개의 저항이 병렬로 연결된 경우로 확장하면 다음과 같다.

$$\frac{1}{R_{eq}} = \sum_{j=1}^{n} \frac{1}{R_j} \quad (\text{병렬연결된 } n\text{개의 저항}). \tag{27.2.7}$$

특히 두 개의 저항이 병렬연결된 경우에 등가저항은 그 곱을 합으로 나눈 결과이다.

$$R_{eq} = \frac{R_1 R_2}{R_1 + R_2}. \tag{27.2.8}$$

두 개 이상의 저항이 병렬로 연결되었을 때 등가저항은 어떤 저항을 결합한 것보다 작다는 사실에 주목하여라. 저항기 및 축전기의 직렬연결과 병렬연결에 관한 공식을 표 27.2.1에 요약하였다.

표 27.2.1 저항기와 축전기의 직렬연결과 병렬연결

직렬연결	병렬연결	직렬연결	병렬연결
저항기		축전기	
$R_{eq} = \sum_{j=1}^{n} R_j$ 식 27.1.7	$\frac{1}{R_{eq}} = \sum_{j=1}^{n} \frac{1}{R_j}$ 식 27.2.7	$\frac{1}{C_{eq}} = \sum_{j=1}^{n} \frac{1}{C_j}$ 식 25.3.2	$C_{eq} = \sum_{j=1}^{n} C_j$ 식 25.3.1
모든 저항에 같은 전류가 흐른다.	모든 저항의 퍼텐셜차가 같다.	모든 축전기에 같은 전하량이 있다.	모든 축전기의 퍼텐셜차가 같다.

확인문제 27.2.1

퍼텐셜 V를 주는 전지가 두 개의 같은 저항의 결합에 연결되어 있고, 여기에 전류 i가 흐른다. 저항이 (a) 직렬연결, (b) 병렬연결 되었을 때 각 저항의 퍼텐셜차와 전류는 무엇인가?

보기문제 27.2.1 병렬과 직렬로 연결된 저항

그림 27.2.3a는 하나의 이상적인 전지와 네 개의 저항을 가진 다중고리 회로이고 그 크기는 각각 다음과 같다.

$$R_1 = 20\ \Omega,\quad R_2 = 20\ \Omega,\quad \mathscr{E} = 12\ \text{V},$$
$$R_3 = 30\ \Omega,\quad R_4 = 8.0\ \Omega.$$

(a) 전지를 통해 흐르는 전류는 얼마인가?

요점

전지를 통해 흐르는 전류는 R_1을 흐르는 전류이다. 따라서 R_1을 포함하는 고리에 고리규칙을 적용하여 전류를 구해야 한다. 이 전류는 R_1의 퍼텐셜차와 관계가 있다.

틀린방법: 왼쪽 고리나 큰 고리 중 어느 것에 적용해도 무방

하다. 전지의 기전력을 위로 향하는 화살표로 나타내었으므로 전지가 만드는 전류는 시계방향이다. 여기서 a로부터 시계방향으로 왼쪽 고리에 대한 회로규칙을 적용하여 i를 전지를 지나는 전류라고 할 때

$$+\mathscr{E} - iR_1 - iR_2 - iR_4 = 0 \qquad \text{(틀림)}$$

이라고 쓸 수도 있다.

그러나 이 식은 R_1, R_2, R_4에 같은 전류 i가 흐른다고 가정했기 때문에 틀린 식이다. R_1과 R_4에는 같은 전류가 흐른다. 이것은 R_4를 지나는 전류가 전지를 지나 R_1으로 흐르고 이 과정에서 새로운 전하가 생기지 않기 때문이다. 그러나 접합점 b에서 전류는 R_2로 흐르는 전류와 R_3로 흐르는 전류로 갈라진다.

막힌 방법: 회로에서 여러 전류를 구별하기 위해 그림 27.2.3b처럼 전류의 이름을 붙인다. a에서 시계방향으로 왼쪽 고리에 회로규칙을 적용하면 다음과 같다.

$$+\mathscr{E} - i_1R_1 - i_2R_2 - i_1R_4 = 0.$$

불행히도 이 방정식에는 두 개의 미지수 i_1과 i_2가 있으므로 전류를 결정하기 위해서는 식 하나가 더 필요하다.

옳은 방법: 등가회로를 찾아 그림 27.2.3b의 회로를 간단하게 만든다. R_1과 R_2는 직렬연결이 *아니므로* 등가저항으로 나타낼 수 없다. 하지만 R_2와 R_3는 병렬연결되어 있으므로 식 27.2.7 또는 식 27.2.8을 써서 등가저항 R_{23}를 다음과 같이 얻는다.

$$R_{23} = \frac{R_2R_3}{R_2 + R_3} = \frac{(20\ \Omega)(30\ \Omega)}{50\ \Omega} = 12\ \Omega.$$

따라서 그림 27.2.3c와 같은 회로를 만들 수 있다. R_1과 R_4를 통해 움직이는 전하가 R_{23}로 움직이므로 R_{23}의 전류도 i_1이 된다. 이렇게 간단해진 단일고리 회로에서 a로부터 시계방향으로 고리규칙을 적용하면

$$+\mathscr{E} - i_1R_1 - i_1R_{23} - i_1R_4 = 0$$

을 얻고, 주어진 값을 대입한

$$12\ \text{V} - i_1(20\ \Omega) - i_1(12\ \Omega) - i_1(8.0\ \Omega) = 0$$

에서 다음을 얻는다.

$$i_1 = \frac{12\ \text{V}}{40\ \Omega} = 0.30\ \text{A}. \qquad \text{(답)}$$

(b) R_2를 흐르는 전류 i_2는 얼마인가?

요점

(1) 그림 27.2.3d의 등가회로로 되돌아가면 R_{23}는 R_2와 R_3의 등가저항이다. (2) R_2와 R_3가 병렬연결되어 있으므로 둘 다 R_{23}의 퍼텐셜차와 같다.

거꾸로 구하기: R_{23}로 흐르는 전류가 $i_1 = 0.30$ A이므로 식 26.3.1($R = V/i$)과 그림 27.2.3e를 사용하여 R_{23}의 퍼텐셜차 V_{23}를 다음과 같이 구할 수 있다. $R_{23} = 12\ \Omega$이므로 식 26.3.1은

$$V_{23} = i_1R_{23} = (0.30\ \text{A})(12\ \Omega) = 3.6\ \text{V}$$

이다. R_2의 퍼텐셜차는 3.6 V가 되므로 R_2를 흐르는 전류 i_2는 식 26.3.1로부터 다음과 같다.

$$i_2 = \frac{V_2}{R_2} = \frac{3.6\ \text{V}}{20\ \Omega} = 0.18\ \text{A}. \qquad \text{(답)}$$

(c) R_3에 흐르는 전류 i_3를 구하여라.

요점

다음 두 가지 방법 중 하나를 이용하여 답을 구할 수 있다. (1) 식 26.3.1을 적용시키는 방법. (2) 접합점규칙을 적용시키는 방법으로, 그림 27.2.3b의 b에서 접합점규칙을 쓰면 들어가는 전류 i_1과 나가는 전류 i_2와 i_3가

$$i_1 = i_2 + i_3$$

를 만족한다.

풀이: 이 접합점규칙 결과를 다시 배열하면 그림 27.2.3g에 나타낸 결과를 얻는다.

$$i_3 = i_1 - i_2 = 0.30\ \text{A} - 0.18\ \text{A} = 0.12\ \text{A}. \qquad \text{(답)}$$

▶ **교육용 비디오는 웹사이트 www.wiley.com에서 볼 수 있다.**

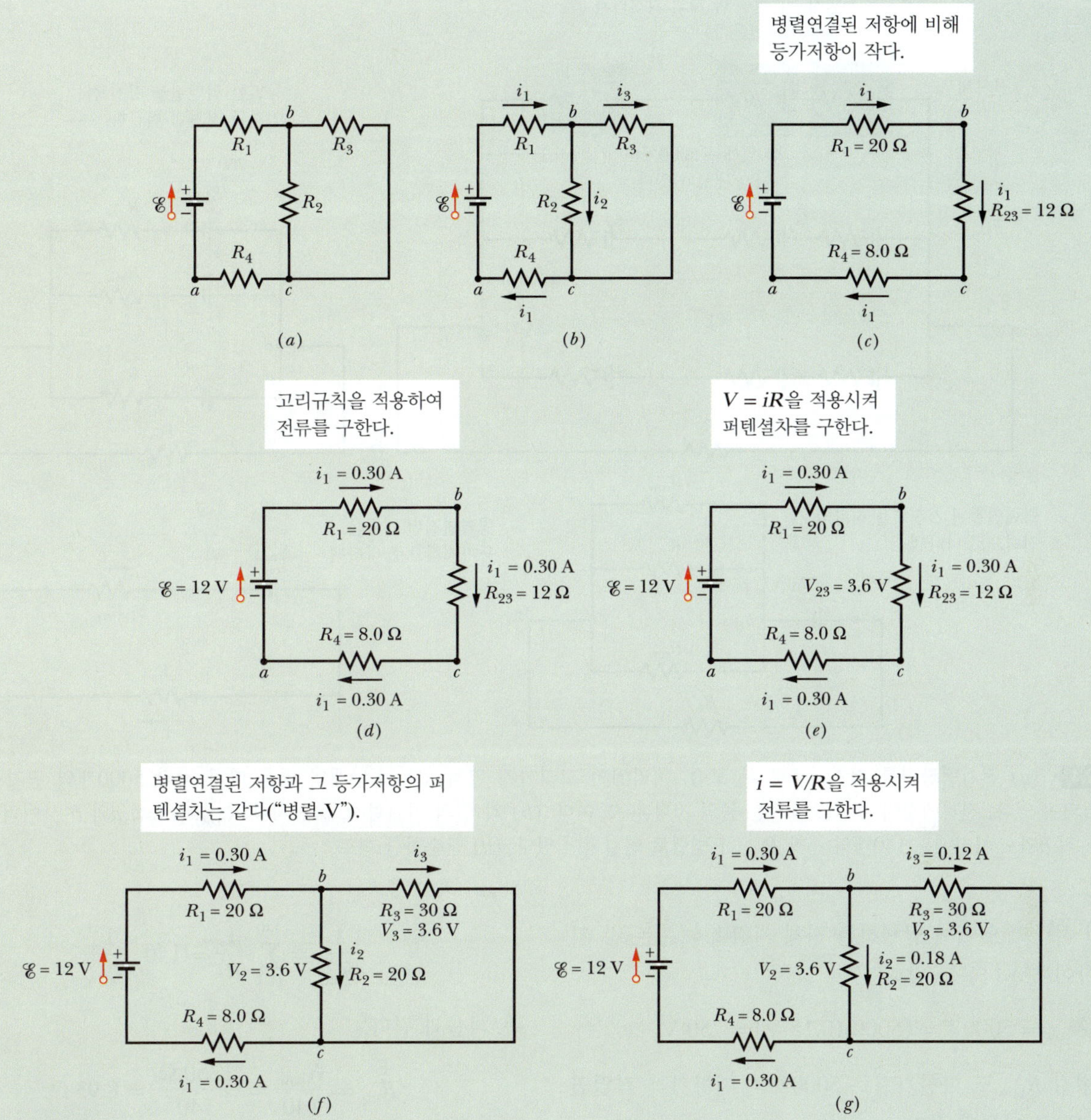

그림 27.2.3 (*a*) 이상적인 전지를 포함하는 다중고리 회로. (*b*) 전류의 이름을 정한다. (*c*) 병렬연결된 저항을 등가저항으로 바꾼다. (*d*)~(*g*) 병렬연결된 저항을 지나는 전류를 구하기 위해 거꾸로 계산한다.

보기문제 27.2.2 전기뱀장어에 직렬과 병렬로 연결된 전지

전기뱀장어는 생물학적 기전력장치인 *전기세포*가 있어서 전류를 발생시킬 수 있다. 남미의 강에 서식하는 전기뱀장어의 전기세포는 그림 27.2.4*a*에 나타낸 것처럼 140개의 열을 이루고 각 열은 5000개의 전기세포로 이루어져 있다. 전기뱀장어를 전기회로로 표시한 그림인데 각각의 전기세포는 0.15 V의 기전력 $\mathscr{E}$를 발생하고 내부 저항 r은 0.25 Ω이다. 전기뱀장어 주변의 물이 머리와 꼬리를 연결하는 도선 역할을 한다.

(a) 전기뱀장어 주변 물의 저항을 $R_w = 800\ \Omega$이라 하면 물에 흐르는 전류의 크기는 얼마인가?

요점

그림 27.2.4*a*의 회로에서 기전력과 저항의 연결을 등가의 기전력과 저항으로 바꿀 수 있다.

풀이: 먼저 하나의 열을 생각해 보자. 5000개의 전기세포로

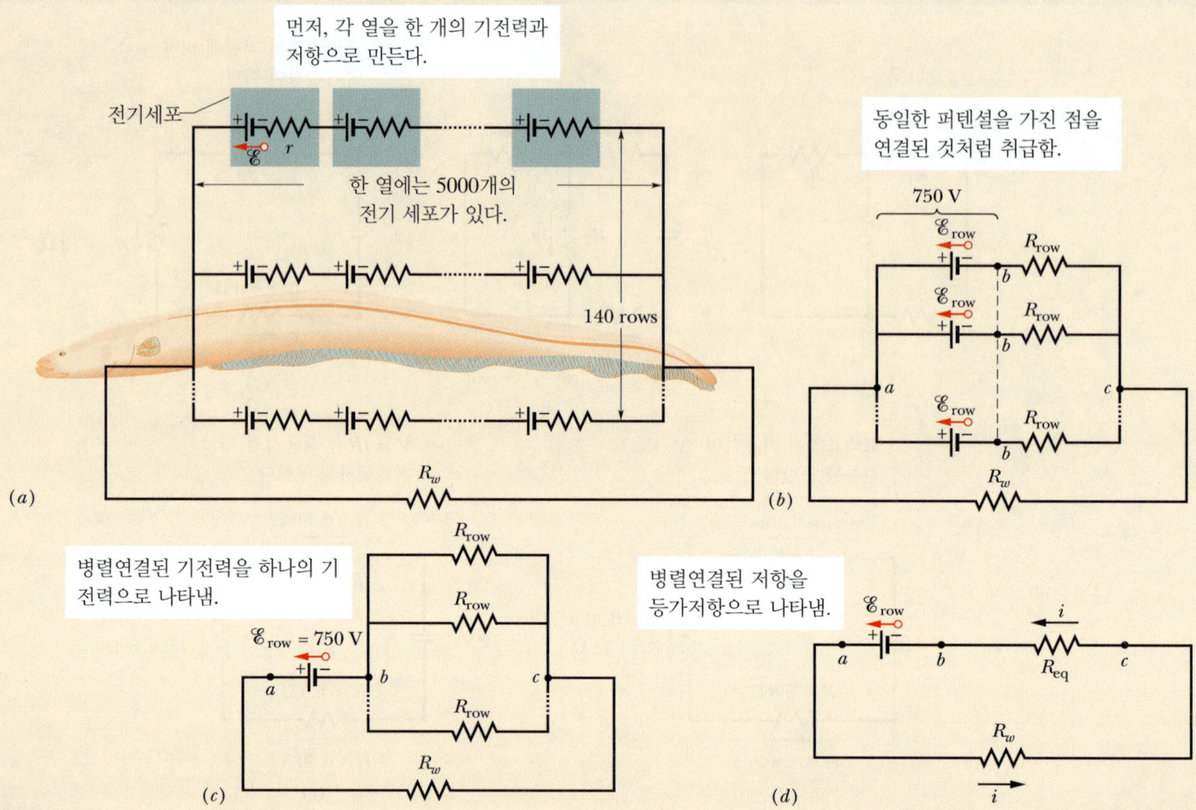

그림 27.2.4 (*a*) 전기뱀장어를 전기회로로 본 모습. 머리에서 꼬리까지 펼쳐 있는 140개의 열을 따라 각각 5000개의 전기세포가 직렬로 연결되어 있다. 전기뱀장어 주변을 흐르는 물의 저항은 R_w이다. (*b*) 각 열의 기전력 $\mathscr{E}_{row}$와 저항 R_{row}. (*c*) 점 a와 b 사이의 기전력은 $\mathscr{E}_{row}$이다. 점 b와 c 사이에는 140개의 저항 R_{row}가 병렬로 연결되어 있다. (*d*) 단순화한 회로.

이루어진 하나의 열에서 발생하는 전체 기전력 $\mathscr{E}_{row}$는 각 기전력의 합이므로 다음과 같다.

$$\mathscr{E}_{row} = 5000\mathscr{E} = (5000)(0.15\text{ V}) = 750\text{ V}.$$

전체 저항값 R_{row}도 마찬가지로 5000개의 저항기가 직렬연결된 것이므로 다음과 같다.

$$R_{row} = 5000r = (5000)(0.25\ \Omega) = 1250\ \Omega.$$

이제 각각의 열은 그림 27.2.4*b*처럼 하나의 기전력 $\mathscr{E}_{row}$와 하나의 저항 R_{row}로 구성된 것으로 표시할 수 있다.

그림 27.2.4*b*에서 각 열의 점 a와 점 b 사이의 퍼텐셜차는 모두 $\mathscr{E}_{row}$ = 750 V이다. 각 열은 모두 동일하고, 왼쪽은 하나로 연결되어 있으므로 그림에서 점 b로 표시한 모든 점들은 같은 퍼텐셜이다. 따라서 점 b들을 하나로 묶은 점 b 사이의 퍼텐셜차가 $\mathscr{E}_{row}$ = 750 V이므로 회로를 그림 27.2.4*c*처럼 그릴 수 있다.

그림 27.2.4*c*의 점 b와 점 c 사이에는 R_{row} = 1250 Ω의 저항 140개가 병렬연결되어 있다. 식 27.2.7를 이용하여 하나의 등가저항 R_{eq}로 바꾸면

$$\frac{1}{R_{eq}} = \sum_{j=1}^{140} \frac{1}{R_j} = 140\,\frac{1}{R_{row}}$$

즉, 다음과 같다.

$$R_{eq} = \frac{R_{row}}{140} = \frac{1250\ \Omega}{140} = 8.93\ \Omega.$$

병렬연결을 R_{eq}로 바꾸면 그림 27.2.4*d*처럼 단일고리 회로로 바꿀 수 있다. 이제 단일고리 회로에 고리규칙을 이용하면 다음을 얻는다.

$$\mathscr{E}_{row} - iR_w - iR_{eq} = 0.$$

여기서 주어진 값을 대입하면 전류의 크기 i는

$$i = \frac{\mathscr{E}_{row}}{R_w + R_{eq}} = \frac{750\text{ V}}{800\ \Omega + 8.93\ \Omega}$$
$$= 0.927\text{ A} \approx 0.93\text{ A} \quad \text{(답)}$$

이다. 전기뱀장어의 머리나 꼬리 근처에 있는 물고기에 이 정도 크기의 전류가 흐르게 되면 기절하거나 죽게 된다.

(b) 그림 27.2.4*a*에서 각각의 열을 따라 흐르는 전류 i_{row}는 얼마인가?

요점

모든 열이 동일하므로 뱀장어에 들어간 전류와 나오는 전류는 이 열에 균일하게 나누어진다.

풀이: 따라서 다음과 같이 쓸 수 있다.

$$i_{row} = \frac{i}{140} = \frac{0.927\ \text{A}}{140} = 6.6 \times 10^{-3}\ \text{A}. \quad \text{(답)}$$

따라서 각 열에 흐르는 전류가 작아서 뱀장어가 물고기에 충격을 주거나 죽일 때 자신은 충격을 받거나 죽지 않는다.

▶ **교육용 비디오는 웹사이트 www.wiley.com에서 볼 수 있다.**

보기문제 27.2.3 다중고리 회로와 회로방정식

그림 27.2.5는 회로소자들이 $\mathscr{E}_1 = 3.0$ V, $\mathscr{E}_2 = 6.0$ V, $R_1 = 2.0\ \Omega$, $R_2 = 4.0\ \Omega$의 값을 갖는 회로이다. 세 전지는 이상적인 전지이다. 세 갈래길에서 전류의 방향과 크기를 각각 구하여라.

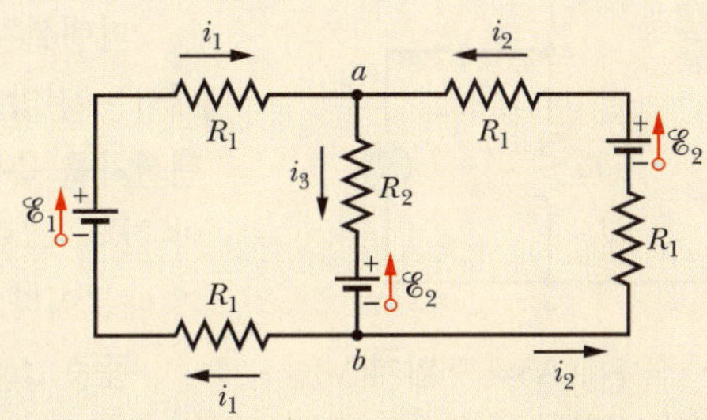

그림 27.2.5 세 개의 이상적인 전지와 다섯 개의 저항으로 만든 다중고리 회로.

요점

어떤 두 저항도 병렬이 아니므로 회로를 간단하게 만들 필요가 없다. 직렬연결된 저항은 별 문제가 없기 때문이다. 따라서 접합점규칙과 고리규칙을 이용하여 문제를 해결해야 한다.

접합점규칙: 그림 27.2.5에서 임의로 전류의 방향을 선택하였다. a에서 접합점규칙을 사용하면 다음과 같다.

$$i_3 = i_1 + i_2. \tag{27.2.9}$$

b에서도 접합점규칙은 같다. 다음에는 세 개의 고리 중 두 개를 골라 고리규칙을 적용한다.

왼쪽 고리: 왼쪽 고리에서 b부터 시작하여 시계방향으로 고리규칙을 적용하면

$$-i_1R_1 + \mathscr{E}_1 - i_1R_1 - (i_1 + i_2)R_2 - \mathscr{E}_2 = 0$$

이다. 가운데 갈래길에서 i_3 대신 $(i_1 + i_2)$를 썼다. 주어진 값을 넣으면 다음과 같다.

$$i_1(8.0\ \Omega) + i_2(4.0\ \Omega) = -3.0\ \text{V}. \tag{27.2.10}$$

오른쪽 고리: 오른쪽 고리에서 b부터 시작하여 반시계방향으로 고리규칙을 적용하면

$$-i_2R_1 + \mathscr{E}_2 - i_2R_1 - (i_1 + i_2)R_2 - \mathscr{E}_2 = 0$$

이고, 주어진 값을 넣으면 다음과 같다.

$$i_1(4.0\ \Omega) + i_2(8.0\ \Omega) = 0. \tag{27.2.11}$$

연립방정식: 이제 식 27.2.10과 27.2.11을 연립하여 두 미지수 i_1과 i_2를 구해보자. 부록 E에 있는 Cramer 방법을 써서 구하면

$$i_1 = -0.50\ \text{A} \tag{27.2.12}$$

이다(여기서 음의 부호는 그림 27.2.5에서 선택한 i_1의 방향이 틀렸다는 뜻이고, 나중에 고쳐야 한다). 한편 $i_1 = -0.50$ A를 식 27.2.11에 넣고 i_2에 대해 풀면

$$i_2 = 0.25\ \text{A} \quad \text{(답)}$$

이고, 식 27.2.9를 이용하면 다음을 얻는다.

$$\begin{aligned} i_3 = i_1 + i_2 &= -0.50\ \text{A} + 0.25\ \text{A} \\ &= -0.25\ \text{A}. \end{aligned}$$

결국 i_2에서 양의 부호는 선택한 전류의 방향이 옳았다는 뜻이다. 그러나 i_1과 i_3에서 음의 부호는 선택한 전류의 방향이 틀렸다는 뜻이다. 따라서 그림 27.2.5의 i_1과 i_3의 방향을 반대로 바꾸면 다음과 같이 올바른 답을 얻을 수 있다.

$$i_1 = 0.50\ \text{A}, \quad \text{및} \quad i_3 = 0.25\ \text{A}. \quad \text{(답)}$$

주의: 계산과정에서는 부호에 신경 쓰지 말고 마지막 단계에서 올바른 부호를 택하면 된다.

▶ **교육용 비디오는 웹사이트 www.wiley.com에서 볼 수 있다.**

27.3 ▸ 전류계와 전압계

학습목표 _Learning Objectives_

이 단원을 읽은 후 다음을 이해해야 한다.

27.3.1 전류계와 전압계를 사용하는 방법을 설명하고, 측정량에 영향을 끼치지 않으려면 어떤 크기의 저항이 필요한지 이해한다.

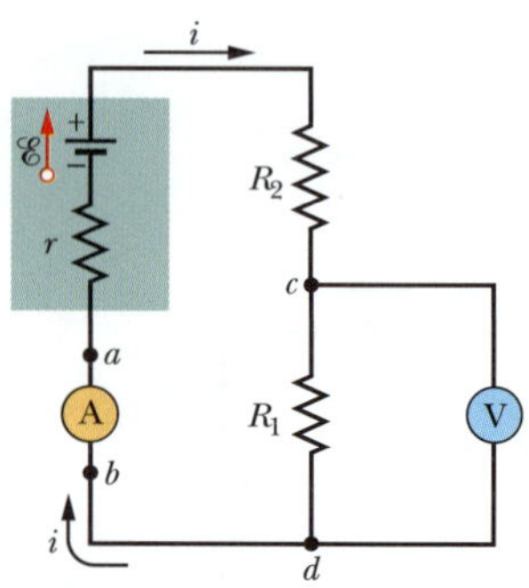

그림 27.3.1 전류계(A)와 전압계(V)를 연결하는 방법을 나타내는 단일고리 회로.

요점 _Key Ideas_

1. 회로를 이용한 측정 장치는 전류를 측정하는 전류계, 전압(퍼텐셜차)을 측정하는 전류계가 있다. 멀티미터는 전류, 전압 혹은 저항을 모두 측정하는 데 사용한다.

▶ 전류계와 전압계

전류를 측정하는 장치를 *전류계*라고 부른다. 도선의 전류를 측정하기 위해서는 도선 사이에 전류계를 설치해야 한다. 그때 전류계로 전류가 흘러 들어간다(그림 27.3.1에서 전류계 A는 전류 i를 측정한다). 전류계의 저항 R_A는 회로 내의 다른 저항에 비해 아주 작다. 그렇지 않으면 전류계 때문에 측정하려는 전류가 바뀌기 때문이다.

퍼텐셜차를 측정하는 장치를 *전압계*라고 부른다. 두 지점의 퍼텐셜차를 측정하기 위해서는 전압계의 단자를 두 지점에 각각 연결한다(그림 27.3.1에서 전압계 V는 R_1의 퍼텐셜차를 측정한다). 전압계의 저항 R_V는 전압계가 연결되는 회로의 저항들보다 훨씬 커야 한다. 그렇지 않으면 전압계가 회로의 일부가 되어 측정하고자 하는 퍼텐셜차가 바뀌기 때문이다.

종종 스위치로 전환하여 하나의 계기로 전류계와 전압계뿐만 아니라 저항계의 역할까지 하도록 만든 *멀티미터*를 사용하기도 한다.

27.4 ▸ *RC* 회로

학습목표 _Learning Objectives_

이 단원을 읽은 후 다음을 이해해야 한다.

27.4.1 충전, 방전되는 *RC* 회로의 회로도를 그린다.

27.4.2 충전되는 *RC* 회로에 대한 고리방정식(미분방정식)을 구한다.

27.4.3 방전되는 *RC* 회로에 대한 고리방정식(미분방정식)을 구한다.

27.4.4 충전, 방전되는 *RC* 회로의 축전기에 대해 전하를 시간의 함수로 나타내는 관계를 구한다.

27.4.5 충전, 방전되는 *RC* 회로에서 시간의 함수로 주어지는 전하에 대한 함수로부터 축전기의 퍼텐셜차를 시간의 함수로 구한다.

27.4.6 충전, 방전되는 *RC* 회로에서 저항의 전류와 퍼텐셜차를 시간의 함수로 구한다.

요점 _Key Ideas_

1. 기전력 $\mathscr{E}$가 저항 R과 축전기 C와 직렬로 연결되었을 때 축전기의 전하는

$$q = C\mathscr{E}(1 - e^{-t/RC}) \qquad \text{(축전기 충전)}$$

로 증가한다. 여기서 $C\mathscr{E} = q_0$는 (최종) 평형 전하이고, $RC = \tau$는 회로의 축전기형 시간상수이다.

2. 충전하는 동안 전류는 다음과 같다.

$$i = \frac{dq}{dt} = \left(\frac{\mathscr{E}}{R}\right)e^{-t/RC} \qquad \text{(축전기 충전).}$$

3. 축전기가 저항 R을 통해 방전될 경우 축전기의 전하는

$$q = q_0 e^{-t/RC} \qquad \text{(축전기 방전)}$$

로 감소한다.

4. 방전하는 동안 전류는 다음과 같다.

$$i = \frac{dq}{dt} = -\left(\frac{q_0}{RC}\right)e^{-t/RC} \qquad \text{(축전기 방전).}$$

RC 회로

지금까지는 전류의 크기가 시간에 따라 변하지 않는 회로만 다루어 왔다. 여기서는 시간에 따라 변하는 전류에 대해 알아본다.

27.4.7 축전기형 시간상수 τ를 계산한다.

27.4.8 충전되는 *RC* 회로와 방전되는 *RC* 회로에서 과정이 일어나는 시작점과 긴 시간이 지난 후 축전기의 전하와 퍼텐셜차를 결정한다.

축전기의 충전

그림 27.4.1에서 전기용량 C의 축전기는 충전되어 있지 않은 상태이다. 축전기를 충전시키기 위해 스위치 S를 점 a에 연결하면 축전기, 저항 R 및 기전력 $\mathscr{E}$의 이상적인 전지로 이루어진 *RC 직렬회로*가 된다.

25.1단원처럼 회로가 연결되는 순간에 전하는 축전기와 전지 사이를 흐르게 된다. 이렇게 전류가 흐르면 축전기 양 극판의 전하량 q가 점점 커지면서 축전기에 걸리는 퍼텐셜차 $V_C(= q/C)$도 점점 커진다. 이 퍼텐셜차가 전지에 걸리는 퍼텐셜차, 즉 기전력 $\mathscr{E}$와 같아지면 전류는 0이 된다. 완전히 충전된 축전기의 최종 *평형전하량*은 식 25.1.1 ($q = CV$)에 따라 $C\mathscr{E}$가 된다.

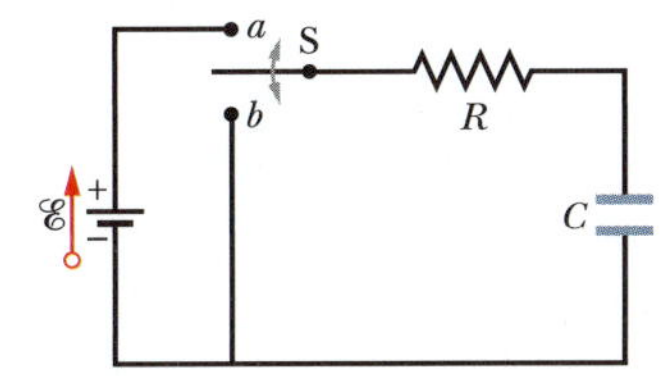

그림 27.4.1 스위치 S가 a에 연결되면 축전기가 *충전*된다. 그 후 스위치가 b에 연결되면 저항을 통해 축전기가 *방전*된다.

여기서 충전과정을 자세히 살펴보자. 특히 충전과정 중에 축전기 양 극판에 쌓이는 전하 $q(t)$와 퍼텐셜차 $V_C(t)$, 그리고 회로에 흐르는 전류 $i(t)$가 시간에 따라 어떻게 변하는지 살펴보자. 먼저 전지의 음극에서 시계방향으로 회로를 따라가면서 고리규칙을 적용하면 다음을 얻는다.

$$\mathscr{E} - iR - \frac{q}{C} = 0. \tag{27.4.1}$$

좌변의 마지막 항은 축전기 양 극판에 걸리는 퍼텐셜차이다. 전지의 양극에 연결된 축전기 위 부분의 퍼텐셜이 아래 부분보다 높기 때문에 이 항은 음수이다. 즉, 축전기를 지나가면서 퍼텐셜이 떨어지게 된다.

식 27.4.1에는 미지수가 i와 q, 두 개이므로 식을 바로 풀 수 없다. 그러나 두 변수는 서로 무관한 것이 아니라

$$i = \frac{dq}{dt} \tag{27.4.2}$$

의 관계를 만족한다. 따라서 식 27.4.1의 i에 이 식을 대입하여 정리하면 다음을 얻는다.

$$R\frac{dq}{dt} + \frac{q}{C} = \mathscr{E} \qquad \text{(충전 방정식)}. \tag{27.4.3}$$

이 미분방정식은 그림 27.4.1의 회로에 들어 있는 축전기의 전하량 q가 시간에 따라 어떻게 변하는지 알려준다. 미분방정식을 풀려면 축전기가 초기에는 충전되지 않았다는 조건, 즉 $t = 0$일 때 $q = 0$인 조건을 만족하는 미분방정식의 해 $q(t)$를 구하면 된다.

식 27.4.3의 해는 다음과 같다.

$$q = C\mathscr{E}(1 - e^{-t/RC}) \qquad \text{(축전기의 충전)}. \tag{27.4.4}$$

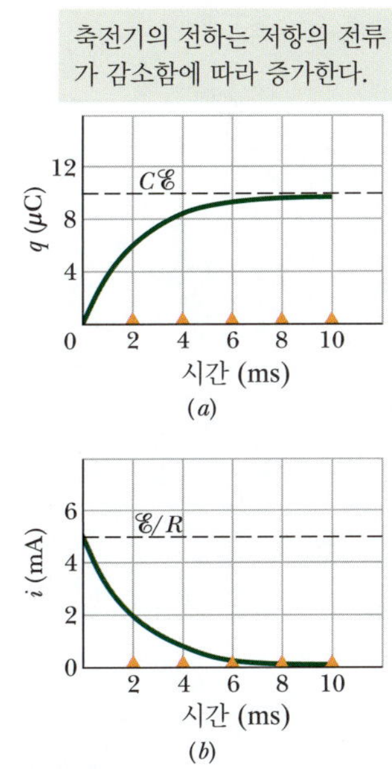

그림 27.4.2 (a) 그림 27.4.1의 축전기에 전하가 쌓여가는 모습을 나타낸 식 27.4.4의 그래프. (b) 그림 27.4.1의 회로에서 충전 전류가 줄어드는 모습을 나타낸 식 27.4.5의 그래프. 두 그래프는 $R = 2000\ \Omega$, $C = 1\ \mu\text{F}$, $\mathscr{E} = 10$ V에 대한 것이다. 작은 삼각형은 시간상수 τ의 시간간격이다.

(여기서 e는 2.718⋯인 무리수이지 전하가 아니다.) 식 27.4.4에서 $t = 0$이면 $e^{-t/RC}$가 1이 되므로 $q = 0$이 된다. 즉, 원하는 초기 조건을 잘 만족한다. 또한 t가 무한히 커지면, 즉 오랜 시간이 지난 뒤에는 $e^{-t/RC}$는 0으로 접근하므로 평형상태에서의 전하량 $q = C\mathscr{E}$가 된다. 그림 27.4.2a는 충전과정 중 전하 $q(t)$의 시간변화를 나타낸 그래프이다.

전하 $q(t)$를 시간에 대해 미분한 것이 축전기를 충전하는 전류 $i(t)$이므로

$$i = \frac{dq}{dt} = \left(\frac{\mathscr{E}}{R}\right)e^{-t/RC} \qquad \text{(축전기의 충전)} \qquad (27.4.5)$$

이다. 그림 27.4.2b는 전류 $i(t)$의 그래프이다. 전류의 초기값은 $\mathscr{E}/R$이며 축전기가 완전히 충전되면 0이 된다.

축전기를 충전시키면 초기에는 보통의 도선처럼 전류가 흐르다가, 오랜 시간이 지나면 전류가 끊어진 도선처럼 된다.

식 25.1.1($q = CV$)과 식 27.4.4를 결합하면 충전과정 중에 나타나는 축전기 양끝의 퍼텐셜차는 다음과 같다.

$$V_C = \frac{q}{C} = \mathscr{E}(1 - e^{-t/RC}) \qquad \text{(축전기의 충전).} \qquad (27.4.6)$$

이 식에서 $t = 0$일 때 $V_C = 0$이며 $t \to \infty$일 때, 즉 축전기가 완전히 충전된 후에는 $V_C = \mathscr{E}$가 됨을 알 수 있다.

시간상수

식 27.4.4, 27.4.5와 27.4.6에 나타나는 RC의 차원은 시간이다. 지수함수에서 지수 부분은 차원이 없어야 한다. RC의 단위를 보면 $1\ \Omega \times 1\ \text{F} = 1.0\ \text{s}$이므로 시간의 차원임을 알 수 있다. RC를 회로의 **전기용량 시간상수**라고 하는데, 이를 기호 τ로 표시하면

$$\tau = RC \qquad \text{(시간상수)} \qquad (27.4.7)$$

이다. 식 27.4.4에서 $t = \tau\ (= RC)$이면 그림 27.4.1의 축전기에 다음의 전하가 충전된다.

$$q = C\mathscr{E}(1 - e^{-1}) = 0.63C\mathscr{E}. \qquad (27.4.8)$$

즉, 시간상수 τ 동안 최종값 $C\mathscr{E}$의 63%가 충전된다. 그림 27.4.2에서 시간축에 표시한 조그만 삼각형은 축전기가 충전되는 동안 한 시간상수의 간격별로 나타낸 것이다. 예를 들어 $\tau = 1\ \mu\text{s}$인 회로는 빨리 충전되고, $\tau = 100\ \text{s}$인 회로보다 훨씬 천천히 충전된다.

축전기의 방전

그림 27.4.1의 축전기가 충분히 충전되어 퍼텐셜차 V_0가 전지의 기전력 $\mathscr{E}$와 같다고 하자. 이때를 시간 $t = 0$으로 하고 스위치 S를 a에서 b로 바꾸면 축전기의 전하는 저항기 R을 통해서 *방전된다*. 이때 축전기의 전하 $q(t)$와 회로에 흐르는 전류 $i(t)$는 시간에 따라 어떻게 변할까?

$q(t)$에 대한 미분방정식은 식 27.4.3과 같지만 방전회로에는 전지가 없으므로 $\mathscr{E} = 0$이다. 따라서 다음을 얻는다.

$$R\frac{dq}{dt} + \frac{q}{C} = 0 \qquad \text{(방전 방정식).} \qquad (27.4.9)$$

이 미분방정식의 해는 다음과 같다.

$$q = q_0 e^{-t/RC} \quad \text{(축전기의 방전)}. \tag{27.4.10}$$

여기서 $q_0(= CV_0)$는 축전기의 초기 전하량이다. 식 27.4.10을 27.4.9에 넣으면 방정식을 잘 만족하므로 식 27.4.9가 올바른 해임을 확인할 수 있다.

식 27.4.10에서 q가 시간에 따라 지수함수적으로 감소하며, 그 비율은 전기용량 시간상수 $\tau = RC$에 의해 정해진다. 시간 $t = \tau$일 때 축전기의 전하는 $q_0 e^{-1}$, 즉 초기값의 37%가 된다. τ가 클수록 방전하는 데 오래 걸린다.

식 27.4.10을 미분하면 전류 $i(t)$에 대한 다음의 식을 얻는다.

$$i = \frac{dq}{dt} = -\left(\frac{q_0}{RC}\right)e^{-t/RC} \quad \text{(축전기의 방전)}. \tag{27.4.11}$$

따라서 전류 역시 τ로 결정되는 비율로 지수함수적으로 감소함을 알 수 있다. 전류의 초기값 i_0는 q_0/RC이다. i_0는 $t = 0$일 때의 회로에 고리규칙을 적용하여도 얻을 수 있다. 즉, 초기에는 축전기의 초기 퍼텐셜값 V_0가 저항기 R의 양끝에 걸리므로 전류는 $i_0 = V_0/R = (q_0/C)/R = q_0/RC$가 된다. 식 27.4.11에 나타나는 음의 부호는 축전기의 전하 q가 줄어든다는 뜻이다.

식 27.4.4의 유도

식 27.4.3을 풀기 위해 다음과 같이 쓴다.

$$\frac{dq}{dt} + \frac{q}{RC} = \frac{\mathscr{E}}{R}. \tag{27.4.12}$$

이 미분방정식의 일반해는

$$q = q_{\mathrm{p}} + Ke^{-at} \tag{27.4.13}$$

이다. 여기서 q_{p}는 미분방정식의 특수해이고 K는 초기조건에 의해 결정될 상수이다. $a = 1/RC$는 식 27.4.12에 있는 q의 계수이다. q_{p}를 구하기 위해 식 27.4.12에서 $dq/dt = 0$이라고 놓는다. $q = q_{\mathrm{p}}$라고 놓고 풀면 다음을 얻는다.

$$q_{\mathrm{p}} = C\mathscr{E}. \tag{27.4.14}$$

K를 결정하기 위해 이것을 식 27.4.13에 넣으면

$$q = C\mathscr{E} + Ke^{-at}$$

이고, 초기 조건 $t = 0$과 $q = 0$를 넣으면

$$0 = C\mathscr{E} + K$$

에서, $K = -C\mathscr{E}$이다. 마지막으로 q_{p}, a, K를 넣으면 식 27.4.13는 다음과 같다.

$$q = C\mathscr{E} - C\mathscr{E}e^{-t/RC}.$$

이것은 식 27.4.4를 약간 변형한 것이다.

확인문제 27.4.1

표는 그림 27.4.1의 회로요소의 네 가지 값이다. (*a*) 스위치가 *a*에 연결될 때 초기의 전류의 세기와 (*b*) 전류가 초기의 절반으로 줄어드는 데 걸리는 시간이 큰 순서대로 나열하여라.

	1	2	3	4
$\mathscr{E}$ (V)	12	12	10	10
R (Ω)	2	3	10	5
C (μF)	3	2	0.5	2

보기문제 27.4.1 방전하는 *RC* 회로의 전하, 저장된 에너지와 열에너지

전기용량 C인 축전기는 저항값 R인 저항을 통해 방전한다.

(a) 축전기의 전하가 초기 값의 반이 되는 시간을 시간상수 $\tau = RC$로 나타내어라.

요점

방전하는 축전기의 전하는 식 27.4.10에 따라 시간 t에 대해 감소한다.

$$q = q_0e^{-t/RC},$$

여기서 q_0는 초기 전하이다.

풀이: $q = \frac{1}{2}q_0$가 되는 시간 t를 구해야 하므로

$$\tfrac{1}{2}q_0 = q_0e^{-t/RC},$$

을 만족해야 한다. 먼저 q_0를 상쇄한다. 그리고 지수함수 안에 "숨어 있는" 기호 t를 끄집어내기 위해 식의 양변에 로그를 취한다. (자연로그는 지수함수의 역함수이다.)

$$\ln\tfrac{1}{2} = \ln(e^{-t/RC}) = -\frac{t}{RC}.$$

이로부터 다음을 얻는다.

$$t = (-\ln\tfrac{1}{2})RC = 0.69RC = 0.69\tau.$$ (답)

(b) 축전기에 저장된 에너지가 초기 값의 반이 되는 시간은 언제인가?

요점

축전기에 저장된 에너지는 식 25.4.1로부터

$$U = \frac{q^2}{2C}.$$

이다.

풀이: 방전하는 축전기에서 식 27.4.10

$$q_0 = q_0e^{-t/RC}$$

을 다시 이용하여

$$U = \frac{(q_0e^{-t/RC})^2}{2C} = \frac{q_0^2}{2C}e^{-2t/RC} = U_0e^{-2t/RC}$$

으로 쓴다. 여기서 U_0는 초기에 저장된 에너지이다. U_0를 상쇄하고, 양변에 자연로그를 취하면

$$\tfrac{1}{2}U_0 = U_0e^{-2t/RC}.$$

$$\ln\tfrac{1}{2} = -\frac{2t}{RC},$$

을 얻고, 다음을 얻는다.

$$t = -RC\frac{\ln\frac{1}{2}}{2} = 0.35RC = 0.35\tau.$$ (답)

저장된 에너지가 처음 값의 반이 되는 시간보다 전하가 반이 되는 시간이 더 길다는 것이 놀라운가?

(c) 방전과정에서 저항에서 열에너지가 생성되는 비율 P_R을 구하여라. 이 과정 동안 축전기에 저장된 에너지를 잃는 비율 P_C를 구하여라.

요점

(1) 저항값 R인 저항에서 열에너지가 생성되는 비율 P_R은 식 26.5.3에 있고, i는 저항에 흐르는 전류이다. (2) 방전하는 축전기가 에너지를 잃는 비율 P_C는 $P_C = dU/dt$이고, U는 축전기에 저장된 에너지이다.

풀이: 식 27.4.11에서

$$i \quad \frac{dq}{dt} \quad \left(\frac{q_0}{RC}\right)e^{-t/RC}$$

이므로

$$P_R = i^2 R = \left(-\frac{q_0}{RC}e^{-t/RC}\right)^2 R$$
$$= \frac{q_0^2}{RC^2}e^{-2t/RC}$$

으로 쓸 수 있다. 앞에서 구한 U에 대한 표현을 이용하면

$$P_C = \frac{dU}{dt} = \frac{d}{dt}\left(U_0 e^{-2t/RC}\right) = \frac{2U_0}{RC}e^{-2t/RC}$$

으로 쓸 수 있다. U_0에 $q_0^2/2C$를 대입하면 다음을 얻는다.

$$P_C = -\frac{q_0^2}{RC^2}e^{-2t/RC}.$$ (답)

$R_C + P_R = 0$임을 볼 수 있다. 따라서 축전기가 잃는 저장된 에너지는 완전히 저항의 열에너지로 전환된다.

▶ 교육용 비디오는 웹사이트 www.wiley.com에서 볼 수 있다.

정리 및 요약 _Review & Summary

▸***기전력*** **기전력장치**는 양극 사이의 퍼텐셜차를 유지하기 위해 전하를 움직여야 한다. 기전력장치가 양의 전하 dq를 음극에서 양극으로 움직이면서 dW의 일을 하면, **기전력**(단위전하당 일)은 다음과 같다.

$$\mathscr{E} = \frac{dW}{dq} \quad \text{(기전력의 정의)}. \tag{27.1.1}$$

볼트(V)는 퍼텐셜차와 기전력의 SI 단위이다. **이상적인 기전력장치**는 내부 저항이 없다. 두 극 사이의 퍼텐셜차는 기전력과 같다. **실제 기전력장치**는 내부 저항이 있다. 두 극 사이의 퍼텐셜차는 장치를 통해 전류가 흐르지 않을 때에만 기전력과 같다.

▸***회로의 분석*** 저항 R을 지날 때 전류가 흐르는 방향으로 퍼텐셜의 변화는 $-iR$이다. 전류가 흐르는 반대 방향으로는 $+iR$이다(저항규칙). 이상적인 기전력장치에서 화살표의 방향으로 퍼텐셜의 변화는 $+\mathscr{E}$이다. 반대 방향으로는 $-\mathscr{E}$이다(기전력 규칙). 에너지 보존법칙이 곧 고리규칙이다.

고리규칙 *고리회로를 따라 퍼텐셜차를 더해나가면 그 결과는 0이 되어야 한다.*

접합점규칙 *하나의 접합점으로 들어오는 전류의 합은 나가는 전류의 합과 같다.*

▸***단일고리 회로*** 저항 R, 기전력 $\mathscr{E}$, 내부 저항 r인 기전력장치를 포함하는 단일고리 회로의 전류는

$$i = \frac{\mathscr{E}}{R + r} \tag{27.1.4}$$

이다. 이상적인 기전력장치에 대해서는 $r = 0$이므로 $i = \mathscr{E}/R$이다.

▸***일률*** 기전력 $\mathscr{E}$, 내부 저항 r인 실제 전지가 연결된 회로의 전류가 i일 때 전하에 전달되는 에너지의 비율 P는

$$P = iV \tag{27.1.14}$$

이다. 여기서 V는 전지 양끝의 퍼텐셜차이다. 전지에서 열에너지로 사라지는 비율 P_r은 다음과 같다.

$$P_r = i^2 r. \tag{27.1.16}$$

전지에서 화학에너지의 변화율은 다음과 같다.

$$P_{\text{emf}} = i\mathscr{E}. \tag{27.1.17}$$

▸***직렬연결*** 저항이 **직렬**로 연결되어 있으면 같은 전류가 흐른다. 이때 등가저항은 다음과 같다.

$$R_{\text{eq}} = \sum_{j=1}^{n} R_j \quad \text{(직렬로 연결된 } n\text{개의 저항)}. \tag{27.1.7}$$

▸***병렬연결*** 저항이 **병렬**로 연결되어 있으면 같은 퍼텐셜차가 걸린다. 이때 등가저항은 다음과 같다.

$$\frac{1}{R_{\text{eq}}} = \sum_{j=1}^{n} \frac{1}{R_j} \quad \text{(병렬로 연결된 } n\text{개의 저항)}. \tag{27.2.7}$$

▸***RC 회로*** 스위치가 a에 연결된 그림 27.4.1처럼 기전력 $\mathscr{E}$가 저항 R과 전기용량 C에 연결되어 있으면 축전기의 전하는 다음과 같이 증가한다.

$$q = C\mathscr{E}(1 - e^{-t/RC}) \quad \text{(축전기의 충전)}. \tag{27.4.4}$$

여기서 $C\mathscr{E} = q_0$는 평형(최종) 전하이고 $RC = \tau$는 회로의 **축전기형 시간상수**이다. 충전 중의 전류는 다음과 같이 변한다.

$$i = \frac{dq}{dt} = \left(\frac{\mathscr{E}}{R}\right)e^{-t/RC} \quad \text{(축전기의 충전)}. \tag{27.4.5}$$

축전기가 저항 R을 통해 방전될 때 축전기의 전하는

$$q = q_0 e^{-t/RC} \quad \text{(축전기의 방전)} \tag{27.4.10}$$

에 따라 감소한다. 방전 중의 전류는 다음과 같이 변한다.

$$i = \frac{dq}{dt} = -\left(\frac{q_0}{RC}\right)e^{-t/RC} \quad \text{(축전기의 방전)}. \tag{27.4.11}$$

연습문제 _Problems

E Easy **M** Medium **H** Hard **CALC** Requires calculus **BIO** Biomedical application

1 **M** 그림 27.1에서 $\mathscr{E}_1 = 8.00$ V, $\mathscr{E}_2 = 0.500\mathscr{E}_1$이고, 저항은 각각 4.00 Ω이다. (a) 저항 2와 (b) 저항 3에 흐르는 전류는 얼마인가?

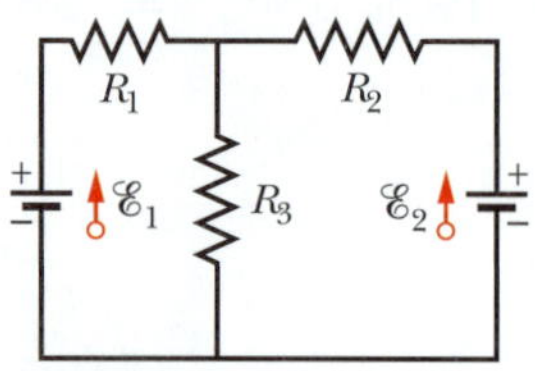

그림 27.1 연습문제 1, 2

2 **M** 그림 27.1에서 $\mathscr{E}_1 = 4.00$ V, $\mathscr{E}_2 = 1.00$ V, $R_1 = 4.00$ Ω, $R_2 = 2.00$ Ω, $R_3 = 5.00$ Ω이고, 모든 전지는 이상적인 전지이다. (a) R_1 (b) R_2 (c) R_3의 에너지 소모율은 얼마인가? (d) 전지 1과 (e) 전지 2의 일률은 얼마인가?

3 **M** **CALC** 그림 27.2에 기전력 $\mathscr{E} = 12.0$ V, 내부 저항 $r = 0.400$ Ω인 두 전지를 저항 R과 병렬연결하였다. (a) 저항에서 에너지 소모율이 최대가 되는 R 값을 구하여라. (b) 그 최대 소모율은 얼마인가?

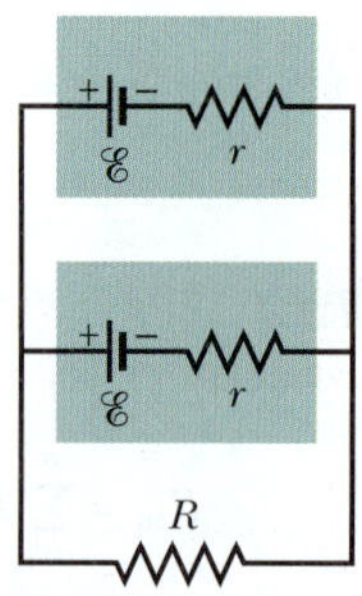

그림 27.2 연습문제 3, 4

4 **M** 기전력 $\mathscr{E} = 24$ V, 내부 저항 $r = 0.200$ Ω인 동일한 두 전지를 외부 저항 R과 병렬(그림 27.2) 혹은 직렬(그림 27.3)로 연결하였다. $R = 2.00\ r$이면, (a) 병렬일 때와 (b) 직렬일 때 외부 저항에 흐르는 전류 i는 얼마인가? (c) 어떤 연결에서 i가 더 큰가? $R = r/2.00$이면 외부 저항에 흐르는 i는 (d) 병렬과 (e) 직렬연결일 때 얼마인가? (f) 어떤 연결에서 i가 더 큰가?

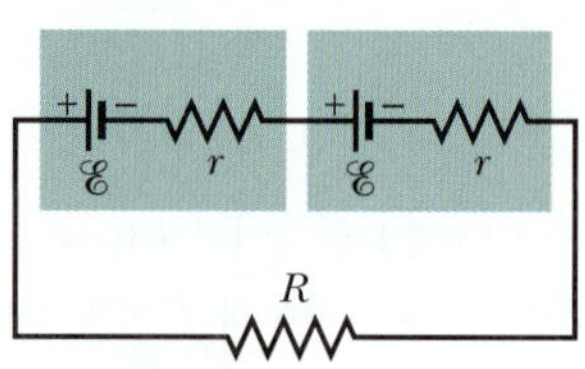

그림 27.3 연습문제 4

5 **M** 그림 27.4에서 $R_1 = 100$ Ω, $R_2 = R_3 = 50.0$ Ω, $R_4 = 75.0$ Ω이고 이상적인 전지의 기전력은 $\mathscr{E} = 3.00$ V이다. (a) 등가저항은 얼마인가? (b) 저항 1, (c) 저항 2, (d) 저항 3, (e) 저항 4에서 i는 얼마인가?

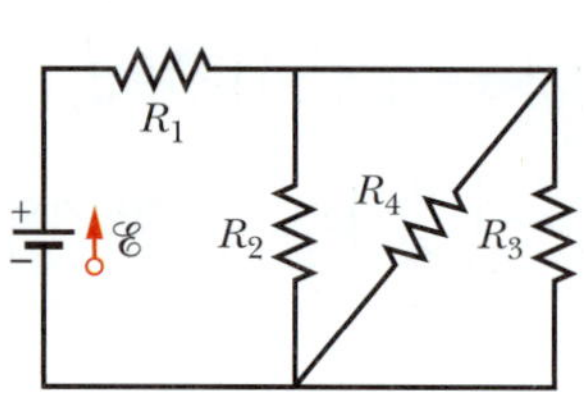

그림 27.4 연습문제 5, 6

6 **H** 그림 27.4에서 $R_1 = 7.00$ Ω, $R_2 = 12.0$ Ω, $R_3 = 4.00$ Ω이고 전지의 기전력은 $\mathscr{E} = 24.0$ V이다. 회로에서 저항 R_4가 어떤 값일 때 전지가 저항에 전달하는 에너지 전달률이 각각 (a) 60.0 W, (b) 최대 방출률 P_{max}, (c) 최소 방출률 P_{min}이 되는가? (d) P_{max}와 (e) P_{max}는 얼마인가?

7 **M** 그림 27.5는 스위치를 닫을 때 충전된 축전기가 저항을 통하여 방전되는 두 가지 회로이다. 그림 27.5*a*에서 $R_1 = 20.0$ Ω, $C_1 = 5.00$ μF이다. 그림 27.5*b*에서 $R_2 = 10.0$ Ω, $C_2 = 8.00$ μF이다. 두 축전기의 초기 전하량의 비율은 $q_{02}/q_{01} = 2.00$이다. 시간 $t = 0$일 때 두 스위치를 닫았다. 두 축전기의 전하량이 같아지는 시간 t를 구하여라.

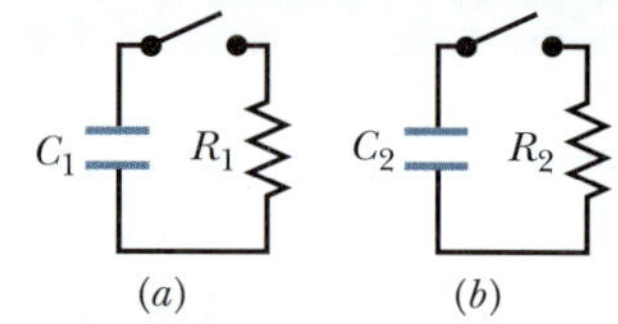

그림 27.5 연습문제 7

8 **E** 저항 1과 저항 2를 직렬 연결하면 등가저항은 18.0 Ω이고, 병렬 연결하면 등가저항은 4.0 Ω이다. 두 저항 중 (a) 작은 저항과 (b) 큰 저항은 각각 얼마인가?

9 **E** 그림 27.6은 저항이 6.00 Ω인 다섯 개의 저항으로 연결된 회로이다. (a) F와 H 사이 (b) F와 G 사이의 등가저항은 얼마인가? (*힌트*: 각 쌍의 점 사이에 전지를 연결했다고 상상하여라.)

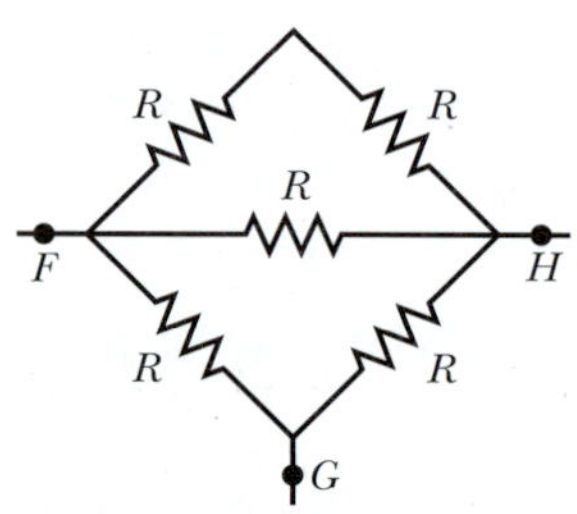

그림 27.6 연습문제 9

10 **E** 자동차용 12.0 V 전지의 초기 전하량은 120 A · h이다. 전지가 완전히 방전될 때까지 두 단자의 퍼텐셜차는 일정하다고 가정하면, 전지는 120 W의 일률로 몇 시간 동안 에너지를 전달할 수 있는가?

11 **M** 자동차의 전등을 켰을 때 전등과 직렬 연결된 전류계의 눈금이 10.0 A를 가리키고, 이 사이에 연결한 전압계는 12.0 V를 가리킨다(그림 27.7). 엔진에 시동을 걸었을 때 전류계는 8.00 A로 떨어지며 전등은 약간 어두워졌다. 전지의 내부 저항이 0.0500 Ω

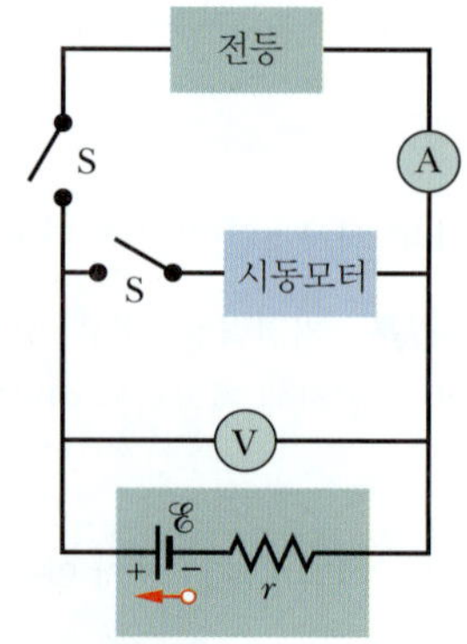

그림 27.7 연습문제 11

이고 전류계의 저항을 무시할 수 있으면 (a) 전지의 기전력과 (b) 전등이 켜져 있을 때 시동 모터에 흐르는 전류는 얼마인가?

12 **H** **CALC** 3.00 MΩ의 저항과 1.00 μF의 축전기를 $\mathscr{E} = 8.00$ V의 이상적인 전지와 직렬로 연결하였다. 이 회로를 연결한 뒤 1.00 s 후 (a) 축전기의 전하증가율 (b) 축전기에 에너지가 저장되는 비율 (c) 저항기에 나타나는 열에너지 비율 (d) 전지가 공급하는 에너지 비율을 구하여라.

13 **M** 그림 27.8에서 이상적인 전지의 기전력은 $\mathscr{E}_1 = 5.0$ V, $\mathscr{E}_2 = 19$ V이고, 저항은 각각 2.0 Ω이며 회로의 접지점에서 퍼텐셜을 0으로 정의한다. 그림에 표시된 점에서 퍼텐셜 (a) V_1과 (b) V_2를 구하여라.

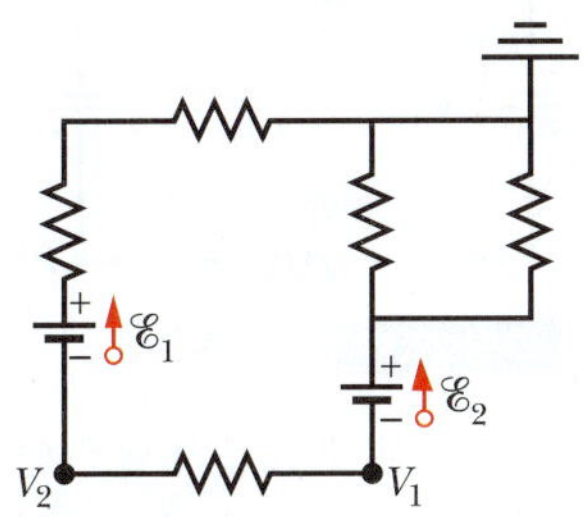

그림 27.8 연습문제 13

14 **E** 초기 전하량이 q_0인 축전기가 저항을 통해 방전된다. (a) 초기 전하량의 25%와 (b) 75%를 방전하는 데 걸리는 시간은 각각 시간상수 τ의 몇 배인가?

15 **M** 그림 27.9에서 $R_1 = 3.00R$, 전류계의 저항은 0이고, 전지는 이상적인 전지이다. 전류계에 흐르는 전류는 $\mathscr{E}/R$의 몇 배인가?

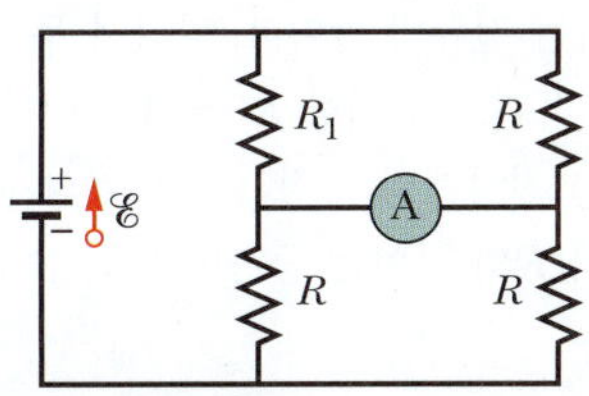

그림 27.9 연습문제 15

16 **M** 1.0 μF의 축전기가 초기에 0.50 J의 에너지를 저장하고 있다가 1.0 MΩ의 저항을 통해 방전된다. (a) 축전기의 초기 전하량은 얼마인가? (b) 방전이 시작될 때 저항기에 흐르는 전류는 얼마인가? (c) 축전기의 퍼텐셜차 V_C (d) 저항기의 퍼텐셜차 V_R (e) 저항에서 단위 시간당 발생하는 열에너지를 시간 t의 함수로 표현하여라.

17 **M** 그림 27.10의 회로에서 AB 구역은 그림에 표시한 방향으로 전류 $i = 1.0$ A가 흐를 때 60 W의 에너지를 흡수한다. 저항은 $R = 2.0$ Ω이다. (a) A와 B 사이의 퍼텐셜차는 얼마인가? 기전력장치 X에는 내부 저항이 없다. (b) 기전력은 얼마인가? (c) 점 B에 연결되는 X의 단자는 양극인가, 음극인가?

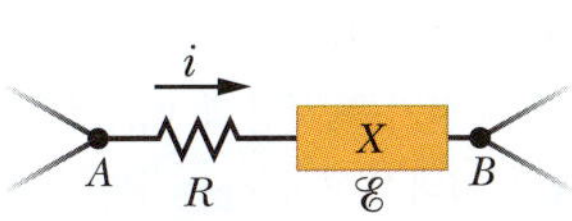

그림 27.10 연습문제 17

18 **E** 기전력 12 V, 내부 저항 0.060 Ω인 자동차용 전지가 50 A의 전류로 충전되고 있다. (a) 양 끝의 퍼텐셜차 V는 얼마인가? (b) 전지 안에서 에너지 소모율 P_r은 얼마인가? (c) 전지의 전기에너지가 화학에너지로 전환되는 비율 P_{emf}는 얼마인가? 전지가 시동 모터에 50 A의 전류를 공급할 때 (d) V와 (e) P_r은 얼마인가?

19 **E** 그림 27.11은 저항 $R_1 = 100$ Ω, $R_2 = 50$ Ω이고, 기전력이 $\mathscr{E}_1 = 6.0$ V, $\mathscr{E}_2 = 5.0$ V, $\mathscr{E}_3 = 6.0$ V인 이상적인 전지로 구성된 회로이다. (a) 저항 1과 (b) 저항 2에 흐르는 전류는 얼마인가? (c) 두 점 a와 b 사이의 퍼텐셜차는 얼마인가?

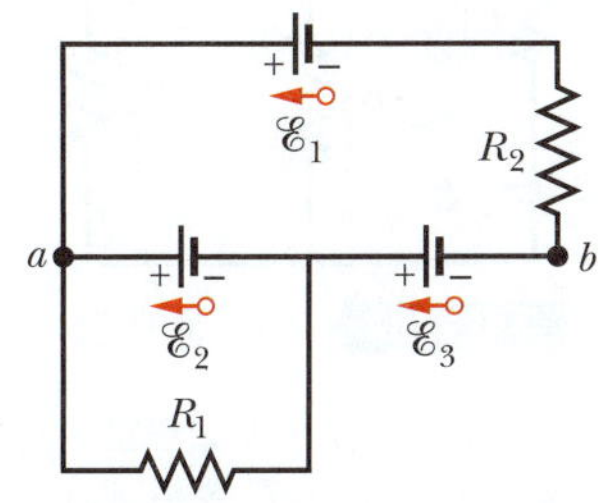

그림 27.11 연습문제 19

20 **M** 한 개의 저항 R이 연결되어 있는 단일회로에 흐르는 전류는 5.0 A이다. 2.5 Ω의 저항을 추가로 R과 직렬 연결할 경우 전류는 4.0 A로 줄어든다. R은 얼마인가?

21 **E** 그림 27.12의 회로에서 시간 $t = 0$일 때 스위치 S를 닫자마자 $R = 40.0$ Ω의 저항기를 거쳐 충전되지 않은 전기용량 $C = 15.0$ μF의 축전기가 충전되기 시작한다. 축전기의 퍼텐셜차가 저항기의 퍼텐셜차와 같아질 때까지 걸리는 시간은 얼마인가?

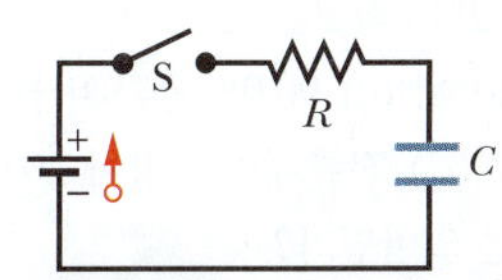

그림 27.12 연습문제 21

22 **H** 반지름 $a = 0.250$ mm의 구리 도선이 바깥 반지름 $b = 0.380$ mm의 알루미늄 껍질에 싸여 있다. 이 복합도선에 전류 $i = 4.00$ A가 흐른다. 표 26.3.1을 사용하여 (a) 구리와 (b) 알루미늄에 흐르는 전류를 구하여라. (c) 양 끝 사이의 퍼텐셜차 $V = 12.0$ V에서 전류가 일정하게 유지된다면 복합도선의 길이는 얼마인가?

23 **M** 그림 27.13에서 $\mathscr{E} = 2.0$ kV, $C = 6.5$ μF, $R_1 = R_2 = R_3 = 0.73$ MΩ이다. C가 완전히 방전된 직후($t = 0$) 갑자기 스위치 S를 닫았다. $t = 0$일 때 (a) 저항 1의 전류 i_1, (b) 저항 2의 전류 i_2, (c) 저항 3에 흐르는 전류 i_3는 얼마인가?

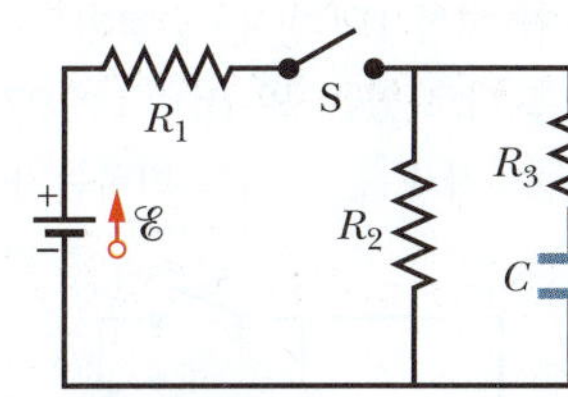

그림 27.13 연습문제 23

시간 $t = \infty$일 때 (시간상수의 여러 배의 시간이 지났을 때) (d) i_1, (e) i_2, (f) i_3는 얼마인가? (g) $t = 0$일 때와 (h) $t = \infty$일 때 저항 2의 퍼텐셜차 V_2는 얼마인가? (i) 퍼텐셜차 V_2와 시간 t의 관계를 두 극한적인 시간 사이에서 그래프로 그려라.

24 **E** 일반적인 손전등용 전지는 2.0 W · h의 에너지를 발생하며 소모된다. (a) 이 전지 하나의 가격이 200원이라면, 이 전지를 사용하여 100 W의 전구를 4시간 동안 사용하는 데 드는 돈은 얼마인가? (b) 에너지를 공급하는 데 W · h당 30원의 비용이 든다면 위처럼 사용하는 데 드는 돈은 얼마인가?

25 그림 27.14에서 저항은 $R_1 = 2.00\ \Omega$, $R_2 = 5.00\ \Omega$이고, 전지는 이상적이다. 저항 3에서 소모되는 에너지를 최대로 만드는 R_3 값을 구하여라.

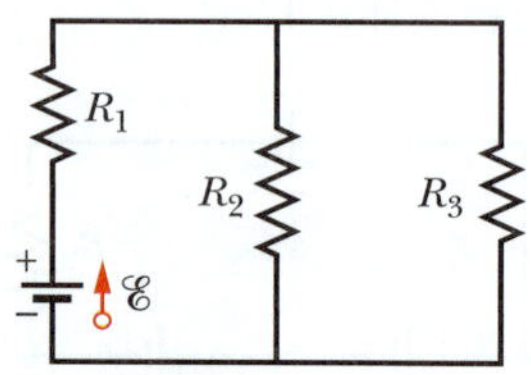

그림 27.14 연습문제 25

26 **E** 15.0 kΩ의 저항기와 축전기가 직렬로 연결되어 있는 도선에 갑자기 12.0 V의 퍼텐셜차를 걸었다. 축전기의 퍼텐셜차가 2.00 μs 동안 5.00 V로 증가하였다. (a) 이 회로의 시간상수를 계산하여라. (b) 축전기의 전기용량을 구하여라.

27 **M** 그림 27.15에 나타낸 대로 2.00 V 손전등용 전지를 저항 R과 0에서 1.00 mA까지 읽을 수 있는 전류계와 직렬 연결하여 간단한 저항계를 만들었다. 양쪽 클립을 이었을 때 전류계가 최대값 1.00 mA를 읽도록 저항 R을 조절하였다. 최대값의 (a) 10.0%, (b) 50.0%, (c) 90.0%만큼 바늘이 움직였을 때 외부 저항은 각각 얼마인가? (d) 전류계의 저항이 20.0 Ω이고 전지의 내부 저항을 무시할 경우 값은 얼마인가?

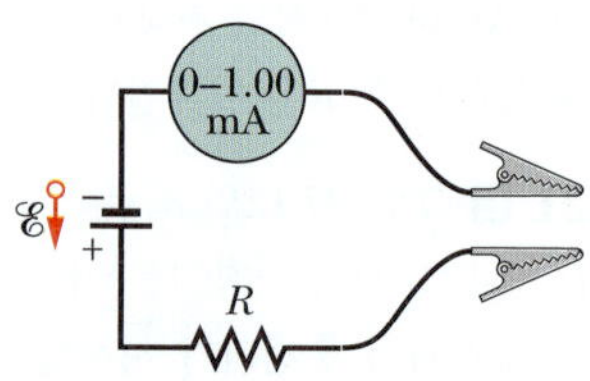

그림 27.15 연습문제 27

28 **M** 초기 퍼텐셜차가 100 V인 축전기가 $t = 0$에서 스위치를 닫는 순간 저항을 통해 방전된다. $t = 15.0$ s일 때 축전기의 퍼텐셜차는 1.00 V이다. (a) 이 회로의 시간상수는 얼마인가? (b) $t = 17.0$ s일 때 축전기의 퍼텐셜차는 얼마인가?

29 **M** 그림 27.16*a*와 *b*에서 저항은 모두 6.0 Ω이고, 모든 전지는 기전력 24 V의 이상적인 전지이다. (a) 그림 27.16*a*에서 스위치 S를 닫을 때 저항 1의 양 끝에 걸리는 퍼텐셜차 V_1은 얼마나 변하는가? 아니면 그대로 있는가? (b) 그림 27.16*b*의 스위치 S를 닫을 때 저항 1의 퍼텐셜차 V_1은 얼마나 변하는가? 아니면 그대로 있는가?

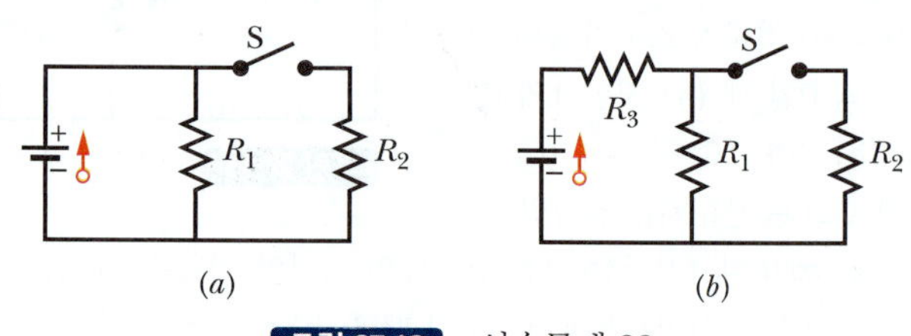

그림 27.16 연습문제 29

30 **H** 태양전지에 500 Ω의 저항을 연결하면 0.10 V의 퍼텐셜차가 생기고, 1000 Ω의 저항을 연결하면 0.18 V의 퍼텐셜차가 생긴다. (a) 태양전지의 내부저항과 (b) 기전력을 구하여라. (c) 태양전지의 면적이 5.0 cm^{2}이고 단위면적당 빛에서 받는 에너지 비율은 2.0 mW/cm^{2}이다. 1000 Ω의 저항과 연결하였을 때 빛에너지를 열에너지로 바꾸는 효율은 얼마인가?

31 **E** 그림 27.17의 회로에서 이상적인 전지의 기전력은 $\mathscr{E}_1 = 125$ V, $\mathscr{E}_2 = 50$ V이고, 저항은 $R_1 = 3.0\ \Omega$, $R_2 = 2.0\ \Omega$이다. 점 P의 퍼텐셜이 100 V이면 점 Q에서 퍼텐셜은 얼마인가?

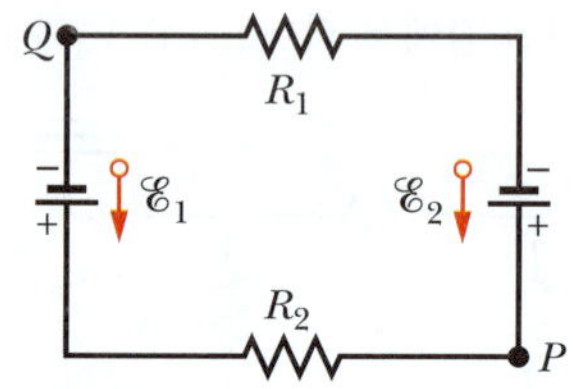

그림 27.17 연습문제 31

32 **E** 길이 l, 지름 d인 구리선 네 개를 병렬로 연결하여 전체 저항이 R인 복합 도체를 만들었다. 같은 저항을 갖는 길이 l인 구리선 한 개를 만들 때 구리선의 지름 D는 얼마이어야 하는가?

33 **M** 그림 27.18에서 회로에 있는 저항 R을 측정하기 위하여 저항 $R_V = 300\ \Omega$의 전압계, 저항 $R_A = 3.00\ \Omega$의 전류계, $R_0 = 100\ \Omega$의 저항, 그리고 기전력 $\mathscr{E} = 12.0$ V인 이상적인 전지를 연결하였다. 저항은 $R = V/i$이다. V는 저항 R에 걸리는 퍼텐셜차이고 i는 저항 R의 전류이다. 그러나 전류계에 표시된 전류는 i가 아니고, i'이며 이 전류는 i에 전압계를 지나는 전류의 합이다. 따라서 두 계측기로 측정한 값의 비율은 R이 아니라 겉보기 저항 $R' = V/i'$이다. $R = 85.0\ \Omega$이면 (a) 전류계와 R' (b) 전압계의 측정값 (c) R'의 값은 얼마인가? (d) R_V 값이 커지면 R'과 R의 차이는 증가하는가, 감소하는가, 아니면 그대로인가?

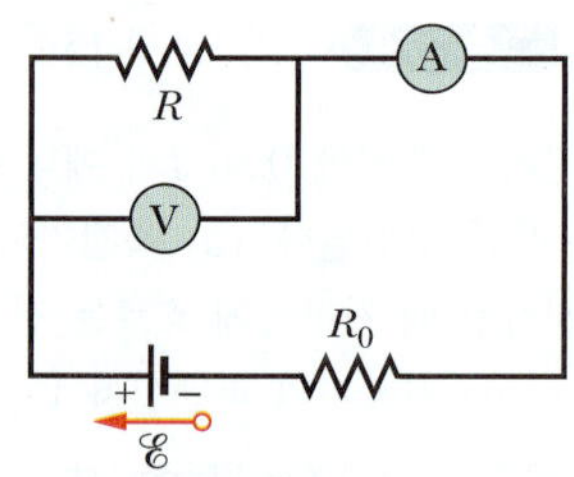

그림 27.18 연습문제 33

34 **M** 그림 27.19는 도로공사 현장에 설치한 깜빡이는 전등의 회로이다. (전기용량을 무시할 수 있는) 형광등 L을 RC 회로의 축전기 C와 병렬로 연결하였다. 형광등 사이의 퍼텐셜차가 파괴전압 V_L이 될 때만 전등에 전류가 흐른다. 이 경우 축전기는 전등을 통해 완전히 방전되고 전구는 잠깐 반짝인다. 파괴전압 $V_L = 72.0$ V, 95.0 V의 이상적인 전지, 0.150 μF의 축전기를 사용할 때, 전등을 1초에 두 번 깜빡이도록 하려면 저항 R은 얼마이어야 하는가?

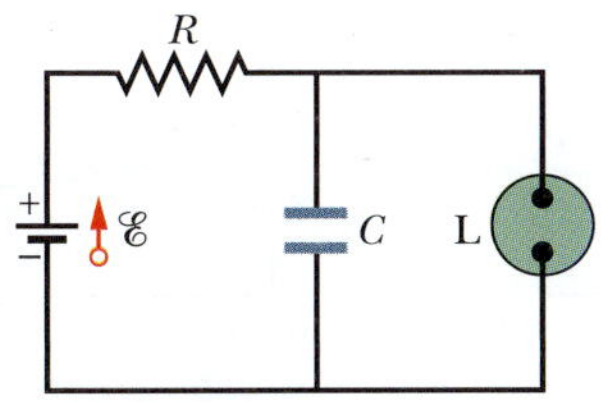

그림 27.19 연습문제 34

35 M 그림 27.20은 점 a와 b 사이가 같은 퍼텐셜이 되도록 저항 R_s 값을 조절할 수 있는 회로이다. (이것을 확인하려면 민감한 전류계를 a와 b 사이에 순간적으로 연결해보면 된다. 두 점의 퍼텐셜이 같으면 전류계의 바늘은 움직이지 않을 것이다.) 이와 같이 R_s를 조절할 때 관계식 $R_x = R_s R_2/R_1$이 성립함을 보여라. Wheatstone 브리지라고 부르는 이 장치를 이용하여 미지의 저항(R_x)을 표준저항(R_s)으로 측정할 수 있다.

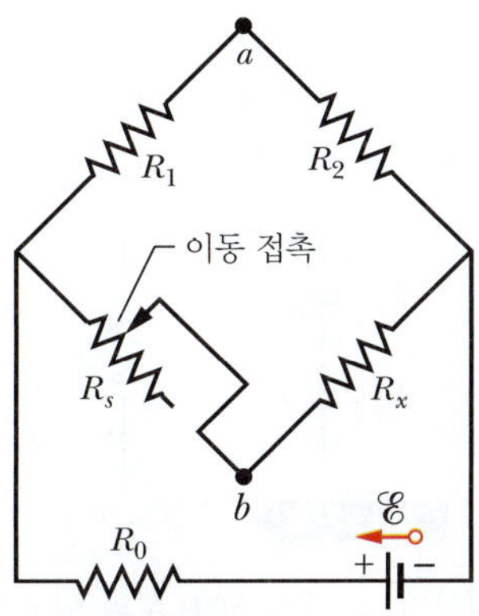

그림 27.20 연습문제 35

36 M 전지가 누전(전하가 한쪽 극판에서 다른 극판으로 흐름을 뜻한다)되어 전기용량이 2.0 μF인 축전기의 두 판 사이의 퍼텐셜차이가 3.4 s 만에 처음 값의 1/4로 떨어졌다. 축전기판 사이의 등가저항은 얼마인가?

37 M 길이 10 km, 저항 12 Ω/km인 두 개의 평행한 도선으로 이루어진 지하 전선이 동서 방향으로 뻗어 있다. 도선의 서쪽 끝으로부터 거리 x인 지점에 저항 R인 전도 경로가 생겨 합선되었다(그림 27.21). 합선된 지점과 도선의 동쪽 끝 사이의 저항을 측정했더니 100 Ω이고, 합선된 지점과 서쪽 끝 사이의 저항은 200 Ω이다. (a) x와 (b) R은 얼마인가?

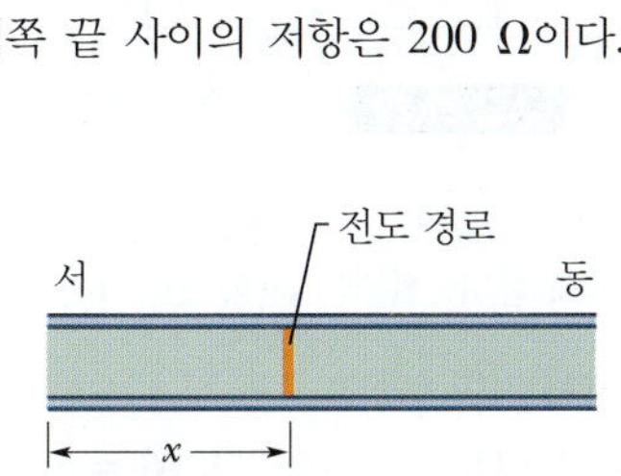

그림 27.21 연습문제 37

38 E 미지의 저항을 12.0 Ω 저항에 연결하여 전체 저항을 4.00 Ω으로 만들려고 한다. (a) 이 저항값은 얼마이어야 하는가? (b) 직렬 연결인가, 병렬 연결인가?

39 E 그림 27.22는 더 큰 회로에 연결되어 있는 네 개의 저항으로 구성된 회로이다. 회로 아래의 그래프는 아래쪽 회로에 있는 저항 4의 위치 x에 따른 전기퍼텐셜 $V(x)$이며, V_A는 12.0 $V(x)$이다. 한편 회로 위의 그래프는 위쪽 회로의 저항 1, 2, 3의 위치 x에 따른 퍼텐셜 이며, 퍼텐셜차는 각각 $\Delta V_B = 2.00$ V와 $\Delta V_C = 5.00$ V이다. 저항 3의 저항이 200 Ω이면 (a) 저항 1과 (b) 저항 2의 저항은 얼마인가?

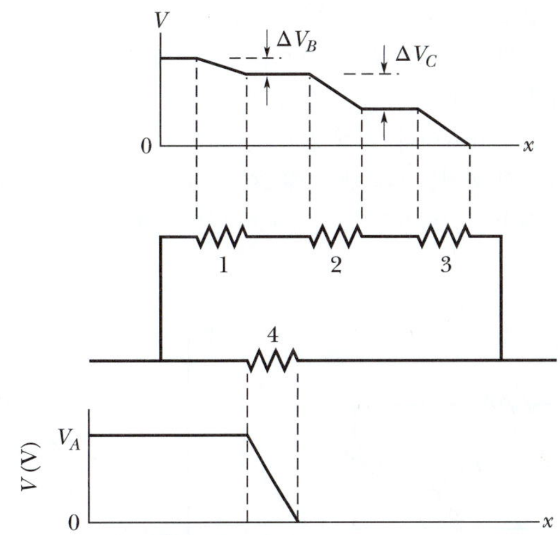

그림 27.22 연습문제 39

40 E 그림 27.2.1에서 $\mathscr{E}_1 = 6.0$ V, $\mathscr{E}_2 = 1.0$ V이고, $R_1 = R_2 = 10$ Ω, $R_3 = 5.0$ Ω이면 두 점 d와 c 사이의 퍼텐셜차 $V_d - V_c$는 얼마인가?

41 M 그림 27.23에서 $R_1 = 10.0$ kΩ, $R_2 = 15.0$ kΩ, $C = 0.400$ μF 이고, 이상적인 전지의 기전력은 $\mathscr{E} = 15.0$ V이다. 회로가 정상상태가 될 때까지 오랫동안 스위치를 닫았다가 $t = 0$일 때 스위치를 열었다. $t = 4.00$ ms일 때 저항 2에 흐르는 전류는 얼마인가?

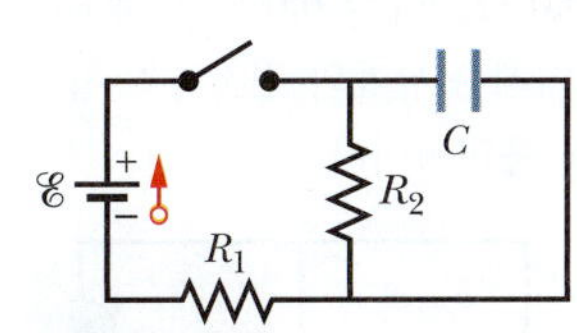

그림 27.23 연습문제 41

42 E 직렬회로에서 처음에 충전되지 않은 축전기가 최종 전하량의 98.0%까지 충전될 때 걸리는 시간은 시간상수 τ의 몇 배인가?

43 M 그림 27.24에서 $\mathscr{E}_1 = 12.0$ V, $\mathscr{E}_2 = 12.0$ V, $R_1 = 100$ Ω, $R_2 = 200$ Ω, $R_3 = 300$ Ω이다. 회로의 한 점은 접지($V = 0$)되었다. 저항 1에 흐르는 전류의 (a) 크기와 (b) 방향(위 또는 아래)은 무엇인가? 저항 2에 흐르는 전류의 (c) 크기와 (d) 방향(왼쪽 혹은 오른쪽)은 무엇인가? 저항 3에 흐르는 전류의 (e) 크기와 (f) 방향은 각각 무엇인가? (g) 점 A에서 전기퍼텐셜은 얼마인가?

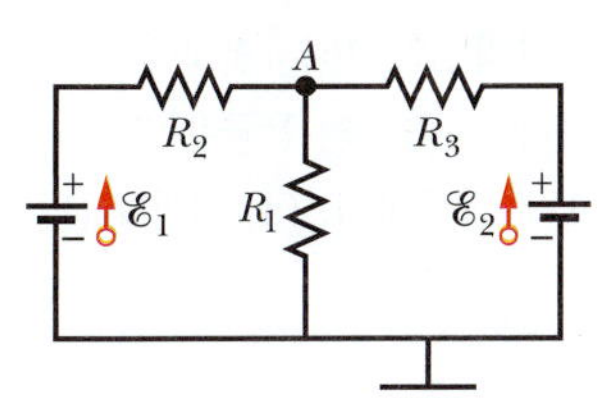

그림 27.24 연습문제 43

44 E RC 회로에서 기전력 $\mathscr{E} = 12.0$ V, 저항 $R = 3.00$ MΩ, 전기용량 $C = 1.80$ μF이다. (a) 시간상수를 구하여라. (b) 축전기에 충전되는 최대 전하량을 구하여라. (c) 16.0 μC의 전하가 축전기에 충전되는 데 걸리는 시간을 구하여라.

45 M 그림 27.25*a*에서 이상적인 전지의 기전력은 $\mathscr{E} = 6.0$ V이다. 그림 27.25*b*의 그림 1은 R_1에 흐르는 전류 i와 전기퍼텐셜차 V와의 관계를 나타낸 그래프이다. V축의 눈금은 $V_s = 36.0$ V이고, i축의 눈금은 $i_s = 3.00$ mA이다. 그림 2와 3은 각각 저항 2와 저항 3에 흐르는 전류와 V의 관계를 나타낸 그래프이고, 퍼텐셜을 변화시키며 각각 검증한 결과이다. 그림 27.25*a*의 회로에 있는 저항 2에 흐르는 전류는 얼마인가?

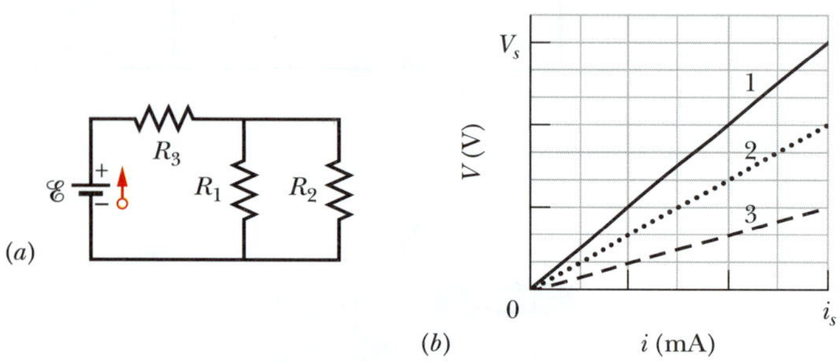

그림 27.25 연습문제 45

46 M 그림 27.3.1에서 $\mathscr{E} = 5.00$ V, $r = 100$ Ω, $R_1 = 250$ Ω, $R_2 = 300$ Ω이다. 전압계의 저항이 $R_V = 5.0$ kΩ이면 R_1 양쪽의 퍼텐셜차를 읽을 때 오차는 몇 퍼센트인가? 전류계는 없다고 가정한다.

47 M 그림 27.26에서 (이상적인 전지의) 기전력이 $\mathscr{E} = 10$ V이고, $R_1 = 2.0$ Ω, $R_2 = 6.0$ Ω, $R_3 = 6.0$ Ω일 때 (a) 전류계에 흐르는 전류는 얼마인가? (b) 이제 전류계와 전지의 위치를 바꾸었다. 전류계의 눈금은 변하지 않음을 증명하여라.

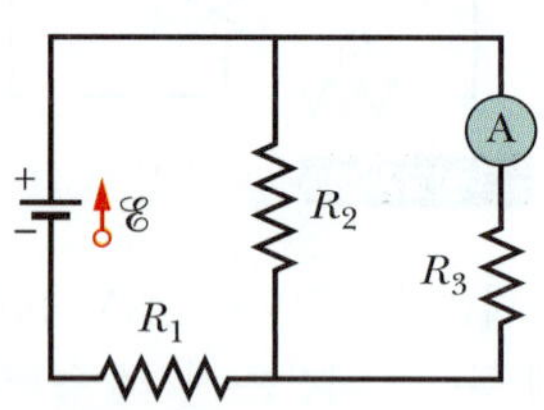
그림 27.26 연습문제 47

48 M 망가지지 않고 최대 1.0 W의 에너지를 방출할 수 있는 10 Ω의 저항이 있다. 이 저항을 직렬 또는 병렬로 연결하여 최소 5.0 W의 에너지를 소모할 수 있는 조합을 만드는 데 필요한 최소 저항의 수는 얼마인가?

49 M 그림 27.27*a*에서 저항 3은 가변저항이고, 이상적인 전지의 기전력은 $\mathscr{E} = 12$ V이다. 그림 27.27*b*는 전지에 흐르는 전류 i와 R_3의 관계를 나타낸 그래프이다. 수평축의 눈금은 $R_{3s} = 20$ Ω이다. $R_3 \to \infty$일 때 전류는 2.0 mA에 접근한다. (a) 저항 R_1과 (b) 저항 R_2의 값은 얼마인가?

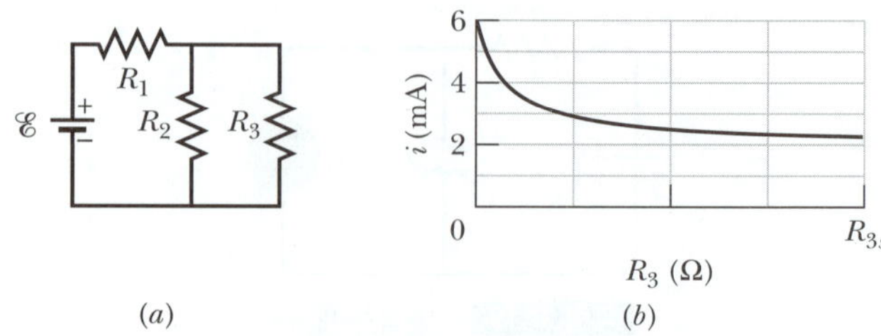

그림 27.27 연습문제 49

50 E 기전력 $\mathscr{E}$가 3.0 V, 내부 저항 1.0 Ω인 전지에 저항이 5.0 Ω인 도선을 연결하였다. 2.0분 동안 (a) 전기에너지로 전환된 화학에너지는 얼마인가? (b) 도선에서 열에너지로 소모된 에너지는 얼마인가? (c) 전지에서 열에너지로 소모된 에너지는 얼마인가?

51 H 그림 27.28에서 전지 1의 기전력은 $\mathscr{E}_1 = 12.0$ V이고 내부저항은 $r_1 = 0.016$ Ω이며, 전지 2의 기전력은 $\mathscr{E}_2 = 12.0$ V이고 내부저항은 $r_2 = 0.014$ Ω이다. 두 전지를 저항 R과 직렬로 연결하였다. (a) 두 전지 중 한 전지의 양 끝 퍼텐셜차를 0으로 만드는 저항 R은 얼마인가? (b) 그 전지는 어느 것인가?

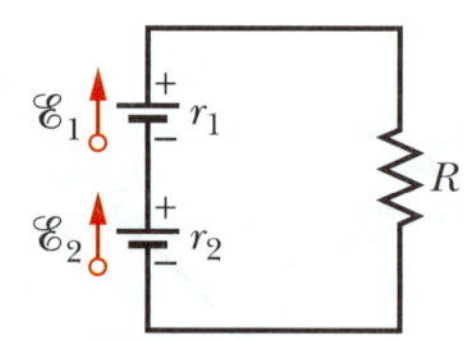
그림 27.28 연습문제 51

52 E 18.0 Ω의 저항기 네 개를 36.0 V의 이상적인 전지에 병렬로 연결하였다. 전지에 흐르는 전류는 얼마인가?

53 M (a) 그림 27.29에서 회로에 흐르는 전류가 1.0 mA가 되려면 R 값은 얼마가 되어야 하는가? $\mathscr{E}_1 = 4.0$ V, $\mathscr{E}_2 = 3.0$ V이고, $r_1 = r_2 = 3.0$ Ω이다. (b) 저항 R에서 어떤 비율로 열에너지가 발생하는가?

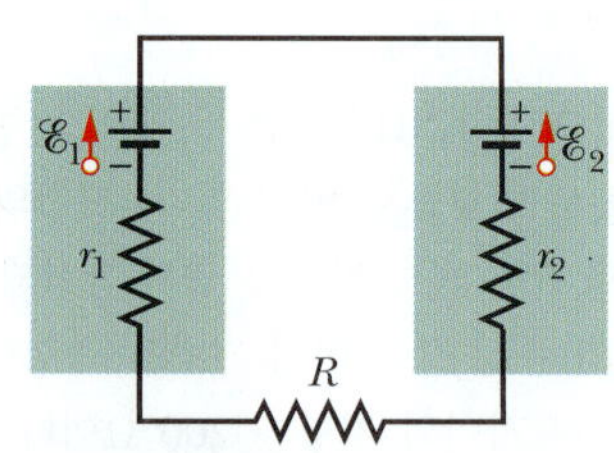
그림 27.29 연습문제 53

54 E 기전력 6.0 V의 충전용 전지를 회로에 연결하고 6.0분 동안 3.5 A의 전류를 흐르게 한다. 전지의 화학에너지는 얼마나 감소하는가?

55 M 그림 27.30에서 저항 6에 흐르는 전류는 $i_6 = 2.00$ A이고, 저항은 $R_1 = R_2 = R_3 = 2.0$ Ω, $R_4 = 16.0$ Ω, $R_5 = 8.00$ Ω, $R_6 = 4.00$ Ω이다. 이상적인 전지의 기전력은 얼마인가?

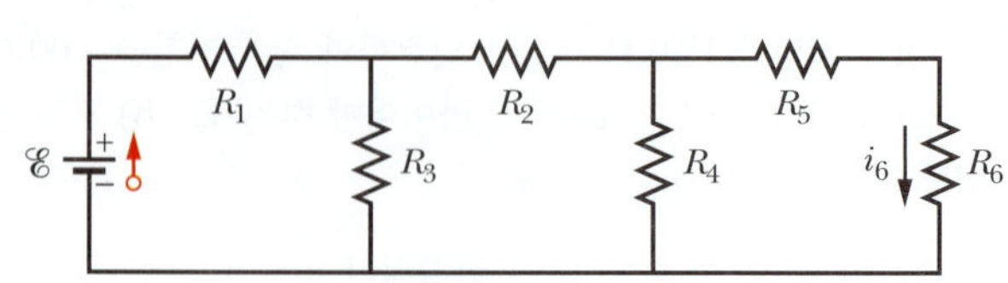
그림 27.30 연습문제 55

56 **E** (a) 기전력 20.0 V의 이상적인 전지가 전지의 양극에서 음극으로 이동하는 전자 하나에 대해 한 일은 몇 전자볼트인가? (b) 매초 3.40×10^{18}개의 전자가 이동할 경우 전지의 일률은 몇 와트인가?

57 **M** 그림 27.31은 회로의 한 부분이다. 저항은 $R_1 = 2.0\ \Omega$, $R_2 = 4.0\ \Omega$, $R_3 = 6.0\ \Omega$이고, 전류는 $i = 5.0$ A이다. 회로의 나머지 부분과 연결하는 두 점 A와 B 사이의 퍼텐셜차는 $V_A - V_B = 78$ V이다. (a) 그림에서 "상자"로 표시한 장치는 에너지를 흡수하는가, 공급하는가? (b) 일률은 얼마인가?

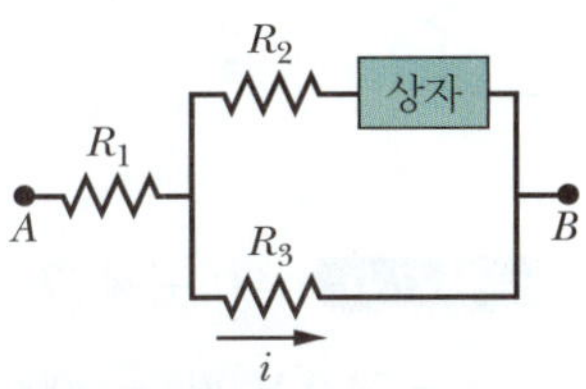

그림 27.31 연습문제 57

58 **M** 그림 27.32에서 균일한 저항 R_0에 전지를 연결하였다. 저항의 왼쪽 끝 $x = 0$에서 오른쪽 $x = 10$ cm인 곳까지 움직이는 가변 접합점이 있다. 가변 접합점의 위치에 따라 저항의 왼쪽과 오른쪽의 저항값이 변한다. 저항 R에서 소모되는 에너지소모율을 x의 함수로 구하여라. $\mathscr{E} = 50$ V, $R = 2000\ \Omega$, $R_0 = 100\ \Omega$일 때 그래프로 나타내어라.

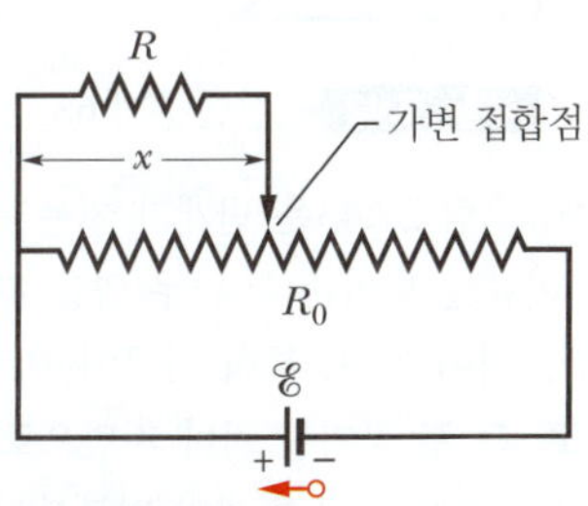

그림 27.32 연습문제 58

59 **M** 그림 27.33에서 저항 $R_1 = 1.0\ \Omega$, $R_2 = 2.0\ \Omega$이고, 이상적인 전지의 기전력은 $\mathscr{E}_1 = 1.0$ V, $\mathscr{E}_2 = \mathscr{E}_3 = 4.0$ V이다. 전지 1에 흐르는 전류의 (a) 크기와 (b) 방향(위 혹은 아래)은 무엇인가? 전지 2에서 전류의 (c) 크기와 (d) 방향은 무엇인가? 전지 3에서 전류의 (e) 크기와 (f) 방향은 무엇인가? (g) 퍼텐셜차 $V_a = V_b$는 얼마인가?

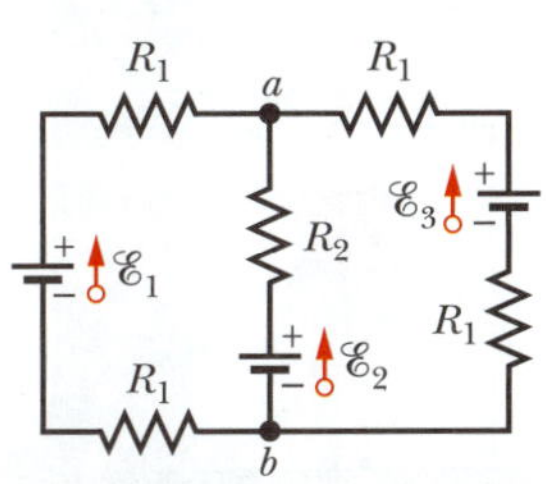

그림 27.33 연습문제 59

60 **E** 그림 27.34에 있는 이상적인 전지의 기전력은 각각 $\mathscr{E}_1 = 16$ V, $\mathscr{E}_2 = 6.0$ V이다. 저항은 각각 $R_1 = 4.0\ \Omega$, $R_2 = 8.0\ \Omega$이다. (a) 회로의 전류는 얼마인가? (b) 저항 1 (4.0 Ω)과 (c) 저항 2 (8.0 Ω)에서 소모율은 얼마인가? (d) 전지 1과 (e) 전지 2의 에너지 전달률은 얼마인가? (f) 전지 1과 (g) 전지 2에서 에너지는 각각 흡수되는가, 방출되는가?

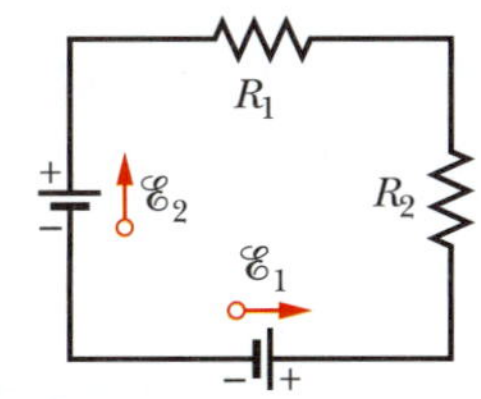

그림 27.34 연습문제 60

61 **M** 그림 27.35에서 저항 $R = 5.00\ \Omega$의 저항을 기전력 $\mathscr{E} = 12.0$ V의 이상적인 전지에 구리 도선으로 연결하였다. 각 구리 도선은 길이가 20.0 cm이고 반지름이 1.00 mm이다. 이 장에서는 회로를 다룰 때 통상적으로 도선에서의 퍼텐셜차와 열에너지로 전달되는 에너지는 무시하였다. 그림 27.35와 같은 회로에서 이와 같이 무시하는 것이 가능함을 확인하여라. (a) 저항과 (b) 각 도선에서 퍼텐셜차는 얼마인가? (c) 저항과 (d) 각 도선에서 열에너지의 소모율은 얼마인가?

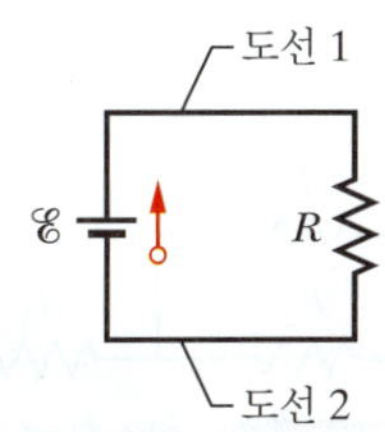

그림 27.35 연습문제 61

62 **M** 그림 27.36에서 병렬 연결된 n개의 저항을 이상적인 전지와 한 개의 저항에 직렬로 연결하였다. 모든 저항의 크기는 같다. 동일한 저항 하나를 병렬 연결된 저항에 병렬로 연결하면 전지를 통하여 흐르는 전류는 1.25%만큼 변한다. n값은 얼마인가?

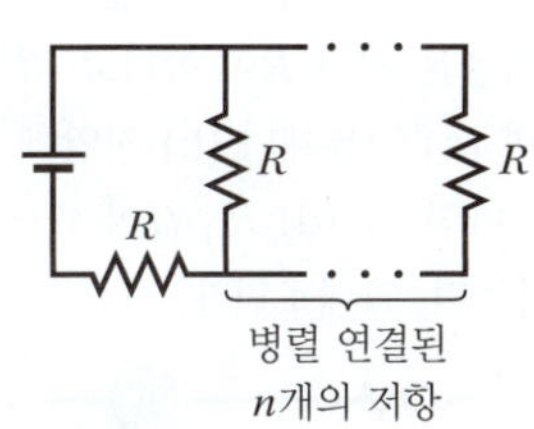

그림 27.36 연습문제 62

63 **M** 그림 27.37에서 $R_1 = 6.00\ \Omega$, $R_2 = 18.0\ \Omega$이며, 이상적인 전지의 기전력은 $\mathscr{E} = 24.0$ V이다. (a) 전류 i_1의 크기, (b) (왼쪽, 오른쪽의) 방향은 무엇인가? (c) 1.00 분 동안 모든 네 저항에서 소모된 에너지는 얼마인가?

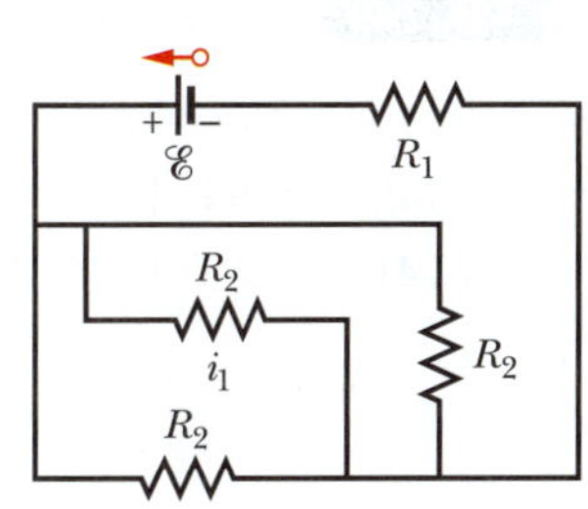

그림 27.37 연습문제 63

64 M 그림 27.38*a*의 회로에서 두 전지의 기전력은 각각 $\mathscr{E}$ = 1.20 V이고 외부 저항 R은 가변저항이다. 그림 27.38*b*는 각 전지 양 끝의 전기퍼텐셜 V를 R의 함수로 나타낸 그래프이다. 곡선 1, 2는 각각 전지 1, 2에 해당한다. 수평축의 눈금은 R_s = 0.20 Ω이다. (a) 전지 1과 (b) 전지 2의 내부 저항은 얼마인가?

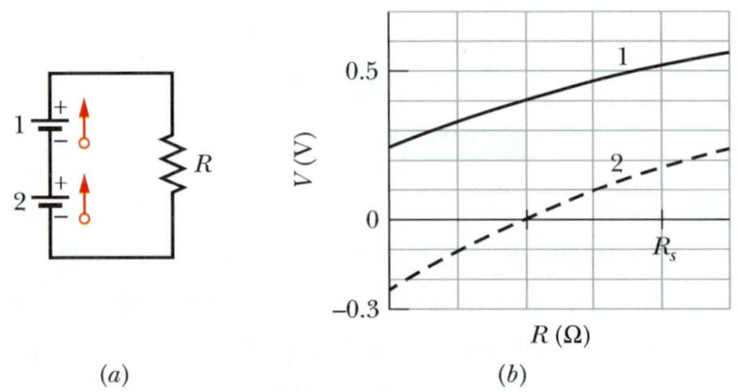

그림 27.38 연습문제 64

65 E 그림 27.39에서 $R_1 = R_2$ = 4.00 Ω이고 R_3 = 3.00 Ω이다. 점 D와 E 사이의 등가저항을 구하여라. (힌트: 두 점 사이에 전지가 연결되었다고 상상하여라.)

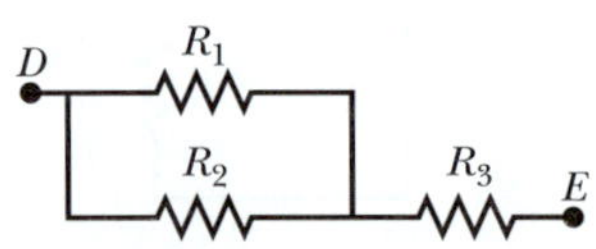

그림 27.39 연습문제 65

66 M 그림 27.40에서 저항 R을 측정하기 위해 저항 R_V = 300 Ω의 전압계와 저항 R_A = 3.00 Ω의 전류계를 저항 R_0 = 100 Ω과 기전력 $\mathscr{E}$ = 24.0 V의 전지가 있는 회로에 연결하였다. 저항 R은 $R = V/i$로 주어지며, V는 R 사이의 퍼텐셜이고, i는 전류계의 눈금이다. 전압계의 눈금은 V'으로 V와 전류계 사이의 퍼텐셜차의 합이다. 따라서 두 측정기가 측정한 값의 비율은 저항 R이 아니고 *겉보기* 저항 $R' = V/i'$이다. R = 85.0 Ω이면 (a) 전류계와 (b) 전압계의 측정 값은 각각 얼마이며 (c) R' 값은 얼마인가? (d) R_A 값이 줄어들면 R'과 R의 차이는 증가하는가, 감소하는가, 그대로인가?

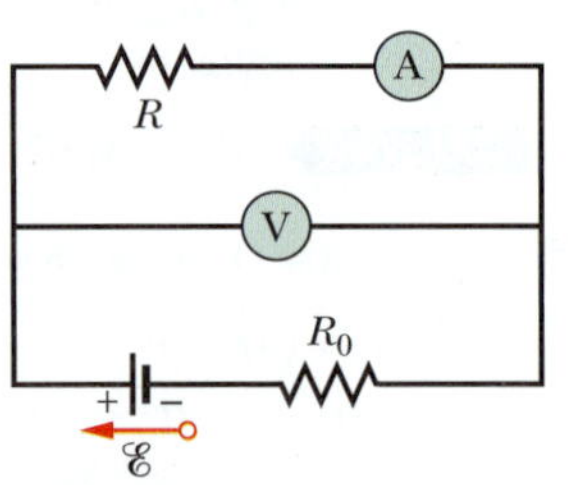

그림 27.40 연습문제 66

67 M 그림 27.41*a*에 있는 전지는 모두 이상적인 전지이다. 전지 1의 기전력은 $\mathscr{E}_1$으로 고정되어 있고, 전지 2의 기전력 $\mathscr{E}_2$는 1.0 V에서 10 V까지 변할 수 있다. 그림 27.41*b*는 두 전지 사이를 흐르는 전류를 $\mathscr{E}_2$의 함수로 나타낸 그래프이다. 수직축의 눈금은 i_s = 0.20 A이다. 어느 그래프가 어느 전지에 해당하는지 결정해야 하지만, 두 그래프에서 모두 전지를 통하여 흐르는 전류의 방향이 전지의 기전력 방향과 반대인 경우에 전류가 음수이다. (a) 기전력 $\mathscr{E}_1$, (b) 저항 R_1, (c) 저항 R_2는 얼마인가?

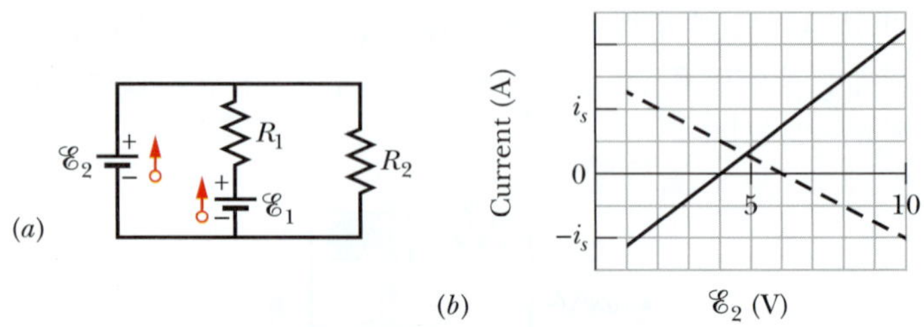

그림 27.41 연습문제 67

68 M 그림 27.42에서 $\mathscr{E}$ = 24.0 V, R_1 = 2000 Ω, R_2 = 3000 Ω, R_3 = 4000 Ω이다. 퍼텐셜차 (a) $V_A - V_B$, (b) $V_B - V_C$, (c) $V_C - V_D$, (d) $V_A - V_C$를 구하여라.

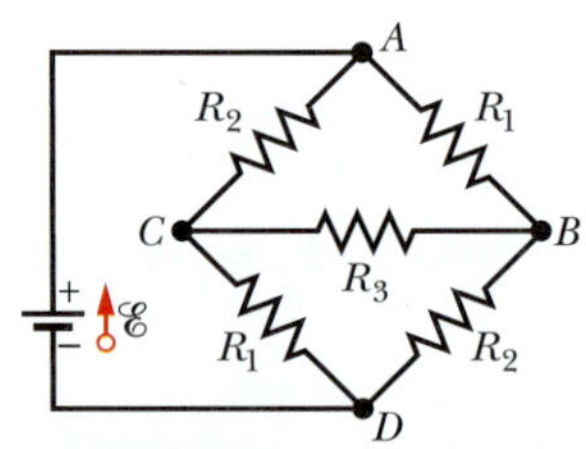

그림 27.42 연습문제 68

69 M BIO *옆 섬광*. 그림 27.43은 번개가 치는 폭풍우 속에서 나무 옆에 있으면 위험한 이유를 보여준다. 나무 옆을 따라 흐르던 번개 전류의 일부가 사람에게 튀어 간다. 특히 나무에 흐르는 전류가 가지의 마른 부분에 도달하고, 그 후 공기를 지나 지면으로 흐를 때 일어난다. 그림에서 공중으로 거리 d만큼 튄 번개의 일부분이 사람을 통해서 지면으로 흐른다고 하자. (사람의 저항은 공기의 저항에 비하면 인체 내의 전해질 때문에 무시할 정도로 작다.) 나머지 전류는 거리 만큼 나무를 따라 지면으로 흐른다. d/h = 0.400이고 전체 전류가 I = 3000 A이면 사람을 통해서 흐르는 전류는 얼마인가?

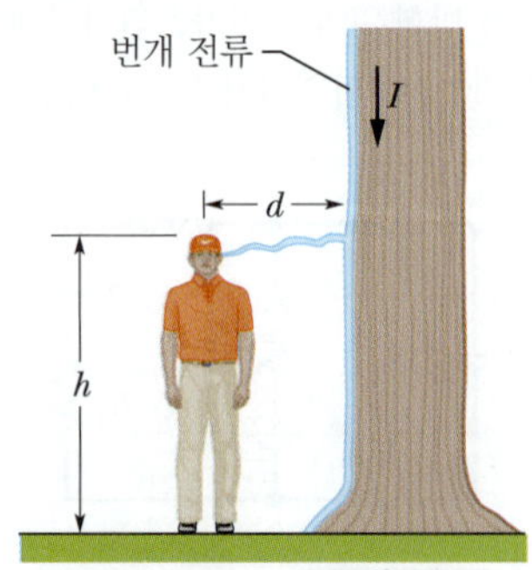

그림 27.43 연습문제 69

제 28 장

자기장

Magnetic Fields

28.1 ▸ 자기장과 $\vec{B}$의 정의

요점 *Key Ideas*

1. 대전입자가 자기장 $\vec{B}$를 지날 때 입자에 작용하는 자기력은 다음과 같다.

$$\vec{F}_B = q(\vec{v} \times \vec{B}).$$

여기서 q는 (부호가 포함된) 입자의 전하이고, $\vec{v}$는 입자의 속도이다.

2. 벡터곱에 대한 오른손 규칙을 사용하면 $\vec{v} \times \vec{B}$의 방향을 구할 수 있다. q의 부호로 $\vec{F}_B$가 $\vec{v} \times \vec{B}$와 같은 방향인지, 반대 방향인지 결정한다.

3. $\vec{F}_B$의 크기는

$$F_B = |q|vB \sin\phi$$

이고, ϕ는 $\vec{v}$와 $\vec{B}$ 사이의 각도이다.

학습목표 *Learning Objectives*

이 단원을 읽은 후 다음을 이해해야 한다.

28.1.1 전자석과 영구자석을 구분한다.

28.1.2 자기장은 벡터량이고, 따라서 크기와 방향이 있다.

28.1.3 자기장 속에서 움직이는 대전입자에 일어나는 현상에 의해 자기장을 어떻게 정의할 수 있는지 설명한다.

28.1.4 균일한 자기장을 지나는 대전입자에 대해 힘의 크기 F_B, 전하 q, 속력 v, 자기장의 크기 B와 속도벡터 $\vec{v}$의 방향과 자기장 벡터 $\vec{B}$의 방향 사이의 각도 ϕ 사이의 관계를 구한다.

28.1.5 균일한 자기장 안으로 보낸 대전입자에 대해 (1) 오른손 규칙을 이용해 벡터곱 $\vec{v} \times \vec{B}$의 방향을 구하고 (2) 전하 q에 의한 방향에 대한 효과를 결정하여 자기력 $\vec{F}_B$의 방향을 결정한다.

28.1.6 단위벡터 표현법과 크기-각도 표현법으로 벡터곱 $q(\vec{v} \times \vec{B})$를 계산하여 움직이는 대전입자에 작용하는 자기력 $\vec{F}_B$를 구한다.

28.1.7 자기력 벡터 $\vec{F}_B$는 항상 속도벡터 $\vec{v}$와 자기장 벡터 $\vec{B}$에 수직이다.

28.1.8 자기력이 입자의 속력과 운동에너지에 미치는 영향을 알아본다.

▶ 어떤 물리현상을 다루는가?

이미 논의했던 대로 물리학에서 *전기장*의 중요한 목표는 전기장이 대전된 물체에 어떻게 *전기력*을 작용하는가였다. 이 장에서는 이것과 밀접한 관계가 있는, *자기장*이 움직이는 대전입자나 자석과 같이 자성을 띤 물체에 어떻게 *자기력*을 작용하는가를 공부하는 것이다. 냉장고 문에 작은 자석을 붙여본 일이 있다든지 우연히 신용카드를 자석 근처로 움직여서 그 기능이 지워졌다든지 하는 경험으로 자기장에 대해서 막연하나마 어떤 짐작을 했을 것이다. 자석은 자기장을 통해 문이나 신용카드에 작용한다.

자기장과 자기력의 응용은 무한히 많고 그 기능도 눈부시게 발전하고 있다. 여기서 자기를 응용하는 예를 들어보겠다. 광고회사는 녹음테이프와 비디오 테이프에 음악과 영상을 담을 때 자기기록을 사용하고 있다. 오늘날에는 자기 기록 대신 디지털 기술을 널리 쓰고 있지만 산업체에서는 아직도 자석을 이용하여 CD와 DVD 플레이어, 컴퓨터 하드 드라이버 등을 제어하고 있다. 또한 헤드폰의 스피커, TV, 컴퓨터, 전화기 등에서도 자석을 널리 사용한다. 최신 자동차는 엔진점화장치, 자동문, 선루프, 와이퍼 등의 작동에 자석이 필요하기 때문에 수십 개의 자석이 장착되어 있다. 그리고 대부분의 경보장치, 초인종, 자동문 잠금장치 등에도 자석이 있다. 결국 온 세상이 자석으로 둘러싸여 있다.

자기장의 과학은 물리학이고, 자기장의 응용은 공학이다. 과학과 응용은 모두 "무엇이 자기장을 만드는가?"라는 질문으로 시작한다.

28.1.9 자석은 자기쌍극자이다.

28.1.10 반대의 자기극은 서로 잡아당기고, 같은 자기극은 서로 밀어낸다.

28.1.11 시작점과 끝점, 그리고 간격이 나타내는 것을 포함하여 자기력선을 설명한다.

Stockbyte/Getty Images

그림 28.1.1 제철공장에서 전자석을 이용하여 쇠붙이를 골라내서 운반한다.

무엇이 자기장을 만드는가?

전하가 전기장 $\vec{E}$을 만들기 때문에 자하가 자기장을 만들 것으로 짐작하기 쉽다. *자기홀극*이라고 부르는 단일 자하는 이론적으로만 가능할 뿐 그 존재는 아직 확인되지 않았다. 그렇다면 자기장은 어떻게 만들어질까? 다음의 두 가지 방법이 있다.

한 가지 방법은 전기적으로 대전된 입자의 운동을 이용하는 것으로, 이를테면 도선에 흐르는 전류를 이용하여 **전자석**을 만드는 것이다. 예컨대 컴퓨터 하드 드라이버를 조정하거나 또는 그림 28.1.1처럼 쇠붙이를 분류하는 데 사용할 수 있는 자기장을 만든다. 전류가 만드는 자기장에 대해서는 29장에서 논의하겠다.

다른 방법은 소립자가 만드는 자기장이다. 전자와 같은 소립자는 *고유의* 자기장을 갖고 있기 때문이다. 따라서 질량이나 전하(혹은 전하가 없는)가 물질의 기본 특성이듯이, 자기장 또한 물질의 기본 특성 중의 하나이다. 32장에서 논의하겠지만 어떤 물질에서는 주위에 알짜 자기장을 만들 때 전자가 만드는 자기장을 더한 효과를 고려해야 한다. 이렇게 더해지는 자기장은 냉장고에 메모지를 붙이기 위해 사용하는 **영구자석**이 영구 자기장을 만들게 한다. 다른 물질인 경우에는 전자의 자기장이 서로 상쇄되어서 알짜 자기장을 만들지 못한다. 인체에 영구 자기장이 없는 이유는 전자의 자기장들이 서로 상쇄되기 때문이다. 인체에 자기장이 있다면 냉장고 앞을 스쳐 지나갈 때마다 냉장고 문이 열리게 되므로, 그렇지 않은 것이 천만다행이다.

이 장에서 제일 먼저 할 일은 자기장 $\vec{B}$를 정의하는 것이다. 여기서는 대전입자가 자기장 안에서 움직일 때 자기력 $\vec{F}_B$가 입자에 작용한다는 실험식을 이용한다.

자기장 $\vec{B}$의 정의

23장에서 전하 q의 시험입자를 전기장 안에 정지시켜 놓고, 시험입자에 작용하는 전기력 $\vec{F}_E$를 측정하여 전기장 $\vec{E}$를 다음과 같이 정의하였다.

$$\vec{E} = \frac{\vec{F}_E}{q}. \tag{28.1.1}$$

만일 시험전하와 같이 자하(자기홀극)가 존재한다면 자기장 $\vec{B}$도 같은 방법으로 정의할 수 있을 것이다. 그러나 자기홀극은 아직도 발견되지 않았으므로, 자기장 $\vec{B}$는 자기장 안에서 운동하는 대전입자 q가 자기력 $\vec{F}_B$의 영향을 받는 방법으로 정의할 수밖에 없다.

▸***움직이는 대전입자.*** 자기장 $\vec{B}$를 정의하고자 하는 위치에 대전입자를 여러 속력으로 발사하여 그곳에서 입자에 작용하는 자기력 $\vec{F}_B$를 측정해서 자기장 $\vec{B}$를 정의할 수 있다. 이때 입자의 속도 $\vec{v}$가 측정위치를 지나는 특정 방향의 축에 나란하면 자기력 $\vec{F}_B$가 0이 되는 사실을 발견할 수 있다. 다른 방향의 속도 $\vec{v}$에서는 자기력이 0인 축 방향과 속도 $\vec{v}$의 방향 사이의 각도가 ϕ일 때 자기력 $\vec{F}_B$의 크기는 항상 $qv\sin\phi$에 비례한다. 또한 자기력 $\vec{F}_B$의 방향은 항상 속도 $\vec{v}$의 방향에 수직이다(이런 측정 결과로 미루어 보아 자기장의 정의식은 벡터곱으로 표현될 것으로 짐작할 수 있다).

▸***자기장.*** 자기장 $\vec{B}$는 자기력 $\vec{F}_B$가 0인 축 방향에 나란한 벡터량으로 정의할 수 있다. 한편 속도 $\vec{v}$가 축 방향에 수직일 때 작용하는 자기력 $\vec{F}_B$의 크기를 측정하여 자기장 $\vec{B}$의 크기를 다음과 같이 정의한다.

$$B = \frac{F_B}{|q|v}.$$

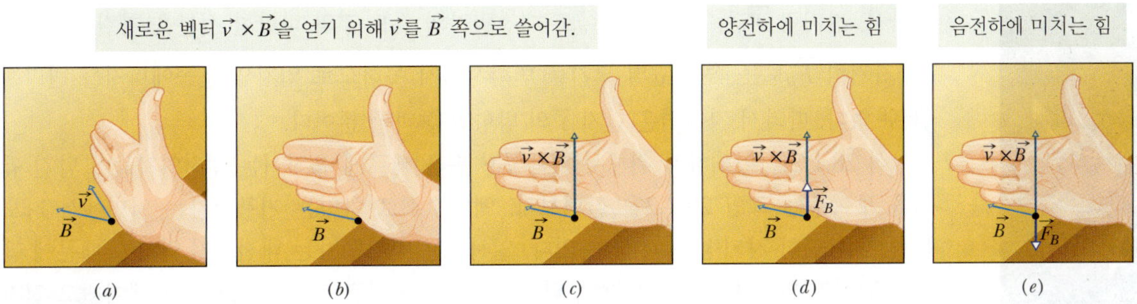

그림 28.1.2 (a)~(c) 오른손 규칙. 두 벡터의 사이각(예각) ϕ를 따라 속도 $\vec{v}$에서 자기장 $\vec{B}$로 손바닥을 쓸어갈 때 곧추세운 엄지 방향이 $\vec{v} \times \vec{B}$의 방향이다. (d) q가 양전하이면 $\vec{F}_B = q\vec{v} \times \vec{B}$의 방향은 $\vec{v} \times \vec{B}$의 방향이다. (e) q가 음전하이면 $\vec{F}_B$의 방향은 $\vec{v} \times \vec{B}$의 방향과 반대이다.

여기서 q는 입자의 전하이다.

지금까지의 모든 결과를 다음의 벡터방정식으로 쓸 수 있다.

$$\vec{F}_B = q\vec{v} \times \vec{B}. \tag{28.1.2}$$

즉, 대전입자에 작용하는 자기력 $\vec{F}_B$는 전하 q와 속도 $\vec{v}$, 자기장 $\vec{B}$ 사이의 벡터곱이다. 벡터곱에 대한 식 3.3.5를 이용하여 자기력 $\vec{F}_B$의 크기를

$$F_B = |q|vB \sin \phi \tag{28.1.3}$$

로 쓸 수 있다. 여기서 ϕ는 속도 $\vec{v}$와 자기장 $\vec{B}$ 사이의 각도이다.

입자에 작용하는 자기력의 방향 구하기

자기력에 관한 식 28.1.3에서 자기력 $\vec{F}_B$의 크기는 전하 q와 속력 v에 비례한다. 따라서 전하가 0이거나 입자가 정지해($v = 0$) 있으면 자기력은 0이다. 그리고 식 28.1.3에 따르면 $\vec{v}$와 $\vec{B}$가 나란하거나($\phi = 0°$) 반대 방향이면($\phi = 180°$) 자기력의 크기가 0이고, $\vec{v}$와 $\vec{B}$가 서로 수직일 때 자기력이 가장 크다.

▸***방향.*** 또한 식 28.1.2로부터 자기력 $\vec{F}_B$의 방향도 알 수 있다. 3.3단원으로부터, 식 28.1.2에 있는 벡터곱 $\vec{v} \times \vec{B}$는 두 벡터 $\vec{v}$와 $\vec{B}$에 수직이다. 오른손 규칙에 의하면(그림 28.1.2a~c 참조) $\vec{v}$에서 $\vec{B}$로 쓸어가는 방향으로 손가락들을 놓을 때 엄지가 $\vec{v} \times \vec{B}$와 방향을 가리킨다. 만약 q가 양수이면 식 28.1.2에 따라 자기력 $\vec{F}_B$는 $\vec{v} \times \vec{B}$와 부호가 같고 따라서 나란하다. 즉, q가 양수이면 $\vec{F}_B$는 엄지 방향이다(그림 28.1.2d 참조). 만약 q가 음수이면 자기력 $\vec{F}_B$와 벡터곱 $\vec{v} \times \vec{B}$는 반대 부호를 가지므로 반대 방향이다. 따라서 q가 음수이면 $\vec{F}_B$는 엄지와 반대 방향이다(그림 28.1.2e 참조). *주의*: 음의 q에 대한 이 효과를 무시하면 시험을 볼 때 흔한 실수를 하게 된다.

전하의 부호에 상관없이 다음과 같이 요약할 수 있다.

자기장 $\vec{B}$ 안에서 속도 $\vec{v}$로 움직이는 대전입자에 작용하는 자기력 $\vec{F}_B$는 *항상* $\vec{v}$와 $\vec{B}$에 수직이다.

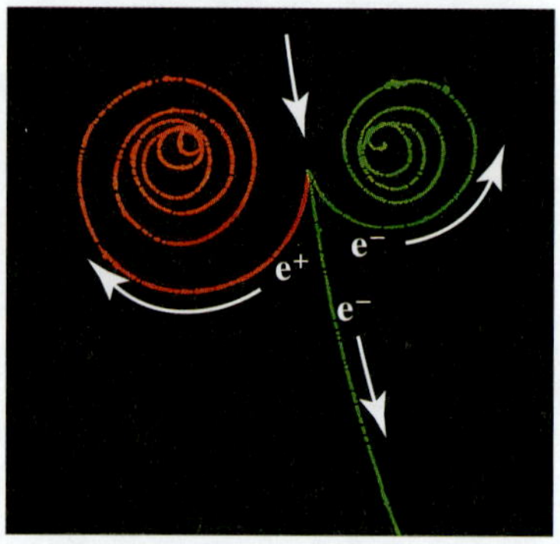

Lawrence Berkeley Laboratory/Science Source

그림 28.1.3 ▶ 지면에서 나오는 균일한 자기장이 걸린 거품상자 안에 생긴 전자(e^-)와 양전자(e^+)의 궤적.

따라서, 자기력 $\vec{F}_B$는 *어떤 경우에도* 대전입자의 속도 $\vec{v}$와 나란한 성분을 가질 수 *없다*. 즉, 자기력 $\vec{F}_B$로는 속도 $\vec{v}$의 크기를 변화시키지 못하므로 입자의 운동에너지를 변화시킬 수 없다. 따라서 자기력은 단지 $\vec{v}$의 방향만을 바꿀 뿐이다.

식 28.1.2를 이해하기 위해서 *거품상자* 속을 빠르게 움직이는 대전입자들이 남긴 궤적을 보여주는 그림 28.1.3을 살펴보자. 액체수소로 차있는 거품상자는 지면에서 나오는 방향의 강한 자기장 속에 놓여 있다. 입사하는 감마입자는 대전되지 않았기 때문에 궤적을 남기지 않으며 수소 원자로부터 전자(e^-로 표시된 긴 궤적)를 하나 떼어내고 전자(e^-로 표시된 나선형 궤적)와 양전자(e^+로 표시된 나선형 궤적)로 변환된다. 음으로 대전된 두 입자와 양으로 대전된 한 입자의 궤적이 적절한 방향으로 굽어 있는지 식 28.1.2와 그림 28.1.2를 이용하여 확인할 수 있다.

▶***단위.*** 자기장 $\vec{B}$의 SI 단위는 식 28.1.2와 식 28.1.3에서 알 수 있듯이 뉴턴/쿨롱 × (미터/초)이고 간단히 **테슬라**(T)라고 한다. 즉 다음과 같다.

$$1\ \text{테슬라} = 1\ \text{T} = 1\ \frac{\text{뉴턴}}{(\text{쿨롱})(\text{미터/초})}.$$

여기서 단위시간당 쿨롱이 암페어이므로

$$1\ \text{T} = 1\ \frac{\text{뉴턴}}{(\text{쿨롱})(\text{미터/초})} = 1\ \frac{\text{N}}{\text{A}\cdot\text{m}} \tag{28.1.4}$$

이다. 또한 보통 쓰는 이전의 단위(SI 단위가 아님)인 *가우스*(G)는 다음과 같다.

$$1\ \text{테슬라} = 10^4\ \text{가우스}. \tag{28.1.5}$$

표 28.1.1 몇몇 자기장의 크기

중성자별의 표면	10^8 T
큰 전자석 근처	1.5 T
작은 막대자석 근처	10^{-2} T
지면	10^{-4} T
별 사이의 공간	10^{-10} T
자기차폐로 얻을 수 있는 가장 약한 자기장	10^{-14} T

표 28.1.1에 몇몇 자기장의 크기가 있다. 지면에서의 자기장은 약 10^{-4} T(100 μT 또는 1 G)이다.

확인문제 28.1.1

그림은 균일한 자기장 $\vec{B}$를 속도 $\vec{v}$로 통과하는 대전입자가 움직이는 세 경우이다. 입자에 작용하는 자기력 $\vec{F}_B$의 방향을 각각 구하여라.

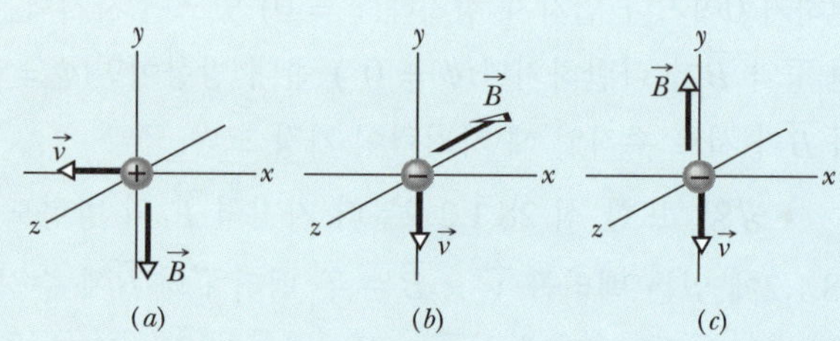

자기장선

전기장처럼 자기장을 자기장선으로 나타낼 수 있으며 전기장선과 비슷한 규칙을 적용할 수 있다. 즉, (1) 자기장선 위 한 점에서의 접선방향은 그 점에서 $\vec{B}$의 방향이다. (2) 자기장선 사이의 간격은 $\vec{B}$의 크기를 나타낸다. 자기장선이 촘촘한 지역에서 자기장이 세고, 성긴 지역에서 자기장이 약하다.

그림 28.1.4*a*는 *막대자석* 근처의 자기장을 자기장선으로 나타낸 것이다. 모든 자기장선은 막대자석을 통과하고 닫힌 고리를 형성한다. 막대자석 밖을 보면 막대자석의 양 끝에서 자기장선 사이의 간격이 가장 촘촘하므로 자기장이 가장 세다. 따라서 그림 28.1.4*b*처럼 막대자석은 주로 자석의 양쪽 끝에서 쇠붙이를 끌어 모은다.

▸***두 개의 극.*** 자기장선은 자석의 한 끝에서 나와서 다른 끝으로 들어간다. 자기장선이 나오는 자석의 끝을 *북극*(N)이라 부르며 들어가는 끝을 *남극*(S)이라고 부른다. 자석은 극이 두 개이므로 **자기쌍극자**라고 한다. 냉장고 문에 메모지를 붙이기 위해 사용하는 자석들은 작은 막대자석이다. 그림 28.1.5는 흔히 볼 수 있는 두 종류의 자석이다. 하나는 *말굽자석*이고 다른 하나는 자석의 두 극면들이 마주 보도록 C자 모양으로 구부린 자석이다. 그러나 자석의 모양에 상관없이 두 개의 자석을 서로 가까이 하면 다음을 알 수 있다.

다른 극은 서로 잡아당기고 같은 극은 서로 밀어낸다.

두 자석을 손으로 잡고 가깝게 하면 두 자석 사이에 아무 접촉이 없기 때문에 이와 같이 잡아당기거나 미는 것은 거의 마술처럼 보일 것이다. 두 대전입자 사이의 정전기력에서 했던 것과 같이 이러한 접촉이 없는 힘은 볼 수 없는 자기장을 이용해 설명한다.

지구는 지구핵에서 만드는 자기장이 있다(다만 지구자기장이 어떻게 만들어지는가는 아직도 잘 모른다). 지면에서 나침반으로 지구자기장을 측정할 수 있다. 나침반의 가느다란 바늘이 바로 막대자석으로서 지구의 북극 쪽으로 끌리기 때문에 바늘이 돌아간다. 따라서 지구자기의 *남극*이 북극에 놓여 있음에 틀림없다. 논리적으로는 북극을 남극이라 불러야 마땅하다. 그러나 그 방향을 북쪽이라 부르기 때문에, 통상적으로 그 방향에 *지자기 북극*이 있다고 한다.

조심스럽게 지구의 자기장선을 측정해 보면 북반구에서의 방향은 일반적으로 땅 속 방향으로, 그리고 북극방향을 가리킴을 알 수 있다. 남반구에서는 일반적으로 지구 바깥 방향과 남극에서 멀어지는 방향을 가리킨다. 다시 말해서 *지자기 남극*에서 멀어지는 방향이다.

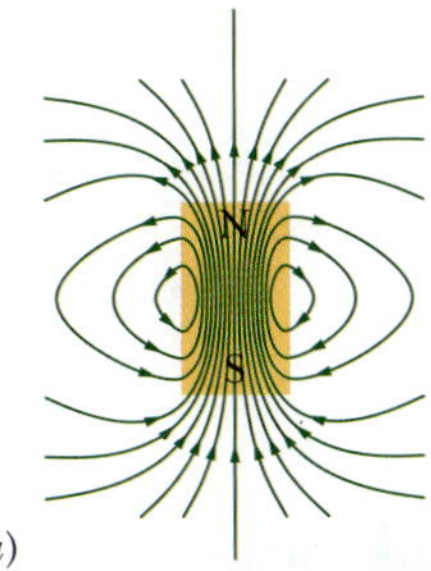

그림 28.1.4 (*a*) 막대자석의 자기장선. (*b*) 소(cow) 자석. 소가 우연히 쇠부스러기를 섭취하였을 때 그것이 장으로 들어가는 것을 예방하기 위하여 소의 위 속으로 밀어 넣는 막대자석. 자석의 끝에 달라붙는 쇳가루의 모양을 보면 자기장선을 알 수 있다.

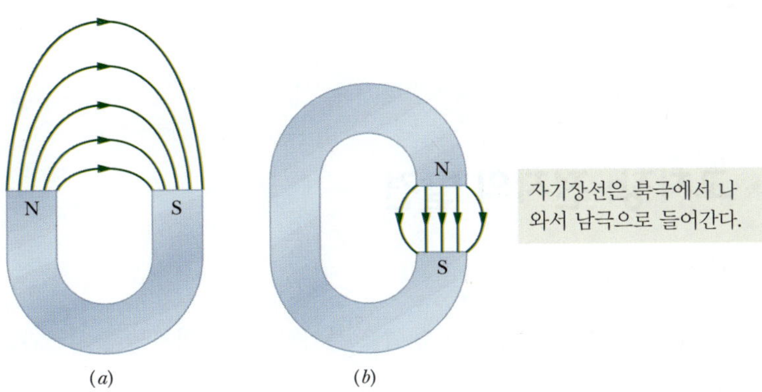

그림 28.1.5 (*a*) 말굽자석과 (*b*) C자형 자석의 외부 자기장선.

▸ 보기문제 28.1.1 움직이는 전하에 작용하는 자기력

그림 28.1.6에서 크기 1.2 mT의 균일한 자기장 $\vec{B}$가 지면에서 나오고 있다. 운동에너지 5.3 MeV의 양성자가 남쪽에서 북쪽으로 수평하게(자기장 방향과는 수직하게) 자기장 속으로 들어온다. 양성자가 자기장 속을 지나갈 때 어떤 자기력이 양성자에 작용하는가? 양성자의 질량은 1.67×10^{-27} kg이다. (지구자기장은 무시하여라).

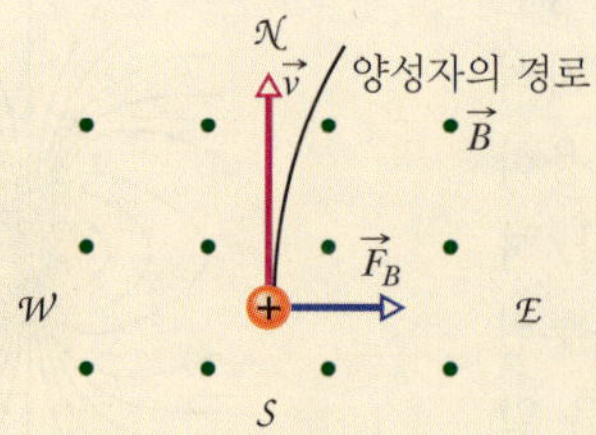

그림 28.1.6 남쪽에서 북쪽을 향하여 속도 $\vec{v}$로 균일한 자기장 속으로 들어오는 양성자를 위에서 본 그림. 자기장은 지면에서 나오는 방향이며 화살의 끝 모양인 점으로 표시되어 있다. 이때 양성자는 동쪽으로 휘게 된다.

요점

양성자는 양전하이고, 자기장 속을 운동하므로 자기력 $\vec{F}_B$가 작용할 수 있다. 양성자 속도의 초기 방향이 자기장선에 나란하지 않으므로 $\vec{F}_B$는 0이 아니다.

크기: 먼저 양성자의 속력을 구한 다음에 식 28.1.3($F_B = |q|vB \sin \phi$)을 써서 $\vec{F}_B$의 크기를 구할 수 있다. 운동에너지는 $K = \frac{1}{2}mv^2$이므로 여기서 v를 구할 수 있다. v에 대하여 풀면 다음을 얻는다.

$$v = \sqrt{\frac{2K}{m}} = \sqrt{\frac{(2)(5.3\ \text{MeV})(1.60 \times 10^{-13}\ \text{J/MeV})}{1.67 \times 10^{-27}\ \text{kg}}}$$
$$= 3.2 \times 10^7\ \text{m/s}.$$

▶ **교육용 비디오는 웹사이트 www.wiley.com에서 볼 수 있다.**

한편 식 28.1.3에서 다음을 얻는다.

$$\begin{aligned} F_B &= |q|vB \sin \phi \\ &= (1.60 \times 10^{-19}\ \text{C})(3.2 \times 10^7\ \text{m/s}) \\ &\quad \times (1.2 \times 10^{-3}\ \text{T})(\sin 90°) \\ &= 6.1 \times 10^{-15}\ \text{N}. \end{aligned}$$ (답)

이 크기가 작아 보이지만 질량이 작은 입자에 작용하기 때문에 가속도는 다음과 같이 매우 크다.

$$a = \frac{F_B}{m} = \frac{6.1 \times 10^{-15}\ \text{N}}{1.67 \times 10^{-27}\ \text{kg}} = 3.7 \times 10^{12}\ \text{m/s}^2.$$

방향: $\vec{F}_B$의 방향을 구하기 위해 $\vec{F}_B$는 벡터곱 $q\vec{v} \times \vec{B}$의 방향이라는 사실을 이용한다. 전하 q가 양수이므로, $\vec{F}_B$가 $\vec{v} \times \vec{B}$와 같은 방향이며 벡터곱에 대한 오른손 규칙을 이용하면 $\vec{F}_B$를 구할 수 있다(그림 28.1.2d 참조). $\vec{v}$는 북쪽 방향이고 $\vec{B}$는 지면에서 나오는 방향이다. 오른손 규칙에 의하면 그림 28.1.6처럼 $\vec{F}_B$는 수평으로 서쪽에서 동쪽 방향이어야 한다. (그림의 점은 자기장이 그림의 평면에서 나오는 것을 나타낸다. X로 나타낸 점은 자기장이 그 평면으로 들어가는 것을 나타낸다.)

만약 입자의 전하가 음이면 자기력은 반대 방향, 즉 동쪽에서 서쪽 방향으로 작용할 것이다. 식 28.1.2의 q에 음수를 대입하면 자동적으로 알 수 있다.

학습목표_Learning Objectives

이 단원을 읽은 후 다음을 이해해야 한다.

28.2.1 J.J. Thomson의 실험을 설명한다.

28.2.2 자기장과 전기장 속에서 움직이는 대전입자에 대해 입자에 작용하는 알짜힘을 크기-각도 표현 및 단위벡터 표현을 사용하여 결정한다.

28.2.3 입자에 작용하는 자기력과 전기력이 반대 방향인 경우에 힘이 상쇄될 때, 자기력이 가장 클 때, 전기력이 가장 클 때 입자의 속력을 결정한다.

28.2 ▸ 교차장: 전자의 발견

요점_Key Ideas

1. 대전입자가 전기장과 자기장이 있는 영역을 통과할 때 이 입자는 전기력과 자기력의 영향을 받는다.
2. 이 장이 서로 수직일 때 *교차장*이라고 한다.
3. 힘이 반대 방향으로 작용하면 특정한 속력에서 입자의 경로가 휘지 않는다.

▶ 교차장: 전자의 발견

전기장 $\vec{E}$와 자기장 $\vec{B}$는 모두 대전입자에 힘을 가할 수 있다. 이들 두 장이 서로 수직일 때 *교차장*이라고 한다. 이 절에서는 교차장 속을 대전입자, 특히 전자가 지나갈 때 무슨 일이 일어나는지 살펴보고자 한다. 1897년 Cambridge 대학의 J. J. Thomson이 전자를 발견한 실험을 그 예로 들겠다.

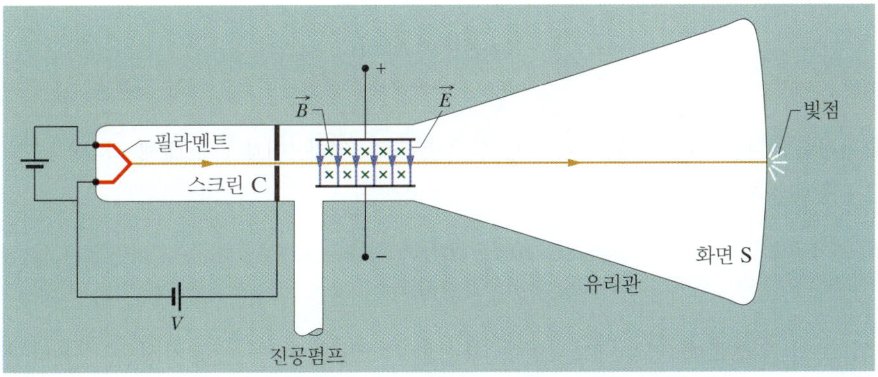

그림 28.2.1 전자의 질량과 전하의 비율을 측정한 J. J. Thomson의 장치를 현대화한 실험장치. 편향판 단자에 전지를 연결하여 전기장 $\vec{E}$가 화살표 방향으로 걸려 있다. (그림에 보이지 않는) 코일에 전류를 흘려서 자기장 $\vec{B}$도 걸려 있다. 자기장의 방향은 지면으로 들어가는 방향이며, 화살 끝의 깃털을 상징하는 X로 표시되어 있다.

▸***두 힘.*** 그림 28.2.1은 J. J. Thomson이 전자를 발견한 실험장치를 단순화한 장치로 오래된 텔레비전의 브라운관과 같은 *음극선관*이다. 음극선관은 진공상태이고 한쪽 끝에 있는 뜨거운 필라멘트에서 튀어나온 (나중에 전자로 알려진) 대전입자가 전기퍼텐셜 차 V에 의해서 가속된다. 이들이 스크린 C에 있는 슬릿을 지나면서 가느다란 빔이 된 후 교차장을 지나 형광 화면 S에 부딪쳐 작은 점의 빛을 낸다(텔레비전 화면에서는 이러한 점들이 영상을 만든다). 교차장 속에서 대전입자에 작용하는 힘은 대전입자를 화면의 중심으로부터 벗어나도록 쏠리게 한다. 교차장의 크기와 방향을 조절함으로서 Thomson은 화면 위에 생기는 빛점의 위치를 제어할 수 있었다. 음전하를 띤 입자에 작용하는 전기력은 전기장과 반대 방향이므로 그림 28.2.1과 같은 교차장이 있을 때 전기장 $\vec{E}$는 그림의 위 방향으로 힘을 작용하고, 자기장 $\vec{B}$는 아래 방향으로 작용한다. 즉, 두 힘은 서로 *반대 방향*으로 작용한다. Thomson의 실험은 다음과 같이 요약할 수 있다.

1. $\vec{E} = 0$ 및 $\vec{B} = 0$으로 하여 편향되지 않은 전자빔이 화면 S 위에 만드는 빛점의 자리를 기록한다.

2. 전기장 $\vec{E}$를 가하고 빛점이 휘는 크기와 방향을 측정한다.

3. 전기장 $\vec{E}$를 고정시키고 자기장 $\vec{B}$를 가한 후 빛점이 원래의 자리로 돌아올 때까지 자기장의 크기를 조절한다(두 교차장이 만드는 힘이 서로 반대 방향이기 때문에 빔의 휨을 상쇄할 수 있다).

보기문제 22.6.1에서 (2단계에 해당하는) 두 극판 사이의 전기장 $\vec{E}$ 속을 운동하는 대전입자의 편향에 대해서 논의했었다. 이때 극판의 먼 끝에서 휘는 거리는 다음과 같다.

$$y = \frac{|q|EL^2}{2mv^2}. \tag{28.2.1}$$

여기서 v는 입자의 속력, m은 질량, q는 전하, L은 판의 길이이다. 이 식을 그림 28.2.1의 전자빔에 대한 방정식에 적용할 수 있다. 필요하다면 화면 S에서 휨을 측정하여 끝에서의 휨 y를 계산할 수 있다(휘는 방향이 입자의 전하에 의해서 결정되기 때문에 Thomson은 화면에 빛점을 만들어내는 입자가 음전하라는 사실을 발견하였다).

▸***힘의 상쇄.*** 그림 28.2.1에서 두 힘이 서로 상쇄되도록 교차장의 크기를 조절하면 (3단계) 식 28.1.1과 28.1.3을 이용하여 다음을 얻는다.

$$|q|E = |q|vB \sin(90°) = |q|vB.$$

즉, 다음을 얻는다.

$$v = \frac{E}{B} \quad \text{(반대힘 상쇄)}. \qquad (28.2.2)$$

결국 교차장을 이용하여 대전입자의 속도를 측정할 수 있다. 이제 v에 대해 식 28.2.2를 식 28.2.1에 대입하면

$$\frac{m}{|q|} = \frac{B^2L^2}{2yE} \qquad (28.2.3)$$

이며, 위 식의 오른쪽에 있는 모든 양을 측정할 수 있다. 따라서 교차장을 이용하면 Thomson의 실험장치 속을 움직이는 대전입자의 $m/|q|$을 측정할 수 있다(*주의*: 식 28.2.2는 전기력과 자기력이 반대 방향인 경우에만 적용할 수 있다. 숙제 문제에서 이와는 다른 경우를 보게 될 것이다).

Thomson은 자신이 발견한 대전입자를 모든 물질 속에서 발견할 수 있을 것이라고 주장하였다. 또한 가장 가벼운 원자인 수소 원자보다 1000배 이상 가벼울 것이라고 주장하였다(나중에 알려진 정확한 비율은 1836.15이다). 그가 측정한 $m/|q|$와 이러한 주장은 오늘날 "전자의 발견"으로 알려져 있다.

확인문제 28.2.1

그림은 양으로 대전된 입자가 속도 $\vec{v}$로 균일한 전기장 $\vec{E}$를 지나는 모습이다. 지면에서 나오는 전기장은 점을 둘러싼 동그라미로 표시한다. (a) 입자에 작용하는 알짜 힘의 크기가 큰 순서대로 나열하여라. (b) 네 방향 중에서 알짜 힘이 0이 되는 것은 어느 것인가?

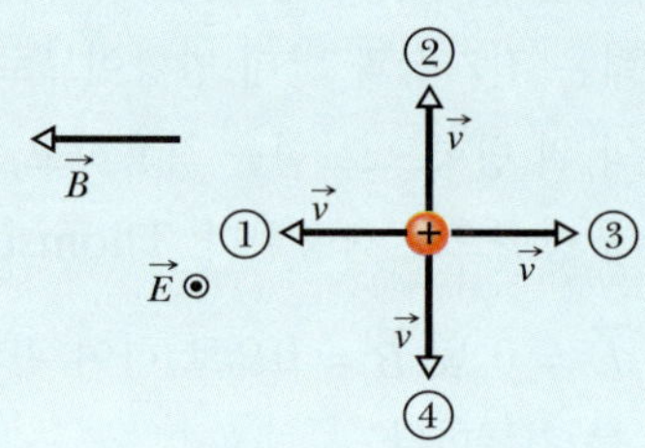

28.3 ▸ 교차장: Hall 효과

학습목표_*Learning Objectives*

이 단원을 읽은 후 다음을 이해해야 한다.

28.3.1 전류가 흐르는 금속 띠에서 전기장을 어떻게 작용시키고, 그 크기를 조절하는 방법을 포함하여 Hall 효과를 설명한다.

28.3.2 Hall 효과를 보기 위한 도체 띠에 대해 자기장과 전기장 벡터를 그린다. 전도전자에 대한 속도, 자기력, 전기력의 벡터를 그린다.

28.3.3 Hall 퍼텐셜차 V, 전기장의 크기 E, 띠의 폭 d 사이의 관계를 구한다.

요점_*Key Ideas*

1. 균일한 자기장 $\vec{B}$가 전도 띠의 전류 i가 흐르는 방향에 수직일 때 Hall 퍼텐셜차 V는 띠를 가로질러 생긴다.
2. 그리고 전도전하에 작용하는 전기력 $\vec{F}_E$가 자기력 $\vec{F}_B$와 균형을 이룬다.
3. 전도전하의 수밀도 n은

$$n = \frac{Bi}{Vle}$$

으로 결정된다.

4. 도체가 균일한 자기장 $\vec{B}$ 안에서 속력 v로 움직일 때 도체 내의 Hall 퍼텐셜차 V는

$$V = vBd$$

이다. 여기서 d는 $\vec{v}$와 $\vec{B}$에 수직한 폭이다.

교차장: Hall 효과

28.3.4 전도전하수 밀도 n, 자기장 크기 B, 전류 i와 Hall 퍼텐셜차 V 사이의 관계를 구한다.

28.3.5 Hall 효과의 결과를 균일한 자기장을 지나는 도체에 적용한다. 이때 Hall 퍼텐셜차 V가 걸리는 폭을 구하고, V를 계산한다.

전자빔은 진공에서 자기장에 의해서도 휠 수 있다. 그렇다면 구리도선 속을 흐르는 전도전자도 자기장에 의해서 휠 수 있을까? 1879년에 당시 존스 홉킨스 대학의 대학원생이었던 24살의 Edwin Hall은 그럴 수 있다는 것을 실험적으로 증명하였다. **Hall 효과**는 전도체에서 전하운반자의 부호뿐만 아니라 전하운반자의 밀도를 측정할 수 있는 간단하면서도 매우 중요한 실험이다.

그림 28.3.1*a*에서 폭이 d인 구리도선의 위에서 아래로 전류 i가 흐르고 있다. 전하운반자는 전자이며 아래에서 위쪽으로 유동속력 v_d로 움직인다. 그림 28.3.1*a*와 같은 상황에서 지면으로 들어가는 외부 자기장을 걸었다고 하자. 이때 식 28.1.2의 자기력 $\vec{F}_B$가 전자에 작용하여 전자가 오른쪽으로 밀려갈 것이다.

그 후 시간이 지나면서 전자가 점점 오른쪽 가장자리로 모이며 왼쪽 가장자리에는 양전하가 남는다. 이러한 양전하와 음전하의 분리는 그림 28.3.1*b*처럼 왼쪽에서 오른쪽으로 향하는 전기장 $\vec{E}$를 만든다. 이렇게 만들어진 전기장은 전자에 전기력 $\vec{F}_E$를 가하여 왼쪽으로 밀게 된다. 따라서 자기력과 반대 방향으로 전자에 작용하는 전기력이 점점 커지게 된다.

▸***평형상태.*** 전기력은 원래의 자기력을 상쇄시킬 때까지 커져서 곧바로 두 힘이 균형을 이루는 평형상태에 이르게 된다. 즉 그림 28.3.1*b*처럼 자기장 $\vec{B}$에 의한 힘과 전기장 $\vec{E}$에 의한 두 힘이 균형을 이루면서 더 이상 전자가 한쪽에 쌓이지 않으면 전기장 $\vec{E}$가 더 이상 증가하지 않게 되어 전도전자들은 유동속도 $\vec{v}_d$로 위 방향으로 움직인다.

Hall 퍼텐셜차 V는 폭이 d인 구리도선 양 끝 사이에 형성된 전기장의 크기와 다음과 같은 관계가 있다(식 24.2.7 참조).

$$V = Ed. \tag{28.3.1}$$

이제 구리도선의 양 끝 사이에 전압계를 연결하면 전기퍼텐셜차를 측정할 수 있고, 어느 곳의 전기퍼텐셜이 높은지 알 수 있다. 그림 28-8*b*와 같은 상황에서는 왼쪽 가장자리의 전기퍼텐셜이 높으므로 전하운반자의 부호가 음인 것을 확인할 수 있다.

한편 그림 28.3.1*c*처럼 전하운반자가 양전하라고 가정하면 전하운반자가 위에서 아래로 움직이고, 자기력 $\vec{F}_B$에 의해서 오른쪽으로 밀리게 되어 오른쪽 가장자리의 전기퍼텐셜이 높아질 것이다. 이때 전압계를 연결하여 전기퍼텐셜차를 측정할 수 있을 것이다. 따라서 전압계로 측정한 전기퍼텐셜의 크기, 즉 Hall 효과로 전하운반자의 부호를 간단하게 결정할 수 있다.

▸***수밀도.*** 이번에는 Hall 효과를 정량적으로 살펴보자. 그림 28.3.1*b*처럼 전기력과 자기력이 균형을 이루고 있을 때 식 28.3.1과 28.1.3으로부터

$$eE = ev_dB \tag{28.3.2}$$

임을 알 수 있으며, 식 26.2.4로부터 유동속력 v_d는 다음과 같다.

$$v_d = \frac{J}{ne} = \frac{i}{neA}. \tag{28.3.3}$$

여기서 $J(= i/A)$는 전류밀도, A는 단면적, n은 전하운반자의 *수밀도*, 즉 단위부피당 전하의 수이다.

식 28.3.2의 $\vec{E}$에 식 28.3.1을 대입하고, v_d에는 식 28.3.3을 대입하면 다음을 얻는다.

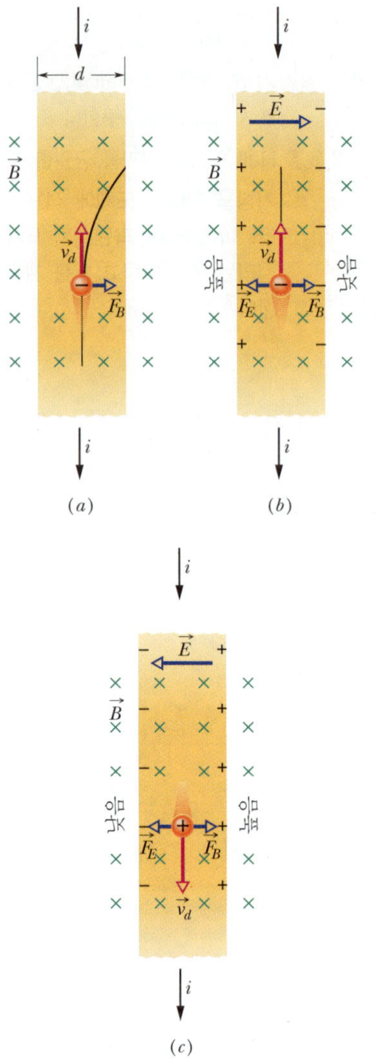

그림 28.3.1 ▶ 전류 i가 흐르는 구리도선이 자기장 $\vec{B}$ 안에 놓여 있다. (*a*) 자기장을 건 직후에 움직이는 전자가 따르게 되는 휜 경로가 그려져 있다. (*b*) 평형상태. 음전하가 오른쪽 가장자리에 쌓이고, 왼쪽 가장자리에는 양전하가 남아서 왼쪽 가장자리가 오른쪽 가장자리보다 전기퍼텐셜이 높아진다. (*c*) 전류의 방향은 같지만 전하운반자가 양전하를 가지고 있다면 양전하가 오른쪽 가장자리에 쌓여서 오른쪽 가장자리의 전기퍼텐셜이 더 높다.

$$n = \frac{Bi}{Vle}. \tag{28.3.4}$$

여기서 $l\ (= A/d)$은 구리도선의 두께이다. 이 방정식을 이용하면 Hall 효과로 측정한 값들에서 n을 구할 수 있다.

▶ ***유동속력.*** 또한 Hall 효과를 이용하여 전하운반자의 유동속력 v_d도 단위시간당 cm의 크기로 직접 측정할 수 있다. Hall 실험에서는 전하운반자의 유동속도와 반대 방향으로 자기장이 작용하여 금속띠가 움직이게 된다. 움직이는 띠의 속력을 조절하여 Hall 퍼텐셜차가 없어지도록 한다. Hall 효과가 없는 이 조건에서 *실험실 좌표계에 대한* 전도전하의 속도는 0이어야 한다. 따라서 띠의 속도는 음의 전도전하의 속도 방향과 방향은 반대이지만, 크기는 같아야 한다.

▶ ***움직이는 도체.*** 도체가 자기장 속을 속력 v로 움직이기 시작하면 전도전자도 마찬가지로 움직인다. 이것은 그림 28.3.1*a*와 *b*에서 전류 안의 움직이는 전도전자와 같고, 전기장 $\vec{E}$와 퍼텐셜차 V가 바로 생긴다. 전류와 마찬가지로 전기력과 자기력이 평형을 이루지만, 이제 이 조건을 식 28.3.2에서 했듯이 전류 안의 유동속력 v_d 대신 도체의 속력 v로 나타낸다.

$$eE = evB.$$

식 28.3.1에서 $\vec{E}$를 대입하면

$$V = vBd \tag{28.3.5}$$

를 얻는다. 이와 같이 회로가 움직여서 생기는 퍼텐셜차는 공전하는 위성 내의 도체가 지구 자기장을 통과하는 경우와 같이 어떤 경우에는 심각한 문제를 일으킬 수 있다. 그러나 (*전자기 밧줄*로 부르는) 도선이 위성에 매달려 있으면, 이 도선을 따라 생기는 퍼텐셜로 위성의 운동을 조정할 수 있다.

자기유체역학 추진

영화 *The Hunt for Red October*에서 매우 조용한 "무한궤도 추진"은 자기유체역학 추진에 기반을 두고 있다. 배가 앞으로 나가면 바닷물은 선체 뒤 주위로 여러 경로를 통해 흐른다. 그림 28.3.2에 자기유체역학 추진 경로에 대한 기본적인 특징을 나타내었다. 반대 극이 서로 마주 보며 경로의 반대면을 따라 놓인 자석은 경로 안에 수평 자기장을 만든다. 위와 아래 판에는 (도체인) 물을 따라 흐르는 전류를 만드는 전기장이 있다. 이 장치는 전통적인 Hall 효과 장치와 같고, 전류에 작용하는 자기력은 물을 경로 뒤로 밀어내어, 배를 앞으로 밀어낸다. 자기유체역학적 효과를 이용한 실제 배는 1990년대 초반 일본에서 만들었다(그림 28.3.3). 작은 크기의 배를 만드는 계획은 웹에서 찾을 수 있다.

확인문제 28.3.1

그림에 균일한 자기장 안에 있는 직육면체 도체 토막을 나타내었다. 모서리의 길이는 $L_x > L_z > L_y$이다. 토막을 x축, y축 또는 z축으로 $v = 4$ cm/s로 움직일 수 있다. 토막에 생기는 Hall 퍼텐셜이 큰 것부터 방향을 나열하여라.

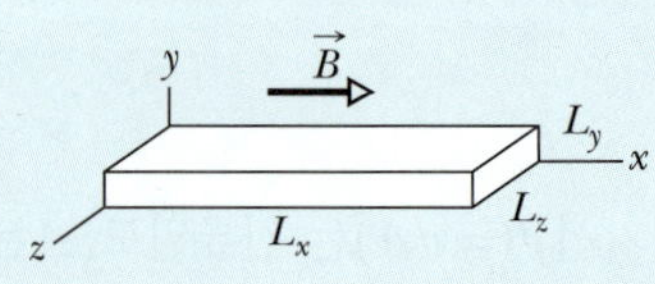

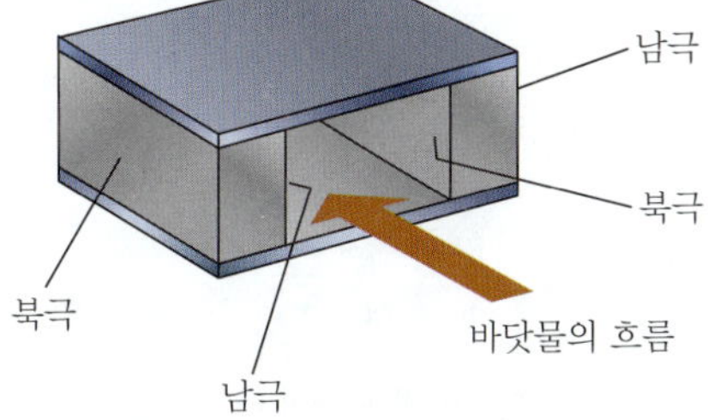

그림 28.3.2 배와 잠수함의 조용한 추진에 대한 기본적인 특징

그림 28.3.3 Yamato-1은 자기유체역학 효과를 이용하여 추진되는 본격적인 배이다.

보기문제 28.3.1 움직이는 도체에서 형성되는 퍼텐셜차

그림 28.3.4*a*에서 한 변의 길이가 d = 1.5 cm인 금속 정육면체가 일정한 속도 $\vec{v}$ = 4.0 m/s로, $+z$축 방향을 향하는 0.050 T의 균일한 자기장 $\vec{B}$를 통과하여 $+y$축 방향으로 움직이고 있다.

(a) 정육면체가 자기장을 통하여 움직일 때, 정육면체의 어느 쪽 면의 전기퍼텐셜이 낮고, 어느 쪽 면의 전기퍼텐셜이 높은가?

요점

정육면체가 자기장 $\vec{B}$ 속에서 움직이고, 자기력 $\vec{F}_B$가 정육면체의 전도전자를 포함한 대전입자에 작용한다.

이유: 정육면체가 자기장 속에서 움직이기 시작하면 정육면체 안의 전자도 같이 움직이기 시작한다. 각 전자는 전하가 q이고 속도 $\vec{v}$로 자기장을 통하여 움직이고 있는 것과 같기 때문에 전자에 작용하는 자기력 $\vec{F}_B$는 식 28.1.2로 주어진다. $\vec{F}_B$의 방향은 벡터곱 $\vec{v} \times \vec{B}$가 그림 28.3.4*b*의 $+x$축 방향이므로 전하가 $-q$인 전자는 반대 방향으로 움직인다. 즉, $\vec{F}_B$는 정육면체의 왼쪽 면을 향하는 $-x$축 방향으로 작용한다(그림 28.3.4*c*).

대부분의 전자는 정육면체의 원자에 고정되어 있다. 그러나 정육면체는 금속이고 전도전자를 포함하고 있기 때문에 전도전자가 자유롭게 움직일 수 있다. 전도전자의 일부는 $\vec{F}_B$에 의해서 정육면체의 왼쪽 면으로 모이므로 왼쪽 면이 음으로 대전되고, 전자가 떠나는 오른쪽 면은 양으로 대전된다(그림 28.3.4*d*). 이러한 전하분리 현상은 전기장 $\vec{E}$를 만들고 양으로 대전된 오른쪽 면에서 음으로 대전된 왼쪽 면에 수직인 방향이다(그림 28.3.4*e*). 따라서 왼쪽 면의 전기퍼텐셜이 낮고, 오른쪽 면의 전기퍼텐셜이 높다.

(b) 전기퍼텐셜이 높은 면과 낮은 면 사이의 퍼텐셜차를 구하여라.

요점

1. 전기장 $\vec{E}$는 전하가 분리되어 생겨나고 각각의 전자에 전기력 $\vec{F}_B = q\vec{E}$를 만든다(그림 28.3.4*f*). 전하 q가 음이기 때문에 전기력은 전기장 $\vec{E}$와 반대 방향, 즉 오른쪽을 향한다. 그러므로 각각의 전자에 $\vec{F}_E$는 오른쪽으로, $\vec{F}_B$는 왼쪽으로 향하게 작용한다.
2. 정육면체가 자기장 속에서 움직이며 전하분리가 시작되면, 전기장 $\vec{E}$의 크기는 0부터 증가하기 시작한다. 따라서 $\vec{F}_E$의 크기 또한 0부터 증가하기 시작하고 초기에는 $\vec{F}_B$의 크기보다 작다. 초기 단계에서 전자에 작용하는 알짜 힘은 주로 $\vec{F}_B$에 의한 것이고, 계속해서 전하분리가 증가하여 정육면체의 왼쪽 면으로 전자가 움직인다(그림 28.3.4*g*).
3. 그렇지만 전하분리의 증가로 F_E의 크기는 F_B의 크기와 결국에는 같아진다(그림 28.3.4*h*). 이때 전자에 작용하는 알짜 힘이 0이므로 정육면체의 왼쪽 면으로 움직이는 전자가 없다. 이때 $\vec{F}_E$의 크기는 더 이상 증가하지 않아서 전자가 평형상태에 놓이게 된다.

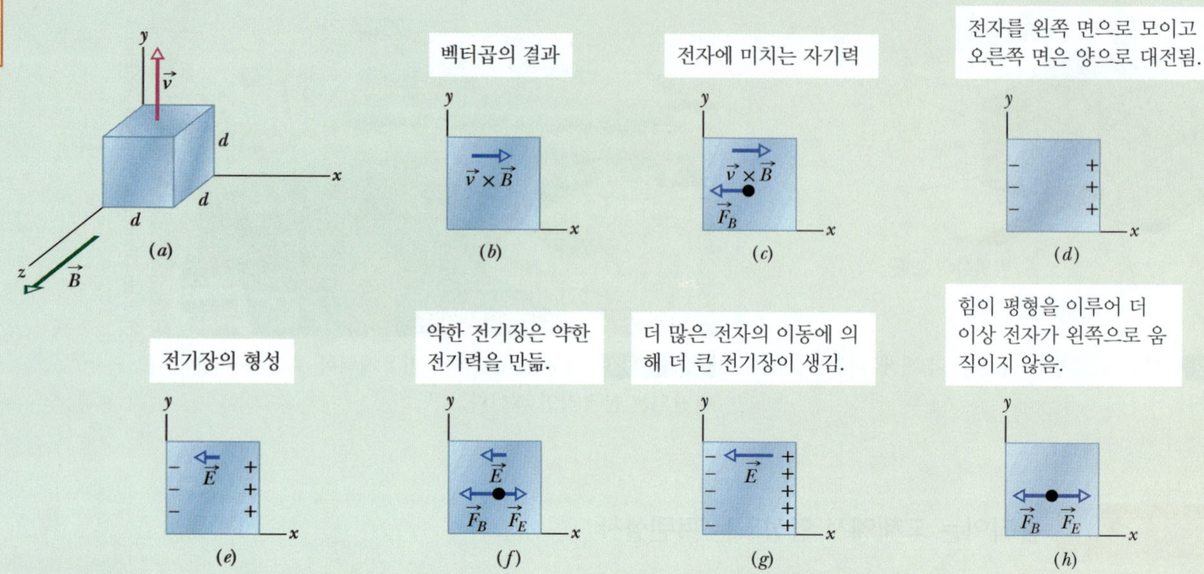

그림 28.3.4 (*a*) 균일한 자기장 속에서 일정한 속도로 움직이는 금속 정육면체. (*b*)~(*d*) 정면에서 볼 때, 자기력에 의해 전자는 왼쪽면으로 모여 음으로 대전되고, 전자가 떠나는 반대쪽 면은 양으로 대전된다. (*e*)~(*f*) 결과로 전기장이 생성되어 다음 전자에 약한 전기력을 작용하여 전자를 왼쪽면으로 움직이게 한다. (*g*) 이제 전기장이 점점 강해져 (*h*) 전기력과 자기력이 같게 된다.

풀이: (매우 빨리 도달하는) 평형상태에서 왼쪽과 오른쪽 면 사이의 전기퍼텐셜차 V를 구할 수 있다. 전기퍼텐셜차 V는 평형상태에서 전기장의 크기 E를 구하면 식 28.3.1($V = Ed$)로 구할 수도 있고, 또는 힘의 평형상태에 관한 식($F_E = F_B$)에서 얻을 수 있다.

F_E에는 $|q|E$를 대입하고, F_B는 식 28.1.3의 $F_B = |q|vB \sin \phi$를 대입하면 된다. 그림 28.3.4a에서 $\vec{v}$와 $\vec{B}$ 사이의 각도 ϕ는 90°이고 $\sin \phi = 1$이므로,

$$|q|E = |q|vB \sin 90° = |q|vB$$

이다. 이 식에서 $E = vB$이므로 $V = Ed$로부터

$$V = vBd$$

를 얻는다. 따라서 주어진 값을 대입하면 정육면체의 왼쪽과 오른쪽 면 사이의 퍼텐셜차로 다음을 얻는다.

$$V = (4.0\ \text{m/s})(0.050\ \text{T})(0.015\ \text{m}) = 0.0030\ \text{V} = 3.0\ \text{mV}.$$ (답)

▶ **교육용 비디오는 웹사이트 www.wiley.com에서 볼 수 있다.**

28.4 ▸ 원운동하는 대전입자

학습목표 *Learning Objectives*

이 단원을 읽은 후 다음을 이해해야 한다.

28.4.1 균일한 자기장 내에서 움직이는 대전입자에 대해 입자가 직선 운동, 원운동, 나선 운동을 할 조건을 구한다.

요점 *Key Ideas*

1. 질량 m, 전하의 크기 $|q|$인 대전입자가 균일한 자기장 $\vec{B}$에 수직으로 속도 $\vec{v}$로 움직이면 원운동을 한다.
2. 원운동에 Newton의 제2법칙을 적용하면

$$|q|vB = \frac{mv^2}{r}$$

을 얻는다. 여기서 원의 반지름은

$$r = \frac{mv}{|q|B}$$

이다.

3. 회전진동수 f, 각진동수 ω와 운동 주기 T 사이의 관계는 다음과 같다.

$$f = \frac{\omega}{2\pi} = \frac{1}{T} = \frac{|q|B}{2\pi m}.$$

4. 자기장과 평행한 입자의 속도 성분이 있으면 입자는 자기장 벡터 $\vec{B}$ 주위로 나선운동을 한다.

28.4.2 자기력에 의해 등속 원운동하는 대전입자에 대해 Newton의 제2법칙으로 시작하여 궤도 반지름 r을 자기장의 크기 B, 입자의 질량 m, 전하의 크기 q, 속력 v로 나타낸다.

28.4.3 균일한 자기장 내에서 원형궤도를 따라 움직이는 대전입자에 대해 속력, 구심력, 구심가속도, 반지름, 주기, 진동수, 각진동수를 계산하여 관계를 구하고, 어떤 양이 속력에 의존하지 않는지 구분한다.

28.4.4 균일한 자기장 내에서 원궤도를 따라 움직이는 양의 입자와 음의 입자에 대해 경로를 그리고, 자기장 벡터, 속도 벡터, 속도와 자기장 벡터의 벡터곱과 자기력 벡터를 표시한다.

28.4.5 자기장 내에서 나선운동을 하는 대전입자에 대해 경로를 그리고, 자기장, 피치, 곡률반지름, 자기장에 평행한 속도성분과 자기장에 수직한 속도 성분을 나타낸다.

28.4.6 자기장 내의 나선운동에 대해 곡률반지름과 속도성분 사이의 관계를 구한다.

28.4.7 자기장 내의 나선 운동에 대해 피치 p를 구하고, 이것과 속도 성분 사이의 관계를 구한다.

원운동하는 대전입자

입자가 등속 원운동을 하면 입자에 작용하는 알짜 힘의 크기는 일정하고, 방향은 원의 중심을 향하므로, 항상 입자의 속도에 수직이다. 끈에 매달려 매끄러운 수평면 위에서 빙빙 도는 돌이나, 지구 주위의 원궤도를 따라 운동하는 인공위성을 생각해 보자. 첫 번째 경우에는 끈의 장력이 필요한 힘과 구심가속도를 만든다. 두 번째 경우에는 지구의 중력이 필요한 힘과 가속도를 만든다.

그림 28.4.1은 전하의 원운동이다. *전자총* G에서 나온 전자빔이 상자 속으로 입사한다. 전자들은 속력 v로 지면에서 나오는 방향의 자기장 $\vec{B}$ 속에서 움직인다. 이때 자기력 $\vec{F}_B = q\vec{v} \times \vec{B}$에서 $\vec{v}$와 $\vec{B}$가 서로 수직이므로 전자는 원궤도를 돌게 된다(사진에서 전자의 경로를 볼 수 있는 이유는 상자 속의 원자가 원운동을 하는 전자와 충돌하면서 빛을 방출하기 때문이다).

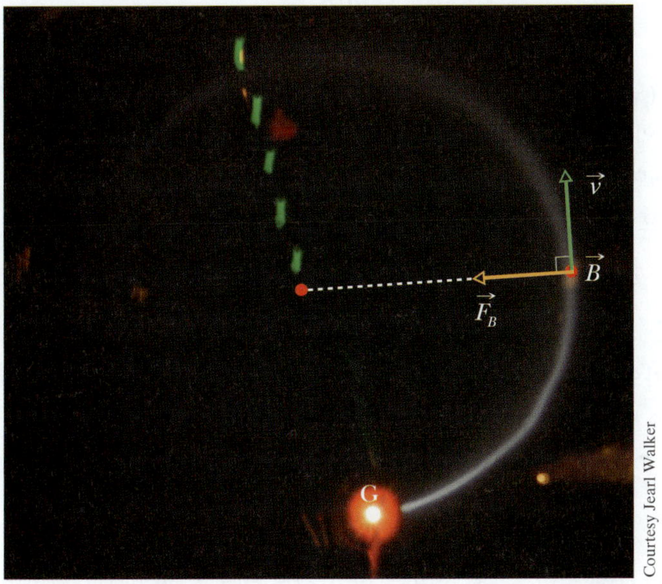

그림 28.4.1 저압 기체가 들어 있는 상자 속에서 전자가 원궤도를 돌면서 빛을 내고 있다. 크기가 일정하고 지면에서 나오는 방향의 자기장 $\vec{B}$에 의해서 자기력 $\vec{F}_B$가 원의 중심을 향한다. 자기력 $\vec{F}_B$는 지름 방향이다. 원운동을 하려면 $\vec{F}_B$는 원의 중심을 향해야 한다. 벡터곱에 대한 오른손 규칙을 사용하여 $\vec{F}_B = q\vec{v} \times \vec{B}$를 구하면 $\vec{F}_B$가 올바른 방향이라는 것을 알 수 있다(q의 부호를 잊지 말아야 한다).

속력 v로 자기장 $\vec{B}$에 수직하게 원운동하는 전하 q, 질량 m인 입자의 원운동을 생각해 보자. 식 28.1.3으로부터 입자에 작용하는 힘의 크기는 $\vec{F}_B = |q|vB$이다. 여기에 Newton의 제2법칙($\vec{F} = m\vec{a}$)을 등속 원운동에 적용하면(식 6.3.2 참조)

$$F = m\frac{v^2}{r} \tag{28.4.1}$$

이므로, 이 식을 자기력에 적용하여 다음을 얻는다.

$$|q|vB = \frac{mv^2}{r}. \tag{28.4.2}$$

이제 r에 대해서 풀면 원궤도의 반지름은

$$r = \frac{mv}{|q|B} \qquad \text{(반지름)} \tag{28.4.3}$$

이다. (한 바퀴 도는 데 걸리는 시간인) 주기 T는 원둘레를 속력으로 나눈 값이다. 즉, 다음과 같다.

$$T = \frac{2\pi r}{v} = \frac{2\pi}{v}\frac{mv}{|q|B} = \frac{2\pi m}{|q|B} \qquad \text{(주기)}. \tag{28.4.4}$$

또한 진동수 f(단위시간당 회전수)는

$$f = \frac{1}{T} = \frac{|q|B}{2\pi m} \qquad \text{(진동수)} \tag{28.4.5}$$

이며, 각진동수 ω는 다음과 같다.

$$\omega = 2\pi f = \frac{|q|B}{m} \qquad \text{(각진동수)}. \tag{28.4.6}$$

T, f 및 ω는 (입자의 속력이 광속보다 매우 작은 범위 내에서) 입자의 속력과 무관하다. 따라서 빠른 입자는 큰 원을 그리며 느린 입자는 작은 원을 그린다. 그러나 전하 대 질량의 비율 $|q|/m$이 같은 모든 입자는 한 바퀴를 도는 데 같은 시간 T(주기)가 걸린다. 자기장 $\vec{B}$의 방향으로 바라보면 양전하 입자는 반시계방향으로, 음전하 입자는 시계방향으로 원운동하는 것을 식 28.1.2에서 알 수 있다.

나선형 궤도

만약 대전입자의 속도가 (균일한) 자기장과 평행한 성분을 가지고 있다면 대전입자는 자기장의 방향으로 나선운동을 할 것이다. 그림 28.4.2*a*는 자기장 $\vec{B}$에 평행한 성분을 가진 입자의 속도 $\vec{v}$를 보여준다. 여기서 각각의 성분은 다음과 같다.

$$v_\parallel = v\cos\phi \quad \text{및} \quad v_\perp = v\sin\phi. \tag{28.4.7}$$

평행성분은 나선의 *피치* p, 즉 인접한 원 사이의 거리를 결정한다(그림 28.4.2*b* 참조). 수직성분은 나선의 반지름을 결정하고 식 28.4.3의 v 역할을 담당한다.

그림 28.4.2*c*는 불균일한 자기장 속에서 나선운동을 하는 대전입자이다. 왼쪽과 오

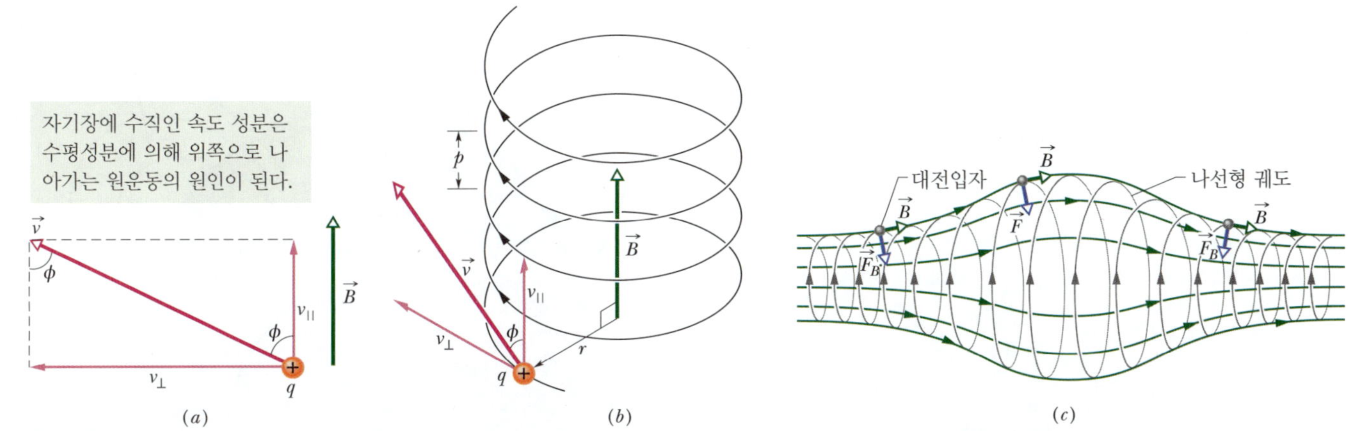

그림 28.4.2 (*a*) 속도 $\vec{v}$의 대전입자가 균일한 자기장 $\vec{B}$와 각도 ϕ를 이루면서 움직인다. (*b*) 입자는 반지름이 r이고 피치가 p인 나선운동을 한다. (*c*) 불균일한 자기장 속에서 나선운동하는 대전입자가 나선운동을 한다(입자는 자기장이 가장 센 양끝 사이를 나선형으로 왕복운동하며 *자기병* 안에 갇혀 있게 된다). 양 끝 근처에서는 자기력이 그림의 중심을 향하는 성분을 가지고 있으므로 대전입자가 불균일한 자기장 속에 갇히게 된다.

른쪽에 자기장선이 촘촘하게 모여 있으므로 그림의 양 끝에서 자기장이 가장 세다. 이와 같이 양 끝의 자기장이 충분히 세면 입자가 "반사되어" 갇히게 된다.

전자와 양성자는 이러한 방법으로 지구 자기장 안에 갇히게 되어 *Van Allen* 복사띠를 만들고, 이 띠는 지구의 지자기 남북극 사이의 지구 대기권 높은 곳에서 생긴다. 입자는 이 자기병의 한쪽 끝에서 다른 쪽 끝으로 수 초 안에 앞뒤로 튕겨 돌아다닌다.

큰 태양 폭발이 일어나면 큰 에너지의 전자와 양성자가 복사띠에 추가적으로 들어와서 보통 전자가 반사되는 지역에서 전기장을 만든다. 이 전기장은 반사를 없애고, 그 대신 전자를 대기권 아래로 밀어내어 공기 중의 원자와 분자와 충돌해서 공기에서 빛을 방출한다. 이 빛이 약 100 km 정도 고도에서 아래로 빛의 커튼을 만들고 이것을 *오로라* 혹은 *북극광*이라고 한다(그림 28.4.3). 녹색 빛은 산소 원자에서 방출되고, 분홍색 빛은 질소 분자에서 방출되지만, 이 빛은 종종 희미해서 흰색으로 감지한다. 이 빛의 커튼은 어두운 밤에 중간 위도부터 높은 위도 지역에서 볼 수 있다. 이것은 국소적으로 나타나지 않는다. 오로라는 높이 200 km, 길이 4000 km로 지구 주위에 원호의 형태로 나타날 수 있다. 그러나 이것을 만드는 전자의 경로는 수렴하는 자기장선을 따라 수렴하여 돌아 들어가기 때문에 (북쪽에서 남쪽으로) 두께는 100 m 정도에 불과하다(그림 28.4.4).

nikolaytaman90/15 images/Pixabay

그림 28.4.3 오로라는 지구 밖의 전자가 만드는 빛의 커튼이다.

→ 확인문제 28.4.1

그림은 지면으로 들어가는 균일한 자기장 $\vec{B}$ 안에서 같은 속력으로 움직이는 두 입자의 원궤도이다. 한 입자는 양성자이고 다른 입자는 질량이 더 작은 전자이다. (a) 어느 입자가 작은 원을 그리는가? (b) 입자는 시계방향으로 회전하는가, 반시계방향으로 회전하는가?

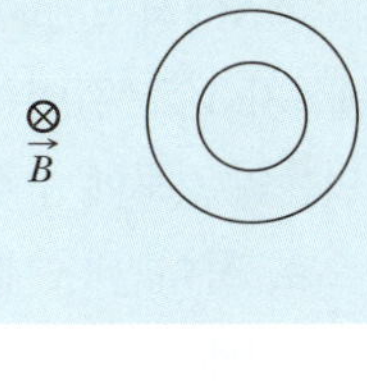

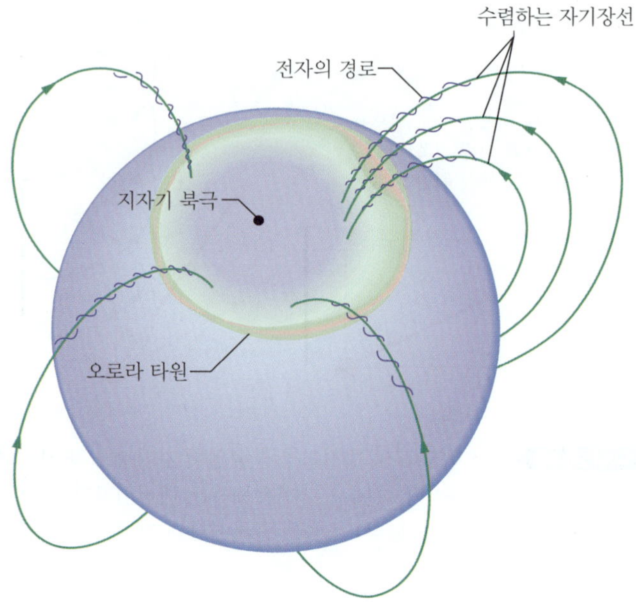

그림 28.4.4 (현재 그린랜드 북서쪽 근처에 있는) 지자기 북극을 둘러싸는 *오로라 타원*. 자기장선은 이 극으로 수렴한다. 지구를 향해 움직이는 전자는 이 선에 "갇히고", 그 주위를 돌아서, 중간부터 높은 고도에 있는 대기권에 들어와 타원 내부에 오로라를 만든다.

보기문제 28.4.1 자기장 속에서 대전입자의 나선운동

전자가 운동에너지 22.5 eV로 크기 4.55×10^{-4} T인 균일한 자기장 $\vec{B}$ 안에서 운동한다. 자기장 $\vec{B}$의 방향과 전자의 속도 $\vec{v}$의 방향 사이의 각도는 65.5°이다. 전자가 만드는 나선궤도의 피치는 얼마인가?

요점

(1) 피치 p는 전자가 회전하는 한 주기(T) 동안 자기장 $\vec{B}$와 나란하게 이동한 거리이다.

(2) $\vec{v}$와 $\vec{B}$ 사이의 각도가 0이 아닐 때 주기 T는 식 28.4.4로 주어진다.

▶ **교육용 비디오는 웹사이트 www.wiley.com에서 볼 수 있다.**

풀이: 식 28.4.7과 식 28.4.4를 사용하면

$$p = v_{\parallel}T = (v \cos \phi)\,\frac{2\pi m}{|q|B} \qquad (28.4.8)$$

을 얻는다. 운동에너지로부터 계산하면 $v = 2.81 \times 10^6$ m/s이다. 따라서 식 28.4.8에 주어진 결과를 대입하면 피치는 다음과 같다.

$$\begin{aligned} p &= (2.81 \times 10^6 \text{ m/s})(\cos 65.5°) \\ &\quad \times \frac{2\pi(9.11 \times 10^{-31} \text{ kg})}{(1.60 \times 10^{-19} \text{ C})(4.55 \times 10^{-4} \text{ T})} \\ &= 9.16 \text{ cm.} \end{aligned}$$

(답)

보기문제 28.4.2 자기장 속에서 대전입자의 균일한 원운동

그림 28.4.5는 이온의 질량을 재는 *질량분석기*의 기본구조이다. (측정해야 할) 질량 m, 전하 q의 이온이 샘 S에서 만들어진다. 처음에 정지해 있던 이온이 전기퍼텐셜차 V로 걸어준 전기장에 의해서 가속된다. 이온은 S를 떠나 이온의 경로에 수직인 균일한 자기장 $\vec{B}$가 걸려 있는 상자 속으로 들어간다. 분석기 바닥 벽에 넓게 관측장치가 붙어 있고, 이때 자기장 $\vec{B}$는 이온이 반원을 따라 원운동하게 만들어서, 이온은 입사슬릿으로부터 거리 x인 사진 건판 위의 한 점을 때리게 된다. $\vec{B} = 80.000$ mT, $V = 1000.0$ V이고, 전하 $q = +1.6022 \times 10^{-19}$ C의 이온이 $x = 1.6254$ m인 점을 때린다고 하자. 각 이온의 질량 m은 원자질량단위(1 u = 1.6605×10^{-27} kg)로 얼마인가?

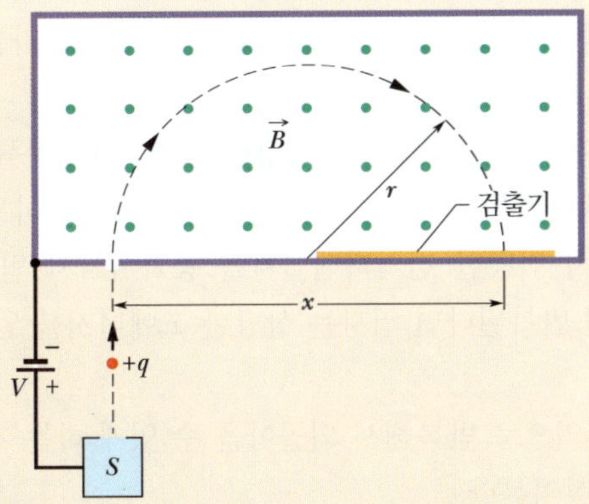

그림 28.4.5 양이온이 S에서 나와 전기퍼텐셜차 V에 의해서 가속된 후 균일한 자기장 $\vec{B}$가 걸려 있는 상자 속으로 들어간다. 상자 속에서 반지름 r의 반원을 따라 움직인 후 입사된 자리로부터 거리 x인 곳에 부딪친다.

요점

(1) (균일한) 자기장 때문에 대전입자가 원운동을 하므로, 이온의 질량 m과 경로의 반지름 r은 식 28.4.3($r = mv/|q|B$)으로 주어진다. 그림 28.4.5로부터 $r = x/2$이고(반지름은 지름의 반이다) 자기장의 크기 B는 알고 있다. 그러나 전기퍼텐셜차 V에 의해서 가속된 이온의 속도를 모른다. (2) x와 V 사이의 관계를 구하기 위하여 가속되는 동안에 역학에너지($E_{mec} = K + U$)가 보존된다는 사실을 이용해야 한다.

속력 구하기: 이온이 샘에서 나올 때에는 속도가 거의 0이며 가속이 끝난 후의 운동에너지는 $\frac{1}{2}mv^2$이다. 또한 가속되는 동안에 양이온은 $-V$만큼의 전기퍼텐셜의 변화를 겪는다. 또한 이온이 양전하 q를 가지고 있기 때문에 퍼텐셜에너지의 변화는 $-qV$이다. 역학에너지 보존법칙에서

$$\Delta K + \Delta U = 0$$

이므로

$$\tfrac{1}{2}mv^2 - qV = 0$$

이다. 따라서 속력 v는 다음과 같다.

$$v = \sqrt{\frac{2qV}{m}}. \tag{28.4.9}$$

질량 구하기: 이 결과를 식 28.4.3에 넣으면

$$r = \frac{mv}{qB} = \frac{m}{qB}\sqrt{\frac{2qV}{m}} = \frac{1}{B}\sqrt{\frac{2mV}{q}}$$

를 얻는다. 따라서 x는 다음과 같다.

$$x = 2r = \frac{2}{B}\sqrt{\frac{2mV}{q}}.$$

이 식을 m에 대하여 풀고 주어진 값을 넣으면 다음과 같이 양이온의 질량을 얻는다.

$$m = \frac{B^2qx^2}{8V}$$
$$= \frac{(0.080000\ \text{T})^2(1.6022 \times 10^{-19}\ \text{C})(1.6254\ \text{m})^2}{8(1000.0\ \text{V})}$$
$$= 3.3863 \times 10^{-25}\ \text{kg} = 203.93\ \text{u}.$$ (답)

▶ 교육용 비디오는 웹사이트 www.wiley.com에서 볼 수 있다.

28.5 ▸ 사이클로트론과 싱크로트론

요점 *Key Ideas*

1. 사이클로트론에서 대전입자는 자기장에 의해 원운동을 하면서 전기력에 의해 가속된다.
2. 입자가 거의 광속으로 가속될 때에는 싱크로트론이 필요하다.

학습목표 *Learning Objectives*

이 단원을 읽은 후 다음을 이해해야 한다.

28.5.1 사이클로트론이 어떻게 작동하는지 설명하고, 입자의 경로와 운동에너지가 증가하는 영역을 그림에 나타낸다.

28.5.2 공명조건을 알아본다.

28.5.3 사이클론트론에 대해 입자의 질량과 전하, 자기장, 원운동의 진동수 사이의 관계를 구한다.

▶ 사이클로트론과 싱크로트론

고에너지의 전자빔과 양성자빔은 물질의 기본구조를 밝혀내기 위하여 원자와 핵을 탐색하는 데 널리 사용한다. 그러한 입자빔은 원자핵이 양성자와 중성자로 구성되어 있다는 것을 발견하고, 양성자와 중성자는 쿼크와 글루온으로 구성되어 있다는 것을 발견하는

28.5.4 사이클로트론과 싱크로트론을 구분한다.

수단이 되었다. 전자와 양성자는 대전되었으므로 큰 퍼텐셜차를 지나면 고에너지를 얻어 가속될 수 있다. 원하는 가속도를 얻는 데 필요한 거리는 (작은 질량의) 전자는 적당하지만 (큰 질량의) 양성자는 매우 길다.

이 문제의 현명한 해답은 양성자와 무거운 입자를 적당한 전기퍼텐셜차를 통하여 운동하게 하고(그들은 적절한 양의 에너지를 얻게 되고), 그다음 자기장을 이용하여 그들이 원운동을 하도록 만들고, 또 다시 적당한 전기퍼텐셜차를 통과시켜서 원운동시키는 것이다. 만일 이러한 과정이 수천 번 반복된다면 입자는 상당한 고에너지를 얻게 될 것이다.

여기서는 입자를 가속시키는 영역으로 반복해서 되돌아올 수 있게 하는 자기장을 사용하는 두 종류의 *가속기*에 대하여 살펴본다.

사이클로트론

그림 28.5.1은 입자(양성자)들이 회전하는 *사이클로트론*의 모양을 위에서 본 것이다. 두 개의 진공으로 된 **D**자 모양의 장치(일직선을 이루는 양끝이 열려 있다)가 구리판으로 만들어져 있다. 이들 *디*(*dee*)는 전기 진동자라고 불리는 것으로, 두 디 사이의 틈새를 가로지르는 전기퍼텐셜차를 번갈아 바뀌도록 설계되어 있다. 디의 전기부호가 교대로 변하므로 틈새에서 전기장은 처음에 한쪽 디로, 다음에는 다른 쪽 디로 향하게 방향이 변한다. 디는 지면에서 나오는 큰 자기장 안에 들어 있다. 자기장의 크기 B는 전자석으로 조정할 수 있다.

양성자는 틈새에서 에너지를 얻으며 바깥쪽으로 나선운동한다.

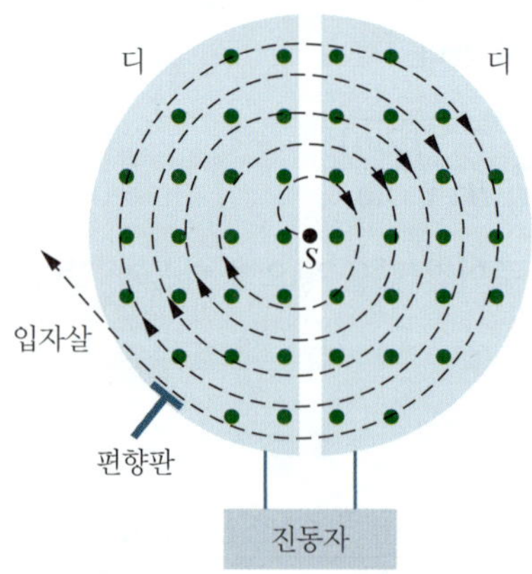

그림 28.5.1 이온샘 S와 디를 보여 주는 사이클로트론의 원리. 지면에서 나오는 균일한 자기장. 회전하는 양성자는 속이 빈 디 안에서 나선궤도를 그리며 매 시간 디 사이의 틈을 가로지르며 에너지를 얻어 디의 바깥으로 나간다.

양성자가 그림 28.5.1의 사이클로트론 중심에서 이온샘 S에 의해 주입되었다면 처음에 음으로 대전된 디 쪽으로 움직인다. 양성자는 디 쪽으로 들어가 가속될 것이다. 디의 내부는 구리판 벽에 의해서 전기장으로부터 차폐되어 있다. 즉, 전기장은 디에 들어가지 못한다. 그러나 자기장은 비자성체인 구리판 디에 의해서 차폐되지 않으므로 양성자는 원형궤도를 돌게 된다. 속력에 비례하는 궤도반지름은 식 28.4.3($r = mv/|q|B$)으로 주어진다.

양성자가 첫 번째 디로부터 틈새 중심으로 빠져나오는 즉시 디 사이의 전기퍼텐셜차는 반대로 된다. 그러므로 양성자는 음으로 대전된 디 쪽으로 향하고 *다시* 가속된다. 이 과정은 회전하는 양성자가 항상 디 전기퍼텐셜의 진동과 보조를 맞추어져 있어서 디 시스템의 끝으로 나선형으로 나올 때까지 계속된다. 편향판은 양성자를 출구를 통하여 밖으로 내보낸다.

▸***진동수.*** 사이클로트론 작동의 열쇠는 자기장 내에서 양성자가 회전할 때의 진동수 f가 (그리고 양성자 속도에 의존하지 *않는*) 전기 진동자의 고정된 진동수 f_{osc}와 같아야 한다는 것이다. 즉

$$f = f_{osc} \quad \text{(공명조건)} \tag{28.5.1}$$

이어야 한다. 이 *공명조건*은 회전하는 양성자의 에너지가 증가하기 위해서 진동수 f_{osc}가 자기장 안에서 양성자가 회전할 때의 자연진동수 f와 같게 될 때이다.

식 28.4.5($f = |q|B/2\pi m$)와 식 28.5.1을 결합하면 공명조건은

$$|q|B = 2\pi m f_{osc} \tag{28.5.2}$$

로 쓸 수 있다. 진동자는 한 개의 고정된 진동수 f_{osc}에서 작동하도록 설계되어 있다. 자

기장 B를 변화시켜 사이클로트론이 식 28.5.2를 만족하게 될 때까지 미세 조종하면 많은 양성자가 입자빔으로 나오기 위해 자기장 속에서 회전운동을 한다.

양성자 싱크로트론

양성자의 에너지를 50 MeV 이상으로 얻으려고 할 때 재래식 사이클로트론은 설계에서 가정했던 것 중 한 가지 때문에 실패하였다. 즉, 자기장 안에서 회전하는 대전입자의 회전진동수는 입자의 속도에 무관하다는 가정은 광속보다 아주 느린 속력이라면 맞는다. 그렇지만 양성자가 빠른 속력(광속의 약 10% 이상)에서는 상대론적으로 문제를 다루어야 한다. 상대론에 따르면 회전하는 양성자의 속력이 광속에 가까워질 때 양성자의 회전진동수는 분명히 감소한다. 그러므로 양성자들은 사이클로트론 진동자의 고정된 진동수 f_{osc}와 공명하지 못한 채 빠져나와서 양성자의 에너지가 증가하지 않는다.

또 다른 문제는 1.5 T의 자기장에서 500 GeV의 양성자를 만들려면 궤도반지름이 1.1 km나 된다는 것이다. 원래의 사이클로트론에 사용하는 자석에 대응하는 거대한 자석의 면적은 약 4×10^6 m^{2}나 될 뿐만 아니라 건설비용 또한 엄청날 것이다.

*양성자 싱크로트론*은 이들 두 가지 난점을 극복하기 위하여 설계되었다. 싱크로트론은 자기장 B와 진동자의 진동수 f_{osc}가 사이클로트론처럼 고정된 값을 갖는 대신에 가속되는 주기 동안 시간에 따라 변하게 만들었다. 이것을 적절하게 조정하면 (1) 회전하는 양성자의 진동수가 모든 시간에서 진동자와 같이 보조가 맞추어지고 (2) 양성자가 나선이 아닌 원형궤도를 따르게 된다. 즉, 면적이 4×10^6 m^{2}나 되는 자석이 필요한 것이 아니라 원형궤도 정도로만 확장하면 된다. 그러나 원형궤도의 경우 고에너지에 도달하기 위해서는 궤도가 더 길어져야만 한다.

확인문제 28.5.1

사이클로트론이 자기장 B와 중심 근처의 샘에서 연속적으로 들어오는 세 종류의 입자로 작동한다. 입자의 전하는 같지만, 질량은 다르다. $m_1 > m_2 > m_3$. (a) 공명이 일어나기 위한 진동수를 큰 것부터 입자를 나열하여라. (*b*) 이제 특정한 공명조건에 도달했을 때 나오는 속력이 큰 것부터 입자를 나열하여라.

보기문제 28.5.1 사이클로트론과 중성자빔 치료

침샘 악성종양과 같은 암과 싸우는 유망한 무기는 고속 중성자 치료이다. 이 치료에서 고에너지(따라서 빠른) 중성자빔을 암이 있는 지역으로 보낸다. 고에너지 중성자는 암세포의 DNA의 결합을 파괴하여 세포를 죽여 암을 제거한다. 그러나 중성자는 전기적으로 중성이므로 큰 속력에 도달하기 위해 긴 경로를 따라 전기장을 가해 가속시킬 수 없고, 병원에는 이와 같이 긴 경로를 만들 수 없다. 답은 대전된 입자를 고속으로 가속시키는 사이클로트론을 이용하여, 나오는 빔이 암이 있는 부분 앞에서 베릴륨 표적과 충돌하게 만드는 것이다(그림 28.5.2). 고에너지 충돌로 인해 빠른 중성자가 생긴다.

이 기술은 1930년대에 사이클로트론을 발명한 직후 시도하였으나, 1966년 런던의 Hammersmith 병원에서 사용한 후 비로소 널리 관심을 끌게 되었다. 그 병원에서 중양성자(질량 $m = 3.34 \times 10^{-27}$ kg인 수소 이온)를 반지름 $r = 76.0$ cm, 진동수 $f_{osc} = 8.20$ MHz인 사이클로트론에서 가속시킨 후 베릴륨 표적에 충돌시켰다. 중성자의 에너지는 약 6 MeV이다.

(a) 이 사이클로트론에서 중양성자를 가속시키는 데 필요한 자기장의 크기는 얼마인가?

Fermilab/Science Source

그림 28.5.2 오른쪽 출구에서 나온 중성자빔은 보이지 않으므로 환자 위에 겹쳐 보이는 레이저 십자선을 통해 정렬한다.

요점

주어진 진동수 f_{osc}에 대해 사이클로트론에서 대전된 입자를 가속시킬 때 필요한 자기장의 크기 B는 식 28.5.2에 의해 입자의 질량과 전하의 비율 $m/|q|$에 의존한다.

풀이: 중양성자와 진동수 f_{osc} = 8.20 MHz에 대해 다음을 얻는다.

$$B = \frac{2\pi m f_{osc}}{|q|} = \frac{(2\pi)(3.34 \times 10^{-27}\ \text{kg})(8.20 \times 10^{6}\ \text{Hz})}{1.60 \times 10^{-19}\ \text{C}}$$

$$= 1.0755\ \text{T} \approx 1.08\ \text{T}. \quad \text{(답)}$$

(b) 사이클로트론을 떠나는 중양성자의 운동에너지는 얼마인가?

요점

(1) 사이클로트론을 떠나는 중양성자의 운동에너지는 떠나기 직전 반지름이 사이클로트론의 반지름 r과 거의 같은 원 경로를 움직일 때 에너지이다.

(2) 식 28.4.3($r = mv/|q|B$)을 이용하면 이 원형경로에서 중양성자의 속력 v를 구할 수 있다.

풀이: 이 식을 v에 대해 풀고, 주어진 자료를 대입하면

$$v = \frac{r|q|B}{m} = \frac{(0.760\ \text{m})(1.60 \times 10^{-19}\ \text{C})(1.0755\ \text{T})}{3.34 \times 10^{-27}\ \text{kg}}$$

$$= 3.9155 \times 10^{7}\ \text{m/s} \approx 3.92 \times 10^{7}\ \text{m/s}$$

을 얻는다. 이 속력에서 운동에너지는 다음과 같다.

$$K = \tfrac{1}{2}mv^2$$
$$= \tfrac{1}{2}(3.34 \times 10^{-27}\ \text{kg})(3.9155 \times 10^{7}\ \text{m/s})^2$$
$$= 2.56 \times 10^{-12}\ \text{J}. \quad \text{(답)}$$

이 값은 약 16 MeV이다.

▶ **교육용 비디오는 웹사이트 www.wiley.com에서 볼 수 있다.**

28.6 ▸ 전류가 흐르는 도선에 작용하는 자기력

학습목표_Learning Objectives

이 단원을 읽은 후 다음을 이해해야 한다.

28.6.1 자기장에 수직하게 전류가 흐를 경우 전류, 자기장의 방향, 전류(혹은 전류가 흐르는) 도선에 작용하는 자기력의 방향을 그린다.

28.6.2 자기장 내의 전류에 대하여 자기력의 크기 F_B, 전류 i, 도선의 길이 L, 길이 벡터 $\vec{L}$과 자기장 벡터 $\vec{B}$ 사이의 각도 ϕ의

요점_Key Ideas

1. 균일한 자기장 안에서 전류 i가 흐르는 직선도선은 옆 방향 힘

$$\vec{F}_B = i\vec{L} \times \vec{B}$$

를 만든다.

2. 자기장 내에서 전류요소 $i d\vec{L}$에 작용하는 힘은

$$d\vec{F}_B = i\,d\vec{L} \times \vec{B}$$

이다.

3. 길이 벡터 $\vec{L}$이나 $d\vec{L}$의 방향은 전류의 방향과 같다.

▶ 전류가 흐르는 도선에 작용하는 자기력

Hall 효과에서 자기장이 도선 안의 전도전자에게 옆 방향의 힘을 작용하는 것을 알 수 있었다. 이때 전도전자는 도선 밖으로 나갈 수 없으므로 이 힘은 도선 자체에 전달되어야 한다.

그림 28.6.1*a*에서 양 끝이 고정되고 전류가 흐르지 않는 도선을 수직방향의 자기장 안에 놓았다. 여기서 자기장은 지면에서 나오는 방향이다. 그림 28.6.1*b*처럼 전류가 위쪽으로 흐르면 도선은 오른쪽으로 휜다. 그림 28.6.1*c*는 전류의 방향이 반대로 바뀌면서 도선이 왼쪽으로 휘는 그림이다.

그림 28.6.2는 그림 28.6.1*b*의 도선의 내부에서 무슨 일이 일어나는지 나타낸다. 아래쪽으로 움직이는 전자의 유동속도를 v_d라고 하고, 전자 중의 하나를 살펴보자. 식 28.1.3에 의하면 $\phi = 90°$이므로 전자에 작용하는 힘 $\vec{F}_B$의 크기는 ev_dB이다. 식 28.1.2에 의하면 이 힘은 오른쪽 방향으로 작용한다. 따라서 그림 28.6.1*b*처럼 도선은 전체적으로 오른쪽으로 힘을 받는다.

만약 그림 28.6.2에서 자기장의 방향이나 전류의 방향을 *바꾸면* 도선에 작용하는 힘의 방향이 바뀌게 된다. 이때 음전하가 아래로 흐르거나 양전하가 위로 흘러도 전류의 방향이 같으므로, 도선에 작용하는 힘의 방향은 항상 같다. 따라서 전류를 양전하의 흐름이라고 생각해도 괜찮다.

▸***힘 찾기.*** 그림 28.6.2처럼 길이가 L인 도선의 일부를 생각해 보자. 이 부분의 도선 안에 있는 전자들은 시간 $t = L/v_d$ 동안에 그림 28.6.2의 xx 평면을 지난다. 따라서 이 시간 동안에 평면을 지나가는 전하의 양은 다음과 같다.

$$q = it = i\frac{L}{v_d}.$$

이것을 식 28.1.3에 넣으면

$$F_B = qv_dB\sin\phi = \frac{iL}{v_d}v_dB\sin 90°$$

즉,

$$F_B = iLB \qquad (28.6.1)$$

를 얻는다. 이 식은 자기장 $\vec{B}$ 안에서 자기장에 *수직방향*으로 전류 i가 흐르는 길이 L의 직선 도선에 작용하는 힘이다.

만약 그림 28.6.3처럼 자기장이 도선에 수직하지 *않으면* 자기력은 식 28.6.1의 일반적인 표현식인

$$\vec{F}_B = i\vec{L} \times \vec{B} \qquad \text{(전류에 작용하는 힘)} \qquad (28.6.2)$$

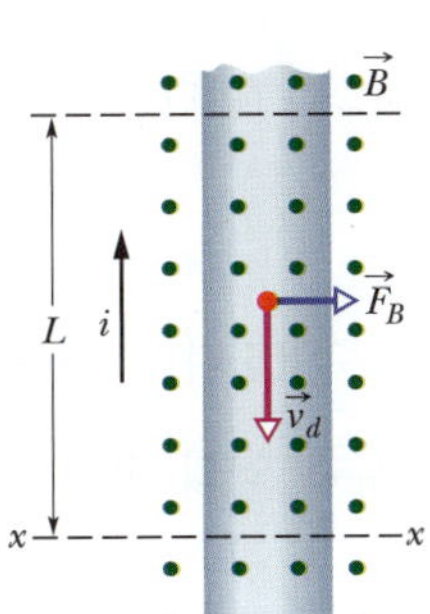

그림 28.6.2 그림 28.6.1*b*의 도선 일부분을 확대해서 본 그림. 전류의 방향은 위쪽이며 전자는 아래쪽으로 이동한다. 지면에서 나오는 자기장이 도선을 오른쪽으로 휘게 만든다.

관계를 구한다.

28.6.3 벡터곱에 대한 오른손 규칙을 적용하여 자기장 내의 전류에 작용하는 자기력의 방향을 구한다.

28.6.4 자기장 내의 전류에 대해 길이 벡터 $\vec{L}$과 자기장 벡터 $\vec{B}$에 대한 벡터곱을 이용해 크기-각도 표현과 단위벡터 표현으로 자기력 $\vec{F}_B$를 계산한다.

28.6.5 도선이 직선이 아니거나 자기장이 균일하지 않을 경우 전류가 흐르는 도선에 작용하는 힘을 계산하는 과정을 기술한다.

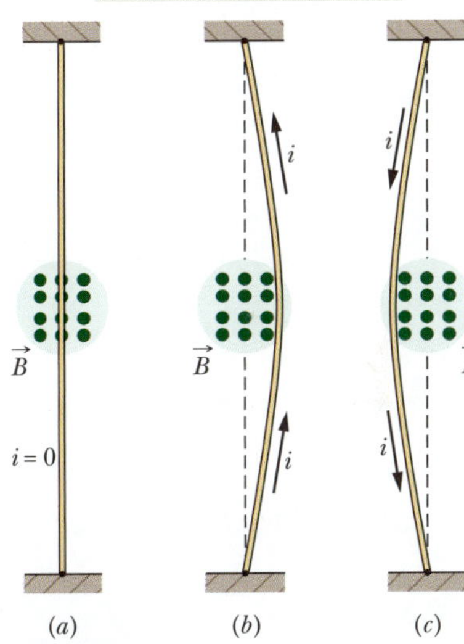

그림 28.6.1 도선이 자석의 두 극면 사이에 놓여 있다. (*a*) 도선에 전류가 흐르지 않을 때 도선은 반듯하다. (*b*) 전류가 위 방향으로 흐르면 도선은 오른쪽으로 휜다. (*c*) 전류가 아래 방향으로 흐르면 도선은 왼쪽으로 휜다.

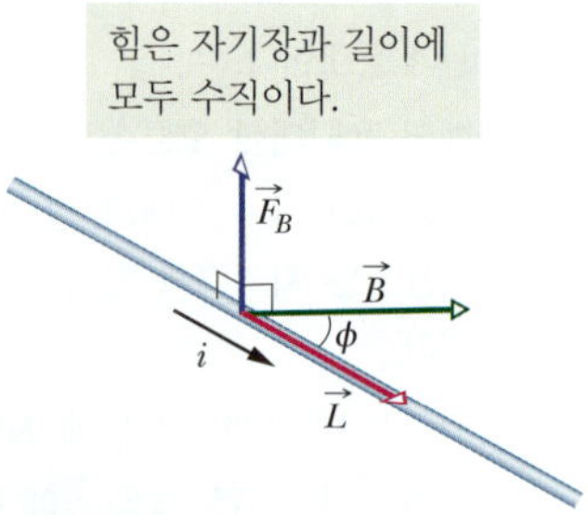

그림 28.6.3 전류 i가 흐르는 도선이 자기장 $\vec{B}$와 각도 ϕ를 이룬다. 자기장 안에 들어 있는 도선의 길이는 L이고 길이벡터 $\vec{L}$은 전류의 방향과 나란하다. 이때 자기력 $\vec{F}_B = i\vec{L} \times \vec{B}$가 도선에 작용한다.

이다. 여기서 $\vec{L}$은 크기가 L이고 전류의 방향으로 도선에 나란한 *길이 벡터*이다. 힘의 크기 F_B는

$$F_B = iLB \sin\phi \tag{28.6.3}$$

이고, ϕ는 $\vec{L}$과 $\vec{B}$ 사이의 각도이다. $\vec{F}_B$의 방향은 전류 i를 양으로 취급하기 때문에 벡터곱 $\vec{L} \times \vec{B}$의 방향과 같다. 식 28.6.2에 의하면, 그림 28.6.3처럼 $\vec{F}_B$는 항상 두 벡터 $\vec{L}$과 $\vec{B}$가 만드는 평면에 수직이다.

식 28.6.2는 식 28.1.2와 동등하며 두 방정식 모두 자기장 $\vec{B}$의 정의식으로 볼 수 있지만, 실제로는 식 28.6.2로 자기장 $\vec{B}$를 정의한다. 운동하는 전하 하나에 작용하는 자기력보다는 도선에 작용하는 자기력을 측정하는 것이 훨씬 쉽기 때문이다.

▸***구부러진 도선.*** 도선이 직선이 아니거나 자기장이 고르지 않으면 도선을 작은 직선 조각으로 이루어져 있다고 가정하여 각각의 직선 조각에 식 28.6.2을 적용할 수 있다. 도선에 작용하는 전체 힘은 도선을 구성하는 각 조각에 작용하는 모든 힘의 벡터합이다. 미분식으로는

$$d\vec{F}_B = i\, d\vec{L} \times \vec{B} \tag{28.6.4}$$

로 쓸 수 있다. 어떤 모양의 전류 배열에 대해서도 식 28.6.4를 적분하면 작용하는 전체 힘을 알아낼 수 있다.

식 28.6.4를 쓸 때 길이 dL의 고립된 전류가 흐르는 부분이라는 것은 없다는 것을 조심해야 한다. 언제나 그 부분의 한 끝으로 들어오고, 다른 쪽으로 나가는 도선의 일부로 생각하여 전류를 도입하는 방법은 반드시 있다.

확인문제 28.6.1

그림에는 균일한 자기장 $\vec{B}$ 안에서 전류 i가 흐르는 도선과, 이 도선에 작용하는 자기력 $\vec{F}_B$가 표시되어 있다. 자기장은 이 힘이 최대가 되도록 향하고 있다. 자기장의 방향을 결정하여라.

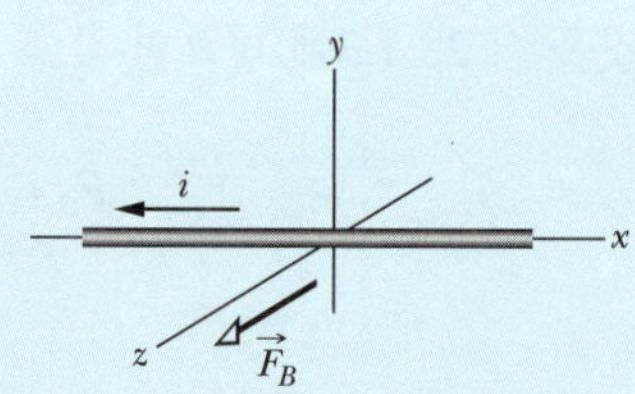

보기문제 28.6.1 전류가 흐르는 도선에 작용하는 자기력

수평방향의 구리도선에 i = 28 A의 전류가 흐르고 있다. 도선을 떠있게 하기 위하여, 즉 도선에 작용하는 중력을 상쇄시키기 위하여 필요한 자기장 $\vec{B}$를 구하여라. 단 도선의 선밀도, 즉 단위길이당 질량은 46.6 g/m이다.

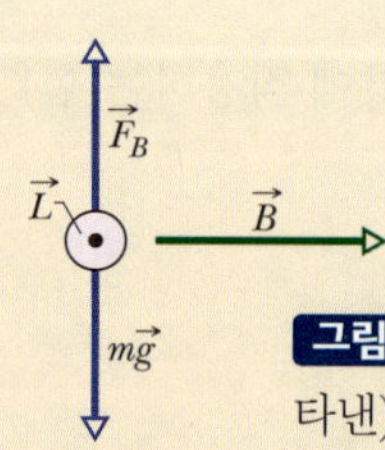

그림 28.6.4 전류가 지면 밖으로 나오는 (단면을 나타낸) 도선.

요점

(1) 전류가 흐르는 도선에 작용하는 자기력 $\vec{F}_B$는 아래 방향으로 작용하는 중력 $\vec{F}_g$를 상쇄하기 위하여 위 방향으로 작용해야 한다(그림 28.6.4 참조). (2) $\vec{F}_B$의 방향은 $\vec{B}$와 도선의 길이 벡터 $\vec{L}$에 의해서 식 28.6.2($\vec{F}_B = i\vec{L} \times \vec{B}$)로 주어진다.

풀이: $\vec{L}$이 수평방향이기 때문에 (그리고 전류는 양의 전하로 정했으므로) 식 28.6.2와 벡터곱에 대한 오른손 규칙에 따

라 필요한 위 방향의 힘 $\vec{F}_B$를 주기 위해서는 자기장 $\vec{B}$가 수평으로 오른쪽 방향이어야 한다(그림 28.6.4 참조).

$\vec{F}_B$의 크기는 $F_B = iLB \sin\phi$(식 28.6.3)로 주어진다. 따라서 $\vec{F}_B$가 $\vec{F}_g$를 상쇄시키키기 위한 조건은 다음과 같다.

$$iLB \sin\phi = mg. \tag{28.6.5}$$

여기서 mg는 $\vec{F}_g$의 크기이며 m은 도선의 질량이다. $\vec{F}_B$가 $\vec{F}_g$를 상쇄시키기 위하여 필요한 $\vec{B}$의 최소 크기를 구하려면 식 28.6.5에서 $\sin\phi$를 극대화해야 한다. 이때 ϕ는 90°이고 $\vec{B}$는 도선에 수직이다. 즉 $\sin\phi = 1$이므로 식 28.6.5에서 다음을 얻는다.

$$B = \frac{mg}{iL\sin\phi} = \frac{(m/L)g}{i}. \tag{28.6.6}$$

도선의 선밀도 m/L을 알고 있기 때문에 이와 같이 표현하였다. 이제 알고 있는 값을 넣으면

$$B = \frac{(46.6 \times 10^{-3}\ \text{kg/m})(9.8\ \text{m/s}^2)}{28\ \text{A}}$$
$$= 1.6 \times 10^{-2}\ \text{T} \quad \text{(답)}$$

를 얻는다. 이 값은 지구자기장의 약 160배이다.

▶ **교육용 비디오는 웹사이트 www.wiley.com에서 볼 수 있다.**

28.7 ▸ 전류고리에 작용하는 토크

요점 _Key Ideas_

1. 균일한 외부 자기장 안에 놓여 있는 전류가 흐르는 코일 한 부분에 여러 자기력이 작용하지만, 알짜힘은 0이다.
2. 코일에 작용하는 알짜 토크는

$$\tau = NiAB \sin\theta$$

이다. 여기서 N은 코일의 감은 회수, A는 한 번 감은 고리의 면적, i는 전류, B는 자기장의 크기, θ는 자기장 벡터 $\vec{B}$와 코일의 수직벡터 $\vec{n}$ 사이의 각도이다.

학습목표 _Learning Objectives_

이 단원을 읽은 후 다음을 이해해야 한다.

28.7.1 자기장 안에 전류가 흐르는 직사각형 고리를 그리고, 네 변에 작용하는 자기력, 전류의 방향, 수직벡터 $\vec{n}$과 고리를 회전시키려는 힘으로부터 토크의 방향을 나타낸다.

28.7.2 자기장 안에 전류가 흐르는 코일에 대해 토크의 크기 τ, 감은 회수 N, 한 번 감은 고리의 면적 A, 전류 i, 자기장의 크기 B와 수직벡터 $\vec{n}$과 자기장 벡터 $\vec{B}$ 사이의 각도 θ 사이의 관계를 구한다.

▶ 전류고리에 작용하는 토크

주위에서 흔히 볼 수 있는 전동기가 일을 할 수 있는 기본 원리는 앞 절에서 배운 자기력, 즉 전류가 흐르는 도선에 자기장이 가하는 힘이다.

그림 28.7.1은 자기장 $\vec{B}$ 속에서 단일 전류고리로 구성된 간단한 전동기이다. 두 자기력 $\vec{F}$와 $-\vec{F}$는 전류고리를 중앙의 고정축 주위로 회전시키려는 토크를 만든다. 자기장이 어떻게 전류고리에 작용하여 회전운동을 일으키는가를 살펴보자.

전류 i가 흐르는 두 변의 길이가 각각 a와 b인 직사각형 전류고리가 자기장 $\vec{B}$ 안에 그림 28.7.2a처럼 놓여 있다. 1과 3으로 표시된 긴 변이 지면으로 들어가는 방향의 자기장과 수직이 되고, 2와 4로 표시된 짧은 변은 수직이 되지 않도록 자기장 안에 놓는다. 고리에 들어가고 나가는 전류가 흐르는 도선이 필요하지만, 간단히 보이기 위해 나타내지 않았다.

자기장 안에서 전류고리의 방향을 정하기 위하여 전류고리 면에 수직인 벡터 $\vec{n}$을 사용한다. 그림 28.7.2b는 $\vec{n}$의 방향을 구하는 오른손 규칙이다. 전류고리 위의 어느 점에서든지 전류가 흐르는 방향으로 오른손 손가락을 구부리면 엄지가 바로 수직벡터 $\vec{n}$의 방향을 가리킨다.

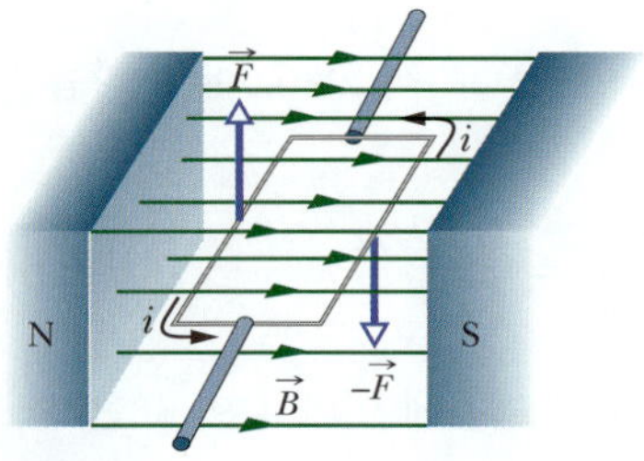

그림 28.7.1 전동기의 구성요소. 고정축에 대하여 자유롭게 회전할 수 있는 직사각형 전류고리가 자기장 안에 놓여 있다. 도선에 작용하는 자기력이 전류 고리를 회전시키는 토크를 만든다. 토크의 방향이 항상 같아지도록 전류고리가 반 회전할 때마다 그림에는 보이지 않는 정류자가 전류의 방향을 바꾼다.

전류고리의 수직벡터 $\vec{n}$은 그림 28.7.2c처럼 자기장 $\vec{B}$와 각도 θ를 이룬다. 이렇게 놓여 있는 상태에서 전류고리에 작용하는 알짜힘과 알짜 토크를 구하고자 한다.

▸***알짜 토크.*** 알짜힘은 전류고리의 네 변에 작용하는 힘의 벡터합이다. 변 2를 보면 식 28.6.2의 벡터 $\vec{L}$이 전류의 방향을 가리키고 크기는 b이다. 변 2에 대한 $\vec{L}$과 $\vec{B}$의 사이각은 $90° - \theta$이다. 따라서 변 2에 작용하는 힘의 크기는 다음과 같다.

$$F_2 = ibB \sin(90° - \theta) = ibB \cos\theta. \tag{28.7.1}$$

변 4에 작용하는 힘 $\vec{F}_4$는 $\vec{F}_2$와 크기가 같지만 방향이 반대이다. 따라서 $\vec{F}_2$와 $\vec{F}_4$는 정확히 상쇄된다. 그들의 알짜힘은 0이며 그들이 공유하는 작용선이 전류고리의 중심을 지나므로 알짜 토크도 0이다.

변 1과 3에 대해서는 사정이 다르다. 여기서 $\vec{L}$이 $\vec{B}$에 수직이고, $\vec{F}_1$과 $\vec{F}_3$의 크기는 모두 iaB로서 방향이 서로 반대이므로, 전류고리를 위아래로 움직이게 하지 못한다. 그러나 그림 28.7.2c처럼 두 힘의 작용선이 같지 *않으므로* 알짜 토크를 만든다. 이 토크는 전류고리의 수직벡터가 자기장 $\vec{B}$의 방향과 나란해지도록 전류고리를 회전시킨다. 토크의 모멘트팔은 전류고리의 중심축에 대해서 $(b/2)\sin\theta$이다. 따라서 힘 $\vec{F}_1$과 $\vec{F}_3$가 만드는 토크의 크기 τ'은(그림 28.7.2c 참조) 다음과 같다.

$$\tau' = \left(iaB\frac{b}{2}\sin\theta\right) + \left(iaB\frac{b}{2}\sin\theta\right) = iabB\sin\theta. \tag{28.7.2}$$

▸***코일.*** 이제 하나의 전류고리를 N번 감은 전류고리로 이루어진 *코일*로 바꾸자. 각각의 전류고리는 매우 촘촘히 꽉 감겨 있어서 전류고리 모두가 같은 크기이고, 한 평면에 놓여 있다고 가정하자. 그러면 전류고리는 *평면 코일*을 만들고, 식 28.7.2에 주어진 크기의 토크 τ'이 각각의 전류고리에 작용한다. 따라서 코일에 작용하는 전체 토크의 크기는 다음과 같다.

$$\tau = N\tau' = NiabB\sin\theta = (NiA)B\sin\theta. \tag{28.7.3}$$

여기서 $A(= ab)$는 코일의 단면적이다. 괄호 안의 양(NiA)은 각각 감은 횟수, 흐르는 전류, 단면적으로 모두 코일의 특성을 나타낸다. 식 28.7.3은 자기장이 균일한 경우 고리의 모양에 관계없이 모든 평면 코일에 대하여 똑같이 성립한다. 예를 들어 반지름 r인 원형 고리인 경우 토크는 다음과 같다.

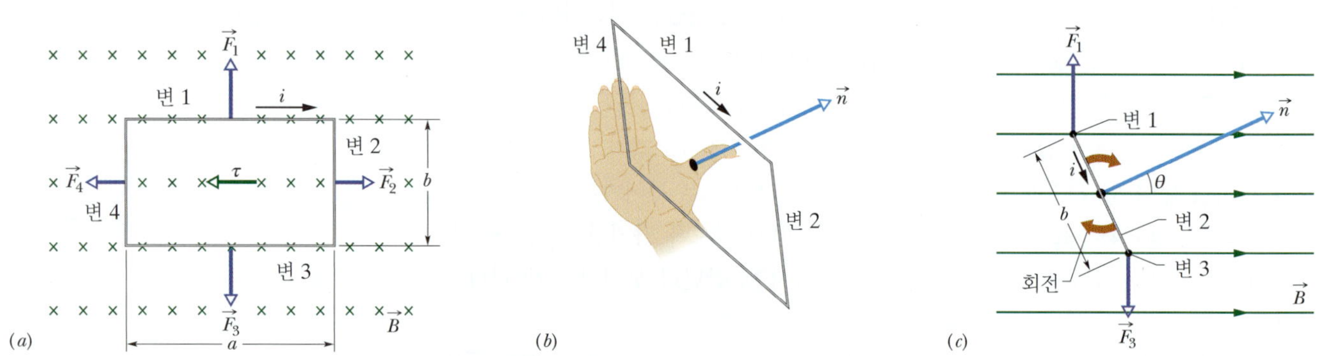

그림 28.7.2 길이 a, 너비 b이고, 전류 i가 흐르고 있는 직사각형 고리가 균일한 자기장 안에 놓여 있다. 토크가 작용하여 수직벡터 $\vec{n}$이 자기장 방향과 나란하게 된다. (a) 자기장 방향으로 본 전류고리. (b) 오른손 규칙에 따라 전류고리에 수직인 $\vec{n}$의 방향을 보여주는 그림. (c) 전류고리를 변 2 쪽에서 본 그림. 전류고리가 회전하는 방향이 표시되어 있다.

$$\tau = (Ni\pi r^2)B \sin \theta. \quad (28.7.4)$$

▸***수직벡터.*** 전류고리의 회전운동은 고리면에 수직인 벡터 $\vec{n}$을 추적하는 것이 더 간단하다. 즉, 자기장 안에 놓인 전류고리는 $\vec{n}$이 자기장의 방향과 나란해지도록 회전한다. 전동기에서 $\vec{n}$이 자기장과 나란해지기 시작할 때 고리의 전류를 반대로 바꾸면, 토크는 고리를 계속 회전하도록 작용한다. 이와 같은 자동 전류반전은 회전고리와 전기적으로 연결된 정류자에 의해 이루어진다.

확인문제 28.7.1

길이 10 cm인 도선으로 (단일) 고리를 만들려고 한다. 고리에는 전류 i가 흐르고, 균일한 자기장 B 안에 있으며, 수직벡터는 $\vec{B}$에 수직이다. 고리에 작용하는 토크의 크기 τ를 최대로 만들려면 고리의 모양은 (a) 정사각형, (b) 각 변의 길이가 4 cm, 1 cm인 직사각형, (c) 각 변의 길이가 3 cm, 2 cm인 직사각형, (d) 원 중 어느 것인가?

28.8 ▸ 자기 쌍극자모멘트

요점_Key Ideas

1. 균일한 자기장 $\vec{B}$ 안에 있는 (면적 A, 감은 회수 N, 전류 i인) 코일에는

$$\vec{\tau} = \vec{\mu} \times \vec{B}$$

로 주어지는 토크 $\vec{\tau}$가 작용한다. 여기서 $\vec{\mu}$의 크기는 $\mu = NiA$, 방향은 오른손 규칙으로 주어지는 코일의 자기 쌍극자모멘트이다.

2. 자기장 안의 자기쌍극자에 대한 회전에너지는 다음과 같다.

$$U(\theta) = -\vec{\mu} \cdot \vec{B}.$$

3. 외부 요소에 의해 자기쌍극자가 처음 방향 θ_i에서 최종 방향 θ_f로 회전하고, 쌍극자는 처음과 마지막에 정지해 있을 때 외부 요소가 쌍극자에 한 일 W_a는 다음과 같다.

$$W_a = \Delta U = U_f - U_i.$$

학습목표_Learning Objectives

이 단원을 읽은 후 다음을 이해해야 한다.

28.8.1 전류가 흐르는 코일은 오른손 규칙으로 주어지는 수직벡터 $\vec{n}$의 방향을 갖는 자기 쌍극자 모멘트 $\vec{\mu}$를 갖는 자기쌍극자이다.

28.8.2 전류가 흐르는 코일에 대해 자기 쌍극자모멘트의 크기 μ와 감은 회수 N, 각 고리의 면적 A와 전류 i 사이의 관계를 구한다.

28.8.3 전류가 흐르는 코일 그림에서 전류의 방향을 그리고, 오른손 규칙을 사용하여 자기 쌍극자모멘트 벡터 $\vec{\mu}$의 방향을 그린다.

28.8.4 외부 자기장 안에 있는 자기쌍극자에 대해 토크의 크기 T, 자기 쌍극자모멘트 μ, 자기장의 크기 B, 자기 쌍극자모멘트 벡터 $\vec{\mu}$와 자기장 벡터 $\vec{B}$ 사이의 각도 θ 사이의 관계를 구한다.

28.8.5 회전방향에 따른 토크의 부호를 부여하는 관습을 알아본다.

28.8.6 쌍극자모멘트 벡터 $\vec{\mu}$와 외부

▶ 자기 쌍극자모멘트

토크에 의하여 자기장 안에 놓인 전류고리가 회전한다. 이러한 의미에서 전류고리는 자기장 안에 놓인 막대자석과 같은 역할을 한다. 막대자석과 같이 전류고리도 *자기쌍극자*라고 부른다. 자기장이 전류고리에 작용하는 토크를 나타내기 위하여 전류고리의 **자기 쌍극자모멘트** $\vec{\mu}$를 정의한다. $\vec{\mu}$의 방향은 고리가 놓인 평면의 수직벡터 $\vec{n}$의 방향이고 그림 28.7.2처럼 오른손 규칙으로 정한다. 전류 i의 방향으로 오른쪽 손가락으로 고리를 잡으면 쭉 뻗은 엄지의 방향이 $\vec{\mu}$의 방향이다. $\vec{\mu}$의 크기는 다음과 같다.

$$\mu = NiA \quad \text{(자기모멘트)}. \quad (28.8.1)$$

자기장 벡터 $\vec{B}$의 벡터곱을 크기-각도 표현방법과 단위벡터 표현방법으로 구하여 자기쌍극자에 작용하는 토크를 계산한다.

28.8.7 외부 자기장 안에 있는 자기쌍극자에 대해 토크의 크기가 최소, 최대인 쌍극자의 방향을 구한다.

28.8.8 외부 자기장 안에 있는 자기쌍극자에 대해 방향에 관련된 에너지 U, 쌍극자모멘트 크기 μ, 외부 자기장의 크기 B, 쌍극자 모멘트 벡터 $\vec{\mu}$와 자기장 벡터 $\vec{B}$ 사이의 각도 θ 사이의 관계를 구한다.

28.8.9 회전에너지 U를 크기-각도 표현방법과 단위 벡터 표현방법에서 쌍극자모멘트 벡터 $\vec{\mu}$와 자기장 벡터 $\vec{B}$의 스칼라곱을 구하여 계산한다.

28.8.10 외부 자기장 안에서 회전에너지가 최소, 최대가 되는 자기쌍극자의 방향을 구한다.

28.8.11 자기장 내의 자기쌍극자에 대해 회전에너지 U와 쌍극자가 자기장 안에서 회전할 때 외부 토크가 하는 일 W_a 사이의 관계를 구한다.

여기서 N은 고리에 감은 수, i는 고리에 흐르는 전류, A는 고리의 단면적이다. 이 방정식으로부터 $\vec{\mu}$의 단위가 $\text{A} \cdot \text{m}^2$임을 알 수 있다.

▸***토크.*** $\vec{\mu}$를 사용하여 자기장이 고리에 작용하는 토크에 관한 식 28.7.3을

$$\tau = \mu B \sin\theta \tag{28.8.2}$$

로 쓸 수 있다. 여기서 θ는 $\vec{\mu}$와 $\vec{B}$ 사이의 각도이다.

이 식을 벡터방정식으로 쓰면 다음과 같다.

$$\vec{\tau} = \vec{\mu} \times \vec{B}. \tag{28.8.3}$$

이 식은 *전기*장이 *전기*쌍극자에 작용하는 토크에 대한 식 22.7.3과 비슷하다.

$$\vec{\tau} = \vec{p} \times \vec{E}.$$

즉, 토크는 전기장이든, 자기장이든 쌍극자모멘트와 그 벡터장과의 벡터곱이다.

▸***에너지.*** 외부 자기장 안에 놓여 있는 자기쌍극자는 자기장 속에서 쌍극자의 방향에 의해 결정되는 *에너지*를 갖는다. 전기쌍극자의 경우 다음과 같이 표현하였다(식 22.7.7 참조).

$$U(\theta) = -\vec{p} \cdot \vec{E}.$$

똑같은 방법으로 자기쌍극자의 경우에도 다음과 같이 쓸 수 있다.

$$U(\theta) = -\vec{\mu} \cdot \vec{B}. \tag{28.8.4}$$

자기쌍극자는 쌍극자모멘트 $\vec{\mu}$가 자기장과 나란할 때 최소 에너지($= -\mu B \cos 0 = -\mu B$)를 갖고 $\vec{\mu}$가 자기장과 반대 방향일 때 최대 에너지($= -\mu B \cos 180° = +\mu B$)를 갖는다(그림 28.8.1 참조). $\vec{\mu}$의 단위는 식 28.8.4의 암페어-제곱 미터 대신에 U는 줄로, $\vec{B}$는 테슬라로 주어진 식 28.8.1로부터 테슬라당 줄(J/T)이다.

▸***일.*** 외부에서 토크가 작용하여 자기쌍극자가 초기 방향 θ_i에서 최종 방향 θ_f로 회전한다면 외부토크가 자기쌍극자에 W_a의 일을 한다. 쌍극자 위치변화의 시작과 끝에서 *쌍극자가 정지해 있다면*, 일 W_a는 다음과 같다.

$$W_a = U_f - U_i. \tag{28.8.5}$$

여기서 U_i와 U_f는 식 28.8.4를 이용하여 구한다.

이제까지 전류고리와 영구자석만이 자기쌍극자임을 확인하였다. 그러나 (근사적으로) 지구 자체와 같이 회전하는 구형 전하도 자기쌍극자이다. 궁극적으로는 전자, 양성자, 그리고 중성자를 포함하여 대부분의 소립자도 자기 쌍극자모멘트가 있다. 32장에서 배우게 되겠지만 이 모든 양을 전류고리로 볼 수 있다. 표 28.8.1에 몇몇 자기 쌍극자모멘트의 크기를 나타내었다.

▸***용어.*** 어떤 강사는 식 28.8.4의 U를 퍼텐셜에너지라고 부르고, 쌍극자의 방향이 변할 때 자기장이 한 일과 관련시킨다. 여기서는 이에 대한 논쟁을 피하고 U를 쌍극자 방향과 관련된 에너지라고 하겠다.

자기 모멘트벡터는 자기장 방향으로 정렬하려고 한다.

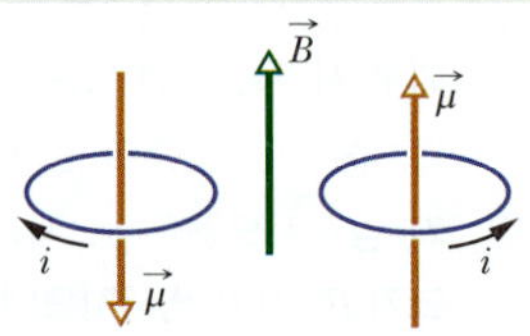

그림 28.8.1 ▸ 외부자기장 $\vec{B}$ 속에서 최대와 최소 에너지를 갖는 자기쌍극자(전류고리)의 방향. 그림 28.7.2*b*에서 $\vec{n}$을 구하는 오른손 규칙을 따라 전류 i의 방향이 자기 쌍극자모멘트 $\vec{\mu}$의 방향을 결정한다.

확인문제 28.8.1

그림은 자기장 안에서 자기 쌍극자모멘트 $\vec{\mu}$의 네 가지 방향을 각도 θ로 나타낸 것이다. (a) 자기쌍극자에 작용하는 토크 크기와 (b) 자기쌍극자의 방향에너지 크기가 큰 순서대로 나열하여라.

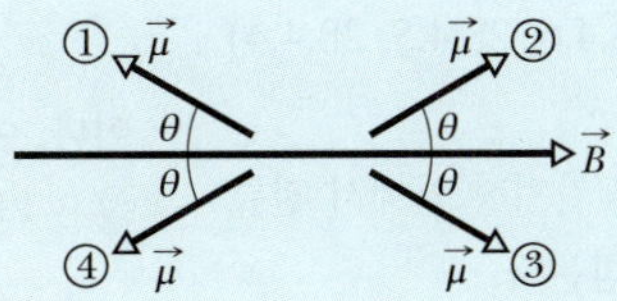

표 28.8.1 자기 쌍극자모멘트

작은 막대자석	5 J/T
지구	8.0×10^{22} J/T
양성자	1.4×10^{-26} J/T
전자	9.3×10^{-24} J/T

보기문제 28.8.1 자기장에서 자기쌍극자의 회전

그림 28.8.2는 감은 수 250회, $2.52 \times 10^{-4}\ \text{m}^2$인 단면적, 그리고 100 μA의 전류가 흐르는 원형 코일이다. 코일은 크기가 일정한 자기장 크기 $B = 0.85$ T 안에 정지해 있으며, 자기 쌍극자모멘트 $\vec{\mu}$는 초기에 $\vec{B}$와 나란히 놓여 있다.

(a) 그림 28.8.2에서 코일의 전류방향을 나타내어라.

오른손 규칙: $\vec{\mu}$의 방향으로 오른손 엄지를 쭉 뻗어서 오른손으로 코일을 감아쥔다고 생각하여라. 코일을 감아 도는 네 손가락의 방향이 코일의 전류방향이다. 그림 28.8.2처럼 코일을 이루고 있는 도선의 전류방향은 위에서부터 아래로 향하는 방향이다.

(b) 외부에서 작용한 토크에 의하여 코일이 초기 방향에서 90° 회전하여 $\vec{\mu}$와 $\vec{B}$가 수직을 이루게 하는 데 한 일은 얼마인가?

요점

작용한 토크가 한 일 W_a는 방향변화에 의한 코일의 퍼텐셜에너지 변화와 같다.

▶ **교육용 비디오는 웹사이트 www.wiley.com에서 볼 수 있다.**

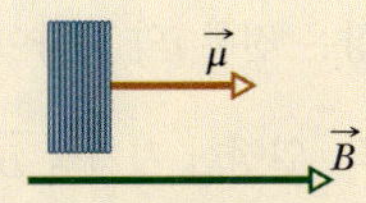

그림 28.8.2 ▶ 자기 쌍극자모멘트 $\vec{\mu}$가 자기장 $\vec{B}$와 나란한 원형 전류고리의 옆모습.

풀이: 식 28.8.5($W_a = U_f - U_i$)로부터

$$\begin{aligned} W_a &= U(90°) - U(0°) \\ &= -\mu B \cos 90° - (-\mu B \cos 0°) = 0 + \mu B \\ &= \mu B \end{aligned}$$

를 얻는다. μ 대신에 식 28.8.1($\mu = NiA$)을 대입하면 다음을 얻는다.

$$\begin{aligned} W_a &= (NiA)B \\ &= (250)(100 \times 10^{-6}\ \text{A})(2.52 \times 10^{-4}\ \text{m}^2)(0.85\ \text{T}) \\ &= 5.355 \times 10^{-6}\ \text{J} \approx 5.4\ \mu\text{J}. \end{aligned}$$ (답)

마찬가지로 90° 더 회전하여 자기쌍극자가 자기장과 반대 방향을 이루려면 5.4 μJ의 일이 더 필요하다.

정리 및 요약 _Review & Summary

▶ ***자기장*** 자기장 $\vec{B}$는 속도 $\vec{v}$로 자기장 안을 움직이는 전하 q의 시험입자에 작용하는 힘 $\vec{F}_B$를 이용하여

$$\vec{F}_B = q\vec{v} \times \vec{B} \tag{28.1.2}$$

로 정의한다. $\vec{B}$의 SI 단위는 **테슬라**(T)이다. 1 T = 1 N/(A · m) = 10^4 gauss.

▶ ***Hall 효과*** 전류 i가 흐르는 도선이 일정한 자기장 $\vec{B}$ 안에 있을 때 (전하가 e인) 전하운반자가 도선의 한쪽 가장자리에 쌓이면서, 도선을 가로질러 퍼텐셜차 V를 만든다. 양변의 극성에 의해 전하운반자의 부호를 알 수 있다.

▶ ***자기장 안에서 원운동하는 대전입자*** 질량이 m이고 전하의 크기가 $|q|$인 대전입자가 일정한 자기장 $\vec{B}$에 수직인 속도 $\vec{v}$로 원운동을 할 때, Newton의 제2법칙을 원운동에 적용하면 다음과 같다.

$$|q|vB = \frac{mv^2}{r}. \tag{28.4.2}$$

따라서 원의 반지름은

$$r = \frac{mv}{|q|B} \tag{28.4.3}$$

이고, 회전진동수 f, 각진동수 ω, 원운동의 주기 T이면 다음과 같다.

$$f = \frac{\omega}{2\pi} = \frac{1}{T} = \frac{|q|B}{2\pi m}. \qquad (28.4.6, 28.4.5, 28.4.4)$$

▸ ***전류가 흐르는 도선에 작용하는 자기력*** 일정한 자기장 안에서 전류 i가 흐르는 직선도선은 옆 방향으로 다음의 힘을 받는다.

$$\vec{F}_B = i\vec{L} \times \vec{B}. \qquad (28.6.2)$$

자기장 안에 전류요소 $i\,d\vec{L}$이 받는 힘은 다음과 같다.

$$d\vec{F}_B = i\,d\vec{L} \times \vec{B}. \qquad (28.6.4)$$

길이벡터 $\vec{L}$ 또는 $d\vec{L}$의 방향은 전류 i의 방향이다.

▸ ***전류고리에 작용하는 토크*** 일정한 자기장 $\vec{B}$ 안에서 (단면적 A, 감은 수 N, 전류 i인) 코일이 받는 토크 $\vec{\tau}$는

$$\vec{\tau} = \vec{\mu} \times \vec{B} \qquad (28.8.3)$$

이다. 여기서 $\vec{\mu}$는 크기가 $\mu = NiA$이고 오른손 규칙에 의해 정해진 방향을 갖는 **자기 쌍극자모멘트**이다.

▸ ***자기쌍극자의 방향에너지*** 자기장 안에서 자기쌍극자의 방향에너지는 다음과 같다.

$$U(\theta) = -\vec{\mu} \cdot \vec{B}. \qquad (28.8.4)$$

자기쌍극자가 외부힘에 의해 초기 방향 θ_i에서 최종 방향 θ_f로 회전한다면, 외부힘이 자기쌍극자에 한 일 W_a는 다음과 같다.

$$W_a = \Delta U = U_f - U_i. \qquad (28.8.5)$$

연습문제 _Problems

E Easy M Medium H Hard CALC Requires calculus BIO Biomedical application

1 M $d_x = 5.00$ m, $d_y = 3.00$ m, $d_z = 2.00$ m인 직육면체 도체가 균일한 자기장 $\vec{B} = (62.0\text{ mT})\hat{j}$ 안을 일정한 속도 $\vec{v} = (20.0\text{ m/s})\hat{i}$로 움직인다(그림 28.1). (a) 도체 안에 형성되는 전기장을 단위벡터 표기방법으로 나타내어라. (b) 도체를 가로질러 생기는 퍼텐셜차를 구하여라.

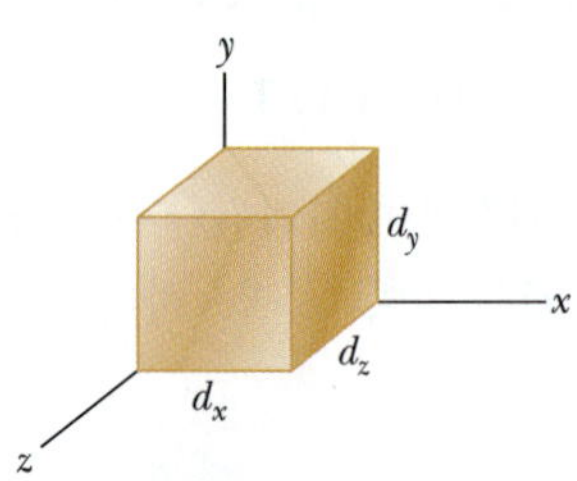

그림 28.1 연습문제 1, 2

2 H 그림 28.1은 각 면이 좌표축과 평행한 금속 토막이다. 토막을 크기가 0.020 T인 균일한 자기장 안에 놓았다. 토막의 한 변의 길이는 25 cm이다. 토막의 크기가 그림에는 제대로 나타나 있지는 *않다*. 금속 토막을 순서대로 각 축에 평행하게 4.0 m/s로 움직여서 토막을 가로질러 생성되는 퍼텐셜차 V를 측정한다. 토막의 운동이 y축과 평행일 때 $V = 12$ mV, 축과 평행일 때 $z = 18$ mV, x축과 평행일 때 $V = 0$이다. 금속토막 각 변의 길이 (a) d_x, (b) d_y, (c) d_z는 얼마인가?

3 M 그림 28.2에서 대전입자가 균일한 자기장 $\vec{B}$의 영역으로 들어와서 반 바퀴 돈 다음 자기장 영역을 빠져나간다. 입자는 양성자이거나 전자이다(어느 것인지 결정해야 한다). 입자가 자기장 영역에서 200 ns 동안 있었다. (a) $\vec{B}$의 크기는 얼마인가? (b) 입자가 초기 운동에너지의 2.00배로(처음과 같은 경로를 따라) 자기장 안으로 들어온다면, 입자가 자기장 안에 머무는 시간은 얼마인가?

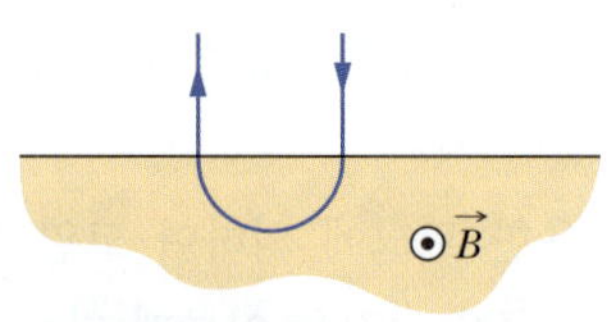

그림 28.2 연습문제 3

4 E 질량 10 g, 전하 80 μC의 입자가 자유낙하 가속도가 $-9.8\hat{j}$ m/s^{2}인 균일한 자기장이 있는 영역을 통과한다. 입자의 속도는 자기장에 수직이면서 크기는 $40\hat{i}$ km/s로 일정하다. 자기장은 얼마인가?

5 M 그림 28.3*a*에서 같은 평면에 있는 두 동심 고리에 전류가 서로 반대 방향으로 흐른다. 큰 고리 1의 전류는 고정되어 있다. 고리 2의 전류 i_2는 변할 수 있다. 그림 28.3*b*는 두 고리로 된 계의 알짜 자기모멘트를 i_2의 함수로 나타낸 그래프이다. 수직축의 눈금은 $\mu_{net,s} = 2.0 \times 10^{-5}$ A · m^{2}이고, 수평축의 눈금은 $i_{2s} = 10.0$ mA이다. 이제 고리 2의 전류가 반대로 흐르고, $i_2 = 7.0$ mA이면 계의 자기쌍극자모멘트 크기는 얼마인가?

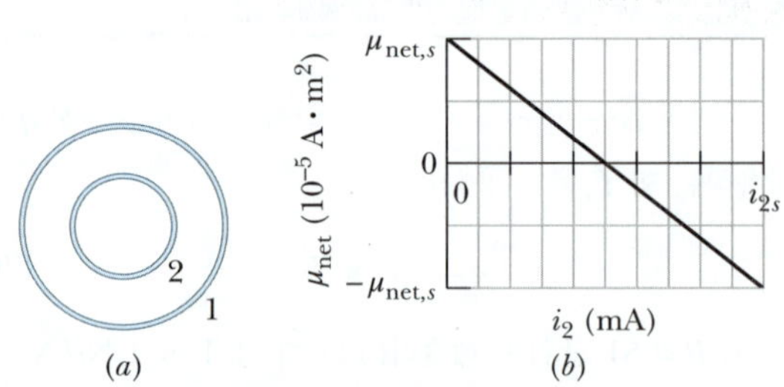

그림 28.3 연습문제 5

6 M 디의 반지름이 53.0 cm인 사이클로트론에서 양성자를 가속시키기 위하여 사이클로트론을 16 MHz의 진동수로 작동시킨다. (a) 공명이 일어나는 자기장의 크기 B는 얼마인가? (b) 그 자기장 값에서

사이클로트론에서 나오는 양성자의 운동에너지는 얼마인가? 대신 B = 1.57 T일 때 (c) 공명이 일어나는 진동수와 (d) 빠져나오는 양성자의 운동에너지는 얼마인가?

7 M 그림 28.4에서 초기 운동에너지 4.0 keV인 전자가 시각 $t = 0$에서 영역 1로 들어온다. 영역 1에는 지면으로 들어가는 방향으로 크기 0.010 T의 균일한 자기장이 걸려 있다. 전자는 반 바퀴를 돌아서 25.0 cm 떨어진 영역 2를 향하여 영역 1을 벗어난다. 영역 사이의 간격에 전기퍼텐셜차 ΔV = 4000 V가 있어서 전자가 가로질러 갈 때 전자의 속력이 일정하게 증가한다. 영역 2에는 지면에서 나오는 방향으로 크기 0.020 T의 균일한 자기장이 걸려 있다. 전자가 반 바퀴를 돌아서 영역 2를 떠난다. 떠날 때 시간 t는 얼마인가?

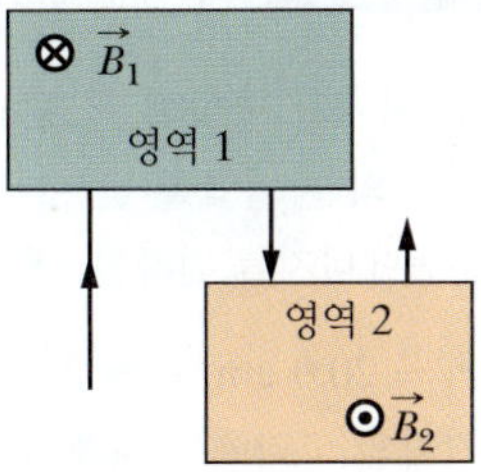

그림 28.4 연습문제 7

8 E 2.60 A의 전류가 흐르는 원형 고리의 반지름이 11.0 cm이다. 이 고리는 고리의 평면에 수직하고 크기 12.0 T의 균일한 자기장과 41.0°의 각도로 놓여 있다. (a) 고리의 자기쌍극자모멘트의 크기를 구하여라. (b) 고리에 작용하는 토크의 크기는 얼마인가?

9 M 그림 28.5에서 질량 m = 0.250 kg, 길이 L = 0.100 m인 나무 원통에 세로로 도선을 N = 10.0회 감고, 원통의 긴 중심축은 감은 도선의 평면에 있다. 나무 원통을 수평면과 각도 θ를 이루는 경사면을 따라 경사면과 평행한 도선 평면에서 놓는다. 크기 0.800 T의 균일한 자기장이 수직 방향으로 걸려 있을 때 나무 원통이 경사면을 따라 굴러 내려오지 못하게 하는 데 필요한 최소 전류는 얼마인가?

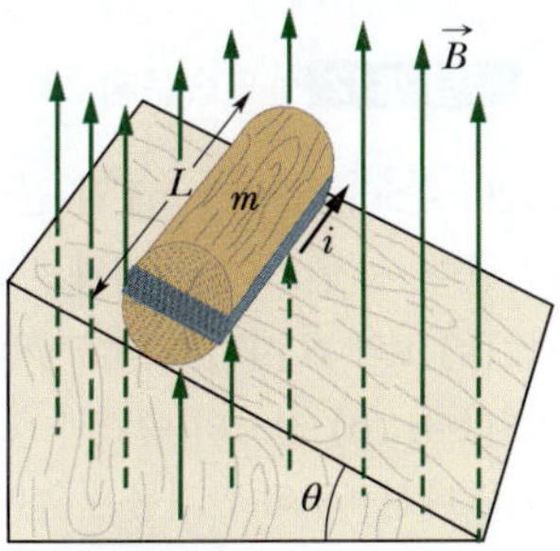

그림 28.5 연습문제 9

10 E 핵실험에서 운동에너지 2.0 MeV의 양성자가 균일한 자기장 안에서 원궤도를 돌고 있다. (a) 알파입자($q = +2e$, m = 4.0 u)와 (b) 중양성자($q = +e$, m = 2.0 u)가 같은 원궤도를 도는 경우 두 입자의 에너지를 구하여라.

11 E 그림 28.6에서 정지상태로부터 퍼텐셜차 V_1 = 1.00 kV에서 가속된 전자가 간격 d = 35.0 mm, 퍼텐셜차 V_2 = 100 V의 두 평행판 사이로 들어간다. 아래 판의 퍼텐셜이 더 낮다. 가장자리 효과를 무시하고, 전자의 속도벡터가 극판 사이의 전기장 벡터와 수직이라고 가정한다. 전자가 극판 사이를 직선으로 움직이게 하는 균일한 자기장을 단위벡터 표기방법으로 나타내어라.

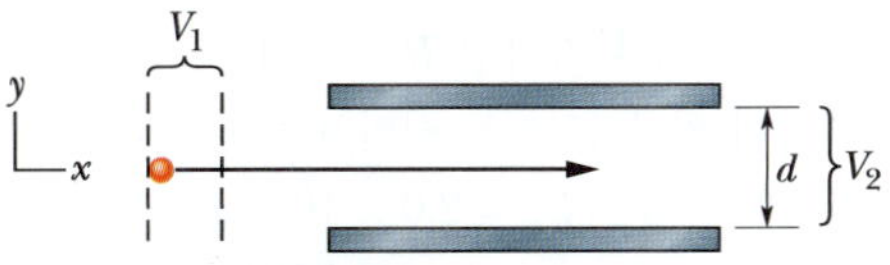

그림 28.6 연습문제 11

12 M 4.51 mA의 전류가 흐르는 길이 25.0 cm인 도선을 원형 고리로 만들어 크기 7.80 mT의 균일한 자기장 $\vec{B}$ 안에 놓여 있다. 자기장이 고리에 작용하는 토크가 최대일 때 (a) $\vec{B}$와 고리의 자기쌍극자모멘트 사이의 각도와 (b) 고리에 감긴 회수는 얼마인가? (c) 토크의 최대 크기는 얼마인가?

13 E 그림 28.7은 균일한 자기장 안에 있는 꺾인 도선이다. 각각의 직선 도선은 길이가 1.2 m이며 x축과 각도 θ = 60°를 이루고 2.0 A의 전류가 흐른다. 자기장이 (a) $4.0\hat{k}$ T (b) $4.0\hat{i}$ T일 때, 도선에 작용하는 알짜 자기력을 각각 단위벡터 표기방법으로 구하여라.

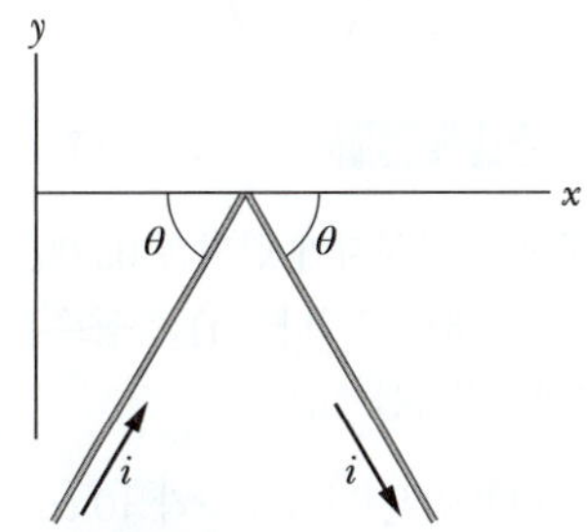

그림 28.7 연습문제 13

14 E 200번 감은 원형 코일의 반지름은 1.90 cm이다. (a) 2.30 A · m^{2}의 자기쌍극자모멘트를 만드는 전류를 계산하여라. (b) 35.0 mT의 균일한 자기장 안에서 이 전류가 흐르는 코일에 가하는 토크의 최대 크기를 구하여라.

15 E 속도벡터가 자기장의 방향과 수직인 입자가 균일한 자기장 안으로 들어온다. 그림 28.8은 입자의 운동주기 T를 자기장 크기 B의 역수의 함수로 나타낸 그래프이다. 수직축의 눈금은 T_s = 40.0 ns이고, 수평축의 눈금은 B_s^{-1} = 5.0 T^{-1}이다. 질량과 전하의 비율 m/q는 얼마인가?

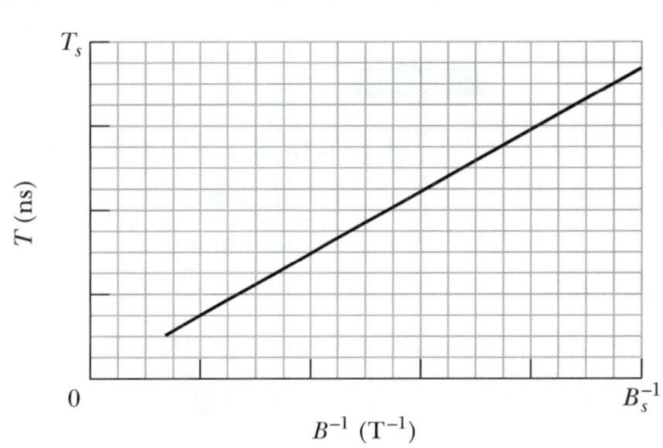

그림 28.8 연습문제 15

16 **M** 전자가 균일한 자기장 $\vec{B} = B_x\hat{\mathrm{i}} + (-3.0B_x)\hat{\mathrm{j}}$를 지나간다. 어떤 순간에 전자의 속도는 $\vec{v} = (2.0\hat{\mathrm{i}} + 4.0\hat{\mathrm{j}})$ m/s이고, 전자에 작용하는 자기력은 $(3.0 \times 10^{-19}$ N$)\hat{\mathrm{k}}$이다. B_x를 구하여라.

17 **M** 그림 28.9는 외부 자기장 $\vec{B}$ 안에서 자기쌍극자의 방향에너지 U를 $\vec{B}$의 방향과 쌍극자모멘트 사이의 각도 ϕ의 함수로 나타낸 그래프이다. 수직축의 눈금은 $U_s = 2.0 \times 10^{-4}$ J이다. 자기쌍극자는 각도 ϕ를 변화시키기 위해 마찰이 거의 없는 굴대를 축으로 회전할 수 있다. $\phi = 0$에서 반시계 방향으로 회전하면 ϕ는 양수 값이고 시계방향으로 회전하면 음의 값이다. 자기쌍극자의 회전 운동에너지는 6.7×10^{-4} J이며, $\phi = 0$인 상태에서 놓아서 반시계 방향으로 회전하게 한다. 자기쌍극자가 회전하는 ϕ의 최대값은 얼마인가? [8.3절에서 논의한 그림 28.19의 퍼텐셜우물에서 반환점에서 ϕ 값은 얼마인가?]

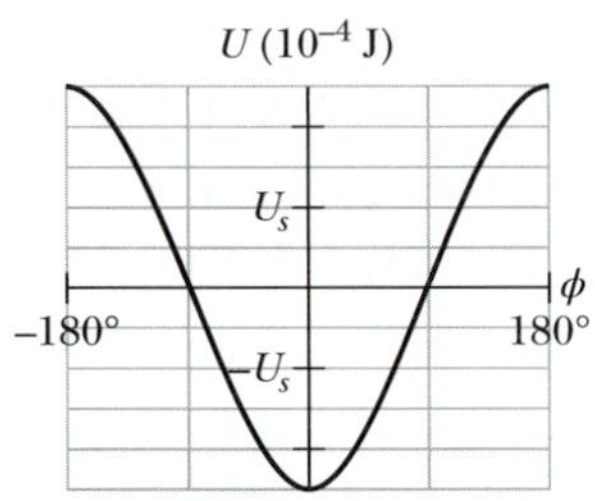

그림 28.9 연습문제 17

18 **M** 사이클로트론에서 양성자가 반지름 0.500 m의 원궤도를 돌고 있다. 자기장의 크기는 0.900 T이다. (a) 진동수는 얼마인가? (b) 양성자의 운동에너지는 몇 전자볼트인가?

19 **E** 그림 28.10에 30회 감은 길이가 각각 10 cm, 5.0 cm인 직사각형 코일이 있다. 코일에는 0.10 A의 전류가 흐르고 긴 변을 회전축으로 회전할 수 있다. xy 평면에서 크기 0.50 T의 균일한 자기장과 $\theta = 30°$의 각도를 이룬다. 회전축에 대해 코일에 작용하는 토크를 단위벡터 표기방법으로 구하여라.

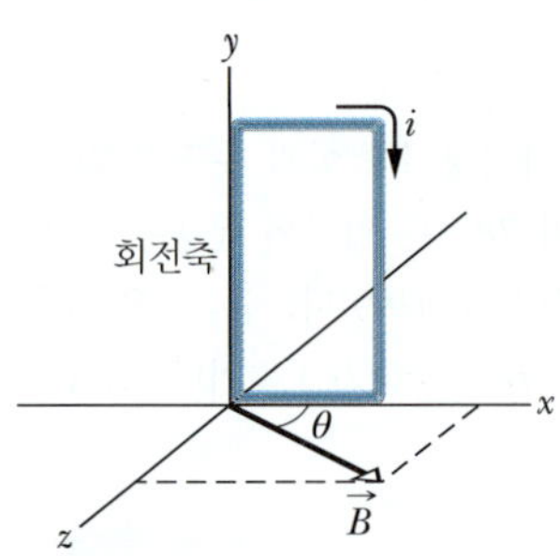

그림 28.10 연습문제 19

20 **E** 지구의 자기쌍극자모멘트 크기는 8.00×10^{22} J/T이다. 이것은 지구의 용해된 외부 핵 안에 있는 전하의 흐름으로 만들어졌다고 가정한다. 만약 전하의 원궤도 반지름이 3500 km라면 전하가 만들어내는 전류는 얼마인가?

21 **H** 시각 t_1에서 전자가 x축 양의 방향으로 전기장 $\vec{E}$와 자기장 $\vec{B}$를 동시에 통과한다. 전기장 $\vec{E}$의 방향은 y축 방향이다. 그림 28.11은 전자기장이 전자에 작용하는 알짜힘의 y 성분 $F_{\mathrm{net},y}$를 시각 t_1에서 전자의 속력 v의 함수로 나타낸 그래프이다. 속도 축의 눈금은 $v_s = 100.0$ m/s이다. 알짜힘의 x와 z 성분은 시각 t_1에서 0이다. $B_x = 0$이라고 가정하고 (a) 전기장의 크기 E를 구하고 (b) $\vec{B}$를 단위벡터 표기방법으로 구하여라.

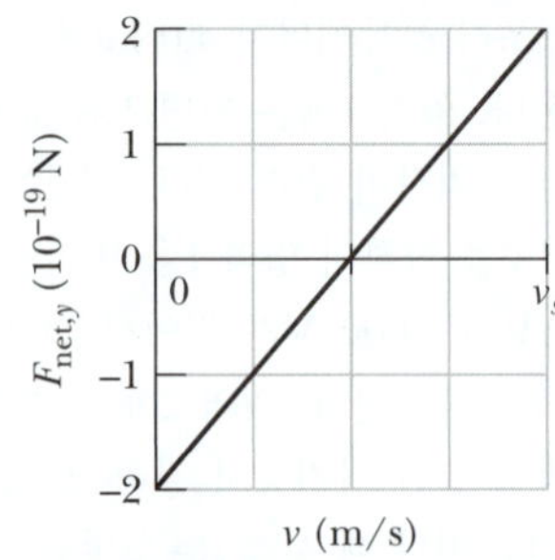

그림 28.11 연습문제 21

22 **E** 크기 4.90 mT인 자기장 방향에 대해 각도 23.0°로 움직이는 양성자가 6.50×10^{-17} N의 자기력을 받는다. (a) 양성자의 속력을 구하여라. (b) 양성자 운동에너지를 전자볼트로 구하여라.

23 **E** 반지름이 각각 $r_1 = 20.0$ cm, $r_2 = 30.0$ cm인 두 동심 원형고리가 xy 평면에 있다. 각각의 고리에는 시계 방향으로 4.00 A의 전류가 흐른다(그림 28.12). (a) 계의 알짜 자기쌍극자모멘트 크기를 구하여라. (b) 안쪽에 있는 고리에 전류가 반대 방향으로 흐를 때 두 고리가 만드는 알짜 자기쌍극자모멘트의 크기를 구하여라.

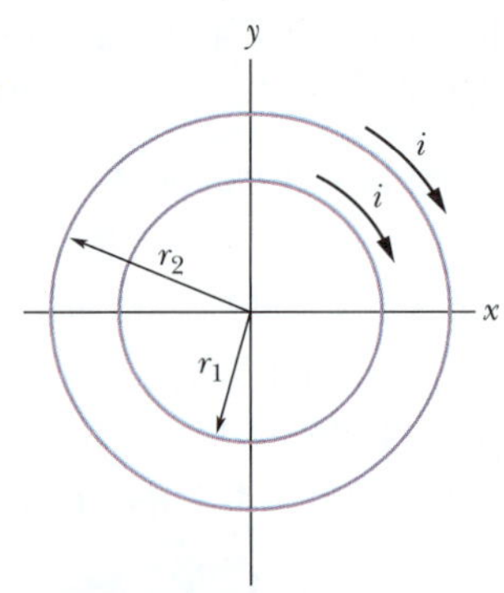

그림 28.12 연습문제 23

24 **M** 전자가 $\vec{B} = (20\hat{\mathrm{i}} - 50\hat{\mathrm{j}} - 30\hat{\mathrm{k}})$ mT인 균일한 자기장 안에서 나선 궤도를 따라 움직인다. 시각 $t = 0$에 전자의 속도는 $\vec{v} = (20\hat{\mathrm{i}} - 30\hat{\mathrm{j}} + 50\hat{\mathrm{k}})$ m/s이다. (a) $\vec{v}$와 $\vec{B}$ 사이의 각도 ϕ는 얼마인가? 전자의 속도는 시간에 따라 변한다. (b) 전자의 속력과 (c) 각도 ϕ의 시간 변화를 각각 구하여라. (d) 나선궤도의 반지름은 얼마인가?

25 **M** 그림 28.13의 코일은 나타낸 방향으로 $i = 3.00$ A의 전류가 흐르고, xz 평면에 평행하며, 감은 수 3.00번, 면적 4.00×10^{-3} m^{2}이고, $\vec{B} = (2.00\hat{\mathrm{i}} - 3.00\hat{\mathrm{j}} - 4.00\hat{\mathrm{k}})$ mT의 균일한 자기장 안에 놓여 있다. (a) 자기장 안에 있는 코일의 자기 방향 에너지와 (b) 코일에 작용하는 토크는 (단위벡터 표기방법으로) 얼마인가?

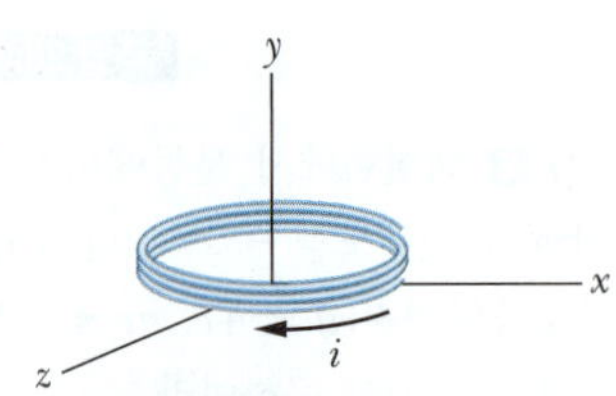

그림 28.13 연습문제 25

26 M 크기 0.300 T의 균일한 자기장 안에서 전자가 나선 궤도를 따라 운동한다. 경로의 피치가 8.00 μm이고 전자에 작용하는 자기력의 크기는 2.00×10^{-14} N이다. 전자의 속력은 얼마인가?

27 E 전기퍼텐셜차 V에 의해 전자가 정지상태로부터 가속되어 균일한 자기장 영역으로 들어가 등속 원운동을 한다. 그림 28.14는 원운동의 반지름 r을 $V^{1/2}$에 대해 나타낸 그래프이다. 수직축의 눈금은 r_s = 3.0 mm이고, 수평축의 눈금은 $V_s^{1/2} = 40.0\ V^{1/2}$이다. 자기장의 크기는 얼마인가?

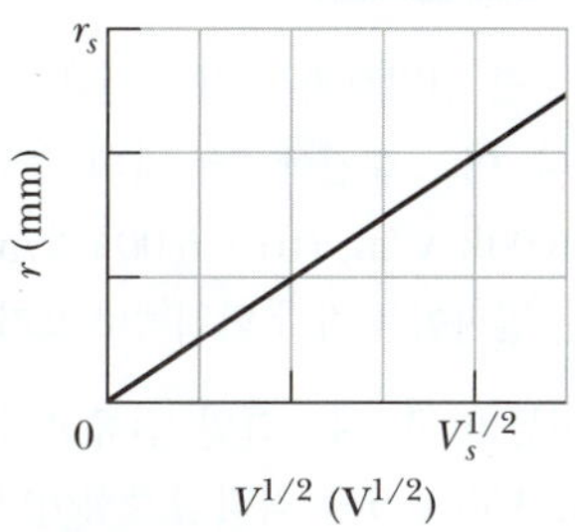

그림 28.14 연습문제 27

28 E 알파입자가 크기 0.045 T의 균일한 자기장 $\vec{B}$ 속을 크기 980 m/s의 속도 $\vec{v}$로 움직인다. (알파입자의 전하는 $+3.2 \times 10^{-19}$ C, 질량은 6.6×10^{-27} kg이다.) $\vec{v}$와 $\vec{B}$ 사이의 각도는 52°이다. (a) 자기장이 알파입자에 작용하는 자기력 $\vec{F}_B$의 크기와 (b) $\vec{F}_B$에 의한 입자 가속도의 크기를 구하여라. (c) 알파입자의 속력은 증가하는가, 감소하는가, 그대로인가?

29 M 그림 28.15처럼 직사각형 전류고리가 크기 0.070 T의 균일한 자기장과 같은 평면에 놓여 있다. 전류고리는 직사각형의 크기가 변하는 유연한 단일 도선으로 이루어져 있다. (도선의 전체 길이는 변하지 않는다.) 변의 길이 x가 대략 0부터 약 4.0 cm인 최대값까지 변할 때 전류고리에 작용하는 토크의 크기 τ도 변한다. τ의 최대값이 4.80×10^{-8} N · m이다. 고리에 흐르는 전류는 얼마인가?

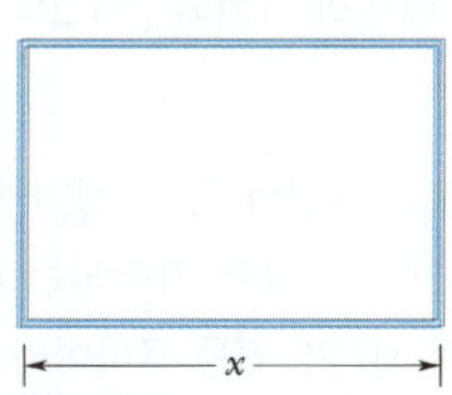

그림 28.15 연습문제 29

30 M 어떤 기본입자가 붕괴하여 전자 e^-와 양전자 e^+로 변환된다. 크기 6.50 mT의 균일한 자기장 $\vec{B}$ 안에서 입자가 정지상태에서 붕괴하여 생성된 전자 e^-와 양전자 e^+는 $\vec{B}$에 수직인 평면에 놓인 각각의 경로를 따라 멀어진다고 하자. 붕괴한 후 얼마만큼 지나서 전자 e^-와 양전자 e^+가 충돌하는가?

31 E 그림 28.16처럼 크기 B = 4.00 mT의 균일한 자기장 영역 안에서 입자가 원궤도로 움직인다. 입자는 양성자 또는 전자이다. (어느 것인지 결정해야 한다.) 입자는 1.25×10^{-15} N의 자기력을 받는다. (a) 입자의 속력, (b) 원궤도의 반지름, (c) 운동 주기를 구하여라.

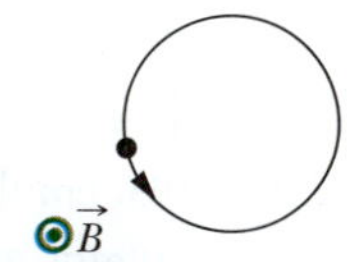

그림 28.16 연습문제 31

32 M $\vec{B} = (10\hat{i} - 20\hat{j} + 30\hat{k})$ mT인 균일한 자기장 속에서 양성자가 움직인다. 시각 에서 양성자의 속도는 $\vec{v} = v_x\hat{i} + v_y\hat{j} + (2.0\ \text{km/s})\hat{k}$이고 양성자에 작용하는 자기력은 $\vec{F}_B = (8.0 \times 10^{-27}\ \text{N})\hat{i} + (2.0 \times 10^{-27}\ \text{N})\hat{j}$이다. 그 순간 (a) v_x와 (b) v_y를 구하여라.

33 E 그림 28.17에 나타낸 대로 길이 6.50 cm, 너비 0.850 cm, 두께 0.760 mm의 도체띠가 띠에 수직 방향으로 균일하게 걸린 자기장 B = 1.20 mT 안에서 일정한 속도 $\vec{v}$로 움직인다. 도체띠 사이의 점 x 와 y 사이에서 퍼텐셜차는 6.18 μV이다. 속력 v를 계산하여라.

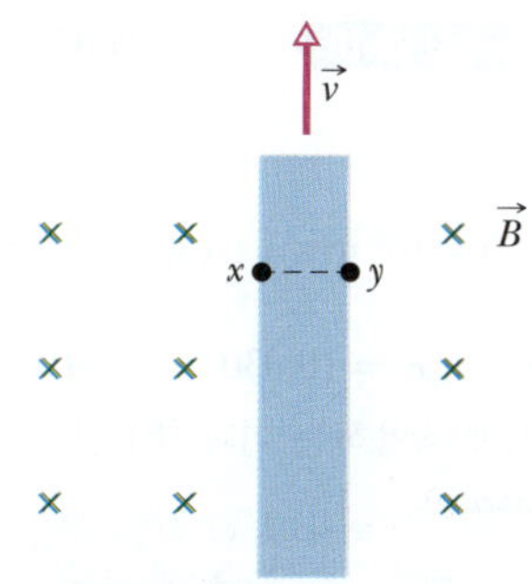

그림 28.17 연습문제 33

34 M 반지름 8.0 cm의 원형 전류고리에 0.40 A의 전류가 흐른다. 고리의 쌍극자모멘트 $\vec{\mu}$와 나란한 단위벡터는 $0.60\hat{i} - 0.80\hat{j}$이다. (이 단위벡터가 자기쌍극자모멘트 벡터의 방향을 나타낸다.) 고리가 $\vec{B} = (0.25\ \text{T})\hat{i} + (0.30\ \text{T})\hat{k}$의 균일한 자기장 안에 있을 때 (a) 고리에 작용하는 토크를 (단위벡터 표기방법으로) 쓰고 (b) 고리의 방향 에너지를 구하여라.

35 M CALC 그림 28.18은 방사형 대칭으로 발산하는 자기장의 일반적인 방향에 수직인 반지름 a = 1.8 cm의 원형 도선고리를 나타낸다. 원형 도선의 모든 부분에서 자기장의 크기는 B = 3.4 mT이고, 원형 도선에서 자기장의 방향은 도선이 놓여 있는 평면에 수직인 방향과 각도 θ = 20°를 이룬다. 꼬인 도선은 문제에 영향을 주지 않는다. 원형 도선에 전류 i = 2.8 mA가 흐를 때 자기장이 도선에 작용하는 힘의 크기를 구하여라.

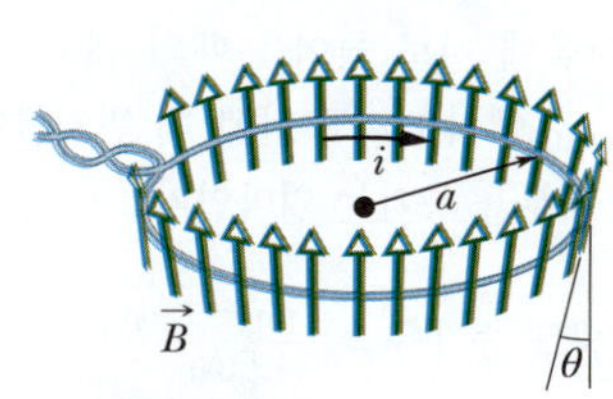

그림 28.18 연습문제 35

36 M 운동에너지 2.00 keV의 양전자가 크기 0.200 T의 균일한 자기장 $\vec{B}$에 89.0°의 각도로 입사한다. (a) 주기 (b) 피치 p (c) 나선궤도 반지름 r을 구하여라.

37 M 그림 28.19는 i = 3.00 A의 전류가 흐르는 전류고리 $ABCDEFA$이다. 고리의 각 변은 그림에 표시된 좌표축과 평행이고 AB = 20.0 cm, BC = 30.0 cm, FA = 10.0 cm이다. 고리의 자기쌍극자모멘트를 단위벡터 표기방법으로 나타내어라. (*힌트*: 선분 AD는 크기가 같고 방향이 반대인 전류 i가 흐른다고 가정하여 두 직사각형 고리 $ABCDA$와 $ADEFA$의 결합으로 생각하여라.)

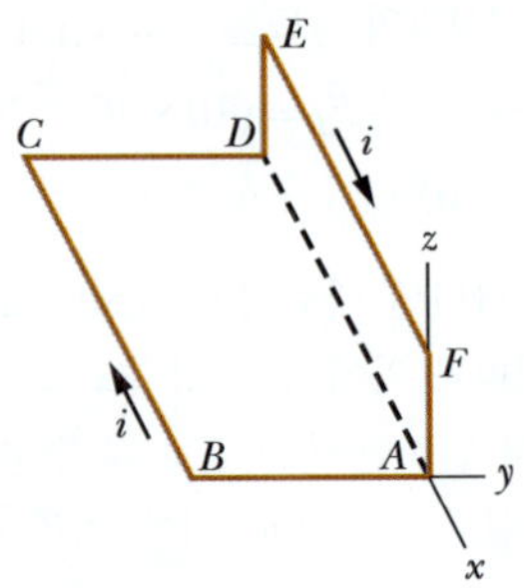

그림 28.19 연습문제 37

38 E 순간 속도가

$$\vec{v} = (4.0 \times 10^6\ \text{m/s})\hat{\text{i}} + (3.0 \times 10^6\ \text{m/s})\hat{\text{j}}$$

인 전자가 균일한 자기장 $\vec{B} = (0.030\ \text{T})\hat{\text{i}} - (0.15\ \text{T})\hat{\text{j}}$ 속을 움직인다. (a) 자기장이 전자에 작용하는 힘과 (b) 같은 속도를 갖는 양성자에 작용하는 힘을 구하여라.

39 E 길이 L = 40.0 cm, 질량 13.0 g의 도선이 크기 0.440 T의 균일한 자기장 안에서 한 쌍의 용수철에 매달려 있다(그림 28.20). 도선을 떠받치는 용수철의 장력을 제거하는 데 필요한 전류의 (a) 크기와 (b) 방향(왼쪽 혹은 오른쪽)을 구하여라.

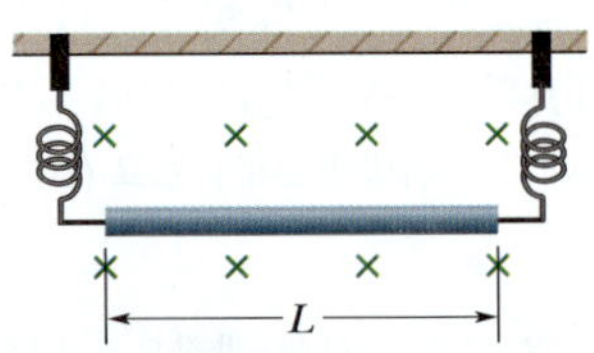

그림 28.20 연습문제 39

40 M 양성자가 사이클로트론의 중심에서 거의 정지상태로부터 출발하여 돌고 있다. 양성자가 디 사이의 간격을 지날 때마다 전기 퍼텐셜차는 300 V이다. (a) 양성자가 디의 간격을 지날 때마다 증가하는 운동에너지는 얼마인가? (b) 양성자가 100회 지날 때 운동에너지는 얼마인가? 양성자가 100회 지나 디로 들어올 때 양성자의 궤도반지름을 이라 r_{100}하고, 그 다음에 디로 들어올 때의 궤도반지름을 r_{101}이라고 하자. (c) 반지름이 r_{100}에서 r_{101}로 바뀔 때 반지름이 몇 퍼센트 증가하는가? 즉, 다음의 백분율 증가는 얼마인가?

$$\text{퍼센트 증가율} = \frac{r_{101} - r_{100}}{r_{100}} 100\%?$$

41 M 그림 28.21에서 질량 m = 24.1 mg의 도선이 거리가 d = 2.56 cm이고 수평인 두 평행 선로에 마찰 없이 미끄러져 움직일 수 있다. 두 선로에 수직으로 크기 56.3 mT의 균일한 자기장이 걸려 있다. 시각 t = 0에 장치 G가 두 선로에 연결되어 도선과 두 선로에 (심지어 도선이 움직일 때도) 일정한 전류 i = 35.0 mA가 흐른다. t = 61.1 ms일 때 도선의 (a) 속력과 (b) 운동방향(왼쪽 혹은 오른쪽)을 구하여라.

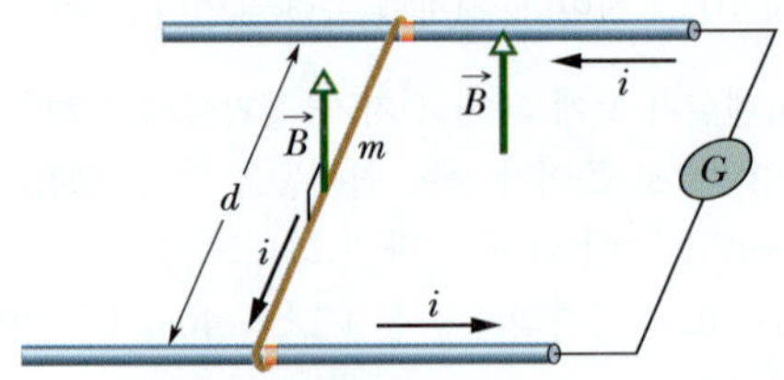

그림 28.21 연습문제 41

42 M 양성자가 균일한 전기장과 자기장 안에서 움직인다. 자기장은 $\vec{B} = -2.50\hat{\text{i}}$ mT이다. 어느 순간에 양성자의 속도가 $\vec{v} = 2000\hat{\text{j}}$ m/s이다. 전기장이 (a) $6.00\hat{\text{k}}$ V/m, (b) $-6.00\hat{\text{k}}$ V/m, (c) $6.00\hat{\text{i}}$ V/m일 때 양성자에 작용하는 알짜힘을 각각 단위벡터 표기방법으로 구하여라.

43 E 3.00 A의 전류가 흐르는 단일 전류고리는 각 변의 길이가 50.0 cm, 120 cm, 130 cm인 직각삼각형이다. 전류고리는 크기 75.0 mT의 균일한 자기장 안에 놓여 있고, 자기장의 방향은 전류고리의 130 cm 변에 흐르는 전류와 평행하다. (a) 130 cm 변, (b) 50.0 cm 변, (c) 120 cm 변에 작용하는 자기력의 크기는 각각 얼마인가? (d) 전류고리에 작용하는 알짜힘의 크기는 얼마인가?

44 E 쌍극자모멘트가 0.020 J/T인 자기쌍극자를 크기 52 mT의 균일한 자기장 안에 정지상태에서 놓았다. 자기력에 의한 자기쌍극자의 회전은 방해받지 않는다. 자기쌍극자모멘트와 자기장이 나란할 때 자기쌍극자의 운동에너지는 0.30 mJ이다. (a) 자기 쌍극자모멘트와 자기장 사이의 초기 각도는 얼마인가? (b) 자기쌍극자가 다음에 (일시적으로) 정지할 때 각도는 얼마인가?

45 E 3.0 A의 전류가 흐르는 고리는 세 변의 길이가 각각 30, 40, 50 cm인 직각삼각형이다. 50 cm 변에 흐르는 전류와 나란한 방향이고, 크기 80 mT의 균일한 자기장 안에 전류고리가 놓여 있다. (a) 전류고리의 자기 쌍극자모멘트의 크기와 (b) 고리에 작용하는 토크의 크기를 구하여라.

46 E 균일한 전기장과 자기장이 있는 영역에서 전자의 초기속도는 $(12.0\hat{\text{j}} + 15.0\hat{\text{k}})$ km/s이고 일정한 가속도는 $(4.00 \times 10^{12}\ \text{m/s}^2)\hat{\text{i}}$이다. $\vec{B} = (400\ \mu\text{T})\hat{\text{i}}$일 때 전기장 $\vec{E}$를 구하여라.

47 M 이온샘이 전하 +e, 질량 9.99×10^{-27} kg인 ^{6}Li 이온을 만들어낸다. 이 이온은 10 kV의 퍼텐셜차로 가속되어 크기가 B = 0.80 T이고 방향이 수직인 균일한 자기장 영역을 수평으로 지나간다. ^{6}Li 이온이 휘어지지 않고 통과할 수 있기 위해 이 영역에 가해야 하는 전기장의 최소 크기를 계산하여라.

48 E 2개의 양성자와 2개의 중성자로 이루어진 알파입자는 핵붕괴 반응에 의해 생성된다. 이 입자의 전하는 $q = +2e$이고, 질량은 4.00 u이다. 여기서 u는 원자질량단위로 1 u = 1.66×10^{-27} kg이다. 알파입자가 B = 0.800 T의 균일한 자기장 안에서 반지름 4.50 cm의 원궤도를 돌고 있다. (a) 알파입자의 속력, (b) 회전주기, (c) 운동에너지, (d) 이 운동에너지를 얻기 위하여 가속시키는 퍼텐셜차를 계산하여라.

49 E 운동에너지 0.500 keV인 전자가 균일한 자기장에 수직인 평면에서 원운동을 한다. 궤도반지름은 25.0 cm이다. (a) 전자의 속력, (b) 자기장의 크기, (c) 회전 진동수, (d) 운동 주기를 구하여라.

50 E 전자가 700 V의 퍼텐셜차로 정지상태에서 가속된다. 그리고 전자의 속도에 수직이고 균일한 자기장 200 mT 안으로 들어간다. (a) 전자의 속력, (b) 자기장 안에서 궤도반지름을 구하여라.

51 M 입자가 균일한 자기장 안에서 반지름 47.3 μm인 등속원운동을 하고 있다. 입자에 작용하는 자기력의 크기는 1.60×10^{-17} N이다. 입자의 운동에너지는 얼마인가?

52 E 5.00×10^6 m/s의 속도로 움직이는 전자빔에 수직으로 일정한 자기장을 가하여 전자가 반지름 0.350 m의 원을 따라 움직이도록 하는 데 필요한 균일한 자기장은 얼마인가?

53 E (a) 크기 70.0 μT의 균일한 자기장 안에서 100 eV의 전자가 원운동할 때 전자의 회전진동수를 구하여라. (b) 전자의 속도가 자기장에 수직인 경우 전자의 궤도반지름을 구하여라.

54 E 수평 송전선에 남에서 북으로 4000 A의 전류가 흐르고 있다. (60.0 μT의) 지구자기장은 북쪽 방향을 향하며 수평에서 아래쪽으로 70.0° 기울어져 있다. 지구자기장이 도선 100 m에 작용하는 자기력의 (a) 크기와 (b) 방향을 구하여라.

55 H 1.0 kg의 구리 막대가 1.0 m 떨어진 두 수평 레일 위에 놓여 있고, 한 레일에서 다른 레일로 40 A의 전류가 흐른다. 구리 막대와 레일 사이의 정지마찰계수는 0.60이다. 구리 막대를 미끄러지기 직전까지 힘을 가하는 데 필요한 최소 자기장의 (a) 크기와 (b) (수직선에 대한) 각도는 얼마인가?

56 M 질량분석기(그림 28.4.5)를 사용하여 질량 3.92×10^{-25} kg, 전하 3.20×10^{-19} C인 우라늄 이온을 비슷한 원소로부터 분리한다. 이온은 200 kV의 퍼텐셜차로 가속된 후 균일한 자기장 속으로 들어가서 반지름 1.00 m의 경로를 따라 휘어 나간다. 180° 회전하여 이동한 후에 너비 1.00 mm, 높이 1.00 cm의 슬릿을 지나 컵 속에 모인다. (a) 질량분석기 안에 (수직인) 자기장 크기는 얼마인가? 이 분석기를 사용하여 시간당 100 mg의 우라늄을 분리해 낸다고 하자. (b) 질량분석기 내 이온의 전류와 (c) 1.00 시간 동안 컵 속에서 발생하는 열에너지를 계산하여라.

57 M 전자가 2.19×10^6 m/s의 속력으로 반지름 $r = 5.29 \times 10^{-11}$ m의 원궤도를 돌고 있다. 원궤도는 전자의 전하를 주기로 나눈 비율과 같은 일정한 전류가 흐르는 전류고리로 생각하여라. 원궤도를 $B = 3.80$ mT의 크기를 갖는 균일한 자기장에 놓으면 자기장이 고리에 만드는 토크의 최대 크기는 얼마인가?

58 M 길이 50.0 cm의 도선이 균일한 자기장 $\vec{B} = (3.00 \text{ mT})\hat{\text{j}} + (10.0 \text{ mT})\hat{\text{k}}$ 안에서 x축 양의 방향으로 0.350 A의 전류가 흐른다. 도선에 작용하는 자기력을 단위벡터 표기방법으로 구하여라.

59 M 관계식 $\tau = NiAB \sin\theta$는 그림 28.7.2의 직사각형 고리뿐만 아니라 모든 형태의 닫힌 고리에 대해서도 성립함을 보여라. (*힌트*: 임의의 형태의 고리를 전류의 분포에 관한 한 이 고리와 거의 동등한 길고 얇은 직사각형 고리의 집합으로 바꾸어라.)

60 M 진동수 12 MHz로 작동하고 반지름이 65 cm인 사이클로트론에서 중양성자가 (전체) 가속과정 동안 움직인 전체 거리를 추정하여라. 디 사이의 가속퍼텐셜은 80 kV라고 가정하여라.

61 H CALC x축을 따라 놓인 길고 딱딱한 도선에 x축 음의 방향으로 3.0 A의 전류가 흐른다. 자기장은 $\vec{B} = 3.0\hat{\text{i}} + 8.0x^2\hat{\text{j}}$이고, x는 m, $\vec{B}$는 mT 단위이다. $x = 1.0$ m와 $x = 3.0$ m 사이에 놓인 도선의 길이 2.0 m에 해당하는 부분이 받는 자기력을 단위벡터 표기방법으로 구하여라.

62 E 길이 1.80 m의 도선에 8.20 A의 전류가 흐르고 크기 $B = 1.50$ T인 균일한 자기장과 각도 35.0°를 이룬다. 도선에 작용하는 자기력을 구하여라.

63 E 4.00 kV/m의 전기장과 이에 수직인 0.400 T의 자기장이 움직이는 전자에 작용하여 전자가 받는 알짜힘은 없다. 전자의 속력은 얼마인가?

64 E 두께 150 μm, 너비 4.5 mm의 구리 조각이 조각에 수직 방향으로 크기 0.65 T의 균일한 자기장 $\vec{B}$ 안에 놓여 있다. 구리 조각에 전류 $i = 14$ A가 흐르면 구리 조각 폭의 양끝에 Hall 퍼텐셜차 V가 생긴다. V를 계산하여라. (구리의 단위부피당 전자수는 8.47×10^{28} 전자/m^{3}이다.)

65 M $v = 1.5 \times 10^7$ m/s의 속력으로 전자가 크기 $B = 2.0 \times 10^{-3}$ T의 균일한 자기장으로 들어간다. 전자의 속도는 자기장의 방향과 각도 $\theta = 10°$를 이룬다. 입사점을 지나는 자기장선을 전자가 다시 지나는 점에서부터 입사점까지의 거리 d를 구하여라.

제 29장

전류가 만드는 자기장

Magnetic Fields Due to Currents

29.1 ▸ 전류가 만드는 자기장

요점_*Key Ideas*

1. 전류가 흐르는 도체가 만드는 자기장은 Biot−Savart 법칙으로 구할 수 있다. 이 법칙에 의하면 전류길이요소 $i\,d\vec{s}$로부터 거리 r인 곳의 점 P에서 만들어지는 자기장 $d\vec{B}$는 다음과 같다.

$$d\vec{B} = \frac{\mu_0}{4\pi}\frac{i\,d\vec{s} \times \hat{r}}{r^2} \qquad \text{(Biot−Savart 법칙)}.$$

여기서 $\hat{r}$은 요소로부터 P로 향하는 단위벡터이다. μ_0는 투자상수라고 하고, 그 값은 다음과 같다.

$$4\pi \times 10^{-7}\ \text{T}\cdot\text{m/A} \approx 1.26 \times 10^{-6}\ \text{T}\cdot\text{m/A}.$$

2. 전류 i가 흐르는 긴 직선 도선에 대해 Biot−Savart 법칙을 적용하면 도선으로부터 수직거리 R 떨어진 곳의 자기장 크기는 다음과 같다.

$$B = \frac{\mu_0 i}{2\pi R} \qquad \text{(긴 직선)}.$$

3. 전류 i가 흐르는 반지름 R, 호의 각도 ϕ(라디안)인 원호의 중심에서 자기장의 크기는 다음과 같다.

$$B = \frac{\mu_0 i\phi}{4\pi R} \qquad \text{(원호의 중심)}.$$

학습목표_*Learning Objectives*

이 단원을 읽은 후 다음을 이해해야 한다.

29.1.1 도선의 전류길이 요소를 그리고, 도선 근처의 주어진 점에서 이 요소가 만드는 자기장의 방향을 표시한다.

29.1.2 도선 근처의 주어진 점과 도선 내의 주어진 전류길이 요소에 대해 이 요소에 의해 생기는 자기장의 크기와 방향을 결정한다.

29.1.3 전류길이 요소의 방향에 있는 점에서 이 요소가 만드는 자기장의 크기를 구한다.

29.1.4 전류가 흐르는 긴 직선 도선 근처의 점에서 자기장의 크기, 전류, 점까지의 거리 사이의 관계를 구한다.

29.1.5 전류가 흐르는 긴 직선 도선 근처의 점에서 오른손 규칙을 사용하여 자기장 벡터의 방향을 결정한다.

29.1.6 전류가 흐르는 긴 직선 도선 주위의 자기장선은 동심원을 이룬다.

29.1.7 전류가 흐르는 긴 한쪽으로 무한히 긴 직선 도선 근처의 점에서 자기장의 크기, 전류, 점까지의 거리 사이의 관계를 구한다.

29.1.8 전류가 흐르는 원호로 이루어진 도선의 중심에서 자기장의 크기, 전류, 곡률반지름, 호가 만드는 각도(라디안) 사이의 관계를 구한다.

▶ 어떤 물리현상을 다루는가?

움직이는 전하 주위에 자기장이 형성된다는 사실은 물리학에서 관측하는 기본적인 현상 중 하나이다. 움직이는 전하, 즉 전류 주위에 자기장이 생기는 현상을 전기와 자기의 효과가 결합된 *전자기학*이라고 한다. 전자기학은 수많은 전자소자의 기본이 되므로 일상생활에서도 매우 중요한 분야이다. 예를 들어 컴퓨터의 저장장치, 카세트테이프 및 비디오테이프 등과 같은 자기 테이프나 디스크를 녹음하거나 재생하는 장치에서 전류가 만드는 자기장을 발견할 수 있다. 이와 같은 자기장은 자기부상 열차나 무거운 물체를 들어 올리는 장치에서도 찾을 수 있다.

이 장에서는 우선 전류가 흐르는 도선의 미소부분에서 전류가 만드는 자기장을 먼저 구하고, 여러 가지 모양의 도선이 만드는 자기장을 구한다.

29.1.9 전류가 흐르는 짧은 직선 도선 주위의 점에서 Biot-Savart 법칙을 적분하여 전류가 그 점에 만드는 자기장을 구한다.

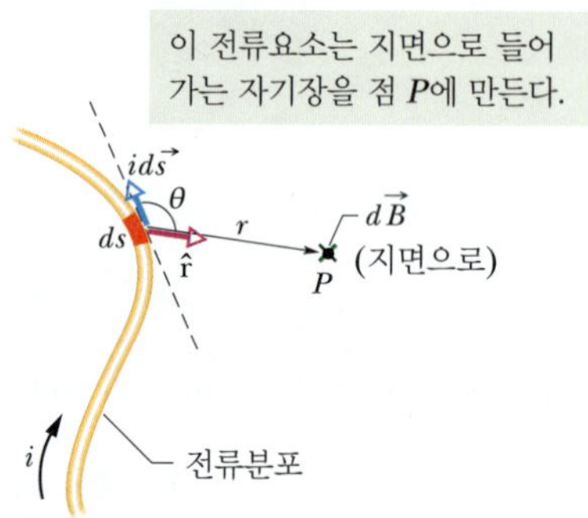

그림 29.1.1 전류요소 $i\,d\vec{s}$는 점 P에 미소자기장 $d\vec{B}$를 만든다. 점 P의 × 표시는 $d\vec{B}$의 방향이 지면으로 들어간다는 뜻이다.

▶ 전류가 만드는 자기장 구하기

그림 29.1.1은 전류 i가 흐르는 임의의 도선이다. 도선의 근처 점 P에서 자기장 $\vec{B}$를 구해 보자. 전체 도선을 미소길이 ds로 나눠서 미소 길이벡터 $d\vec{s}$를 정의한다. $d\vec{s}$의 크기는 ds이고 방향은 ds에서의 전류방향이다. 이제 *미소 전류요소*를 $i\,d\vec{s}$로 정의하고 점 P에서 자기장 $d\vec{B}$를 구하고자 한다. 전기장과 마찬가지로 자기장에서도 중첩원리가 적용되는 것이 실험적으로 증명되었으므로 점 P에서 전체 자기장 $\vec{B}$는 각 전류요소가 만드는 $d\vec{B}$의 합, 즉 적분으로 구할 수 있다. 그러나 적분과정이 전기장의 경우보다 더 어렵다. 그 이유는 전기장을 만드는 전하요소 dq는 스칼라이지만 자기장을 만드는 전류요소 $i\,d\vec{s}$가 스칼라와 벡터의 곱이기 때문이다.

▸ ***크기.*** 전류요소 $i\,d\vec{s}$가 점 P에 만드는 자기장 $d\vec{B}$의 크기는 다음과 같다.

$$dB = \frac{\mu_0}{4\pi}\frac{i\,ds\sin\theta}{r^2}. \tag{29.1.1}$$

여기서 θ는 $d\vec{s}$와 $\hat{r}$ 사이의 각도이고, $\hat{r}$은 ds에서 점 P까지의 단위벡터이다. μ_0는 *투자상수*이며 그 값은 다음과 같다.

$$\mu_0 = 4\pi\times10^{-7}\,\mathrm{T\cdot m/A} \approx 1.26\times10^{-6}\,\mathrm{T\cdot m/A}. \tag{29.1.2}$$

▸ ***방향.*** $d\vec{B}$의 방향은 $d\vec{s}$와 $\hat{r}$의 벡터곱 $d\vec{s}\times\hat{r}$의 방향과 같으며, 그림 29.1.1처럼 지면에 수직으로 들어간다. 따라서 $d\vec{B}$의 크기와 방향을 함께 쓰면 다음과 같다.

$$d\vec{B} = \frac{\mu_0}{4\pi}\frac{i\,d\vec{s}\times\hat{r}}{r^2} \quad \text{(Biot-Savart의 법칙)}. \tag{29.1.3}$$

이 벡터식과 스칼라 형태인 식 29.1.1은 **Biot-Savart의 법칙**으로 알려져 있다. 실험적으로 얻은 이 식은 역제곱법칙에 해당한다. 이 법칙을 이용하여 여러 가지 전류분포가 만드는 자기장 $\vec{B}$를 구할수 있다.

자기장을 구하기 쉬운 분포를 예를 들어보자. 도선의 전류가 측정하는 점 P로 들어오거나 나가는 방향이면 식 29.1.1로부터 전류에 의해 P에 생기는 자기장은 0이라는 것을 쉽게 알 수 있다(각도 θ는 *들어올* 때는 0°이고, *나갈* 때는 180°이다. 그리고 항상 $\sin\theta = 0$이다).

긴 직선 도선에 흐르는 전류가 만드는 자기장

전류 i가 흐르는 도선에서 수직방향으로 거리 R인 점에 생기는 자기장의 크기가 다음 식과 같이 된다는 것을 조금 뒤에 Biot-Savart의 법칙을 이용하여 증명할 것이다.

$$B = \frac{\mu_0 i}{2\pi R} \quad \text{(긴 직선 도선)}. \tag{29.1.4}$$

그림 29.1.2 긴 직선 도선의 전류가 만드는 자기장선은 도선을 중심으로 동심원을 이룬다. 여기서 × 표시는 전류가 지면으로 들어간다는 뜻이다.

위 식을 보면 자기장의 크기가 전류와 수직거리 R에만 의존함을 알 수 있다. 식의 유도과정에서 자기장선이 그림 29.1.2와 그림 29.1.3의 쇳가루 모양처럼 도선을 중심으로 동심원을 이룬다. 그림 29.1.2에서 자기장선 사이의 간격이 도선과의 거리에 비례해서 커진다는 것은 자기장 $\vec{B}$의 크기가 $1/R$에 비례한다는 뜻이다. 그림에서 두 벡터 $\vec{B}$의 크

Courtesy Education Development Center

그림 29.1.3 중앙의 도선에 전류가 흐르면 마분지 위에 흩어져 있는 쇳가루가 동심원 꼴로 배열된다. 전류가 만드는 자기장 때문에 쇳가루가 자기장선을 따라 배열된다.

기도 $1/R$에 비례한다.

▸***방향.*** 식 29.1.4에 값을 대입하여 주어진 반지름에서 자기장의 크기 B를 구하는 것은 쉽다. 많은 학생에게 어려운 것은 주어진 점에서 자기장 벡터 $\vec{B}$의 방향을 구하는 것이다. 자기장 선은 긴 도선 주위로 원을 이루고, 원 위의 임의의 점에서 자기장 벡터는 원에 접해야 한다. 즉 도선으로부터 그 점으로 뻗어나간 지름방향의 직선과 수직이어야 한다. 그러나 그림 29.1.4에 나타냈듯이 수직인 벡터는 두 가지 방향이 가능하다. 하나는 그림으로 들어가는 전류에 대해 맞고, 다른 것은 그림에서 나오는 전류에 대해 맞다. 어느 것이 이에 해당하는가? 어느 벡터가 맞는지 알려주는 간단한 오른손 규칙이 있다.

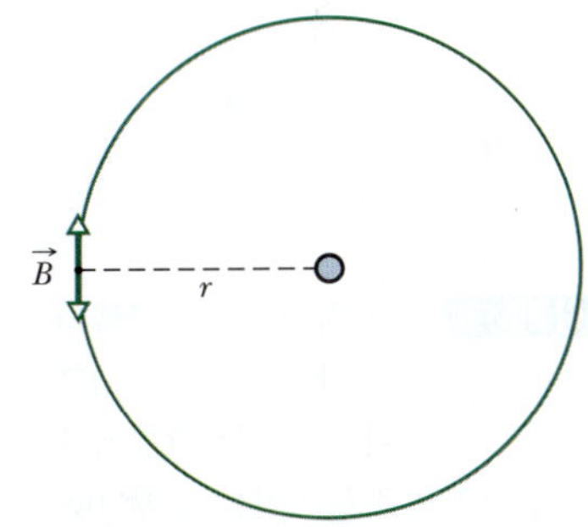

그림 29.1.4 자기장 벡터 $\vec{B}$는 전류가 흐르는 긴 직선 도선으로부터 나가는 지름방향의 직선에 수직이지만, 두 수직인 벡터 중에 어느 것인가?

오른손 *규칙*: 오른손의 엄지를 펴서 그 끝이 전류방향을 향하도록 도선을 잡을 때 나머지 감아쥔 손가락의 방향이 자기장선의 회전방향이다.

그림 29.1.2의 직선 도선에 흐르는 전류에 대해 오른손 규칙을 적용시킨 결과가 그림 29.1.5*a*에 있다. 어느 점에서든 자기장 $\vec{B}$의 방향을 결정하기 위해서 오른손으로 엄지

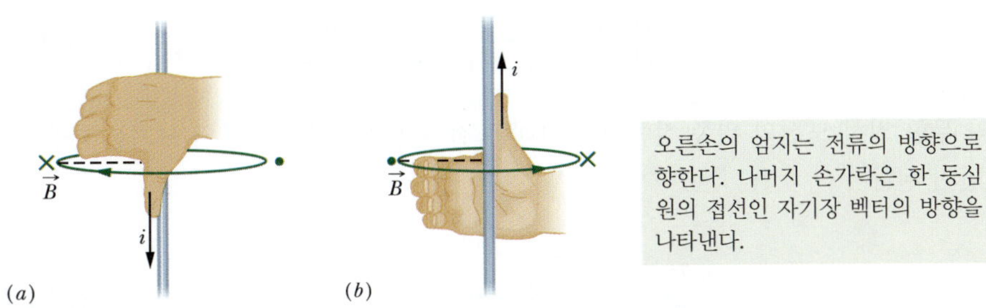

그림 29.1.5 오른손 규칙은 도선의 전류가 만드는 자기장의 방향을 정해준다. (*a*) 그림 29.1.2의 상황을 옆에서 본 그림. 도선의 왼쪽에서 자기장은 ×로 표시된 것처럼, 반지름 접선에 수직하고 손가락의 방향인 지면으로 들어간다. (*b*) 만약 전류의 방향이 바뀌면 자기장의 방향이 바뀌게 되고, 도선 왼쪽에서 점으로 표시된 것처럼 지면에서 나오는 방향이다.

가 전류의 방향을 가리키도록 도선을 감싸고 나머지 손가락이 그 점을 지나가도록 할 때, 손가락의 방향이 바로 자기장의 방향이 된다. 그림 29.1.2에서 $\vec{B}$는 *자기장선과 접하고*, 그림 29.1.5에서는 $\vec{B}$가 *도선과 관측점을 연결하는 점선에 수직이다*.

식 29.1.4의 증명

그림 29.1.1과 비슷한 그림 29.1.6에서 무한히 긴 직선 도선에 전류가 흐를 때 도선에서 수직거리가 R인 점 P에서 자기장을 구하려고 한다. 전류요소 $i\,d\vec{s}$가 점 P에서 만드는 미소 자기장 $d\vec{B}$의 크기는 식 29.1.1처럼

$$dB = \frac{\mu_0}{4\pi}\frac{i\,ds\sin\theta}{r^2}$$

이다. 그림 29.1.6에서 $d\vec{B}$의 방향은 $d\vec{s} \times \hat{r}$의 방향과 같으며 지면으로 수직하게 들어간다.

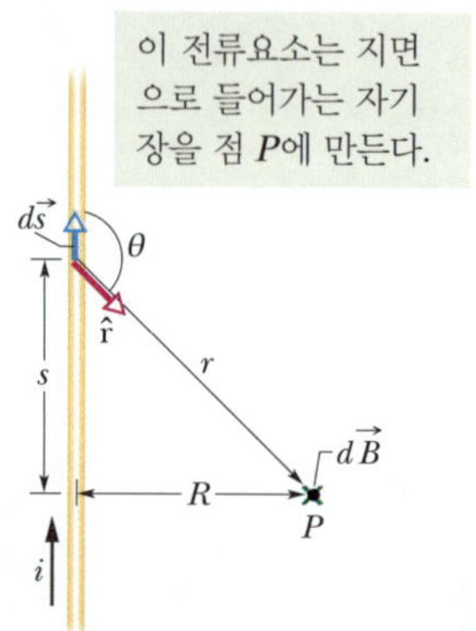

그림 29.1.6 긴 직선 도선의 전류 i가 만드는 자기장의 계산. 전류요소 $i\,d\vec{s}$가 점 P에 만드는 자기장 $d\vec{B}$는 그림에 표시된 것처럼 지면으로 들어가는 방향이다.

이때 모든 전류요소가 점 P에 만드는 자기장 $d\vec{B}$의 방향은 모두 같다. 따라서 무한 도선의 위쪽 반이 점 P에 만드는 자기장의 크기는 위 식을 0부터 ∞까지 적분해서 얻는다.

이제 P 위에서 $d\vec{s}$에 대응하는 P 아래의 전류요소에 해당하는 도선의 아래 반에 있는 전류 길이요소를 고려하자. 식 29.1.3에 의하면 이 전류 길이요소가 만드는 자기장은 그림 29.1.6에 있는 요소 $i\,d\vec{s}$가 만드는 자기장의 크기와 방향이 같다. 더구나 도선의 아래 반이 만드는 자기장은 위의 반이 만드는 자기장과 정확하게 같다. P에서 전체 자기장 $\vec{B}$의 크기를 구하려면 적분 결과에 2만 곱하면 되므로 다음을 얻는다.

$$B = 2\int_0^\infty dB = \frac{\mu_0 i}{2\pi}\int_0^\infty \frac{\sin\theta\,ds}{r^2}. \tag{29.1.5}$$

위 식에서 θ, s, r은 서로 독립적이지 않으며, 그림 29.1.6을 보면 다음과 같은 관계가 있다.

$$r = \sqrt{s^2 + R^2}$$

과

$$\sin\theta = \sin(\pi - \theta) = \frac{R}{\sqrt{s^2 + R^2}}.$$

식 29.1.5에 이를 대입하고 부록 E의 적분식 19번을 적용하면 다음을 얻는다.

$$\begin{aligned} B &= \frac{\mu_0 i}{2\pi}\int_0^\infty \frac{R\,ds}{(s^2 + R^2)^{3/2}} \\ &= \frac{\mu_0 i}{2\pi R}\left[\frac{s}{(s^2 + R^2)^{1/2}}\right]_0^\infty = \frac{\mu_0 i}{2\pi R}. \end{aligned} \tag{29.1.6}$$

만약 무한 직선 도선의 위쪽 절반이나 아래쪽 절반만 있으면 자기장의 크기는 다음과 같이 반이 된다.

$$B = \frac{\mu_0 i}{4\pi R} \quad \text{(한쪽으로만 무한한 직선 도선).} \tag{29.1.7}$$

원호 도선의 전류가 만드는 자기장

곡선 모양의 도선에 흐르는 전류가 만드는 자기장을 구할 때 하나의 전류요소가 만드는

자기장의 크기로 식 29.1.1을 다시 사용하고, 전체 전류요소가 만드는 자기장을 구하기 위해 이를 다시 적분해야 한다. 도선 형태에 따라 적분이 어려울 수도 있지만 원호 도선의 중심에서 자기장을 구하는 것은 비교적 쉽다.

그림 29.1.7a는 중심각 ϕ, 반지름 R, 그리고 중심이 C이며 전류 i가 흐르는 원호 도선이다. 중심 C에서 도선의 전류요소 $i\,d\vec{s}$가 만드는 자기장의 크기 dB는 식 29.1.1과 같다. 그림 29.1.7b처럼 전류요소의 위치에 관계없이 $d\vec{s}$와 $\hat{r}$의 사이각 θ는 항상 90°이고 $r = R$이다. 따라서 식 29.1.1에서 r을 R로, θ를 90°로 대입하면 다음을 얻는다.

$$dB = \frac{\mu_0}{4\pi}\frac{i\,ds\sin 90°}{R^2} = \frac{\mu_0}{4\pi}\frac{i\,ds}{R^2}. \tag{29.1.8}$$

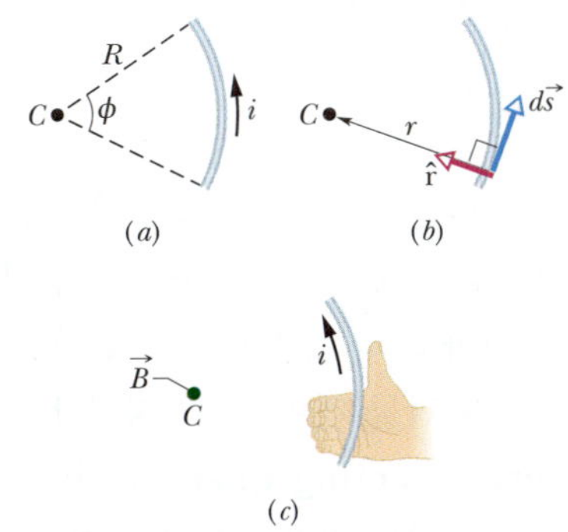

그림 29.1.7 (a) 중심이 C이고 전류 i가 흐르는 원호 도선. (b) 원호 도선의 모든 요소에서 $d\vec{s}$와 $\hat{r}$의 사이각은 90°이다. (c) 중심 C에서 도선의 전류가 만드는 자기장의 방향 결정하기. C에서 점으로 표시된 것처럼 지면에서 나오는 방향이다.

원호 위의 각 전류요소가 만드는 자기장은 C에서 위 식과 같은 크기를 갖는다.

▸***방향.*** 요소가 만드는 미소 자기장 $d\vec{B}$의 방향은 어떻게 정하는가? 위에서 이 벡터는 요소로부터 점 C로 향하는 지름방향의 직선에 수직해야 하고, 그림 29.1.7a의 평면으로 들어가거나 나와야 한다는 것을 알고 있다. 어느 방향이 맞는가 보려면 그림 29.1.7c에 나타낸 것처럼 임의의 요소에 대해 오른손 규칙을 사용하면 된다. 엄지를 전류방향을 향하도록 도선을 잡고, C 근처에 나머지 손가락을 감싸 쥐면 임의의 미소 요소에 의한 벡터 $d\vec{B}$의 방향은 면에서 들어가는 방향이 아니라 나오는 방향이라는 것을 알 수 있다.

▸***전체 자기장.*** 원호의 모든 요소가 C에서 만드는 전체 자기장을 구하려면 모든 미소 자기장 벡터 $d\vec{B}$를 더해야 한다. 그러나 모든 벡터가 같은 방향을 향하므로, 성분을 구할 필요는 없다. 식 29.1.8에 주어진 것처럼 크기 dB만을 더하면 된다. 이와 같은 미소량이 매우 많으므로 적분을 통해 더한다. 전체 자기장을 (원호의 길이보다는) 원호의 각도 ϕ로 나타내려고 한다. 그러므로 식 29.1.8에서 $ds = R\,d\phi$의 관계를 이용하여 ds를 $d\phi$로 바꾼다. 적분을 하면

$$B = \int dB = \int_0^\phi \frac{\mu_0}{4\pi}\frac{iR\,d\phi}{R^2} = \frac{\mu_0 i}{4\pi R}\int_0^\phi d\phi$$

를 얻는다. 이를 적분하면 다음을 얻는다.

$$B = \frac{\mu_0 i\phi}{4\pi R} \quad \text{(원호의 중심에서)}. \tag{29.1.9}$$

▸***주의.*** 위 식은 전류가 흐르는 원호의 중심에서만 생기는 자기장에 관한 식이다. 위 식에 값을 대입하여 자기장 값을 구할 때 ϕ는 라디안 값을 사용해야 한다. 예를 들면 전류가 흐르는 원형 도선의 중심에서 자기장의 크기는 식 29.1.9에서 ϕ에 2π rad을 대입하면 다음과 같다.

$$B = \frac{\mu_0 i(2\pi)}{4\pi R} = \frac{\mu_0 i}{2R} \quad \text{(원호의 중심에서)}. \tag{29.1.10}$$

→ 확인문제 29.1.1

그림에 (반지름 r, $2r$, $3r$인 반원이나 1/4원인) 동심 원호로 이루어진 세 회로를 나타내었다. 회로에는 같은 전류가 흐른다. 곡률중심(점으로 표시)에서 만들어진 자기장의 크기를 큰 것부터 나열하여라.

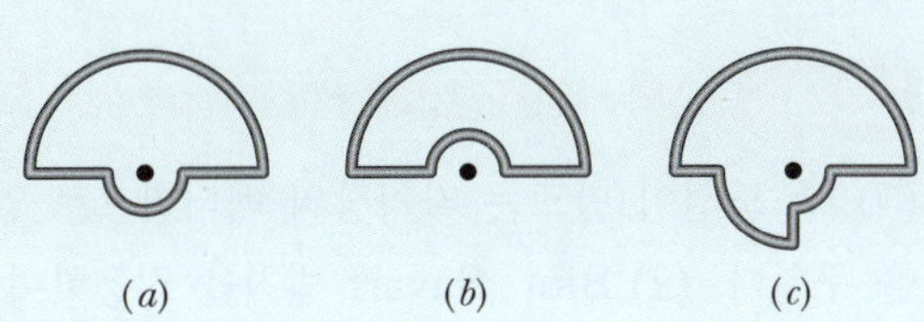

보기문제 29.1.1 전류가 흐르는 원호 중심에서의 자기장

과학자, 의학 연구자와 생리학자는 인간의 뇌가 어떻게 작동하는지 이해하려고 한다. 예를 들어 이 문장을 읽을 때 뇌의 어느 부분이 활성화되는가? 최근 연구 도구 중 하나는 *자기뇌파검사방법*(MEG)이고, 이를 이용하여 독서 같은 임무를 수행할 때 사람 두뇌의 자기장을 관측한다(그림 29.1.8). 독서를 처리하는 작업은 뇌에 작용하여 뇌세포 사이의 전도 경로를 따라 약한 전기 펄스 신호를 보낸다. 다른 전류와 마찬가지로 각 펄스는 자기장을 만든다. MEG가 검출한 자기장은 아마도 뇌 표면에 있는 갈라진 틈의 벽을 따라 지나가는 펄스가 만들 것이다. 이 자기장을 검출하려면 SQUID(superconducting quantum interferrence devices)라고 부르는 매우 민감한 도구가 필요하다. 그림 29.1.9에서 틈이 있는 벽에 있는 펄스로부터 거리 $r = 2$ cm인 곳에 있는 점 P의 자기장은 얼마인가? 이때 전류 $i = 10\ \mu$A가 r에 수직인 길이 $ds = 1$ mm인 전도경로를 따라 흐른다.

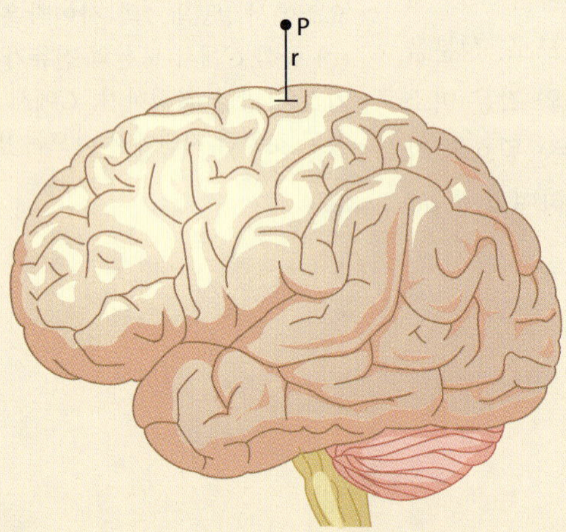

그림 29.1.9 뇌의 표면에 있는 틈에 있는 벽을 따라 지나가는 펄스가 거리 r에 있는 점 P에 자기장을 만든다.

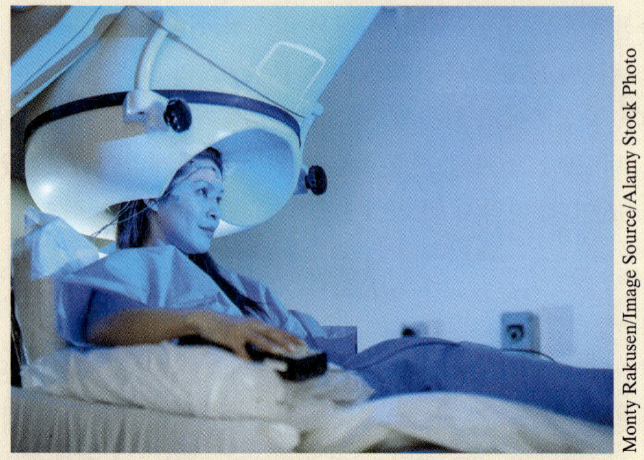

그림 29.1.8 MEG 장치

요점

경로의 길이는 충분히 짧아서 자기장을 구하기 위해 Biot–Savart 법칙을 직접 적용할 수 있다.

풀이: Biot–Savart 법칙(식 29.1.1)을 다음과 같이 쓸 수 있다.

$$B = \frac{\mu_0}{4\pi}\frac{i\,ds\sin\theta}{r^2}$$

$$= \frac{(4\pi\times 10^{-7}\ \mathrm{T\cdot m/A})}{4\pi}\frac{(10\times 10^{-6}\ \mathrm{A})(1\times 10^{-3}\ \mathrm{m})\sin 90°}{(2\times 10^{-2}\ \mathrm{m})^2}$$

$$= 2.5\times 10^{-12}\ \mathrm{T} \approx 3\ \mathrm{pT}.$$ (답)

SQUID로 1 pT보다 작은 자기장의 크기를 측정할 수 있지만, 건물 안의 엘리베이터나 심지어 도로에 지나가는 트럭과 같은 다른 여러 자기장의 원인을 조심스럽게 제거해야 한다.

보기문제 29.1.2 전류가 흐르는 두 개의 긴 평행도선 근처의 자기장

그림 29.1.10a처럼 두 개의 긴 평행도선에 반대 방향으로 전류 i_1과 i_2가 흐른다. $i_1 = 15$ A, $i_2 = 32$ A, $d = 5.3$ cm일 때, 점 P에서 자기장의 크기와 방향을 각각 구하여라.

요점

(1) 두 도선이 만드는 자기장의 벡터합으로 알짜 자기장 $\vec{B}$를 구한다. (2) Biot–Savart 법칙을 적용하여 각 도선의 자기장을 구한다. 전류가 흐르는 긴 직선 도선 근처의 자기장은 식 29.1.4이다.

벡터 구하기: 그림 29.1.10a처럼 두 전류 i_1과 i_2로부터 거리가 R인 점 P에서 자기장 $\vec{B}_1$과 $\vec{B}_2$의 크기는 각각

$$B_1 = \frac{\mu_0 i_1}{2\pi R}, \qquad B_2 = \frac{\mu_0 i_2}{2\pi R}$$

이다. 그림 29.1.10a와 같은 직각삼각형에서 R과 d 사이가

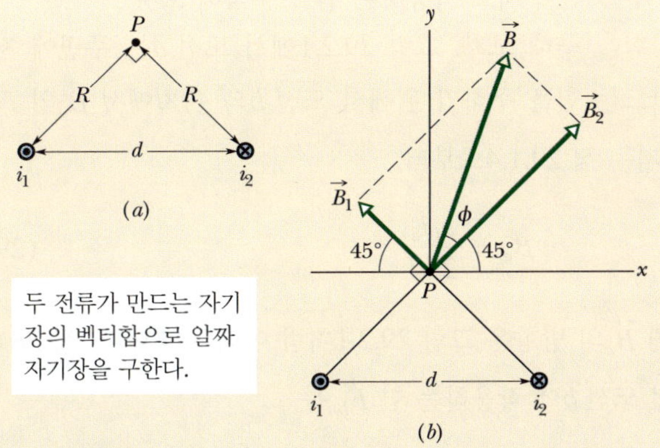

그림 29.1.10 (*a*) 두 직선 도선에 서로 반대 방향으로 전류 i_1과 i_2가 흐른다. 점 *P*에서 두 도선을 연결하는 선분은 수직이다. (*b*) 알짜 자기장 $\vec{B}$는 두 자기장 $\vec{B}_1$과 $\vec{B}_2$의 벡터합이다.

45°이므로 R을 $d \cos 45°$로 바꾸면 다음과 같다.

$$B_1 = \frac{\mu_0 i_1}{2\pi d \cos 45°} \quad \text{및} \quad B_2 = \frac{\mu_0 i_2}{2\pi d \cos 45°}.$$

점 P의 알짜 자기장 $\vec{B}$는 $\vec{B}_1$과 $\vec{B}_2$의 벡터합으로 구한다. $\vec{B}_1$과 $\vec{B}_2$의 방향을 알려면 그림 29.1.5의 오른손 규칙을 그림 29.1.10*a*의 개별 전류에 적용해야 한다. 도선 1에서는 전류가 지면에서 나오므로 엄지가 지면 밖을 향하도록 오른손으로 도선을 감싸면, 나머지 손가락이 가리키는 방향이 바로 자기장의 방향이다. 전류가 흐르는 긴 직선 도선의 자기장은 전류와 점 사이의 지름선에 수직하므로, 자기장 B_1의 방향은 점 P의 영역에서 왼쪽 위 방향이다(그림 29.1.10*b*). (그림에서 점 P와 도선 1을 잇는 직선과 벡터 $\vec{B}_1$ 사이의 직각 표시를 유의하여라.)

이 과정을 도선 2에 대해서 되풀이하면 자기장 $\vec{B}_2$의 방향이 그림 29.1.10*b*처럼 오른쪽 위 방향임을 알 수 있다.

벡터 구하기: 이제 $\vec{B}_1$과 $\vec{B}_2$의 벡터합으로 점 P의 알짜 자기장 B를 구해 보자. 벡터합은 벡터계산이 가능한 전자계산기를 이용하거나 각 성분의 합으로 구할 수 있다. 그러나 그림 29.1.10*b*를 보면 또 다른 방법이 떠오른다. $\vec{B}_1$과 $\vec{B}_2$가 서로 수직이므로 두 벡터가 만드는 직사각형의 대각선이 원하는 $\vec{B}$가 된다. 따라서 피타고라스 정리에 따라 B의 크기는 다음과 같다.

$$\begin{aligned} B &= \sqrt{B_1^2 + B_2^2} = \frac{\mu_0}{2\pi d(\cos 45°)}\sqrt{i_1^2 + i_2^2} \\ &= \frac{(4\pi \times 10^{-7}\ \mathrm{T\cdot m/A})\sqrt{(15\ \mathrm{A})^2 + (32\ \mathrm{A})^2}}{(2\pi)(5.3 \times 10^{-2}\ \mathrm{m})(\cos 45°)} \\ &= 1.89 \times 10^{-4}\ \mathrm{T} \approx 190\ \mu\mathrm{T}. \end{aligned}$$ (답)

그림 29.1.10*b*의 $\vec{B}_1$과 $\vec{B}_2$ 사이의 각도 ϕ는

$$\phi = \tan^{-1}\frac{B_1}{B_2}$$

이고, $\vec{B}_1$과 $\vec{B}_2$를 대입하면 그 값은 다음과 같다.

$$\phi = \tan^{-1}\frac{i_1}{i_2} = \tan^{-1}\frac{15\ \mathrm{A}}{32\ \mathrm{A}} = 25°.$$

그림 29.1.10*b*에서 $\vec{B}$와 x축과의 각도는 ϕ에 45°를 더한 값이다.

$$\phi + 45° = 25° + 45° = 70°.$$ (답)

▶ **교육용 비디오는 웹사이트 www.wiley.com에서 볼 수 있다.**

29.2 ▸ 두 평행 전류 사이에 작용하는 힘

요점_Key Ideas

1. 같은 방향으로 전류가 흐르는 평행 도선은 서로 잡아당기고, 반대 방향으로 전류가 흐르는 평행 도선은 서로 밀어낸다. 길이 L인 도선에 작용하는 힘의 크기는

$$F_{ba} = i_b L B_a \sin 90° = \frac{\mu_0 L i_a i_b}{2\pi d}$$

이다. 여기서 d는 도선 사이의 거리, i_a와 i_b는 도선에 흐르는 전류이다.

학습목표_Learning Objectives

이 단원을 읽은 후 다음을 이해해야 한다.

29.2.1 두 전류가 평행하거나 반대 방향으로 흐를 때 두 번째 전류의 위치에서 첫 번째 전류가 만드는 자기장을 구하고, 두 번째 전류에 의해 첫 번째 전류에 작용하는 힘을 구한다.

29.2.2 평행한 전류는 서로 잡아당기고, 반대 방향의 전류는 밀어

▶ 두 평행 전류 사이에 작용하는 힘

전류가 흐르는 두 평행 도선은 서로 힘을 작용한다. 그림 29.2.1은 전류 i_a와 i_b가 흐르며

냄다.

29.2.3 궤도총의 작용법을 설명한다.

분리거리가 d인 두 도선이다. 두 도선이 서로 작용하는 힘을 분석해 보자.

먼저 도선 b에 작용하는 힘을 구해 보자. 그림 29.2.1에서 도선 a는 주변에 자기장 $\vec{B}_a$를 만든다. 이 자기장이 만드는 힘을 구하기 위해서 *도선 b의 위치에서* $\vec{B}_a$의 크기와 방향을 알아야 한다. $\vec{B}_a$의 크기는 식 29.1.4로부터

$$B_a = \frac{\mu_0 i_a}{2\pi d} \tag{29.2.1}$$

이다. 오른손 규칙을 적용하면 $\vec{B}_a$의 방향은 그림 29.2.1처럼 아래로 향한다. 식 28.6.2에 따르면 자기장 $\vec{B}_a$가 길이 L인 도선 b에 작용하는 힘 $\vec{F}_{ba}$는

$$\vec{F}_{ba} = i_b \vec{L} \times \vec{B}_a \tag{29.2.2}$$

이다. 여기서 $\vec{L}$은 도선의 길이벡터이다. 그림 29.2.1에서 $\vec{L}$과 $\vec{B}_a$는 서로 수직이므로, 식 29.2.1을 사용한 힘의 크기는 다음과 같다.

$$F_{ba} = i_b L B_a \sin 90° = \frac{\mu_0 L i_a i_b}{2\pi d}. \tag{29.2.3}$$

$\vec{F}_{ba}$의 방향은 벡터곱 $\vec{L} \times \vec{B}_a$의 방향과 같으므로 오른손 규칙을 적용하면 그림 29.2.1처럼 도선 a쪽을 향한다.

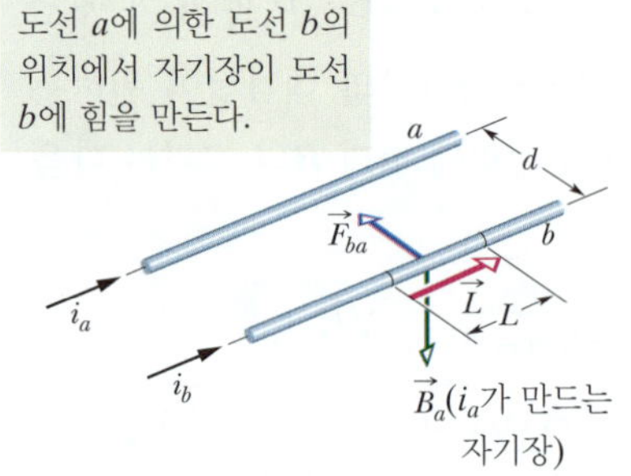

그림 29.2.1 두 평행 도선에 같은 방향으로 전류가 흐르면 서로 끌어당긴다. $\vec{B}_a$는 도선 a에 흐르는 전류가 도선 b 위치에 만드는 자기장이다. 힘 $\vec{F}_{ba}$는 자기장 $\vec{B}_a$가 도선 b에 작용하는 힘이다.

전류가 흐르는 도선에 작용하는 힘을 구하기 위한 일반적인 과정은 다음과 같다.

> 전류가 흐르는 한 도선이 전류가 흐르는 다른 도선에 작용하는 힘을 구하기 위해 한 도선이 있는 곳에서 다른 도선이 만드는 자기장을 먼저 구하고, 이 자기장이 도선에 작용하는 힘을 구한다.

위와 같은 과정으로 도선 b를 흐르는 전류가 도선 a에 작용하는 힘을 구할 수 있으며 그 방향은 도선 b로 향하는 것을 알 수 있다. 즉, 두 도선에 흐르는 전류의 방향이 같으면 서로 끌어당긴다. 반면에 두 전류의 방향이 반대 방향이면 서로 밀어낸다.

> 평행 도선에 흐르는 전류의 방향이 같으면 두 도선은 서로 끌어당기고, 반대 방향이면 서로 밀어낸다.

전류가 흐르는 평행 도선 사이에 작용하는 힘은 SI 단위계에서 일곱 개의 기본단위 중 하나인 암페어(A)를 정의하는 기준이다. 1946년에 채택된 정의는 다음과 같다. 암페어란 "무시할 정도로 작은 단면을 가지는 무한히 긴 평행 도체가 진공 중에서 1 m 떨어져 있을 때 서로 작용하는 힘의 크기가 단위길이당 2×10^{-7} N이 되는 전류"로 정의한다.

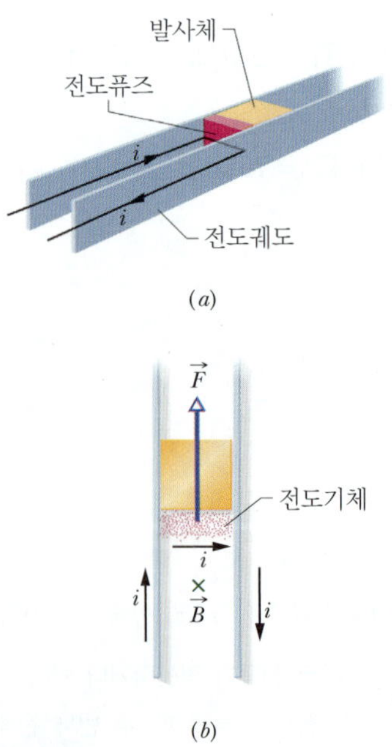

그림 29.2.2 (a) 전류 i가 흐르는 궤도총. 전류가 흐르면 곧바로 퓨즈를 기화시킨다. (b) 전류가 궤도 사이에 자기장 $\vec{B}$를 만든다. 이 자기장은 전류가 흐르는 전도기체에 힘 $\vec{F}$를 작용하여 전도기체가 궤도를 따라 움직여서 발사체를 밀어낸다.

궤도총

궤도총의 기본구조는 그림 29.2.2a에 나타나 있다. 두 개의 평행 도체로 이루어진 궤도 중 하나에 큰 전류를 보내면 두 궤도를 연결하는 도체 퓨즈(얇은 구리조각과 같은 물질)를 통해 다른 궤도를 지나 전류 샘으로 돌아온다. 발사체는 퓨즈에서 떨어져 있고 궤도

사이에 느슨히 맞추어져 있다. 전류가 흐르는 순간 퓨즈가 녹으면서 기화되어 퓨즈가 있던 자리에 전도성 기체가 생긴다.

그림 29.1.5의 오른손 규칙을 사용하면 그림 29.2.2*a*처럼 궤도에 흐르는 전류는 궤도 사이에서 아래 방향으로 자기장을 만든다. 그림 29.2.2*b*처럼 알짜 자기장 $\vec{B}$는 전류가 흐르는 전도기체에 힘 $\vec{F}$를 작용한다. 힘의 방향은 궤도를 따라 위쪽을 향하므로 전도기체가 궤도를 따라 이동하며 발사체를 밀어낸다. 이때의 가속도는 $5 \times 10^6 g$로서 1 ms 안에 발사체의 속력을 10 km/s에 도달하게 만든다. 언젠가는 궤도총이 달이나 소행성의 작업장에서 채굴한 물질을 우주로 보내는 데 사용할 수 있을 것이다.

확인문제 29.1.1

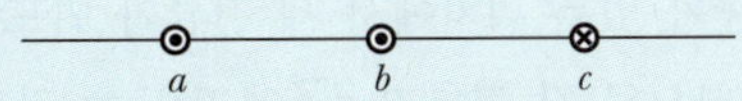

그림에서 간격이 같은 세 개의 평행하고 긴 도선에 지면에서 나오거나 들어가는 같은 크기의 전류가 흐르고 있다. 각각의 도선에 다른 두 도선의 전류가 작용하는 힘의 크기가 큰 순서대로 나열하여라.

29.3 ▸ Ampere의 법칙

학습목표 *Learning Objectives*

이 단원을 읽은 후 다음을 이해해야 한다.

29.3.1 전류를 둘러싸는 고리에 Ampere의 법칙을 적용한다.

29.3.2 Ampere의 법칙을 적용할 때 오른손 규칙을 사용하여 둘러싸인 전류의 부호를 결정한다.

29.3.3 Ampere 고리 안에 여러 전류가 흐를 때 Ampere의 법칙에 있는 알짜 전류를 결정한다.

29.3.4 전류가 흐르는 긴 직선 도선에 Ampere의 법칙을 적용하여 도선 내부와 외부의 자기장의 크기를 구한다. 이때 Ampere 고리로 둘러싸인 전류만 기여한다.

요점 *Key Ideas*

1. Ampere의 법칙은 다음과 같다.

$$\oint \vec{B} \cdot d\vec{s} = \mu_0 i_{enc} \qquad \text{(Ampere의 법칙)}.$$

이 식에서 선적분은 Ampere 고리라고 부르는 폐곡선을 따라 계산한다. 우변의 전류 i는 고리가 둘러싼 *알짜* 전류이다.

▶ Ampere의 법칙

*임의*의 전하분포에 대한 알짜 전기장은 전하요소가 만드는 전기장 $d\vec{E}$를 구하고 모든 전하요소에 만드는 $d\vec{E}$를 더하면 된다. 전하분포가 복잡하면 컴퓨터를 사용해야 한다. 만약 전하분포가 평면 대칭성, 원통 대칭성, 또는 구 대칭성을 가지고 있다면 Gauss의 법칙을 이용하여 쉽게 전기장을 구할 수 있다.

마찬가지로 *임의*의 전류분포에 대한 알짜 자기장은 전류요소가 만드는 자기장 $d\vec{B}$(식 29.1.3)를 구하고 모든 전류요소에 대해서 더하면 된다. 물론 전류분포가 복잡하면 컴퓨터를 사용해야 한다. 만약 전류분포가 어떤 대칭성을 가지고 있다면 **Ampere의 법칙**을 이용하여 쉽게 자기장을 구할 수 있다. Biot-Savart의 법칙으로부터 유도할 수 있는 이 법칙은 André-Marie Ampère (1775~1836)가 처음 발견한 것으로 그의 이름을 따서 전류의 단위를 암페어로 정하였다. 그러나 이 법칙을 실질적으로 완성시킨 사람은 영국의 물리학자인 James Clerk Maxwell이다. Ampere의 법칙은 다음과 같다.

$$\oint \vec{B} \cdot d\vec{s} = \mu_0 i_{enc} \qquad \text{(Ampere의 법칙)}. \tag{29.3.1}$$

적분기호에 있는 원은 스칼라곱 $\vec{B}\cdot d\vec{s}$의 값을 *Ampere 고리*라고 부르는 *닫힌 고리*를 따라 적분하라는 뜻이다. i_{enc}는 Ampere 고리 내부의 *알짜* 전류이다. 스칼라곱 $\vec{B}\cdot d\vec{s}$와 적분의 의미를 이해하기 위해 그림 29.3.1과 같은 일반적인 상황에 Ampere의 법칙을 적용해 보자. 그림에는 지면을 수직으로 통과하는 세 개의 긴 직선 도선의 단면이 있다. 각 도선에는 그림에 표시된 것처럼 지면에서 나오거나 지면으로 들어가는 전류 i_1, i_2, i_3가 흐르고 있다. Ampere 고리는 지면에 놓여 있는데 두 개의 도선은 고리에 포함되지만, 다른 하나는 제외되어 있다. 고리에 반시계방향으로 표시된 화살표는 식 29.3.1의 적분을 위해 임의로 선택한 방향이다.

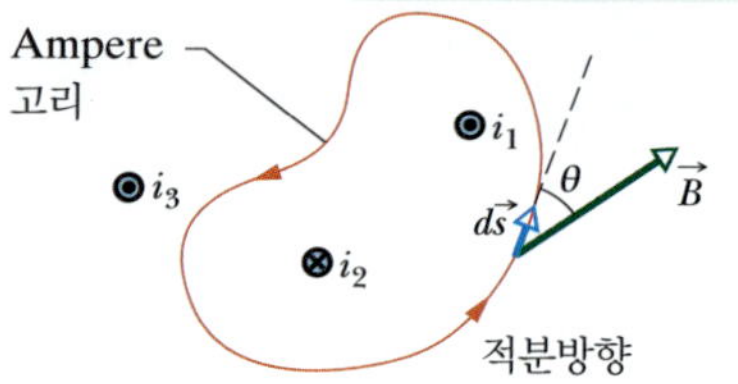

그림 29.3.1 두 도선은 포함되지만 세 번째 도선은 제외된 임의의 Ampere 고리가 적용된 Ampere의 법칙. 전류의 방향에 주목하여라.

Ampere의 법칙을 적용하기 위해 가상적으로 고리를 미소 길이 벡터 $d\vec{s}$로 나눈다. 고리의 모든 곳에서 $d\vec{s}$는 적분방향을 따라 고리에 접하는 방향이다. 그림 29.3.1에서 $d\vec{s}$가 있는 위치에서 세 전류가 만드는 알짜 자기장을 $\vec{B}$라고 하자. 도선들이 지면에 수직하므로 각 전류가 $d\vec{s}$에 만드는 자기장은 그림 29.3.1처럼 같은 평면 위에 있으며, $d\vec{s}$에서 알짜 자기장 $\vec{B}$도 같은 평면 위에 있다. 그러나 $\vec{B}$의 정확한 방향은 현재로서는 알 수 없으므로 $d\vec{s}$와 이루는 각도를 θ라고 하자. 식 29.3.1의 스칼라곱 $\vec{B}\cdot d\vec{s}$는 $B\cos\theta\, ds$이므로 Ampere의 법칙을

$$\oint \vec{B}\cdot d\vec{s} = \oint B\cos\theta\, ds = \mu_0 i_{enc} \tag{29.3.2}$$

로 쓸 수 있다. 이 식에서 스칼라곱 $\vec{B}\cdot d\vec{s}$는 고리의 길이 ds와 자기장의 고리 접선방향 성분 $B\cos\theta$의 곱이다. 따라서 적분을 전체 고리에 대한 모든 곱을 더한 것으로 해석할 수 있다.

▸***부호.*** 이 적분을 하기 전에 미리 $\vec{B}$의 방향을 알 필요가 없다. 대신 $\vec{B}$의 방향을 임의로 적분방향과 같다고 가정한다(그림 29.3.1). 그리고 아래에 기술한 오른손 규칙을 이용하여 고리 안에 있는 각 전류의 부호를 결정하여 i_{enc}를 구한다.

> 오른손 엄지를 펴고 나머지 손가락이 적분방향과 일치하도록 Ampere 고리를 감싸 쥔다. 일반적으로 펴진 엄지 방향으로 흐르는 전류를 양의 부호로 반대 방향으로 흐르는 전류를 음의 부호로 정한다.

이제 $\vec{B}$의 크기를 구하기 위해 식 29.3.2를 풀어보자. 그 결과 B가 양수이면 처음에 가정했던 $\vec{B}$의 방향이 맞는 것이고, 음수가 되면 반대 방향이 된다.

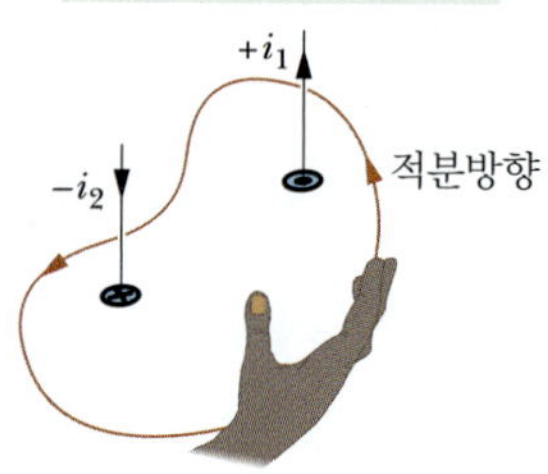

그림 29.3.2 Ampere의 법칙에 대한 오른손 규칙. Ampere 고리로 둘러싸인 전류의 부호를 결정한다. 그림 29.3.1 참조.

▸***알짜 전류.*** 그림 29.3.2에서 Ampere의 법칙에 따라 오른손 규칙을 적용한 것이 그림 29.3.1에 나타내었다. 그림에 표시된 것처럼 적분방향이 반시계방향일 때 고리 내부의 알짜 전류는 다음과 같다.

$$i_{enc} = i_1 - i_2.$$

고리 외부에 있는 전류 i_3는 제외한다. 따라서 식 29.3.2를 다시 쓰면

$$\oint B\cos\theta\, ds = \mu_0(i_1 - i_2) \tag{29.3.3}$$

이다. 전류 i_3가 식 29.3.3의 좌변에 있는 자기장의 크기 B에 기여함에도 불구하고 우변에는 포함되지 않는 것에 대해 의문을 가질 수 있다. 그 이유는 좌변을 닫힌 고리에 대해

서 적분하므로, i_3가 만드는 자기장의 기여가 모두 상쇄되기 때문이다. 반면에 고리 내부의 전류가 만드는 자기장에 대한 적분은 상쇄되지 않는다.

그림 29.3.3과 같은 경우 식 29.3.1의 적분을 간단하게 만들 수 있는 정보가 부족하여 더 이상 풀 수 없으므로 B를 구할 수 없다. 그렇지만 적분 결과가 고리를 통과하는 알짜 전류에 의해 결정되는 값인 $\mu_0(i_1 - i_2)$와 같아야 한다는 것은 알고 있다.

이제 대칭성을 사용하여 적분을 풀어서 자기장을 구할 수 있는 두 경우에 대해 Ampere의 법칙을 적용해 보자.

전류가 흐르는 긴 직선 도선의 외부에 생기는 자기장

그림 29.3.3처럼 지면과 수직한 긴 직선 도선에 전류 i가 흐른다. 식 29.1.4에서 알 수 있듯이 도선으로부터 수직거리가 같은 모든 점에서 자기장의 크기는 같다. 이와 같이 도선을 중심으로 원통 대칭성을 가지므로, Ampere 고리를 반지름 r의 원으로 잡으면 Ampere의 법칙에 대한 적분(식 29.3.1 및 29.3.2)이 간단해진다. 즉 고리 위의 모든 점에서 자기장의 크기 B가 같으며, 그림 29.3.3처럼 $d\vec{s}$의 방향을 잡아 반시계방향으로 적분할 수 있다.

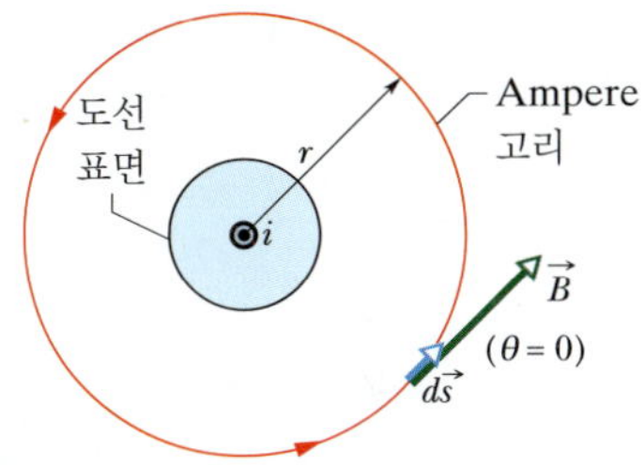

그림 29.3.3 단면이 원형인 긴 직선 도선에 흐르는 전류가 도선 외부에 만드는 자기장을 구하기 위해 Ampere의 법칙을 적용한다. Ampere 고리는 도선 밖에 동심원으로 잡는다.

또한 고리의 모든 점에서 $\vec{B}$와 $d\vec{s}$가 평행하기 때문에 식 29.3.2의 $B \cos \theta$를 더 간단하게 만들 수 있다. $\vec{B}$와 $d\vec{s}$는 고리의 모든 위치에서 서로 같은 방향이거나 반대 방향인데 임의로 같은 방향이라고 가정하면, $\vec{B}$와 $d\vec{s}$의 사이각 θ는 0°이다. 따라서 $\cos \theta = \cos 0° = 1$이 되어 식 29.3.2에서 적분은

$$\oint \vec{B} \cdot d\vec{s} = \oint B \cos \theta \, ds = B \oint ds = B(2\pi r)$$

이 된다. 위 적분에서 $\oint ds$는 원형 고리의 모든 길이요소 ds의 합이므로 고리의 원둘레인 $2\pi r$이 된다.

한편 오른손 규칙을 적용하면 그림 29.3.3의 전류는 양의 부호이므로 Ampere의 법칙의 우변은 $+\mu_0 i$가 되어

$$B(2\pi r) = \mu_0 i$$

를 얻는다. 즉, 다음과 같다.

$$B = \frac{\mu_0 i}{2\pi r} \quad \text{(직선 도선의 외부).} \tag{29.3.4}$$

이 결과는 표현이 조금 달라지긴 했지만 Biot–Savart 법칙을 이용하여 얻은 결과인 식 29.1.4와 같다. 또한 B의 부호가 양수이므로 그림 29.3.3에 표현된 $\vec{B}$의 방향이 옳다는 것을 알 수 있다.

전류가 흐르는 긴 직선 도선 내부의 자기장

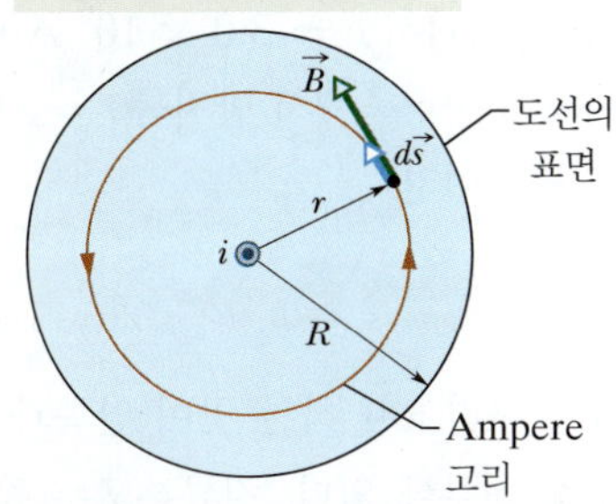

그림 29.3.4 단면이 원형인 긴 직선 도선에 전류 i가 흐를 때 도선 내부의 자기장을 구하기 위해 Ampere의 법칙을 이용한다. 전류는 도선 내부에 균일하게 분포하며 지면에서 나오는 방향이다. 도선의 내부에 Ampere 고리를 그린다.

그림 29.3.4는 반지름이 R인 긴 직선 도선의 단면이다. 지면에서 나오는 방향으로 전류 i가 단면 전체에 고르게 흐른다. 전류가 단면에 균일하게 분포하므로 전류가 만드는 자기장 $\vec{B}$ 역시 원통 대칭성을 갖는다. 도선 내부에서의 자기장을 구하기 위해 Ampere의 법칙을 이용한다. 그림 29.3.4처럼 Ampere 고리를 반지름 r의 원으로 잡는다. 단, $r < R$이다. 대칭성에 따라 $\vec{B}$의 방향은 고리의 각 점에서 접선방향이 되어 Ampere의 법칙의 좌변 적분은

$$\oint \vec{B}\cdot d\vec{s} = B\oint ds = B(2\pi r) \tag{29.3.5}$$

이다. Ampere의 법칙의 우변을 구하려면 Ampere 고리 내부의 전류를 구해야 한다. 전류가 도선단면에 균일하게 분포하므로 고리 내부의 전류 i_{enc}는 다음과 같이 고리의 내부 면적에 비례한다.

$$i_{\text{enc}} = i\,\frac{\pi r^2}{\pi R^2}. \tag{29.3.6}$$

오른손 규칙에 의해 i_{enc}는 양의 부호이다. 따라서 Ampere의 법칙은

$$B(2\pi r) = \mu_0 i\,\frac{\pi r^2}{\pi R^2}$$

즉

$$B = \left(\frac{\mu_0 i}{2\pi R^2}\right) r \qquad \text{(직선 도선의 내부)} \tag{29.3.7}$$

이다. 결국 도선 내부에서 자기장의 크기가 r에 비례함을 알 수 있다. 도선의 중심에서 자기장은 0이고 도선의 표면($r = R$)에서 자기장의 크기는 최대이다. 식 29.3.4와 식 29.3.7은 도선의 표면에서 같은 값을 준다는 것을 주목하여라.

확인문제 29.3.1

오른편 그림에는 세 개의 같은 전류 i(두 개는 평행하고 하나는 반평행하다)와 네 개의 Ampere 고리가 있다. 각 고리에 대해 $\oint \vec{B}\cdot d\vec{s}$의 크기가 큰 순서대로 나열하여라.

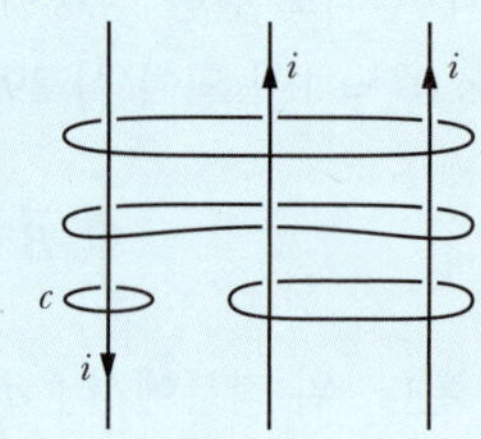

보기문제 29.3.1 Ampere 법칙을 이용해 전류가 흐르는 긴 원통의 내부에서 자기장 구하기

그림 29.3.5a는 안쪽 반지름 a = 2.0 cm, 바깥쪽 반지름 b = 4.0 cm인 긴 원통 도체의 단면이다. 지면에서 나오는 방향으로 전류가 흐르며 단면에서 전류밀도의 크기는 $J = cr^2$이다. 여기서 $c = 3.0 \times 10^6$ A/m^{4}이며, r은 미터 단위이다. 원통의 중심축에서 반지름 r = 3.0 cm 떨어진 점에서 자기장을 구하여라.

요점

$\vec{B}$를 구하고자 하는 곳이 안쪽과 바깥쪽 반지름 사이인 원통 도체 내부에 있다. 전류분포는 원통 대칭성이 있다. 즉, 단면에서 반지름이 같으면 전류밀도가 같다. 이러한 대칭성 때문에 $\vec{B}$를 구하는 데 Ampere의 법칙을 사용할 수 있다. 먼저 그림 29.3.5b처럼 원통과 동심원을 이루며 원통의 중심축에서 반지름이 r = 3.0 cm인 Ampere 고리를 잡는다.

다음으로 Ampere 고리 내부의 전류 i_{enc}를 구해야 한다. 그런데 전류가 균일하게 분포하지 않기 때문에 식 29.3.6과 같은 비례식을 세울 수 *없다*. 따라서 그림 29.3.5c에서 h까지 보인 단계를 거쳐 원통의 안쪽 반지름 a부터 고리반지름 r까지 전류밀도의 크기를 적분해야 한다.

풀이: 적분하면 다음과 같다.

$$\begin{aligned} i_{\text{enc}} &= \int J\,dA = \int_a^r cr^2(2\pi r\,dr) \\ &= 2\pi c\int_a^r r^3\,dr = 2\pi c\left[\frac{r^4}{4}\right]_a^r \\ &= \frac{\pi c(r^4 - a^4)}{2}. \end{aligned}$$

이 단계에서 미소 면적 dA는 그림 29.3.5d~f의 가는 고리로 생각하여 고리둘레 $2\pi r$과 고리폭 dr의 곱으로 두었다.

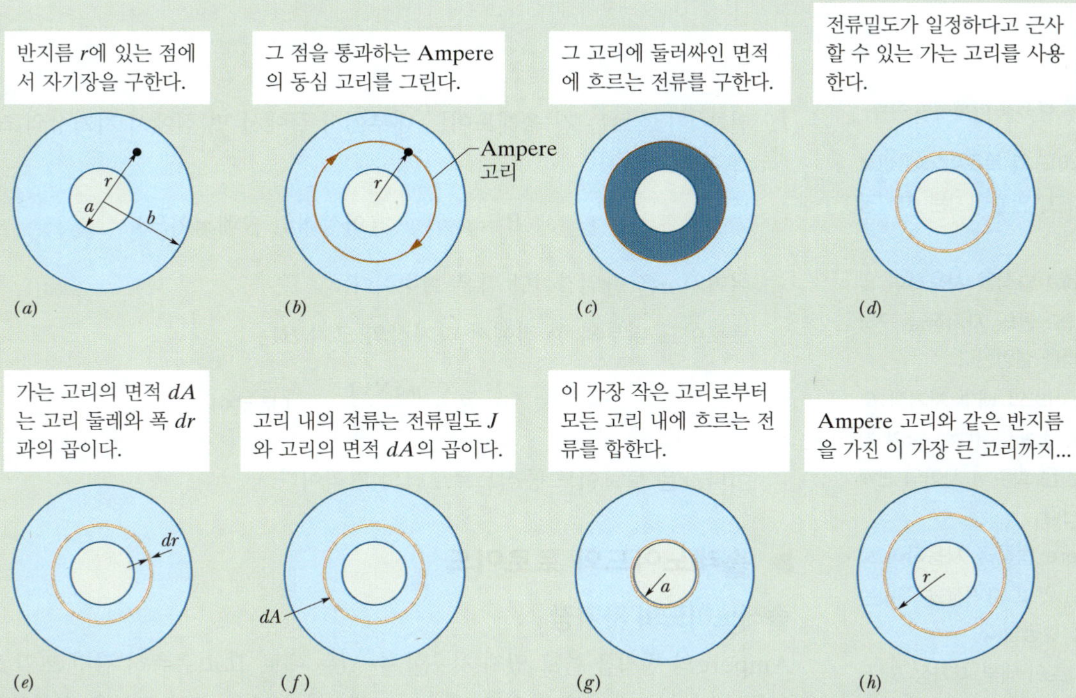

그림 29.3.5 (*a*)~(*b*) 이 원통 도체 내의 한 점에서 자기장을 구하기 위해 그 점을 지나는 Ampere 동심 고리를 사용한다. 그 고리에 둘러싸인 전류가 필요하다. (*c*)~(*h*) 전류밀도가 일정하지 않기 때문에 가는 고리를 사용하여 둘러싸인 면적 내 모든 고리에 흐르는 전류를 (적분을 사용하여) 더한다.

그림 29.3.5*b*처럼 적분의 방향은 시계방향이다. 고리에 대한 Ampere의 법칙에 오른손 규칙을 적용하면 전류는 지면에서 나오는 방향이고, 엄지의 방향은 지면으로 들어가는 방향을 가리키므로 i_{enc}는 음의 부호여야 한다.

이제 그림 29.3.4처럼 Ampere의 법칙의 좌변을 계산하면 식 29.3.5를 얻는다. 따라서 Ampere의 법칙은

$$\oint \vec{B}\cdot d\vec{s} = \mu_0\, i_{enc}$$

즉,

$$B(2\pi r) = -\frac{\mu_0 \pi c}{2}(r^4 - a^4)$$

이다. B에 대해 풀고 주어진 값을 대입하면

$$\begin{aligned} B &= -\frac{\mu_0 c}{4r}(r^4 - a^4) \\ &= -\frac{(4\pi\times10^{-7}\ \mathrm{T\cdot m/A})(3.0\times10^6\ \mathrm{A/m^4})}{4(0.030\ \mathrm{m})} \\ &\quad \times[(0.030\ \mathrm{m})^4 - (0.020\ \mathrm{m})^4] \\ &= -2.0\times10^{-5}\ \mathrm{T} \end{aligned}$$

를 얻는다. 따라서 중심축으로부터 3.0 cm 떨어진 곳에서 자기장 $\vec{B}$의 크기는 다음과 같다.

$$B = 2.0\times10^{-5}\ \mathrm{T}.$$ (답)

한편 자기장선의 방향은 적분 방향과는 반대이므로 그림 29.3.5*b*처럼 반시계방향이다.

▶ 교육용 비디오는 웹사이트 www.wiley.com에서 볼 수 있다.

29.4 ▸ 솔레노이드와 토로이드

학습목표_Learning Objectives

이 단원을 읽은 후 다음을 이해해야 한다.

29.4.1 솔레노이드와 토로이드에 관해 기술하고, 만들어지는 자기장을 그린다.

29.4.2 Ampere 법칙을 사용하여 솔레노이드 안의 자기장을 구하는 방법을 설명한다.

29.4.3 솔레노이드의 내부 자기장 B, 전류 i, 솔레노이드의 단위 길이당 감은 회수 n 사이의 관계를 구한다.

29.4.4 Ampere 법칙을 사용하여 토로이드 안의 자기장을 구하는 방법을 설명한다.

29.4.5 토로이드의 내부 자기장 B, 전류 i, 반지름 r과 전체 감은 회수 N 사이의 관계를 구한다.

요점_Key Ideas

1. 전류 i가 흐르는 긴 솔레노이드 내부에서 끝에서 먼 점에서 자기장의 크기 B는 다음과 같다.

$$B = \mu_0 in \qquad \text{(이상적인 솔레노이드)}.$$

여기서 n은 단위길이당 감은 회수이다.

2. 토로이드 내부의 한 점에서 자기장의 크기 B는

$$B = \frac{\mu_0 iN}{2\pi}\frac{1}{r} \qquad \text{(토로이드)}$$

이다. r은 토로이드 중심으로부터의 거리이다.

▶ 솔레노이드와 토로이드

솔레노이드의 자기장

Ampere의 법칙을 쓸모 있게 사용할 수 있는 예로 길고 촘촘히 감긴 코일 도선에 흐르는 전류가 만드는 자기장에 대해 생각해 보자. 이와 같은 코일 도선을 **솔레노이드**라고 한다(그림 29.4.1 참조). 이때 솔레노이드의 길이가 원통의 지름보다 매우 크다고 가정한다.

그림 29.4.1 ▸ 전류 i가 흐르는 솔레노이드.

그림 29.4.2는 늘려 놓은 솔레노이드 한 부분의 단면이다. 솔레노이드의 자기장은 솔레노이드를 이루는 각각의 고리가 만드는 자기장의 벡터합이다. 도선 가까이서 보면 도선은 긴 직선처럼 보이며, 자기장선은 각 도선을 중심으로 동심원을 이룬다. 그림 29.4.2에서 인접한 두 도선 사이의 영역에서는 자기장이 서로 상쇄된다. 또한 도선에서 멀리 떨어진 솔레노이드 내부의 영역에서는 자기장이 솔레노이드 중심축에 거의 평행하다. 도선으로 빽빽히 감은 매우 긴 솔레노이드를 *이상적인 솔레노이드*라고 하며, 솔레노이드 내부의 자기장은 균일하고 솔레노이드의 축과 평행하다.

그림 29.4.2의 점 P와 같은 솔레노이드 외부 영역에서 ⊙로 표시한 위쪽의 도선이 만드는 자기장은 (P 근처에 그려진 것처럼) 왼쪽을 향한다. 반면에 ⊗로 표시한 아래쪽 도

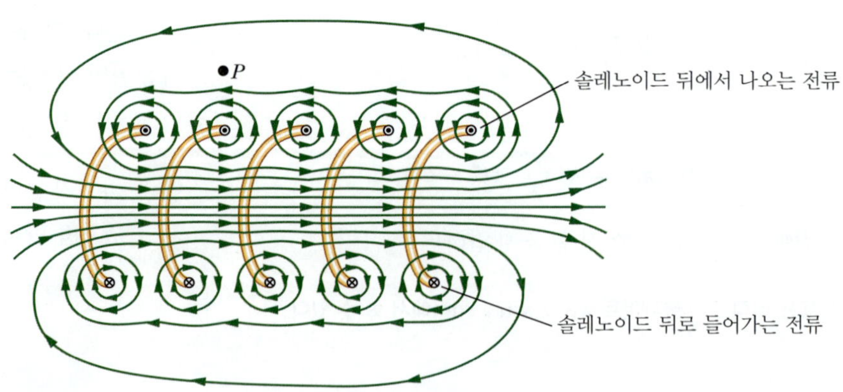

그림 29.4.2 ▸ "늘여 놓은" 솔레노이드의 중심축을 통과하는 수직단면. 다섯 개 고리의 뒤쪽 부분과 솔레노이드에 전류가 흐를 때 생기는 자기장선이다. 도선에 가까운 곳에서 자기장선은 원형이다. 중심축 근처에서는 각 고리가 만드는 자기장이 합쳐져 축방향의 자기장을 형성한다. 중심부에서 자기장선이 촘촘한 것은 자기장이 세다는 뜻이다. 솔레노이드의 외부에서는 자기장이 약해서 자기장선의 간격이 매우 넓다.

선이 점 P에 만드는 자기장은 오른쪽을 향하므로(그림에는 그려지지 않음) 서로 상쇄된다. 이러한 상쇄 효과로 솔레노이드 외부 자기장은 매우 약하며, 이상적인 솔레노이드의 경우 외부 자기장은 0이다. 실제 솔레노이드에서는 그 길이가 지름보다 매우 크다면 솔레노이드의 양끝에 가깝지 않는 점 P와 같은 외부에서는 자기장을 무시할 수 있다. 솔레노이드에서 내부 자기장의 방향은 오른손 규칙으로 정할 수 있다. 오른손으로 전류의 방향을 따라 솔레노이드를 감싸면 펴진 엄지의 방향이 자기장의 방향이 된다.

그림 29.4.3은 실제 솔레노이드 주위의 자기장선이다. 내부 자기장선의 간격을 보면 자기장이 매우 강하고 균일함을 알 수 있다. 그러나 외부 자기장은 상당히 약하다.

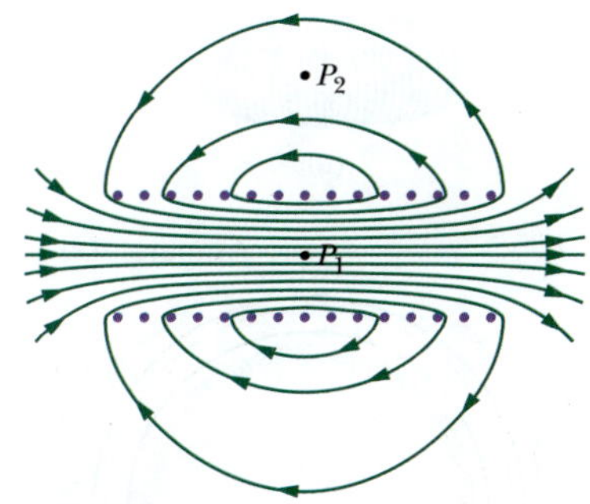

그림 29.4.3 길이가 유한한 실제 솔레노이드의 자기장선. 점 P_1과 같은 내부영역에서 자기장은 강하고 균일하지만 점 P_2와 같은 외부 영역에서는 자기장이 약하다.

▸***Ampere의 법칙.*** 그림 29.4.4와 같은 이상적인 솔레노이드의 내부 자기장을 구하기 위해 Ampere의 법칙

$$\oint \vec{B} \cdot d\vec{s} = \mu_0 i_{\text{enc}} \qquad (29.4.1)$$

을 적용해 보자. 솔레노이드의 내부에서 자기장 $\vec{B}$는 균일하고 외부에서는 자기장이 0이다. Ampere 고리를 직사각형 $abcda$로 정하면 $\oint \vec{B} \cdot d\vec{s}$는 다음과 같이 네 구간에 대한 적분의 합으로 쓸 수 있다.

$$\oint \vec{B} \cdot d\vec{s} = \int_a^b \vec{B} \cdot d\vec{s} + \int_b^c \vec{B} \cdot d\vec{s} + \int_c^d \vec{B} \cdot d\vec{s} + \int_d^a \vec{B} \cdot d\vec{s}. \qquad (29.4.2)$$

식 29.4.2의 우변에서 첫 번째 적분의 결과는 Bh이다. 여기서 $\vec{B}$는 솔레노이드 내부의 균일한 자기장의 크기이고, h는 임의의 선분 ab의 길이이다. 두 번째와 네 번째의 적분에서는 $\vec{B}$가 $d\vec{s}$와 수직하거나 B가 0이므로 적분값이 0이다. 세 번째 적분은 솔레노이드 바깥쪽 선분을 따르는데, 외부 자기장이 0이므로 적분값 역시 0이다. 따라서 전체 직사각형 고리에 대한 $\oint \vec{B} \cdot d\vec{s}$의 값은 Bh이다.

▸***알짜 전류.*** 그림 29.4.4의 사각형 Ampere 고리에 둘러싸인 알짜 전류 i_{enc}는 솔레노이드 도선에 흐르는 전류 i와 같지 않다. 왜냐하면 감긴 도선이 이 고리를 여러 번 통과하기 때문이다. 솔레노이드의 단위길이당 감은 횟수를 n이라 하면, Ampere 고리 안에 있는 전류고리의 개수는 nh이므로 알짜 전류는

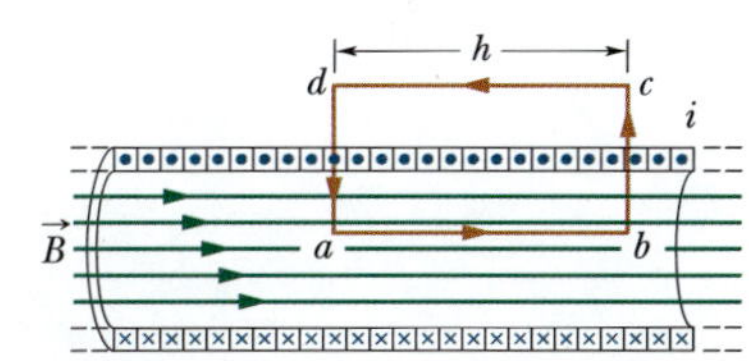

그림 29.4.4 전류 i가 흐르는 매우 긴 이상적인 솔레노이드의 한 부분에 Ampere의 법칙을 적용한다. Ampere 고리는 직사각형 $abcda$이다.

$$i_{\text{enc}} = i(nh)$$

이다. 따라서 Ampere의 법칙으로부터

$$Bh = \mu_0 inh$$

즉, 다음을 얻는다.

$$B = \mu_0 in \qquad \text{(이상적인 솔레노이드)}. \qquad (29.4.3)$$

식 29.4.3은 매우 긴 이상적인 솔레노이드에 대해서 얻은 결과이지만 실제 솔레노이드에서도 양 끝에 너무 가깝지 않은 내부 영역에서는 잘 성립한다. 실험적으로도 솔레노이드 내부 자기장은 솔레노이드의 지름이나 길이와 관계가 없고 단면에 걸쳐 균일하다는 것이 확인되었으며, 이는 식 29.4.3과 일치한다. 이러한 점 때문에 솔레노이드는 자기장이 필요한 실험에서 유용하게 쓰인다. 평행판 축전기를 이용하여 균일한 전기장을 얻듯이 솔레노이드를 이용하여 균일한 자기장을 얻는다.

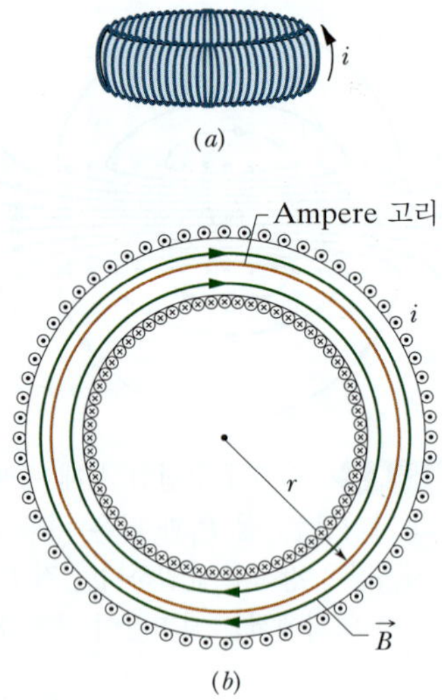

그림 29.4.5 (*a*) 전류 *i*가 흐르는 토로이드. (*b*) 토로이드의 수평단면. 내부 자기장(팔찌 모양의 내부)은 그림과 같이 Ampere 고리를 잡고 Ampere의 법칙을 적용하여 구할 수 있다.

토로이드의 자기장

그림 29.4.5*a*는 솔레노이드를 구부려 양끝을 붙인 속이 비어 있는 팔찌 모양의 **토로이드**이다. 토로이드 내부(팔찌 안의 비어 있는 곳)에 생기는 자기장 $\vec{B}$를 Ampere의 법칙과 팔찌의 대칭성으로부터 구할 수 있다.

토로이드 내부의 자기장선 $\vec{B}$는 그림 29.4.5*b*에서 나타낸 방향으로 향하는 동심원인 것을 대칭성으로부터 알 수 있다. 반지름 r의 동심원을 Ampere 고리로 잡고 적분방향을 시계방향으로 하면 Ampere의 법칙(식 29.3.1)은

$$(B)(2\pi r) = \mu_0 iN$$

이다. 여기서 전류 i는 토로이드 도선에 흐르는 전류(Ampere 고리에 둘러싸인 도선에 대해 양의 부호를 가짐)이고, N은 토로이드에 감긴 횟수를 나타낸다. 따라서 토로이드 내부 자기장의 크기는 다음과 같다.

$$B = \frac{\mu_0 iN}{2\pi}\frac{1}{r} \qquad \text{(토로이드)}. \tag{29.4.4}$$

솔레노이드의 경우와는 대조적으로 토로이드 단면에 걸쳐 B가 일정하지 않다.

이상적인 토로이드(이상적인 솔레노이드로 만든 토로이드)의 외부에서 $B = 0$인 것은 Ampere의 법칙으로부터 쉽게 알 수 있다. 토로이드 내부에서 자기장의 방향은 오른손 규칙을 따른다. 즉, 오른손으로 전류의 방향을 따라 토로이드를 감싸면 펴진 엄지의 방향이 자기장의 방향이다.

확인문제 29.4.1

이 그림은 수평인 길고, 촘촘히 감은 솔레노이드의 한 도선에 흐르는 전류 방향을 나타낸다. 솔레노이드 내부의 자기장 방향은 왼쪽인가, 오른쪽인가

29.5 ▸ 전류고리와 자기쌍극자

학습목표 *Learning Objectives*

이 단원을 읽은 후 다음을 이해해야 한다.

29.5.1 전류가 흐르는 평평한 고리의 자기장선을 그린다.

29.5.2 전류가 흐르는 고리에 대해 자기쌍극자모멘트의 크기 μ, 고리의 전류 i, 감은 회수 N, 한 번 감은 면적 A의 관계를 구한다.

29.5.3 중심축 위의 한 점에서 자기장의 크기 B, 자기모멘트 μ, 고리 중심으로부터의 거리 z 사이의 관계를 구한다.

요점 *Key Ideas*

1. 전류가 흐르는 고리가 만드는 자기쌍극자의 자기장은 코일의 중심축에서 축 방향으로 거리 z인 점 P에서

$$\vec{B}(z) = \frac{\mu_0}{2\pi}\frac{\vec{\mu}}{z^3}$$

이다. 여기서 $\vec{\mu}$는 코일의 자기모멘트이다. 이 식은 z가 코일의 크기보다 훨씬 길 때에만 적용된다.

▶ 전류고리와 자기쌍극자

지금까지 직선 도선, 솔레노이드 및 토로이드 등이 만드는 자기장에 대해 공부하였다. 이제 전류가 흐르는 하나의 전류고리가 만드는 자기장에 대해 생각해 보자. 전류고리가 외

부 자기장 $\vec{B}$ 안에 놓여 있을 때, 다음과 같은 토크 $\vec{\tau}$가 작용하는 자기쌍극자처럼 행동한다는 것을 28.8단원에서 살펴보았다.

$$\vec{\tau} = \vec{\mu} \times \vec{B}. \tag{29.5.1}$$

여기서 $\vec{\mu}$는 전류고리의 자기 쌍극자모멘트이며, 크기는 NiA이다. N는 고리의 감긴 횟수이고 i는 전류고리에 흐르는 전류, 그리고 A는 고리에 둘러싸인 면적이다(*주의*: 자기쌍극자모멘트 $\vec{\mu}$와 투자상수 μ_0를 혼동하지 말아야 한다).

$\vec{\mu}$의 방향은 오른손 규칙으로 결정할 수 있다. 전류의 방향을 따라 오른손으로 감싸면 펴진 엄지의 방향이 $\vec{\mu}$의 방향이다.

전류고리가 만드는 자기장

자기쌍극자로서 전류고리의 다른 면을 살펴보자. 전류고리는 주변에 어떤 자기장을 만들까? 이 문제에 대해 Ampere의 법칙을 적용하기에는 대칭성이 부족하므로 Biot-Savart의 법칙을 이용해야 한다. 문제를 간단하게 하기 위하여 하나의 원형고리가 고리의 수직중심축 위의 한 점에 만드는 자기장만을 고려한다. 중심축을 z축이라 하면, 그 축 위의 점에서 자기장의 크기가 다음과 같음을 증명할 것이다.

$$B(z) = \frac{\mu_0 iR^2}{2(R^2 + z^2)^{3/2}}. \tag{29.5.2}$$

여기서 R은 전류고리의 반지름이고, z는 고리의 중심으로부터 그 점까지의 거리이다. 자기장의 방향은 고리의 자기 쌍극자모멘트 $\vec{\mu}$의 방향과 같다.

큰 z 값. 전류고리로부터 멀리 떨어진 z축 위의 점에서는 $z \gg R$이므로 식 29.5.2를

$$B(z) \approx \frac{\mu_0 iR^2}{2z^3}$$

으로 근사할 수 있다. πR^2이 고리의 면적임을 감안하고, 위의 결과를 N번 감긴 전류고리의 경우로 확장하면 자기장은

$$B(z) = \frac{\mu_0}{2\pi}\frac{NiA}{z^3}$$

이다. $\vec{B}$와 $\vec{\mu}$의 방향이 같고 $\mu = NiA$이므로 위 식을 다음과 같이 벡터로 쓸 수 있다.

$$\vec{B}(z) = \frac{\mu_0}{2\pi}\frac{\vec{\mu}}{z^3} \quad \text{(전류고리)}. \tag{29.5.3}$$

위 결과를 보면 전류고리를 자기쌍극자로 볼 수 있는 두 가지 측면이 있다. (1) 전류고리는 외부 자기장에 의해 토크를 받는다. (2) 전류고리는 고유의 자기장을 만들며 중심축 위의 먼 점에서 자기장을 식 29.5.3으로 표현한다. 그림 29.5.1은 하나의 전류고리가 만드는 자기장선이다. 자기장선이 그림의 막대자석이 만드는 모양과 같으므로, 전류고리의 한쪽은 N극($\vec{\mu}$의 방향에서)에 반대쪽은 S극에 해당한다. 만일 전류가 흐르는 코일을 외부 자기장에 두면 막대자석과 같이 회전할 것이다.

확인문제 29.5.1

그림에 (고리에 수직인) 수직축에 중심이 있는 반지름 r 혹은 $2r$인 원형 고리에 표시된 방향으로 같은 전류가 흐르는 네 가지 상황을 나타내었다. 중심축에서 고리 사이의 중점에서 알짜 자기장의 크기가 큰 것부터 차례대로 나열하여라.

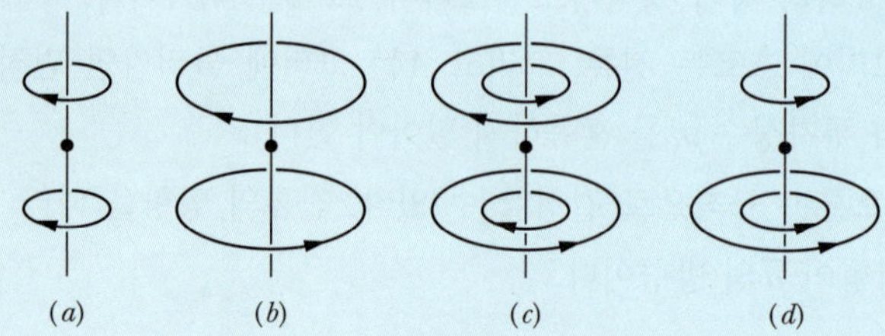

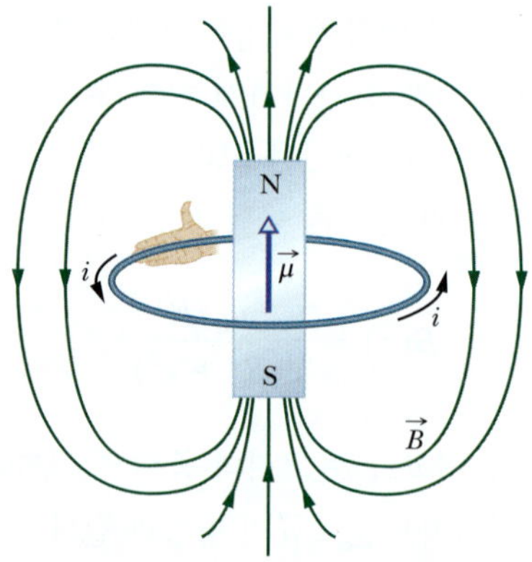

그림 29.5.1 전류고리는 막대자석과 같은 자기장을 형성하여, N극과 S극을 대응시킬 수 있다. 오른손 규칙에 따르면 전류고리의 자기쌍극자 $\vec{\mu}$는 S극에서 N극으로 향하고, 고리중심에서 $\vec{B}$의 방향과 같다.

식 29.5.2의 증명

그림 29.5.2는 전류 i가 흐르는 반지름 R인 원형 도선의 뒤쪽 반이다. 원형 고리의 중심으로부터 수직거리가 z인 점 P의 자기장을 구하기 위해 그림에서 고리의 왼쪽 지점에 있는 길이요소 ds에 Biot–Savart의 법칙을 적용해 보자. $d\vec{s}$의 방향은 지면에서 수직으로 나오는 방향이다. 그림 29.5.2에서 보듯이 $d\vec{s}$와 $\hat{r}$의 사이각 θ는 90°이고, 두 벡터가 만드는 평면은 지면에 수직이다. Biot–Savart의 법칙과 오른손 규칙에 의하면 점 P에서 전류요소가 만드는 자기장 $d\vec{B}$는 $d\vec{s}$와 $\hat{r}$에 모두 수직하므로 지면과 같은 평면에 있고 그림과 같은 방향이다.

$d\vec{B}$를 중심축에 평행한 성분 $dB_{\parallel}$과 수직한 성분 $dB_{\perp}$으로 나누어 계산해 보자. 고리의 모든 전류요소에 대해 수직성분 $dB_{\perp}$를 더하면 대칭성에 의해 0이 된다. 따라서 자기장은 다음과 같이 축에 평행한 성분만 남는다.

$$B = \int dB_{\parallel}.$$

그림 29.5.2의 $d\vec{s}$에 대해 Biot–Savart의 법칙(식 29.1.1)을 적용하면 자기장은

$$dB = \frac{\mu_0}{4\pi}\frac{i\,ds\sin 90°}{r^2}$$

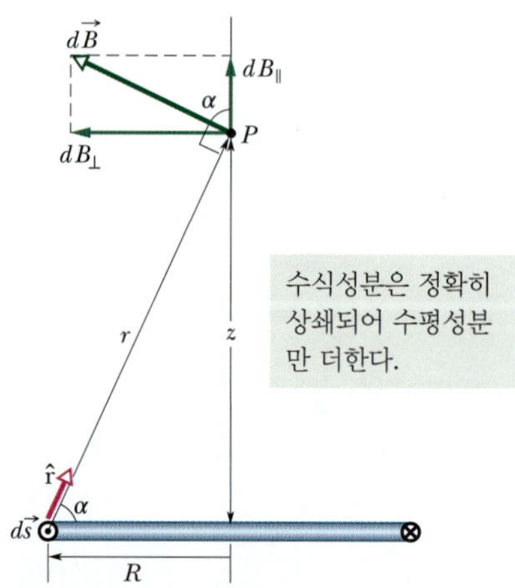

그림 29.5.2 반지름이 R인 전류고리의 단면. 고리면은 지면에 수직이고, 고리의 뒤쪽 반만 보인다. 고리의 중심을 지나는 축 위의 점 P에 생기는 자기장을 Biot–Savart 법칙을 이용하여 구한다.

이다. 또한

$$dB_{\parallel} = dB \cos \alpha$$

이므로, 위의 두 식을 결합하면

$$dB_{\parallel} = \frac{\mu_0 \, i \cos \alpha \, ds}{4\pi r^2} \qquad (29.5.4)$$

이다. 그림 29.5.2에서 알 수 있듯이 r과 α는 서로 독립적이지 않으며 다음과 같이 z로 쓸 수 있다.

$$r = \sqrt{R^2 + z^2} \qquad (29.5.5)$$

이고

$$\cos \alpha = \frac{R}{r} = \frac{R}{\sqrt{R^2 + z^2}}. \qquad (29.5.6)$$

식 29.5.5와 29.5.6을 식 29.5.4에 대입하면 다음을 얻는다.

$$dB_{\parallel} = \frac{\mu_0 i R}{4\pi(R^2 + z^2)^{3/2}} \, ds.$$

그런데 i, R, z가 고리의 모든 ds에 대해 같은 값을 가지므로 적분은 간단히

$$B = \int dB_{\parallel} = \frac{\mu_0 \, iR}{4\pi(R^2 + z^2)^{3/2}} \int ds$$

이다. 위 식에서 $\int ds$는 단순히 고리의 원둘레 $2\pi R$이므로 이를 대입하면 다음과 같이 식 29.5.2를 얻는다.

$$B(z) = \frac{\mu_0 i R^2}{2(R^2 + z^2)^{3/2}}.$$

정리 및 요약 _Review & Summary

▸ ***Biot–Savart의 법칙*** 전류가 흐르는 도체가 만드는 자기장은 *Biot–Savart의 법칙*으로 구할 수 있다. 전류요소로부터 거리가 r인 점 P에서 전류요소 $i\,d\vec{s}$가 만드는 자기장 $d\vec{B}$는 다음과 같다.

$$d\vec{B} = \frac{\mu_0}{4\pi} \frac{i d\vec{s} \times \hat{r}}{r^2} \quad \text{(Biot–Savart의 법칙)}. \qquad (29.1.3)$$

여기서 $\hat{r}$은 전류요소에서 P로 향하는 단위벡터이다. 투자상수 μ_0의 값은 다음과 같다.

$$4\pi \times 10^{-7}\ \mathrm{T\cdot m/A} \approx 1.26 \times 10^{-6}\ \mathrm{T\cdot m/A}.$$

▸ ***긴 직선 도선의 자기장*** 전류 i가 흐르는 긴 직선 도선으로부터 수직 거리 R인 곳에서 자기장의 크기는 다음과 같다.

$$B = \frac{\mu_0 i}{2\pi R} \quad \text{(긴 직선 도선)}. \qquad (29.1.4)$$

▸ ***원호의 자기장*** 반지름이 R이고 중심각이 ϕ인 원호 도선에 전류 i가 흐를 때 원호의 중심에서 자기장의 크기는 다음과 같다.

$$B = \frac{\mu_0 i \phi}{4\pi R} \quad \text{(원호의 중심에서)}. \qquad (29.1.9)$$

▸ ***평행 전류 사이의 힘*** 두 평행 도선에 흐르는 전류의 방향이 같으면 두 도선은 서로 끌어당기고 반대 방향이면 서로 밀어낸다. 길이 L의 도선에 작용하는 힘의 크기는

$$F_{ba} = i_b L B_a \sin 90° = \frac{\mu_0 L i_a i_b}{2\pi d} \qquad (29.2.3)$$

이다. 여기서 d는 도선 사이의 거리이며, i_a 및 i_b는 도선에 흐르는 전류이다.

▸ ***Ampere의 법칙*** Ampere의 법칙은

$$\oint \vec{B} \cdot d\vec{s} = \mu_0 i_{\text{enc}} \qquad \text{(Ampere의 법칙)} \qquad (29.3.1)$$

이다. 위 식에서 선적분은 *Ampere 고리*라고 부르는 닫힌 고리를 따라 계산하며, 전류 i는 고리에 둘러싸인 *알짜* 전류이다. 전류가 만드는 자기장을 계산하는 데 어떤 전류 분포의 경우 식 29.1.3보다 식 29.3.1을 이용하는 것이 더 쉽다.

▸ ***솔레노이드 및 토로이드의 자기장*** 전류 i가 흐르는 *긴 솔레노이드*의 양 끝에 가깝지 않은 곳에서 자기장 B의 크기는

$$B = \mu_0 i n \qquad \text{(이상적인 솔레노이드)} \qquad (29.4.3)$$

이다. 여기서 n은 솔레노이드의 단위길이당 감은 횟수이다. 따라서 내부 자기장은 균일하다. 솔레노이드 외부에서 자기장은 거의 0이다.

토로이드 내부의 자기장 B의 크기는 다음과 같다.

$$B = \frac{\mu_0 i N}{2\pi} \frac{1}{r} \qquad \text{(토로이드).} \qquad (29.4.4)$$

여기서 r은 토로이드 중심에서의 거리이다.

▸ ***자기쌍극자의 자기장*** *자기쌍극자*인 전류고리가 고리의 수직 중심축을 따라 거리가 z인 점 P에 만드는 자기장은 축에 평행하고 크기는 다음과 같다.

$$\vec{B}(z) = \frac{\mu_0}{2\pi} \frac{\vec{\mu}}{z^3}. \qquad (29.5.3)$$

여기서 $\vec{\mu}$는 고리의 자기 쌍극자모멘트이다. 위 식은 고리의 크기보다 z가 매우 클 경우에만 적용된다.

연습문제 _Problems

E Easy **M** Medium **H** Hard **CALC** Requires calculus **BIO** Biomedical application

1 **M** **CALC** 그림 29.1의 점 P_1은 $i = 58.2$ mA의 전류가 흐르는 길이 $L = 12.0$ cm인 직선 도선의 수직 이등분선 위에 거리 $R = 13.1$ cm인 곳에 있다. (도선이 길지 *않다*는 사실을 유의하여라.) i에 의해 생기는 점 P_1에서 자기장의 크기를 구하여라.

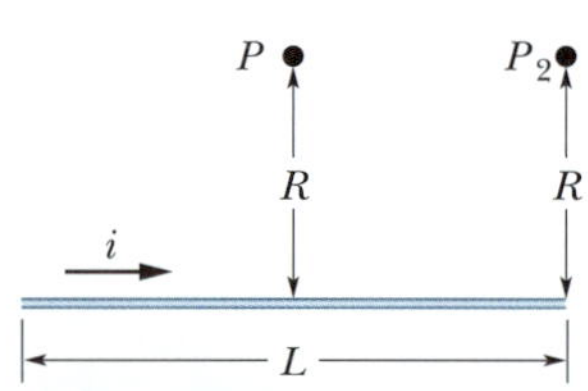

그림 29.1 연습문제 1, 2

2 **M** **CALC** 그림 29.1의 점 P_2는 $i = 0.400$ A의 전류가 흐르는 길이 $L = 13.6$ cm인 직선 도선의 한쪽 끝에서 수직거리 $R = 25.1$ cm에 있다. (도선이 길지 않다는 사실을 유의하여라.) 점 P_2에서 자기장의 크기를 구하여라.

3 **M** 그림 29.2에 xy 평면에서 간격 $d = 8.00$ cm로 놓여 있는 길이 10.0 m의 다섯 개 평행 도선에 6.00 A의 전류가 지면에서 나오는 방향으로 흐른다. 각 도선은 다른 도선에 흐르는 전류에 의한 자기력을 받는다. (a) 도선 1, (b) 도선 2, (c) 도선 3, (d) 도선 4, (e) 도선 5에 생기는 알짜 자기력을 단위벡터 표기방법으로 구하여라.

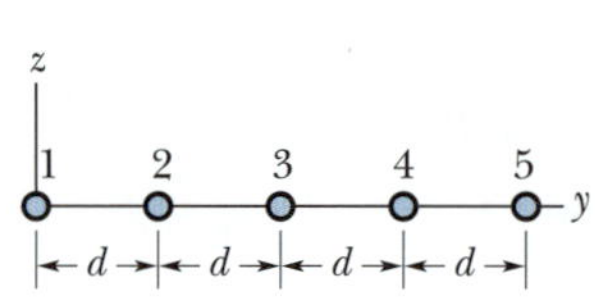

그림 29.2 연습문제 3, 4

4 **M** 그림 29.2에 xy 평면에서 간격 $d = 50.0$ cm로 놓여 있는 다섯 개의 긴 평행 도선이 있다. 전류 $i_1 = 2.00$ A, $i_3 = 0.500$ A, $i_4 = 4.00$ A, $i_5 = 2.00$ A는 지면으로 들어가는 방향으로, $i_2 = 4.00$ A는 지면에서 나오는 방향으로 흐른다. 다른 도선의 전류가 도선 3에 만드는 *단위길이당* 알짜 자기력을 구하여라.

5 **M** 지면에 수직인 네 개의 긴 직선 도선이 그림 29.3처럼 한 변의 길이가 a = 20 cm인 정사각형의 모서리에 서로 평행하게 놓여 있다. 각 도선에 32 A의 전류가 도선 1과 4에서는 지면에서 나오는 방향으로, 도선 2와 3에서는 지면으로 들어가는 방향으로 흐른다. 정사각형의 중심에서 알짜 자기장을 단위벡터 표기방법으로 구하여라.

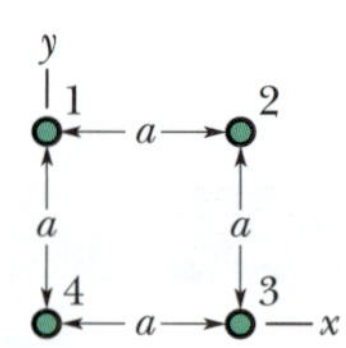

그림 29.3 연습문제 5, 6, 7

6 **M** 그림 29.3에는 지면에 수직인 네 개의 긴 직선 도선이 한 변의 길이가 a = 13.5 cm인 정사각형의 모서리에 서로 평행하게 놓여 있다. 도선 1과 4는 지면에서 나오는 방향으로, 도선 2와 3은 지면으로 들어가는 방향으로 각각 4.50 A의 전류가 흐른다. 도선 4에 작용하는 *단위길이당* 알짜 자기힘을 단위벡터 표기방법으로 구하여라.

7 **M** 그림 29.3에 지면에 수직인 네 개의 긴 직선 도선이 한 변의 길이가 a = 8.50 cm인 정사각형의 모서리에 서로 평행하게 놓여 있다. 모든 도선에는 지면에서 나오는 방향으로 7.50 A의 전류가 흐른다.

도선 1에 만드는 *단위길이당* 알짜 자기힘을 단위벡터 표기방법으로 구하여라.

8 E 길이 25 cm, 지름 10 cm이고, 700번 감은 솔레노이드에 0.29 A의 전류가 흐른다. 솔레노이드의 내부 자기장 $\vec{B}$의 크기를 계산하여라.

9 H 그림 29.4*a*에 같은 평면 위에 반지름 10.0 cm의 반원, 중심이 같은 작은 반원 및 두 개의 지름 방향 직선으로 만들어진 고리에 전류가 흐른다. 작은 반원을 각도 만큼 회전하여 평면과 수직이 되도록 만든다(그림 29.4*b*). 그림 29.4*c*는 곡률중심에서 측정한 알짜 자기장의 크기를 회전각도 θ의 함수로 나타낸 그래프이다. 수직축의 눈금은 $B_a = 10.0\ \mu T$와 $B_a = 12.0\ \mu T$이다. 작은 반원의 반지름을 구하여라.

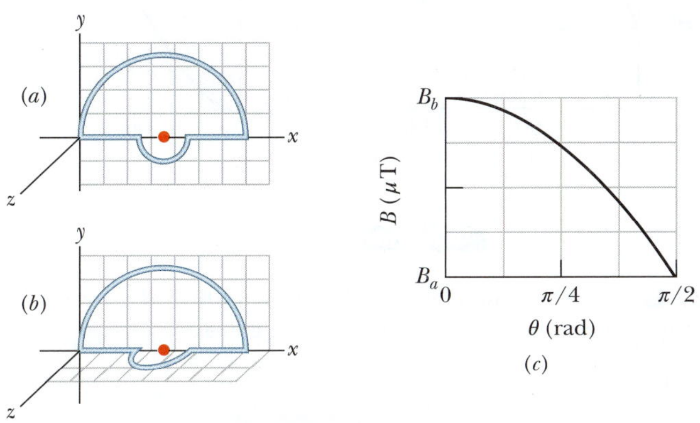

그림 29.4 연습문제 9

10 M 20 A의 전류가 흐르는 반지름 12 cm의 원형 고리와 1.3 A의 전류가 흐르며 50번 감은 반지름 0.82 cm의 평면 코일의 중심은 서로 같다. 원형 고리면과 평면 코일면은 서로 수직이다. 고리의 자기장은 코일에서 균일하다고 가정한다. (a) 중심에서 고리가 만든 자기장과 (b) 원형 고리가 코일에 작용하는 토크의 크기를 구하여라.

11 M 그림 29.5에 한 변의 길이가 10 cm인 정육면체의 12개 변 중에서 8개 변을 지나는 닫힌 경로 *abcdefgha*를 따라 도선에 6.0 A의 전류가 흐른다. (a) 세 정사각형의 닫힌 경로(*bcfgb*, *abgha*, *cdefc*)를 연결한 경로를 취하여 이 경로의 알짜 자기모멘트를 단위벡터 표기방법으로 구하여라. (b) *xy* 좌표 (0, 5.0 m, 0)에서 알짜 자기장의 크기는 얼마인가?

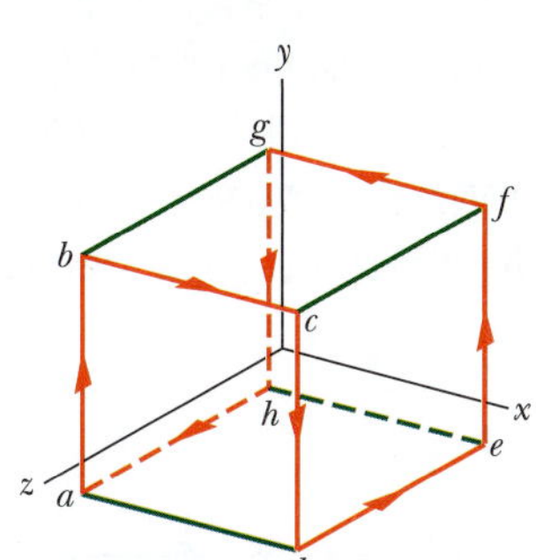

그림 29.5 연습문제 11

12 E 100 A의 정상전류가 흐르는 송전선의 5.0 m 아래에서 측량기사가 나침반을 사용하고 있다. (a) 나침반의 위치에 송전선의 전류가 만드는 자기장의 크기는 얼마인가? (b) 이 자기장은 나침반 사용에 심각한 지장을 주는가? 나침반의 위치에서 지구자기장의 수평성분은 20 μT이다.

13 M 그림 29.6*a*에서 도선 1은 원호와 지름 방향의 두 직선 도선으로 만들었다. 이 도선에 화살표 방향으로 $i_1 = 0.50$ A의 전류가 흐른다. 단면으로 나타낸 도선 2는 긴 직선이고, 그림 평면에 수직이다. 원호의 중심으로부터 거리는 원호의 반지름 *R*과 같고, 크기가 변하는 전류 i_2가 흐른다. 두 전류는 원호의 중심에 알짜 자기장 $\vec{B}$를 만든다. 그림 29.6*b*는 자기장 크기의 제곱인 B^2을 전류의 제곱인 i_2^2에 대해 그린 그래프이다. 수직축의 눈금은 $B_s^2 = 10.0 \times 10^{-10} T^2$이다. 원호의 중심 각도를 구하여라.

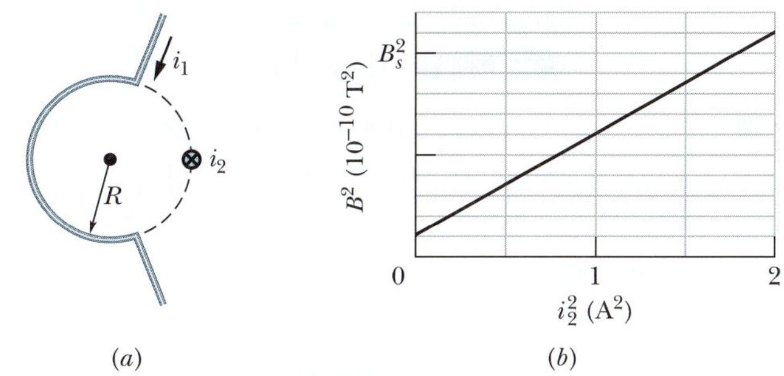

그림 29.6 연습문제 13

14 M 한 개의 긴 도선이 *x*축 위에 놓여 있고, *x*축 양의 방향으로 20 A의 전류가 흐른다. 두 번째 긴 도선은 *xy* 평면에 수직이고 점 (0, 4.0 m, 0)을 지나며 *z*축 양의 방향으로 40 A의 전류가 흐른다. 점 (0, 2.0 m, 0)에서 만들어진 자기장의 크기를 구하여라.

15 E 그림 29.7에 나타낸 점에서 지면에 수직으로 여덟 개의 도선이 있다. 도선은 정수 *k* (*k* = 1, 2, ···, 8)로 나타내었고, 전류 *ki*가 흐른다. 여기서 $i = 6.90$ mA이다. *k*가 홀수인 도선에서는 지면에서 나오는 방향으로, *k*가 짝수인 도선에서는 지면으로 들어가는 방향으로 전류가 흐른다. 그림의 닫힌 경로를 따라서 나타낸 방향으로 선적분 $\oint \vec{B} \cdot d\vec{s}$를 구하여라.

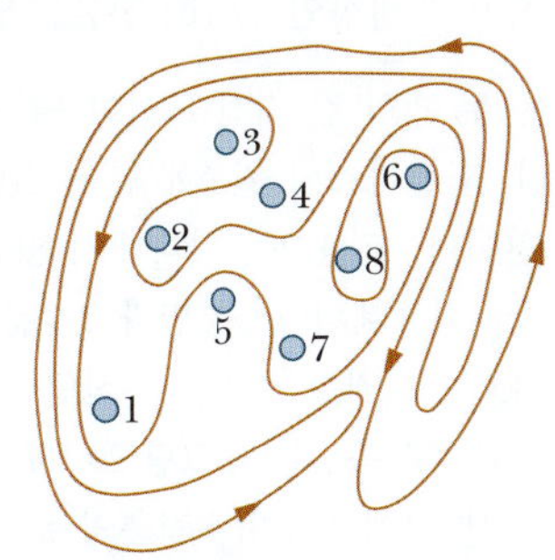

그림 29.7 연습문제 15

16 M 전자를 솔레노이드의 한쪽 끝으로 발사하였다. 솔레노이드 내의 균일한 자기장에 들어갈 때 속력은 800 m/s이고, 속도벡터는 솔레노이드의 중심축과 각도 30°를 이룬다. 8000번 감은 솔레노이드에는 7.0 A의 전류가 흐른다. 전자가 솔레노이드의 반대쪽 끝으로 나올 때까지 솔레노이드 내에서 나선 경로를 따라 몇 번이나 회전하는가? (실제 솔레노이드에서는 자기장이 양 끝에서 균일하지 않으므로, 회전수

는 여기서 구한 답보다 약간 작다.)

17 H 그림 29.8에서 길이 a는 (작은 쪽이) 4.7 cm이고 전류 i는 18 A이다. 점 P에서 자기장의 (a) 크기와 (b) (지면에 들어가는 혹은 나오는) 방향을 구하여라.

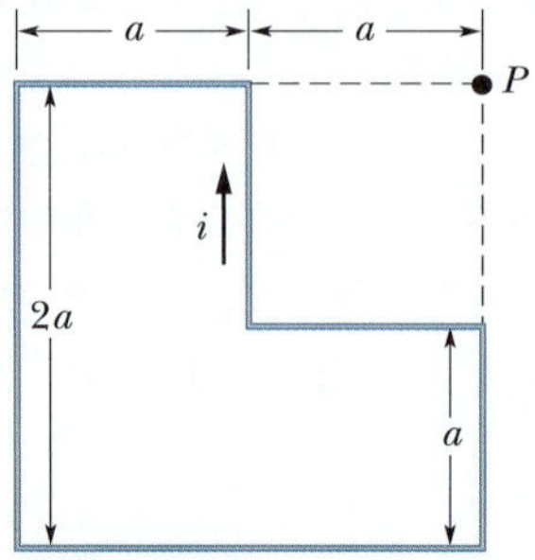

그림 29.8 연습문제 17

18 E 안쪽 반지름 15.0 cm로 500번 감은 토로이드의 단면은 한 변이 5.00 cm인 정사각형이며 0.300 A의 전류가 흐른다. (그림 29.4.1과 같은 원형이 아니라 정사각형 솔레노이드를 구부려서 도넛 모양으로 만든다.) (a) 안쪽 반지름과 (b) 바깥쪽 반지름에서 토로이드 내부의 자기장은 얼마인가?

19 M 그림 29.9는 i = 350 mA의 전류가 흐르는 긴 직선 도선을 향하여 속도 $\vec{v} = (-400\ \text{m/s})\hat{\text{j}}$로 움직이는 양성자이다. 이 순간 도선으로부터 양성자의 거리는 d = 2.89 cm이다. 전류에 의해 양성자에 작용하는 자기력을 단위벡터 표기방법으로 구하여라.

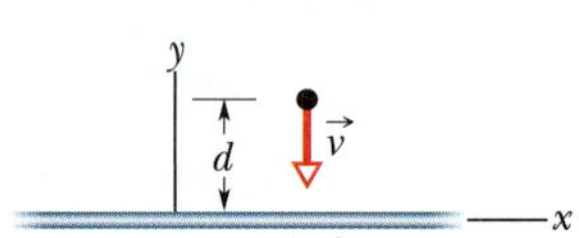

그림 29.9 연습문제 19

20 E 간격이 8.0 cm인 두 개의 긴 평행 도선에 같은 크기의 전류가 흐른다. 두 도선의 중간 위치에서 자기장의 크기가 700 μT이다. (a) 전류는 같은 방향인가, 반대 방향인가? (b) 전류는 얼마인가?

21 H 전류가 흐르는 두 개의 긴 직선 도선이 원통의 중심축에서 반지름 R = 20.0 cm인 긴 플라스틱 원통에 붙어 있다. 그림 29.10a는 원통과 도선 1의 단면이며, 도선 2는 나타내지 않았다. 도선 2를 고정시키고, 도선 1은 xy 좌표계의 1사분면과 2사분면을 통하여 각도 θ_1 = 0°에서 θ_1 = 180°까지 원통 주위를 움직인다. 원통의 중심에서 알짜 자기장 $\vec{B}$는 θ_1의 함수로 측정한다. 그림 29.10b는 자기장의 y 성분 B_y를 θ_1의 함수로 나타낸 그래프이며(수직축의 눈금은 B_{xs} = 6.0 μT이다), 그림 29.10c는 자기장의 성분 μ를 θ_2의 함수로 나타낸 그래프이다(수직축의 눈금은 B_{ys} = 4.0 μT이다). (a) 도선 2는 어느 각도 θ_2에 있는가? 도선 1에 흐르는 전류의 (b) 크기와 (c) 방향(지면으로 들어가는지, 나오는지)을 각각 구하고, 도선 2에 흐르는 전류의 (d) 크기와 (e) 방향을 구하여라.

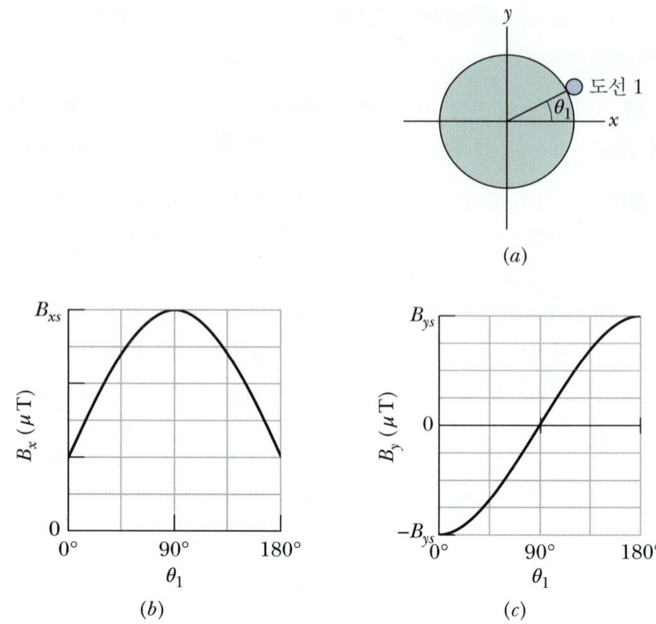

그림 29.10 연습문제 21

22 E 길이 95.0 cm, 반지름 2.00 cm이고 1200번 감은 솔레노이드에 8.40 A의 전류가 흐를 때 솔레노이드 내부 자기장의 크기를 구하여라.

23 H CALC 그림 29.11은 균일한 전체 전류 i = 9.00 μA가 지면으로 들어가게 흐르는 너비 w = 4.91 cm의 길고 얇은 리본의 단면이다. 리본의 한쪽 끝으로부터 거리가 d = 2.16 cm인 점 P의 자기장 $\vec{B}$를 단위벡터 표기방법으로 구하여라. (*힌트:* 리본이 길고 얇은 평행 도선이라 가정하여라.)

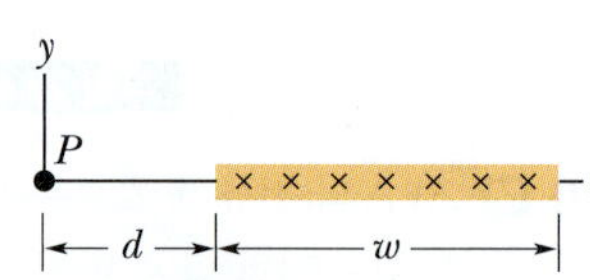

그림 29.11 연습문제 23

24 E 어떤 지역에 z축 양의 방향으로 균일한 전류밀도 8.0 A/m^{2}로 전류가 흐른다. 세 직선 선분의 (x, y, z) 좌표가 $(4d, 0, 0)$에서 $(4d, 3d, 0)$, $(0, 0, 0)$, $(4d, 0, 0)$으로 이루어진 폐곡선을 따라 계산한 선적분 $\oint \vec{B}\cdot d\vec{s}$ 값을 구하여라. 여기서 d = 20 cm이다.

25 E 그림 29.12에 도선 1의 단면을 나타내었다. 도선은 긴 직선이고, 5.00 mA의 전류가 지면에서 나오는 방향으로 흐른다. 도선 1은 도선 2의 표면으로부터 d_1 = 2.40 cm 떨어져 있다. 긴 도선 2는 도선 1과 평행하고, 도선 1로부터 수평거리 d_2 = 5.00 cm만큼 떨어져 있으며 지면에 들어가는 방향으로 전류 6.80 mA가 흐른다. 도선 1이 도선 2에 만드는 *단위길이당* 자기력의 x 성분을 구하여라.

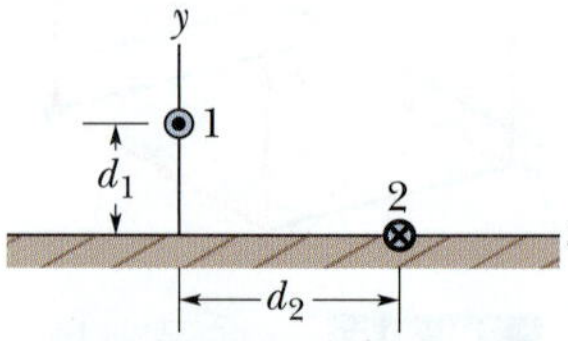

그림 29.12 연습문제 25

26 E 필리핀 어느 곳의 지구자기장은 수평으로 북쪽을 향하며 크기는 39 μT이다. 일정한 전류가 흐르는 긴 수평 도선의 바로 5.0 cm 위에서 알짜 자기장이 0이라고 하자. 전류의 (a) 크기와 (b) 방향을 구하여라.

27 M 그림 29.13a는 반지름 R의 원호와 두 개의 지름 방향의 직선으로 이루어져 있고, 주어진 방향으로 전류 $i_1 = 2.0$ A가 흐르는 도선 1을 나타낸다. 도선 2는 긴 직선이고, 변화시킬 수 있는 전류 i_2가 흐른다. 도선 2는 원호의 중심으로부터 $R/2$인 곳에 놓여 있다. 원호의 중심에서 두 전류가 만드는 알짜 자기장 $\vec{B}$를 측정한다. 그림 29.13b는 전류 i_2의 함수로 지면에 수직인 방향인 $\vec{B}$의 성분을 그린 그래프이다. 수평축의 눈금은 $i_{2s} = 1.00$ A이다. 원호의 중심각을 구하여라.

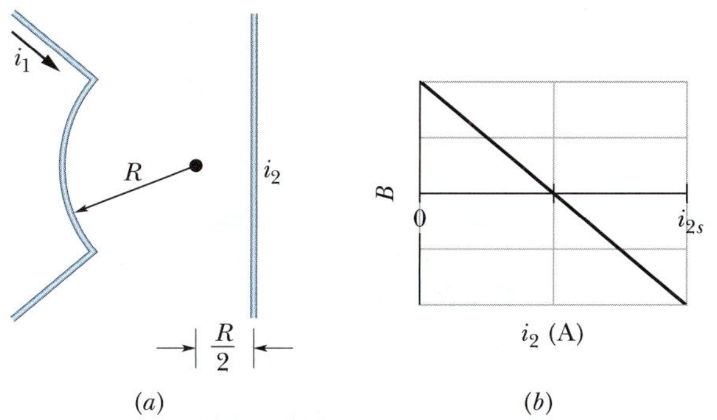

그림 29.13 연습문제 27

28 E 길이 1.30 m, 지름 2.60 cm의 솔레노이드에 18.0 A의 전류가 흐른다. 솔레노이드의 내부 자기장은 70.0 mT이다. 솔레노이드를 만든 도선의 길이를 구하여라.

29 M 그림 29.14a는 서로 평행하고 전류가 흐르는 세 도선의 단면이다. 도선 1과 2는 간격 d로 x축에 고정되어 있다. 도선 1에는 0.750 A의 전류가 흐르지만 전류 방향은 주어지지 않았다, 지면에서 나오는 방향으로 0.250 A의 전류가 흐르는 도선 3은 축을 따라 도선 2의 오른쪽으로 움직일 수 있다. 도선 3이 움직일 때 도선 1과 3의 전류가 도선 2에 만드는 알짜 자기력 $\vec{F}_2$의 크기가 변한다. 이 힘의 x 성분은 이고, 도선 2의 단위길이당 값은 F_{2x}/L_2이다. 그림 29.14b는 F_{2x}/L_2를 도선 3의 위치 x에 대해 그린 그래프이다. $x \to \infty$일 때 $F_{2x}/L_2 = -0.627$ μN/m로 접근한다. 수평축의 눈금은 $x_s = 12.0$ cm이다. 도선 2에 흐르는 전류의 (a) 크기와 (b) 방향(지면으로 들어가거나 나오는)을 구하여라.

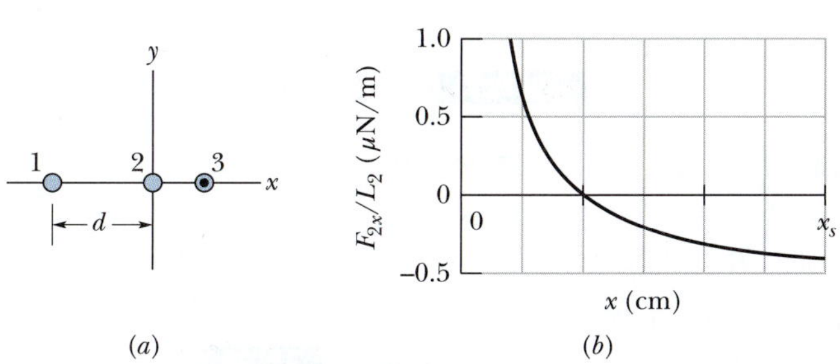

그림 29.14 연습문제 29

30 M 1 cm당 10.0번 감은 반지름 7.00 cm의 긴 솔레노이드에 20.0 mA의 전류가 흐른다. 솔레노이드의 중심축을 따라 놓여 있는 직선 도체에 2.00 A의 전류가 흐른다. (a) 자기장의 방향이 중심축과 45.0° 이루는 곳의 지름 거리를 구하여라. (b) 그곳에서 자기장의 크기를 구하여라.

31 H 그림 29.15는 반지름 20.0 cm인 플라스틱 원통에 달라붙어 있는 두 개의 긴 직선 도선의 단면을 나타낸다. $i_1 = 60.0$ mA의 전류가 지면에서 나오는 방향으로 흐르는 도선 1은 원통의 왼편에 고정되어 있다. $i_2 = 40.0$ mA의 전류가 지면에서 나오는 방향으로 흐르는 도선 2는 원통 주위로 움직일 수 있다. 두 전류가 만드는 알짜 자기장의 크기가 원점에서 90.0 nT가 되도록 도선 2를 놓을 (양의) 각도 θ_2를 구하여라.

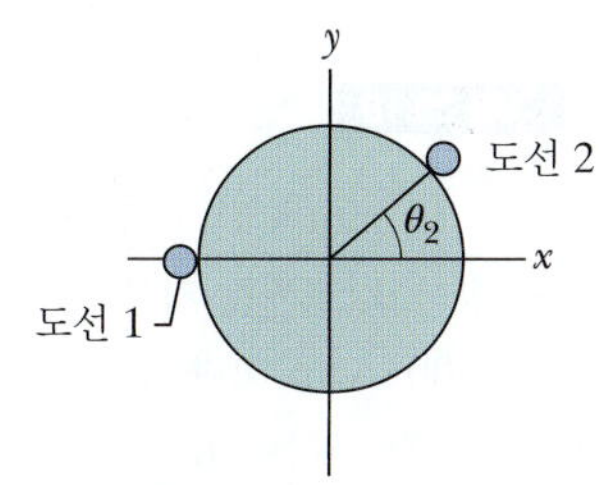

그림 29.15 연습문제 31

32 E 연습문제 8의 솔레노이드에서 자기쌍극자모멘트 $\vec{\mu}$의 크기는 얼마인가?

33 E 그림 29.16은 전류 $i_1 = 6.0$ A와 $i_2 = 3.0$ A가 흐르는 두 개의 고리 주위를 둘러싸고 있는 두 개의 닫힌 경로이다. (a) 경로 1과 (b) 경로 2에 대한 선적분 $\oint \vec{B} \cdot d\vec{s}$의 값을 구하여라.

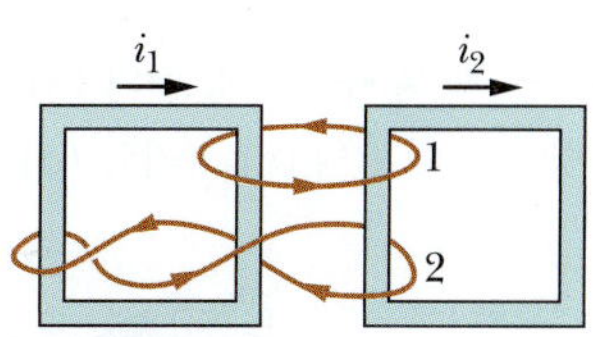

그림 29.16 연습문제 33

34 M 긴 솔레노이드는 센티미터당 300번 감겨 있고, 전류 i가 흐른다. 전자는 솔레노이드의 축에 수직인 반지름 2.30 cm의 원궤도로 솔레노이드 안에서 움직인다. 전자의 속력은 $0.0460c$(c = 광속)이다. 솔레노이드의 전류 i를 구하여라.

35 H 그림 29.17에서 긴 직선 도선에 $i_1 = 30.0$ A의 전류가 흐르고, 직사각형 고리에는 $i_2 = 35.0$ A의 전류가 흐른다. 여기서 $a = 1.00$ cm, $b = 8.00$ cm, $L = 30.0$ cm이다. i_1이 고리에 만드는 알짜힘을 단위벡터 표기방법으로 구하여라.

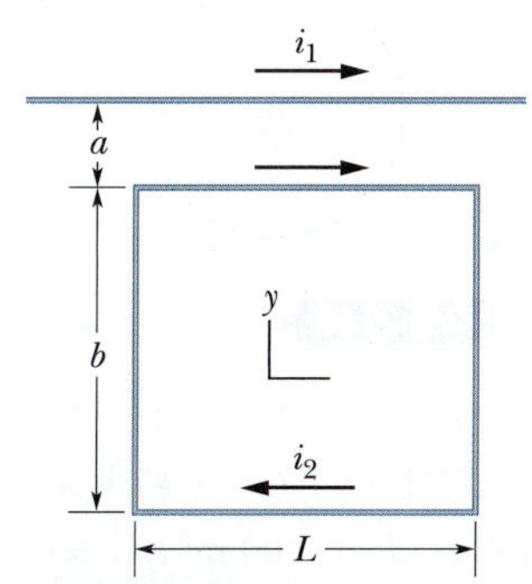

그림 29.17 연습문제 35

36 **E** 지름 $d = 5.0$ cm의 나무 원통에 도선을 300번 감아서 전자석을 만든다. 코일은 전지에 연결되어 3.0 A의 전류가 흐른다. (a) 이 장치의 자기쌍극자모멘트 크기를 구하여라. (b) 원통의 중심으로부터 축 방향으로의 거리 z에서($z \gg d$) 자기쌍극자가 만드는 자기장의 크기가 5.0 μT(대략 지구자기장의 1/10)가 되는 위치를 구하여라.

37 **E** 그림 29.18처럼 $i = 55.0$ mA의 전류가 흐르는 도선은 반지름 $R = 9.26$ cm의 반원과 길이 $L = 13.1$ cm인 두 개의 (지름 방향의) 직선 도선으로 구성되어 있다. 반원의 곡률중심 C에서 알짜 자기장의 (a) 크기와 (b) 방향(지면에 대해 들어가는지 나오는지)을 구하여라.

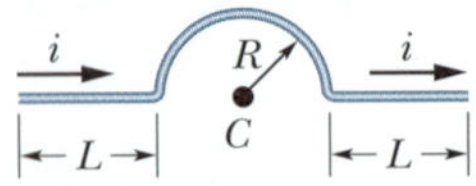

그림 29.18 연습문제 37

38 **M** **CALC** 반지름 $a = 3.1$ mm의 긴 고체 원통 도선에서 내부 전류 밀도 $\vec{J}$는 중심축 방향을 향하고, 크기는 지름거리 r에 따라 $J = J_0 r/a$로 변한다. 여기서 $J_0 = 500$ A/m^{2}이다. (a) $r = 0$, (b) $r = a/2$, (c) $r = a$에서 자기장의 크기를 구하여라.

39 **M** 그림 29.19에 두 개의 전류가 흐르는 부분이 있다. 아래 부분은 $i_1 = 0.20$ A의 전류가 흐르고 반지름 5.0 cm, 중심각 180°인 원호이고, 위 부분은 전류 $i_2 = 2i_1$이 흐르고 반지름 4.0 cm, 중심각 120°인 원호이고 모두 중심은 점 P에 있다. 그림과 같은 방향으로 전류가 흐를 때 알짜 자기장 $\vec{B}$의 (a) 크기와 (b) 방향을 구하여라. i_1이 반대 방향일 때 $\vec{B}$의 (c) 크기와 (d) 방향을 구하여라.

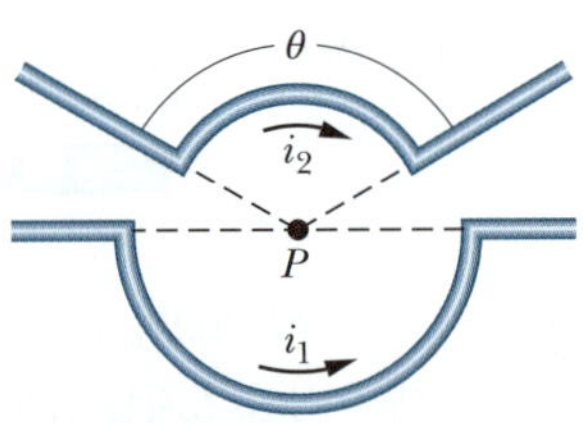

그림 29.19 연습문제 39

40 **E** 그림 29.20은 균일한 전류 80.0 A가 흐르는 반지름이 $a = 2.00$ cm인 긴 원통 도체의 단면이다. 지름거리 (a) 0, (b) 1.00 cm, (c) 2.00 cm(도체의 표면), (d) 4.00 cm에서 전류에 의한 자기장의 크기는 얼마인가?

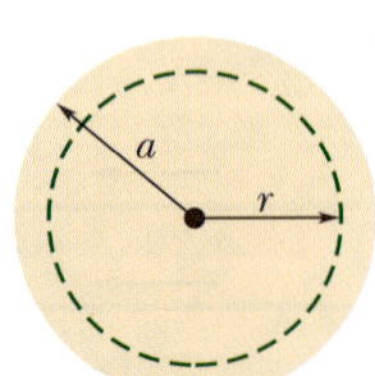

그림 29.20 연습문제 40

41 **M** (단면을 나타낸) 두 개의 긴 직선 도선에 그림 29.21처럼 지면에서 나오는 방향으로 각각 7.00 A의 전류가 흐른다. 두 도선 사이의 거리는 $d_1 = 6.00$ m이고, $d_2 = 4.00$ m이다. 도선의 수직이등분선 상의 점 P에서 알짜 자기장의 크기를 구하여라.

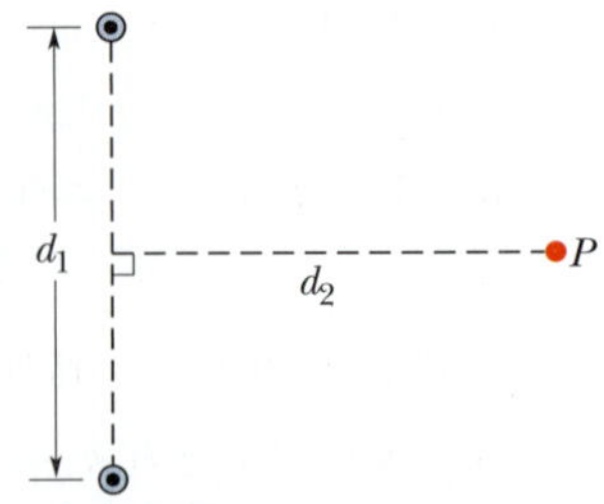

그림 29.21 연습문제 41

42 **E** 그림 29.22의 점 P는 전류가 흐르는 무한히 긴 직선 도선에서 수직으로 $R = 2.00$ cm 떨어져 있다. 도선의 전류 길이요소 i는 점 $d\vec{s}$에 자기장 P를 만든다. (a) 자기장 $\vec{B}$를 만드는 데 가장 큰 역할을 한 요소의 거리 s와 (b) 가장 큰 역할의 10.0%에 해당하는 요소의 거리 s를 구하여라.

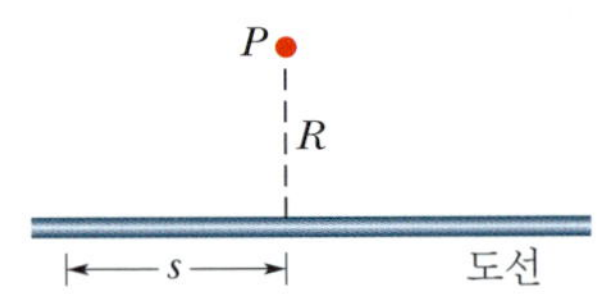

그림 29.22 연습문제 42

43 **E** 그림 29.23a는 전류가 흐르는 긴 직선 도선의 길이 요소 $ds = 1.00$ μm를 나타낸다. 길이 요소의 전류는 주위 공간에 미소 자기장 $d\vec{B}$를 만든다. 그림 29.23b는 도선과 수평선 사이의 각도 θ의 함수로 길이 요소에서 2.5 cm 떨어진 곳에 만든 자기장의 크기 dB를 나타낸 그래프이다. 수직축의 눈금은 $dB_s = 60.0$ pT이다. 도선에서 수직거리가 2.5 cm인 지점에서 도선 전체가 만드는 자기장의 크기를 구하여라.

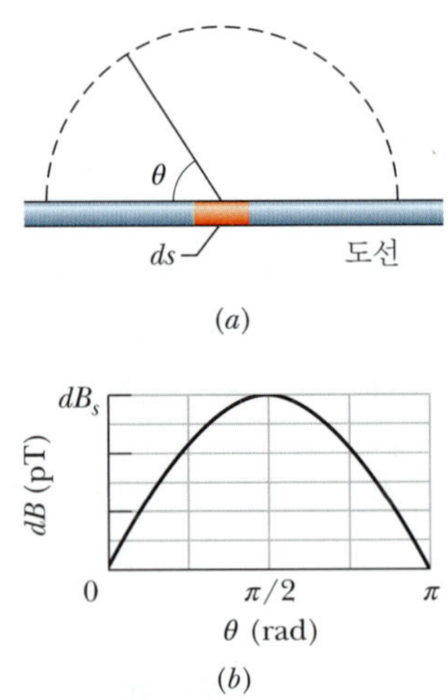

그림 29.23 연습문제 43

44 **M** 그림 29.24에 $i = 5.00$ A의 전류가 흐르는 도선이 있다. 한쪽이 무한히 긴 두 직선 구간은 같은 원에 접하며 중심각이 θ인 원호로 연결되어 있다. 모든 도선은 같은 평면에 놓여 있다. 원의 중심에서 $B = 0$이면 θ의 값은 얼마인가?

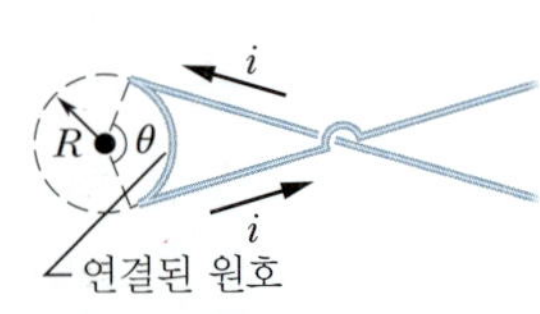

그림 29.24 연습문제 44

45 **E** 그림 29.25처럼 간격이 $d_1 = 0.75$ cm인 두 개의 긴 직선 도선이 지면에 수직으로 놓여 있다. 도선 1에는 지면으로 들어가는 방향으로 2.8 A의 전류가 흐른다. 도선 2로부터 $d_2 = 1.50$ cm 떨어진 점 P에 두 전류가 만드는 알짜 자기장이 0일 때 도선 2에 흐르는 전류의 (a) 크기와 (b) 방향(지면에서 나오는지 들어가는지)을 구하여라.

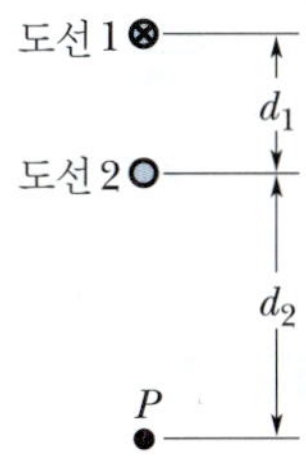

그림 29.25 연습문제 45

46 **E** $i = 7.5$ A의 전류가 흐르는 직선 도체를 그림 29.26에 나타낸 대로 동일한 반원으로 갈라 놓는다. 원형 고리의 중심 C에서 자기장을 구하여라.

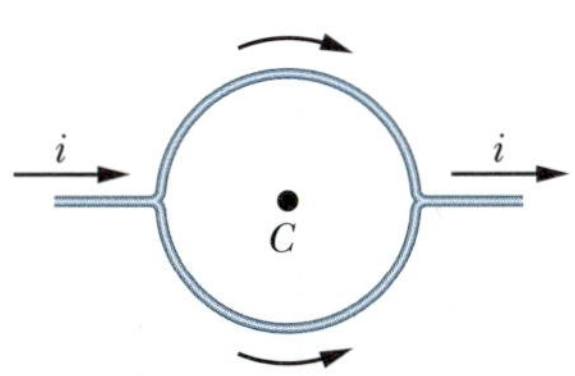

그림 29.26 연습문제 46

47 **M** 같은 방향으로 전류가 흐르는 두 동심 원형 고리가 그림 29.27처럼 같은 평면 위에 있다. 반지름 1.50 cm인 고리 1에 3.00 mA의 전류가 흐른다. 반지름 2.50 cm의 고리 2에는 6.00 mA가 흐른다. 고리 2는 공통 중심에서 두 고리가 만드는 알짜 자기장 $\vec{B}$를 측정하는 동안 지름축에 대해서 회전시킨다. 알짜 자기장의 크기가 100 nT가 되는 고리 2의 회전각도를 구하여라.

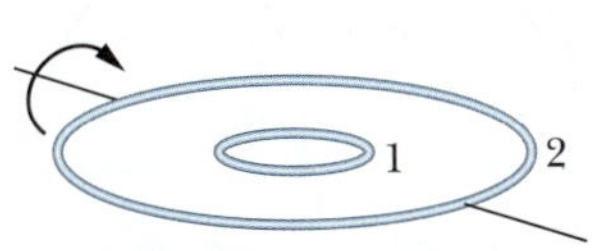

그림 29.27 연습문제 47

48 **E** 그림 29.28는 Helmholtz 코일이라고 부르는 장치이다. 이 장치는 반지름 $R = 25.0$ cm이고, 거리 $s = R$ 만큼 떨어져 있다. 200번 감은 두 개의 동축 원형 코일에는 같은 방향으로 전류 $i = 20.0$ mA가 흐른다. 두 고리의 중간 위치 P에서 알짜 자기장의 크기를 구하여라.

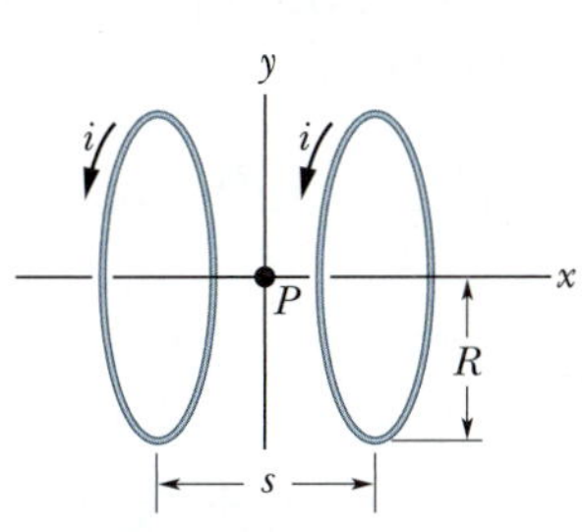

그림 29.28 연습문제 48

49 **E** 그림 29.29의 여덟 개 도선에 각각 3.0 A의 전류가 지면에 수직인 방향으로 흐른다. (a) 경로 1과 (b) 경로 2에 대한 선적분 $\oint \vec{B} \cdot d\vec{s}$를 구하여라.

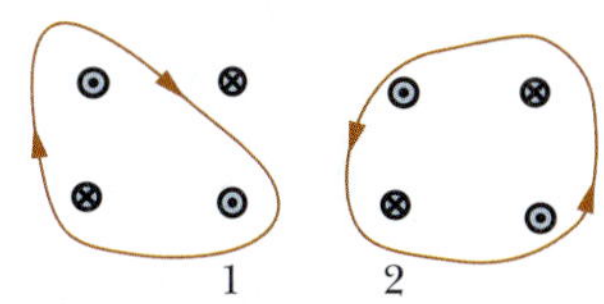

그림 29.29 연습문제 49

50 **E** 그림 29.30에 반지름 $R = 5.0$ mm의 반원으로 도선을 구부려서 만든 긴 머리핀 모양의 도선에 $i = 8.0$ A의 전류가 흐른다. 점 b는 직선 부분의 중점에 있고, 반원에서는 아주 멀기 때문에 직선 부분은 무한 도선으로 근사할 수 있다. a에서 $\vec{B}$의 (a) 크기와 (b) (지면에 대한) 방향을 구하고, b에서 $\vec{B}$의 (c) 크기와 (d) 방향을 구하여라.

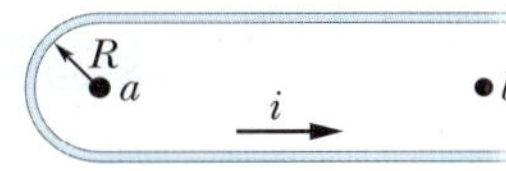

그림 29.30 연습문제 50

51 **E** 그림 29.31에서 간격이 $d = 16.0$ cm인 두 개의 긴 직선 도선에 지면에서 나오는 방향으로 각각 전류 $i_1 = 3.61$ mA와 $i_2 = 4.00i_1$이 흐른다. (a) 전류가 만드는 알짜 자기장이 0이 되는 x축 위의 점을 구하여라. (b) 두 전류가 두 배로 된다면 알짜 자기장이 0인 점은 도선 1 쪽으로 이동하는가, 도선 2 쪽으로 이동하는가, 변하지 않는가?

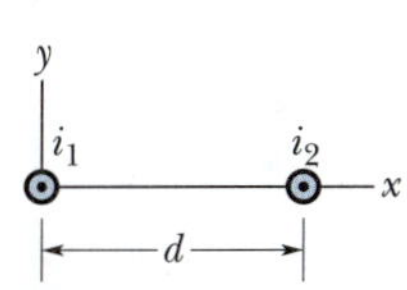

그림 29.31 연습문제 51

52 **M** 반지름 6.00 cm의 반원, 동심인 작은 반원 및 두 개의 직선으로 구성된 고리에 전류가 흐른다. 그림 29.32a에 이 배열을 나타내었다. 곡률중심에서 자기장의 크기는 47.25 μT이다. 이제 작은 반원을 뒤집어(회전시켜) 다시 이 고리를 같은 평면에 놓았다(그림 29.32b). 이제 (같은) 곡률중심에서 자기장의 크기는 15.75 μT이고, 방향은 처음 자기장의 방향과 반대이다. 작은 반원의 반지름을 구하여라.

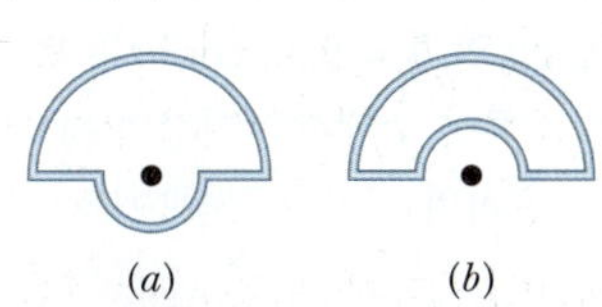

그림 29.32 연습문제 52

53 **M** 그림 29.33에 네 개의 긴 평행 도선의 단면을 나타내었다. 도선에 표시한 방향으로 같은 크기의 전류가 흐른다. 초기에 네 도선 모두 원점으로부터 거리 $d = 10.0$ cm에 있고, 알짜 자기장 $\vec{B}$를 만든다. (a) $\vec{B}$를 반시계방향으로 30° 회전시키기 위하여 도선 1이 이동해야 할 x 값은 얼마인가? (b) 도선 1을 이 새로운 위치에 두고 $\vec{B}$를 초기 방향으로 30° 되돌리기 위하여 도선 3이 이동해야 할 x 값은 얼마인가?

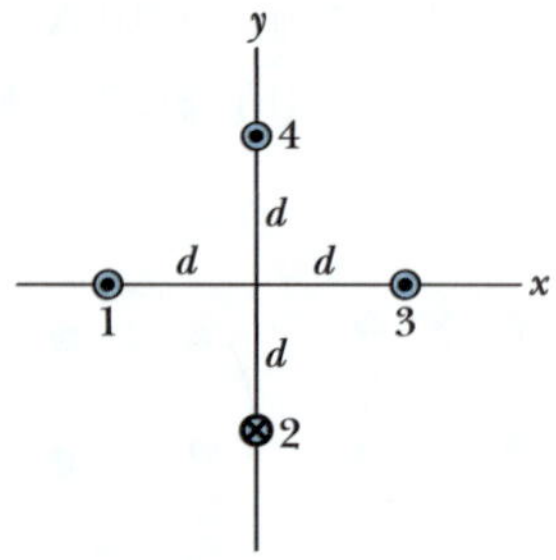

그림 29.33 연습문제 53

54 E 그림 29.34에 반지름이 각각 $a = 13.5$ cm와 $b = 10.7$ cm인 두 원호에 $i = 0.650$ A의 전류가 흐르고, 중심 각도는 $\theta = 74.0°$이며 곡률중심이 P는 같다. P에서 알짜 자기장의 (a) 크기와 (b) (지면에 대한) 방향을 구하여라.

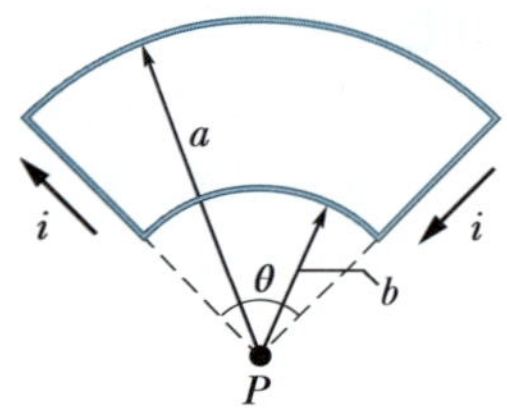

그림 29.34 연습문제 54

55 M 그림 29.35에 바깥 반지름 $R = 2.6$ cm의 긴 원형 관에 지면으로 들어가는 방향으로 (균일하게 분포하는) 전류 $i = 3.00$ mA가 흐른다. 한 도선이 중심에서 중심까지 $3.00R$ 떨어진 곳에 관에 평행하게 있다. 점 P의 알짜 자기장이 관의 중심에서 알짜 자기장과 크기는 같지만, 반대 방향이 되기 위한 도선에 흐르는 전류의 (a) 크기와 (b) (지면에 대한) 방향을 구하여라.

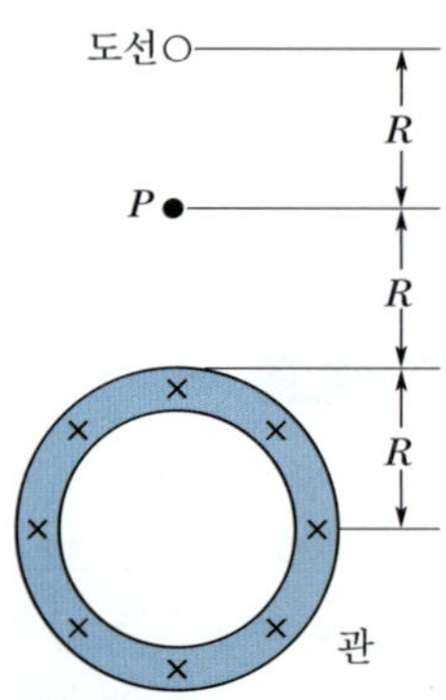

그림 29.35 연습문제 55

56 M 그림 29.36에 두 개의 지름 방향의 직선 도선과 공통중심이 P인 반지름 $a = 5.72$ cm와 $b = 9.36$ cm의 두 반원으로 만든 고리에 전류 $i = 88.0$ mA가 흐른다. P에서 자기장의 (a) 크기와 (b) (지면에 대한) 방향을 구하고, 고리의 자기쌍극자모멘트의 (c) 크기와 (d) 방향을 구하여라.

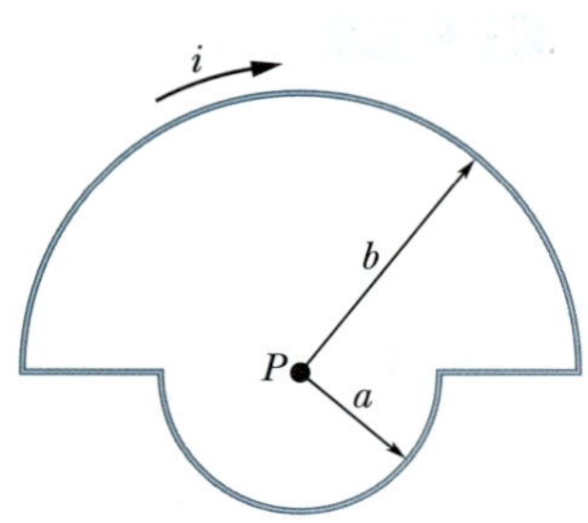

그림 29.36 연습문제 56

57 M $i = 3.00$ mA의 전류가 흐르는 긴 절연된 도선의 일부분을 그림 29.37처럼 반지름 $R = 1.89$ cm의 원형으로 구부렸다. 원형 부분이 (a) 그림과 같이 지면에 놓여 있을 때와 (b) 나타낸 대로 반시계방향으로 90° 회전하여 지면에 수직일 때, 곡률중심 C에서의 자기장을 단위벡터 표기방법으로 구하여라.

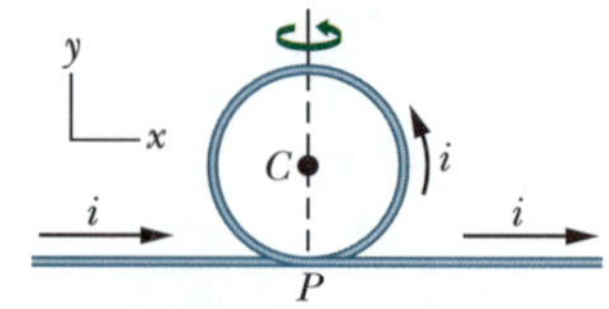

그림 29.37 연습문제 57

58 M (단면으로 나타낸) 두 개의 긴 직선 도선에 그림 29.38처럼 지면에서 나오는 방향으로 전류 $i_1 = 30.0$ mA와 $i_2 = 65.0$ mA가 흐른다. 두 직선 도선은 원점에서 같은 거리에 있고, 자기장 $\vec{B}$를 만든다. $\vec{B}$를 시계방향으로 20.0° 회전시킬 때 전류 i_1는 얼마나 변해야 하는가?

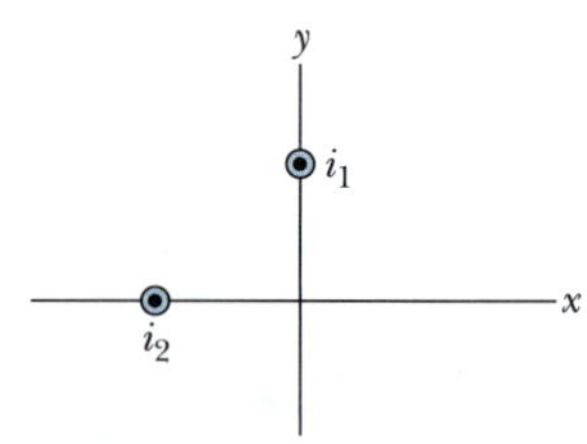

그림 29.38 연습문제 58

59 E 그림 29.39에서 반지름이 각각 $R_1 = 3.15$ cm와 $i_2 = 7.80$ cm인 두 반원에 $i = 0.620$ A의 전류가 흐르고, 곡률중심은 C로 같다. C에서 알짜 자기장의 (a) 크기와 (b) (지면에 대한) 방향을 각각 구하여라.

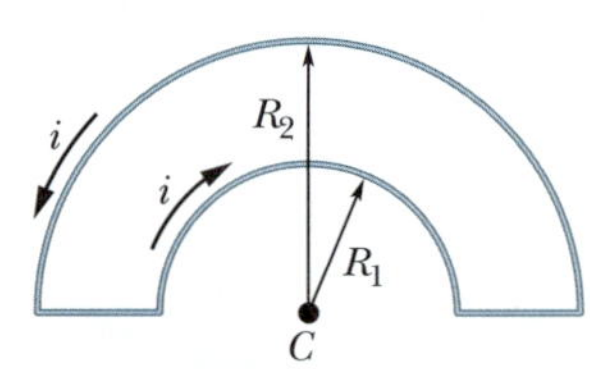

그림 29.39 연습문제 59

60 M 식 29.1.4는 *무한히 긴* 직선 도선에 흐르는 전류가 도선으로부터 수직거리 R인 점 P에 만드는 자기장의 크기 B이다. 길이가 L인 *유한한* 도선의 중간 위치에 수직거리 R인 곳에 있다고 하자. 이때 식 29.1.4를 이용하여 B를 계산하면 백분율 오차가 생긴다. 백분율 오차가 1.00% 이하가 되려면 비율 L/R은 얼마보다 커야 하는가? 즉 다음을 만족하는 L/R은 얼마인가?

$$\frac{(\text{식 29.1.4의 } B) - (\text{실제 } B)}{(\text{실제 } B)}(100\%) = 1.00\%?$$

61 M 그림 29.40a는 간격이 L이고, 전류가 흐르는 두 개의 긴 평행 도선의 단면이다. 두 도선에 흐르는 전류의 비율 i_1/i_2은 4.00이며 전류의 방향은 표시되지 않았다. 그림 29.40b는 도선 2의 오른쪽 x축 위에 생기는 알짜 자기장의 y 성분 B_y의 그래프이다. 수직축의 눈금은 $B_{ys} = 4.0$ nT이고, 수평축의 눈금은 $x_s = 20.0$ cm이다. (a) $x > 0$인

어느 값에서 B_y가 최대가 되는가? (b) i_2 = 3 mA이면 그 최대값은 얼마인가? (c) i_1과 (d) i_2의 (지면에 대한) 방향을 구하여라.

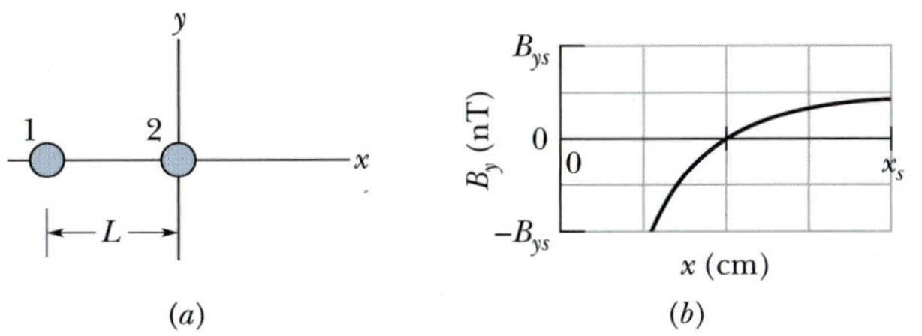

그림 29.40 연습문제 61

62 E 그림 29.41*a*는 전류 *i*가 흐르는 도선을 한 번 감은 원형 고리이고, 그림 29.41*b*는 길이가 같은 도선을 원래 반지름이 반이 되도록 두 번 감은 고리이다. (a) B_a와 B_b가 두 고리의 중심에서 자기장의 크기라고 하면 비율 B_b/B_a는 얼마인가? (b) 고리의 쌍극자모멘트 크기의 비율 μ_b/μ_a는 얼마인가?

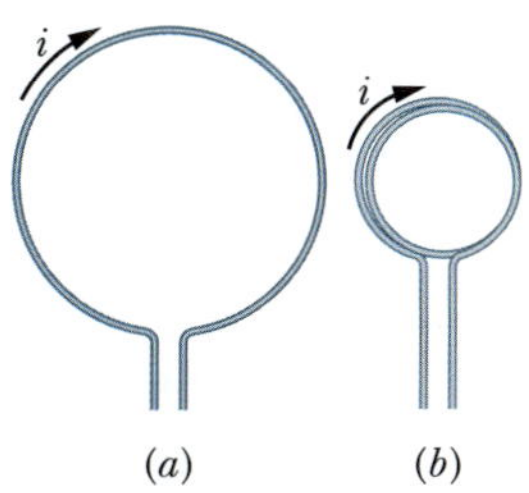

그림 29.41 연습문제 62

63 M 그림 29.42*a*에 반지름이 4.0 cm로 같고 다른 전류가 흐르는 두 원형 고리의 중심이 *y*축에 있다. 두 고리는 처음에 거리 L = 3.0 cm 만큼 떨어져 있고, 고리 2는 축의 원점에 있다. 두 고리의 전류는 원점에 알짜 자기장의 *y* 성분 B_y를 만든다. 이 성분을 고리 2를 천천히 *y*축 양의 방향으로 이동하면서 측정한다. 그림 29.42*b*는 고리 2의 위치 *y*의 함수로 B_y를 나타낸 그래프이다. $y \to \infty$일 때 곡선은 B_y = 7.20 μT로 접근한다. 수평축의 눈금은 y_s = 10.0 cm이다. (a) 고리 1의 전류 i_1과 (b) 고리 2의 전류 i_2를 구하여라.

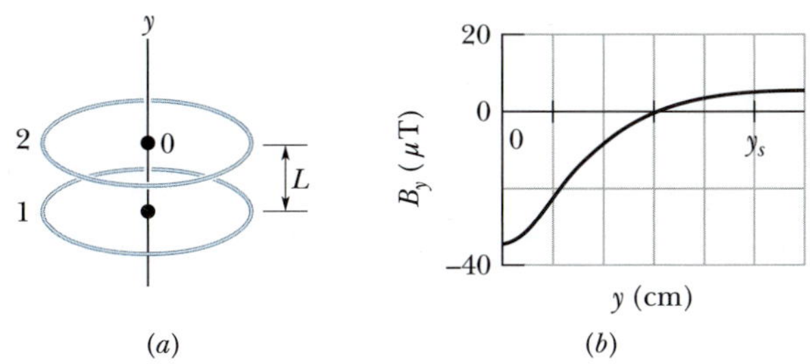

그림 29.42 연습문제 63

제 30장

유도와 유도용량

Induction and Inductance

30.1 ▸ Faraday 법칙과 Lenz의 법칙

요점_Key Ideas

1. 자기장 $\vec{B}$ 안에서 면적 A를 지나는 자기다발 Φ_B는

$$\Phi_B = \int \vec{B} \cdot d\vec{A}$$

로 정의한다. 여기서 적분은 모든 면적에 대해 계산한다. 자기다발의 SI 단위는 웨버이고, $1\ \text{Wb} = 1\ \text{T} \cdot \text{m}^2$이다.

2. $\vec{B}$가 어떤 면적에 수직하고 균일할 때 자기다발은 다음과 같다.

$$\Phi_B = BA \qquad (\vec{B} \perp A,\ \text{균일한 } \vec{B}).$$

3. 도체 폐곡선 고리로 둘러싸인 면적을 지나는 자기다발 Φ_B가 시간에 따라 변하면 고리 안에 전류와 기전력이 발생한다. 이 과정을 유도라고 한다. 유도기전력은 다음과 같다.

$$\mathscr{E} = -\frac{d\Phi_B}{dt} \qquad (\text{Faraday의 법칙}).$$

4. 고리가 N번 촘촘히 감은 코일로 바뀌면 기전력은 다음과 같다.

$$\mathscr{E} = -N\frac{d\Phi_B}{dt}.$$

5. 유도전류는 *전류가 만든* 자기장이 전류를 유도하는 자기다발의 변화를 반대하는 방향으로 생긴다. 유도기전력은 유도전류와 같은 방향이다.

학습목표_Learning Objectives

이 단원을 읽은 후 다음을 이해해야 한다.

30.1.1 (표면을 스쳐가지 않고) 뚫고 지나가는 자기장의 양이 이 표면을 지나는 자기다발 Φ_B이다.

30.1.2 평평한 평면에 대한 면적벡터는 평면에 수직하고, 크기는 표면의 면적으로 주어지는 벡터이다.

30.1.3 임의의 표면은 작은 면적요소(조각요소)로 나눌 수 있고, 이 조각은 충분히 작아 면적벡터 $d\vec{A}$를 부여할 수 있다. 이 벡터는 요소에 수직이고, 크기는 요소의 면적이다.

30.1.4 크기-각도 표현과 단위벡터 표현을 이용하여 자기장 $\vec{B}$와 (조각요소에 대한) 면적벡터 $d\vec{A}$의 스칼라곱을 구해 표면에 대해 적분하여 자기다발 Φ_B를 계산한다.

30.1.5 도체 고리를 지나는 자기장선의 수가 변하는 동안 고리에 전류가 유도된다.

30.1.6 기전력이 도체 고리 내의 유도전류를 흐르게 한다.

30.1.7 도체 고리 안의 기전력과 고리를 지나는 자기다발의 변화율 사이의 관계를 나타내는 Faraday의 법칙을 적용한다.

30.1.8 하나의 고리에서 여러 고리가 있는 코일로 Faraday 법칙을 확장한다.

▶ 어떤 물리현상을 다루는가?

29장에서 배운 전류가 자기장을 만든다는 사실은 당시의 과학자에게 놀라운 일이었다. 만약 반대로 자기장이 전류를 흐르게 하는 전기장을 만들 수 있다는 것을 발견했다면 훨씬 더 놀랐을 것이다. 이와 같이 자기장과 전기장 사이의 *유도관계*를 *Faraday의 유도법칙*이라고 한다.

유도법칙을 발견한 Michael Faraday와 다른 과학자가 관측한 유도현상은 처음에는 단순한 기초과학이었다. 그러나 오늘날에는 거의 모든 분야에서 유도현상을 응용하고 있다. 예를 들어 초기의 록음악에 혁명을 일으키고 오늘의 헤비메탈과 펑크음악을 이끈 전기기타의 토대도 유도현상에서 비롯된다. 도시와 전철에 동력을 공급하는 전기발전기의

30.1.9 코일을 지나는 자기다발이 변할 수 있는 세 가지 일반적인 방법을 알아본다.

30.1.10 Lenz의 법칙에서 오른손 규칙을 사용해 유도 기전력과 도체 고리 내의 유도전류의 방향을 구한다.

30.1.11 고리를 지나는 자기다발이 변할 때 고리 안의 유도전류는 그 변화를 반대하는 방향으로 자기장을 만든다.

30.1.12 기전력이 전지를 포함한 도체 고리 안에서 유도될 때 알짜 기전력을 결정하고, 이에 대응되는 고리 내의 전류를 계산한다.

기본 작동원리 또한 유도현상이다.

전기기타와 같은 응용에 들어가기 전에 Faraday의 유도법칙에 대한 간단한 두 실험을 살펴 보자.

▶ 두 가지 실험

Faraday의 유도법칙을 논의하기 위한 준비단계로 다음과 같은 두 가지 실험을 생각해 보자.

▸***첫 번째 실험.*** 그림 30.1.1에는 민감한 전류계에 연결된 도체고리가 있다. 이 회로에는 전지나 다른 기전력장치가 없기 때문에 전류가 흐르지 않는다. 그러나 막대자석을 전류고리 쪽으로 움직이면 회로에 갑자기 전류가 흐르다가 자석의 움직임이 멈추면 사라진다. 한편 자석이 전류고리에서 멀어지면 다시 전류가 흐르게 되는데, 이때 전류는 반대 방향으로 흐른다. 이 실험을 통하여 다음과 같은 사실을 알 수 있다.

1. 전류고리와 자석 사이에 상대운동이 있을 때에만 전류가 흐르고 상대 운동이 멈추면 전류도 사라진다.
2. 운동이 빠를수록 더 큰 전류가 생긴다.
3. 만일 자석의 N극을 전류고리 쪽으로 움직일 때 고리에 시계방향으로 전류가 흐른다면, N극이 고리에서 멀어질 때에는 반시계방향으로 전류가 흐른다. 자석의 S극을 고리에 접근시키거나 멀리할 때도 전류가 흐르지만 전류의 방향은 N극의 경우와는 반대이다.

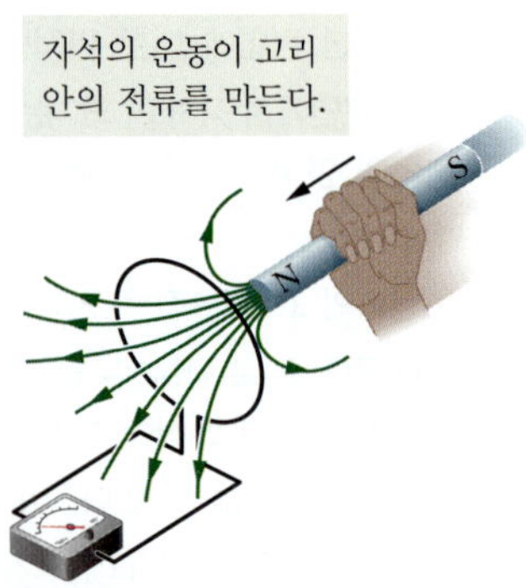

그림 30.1.1 ▸ 자석이 전류고리에 대해서 상대적으로 움직일 때 전류고리에 전류가 흐르는 것을 전류계로 측정할 수 있다.

전류고리에 생기는 전류를 **유도전류**라고 하고, 유도전류가 생기도록 단위전하당 한 일(전류는 전도전자들의 운동이다)을 **유도기전력**이라고 한다. 또한 전류와 기전력이 생기는 과정을 **유도**라고 한다.

▸***두 번째 실험.*** 이 실험에서는 그림 30.1.2처럼 서로 닿지 않은 채 가까이 있는 두 전류고리를 이용한다. 스위치 S를 닫아 오른쪽 전류고리에 전류가 흐르게 되면 왼쪽 전류고리에 연결된 전류계에 유도전류가 순간적으로 생긴다. 다음에 스위치 S를 열어 전류가 흐르지 않게 되면 왼쪽 전류고리에 또다시 유도전류가 잠깐 생기지만 방향은 반대이다. 유도전류 혹은 유도기전력은 오른쪽 전류고리에 흐르는 전류가 변할 때에만(스위치를 닫거나 열 때) 생기고, 전류가 일정하면 그 양이 아무리 크더라도 유도전류는 생기지 않는다.

위의 두 실험에서 유도전류와 유도기전력은 어떤 변화가 일어날 때만 생기는 것이 분명하다. 결국 이 변화의 정체를 Faraday가 알아냈다.

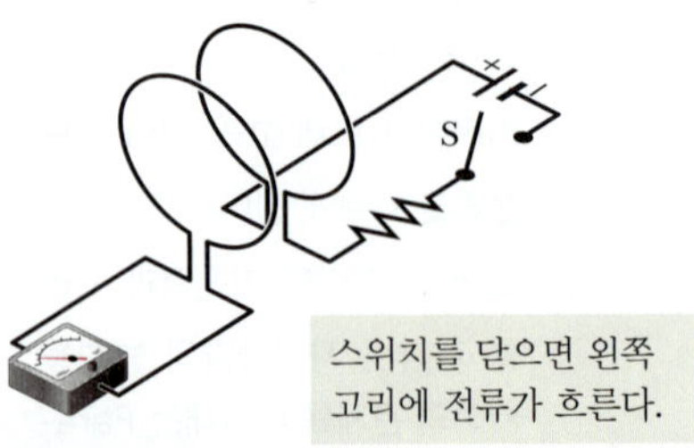

그림 30.1.2 ▸ 스위치 S를 닫거나(오른쪽 전류고리에 전류가 흐를 때) 열면(오른쪽 전류고리의 전류가 꺼질 때) 왼쪽 고리에 전류가 흐르는 것을 전류계로 측정할 수 있다. 이때 전류고리는 움직이지 않는다.

▶ Faraday의 유도법칙

Faraday는 앞의 두 실험처럼 전류고리를 통과하는 *자기장의 양*을 변화시켜서 전류고리에 기전력이나 전류를 유도할 수 있다는 사실을 발견하였다. 더 나아가서 전류고리를 통과하는 자기장선으로 "자기장의 양"을 시각화할 수 있다는 것도 알아냈다. 위 실험으로부터 알게 된 **Faraday의 유도법칙**은 다음과 같다.

> 그림 30.1.1과 30.1.2의 왼쪽 전류고리를 통과하는 자기장선의 수가 변할 때 전류고리에 기전력이 유도된다.

유도기전력과 유도전류의 크기는 전류고리를 통과하는 자기장선의 수가 변하는 비율로 결정되며, 전류고리를 통과하는 자기장선의 수와는 무관하다.

위의 첫 번째 실험(그림 30.1.1 참조)에서 자석의 N극으로부터 자기장선이 퍼져 나오므로, 자석의 N극을 전류고리 쪽으로 움직이면 전류고리를 통과하는 자기장선의 수가 증가한다. 이러한 자기장선의 증가는 전류고리 안의 전도전자를 이동시켜서 유도전류를 만들고 전도전자의 운동에 필요한 에너지인 유도기전력을 공급한다. 자석의 움직임을 멈추면 전류고리를 통과하는 자기장선 수는 더 이상 변하지 않기 때문에 유도전류와 유도기전력은 사라진다.

두 번째 실험(그림 30.1.2 참조)에서는 스위치가 열렸을 때 전류가 흐르지 않으므로 자기장선이 없다. 그러나 오른쪽 전류고리에 전류가 흐르도록 스위치를 닫으면 증가하는 전류가 오른쪽 전류고리와 왼쪽 전류고리 주변의 자기장을 동시에 증가시킨다. 자기장이 증가하는 동안 왼쪽 전류고리를 통과하는 자기장선수가 증가한다. 첫 번째 실험과 같이 전류고리를 통과하는 자기장선의 증가는 명백히 전류고리에 전류와 기전력을 유도한다. 오른쪽 전류고리의 전류가 일정한 값에 도달하면 왼쪽 전류고리를 통과하는 자기장선의 수는 더 이상 변하지 않으므로 유도전류와 유도기전력은 사라진다.

정량적 방법

Faraday의 법칙을 이용하려면 전류고리를 통과하는 *자기장의 양*을 계산하는 방법이 필요하다. 23장에서는 비슷한 상황에서 표면을 통과하는 전기장의 양을 계산하기 위해서 전기다발 $\Phi_E = \int \vec{E} \cdot d\vec{A}$를 정의하였다. 이제 *자기다발*을 정의해 보자. 면적 A의 전류고리가 자기장 $\vec{B}$ 안에 놓여 있으면 전류고리를 통과하는 **자기다발**은 다음과 같이 정의한다.

$$\Phi_B = \int \vec{B} \cdot d\vec{A} \qquad (\text{면적 } A\text{를 통과하는 자기다발}). \qquad (30.1.1)$$

23장에서와 마찬가지로 여기서 $d\vec{A}$의 방향은 미소면적 dA에 수직이고 크기가 dA인 벡터이다. 전기다발처럼 표면을 (스쳐 지나가지 않고) 뚫고 지나가는 장의 성분을 원한다. 자기장과 면적벡터의 스칼라곱으로 이 뚫고 지나가는 성분을 구한다.

▸***특별한 경우.*** 식 30.1.1의 특수한 경우로, 전류고리가 평면을 이루고 자기장이 전류고리면에 수직하면, 식 30.1.1의 스칼라곱은 $B\,dA\cos 0° = B\,dA$이다. 또한 자기장이 균일하면 B를 적분기호 밖으로 빼낼 수 있다. 이때 남게 되는 적분 $\int dA$는 바로 전류고리의 면적 A이다. 따라서 식 30.1.1은 다음과 같이 간단하게 정리된다.

$$\Phi_B = BA \qquad (\vec{B}\text{가 균일하며 } A\text{에 수직할 때}). \qquad (30.1.2)$$

▸***단위.*** 식 30.1.1과 30.1.2로부터 자기다발에 대한 SI 단위는 $T \cdot m^2$임을 알 수 있고, 이것을 *웨버*(약자로 Wb)라고 한다.

$$1 \text{ 웨버} = 1 \text{ Wb} = 1 \text{ T} \cdot \text{m}^2. \qquad (30.1.3)$$

▸***Faraday의 법칙.*** 자기다발을 이용하여 Faraday의 법칙을 다음과 같이 설명할 수 있다.

> 전류고리에 유도되는 기전력 $\mathscr{E}$의 크기는 전류고리를 통과하는 자기다발 Φ_B의 시간 변화율과 같다.

다음 절에서 보겠지만 유도기전력 $\mathscr{E}$는 자기다발의 변화를 반대하는 방향으로 생긴다. 따라서 Faraday의 법칙은 다음과 같이 반대를 뜻하는 음의 부호와 함께 쓴다.

$$\mathscr{E} = -\frac{d\Phi_B}{dt} \qquad \text{(Faraday의 법칙)}. \qquad (30.1.4)$$

유도기전력의 크기를 구할 때는 식 30.1.4의 음의 부호를 무시하기도 한다.

감은 수가 N인 코일을 통과하는 자기다발을 변화시키면 유도기전력이 모든 고리에 생기므로 코일의 전체 유도기전력은 각각의 고리에 생기는 유도기전력의 합과 같다. 만일 고리를 촘촘히 감아서 각각의 고리를 통과하는 자기다발이 같다면 전체 유도기전력은 다음과 같다.

$$\mathscr{E} = -N\frac{d\Phi_B}{dt} \qquad \text{(}N\text{번 감은 고리)}. \qquad (30.1.5)$$

다음은 고리를 통과하는 자기다발을 변화시킬 수 있는 일반적인 방법이다.

1. 고리를 통과하는 자기장 B의 크기를 변화시킨다.
2. 고리의 전체 면적을 변화시키거나, 자기장이 걸려 있는 곳에 놓인 면적의 크기를 변화시킨다. 예컨대 고리를 크게 만들거나 고리를 자기장을 향하여 접근시키거나 멀어지게 하는 방법 등이다.
3. 자기장 $\vec{B}$의 방향과 고리의 단면이 이루는 각도를 바꾼다. 예를 들면 고리를 회전하는 경우인데 자기장 $\vec{B}$와 고리의 단면이 처음에 서로 수직이라면 90° 회전 후에는 평행이 된다.

확인문제 30.1.1

오른편 그림은 도체 전류고리의 단면 전체에 균일하게 걸려 있는 자기장의 크기 $B(t)$를 그린 것이다. 자기장의 방향은 고리의 단면에 수직이다. 그림의 다섯 영역에 유도되는 유도기전력의 크기가 큰 순서대로 나열하여라.

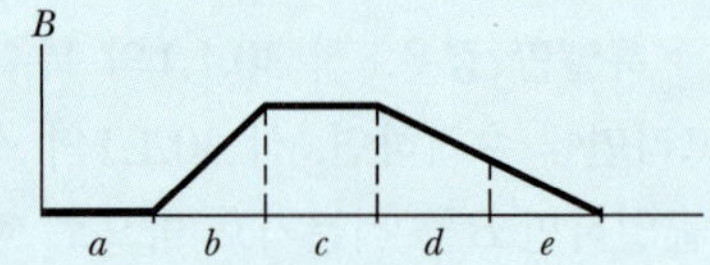

보기문제 30.1.1 솔레노이드 내부의 유도기전력

그림 30.1.3은 긴 솔레노이드 S와 중심에 놓인 코일 C의 단면이다. 솔레노이드 S는 지름 D가 3.2 cm이며, 감은 수는 220 번/cm이고 i = 1.5 A의 전류가 흐르고 있다. 그리고 솔레노이드의 중심에는 촘촘하게 130번 감은 지름 d = 2.1 cm의 코일 C가 들어 있다. 솔레노이드에 흐르는 전류는 25 ms 동안 일정한 비율로 감소하여 0이 된다. 솔레노이드의 전류가 변하는 동안 코일 C에 유도되는 유도 기전력의 크기를 구하여라.

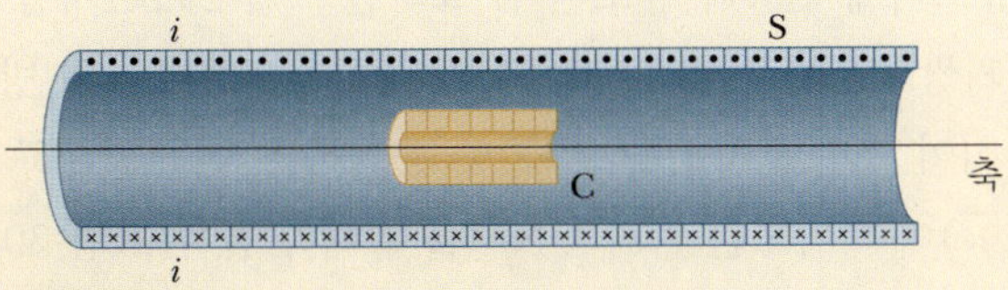

그림 30.1.3 전류 i가 흐르는 솔레노이드 S의 중심에 코일 C가 놓여 있다.

요점

1. 코일 C는 솔레노이드의 내부에 놓여 있으므로 솔레노이드의 전류 i가 만드는 자기장 속에 놓여 있다. 따라서 코일을 통과하는 자기다발 Φ_B가 존재한다.
2. 전류 i가 감소하고 있기 때문에 Φ_B도 동시에 감소한다.
3. Φ_B가 감소하므로 코일에 기전력 $\mathscr{E}$가 유도된다.
4. 코일 C의 각 고리를 통과하는 자기다발은 고리의 면적 A와 고리와 솔레노이드 자기장 $\vec{B}$가 이루는 각도에 따라 결정된다. $\vec{B}$는 균일하고 면적 A에 수직하므로 자기다발은 식 30.1.2($\Phi_B = BA$)로부터 구할 수 있다.
5. 솔레노이드 내부 자기장의 크기 B는 식 29.4.3($B = \mu_0 in$)에 따라 솔레노이드의 전류 i와 단위길이당 감은 수 n에 의하여 결정된다.

풀이: 코일 C에는 도선이 한 번 이상 감겨 있으므로 식 30.1.5 ($\mathscr{E} = -N\, d\Phi_B/dt$) 형태의 Faraday 법칙을 적용할 수 있다. 이 식에서 감은 수 N은 130번이고, $d\Phi_B/dt$는 각 고리당 자기다발의 시간변화율이다.

▶ **교육용 비디오는 웹사이트 www.wiley.com에서 볼 수 있다.**

솔레노이드의 전류는 일정한 비율로 감소하므로 자기다발 Φ_B도 일정한 비율로 감소하여 $d\Phi_B/dt$는 $\Delta\Phi_B/\Delta t$로 쓸 수 있다. $\Delta\Phi_B$를 계산하기 위하여 초기와 최종 자기다발 값이 필요하다. 솔레노이드의 전류가 최종에는 0이 되므로 최종 자기다발 $\Phi_{B,f}$ 값은 0이다. 초기 자기다발 $\Phi_{B,i}$ 값을 구하려면 A는 $\frac{1}{4}\pi d^2$ $(= 3.464 \times 10^{-4}\ \text{m}^2)$이고, n은 220번/cm 즉 22000번/m이다. 식 29.4.3을 식 30.1.2에 대입하면

$$\begin{aligned}\Phi_{B,i} &= BA = (\mu_0 in)A \\ &= (4\pi \times 10^{-7}\ \text{T}\cdot\text{m/A})(1.5\ \text{A})(22\,000\text{번/m}) \\ &\quad \times (3.464 \times 10^{-4}\ \text{m}^2) \\ &= 1.44 \times 10^{-5}\ \text{Wb}\end{aligned}$$

를 얻는다. 따라서 자기다발의 시간변화율은

$$\begin{aligned}\frac{d\Phi_B}{dt} = \frac{\Delta\Phi_B}{\Delta t} &= \frac{\Phi_{B,f} - \Phi_{B,i}}{\Delta t} \\ &= \frac{(0 - 1.44 \times 10^{-5}\ \text{Wb})}{25 \times 10^{-3}\ \text{s}} \\ &= -5.76 \times 10^{-4}\ \text{Wb/s} \\ &= -5.76 \times 10^{-4}\ \text{V}\end{aligned}$$

이다. 유도기전력의 크기에만 관심이 있으므로 이 값과 식 30.1.5의 음의 부호를 빼버리면 다음을 얻는다.

$$\begin{aligned}\mathscr{E} &= N\frac{d\Phi_B}{dt} = (130\text{번})(5.76 \times 10^{-4}\ \text{V}) \\ &= 7.5 \times 10^{-2}\ \text{V} \\ &= 75\ \text{mV}.\end{aligned}$$

(답)

▶ Lenz의 법칙

Faraday가 유도법칙을 제안한 후 곧이어 Heinrich Friedrich Lenz는 전류고리에 유도되는 전류의 방향을 결정하는 **Lenz의 법칙**으로 알려진 다음과 같은 규칙을 제안하였다.

> 유도되는 전류는 *전류*에 의해 생기는 자기장이 전류를 유도하는 자기다발의 변화를 방해하는 방향으로 흐른다.

또한 유도기전력의 방향이 유도전류의 방향이다. Lenz의 법칙에서 핵심어는 "반대"이다. 그림 30.1.4에서 전류고리 쪽으로 자석의 N극이 운동할 때 이 법칙을 적용해 보자.

1. ***자극의 운동을 방해한다.*** 그림 30.1.4에서 자석의 N극이 가까워지면 전류고리 안에

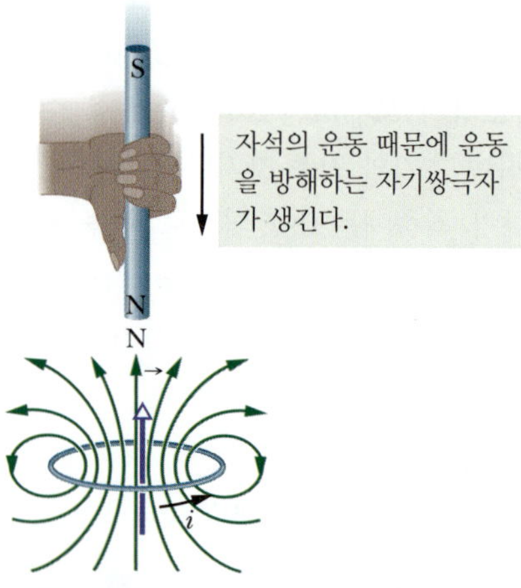

그림 30.1.4 Lenz의 법칙. 자석이 전류고리를 향하여 움직일 때 전류고리에 전류가 유도된다. 유도전류는 자체 자기장을 생성하여 자석의 운동을 방해하는 방향을 갖는 자기 쌍극자모멘트 $\vec{\mu}$를 만든다. 따라서 유도전류는 그림과 같이 반시계방향이다.

자기다발이 증가하므로 전류고리에 전류가 유도된다. 그러면 그림 29.5.1처럼 전류고리는 S극과 N극을 가진 자기쌍극자로 작용하는데, 자기 쌍극자모멘트 $\vec{\mu}$의 방향은 S극에서 N극으로 향한다. 자석이 가까워져서 자기다발이 증가하는 것을 *방해하기* 위해서는 전류고리의 N극(혹은 $\vec{\mu}$)이 다가오는 자석의 N극을 *향해야 한다*(그림 30.1.4 참조). 이때 그림 29.5.1의 자기 쌍극자모멘트 $\vec{\mu}$에 대한 오른손 규칙을 사용하면 전류고리에 유도되는 전류의 방향이 반시계방향임을 알 수 있다.

만일 전류고리로부터 자석이 멀어지게 움직이면 전류고리에는 전류가 다시 유도된다. 그러나 이때는 전류고리의 S극이 멀어지는 자석의 N극을 향하게 되므로 자석이 멀어지는 것을 방해하게 될 것이다. 따라서 유도전류는 시계방향으로 생긴다.

2. ***자기다발의 변화를 방해한다.*** 그림 30.1.4에서 자석이 처음에는 멀리 있어서 전류고리를 통과하는 자기다발이 없다. 그러나 자석의 N극이 전류고리에 가까워지게 되면 전류고리를 통과하는 *아래쪽을 향하는* 자기장 $\vec{B}$의 자기다발이 증가한다. 자기다발의 증가를 방해하기 위해 그림 30.1.5*a*처럼 유도전류 i는 전류고리의 내부에서 *위쪽을 향하*는 방향으로 자신의 자기장 $\vec{B}_{ind}$를 만들어야 한다. 그래야만 오른쪽을 향하는 자기장

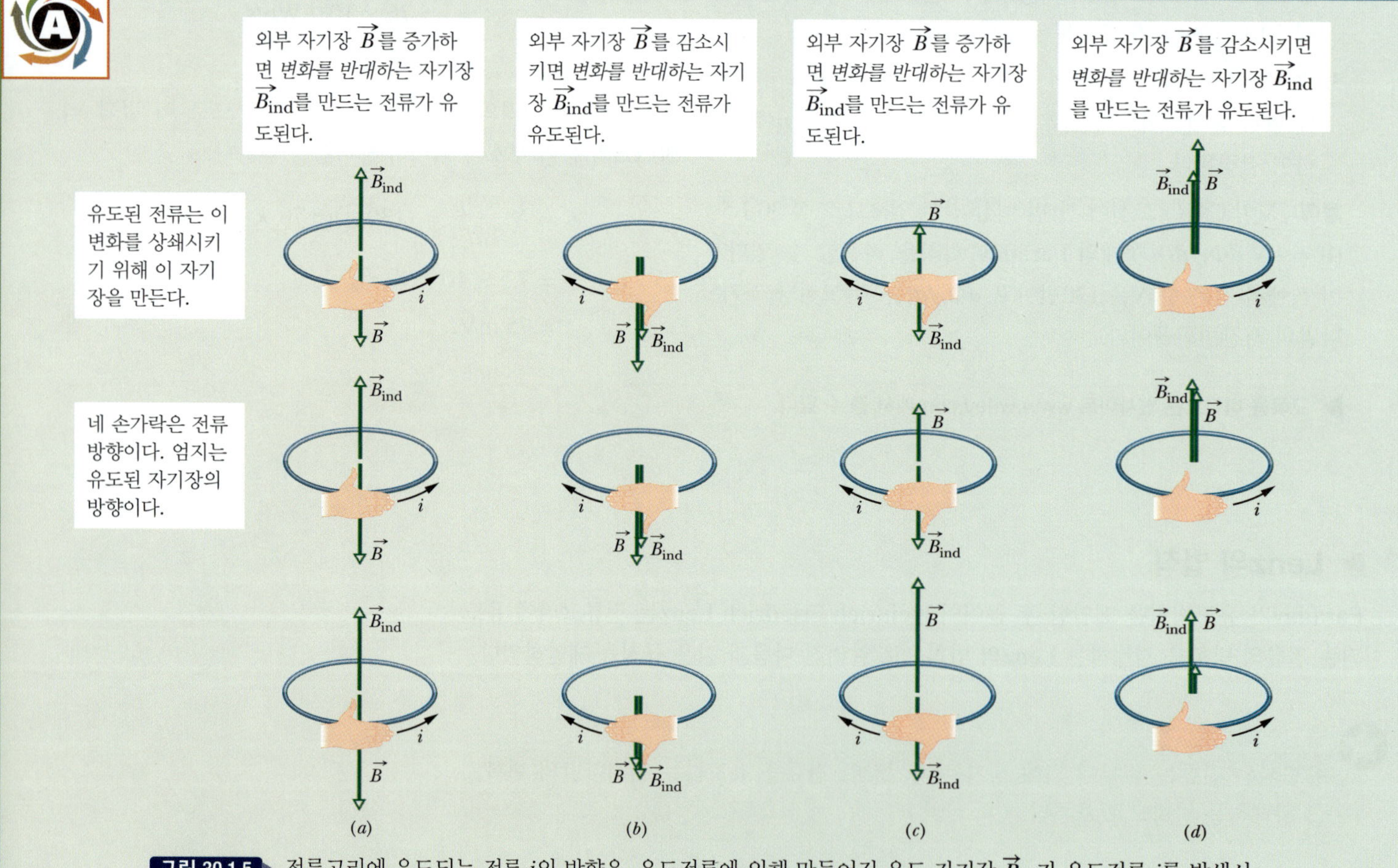

그림 30.1.5 전류고리에 유도되는 전류 i의 방향은, 유도전류에 의해 만들어진 유도 자기장 $\vec{B}_{ind}$가 유도전류 i를 발생시키는 자기장 $\vec{B}$의 변화를 방해하는 방향이다. 유도 자기장 $\vec{B}_{ind}$는 증가하는 자기장 $\vec{B}(a, c)$에 대해서는 항상 반대 방향이고, 감소하는 자기장 $\vec{B}(b, d)$에 대해서는 $\vec{B}$와 같은 방향이다. 유도 전류의 방향은 먼저 유도되는 자기장의 방향을 고려하여 오른손 규칙으로 결정한다.

$\vec{B}_{ind}$의 자기다발이 *아래쪽을 향하는* 자기장 $\vec{B}$의 자기다발이 증가하는 것을 막을 수 있기 때문이다. 따라서 그림 29.5.1의 오른손 규칙에 따라 유도전류 i는 그림 30.1.5a 처럼 반시계방향으로 생긴다.

▸**주의.** 여기서 $\vec{B}_{ind}$의 자기다발은 항상 $\vec{B}$의 자기다발이 *변하는* 것을 방해하지만 $\vec{B}_{ind}$의 방향이 $\vec{B}$에 항상 반대인 것은 아니라는 점에 주목해야 한다. 예를 들어 그림 30.1.4에서 전류고리로부터 멀어지도록 자석을 당기면 자석에서 나오는 자기다발 Φ_B는 여전히 전류고리를 통과하며 아래쪽을 향하지만 이번에는 감소한다. 따라서 $\vec{B}_{ind}$의 자기다발은 Φ_B의 감소를 막기 위하여 그림 30.1.5b처럼 전류고리 내부에서 아래쪽을 향해야 한다. 따라서 $\vec{B}_{ind}$와 $\vec{B}$의 방향은 같아진다. 그림 30.1.5c와 30.1.5d는 자석의 S극이 전류고리에 가까워질 때와 멀어지며, 역시 변화를 방해한다.

전기 기타

그림 30.1.6에 전기 기타 중 하나인 Fender® Stratocaster®를 나타내었다. 통기타는 줄이 진동할 때 악기의 빈 부분이 만드는 음향 공명이 일어나 소리를 만들지만, 전기 기타는 속이 찬 악기이므로 악기 자체에 공명이 일어나지는 않는다. 그 대신 앰프와 스피커로 신호를 보내는 전기 '픽업'이 금속 줄의 진동을 감지한다.

픽업의 기본적인 구조를 그림 30.1.7에 나타내었다. 악기를 앰프에 연결한 줄을 작은 자석 주위에 코일 형태로 감는다. 자석의 자기장은 자석 바로 위에 있는 금속 줄 부분에 북극과 남극을 만든다. 이 줄 부분은 자체 자기장이 있다. 줄을 튕겨서 진동하게 만들면 코일에 대한 운동이 코일을 지나는 자기 다발을 변화시켜 코일에 전류를 유도한다. 줄이 진동하여 코일에 가까워지거나 멀어지면 유도전류는 줄의 진동과 같은 진동수로 방향을 바꾸어, 이 진동수를 앰프나 스피커로 전달한다.

Stratocaster에는 (본체의 넓은 부분에 있는) 줄 끝 부분에 세 개의 픽업이 있다. 끝에 가장 가까운 픽업은 줄의 높은 진동수를 더 잘 검출한다. 끝 부분에서 가장 먼 부분은 낮은 진동수를 더 잘 검출한다. 기타의 토글 스위치를 이용하여 연주자는 픽업 중 하나, 혹은 몇 개를 선택하여 그 신호를 앰프와 스피커로 보낼 수 있다.

연주를 더 잘 조절하기 위해 전설적인 Jimi Hendrix는 가끔 피타의 픽업 코일 도선을 다시 감아 횟수를 바꾸었다. 이 방법으로 코일에 유도되는 기전력을 변화시켜 줄의 진동에 대한 상대적인 민감도를 바꾸었다. 이러한 추가적인 방법을 쓰지 않아도 전기기타를 이용하면 통기타로 얻을 수 있는 소리보다 훨씬 조절을 더 할 수 있다.

그림 30.1.6 Fender Stratocaster 기타

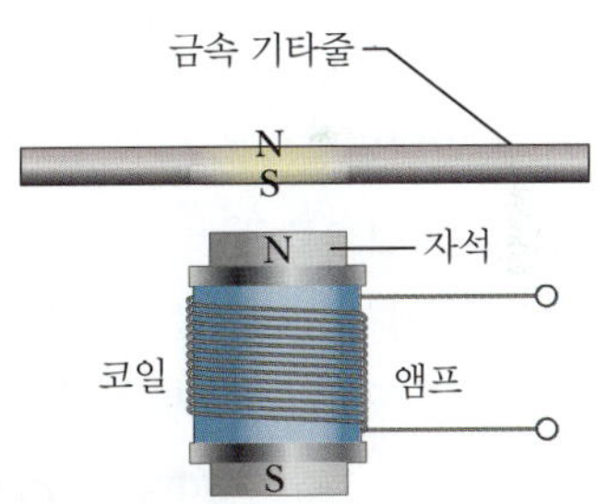

그림 30.1.7 전기 기타 픽업을 옆에서 본 그림. (자석처럼 행동하는) 금속 줄을 진동시키면 코일에 전류를 유도하는 자기다발의 변화를 일으킨다.

➡ 확인문제 30.1.2

다음 그림은 서로 다른 조건 속에 놓여 있는 세 개의 동일한 원형도체 전류고리이다. 세 전류고리는 일정한 비율로 크기가 증가하거나, 감소하는 균일한 자기장 속에 놓여 있다. 각 원의 가운데 점선은 지름과 겹친다. 고리에 유도되는 전류의 크기가 큰 순서대로 나열하여라.

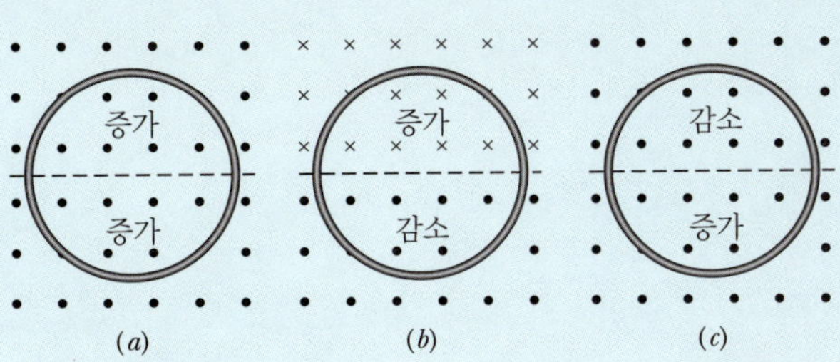

보기문제 30.1.2 균일하게 변하는 자기장 B에 의한 유도기전력과 유도전류

그림 30.1.8은 반지름 $r = 0.20$ m의 반원과 세 직선 선분으로 이루어진 도체 전류고리이다. 반원은 균일한 자기장 $\vec{B}$ 속에 놓여 있다. 자기장의 방향은 지면에서 나오는 방향이고, 크기는 $B = 4.0t^2 + 2.0t + 3.0$이다. 여기서 $\vec{B}$는 테슬라, t는 초의 단위이다. 이 전류고리에는 기전력 $\mathscr{E}_{bat} = 2.0$ V의 이상적인 전지가 연결되어 있고, 고리의 저항은 2.0 Ω이다.

(a) $t = 10$ s일 때 자기장 $\vec{B}$에 의해 전류고리에 유도되는 기전력 $\mathscr{E}_{ind}$의 크기와 방향을 각각 구하여라.

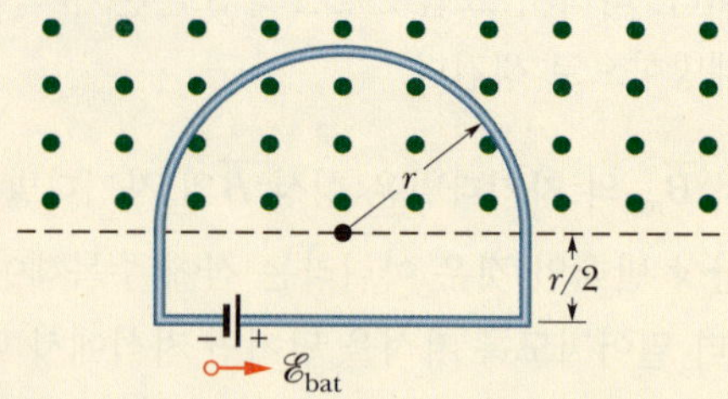

그림 30.1.8 반지름 r의 반원 부분이 균일한 자기장 속에 놓여 있는 도체 전류고리에 전지가 연결되어 있다. 자기장의 방향은 지면에서 나오는 방향이고 크기가 변한다.

요점

1. Faraday 법칙에 따라 $\mathscr{E}_{ind}$의 크기는 고리를 통과하는 자기다발의 시간변화율 $d\Phi_B/dt$와 같다.
2. 전류고리를 통과하는 자기다발은 고리 면적의 얼마나 많은 부분이 자기다발 안에 있는지, 자기장 $\vec{B}$ 안에서 면적이 어떤 방향을 향하는지에 의해 결정된다.
3. $\vec{B}$가 균일하고 고리의 단면에 수직하므로 자기다발은 식 30.1.2($\Phi_B = BA$)로 주어진다(즉, B를 다발이 통과하는 면적으로 적분할 필요가 없다).
4. 유도전류가 만드는 유도 자기장 $\mathscr{E}_{ind}$는 자기다발의 *변화*에 항상 반대방향으로 생긴다.

크기: 식 30.1.2를 이용하고, 면적에는 상관없이 자기장 B만 시간에 대해서 변한다는 점을 고려하여 식 30.1.4의 Faraday 법칙은 다음과 같이 쓸 수 있다.

$$\mathscr{E}_{ind} = \frac{d\Phi_B}{dt} = \frac{d(BA)}{dt} = A\,\frac{dB}{dt}.$$

고리를 통과하는 자기다발은 반원 부분에만 걸리므로 이 식에서 면적 A는 $\frac{1}{2}\pi r^2$이다. 이 면적과 B에 대한 식을 위 식에 대입하면

$$\mathscr{E}_{ind} = A\frac{dB}{dt} = \frac{\pi r^2}{2}\frac{d}{dt}(4.0t^2 + 2.0t + 3.0)$$
$$= \frac{\pi r^2}{2}(8.0t + 2.0)$$

이다. 따라서 $t = 10$ s일 때 다음과 같다.

$$\mathscr{E}_{ind} = \frac{\pi\,(0.20\text{ m})^2}{2}[8.0(10) + 2.0]$$
$$= 5.152\text{ V} \approx 5.2\text{ V}. \quad \text{(답)}$$

방향: $\mathscr{E}_{ind}$의 방향을 구하기 위해서는 먼저 그림 30.1.8에서 전류고리를 통과하는 자기다발이 지면에서 나오는 방향으로 증가하고 있다는 점을 주목해야 한다. 유도전류에 의해 유도되는 자기장 B_{ind}는 증가하는 자기다발과 반대 방향으로 걸려야 한다. 즉, 지면으로 *들어가는* 방향이다. 그림 30.1.5*c*의 오른손 규칙을 사용하면 유도전류는 고리의 시계방향으로 흐르고 유도기전력도 같은 방향이다.

(b) $t = 10$ s일 때 고리에 흐르는 전류를 구하여라.

요점

기전력 모두 고리를 따라서 전하를 이동시킨다.

풀이: 유도기전력 $\mathscr{E}_{ind}$는 고리의 시계방향으로 전류를 흐르게 하고, 전지의 기전력 $\mathscr{E}_{bat}$는 반시계방향으로 흐르게 한다. $\mathscr{E}_{ind}$가 $\mathscr{E}_{bat}$보다 더 크므로 전체 기전력 $\mathscr{E}_{net}$은 시계방향이고, 전체 전류도 같은 시계방향으로 흐른다. $t = 10$ s일 때 식 27.1.2($i = \mathscr{E}/R$)를 이용하면 전류는 다음과 같다.

$$i = \frac{\mathscr{E}_{net}}{R} = \frac{\mathscr{E}_{ind} - \mathscr{E}_{bat}}{R}$$
$$= \frac{5.152\text{ V} - 2.0\text{ V}}{2.0\ \Omega} = 1.58\text{ A} \approx 1.6\text{ A}. \quad \text{(답)}$$

▶ 교육용 비디오는 웹사이트 www.wiley.com에서 볼 수 있다.

▶ 보기문제 30.1.3 불균일한 자기장 B의 변화에 의한 유도기전력

그림 30.1.9는 시간에 따라 변하는 불균일한 자기장 $\vec{B}$ 안에 놓인 직사각형 전류고리이다. 자기장은 지면으로 들어가는 방향이며 크기는 $B = 4t^2x^2$이다. 여기서 B는 테슬라, t는 초, x는 미터의 단위이다(이 함수는 시간과 위치에 모두 의존하는 함수이다). 전류고리의 너비는 $W = 3.0$ m이고, 높이는 $H = 2.0$ m이다. $t = 0.10$ s에서 전류고리에 생기는 유도기전력 $\mathscr{E}$의 크기와 방향을 각각 구하여라.

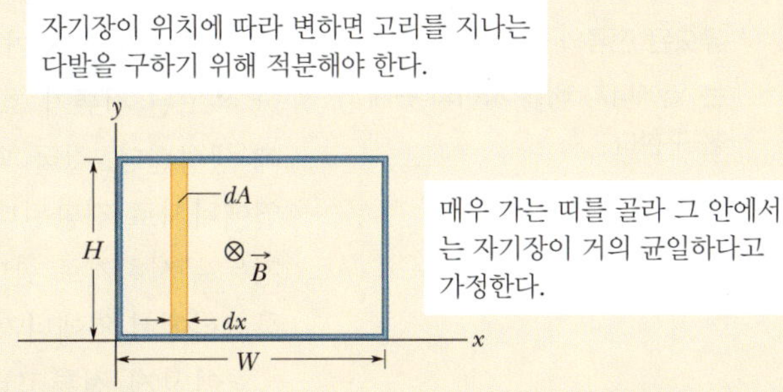

그림 30.1.9 ▶ 너비 W, 높이 H의 닫힌 도체 전류고리가 불균일하고 변하는 자기장 $\vec{B}$ 속에 놓여 있다. 자기장은 지면으로 들어가는 방향으로 걸려 있다. Faraday의 법칙을 적용하기 위해 높이 H, 너비 dx, 면적 dA인 직사각형 고리를 이용한다.

요점

1. 자기장 $\vec{B}$의 크기가 시간에 따라 변하므로 전류고리를 통과하는 자기다발 Φ_B도 변한다.
2. 변하는 자기다발이 기전력 $\mathscr{E}$를 유도하므로 Faraday 법칙에 따라 $\mathscr{E} = d\Phi_B/dt$이다.
3. 위의 법칙을 사용하려면 임의의 시간 t에서 자기다발 Φ_B에 대한 식이 필요하다. 그러나 전류고리의 단면을 통과하는 B가 불균일하므로 식 30.1.2($\Phi_B = BA$)를 쓸 수 *없고*, 대신에 식 30.1.1($\Phi_B = \int \vec{B} \cdot d\vec{A}$)을 써야 한다.

풀이: 그림 30.1.9에서 $\vec{B}$는 전류고리의 면에 수직하므로 미소 면적벡터 $d\vec{A}$에 평행하고, 식 30.1.1의 스칼라곱은 $B\,dA$이다. 자기장은 x 좌표에 따라 변하지만 y 좌표에 따라서는 변하지 않으므로, 미소면적 dA는 그림 30-7처럼 높이 H, 너비 dx인 수직 조각의 면적 $dA = H\,dx$이다. 따라서 전류고리를 통과하는 자기다발을 다음과 같이 계산할 수 있다.

$$\Phi_B = \int \vec{B} \cdot d\vec{A} = \int B\,dA = \int BH\,dx = \int 4t^2x^2H\,dx.$$

이 적분에서 t를 상수로 취급하고 $x = 0$과 $x = 3.0$ m를 적분의 하한값 및 상한값으로 넣으면

$$\Phi_B = 4t^2H \int_0^{3.0} x^2\,dx = 4t^2H \left[\frac{x^3}{3}\right]_0^{3.0} = 72t^2$$

을 얻는다. 여기서 $H = 2.0$ m를 대입하였고 Φ_B는 웨버의 단위이다. 이제 Faraday의 법칙에 따라 임의의 시간 t일 때 $\mathscr{E}$의 크기는 볼트 단위로

$$\mathscr{E} = \frac{d\Phi_B}{dt} = \frac{d(72t^2)}{dt} = 144t$$

이므로, $t = 0.10$ s일 때는 다음을 얻는다.

$$\mathscr{E} = (144\ \text{V/s})(0.10\ \text{s}) \approx 14\ \text{V}.$$ (답)

전류고리를 통과하는 B의 자기다발은 그림 30.1.9에서 지면으로 들어가는 방향이고, B의 크기가 시간에 따라 증가하므로 자기다발의 크기도 증가한다. Lenz의 법칙에 따라 유도전류가 만드는 자기장 B_{ind}는 자기다발의 증가를 방해하기 위하여 지면에서 나오는 방향이다. 그림 30.1.5a의 오른손 규칙에서 전류고리 주위의 유도전류는 반시계방향이며, 유도기전력 $\mathscr{E}$도 같은 반시계방향이다.

▶ **교육용 비디오는 웹사이트 www.wiley.com에서 볼 수 있다.**

30.2 ▸ 유도와 에너지 전달

요점_*Key Ideas*

1. 변화하는 다발에 의해 전류가 유도되는 것은 에너지가 전류로 전달되는 것을 의미한다. 이 에너지는 열에너지와 같은 다른 형태로 전환될 수 있다.

학습목표_*Learning Objectives*

이 단원을 읽은 후 다음을 이해해야 한다.

30.2.1 자기장으로 들어오거나 나가는 전류고리에 대해 에너지가 열

에너지로 전달되는 비율을 계산한다.

30.2.2 유도된 전류와 이 전류가 만드는 열에너지 비율 사이의 관계를 구한다.

30.2.3 소용돌이 전류를 설명한다.

▶ 유도와 에너지 전달

Lenz의 법칙에 의하면, 그림 30.1.1에서 자석이 전류고리를 향하여 움직이거나 멀어지게 움직이거나, 자기력은 외부에서 작용한 힘이 양의 일을 하여 상대운동을 방해한다. 또한 유도된 전류가 흐를 때 물질의 전기저항 때문에 열에너지가 전류고리를 이루는 물질에 생성된다. 결국 외력이 닫힌 전류*고리와 자석으로 이루어진 계*에 전달하는 에너지가 열에너지로 전환된다(여기서 유도되는 동안 전류고리로부터 전자기파로 방출되는 에너지는 무시하기로 한다). 자석을 빠르게 움직일수록 외력은 훨씬 더 급하게 일을 하고, 전류고리에서 열에너지로 전환되는 비율도 더 커진다. 즉, 전환되는 일률이 더 커진다.

어떻게 전류고리에 전류가 유도되는가에 상관없이 전류고리의 전기저항 때문에(초전도체가 아니라면) 에너지는 항상 열에너지로 전환된다. 예를 들어 그림 30.1.2에서 스위치 S가 닫혀 전류가 왼쪽 고리에 유도될 때 전지의 에너지는 고리의 열에너지로 전환된다.

그림 30.2.1에는 유도전류가 발생하는 또 다른 경우가 있다. 너비가 L인 직사각형 전류고리의 한쪽 끝은 고리 면에 수직이고 지면으로 들어가는 방향으로 걸린 균일한 외부 자기장 안에 놓여 있다. 이런 자기장은 커다란 전자석으로 만들어진다. 그림 30.2.1의 점선 안에만 자기장이 걸려 있다고 가정하고 전류고리를 등속도 $\vec{v}$로 오른쪽으로 잡아당긴다고 하자(가장자리 효과는 무시한다).

▸***다발 변화.*** 그림 30.2.1의 상황이 그림 30.1.1과 본질적으로 다른 점은 없다. 어느 경우이든 자기장과 전류고리는 상대적으로 운동하므로 전류고리를 통과하는 자기다발도 시간에 따라 변한다. 그림 30.1.1에서는 $\vec{B}$가 변하기 때문에 자기다발이 변하고, 그림 30.2.1에서는 자기장 속에 남아 있는 전류고리의 면적이 변하기 때문에 자기다발이 변하지만, 그 차이는 중요하지 않다. 두 경우에서 중요한 차이는 그림 30.2.1의 배열이 훨씬 더 계산하기 쉽다는 것이다. 이제 그림 30.2.1의 고리를 일정한 비율로 끌어당길 때의 역학적 일률을 계산해 보자.

▸***일률.*** 전류고리를 등속도 $\vec{v}$로 당기려면, 가해 주는 힘과 크기가 같고 방향이 반대인 운동을 방해하는 자기력이 전류고리에 작용하므로, 전류고리에 일정한 힘 $\vec{F}$를 가해 주어야 한다. 이때 외력이 하는 일의 비율, 즉 일률은 식 7.6.7로부터 다음과 같다.

$$P = Fv. \tag{30.2.1}$$

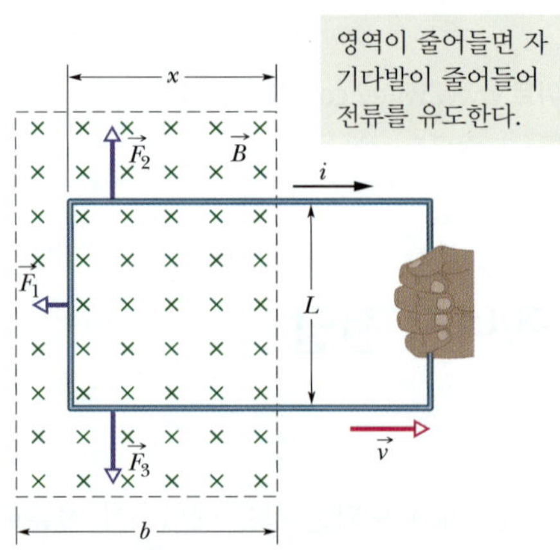

그림 30.2.1 ▸ 닫힌 도체 전류고리를 등속도 $\vec{v}$로 자기장 영역 바깥으로 당긴다. 전류고리가 이동하는 동안 전류고리에 시계방향의 전류 i가 유도되고, 자기장 영역에 남아 있는 전류고리의 선분은 $\vec{F}_1$, $\vec{F}_2$ 및 $\vec{F}_3$의 힘을 받는다.

여기서 F는 당기는 힘의 크기이다. 일률 P를 자기장의 크기 B와 전류고리의 특성인 저항 R과 너비 L로 써보자.

그림 30.2.1에서 전류고리를 오른쪽으로 당길수록 자기장 속에 남아 있는 전류고리의 면적이 감소한다. 따라서 전류고리를 통과하는 자기다발도 감소하면서 Faraday의 법칙에 따라 전류고리에 유도전류가 생긴다. 유도전류가 생기는 이유는 고리를 잡아당기는 것을 방해하는 힘이 생기기 때문이다.

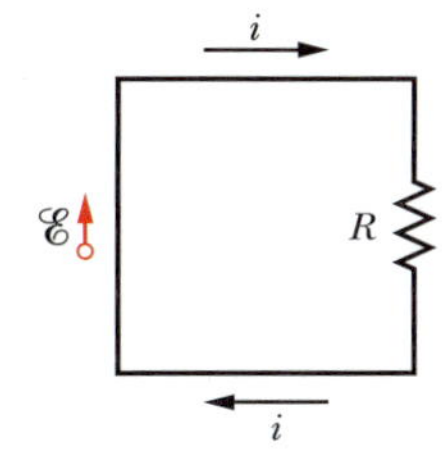

그림 30.2.2 전류고리가 움직일 때 그림 30.2.1의 전류고리를 단일회로로 본 그림.

▸***유도기전력.*** 전류를 구하기 위해 먼저 Faraday의 법칙을 적용해 보자. 자기장 속에 여전히 남아 있는 전류고리의 길이가 x이면 전류고리의 면적은 Lx이다. 식 30.1.2를 이용하면 전류고리를 통과하는 자기다발의 크기는

$$\Phi_B = BA = BLx \tag{30.2.2}$$

이다. 즉, x가 감소함에 따라 자기다발도 감소한다. Faraday의 법칙에 의하면 자기다발의 감소가 전류고리에 기전력을 유도한다. 식 30.1.4에서 음의 부호를 빼고, 식 30.2.2를 이용하면 유도기전력의 크기를 다음과 같이 쓸 수 있다.

$$\mathscr{E} = \frac{d\Phi_B}{dt} = \frac{d}{dt}BLx = BL\frac{dx}{dt} = BLv. \tag{30.2.3}$$

여기서 dx/dt는 전류고리가 이동하는 속력 v이다.

그림 30.2.2는 기전력 $\mathscr{E}$를 왼쪽에, 전류고리의 전체 저항 R을 오른쪽에 표시한 단일회로 형태의 전류고리이다. 감소하는 자기다발에 의한 유도전류 i의 방향은 그림 30.1.5b처럼 오른손 규칙으로 구할 수 있다. 이 규칙을 적용하면 유도전류는 시계방향이고 유도기전력 $\mathscr{E}$도 같은 방향이다.

▸***유도전류.*** 유도전류의 크기를 구하기 위해서 단일회로 내의 퍼텐셜차를 구하기 위한 고리 규칙을 적용할 수 없다. 30.6단원에서 다루겠지만 유도기전력에 의한 퍼텐셜차를 정의할 수 없기 때문이다. 대신 $i = \mathscr{E}/R$을 적용해야 한다. 이제 식 30.2.3과 함께 쓰면 다음을 얻는다.

$$i = \frac{BLv}{R}. \tag{30.2.4}$$

그림 30.2.1에서 전류고리의 자기장 속에 남아 있는 세 선분에는 이 크기의 유도전류가 흐르므로 세 선분들에 옆쪽으로 쏠림힘이 작용한다. 식 28.6.2으로부터 이러한 쏠림힘은

$$\vec{F}_d = i\vec{L} \times \vec{B} \tag{30.2.5}$$

이다. 그림 30.2.1에서 전류고리의 세 선분에 작용하는 쏠림힘을 $\vec{F}_1$, $\vec{F}_2$ 및 $\vec{F}_3$로 표시하였다. 그러나 $\vec{F}_2$와 $\vec{F}_3$는 대칭으로 크기가 같고 방향이 반대이므로 서로 상쇄된다. 따라서 전류고리에 작용하는 힘은 단지 $\vec{F}_1$뿐이며 고리를 자기장 바깥으로 당기는 힘 $\vec{F}$와 반대이다. 즉 $\vec{F} = -\vec{F}_1$이다.

식 30.2.5를 이용하면 $\vec{B}$와 왼쪽 선분의 길이벡터 $\vec{L}$의 사이각이 90°이므로 $\vec{F}_1$의 크기는

$$F = F_1 = iLB \sin 90° = iLB \tag{30.2.6}$$

이다. 한편 식 30.2.4의 i를 식 30.2.6으로 바꾸면 다음과 같다.

$$F = \frac{B^2L^2v}{R}. \tag{30.2.7}$$

B, L 및 R이 일정하므로 고리를 움직이기 위해 가해준 힘이 일정하면, 전류고리가 이동하는 속력 v도 일정하다.

▸ ***일률.*** 식 30.2.7을 식 30.2.1에 넣으면 자기장으로부터 전류고리를 당길 때의 일률은 다음과 같다.

$$P = Fv = \frac{B^2L^2v^2}{R} \quad \text{(일률)}. \tag{30.2.8}$$

▸ ***열에너지.*** 이번에는 등속도로 당기는 전류고리에 열에너지가 나타나는 비율을 구해 보자. 식 26.5.3로부터 구한

$$P = i^2R \tag{30.2.9}$$

에서, i를 식 30.2.4로 바꾸면 다음을 얻는다.

$$P = \left(\frac{BLv}{R}\right)^2 R = \frac{B^2L^2v^2}{R} \quad \text{(열에너지 방출률)}. \tag{30.2.10}$$

이 결과는 식 30.2.8의 고리에 해준 일률과 정확하게 일치한다. 따라서 자기장 안에서 전류고리를 당길 때 한 일은 모두 전류고리에서 열에너지로 전환된다.

MRI 촬영 중 일어나는 화상

MRI 촬영을 하는 환자(그림 30.2.3)가 크고 일정한 자기장 $\vec{B}_{\text{con}}$와 사인함수 형태로 변하는 작은 자기장 $\vec{B}(t)$가 가해진 장치 안에 누워 있다. 보통 촬영할 때 환자는 오랜 시간 동안 가만히 누워 있어야 한다. 어린이와 같이 움직이지 않고 누워 있을 수 없는 환자에게는 진정제를 투여한다. 특별히 일반적인 마취제와 같은 진정제는 위험할 수 있으므로 진정제를 투여한 환자는 *맥박산소측정기*와 같은 장치로 조심하여 관찰해야 한다. 이 장치는 환지 혈액 안의 산소 농도를 측정한다. 이 장치는 한 손가락에 끼우는 탐침과 탐침에서 MRI 장치 밖에 있는 모니터까지 도선으로 연결되어 있다.

MRI 촬영은 환자에게 전혀 해를 끼치지 않는다. 그러나 어떤 경우 Faraday의 유도 법칙을 무시하면 진정된 환자는 심한 화상을 입을 수 있다. 이러한 경우 산소측정기 선이 환자의 팔에 닿는다(그림 30.2.4). 도선과 팔의 아래 부분은 닫힌 고리를 이루고, 이를 통해 변하는 자기장 $\vec{B}(t)$가 변하는 자기다발을 만든다. 이 다발의 변화가 도선을 따라 기전력을 만든다. 비록 도선은 절연되어 있고, 피부의 저항은 크지만 유도기전력은 충분히 커서 고리를 따라 상당히 큰 전류를 흐르게 할 수 있다. 저항이 있는 다른 회로와 마찬가지

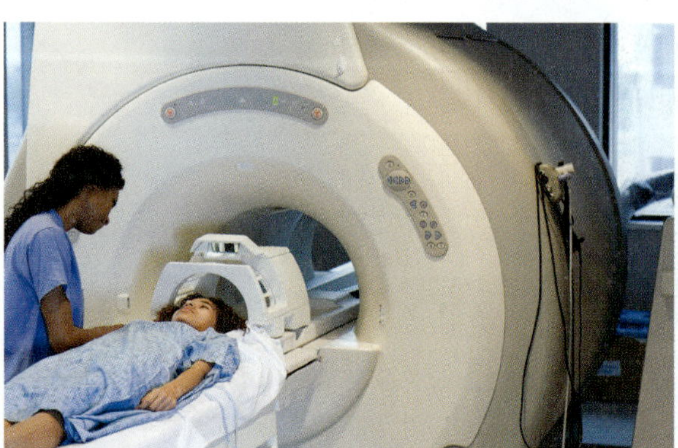

그림 30.2.3 ▸ MRI 장치에 들어가려고 하는 환자.

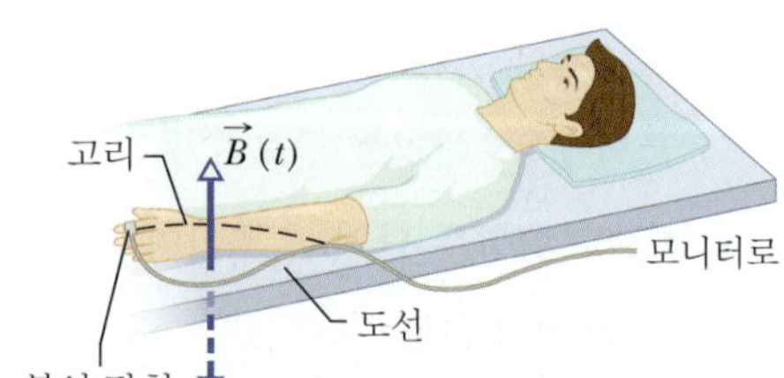

그림 30.2.4 ▸ 환자의 손가락에 붙인 탐침이 MRI 촬영기 안으로 들어간다. 그 안에는 수직 자기장 $\vec{B}(t)$가 사인함수 형태로 변한다. 탐침선이 팔을 따라 환자의 피부에 닿고, 팔의 아래 부분은 닫힌 고리를 만든다.

로 전류는 저항이 있는 곳에서 에너지를 열에너지로 변환한다. 이 방법으로 도선이 팔 아래 부분과 닿아 있는 손가락과 피부에 화상이 생긴다. 이제 MRI를 다루는 직원은 어떤 모니터 선도 한 곳보다 더 많은 점에서 환자와 닿지 않게 하도록 훈련받는다.

소용돌이 전류

그림 30.2.1에서 도체 전류고리를 고체인 도체판으로 바꿨다고 하자. 그림 30.2.5*a*에서 전류고리를 당겼던 것처럼 도체판을 자기장 바깥으로 잡아당긴다면 자기장과 도체판 사이의 상대 운동은 다시 도체판 내에 전류를 유도한다. 따라서 유도전류 때문에 다시 반대 방향의 힘이 나타나므로 일을 해주어야 한다. 그러나 도체판 내에서 유도전류를 구성하는 전도전자는 전류고리처럼 한 경로를 따라 이동하는 것이 아니다. 대신에 마치 소용돌이 물살에 걸린 것처럼 전자는 도체판 내에서 소용돌이친다. 이런 전류를 *소용돌이 전류*라 부르며 그림 30.2.5*a*처럼 단일 경로를 따르는 것으로 그릴 수 있다.

이때에도 그림 30.2.1의 도체 전류고리처럼 도체판에 유도된 전류는 역학에너지를 열에너지로 바꾼다. 이러한 전환은 그림 30.2.5*b*에서 더욱 명백해진다. 여기서 회전축에 대해 자유롭게 회전할 수 있는 도체판은 추처럼 진동하며 자기장 영역 속으로 들어간다. 도체판이 자기장 속으로 들어가거나 나올 때마다 역학에너지의 일부가 열에너지로 전환된다. 몇 번의 진동 후에는 도체판의 역학에너지가 소진되고, 대신에 열에너지로 데워진 도체판이 회전축에 정지해서 걸리게 된다.

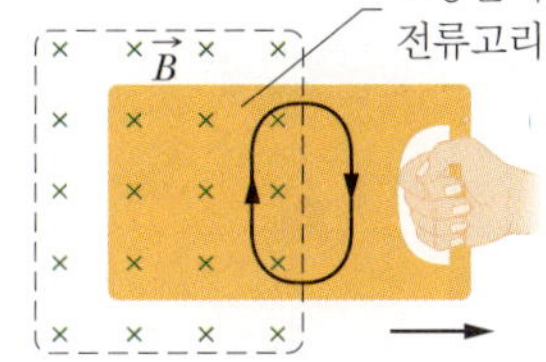

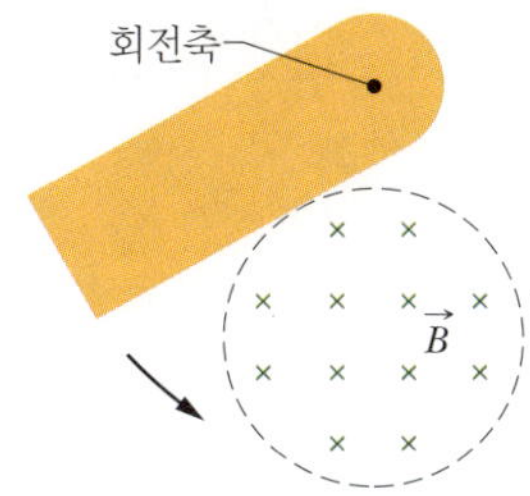

그림 30.2.5 (*a*) 도체 고체판을 자기장 바깥으로 잡아당기면 고체판에 *소용돌이 전류*가 유도된다. 실선은 소용돌이 전류를 나타내는 고리이다. (*b*) 도체판이 추처럼 회전축에 대해서 좌우로 진동하면서 그림처럼 자기장이 걸린 영역을 지난다. 도체판이 자기장 속으로 들어가거나 나올 때 소용돌이 전류가 도체판에 유도된다.

유도 화로

전통적으로 주조 공장에서는 금속을 녹이기 위해 불꽃으로 가열하는 화로를 사용한다. 그러나 많은 현대 화로에서는 금속을 고정시킨 도가니 주위로 감은 절연된 도선을 통해 흐르는 전류로 금속을 가열하는 유도 화로(그림 30.2.6)를 이용하여 공기 오염을 피한다. 그러나 도선 자체는 금속을 녹일 정도로 충분히 뜨겁지 않다. (그렇다면 도선도 같이 녹을 것이다.) 사실 도선은 수조에 넣어 차갑게 유지한다.

그림 30.2.7에 기본적인 구조를 나타내었다. 금속을 절연된 도선을 감은 도가니 안에 놓는다. 도선에 흐르는 전류는 방향과 크기가 변한다. 따라서 전류에 의한 자기장은 방향과 크기가 연속적으로 변한다. 이 변하는 자기장 $\vec{B}(t)$가 금속 내부에 소용돌이 전류를 만들고, 전기에너지가 식 30.2.9($P = i^2R$)로 주어지는 비율로 열에너지로 전환된다. 이 열에너지로 인해 금속의 온도가 녹는점까지 올라가고, 녹은 금속은 화로를 기울여 부어낼 수 있다.

Monty Rakusen/Cultura/Getty Images

그림 30.2.6 유도 화로를 기울여 부어낸 녹은 금속.

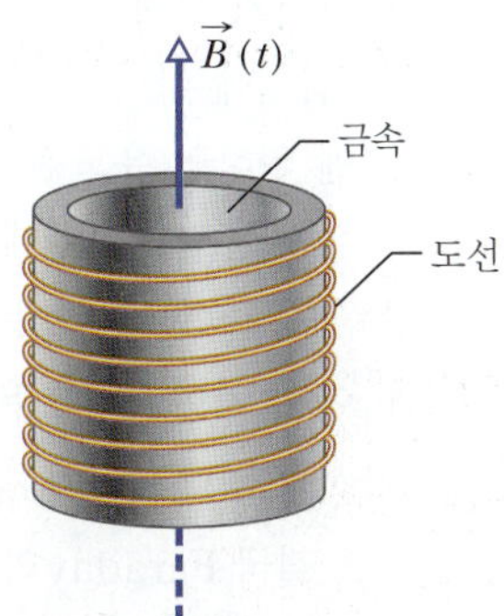

그림 30.2.7 유도 화로의 기본적인 구조

확인문제 30.2.1

다음 그림은 네 개의 전류고리이다. 고리의 각 변은 모두 L이거나 $2L$이다. 네 개의 전류고리는 모두 똑같은 일정한 속력으로 균일한 자기장 $\vec{B}$의 영역을 통과한다. 자기장은 지면에서 나오는 방향이다. 고리가 자기장을 통과할 때 고리에 유도되는 기전력의 최대값이 큰 순서대로 나열하여라.

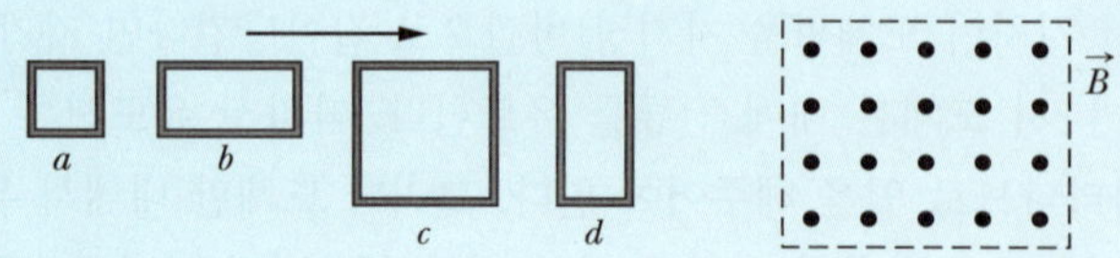

30.3 ▸ 유도 전기장

학습목표_Learning Objectives

이 단원을 읽은 후 다음을 이해해야 한다.

30.3.1 전류고리가 있는 없든 변하는 자기장은 전기장을 유도한다.

30.3.2 Faraday의 법칙을 적용하여 (도체가 있든 없든) 닫힌 경로를 따라 유도된 전기장 $\vec{E}$와 경로가 둘러싼 부분의 자기다발의 변화율 $d\Phi/dt$의 관계를 구한다.

30.3.3 유도된 전기장에 대해서는 전기퍼텐셜을 구할 수 없다.

요점_Key Ideas

1. 다발이 변하는 고리가 물리적인 도체가 아니고 가상적인 선이라고 해도 자기다발의 변화로 기전력이 유도된다. 변하는 자기장은 이와 같은 고리의 모든 점에서 전기장 $\vec{E}$를 유도한다. 유도기전력은 $\vec{E}$와 다음의 관계가 있다.

$$\mathscr{E} = \oint \vec{E} \cdot d\vec{s}.$$

2. 유도된 전기장을 이용하면 Faraday의 법칙을 가장 일반적인 형태로 다음과 같이 쓸 수 있다.

$$\oint \vec{E} \cdot d\vec{s} = -\frac{d\Phi_B}{dt} \qquad \text{(Faraday의 법칙).}$$

변하는 자기장은 전기장 $\vec{E}$를 유도한다.

▶ 유도 전기장

반지름 r의 구리 전류고리를 그림 30.3.1a처럼 균일한 외부 자기장 속에 놓아 보자. 외부 자기장은 반지름 R의 원통 부피를 고르게 채우고 있으며 가장자리 효과는 무시한다고 하자. 외부 자기장을 만드는 전자석의 전류를 증가시켜서 자기장의 세기를 일정한 비율로 증가시켜 보자. 이때 전류고리를 통과하는 자기다발이 일정한 비율로 변하면서 Faraday의 법칙에 따라 전류고리에 유도기전력이 생기면서 유도전류가 생길 것이다. Lenz의 법칙에 의하면 유도전류의 방향은 그림 30.3.1a에서 반시계방향이다.

만일 전류고리에 전류가 흐르게 되면 고리를 따라서 전도전자를 이동시키는 일을 하는 데 필요한 전기장이 고리를 따라 생겨야 한다. 게다가 전기장은 변하는 자기다발에 의하여 생겨야 한다. **유도 전기장** $\vec{E}$는 정전하가 만드는 전기장처럼 실제로 존재하는 전기장이므로 대전입자 q_0에 힘 $q_0\vec{E}$를 작용한다.

결국 Faraday의 유도법칙을 다음과 같이 다시 요약할 수 있다.

> 변하는 자기장이 전기장을 만든다.

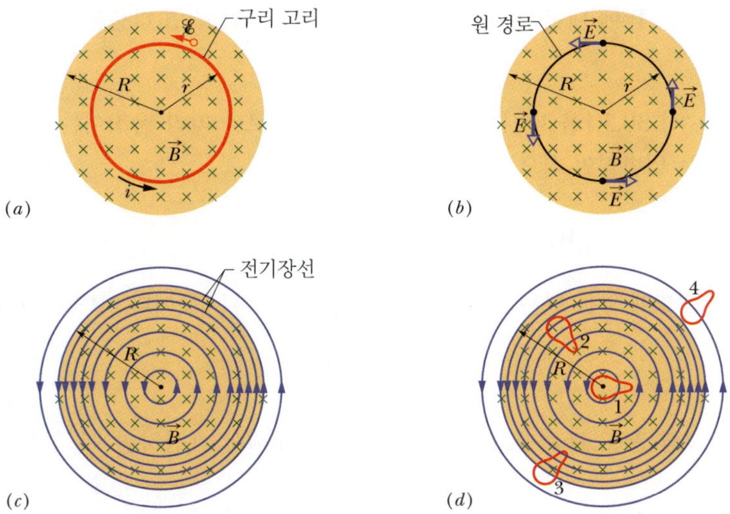

그림 30.3.1 (*a*) 자기장이 일정한 비율로 증가하면 반지름 r의 구리 전류고리에 일정한 유도전류가 흐른다. (*b*) 전류고리를 없애도 유도 전기장은 존재한다. 원궤도 위의 네 점에서 전기장을 표시하였다. (*c*) 전기장선으로 표시한 유도 전기장. (*d*) 같은 면적을 둘러싼 네 개의 닫힌 경로. 자기장이 변하는 영역 속에 완전히 들어 있는 경로 1과 경로 2에서는 같은 유도기전력이 생긴다. 자기장이 변하는 영역에 일부만 걸쳐 있는 경로 3에서는 작은 유도기전력이 생긴다. 자기장 밖에 전체가 놓여 있는 경로 4에서는 유도기전력이 생기지 않는다.

위와 같은 설명에서 중요한 점은 사실상 전류고리가 없어도 전기장이 유도된다는 것이다. 그리하여, 진공 중에서도 자기장이 변하면 전기장이 유도된다.

이 개념이 명확해지도록 전류고리를 반지름 r의 가상적인 원궤도로 바꾼 것 이외에는 그림 30.3.1*a*와 마찬가지인 그림 30.3.1*b*를 생각해 보자. 앞에서와 같이 자기장 $\vec{B}$의 크기가 일정한 비율 dB/dt로 증가한다면 원궤도 위의 여러 점에서 유도된 전기장은 그림 30.3.1*b*처럼 대칭적으로 원의 접선방향이어야 한다.* 즉, 원궤도가 곧 전기장선이다. 반지름 r의 원 위에서만 특별히 일어나는 현상이 아니므로 변하는 자기장이 만드는 전기장들은 그림 30.3.1*c*처럼 동심원을 이룬다.

자기장이 시간에 따라 *증가하는* 동안은 그림 30.3.1*c*처럼 원형 전기장선으로 표시되는 전기장이 존재할 것이다. 자기장이 시간에 대해 *일정하면* 유도 전기장도 생기지 않고 전기장선도 없다. 자기장이 시간에 따라 일정한 비율로 *감소하면* 전기장선은 여전히 그림 30.3.1*c*처럼 동심원으로 나타나지만 방향이 반대로 바뀐다. 모든 것이 "변하는 자기장이 전기장을 만든다"는 사실을 알려준다.

Faraday의 유도법칙을 재구성하기

그림 30.3.1*b*의 원궤도를 따라 움직이는 대전입자 q_0를 생각해 보자. 전하가 원궤도를 한 바퀴 돌 때 유도 전기장이 한 일은 $W = \mathscr{E} q_0$이다. 여기서 $\mathscr{E}$는 유도기전력, 즉 원을 따라 시험전하를 움직일 때 단위전하당 한 일이다. 한편 다른 관점에서 유도기전력이 한 일은

$$W = \int \vec{F} \cdot d\vec{s} = (q_0 E)(2\pi r) \tag{30.3.1}$$

이다. 여기서 q_0E는 시험전하에 작용하는 힘의 크기이며 $2\pi r$은 이 힘이 작용하는 동안

*대칭성을 고려하면 원형 경로 주위의 전기장선이 접선방향이 아니라 지름방향일 수도 있다. 그러나 지름방향의 전기장선이 있으면, 중심축에 대칭적으로 균일하게 분포하는 자유전하가 있다는 뜻이므로, 전기장선의 시작과 끝이 있게 된다. 따라서 자유전하는 없다.

이동한 거리이다. W에 대한 두 식을 같게 놓고 q_0를 상쇄시키면 다음을 얻는다.

$$\mathscr{E} = 2\pi rE. \tag{30.3.2}$$

다음에는 식 30.3.1을 다시 써서 임의의 닫힌 경로를 따라 움직이는 시험전하 q_0에 한 일을 구하는 일반적인 식으로 다음을 얻는다.

$$W = \oint \vec{F} \cdot d\vec{s} = q_0 \oint \vec{E} \cdot d\vec{s}. \tag{30.3.3}$$

(여기서 적분기호에 있는 원은 닫힌 경로를 따라 적분한다는 뜻이다.) W를 $\mathscr{E}q_0$로 바꾸면

$$\mathscr{E} = \oint \vec{E} \cdot d\vec{s} \tag{30.3.4}$$

이다. 만일 그림 30.3.1b와 같은 특별한 경우에 대해서 계산하면 이 적분은 바로 식 30.3.2와 같다.

▸***기전력의 의미.*** 식 30.3.4를 이용하여 유도기전력의 의미를 확장시킬 수 있다. 지금까지의 유도기전력은 자기다발이 변할 때 전류를 유지하기 위해 단위전하에 하는 일을 뜻하거나, 변하는 자기다발 안의 닫힌 경로를 따라 움직이는 대전입자에 대해 단위전하당 한 일을 뜻한다. 그러나 그림 30.3.1b와 식 30.3.4는 전류나 대전입자 없이도 유도기전력이 존재한다는 것을 보여준다. 유도기전력은 닫힌 경로를 따라 $\vec{E} \cdot d\vec{s}$를 합한 것, 즉 적분한 것이다. 여기서 $\vec{E}$는 변하는 자기다발이 유도하는 전기장이며, $d\vec{s}$는 닫힌 경로를 따르는 미소길이 벡터이다.

이제 식 30.3.4와 Faraday의 법칙인 식 30.1.4($\mathscr{E} = -d\Phi_B/dt$)를 결합하면 Faraday의 법칙을

$$\oint \vec{E} \cdot d\vec{s} = -\frac{d\Phi_B}{dt} \qquad \text{(Faraday의 법칙)} \tag{30.3.5}$$

으로 쓸 수 있다. 이 방정식은 변하는 자기장이 전기장을 유도한다는 것을 보여준다. 변하는 자기장은 이 식의 오른쪽에, 전기장은 왼쪽에 나타난다.

식 30.3.5의 형태로 쓴 Faraday의 법칙은 자기장이 변하는 곳에 있는 *어떤 모양의* 닫힌 경로에 대해서도 적용할 수 있다. 예를 들어 그림 30.3.1d를 살펴보자. 네 경로 모두 같은 모양과 면적을 가졌지만 변하는 자기장 안에서 놓여 있는 위치가 다르다. 경로 1과 2는 모두 자기장 안에 있어서 같은 $d\Phi_B/dt$를 가지므로 유도기전력 $\mathscr{E}(= \oint \vec{E} \cdot d\vec{s})$도 같다. 즉, 두 경로 위의 여러 점에서 전기장 벡터가 모두 다르더라도 유도기전력은 같다는 뜻이다. 경로 3에 대해서는 Φ_B가 작아서 $d\Phi_B/dt$도 작아지므로 유도기전력이 상대적으로 작다. 경로 4에 대해서는 경로상의 어떤 점에서도 전기장이 0이 아니지만 유도기전력은 0이다.

전기퍼텐셜에 대한 새로운 관점

유도 전기장은 정전하가 아니라 변하는 자기다발이 만든다. 두 전기장이 모두 대전입자에 힘을 작용하지만 이 사이에는 중요한 차이가 있다. 그 차이점을 설명할 수 있는 가장 간단한 증거는 그림 30.3.1c처럼 유도 전기장의 전기장선은 닫힌 고리를 만든다는 것이다. 정전하가 만들어 내는 전기장선이 절대로 닫힌 고리를 만들지 못하고 양의 전하에서 시작하여 음의 전하에서 끝난다. 따라서 전하로부터 나오는 전기장선은 그림 30.3.1c의 각 전기장선에서 보듯이 결코 고리를 만들어 되돌아오지 않는다.

유도현상으로 만들어진 전기장과 정전하가 만드는 전기장의 차이를 다음과 같이 일반적으로 쓸 수 있다.

> 전기퍼텐셜은 정전하가 만드는 전기장에서만 의미가 있고, 유도 전기장에서는 아무런 의미도 없다.

대전입자가 그림 30.3.1b의 원궤도를 따라 한 바퀴 돌 때 어떤 일이 일어나는지 생각하면 이 차이를 정성적으로 이해할 수 있다. 대전입자가 한 점에서 시작하여 한 바퀴 돌고 같은 점으로 돌아올 때 5 V의 기전력 $\mathscr{E}$가 생겼다면, 즉 전기장이 대전입자에 5 J/C의 일을 했다면 전기퍼텐셜도 5 V만큼 커져야 한다. 그러나 한 점에서 서로 다른 두 개의 전기퍼텐셜 값을 갖는 것은 불가능하다. 따라서 변하는 자기장이 만드는 유도 전기장에서 전기퍼텐셜은 아무런 의미가 없다고 결론지어야 한다.

또한 전기장 $\vec{E}$ 안의 두 점 i와 f 사이의 퍼텐셜차를 정의한 식 24.2.4를 두 점 사이의 적분으로 표현하면 다음과 같다.

$$V_f - V_i = -\int_i^f \vec{E} \cdot d\vec{s}. \tag{30.3.6}$$

24장에서는 Faraday의 유도법칙을 아직 배우지 않았으므로 식 24.2.4의 전기장은 정전하가 만드는 것으로만 한정하였다. 만일 식 30.3.6에서 i와 f가 같은 점이라면 이들을 연결하는 경로는 닫힌 고리가 된다. V_i와 V_f가 같으므로 식 30.3.6은

$$\oint \vec{E} \cdot d\vec{s} = 0 \tag{30.3.7}$$

으로 바뀐다. 그러나 변하는 자기다발이 있으면 적분은 0이 *아니고* 식 30.3.6에 나타낸 대로 $-d\Phi_B/dt$이다. 따라서 유도 전기장에서 전기퍼텐셜을 논의하는 것은 모순이다. 다시 한번 유도 전기장에서 전기퍼텐셜은 아무런 의미가 없다고 결론을 내려야 한다.

확인문제 30.3.1

그림에 a~e로 표시한 다섯 개의 구역이 있다. 각 구역에는 균일한 자기장이 지면에서 나오거나 지면으로 들어가는 방향으로 걸려 있다. 그림에 표시된 것처럼 a구역에서만 자기장의 방향이 지면에서 나오는 방향이다. 모든 구역의 면적은 같고 자기장의 크기가 일정한 비율로 증가하고 있다. 그림에서는 또한 숫자로 표시된 네 개의 경로가 있고, 각 경로에서 $\oint \vec{E} \cdot d\vec{s}$의 크기가 "크기"의 단위로 아래의 표에 주어져 있다. b에서 e까지 각 구역에 걸린 자기장의 방향이 들어가는 방향인지 나오는 방향인지를 결정하여라.

경로	1	2	3	4
$\oint \vec{E} \cdot d\vec{s}$	크기	2(크기)	3(크기)	0

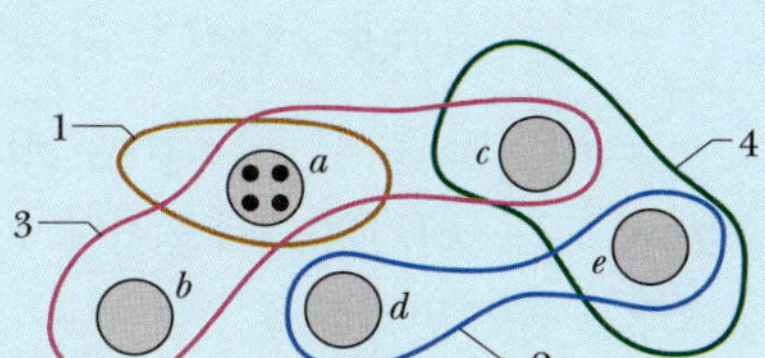

보기문제 30.3.1 자기장 B가 변함에 따라 내부와 외부에서 유도되는 전기장

그림 30.3.1b에서 $R = 8.5$ cm, $dB/dt = 0.13$ T/s이다.

(a) 자기장 안에 있으며 자기장의 중심으로부터 반지름 r인 곳에서 유도 전기장의 크기 E에 대한 식을 구하여라. $r = 5.2$ cm일 때의 값을 구하여라.

요점

Faraday의 법칙에 따라서 변하는 자기장은 전기장을 유도한다.

풀이: 전기장의 크기 E를 계산하기 위해 식 30.3.5 형태인 Faraday의 법칙을 적용한다. 자기장 범위 내의 점에 대한 E를 구하기 때문에 반지름 $r \le R$인 원형 적분경로를 이용한다. 대칭성에 따라 그림 30.3.1b에서 $\vec{E}$는 원형 경로 위 모든 점에서 접선방향이다. 경로벡터 $d\vec{s}$ 역시 항상 원형경로의 접선방향이므로 식 30.3.5에서 스칼라 곱 $\vec{E}\cdot d\vec{s}$는 경로상의 모든 점에서 $E\,ds$이다. 역시 대칭성에 따라 원형경로 위 모든 점에서 E는 같은 값이다. 그러면 식 30.3.5의 좌변은 다음과 같다.

$$\oint \vec{E}\cdot d\vec{s} = \oint E\,ds = E\oint ds = E(2\pi r). \qquad (30.3.8)$$

(여기서 적분 $\oint ds$는 원둘레 $2\pi r$이다.)

다음으로 식 30.3.5의 우변에 대한 계산이 필요하다. $\vec{B}$는 원형 적분경로로 둘러싸인 면적 A 전반에 걸쳐 균일하며 면적에 수직이므로 자기다발은 식 30.1.2에 의해

$$\Phi_B = BA = B(\pi r^2) \qquad (30.3.9)$$

으로 주어진다. 식 30.3.8을 위의 식과 식 30.3.5로 대신하고 음의 부호를 빼버리면

$$E(2\pi r) = (\pi r^2)\frac{dB}{dt}$$

$$E = \frac{r}{2}\frac{dB}{dt} \qquad \text{(답)} \quad (30.3.10)$$

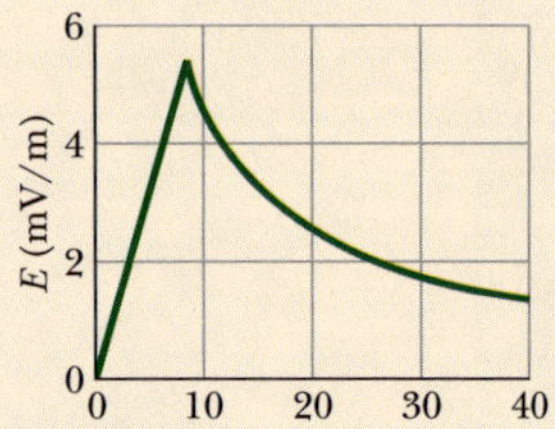

그림 30.3.2 ▶ 유도 전기장 $E(r)$.

를 얻는다. 식 30.3.10으로부터 $r \le R$인 모든 점에서(즉, 자기장이 걸린 곳에서는) 전기장의 크기를 구할 수 있다. 주어진 값 $r = 5.2$ cm에서 $\vec{E}$의 크기는 다음과 같다.

$$E = \frac{(5.2\times10^{-2}\text{ m})}{2}(0.13\text{ T/s})$$
$$= 0.0034\text{ V/m} = 3.4\text{ mV/m}. \qquad \text{(답)}$$

(b) 자기장의 외부에 있는 반지름 r인 점에서 유도 전기장의 크기 E에 대한 식과 $r = 12.5$ cm일 때 값을 자기장의 중심으로부터 각각 구하여라.

요점

여기서 다시 한번 Faraday의 법칙에 따라서 변하는 자기장은 전기장을 유도한다. 단 이번에는 자기장 외부에서 E를 계산하기 때문에 $r \ge R$인 원형 적분경로를 이용하는 것 외에는 (a)의 풀이과정을 그대로 적용해야 한다. (a)와 같은 과정으로 다시 식 30.3.8을 얻을 수 있다. 그러나 새로운 적분경로가 자기장 외부에 있으므로 식 30.3.9를 얻을 수 없다. 새로운 경로로 둘러싸인 자기다발의 면적은 오직 자기장 영역의 면적인 πR^2뿐이다.

풀이: 따라서 다음과 같다.

$$\Phi_B = BA = B(\pi R^2). \qquad (30.3.11)$$

식 30.3.8을 위의 식과 식 30.3.5로 대신하고 음의 부호를 빼버리면 E는 다음과 같다.

$$E = \frac{R^2}{2r}\frac{dB}{dt}. \qquad \text{(답)} \quad (30.3.12)$$

여기서 E는 0이 아니기 때문에 변하는 자기장 외부의 점에서도 전기장이 유도되는 것을 알 수 있다. 이 점은 31.6단원에서 다시 다루게 되겠지만 변압기를 만들 수 있는 중요한 결과이다.

주어진 값들과 식 30.3.12를 이용하여 $r = 12.5$ cm에서 $\vec{E}$의 크기를 계산하면 다음을 얻는다.

$$E = \frac{(8.5\times10^{-2}\text{ m})^2}{(2)(12.5\times10^{-2}\text{ m})}(0.13\text{ T/s})$$
$$= 3.8\times10^{-3}\text{ V/m} = 3.8\text{ mV/m}. \qquad \text{(답)}$$

$r = R$일 때 두 식 30.3.10과 30.3.12의 값은 모두 같다. 그림 30.3.2는 $E(r)$의 그래프이다. $r = R$일 때 내부와 외부의 그래프 점이 만난다.

▶ 교육용 비디오는 웹사이트 www.wiley.com에서 볼 수 있다.

30.4 ▸ 유도기와 유도용량

요점_Key Ideas

1. 유도기는 주어진 영역에서 알려진 자기장을 만들어내는 데 사용하는 장치이다. 전류 i가 유도기를 N번 감은 각 고리를 통해 흐르면 자기다발 Φ_B는 감은 횟수와 관련이 있다. 유도기의 유도용량 L은 다음과 같다.

$$L = \frac{N\Phi_B}{i} \qquad \text{(유도용량의 정의)}.$$

2. 유도용량의 SI 단위는 헨리(H)이고, 1 henry = 1 H = 1 T · m²/A이다.
3. 단면적 A, 단위길이당 n번 감은 긴 솔레노이드 중심 근처에서 단위길이당 유도용량은 다음과 같다.

$$\frac{L}{l} = \mu_0 n^2 A \qquad \text{(솔레노이드)}.$$

학습목표_Learning Objectives

이 단원을 읽은 후 다음을 이해해야 한다.

30.4.1 유도기에 대해 설명한다.

30.4.2 유도기에 대해 유도용량 L, 전체 다발 $N\Phi$와 전류 i 사이의 관계를 구한다.

30.4.3 솔레노이드에 대해 단위길이당 유도용량 L/l, 각 고리의 면적 A와 단위길이당 감은 횟수 n 사이의 관계를 구한다.

▶ 유도기와 유도용량

원하는 전기장을 만들기 위해서 축전기를 사용할 수 있다는 것을 25장에서 알아보았고, 한 예로 축전기의 기본형으로 평행판 축전기를 다루었다. 이와 비슷하게 자기장을 만드는 데에는 ꟾꟾꟾꟾ로 표시하는 **유도기**를 사용할 수 있고, 유도기의 기본형으로 긴 솔레노이드(가장자리 효과를 피하기 위해 특히 긴 솔레노이드의 중간 부근)를 다루겠다.

유도기에 감겨 있는 도선에 전류 i를 흐르게 하면, 유도기의 중간 부근의 단면에는 자기다발 Φ_B가 통과한다. 이때 유도기의 **유도용량**을 다음과 같이 정의한다.

$$L = \frac{N\Phi_B}{i} \qquad \text{(유도용량의 정의)}. \qquad (30.4.1)$$

여기서 N은 도선을 감은 수이다. 도선은 자기다발을 공유하고 있으므로 $N\Phi_B$는 유도기를 통과하는 *전체 자기다발*이다. 따라서 유도용량 L은 단위전류가 흐를 때 생기는 전체 자기다발이다.

자기다발의 SI 단위는 T · m²이므로 유도용량의 SI 단위는 T · m²/A이다. 이를 **헨리**(H)라고 하는데 동시대의 Faraday와 공동으로 유도법칙을 발견한 Joseph Henry의 이름을 딴 것으로

$$1 \text{ 헨리} = 1\text{ H} = 1\text{ T}\cdot\text{m}^2/\text{A} \qquad (30.4.2)$$

이다. 이 장에서는 유도기가 어떤 형태이든지 간에 내부에 철과 같은 자성체를 가지지 않는다고 가정한다. 이러한 물체는 자기장을 변화시키기 때문에 문제가 복잡해진다.

솔레노이드의 유도용량

단면적 A의 긴 솔레노이드를 생각해 보자. 솔레노이드의 중심부분에서 단위길이당 유도용량은 얼마가 될까? 유도용량의 정의 식 30.4.1을 사용하려면 솔레노이드에 흐르는 전체 자기다발을 계산해야 한다. 솔레노이드의 중심 부근의 길이 l 부분을 생각해 보자. 이 부분의 단면을 지나는 자기다발은 다음과 같다.

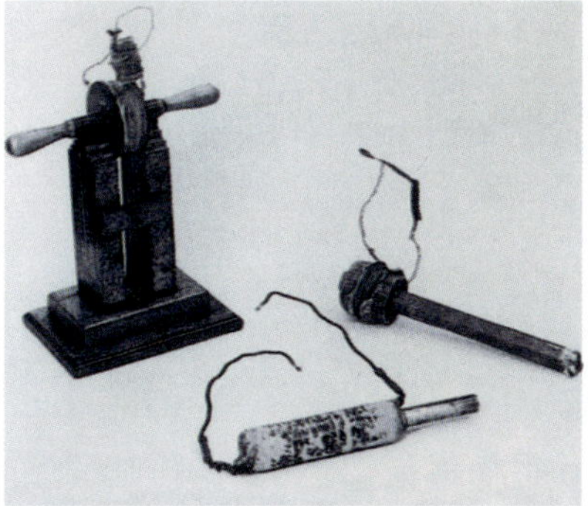

The Royal Institution/Bridgeman Art Library/NY

Michael Faraday가 유도법칙을 발견했던 최초의 유도기. 당시에는 절연도선 같은 것이 판매되지 않았기 때문에 Faraday는 아내의 페티코트를 자른 긴 띠로 도선을 감싸서 절연시켰다고 알려져 있다.

$$N\Phi_B = (nl)(BA).$$

여기서 n은 단위길이당 감은 수이고 B는 내부의 자기장이다.

B의 크기는 식 29.4.3에 따라

$$B = \mu_0 in$$

이며, 식 30.4.1에 의해

$$L = \frac{N\Phi_B}{i} = \frac{(nl)(BA)}{i} = \frac{(nl)(\mu_0 in)(A)}{i} = \mu_0 n^2 lA \quad (30.4.3)$$

이다. 따라서 긴 솔레노이드의 중심 부분에 대한 단위길이당 유도용량은 다음과 같다.

$$\frac{L}{l} = \mu_0 n^2 A \qquad \text{(솔레노이드)}. \quad (30.4.4)$$

유도용량은 전기용량처럼 오직 유도기의 기하학적인 형태에만 의존한다. 유도용량은 단위길이당 감은 수 n의 제곱에 비례함을 예상할 수 있다. 만일에 n을 세 배로 하면 전체 감은 수 N과 함께 각각의 고리를 통과하는 자기다발도 역시 세 배가 되어 전체 자기다발 $N\Phi_B$에 곱해지므로 결국 유도용량 L은 9배가 된다.

솔레노이드의 길이가 반지름보다 훨씬 길 때에는 식 30.4.3은 유도용량을 계산하는 데 좋은 근사식이다. 이 경우에는 솔레노이드의 양 끝에서 자기장이 퍼져나가는 것을 무시할 수 있다. 즉, 평행판 축전지의 공식($C = \varepsilon_0 A/d$)에서 축전지판의 가장자리에서 전기장선이 밖으로 휘어져 나가는 것을 무시하는 것과 마찬가지이다.

식 30.4.3과 n이 단위길이당 감은 수라는 것을 고려하면, 유도용량은 투자상수 μ_0와 길이의 차원을 가지는 양의 곱으로 쓸 수 있음을 알 수 있다. 이것의 의미는 μ_0를 단위미터당 헨리로 쓸 수 있다는 것이다. 즉, 다음과 같다.

$$\mu_0 = 4\pi \times 10^{-7}\ \mathrm{T\cdot m/A} = 4\pi \times 10^{-7}\ \mathrm{H/m}. \quad (30.4.5)$$

두 번째가 투자상수에 대한 더 많이 쓰는 단위이다.

확인문제 30.4.1

세 개의 유도기가 다른 회로에 있다. 이 회로는 길이가 같고, 감은 수 n, 면적 A와 전류 i는 각각 기본적인 양의 배수로 나타내었다. 유도용량이 큰 것부터 차례로 나열하여라.

유도기	n	A	i
a	$2n_0$	$4A_0$	$16i_0$
b	n_0	$13A_0$	$20i_0$
c	$3n_0$	A_0	$25i_0$

30.5 ▸ 자체 유도

요점_Key Ideas

1. 코일에 흐르는 전류 i가 시간에 따라 변하면 코일에 기전력이 유도된다. 이 자체 유도기전력은 다음과 같다.

$$\mathscr{E}_L = -L\frac{di}{dt}.$$

2. $\mathscr{E}_L$의 방향은 Lenz의 법칙으로 찾는다. 자체 유도기전력은 기전력을 만드는 변화를 방해하도록 작용한다.

학습목표_Learning Objectives

이 단원을 읽은 후 다음을 이해해야 한다.

30.5.1 코일을 통해 흐르는 전류가 변할 때 코일에 유도기전력이 나타난다.

30.5.2 코일의 유도기전력, 코일의 유도용량 L과 전류가 변하는 비율 di/dt 사이의 관계를 구한다.

30.5.3 코일의 전류가 변하기 때문에 코일에 기전력이 유도될 때 기전력은 항상 처음 전류를 유지하려고 하므로 전류의 변화를 방해한다는 Lenz의 법칙을 이용하여 기전력의 방향을 결정한다.

▶ 자체유도

유도기라 할 수 있는 두 개의 코일이 서로 가까이 있을 때, 한 코일에 흐르는 전류 i는 다른 코일을 통과하는 자기다발 Φ_B를 만든다. 이때 전류를 변화시켜 자기다발을 변화시키면 두 번째 코일에는 Faraday 법칙에 따라 유도기전력이 생긴다. 마찬가지로 첫 번째 코일에도 유도기전력이 생긴다.

> 전류가 변하는 모든 전류고리에 코일에 유도기전력 $\mathscr{E}_L$이 생긴다.

그림 30.5.1의 과정을 **자체유도**라고 하고, 이때의 기전력을 **자체 유도기전력**이라고 한다. 이것도 다른 유도기전력처럼 Faraday의 유도법칙을 따른다.

어느 유도기에서나 식 30.4.1은

$$N\Phi_B = Li \tag{30.5.1}$$

이며, Faraday 법칙에 의하면

$$\mathscr{E}_L = -\frac{d(N\Phi_B)}{dt} \tag{30.5.2}$$

이므로, 식 30.5.1과 30.5.2를 결합하면 다음과 같다.

$$\mathscr{E}_L = -L\frac{di}{dt} \quad \text{(자체 유도기전력).} \tag{30.5.3}$$

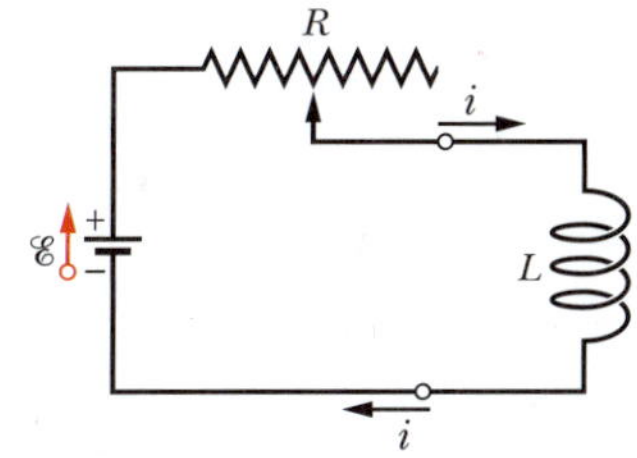

그림 30.5.1 ▸ 가변저항기의 접촉점을 옮겨서 코일에 흐르는 전류를 변화시키면 그동안 자체 유도기 전력 $\mathscr{E}_L$이 생긴다.

따라서 어떤 유도기(코일, 솔레노이드, 토로이드)라도 시간에 따라 전류가 변하면 자체 유도기전력이 생긴다. 유도기전력의 크기에 영향을 주는 것은 전류의 크기가 아니라 전류의 변화율이다.

▸***방향.*** 자체 유도기전력의 *방향*은 Lenz의 법칙으로부터 알아낼 수 있다. 식 30.5.3의 음의 부호는 자체 유도기전력 $\mathscr{E}_L$이 전류 i의 변화를 방해하는 방향으로 생긴다는 뜻이다. $\mathscr{E}_L$의 크기만을 원할 때는 음의 부호를 없애면 된다.

코일에 흐르는 전류 i가 di/dt의 비율로 점점 증가한다고 하자. Lenz의 법칙에 따르면 전류가 증가하는 "변화"를 방해하기 위해 자체 유도기전력이 그림에 표시한 방향으로 생긴다. 따라서 자체 유도기전력은 그림 30.5.2*a*처럼 초기 조건을 유지하려고(그러나 실패하지만) 전류의 증가를 방해하려는 방향으로 향하며 생긴다. 한편 그림 30.5.2*b*처럼

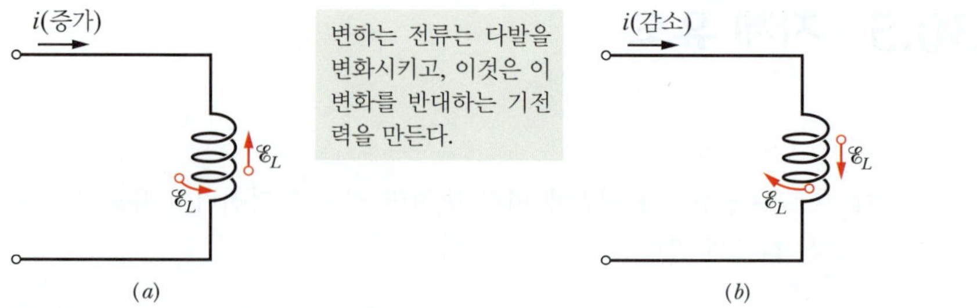

그림 30.5.2 (*a*) 전류 i가 증가할 때 코일에 자체 유도기전력 $\mathscr{E}_L$이 전류의 증가를 방해하는 방향으로 생긴다. $\mathscr{E}_L$을 나타내는 화살표는 코일의 고리를 따라서나 코일이 놓여 있는 방향으로 나타낼 수 있는데 둘 다 나타내었다. (*b*) 전류 i가 감소할 때 자체 유도기전력 $\mathscr{E}_L$이 전류의 감소를 방해하는 방향으로 생긴다.

전류가 점차 줄어들면 전류의 감소를 막기 위해서 그림에 나타낸 것처럼 기전력이 반대 방향으로 생긴다. 두 경우 모두 기전력은 초기상태를 유지하려고 한다.

▸***전기퍼텐셜.*** 30.3단원에서 자기다발의 변화가 만드는 전기장과 기전력에서는 전기퍼텐셜을 정의할 수 없다는 것을 알았다. 이것은 그림 30.5.1의 유도기에서 자체 유도기전력이 생길 때, 자기다발이 변하는 유도기 자신의 내부에서 전기퍼텐셜을 정의할 수 없다는 뜻이다. 그러나 유도기 내부가 아닌 회로의 모든 지점에서는 전기퍼텐셜을 정의할 수가 있다. 이 점들에서는 전하분포가 만드는 전기장이 생기고 이와 관련된 전기퍼텐셜을 정의할 수 있다.

또한 (유도기 양 끝이 변하는 자기다발 영역의 외부에 있다고 가정하면) *유도기 양 끝*의 자체유도 퍼텐셜차 V_L을 정의할 수 있다. 저항을 무시할 수 있는 *이상적인 유도기라면* V_L의 크기는 자체 유도기전력 $\mathscr{E}_L$의 크기와 같다.

한편 유도기 도선의 저항이 r이라면, 저항기 r(변하는 자기다발 영역의 외부에 놓는다)과 자체 유도기전력이 $\mathscr{E}_L$인 이상적인 유도기로 나누어 생각할 수 있다. 기전력 $\mathscr{E}$, 내부 저항 r인 실제 전지처럼 유도기 양 끝의 전기퍼텐셜은 기전력과 차이가 난다. 앞으로 별다른 언급이 없으면 모든 유도기는 이상적인 것이라고 가정한다.

확인문제 30.5.1

기전력 $\mathscr{E}_L$이 전류고리에 유도된 그림이다. 고리에 흐르는 전류를 제대로 기술한 것은 다음 중 어느 것인가? (*a*) 오른쪽으로 일정한 전류, (*b*) 왼쪽으로 일전한 전류, (*c*) 오른쪽으로 증가하는 전류, (*d*) 오른쪽으로 감소하는 전류, (*e*) 왼쪽으로 증가하는 전류, (f) 왼쪽으로 감소하는 전류.

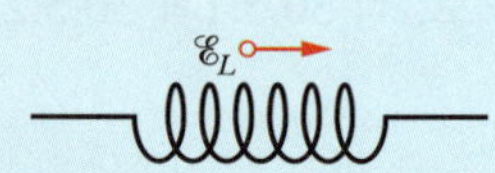

30.6 ▸ *RL* 회로

학습목표_Learning Objectives

이 단원을 읽은 후 다음을 이해해야 한다.

30.6.1 전류가 증가하는 RL 회로의 회로도를 그린다.

30.6.2 전류가 증가하는 RL 회로에

요점_Key Ideas

1. 저항 R, 유도용량 L이 포함된 단일고리 회로에 일정한 기전력 $\mathscr{E}$가 걸리면 전류는

$$i = \frac{\mathscr{E}}{R}(1 - e^{-t/\tau_L}) \qquad \text{(전류 증가)}$$

으로 증가하여 평형값 $\mathscr{E}/R$에 도달한다. 여기서 $\tau_L(= L/R)$은 전류의 증가율을 결정

하고 회로의 유도 시간상수라고 부른다.

2. 일정한 기전력을 없애면 전류는 i_0로부터

$$i = i_0 e^{-t/\tau_L} \qquad \text{(전류 감소)}$$

의 형태로 감소한다.

RL 회로

27.4단원에서 저항기 R과 축전기 C를 직렬로 연결한 양끝에 기전력 $\mathscr{E}$를 연결하면 축전기의 전하가 평형값 $C\mathscr{E}$에 즉시 이르지 못하고 다음과 같이 지수함수적으로 접근하는 것을 알았다.

$$q = C\mathscr{E}(1 - e^{-t/\tau_C}). \tag{30.6.1}$$

전하가 충전되는 비율은 식 27.4.7에서 정의한 전기용량 시간상수

$$\tau_C = RC \tag{30.6.2}$$

에 의해 결정된다.

만약 기전력을 갑자기 제거하더라도 전하는 즉시 0으로 감소하지 않고 다음과 같은 지수함수 모양으로 0으로 접근한다.

$$q = q_0 e^{-t/\tau_C}. \tag{30.6.3}$$

시간상수 τ_C는 전하가 충전되는 것과 더불어 방전되는 비율을 결정한다.

이와 비슷하게 저항기 R과 유도기 L이 직렬로 연결된 회로에 기전력 $\mathscr{E}$를 연결하거나 제거하면 전류가 서서히 증가하거나 감소하게 된다. 그림 30.6.1에서 스위치를 a로 연결하면 저항에 흐르는 전류는 증가하기 시작한다. 만일에 유도기가 없다면 전류는 급격하게 증가하여 평형값 $\mathscr{E}/R$에 이를 것이다. 그러나 유도기가 있기 때문에 Lenz의 법칙에 따라 자체 유도기전력 $\mathscr{E}_L$이 전류의 증가를 방해하는 방향, 즉 회로에 연결된 기전력과 반대 극성으로 생기게 된다. 이때 저항기의 전류는 전지의 기전력 $\mathscr{E}$와 자체 유도기전력 $\mathscr{E}_L(= -L\ di/dt)$의 차이에 따라 흐르게 된다. 따라서 $\mathscr{E}_L$이 있는 한 전류는 $\mathscr{E}/R$보다 작을 것이다.

이제 시간이 흘러서 전류의 증가가 느려지면 di/dt에 비례하는 자체 유도기전력의 크기도 작아진다. 따라서 회로에 흐르는 전류도 점차적으로 $\mathscr{E}/R$에 접근한다.

이 결과를 다음과 같이 일반화할 수 있다.

> 처음에 유도기는 자체 전류의 변화를 방해하도록 작용하다가 오랜 시간이 지나면 일반 도선처럼 작용한다.

이제 이 상황을 정량적으로 분석해 보자. 그림 30.6.1에서 스위치 S를 a로 연결하면 그림 30.6.2의 회로와 동등하다. 회로의 x점에서 출발하여 전류 i를 따라 시계방향으로 이동하면서 고리규칙을 적용해 보자.

1. *저항기.* 저항기에 흐르는 전류와 같은 방향으로 이동하므로 전기퍼텐셜이 iR만큼 감소한다. 즉, 점 x에서 점 y로 이동하면 $-iR$의 퍼텐셜 변화가 생긴다.

2. *유도기.* 전류가 변하므로 유도기에는 자체 유도기전력 $\mathscr{E}_L$이 생긴다. 식 30.5.3에 의하면 $\mathscr{E}_L$의 크기는 Ldi/dt이다. 전류 i가 유도기의 아래쪽으로 증가하면서 흐르기 때문에

대한 (미분방정식인) 고리 방정식을 쓴다.

30.6.3 전류가 증가하는 RL 회로에 대해 전류 $i(t)$를 시간의 함수로 나타낸다.

30.6.4 전류가 증가하는 RL 회로에 대해 저항 사이의 퍼텐셜차 V, 전류의 변화율 di/dt와 유도기의 기전력에 대한 식을 시간의 함수로 구한다.

30.6.5 유도 시간상수 τ_L을 계산한다.

30.6.6 전류가 감소하는 RL 회로에 대한 회로도를 그린다.

30.6.7 전류가 감소하는 RL 회로에 대해 (미분방정식인) 고리 방정식을 쓴다.

30.6.8 전류가 감소하는 RL 회로에 대해 전류 $i(t)$를 시간의 함수로 나타낸다.

30.6.9 전류가 감소하는 RL 회로에 대해 저항 사이의 퍼텐셜차 V, 전류의 변화율 di/dt와 유도기의 기전력에 대한 식을 시간의 함수로 구한다.

30.6.10 RL 회로에 대해 회로에 전류가 변하기 시작할 때(초기조건)와 오랜 시간이 지나 평형상태에도 달했을 때(최종 조건) 유도기에 흐르는 전류와 그 사이의 기전력을 구한다.

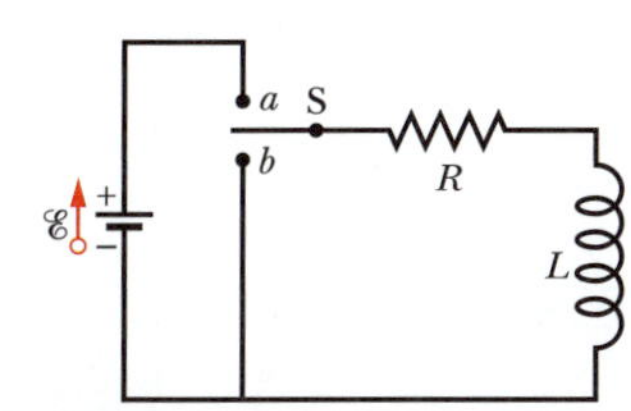

그림 30.6.1 RL 회로. 스위치 S가 a로 닫히면 전류는 증가하고 극한값 $\mathscr{E}/R$에 도달한다.

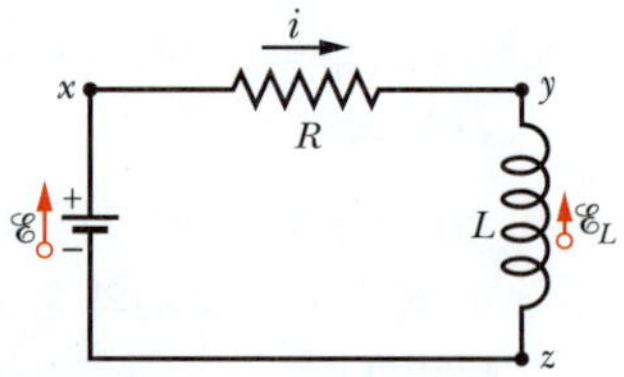

그림 30.6.2 스위치를 a로 연결한 그림 30.6.1의 회로. x점에서 출발하여 시계방향으로 고리규칙을 적용한다.

그림 30.6.2에서 $\mathscr{E}_L$이 걸리는 방향은 위쪽이다. 따라서 점 y에서 점 z까지 이동하면 퍼텐셜의 변화는 $-L\,di/dt$이다.

3. *전지.* 점 z에서 출발점 x로 되돌아오면 전지의 기전력 때문에 전기퍼텐셜의 변화는 $+\mathscr{E}$이다.

따라서 고리규칙을 적용하면

$$-iR - L\frac{di}{dt} + \mathscr{E} = 0$$

즉

$$L\frac{di}{dt} + Ri = \mathscr{E} \qquad (RC \text{ 회로}) \tag{30.6.4}$$

를 얻는다. 식 30.6.4는 변수 i와 그 1차미분 di/dt를 포함하는 미분방정식이다. 이 식을 푸는 것은 어떤 함수 $i(t)$와 이 함수의 1차미분을 식 30.6.4에 대입했을 때 미분방정식을 만족시키고 처음 조건 $i(0) = 0$도 만족시키는 함수를 구하는 것이다.

식 30.6.4와 처음 조건은 q를 i로, R을 L로, $1/C$을 R로 바꾸었을 때의 식 27.4.3의 RC 회로와 동일하다. 즉, 식 30.6.4의 해는 식 27.4.4의 해와 같은 형태가 되어야 한다. 따라서 이 방정식의 해는

$$i = \frac{\mathscr{E}}{R}(1 - e^{-Rt/L}) \tag{30.6.5}$$

로서 다음과 같다.

$$i = \frac{\mathscr{E}}{R}(1 - e^{-t/\tau_L}) \qquad (\text{전류의 증가}). \tag{30.6.6}$$

여기서 τ_L은 **유도 시간상수**이며 다음과 같다.

$$\tau_L = \frac{L}{R} \qquad (\text{시간상수}). \tag{30.6.7}$$

스위치를 닫을 때($t = 0$)와 오랜 시간이 흐른 후($t \to \infty$)에 대해 식 30.6.6을 점검해 보자. 식 30.6.6에 $t = 0$으로 놓으면 지수부분은 $e^{-0} = 1$이 된다. 즉 예상한 것처럼 전류가 처음에는 $i = 0$이다. 한편 $t \to \infty$이면 지수부분은 $e^{-\infty} = 0$이다. 따라서 식 30.6.6의 전류는 평형값 $\mathscr{E}/R$에 도달한다.

회로의 퍼텐셜차도 다음과 같이 점검해 볼 수 있다. 예를 들어 그림 30.6.3은 저항기 사이에 걸리는 퍼텐셜차 $V_R(= iR)$과 유도기에 걸리는 퍼텐셜차 $V_L(= L\,di/dt)$가 시간에 따라 어떻게 변하는지를 특정한 $\mathscr{E}$, L, R의 값에 대해 그린 것이다. 이 그림과 RC 회로에 대응하는 그림 27.1.16을 주의 깊게 비교해 보자.

$\tau_L(= L/R)$이 시간의 차원을 가지는 것을 보여주기 위해 H/Ω을 다음과 같이 변환시킨다(식 30.6.6의 지수함수의 선수이므로 시간의 차원이어야 한다).

$$1\,\frac{\text{H}}{\Omega} = 1\,\frac{\text{H}}{\Omega}\left(\frac{1\,\text{V}\cdot\text{s}}{1\,\text{H}\cdot\text{A}}\right)\left(\frac{1\,\Omega\cdot\text{A}}{1\,\text{V}}\right) = 1\,\text{s}.$$

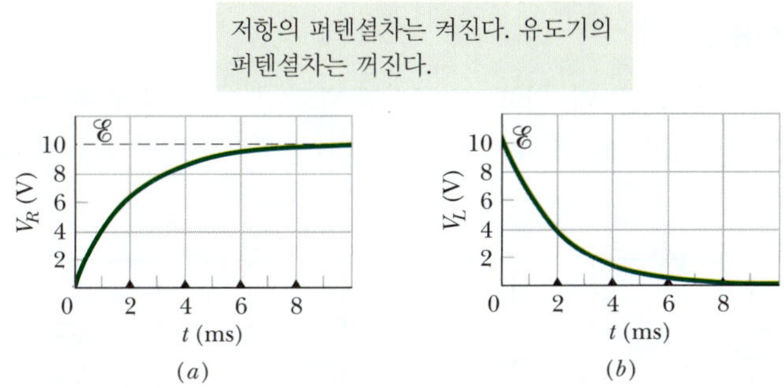

그림 30.6.3 그림 30.6.2에서 (*a*) 저항기에 걸리는 퍼텐셜차 V_R과 (*b*) 유도기에 걸리는 퍼텐셜차 V_L의 시간에 대한 그래프이다. 작은 삼각형은 유도 시간상수 $\tau_L = L/R$ 단위로 표시한 시간 간격이다. $R = 2000\ \Omega$, $L = 4.0$ H, $\mathscr{E} = 10$ V이다.

괄호 안의 첫 항은 식 30.5.3에 의한 전환인자이며, 두 번째 양은 $V = iR$에 의한 전환인자이다.

▸***시간상수.*** 유도 시간상수의 물리적 의미는 식 30.6.6에서 알 수 있다. 이 식에 $t = \tau_L = L/R$을 대입하면 다음을 얻는다.

$$i = \frac{\mathscr{E}}{R}(1 - e^{-1}) = 0.63\frac{\mathscr{E}}{R}. \tag{30.6.8}$$

결국 시간상수 τ_L은 회로에 흐르는 전류가 최종적인 평형값 $\mathscr{E}/R$의 약 63%에 도달하는 데 걸리는 시간이다. 저항기에 걸리는 퍼텐셜차 V_R은 전류 i에 비례하므로 시간에 대한 전류의 그림은 그림 30.6.3*a*에서 V_R의 그림과 같은 모양을 보인다.

▸***전류의 감소.*** 그림 30.6.1에서 스위치 S를 *a*쪽으로 닫고 오랜 시간이 흘러 전류가 평형값 $\mathscr{E}/R$에 도달한 후에 스위치를 열면 그 효과는 회로에서 전지를 제거한 것과 같다(*a*에서 연결이 끊어진 즉시 *b*로 연결되어야 한다. 이러한 스위치를 *연결* 스위치라 한다). 전지를 제거하면 저항기에 흐르는 전류도 줄어들 것이다. 이때 전류는 즉시 0이 되지 않고 시간을 두고 줄어든다. 이때의 미분방정식은 식 30.6.4에서 $\mathscr{E} = 0$을 대입한 다음 식과 같다.

$$L\frac{di}{dt} + iR = 0. \tag{30.6.9}$$

식 27.4.9, 27.4.10과 비슷하게 초기 조건 $i(0) = i_0 = \mathscr{E}/R$을 만족하는 미분방정식의 해는

$$i = \frac{\mathscr{E}}{R}e^{-t/\tau_L} = i_0 e^{-t/\tau_L} \quad \text{(전류의 감소)} \tag{30.6.10}$$

이다. *RL*회로에서 전류의 증가(식 30.6.6)나 감소(식 30.6.10) 모두 같은 유도 시간상수 τ_L에 의해 결정되는 것을 알 수 있다.

식 30.6.10에서 i_0는 시간 $t = 0$에서의 전류이다. 이 경우에는 $\mathscr{E}/R$이지만 다른 값이 초기값으로 주어질 수도 있다.

확인문제 30.6.1

그림은 모두 동일한 전지, 유도기, 저항기로 구성된 회로이다. 다음의 두 경우에 대해 전지를 통해 흐르는 전류가 큰 순서대로 각각 나열하여라. (a) 스위치가 닫힌 직후, (b) 오랜 시간이 지난 후.

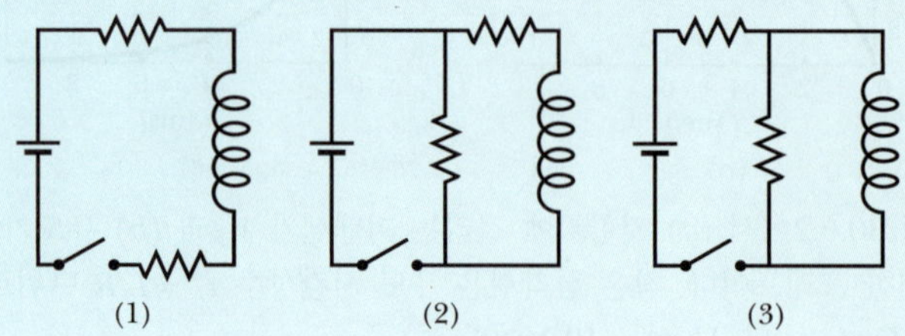

보기문제 30.6.1 *RL* 회로, 스위치가 닫힌 즉시와 오랜 시간이 지난 후

그림 30.6.4*a*는 $R = 9.0\ \Omega$인 동일한 세 개의 저항기와 $L = 2.0$ mH인 동일한 두 개의 유도기, 기전력 $\mathscr{E} = 18$ V의 이상적인 전지로 구성된 회로이다.

(a) 스위치가 닫힌 즉시 전지를 통해 흐르는 전류 i는 얼마인가?

요점

스위치가 닫힌 직후의 유도기는 자신에 흐르는 전류의 변화에 반대로 반응한다.

풀이: 스위치가 열려 있을 때 각각의 유도기에 흐르는 전류가 0이므로 닫힌 직후에도 역시 0일 것이다. 그러므로 스위치를 닫은 직후에는 그림 30.6.4*b*처럼 유도기는 회로에서 없어진 것처럼 행동한다. 따라서 이 경우에는 하나의 닫힌 회로가 되어 고리규칙을 적용하면

$$\mathscr{E} - iR = 0$$

이다. 이 식에 주어진 값을 대입하여 다음을 얻는다.

$$i = \frac{\mathscr{E}}{R} = \frac{18\ \text{V}}{9.0\ \Omega} = 2.0\ \text{A}. \quad \text{(답)}$$

(b) 스위치를 닫고 오랜 시간이 지난 후 전지를 통해 흐르는 전류 i는 얼마인가?

요점

스위치를 닫은 후 오랜 시간이 지나면 전류는 평형값에 도달하고 그림 30.6.4*c*와 같이 유도기가 없는 것처럼 행동한다.

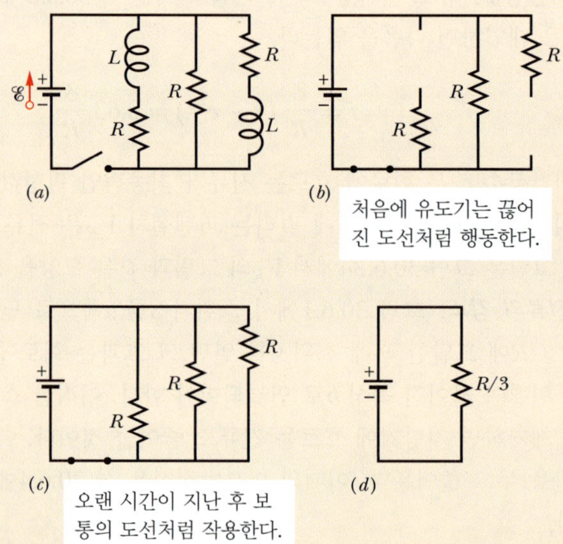

그림 30.6.4 (*a*) 스위치가 열린 다중 *RL* 회로. (*b*) 스위치가 닫힌 직후의 동등한 회로. (*c*) 오랜 시간이 흐른 후의 동등한 회로. (*d*) (*c*)와 동일한 단일고리 회로.

풀이: 동일한 저항기 세 개가 병렬연결된 회로가 되므로, 식 27.2.6으로부터 등가저항은 $R_{eq} = R/3 = (9.0\ \Omega)/3 = 3.0\ \Omega$이다. 결국 등가회로를 그림 30.6.4*d*처럼 표시할 수 있으므로 회로방정식은 $\mathscr{E} - iR_{eq} = 0$이다. 따라서 다음을 얻는다.

$$i = \frac{\mathscr{E}}{R_{eq}} = \frac{18\ \text{V}}{3.0\ \Omega} = 6.0\ \text{A}. \quad \text{(답)}$$

보기문제 30.6.2 ***RL* 회로, 과도기의 전류**

어떤 솔레노이드의 유도용량은 53 mH, 저항은 0.37 Ω이다. 이것에 전지를 연결하면 언제 평형전류의 반에 해당하는 전류가 흐르게 되는가? (이것은 *실제 솔레노이드*이다. 왜냐하면 작지만 0이 아닌 내부저항을 고려하기 때문이다.)

요점

그림 30.6.2처럼 머리 속에서 솔레노이드를 저항기와 유도기로 분리하여 전지와 연결시킬 수 있다. 다음에 고리 규칙을 적용해서 식 30.6.4를 만들고 이것의 해로서 전류에 대한 식 30.6.6을 유도한다.

풀이: 전류에 대한 해로부터 전류가 처음에 0으로부터 지수함수적으로 증가하여 평형전류 $\mathscr{E}/R$이 된다. 전류가 평형값의 반에 도달하는 시간을 t_0라고 하자. 그러면 식 30.6.6에서 다음을 얻는다.

$$\frac{1}{2}\frac{\mathscr{E}}{R} = \frac{\mathscr{E}}{R}(1 - e^{-t_0/\tau_L}).$$

이제 $\mathscr{E}/R$를 없애고 지수를 분리하여 양쪽에 자연로그를 취해서 t_0를 구하면 다음을 얻는다.

$$t_0 = \tau_L \ln 2 = \frac{L}{R}\ln 2 = \frac{53 \times 10^{-3}\ \text{H}}{0.37\ \Omega}\ln 2$$

$$= 0.10\ \text{s}.$$ (답)

▶ **교육용 비디오는 웹사이트 www.wiley.com에서 볼 수 있다.**

30.7 ▸ 자기장에 저장된 에너지

요점_*Key Ideas*

1. 유도용량 L인 유도기에 전류 i가 흐르면 유도기의 자기장은

$$U_B = \tfrac{1}{2}Li^2 \qquad \text{(자기에너지)}$$

의 에너지를 저장한다.

학습목표_*Learning Objectives*

이 단원을 읽은 후 다음을 이해해야 한다.

30.7.1 일정한 기전력이 있는 *RL* 회로에서 유도기의 자기장 에너지에 대한 식을 유도한다.

30.7.2 *RL* 회로의 유도기에 대해 자기장 에너지 U, 유도용량 L과 전류 i 사이의 관계를 구한다.

▶ 자기장에 저장된 에너지

서로 반대 부호를 가진 두 대전입자를 멀리 떼어놓을 때 생기는 전기 퍼텐셜에너지는 두 입자가 만드는 전기장의 형태로 저장된다고 볼 수 있다. 두 입자를 다시 가까이 접근시켜서 처음의 상태로 되돌릴 수 있다. 이와 비슷한 방법으로 자기장에 에너지가 저장되는 상황을 생각할 수 있다. 그러나 이번에는 전하 대신 전류를 다룬다.

자기장에 저장된 에너지에 대한 정량적인 표현을 유도하기 위해 저항기 R, 유도기 L, 기전력 $\mathscr{E}$로 이루어진 그림 30.6.2를 다시 생각해 보자. 편의상 식 30.6.4를 다시 쓰면

$$\mathscr{E} = L\frac{di}{dt} + iR \tag{30.7.1}$$

이다. 이 식은 회로에 흐르는 전류가 증가하는 것을 나타내는 미분방정식이다. 이 방정식은 고리규칙에서 얻은 식이고, 고리규칙은 단일고리 회로에 대한 에너지보존의 원리를 표현한 것이다. 식 30.7.1의 양변에 전류 i를 곱해주면 다음을 얻는다.

$$\mathscr{E}i = Li\frac{di}{dt} + i^2R. \tag{30.7.2}$$

이 식은 전지에 의해 한 일과 전달된 에너지의 개념으로서 다음과 같은 물리적인 해석이 가능하다.

1. 그림 30.6.2에서 미소전하량 dq가 시간 dt 동안 전지를 통과한다면 전지는 전하에 $\mathscr{E}\,dq$의 일을 하므로 전지의 일률은 $(\mathscr{E}\,dq)/dt$, 즉 $\mathscr{E}i$이다. 따라서 식 30.7.2의 좌변은 기전력이 회로에 공급하는 일률이다.

2. 식 30.7.2의 맨 오른쪽 항은 저항기를 통해 열에너지로 나타나는 일률이다.

3. 회로에 공급되는 에너지가 열에너지로 나타나지 않으면 에너지 보존의 가정에 따라 유도기의 자기장에 저장된다고 생각할 수 있다. 식 30.7.2는 RL 회로의 에너지 보존의 원리를 나타내므로 가운데 항은 자기장에 저장되는 에너지의 비율 dU_B/dt를 나타낼 것이다. 여기서 U_B는 자기장에 저장되는 자기퍼텐셜 에너지이다.

따라서

$$\frac{dU_B}{dt} = Li\frac{di}{dt} \tag{30.7.3}$$

이고, 이를 다시 쓰면

$$dU_B = Li\,di$$

이다. 이를 적분하여

$$\int_0^{U_B} dU_B = \int_0^i Li\,di$$

를 얻고, 정리하면 다음과 같다.

$$U_B = \tfrac{1}{2}Li^2 \qquad \text{(자기에너지)}. \tag{30.7.4}$$

이것은 전류 i가 흐르는 유도기 L에 저장된 에너지이다. 자기장에 저장된 에너지에 대한 형태와 전하 q가 충전된 축전기 C에 나타난 전기장에 저장된 에너지의 식과 형태가 비슷함을 주목하자. 즉

$$U_E = \frac{q^2}{2C} \tag{30.7.5}$$

과 비교한다(변수 i^2은 q^2에 대응하고, 상수 L은 $1/C$에 대응한다).

확인문제 30.7.1

RL 회로에서 스위치를 닫을 때 자기장에너지 U_B는 시간에 따라 어떻게 변하는가? (a) $e^{-t/\tau L}$, (b) $1 - e^{-t/\tau L}$, (c) $(1 - e^{-t/\tau L})^2$, (d) $(1 - e^{-t/\tau L})\,e^{-t/\tau L}$?

보기문제 30.7.1 자기장에 저장된 에너지

유도용량 53 mH, 저항 0.35 Ω의 코일이 있다.

(a) 12 V의 기전력을 코일에 연결할 때 전류가 평형값에 도달한 후 자기장에 저장된 에너지는 얼마인가?

요점

어떤 시간에 코일이 만드는 자기장에 저장되는 에너지는 식 30.7.4($U_B = \frac{1}{2}Li^2$)에 따라 코일을 통해 흐르는 전류에 의

존한다.

풀이: 따라서 평형상태의 에너지 $U_{B\infty}$를 구하기 위해서는 먼저 평형전류를 구해야 한다. 식 30.6.6으로부터 평형전류는

$$i_\infty = \frac{\mathscr{E}}{R} = \frac{12\ \text{V}}{0.35\ \Omega} = 34.3\ \text{A} \tag{30.7.6}$$

이다. 이것을 식 30.6.6에 대입하여 다음을 얻는다.

$$U_{B\infty} = \tfrac{1}{2}Li_\infty^2 = (\tfrac{1}{2})(53 \times 10^{-3}\ \text{H})(34.3\ \text{A})^2$$
$$= 31\ \text{J}.$$ (답)

(b) 시간상수의 몇 배가 지난 후 자기장에 저장된 에너지가 평형값의 반에 도달하는가?

풀이: 어느 시간 t에 다음 식을 만족할까?

$$U_B = \tfrac{1}{2}U_{B\infty}.$$

식 30.7.4를 두 전류에 대해 각각 이용하면

$$\tfrac{1}{2}Li^2 = (\tfrac{1}{2})\tfrac{1}{2}Li_\infty^2$$

즉,

$$i = \left(\frac{1}{\sqrt{2}}\right) i_\infty \tag{30.7.7}$$

이다. 이 방정식은 전류가 초기값 0에서 최종값 i_∞로 증가할 때 자기장은 전류가 이 값으로 증가될 때 최종적으로 저장되는 에너지의 절반을 갖게 된다. 일반적으로 i는 식 30.6.6으로 주어지고, i_∞(식 30.7.6 참조)는 $\mathscr{E}/R$이므로 식 30.7.7은

$$\frac{\mathscr{E}}{R}(1 - e^{-t/\tau_L}) = \frac{\mathscr{E}}{\sqrt{2}R}$$

이다. 양변에서 $\mathscr{E}/R$을 없애고 다시 정리하면

$$e^{-t/\tau_L} = 1 - \frac{1}{\sqrt{2}} = 0.293$$

이므로, 결국

$$\frac{t}{\tau_L} = -\ln 0.293 = 1.23$$

즉,

$$t \approx 1.2\tau_L$$ (답)

을 얻는다. 따라서 코일의 자기장에 저장된 에너지는 기전력이 연결된 후 약 1.2배의 시간상수가 흐른 후에 평형값의 반이 된다.

▶ 교육용 비디오는 웹사이트 www.wiley.com에서 볼 수 있다.

30.8 ▸ 자기장의 에너지밀도

학습목표_Learning Objectives

이 단원을 읽은 후 다음을 이해해야 한다.

30.8.1 어떤 자기장에 대해서도 에너지를 연관시킬 수 있다.

30.8.2 자기장의 에너지밀도 u_B와 자기장의 크기 B 사이의 관계를 구한다.

요점_Key Ideas

1. B가 (유도기의 내부나 어디서든) 자기장의 크기라면 그 점에서 저장된 자기에너지 밀도는 다음과 같다.

$$u_B = \frac{B^2}{2\mu_0} \quad \text{(자기에너지 밀도)}.$$

▶ 자기장의 에너지밀도

단면적이 A인 긴 솔레노이드의 중간 근처에서 길이 l인 토막부분을 고려해 보자. 이 부분의 부피는 Al이다. 길이 l의 솔레노이드에 저장된 에너지 U_B는 대부분이 토막의 내부에 들어 있게 되는데, 이는 솔레노이드 외부의 자기장이 거의 0이기 때문이다. 더구나 내부의 자기장이 균일하게 분포하고 있기 때문에 저장된 에너지도 내부에 고르게 분포한다.

따라서 자기장에 저장된 단위부피당 에너지는 다음과 같다.

$$u_B = \frac{U_B}{Al}$$

혹은

$$U_B = \tfrac{1}{2}Li^2$$

이므로 다음을 얻는다.

$$u_B = \frac{Li^2}{2Al} = \frac{L}{l}\frac{i^2}{2A}. \tag{30.8.1}$$

여기서 L은 솔레노이드의 길이 l인 토막의 유도용량이다.

이제 식 30.4.4의 L/l을 대입하면 다음을 얻는다.

$$u_B = \tfrac{1}{2}\mu_0 n^2 i^2. \tag{30.8.2}$$

여기서 n은 단위길이당 감은 수이다. 식 29.4.3($B = \mu_0 in$)으로부터 *자기에너지 밀도*를

$$u_B = \frac{B^2}{2\mu_0} \quad \text{(자기에너지 밀도)} \tag{30.8.3}$$

으로 쓸 수 있다. 이 식은 자기장이 B인 곳에 저장된 에너지밀도이다. 비록 솔레노이드라는 특수한 경우에 대해 유도했지만 식 30.8.3는 임의의 자기장에 대해서도 성립한다. 이 식을 전기장의 (진공에서의) 에너지밀도에 대한 식 25.4.5,

즉

$$u_E = \tfrac{1}{2}\varepsilon_0 E^2 \tag{30.8.4}$$

과 비교해 보면, 에너지밀도가 각각 B와 E의 제곱에 비례하는 것을 알 수 있다.

확인문제 30.8.1

오른편 표는 세 솔레노이드의 단위길이당 감은 수, 전류, 단면적을 나열한 것이다. 내부의 에너지밀도가 높은 솔레노이드 순서대로 나열하여라.

솔레노이드	단위길이 감은 회수	전류	면적
a	$2n_1$	i_1	$2A_1$
b	n_1	$2i_1$	A_1
c	n_1	i_1	$6A_1$

30.9 ▸ 상호유도

학습목표_Learning Objectives

이 단원을 읽은 후 다음을 이해해야 한다.

30.9.1 두 코일의 상호유도를 설명하고, 그 배열을 그린다.

30.9.2 두 번째 코일(혹은 변하는 두 번째 전류)에 대한 코일의 상호유도용량을 계산한다.

30.9.3 이차코일에 의한 일차코일에 유도되는 기전력을 상호유도용량과 이차코일의 전류변화율로 계산한다.

요점_Key Ideas

1. 코일 1과 2가 서로 가까이 있으면 한쪽 코일의 전류변화가 다른 코일에 기전력을 유도한다. 이 상호유도는

$$\mathscr{E}_2 = -M\frac{di_1}{dt}$$

과

$$\mathscr{E}_1 = -M\frac{di_2}{dt}$$

으로 기술한다. 여기서 (헨리로 측정하는) M은 상호유도용량이다.

▶ 상호유도

이 절에서는 30.1절에서 논의했던 두 코일의 경우로 되돌아가서 좀 더 체계적으로 다뤄보겠다. 그림 30.1.2처럼 두 코일이 가까이 있다면 한 고리에 흐르는 일정한 전류 i는 다른 고리를 지나가는 자기다발 Φ를 만든다. 만일 전류 i를 시간에 따라 변화시키면 Faraday 법칙에 따라 두 번째 고리에 기전력 $\mathscr{E}$가 생겨나는데 이를 *유도*라고 불렀다. 여기서는 하나의 코일만 포함된 *자체유도*와 구분하여 두 코일이 상호작용하여 생기는 유도현상을 **상호유도**라고 부른다.

이제 상호유도에 대해 보다 정량적으로 살펴보자. 그림 30.9.1*a*에서 원형으로 감겨 있는 두 코일의 중심축은 같다. 가변저항기는 저항값 R에 맞추어져 있고 전지는 코일 1에 일정한 전류 i_1을 흐르게 한다. 이 전류는 그림에서 $\vec{B}_1$으로 표시한 자기장을 만든다. 코일 2에는 민감한 계기가 달려 있으나 전지는 없다. 이때 자기다발 Φ_{21}(코일 1이 코일 2에 만드는 자기다발)이 N_2번 감은 코일 2에 걸린다.

코일 1에 대한 코일 2의 상호유도용량 M_{21}을 다음과 같이 정의한다.

$$M_{21} = \frac{N_2\Phi_{21}}{i_1}. \tag{30.9.1}$$

이는 식 30.4.1의 유도에 대한 정의식과 같은 형식이다.

$$L = N\Phi/i. \tag{30.9.2}$$

식 30.9.1을 다시 쓰면

$$M_{21}i_1 = N_2\Phi_{21} \tag{30.9.3}$$

이다. 여기서 저항값 R을 변하게 해서 시간에 따라 i_1을 변화시키면 다음과 같다.

$$M_{21}\frac{di_1}{dt} = N_2\frac{d\Phi_{21}}{dt}. \tag{30.9.4}$$

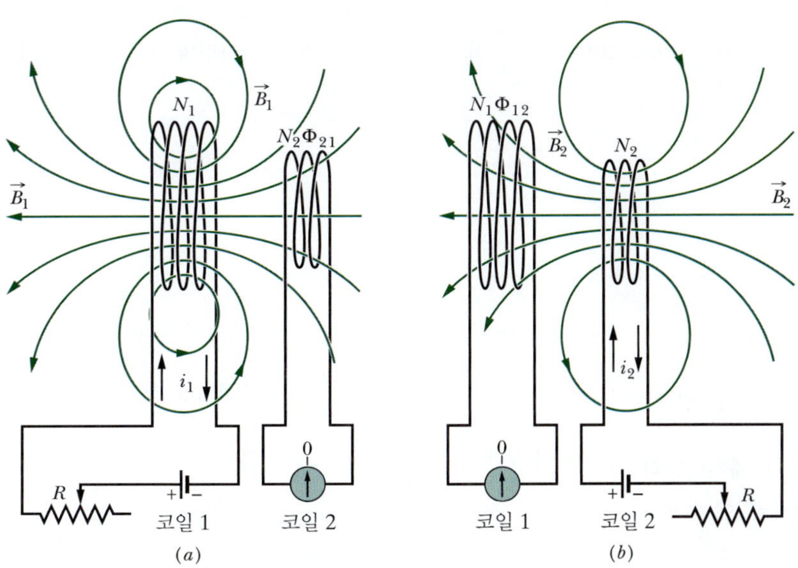

그림 30.9.1 상호유도. (*a*) 코일 1의 전류 i_1이 만드는 자기장 $\vec{B}_1$은 코일 2까지 펼쳐져 있다. 만일에 (가변저항기 R로써) i_1을 변하게 하면 코일 2에는 기전력이 유도되고 여기에 연결된 계기에 전류가 흐르게 될 것이다. (*b*) 두 코일의 역할이 바뀐 경우.

Faraday 법칙에 의하면 이 식의 우변은 바로 코일 1의 전류의 변화에 의하여 코일 2에서 생겨나는 기전력의 크기이다. 방향을 나타내는 음의 부호를 포함하면 다음을 얻는다.

$$\mathscr{E}_2 = -M_{21}\frac{di_1}{dt}. \tag{30.9.5}$$

이 결과는 자체유도의 식 30.5.3($\mathscr{E} = -L\,di/dt$)과 비교해 보아야 한다.

▸*교환.* 이제 그림 30.9.1*b*처럼 코일 1과 2의 역할을 바꾸어 보자. 즉, 코일 2에 전지를 연결해서 전류 i_2를 흐르게 하고, 이것이 코일 1에 자기다발 Φ_{12}를 걸리게 한다. 그리고 저항 R을 변하게 해서 전류 i_2를 변화시켜서 정리하면 다음을 얻는다.

$$\mathscr{E}_1 = -M_{12}\frac{di_2}{dt}. \tag{30.9.6}$$

따라서 한 코일의 기전력은 다른 코일에 흐르는 전류의 변화율에 비례함을 알 수 있다. 두 비례상수 M_{21}과 M_{12}는 달라 보인다. 여기서 증명은 하지 않겠지만 실제로 둘은 같은 값을 가지므로 첨자를 쓰지 않고 쓴다. 따라서 다음을 얻는다.

$$M_{21} = M_{12} = M. \tag{30.9.7}$$

식 30.9.5와 식 30.9.6을 다시 쓰면

$$\mathscr{E}_2 = -M\frac{di_1}{dt} \tag{30.9.8}$$

이고,

$$\mathscr{E}_1 = -M\frac{di_2}{dt} \tag{30.9.9}$$

이다.

➡ 확인문제 30.9.1

그림 30.9.1*a*에서 (암페어와 초로 나타낸) 코일 1에 흐르는 다음의 세 전류를 고려하자. (a) $i_a = 20.0$, (b) $i_b = 20t$, (c) $i_c = 10t$. 코일 2에 유도되는 기전력의 크기가 큰 것부터 전류를 나열하여라.

정리 및 요약 _Review & Summary

▸**자기다발** 자기장 $\vec{B}$ 안의 영역 A를 통과하는 *자기다발* Φ_B는

$$\Phi_B = \int \vec{B}\cdot d\vec{A} \tag{30.1.1}$$

로 정의한다. 여기서 면적의 전 영역에 걸쳐서 적분한다. 자기다발의 SI 단위는 웨버(Wb)이고 1 Wb = 1 T · m^{2}이다. $\vec{B}$가 영역에 수직하고 균일하다면 식 30.1.1은 다음과 같다.

$$\Phi_B = BA \qquad (\vec{B} \perp A,\ \text{균일한 } \vec{B}). \tag{30.1.2}$$

▸**Faraday의 유도법칙** 닫힌 도체의 고리로 둘러싸인 영역을 통과하는 자기다발 Φ_B가 시간에 따라 변하면 고리에 전류와 기전력이 생긴다. 이를 *유도*라고 한다. 한편 유도기전력은 다음과 같다.

$$\mathscr{E} = -\frac{d\Phi_B}{dt} \qquad \text{(Faraday 법칙)}. \tag{30.1.4}$$

고리가 N번 감겨 있다면 유도기전력은 다음과 같다.

$$\mathscr{E} = -N\frac{d\Phi_B}{dt}. \tag{30.1.5}$$

▸**Lenz의 법칙** 유도전류는 자체 자기장이 *자기다발의 변화를 방해하는* 방향이 되도록 유도전류가 흐른다. 유도기전력은 유도전류와 같은 방향이다.

▸ ***기전력과 유도 전기장*** 자기다발이 변하는 고리가 물리적인 도체가 아니고 가상의 곡선이라도 자기다발의 변화에 의해 기전력이 생긴다. 변하는 자기장은 고리의 각 지점에 전기장 $\vec{E}$를 만들고, 이때의 기전력은 다음과 같다.

$$\mathscr{E} = \oint \vec{E} \cdot d\vec{s}. \qquad (30.3.4)$$

여기서 적분은 닫힌 경로를 따라 한다. 식 30.3.4로부터 Faraday 법칙의 일반적인 형태는 다음과 같다.

$$\oint \vec{E} \cdot d\vec{s} = -\frac{d\Phi_B}{dt} \quad \text{(Faraday 법칙)}. \qquad (30.3.5)$$

변하는 자기장이 전기장을 유도한다.

▸ ***유도기*** **유도기**는 특정한 영역에 자기장을 만들기 위해서 사용하는 장치이다. 전류 i가 N번 감긴 유도기에 흐른다면 각 고리의 자기다발 Φ_B가 결합되어 나타난다. 즉 유도기의 **유도용량** L은 다음과 같다.

$$L = \frac{N\Phi_B}{i} \quad \text{(유도용량의 정의)}. \qquad (30.4.1)$$

유도용량의 SI 단위는 **헨리**(H)이고 1 헨리 = 1 H = 1 T · m²/A이다. 단위길이당 n번 감겨 있고 단면적이 A인 솔레노이드의 중간 부근에서 단위길이당 유도용량은 다음과 같다.

$$\frac{L}{l} = \mu_0 n^2 A \quad \text{(솔레노이드)}. \qquad (30.4.4)$$

▸ ***자체유도*** 코일을 흐르는 전류 i가 시간에 따라 변하면 코일에 기전력이 유도된다. 이때 자체 유도기전력은 다음과 같다.

$$\mathscr{E}_L = -L\frac{di}{dt}. \qquad (30.5.3)$$

$\mathscr{E}_L$의 방향은 Lenz의 법칙으로 정해진다. 즉, 자체 유도기전력은 변화를 반하는 방향으로 작용한다.

▸ ***직렬 RL 회로*** 저항기 R과 유도기 L이 연결된 단일 고리회로에 일정한 기전력 $\mathscr{E}$가 걸린다면 전류는 다음과 같이 평형값 $\mathscr{E}/R$에 접근하게 된다.

$$i = \frac{\mathscr{E}}{R}(1 - e^{-t/\tau_L}) \quad \text{(전류의 증가)}. \qquad (30.6.6)$$

여기서 $\tau_L(= L/R)$은 전류가 증가하는 비율을 결정하는 회로의 **유도 시간상수**이다. 만약 기전력을 없애면 전류는 i_0에서 다음과 같이 감소한다.

$$i = i_0 e^{-t/\tau_L} \quad \text{(전류의 감소)}. \qquad (30.6.10)$$

▸ ***자기에너지*** 유도기 L에 전류 i가 흐르면 유도기의 자기장에 저장된 에너지는 다음과 같다.

$$U_B = \tfrac{1}{2}Li^2 \quad \text{(자기에너지)}. \qquad (30.7.4)$$

B가 (유도기 내부나 임의의) 한 점에서의 자기장이라면 이 점에 저장된 자기에너지 밀도는 다음과 같다.

$$u_B = \frac{B^2}{2\mu_0} \quad \text{(자기에너지 밀도)}. \qquad (30.8.3)$$

▸ ***상호유도*** 코일 1이 코일 2와 가까이 있을 때 한 코일에 흐르는 전류의 변화는 다른 코일에 기전력을 만든다. 이러한 상호유도는 다음 식들로 기술한다.

$$\mathscr{E}_2 = -M\frac{di_1}{dt} \qquad (30.9.8)$$

와

$$\mathscr{E}_1 = -M\frac{di_2}{dt}. \qquad (30.9.9)$$

여기서 M(단위는 헨리이다)은 두 코일의 배열에 따른 상호유도용량이다.

연습문제 _Problems

E Easy M Medium H Hard CALC Requires calculus BIO Biomedical application

1. E 그림 30.1에서 금속 막대가 한쪽 끝이 금속띠로 연결되어 있는 두 개의 평행한 금속 레일을 따라 일정한 속도 $\vec{v}$로 움직인다. 크기 B = 0.350 T의 자기장은 지면에서 나오는 방향이다. (a) 레일이 L = 15.0 cm 떨어져 있고, 막대의 속력이 55.0 cm/s라면 발생하는 기전력은 얼마인가? (b) 막대의 저항이 18.0 Ω이고, 레일과 연결선의 저항을 무시한다면 막대에 흐르는 전류는 얼마인가? (c) 열에너지로 전환되는 비율을 구하여라.

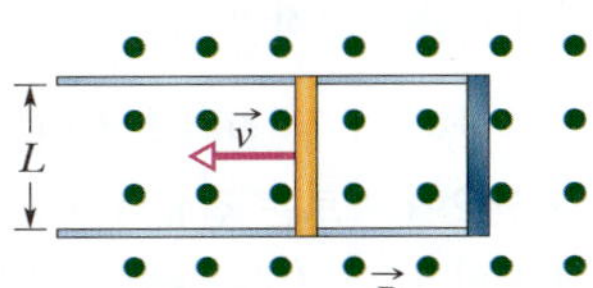

그림 30.1 연습문제 1, 2

2 M 그림 30.1에서 길이가 $\vec{B}$인 도체 막대를 나타내었고, 일정한 속도 $\vec{v}$로 마찰이 없는 수평 도체 레일을 따라 끌려가고 있다. 레일의 한쪽 끝은 금속띠로 연결되어 있다. 지면에서 나오는 방향의 균일한 자기장 $\vec{B}$ 속에서 막대가 움직인다. L = 10 cm, v = 7.0 m/s, B = 1.2 T라고 가정한다. 막대에 유도되는 기전력의 (a) 크기와 (b) 방향(위 혹은 아래 방향)을 구하여라. (c) 도체 고리에 흐르는 전류의 크기와 (d) 방향을 구하여라. 막대의 저항이 0.40 Ω이고, 레일과 금속의 저항은 무시할 수 있다고 가정한다. (e) 막대에서 열에너지의 생성률을 구하여라. (f) 속도 $\vec{v}$를 유지하기 위하여 막대에 작용해야 하는 외부힘은 얼마인가? (g) 외부힘이 막대에 가하는 일률은 얼마인가?

3 M *유도기의 직렬연결*. 두 유도기 L_1, L_2가 직렬로 연결되어 있고 하나가 만드는 자기장이 다른 것에 영향을 미치지 않을 만큼 충분히

멀리 떨어져 있다. (a) 등가 유도용량이 다음과 같음을 보여라.

$$L_{eq} = L_1 + L_2.$$

(*힌트*: 저항기와 축전기의 직렬연결에 대해서 유도했던 것을 기억해보면 이 경우와 비슷한 것은 무엇인가?) (b) (a)를 N개의 유도기가 직렬 연결된 경우로 일반화하여라.

4 E 시간 $t = 0$에서 직렬 RL 회로에 전지를 연결한다. 유도기에 흐르는 전류가 평형상태의 0.500%일 때는 τ_L의 몇 배일 때인가?

5 E 그림 30.2에 (옆면을 나타낸) 지름 10 cm의 도선으로 만든 원형 전류고리를 고리의 단면에 수직인 벡터 $\vec{N}$이 크기가 0.75 T인 균일한 자기장 $\vec{B}$의 방향과 각도 $\theta = 30°$를 이루도록 놓았다. 이때 고리는 $\vec{N}$이 자기장의 방향에 대해 원뿔 모양이 되도록 100회전/분의 비율로 회전한다. 회전하는 동안 각도 θ는 변하지 않는다. 원형 고리에 유도되는 기전력을 구하여라.

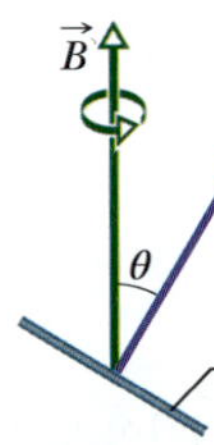

그림 30.2 연습문제 5

6 M CALC 면적 1.50 cm^{2}의 작은 원형 전류고리를 중심이 같은 반지름이 1.00 m인 큰 원형 전류고리의 평면에 놓았다. $t = 0$에서 시작하여 $t = 1.00$ s가 될 때까지 큰 전류고리에 전류가 일정한 비율로 200 A에서 −200 A로 변한다. (전류의 방향이 반대로 바뀐다.) 큰 전류고리의 전류가 작은 고리의 중심에 만드는 자기장 $\vec{B}$의 크기를 (a) $t = 0$, (b) $t = 0.500$ s, (c) $t = 1.00$ s일 때 구하여라. (d) $t = 0$에서 $t = 1.00$ s 사이에 자기장 $\vec{B}$의 방향이 바뀌는가? 안쪽에 놓인 전류고리가 작기 때문에 단면 전체에 걸쳐서 자기장이 일정하다고 가정한다. (e) $t = 0.500$ s일 때 작은 전류고리에 유도되는 기전력은 얼마인가?

7 M CALC 도선을 구부려서 그림 30.3처럼 반지름이 $r = 10$ cm인 세 개의 원호 고리를 만들었다. 각 원호는 원의 1/4이며, ab는 xy 평면에, 원호 bc는 yz 평면에 그리고 원호 ca는 $\vec{B}$ 평면에 놓여 있다. (a) 균일한 자기장 $\vec{B}$가 양의 x방향으로 향하고, 5.0 mT/s의 비율로 증가할 때 고리에 유도되는 기전력의 크기는 얼마인가? (b) 원호 bc를 따라 흐르는 전류의 방향은 무엇인가?

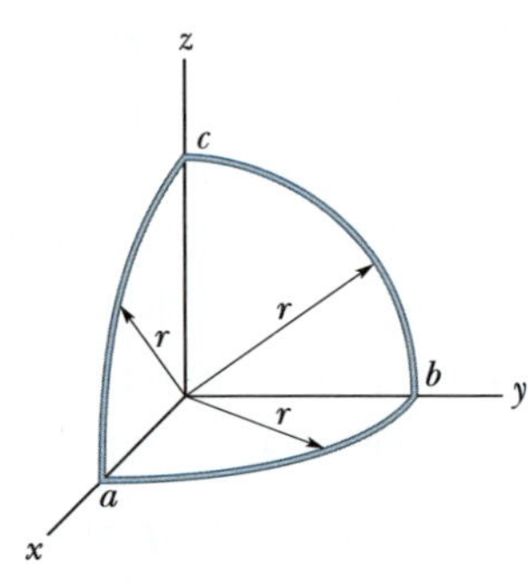

그림 30.3 연습문제 7

8 M 단면적이 1.20×10^{-3} m^{2}인 나무 원통에 구리 도선을 100번 감았다. 도선의 양쪽 끝을 저항에 연결하였다. 회로의 전체 저항은 26.0 Ω이다. 원통에 세로로 걸리는 균일한 외부 자기장의 크기가 한 방향으로 1.60 T이었다가, 반대 방향으로 1.60 T가 된다면 변화가 일어나는 동안 회로의 한 점을 통과하는 전하량은 얼마인가?

9 E CALC 그림 30.4a의 회로는 기전력이 $\mathscr{E} = 6.00\,\mu$V의 이상적인 전지와 저항 R, 단면적 3.0 cm^{2}의 전류고리로 구성되어 있다. $t = 10$ s에서 $t = 20$ s 사이의 시간 간격 동안 외부 자기장이 전류고리에 걸린다. 외부 자기장은 균일하고, 그림 30.4a에서 지면으로 들어가는 방향이고, 크기는 $B = at$로 주어지며 B는 테슬라, a는 상수이고, t는 초 단위이다. 그림 30.4b는 외부 자기장이 걸리기 전과 걸리는 동안 그리고 걸린 후의 전류 i를 나타낸 그래프이다. 수직축의 눈금은 $i_s = 2.0$ mA이다. 자기장의 크기를 나타내는 식에 있는 a를 구하여라.

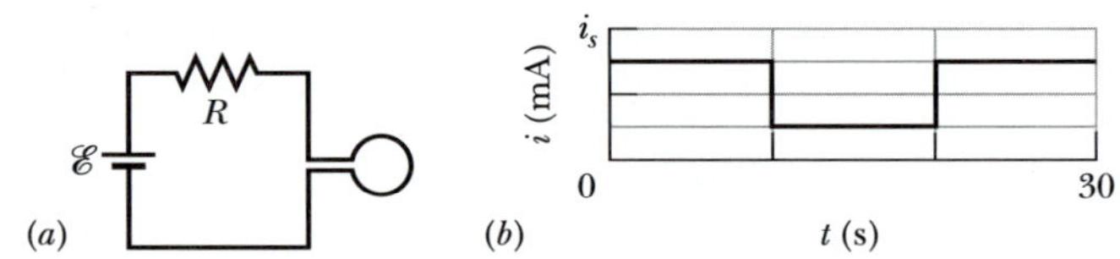

그림 30.4 연습문제 9

10 E CALC 긴 솔레노이드의 지름은 12.0 cm이다. 솔레노이드에 감은 도선에 전류 i가 흐를 때 균일한 자기장 $B = 30.0$ mT가 내부에 생긴다. 이때 전류 를 감소시키면 자기장은 6.50 mT/s의 비율로 감소한다. 솔레노이드의 중심축으로부터 (a) 2.20 cm (b) 8.20 cm 떨어진 곳에서 생기는 유도전기장의 크기를 구하여라.

11 E CALC 그림 30.5a에서 유도기는 30번 감았고, 이상적인 전지의 기전력은 16 V이다. 그림 30.5b는 유도기에 흐르는 전류 i에 대한 유도기의 각 고리에 걸리는 자기다발 Φ이다. 수직축의 눈금은 $\Phi_s = 4.0 \times 10^{-4}$ T · m^{2}이고, 수평축의 눈금은 $i_s = 2.00$ A이다. 스위치 S를 $t = 0$에 닫았다면 $t = 1.5\tau_L$일 때 전류의 시간변화율 di/dt는 얼마인가?

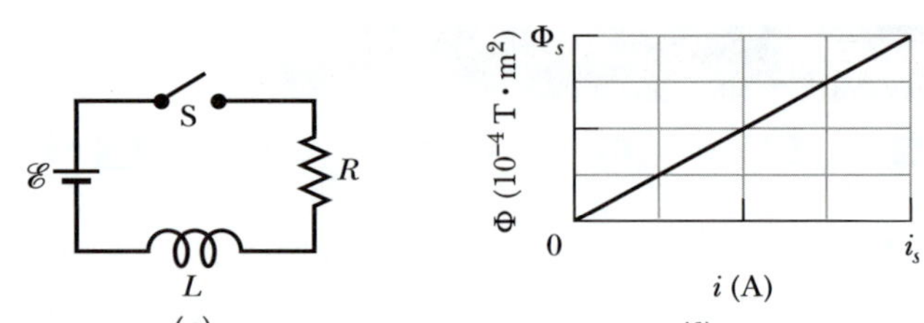

그림 30.5 연습문제 11

12 E CALC 유도용량이 2.0 H이고, 저항 10 Ω의 코일에 기전력 $\mathscr{E} = 50$ V의 전지를 연결하였다. 이로부터 0.10 s 후 (a) 자기장에 저장되는 에너지의 비율, (b) 저항에 생기는 열에너지의 비율, (c) 전지에서 공급되는 에너지의 비율을 구하여라.

13 M 그림 30.6a는 무한히 긴 두 직선 도선이 평행하게 놓여 있는 단면이다. 도선 1과 도선 2에 흐르는 전류의 비율 i_1/i_2는 1/3이다. 도선 1의 위치는 고정되어 있다. 도선 2는 x축 양의 방향을 따라 이동하여 두 전류에 의해 생기는 원점에서의 자기 에너지밀도 u_B를 변화시

킨다. 그림 30.6*b*는 u_B를 도선 2의 위치 x의 함수로 나타낸 그래프이다. 곡선은 $x \to \infty$ 로 갈 때 $u_B = 1.96\ \text{nJ/m}^3$로 접근하고, 수평축의 눈금은 $x_s = 60.0$ cm이다. (a) i_1과 (b) i_2의 값을 구하여라.

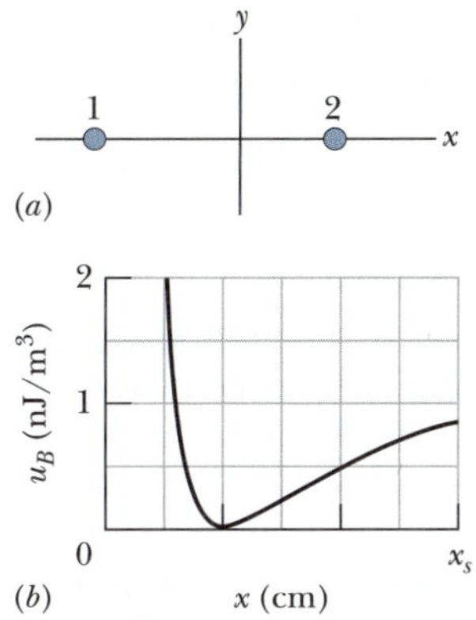

그림 30.6 연습문제 13

14 **E** 촘촘하게 700번 감은 코일의 유도용량은 8.0 mH이다. 5.0 mA의 전류가 흐를 때 코일을 통과하는 자기다발을 계산하여라.

15 **E** **CALC** 그림 30.7*a*에 원형 도선 고리가 솔레노이드와 중심이 같고, 솔레노이드의 중심축에 대해 수직인 평면에 놓여 있다. 고리의 반지름은 6.00 cm이다. 솔레노이드의 반지름은 2.00 cm, 감은 수는 8000 번/m이고, 그림 30.7*b*는 솔레노이드의 도선에 시간 t에 따라 변하는 전류 i_{sol}을 나타내었다. 수직축의 눈금은 $i_s = 1.00$ A이고, 수평축의 눈금은 $t_s = 2.0$ s이다. 그림 30.7*c*는 고리에 전달된 열에너지 E_{th}를 시간에 대한 함수로 나타낸 그래프이다. 수직축의 눈금은 $E_s = 100.0$ nJ이다. 원형고리의 저항을 구하여라.

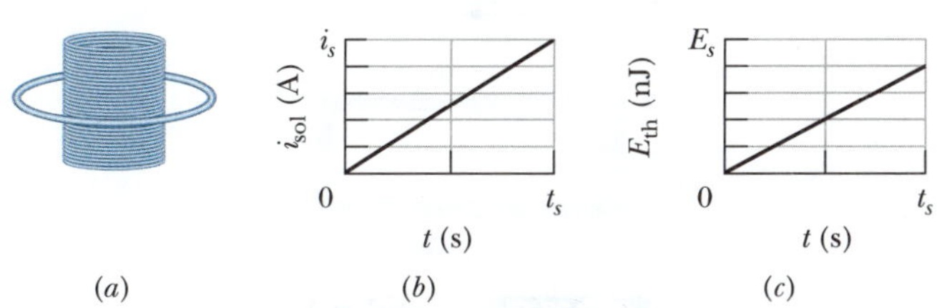

그림 30.7 연습문제 15

16 **E** 유도용량 6.30 μH의 솔레노이드에 1.20 kΩ의 저항을 직렬로 연결하였다. (a) 20.0 V의 전지를 양끝에 연결하면 저항기를 통해 흐르는 전류가 최종값의 60.0%가 되기까지 시간은 얼마나 걸리는가? (b) 시간 $t = 1.0\tau_L$에서 저항에 흐르는 전류는 얼마인가?

17 **M** **CALC** 한 변이 2.00 m인 정사각형 도선 고리 면적의 반이 그림 30.8에 나타낸 대로 균일한 자기장 안에 수직으로 들어가 있다. 고리를 기전력 $\mathscr{E} = 12.0$ V 이상적인 전지에 연결하였다. 자기장 B의 크기가 시간에 따라 $B = 0.0420 - 0.870\,t$(B는 테슬라, t는 초이다)로 변할 때 (a) 회로의 알짜 기전력과 (b) 전류고리에 흐르는 (알짜) 전류의 방향은 무엇인가?

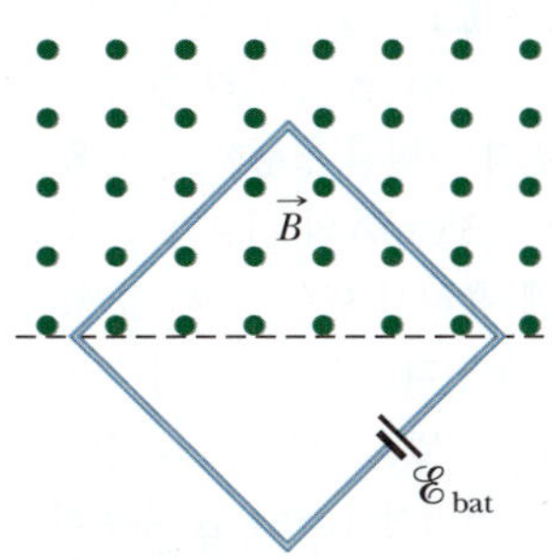

그림 30.8 연습문제 17

18 **H** 지름이 2.5 mm인 두 개의 길고 평행한 구리 도선에 반대 방향으로 10 A의 전류가 흐른다. (a) 도선의 중심축이 20 mm 떨어져 있다고 가정하고, 도선의 두 축 사이의 공간에 존재하는 단위길이당 자기다발을 구하여라. (b) 자기다발의 몇 퍼센트가 도선 내부에 있는가? (c) 전류가 같은 방향으로 흐를 때 (a)를 되풀이하여라.

19 **M** **CALC** 그림 30.9는 반지름 3.7 cm로 한 쌍의 동일한 반원으로 만들어진 닫힌 고리를 나타내었고, 두 반원은 서로 수직인 평면에 있다. 고리는 평평한 원 고리를 지름을 따라 접어 두 반원이 서로 수직이 되도록 만든 것이다. 크기 76 mT의 균일한 자기장 $\vec{B}$가 접은 지름에 수직으로, 각 반원에 같은 각도(45°)만큼 기울어지게 향하고 있다. 자기장은 일정한 비율로 줄어들어 2.7 ms 만에 0이 된다. 이 동안 도선에 유도되는 (a) 기전력은 얼마인가? (b) 기전력은 어느 방향으로 생기는가? ($\vec{B}$의 방향을 따라 보았을 때 시계 혹은 반시계 방향으로 표현하여라)

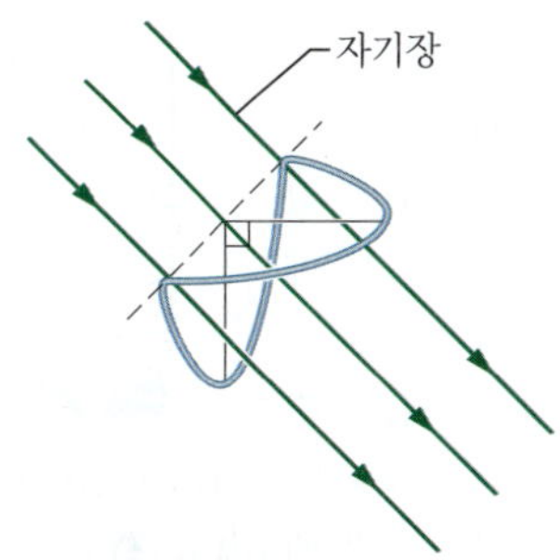

그림 30.9 연습문제 19

20 **E** 어떤 탄성 도체 물질을 잡아당겨서 반지름 12.0 cm의 원형고리로 만들었다. 고리를 크기 0.800 T인 균일한 자기장 속에 고리의 단면과 자기장이 수직이 되도록 놓았다. 고리를 놓으면 고리의 반지름이 60.0 cm/s의 비율로 줄어들기 시작한다. 이 순간 고리에 유도되는 기전력은 얼마인가?

21 **M** 그림 30.10처럼 N번 감은 코일 C가 반지름 R이고 단위길이당 n번 감은 긴 솔레노이드를 둘러싸고 있다. (a) 코일-솔레노이드 결합의 상호유도용량은 $M = \mu_0 \pi R^2 nN$임을 보여라. (b) 왜 M이 코일의 모양이나 크기, 촘촘하게 감긴 정도 등에는 무관한가?

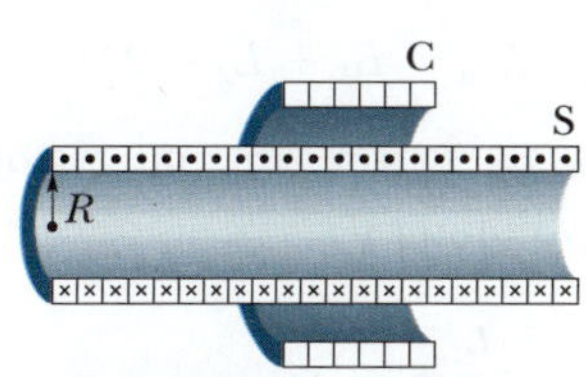

그림 30.10 연습문제 21

22 **E** 코일을 10.0 kΩ의 저항 직렬로 연결하였다. 50.0 V의 이상적인 전지를 양 끝에 연결하고 5.00 ms 후 흐르는 전류값은 4.00 mA가 되었다. (a) 코일의 유도용량을 구하여라. (b) 이 순간 코일에 저장된 자기에너지는 얼마인가?

23 **M** **CALC** 4.6 H의 유도기에 그림 30.11의 그래프에 나타낸 대로 시간 t에 따라 변하는 전류 i가 흐른다. 수직축의 눈금은 $i_s = 8.0$ A이고, 수평축의 눈금은 $t_s = 6.0$ ms이다. 유도기의 저항은 12 Ω이다.

(a) 0에서 2 ms, (b) 2 ms에서 5 ms, (c) 5 ms에서 6 ms 시간 사이에서 기전력 $\mathscr{E}$의 크기를 구하여라. (각 구간 끝의 변화는 무시한다.)

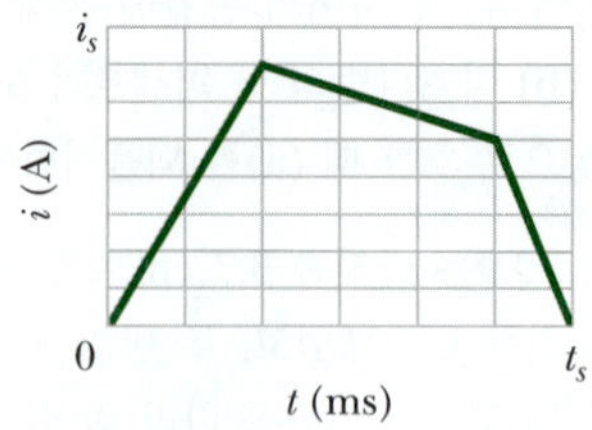

그림 30.11 연습문제 23

24 E CALC 70.0 cm의 구리 도선으로(지름 = 3.0 mm) 원형 고리를 만들어 균일한 자기장에 수직으로 놓았다. 자기장이 일정한 비율 10.0 mT/s로 증가할 때 전류고리에 열에너지가 생성되는 비율을 구하여라.

25 E 그림 30.12에서 $\mathscr{E} = 60.0$ V, $R_1 = 10.0\ \Omega$, $R_2 = 20.0\ \Omega$, $R_3 = 30.0\ \Omega$ 및 $L = 2.00$ H이다. 스위치 S를 닫은 직후 (a) i_1, (b) i_2 값은 각각 얼마인가? (전류가 그림에 표시한 화살표 방향이면 양수 값으로, 화살표 반대 방향이면 음수 값으로 정한다.) 오랜 시간이 흘렀을 때 (c) i_1 (d) i_2 값은 각각 얼마인가? 그 후 다시 스위치를 열었을 때 (e) i_1 (f) i_2 값은 얼마인가? 긴 시간이 흐른 후 (g) i_1 (h) i_2 값은 얼마인가?

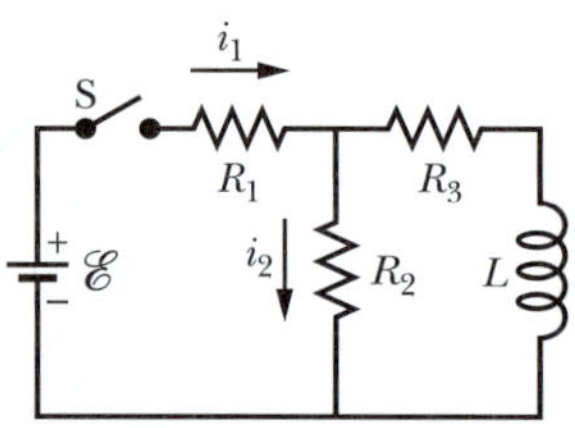

그림 30.12 연습문제 25

26 E 반지름 35 mm인 원형 고리에 100 A의 전류가 흐른다. 고리의 중심에서 (a) 자기장의 크기와 (b) 에너지밀도를 구하여라.

27 M 유도용량이 각각 L_1, L_2인 두 코일을 그림 30.13에 나타낸 대로 연결하였다. 상호유도용량은 M이다. (a) 이 결합은 등가용량이 다음과 같은 한 코일과 같다는 것을 보여라.

$$L_{eq} = L_1 + L_2 + 2M.$$

(b) 그림 30.13의 두 코일을 어떻게 연결하면 등가용량이 다음과 같은가?

$$L_{eq} = L_1 + L_2 - 2M.$$

(이 문제는 연습문제 3을 확장한 것이지만, 코일이 멀리 떨어져 있어야 한다는 조건을 없앤 것이다.)

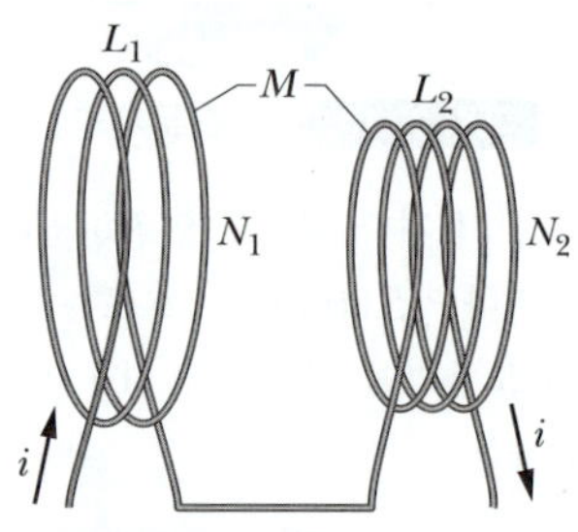

그림 30.13 연습문제 27

28 M CALC 전기발전기에는 도선을 100번 감은 코일이 있다. 코일은 두 변이 각각 50.0 cm와 30.0 cm인 직사각형이다. 코일은 크기 $B = 2.70$ T의 균일한 자기장 속에 놓여 있으며, 코일의 단면과 $\vec{B}$는 처음에는 서로 수직이다. 코일이 $\vec{B}$에 수직인 축에 대하여 1000 회전/분으로 회전할 때 생성되는 최대 기전력 값은 얼마인가?

29 E 그림 30.14에서 도선을 반지름 $R = 2.0$ m인 닫힌 원형 고리를 만들었고, 저항은 4.0 Ω이다. 원의 중심을 가로질러 긴 직선 도선을 놓았다. 직선 도선에는 시간 $t = 0$일 때 15 A의 전류가 오른쪽 방향으로 흐른다. 이후 전류는 $i = 5.0\text{ A} - (2.0\text{ A/s}^2)t^2$로 변한다. (직선 도선은 절연되어 고리 도선과 전기적인 접촉은 없다.) 시간 $t > 0$일 때 고리에 유도되는 전류의 크기는 얼마인가?

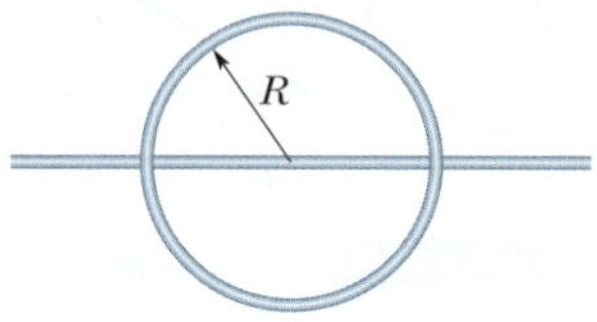

그림 30.14 연습문제 29

30 H CALC 나무로 만든 토로이드의 단면은 정사각형이고, 안쪽 반지름은 10 cm, 바깥 반지름은 12 cm이다. 여기에 (지름 1.0 mm, 미터당 저항이 0.025 Ω /m인) 도선을 한 층 촘촘히 감았을 때 (a) 유도용량 (b) 이 토로이드의 유도 시간상수는 각각 얼마인가? 도선 절연체의 두께는 무시한다.

31 M CALC 그림 30.15에 긴 직선 도선 옆에 N번 촘촘히 감은 직사각형의 고리가 있다. $N = 250$, $a = 1.0$ cm, $b = 8.0$ cm, $l = 30$ cm일 때 고리-도선 사이의 상호유도용량 M은 얼마인가?

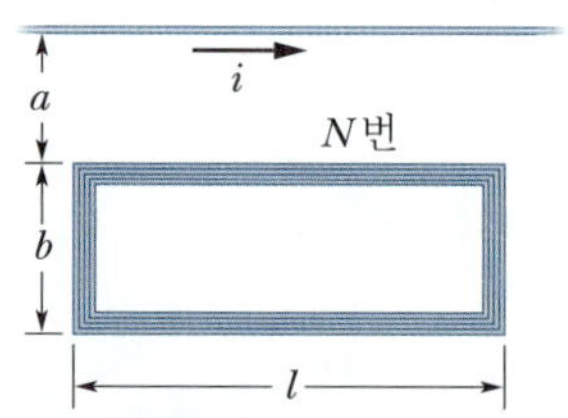

그림 30.15 연습문제 31

32 E 그림 30.6.1의 스위치를 $t = 0$에 a와 연결하였다. (a) $t = 0$ 직후 (b) $t = 1.50\ \tau_L$일 때 유도기의 자체 유도기전력과 전지 기전력의 비율 $\mathscr{E}_L/\mathscr{E}$를 구하여라. 또한 (c) $\mathscr{E}_L/\mathscr{E} = 0.500$일 때는 τ_L의 몇 배일 때인가?

33 M 그림 30.16은 폭이 $W = 12.0$ cm의 구리판을 구부려 반지름 1.8 cm인 관과 연결된 평평한 두 판을 만들었다. $i = 35$ mA의 전류가 판 위를 균일하게 흘러서 단일 고리 솔레노이드처럼 행동한다. 관 바깥쪽의 자기장은 무시할 수 있고 내부의 자기장은 균일하다고 가정한다. (a) 관 내부의 자기장의 크기와 (b) 관의 유도용량(연결판을 제외한)은 얼마인가?

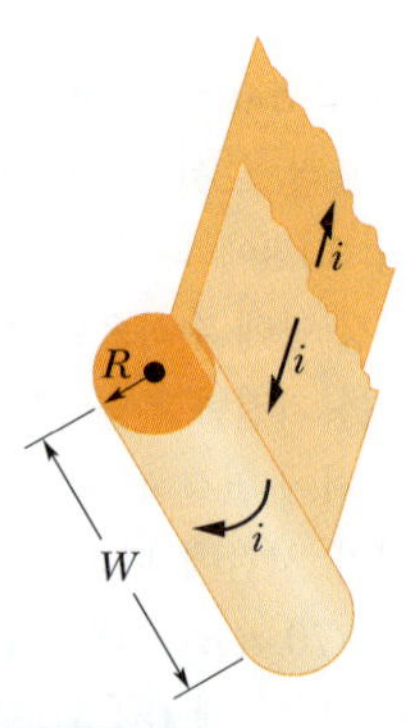

그림 30.16 연습문제 33

34 E CALC 고리형 안테나가 면적이 2.50 cm^2, 저항이 5.21 $\mu\Omega$이며, 크기 17.0 μT의 균일한 자기장에 수직으로 놓여 있다. 자기장의 크기는 2.96 ms 후에 0으로 떨어진다. 자기장의 변화로 고리에 생성되는 열에너지 크기를 구하여라.

35 E CALC 어떤 순간에 유도기의 전류와 자체 유도기전력의 방향을 그림 30.17에 나타내었다. (a) 전류는 증가하는가, 감소하는가? (b) 유도기전력이 34 V이고, 전류의 변화율이 25 kA/s일 때 유도용량을 구하여라.

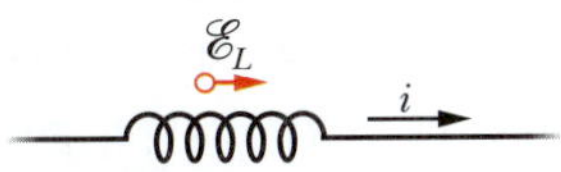

그림 30.17 연습문제 35

36 M CALC 자극면의 지름이 3.3 cm인 원통형 자석의 자기장은 진동수 25 Hz로 사인모양으로 29.6 T와 30.0 T 사이의 값에서 진동한다. (영구자석을 감고 있는 전선에 흐르는 전류를 변화시켜 알짜 자기장에 변화를 준다.) 지름거리가 1.6 cm인 곳에 유도되는 전기장의 진폭은 얼마인가?

37 M CALC 그림 30.18은 평행한 두 동축 도선 고리이다. (반지름 r인) 작은 고리는 (반지름 R인) 큰 전류고리 위쪽으로 $x \gg R$만큼 떨어져 있다. 따라서 큰 고리의 반시계 방향 전류 i가 만드는 자기장은 작은 전류고리가 있는 곳에서 거의 일정하다. x가 일정한 비율 $dx/dt = v$로 증가한다고 하자. (a) 작은 고리면을 지나는 자기다발을 x의 함수로 구하여라. (*힌트*: 식 29.5.3 참조) (b) 작은 고리에 생기는 유도기전력과 (c) 유도전류의 방향을 구하여라.

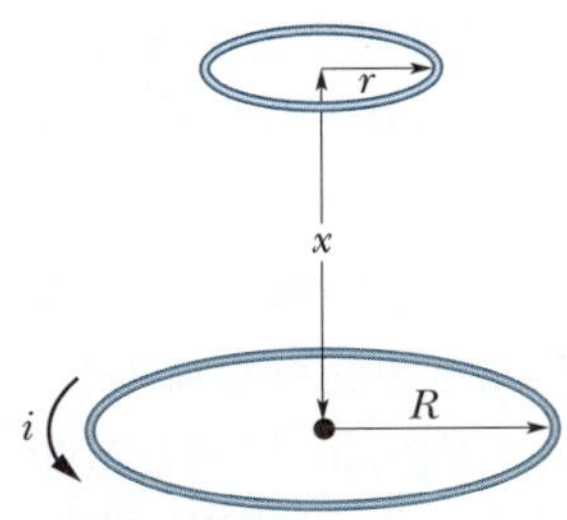

그림 30.18 연습문제 37

38 E 지름 10 cm인 원형 고리의 평면에 수직으로 균일한 자기장 $\vec{B}$가 걸려 있다. 원형 고리는 지름이 2.5 mm, 비저항 $1.69 \times 10^{-8}\ \Omega \cdot m$의 도선으로 만들었다. 자기장 $\vec{B}$의 크기가 어떤 비율로 변해야 원형고리에 16 A의 전류가 유도되는가?

39 E CALC 반지름 16 cm, 저항 8.5 Ω의 도선 고리를 그림 30.19처럼 크기가 변하는 균일한 자기장 $\vec{B}$ 안에 놓았다. 수직축의 눈금은 $B_s = 0.50$ T이고, 수평축의 눈금은 $t_s = 6.00$ s이다. 고리의 단면은 자기장 $\vec{B}$에 수직이다. 다음의 시간 간격 동안 고리에 유도되는 기전력을 구하여라. (a) 0 s에서 2.0 s 사이, (b) 2.0 s에서 4.0 s 사이, (c) 4.0 s에서 6.0 s 사이.

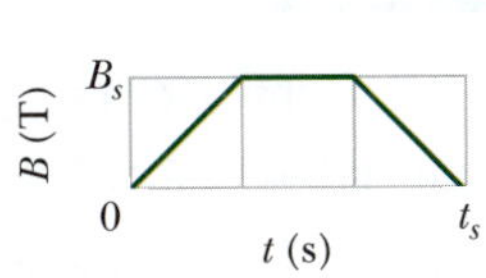

그림 30.19 연습문제 39

40 E 코일 1은 $L_1 = 35$ mH이고 $N_1 = 100$번이다. 코일 2는 $L_2 = 40$ mH이고 $N_2 = 200$번이다. 두 코일은 고정되어 있고 상호유도용량 M은 3.0 mH이다. 코일 1을 흐르는 6.0 mA의 전류는 4.0 A/s의 비율로 변하고 있다. (a) 코일 1을 지나는 자기다발 Φ_{12}는 얼마인가? (b) 코일 1에 나타나는 자체 유도기전력은 얼마인가? (c) 코일 2를 지나는 자기다발 Φ_{21}은 얼마인가? (d) 코일 2에 나타나는 상호 유도기전력은 얼마인가?

41 M CALC 그림 30.20의 회로에서 $R = 15\ \Omega$, $L = 5.0$ H, 이상적인 전지는 $\mathscr{E} = 10$ V, 그리고 위쪽 도선에 이상적인 퓨즈가 연결되어 있다. 퓨즈에 흐르는 전류가 2.0 A보다 낮은 경우 퓨즈의 저항은 0이다. 만약 퓨즈에 흐르는 전류가 2.0 A에 도달하면 퓨즈는 끊어지고 저항은 무한대가 된다. 시간이 $t = 0$일 때 스위치 S를 닫는다. (a) 퓨즈는 언제 끊어지는가? (*힌트*: 식 30.6.6을 적용할 수는 없다. 식 30.6.4를 다시 생각하여라.) (b) 유도기를 흐르는 전류 i를 시간 t의 함수로 그래프를 그려라. 그리고 퓨즈가 끊어지는 시간을 표시하여라.

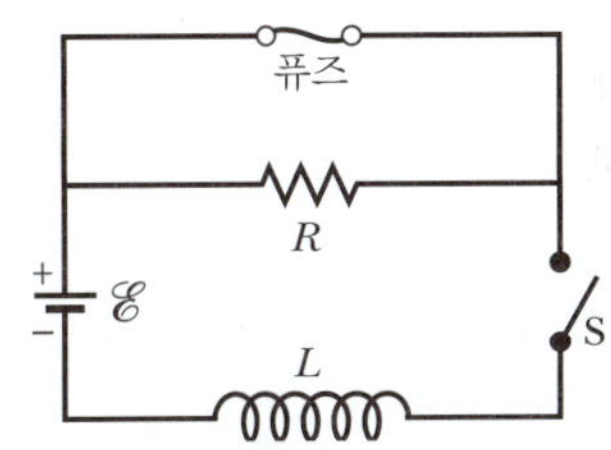

그림 30.20 연습문제 41

42 E 자동차의 점화코일은 두 개의 솔레노이드로 이루어져 있다. 한 솔레노이드의 전류가 3.0 ms 동안 6.0 A에서 0으로 떨어질 때 다른 솔레노이드에 유도되는 기전력은 30 kV이다. 솔레노이드의 상호유도용량 M은 얼마인가?

43 M CALC 딱딱한 도선을 구부려서 그림 30.21처럼 반지름 $a = 2.0$ cm의 반원을 만들어, 크기 20 mT의 균일한 자기장 안에서 일정한 각속력 5.0 회전/초로 회전시킨다. 고리에 유도되는 기전력의 (a) 진동수와 (b) 진폭을 구하여라.

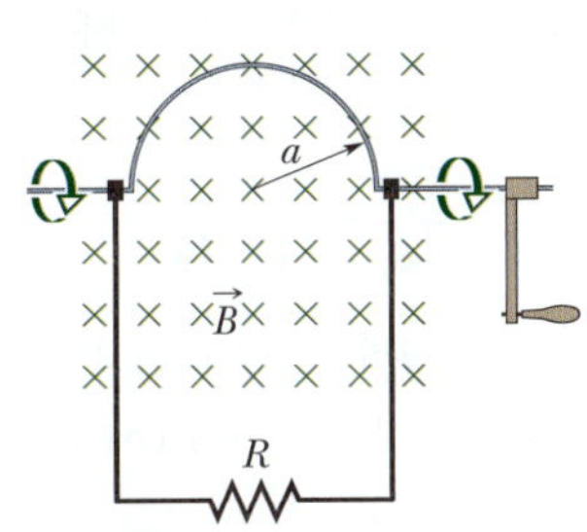

그림 30.21 연습문제 43

44 E 면적 6.8 mm^2의 작은 고리를 긴 솔레노이드 안에 놓았다. 솔레노이드에 도선을 854번/cm로 감았고, 진폭 3.40 A, 각진동수 212 rad/s의 사인모양으로 변하는 전류 i가 흐른다. 고리와 솔레노이드의 중심축은 같다. 고리에 유도되는 기전력의 진폭을 구하여라.

45 H CALC 그림 30.22에 한 변의 길이가 3.0 cm인 정사각형 고리를 나타내었다. 지면에서 나오는 방향으로 걸린 자기장의 크기는 $B = 4.0\ t^2 y$이며, B는 테슬라, t는 초, y는 미터 단위이다. $t = 2.5$ s일 때

(a) 고리에 유도되는 기전력의 크기와 (b) 방향을 구하여라.

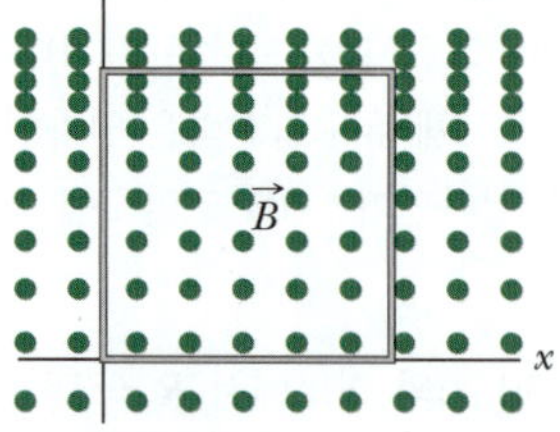

그림 30.22 연습문제 45

46 M CALC 그림 30.6.2의 회로에서 $\mathscr{E}$ = 7.00 V, R = 6.70 Ω, L = 5.50 H이다. 이상적인 전지를 t = 0에서 연결하였다. 처음 2.00 s 동안 (a) 전지에서 공급된 에너지는 얼마인가? (b) 이 중 유도기에 자기장으로 저장된 에너지는 얼마인가? (c) 이 중 저항기에서 소모된 에너지는 얼마인가?

47 M CALC xy평면의 원형 구역에 축 양의 방향으로 균일한 자기장이 통과한다. (테슬라로 표현한) 자기장 B의 크기는 $B = at$로 증가하고, a는 상수이다. (시간의 단위는 초다.) 그림 30.23은 자기장이 증가함에 따라 유도되는 전기장 E의 크기를 반지름 r의 함수를 나타낸 그래프이다. 수직축의 눈금은 E_s = 300 μN/C이고, 수평축의 눈금은 r_s = 4.00 cm이다. a를 구하여라.

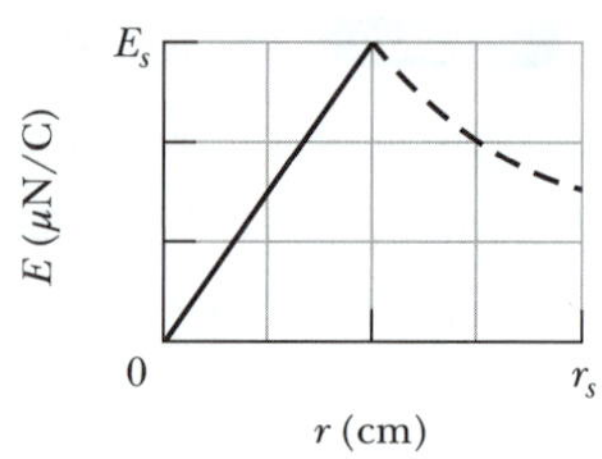

그림 30.23 연습문제 47

48 M CALC 유도기의 병렬연결. 두 유도기 L_1, L_2를 병렬로 연결하였고, 한 유도기가 만드는 자기장이 다른 유도기에 영향을 미치지 않을 만큼 충분히 멀리 떨어져 있다. (a) 등가유도용량은 다음과 같음을 보여라.

$$\frac{1}{L_{eq}} = \frac{1}{L_1} + \frac{1}{L_2}.$$

(*힌트*: 저항기와 축전기의 병렬연결에 대해서 유도했던 것을 기억해 보면 이 경우와 비슷한 것은 무엇인가?) (b) (a)를 N개의 유도기가 병렬로 연결된 경우로 일반화하여라.

49 M CALC 그림 30.24에서 각 변이 L = 40.0 cm, W = 25.0 cm인 고리를 자기장 $\vec{B}$ 속에 놓았다. $\vec{B}$ = (4.00 × 10^{-2} 2 T/m)$y\hat{k}$일 때 (a) 고리에 유도되는 기전력 $\mathscr{E}$의 크기와 (b) 방향을 각각 구하여라(시계방향, 반시계방향, $\mathscr{E}$ = 0인 경우는 '없음'으로 답한다). $\vec{B}$ = (5.00 × 10^{-2} T/s)$t\hat{k}$일 때 (c) $\mathscr{E}$와 (d) 방향을 구하여라. $\vec{B}$ = (8.00 × 10^{-2} T/m · s)$yt\hat{k}$일 때 (e) $\mathscr{E}$와 (f) 방향을 구하여라. $\vec{B}$ = (3.00 × 10^{-2} T/m · s)$xt\hat{j}$일 때 (g) $\mathscr{E}$와 (h) 방향을 구하여라. $\vec{B}$ = (5.00 × 10^{-2} T/m · s)$yt\hat{i}$일 때 (i) $\mathscr{E}$와 (j) 방향을 구하여라.

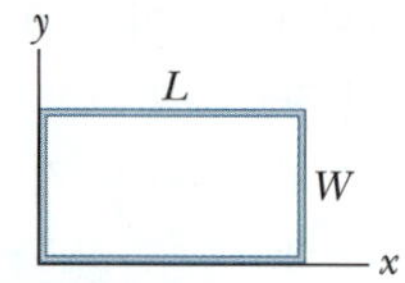

그림 30.24 연습문제 49

50 M 어떤 위치에서 지구 자기장의 크기는 B = 0.590 가우스이고, 수평 방향에 대해 70.0° 아래로 기울어진 방향을 향한다. 수평으로 놓인 납작한 원형 코일의 반지름은 10.0 cm, 감은 수는 1500번, 도선의 전체 저항은 85.0 Ω이다. 이 코일을 저항 140 Ω인 계기와 직렬로 연결하였다. 지름을 축으로 반 회전 할 때마다 코일이 뒤집어져서 다시 수평이 된다. 뒤집어질 때마다 계기를 통과하는 전하량은 얼마인가?

51 E CALC 반지름 1.8 cm, 저항 5.3 Ω인 120번 도선을 감은 코일이 그림 30.25처럼 220 번/cm, 지름 3.2 cm인 동축 솔레노이드를 감싸고 있다. 솔레노이드의 전류는 0.80 A에서 Δt = 25 ms 후에 0으로 떨어진다. Δt 동안 코일에 유도되는 전류는 얼마인가?

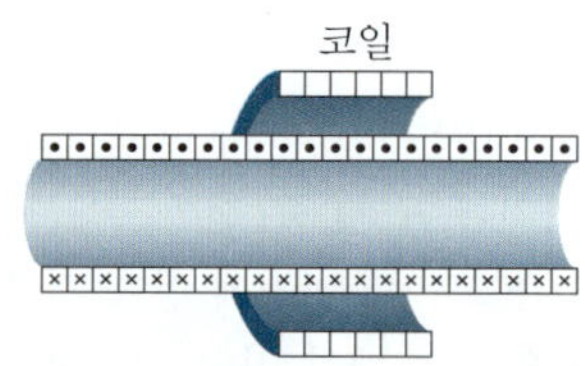

그림 30.25 연습문제 51

52 E 반지름 10.0 cm인 코일에 도선을 40.0번 감았다. 2.60 mT의 외부 자기장이 코일에 수직으로 걸려 있다. (a) 코일에 전류가 흐르지 않는다면 코일에 걸리는 전체 자기다발은 얼마인가? (b) 코일에 3.80 A의 전류가 어떤 방향으로 흘렀을 때 알짜 자기다발이 없어졌다. 코일의 유도용량은 얼마인가?

53 M CALC 그림 30.26에서 너비 L, 저항 R, 질량 m의 직사각형 도체 고리가 균일한 수평 자기장 안에 매달려 있다. 자기장 $\vec{B}$는 지면으로 들어가는 방향이며 선분 aa 위쪽에만 걸린다. 이때 고리를 놓으면 처음에는 가속되면서 떨어지다가 결국에는 일정한 종단속력 v_t에 도달한다. 공기저항을 무시할 때 v_t를 구하여라.

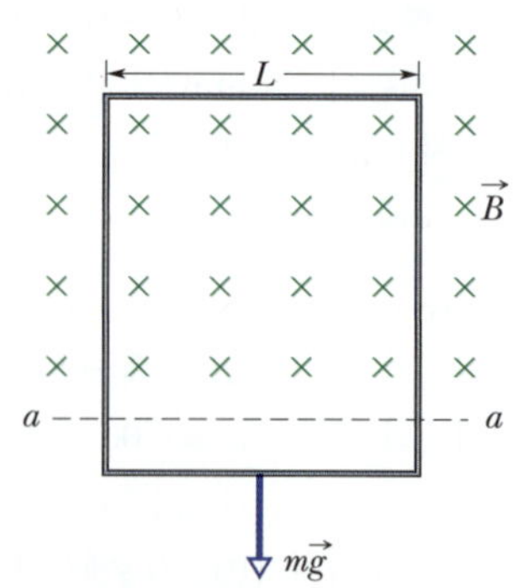

그림 30.26 연습문제 53

54 E RL회로에서 전지를 제거한 처음 1초 동안 전류가 1.0 A에서 10 mA로 줄었다. L이 20 H일 때 회로의 저항 R을 구하여라.

55 H 그림 30.27에서 시간 t = 0에서 스위치 S를 닫은 후 전류 i가

S를 통해 일정하게 흐르도록 전원의 기전력이 자동으로 조절된다. (a) 유도기를 통해 흐르는 전류를 시간의 함수로 구하여라. (b) 언제 유도기에 흐르는 전류와 저항에 흐르는 전류가 같은가?

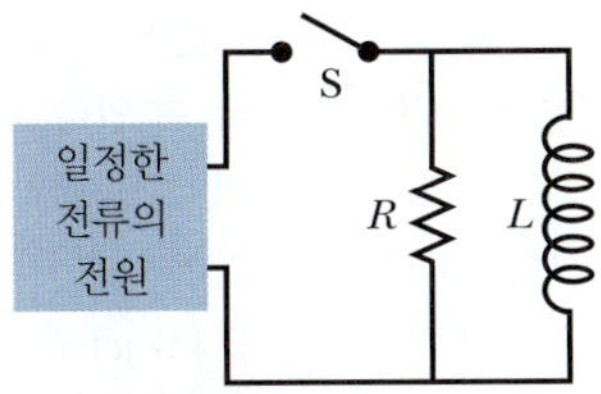

그림 30.27 연습문제 55

56 E 토로이드 유도기의 유도용량은 60.0 mH이고, 부피는 0.0200 m^3이다. 토로이드의 평균 에너지밀도가 70.0 J/m^3이면 유도기에 흐르는 전류는 얼마인가?

57 E CALC 그림 30.28은 R_1과 R_2인 두 원형 구역을 나타내며, 각각의 반지름은 r_1 = 15.0 cm, r_2 = 30.0 cm이다. R_1에서는 크기 B_1 = 50.0 mT의 균일한 자기장이 지면으로 들어가는 방향으로 걸려 있고, R_2에서는 크기 B_2 = 75.0 mT의 균일한 자기장이 지면에서 나오는 방향으로 걸려 있다. (모서리 효과는 무시한다.) 두 자기장은 모두 8.50 mT/s의 비율로 감소한다. (a) 경로 1, (b) 경로 2, (c) 경로 3에 대하여 $\oint \vec{E} \cdot d\vec{s}$를 구하여라.

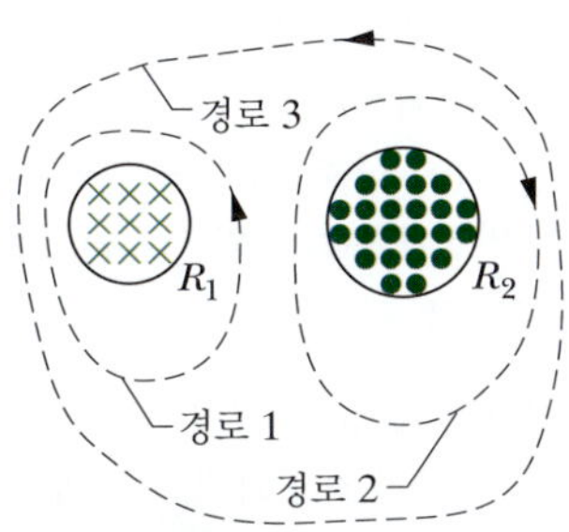

그림 30.28 연습문제 57

58 E CALC t = 0에 저항과 유도기가 직렬 연결된 회로에 전지를 연결한다. 유도형 시간상수가 60.0 ms이면 저항에서 소모되는 에너지의 변화율과 유도기에 저장되는 자기에너지의 변화율이 같아지는 시간은 언제인가?

59 M CALC 그림 30.29에서 길이 L = 10.0 cm인 막대가 수평 레일을 따라 등속력 v = 3.00 m/s로 움직인다. 막대와 레일 그리고 오른편에서 두 레일을 연결하고 있는 금속띠는 도체 고리를 이룬다. 막대의 저항은 0.400 Ω이고, 고리 나머지 부분의 저항은 무시할 수 있다. 고리로부터 거리 a = 10.0 mm인 곳에 놓여 있는 긴 직선 도선에 흐르는 전류 i = 100 A가 고리를 통과하는 (불균일한) 자기장을 만든다. (a) 고리에 유도되는 기전력과 (b) 유도전류를 구하여라. (c) 막대의 열에너지의 생성률은 얼마인가? (d) 막대를 등속력으로 움직이기 위하여 막대에 작용해야 하는 힘의 크기는 얼마인가? (e) 이 힘이 막대에 가하는 일률은 얼마인가?

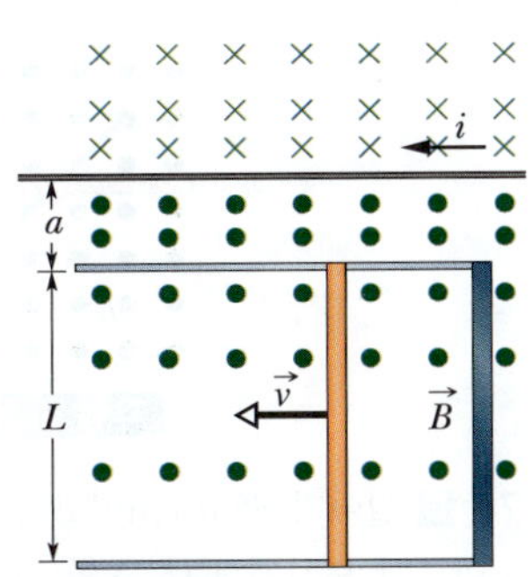

그림 30.29 연습문제 59

60 E 0.25 mT인 자기장의 에너지밀도와 같은 크기의 에너지밀도를 가진 균일한 전기장의 크기는 얼마인가?

61 M CALC 길이 a, 너비 b이고 N번 감은 직사각형 코일이 그림 30.30처럼 균일한 자기장 $\vec{B}$ 안에서 진동수 f로 회전한다. 코일은 금속 브러시가 미끄러져서 접촉하는 것을 피하도록 하기 위하여 함께 회전하고 있는 원통에 연결되어 있다. (a) 코일에 유도되는 기전력은 (시간의 함수로)

$$\mathscr{E} = 2\pi fNabB\sin(2\pi ft) = \mathscr{E}_0 \sin(2\pi ft).$$

임을 보여라. 이것은 상업용 교류 발전기의 원리이다. (b) 크기 0.500 T의 균일한 자기장 속에서 60.0회전/초로 고리가 회전할 때 $\mathscr{E}_0$ = 250 V의 기전력을 만드는 Nab의 값은 얼마인가?

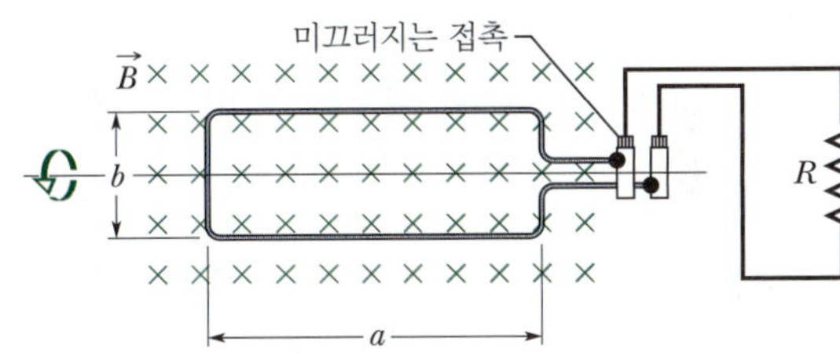

그림 30.30 연습문제 61

62 M CALC 반지름 a = 1.53 mm인 두 개의 긴 도선이 나란히 있고, 서로 반대 방향으로 같은 크기의 전류가 흐른다. 두 사이의 중심 분리거리는 d = 12.0 cm이다. 도선 내부의 자기다발은 무시하지만, 두 도선 사이의 자기다발은 고려한다. 도선의 단위길이당 유도용량은 얼마인가?

63 E CALC 그림 30.31의 고리를 통과하는 자기다발은 $\Phi_B = 8.0t^2 + 7.0\,t$로 변하며, Φ_B는 밀리웨버, t는 초의 단위이다. (a) t = 2.0 s일 때 고리에 유도되는 기전력의 크기는 얼마인가? (b) 저항 R을 통과하는 전류의 방향은 오른쪽인가, 왼쪽인가?

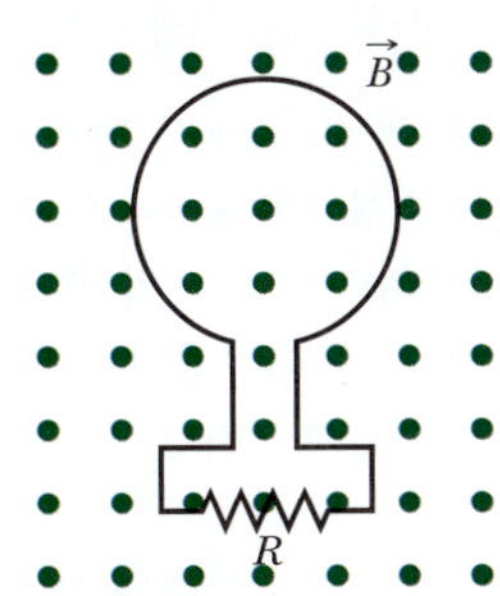

그림 30.31 연습문제 63

64 M 구리 도선에 15 A의 전류가 단면에 균일하게 흐른다. 도선 표면에서 (a) 자기장과 (b) 전기장의 에너지밀도를 구하여라. 도선의 지름은 2.5 mm이고, 단위길이당 저항은 3.3 Ω/km이다.

65 H CALC 그림 30.32의 도선 배열에서 a = 12.0 cm, b = 20.0 cm이다. 긴 직선 도선에 흐르는 전류는 $i = 4.50t^2 - 10.0t$로 변하며, i는 암페어, t는 초의 단위이다. (a) t = 3.00 s일 때 정사각형 고리에 유도

되는 기전력을 구하여라. (b) 고리에 유도되는 전류의 방향을 구하여라.

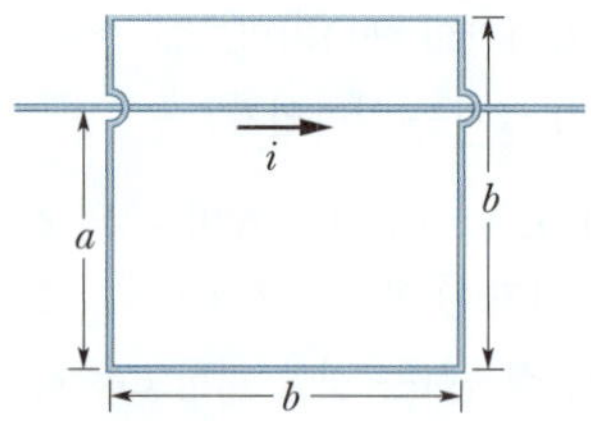

그림 30.32 연습문제 65

66 M (면적 $0.15\ m^2$인) 직사각형 고리가 $B = 0.15$ T의 균일한 자기장 속에서 회전한다. 자기장과 고리 평면에 수직인 벡터 사이의 각도가 $\pi/2$ rad에서 0.60 rad/s의 비율로 증가할 때 고리에 유도되는 기전력은 얼마인가?

67 M CALC 그림 30.33a에서 균일한 자기장 $\vec{B}$는 그림 30.33b처럼 시간 t에 따라서 크기가 증가하며, 수직축의 눈금은 $B_s = 9.0$ mT이고, 수평축의 눈금은 $t_s = 3.0$ s이다. 면적 $8.0 \times 10^{-4}\ m^2$의 원형 도체 고리가 지면과 같은 면으로 자기장 안에 놓여 있다. 고리의 점 A를 통과하는 전하 q는 그림 30.33c에 시간 t의 함수로 주어지고, 수직축의 눈금은 $q_s = 6.0$ mC, 수평축의 눈금은 역시 $t_s = 3.0$ s이다. 고리의 저항은 얼마인가?

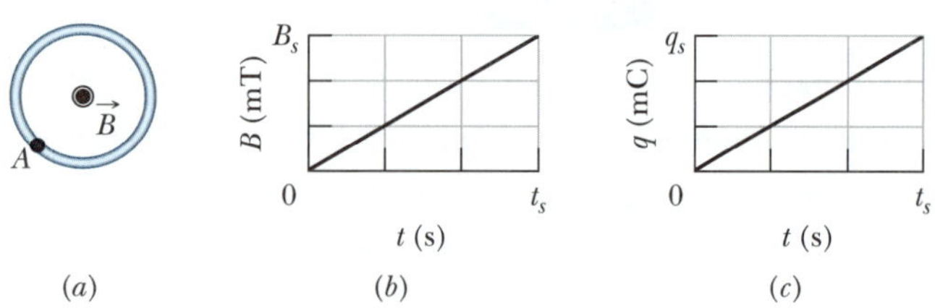

그림 30.33 연습문제 67

68 M 그림 30.6.2의 회로에서 전지의 기전력이 시간 t에 따라 변하여 전류가 $i(t) = 3.0 + 5.0t$라고 하자. 여기서 i는 암페어이고 t는 초 단위이다. $R = 10\ \Omega$, $L = 6.0$ H일 때 전지의 기전력을 시간 t의 함수로 나타내어라. (힌트: 고리규칙을 사용하여라.)

69 H CALC 그림 30.34에 길이 $a = 2.2$ cm, 너비 $b = 0.80$ cm, 저항 $R = 0.40$ mΩ의 직사각형 고리를 $i = 3.0$ A의 전류가 흐르는 무한히 긴 직선 도선 옆에 놓았다. 고리는 일정한 속력 $v = 3.2$ mm/s로 도선으로부터 멀어지고 있다. 고리의 중심이 $r = 1.5b$ 떨어져 있을 때 (a) 고리를 통과하는 자기다발의 크기를 구하여라. (b) 고리에 유도되는 전류를 구하여라.

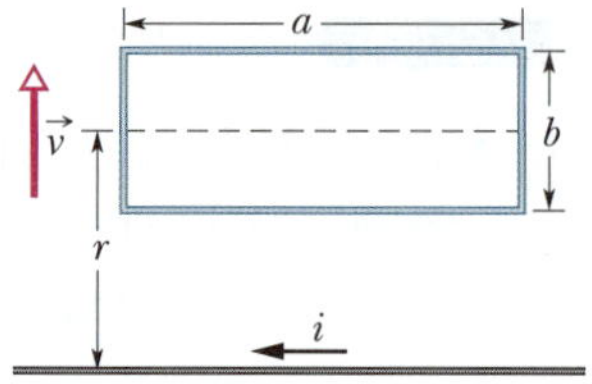

그림 30.34 연습문제 69

70 E $t = 0$에 저항과 유도기가 직렬 연결된 회로에 전지를 연결한다. 유도기의 자기장에 저장된 에너지가 정상상태의 0.250일 때는 유도 시간상수의 몇 배일 때인가?

71 M CALC 그림 30.35a는 저항이 5.0 mΩ인 직사각형($W = 15$ cm, $H = 30$ cm) 도선이다. 도선의 내부를 면적이 같은 세 구역으로 나눈다. 각 구역에는 자기장 $\vec{B}_1$, $\vec{B}_2$, $\vec{B}_3$가 걸려 있다. 자기장은 각 구역 안에서는 균일하고 그림에 표시된 것처럼 지면에서 나오는 방향이거나 들어가는 방향이다. 그림 30.35b는 시간에 대한 세 자기장의 z 성분인 B_z의 변화이며, 수직축의 눈금은 $B_s = 4.0\ \mu$T와 $B_b = -2.5\ B_s$이며, 수평축의 눈금은 $t_s = 2.0$ s이다. 도선에 유도되는 전류의 (a) 크기와 (b) 방향을 구하여라.

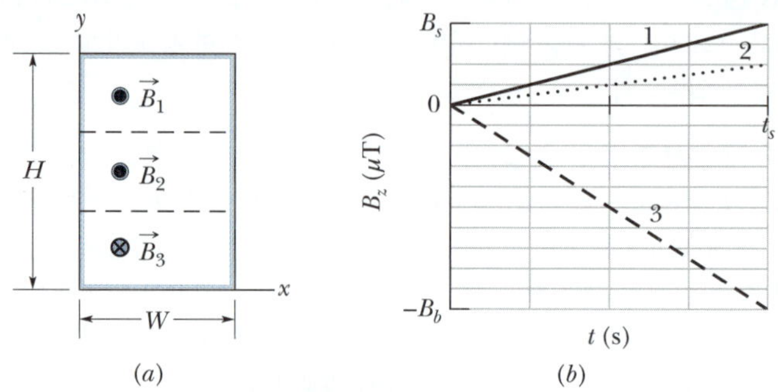

그림 30.35 연습문제 71

72 E 두 코일을 고정된 위치에 놓았다. 코일 1에는 전류가 흐르지 않고, 코일 2에는 20.0 A/s의 비율로 전류가 증가할 때 코일 1에 25.0 mV의 기전력이 생긴다. (a) 상호유도용량은 얼마인가? (b) 코일 2에 전류가 흐르지 않고 코일 1에 3.60 A의 전류가 흐를 때 코일 2를 통과하는 자기다발은 얼마인가?

73 M CALC 그림 30.36에서 두 직선 도체 레일이 직각을 이루며 붙어 있다. 여기에 도체 막대가 레일과 접촉한 채 시간 $t = 0$에서 레일의 꼭지점부터 시작하여 레일을 따라 일정한 속력 5.20 m/s로 움직인다. 자기장의 크기는 $B = 0.200$ T이고 지면에서 나오는 방향이다. (a) $t = 3.00$ s일 때 두 레일과 막대가 이루는 삼각형을 통과하는 자기다발을 구하여라. (b) 같은 시각에서 삼각형 주위의 유도기전력을 구하여라. (c) 기전력이 $\mathscr{E} = at^n$이라면 은 얼마인가? 여기서 a와 n은 상수이다.

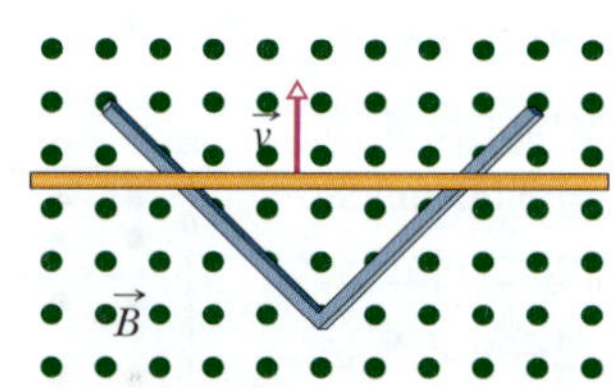

그림 30.36 연습문제 73

74 E 길이가 85.0 cm이고 단면이 17.0 cm^{2}이며, 950번 감은 솔레노이드의 도선에 4.15 A의 전류가 흐른다. (a) 솔레노이드 내부에서 자기장의 에너지밀도를 구하여라. (b) 솔레노이드 내부에 저장된 전체 자기에너지는 얼마인가? (가장자리 효과는 무시한다.)

75 M 유도용량이 $L_1 = 40.0$ mH, $L_2 = 50.0$ mH, $L_3 = 20.0$ mH, $L_4 = 15.0$ mH인 네 유도기를 그림 30.37처럼 전류가 변하는 전원에

연결하였다. 등가 유도용량은 얼마인가? (연습문제 3과 48 참조)

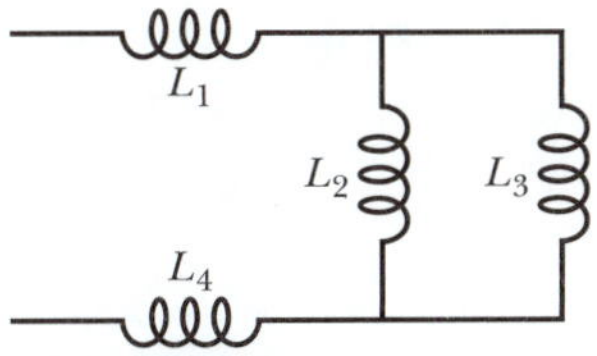

그림 30.37 연습문제 75

76 E 12 H의 유도기에 2.0 A의 전류가 흐른다. 유도기에 40 V의 기전력을 만들려면 전류는 어떤 비율로 변해야 하는가?

77 E *RL*회로에서 전류가 점점 증가하여 8.00 s 만에 정상상태 값의 1/3이 되었다. 이 회로의 유도 시간상수를 구하여라.

제 31 장

전자기적 진동과 교류

Electromagnetic Oscillations and Alternating Current

31.1 ▸ LC 진동

요점_Key Ideas

1. 진동하는 LC 회로에서 에너지는 주기적으로 축전기의 전기장과 유도기의 자기장 사이를 왕복한다. 두 에너지 형태의 순간적인 값은 다음과 같다.

$$U_E = \frac{q^2}{2C} \quad \text{또는} \quad U_B = \frac{Li^2}{2}.$$

여기서 q는 축전기에 있는 순간전하이고, i는 유도기를 흐르는 순간전류이다.

2. 전체에너지 $U\ (= U_E + U_B)$는 항상 일정하다.
3. 에너지 보존 원리로부터 다음을 얻는다.

$$L\frac{d^2q}{dt^2} + \frac{1}{C}q = 0 \quad (LC \text{ 진동}).$$

이것은 (저항이 없는) LC 진동에 대한 미분방정식이다.

4. 이 미분방정식의 해는 다음과 같다.

$$q = Q\cos(\omega t + \phi) \qquad (\text{전하}).$$

여기서 Q는 (축전기의 최대전하인) 전하진폭이고, 진동에 대한 각진동수 ω는

$$\omega = \frac{1}{\sqrt{LC}}$$

이다.

5. 위상상수 ϕ는 ($t = 0$에서) 계의 초기조건으로 결정된다.
6. 임의의 시간 t에서 계의 전류 i는 다음과 같다.

$$i = -\omega Q\sin(\omega t + \phi) \qquad (\text{전류}).$$

여기서 ωQ는 전류진폭 I이다.

학습목표_Learning Objectives

이 단원을 읽은 후 다음을 이해해야 한다.

31.1.1 LC 진동자를 그리고, 어느 양이 진동하고, 진동의 주기를 어떻게 구하는지 설명한다.

31.1.2 LC 진동자에 대해 축전기 사이의 퍼텐셜차와 유도기를 지나는 전류를 시간의 함수로 그래프를 그리고, 각 그래프에서 주기 T를 표시한다.

31.1.3 토막–용수철 진동자와 LC 진동자 사이의 유사성을 설명한다.

31.1.4 LC 진동자에 대해 각진동수 ω (관련된 진동수 f와 주기 T)와 유도용량, 전기용량 값 사이의 관계를 구한다.

31.1.5 토막–용수철 계의 에너지로 시작하여 LC 진동자에서 전하 q에 대해 미분방정식을 유도하는 것을 설명하고 $q(t)$에 대한 해를 구한다.

31.1.6 LC 진동자에 대해 임의의 주어진 시간에 축전기에 있는 전하 q를 계산하고, 전하 진동의 진폭 Q를 구한다.

31.1.7 LC 진동자에서 축전기의 전하 $q(t)$에 대한 식에서 시작하여 유도기의 전류 $i(t)$를 시간의 함수로 구한다.

31.1.8 LC 진동자에 대해 임의의 주어진 시간에서 전류 i를 계산하고, 전류진동의 진폭 I를 구한다.

▶ 어떤 물리현상을 다루는가?

지금까지 전자기장의 기본적인 물리학을 공부하면서 축전기나 유도기에 에너지를 어떻게 저장할 수 있는지 알아보았다. 이와 관련되어 한 지점에 저장된 에너지를 어떻게 다른 지점으로 전송하여 사용할 수 있는지 알아보자. 가정에서 컴퓨터를 작동시키기 위해 발전소에서 만든 전기에너지를 사용하는 것이 좋은 예가 된다. 전기에너지 없이는 현대 문

31.1.9 LC 진동자에 대해 전하진폭 Q, 전류진폭 I와 각진동수 ω 사이의 관계를 구한다.

31.1.10 LC 진동자에서 전하 q와 전류 i에 대한 표현으로부터 자기장 에너지 $U_B(t)$, 전기장 에너지 $U_E(t)$와 전체에너지를 구한다.

31.1.11 LC 진동자에서 자기장 에너지 $U_B(t)$, 전기장 에너지 $U_E(t)$와 전체에너지를 시간의 함수로 그래프를 그린다.

31.1.12 자기장 에너지 U_B, 전기장에너지 U_E의 최대값을 계산하고, 전체에너지를 계산한다.

명이 불가능하다는 점에서 알 수 있듯이, 물리학의 가치는 추산하기조차 어려울 만큼 무한하다.

세계적으로 대부분의 지역에서 전기에너지는 직류가 아니라 교류로 전송된다. 에너지를 효율적으로 전송하고, 에너지를 사용할 기구를 만드는 것은 물리학자나 공학자 모두에게 도전해 볼 만한 문제다. 먼저 유도용량 L과 전기용량 C로 구성된 간단한 회로에서 나타나는 진동에 대해 알아보면서 교류에 대한 논의를 시작하겠다.

▶ LC 진동의 정성적 분석

지금까지는 저항 R과 전기용량 C, 유도용량 L의 회로요소로 이루어진 RC(27.4단원)와 RL(30.6단원)의 직렬조합에 대해 논의하였다. 두 회로에서 전하와 전류, 퍼텐셜차는 지수함수적으로 증가하거나 감소하는 현상을 보았다. 증가와 감소의 시간척도는 *시간상수* τ로 주어진다.

이번에는 두 요소로 이루어진 LC 회로에 대해 알아보자. 이 경우에는 전하와 전류, 퍼텐셜차가 시간에 따라 지수함수적으로 감소하지 않고 주기적으로 변화한다는 것을 알게 될 것이다. 축전기의 전기장과 유도기의 자기장이 진동하는 것을 **전자기진동**이라고 하며, 회로가 진동한다고 말한다.

그림 31.1.1의 a에서부터 h는 간단한 LC 회로에서 일어나는 진동의 각 단계이다. 식 25.4.1로부터 축전기의 전기장에 저장되는 에너지는 다음과 같다.

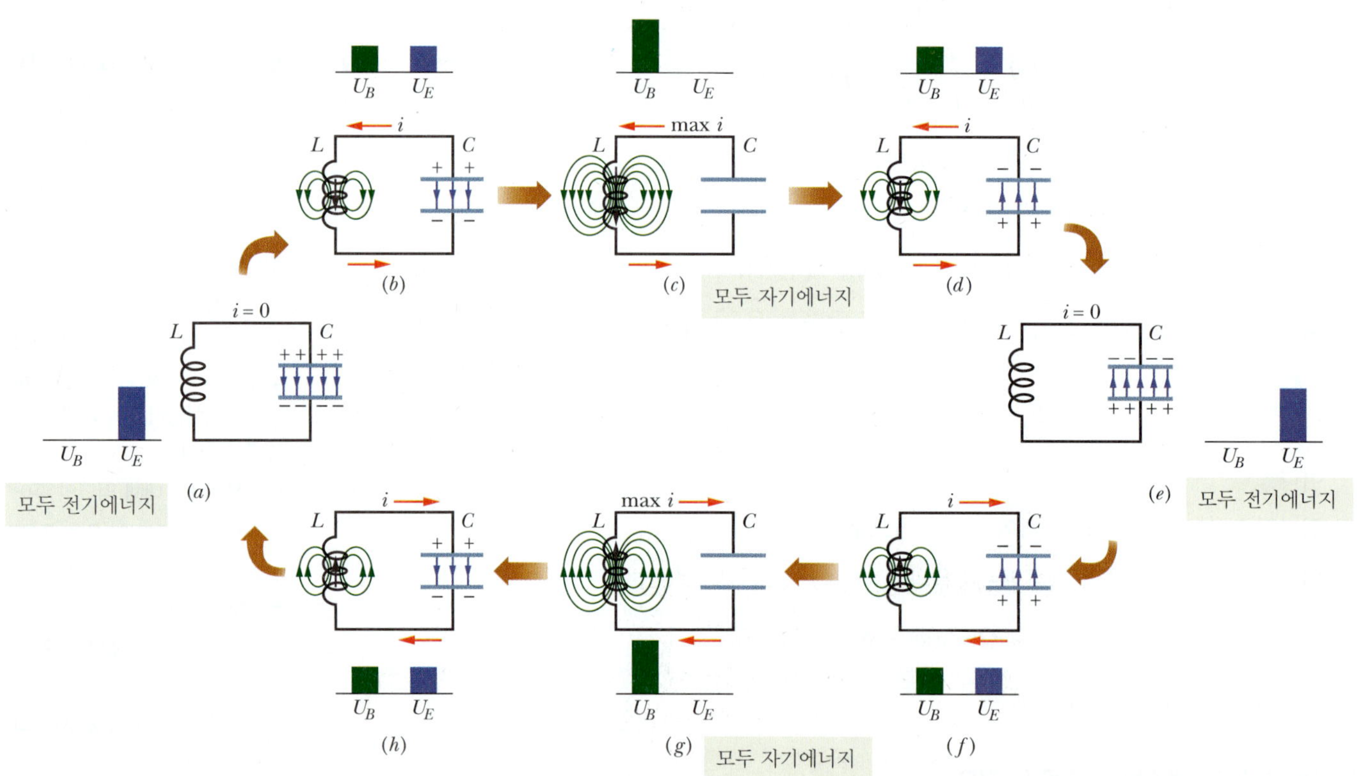

그림 31.1.1 저항이 없는 LC 진동회로의 한 주기에 나타나는 여덟 단계. 각 단계의 막대그래프는 저장된 전기에너지와 자기에너지를 나타낸다. 유도기의 자기장선과 축전기의 전기장선이 보인다. (a) 최대 전하가 축전기에 충전되고 전류는 흐르지 않는다. (b) 축전기가 방전되고 전류가 증가한다. (c) 축전기가 완전히 방전되고 전류가 최대값에 이른다. (d) 축전기가 (a)와 반대 방향으로 충전되고 전류가 감소한다. (e) 축전기는 (a)와 반대 방향으로 최대한 충전되고 전류는 흐르지 않는다. (f) 축전기가 방전되고 (b)와 반대 방향으로 흐르는 전류가 증가한다. (g) 축전기가 완전히 방전되고 전류는 최대값에 이른다. (h) 축전기가 충전되고 전류는 감소한다.

$$U_E = \frac{q^2}{2C}. \tag{31.1.1}$$

여기서 q는 어떤 순간에 축전기에 들어있는 전하량이다. 식 30.74로부터 유도기의 자기장에 저장되는 에너지는 다음과 같다.

$$U_B = \frac{Li^2}{2}. \tag{31.1.2}$$

여기서 i는 어떤 순간에 유도기에 흐르는 전류이다.

주기적으로 진동하는 회로의 *순간적인* 물리량의 *값은* q와 같이 소문자로 나타내고, 이 값의 *진폭은* Q와 같이 대문자로 나타내는 것이 관례이다. 이에 따라 그림 31.1.1에서 축전기의 전하 q는 초기에 최대값 Q를 갖고, 유도기를 통과하는 전류는 초기에 0이라고 하자. 이러한 회로의 초기상태가 그림 31.1.1a이다. 그림의 막대그래프는 에너지를 나타내며, 초기에 축전기의 전하량이 최대이고 유도기에 흐르는 전류가 0이므로 전기장의 에너지 U_E는 최대이고 자기장의 에너지 U_B는 0이 된다는 것을 나타낸다. LC 회로가 진동함에 따라, 한 형태의 에너지에서 다른 형태의 에너지로 전환되어 저장되었다가 다시 본래 형태로 돌아오기를 반복하지만, 전체에너지는 보존된다.

다음 단계에서 축전기는 유도기를 통해 전하를 방전하기 시작하고, 그림 31.1.1b처럼 전류가 반시계방향으로 흐른다. 이는 dq/dt로 주어지는 전류 i가 유도기의 아래 방향으로 형성된다는 뜻이다. 축전기 안의 전하량이 줄어듦에 따라 축전기 안의 전기장에 저장된 에너지도 감소한다. 이 에너지는 유도기에 전류 i가 형성되면서 나타나는 유도기 주위의 자기장으로 옮겨 간다. 이렇게 전기장에서 자기장으로 에너지가 옮겨가면서, 전기장은 감소하고 자기장이 증가한다.

이 과정이 계속되면서 축전기는 그림 31.1.1c처럼 자신의 전하를 모두 잃게 되고, 전기장과 전기장 안에 저장된 에너지도 모두 잃게 된다. 전기에너지는 유도기의 자기장으로 전부 옮겨 가서, 자기장은 최대가 되고, 유도기에 흐르는 전류도 최대값인 I가 된다.

축전기 안의 전하가 0이 되긴 했지만, 유도기는 전류가 갑자기 0이 되는 것을 막기 때문에 전류는 반시계방향으로 계속 흐른다. 회로에 흐르는 이 전류에 의해 양의 전하는 축전기의 위 판에서 아래 판으로 계속 옮겨간다(그림 31.1.1d 참조). 축전기에 전기장이 다시 생겨나면서, 에너지가 유도기에서 축전기로 옮겨간다. 에너지가 옮겨가는 동안 전류는 점차 줄어든다. 마침내 에너지가 축전기로 전부 옮겨지면(그림 31.1.1e 참조) 전류는 순간적으로 0이 된다. 축전기의 전하가 반대 방향으로 충전되었다는 것을 제외하면, 그림 31.1.1e의 상태는 초기상태와 같다.

그 후 축전기는 다시 방전을 시작하며 이번에는 시계방향으로 전류가 흐르게 된다(그림 31.1.1f 참조). 앞에서와 같은 이유로 시계방향의 전류는 최대값에 이른(그림 31.1.1g 참조) 다음에 줄게 되고(그림 31.1.1h 참조), 마침내 초기상태로 되돌아간다(그림 31.1.1a 참조). 이런 과정은 진동수 f, 각진동수 $\omega = 2\pi f$로 반복된다. 저항이 없는 이상적인 LC 회로에서는 축전기의 전기장과 유도기의 자기장 사이에서 발생하는 에너지 전환 이외에는 다른 에너지 전환이 없다. 에너지가 보존되기 때문에 진동은 계속된다. 모든 에너지가 전기장에 들어있는 상태로 진동을 시작해야 하는 것은 아니기 때문에, 진동의 어떤 다른 상태도 초기상태가 될 수 있다.

축전기의 전하 q를 시간의 함수로 결정하기 위해 축전기 C의 양 끝의 시간에 따라

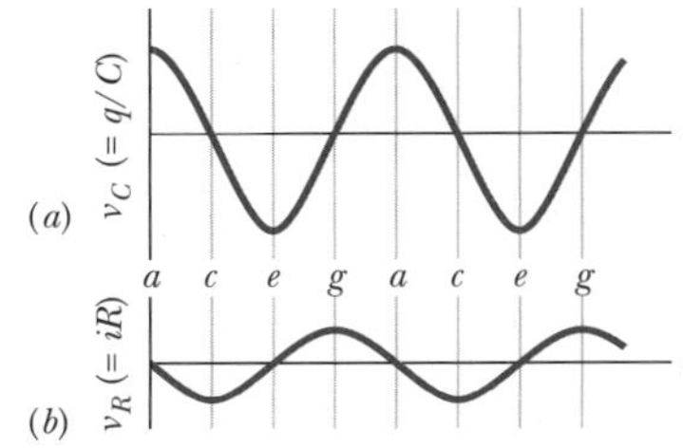

그림 31.1.2 (a) 그림 31.1.1의 축전기에 걸려 있는 퍼텐셜차를 시간의 함수로 나타낸 그래프이다. 퍼텐셜차는 축전기의 전하량에 비례한다. (b) 그림 31.1.1의 회로에 흐르는 전류에 비례하는 퍼텐셜. 각 문자는 그림 31.1.1의 진동 단계에 대응한다.

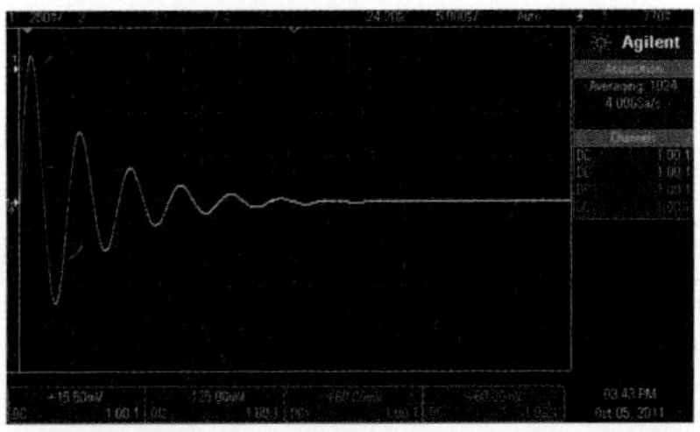

Courtesy Agilent Technologies

그림 31.1.3 에너지가 저항에서 열에너지로 소모되어 진폭이 줄어드는 RLC 회로의 실제 진동을 보여주는 오실로스코프의 화면.

변하는 퍼텐셜차(*전압*) v_C를 전압계를 사용하여 측정할 수 있다. 식 25.1.1로부터

$$v_C = \left(\frac{1}{C}\right) q$$

로 쓸 수 있으며, 이로부터 q를 구할 수 있다. 축전기와 유도기에 작은 저항 R을 직렬로 연결하고, 저항에 걸리는 퍼텐셜차 v_R의 시간변화를 측정함으로써 전류를 측정할 수 있다. 이때 v_R은 다음 관계식처럼 i에 비례한다.

$$v_R = iR.$$

여기서는 저항 R이 매우 작아서 회로의 작동에 거의 영향을 미치지 않는다고 가정한다. 그림 31.1.2는 v_C와 v_R, 그리고 이에 의한 q와 i의 시간에 따른 변화이다. 네 가지 물리량은 모두 주기적으로 변한다.

실제의 LC 진동회로에서는 약간의 저항이 언제나 존재하고 이것이 전기장과 자기장의 에너지 일부를 열에너지로 소모하기 때문에(회로가 따뜻해질 것이다) 진동이 영원히 지속되지는 않는다. 한번 시작된 진동은 그림 31.1.3처럼 소멸된다. 이 그림을 토막과 용수철로 이루어진 계에서 마찰 때문에 생기는 감쇠에 의해 역학적 진동이 어떻게 줄어드는지를 보여주는 그림 15.5.2와 비교할 수 있다.

→ 확인문제 31.1.1

시간 $t = 0$에서 유도기와 충전된 축전기가 직렬로 연결되어 있다. 얼마의 시간이 지난 다음에 (a) 축전기의 전하, (b) 축전기에 걸리는 처음과 같은 극성의 퍼텐셜, (c) 전기장에 저장된 에너지, (d) 전류가 최대가 되는 시각을 진동의 주기 T로 각각 나타내어라.

▶ 전기와 역학의 유사성

그림 31.1.1의 진동하는 LC 계와 진동하는 토막–용수철 계의 유사성을 좀 더 세밀히 살펴보자. 두 종류의 에너지가 토막–용수철 계에 포함되어 있다. 하나는 용수철이 압축되거나 늘어나면서 생기는 퍼텐셜에너지이고 다른 하나는 움직이는 토막의 운동에너지이다. 두 에너지는 표 31.1.1의 왼쪽 열에 식으로 나타내었다.

표의 두 번째 에너지 열은 LC 진동에 포함되는 두 종류의 에너지이다. 두 열을 비교해 보면 토막–용수철 계의 역학적 에너지와 LC 진동회로의 전자기에너지인 두 쌍의 에너지가 형태상 유사함을 알 수 있다. 표 아래에 있는 v와 i에 대한 식에서 유사성을 더 자세히 볼 수 있다. 즉, q는 x에 대응하고 i는 v에 대응한다(여기서 앞의 양을 미분하여 뒤의 양을 얻는다). 이러한 대응은 에너지에 대한 표현에서 $1/C$가 k에 대응하고 L이 m에 대응한다는 뜻이다. 이를 요약하면 다음과 같다.

표 31.1.1 두 진동계의 에너지의 비교

토막–용수철 계		LC 진동기	
요소	에너지	요소	에너지
용수철	퍼텐셜에너지 $\frac{1}{2}kx^2$	축전기	전기에너지 $\frac{1}{2}(1/C)q^2$
토막	운동에너지 $\frac{1}{2}mv^2$	유도기	자기에너지 $\frac{1}{2}Li^2$
	$v = dx/dt$		$i = dq/dt$

q는 x에 대응하고, $1/C$는 k에 대응한다.
i는 v에 대응하고, L은 m에 대응한다.

이러한 대응관계는 LC 진동회로의 축전기가 토막-용수철 계의 용수철과 수학적으로 같고, 유도기는 토막과 같다는 뜻이다.

15.1단원에서 (마찰이 없는) 토막-용수철 계의 진동에서 각진동수가 다음과 같았다.

$$\omega = \sqrt{\frac{k}{m}} \qquad \text{(토막-용수철 계)}. \tag{31.1.3}$$

위의 대응관계에 따라, 저항이 없는 이상적인 LC 회로에서는 위 식에서 k를 $1/C$로 바꾸고 m을 L로 바꾸면 진동의 각진동수는 다음과 같다.

$$\omega = \frac{1}{\sqrt{LC}} \qquad (LC\ \text{회로}). \tag{31.1.4}$$

LC 진동의 정량적 분석

이 절에서 LC 진동의 각진동수에 대한 식 31.1.4가 옳다는 것을 보이고, 또한 보다 면밀하게 LC 진동과 토막-용수철 계를 논의하고자 한다. 우선 전에 다뤘던 역학적인 토막-용수철 계를 더 확장해 보자.

토막-용수철 진동

토막-용수철 진동을 15장에서는 에너지 전달로 분석하였고 진동을 기술하는 기본적인 미분방정식을 사용하지는 않았다. 이제는 사용할 것이다.

임의의 순간에 토막-용수철 계의 전체에너지 U는 다음과 같다.

$$U = U_b + U_s = \tfrac{1}{2}mv^2 + \tfrac{1}{2}kx^2. \tag{31.1.5}$$

여기서 U_b와 U_s는 각각 움직이는 토막의 운동에너지와 압축되거나 늘린 용수철의 퍼텐셜에너지이다. 저항이 없다면 전체에너지 U는 v와 x가 변한다 하더라도 시간에 따라 변하지 않는다. 이를 수식으로 쓴다면 $dU/dt = 0$이다. 따라서 다음과 같다.

$$\frac{dU}{dt} = \frac{d}{dt}\left(\tfrac{1}{2}mv^2 + \tfrac{1}{2}kx^2\right) = mv\frac{dv}{dt} + kx\frac{dx}{dt} = 0. \tag{31.1.6}$$

또한 $v = dx/dt$이므로, 다음과 같이 쓸 수 있다.

$$m\frac{d^2x}{dt^2} + kx = 0 \qquad \text{(토막-용수철 진동)}. \tag{31.1.7}$$

식 31.1.7은 저항이 없는 토막-용수철 계를 기술하는 기본적인 *미분방정식*이다.

식 31.1.7의 일반해는 (식 15.1.3에서 보았듯이) 다음과 같다.

$$x = X\cos(\omega t + \phi) \qquad \text{(변위)}. \tag{31.1.8}$$

여기서 X는 (15장에서 x_m으로 표시했던) 진동의 진폭이고 ω는 진동의 각진동수이며, ϕ는 위상상수이다.

LC 진동

토막-용수철 계에 대해 했던 것과 똑같이 저항이 없는 LC 회로의 진동을 분석해 보자.

진동하는 LC 회로의 전체에너지는 다음과 같다.

$$U = U_B + U_E = \frac{Li^2}{2} + \frac{q^2}{2C}. \qquad (31.1.9)$$

여기서 U_B는 유도기의 자기장에 저장된 에너지이고 U_E는 축전기의 전기장에 저장된 에너지이다. 회로의 저항이 0이라고 가정했으므로 열에너지로 전환되는 에너지는 없으며 U는 일정하게 유지된다. 이를 수식으로 쓰면 $dU/dt = 0$이다. 따라서 다음과 같다.

$$\frac{dU}{dt} = \frac{d}{dt}\left(\frac{Li^2}{2} + \frac{q^2}{2C}\right) = Li\frac{di}{dt} + \frac{q}{C}\frac{dq}{dt} = 0. \qquad (31.1.10)$$

이 식은 $i = dq/dt$와 $di/dt = d^2q/dt^2$을 써서 다음과 같이 쓸 수 있다.

$$L\frac{d^2q}{dt^2} + \frac{1}{C}q = 0 \quad (LC \text{ 진동}), \qquad (31.1.11)$$

이 식은 저항이 없는 LC 회로의 진동을 기술하는 *미분방정식*이다. 식 31.1.11과 31.1.7은 분명히 똑같은 수학적 형태이다.

전하와 전류의 진동

두 미분방정식이 수학적으로 동일하기 때문에 그 해도 역시 수학적으로 동일해야 한다. q가 x에 대응되므로 식 31.11의 일반해는 식 31.1.8처럼 다음과 같다.

$$q = Q\cos(\omega t + \phi) \qquad (\text{전하}). \qquad (31.1.12)$$

여기서 Q는 전하가 변화하는 진폭이고 ω는 전자기진동의 각진동수, ϕ는 위상상수이다. 식 31.1.12를 시간에 대해 미분하면 LC 진동의 전류에 관한 다음의 식을 얻는다.

$$i = \frac{dq}{dt} = -\omega Q\sin(\omega t + \phi) \qquad (\text{전류}). \qquad (31.1.13)$$

이렇게 주기적으로 변하는 전류의 진폭 I는 다음과 같다.

$$I = \omega Q. \qquad (31.1.14)$$

따라서 식 31.1.13을 다음과 같이 쓸 수 있다.

$$i = -I\sin(\omega t + \phi). \qquad (31.1.15)$$

각진동수

식 31.1.12와 이에 대한 2차미분을 식 31.1.11에 대입함으로써 식 31.1.12가 식 31.1.11의 해가 되는지 확인할 수 있다. 식 31.1.12의 1차미분은 식 31.1.13이고 2차미분은 다음과 같다.

$$\frac{d^2q}{dt^2} = -\omega^2 Q\cos(\omega t + \phi).$$

q와 d^2q/dt^2을 식 31.1.11에 대입하면 다음과 같다.

$$-L\omega^2 Q\cos(\omega t + \phi) + \frac{1}{C}Q\cos(\omega t + \phi) = 0.$$

이제 $Q\cos(\omega t+\phi)$로 나누고 식을 정리하면 다음을 얻는다.

$$\omega = \frac{1}{\sqrt{LC}}.$$

ω가 상수이면 식 31.1.12는 식 31.1.11의 해이다. ω에 대한 위 식은 대응관계를 이용해서 얻어낸 식 31.1.4와 정확하게 일치한다.

식 31.1.12의 위상상수 ϕ는 $t=0$과 같이 특정한 시간에서의 상황에 따라 결정된다. 만일 $t=0$에서 $\phi=0$이면 식 31.1.12에서 $q=Q$이고 식 31.1.13에서 $i=0$이다. 이 결과는 그림 31.1.1a의 초기조건이다.

전기에너지와 자기에너지의 진동

주어진 시간 t에서 LC 회로에 저장된 전기에너지는 식 31.1.1과 31.1.12에서 다음과 같다.

$$U_E = \frac{q^2}{2C} = \frac{Q^2}{2C}\cos^2(\omega t+\phi). \quad (31.1.16)$$

또한 식 31.1.2와 식 31.1.13에서 자기에너지는 다음과 같다.

$$U_B = \tfrac{1}{2}Li^2 = \tfrac{1}{2}L\omega^2Q^2\sin^2(\omega t+\phi).$$

여기에 식 31.1.4의 ω를 대입하면 다음 식을 얻는다.

$$U_B = \frac{Q^2}{2C}\sin^2(\omega t+\phi). \quad (31.1.17)$$

그림 31.1.4는 $\phi=0$인 경우의 $U_E(t)$와 $U_B(t)$이다. 여기서 다음의 사실에 주목하자.

1. U_E와 U_B의 최대값은 모두 $Q^2/2C$이다.

2. 임의의 순간에 U_E와 U_B의 합은 $Q^2/2C$로 일정하다.

3. U_E가 최대값일 때 U_B는 0이고 U_B가 최대값일 때 U_E는 0이다.

전기에너지와 자기에너지는 변하지만 전체에너지는 변하지 않는다.

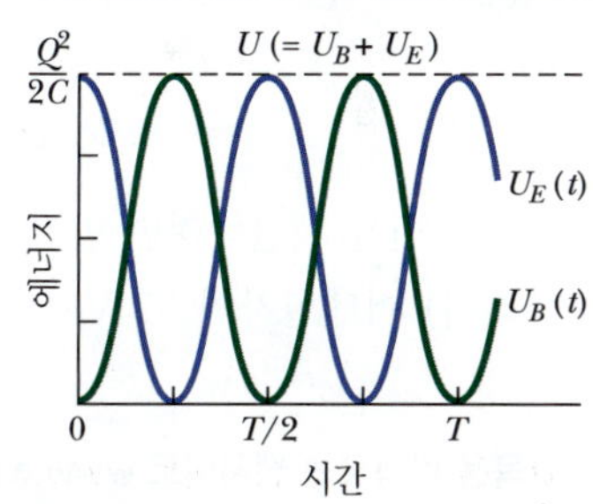

그림 31.1.4 그림 31.1.1의 회로에 저장된 전기에너지와 자기에너지를 시간의 함수로 나타낸 것이다. T는 진동의 주기이고 에너지의 합은 언제나 일정하다(전기와 자기에너지는 변하지만, 합은 일정하다).

→ 확인문제 31.1.2

LC 진동을 하는 축전기의 최대 퍼텐셜차가 17 V이고 최대 에너지가 160 μJ이다. 축전기의 퍼텐셜차가 5 V이고 에너지가 10 μJ일 때 (a) 유도기에 걸리는 기전력과 (b) 자기장에 저장된 에너지는 각각 얼마인가?

보기문제 31.1.1 LC 진동자: 퍼텐셜 변화, 전류 변화율

전기용량 1.5 μF의 축전기가 57 V로 충전된 후 전지를 떼낸다. $t=0$일 때, 12 mH의 유도기를 축전기에 직렬로 연결하여 LC 진동이 일어나게 한다(그림 31.1.1).

(a) 유도기에 걸리는 퍼텐셜차 $v_L(t)$를 시간의 함수로 표시하여라.

요점

(1) 회로의 전류와 퍼텐셜차(축전기의 퍼텐셜차와 유도기의 퍼텐셜차 모두)가 주기적으로 진동한다. (2) 27장에서 논의한 진동하지 않는 회로에 대한 고리규칙을 진동하는 퍼텐셜차에 적용할 수 있다.

풀이: 임의의 시간 t에 고리규칙과 그림 31.1.1로부터 다음 식을 얻는다.

$$v_L(t) = v_C(t). \qquad (31.1.18)$$

따라서 유도기에 걸리는 퍼텐셜차 v_L은 축전기에 걸리는 퍼텐셜차 v_C와 언제나 같아야 하고, 회로 전체의 알짜 퍼텐셜차는 0이다. 따라서 $v_C(t)$를 알면 $v_L(t)$을 알 수 있고, $v_C(t)$는 $q(t)$로부터 식 25.1.1($q = CV$)을 이용하여 구할 수 있다.

진동이 시작되는 $t = 0$에 퍼텐셜차 $v_C(t)$가 최대이므로 축전기의 전하 q도 이때에 최대가 된다. 따라서 위상상수 ϕ는 0이어야 하고 식 31.1.12로부터 다음을 얻는다.

$$q = Q \cos \omega t. \qquad (31.1.19)$$

(코사인함수는 실제로 $t = 0$일 때 q가 최대값 Q를 갖는다.) 퍼텐셜차 $v_C(t)$를 구하기 위하여 식 31.1.19의 양변을 C로 나누면 다음과 같다.

$$\frac{q}{C} = \frac{Q}{C} \cos \omega t.$$

그리고 식 25.1.1을 사용하여 v_C를 다음과 같이 쓸 수 있다.

$$v_C = V_C \cos \omega t. \qquad (31.1.20)$$

여기서 V_C는 축전기에 걸리는 퍼텐셜차 v_C의 진동진폭이다.

다음으로 $v_C = v_L$을 식 31.1.18에 대입하면 다음을 얻는다.

$$v_L = V_C \cos \omega t. \qquad (31.1.21)$$

이 식의 우변을 계산하려면 먼저 진폭 V_C는 축전기에 걸리는 초기(최대) 퍼텐셜차인 57 V와 같다는 것을 알면 된다. ω는 식 31.1.4를 이용하여 구할 수 있다.

$$\omega = \frac{1}{\sqrt{LC}} = \frac{1}{[(0.012\text{ H})(1.5 \times 10^{-6}\text{ F})]^{0.5}}$$
$$= 7454 \text{ rad/s} \approx 7500 \text{ rad/s}.$$

따라서 식 31.1.21은 다음과 같다.

$$v_L = (57\text{ V}) \cos(7500 \text{ rad/s})t. \qquad \text{(답)}$$

(b) 회로에 흐르는 전류 i의 최대 변화율 $(di/dt)_{max}$는 얼마인가?

요점

축전기의 전하가 식 31.1.12처럼 진동하면 전류는 식 31.1.13처럼 변하며, $\phi = 0$이므로 다음과 같다.

$$i = -\omega Q \sin \omega t.$$

풀이: 위 식을 미분하면 다음과 같다.

$$\frac{di}{dt} = \frac{d}{dt}(-\omega Q \sin \omega t) = -\omega^2 Q \cos \omega t.$$

(C와 V_C를 알지만 Q는 모르므로) Q에 CV_C를 대입하고, ω가 $1/\sqrt{LC}$라는 것을 이용하여 이 식을 다음과 같이 간단히 쓸 수 있다.

$$\frac{di}{dt} = -\frac{1}{LC} CV_C \cos \omega t = -\frac{V_C}{L} \cos \omega t.$$

따라서 전류의 변화율은 시간에 따라 주기적으로 바뀌며 변화율의 최대값은 다음과 같다.

$$\frac{V_C}{L} = \frac{57\text{ V}}{0.012\text{ H}} = 4750 \text{ A/s} \approx 4800 \text{ A/s}. \qquad \text{(답)}$$

▶ 교육용 비디오는 웹사이트 www.wiley.com에서 볼 수 있다.

31.2 ▸ *RLC* 회로의 감쇠진동

학습목표 *Learning Objectives*

이 단원을 읽은 후 다음을 이해해야 한다.

31.2.1 감쇠 *RLC* 회로의 회로도를 그리고, 왜 진동이 감쇠되는지 설명한다.

31.2.2 감쇠 *RLC* 회로에서 장의 에너지와 에너지 손실률에 대한 표현에서 시작하여 축전기의 전하 q에 대한 미분방정식을 쓴다.

요점 *Key Ideas*

1. LC 회로의 진동은 흩어지기 요소 R이 회로에 있으면 감쇠된다. 그러면 다음이 성립한다.

$$L\frac{d^2q}{dt^2} + R\frac{dq}{dt} + \frac{1}{C}q = 0 \qquad (RLC \text{ 회로}).$$

2. 이 미분방정식의 해는

$$q = Qe^{-Rt/2L} \cos(\omega' t + \phi)$$

이다. 여기서

$$\omega' = \sqrt{\omega^2 - (R/2L)^2}$$

이다. R이 작아서 감쇠도 작은 경우만 생각한다. 이때에는 $\omega' \approx \omega$이다.

31.2.3 감쇠 *RLC* 회로에서 전하 $q(t)$에 대한 표현을 구한다.

31.2.4 감쇠 *RLC* 회로에서 전하진폭과 전기장 에너지의 진폭은 시간에 따라 지수적으로 감소한다.

31.2.5 주어진 감쇠 *RLC* 진동자의 각진동수 ω'과 R을 없앴을 때 회로의 각진동수 ω 사이의 관계를 구한다.

31.2.6 감쇠 *RLC* 회로에서 전기장 에너지 U_E를 시간의 함수로 구한다.

▶ RLC 회로의 감쇠진동

저항과 유도용량, 전기용량을 포함하는 회로를 RLC *회로*라고 한다. 여기서는 그림 31.2.1과 같은 RLC *직렬회로*만을 다루겠다. 저항 R이 존재하면 회로의 전체 *전자기에너지* U(전기 에너지와 자기 에너지의 합)는 더 이상 일정하지 않다. 저항에서 열에너지가 발생하면서 전체 전자기에너지는 시간에 따라 감소한다. 이런 에너지 손실 때문에 전하와 전류, 퍼텐셜차의 진동은 진폭이 점점 줄어들게 되는데 이러한 진동을 *감쇠진동*이라 한다. 즉 15.5단원에서 다룬 토막-용수철의 감쇠진동과 똑같은 방식으로 진동한다.

이 회로의 진동을 분석하기 위해 회로의 전체 전자기에너지 U에 대한 식을 사용한다. 저항은 전자기에너지를 저장하지 않으므로 다음과 같은 식 31.1.9를 사용할 수 있다.

$$U = U_B + U_E = \frac{Li^2}{2} + \frac{q^2}{2C}. \tag{31.2.1}$$

그러나 이 에너지는 에너지가 열에너지로 바뀌면서 줄어들며, 그 비율은 식 26.5.3으로서 다음과 같다.

$$\frac{dU}{dt} = -i^2R. \tag{31.2.2}$$

여기서 음의 부호는 U가 감소한다는 뜻이다. 식 31.2.1을 시간에 대해 미분하여 식 31.2.2의 결과를 대입하면 다음을 얻는다.

$$\frac{dU}{dt} = Li\frac{di}{dt} + \frac{q}{C}\frac{dq}{dt} = -i^2R.$$

위 식에서 i에 dq/dt를 대입하고 di/dt에 d^2q/dt^2을 대입하면 다음과 같다.

$$L\frac{d^2q}{dt^2} + R\frac{dq}{dt} + \frac{1}{C}q = 0 \qquad (RLC \text{ 회로}). \tag{31.2.3}$$

이것이 RLC 회로의 감쇠진동을 기술하는 미분방정식이다.

▸***전하 감소.*** 이 식의 해는 다음과 같다.

$$q = Qe^{-Rt/2L}\cos(\omega' t + \phi). \tag{31.2.4}$$

여기서

$$\omega' = \sqrt{\omega^2 - (R/2L)^2} \tag{31.2.5}$$

인데, $\omega = 1/\sqrt{LC}$는 감쇠가 없는 진동의 각진동수이다. 식 31.2.4에 의해 축전기의 전하가 RLC 감쇠회로에서 어떻게 진동하는지 알 수 있다. 이 식은 토막-용수철 감쇠진동의 변위를 표현하는 식 15.5.4에 대응된다.

식 31.2.4는 *지수함수적으로 감쇠하는 진폭* $Qe^{-Rt/2L}$을 갖는 주기적 진동을 나타낸다. 감쇠진동의 각진동수 ω'은 언제나 감쇠하지 않는 진동의 각진동수 ω보다 작다. 그러

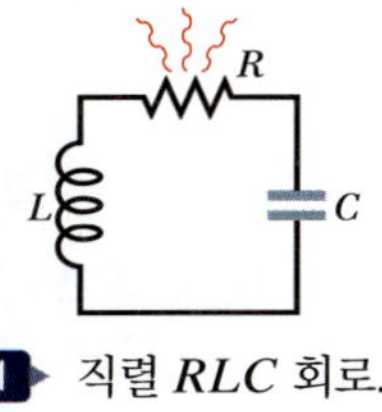

그림 31.2.1 ▸ 직렬 RLC 회로. 회로의 전하가 저항을 오가며 진동하면서 전자기에너지가 열에너지로 방출된다. 이에 따라 진폭이 줄어드는 감쇠진동이 나타난다.

나 여기서는 R이 충분히 작아서 ω'을 ω로 놓을 수 있는 경우만을 다루겠다.

▶***에너지 감소.*** 회로의 전체 전자기에너지 U에 대한 식을 시간의 함수로 써보자. 한 가지 방법은 축전기에 들어있는 전기장의 에너지를 측정하는 것인데 이는 식 31.1.1로 주어진다. 식 31.2.4를 식 31.1.1에 대입하면 다음을 얻는다.

$$U_E = \frac{q^2}{2C} = \frac{[Qe^{-Rt/2L}\cos(\omega' t + \phi)]^2}{2C} = \frac{Q^2}{2C}e^{-Rt/L}\cos^2(\omega' t + \phi). \quad (31.2.6)$$

따라서 전기장의 에너지는 코사인 제곱에 따라 진동하며 진동의 진폭은 시간에 따라 지수함수적으로 감소한다.

확인문제 31.2.1

이 절의 감쇠진동자에 대한 저항, 유도용량, 초기 전하진폭을 기본양으로 나타낸 세 모임이 있다. 퍼텐셜에너지가 초기 값의 1/4로 감소할 때 시간이 큰 것부터 이 모임을 나열하여라.

모임 1	$2R_0$	L_0	Q_0
모임 2	R_0	L_0	$4Q_0$
모임 3	$3R_0$	$3L_0$	Q_0

보기문제 31.2.1 *RLC* 회로: 전하 진동

유도용량 $L = 12$ mH, 전기용량 $C = 1.6\,\mu$F, 저항 $R = 1.5\,\Omega$의 RLC 직렬회로가 있다. $t = 0$에서 진동을 시작한다.

(a) 어느 시간 t에서 회로에서 일어나는 전하 진동의 진폭이 초기값의 50%가 되는가? (초기값을 모른다는 것에 주의하여라.)

요점

전하 진동의 진폭은 시간 t에 따라 지수함수적으로 감소한다. 식 31.2.4에 의하면 시간 $t = 0$에서의 진폭을 Q라 할 때 시간 t에서 전하의 진폭은 $Qe^{-Rt/2L}$이다.

풀이: 전하의 진폭이 0.50 Q가 되면 다음의 식이 성립한다.

$$Qe^{-Rt/2L} = 0.50Q.$$

Q를 없애고(초기값을 몰라도 문제를 풀 수 있음을 의미한다) (지수함수를 없애기 위해) 양변에 자연로그를 취하면 다음을 얻는다.

$$-\frac{Rt}{2L} = \ln 0.50.$$

이 식을 t에 대해 풀고 주어진 값을 대입하면 다음 값을 얻는다.

$$t = -\frac{2L}{R}\ln 0.50 = -\frac{(2)(12\times10^{-3}\text{ H})(\ln 0.50)}{1.5\,\Omega}$$
$$= 0.0111\text{ s} \approx 11\text{ ms}. \quad \text{(답)}$$

(b) 이 시간 동안 몇 번의 진동이 이루어지는가?

요점

한 번의 진동이 일어나는 데 걸리는 시간은 주기 $T = 2\pi/\omega$이다. LC 진동의 각진동수는 식 31.1.4($\omega = 1/\sqrt{LC}$)로 주어진다.

풀이: 따라서 시간간격 $\Delta t = 0.0111$ s 동안 이루어지는 진동의 수는 다음과 같다.

$$\frac{\Delta t}{T} = \frac{\Delta t}{2\pi\sqrt{LC}}$$
$$= \frac{0.0111\text{ s}}{2\pi[(12\times10^{-3}\text{ H})(1.6\times10^{-6}\text{ F})]^{1/2}} \approx 13. \quad \text{(답)}$$

따라서 13번의 진동이 완료되는 동안 진폭은 50%로 감소한다. 그림 31.1.3에서는 한 번의 진동이 일어나는 동안 진폭이 50% 이상 감소하는데, 그보다는 덜 감쇠하는 진동이다.

▶ 교육용 비디오는 웹사이트 www.wiley.com에서 볼 수 있다.

31.3 ▸ 세 간단한 회로의 강제진동

요점_Key Ideas

1. 직렬 RLC 회로는 외부 교류기전력

$$\mathscr{E} = \mathscr{E}_m \sin \omega_d t$$

에 의해 강제 각진동수 ω_d로 강제진동할 수 있다.

2. 이 회로에 흐르는 전류는

$$i = I \sin(\omega_d t - \phi)$$

이다. 여기서 ϕ는 전류의 위상상수이다.

3. 저항 사이의 교류 퍼텐셜차의 진폭은 $V_R = IR$이다. 전류는 퍼텐셜차와 위상이 같다.
4. 축전기에서는 $V_C = IX_C$이고, $X_C = 1/\omega_d C$는 축전기형 반응저항이다. 여기서 전류는 퍼텐셜차보다 90° 앞선다($\phi = -90° = -\pi/2$ rad).
5. 유도기에서는 $V_L = IX_L$이고, $X_L = \omega_d L$은 유도형 반응저항이다. 여기서 전류는 퍼텐셜차에 비해 90° 뒤처진다($\phi = +90° = +\pi/2$ rad).

▶ 교류

저항에서 발산되는 열에너지를 보충할 만한 에너지를 외부의 기전력장치가 공급할 수 있다면, RLC 회로의 진동은 감쇠하지 않는다. 집이나 사무실, 회사의 전기회로에는 무수한 RLC 회로가 들어있는데 이 회로는 발전소에서 에너지를 공급받는다. 대부분의 나라에서 에너지는 진동하는 기전력과 전류로 공급된다. 진동하는 전류를 **교류**(alternating current)라고 하며 줄여서 **ac**라고 표기한다. 반면에 건전지에서 나오는 진동하지 않는 전류를 **직류**(direct current)라고 하며 줄여서 **dc**라고 표기한다. 진동하는 기전력과 전류는 시간에 따라 주기적으로 변하는데, 우리나라에서는 초당 120번 방향이 바뀌므로 진동수는 $f = 60$ Hz이다.

▸***전자의 진동.*** 처음에는 이런 상황이 이상하게 느껴질 수 있다. 전선에서 전자의 유동속력은 대략 4×10^{-5} m/s이므로 1/120초마다 방향을 바꾼다면 1/2주기 동안 전자는 겨우 3×10^{-7} m밖에 이동할 수 없다. 이런 속도로는 반대 방향으로 가기 전에 전선 안의 원자 10개 이상을 지날 수 없다. 어떻게 전자가 모든 곳으로 갈 수 있을까?

사실은 쓸데없는 걱정이다. 전도전자가 "어느 곳으로 가는" 것이 아니다. 전선의 전류가 1 A라는 것은 1초 동안 전선의 임의의 단면을 통과하는 전하가 1 C이라는 뜻이다. 이때 단면을 통과하는 전하의 속도가 직접적으로 문제되지는 않는다. 많은 전하가 매우 천천히 통과할 수도 있고 적은 전자가 매우 빨리 통과할 수도 있기 때문이다. 더구나, 전자에 보내지는 반대 방향의 신호는 광속에 가까운 속도로 전선을 통해 전달된다. 전자가 어디에 있든 거의 같은 시간에 반대 방향으로 가라는 신호를 받는다. 또한 전구나 토스터 같은 전기기구에서는 전자가 전기기구의 원자와 충돌함으로써 에너지를 전달하기만 하면 되지 전자의 운동방향이 중요한 것이 아니다.

▸***왜 교류인가?*** 교류의 가장 큰 장점은 *전류의 방향이 바뀌면서 도선 주위의 자기장도 방향이 바뀐다는 것이다.* 따라서 Faraday의 유도법칙을 이용할 수 있어서 변압기 같은 기구를 사용하여 퍼텐셜차를 마음대로 올리거나 내릴 수 있다. 더욱이 교류는 직류보

학습목표_Learning Objectives

이 단원을 읽은 후 다음을 이해해야 한다.

31.3.1 교류와 직류를 구분한다.

31.3.2 교류 발전기에 대해 기전력을 시간의 함수로 쓰고 기전력 진폭과 강제진동수를 구한다.

31.3.3 교류 발전기에 대해 전류를 시간의 함수로 쓰고 그 진폭과 위상상수를 기전력에 대해 구한다.

31.3.4 발전기로 구동되는 (직렬) RLC 회로의 회로도를 그린다.

31.3.5 자연진동수 ω와 강제진동수 ω_d를 구분한다.

31.3.6 강제 (직렬) RLC 회로에서 공명조건과 전류진폭에 대한 공명의 효과를 구한다.

31.3.7 (저항형, 축전기형, 유도기형) 세 기본 회로에 대해 회로도를 그리고 전압 $v(t)$와 전류 $i(t)$의 그래프와 위상자를 그린다.

31.3.8 세 기본 회로에서 전압 $v(t)$와 전류 $i(t)$에 대한 식을 구한다.

31.3.9 각각의 기본 회로에 대한 위상자 그림에서 각속력, 진폭, 수직축으로의 투영 및 회전각도를 구한다.

31.3.10 각 기본 회로에서 위상상수를 구하고, 이것을 전류 위상자와 전압 위상자의 상대적 위치로, 그리고 앞선 것과 뒤처지는 것으로 해석한다.

31.3.11 유도기에서는 퍼텐셜차가 앞서고, 축전기에서는 전류가 앞선다.

31.3.12 각 기본 회로에 대해 전압 진폭 V와 전류진폭 I 사이의 관계를 구한다.

31.3.13 축전기형 반응저항 X_C와 유도기형 반응저항 X_L을 계산한다.

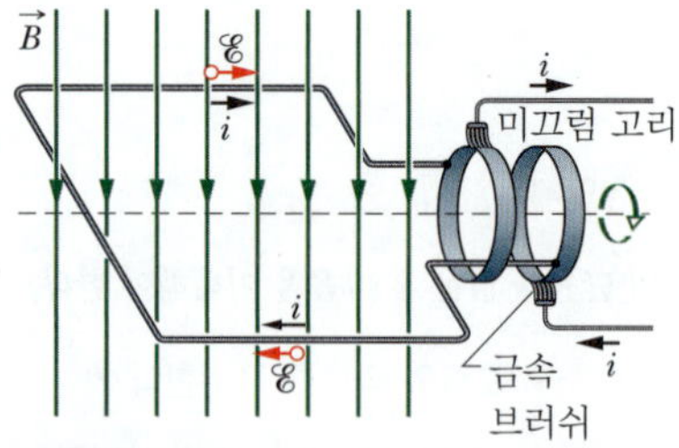

그림 31.3.1 교류발전기의 기본 작동원리는 외부 자기장 안에서 전류고리가 회전하는 것이다. 실제로 전선을 여러 번 감은 코일에 유도되는 교류기전력은 회전하는 코일에 닿아 있는 미끄럼 고리를 통해서 전달된다. 각 고리는 코일의 끝에 연결되어 있으며 발전기의 나머지 부분과 전기적으로 연결되어있다. 이러한 연결은 전기가 흐르는 금속 브러시에 의해 이루어지며 코일이 돌아감에 따라 고리가 브러쉬로부터 미끄러진다.

다 발전기나 모터같이 회전하는 기계에 훨씬 더 적합하다.

▸ ***기전력과 전류.*** 그림 31.1.6은 발전기의 간단한 모형이다. 외부 자기장 $\vec{B}$ 안에서 전류고리가 회전하면, 고리 안에 주기적으로 진동하는 다음과 같은 기전력 $\mathscr{E}$가 유도된다.

$$\mathscr{E} = \mathscr{E}_m \sin \omega_d t. \tag{31.3.1}$$

기전력의 *각진동수* ω_d는 자기장 안에서 회전하는 고리의 각속도와 같고, 기전력의 *위상*은 $\omega_d t$이며 *진폭*은 $\mathscr{E}_m$(최대값)이다. 회전하는 고리가 닫힌 회로를 이루면, 같은 진동수 ω_d로 주기적으로 변하는 교류를 만들어 내는데, 이를 **강제 각진동수**라고 한다. 따라서 전류는 다음과 같다.

$$i = I \sin(\omega_d t - \phi). \tag{31.3.2}$$

여기서 I는 강제전류의 진폭이다(전류의 위상 $\omega_d t - \phi$는 관습적으로 $\omega_d t + \phi$ 대신 음의 부호를 쓴다). 전류 i가 기전력 $\mathscr{E}$와 위상이 같지 않을 수 있기 때문에 위상상수 ϕ가 필요하다. 위상상수는 발전기가 연결된 회로에 의존한다는 것을 보게 될 것이다. 전류 i를 **강제진동수** f_d로 나타낼 수도 있는데, 식 31.3.2에서 ω_d 대신에 $2\pi f_d$를 사용하면 된다.

강제진동

전하와 퍼텐셜차, 전류는 감쇠되지 않는 LC 회로나 RLC 감쇠회로에서 (R이 충분히 작으면) 한 번 진동을 시작하면 $\omega = 1/\sqrt{LC}$의 각진동수로 진동한다. 그런 진동을 (외부의 기전력으로부터 자유로운) *자유진동*이라고 하고, 이런 회로의 각진동수를 회로의 **자연 각진동수**라고 한다.

식 31.3.1의 외부 교류기전력이 RLC 회로에 연결되었을 때 전하나 퍼텐셜차, 전류의 진동을 *강제진동*이라고 한다. 이런 진동은 언제나 강제 각진동수 ω_d에서 일어난다.

회로의 자연 각진동수 ω가 무엇이든 상관없이 전하와 전류, 퍼텐셜차의 강제진동은 언제나 강제 각진동수 ω_d로 일어난다.

그러나 31.4단원에서 알 수 있듯이, 진동의 진폭은 ω_d가 ω에 얼마나 가까우냐에 따라 많이 달라진다. 두 각진동수가 일치하는 것을 **공명**이라고 부른다. 왜냐하면 회로에 흐르는 전류의 진폭이 최대가 되기 때문이다.

간단한 세 회로

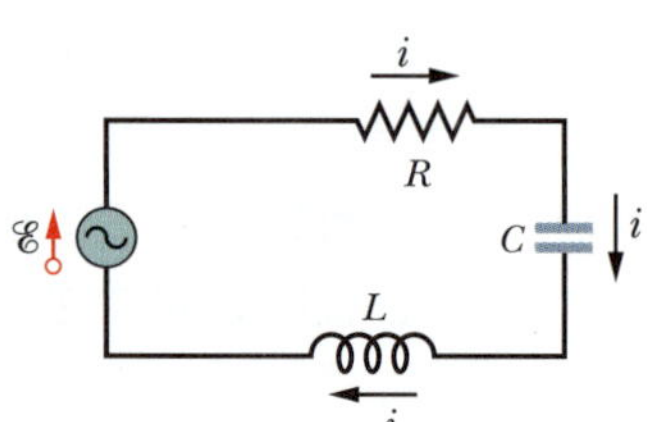

그림 31.3.2 저항과 축전기, 유도기를 포함하는 간단한 회로. 원 안에 사인파로 나타낸 발전기는 교류기전력을 만들며 이것이 교류전류를 만든다. 어느 순간의 교류기전력과 전류의 방향을 화살표로 나타내었다.

이 장의 후반부에서는 그림 31.3.2처럼 RLC 직렬회로에 교류 기전력장치가 연결된 것을 논의하겠다. 주기적으로 진동하는 전류의 진폭 I와 위상상수 ϕ를 외부 기전력의 진폭 $\mathscr{E}_m$과 각진동수 ω_d로 나타내고자 한다. 우선 간단한 세 회로를 고려하는데, 각각은 외부 기전력과 R, L, C 중의 한 요소만을 가지고 있다. (단지 *저항형 부하*만이 있는) 저항형 요소부터 시작하겠다.

저항형 회로

그림 31.3.3은 식 31.3.1의 교류기전력을 만들어내는 발전기와 크기가 R인 저항을 포함한다. 고리규칙에 따라

$$\mathscr{E} - v_R = 0$$

이고, 식 31.3.1을 대입하면 다음과 같다.

$$v_R = \mathscr{E}_m \sin \omega_d t.$$

저항에 걸려 있는 교류 퍼텐셜차의 진폭 V_R은 다음 식처럼 교류기전력의 진폭(혹은 전압)과 같다.

$$v_R = V_R \sin \omega_d t. \tag{31.3.3}$$

저항의 정의 $R = V/i$에 따라 저항의 전류는

$$i_R = \frac{v_R}{R} = \frac{V_R}{R} \sin \omega_d t \tag{31.3.4}$$

이며, 식 31.3.2를 사용하여 다음과 같이 쓸 수 있다.

$$i_R = I_R \sin(\omega_d t - \phi). \tag{31.3.5}$$

여기서 I_R은 저항에 흐르는 전류 i_R의 진폭이다. 식 31.3.4와 31.3.5를 비교하면 순수한 저항형 회로에서는 위상상수 $\phi = 0°$임을 알 수 있다. 또한 퍼텐셜과 전류의 진폭은 다음과 같은 관계가 있다.

$$V_R = I_R R \qquad (\text{저항}). \tag{31.3.6}$$

여기서는 그림 31.3.3에 대해 이 식을 유도했지만, 모든 교류회로의 저항에서 성립한다.

식 31.3.3과 31.3.4를 비교함으로써 시간에 따라 변하는 v_R과 i_R은 모두 $\phi = 0°$인 $\sin \omega_d t$의 함수로 표현된다는 것을 알 수 있다. 따라서 두 양의 *위상이 같다*. 즉, 각각의 최대값과 최소값이 동일한 시간에 나타난다는 뜻이다. $v_R(t)$와 $i_R(t)$를 나타낸 그림 31.3.4*a*는 이를 보여준다. 여기서 v_R과 i_R는 감쇠하지 않는다. 왜냐하면 저항 R에서 소비되는 에너지를 발전기가 회로에 공급하기 때문이다.

시간에 따라 변하는 v_R과 i_R을 *위상자*를 이용하여 기하학적으로 표현할 수도 있다. 16.6단원에서와 같이 위상자는 원점에 대해 회전하는 벡터이다. 그림 31.3.3의 저항에

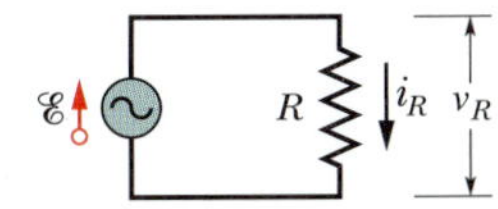

그림 31.3.3 저항이 교류발전기에 연결되어 있다.

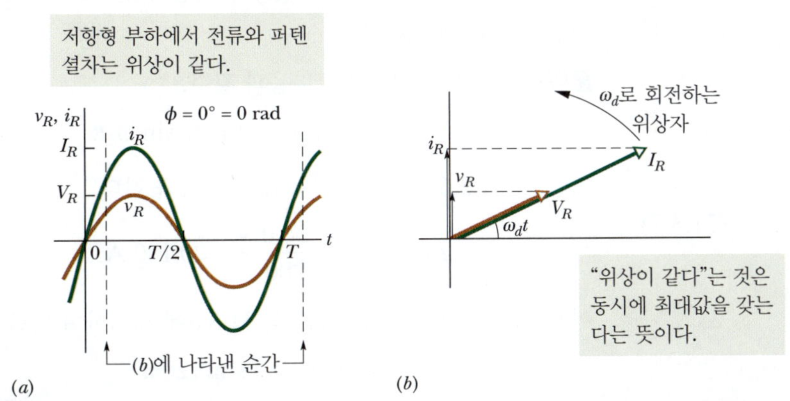

그림 31.3.4 (*a*) 저항에 걸린 전류 i_R과 퍼텐셜차 v_R이 시간 t의 함수로 같은 그래프에 그려져 있다. 위상이 같고 주기 T 동안에 한 순환과정을 완료한다. (*b*) (*a*)의 상황을 위상자 그림으로 나타내었다.

걸리는 퍼텐셜과 전류를 나타내는 위상자를 그림 31.3.4b에 그려 놓았다. 위상자는 다음의 특성을 갖는다.

각속도: 두 위상자 모두 원점에 대해 반시계방향으로 회전하며 각속도는 v_R과 i_R의 각진동수 ω_d와 같다.

길이: 위상자의 길이는 진동하는 양의 진폭을 나타낸다. 퍼텐셜에 대해서는 V_R이고 전류에 대해서는 I_R이다.

투영: 위상자의 *수직축*에 대한 투영은 변화하는 양의 시간 t에서의 값을 나타낸다. 전압에 대해서는 v_R이고 전류에 대해서는 i_R이다.

회전각: 위상자의 회전각은 변화하는 물리량의 시간 t에서의 위상과 같다. 그림 31.3.4b에서 퍼텐셜과 전류는 위상이 같으므로, 두 위상자는 언제나 $\omega_d t$의 같은 위상을 가지며 같은 회전각을 갖고 함께 회전한다.

위상자의 회전을 따라가 보면 $\omega_d t = 90°$일 때, 위상자가 수직방향을 가리키며 $v_R = V_R$ 및 $i_R = I_R$이다. 식 31.3.3과 31.3.5에서도 같은 결과를 얻을 수 있다.

확인문제 31.3.1

순수한 저항형 회로에서 강제진동수를 증가시키면 (a) 진폭 V_R과 (b) 진폭 I_R은 각각 증가하는가, 감소하는가, 아니면 불변인가?

보기문제 31.3.1 순수한 저항형 회로: 퍼텐셜차와 전류

그림 31.3.3에서 저항 R은 200 Ω이고 교류 기전력장치는 진폭 $\mathscr{E}_m = 36.0$ V와 진동수 $f_d = 60.0$ Hz로 작동한다.

(a) 저항에 걸려 있는 퍼텐셜차 $v_R(t)$를 시간 t의 함수로 표현하여라. 퍼텐셜차의 진폭 V_R은 얼마인가?

요점

저항만 있는 회로에서 저항에 걸리는 퍼텐셜차 $v_R(t)$는 언제나 기전력장치의 퍼텐셜차 $\mathscr{E}(t)$와 같다.

풀이: $v_R(t) = \mathscr{E}(t)$이고 $V_R = \mathscr{E}_m$이다. $\mathscr{E}_m$이 주어져 있으므로 다음과 같이 쓸 수 있다.

$$V_R = \mathscr{E}_m = 36.0 \text{ V}. \quad \text{(답)}$$

$v_R(t)$를 구하기 위해 식 31.3.1을 사용하여

$$v_R(t) = \mathscr{E}(t) = \mathscr{E}_m \sin \omega_d t \tag{31.3.7}$$

로 쓰고, 여기에 $\mathscr{E}_m = 36.0$ V를 대입하면

$$\omega_d = 2\pi f_d = 2\pi(60 \text{ Hz}) = 120\pi$$

이므로 다음을 얻는다.

$$v_R = (36.0 \text{ V}) \sin(120\pi t). \quad \text{(답)}$$

사인함수의 변수는 편의상 이런 모양으로 두어도 되고, (377 rad/s)t 또는 (377 s^{-1})t로 쓸 수도 있다.

(b) 저항에 흐르는 전류 $i_R(t)$와 $i_R(t)$의 진폭 I_R은 무엇인가?

요점

저항만 있는 회로에서 저항에 흐르는 교류전류 $i_R(t)$는 저항에 걸리는 교류 퍼텐셜차 $v_R(t)$와 *위상이 같으므로*, 전류의 위상상수 ϕ는 0이다.

풀이: 따라서 식 31.3.2는 다음과 같다.

$$i_R = I_R \sin(\omega_d t - \phi) = I_R \sin \omega_d t. \tag{31.3.8}$$

또한 식 31.3.6으로부터 진폭 I_R은 다음과 같다.

$$I_R = \frac{V_R}{R} = \frac{36.0 \text{ V}}{200 \,\Omega} = 0.180 \text{ A}. \quad \text{(답)}$$

이것과 $\omega_d = 2\pi f_d = 120\pi$를 식 31.3.8에 대입하여 다음

$$i_R = (0.180 \text{ A}) \sin(120\pi t) \quad \text{(답)}$$

을 얻는다.

▶ **교육용 비디오는 웹사이트 www.wiley.com에서 볼 수 있다.**

용량형 회로

그림 31.3.5는 전기용량과 식 31.3.1의 교류기전력을 발생하는 발전기를 포함하는 회로이다. 고리규칙으로부터 식 31.3.3을 얻을 때 사용한 과정을 이용하여 전기용량에 걸리는 퍼텐셜차를 다음과 같이 구할 수 있다.

$$v_C = V_C \sin \omega_d t. \tag{31.3.9}$$

여기서 V_C는 전기용량에 걸리는 교류 퍼텐셜차의 진폭이다. 전기용량의 정의로부터

$$q_C = Cv_C = CV_C \sin \omega_d t \tag{31.3.10}$$

를 얻는데, 구하고자 하는 것은 전하가 아니라 전류이므로 이 식을 미분하여 다음을 얻는다.

$$i_C = \frac{dq_C}{dt} = \omega_d CV_C \cos \omega_d t. \tag{31.3.11}$$

이 식을 두 가지로 변형시킬 수 있다. 먼저 표기 방식의 대칭성을 고려하여 다음과 같은 축전기의 **용량형 반응저항** X_C를 도입한다.

$$X_C = \frac{1}{\omega_d C} \qquad (\text{용량형 반응저항}). \tag{31.3.12}$$

이 값은 전기용량뿐 아니라 강제 각진동수 ω_d에 따라 달라진다. 용량형 시간상수의 정의($\tau = RC$)로부터 전기용량 C의 단위는 (초/Ω)으로 나타낼 수 있음을 안다. 이를 식 31.3.12에 적용하면 X_C의 단위는 저항 R과 같이 옴(Ω)이라는 것을 알 수 있다.

두 번째로 식 31.3.11의 $\cos \omega_d t$를 사인함수로 쓰면 다음과 같다.

$$\cos \omega_d t = \sin(\omega_d t + 90°).$$

이 관계식은 사인곡선을 음의 방향으로 90° 이동하여 확인할 수 있다.

이러한 두 변형을 이용하면 식 31.3.11을 다음과 같이 쓸 수 있다.

$$i_C = \left(\frac{V_C}{X_C}\right) \sin(\omega_d t + 90°). \tag{31.3.13}$$

반면에 그림 31.3.5의 축전기에 흐르는 전류 i_C를 식 31.3.2의 형태로 쓰면 다음과 같다.

$$i_C = I_C \sin(\omega_d t - \phi). \tag{31.3.14}$$

여기서 I_C는 i_C의 진폭이다. 식 31.3.13과 31.3.14를 비교하면, 용량형 회로에서 전류의 위상상수 ϕ는 $-90°$임을 알 수 있다. 또한 퍼텐셜의 진폭과 전류의 진폭은 다음의 관계가 있다.

$$V_C = I_C X_C \qquad (\text{축전기}). \tag{31.3.15}$$

여기서는 그림 31.3.5의 회로에 대해 이 식을 유도했지만, 임의의 교류회로에 들어있는 모든 축전기에서 성립한다.

식 31.3.9와 31.3.13을 비교하거나 그림 31.3.6a를 살펴보면, 퍼텐셜 v_C와 전류 i_C는

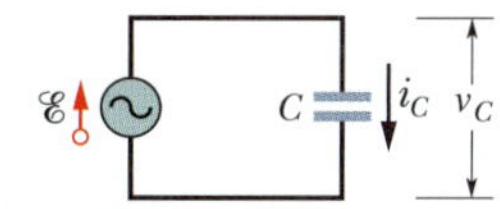

그림 31.3.5 축전기가 교류발전기에 연결되어 있다.

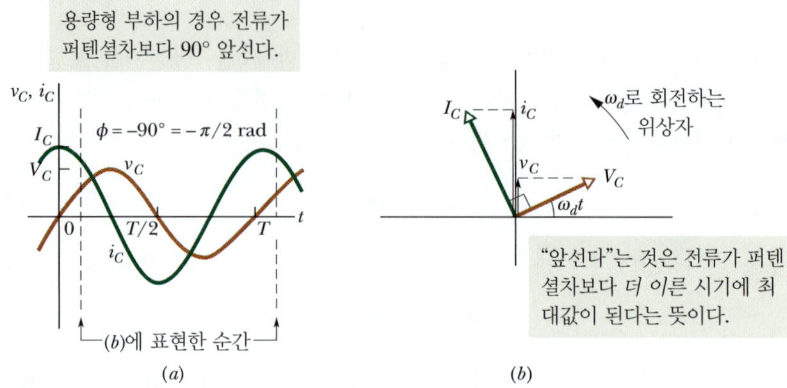

그림 31.3.6 (*a*) 축전기에 흐르는 전류는 90°(= π/2 rad)만큼 퍼텐셜을 앞서간다. (*b*) 같은 내용을 나타내는 위상자 그림.

90°, π/2 rad, 또는 한 주기의 1/4만큼 위상이 차이난다는 것을 알 수 있다. 더욱이 전류 i_C가 퍼텐셜 v_C를 *앞서간다*는 것을 알 수 있다. 이것은 그림 31.3.5의 회로에서 전류 i_C와 퍼텐셜차 v_C를 보면 i_C가 v_C보다 1/4주기만큼 *먼저* 최대값에 도달한다는 것을 볼 수 있다.

i_C와 v_C 사이의 관계는 그림 31.3.6*b*의 위상자 그림에 나타나 있다. 위상자는 두 물리량이 반시계방향으로 같이 돈다는 것을 나타내기 때문에, 위상자 I_C는 위상자 V_C를 90° 앞서간다. 즉 위상자 I_C는 위상자 V_C보다 1/4주기 앞서서 수직축과 만난다. 그림 31.3.6*b*의 위상자 그림이 식 31.3.9 및 31.3.13과 일관성이 있다는 것을 확인하여라.

확인문제 31.3.2

(*a*)의 그림은 사인곡선 $S(t) = \sin(\omega_d t)$와 $\sin(\omega_d t - \phi)$의 형태를 지닌 세 개의 다른 사인곡선 $A(t)$, $B(t)$, $C(t)$이다. (a) ϕ의 값이 큰 순서대로 세 곡선을 배열하여라. (b) 그림 (*b*)의 위상자는 각각 어느 곡선에 해당되는가? (c) 어느 곡선이 다른 곡선에 앞서는가?

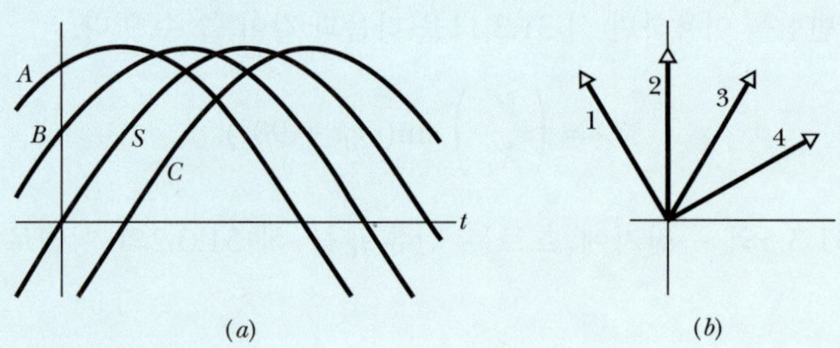

보기문제 31.3.2 순수한 용량형 회로: 퍼텐셜차와 전류

그림 31.3.5에서 전기용량 C는 15.0 μF이고 사인함수로 변하는 기전력의 진폭은 $\mathscr{E}_m$ = 36.0 V이고, 진동수는 f_d = 60.0 Hz이다.

(a) 축전기에 걸리는 퍼텐셜차 $v_C(t)$와 $v_C(t)$의 진폭 V_C는 얼마인가?

요점

순수한 용량형 회로에서는 축전기에 걸리는 퍼텐셜차 $v_C(t)$는 기전력장치에 걸리는 퍼텐셜차 $\mathscr{E}(t)$와 같다.

풀이: 따라서 $v_C(t) = \mathscr{E}(t)$이고 $V_C = \mathscr{E}_m$이다. $\mathscr{E}_m$이 주어졌으므로 다음을 얻는다.

$$V_C = \mathscr{E}_m = 36.0 \text{ V}. \quad \text{(답)}$$

식 31.3.1을 이용하여 $v_C(t)$를 쓰면

$$v_C(t) = \mathscr{E}(t) = \mathscr{E}_m \sin \omega_d t \qquad (31.3.16)$$

이다. 여기에 $\mathscr{E}_m = 36.0$ V와 $\omega_d = 2\pi f_d = 120\pi$를 대입하여 다음을 얻는다.

$$v_C = (36.0\ \text{V}) \sin(120\pi t). \qquad \text{답}$$

(b) 시간의 함수로 회로의 전류 $i_C(t)$를 구하고 전류 $i_C(t)$의 진폭 I_C를 구하여라.

요점

순수한 용량형 교류회로에서는 축전기에 흐르는 교류전류 $i_C(t)$는 교류퍼텐셜차 $v_C(t)$를 90°만큼 앞서간다. 즉, 전류에 대한 위상상수는 −90°, 즉 $-\pi/2$ rad이다.

풀이: 따라서 식 31.3.2는 다음과 같다.

$$i_C = I_C \sin(\omega_d t - \phi) = I_C \sin(\omega_d t + \pi/2). \qquad (31.3.17)$$

우선 용량형 반응저항 X_C를 구할 수 있다면 식 31.3.15 ($V_C = I_C X_C$)로부터 진폭 I_C를 알 수 있다. $\omega_d = 2\pi f_d$와 식 31.3.12($X_C = 1/\omega_d C$)로부터

$$X_C = \frac{1}{2\pi f_d C} = \frac{1}{(2\pi)(60.0\ \text{Hz})(15.0 \times 10^{-6}\ \text{F})} = 177\ \Omega$$

을 얻고, 식 31.3.15로부터 전류진폭은 다음과 같다.

$$I_C = \frac{V_C}{X_C} = \frac{36.0\ \text{V}}{177\ \Omega} = 0.203\ \text{A}. \qquad \text{답}$$

이 결과와 $\omega_d = 2\pi f_d = 120\pi$를 식 31.3.17에 대입하면 다음을 얻는다.

$$i_C = (0.203\ \text{A}) \sin(120\pi t + \pi/2). \qquad \text{답}$$

▶ **교육용 비디오는 웹사이트 www.wiley.com에서 볼 수 있다.**

유도형 회로

그림 31.3.7은 유도기와 식 31.3.1의 교류기전력 발전기를 포함하는 회로이다. 고리규칙으로부터 식 31.3.3을 얻은 과정을 이용하면 유도용량에 걸리는 퍼텐셜차는 다음과 같다.

$$v_L = V_L \sin \omega_d t. \qquad (31.3.18)$$

여기서 V_L은 v_L의 진폭이다. 식 30.5.3($\mathscr{E}_L = -L\, di/dt$)으로부터 전류가 di_L/dt의 변화율로 변하는 유도용량 L에 걸리는 퍼텐셜차는

$$v_L = L \frac{di_L}{dt} \qquad (31.3.19)$$

로 쓸 수 있고, 이 식과 식 31.3.18을 결합하여 다음 식을 얻는다.

$$\frac{di_L}{dt} = \frac{V_L}{L} \sin \omega_d t. \qquad (31.3.20)$$

그러나 필요한 정보는 전류의 시간에 대한 미분이 아니라 전류 자체이므로, 식 31.3.20을 다음과 같이 적분한다.

$$i_L = \int di_L = \frac{V_L}{L} \int \sin \omega_d t\, dt = -\left(\frac{V_L}{\omega_d L}\right) \cos \omega_d t. \qquad (31.3.21)$$

이 식을 두 가지로 변형시킬 수 있다. 먼저 표기의 대칭성을 고려하여 다음과 같은 유도기의 **유도형 반응저항** X_L을 도입한다.

$$X_L = \omega_d L \qquad (\text{유도형 반응저항}). \qquad (31.3.22)$$

X_L의 값은 강제 각진동수 ω_d에 따라 달라진다. 앞에서와 마찬가지로, 유도형 시간상수 τ_L의 단위로부터 X_L의 단위가 X_C나 R의 단위와 같이 옴(Ω)임을 알 수 있다.

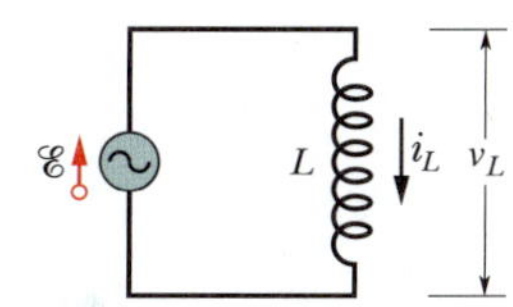

그림 31.3.7 ▶ 유도기가 교류 발전기에 연결되어 있다.

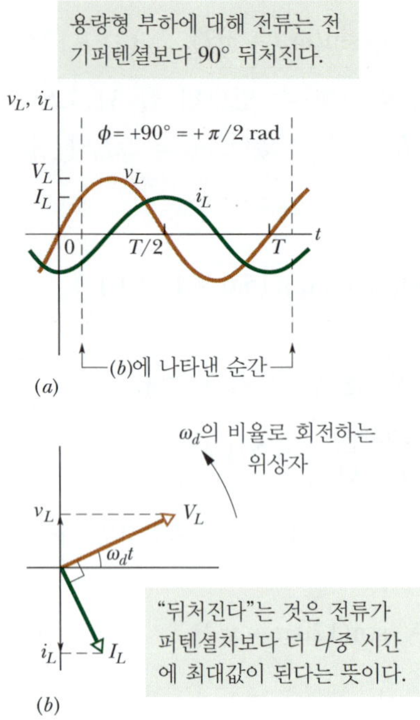

그림 31.3.8 (*a*) 유도기에 흐르는 전류는 퍼텐셜보다 90°($\pi/2$ rad) 뒤처진다. (*b*) 같은 내용을 나타내는 위상자 그림.

두 번째로 식 31.3.21의 $-\cos\omega_d t$를 위상이 변화된 사인함수로 바꾸어 다음과 같이 쓴다.

$$-\cos\omega_d t = \sin(\omega_d t - 90°).$$

이 관계식은 사인곡선을 양의 방향으로 90°만큼 이동해보면 확인할 수 있다.

이제 두 변환에 의해 식 31.3.21을 다음과 같이 쓸 수 있다.

$$i_L = \left(\frac{V_L}{X_L}\right)\sin(\omega_d t - 90°). \tag{31.3.23}$$

식 31.3.2의 형태로 쓰면 유도기에 흐르는 전류는 다음과 같다.

$$i_L = I_L \sin(\omega_d t - \phi). \tag{31.3.24}$$

여기서 I_L은 전류 i_L의 진폭이다. 식 31.3.23과 31.3.24를 비교해 보면 유도형 회로에서 전류의 위상상수 ϕ는 +90°라는 것을 알 수 있다. 또한 퍼텐셜차의 진폭과 전류의 진폭은 다음과 같은 관계가 있다.

$$V_L = I_L X_L \qquad (\text{유도기}). \tag{31.3.25}$$

여기서는 그림 31.3.7의 회로에 대해 이 식을 얻었지만, 임의의 교류회로에 있는 모든 유도기에서 성립한다.

식 31.3.18과 31.3.23을 비교하거나 그림 31.3.8*a*를 관찰하면 i_L과 v_L은 90°의 위상차를 갖고 i_L이 v_L보다 *뒤처진다*는 것을 알 수 있다. 즉 그림 31.3.7의 회로에서 전류 i_L과 퍼텐셜차 v_L을 측정하면 i_L은 v_L이 최대값에 도달한 후 최대값에 도달한다. 그림 31.3.8*b*의 위상자 그림은 이러한 정보를 포함한다. 그림에서 위상자는 반시계방향으로 회전하며, 위상자 I_L은 위상자 V_L보다 90° 뒤처진다. 그림 31.3.8*b*가 식 31.3.18과 31.3.23을 나타내고 있음을 스스로 확인하여라.

확인문제 31.3.3

순수한 용량형 회로에서 강제진동수를 증가시키면 (a) 진폭 V_C와 (b) 진폭 I_C는 각각 증가하는가, 감소하는가, 아니면 불변인가? 순수한 유도형 회로에서 강제진동수를 증가시키면 (c) 진폭 V_L과 (d) 진폭 I_L은 각각 증가하는가, 감소하는가, 아니면 불변인가?

문제풀이 요령

교류회로에서 앞서기와 뒤처지기: 표 31.3.1에 세 종류의 회로 요소에 대해 전류 i와 퍼텐셜차 v의 관계를 종합적으로 나타내었다. 교류 퍼텐셜을 걸어주면 교류전류가 흐르게 되는데, 이때 저항에서는 전류와 퍼텐셜이 위상이 같고, 축전기에서는 전류가 퍼텐셜을 앞서가며, 유도기에서는 전류가 퍼텐셜에 뒤처진다.

표 31.3.1 교류전류의 퍼텐셜의 위상과 진폭의 관계

회로 요소	기호	저항 혹은 반응저항	전류의 위상	위상상수(혹은 위상각) ϕ	진폭 사이의 관계
저항	R	R	v_R과 같다.	0°(= 0 rad)	$V_R = I_R R$
축전기	C	$X_C = 1/\omega_d C$	v_C보다 90°(= $\pi/2$ rad) 앞선다.	−90°(= $-\pi/2$ rad)	$V_C = I_C X_C$
유도기	L	$X_L = \omega_d L$	v_L보다 90°(= $\pi/2$ rad) 뒤처진다.	+90°(= $+\pi/2$ rad)	$V_L = I_L X_L$

보기문제 31.3.3 순수한 유도형 회로: 퍼텐셜차와 전류

그림 31.3.7에서 유도용량이 $L = 230$ mH이고 사인함수로 변하는 기전력장치의 퍼텐셜차 진폭은 $\mathscr{E}_m = 36.0$ V, 진동수는 $f_d = 60.0$ Hz이다.

(a) 유도기에 걸리는 퍼텐셜차 $v_L(t)$와 $v_L(t)$의 진폭 V_L은 얼마인가?

요점

순수한 유도형 회로에서는 유도기에 걸리는 퍼텐셜차 $v_L(t)$는 기전력장치에 걸리는 퍼텐셜차 $\mathscr{E}(t)$와 언제나 같다.

풀이: 따라서 $v_L(t) = \mathscr{E}(t)$이고 $V_L = \mathscr{E}_m$이며, $\mathscr{E}_m$은 주어져 있으므로 다음과 같다.

$$V_L = \mathscr{E}_m = 36.0 \text{ V}.$$ (답)

식 31.3.1의 형태로 $v_L(t)$를 쓰면

$$v_L(t) = \mathscr{E}(t) = \mathscr{E}_m \sin \omega_d t \qquad (31.3.26)$$

이고, $\mathscr{E}_m = 36.0$ V와 $\omega_d = 2\pi f_d = 120\pi$를 대입하면 다음을 얻는다.

$$v_L = (36.0 \text{ V}) \sin(120\pi t).$$ (답)

(b) 시간의 함수로 회로의 전류 $i_L(t)$와 전류 $i_L(t)$의 진폭 I_L을 구하여라.

요점

순수한 유도형 회로에서 유도기에 흐르는 교류전류 $i_L(t)$는 교류 퍼텐셜차 $v_L(t)$를 90°만큼 뒤처져 간다.

풀이: 전류에 대한 위상상수 ϕ는 +90°, 즉 $+\pi/2$ rad이므로 식 31.3.2를 다음과 같이 쓸 수 있다.

$$i_L = I_L \sin(\omega_d t - \phi) = I_L \sin(\omega_d t - \pi/2). \qquad (31.3.27)$$

한편 용량형 반응저항 X_L을 안다면 식 31.3.25($V_L = I_L X_L$)로부터 진폭 I_L을 알 수 있다. $\omega_d = 2\pi f_d$와 식 31.3.22($X_L = \omega_d L$)로부터

$$X_L = 2\pi f_d L = (2\pi)(60.0 \text{ Hz})(230 \times 10^{-3} \text{ H}) = 86.7\ \Omega.$$

이고, 식 31.3.25로부터 전류의 진폭은 다음과 같다.

$$I_L = \frac{V_L}{X_L} = \frac{36.0 \text{ V}}{86.7\ \Omega} = 0.415 \text{ A}.$$ (답)

이것과 $\omega_d = 2\pi f_d = 120\pi$를 식 31.3.27에 대입하면 다음을 얻는다.

$$i_L = (0.415 \text{ A}) \sin(120\pi t - \pi/2).$$ (답)

▶ **교육용 비디오는 웹사이트 www.wiley.com에서 볼 수 있다.**

31.4 ▸ 직렬 *RLC* 회로

요점_Key Ideas

1. 외부 기전력이

$$\mathscr{E} = \mathscr{E}_m \sin \omega_d t$$

로 주어지는 직렬 RLC 회로에서 전류는

$$i = I \sin(\omega_d t - \phi)$$

이고, 전류진폭은 다음과 같다.

$$I = \frac{\mathscr{E}_m}{\sqrt{R^2 + (X_L - X_C)^2}} = \frac{\mathscr{E}_m}{\sqrt{R^2 + (\omega_d L - 1/\omega_d C)^2}} \qquad \text{(전류진폭)}.$$

2. 위상상수는 다음과 같다.

학습목표_Learning Objectives

이 단원을 읽은 후 다음을 이해해야 한다.

31.4.1 직렬 *RLC* 회로의 회로도를 그린다.

31.4.2 유도적 회로, 용량적 회로와 공명회로에 대한 조건을 구한다.

31.4.3 유도적 회로, 용량적 회로와 공명회로에 대해 전압 $v(t)$와 전류 $i(t)$의 그래프를 그리고, 앞섬, 뒤처짐, 공명을 표시한 위상자 그림을 그린다.

31.4.4 임피던스 Z를 계산한다.

31.4.5 전류진폭 I, 임피던스 Z와 기전력 진폭 $\mathscr{E}_m$ 사이의 관계를 구한다.

31.4.6 위상상수 ϕ와 전압진폭 V_L, V_C의 관계, 그리고 위상상수 ϕ와 저항 R, 반응저항 X_L, X_C 사이의 관계를 구한다.

31.4.7 유도적 회로, 용량적 회로와 공명회로에 해당하는 위상상수 ϕ 값을 구한다.

31.4.8 공명 상태일 때 강제 각진동수 ω_d, 자연 각진동수 ω, 유도용량 L, 전기용량 C 사이의 관계를 구한다.

31.4.9 전류진폭과 비율 ω_d/ω에 대한 그래프를 그리고, 유도적 회로, 용량적 회로와 공명회로에 해당하는 영역을 구하고, 저항이 증가하면 곡선이 어떻게 변하는지 설명한다.

$$\tan\phi = \frac{X_L - X_C}{R} \qquad \text{(위상상수)}.$$

3. 회로의 임피던스 Z는

$$Z = \sqrt{R^2 + (X_L - X_C)^2} \qquad \text{(임피던스)}$$

이다.

4. 전류진폭과 임피던스의 관계는 다음과 같다.

$$I = \mathscr{E}_m/Z.$$

5. 전류진폭 I는 강제 각진동수 ω_d가 회로의 자연 각진동수 ω와 같을 때 최대($I = \mathscr{E}_m/R$)이다. 이 조건을 공명이라고 한다. 그러면 $X_C = X_L$, $\phi = 0$이고, 전류는 기전력과 위상이 같다.

직렬 *RLC* 회로

이제 그림 31.3.2의 RLC 회로에 식 31.3.1의 교류 기전력

$$\mathscr{E} = \mathscr{E}_m \sin\omega_d t \qquad \text{(가해주는 기전력)} \tag{31.4.1}$$

을 가해주는 경우를 고려해 보자. R, L, C는 직렬로 연결되어 있기 때문에

$$i = I\sin(\omega_d t - \phi) \tag{31.4.2}$$

로 주어지는 같은 전류값을 갖는다. 전류의 진폭 I와 위상상수 ϕ를 구하고, 이 양이 강제 각진동수 ω_d에 어떻게 의존하는지 조사해 보자. 31.3단원의 용량형 부하, 유도형 부하, 저항형 부하로 이루어진 세 가지 기본적인 회로에서 도입한 위상자를 사용하면 그 해를 쉽게 구할 수 있다. 특히 각각의 기본 회로에 대해 전압 위상자가 전류 위상자 사이의 관계를 이용할 것이다. 직렬 RLC 회로는 용량형 회로, 유도형 회로, 공명 회로의 세 형태로 분류된다.

전류진폭

그림 31.4.1a는 임의의 시간 t에서 식 31.4.2의 전류를 나타내는 위상자이다. 위상자의 길이는 전류의 진폭 I이며 수직축에 대한 위상자의 투영은 시간 t에서의 전류이다. 그리고 위상자의 회전각은 시간 t에서의 전류의 위상 $\omega_d t - \phi$이다.

그림 31.4.1b는 같은 시간 t에서 R, L, C에 각각 걸리는 퍼텐셜을 나타내는 위상자이다. 각 위상자의 방향은 표 31.3.1에 따라 그림 31.4.1a에 나타낸 전류 위상자에 대해 상대적으로 설정되어 있다.

저항: 전류와 퍼텐셜의 위상이 같다. 따라서 퍼텐셜 위상자 V_R의 회전각은 전류 위상자 I의 회전각과 같다.

전기용량: 전류가 퍼텐셜보다 90° 앞서간다. 따라서 퍼텐셜 위상자 V_C의 회전각은 전류 위상자 I의 회전각보다 90° 작다.

유도기: 전류가 퍼텐셜보다 90° 뒤처진다. 따라서 퍼텐셜 위상자의 회전각은 전류 위상자 I의 회전각보다 90° 크다.

그림 31.4.1b는 어떤 시간 t에서 R, C, L에 걸리는 순간퍼텐셜 v_R, v_C, v_L이다. 퍼텐셜은 그림의 수직축에 대한 위상자의 투영이다.

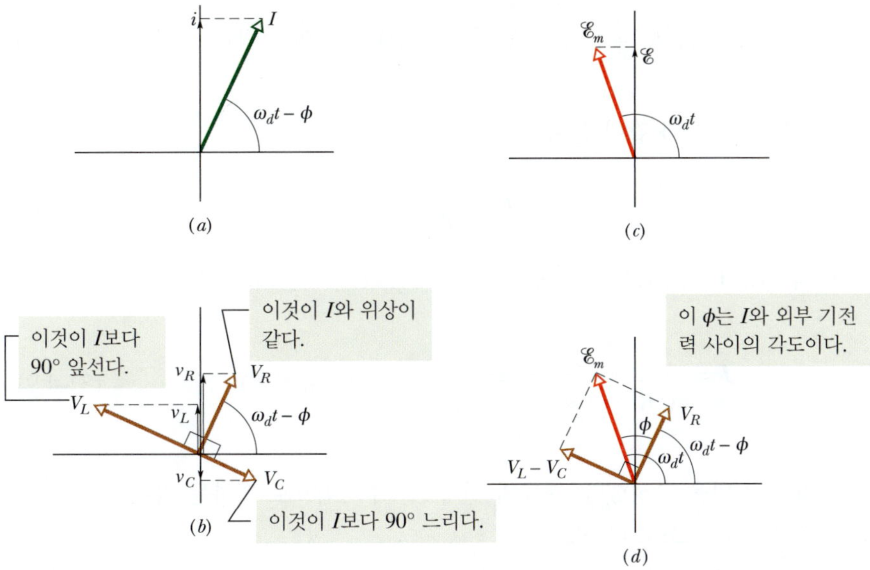

그림 31.4.1 (*a*) 그림 31.3.2의 강제 *RLC* 회로에서 시간 *t*에서의 교류를 나타내는 위상자. 진폭 *I*, 순간값 *i*, 위상 $\omega_d t - \phi$가 표시되어 있다. (*b*) 유도기와 저항, 축전기에 걸리는 퍼텐셜을 나타내는 위상자. 이들 위상자의 방향은 (*a*)의 전류 위상자의 방향에 대해 상대적으로 결정된다. (*c*) (*a*)의 전류를 흐르게 하는 교류기전력을 나타내는 위상자. (*d*) (*c*)의 위상자는 (*b*)의 퍼텐셜 위상자 세 개의 벡터합과 같다. 여기서 퍼텐셜 위상자 V_L과 V_C는 벡터적으로 합해져서 그들의 알짜 위상자 $(V_L - V_C)$를 이룬다.

그림 31.4.1*c*는 식 31.4.1의 기전력장치를 나타낸 위상자이다. 이 위상자의 길이는 기전력의 진폭 $\mathscr{E}_m$이며 위상자의 수직축에 대한 투영은 시간 *t*에서의 기전력 $\mathscr{E}$이고 위상자의 회전각은 시간 *t*에서 기전력의 위상 $\omega_d t$이다.

고리규칙으로부터 임의의 시간에 퍼텐셜 v_R, v_C, v_L의 합은 다음과 같이 회로의 기전력 $\mathscr{E}$와 같다.

$$\mathscr{E} = v_R + v_C + v_L. \tag{31.4.3}$$

따라서 시간 *t*에서 그림 31.4.1*c*의 투영 $\mathscr{E}$는 그림 31.4.1*b*의 v_R, v_C, v_L의 투영의 합과 언제나 같다. 사실 위상자는 같이 회전하기 때문에 이 식은 언제나 성립한다. 따라서 그림 31.4.1*c*의 위상자 $\mathscr{E}_m$은 언제나 그림 31.4.1*b*의 퍼텐셜 위상자 V_R, V_C, V_L의 벡터합과 같다.

이러한 제한조건이 그림 31.4.1*d*에 표시되어 있다. 여기서 위상자 $\mathscr{E}_m$은 위상자 V_R, V_C, V_L의 합이다. 위상자 V_L과 V_C는 그림에서 반대 방향이기 때문에 V_L과 V_C를 먼저 결합하여 하나의 위상자 $V_L - V_C$를 만들어서 벡터합을 간단히 구할 수 있다. 그 다음에 하나의 위상자를 V_R과 결합하여 알짜 위상자를 만든다. 알짜 위상자는 그림에 있는 위상자 $\mathscr{E}_m$과 일치해야 한다.

그림 31.4.1*d*의 삼각형은 직각삼각형이므로 피타고라스 정리를 사용하면 다음과 같다.

$$\mathscr{E}_m^2 = V_R^2 + (V_L - V_C)^2. \tag{31.4.4}$$

표 31.3.1의 가장 오른쪽 열에 있는 전압의 진폭에 대한 관계식으로부터 다음과 같이 쓸 수 있다.

$$\mathscr{E}_m^2 = (IR)^2 + (IX_L - IX_C)^2. \tag{31.4.5}$$

이 식을 정리하여 다음을 얻는다.

$$I = \frac{\mathscr{E}_m}{\sqrt{R^2 + (X_L - X_C)^2}}. \tag{31.4.6}$$

식 31.4.6의 분모를 강제 각진동수 ω_d에 대한 회로의 **임피던스** *Z*라고 부른다.

$$Z = \sqrt{R^2 + (X_L - X_C)^2} \quad \text{(임피던스의 정의)}. \tag{31.4.7}$$

그러면 식 31.4.6을 다음과 같이 쓸 수 있다.

$$I = \frac{\mathscr{E}_m}{Z}. \tag{31.4.8}$$

여기에 식 31.3.12와 31.3.22를 대입하여 식 31.4.6을 다음과 같이 쓸 수 있다.

$$I = \frac{\mathscr{E}_m}{\sqrt{R^2 + (\omega_d L - 1/\omega_d C)^2}} \quad \text{(전류진폭)}. \tag{31.4.9}$$

이제 목표의 절반을 달성했다. 전류의 진폭 I를 주기적으로 변하는 외부기전력과 직렬 RLC 회로의 회로 요소로 나타냈다.

I의 값은 식 31.4.9에서 $\omega_d L$과 $1/\omega_d C$의 차이에 따라, 혹은 식 31.4.6의 X_L과 X_C의 차이에 의존한다. 차이를 제곱할 것이므로 어떤 식에서든 둘 중 어느 것이 더 큰지는 상관없고 두 양의 차이만이 중요하다.

이 절에서 기술한 전류는 교류기전력이 가해지고 나서 일정한 시간이 흐른 후의 *정상상태 전류*이다. 기전력이 회로에 처음 가해졌을 때는 *과도적 전류*가 흐른다. (정상상태의 전류가 되기까지의) 시간은 유도기나 축전기가 "켜졌을 때" 시간상수 $\tau_L = L/R$과 $\tau_C = RC$에 의해 결정된다. 이러한 과도적 전류는 예를 들어 모터의 회로 설계에서 적절하게 고려하지 않으면 시동을 걸 때 모터를 손상시킬 수 있다.

위상상수

그림 31.4.1d의 오른쪽 위상자 삼각형과 표 31.3.1로부터

$$\tan\phi = \frac{V_L - V_C}{V_R} = \frac{IX_L - IX_C}{IR} \tag{31.4.10}$$

이므로, 다음과 같다.

$$\tan\phi = \frac{X_L - X_C}{R} \quad \text{(위상상수)}. \tag{31.4.11}$$

이것이 사인함수로 그림 31.3.2에 있는 강제진동하는 직렬 RLC 회로에서의 위상상수 ϕ에 대한 식이다. 이는 X_L과 X_C의 상대적 값에 따라 위상상수에 대한 다음의 세 결과가 나온다는 것을 보여준다.

$X_L > X_C$: 이 회로는 *유도적*이라고 한다. 식 31.4.11은 이러한 경우 ϕ가 양수임을 보여준다. 위상자 I가 위상자 $\mathscr{E}_m$의 뒤에서 회전한다는 것을 뜻한다(그림 31.4.2a). $\mathscr{E}$와 i의 시간에 대한 그림은 그림 31.4.2b와 같다(그림 31.4.1c와 d에서는 $X_L > X_C$라고 가정하고 그렸다).

$X_C > X_L$: 이 회로는 *용량적*이라고 한다. 이러한 경우에 ϕ는 음수이다. 그림 31.4.2c처럼 위상자 I가 위상자 $\mathscr{E}_m$에 앞서서 회전한다는 것을 뜻한다. $\mathscr{E}$와 i의 시간에 대한 그림은 그림 31.4.2d와 같다.

$X_C = X_L$: 이 회로는 *공명한다*고 말한다. 이러한 경우에 ϕ는 0°이다. 그림 31.4.2e처럼

양의 ϕ란 전류가 기전력보다 뒤처진다는 것을 뜻한다. 위상자는 나중에 수직이 되고, 곡선은 나중에 최대값에 도달한다.

음의 ϕ란 전류가 기전력보다 앞선다는 것을 뜻한다. 위상자는 먼저 수직이 되고, 곡선은 먼저 최대값에 도달한다.

ϕ가 0이라는 것은 전류와 기전력의 위상이 같다는 것을 뜻한다. 위상자는 함께 수직이 되고, 곡선도 함께 최대값에 도달한다.

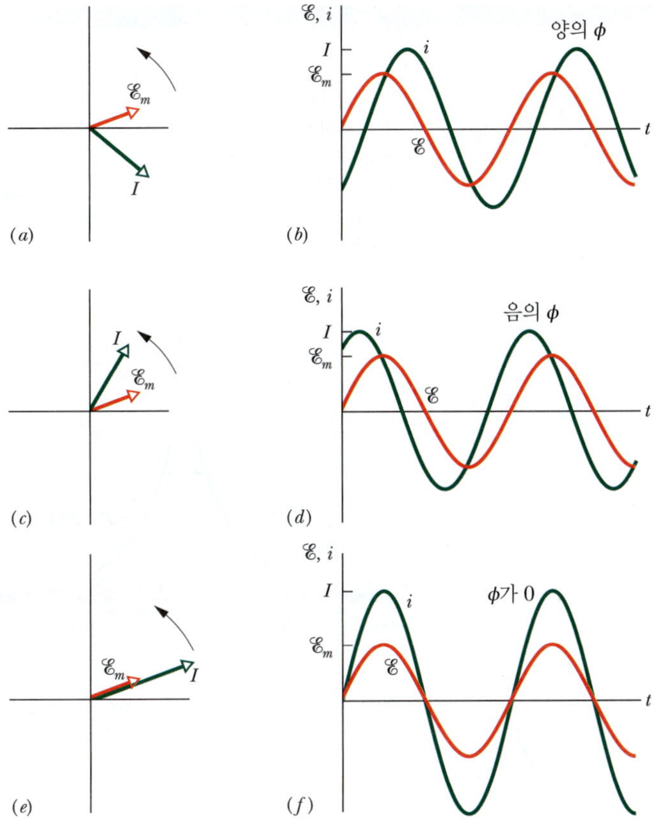

그림 31.4.2 그림 31.3.2의 강제 *RLC* 회로의 위상자 그림 및 교류기전력 $\mathscr{E}$와 전류 i의 그래프. (a)의 위상자 그림과 (b)의 그래프에서 전류i는 외부 기전력 $\mathscr{E}$에 뒤처지며 전류의 위상상수 ϕ는 양의 값이다. (c)와 (d)에서 전류 i는 기전력 $\mathscr{E}$를 앞서가며, 전류의 위상상수 ϕ는 음의 값이다. (e)와 (f)에서 전류 i는 기전력 $\mathscr{E}$와 위상이 같으며 전류의 위상상수 ϕ는 0이다.

위상자 I와 $\mathscr{E}_m$이 함께 회전한다는 것을 뜻한다. $\mathscr{E}$와 i의 시간에 대한 그림은 그림 31.4.2f와 같다.

두 극단적인 회로를 생각해 보자. 그림 31.3.7과 같은 *순수한 유도형 회로*에서 X_L은 0이 아니고 $X_C = R = 0$이다. 식 31.4.11에 의해 회로의 위상상수 ϕ는 90°(ϕ의 최대값)이고, 이는 그림 31.3.8b와 일치한다. 그림 31.3.5와 같은 *순수한 용량형 회로*에서는 X_C가 0이 아니고 $X_L = R = 0$이다. 식 31.4.11에 의해 회로의 위상상수 ϕ는 −90°(ϕ의 최소값)이고, 그림 31.3.6b와 일치한다.

공명

식 31.4.9는 강제 각진동수가 ω_d인 외부의 교류기전력에 연결된 *RLC* 회로의 전류진폭 I를 ω_d의 함수로 나타낸다. 주어진 저항 R에서 진폭의 최대값은 분모의 $\omega_d L - 1/\omega_d C$가 0이 되어

$$\omega_d L = \frac{1}{\omega_d C}$$

즉,

$$\omega_d = \frac{1}{\sqrt{LC}} \qquad \text{(최대 전류)} \tag{31.4.12}$$

일 때 발생한다. *RLC* 회로의 자연 각진동수 ω는 $1/\sqrt{LC}$와 같기 때문에 I의 최대값은 강제 각진동수가 자연 각진동수와 같을 때 발생한다. 이를 공명이라 한다. 따라서 *RLC* 회로에서 공명과 최대 전류진폭 I는 다음 조건에서 일어난다.

$$\omega_d = \omega = \frac{1}{\sqrt{LC}} \qquad \text{(공명).} \tag{31.4.13}$$

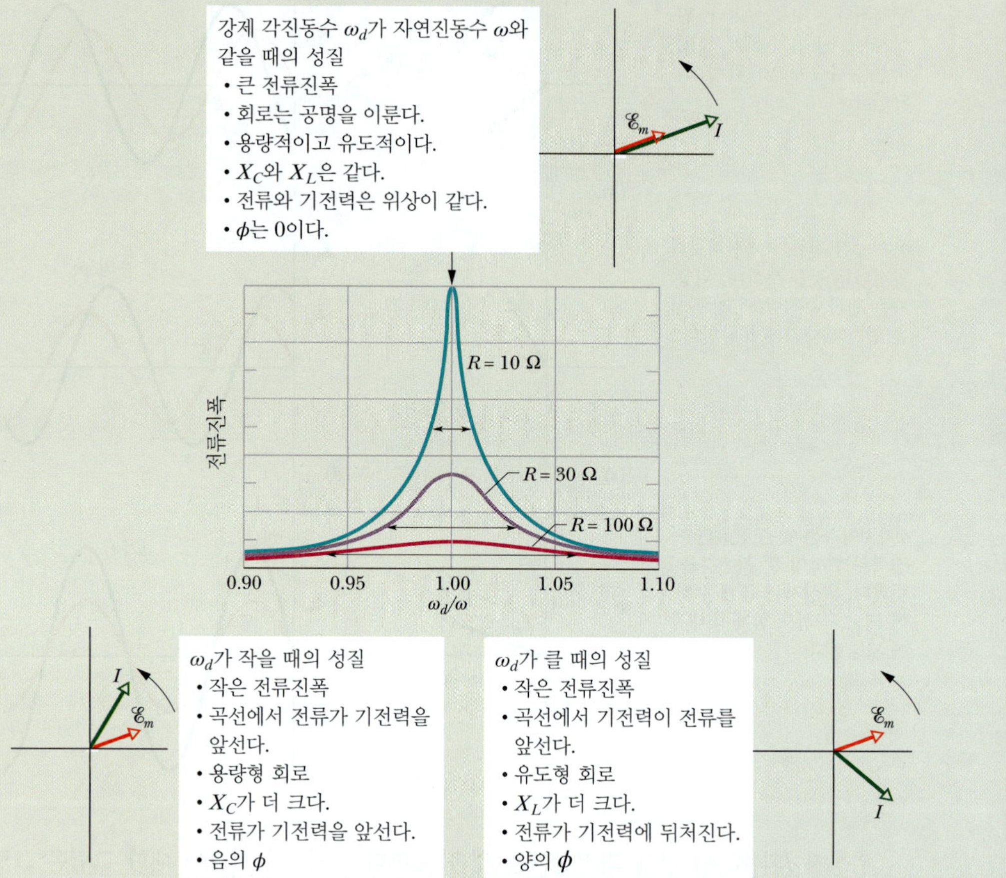

그림 31.4.3 그림 31.3.2의 RLC 회로에서 $L = 100\ \mu$H이고 $C = 100$ pF일 때, 세 가지 R값에 대한 *공명곡선*. 교류의 진폭 I는 강제 각진동수 ω_d가 자연 각진동수 ω에 얼마나 근접하느냐에 따라 결정된다. 각 곡선에 수평으로 그려진 화살표는 곡선의 폭을 말하는데, 이는 최대값의 반이 되는 위치에서의 폭이며 공명이 얼마나 날카로운지를 나타낸다. $\omega_d/\omega = 1.00$인 지점의 왼쪽에서 회로는 $X_C > X_L$이어서 용량적이며, 오른쪽에서는 $X_L > X_C$이어서 유도적이다.

▸***공명곡선.*** 그림 31.4.3은 세 개의 RLC 회로에서 저항 R이 달라질 때 강제진동에 대한 *공명곡선*이다. 각 곡선은 ω_d/ω가 1.00일 때 전류진폭 I가 최대이며, I의 최대값은 R이 증가하면서 감소한다(I의 최대값은 항상 $\mathscr{E}_m/R$이다. 식 31.4.7과 식 31.4.8를 결합해 보면 알 수 있다). 또한 R이 증가하면서 (그림 31.4.3에서 I 최대값의 반에서 측정한) 곡선의 폭이 증가한다.

그림 31.4.3의 물리적 의미를 이해하기 위해서 강제 각진동수 ω_d가 증가할 때 반응저항 $X_L\ (= \omega_{dL})$과 $X_C\ (= 1/\omega_d \mathrm{C})$가 어떻게 변하는지 살펴보자. 자연진동수 ω보다 훨씬 작은 값에서 시작하자. 작은 ω_d에서는 유도형 반응저항 X_L이 작고 용량형 반응저항 X_C가 크다. 따라서 그 회로는 주로 용량적이고 임피던스는 큰 X_C에 의해 주로 결정된다.

진동수 ω_d가 증가하면 처음에는 용량형 반응저항 X_C는 점점 감소하고 유도형 반응저항 X_L은 증가한다. 그림 31.4.3에 있는 공명곡선의 왼쪽에서 볼 수 있듯이 X_C의 감소가 임피던스를 감소시키고 전류를 증가시킨다. 증가하는 X_L과 감소하는 X_C가 같은 값에 도달했을 때 전류가 최대가 되고 회로는 $\omega_d = \omega$인 공명상태에 있게 된다.

ω_d를 계속해서 늘리면 증가하는 유도형 반응저항 X_L이 감소하는 용량형 반응저항 X_C보다 더 커지게 된다. X_L 때문에 임피던스가 증가하고 전류는 감소한다. 정리하면 다음과 같다. 공명곡선의 각진동수가 작은 영역에서는 용량형 반응저항이 크고 각진동수가 큰 영역에서는 유도형 반응저항이 크다. 공명은 중간에서 일어난다.

확인문제 31.4.1

주기적으로 강제진동하는 직렬 *RLC* 회로 세 개의 용량형 반응저항과 유도형 반응저항은 각각 (1) 50 Ω, 100 Ω, (2) 100 Ω, 50 Ω, (3) 50 Ω, 50 Ω이다. (a) 각 회로에서 전류는 기전력에 앞서는가, 뒤처지는가, 아니면 같은 위상을 갖는가? (b) 어느 회로가 공명상태에 있는가?

보기문제 31.4.1 공명 언덕

이 단원에는 정보가 많이 있고, 여기에 이를 결합하는 그래프 방법을 나타내겠다. 전류 I와 비율 ω_d/ω의 공명곡선을 모자를(모자는 영어로 cap이고 capacitance를 연상하게 한다) 조절하면서 날아가는 "오리"(오리를 영어로 쓴 duck의 첫 세 자는 duc으로 유도용량 inductance를 연상하게 한다)를 사냥하는 사냥꾼이 있는 언덕으로 변환하였다(그림 31.4.4).

이제 공명 언덕의 특징을 살펴보자.

1. (전기용량에 대해) 멋진 모자를 쓴 사냥꾼을 언덕 왼쪽에 나타내었다. 사냥꾼과 모자는 회로가 축전기형인 ($X_C > X_L$) 회로의 공명곡선 쪽을 나타낸다. 사냥꾼은 봉우리 아래에 있다. 즉 (강제 각진동수 ω_d가 회로의 고유 각진동수 ω보다 작은) ω_d/ω가 1.0보다 작은 영역이다.
2. 사냥꾼은 *오른쪽으로* 가며 *일어선다*. (서있는 사냥꾼은 앉아 있는 사냥꾼의 오른쪽에 있고, 모자는 더 높은 곳에 있다.) 이것은 회로의 전기용량이 *증가*하면 공명곡선에서 회로를 나타내는 점이 오른쪽으로 이동했다는 것을 나타낸다. 따라서 C가 증가하면 비율 ω_d/ω는 더 커진다. 왜냐하면 $\omega = (1/\sqrt{LC})$는 감소하는 반면 ω_d는 변하지 않기 때문이다.
3. (유도용량을 나타내는) "오리"를 언덕의 오른쪽에 나타내어 공명곡선 중 회로가 유도형이라는 것을 표시하였다. ($X_L > X_C$) 오리는 언덕 너머 있다. 즉 ω_d/ω가 1.0보다 큰 영역이다. (여기서 강제 각진동수 ω_d는 회로의 고유각진동수 ω보다 크다.)
4. 오리는 *오른쪽으로 날아오르고*, 회로의 유도용량이 증가하면 회로를 나타내는 곡선 위의 점은 오른쪽으로 이동하는 것을 나타내었다. 따라서 L이 증가하면 비율 ω_d/ω는 커진다. 왜냐하면 ω_d는 변하지 않지만, $\omega(=1/\sqrt{LC})$가 감소하기 때문이다.
5. "기전력" $\mathscr{E}_m$은 공명 언덕 위의 모든 곳에서 바로 위로 향하고, 여러 각도로 "가시"처럼 튀어나온다. 언덕 위의 배열은 다양한 강제 직렬 *RLC* 회로에 대한 위상자 그림에서 $\mathscr{E}_m$과 I를 나타낸다.

(오른쪽으로) 봉우리를 *지나면* 가시는 오른쪽으로 튀어나

그림 31.4.4 직렬 *RLC* 공명곡선을 이해하기 위한 기억 방법.

오고, 회로가 유도형인 영역에서 회로를 나타내는 위상자그림에서 I가 $\mathscr{E}_m$에 뒤처지는 것을 나타낸다.

(왼쪽으로) 봉우리 *아래로* 가면 가시는 왼쪽으로 튀어나오고, 회로가 축전기형인 영역에서 회로를 나타내는 위상자그림에서 I가 $\mathscr{E}_m$을 앞서가는 것을 나타낸다

공명 언덕의 *봉우리에서* 가시는 바로 위로 튀어나와 공명상태에 있는 회로에 대한 위상자그림에서 I는 $\mathscr{E}_m$과 나란히 있는 것을 나타낸다.

6. 가시 길이인 I는 공명 언덕의 봉우리에서 최대이고 (이로 인해 사냥꾼이 그곳에 있지 않다) 봉우리에서 거리가 멀어질수록 점점 작아진다. 이것은 강제 직렬 RLC 회로에서 전류진폭 I는 회로가 공명일 때 최대이고, 회로가 공명 봉우리에서 멀어질 때 점점 줄어든다는 것을 나타낸다. 또한 $I = \mathscr{E}_m/Z$로부터 $Z = \mathscr{E}_m/I$임을 알고 있다. 따라서 임피던스 Z는 회로가 공명상태일 때 최소이고, 회로가 공명상태에서 벗어나 왼쪽이나 오른쪽으로 갈 때 점점 커진다.

7. 기전력 줄기 $\mathscr{E}_m$과 그 가시 I 사이의 각도는 전류의 위상상수 ϕ를 나타낸다. 이 상수는 언덕의 오른쪽(양수인) 방향에서는 양수이고, 언덕의 왼쪽에서는 음수이며, 언덕 꼭대기에서는 0이다. 또한 위상상수 ϕ의 크기는 회로가 공명 봉우리에서 멀어질수록 점점 커진다. 봉우리에서 최대로 오른쪽으로 가면 ϕ는 $+90°$에 접근한다. (하지만 이 극한값을 초과할 수 없다. 가시는 땅으로 자랄 수 없다.) 마찬가지로 봉우리에서 왼쪽으로 먼 곳에서 ϕ는 $-90°$로 접근한다.

이제 공명 언덕을 고유진동수 ω보다 약간 큰 각진동수 ω_d로 강제 진동을 하는 직렬 RLC 회로인 경우와 비교하자. 어떤 계산도 하지 않고 그림으로부터 다음을 알 수 있는가?

1. 회로는 공명곡선 봉우리의 오른쪽에 있는 점으로 나타낸다.

2. 회로는 축전기형이 아니고 유도형이다. ($X_L > X_C$)

3. 전류진폭 I는 회로가 공명상태에 있을 때보다 작고, 회로의 임피던스 Z는 봉우리보다 더 크다.

4. 회로의 전류는 기전력에 비해 뒤처진다.

5. 전류의 위상상수 ϕ는 양수이고 $+90°$보다 작다.

회로에서 L이나 C를 (혹은 모두) 증가시키면 다음 사실이 맞는다는 것을 볼 수 있는가?

1. 회로가 공명곡선에서 오른쪽으로 더 가고, 따라서 공명에서 더 멀어진다.

2. 전류진폭 I는 감소하고, 임피던스 Z는 증가한다.

3. 전류의 위상상수 ϕ는 더 양수가 되고(하지만 여전히 $+90°$보다 작다) 회로의 전류는 이전보다 더 기전력에 비해 뒤처진다.

▶ **교육용 비디오는 웹사이트 www.wiley.com에서 볼 수 있다.**

보기문제 31.4.2 전류진폭, 임피던스와 위상상수

그림 31.3.2에서 $R = 200\ \Omega$, $C = 15.0\ \mu\text{F}$, $L = 230$ mH, $f_d = 60.0$ Hz, $\mathscr{E}_m = 36.0$ V이다(이 값은 앞의 보기문제에서 사용한 값이다).

(a) 전류진폭 I는 얼마인가?

요점

전류진폭 I는 식 31.4.8($I = \mathscr{E}_m/Z$)에 의하면 외부 기전력의 진폭 $\mathscr{E}_m$과 회로의 임피던스 Z에 의해 결정된다.

풀이: 따라서 저항 R과 용량형 반응저항 X_C, 유도형 반응저항 X_L에 의해 결정되는 임피던스 Z를 알아야 한다. 회로의 저항은 주어진 저항 R이다. 용량형 반응저항은 주어진 전기용량과 앞의 보기문제에서 $X_C = 177\ \Omega$이다. 유도형 반응저항은 주어진 유도용량과 앞의 다른 보기문제에서 $X_L = 86.7\ \Omega$이다. 따라서 회로의 임피던스는

$$\begin{aligned} Z &= \sqrt{R^2 + (X_L - X_C)^2} \\ &= \sqrt{(200\ \Omega)^2 + (86.7\ \Omega - 177\ \Omega)^2} \\ &= 219\ \Omega \end{aligned}$$

이고, 이로부터 다음을 얻는다.

$$I = \frac{\mathscr{E}_m}{Z} = \frac{36.0\ \text{V}}{219\ \Omega} = 0.164\ \text{A}. \quad \text{(답)}$$

(b) 외부 기전력에 대한 회로 전류의 위상상수 ϕ는 얼마인가?

요점

위상상수는 식 31.4.11에 의해 회로의 유도형 반응저항, 용량형 반응저항과 저항에 의존한다.

풀이: ϕ에 대해 식 31.4.11을 풀면 다음을 얻는다.

$$\phi = \tan^{-1}\frac{X_L - X_C}{R} = \tan^{-1}\frac{86.7\ \Omega - 177\ \Omega}{200\ \Omega}$$

$$= -24.3° = -0.424\ \text{rad}.$$ (답)

위상상수가 음인 것은 회로가 주로 용량적(즉, $X_C > X_L$)이라는 사실과 일치한다. 전류가 기전력을 *앞선다*.

▶ **교육용 비디오는 웹사이트 www.wiley.com에서 볼 수 있다.**

31.5 ▸ 교류회로의 전력

요점_*Key Ideas*

1. 직렬 RLC 회로에서 발전기의 평균일률 P_{avg}는 저항에서 열에너지가 발생하는 비율과 같다.

$$P_{avg} = I_{rms}^2 R = \mathscr{E}_{rms} I_{rms} \cos\phi.$$

2. rms라고 쓴 약자는 root-mean-square(제곱평균제곱근)를 뜻한다. rms 양은 최대 양과 다음의 관계가 있다. $I_{rms} = I/\sqrt{2}$, $V_{rms} = V/\sqrt{2}$, $\mathscr{E}_{rms} = \mathscr{E}/\sqrt{2}$, $\cos\phi$는 회로의 전력인자라고 한다.

학습목표_*Learning Objectives*

이 단원을 읽은 후 다음을 이해해야 한다.

31.5.1 교류회로에서 전류, 전압, 기전력에 대해 rms 값과 진폭 사이의 관계를 구한다.

31.5.2 축전기, 유도기 혹은 저항과 연결된 교류기전력에 대해 전류와 전압의 사인 함수적 변화에 대한 그래프를 그리고 최대값과 rms 값을 표시한다.

31.5.3 평균일률 P_{avg}, rms 전류 I_{rms}와 저항 R 사이의 관계를 구한다.

31.5.4 강제 RLC 회로에서 각 요소의 일률을 계산한다.

31.5.5 정상상태의 강제 RLC 회로에서 (a) 시간에 따른 평균 저장 에너지 값, (b) 발전기가 회로에 공급하는 에너지에 무엇이 일어나는지 설명한다.

31.5.6 전력인자 $\cos\phi$, 저항 R과 임피던스 Z 사이의 관계를 구한다.

31.5.7 평균일률 P_{avg}, rms 기전력 $\mathscr{E}_{rms}$, rms 전류 I_{rms}와 전력인자 $\cos\phi$ 사이의 관계를 구한다.

31.5.8 에너지가 저항형 부하에 공급되는 비율을 최대로 만들 때 필요한 전력인자를 구한다.

▶ 교류회로의 전력

그림 31.3.2의 RLC 회로에서 에너지는 교류를 발생시키는 발전기에서 나온다. 에너지의 일부는 축전기의 전기장에 저장되고 일부는 유도기의 자기장에 저장되며 일부는 저항에서 열에너지로 소모된다. 정상상태에서 축전기와 유도기에 저장된 평균 에너지는 일정하게 유지된다. 따라서 발전기에서 저항으로 에너지의 알짜 전이가 일어나 전자기에너지가 열에너지로 발산된다.

저항에서 발생되는 에너지의 순간적인 비율은 식 26.5.3과 31.3.2로부터 다음과 같다.

$$P = i^2R = [I\sin(\omega_d t - \phi)]^2 R = I^2 R \sin^2(\omega_d t - \phi). \tag{31.5.1}$$

그러나 저항에서 발산되는 에너지의 *평균* 비율은 식 31.5.1의 시간에 대한 평균이다. 한 주기에 대해 $\sin\theta$의 평균값은 0이다. 여기서 θ는 임의의 변수이다(그림 31.5.1*a*). 그러나 $\sin^2\theta$의 평균값은 $\frac{1}{2}$이다(그림 31.5.1*b*). (그림 31.5.1*b*에서 곡선 밑, 그리고 $+\frac{1}{2}$로 나타낸 수평선 위의 색칠한 부분의 면적이 이 선 밑의 색칠하지 않는 공간을 정확히 어떻게 채우는지 확인하여라.) 따라서 식 31.5.1로부터 다음과 같이 쓸 수 있다.

$$P_{avg} = \frac{I^2R}{2} = \left(\frac{I}{\sqrt{2}}\right)^2 R. \tag{31.5.2}$$

$I/\sqrt{2}$를 전류 i의 **제곱평균제곱근**(root-mean-square) 또는 줄여서 다음의 **rms** 값이라고 부른다.

$$I_{rms} = \frac{I}{\sqrt{2}} \quad \text{(rms 전류)}. \tag{31.5.3}$$

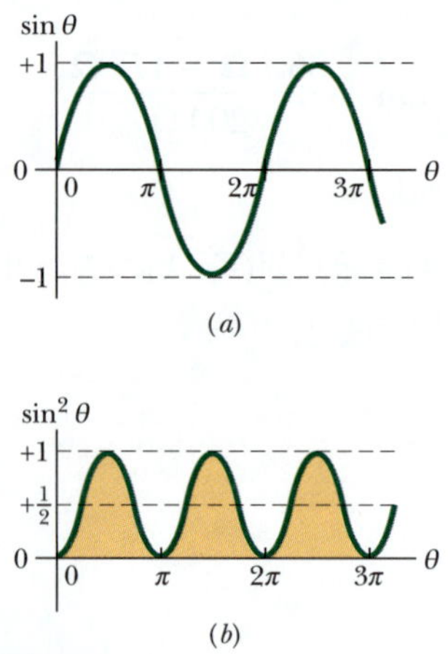

그림 31.5.1 (*a*) sin θ와 θ에 대한 그래프. 한 주기에 대한 평균값은 0이다. (*b*) $\sin^2 \theta$와 θ에 대한 그래프. 한 주기에 대한 평균값은 $\frac{1}{2}$이다.

이제 식 31.5.2를 다음과 같이 쓸 수 있다.

$$P_{avg} = I_{rms}^2 R \qquad \text{(평균 일률)}. \tag{31.5.4}$$

식 31.5.4는 식 26.5.3($P = i^2R$)과 수학적 형태가 같다. 전류를 rms 전류로 바꾸기만 하면 교류회로의 에너지 발산의 평균값을 직류회로의 경우와 똑같이 계산할 수 있다.

또한 교류회로의 퍼텐셜과 기전력의 rms 값을 다음과 같이 정의할 수 있다.

$$V_{rms} = \frac{V}{\sqrt{2}}, \quad \mathscr{E}_{rms} = \frac{\mathscr{E}_m}{\sqrt{2}} \qquad \text{(rms 전압과 rms 기전력)}. \tag{31.5.5}$$

전류계나 전압계 같은 교류 장치는 보통 I_{rms}, V_{rms}, $\mathscr{E}_{rms}$를 읽는다. 따라서 교류 전압기를 가정의 콘센트에 연결하면 220볼트라고 읽게 되는데, 이는 rms 값이다. 이때 퍼텐셜차의 *최대값*은 $\sqrt{2} \times 220$ V, 즉 311 V이다. 일반적으로 과학자나 공학자는 최대값 대신 rms 값을 사용한다.

식 31.5.3과 식 31.5.5의 인자 $1/\sqrt{2}$는 세 경우 모두 동일하기 때문에 식 31.4.8와 식 31.4.6을 다음과 같이 쓸 수 있다.

$$I_{rms} = \frac{\mathscr{E}_{rms}}{Z} = \frac{\mathscr{E}_{rms}}{\sqrt{R^2 + (X_L - X_C)^2}}. \tag{31.5.6}$$

이것이 보통 사용하는 형태이다.

$I_{rms} = \mathscr{E}_{rms}/Z$의 관계식을 이용하여 식 31.5.4를 다음과 같이 쓸 수 있다.

$$P_{avg} = \frac{\mathscr{E}_{rms}}{Z} I_{rms} R = \mathscr{E}_{rms} I_{rms} \frac{R}{Z}. \tag{31.5.7}$$

한편 그림 31.4.1*d*와 표 31.3.1, 식 31.4.8로부터 R/Z은 위상상수 ϕ의 코사인값으로 다음과 같다.

$$\cos\phi = \frac{V_R}{\mathscr{E}_m} = \frac{IR}{IZ} = \frac{R}{Z}. \tag{31.5.8}$$

따라서 식 31.5.7은 다음과 같다.

$$P_{avg} = \mathscr{E}_{rms} I_{rms} \cos\phi \qquad \text{(평균 일률)}. \tag{31.5.9}$$

여기서 $\cos\phi$를 **전력인자**라고 한다. $\cos\phi = \cos(-\phi)$이기 때문에 식 31.5.9는 위상상수 ϕ의 부호와 무관하다.

RLC 회로에서 저항에 공급되는 에너지를 최대로 하기 위해서는 전력인자 $\cos\phi$를 될 수 있는 한 1에 가깝게 해야 한다. 이는 식 31.3.2의 위상상수 ϕ를 가능한 한 0에 가깝게 유지하는 것과 같다. 예컨대 회로가 상당히 유도적이라면 회로에 축전기를 직렬로 더 연결하면 된다(직렬로 연결된 축전기에 다른 축전기를 직렬로 추가하면 동등한 전기용량이 줄어든다). 따라서 회로의 전기용량 C_{eq}가 줄면 위상이 줄게 되고 식 31.5.9의 전력인자가 증가한다. 발전소에서는 전력 송전장치에 직렬로 연결된 축전기를 배치함으로써 이런 효과를 얻는다.

확인문제 31.5.1

(*a*) 주기적으로 강제진동하는 직렬 *RLC* 회로에서 전류가 기전력을 앞설 때, 저항에 공급되는 일률을 증가시키려면 전기용량을 늘여야 하는가, 줄여야 하는가? (*b*) 이런 변화로 인해 회로의 공명진동수는 기전력의 각진동수에 더 가까워지는가, 더 멀어지는가?

보기문제 31.5.1 *RLC* 강제진동 회로: 전력인자와 평균일률

진동수 $f_d = 60.0$ Hz, $\mathscr{E}_{rms} = 120$ V의 기전력이 연결된 직렬 *RLC* 회로에 $R = 200\ \Omega$의 저항과 $X_L = 80.0\ \Omega$(유도형 반응저항)의 유도기, $X_C = 150\ \Omega$(용량형 반응저항)의 축전기가 들어 있다.

(a) 회로의 전력인자 $\cos\phi$와 위상상수 ϕ는 각각 얼마인가?

요점

전력인자 $\cos\phi$는 식 31.5.8($\cos\phi = R/Z$)에 따라 저항 R과 임피던스 Z로부터 구할 수 있다.

풀이: Z를 계산하기 위해서는 다음의 식 31.4.7을 사용한다.

$$Z = \sqrt{R^2 + (X_L - X_C)^2}$$
$$= \sqrt{(200\ \Omega)^2 + (80.0\ \Omega - 150\ \Omega)^2} = 211.90\ \Omega.$$

그러면 식 31.5.8로부터

$$\cos\phi = \frac{R}{Z} = \frac{200\ \Omega}{211.90\ \Omega} = 0.9438 \approx 0.944 \quad \text{(답)}$$

이므로, 다음을 얻는다.

$$\phi = \cos^{-1} 0.944 = \pm 19.3°.$$

계산기에서 코사인의 역함수를 구하면 양의 값만을 나타내지만, +19.3°와 −19.3° 모두 코사인 값은 0.944이다. 어느 부호가 옳은 것인지를 결정하기 위해서는 전류가 기전력보다 앞서 가는지 아니면 뒤처지는지를 생각해야 한다. $X_C > X_L$이므로 회로는 주로 용량적이며, 전류가 기전력을 앞서간다. 따라서 ϕ는 다음과 같이 음수여야 한다.

$$\phi = -19.3°. \quad \text{(답)}$$

또는 식 31.4.11로부터 ϕ를 구할 수도 있다. 이때는 계산기를 사용해도 음의 부호를 갖는 답이 나온다.

(b) 저항에서 발산되는 에너지의 평균율 P_{avg}는 얼마인가?

요점

두 가지 방법이 있다. (1) 회로가 정상상태로 작동하므로 저항의 에너지 소모율은 회로의 에너지 공급률과 같으므로 식 31.5.9($P_{avg} = E_{rms} I_{rms} \cos\phi$)가 성립한다. (2) 저항 R의 에너지 소모율은 식 31.5.4($P_{avg} = I^2_{rms}R$)에 따라 저항을 지나는 rms 전류 I_{rms}에 의존한다.

첫 번째 방법: 외부 기전력 $\mathscr{E}_{rms}$가 주어졌고, $\cos\phi$는 (a)의 결과로 알고 있다. 회로의 임피던스 Z와 외부 기전력의 rms 값으로부터 I_{rms}를 구할 수 있다. 식 31.5.6에서

$$I_{rms} = \frac{\mathscr{E}_{rms}}{Z}$$

이므로, 이를 식 31.5.9에 대입하면 다음과 같다.

$$P_{avg} = \mathscr{E}_{rms} I_{rms} \cos\phi = \frac{\mathscr{E}^2_{rms}}{Z}\cos\phi$$
$$= \frac{(120\ \text{V})^2}{211.90\ \Omega}(0.9438) = 64.1\ \text{W}. \quad \text{(답)}$$

두 번째 방법: 평균전력은 다음과 같이 쓸 수도 있다.

$$P_{avg} = I^2_{rms}R = \frac{\mathscr{E}^2_{rms}Z^2}{R}$$
$$= \frac{(120\ \text{V})^2}{(211.90\ \Omega)^2}(200\ \Omega) = 64.1\ \text{W}. \quad \text{(답)}$$

(c) 회로의 다른 부분이 변하지 않는다고 할 때, P_{avg}를 최대로 만들기 위해 필요한 새로운 전기용량 C_{new}는 얼마인가?

요점

(1) 에너지가 공급되고 발산되는 평균율 P_{avg}는 회로가 외부 기전력과 공명을 이룰 때 최대에 이른다. (2) 공명은 $X_C = X_L$일 때 일어난다.

풀이: 주어진 자료에서 $X_C > X_L$이므로, X_C를 감소시켜 공명이 되게 해야 한다. 즉, 식 31.3.12($X_C = 1/\omega_d C$)에서 전기용량 C를 증가시켜 새로운 값 C_{new}가 되게 해야 한다.

따라서 $X_C = X_L$인 조건

$$\frac{1}{\omega_d C_{new}} = X_L$$

에서, ω_d에 $2\pi f_d$를 대입하고 C_{new}에 대해 풀면 다음과 같다.

$$C_{new} = \frac{1}{2\pi f_d X_L} = \frac{1}{(2\pi)(60\ \text{Hz})(80.0\ \Omega)}$$
$$= 3.32 \times 10^{-5}\ \text{F} = 33.2\ \mu\text{F}.$$ (답)

(b)의 과정을 따라가면, C_{new}의 값에서 에너지소모로 인한 평균전력 P_{avg}가 최대값인 72.0 W가 된다는 것을 확인할 수 있다.

▶ **교육용 비디오는 웹사이트 www.wiley.com에서 볼 수 있다.**

31.6 ▸ 변압기

학습목표_Learning Objectives

이 단원을 읽은 후 다음을 이해해야 한다.

31.6.1 송전선에서 송전할 때 낮은 전류, 높은 전압을 사용하는 이유를 설명한다.

31.6.2 송전선의 양 끝에서 변압기의 역할을 알아본다.

31.6.3 송전선에서 에너지 발산을 계산한다.

31.6.4 변압기의 1차, 2차 코일을 구분한다.

31.6.5 변압기의 양쪽에서 전압과 감은 회수 사이의 관계를 구한다.

31.6.6 강압변압기와 승압변압기를 구분한다.

31.6.7 변압기의 양쪽에서 전류와 감은 회수 사이의 관계를 구한다.

31.6.8 이상적인 변압계로 들어오고 나가는 일률 사이의 관계를 구한다.

31.6.9 변압기의 1차코일에서 본 등가 저항을 구한다.

31.6.10 등가 저항과 실제 저항 사이의 관계를 구한다.

31.6.11 임피던스 맞춤에서 변압기의 역할을 설명한다.

요점_Key Ideas

1. (이상적인) 변압기는 일차 코일에는 N_P번 감겨 있고, 이차 코일에는 N_s번 감겨 있는 철심이다. 일차 코일이 교류전류 발전기에 연결되면 일차와 이차 코일 사이의 전압은 다음 관계가 있다.

$$V_s = V_p \frac{N_s}{N_p} \quad \text{(전압의 변환)}.$$

2. 코일을 지나는 전류는 다음과 같다.

$$I_s = I_p \frac{N_p}{N_s} \quad \text{(전류의 변환)}.$$

3. 이차 회로의 등가 저항은 발전기에서 보았을 때

$$R_{eq} = \left(\frac{N_p}{N_s}\right)^2 R$$

이다. 여기서 R은 이차 코일의 저항이다. 비율 N_p/N_s를 변압기의 감은 수 비율이라고 한다.

▶ 변압기

에너지 전송의 조건

교류회로에 저항만이 있을 때 식 31.5.9의 전력인자는 $\cos 0° = 1$이고 rms 기전력 $\mathscr{E}_{rms}$는 저항에 걸리는 rms 퍼텐셜차 V_{rms}와 같다. 따라서 회로에 rms 전류 I_{rms}가 흐를 때 공급되고 발산되는 에너지의 단위시간당 평균량은 다음과 같다.

$$P_{avg} = \mathscr{E}I = IV. \tag{31.6.1}$$

(식 31.6.1을 포함하여 이 절에서는 rms 양을 표시하는 아래첨자를 관례에 따라 생략하기로 한다. 공학자나 과학자들은 교류나 퍼텐셜의 경우 그것을 rms 값으로 생각한다. 실제 측정값도 rms 값이다.) 식 31.6.1은 주어진 전력에 대해, I의 곱만 같다면 I와 V의 값을 조절할 수 있다는 것을 보여준다.

전력 송전시스템에서는 안전과 효율의 문제 때문에 전력을 생산하는 곳(발전소)과 전력을 받아들이는 곳(가정이나 회사)에서는 상대적으로 낮은 퍼텐셜을 유지하는 게 바람직하다. 그러나 발전소에서 소비자에게 전력을 전송하는 과정에서는 전송선에서 I^2R의 저항손실을 최소화하기 위해 실제적으로 가장 낮은 전류를 (따라서 실제적으로 가장 높은 퍼텐셜을) 낮은 전류와 높은 퍼텐셜을 유지하는 게 바람직하다.

예컨대 735 kV의 퍼텐셜로 1000 km 떨어진 곳에 전기에너지를 전송한다고 하자. 전류는 500 A이고 전력인자가 거의 1이면, 공급되는 평균 에너지는 식 31.6.1에 따라 다음과 같다.

$$P_{avg} = \mathscr{E}I = (7.35 \times 10^5\ \text{V})(500\ \text{A}) = 368\ \text{MW}.$$

한편 전송선의 저항은 대략 0.220 Ω/km이므로 1000 km 전선의 저항은 220 Ω이다. 저항에서 단위시간당 발산되는 평균 에너지는 다음과 같다.

$$P_{avg} = I^2R = (500\ \text{A})^2(220\ \Omega) = 55.0\ \text{MW},$$

이는 공급되는 에너지의 거의 15%이다.

만일 공급하는 평균에너지는 같지만 전류를 두 배로 하고 퍼텐셜을 반으로 줄인다면, 저항에서 단위시간당 발산되는 평균 에너지는

$$P_{avg} = I^2R = (1000\ \text{A})^2(220\ \Omega) = 220\ \text{MW}$$

나 되어, *공급되는 에너지의 거의 60%이다*. 그러므로 전력 송전에서는 가능한 한 퍼텐셜을 높게 하고 전류는 낮게 유지해야 한다.

이상적인 변압기

효율성을 위해 높은 퍼텐셜로 송전해야 한다는 것과 발전이나 전력을 소비하는 곳에서 안전을 위해 낮은 퍼텐셜을 유지해야 한다는 것 사이에는 근본적인 불일치가 존재한다. 따라서 전류와 퍼텐셜의 곱을 일정하게 유지하면서 (송전할 때) 회로의 퍼텐셜을 높이거나 (사용할 때) 낮출 수 있는 장치가 필요하다. 이러한 장치를 **변압기**라고 한다. 변압기는 움직이는 부분이 없고, Faraday의 유도법칙에 의해 작용하며, 직류회로와 대응되는 부분은 없다.

그림 31.6.1의 *이상적인 변압기*는 철심에 감긴 두 개의 코일로 이루어져 있으며, 두 코일의 감은 수는 서로 다르고 철심과는 절연되어 있다. N_P번 감은 1차코일은 시간 t에서의 기전력 $\mathscr{E}$가

$$\mathscr{E} = \mathscr{E}_m \sin \omega t \qquad (31.6.2)$$

로 주어지는 교류발전기에 연결되어 있으며, N_s번 감은 2차코일은 부하가 걸린 저항 R에 연결되어 있고, 스위치 S가 열려 있는 한 열린 회로이다. 이때는 전류가 흐르지 않는다. 이상적인 변압기에서 1차코일과 2차코일의 저항은 무시할 수 있을 정도로 작다고 가정한다. 잘 만들어진 고용량 변압기의 에너지 손실은 1% 정도로 작다.

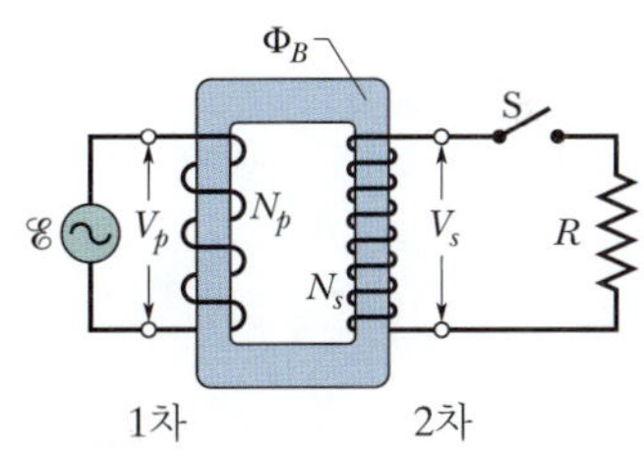

그림 31.6.1 철심에 감은 두 코일로 이루어진 이상적인 변압기의 기본적인 회로. 교류발전기가 왼쪽의 *1차*코일에 전류를 공급하고, 오른쪽의 *2차*코일은 스위치 S가 닫힐 때 부하저항 R에 연결된다.

이런 조건하에서 1차 코일은 순수한 유도기이며 이 회로는 그림 31.3.7의 회로와 같다. 따라서 *자기전류* I_{mag}라 불리는 (아주 작은) 1차 전류는 1차 퍼텐셜 V_p보다 90° 뒤처진다. 1차코일의 전력인자(식 31.5.9에서 cos ϕ)는 0이며, 따라서 발전기에서 변압기에 공급되는 전력은 없다.

그러나 사인함수로 주어지는 약한 1차전류 I_{mag}이 철심에 사인함수의 자기다발 Φ_B를 만든다. 철심은 자기다발을 강화하여 2차코일로 보낸다. Φ_B가 변하므로 이것이 2차코일의 전류 고리 하나하나에 기전력 $\mathscr{E}_{turn}(= d\Phi_B/dt)$을 만든다. 감은 수당 생기는 기전력 $\mathscr{E}_{turn}$의 값은 1차코일와 2차코일에서 같다. 1차코일의 퍼텐셜 V_p는 $\mathscr{E}_{turn}$과 감은 수 N_P의 곱, 즉 $V_P = \mathscr{E}_{turn}\, N_p$이다. 2차코일에 대해서도 $V_s = \mathscr{E}_{turn}\, N_s$이다. 즉,

$$\mathscr{E}_{\text{turn}} = \frac{V_p}{N_p} = \frac{V_s}{N_s}$$

이므로, 다음과 같다.

$$V_s = V_p \frac{N_s}{N_p} \quad \text{(퍼텐셜 변환).} \tag{31.6.3}$$

$N_s > N_p$인 경우에 1차퍼텐셜보다 2차퍼텐셜이 더 높으므로 이런 변압기를 *승압변압기*라 하고, $N_s < N_p$인 변압기를 *강압변압기*라고 한다.

스위치 S가 열려 있으면 발전기에서 회로의 나머지 부분으로 에너지가 전달되지 않는다. 스위치를 닫아 2차코일을 부하저항에 연결시켜 보자. 그러면 에너지가 발전기에서 전송된다. (일반적으로 부하는 유도형과 용량형의 회로 소자를 포함하지만, 여기서는 저항 R만을 고려한다.) 그 이유를 살펴보자.

1. 2차회로에 교류전류 I_s가 생기며 이에 따라 부하저항에서 I_s^2R $(= V_s^2/R)$의 에너지가 발산한다.
2. 전류는 철심 안에 그 자신의 교류 자기다발을 만들며, 자기다발은 1차코일에 반대 방향의 기전력을 만든다.
3. 그러나 반대되는 기전력에 의해 1차코일의 퍼텐셜 V_p가 변하지는 않는다. 스위치를 닫더라도 1차코일의 퍼텐셜은 언제나 발전기의 기전력 $\mathscr{E}$와 같아야 하기 때문이다.
4. V_p를 유지하기 위해 발전기는 (I_{mag}에 더해서) 교류전류 I_p를 1차코일에 만든다. I_p에 의해 1차코일에 유도되는 기전력이 I_s에 의해 1차코일에 유도되는 기전력을 정확하게 상쇄시키는 만큼의 I_p의 크기와 위상상수가 요구된다. I_p의 위상상수는 I_{mag}의 위상상수처럼 90°가 아니므로, 전류 I_p는 1차코일에 에너지를 보낼 수 있다.

▶***에너지 전달.*** I_s와 I_p의 관계를 맺기 위해 에너지 보존의 법칙을 적용해 보자. 발전기가 단위시간당 1차코일에 전달하는 에너지는 I_pV_p이고, 1차코일이 단위시간당 2차코일에 전달하는 에너지는 I_sV_s이다. 에너지 손실이 없다고 가정하면

$$I_pV_p = I_sV_s$$

이고, 식 31.6.3의 V_s를 대입하면 다음과 같다.

$$I_s = I_p \frac{N_p}{N_s} \quad \text{(전류 변환).} \tag{31.6.4}$$

이 식에 의하면 2차코일의 전류 I_s는 1차코일의 전류 I_p와 다르고 *감은 횟수의 비율* N_p/N_s에 의존한다.

1차코일의 전류 I_p는 2차코일의 부하저항 R 때문에 나타난다. 식 31.6.4에 $I_s = V_s/R$를 대입하고, 식 31.6.3의 V_s를 대입하면 다음과 같다.

$$I_p = \frac{1}{R}\left(\frac{N_s}{N_p}\right)^2 V_p. \tag{31.6.5}$$

이 식은 $I_p = V_p/R_{\text{eq}}$의 형태이며, 등가저항 R_{eq}는 다음과 같다.

$$R_{eq} = \left(\frac{N_p}{N_s}\right)^2 R. \quad (31.6.6)$$

R_{eq}는 발전기가 "느끼는" 부하저항의 값이다. 마치 저항 R_{eq}에 연결되어 있기라도 한 것처럼 발전기는 전류 I_p와 퍼텐셜 V_p를 만든다.

임피던스 맞춤

식 31.6.6은 변압기의 또 다른 기능을 제시한다. 기전력장치에서 부하저항으로 최대 에너지를 수송하기 위해서는 기전력장치의 저항이 부하저항과 같아야 한다. 이는 교류회로에서도 성립한다. 발전기의 (저항 대신) *임피던스*가 부하의 임피던스와 같아야 한다. 때로는 이 조건이 성립되지 않는 경우가 있는데, 음향 시스템에서 증폭기의 높은 임피던스와 확성기의 낮은 임피던스가 좋은 보기이다. 두 기기의 임피던스를 맞추려면 이들을 변압기를 통해 연결시키고 코일를 감은 수의 비율 N_p/N_s를 적절히 조절하면 된다.

태양의 활동과 전력망

태양 표면이 폭발할 때 거대한 전자와 양성자가 만드는 큰 고리가 그림 31.6.2에 나타낸 대로 태양 표면으로부터 밖으로 뻗어나간다. 어떤 태양 불꽃은 폭발하여 이 대전입자를 우주 공간으로 뿜어낸다. 1989년 3월 10일 거대한 태양 폭발이 지구를 향해 일어났다. 사흘 후 입자가 도달했을 때 북반구 위의 높은 고도의 대기에 *전기젯*이라고 부르는 10^6 A의 전류가 흘렀다.

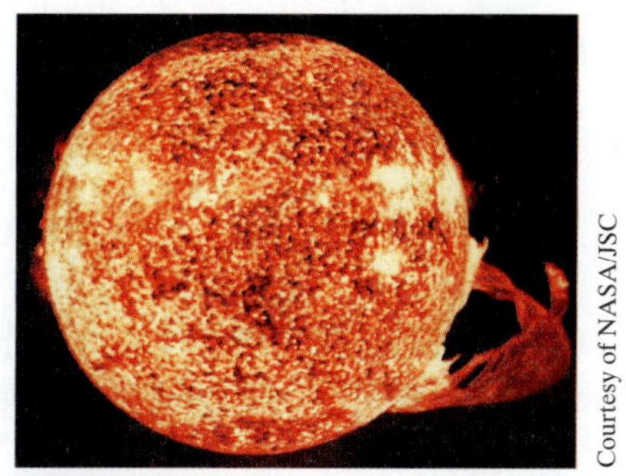

그림 31.6.2 태양 표면에서 폭발하는 태양 불꽃.

전기젯은 전류이므로 지구 표면을 포함하여 그 주위에 자기장 $\vec{B}$를 만든다. 그림 29.1.5의 오른손 규칙을 이용하면 그림 31.6.3의 전기젯은 지구 표면을 따라 자기장 성분 B_x를 만들고, 그 곳에 있는 긴 송전선에 수직이다. 접지된 승압기 혹은 강압기를 송전선 양 끝에 연결하였다. 송전선, 지면과 접지된 변압기는 도체 고리를 만든다는 것을 주목하여라. B_x에 의한 자기다발 Φ가 고리를 통과한다.

전기젯은 크기와 위치가 변하고, 이로 인해 Φ가 변하여 고리에 기전력과 전류를 유도한다. 지자기유도전류(geomagnetically induced current, GIC)라고 부르는 i_{GIC}는 송전선 방향이고 (더 중요한 것은) 변압기를 지난다.

전력망계를 이용한 전력 송전은 이 계를 지나는 전류와 전압의 적당한 사인함수형 변화에 의존한다. 변압기를 흐르는 i_{GIC}는 변압기의 중심이 일차에서 이차코일로 사인함수형 변화를 전달하지 못하게 한다. 그 이유는 i_{GIC}로 인해 중심에 더해진 다발이 중심에 최대값으로 *포화*되어, 일차코일의 사인함수형 변화에 적절히 반응하지 못하기 때문이다. 그 결과로 이차코일의 전류와 전압은 매우 변형되어 더이상 사인함수 모양이 아니고, 이러한 변형 때문에 전력 송출이 방해를 받는다.

1989년 3월 13일 Quebec 지역의 전력망계에 이러한 형태의 변형이 일어나 정지되었다. 현재는 태양 불꽃이 지구를 향해 폭발할 때마다 천문학자들은 바로 전력망에 종사하는 기술자에게 경고하여 망이 손실되는 것을 막는다.

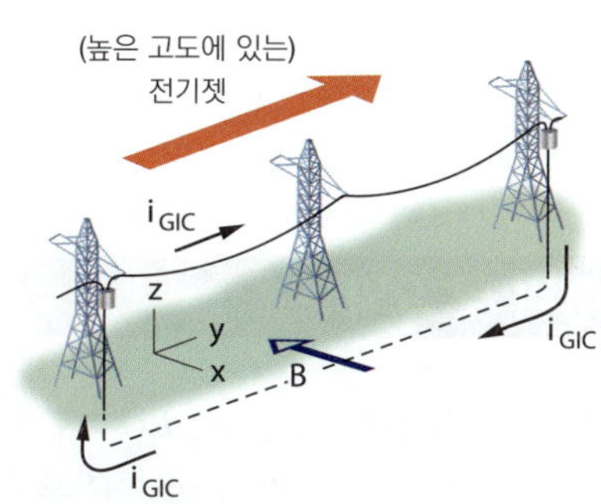

그림 31.6.3 이온층에 있는 전기젯(전류)은 송전선, 지면과 (송전선 끝에 있는 원통 내부에 있는) 접지된 변압기에 의해 만들어진 수직고리를 지나는 자기장 B_x를 만든다. B_x가 변하면 고리 주위로 전류 i_{GIC}를 유도한다.

확인문제 31.6.1

어떤 회로에서 교류전류를 발생시키는 기전력장치의 저항은 회로에 들어 있는 부하의 저항보다 작다. 기전력장치에서 부하로 전달되는 에너지를 증가시키려면 둘 사이에 변압기를 연결해야 한다. (a) N_s는 N_p보다 커야 하는가, 작아야 하는가? (b) 이런 변압기는 퍼텐셜을 높이는가, 낮추는가?

▶ 보기문제 31.6.1 변압기: 감은 수의 비율, 평균전력과 rms 전류

전신주의 한 변압기가 1차코일의 퍼텐셜이 $V_p = 8.5$ kV인 상태로 작동하며, 근처의 가정에는 $V_s = 120$ V의 전기 에너지를 공급한다. 이 양들은 모두 rms 값이다. 이상적인 변압기이고 저항의 부하만 걸리며 전력인자는 1이라고 가정한다.

(a) 변압기에서 감은 수의 비율 N_p/N_s는 얼마인가?

요점

감은 수의 비율 N_p/N_s는 식 31.6.3($V_s = V_p N_s/N_p$)에 의해 1차 및 2차 퍼텐셜과 관계가 있다.

풀이: 식 31.6.3을 다음과 같이 쓸 수 있다.

$$\frac{V_s}{V_p} = \frac{N_s}{N_p}. \qquad (31.6.7)$$

(이 식의 우변은 감은 회수 비율의 역수이다.) 결국 양변의 역수를 취해서 다음을 얻는다.

$$\frac{N_p}{N_s} = \frac{V_p}{V_s} = \frac{8.5 \times 10^3 \text{ V}}{120 \text{ V}} = 70.83 \approx 71. \qquad \text{(답)}$$

(b) 변압기를 통해 가정에서 소비하는 단위시간당 평균에너지는 78 kW이다. 변압기에 흐르는 1차와 2차 rms 전류는 각각 얼마인가?

요점

부하저항만 있는 경우 전력인자가 1이므로 공급되고 소비되는 단위시간당 에너지는 식 31.6.1($P_{avg} = \mathscr{E}I = IV$)로 주어진다.

풀이: 식 31.6.1로부터 $V_p = 8.5$ kV인 1차회로에 대해

$$I_p = \frac{P_{avg}}{V_p} = \frac{78 \times 10^3 \text{ W}}{8.5 \times 10^3 \text{ V}} = 9.176 \text{ A} \approx 9.2 \text{ A} \qquad \text{(답)}$$

를 얻고, 2차회로에 대해서도 마찬가지로 다음을 얻는다.

$$I_s = \frac{P_{avg}}{V_s} = \frac{78 \times 10^3 \text{ W}}{120 \text{ V}} = 650 \text{ A}. \qquad \text{(답)}$$

식 31.6.4의 $I_s = I_p(N_p/N_s)$를 확인해 볼 수 있다.

(c) 2차회로에 걸린 부하저항 R_S는 얼마인가? 이에 대응하는 1차회로의 부하저항 R_p는 얼마인가?

첫 번째 방법: 두 회로의 rms 퍼텐셜과 전류, 부하저항에 대해 $V = IR$의 관계식을 적용할 수 있다. 2차회로에 대해

$$R_s = \frac{V_s}{I_s} = \frac{120 \text{ V}}{650 \text{ A}} = 0.1846\ \Omega \approx 0.18\ \Omega \qquad \text{(답)}$$

이고, 1차회로에 대해서는 다음과 같다.

$$R_p = \frac{V_p}{I_p} = \frac{8.5 \times 10^3 \text{ V}}{9.176 \text{ A}} = 926\ \Omega \approx 930\ \Omega. \qquad \text{(답)}$$

두 번째 방법: 감은 회수 비율에 의해 수정된 저항인 변압기의 1차 영역이 "느끼는" 등가 부하저항이라는 사실을 이용하여 R_P를 구한다. 이는 식 31.6.6($R_{eq} = (N_p/N_s)^2 R$)로 주어진다. 따라서 R_{eq}에 R_P를, R에 R_s를 대입하여 다음을 얻는다.

$$R_p = \left(\frac{N_p}{N_s}\right)^2 R_s = (70.83)^2(0.1846\ \Omega)$$
$$= 926\ \Omega \approx 930\ \Omega. \qquad \text{(답)}$$

▶ **교육용 비디오는 웹사이트 www.wiley.com에서 볼 수 있다.**

정리 및 요약 _Review & Summary

▸LC 에너지 전환 진동하는 LC 회로에서 에너지는 축전기의 전기장과 유도기의 자기장 사이를 주기적으로 오간다. 두 에너지의 순간값은 다음과 같다.

$$U_E = \frac{q^2}{2C} \quad \text{및} \quad U_B = \frac{Li^2}{2}. \qquad (31.1.1, 31.1.2)$$

여기서 q는 축전기의 순간 전하량이고, i는 유도기를 흐르는 순간 전류이다. 전체에너지 $U(= U_E + U_B)$는 일정하다.

▸LC 전하와 전류의 진동 에너지 보존의 법칙에 의해 다음과 같다.

$$L\frac{d^2q}{dt^2} + \frac{1}{C}q = 0 \quad (LC \text{ 진동}). \qquad (31.1.11)$$

이는 (저항이 없는) LC 진동의 미분방정식이다. 이 식의 해는 다음과 같다.

$$q = Q\cos(\omega t + \phi) \quad (\text{전하}). \qquad (31.1.12)$$

여기서 Q는 *전하의 진폭*(축전기의 최대 전하량)이고, 진동의 각진동수 ω는 다음과 같다.

$$\omega = \frac{1}{\sqrt{LC}}. \qquad (31.1.4)$$

식 31.1.12의 위상상수 ϕ는 ($t = 0$에서) 계의 초기 조건으로 결정된다.

임의의 시간 t에서 계의 전류 i는 다음과 같다.

$$i = -\omega Q \sin(\omega t + \phi) \quad (전류). \qquad (31.1.13)$$

여기서 ωQ는 *전류의 진폭* I이다.

▸***감쇠진동 LC*** LC 회로 안에 에너지를 발산시키는 R이 있게 되면 회로의 진동은 감쇠되며, 다음 식이 성립한다.

$$L\frac{d^2q}{dt^2} + R\frac{dq}{dt} + \frac{1}{C}q = 0 \quad (RLC\ 회로). \qquad (31.2.3)$$

이 미분방정식의 해는

$$q = Qe^{-Rt/2L}\cos(\omega' t + \phi) \qquad (31.2.4)$$

이고, 여기서

$$\omega' = \sqrt{\omega^2 - (R/2L)^2} \qquad (31.2.5)$$

이다. 만약 R이 작아서 감쇠가 작은 경우만 고려한다면 $\omega' \approx \omega$이다.

▸***교류전류와 강제진동*** 직렬 RLC 회로에 다음의 외부 교류기전력

$$\mathscr{E} = \mathscr{E}_m \sin \omega_d t \qquad (31.3.1)$$

를 연결하면 *강제 각진동수* ω_d에서 *강제진동*이 일어난다. 기전력에 의해 회로에 흐르게 되는 전류는 다음과 같다.

$$i = I\sin(\omega_d t - \phi). \qquad (31.3.2)$$

여기서 ϕ는 전류의 위상상수다.

▸***공명*** 주기적인 외부 기전력이 연결된 직렬 RLC 회로에서 전류의 진폭 I는 강제 각진동수 ω_d가 회로의 자연 각진동수 ω와 같을 때, 즉 공명일 때 최대($I = \mathscr{E}_m/R$)가 된다. 그 경우에 $X_C = X_L$이고 $\phi = 0$이며, 전류는 기전력과 위상이 같다.

▸***단일 회로요소*** 저항에 걸려 있는 교류 퍼텐셜차의 진폭은 $V_R = IR$이다. 전류는 퍼텐셜차와 위상이 같다.

*축전기*에서는 $V_C = IX_C$이다. 여기서 $X_C = 1/\omega_d C$는 **용량형 반응저항**이며, 전류는 퍼텐셜차를 90° 앞서간다($\phi = -90° = -\pi/2$ rad).

*유도기*에서는 $V_L = IX_L$이다. 여기서 $X_L = \omega_d L$은 **유도형 반응저항**이며, 전류는 퍼텐셜차에 90° 뒤처진다($\phi = +90° = \pi/2$ rad).

▸***직렬 RLC 회로*** 식 31.3.1의 외부 기전력과 식 31.3.2의 교류전류를 갖는 직렬 RLC 회로에 대해서는 다음이 성립한다.

$$I = \frac{\mathscr{E}_m}{\sqrt{R^2 + (X_L - X_C)^2}} = \frac{\mathscr{E}_m}{\sqrt{R^2 + (\omega_d L - 1/\omega_d C)^2}} \quad (전류진폭) \quad (31.4.6, 31.4.9),$$

및

$$\tan\phi = \frac{X_L - X_C}{R} \quad (위상상수). \qquad (31.4.11)$$

회로의 임피던스는 다음과 같이 정의한다.

$$Z = \sqrt{R^2 + (X_L - X_C)^2} \quad (임피던스). \qquad (31.4.7)$$

이를 이용하여 식 31.4.6을 $I = \mathscr{E}_m/Z$로 쓸 수 있다.

▸***일률*** 직렬 RLC 회로에서 발전기의 **평균일률** P_{avg}는 저항이 열에너지를 만들어내는 비율로서 다음과 같다.

$$P_{avg} = I_{rms}^2 R = \mathscr{E}_{rms} I_{rms} \cos\phi. \qquad (31.5.4, 31.5.9)$$

여기서 rms (**root-mean-square**)는 제곱평균제곱근을 의미하며, 최대값과의 관계는 $I_{rms} = I/\sqrt{2}$, $V_{rms} = V/\sqrt{2}$, $\mathscr{E}_{rms} = \mathscr{E}/\sqrt{2}$이다. $\cos\phi$는 회로의 **전력인자**이다.

▸***변압기*** 이상적인 *변압기*는 1차코일이 N_p번, 2차코일은 N_s번 감겨진 철심이다. 1차 코일이 교류기전력과 연결되어 있으면, 1차와 2차퍼텐셜 사이에는

$$V_s = V_p\frac{N_s}{N_p} \quad (전압의\ 변환) \qquad (31.6.3)$$

의 관계식이 성립하고, 코일에 흐르는 전류 사이에는 다음의 관계식이 성립한다.

$$I_s = I_p\frac{N_p}{N_s} \quad (전류의\ 변환). \qquad (31.6.4)$$

발전기가 느끼는 2차코일의 등가저항은 다음과 같다.

$$R_{eq} = \left(\frac{N_p}{N_s}\right)^2 R. \qquad (31.6.6)$$

여기서 R은 2차회로의 부하저항이다. N_p/N_s의 비율을 변압기의 *감은 수의 비율*이다.

연습문제 _Problems

E Easy M Medium H Hard CALC Requires calculus BIO Biomedical application

1 M 그림 31.1에서 $R = 14.0\ \Omega$, $C = 2.00\ \mu$F, $L = 54.0$ mH이고 이상적인 건전지의 기전력은 $\mathscr{E} = 34.0$ V이다. 스위치를 a의 위치에 오랫동안 있다가 b의 위치로 바꾸었다. 진동의 (a) 진동수와 (b) 전류진폭은 얼마인가?

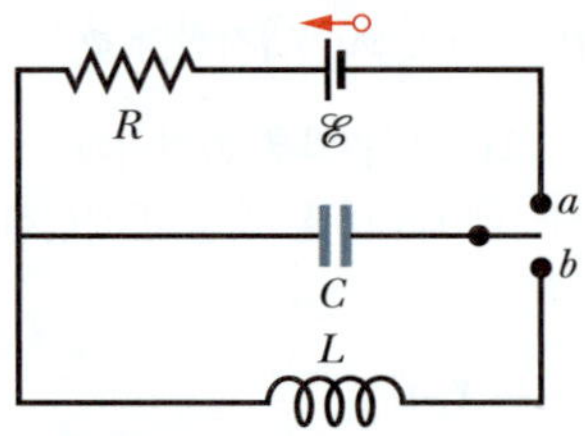

그림 31.1 연습문제 1

2 M 그림 31.3.2에서 $R = 15.0\ \Omega$, $C = 4.70\ \mu\text{F}$, $L = 25.0$ mH이다. 발전기는 rms 퍼텐셜 100 V와 진동수 550 Hz의 기전력을 공급한다. (a) rms 전류는 얼마인가? (b) R, (c) C, (d) L, (e) C와 L, (f) R, C, L 전체에 걸리는 rms 퍼텐셜차는 각각 얼마인가? (g) R, (h) C, (i) L가 단위시간당 방출하는 에너지의 평균값은 각각 얼마인가?

3 E 120 V(rms)의 교류기전력이 포함되어 있는 RLC 직렬회로의 유도기와 축전기, 저항에 차례대로 큰 임피던스를 갖는 교류전압계를 연결하였다. 전압계는 각각의 경우에 대해 똑같은 퍼텐셜을 나타냈다. 그 값은 얼마인가?

4 E 그림 31.2는 "자동변압기"이다. 이 변압기는 (철심이 있는) 하나의 코일로 이루어져 있다. 세 개의 접점 T_i가 있다. T_1과 T_2 사이에 200번 감겨 있고, T_2와 T_3 사이에 800번 감겨 있다. 임의의 두 접점을 1차전극으로 선택할 수 있고, 임의의 두 접점을 2차전극으로 선택할 수 있다. 승압변압기로 작동할 때 V_s/V_p의 (a) 가장 작은, (b) 두 번째로 작은, (c) 가장 큰 값은 각각 얼마인가? 강압변압기로 작동할 때 V_s/V_p의 (d) 가장 작은, (e) 두 번째로 작은, (f) 가장 큰 값은 각각 얼마인가?

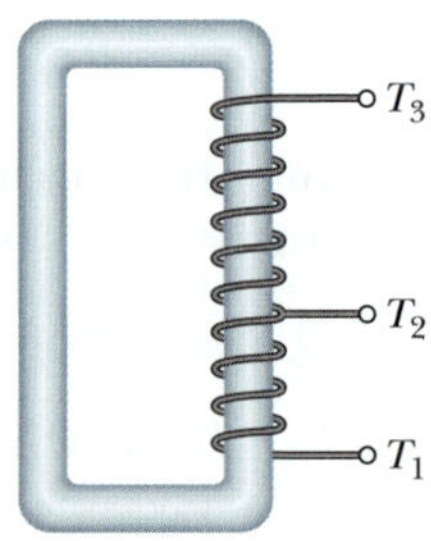

그림 31.2 연습문제 4.

5 E 진동수를 변화시킬 수 있는 교류기전력과 전기용량 C의 축전기, 저항값 R인 저항을 직렬로 연결하였다. 그림 31.3은 이 회로의 임피던스 Z를 강제 각진동수 ω_d로 나타낸 그래프이며, 이 곡선의 점근값은 500 Ω이고, 수평축의 눈금은 $\omega_{ds} = 300$ rad/s이다. 그림에 또한 축전기의 반응저항 X_C를 ω_d의 함수로 나타내었다. (a) R과 (b) C는 얼마인가?

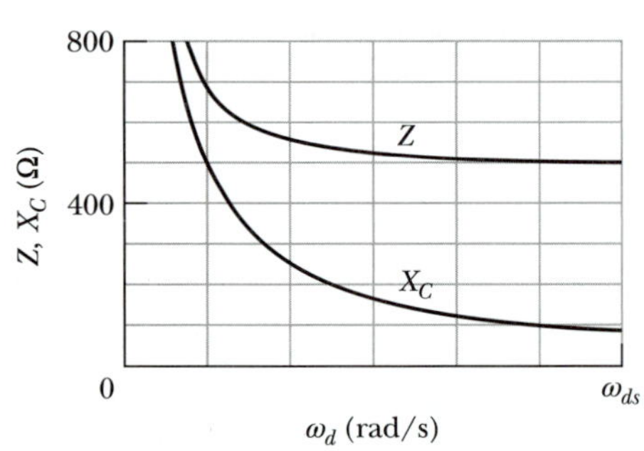

그림 31.3 연습문제 5

6 M 하나의 고리 회로가 3.00 Ω의 저항과 12.0 H의 유도기, 3.20 μF의 축전기로 구성되어 있다. 처음에 축전기에 6.20 μC의 전하가 있고 전류는 흐르지 않는다. N번의 진동 후에 축전기에 있는 전하의 양은 (a) $N = 5$, (b) $N = 10$, (c) $N = 100$일 때 각각 얼마인가?

7 M (a) RLC 회로에서 유도기에 걸리는 퍼텐셜의 진폭이 발전기 기전력의 진폭보다 클 수 있는가? (b) 기전력 진폭 $\mathscr{E}_m = 20$ V, 저항 $R = 10\ \Omega$, 유도용량 $L = 1.0$ H, 전기용량 $C = 1.0\ \mu$F인 RLC 회로를 고려하자. 공명이 일어날 때 유도기에 걸리는 퍼텐셜의 진폭을 구하여라.

8 E 유도기($L_1, L_2, \ldots$), 축전기($C_1, C_2, \ldots$), 저항($R_1, R_2, \ldots$)을 예를 들어 그림 31.4*a*와 같이 직렬로 연결하였다. 고리에 있는 이 회로요소의 순서에 상관없이 이 회로는 그림 31.4*b*에 있는 한 개의 LC 회로와 동일한 행동을 한다는 것을 보여라. (*힌트*: 고리규칙을 고려하고, 30장 연습문제 3을 참조하여라.)

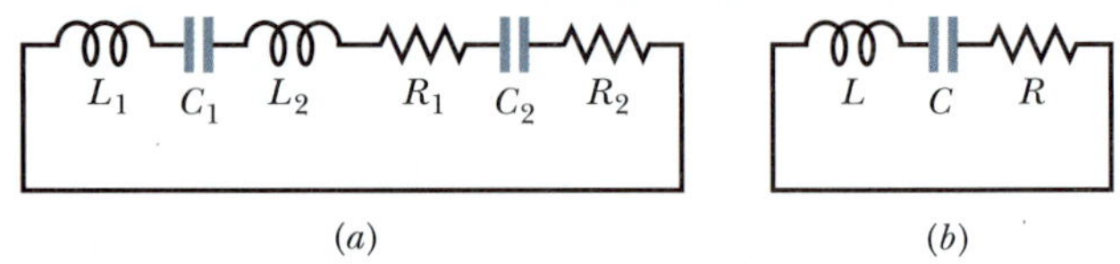

그림 31.4 연습문제 8

9 E 2.50 H의 유도기를 포함하는 LC 진동회로의 에너지는 5.70 μJ이고, 축전기의 최대 전하는 175 μC이다. 어떤 역학계의 주기가 같을 때 (a) 질량, (b) 용수철상수, (c) 최대 변위, (d) 최대 속력을 구하여라.

10 M 그림 31.5에서 가변진동수를 갖는 발전기를 저항 $R = 100\ \Omega$, 유도용량 $L_1 = 1.70$ mH, $L_2 = 6.00$ mH, 전기용량 $C_1 = 4.00\ \mu$F, $C_2 = 2.50\ \mu$F, $C_3 = 3.50\ \mu$F에 연결하였다. (a) 이 회로의 공명진동수는 무엇인가? (*힌트*: 30장의 연습문제 3 참조) (b) R이 증가할 때, (c) L_1이 증가할 때, (d) C_3를 회로에서 제거할 때 공명진동수는 어떻게 변하는가?

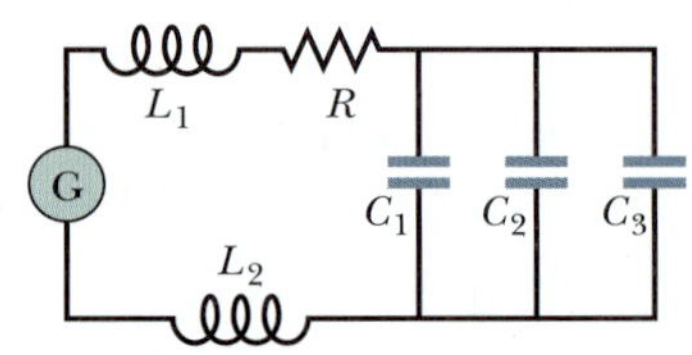

그림 31.5 연습문제 10

11 M 기전력이 $\mathscr{E} = \mathscr{E}_m \sin \omega_d t$로 변하며, $\mathscr{E}_m = 40.0$ V와 $\omega_d = 377$ rad/s인 교류발전기가 12.7 H의 유도기에 연결되어 있다. (a) 전류의 최대값은 얼마인가? (b) 전류가 최대일 때 발전기의 기전력은 얼마인가? (c) 발전기의 기전력이 −12.5 V이고 크기가 증가할 때, 전류는 얼마인가?

12 M 교류발전기는 두 개의 송전선을 통해 먼 곳의 공장에 있는 부하저항에 기전력을 공급한다. 공장에 있는 강압변압기는 퍼텐셜을 (rms) 전송값 V_t에서 공장에서 편리하고 안전하게 사용할 수 있는 훨씬 낮은 값으로 떨어뜨린다. 송전선의 저항이 전선당 0.30 Ω이고 발전기의 전력은 300 kW이다. $V_t = 80$ kV이면 (a) 송전선에서 생기는 퍼텐셜강하 ΔV와 (b) 송전선에서 열에너지로 발산되는 전력 P_d는 각각 얼마인가? $V_t = 8.0$ kV이면 (c) ΔV와 (d) P_d는 얼마인가? $V_t =$

0.80 kV이면 (c) ΔV와 (d) P_d는 얼마인가?

13 E 가변진동수를 갖는 교류기전력과 유도용량이 L인 유도기, 저항 R인 저항을 직렬로 연결하였다. 그림 31.6은 이 회로의 임피던스 Z를 강제 각진동수 ω_d로 나타낸 그래프이며, 수평축의 눈금은 ω_{ds} = 1600 rad/s이다. 그림은 또한 유도기의 반응저항 X_L을 ω_d의 함수로 나타낸다. (a) R과 (b) L은 얼마인가?

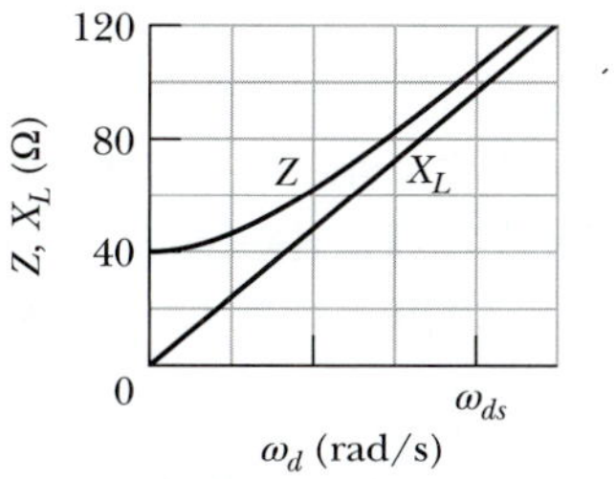

그림 31.6 연습문제 13

14 E 전기용량 1.50 μF의 축전기를 그림 31.3.5처럼 $\mathscr{E}_m$ = 50.0 V의 교류발전기에 연결하였다. 기전력의 진동수가 (a) 1.00 kHz와 (b) 8.00 kHz일 때 교류전류의 진폭은 얼마인가?

15 M CALC 그림 31.3.2와 같은 RLC 회로에서 R = 5.00 Ω, C = 20.0 μF, L = 1.00 H, $\mathscr{E}_m$ = 40.0 V이다. (a) 그림 31.4.3의 공명곡선과 같이 어떤 각진동수 ω_d에서 전류의 진폭이 최대값을 갖는가? (b) 최대값은 얼마인가? (c) 어떤 더 작은 각진동수 ω_{d1}과 (d) 더 큰 ω_{d2}에서 전류의 진폭이 최대값의 반이 되는가? (e) 이 회로에서 $(\omega_{d1} - \omega_{d2})/\omega$의 값은 얼마인가?

16 M 그림 31.3.2와 같은 RLC 회로에서 R = 5.00 Ω, L = 80.0 mH, f_d = 60.0 Hz, $\mathscr{E}_m$ = 30.0 V이다. 저항에서 단위시간당 발산되는 에너지가 (a) 최대와 (b) 최소는 전기용량이 어떤 값을 가질 때 일어나는가? (c) 최대 소모율, (d) 이때의 위상각, (e) 전력인자는 얼마인가? (f) 최소 소모율, (g) 이때의 위상각, (h) 전력인자는 얼마인가?

17 M 그림 31.7은 두 개의 단자를 통해 내용물을 알 수 없는 상자에 연결된 교류발전기이다. 상자 안에는 미지의 RLC 회로가 들어 있다. 상자의 바깥에서 측정하여 다음을 알아내었다.

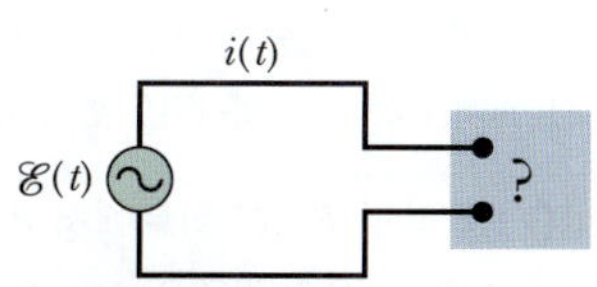

그림 31.7 연습문제 17

$$\mathscr{E}(t) = (100.0\text{ V})\sin\omega_d t,$$

$$i(t) = (1.20\text{ A})\sin(\omega_d t + 42.0°).$$

(a) 전력인자는 얼마인가? (b) 전류는 기전력보다 앞서가는가, 뒤처지는가? (c) 상자의 회로는 주로 유도형인가, 용량형인가? (d) 상자의 회로는 공명상태에 있는가? 상자 안에 (e) 축전기, (f) 유도기, (g) 저항이 각각 꼭 있어야 하는가? (h) 발전기가 상자에 제공하는 단위시간당 에너지는 얼마인가? (i) 이 질문에 답할 때 ω_d를 몰라도 되는 이유는 무엇인가?

18 E LC 진동회로에서 진동수는 500 kHz이다. 시간 t = 0에서 축전기판 A에는 최대인 양의 전하가 있다. $t > 0$인 시간 중 (a) 판 A에 다시 최대인 양의 전하가 있을 때 (b) 축전기의 다른 판에 최대인 양의 전하가 있을 때 (c) 유도기의 자기장이 최대일 때를 구하여라.

19 M LC 진동회로에서 L = 3.00 mH이고 C = 2.70 μF이다. 시간 t = 0에서 축전기의 전하는 0이고 전류는 3.00 A이다. (a) 축전기에 저장되는 최대 전하는 얼마인가? (b) 축전기에 에너지가 저장되는 비율이 최대인 가장 이른 시간 $t > 0$은 언제이며 (c) 그 값은 얼마인가?

20 M L = 25.0 mH이고 C = 4.20 μF인 LC 진동회로가 있다. 시간 t = 0에서 전류는 9.20 mA이고, 축전기의 전하는 3.80 μC이며, 축전기는 충전되고 있다. (a) 회로의 총에너지, (b) 축전기의 최대 전하, (c) 최대 전류는 얼마인가? (d) 축전기의 전하를 $q = Q\cos(\omega t + \phi)$로 쓰면 위상각 ϕ는 얼마인가? (e) 위의 자료는 같고 시간 t = 0에서 축전기가 방전되고 있다면 위상각 ϕ는 얼마인가?

21 M 그림 31.16은 두 개의 동일한 축전기와 두 개의 스위치를 포함하는 RLC 회로이다. 기전력의 진폭은 24.0 V이고 강제 진동수는 60.0 Hz이다. 두 스위치가 모두 열려있으면 전류는 기전력을 30.9° 앞서간다. 스위치 S_1을 닫고 스위치 S_2는 여전히 열고 있으면 기전력이 전류를 15.0° 앞서간다. 두 스위치를 모두 닫으면 전류의 진폭이 447 mA이다. (a) R, (b) C, (c) L은 얼마인가?

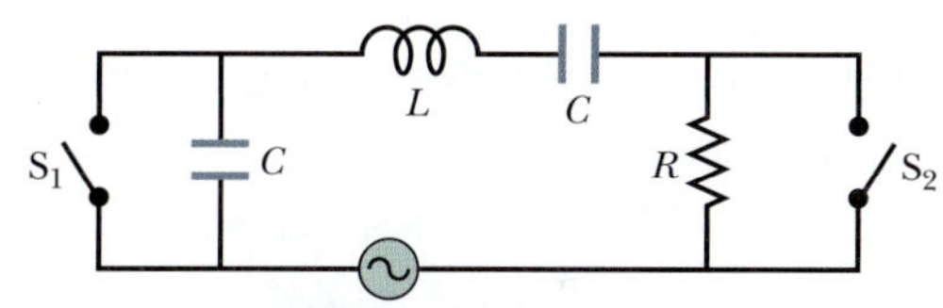

그림 31.8 연습문제 21

22 M 교류발전기의 기전력은 $\mathscr{E} = \mathscr{E}_m \sin(\omega_d t - \pi/4)$이며, $\mathscr{E}_m$ = 30.0 V, ω_d=450rad/s이다. 연결된 회로에 흐르는 전류는 $i(t) = I\sin(\omega_d t - 3\pi/4)$이며, I는 620 mA이다. 시간 t = 0 이후에 (a) 발전기의 기전력과 (b) 전류가 각각 처음으로 최대에 도달하는 시간은 언제인가? (c) 회로에는 발전기 이외에 다른 요소가 하나 들어 있다. 이것은 축전기와 유도기, 저항 중 어느 것인가? (d) 이 경우에 전기용량, 유도용량 혹은 저항의 값은 얼마인가?

23 M 진동수 600 Hz에서 작동하는 기전력 진폭 $\mathscr{E}_m$ = 220 V의 교류발전기가 R = 220 Ω, L = 150 mH, C = 24.0 μF를 포함하는 직렬 RLC 회로를 진동시킨다. (a) 용량형 반응저항 X_C, (b) 임피던스 Z, (c) 전류진폭 I를 구하여라. 같은 전기용량의 축전기 하나를 직렬로 더 연결하였다. 그러면 (d) X_C, (e) Z, (f) I는 각각 증가하는가, 감소하는가, 아니면 그대로인가?

24 M 진동하는 직렬 RLC 회로에서 진동하면서 축전기의 최대 에너지가 처음 값의 40%로 줄어드는 데 걸리는 시간은 얼마인가? 시간 t = 0에 $q = Q$라고 가정한다.

25 E 그림 31.9는 직렬 RLC 회로의 강제 각진동수 ω_d에 대한 전류 진폭 I를 나타내었다. 수직축의 눈금은 I_s = 4.00 A이다. 유도용량은 300 μH이고 기전력 진폭은 8.0 V이다. (a) C와 (b) R은 얼마인가?

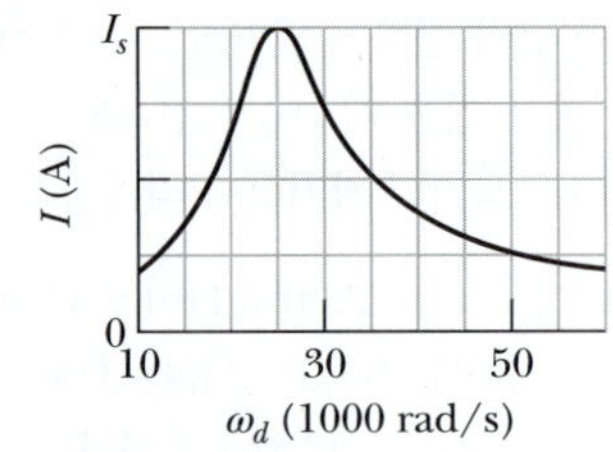

그림 31.9 연습문제 25

26 E 교류 퍼텐셜의 rms 값이 200 V이면 퍼텐셜의 최대값은 얼마인가?

27 E 50.0 Ω의 저항을 그림 31.3.3처럼 $\mathscr{E}_m = 40.0$ V의 교류 발전기에 연결하였다. 기전력의 진동수가 (a) 1.00 kHz와 (b) 8.00 kHz일 때 교류의 전류진폭은 얼마인가?

28 M 진동수 f_d를 조절할 수 있는 교류기전력을 100 Ω의 저항과 40.0 mH의 유도기에 직렬로 연결하였다. 기전력의 진폭은 6.00 V이다. (a) 위상자 V_R(저항 사이의 퍼텐셜)과 위상자 V_L(유도기 사이의 퍼텐셜)에 대한 위상자 그림을 그려라. (b) 두 위상자의 길이가 같을 때 강제진동수 f_d는 얼마인가? 이 강제진동수에서 (c) 위상각과 (d) 위상자의 회전각속도 (e) 전류진폭은 얼마인가?

29 E 1차코일에 50번 감은 변압기에 150 V의 기전력을 가한다. 2차 코일을 500번 감았다면 2차 퍼텐셜은 얼마인가?

30 M 가변진동수가 f_d인 교류기전력을 40.0 Ω의 저항과 20.0 μF인 축전기에 직렬로 연결하였다. 기전력의 진폭은 12.0 V이다. (a) 위상자 V_R(저항 사이의 퍼텐셜)과 (축전기 사이의 퍼텐셜) V_C에 대한 위상자 그림을 그려라. (b) 어떤 강제진동수 f_d에서 두 위상자의 길이가 같은가? 그 강제 진동수에서 (c) 위상각, (d) 위상자가 회전하는 각속력, (e) 전류의 진폭은 무엇인가?

31 M 극장무대의 조명등을 어두워지게 할 때 사용하는 밝기 조절장치는 보통 그림 31.10에 나타낸 대로 전구 B를 가변유도기 L에 직렬로 연결한 것이다(가변유도기 L의 유도용량은 0에서 L_{max}까지 조절할 수 있다). 전원은 60.0 Hz에 120 V(rms)이다. 전구는 120 V, 1000 W용이다. (a) 전구에서 단위시간당 발산되는 에너지가 1000 W의 상한값으로부터 1/5까지 변화시키려면 L_{max}는 얼마이어야 하는가? 전구의 저항은 온도와 관계없다고 가정한다. (b) 유도기 대신 (0부터 R_{max}까지 조절가능한) 가변저항기를 사용할 수 있는가? (c) 만약 그렇다면 R_{max}는 얼마이어야 하는가? (d) 왜 그렇게 하지 않는가?

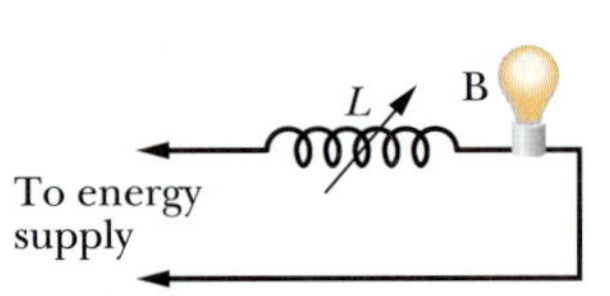

그림 31.10 연습문제 31

32 E 75.0 mH의 유도기와 3.60 μF의 축전기로 이루어진 LC 진동회로가 있다. 축전기의 최대 전하가 4.60 μC일 때 (a) 회로의 전체 에너지 (b) 최대 전류는 얼마인가?

33 M LC 진동회로에서 $C = 6.00$ μF이고 진동하는 동안 축전기에 걸리는 최대 퍼텐셜차는 1.50 V이며 유도기에 흐르는 최대 전류는 50.0 mA이다. (a) 유도용량 L과 (b) 진동의 진동수는 각각 얼마인가? (c) 축전기의 전하가 0에서 최대값으로 증가할 때 필요한 시간은 얼마인가?

34 M 10 mH인 유도기, 5.0 μF인 축전기, 3.0 μF인 축전기를 이용하여 진동 LC 회로를 만들려고 한다. 이 요소를 다양한 방법으로 결합하면 진동수의 (a) 최소 (b) 두 번째 최소 (c) 두 번째 최대 (d) 최대값은 얼마인가?

35 E 전자음악에서 일부 소리를 내기 위해 스피커에 연결된 회로에 LC 진동회로를 사용한다. 가청 진동수의 중간의 해당되는 10 kHz의 진동수를 내기 위해서 2.0 μF의 축전기와 함께 사용해야 하는 유도용량은 얼마인가?

36 E $L = 1.10$ mH, $C = 4.00$ μF인 LC 진동회로가 있다. 축전기의 최대전하는 7.00 μC이다. 최대 전류를 구하여라.

37 M CALC 그림 31.11의 저항에서 단위시간당 발산되는 에너지의 평균값은 R이 발전기의 내부 저항 r과 같을 때 최대값이 된다는 것을 보여라. (교재에서는 $r = 0$이라고 가정하였다.)

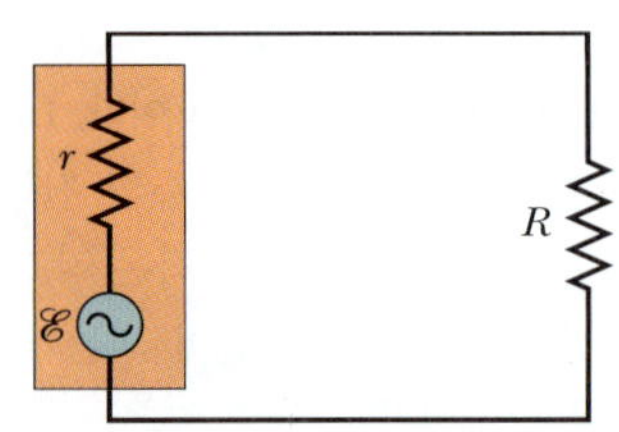

그림 31.11 연습문제 37

38 E 기전력의 진폭이 위상각 +30.0°에서 7.00 V인 교류전원을 직렬 RLC 회로에 연결하였다. 축전기의 퍼텐셜차가 +5.00 V일 때 유도기에 걸리는 퍼텐셜차는 (부호를 포함하여) 얼마인가?

39 E (a) 어떤 진동수에서 9.0 mH의 유도기와 10 μF의 축전기가 같은 반응저항을 가지는가? (b) 이때의 반응저항은 얼마인가? (c) 이 진동수가 같은 L과 C를 포함하는 진동회로의 고유진동수임을 보여라.

40 H 직렬 RLC 회로에서 진동의 한 주기 동안 잃는 에너지의 비율 $\Delta U/U$는 근사적으로 $2\pi R/\omega L$이라는 것을 보여라. $\omega L/R$은 흔히 회로의 Q 값으로 부르고, Q가 큰 회로는 저항이 작고, 한 주기당 에너지 손실률($= 2\pi/Q$)이 작다.

41 M CALC 진동하는 직렬 RLC 회로에서 $R = 16.0$ Ω, $C = 31.2$ μF, $L = 9.20$ mH, $\mathscr{E} = \mathscr{E}_m \sin \omega_d t$, $\mathscr{E}_m = 90.0$ V, $\omega_d = 3000$ rad/s이다. 시간 $t = 0.442$ ms에서 (a) 발전기가 공급하는 전력 P_g (b) 축전기의 에너지가 변화하는 변화율 P_C, (c) 유도기의 에너지가 변화하는 변화율 P_L, (d) 저항에서 발산되는 전력 P_R은 각각 얼마인가? (e) P_C, P_L, P_R의 합은 P_g보다 큰가, 작은가, 아니면 같은가?

42 E 어떤 특정한 저항에서 교류전류의 최대값이 7.82 A라면, 똑같은 양의 열에너지를 만들어내는 직류 전류값은 얼마인가?

43 E LC 진동회로에서 전체 에너지가 축전기의 전기에너지에서 유

도기의 자기에너지로 바뀌는 데 2.00 μs 걸렸다. (a) 진동의 주기와 (b) 진동수는 얼마인가? (c) 자기에너지가 최대가 된 후 얼마가 지나면 다시 최대가 되는가?

44 M CALC LC 진동회로에 흐르는 전류의 진폭이 7.50 mA, 퍼텐셜차의 진폭이 280 mV, 전기용량은 220 nF이다. (a) 진동 주기, (b) 축전기에 저장되는 최대 에너지, (c) 유도기에 저장되는 최대 에너지, (d) 전류의 최대 변화율, (e) 유도기에 저장되는 에너지의 최대 변화율은 얼마인가?

45 M 유도용량 L_1과 전기용량 C_1으로 이루어진 직렬회로가 각진동수 ω로 진동한다. 유도용량 L_2와 전기용량 C_2로 이루어진 두 번째 직렬회로도 같은 각진동수로 진동한다. 네 요소를 모두 직렬로 연결한 회로의 각진동수를 ω로 나타내어라. 저항은 무시한다. (*힌트*: 등가 전기용량과 등가 유도용량에 관한 식을 이용하여라. 25.3단원과 30장의 연습문제 3 참조.)

46 M LC 진동회로에서 전체 에너지의 60.0%가 유도기의 자기장에 저장되어 있다. (a) 최대 전하의 몇 배가 축전기에 저장되어 있는가? (b) 최대 전류의 몇 배가 유도기에 흐르는가?

47 E 120 V의 rms 교류전원에 연결된 에어컨은 12.0 Ω의 저항과 3.00 Ω의 유도형 반응저항에 직렬로 연결된 것과 같다. (a) 에어컨의 임피던스와 (b) 에어컨에 공급되는 에너지의 평균값을 구하여라.

48 E 유도용량 50.0 mH의 유도기를 그림 31.3.7처럼 $\mathscr{E}_m = 20.0$ V의 발전기에 연결하였다. 기전력의 진동수가 (a) 1.00 kHz와 (b) 8.00 kHz일 때, 교류의 전류진폭은 얼마인가?

49 M 기전력이 $\mathscr{E} = \mathscr{E}_m \sin \omega_d t$인 발전기를 6.0 μF의 축전기에 연결하였다. 여기서 $\mathscr{E}_m = 25.0$ V이고 $\omega_d = 377$ rad/s이다. (a) 전류의 최대값은 얼마인가? (b) 전류가 최대일 때 발전기의 기전력은 얼마인가? (c) 발전기의 기전력이 −12.5 V이고 그 크기가 증가할 때, 전류는 얼마인가?

50 E 그림 31.3.2의 회로에서 축전기를 제거하고 $R = 200$ Ω, $L = 300$ mH, $f_d = 60.0$ Hz, $\mathscr{E}_m = 36.0$ V로 맞추었다. (a) Z, (b) ϕ, (c) I는 얼마인가? (d) 위상자그림을 그려라.

51 M 라디오 방송국을 선택하기 위해 가변진동수를 갖는 LC 회로를 만들어야 하고, 이를 위해 전기용량이 10 pF에서 400 pF까지 변하는 가변축전기를 코일과 함께 사용한다. (a) 가변축전기를 사용하여 얻을 수 있는 최대 진동수와 최소 진동수의 비율은 얼마인가? 이 회로가 0.54 MHz에서 1.60 MHz까지의 진동수를 얻을 수 있으려면 (a)에서 계산한 비율은 너무 크다. 가변축전기에 병렬로 다른 축전기를 연결시켜서 이 범위를 조정할 수 있다. 원하는 진동수를 얻기 위해서 (b) 어떤 전기용량이 추가되어야 하며 (c) 코일의 유도용량은 얼마이어야 하는가?

52 M CALC 고리규칙을 사용하여 LC 회로의 미분방정식(식 31.1.11)을 유도하여라.

53 E 축전기의 최대 전하가 1.60 μC이고 전체 에너지가 200 μJ이면, LC 진동회로의 전기용량은 얼마인가?

54 M 그림 31.4.3과 같은 공명곡선에서 $\Delta\omega_d$는 I의 최대값의 반이 되는 지점의 폭이다. ω가 공명에서 각진동수일 때 $\Delta\omega_d/\omega = R(3C/L)^{1/2}$임을 보여라. 그림 31.4.3에 나타난 대로 R이 증가함에 따라 $\Delta\omega_d/\omega$도 증가함을 주목하여라.

55 E 변압기의 1차코일은 400번 감고, 2차코일은 10번 감았다. (a) V_p가 120 V (rms)이면 열린 회로에서 V_s는 얼마인가? 2차코일에 15 Ω의 부하저항을 연결했다면 (b) 1차코일과 (c) 2차코일에 흐르는 전류는 얼마인가?

56 E 그림 31.3.2에서 $R = 200$ Ω, $C = 70.0$ μF, $L = 230$ mH, $f_d = 70.0$ Hz, $\mathscr{E}_m = 36.0$ V일 때, (a) Z, (b) ϕ, (c) I는 얼마인가? (d) 위상자그림을 그려라.

57 E 유도용량이 88 mH이고 저항은 알 수 없는 코일과 전기용량이 0.94 μF인 축전기를 진동수 930 Hz의 교류기전력에 직렬로 연결하였다. 퍼텐셜과 전류 사이의 위상상수가 60°이면 코일의 저항은 얼마인가?

58 M $L = 220$ mH의 유도기와 $C = 12.0$ μF의 축전기와 저항을 직렬로 연결했을 때 최대로 충전된 축전기의 전하가 35번의 진동한 후에 처음 값의 99.0%가 남아 있으려면 저항 R은 얼마인가? ($\omega' \approx \omega$라고 가정한다.)

59 M $C = 30.0$ μF인 LC 진동회로에서 전류가 $i = (1.60)\sin(2500t + 0.400)$으로 변하며, t의 단위는 초, i는 암페어이고 위상상수는 라디안이다. (a) $t = 0$ 이후에 전류가 처음으로 최대값이 될 때는 언제인가? (b) 유도용량 L과 (c) 전체 에너지는 얼마인가?

60 M 3.0 nF인 축전기와 3.0 mH인 유도기로 이루어진 LC 진동회로에서 최대 전압은 3.0 V이다. (a) 축전기에 저장되는 최대 전하 (b) 회로를 흐르는 최대 전류 (c) 코일의 자기장에 저장된 최대 에너지는 얼마인가?

61 E $L = 75$ mH, $C = 4.0$ μF인 LC 진동회로에서 처음에 전류가 최대값을 갖는다. 축전기가 첫 번째로 완전히 충전될 때까지 얼마나 걸리는가?

62 E 용수철에서 0.50 kg의 토막이 단순조화진동을 하여, 평형위치로부터 2.0 mm 늘어났을 때 복원력은 4.5 N이다. (a) 각진동수, (b) 진동주기, (c) L이 5.0 H일 때 같은 주기를 갖는 LC 회로의 전기용량은 얼마인가?

63 E 그림 31.3.2의 회로에서 유도기를 제거하고, $R = 400$ Ω, $C = 15.0$ μF, $f_d = 60.0$ Hz, $\mathscr{E}_m = 36.0$ V이다. (a) Z, (b) ϕ, (c) I는 얼마인가? (d) 위상자 그림을 그려라.

64 M 손잡이를 돌리면 전기용량이 변하는 가변축전기에 유도기가 연결되어 있다. 손잡이를 180° 돌리는 동안 LC 회로의 진동수를 2×10^5 Hz에서 4×10^5 Hz까지 손잡이를 돌리는 각도에 맞춰 선형적으로 변하게 하려고 한다. $L = 1.0$ mH일 때 필요한 전기용량 C를 손잡이 회전 각도의 함수로 그려라.

65 E 부하가 걸려 작동할 때, 유효 저항이 32.0 Ω이고 유도형 반응저항이 45.0 Ω인 전동기가 있다. 교류전원에 걸린 rms 퍼텐셜차가 500 V이다. 전류진폭을 계산하여라.

제 32 장

Maxwell 방정식, 물질의 자성

Maxwell's Equations; Magnetism of Matter

32.1 ▸ 자기장에 대한 Gauss 법칙

요점_Key Ideas

1. 가장 단순한 자기적 구조는 자기쌍극자이다. 자기홀극은 (우리가 아는 한) 존재하지 않는다. 자기장에 대한 Gauss 법칙은 다음과 같다.

$$\Phi_B = \oint \vec{B} \cdot d\vec{A} = 0.$$

이는 임의의 (닫힌) Gauss 표면에 대한 알짜 자기다발은 0이라는 것이다. 이것은 자기홀극이 존재하지 않는다는 것을 의미한다.

학습목표_Learning Objectives

이 단원을 읽은 후 다음을 이해해야 한다.

32.1.1 가장 단순한 자기적 구조는 자기쌍극자이다.

32.1.2 자기장 벡터 $\vec{B}$와 (조각 요소에 대한) 면적벡터 $d\vec{A}$의 스칼라곱을 표면에 대해 적분하여 자기다발 Φ를 계산한다.

32.1.3 (폐곡면인) Gauss 표면을 지나는 알짜 자기다발은 0이다.

▶ 어떤 물리현상을 다루는가?

이 장은 전기장과 자기장에 대한 기초과학은 물론 자성물질과 같은 응용과학이나 공학을 다루면서 폭넓은 물리학의 진수를 보여줄 것이다. 우선 21장부터 31장에 나오는 대부분의 물리학 법칙을 Maxwell 방정식이라고 부르는 *네 개*의 식으로 요약하여 전기장과 자기장에 관한 기본방정식을 확립하겠다.

다음으로 자성물질에 관한 과학적 사실과 공학적 응용에 대해 공부하겠다. 많은 과학자와 공학자는 왜 어떤 물질은 자성을 갖고 다른 것은 그렇지 않은지, 그리고 어떻게 하면 기존의 자성물질을 개선시킬 수 있는지에 관심을 갖고 있다. 또한 많은 사람은 왜 지구가 자기장을 가지고 있는지 의아해한다. 일반인도 자동차, 부엌, 사무실, 병원 등에서 셀 수 없이 많은 자성물질을 접할 수 있다. 또한 기대하지 않은 곳에서 자성물질이 나타나기도 한다. 예를 들어, 문신을 한 사람(그림 32.1.1)이 MRI(자기공명영상) 장치 안에 들어가면, MRI 내의 큰 자기장 때문에 문신한 피부 부위가 눈에 보일 정도로 당겨진다. 왜냐하면 문신 잉크 중에 자성입자가 들어 있기 때문이다. 또한 철분이 보강된 식료품에는 섭취 가능한 철 성분이 소량 들어 있다. 철 성분은 자성체이기 때문에 그 위로 자석을 지나가게 하면 이를 모을 수도 있다.

첫 단계로 자기장에 대한 Gauss의 법칙을 먼저 살펴보자.

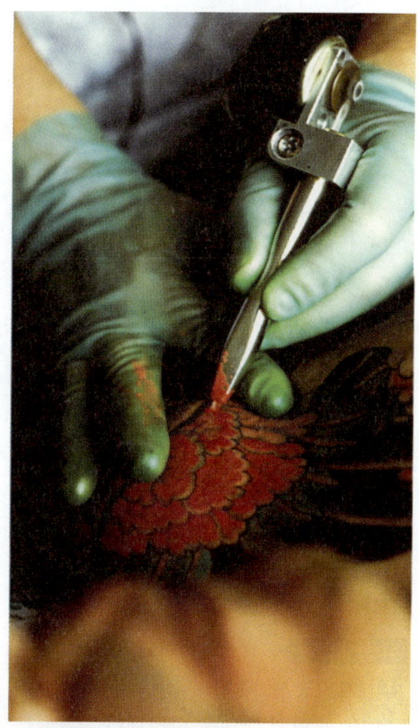

Oliver Strewe/Getty Images, Inc.

그림 32.1.1 ▸ 문신에 사용한 잉크 중에는 자성입자를 포함하는 것도 있다.

▶ 자기장에 대한 Gauss의 법칙

그림 32.1.2는 막대자석 위에 투명판을 놓고 그 위에 뿌려놓은 쇳가루의 모양이다. 쇳가루 알갱이는 자석의 자기장을 따라 정렬하기 때문에, 쇳가루들은 자기장을 나타내는 무늬를 따라 배열한다. 자석의 한 끝은 자기장의 *발생원*(자기장선이 여기로부터 퍼져나간다)이고, 다른 끝은 *수렴원*(자기장선이 여기로 모여든다)이다. 편의상 발생원은 자석의

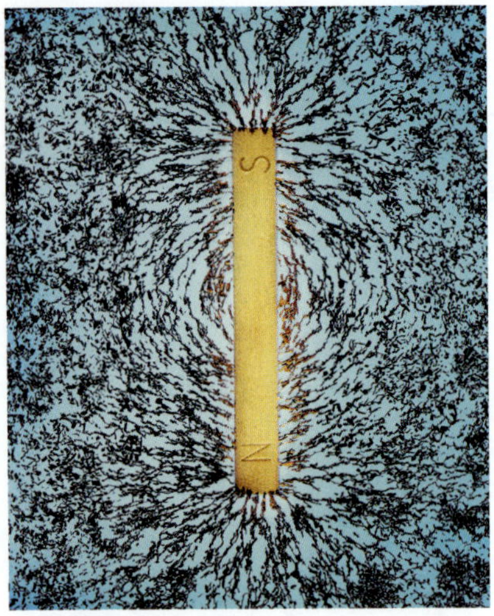

Richard Megna/Fundamental Photographs

그림 32.1.2 막대자석은 자기쌍극자이다. 쇳가루가 모여 자기장을 보여준다(색깔이 있는 빛을 뒤에서 비추었다).

*북극*이라 하고, 수렴원은 *남극*이라고 부른다. 이와 같이 두 극을 가지고 있는 자석은 **자기쌍극자**의 일종이다.

막대자석을 분필처럼 여러 조각으로 부러뜨렸다고 생각해 보자(그림 32.1.3 참조). 그러면 *자기홀극*이라고 부를 수 있는 하나의 자기극을 분리할 수 있을까? 사실은 분리할 수 없다. 자석을 개별 원자로 갈라놓는 정도가 아니라 전자와 핵으로 분리해도 안 된다. 모든 조각이 북극과 남극을 가지고 있기 때문이다. 따라서 다음과 같이 말할 수 있다.

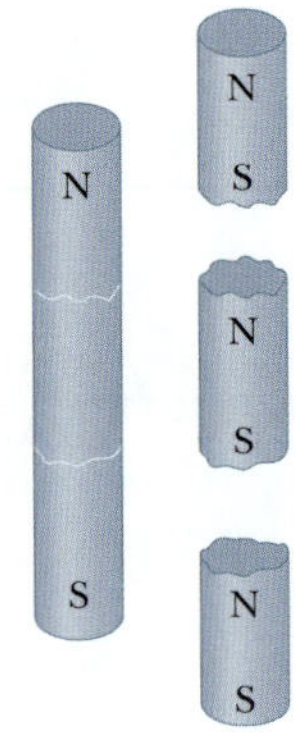

그림 32.1.3 자석을 부러뜨리면 각각의 조각은 각자 북극과 남극이 있는 자석이 된다.

가장 간단한 자기적 구조는 자기쌍극자이다. 자기홀극은 (우리가 알고 있는 한) 존재하지 않는다.

자기장에 대한 Gauss의 법칙은 자기홀극이 존재하지 않는다는 말을 수식화한 것이다. 즉, 다음 식처럼 폐곡면(Gauss면)을 통과하는 알짜 자기다발 Φ_B는 0이다.

$$\Phi_B = \oint \vec{B} \cdot d\vec{A} = 0 \quad \text{(자기장에 대한 Gauss의 법칙).} \qquad (32.1.1)$$

이제 다음과 같은 전기장에 대한 Gauss의 법칙과 비교해 보자.

$$\Phi_E = \oint \vec{E} \cdot d\vec{A} = \frac{q_{\text{enc}}}{\varepsilon_0} \quad \text{(전기장에 대한 Gauss의 법칙).}$$

두 식은 모두 *닫힌* Gauss면에 대한 적분이다. 전기장에 대한 Gauss의 법칙은 이 적분(표면을 통과하는 알짜 전기다발)이 표면 안에 들어 있는 알짜 전하 q_{enc}에 비례한다는 것이다. 자기장에 대한 Gauss 법칙은 표면을 통해 나가는 알짜 자기다발이 없다는 것인데, 둘러싸는 표면 안에 알짜 "자하"(따로 떨어진 자기극)가 없기 때문이다. 존재 가능한 가장 간단한 자기적 구조는 Gauss면으로 둘러싸인 쌍극자인데, 이것은 발생원과 수렴원을 함께 가지고 자기장선을 만든다. 결국 Gauss면 안으로 들어오는 자기다발의 양만큼 나가기 때문에, 알짜 자기다발은 항상 0이 되어야 한다.

자기장에 대한 Gauss의 법칙은 자기쌍극자보다 복잡한 구조에 대해서도 성립하고, 심지어 Gauss면이 전체 구조를 감싸지 않아도 성립한다. 그림 32.1.4의 막대자석 근처의 Gauss면 II는 극을 감싸고 있지 않으므로 알짜 자기다발은 0이라 할 수 있다. Gauss면 I은 N이라고 표시한 곳을 둘러싸고, S는 둘러싸지 않으므로 자석의 북극만 감싼 것으로 보인다. 그러나 둘러싼 경계의 아래쪽에서 자기장선이 들어오므로 남극도 틀림없이 관련되어 있다(둘러싼 부분은 그림 32.1.3의 부러뜨린 막대자석 한 조각과 같다). 따라서 Gauss면 I은 자기쌍극자 하나를 둘러싸고 있고, 표면을 통과하는 알짜 자기다발은 0이다.

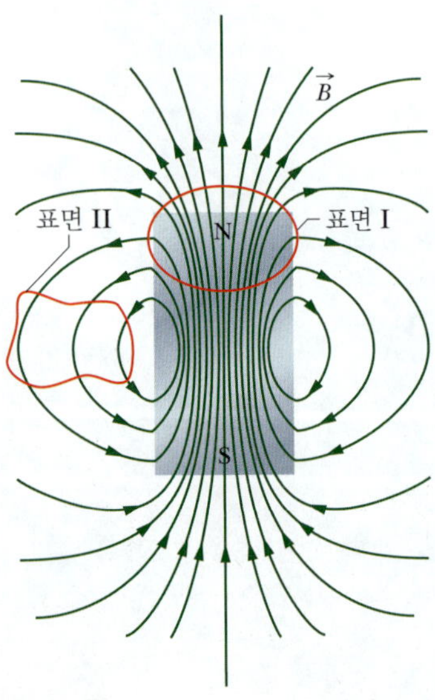

그림 32.1.4 짧은 막대자석의 자기장 $\vec{B}$의 자기장선. 빨간 곡선은 닫힌 삼차원 Gauss 표면의 단면을 나타낸다.

➡ 확인문제 32.1.1

아래 그림에 있는 네 개의 폐곡면은 각각 윗면과 아랫면이 평평하고 옆면은 곡면이다. 다음 표는 윗면과 아랫면의 면적 A와 그 면을 통과하는 균일한 수직 자기장의 크기 B이다. A와 B의 단위는 임의로 선택하지만 계속 같은 것을 사용한다. 각각의 옆면을 관통하는 자기다발의 크기가 큰 순서대로 나열하여라.

면	A_{top}	B_{top}	A_{bot}	B_{bot}
a	2	6, 밖으로	4	3, 안으로
b	2	1, 안으로	4	2, 안으로
c	2	6, 안으로	2	8, 밖으로
d	2	3, 밖으로	3	2, 밖으로

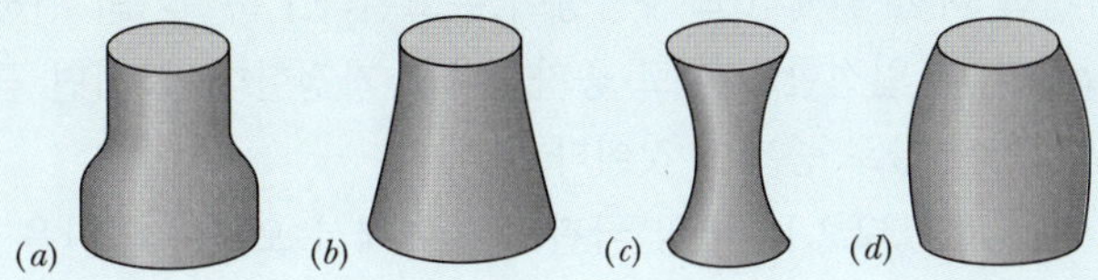

32.2 ▸ 유도 자기장

요점_Key Ideas

1. 변하는 전기다발은 자기장 $\vec{B}$를 유도한다. Maxwell 법칙

$$\oint \vec{B} \cdot d\vec{s} = \mu_0 \varepsilon_0 \frac{d\Phi_E}{dt} \qquad \text{(Maxwell의 유도법칙)}$$

은 닫힌 고리를 따라 유도되는 자기장과이 고리를 통과하는 변하는 전기다발 Φ_E 사이의 관계를 말해준다.

2. Ampere 법칙 $\oint \vec{B} \cdot d\vec{s} = \mu_0 i_{enc}$는 닫힌 고리로 둘러싸인 전류 i_{enc}가 만드는 자기장을 나타낸다. Maxwell 법칙과 Ampere 법칙은 다음의 한 식으로 쓸 수 있다.

$$\oint \vec{B} \cdot d\vec{s} = \mu_0 \varepsilon_0 \frac{d\Phi_E}{dt} + \mu_0 i_{enc} \qquad \text{(Ampere−Maxwell 법칙).}$$

학습목표_Learning Objectives

이 단원을 읽은 후 다음을 이해해야 한다.

32.2.1 변하는 전기장 다발은 자기장을 유도한다.

32.2.2 Maxwell의 유도법칙을 적용하여 닫힌 고리 주위로 유도되는 자기장과 이 고리로 둘러싸인 전기장 다발의 변화율 사이의 관계를 구한다.

32.2.3 충전되고 있는 평형 원형판으로 이루어진 축전기 안의 유도된 자기장선을 그리고, 전기장과 자기장 벡터의 방향을 표시한다.

32.2.4 자기장의 유도될 수 있는 일반적인 상황에 대해 (결합된) Ampere−Maxwell 법칙을 적용한다.

▶ 유도 자기장

30장에서는 자기다발의 변화가 전기장을 유도하는 현상을 Faraday의 유도법칙이라 부르며 다음과 같이 썼다.

$$\oint \vec{E} \cdot d\vec{s} = -\frac{d\Phi_B}{dt} \qquad \text{(Faraday의 유도법칙).} \tag{32.2.1}$$

여기서 $\vec{E}$는 변하는 자기장다발 Φ_B를 감싸는 고리에 유도되는 전기장이다. 대칭성은 물리학에서 종종 매우 유용하므로, 유도현상이 반대 방향으로 일어날 수 있는가라는 질문이 생긴다. 즉, 전기다발의 변화가 자기장을 유도할 수 있을까?

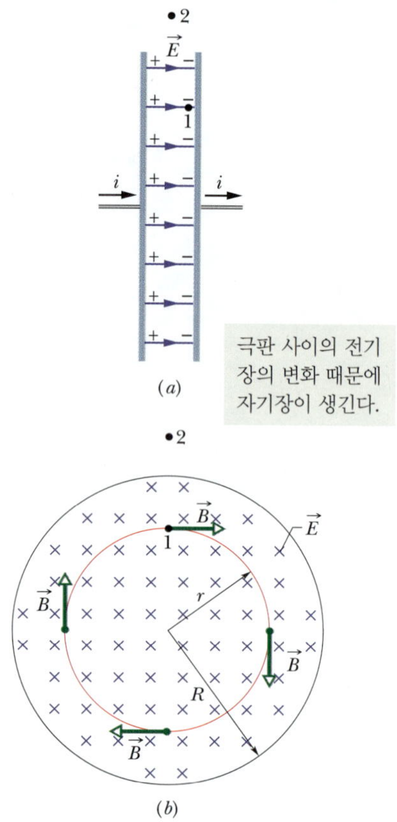

그림 32.2.1 (*a*) 옆에서 본 원형 평행판 축전기가 일정한 전류 *i*로 대전되고 있다. (*b*) (*a*)의 오른쪽 극판을 축전기 안에서 바라본 모습. 균일한 전기장 $\vec{E}$가 (극판을 향하여) 지면으로 들어가는 방향이며, 축전기의 전하가 증가할수록 전기장의 크기가 커진다. 변하는 전기장이 유도하는 자기장 $\vec{B}$를 극판의 반지름 R보다 작은 반지름 r인 원 위의 네 곳에 나타내었다.

그럴 수 있다. 자기장의 유도를 나타내는 식은 식 32.2.1과 거의 대칭적이다. 이것을 James Clerk Maxwell의 이름을 따서 Maxwell의 유도법칙이라 부르고, 다음과 같이 쓴다.

$$\oint \vec{B} \cdot d\vec{s} = \mu_0 \varepsilon_0 \frac{d\Phi_E}{dt} \qquad \text{(Maxwell의 유도법칙)}. \qquad (32.2.2)$$

여기서 $\vec{B}$는 닫힌 고리에 유도된 자기장인데, 고리로 둘러싸인 영역의 전기다발 Φ_B의 변화에 의해 유도된 것이다.

▸***축전기 충전.*** 이러한 유도의 한 예로 원형 극판으로 이루어진 평행판 축전기의 대전 과정을 생각해 보자(그림 32.2.1*a* 참조). (여기서는 이런 장치에 대해서만 다루겠지만 전기다발이 변하기만 하면 언제라도 자기장이 유도된다.) 축전기의 전하는 연결된 도선의 일정한 전류 *i*에 따라 일정한 비율로 증가한다고 가정한다. 그러면 극판 사이에서 전기장의 크기도 일정한 비율로 증가할 것이다.

그림 32.2.1*b*는 그림 32.2.1*a*의 양 극판의 사이에서 오른쪽 극판을 본 것이다. 전기장은 지면으로 들어가는 방향이다. 그림 32.2.1*a*와 32.2.1*b*의 점 1을 통과하는 원형 고리를 고려해 보자. 고리는 축전기의 극판과 동심원이고 반지름이 극판보다 작다. 고리를 통과하는 전기장이 변하기 때문에 고리를 통과하는 전기다발도 변화할 것이다. 식 32.2.2에 따라 전기다발의 변화는 고리 주변에 자기장을 유도한다.

실험에 의하면 고리의 주변에는 그림에 표시한 방향으로 자기장 $\vec{B}$가 유도된다. 유도 자기장은 고리를 따라 모든 지점에서 같은 크기를 갖기 때문에 축전기 극판의 *중심축*(한 극판의 중심에서 다른 극판의 중심으로 뻗는 축)에 대해서 원대칭이다.

그림 32.2.1*a*와 32.2.1*b*의 바깥쪽 위치 2를 지나는 큰 고리를 생각해 보면, 이번에도 고리를 따라 자기장이 유도된다는 것을 알 수 있다. 즉, 전기장이 변하고 있는 동안 극판의 안이나 바깥 모두에서 자기장이 유도된다. 그러나 전기장이 변화를 멈추면 유도 자기장도 사라진다.

식 32.2.2는 식 32.2.1과 비슷해 보이지만 두 가지 점에서 다르다. 첫째, 식 32.2.2에는 두 기호 μ_0와 ε_0가 더 들어 있다. 이것은 SI 단위계를 사용하기 때문에 나타난 것이다. 둘째로 식 32.2.2는 음의 부호를 가지고 있지 않은데, 이는 비슷한 상황에서 유도된 전기장 $\vec{E}$와 유도된 자기장 $\vec{B}$가 반대 방향을 갖는다는 뜻이다. 이러한 경향을 알아보기 위해 그림 32.2.2를 비교해 보자. 여기서 지면에 들어가는 방향으로 증가하는 자기장 $\vec{B}$는 전

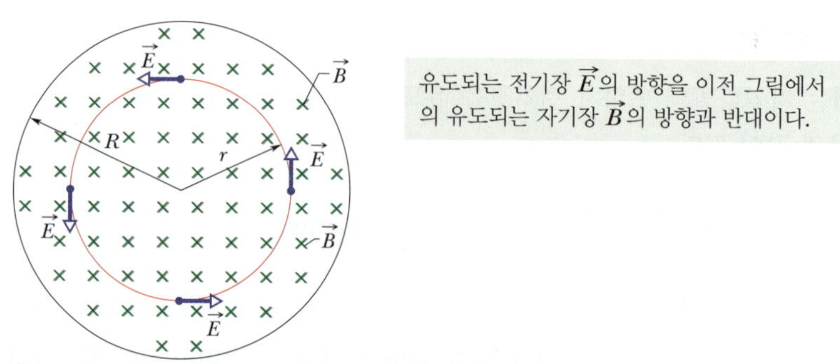

그림 32.2.2 원형 영역에서의 균일한 자기장 $\vec{B}$. 지면으로 들어가는 방향의 자기장은 크기가 증가하고 있다. 변하는 자기장에 의해 유도되는 전기장 $\vec{E}$를 원형 영역과 동심원인 원 위의 네 곳에 나타내었다. 이 경우를 그림 32.2.1*b*와 비교하여라.

기장 $\vec{E}$를 유도한다. 유도 전기장 $\vec{E}$는 반시계방향이므로 그림 32.2.1b의 유도 자기장 $\vec{B}$와 반대 방향이다.

Ampere–Maxwell의 법칙

식 32.2.2의 좌변은, 닫힌 고리에 대한 스칼라곱 $\vec{B}\cdot d\vec{s}$의 적분으로, 다음과 같이 Ampere의 법칙에도 나타난다.

$$\oint \vec{B}\cdot d\vec{s} = \mu_0 i_{\text{enc}} \qquad \text{(Ampere의 법칙)}. \tag{32.2.3}$$

여기서 i_{enc}는 닫힌 고리로 둘러싸인 전류이다. 따라서 자기물질이 아닌 다른 수단, 즉 전류나 변화하는 전기장으로 만들어지는 자기장 $\vec{B}$를 나타내는 두 식이 정확히 같은 형태를 갖는다. 두 식을 다음과 같이 하나의 식으로 결합할 수 있다.

$$\oint \vec{B}\cdot d\vec{s} = \mu_0\varepsilon_0 \frac{d\Phi_E}{dt} + \mu_0 i_{\text{enc}} \qquad \text{(Ampere–Maxwell의 법칙)}. \tag{32.2.4}$$

(일정한 전류가 흐르는 도선처럼) 전류는 존재하나 전기다발의 변화가 없을 때, 식 32.2.4의 오른쪽 첫째 항은 0이므로 식 32.2.4는 식 32.2.3, 즉 Ampere의 법칙이다. (대전되는 축전기의 극판 사이처럼) 전류는 없고 전기다발의 변화가 있으면, 식 32.2.4의 우변의 둘째 항이 0이므로 식 32.2.4는 식 32.2.2, 즉 Maxwell의 유도법칙이다.

확인문제 32.2.1

그림은 동일한 원형 영역 안에 그림 32.2.1b처럼 들어 있는 네 가지 전기장의 크기를 시간의 함수로 나타낸 것이다. 테두리에 유도되는 자기장의 크기가 큰 순서대로 나열하여라.

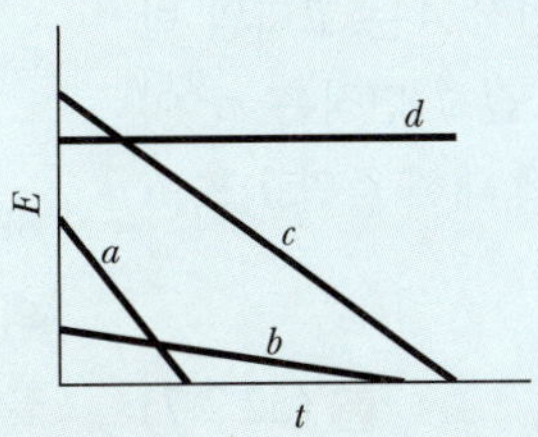

보기문제 32.2.1 변화하는 전기장에 의해 유도되는 자기장

반지름 R의 원형 극판으로 이루어진 평행판 축전기가 그림 32.2.1a처럼 대전되고 있다.

(a) $r \le R$인 경우 반지름 r에서의 자기장 표현식을 유도하여라.

요점

자기장은 전류에 의해 만들어지거나, 전기다발의 변화에 기인한 유도에 의해 만들어진다. 두 효과 모두 식 32.2.4에 포함되어 있다. 그림 32.2.1의 축전기 극판 사이에는 전류가 없지만 전기다발은 변하고 있다. 따라서 식 32.2.4는 다음과 같다.

$$\oint \vec{B}\cdot d\vec{s} = \mu_0\varepsilon_0 \frac{d\Phi_E}{dt}. \tag{32.2.5}$$

이 식의 좌변과 우변을 별도로 계산해 보자.

식 32.2.5의 좌변: 자기장을 $r \le R$, 즉 축전기 안에서 계산하기 때문에 그림 32.2.1b처럼 반지름 $r \le R$인 원형의 Ampere 고리를 잡자. 고리를 따라가는 모든 곳에서 자기장 $\vec{B}$는 고리에 접선이고 경로의 미소성분 $d\vec{s}$도 마찬가지이다. 즉, $\vec{B}$와 $d\vec{s}$는 고리의 모든 곳에서 평행 아니면 반평행이다. 간단히 하기 위하여 평행이라고 가정하면(어떻게 선택해도 결과는 달라지지 않는다), 다음과 같다.

$$\oint \vec{B} \cdot d\vec{s} = \oint B\, ds \cos 0° = \oint B\, ds.$$

극판은 원대칭이기 때문에 $\vec{B}$는 고리의 모든 곳에서 크기가 같다고 가정할 수 있으므로, 위 식의 우변에서 $\vec{B}$를 적분의 밖으로 꺼낼 수 있다. 남아있는 적분은 $\oint ds$인데, 이것은 단순히 고리의 원둘레 $2\pi r$이다. 따라서 식 32.2.5의 좌변은 $(B)(2\pi r)$이다.

식 32.2.5의 우변: 전기장 $\vec{E}$가 축전기의 극판 사이에서 균일하고 극판에 수직이라고 가정하면 Ampere 고리를 지나는 전기다발 Φ_E는 EA이다. 여기서 A는 전기장 내의 고리가 둘러싸는 면적이다. 따라서 식 32.2.5의 우변은 $\mu_0\varepsilon_0\, d(EA)/dt$이다.

두 결과의 결합: 이들 결과를 식 32.2.5의 좌변과 우변에 각각 대입하면 다음과 같다.

$$(B)(2\pi r) = \mu_0\varepsilon_0 \frac{d(EA)}{dt}.$$

여기서 A는 상수이므로 $d(EA)$는 AdE로 바꾸면 다음과 같다.

$$(B)(2\pi r) = \mu_0\varepsilon_0 A \frac{dE}{dt}. \qquad (32.2.6)$$

전기장 내의 Ampere 고리에 둘러싸인 면적 A는 고리의 반지름이 극판 반지름 R보다 작은 r이므로 *전체* 면적은 πr^2이다. 식 32.2.6의 A 대신 πr^2을 대입하고 B에 대해 풀면, $r \le R$인 경우 다음과 같다.

$$B = \frac{\mu_0\varepsilon_0 r}{2}\frac{dE}{dt}. \qquad \text{답 } (32.2.7)$$

축전기 내부에서 B는 반지름 r에 선형으로 비례하며, 중심축에서는 0이고 극판의 반지름 R에서는 최대값이다.

(b) $r = R/5 = 11.0$ mm, $dE/dt = 1.50 \times 10^{12}$ V/m · s이다. 자기장의 크기 B를 구하여라.

▶ **교육용 비디오는 웹사이트 www.wiley.com에서 볼 수 있다.**

풀이: (a)의 답으로부터 다음을 얻는다.

$$\begin{aligned} B &= \frac{1}{2}\mu_0\varepsilon_0 r \frac{dE}{dt} \\ &= \tfrac{1}{2}(4\pi \times 10^{-7}\ \mathrm{T\cdot m/A})(8.85 \times 10^{-12}\ \mathrm{C^2/N\cdot m^2}) \\ &\quad \times (11.0 \times 10^{-3}\ \mathrm{m})(1.50 \times 10^{12}\ \mathrm{V/m\cdot s}) \\ &= 9.18 \times 10^{-8}\ \mathrm{T}. \end{aligned} \qquad \text{답}$$

(c) $r \ge R$인 경우 자기장의 표현식을 유도하여라.

풀이: 풀이과정은 (a)와 같으나, 축전기 밖에서는 Ampere 고리의 반지름 r이 축전기의 반지름 R보다 크다는 사실을 기억해야 한다. 식 32.2.5의 좌변과 우변을 같게 놓아 다시 식 32.2.6에 이르게 된다. 그러나 전기장은 극판 사이에만 존재하고 밖에는 존재하지 않는다. 따라서 전기장 내의 Ampere 고리가 둘러싸는 면적 A는 고리의 전체 면적 πr^2이 *아니고,* 극판만의 면적 πR^2이다.

식 32.2.6의 A에 πR^2을 대입하고 B에 대해 풀면, $r \ge R$인 경우 다음과 같다.

$$B = \frac{\mu_0\varepsilon_0 R^2}{2r}\frac{dE}{dt}. \qquad \text{답 } (32.2.8)$$

축전기 밖에서 B는 극판의 끝$(r = R)$에서 최대값이고 반지름 r이 증가함에 따라 감소한다. $r = R$을 식 32.2.7과 32.2.8에 대입하면 이 식은 일치한다. 즉, 둘 다 극판 반지름에서 최대값이 된다.

(b)에서 계산한 유도 자기장의 크기는 너무 작아서 간단한 장치로는 거의 측정할 수 없다. 이것은 (Faraday 법칙에 의한) 유도 전기장의 크기를 쉽게 측정할 수 있는 것과 대조를 이룬다. 이런 실험적 차이는 코일을 여러 번 감아 유도기전력을 쉽게 증대시킬 수 있기 때문이다. 그런 식으로 간단하게 유도 자기장을 증가시키는 방법은 없다. 어쨌든 보기문제에서 제안한 실험은 성공을 거두었고, 유도 자기장의 존재는 정량적으로 입증되었다.

32.3 ▸ 변위전류

요점_Key Ideas

1. 변하는 전기장에 의한 가상의 변위전류를 다음으로 정의한다.

$$i_d = \varepsilon_0 \frac{d\Phi_E}{dt}.$$

2. Ampere–Maxwell 법칙은 다음과 같다.

$$\oint \vec{B} \cdot d\vec{s} = \mu_0 i_{d,\text{enc}} + \mu_0 i_{\text{enc}} \text{ (Ampere–Maxwell 법칙)}.$$

여기서 $i_{d,\text{enc}}$는 적분고리가 둘러싸는 변위전류이다.

3. 변위전류라는 개념을 사용하면 축전기를 지나는 연속적인 전류가 가능하다. 그러나 변위전류는 전하가 이동하는 것이 *아니다*.
4. 표 32.3.1에 있는 Maxwell 방정식이 전자기학을 요약하며 광학을 포함한 기초를 이룬다.

학습목표_Learning Objectives

이 단원을 읽은 후 다음을 이해해야 한다.

32.3.1 Ampere–Maxwell 법칙에서 변하는 자기다발로 인해 유도되는 자기장은 "변위전류"라고 부르는 가상적인 전류가 만든다고 가정하면 표현을 간단히 할 수 있다.

32.3.2 충전되거나 방전되는 축전기에서 변위전류는 한 극판에서 다른 극판으로 그 판 전체에 균일하게 퍼져 있다.

32.3.3 전기다발의 변화율과 관련된 변위전류의 관계를 구한다.

32.3.4 충전되거나 방전되는 축전기에서 변위전류의 양과 실제 전류의 양 사이의 관계를 구한다. 변위전류는 축전기 내부의 전기장이 변할 때만 존재한다.

32.3.5 변위전류가 있는 영역 내부와 외부의 자기장에 대한 식을 쓰고 (적용하기 위해) 실제 전류가 흐르는 도선 내부와 외부의 자기장을 구할 때 사용한 식을 흉내내어 쓴다.

32.3.6 Ampere–Maxwell 법칙을 적용하여 실제 전류와 변위전류에 의한 자기장을 계산한다.

32.3.7 평행한 원형극판으로 이루어진 축전기가 충전되거나 방전될 때 변위전류에 의한 자기장선을 그린다.

32.3.8 Maxwell 방정식을 나열하고, 각각의 특징을 설명하여라.

▶ 변위전류

식 32.2.4에서 두 항을 비교해 보면, $\varepsilon_0(d\Phi_E/dt)$는 전류의 차원을 가져야 한다는 것을 알 수 있다. 이것은 **변위전류** i_d라고 부르는 가상의 전류이다.

$$i_d = \varepsilon_0 \frac{d\Phi_E}{dt} \quad \text{(변위전류)}. \tag{32.3.1}$$

아무 것도 이동한 것이 없으므로 "변위"라는 용어는 잘못된 선택이지만 그대로 사용하겠다. 식 32.2.4는 다시 다음과 같이 쓸 수 있다.

$$\oint \vec{B} \cdot d\vec{s} = \mu_0 i_{d,\text{enc}} + \mu_0 i_{\text{enc}} \quad \text{(Ampere–Maxwell 법칙)}. \tag{32.2.2}$$

여기서 $i_{\text{d,enc}}$는 적분 고리로 둘러싸인 변위전류이다.

다시 한번 그림 32.3.1*a* 같은 원형 극판을 가진 축전기의 대전에 대해 생각해 보자. 극판을 대전시키는 실제 전류 i는 극판 사이의 전기장 $\vec{E}$를 변하게 한다. 가상의 변위전류 i_d는 변화하는 전기장 $\vec{E}$와 관계가 있다. 이제 두 전류의 관계를 알아보자.

임의의 시간에 극판의 전하 q는 식 25.2.2에 의해 극판 사이에서 그 시간의 전기장의 크기 E와 극판의 면적 A 사이에 다음과 같은 관계가 있다.

$$q = \varepsilon_0 A E. \tag{32.3.3}$$

실제 전류 i를 구하기 위해 식 32.3.3을 시간에 대해 미분하면 다음과 같다.

$$\frac{dq}{dt} = i = \varepsilon_0 A \frac{dE}{dt}. \tag{32.3.4}$$

변위전류 i_d를 얻기 위해서는 식 32.3.1을 이용할 수 있다. 두 극판 사이의 전기장 $\vec{E}$가 균일하다고 가정하여(모서리 효과를 무시한다), 그 식에서 전기다발 Φ_E를 EA로 바꿀 수

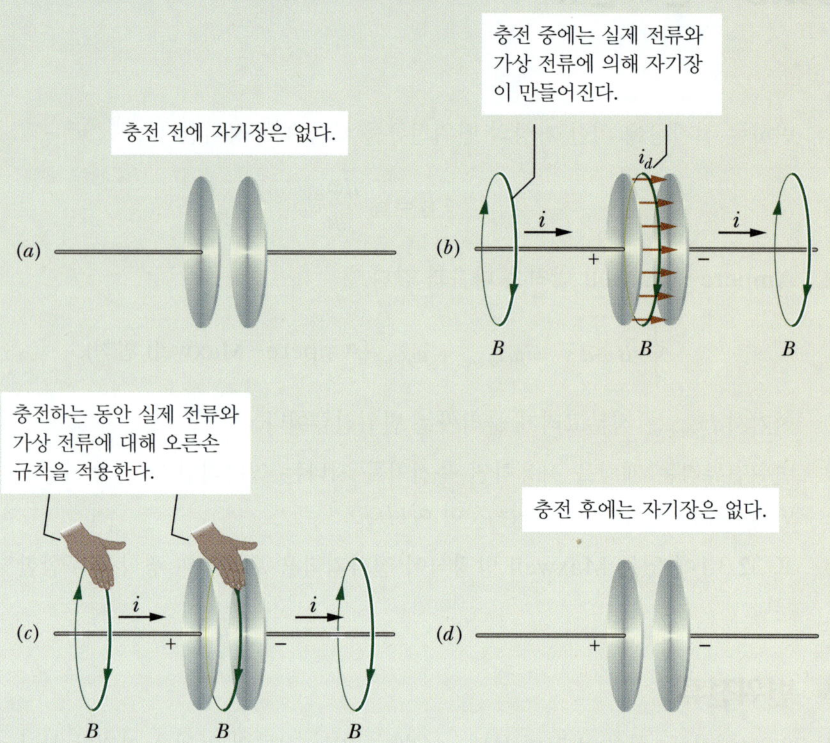

그림 32.3.1 축전기 극판이 충전되기 전 (a)과 후(d)에는 자기장이 없다. (b) 충전되는 동안에는 실제 전류와 (가상의) 변위전류 모두에 의해 자기장이 형성된다. (c) 자기장의 방향을 결정하는 데에는 실제 전류와 변위전류 모두에 같은 오른손 규칙을 사용한다.

있다. 그러면 식 32.3.1은 다음과 같다.

$$i_d = \varepsilon_0 \frac{d\Phi_E}{dt} = \varepsilon_0 \frac{d(EA)}{dt} = \varepsilon_0 A \frac{dE}{dt}. \tag{32.3.5}$$

▸***같은 값.*** 식 32.3.4와 32.3.5를 비교하면 축전기를 대전시키는 실제 전류 i와 극판 사이의 가상의 변위전류 i_d는 다음 식처럼 같은 크기를 갖는다는 것을 알 수 있다.

$$i_d = i \qquad \text{(축전기의 변위전류)}. \tag{32.3.6}$$

따라서 가상의 변위전류 i_d는 한 극판에서 축전기의 간격을 가로질러 다른 극판으로 흐르는 실제 전류 i의 연속이라고 단순히 생각할 수 있다. 전기장은 극판에 걸쳐 균일하게 퍼져 있으므로, 가상의 변위전류도 마찬가지이고, 그림 32.3.1b에 전류 화살표를 퍼지게 그려 암시하였다. 극판 사이에서 실제로 간격을 가로질러 움직이는 전하는 없지만, 가상의 변위전류 i_d가 있다고 생각하면, 유도 자기장의 방향과 크기를 쉽게 구할 수 있다.

유도 자기장 구하기

29장에서는 실제 전류 i가 만드는 자기장의 방향을 그림 29.1.5의 오른손 규칙을 사용하여 구했다. 같은 규칙을 적용하면, 가상의 변위전류 i_d가 만드는 유도 자기장의 방향은 그림 32.3.1c의 가운데에 보인 것처럼 구할 수 있다.

또한 i_d를 사용해서 반지름 R의 평행한 원형 극판을 갖는 축전기가 대전되고 있을 때 유도되는 자기장의 크기도 구할 수 있다. 극판 사이의 공간에 가상의 전류 i_d가 흐르는 반지름 R의 원형 도선이 있다고 생각해 보자. 그러면 식 29.3.7에 의해 축전기의 안쪽 중심으로부터 거리 r인 곳에서 자기장의 크기는 다음과 같다.

$$B = \left(\frac{\mu_0 i_d}{2\pi R^2}\right) r \quad \text{(원형 축전기 내부).} \tag{32.3.7}$$

또한 식 29.3.4로부터 축전기의 바깥쪽 거리 r인 곳에서 자기장의 크기는 다음과 같다.

$$B = \frac{\mu_0 i_d}{2\pi r} \quad \text{(원형 축전기 외부).} \tag{32.3.8}$$

확인문제 32.3.1

그림은 평행판 축전기의 한 극판을 축전기의 내부에서 바라본 모습이다. 점선은 네 개의 적분경로이다(이때 경로 b는 극판의 테두리를 따라간다). 축전기가 방전되고 있는 동안 경로를 따라 계산한 $\oint \vec{B} \cdot d\vec{s}$의 크기가 큰 순서대로 나열하여라.

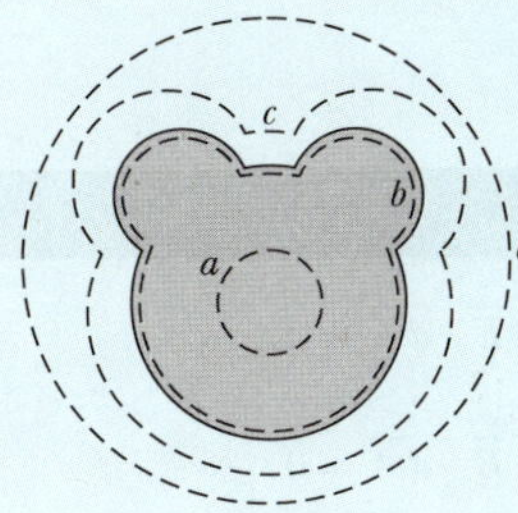

보기문제 32.3.1 변화하는 전기장을 변위전류로 취급하기

반지름 R인 원형 평행판 축전기가 전류 i로 대전되고 있다.

(a) 극판 사이의 중심으로부터 반지름이 $r = R/5$인 곳에서 $\oint \vec{B} \cdot d\vec{s}$의 크기를 μ_0와 i로 나타내면 얼마인가?

요점

식 32.2.4처럼 전류와 변화하는 자기다발 모두 자기장을 만들수 있다. 그림 32.2.1의 축전기 극판 사이에는 전류가 흐르지 않지만, 전기다발이 변하는 것을 가상적인 변위전류 i_d로 설명할 수 있다. $\oint \vec{B} \cdot d\vec{s}$의 적분은 식 32.3.2이지만, 축전기 극판 사이에 실제 전류 i는 없기 때문에, 그 식은 다음과 같다.

$$\oint \vec{B} \cdot d\vec{s} = \mu_0 i_{d,\text{enc}}. \tag{32.3.9}$$

풀이: $\vec{B} \cdot d\vec{s}$를 $r = R/5$(축전기 안)에서 계산하고자 하므로 적분 경로는 전체 변위전류 i_d의 일부분인 $i_{d,\text{enc}}$만을 감싸게 된다. 한편 i_d가 극판 전체에 걸쳐 균일하게 퍼져 있다고 가정하면 다음과 같이 경로로 둘러싸인 변위전류는 경로로 둘러싸인 면적에 비례한다.

$$\frac{\text{둘러싸인 변위전류 } i_{d,\text{enc}}}{\text{전체 변위전류 } i_d} = \frac{\text{둘러싸인 넓이 } \pi r^2}{\text{극판 전체 넓이 } \pi R^2}$$

으로부터 다음을 얻는다.

$$i_{d,\text{enc}} = i_d \frac{\pi r^2}{\pi R^2}.$$

이것을 식 32.3.9에 대입하면 다음과 같다.

$$\oint \vec{B} \cdot d\vec{s} = \mu_0 i_d \frac{\pi r^2}{\pi R^2}. \tag{32.3.10}$$

여기에 $i_d = i$(식 32.3.6)와 $r = R/5$을 대입하면 다음을 얻는다.

$$\oint \vec{B} \cdot d\vec{s} = \mu_0 i \frac{(R/5)^2}{R^2} = \frac{\mu_0 i}{25}.$$ (답)

(b) 축전기의 안쪽 $R = r/5$에서 유도된 자기장의 크기를 최대 유도 자기장으로 나타내면 얼마인가?

요점

축전기가 원형 평행극판이기 때문에 극판 사이의 공간을 가상의 변위전류 i_d가 흐르는 반지름 R의 도선으로 다룰 수 있다. 따라서 식 32.3.7을 이용하여 축전기 안쪽 어느 곳에서든지 유도 자기장의 크기 B를 구할 수 있다.

풀이: $r = R/5$에서 식 32.3.7은 다음과 같다.

$$B = \left(\frac{\mu_0 i_d}{2\pi R^2}\right) r = \frac{\mu_0 i_d (R/5)}{2\pi R^2} = \frac{\mu_0 i_d}{10\pi R}. \tag{32.3.11}$$

식 32.3.7에 의하면, 축전기 내에서 최대 자기장의 크기 $B_{\max}$

는 $r = R$에서 나타나고, 그 값은 다음과 같다.

$$B_{max} = \left(\frac{\mu_0 i_d}{2\pi R^2}\right)R = \frac{\mu_0 i_d}{2\pi R}. \qquad (32.3.12)$$

식 32.3.11을 식 32.3.12로 나누고 정리하면 $r = R/5$ 지점에서의 자기장의 세기는 다음과 같다.

$$B = \tfrac{1}{5}B_{max}. \quad \text{(답)}$$

이보다 덜 논리적이지만 좀 더 쉬운 계산법으로도 같은 결과를 얻을 수 있다. 식 32.3.7에 의하면 축전기 내에서 B는 r에 따라 선형으로 증가한다. 따라서 극판의 전체 반지름 R(거기에서는 B_{max})에 대하여 $\tfrac{1}{5}$ 되는 지점에서의 B는 $\tfrac{1}{5}B_{max}$가 되어야 한다.

▶ **교육용 비디오는 웹사이트 www.wiley.com에서 볼 수 있다.**

표 32.3.1 Maxwell 방정식[a]

법칙의 명칭	식	의미
전기에 대한 Gauss의 법칙	$\oint \vec{E}\cdot d\vec{A} = q_{enc}/\varepsilon_0$	알짜 전기다발과 둘러싸인 알짜 전하의 관계
자기에 대한 Gauss의 법칙	$\oint \vec{B}\cdot d\vec{A} = 0$	알짜 자기다발과 둘러싸인 알짜 자하의 관계
Faraday의 법칙	$\oint \vec{E}\cdot d\vec{s} = -\frac{d\Phi_B}{dt}$	유도 전기장과 변화하는 자기다발의 관계
Ampere–Maxwell의 법칙	$\oint \vec{B}\cdot d\vec{s} = \mu_0\varepsilon_0\frac{d\Phi_E}{dt} + \mu_0 i_{enc}$	유도 자기장과 변화하는 전기다발 및 전류의 관계

[a]유전체나 자성체 물질이 존재하지 않는다는 가정 하에 성립한다.

▶ Maxwell 방정식

식 32.2.4는 전자기학의 기본 방정식 네 개 중 마지막 식이다. 이를 *Maxwell 방정식*이라 부르고 표 32.3.1에 요약하였다. 네 방정식은 나침반의 바늘이 왜 북쪽을 가리키는지, 자동차의 점화키를 돌리면 왜 시동이 걸리는지 등 다양한 현상을 설명해 준다. Maxwell 방정식은 전동기, TV, 전화, 팩스기, 스캐너, 레이더, 전자레인지 같은 전자기 기구를 작동시키는 기본원리이다.

Maxwell 방정식은 21장부터 유도해 온 많은 방정식의 기본이다. 또한 33장부터 36장까지 다루게 될 광학의 기본식이기도 하다.

32.4 ▸ 자석

학습목표_Learning Objectives

이 단원을 읽은 후 다음을 이해해야 한다.

32.4.1 자철광을 이해한다.

32.4.2 지구 자기장에서 자기장은 대략 쌍극자의 자기장이고, 지구 자기 북극이 있는 반구의 위치를 구한다.

32.4.3 자기편각과 자기경사각을 이해한다.

요점_Key Ideas

1. 지구는 쌍극자 축이 회전축에서 약간 벗어나 있고 남극이 북반구에 위치한 자기쌍극자이다.
2. 지역적인 자기장의 방향은 자기편각(지리학적 북쪽에서 왼쪽 혹은 오른쪽으로 기울어진 각도)과 자기경사각(수평선으로부터 위 혹은 아래의 각도)으로 정한다.

▶ 자석

인류가 처음으로 알게 된 자석은 *자철광*으로, 자연적으로 *자화된*(자기를 띤) 암석이었다.

고대 그리스인과 중국인이 이러한 돌을 발견하였을 때, 돌이 마치 마술처럼 가까운 거리에 있는 금속을 끌어당기는 것을 보고 즐거워하였다. 그 후 오래 지나서야 비로소 자철광(그리고 인공적으로 자화된 쇳조각)을 나침반으로 사용하는 법을 알게 되어 방향을 정하는 데 쓰게 되었다.

오늘날 자석과 자기물질은 널리 쓰이고 있다. 그들의 자기적 특성은 원자와 전자에서 그 근원을 찾을 수 있다. 사실 냉장고 문에 쪽지를 붙여 놓는 데 쓰는 싸구려 자석조차도 자석 내의 원자와 전자 등에서 일어나는 양자물리학의 결과이다. 이런 물리적인 내용을 탐사하기 전에, 가장 커다란 자석인 지구에 대해서 먼저 논의해 보자.

지구자기

지구는 거대한 자석이다. 지면 근처의 지구자기장은 거대한 막대 자석이 만드는 자기장으로 근사할 수 있다. 막대자석은 자기쌍극자로서, 지구의 중심에 놓여 있는 셈이다. 그림 32.4.1은 자기쌍극자가 만드는 자기장을 대칭적으로 묘사한 것이다. 여기서는 태양에서 몰려오는 대전입자에 의한 찌그러짐은 나타내지 않았다.

지구자기장은 자기쌍극자가 만들기 때문에 자기 쌍극자모멘트 $\vec{\mu}$와 관련이 있다. 그림 32.4.1처럼 이상적인 경우에 $\vec{\mu}$의 크기는 8.0×10^{22} J/T이고 $\vec{\mu}$의 방향은 지구의 회전축(RR)과 각도 11.5°를 이룬다. *쌍극자축*(그림 32.4.1의 MM)은 $\vec{\mu}$를 따라 놓여 있고, 그린랜드의 북서부에 위치한 *지구자기 북극*과 남극대륙에 있는 *지구자기 남극*에서 지면과 만난다. B의 자기장선은 보통 남반구에서 나와서 북반구로 들어간다. 따라서 지구의 북반구에 위치한 자기극 ("북자기극")은 *실제로는 지구 자기쌍극자의 남극이다.*

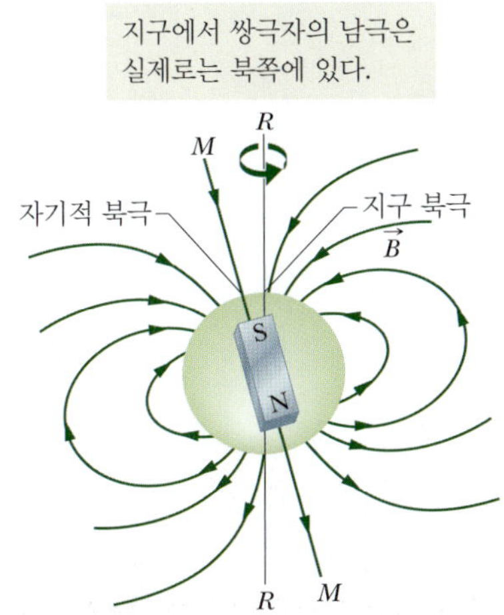

그림 32.4.1 ▸ 자기쌍극자장으로 나타낸 지구자기장. 자기쌍극자의 축 MM은 지구의 회전축 RR과 11.5°의 각도를 이룬다. 자기쌍극자의 남극은 북반구에 있다.

지면 위의 한 위치에서 자기장의 방향은 보통 두 각도로 정해진다. **자기편각**은 (위도 90°를 향하는) 지리적인 북쪽과 자기장의 수평성분 사이의 각도(왼쪽 또는 오른쪽)이다. **자기경사각**은 수평면과 자기장 방향 사이의 (위 혹은 아래의) 각도이다.

▸**측정.** *자기계*로 이 각도들을 매우 정확하게 측정하여 자기장을 결정한다. 그러나 *나침반*과 *경사계*만으로도 제법 잘 잴 수 있다. 나침반은 수직축에 대하여 자유롭게 돌 수 있는 바늘 모양의 자석이다. 이것을 수평면에 놓을 때 바늘의 북극 끝은 대충 지리적인 북극을 향한다(실제로는 남자기극임을 잊지 말아라). 바늘과 지리적인 북극 사이의 각도가 자기편각이다. 경사계도 비슷한 자석인데 수평축에 대하여 자유롭게 돌 수 있다. 이것의 회전수직면이 나침반의 방향과 맞을 때 경사계의 바늘과 수평 사이의 각도가 자기경사각이다.

지면의 어느 곳에서 측정한 자기장의 크기나 방향은 그림 32.4.1의 자기쌍극자가 만드는 자기장과 크게 다를 수 있다. 사실 자기장이 지면과 수직이며 안으로 들어가는 장소, 즉 소위 말하는 *경사북극*은 우리가 예상하는 그린란드의 지구자기북극에 있지 않고, 그린란드로부터 멀리 떨어진 캐나다 북부 퀸엘리자베스 섬에 있다.

더군다나 지면 위 어느 지점에서 측정한 자기장도 시간에 따라 수년 정도의 기간 동안에도 측정될 수 있는 양만큼, 약 100여 년에 걸쳐서 변하므로 상당히 달라진다. 예를 들어 1580년과 1820년 사이에 런던에서 나침반 바늘이 표시한 방향은 35°나 바뀌었다.

이러한 지역적인 변화에도 불구하고 평균 자기쌍극자장은 비교적 짧은 기간 동안에는 천천히 변화될 뿐이다. 오랜 기간에 걸친 변화는 대양 해저의 대서양 중앙해령(그림 32.4.2 참조) 양쪽의 약한 자기장을 측정함으로써 연구할 수 있다. 이 해저면은 녹은 마그마가 지구 내부로부터 해령을 뚫고 스며 나와서 굳은 다음, 해령으로부터 일 년에 수 센티미터의 비율로 (지각 판의 유동에 의해서) 멀어져 간다. 마그마는 굳으면서 그 당시의 지구자기장 방향으로 약하게 자화된다. 해저 여러 곳에서 이렇게 굳은 마그마를 연구

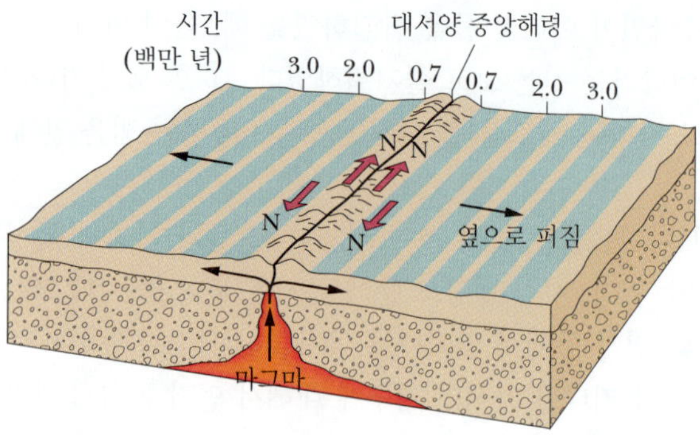

그림 32.4.2 대서양 중앙해령 양쪽 해저면의 측면도. 해령으로부터 밀려나와 지각판의 일부로서 퍼져나간 해저면은 지구 중심의 자기 역사를 보여 준다. 지구의 핵이 만드는 자기장의 방향은 백만 년마다 한 번씩 뒤바뀌었다.

하여 매 백만 년 정도마다 지구의 *극성*(북극과 남극의 방향)이 뒤바뀌었다는 사실을 밝혀냈다. 이렇게 바뀌는 것에 대한 이론은 시작단계에 있다. 사실 지구자기장을 만드는 원리도 대략적으로만 이해하고 있을 뿐이다.

확인문제 32.4.1

수평으로 놓인 나침반 바늘을 약간 흔들고 처음 평형 위체 주위로 바늘 진동의 시간을 재어 지자기장의 수평 성분 B_h를 측정할 수 있다. B_h가 더 큰 지역에서 나침반을 움직이면 T는 증가하는가, 감소하는가?

32.5 ▸ 자기와 전자

학습목표_Learning Objectives

이 단원을 읽은 후 다음을 이해해야 한다.

32.5.1 (스핀이라고 부르는) 스핀 각운동량 $\vec{S}$와 스핀 자기 쌍극자모멘트 $\vec{\mu}_s$는 전자(또한 양성자와 중성자)의 고유한 성질이다.

32.5.2 스핀 벡터 $\vec{S}$와 스핀 자기 쌍극자모멘트 벡터 $\vec{\mu}_s$ 사이의 관계를 구한다.

32.5.3 $\vec{S}$와 $\vec{\mu}_s$는 관측(측정)할 수 없고, (흔히 z축으로 부르는) 측정축에 대한 성분만을 측정할 수 있다.

32.5.4 관측된 성분 S_z와 $\mu_{s,z}$는 양자화되어 있고, 그 의미를 설명한다.

32.5.5 성분 S_z와 스핀 자기양자수 m_s 사이의 관계를 설명하고, m_s가

요점_Key Ideas

1. 전자는 *스핀 각운동량*(*스핀*) $\vec{S}$라고 부르는 고유한 각운동량을 가지고 있다. 고유한 *스핀 자기 쌍극자모멘트* $\vec{\mu}_s$와는 다음 관계가 있다.

$$\vec{\mu}_s = -\frac{e}{m}\vec{S}.$$

2. z축에 대해 측정을 하면 성분 S_z는 다음 값만을 갖는다.

$$S_z = m_s\frac{h}{2\pi}, \quad m_s = \pm\tfrac{1}{2}.$$

여기서 $h(= 6.63 \times 10^{-34}\ \text{J}\cdot\text{s})$는 Planck 상수이다.

3. 마찬가지로

$$\mu_{s,z} = \pm\frac{eh}{4\pi m} = \pm\mu_B$$

이다. 여기서 μ_B는 Bohr 자기량이다.

$$\mu_B = \frac{eh}{4\pi m} = 9.27 \times 10^{-24}\ \text{J/T}.$$

4. 외부 자기장 $\vec{B}_{ext}$ 안에 있는 스핀 자기 쌍극자모멘트의 방향과 관련된 에너지 U는 다음과 같다.

$$U = -\vec{\mu}_s \cdot \vec{B}_{ext} = -\mu_{s,z} B_{ext}.$$

5. 원자 안의 전자는 궤도 각운동량 $\vec{L}_{orb}$이라고 부르는 각운동량도 있다. 궤도 자기 쌍극자모멘트 $\vec{\mu}_{orb}$ 다음의 관계가 있다.

$$\vec{\mu}_{orb} = -\frac{e}{2m}\vec{L}_{orb}.$$

6. 궤도 각운동량은 양자화되어 있고, 다음 값만을 갖는다.

$$L_{orb,z} = m_\ell \frac{h}{2\pi},$$

$$m_\ell = 0, \pm 1, \pm 2, \cdots, \pm (\text{최대값}).$$

7. 관련된 자기 쌍극자모멘트는 다음과 같다.

$$\mu_{orb,z} = -m_\ell \frac{eh}{4\pi m} = -m_\ell \mu_B.$$

8. 외부 자기장 $\vec{B}_{ext}$ 안에 있는 궤도 자기 쌍극자모멘트의 방향과 관련된 에너지 U는 다음과 같다.

$$U = -\vec{\mu}_{orb} \cdot \vec{B}_{ext} = -\mu_{orb,z} B_{ext}.$$

자기와 전자

자철광에서 문신에 이르기까지 모든 자성 물질은 그 안에 들어있는 전자 때문에 자성을 띤다. 전자가 자기장을 만드는 방법 중 한 가지는 이미 알고 있다. 도선을 통하여 전자를 보내면 전류가 되고, 도선 부근에 자기장이 만들어진다. 자기 쌍극자모멘트 주위에 자기장이 생기는 두 가지 방법이 더 있다. 그러나 이것을 설명하려면 양자물리학이 필요하고 이 책의 범주를 벗어나기 때문에 여기서는 그 결과만을 간단히 기술하겠다.

스핀 자기 쌍극자모멘트

전자는 **스핀 각운동량**(단순히 **스핀**) $\vec{S}$라고 부르는 고유한 각운동량을 가지고 있다. 고유한 **스핀 자기 쌍극자모멘트** $\vec{\mu}_s$는 스핀과 관련된 것이다. (*고유하다* 함은 질량이나 전하와 같이 전자의 기본적인 특성임을 의미한다.) 벡터 $\vec{S}$와 $\vec{\mu}_s$는 다음의 관계가 있다.

$$\vec{\mu}_s = -\frac{e}{m}\vec{S}. \tag{32.5.1}$$

여기서 e는 기본전하량(1.60×10^{-19} C)이고 m은 전자의 질량(9.11×10^{-31} kg)이다. 음의 부호는 $\vec{\mu}_s$와 $\vec{S}$가 서로 반대 방향이라는 뜻이다.

스핀 $\vec{S}$는 11장에서 다룬 각운동량과 다음 두 가지 측면에서 다르다.

1. 스핀 $\vec{S}$ 자체는 측정할 수 없다. 그러나 어느 축에 대한 성분은 측정할 수 있다.

가질 수 있는 값을 정한다.

32.5.6 전자의 스핀 방향에 대해 위쪽 스핀과 아래쪽 스핀을 구별한다.

32.5.7 스핀 자기 쌍극자모멘트의 z 성분 $\mu_{s,z}$을 그 값으로, 그리고 Bohr 자기량 μ_B로 표현한다.

32.5.8 전자가 외부 자기장 안에 있을 때 스핀 자기 쌍극자모멘트 $\vec{\mu}_s$의 회전에너지 U를 결정한다.

32.5.9 원자 안의 전자는 궤도 각운동량 $\vec{L}_{orb}$와 궤도 자기 쌍극자모멘트 $\vec{\mu}_{orb}$을 갖는다.

32.5.10 궤도 각운동량 $\vec{L}_{orb}$와 궤도 자기 쌍극자모멘트 $\vec{\mu}_{orb}$ 사이의 관계를 구한다.

32.5.11 $\vec{L}_{orb}$와 $\vec{\mu}_{orb}$는 측정할 수 없지만, 그 z성분 $L_{orb,z}$와 $\mu_{orb,z}$는 측정할 수 있다.

32.5.12 궤도 각운동량의 성분 $L_{orb,z}$와 궤도 자기양자수 m_ℓ 사이의 관계를 구하고, m_ℓ가 가질 수 있는 값을 정한다.

32.5.13 궤도 자기 쌍극자모멘트의 z 성분 $\mu_{orb,z}$를 그 값으로 Bohr 자기량 μ_B로 표현한다.

32.5.14 원자가 외부 자기장 안에 있을 때 궤도 자기 쌍극자모멘트 $\vec{\mu}_{orb}$의 회전에너지 U를 결정한다.

32.5.15 중심축 주위로 일정한 각속도로 회전목마처럼 회전하는 균일한 전하의 고리나 원 안에서 움직이는 대전입자의 자기모멘트의 크기를 계산한다.

32.5.16 궤도운동에 대한 고전적인 고리 모형과 균일하지 않은 자기장 안의 고리에 작용하는 힘을 설명한다.

32.5.17 반자성, 상자성, 강자성을 구별한다.

2. 측정한 $\vec{S}$의 성분은 *양자화되어 있다*. 양자화라는 말은 일반적으로 어떤 물리량이 제한된 값만을 갖는다는 뜻이다. 측정한 $\vec{S}$의 성분은 부호만 서로 다른 두 값만을 가질 수 있다.

스핀 $\vec{S}$의 성분을 어떤 좌표계의 z축을 따라 측정한다고 가정하자. 그러면 측정한 성분 S_z는

$$S_z = m_s \frac{h}{2\pi} \qquad (m_s = \pm\tfrac{1}{2}) \tag{32.5.2}$$

로 주어지는 두 가지 값만을 가질 수 있다. 여기서 m_s는 *스핀 자기양자수*라 부르고, $h(= 6.63 \times 10^{-34}\ \mathrm{J \cdot s})$는 양자물리학에서 많이 쓰는 Planck 상수이다. 식 32.5.2의 부호는 z축 방향의 S_z와 관계가 있다. S_z가 z축에 평행이면 m_s는 $+\frac{1}{2}$이고 전자는 *위 스핀*이라 한다. S_z가 z축과 반평행이면 m_s는 $-\frac{1}{2}$이고 전자는 *아래 스핀*이라고 한다.

전자의 스핀 자기 쌍극자모멘트 $\vec{\mu}_s$도 측정할 수 없다. 어느 축 성분만을 측정할 수 있고 그 성분 역시 양자화되어 있으며, 크기는 같고 부호가 다른 두 가지 값만을 갖는다. z축 방향으로 측정한 성분 $\mu_{s,z}$는 S_z와 관련지어 식 32.5.1의 z축 성분 형태로 다음과 같이 쓸 수 있다.

$$\mu_{s,z} = -\frac{e}{m} S_z.$$

여기에 식 32.5.2의 Sz를 대입하면 다음과 같다.

$$\mu_{s,z} = \pm\frac{eh}{4\pi m}. \tag{32.5.3}$$

여기서 양과 음의 부호는 $\mu_{s,z}$가 z축과 각각 평행이거나 반평행인 것에 대응한다. 식 32.5.3의 우변은 *Bohr 자기량* μ_B라고 하고, 그 크기는 다음과 같다.

$$\mu_B = \frac{eh}{4\pi m} = 9.27 \times 10^{-24}\ \mathrm{J/T} \qquad \text{(Bohr 자기량)}. \tag{32.5.4}$$

전자뿐 아니라 다른 소립자의 스핀 자기 쌍극자모멘트도 μ_B의 단위로 쓸 수 있다. 전자의 경우 μ_B의 z축 성분의 크기는 다음과 같다.

$$|\mu_{s,z}| = 1\mu_B. \tag{32.5.5}$$

[전자에 관한 양자이론(*양자전기역학*)에 의하면 실제로 $\mu_{s,z}$는 1보다 약간 크다. 하지만 여기서는 이 사실을 무시하겠다.]

▶ ***에너지.*** 전자가 외부 자기장 $\vec{B}_{ext}$ 속에 놓이면 퍼텐셜에너지 U는 스핀 자기 쌍극자모멘트 $\vec{\mu}_s$의 방향과 관련이 있다. 이는 $\vec{B}_{ext}$ 안에 놓인 전류고리의 퍼텐셜에너지가 자기 쌍극자모멘트 $\vec{\mu}$의 방향에 의존하는 것과 마찬가지이다. 식 28.8.4에 의해 전자의 퍼텐셜에너지는 다음과 같다.

$$U = -\vec{\mu}_s \cdot \vec{B}_{ext} = -\mu_{s,z} B_{ext}. \tag{32.5.6}$$

여기서 z축은 $\vec{B}_{ext}$의 방향이다.

만일 전자를 아주 작은 공이라고 생각해 본다면(사실은 그렇지 않다), 스핀 $\vec{S}$, 스핀 자기 쌍극자모멘트 $\vec{\mu}_s$와 관련된 자기장을 그림 32.5.1처럼 나타낼 수 있다. 여기서 비록 "스핀"이라는 단어를 사용했지만, 전자가 팽이처럼 돌지는 않는다. 그렇다면 실제로 돌지도 않는데 어떻게 각운동량을 가질 수 있을까? 여기에 답하기 위해서는 다시 한번 양자 물리학이 필요하다.

양성자와 중성자도 스핀이라는 고유한 각운동량을 가지고 있으며 이에 관련된 고유한 스핀 자기 쌍극자모멘트도 가지고 있다. 양성자의 경우 둘의 방향은 같고, 중성자의 경우는 서로 반대이다. 이들 자기 쌍극자모멘트가 원자의 자기장에 기여하는 영향은 전자가 기여하는 것 보다 천 배 정도 작기 때문에 여기서는 고려하지 않겠다.

전자의 스핀은 자기 쌍극자 모멘트와 반대 방향이다.

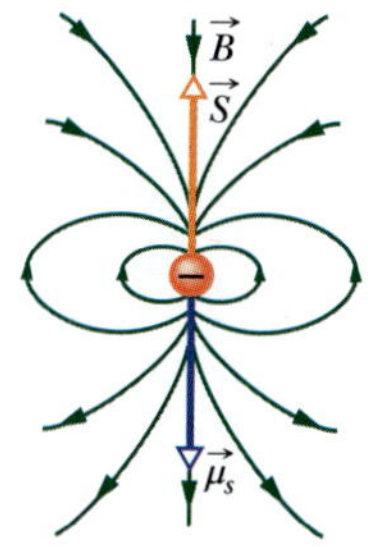

그림 32.5.1 전자를 아주 작은 공으로 나타낼 경우의 스핀 $\vec{S}$, 스핀 자기 쌍극자모멘트 $\vec{\mu}_s$ 및 자기 쌍극자장 $\vec{B}$.

확인문제 32.1.4

오른편의 그림은 외부 자기장 $\vec{B}_{ext}$ 안에 있는 두 입자의 스핀 방향이다. (a) 입자가 전자라면 어느 스핀의 방향이 더 낮은 퍼텐셜에너지를 갖는가? (b) 만일 입자가 양성자라면 어느 스핀의 방향이 더 낮은 퍼텐셜에너지를 갖는가?

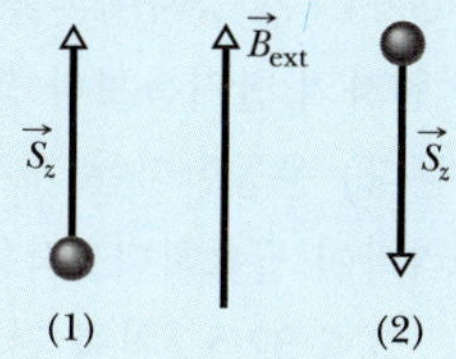

궤도 자기 쌍극자모멘트

전자가 원자 안에 있으면 전자는 추가로 다른 각운동량을 갖는데, 이것을 **궤도 각운동량** $\vec{L}_{orb}$이라고 한다. 이에 연관된 것이 **궤도 자기 쌍극자모멘트** $\vec{\mu}_{orb}$이다. 이 둘은 다음과 같은 관계가 있다.

$$\vec{\mu}_{orb} = -\frac{e}{2m}\vec{L}_{orb}. \tag{32.5.7}$$

음의 부호는 $\vec{\mu}_{orb}$과 $\vec{L}_{orb}$이 반대 방향이라는 뜻이다.

궤도 각운동량 $\vec{L}_{orb}$은 측정할 수 없다. 어느 한 축에 관한 성분만 측정할 수 있고 그 성분은 양자화되어 있다. z축 성분은

$$L_{orb,z} = m_\ell \frac{h}{2\pi} \qquad [m_\ell = 0, \pm1, \pm2, \cdots, \pm(\text{최대값})] \tag{32.5.8}$$

으로 주어지는 값만을 가질 수 있다. 여기서 m_ℓ은 *궤도 자기양자수*라고 하고, "최대값"은 m_ℓ에 허용된 최대 정수값이다. 식 32.5.8의 부호는 $L_{orb,z}$의 방향과 관계가 있다.

전자의 궤도 자기 쌍극자모멘트 $\vec{\mu}_{orb}$도 그 자체는 측정할 수 없고 하나의 축 성분만이 측정 가능하며 그 성분은 양자화되어 있다. 위에서와 같이 식 32.5.7을 z축 방향에 대해 쓰고, 식 32.5.8의 $L_{orb,z}$를 대입하면, 궤도 자기 쌍극자모멘트의 z성분은

$$\mu_{orb,z} = -m_\ell \frac{eh}{4\pi m} \tag{32.5.9}$$

로 쓸 수 있으며, Bohr 자기량의 단위로는 다음과 같다.

$$\mu_{orb,z} = -m_\ell \mu_B. \tag{32.5.10}$$

원자가 외부 자기장 $\vec{B}_{ext}$ 안에 놓여 있으면, 원자 내 각 전자의 궤도 자기 쌍극자모멘트의 방향에 따른 퍼텐셜에너지 U가 생기며, 그 값은 다음과 같다.

$$U = -\vec{\mu}_{orb} \cdot \vec{B}_{ext} = -\mu_{orb,z} B_{ext}. \tag{32.5.11}$$

여기서 z축은 $\vec{B}_{ext}$의 방향이다.

여기서 "궤도"라는 용어를 사용했지만, 전자들은 행성이 태양 주위를 돌듯이 원자핵 주위를 공전하지 않는다. 전자가 일반적인 통념처럼 돌지 않는다면 어떻게 궤도 각운동량을 가질 수 있을까? 이것도 양자물리학으로만 설명할 수 있다.

전자궤도에 관한 고리모형

식 32.5.7은 양자이론을 사용하지 않는 유도과정을 통해서도 얻을 수 있다. 이것은 전자가 원자의 반지름보다 훨씬 큰 반지름의 원궤도를 따라(그래서 "고리모형"이라는 이름을 갖는다) 운동한다는 가정 하에서 가능하지만, 원자 안에 있는 전자에는(이 경우는 양자물리학이 필요하다) 적용되지 않는다.

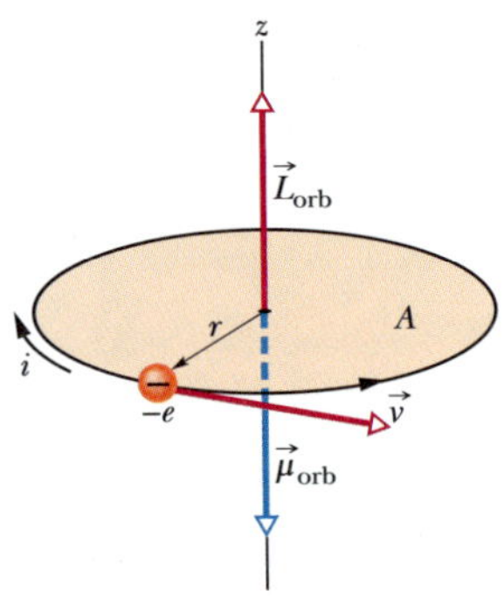

그림 32.5.2 반지름 r로 면적 A를 둘러싸는 원궤도를 속력 v로 운동하는 전자. 전자는 궤도 각운동량 $\vec{L}_{orb}$과 관련된 궤도 자기 쌍극자모멘트 $\vec{\mu}_{orb}$을 갖는다. 시계방향의 (양전하의) 전류 i는 음전하인 전자의 반시계방향 운동과 동일하다.

그림 32.5.2처럼 전자가 일정한 속력 v로 반지름 r의 원 경로를 반시계방향으로 운동한다고 생각해 보자. 음전하인 전자의 운동은 그림 32.5.2처럼 (양전하가 갖는) 시계방향의 전류 i와 동등하다. 이런 *전류고리*의 궤도 자기 쌍극자모멘트의 크기는 식 28.8.1에 $N = 1$을 넣으면 다음과 같다.

$$\mu_{orb} = iA. \tag{32.5.12}$$

여기서 A는 고리로 둘러싸인 면적이다. 자기 쌍극자모멘트의 방향은 그림 29.4.5의 오른손 규칙에 따라 그림 32.5.2에서 아래쪽 방향이다.

식 32.5.12를 계산하려면 전류 i가 필요하다. 전류란 일반적으로 단위시간당 얼마나 많은 전하가 회로 내의 한 지점을 통과하는가이다. 여기서는 e의 전하량이 원을 따라 한 바퀴 돌아오는 데 걸리는 시간이 $T = 2\pi r/v$이므로 다음과 같다.

$$i = \frac{\text{전하량}}{\text{시간}} = \frac{e}{2\pi r/v}. \tag{32.5.13}$$

이것과 고리의 면적 $A = \pi r^2$을 식 32.5.12에 대입하면 다음과 같다.

$$\mu_{orb} = \frac{e}{2\pi r/v}\,\pi r^2 = \frac{evr}{2}. \tag{32.5.14}$$

전자의 궤도 각운동량 $\vec{L}_{orb}$을 구하기 위해서는 식 11.5.1의 $\vec{\ell} = m(\vec{r} \times \vec{v})$를 사용한다. $\vec{r}$과 $\vec{v}$는 서로 수직이므로 $\vec{L}_{orb}$의 크기는 다음과 같다.

$$L_{orb} = mrv \sin 90° = mrv. \tag{32.5.15}$$

벡터 $\vec{L}_{orb}$은 그림 32.5.2에서 위쪽을 향한다(그림 11.5.1 참조). 식 32.5.14와 32.5.15를 결합하고, 벡터로 일반화하면서 서로 반대 방향이라는 점을 음의 부호로 나타내면

$$\vec{\mu}_{orb} = -\frac{e}{2m}\vec{L}_{orb}$$

이므로, 식 32.5.7과 같다. 따라서 "고전적"(비양자물리학적)인 분석을 통해, 크기나 방향에 있어서 양자물리학과 같은 결과를 얻었다. 이유도 과정이 원자 내의 전자에도 옳은 결

과를 줄 것으로 기대되는데, 왜 그렇지 않은지 의아할 것이다. 그 답은 이런 식으로 구하면 실험적 사실에 위배되는 결과를 얻기 때문이다.

불균일한 자기장 안의 고리모형

그림 32.5.2처럼 전자의 궤도를 전류고리로 취급해 보자. 그러나 이번에는 고리를 그림 32.5.3*a*처럼 불균일한 자기장 $\vec{B}_{ext}$ 안에 그려 넣겠다. (그림 32.1.4의 자석의 북극 부근에서 자기장은 이렇게 퍼져나간다.) 이런 경우를 고려하는 이유는 다음 몇 절에서 자성물질이 불균일한 자기장 안에 놓일 때, 물질에 미치는 힘에 관해 논의하기 위해서이다. 이 힘을 논의할 때는 물질 내의 전자궤도가 그림 32.5.3*a*처럼 작은 전류고리라고 가정하겠다.

전자의 원궤도에서 자기장 벡터는 그림 32.5.3*b*와 32.5.3*d*처럼 크기가 같고 수직과 만드는 각도도 같다고 가정한다. 또한 원자에 있는 모든 전자는 반시계방향(그림 32.5.3*b*) 또는 시계방향(그림 32.5.3*d*)으로 운동한다고 가정한다. 두 방향에 대하여, 전류고리에 흐르는 전류 *i*와 *i*가 만드는 궤도 자기 쌍극자모멘트 $\vec{\mu}_{orb}$가 그림에 나타나 있다.

그림 32.5.3*c*와 32.5.3*e*는 고리의 대각선 위치에서 미소길이 $d\vec{L}$이 서로 반대 방향인 것을 보여 주는데, 이들은 궤도의 면에서 보았을 때 전류 *i*와 같은 방향이다. 또한 자기장 $\vec{B}_{ext}$와 그 결과 $d\vec{L}$에 미치는 자기력 $d\vec{F}$도 나타내었다. 앞에서 배운 바에 의하면, 자기장 $\vec{B}_{ext}$ 안에서 미소길이 $d\vec{L}$을 따라 흐르는 전류는 식 28.6.4에 따라 다음의 자기력 $d\vec{F}$를 받는다.

$$d\vec{F} = i\,d\vec{L} \times \vec{B}_{ext}. \tag{32.5.16}$$

그림 32.5.3*c*의 왼쪽에서 식 32.5.16에 의해 힘 $d\vec{F}$는 오른쪽 위를 향한다. 오른쪽에서는 힘의 크기는 똑같고 방향이 왼쪽 위를 향한다. 두 힘이 수직방향과 이루는 각도가 같기 때문에 두 힘의 수평성분은 서로 상쇄되고 수직성분은 서로 더해진다. 고리의 다른 두 대칭점에서도 같은 일이 일어난다. 따라서 그림 32.5.3*b*의 전류고리에 가해지는 알짜힘은 위쪽 방향이다. 같은 이유로 그림 32.5.3*d*의 전류고리는 아래쪽 방향의 알짜힘을 받는다. 이 결과를 불균일한 자기장 안에 자성물질이 있을 때의 특성을 조사하는 데 사용하겠다.

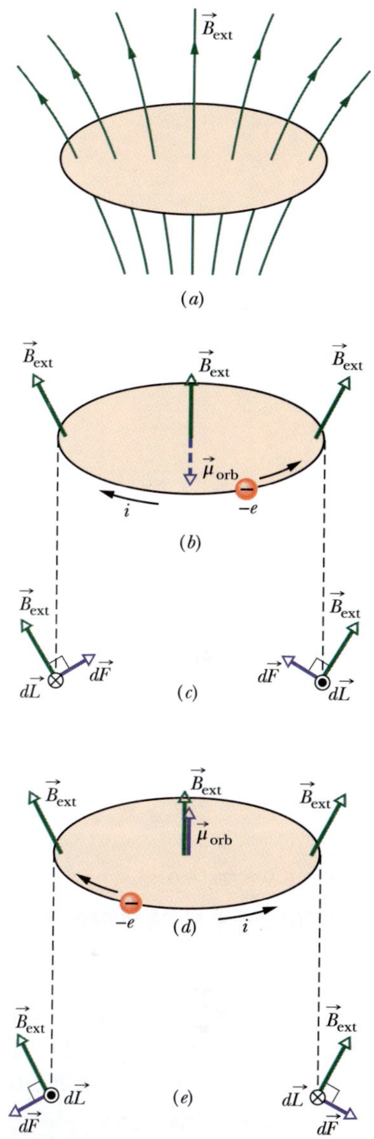

그림 32.5.3 (*a*) 불균일한 자기장 $\vec{B}_{ext}$ 안에서 원자 주위를 도는 전자에 대한 고리모형. (*b*) $-e$의 전하가 반시계방향으로 운동한다. 이때의 전류는 시계방향이다. (*c*) 고리 왼쪽과 오른쪽에서의 자기력 $d\vec{F}$를 고리면에서 본 것으로, 고리에 미치는 알짜힘은 위쪽 방향이다. (*d*) $-e$의 전하가 시계방향으로 운동한다. (*e*) 고리에 미치는 알짜힘은 아래쪽 방향이다.

▶ 자성물질

원자 안의 모든 전자는 벡터적으로 더해진 궤도 자기 쌍극자모멘트와 스핀 자기 쌍극자모멘트를 가지고 있다. 두 벡터량의 합은 원자 내 다른 모든 전자의 자기 쌍극자모멘트와 벡터적으로 결합되고, 각 원자의 자기 쌍극자모멘트는 다시 물질 시료 안에 들어있는 모든 다른 원자들의 자기 쌍극자모멘트와 벡터적으로 결합된다. 모든 자기 쌍극자모멘트가 결합하여 자기장을 만들면 물질은 자성을 띠게 된다. 일반적으로 자성에는 반자성, 상자성, 강자성 등 세 가지 유형이 있다.

1. ***반자성***은 모든 물질이 공통적으로 보여주는 특성인데, 너무 약하기 때문에 물질이 다른 두 자성을 띠게 되면 가려져서 나타나지 않는다. 반자성 물질이 외부 자기장 $\vec{B}_{ext}$ 안에 놓이면 약한 자기 쌍극자모멘트가 물질의 원자에 만들어진다. 유도 자기 쌍극자모멘트가 모두 결합하여 물질에 전체적으로 약한 알짜 자기장을 만든다. 자기 쌍극자모멘트와 그로 인해 생긴 알짜 자기장은 $\vec{B}_{ext}$가 없어지면 사라진다. *반자성체*란 용어는 반자성만을 나타내는 물질에 붙인다.

2. ***상자성***은 전이원소, 희토류 원소, 악티늄계 원소 등을 포함하는 물질(부록 G 참조)에서 나타난다. 상자성 물질의 모든 원자는 영구 자기 쌍극자모멘트를 가지고 있지만, 물질 내에서 모멘트들의 방향이 막방향이기 때문에 물질 전체적으로는 알짜 자기장이 없다. 그러나 외부 자기장 $\vec{B}_{ext}$가 있으면 부분적으로 자기 쌍극자모멘트가 정렬하여 물질에 알짜 자기장이 생긴다. 이러한 정렬상태와 그로 인한 자기장은 $\vec{B}_{ext}$가 없어지면 사라진다. *상자성체*라는 용어는 상자성을 주로 띠는 물질에 붙인다.

3. ***강자성***은 철, 니켈 등(그리고 이들 원소의 화합물이나 합금)의 특성이다. 이런 물질에 들어 있는 전자 중의 일부는 자기 쌍극자모멘트가 정렬되어 있는데, 국소적으로 강한 자기 쌍극자모멘트를 갖는다. 외부 자기장 $\vec{B}_{ext}$는 그런 영역의 자기 쌍극자모멘트를 자기장 방향으로 정렬시켜서 강한 자기장을 만든다. 이러한 자기장의 일부는 $\vec{B}_{ext}$가 없어져도 남아 있게 된다. 보통 *강자성체* 또는 *자성물질*이라는 용어는 강자성을 주로 보이는 물질에 붙인다.

다음의 세 단원에서 이들 세 가지 유형의 자성에 대해 자세히 논의하겠다.

32.6 ▸ 반자성

학습목표 *Learning Objectives*

이 단원을 읽은 후 다음을 이해해야 한다.

32.6.1 외부 자기장 안에 있는 반자성 시료에서는 자기장이 시료의 자기 쌍극자모멘트를 만든다. 이때 모멘트와 자기장의 상대적인 방향을 구한다.

32.6.2 불균일한 자기장 안에 있는 반자성 시료에 대해 시료에 작용하는 힘과 이에 따른 운동을 설명한다.

요점 *Key Ideas*

1. 반자성 물질은 외부 자기장 안에 있을 때에만 자성이 나타난다. 이 물질 내부에 외부 자기장과 반대 방향으로 자기쌍극자가 형성된다.
2. 불균일한 자기장 안에서 반자성 물질은 더 큰 자기장이 있는 영역으로부터 밀려나는 힘을 받는다.

▶ 반자성

여기서 반자성을 양자물리학적으로 설명할 수는 없지만, 그림 32.5.2와 32.5.3의 고리모형을 가지고 고전적인 설명을 해볼 수는 있다. 우선 반자성체의 원자에서 각 전자는 그림 32.5.3*d*처럼 시계방향으로 궤도운동을 하거나 그림 32.5.3*b*처럼 반시계방향으로 운동할 수 있다고 가정하자. 외부 자기장 $\vec{B}_{ext}$가 없을 때 자성이 없는 현상을 설명하기 위해, 원자는 알짜 자기 쌍극자모멘트를 가지고 있지 않다고 가정한다. 이것은 $\vec{B}_{ext}$가 작용하기 전에는 한 방향으로 궤도운동하는 전자의 수가 반대 방향으로 운동하는 전자의 수와 같다는 것을 암시하고, 그 결과 원자의 위쪽 방향 알짜 자기 쌍극자모멘트와 아래쪽 방향 자기 쌍극자모멘트가 같아진다.

이제 그림 32.5.3*a*처럼 불균일한 외부 자기장 $\vec{B}_{ext}$를 켜서 $\vec{B}_{ext}$가 위쪽으로 퍼져나가도록 하자(자기장선이 퍼진다). 전자석을 통하여 전류를 증가시키거나 막대자석의 N극을 궤도 아래로부터 가까이 가져감으로써 이렇게 할 수 있다. $\vec{B}_{ext}$의 세기가 0으로부터 마지막 정상상태의 값까지 증가함에 따라, Faraday와 Lenz의 법칙에 따라 각 전자 궤도를 따라 시계방향으로 전기장이 유도된다. 유도 전기장이 어떻게 그림 32.5.3*b*와 32.5.3*d*의 궤도를 도는 전자에 영향을 미치는지 알아보자.

그림 32.5.3b에서 반시계방향의 전자는 시계방향의 전기장에 의해 가속된다. 따라서 자기장 $\vec{B}_{ext}$가 최대값으로 증가함에 따라 전자의 속력도 최대값으로 증가한다. 이로 인해서 전류 i가 증가하고 i가 만드는 아래 방향 자기 쌍극자모멘트도 *증가한다.*

그림 32.5.3d에서는 시계방향의 전자가 시계방향의 전기장에 의해 감속된다. 따라서 전자의 속력, 전류 i, 전류가 만드는 아래 방향 자기 쌍극자모멘트가 모두 *감소한다.* 이와 같이 자기장 $\vec{B}_{ext}$를 켬으로써 원자에 아래 방향의 *알짜* 자기 쌍극자모멘트를 주게 되었다. 이것은 자기장이 균일하더라도 마찬가지이다.

▸**힘.** 자기장 $\vec{B}_{ext}$의 불균일성도 원자에 영향을 미친다. 그림 32.5.3b의 전류 i는 증가하기 때문에 그림 32.5.3c의 자기력 $d\vec{F}$도 증가하고, 따라서 전류고리에 미치는 위 방향 힘도 증가한다. 그림 32.5.3d의 전류 i는 감소하기 때문에 그림 32.5.3e의 아래 방향 자기력 $d\vec{F}$가 감소하고, 따라서 전류고리에 미치는 아래 방향 알짜힘이 감소한다. 그러므로 *불균일한* 자기장을 켬으로써 원자에 알짜힘을 줄 수 있고, 그 힘은 자기장이 센 곳에서 *멀어지는* 쪽을 향한다.

가상의 전자궤도(전류고리)에 대하여 논의하였지만, 정확히 반자성체에서 일어나는 현상을 얻었다. 그림 32.5.3의 자기장을 걸어주면 반자성체는 아래 방향의 자기 쌍극자모멘트를 갖게 되어 위 방향으로 힘을 받는다. 자기장을 없애면 자기 쌍극자모멘트와 힘도 사라진다. 외부 자기장 $\vec{B}_{ext}$를 꼭 그림 32.5.3처럼 가해주지 않고 다르게 배치하여도 비슷한 논의를 할 수 있다. 따라서 다음과 같이 말할 수 있다.

> 외부 자기장 $\vec{B}_{ext}$ 안에 놓인 반자성체는 $\vec{B}_{ext}$에 반대되는 방향으로 자기 쌍극자모멘트를 갖는다. 외부 자기장이 불균일하면 반자성체는 자기장이 센 곳*으로부터* 약한 쪽으로 밀린다.

그림 32.6.1의 개구리는 (다른 어느 동물이나 마찬가지로) 반자성체이다. 개구리를 수직으로 세운 솔레노이드의 위쪽 끝 가까이 자기장이 퍼지는 곳에 놓으면, 개구리 안의 모든 원자는 위로 밀려서 솔레노이드 끝의 강한 자기장 지역에서 멀어진다. 개구리는 위쪽의 더 약한 자기장 쪽으로 움직여서 위 방향의 자기력이 개구리에 미치는 중력과 균형을 이룰 때까지 올라가므로 공중에 떠 있게 된다. 개구리의 모든 원자에 작동하는 힘이 균일하므로 개구리는 불편함을 느끼지 않는다. 개구리가 좋아하는 물에 뜬 것 같은 무중력 상태의 느낌과 유사하다. 만일 솔레노이드를 매우 크게 만든다면, 반자성에 의해서 사람도 공중에 띄울 수 있을 것이다.

Courtesy A.K. Geim, University of Manchester, UK

그림 32.6.1 ▸ 수직 솔레노이드에 흐르는 전류가 만든 자기장 위에 떠 있는 개구리를 위에서 본 모습.

→ 확인문제 32.6.1

그림은 막대자석의 남극 부근에 놓여 있는 두 개의 반자성 공이다. (a) 공에 미치는 자기력과 (b) 공의 자기 쌍극자모멘트는 각각 막대자석 쪽으로 향하는가, 막대자석으로부터 멀어지는가? (c) 공 1에 미치는 자기력은 공 2에 미치는 것보다 큰가, 작은가, 아니면 같은가?

32.7 ▸ 상자성

학습목표_Learning Objectives

이 단원을 읽은 후 다음을 이해해야 한다.

32.7.1 외부 자기장 안에 있는 상자성 시료에 대해 자기장과 시료의 자기 쌍극자모멘트의 상대적인 방향을 구한다.

32.7.2 불균일한 자기장 안에 있는 상자성 시료에 대해 시료에 작용하는 힘과 이에 의한 운동을 기술한다.

32.7.3 시료의 자기화량 M과 측정된 자기모멘트와 부피 사이의 관계를 구한다.

32.7.4 Curie의 법칙을 적용하여 시료의 자기화량 M, 온도 T, Curie 상수 C와 외부 자기장의 크기 B 사이의 관계를 구한다.

32.7.5 상자성 시료에 대한 자기화 곡선이 주어졌을 때 주어진 자기장과 온도에 대한 자기화의 정도를 구한다.

32.7.6 주어진 온도와 주어진 자기장 안에 있는 상자성 시료에 대해 쌍극자 방향과 관련된 에너지와 열운동을 비교한다.

요점_Key Ideas

1. 상자성 물질의 원자는 영구 자기 쌍극자모멘트가 있지만, 이 모멘트들은 마구잡이로 향하고 있어서 알짜 모멘트가 없다. 하지만 외부 자기장 $\vec{B}_{ext}$ 안에 있으면 쌍극자는 자기장의 방향으로 정렬하려고 한다.
2. 부피 V 안에 정렬된 정도는
$$M = \frac{\text{측정된 자기모멘트}}{V}$$
로 주어지는 자기화량 M으로 측정한다.
3. 주어진 부피 안의 N개의 쌍극자가 모두 정렬(포화)되면 최대값 $M_{max} = N\mu/V$가 된다.
4. B_{ext}/T값이 작으면 다음이 성립한다.
$$M = C\frac{B_{ext}}{T} \qquad \text{(Curie의 법칙).}$$
여기서 T는 (켈빈) 온도이고 C는 물질의 Curie 상수이다.
5. 불균일한 자기장 내에서 상자성 물질은 자기장이 더 큰 영역으로 끌려간다.

▶ 상자성

상자성체의 모든 원자는 전자의 스핀과 궤도 자기 쌍극자모멘트가 상쇄되지 않고 벡터적으로 더해져서 알짜(그리고 영구적인) 자기모멘트 $\vec{\mu}$를 갖는다. 외부 자기장이 없을 때 원자의 자기 쌍극자모멘트가 막방향이므로 물질의 알짜 자기 쌍극자모멘트는 0이 된다. 그러나 물질의 시료를 외부 자기장 $\vec{B}_{ext}$에 놓으면 자기 쌍극자모멘트가 외부 자기장 방향으로 정렬하여 시료는 알짜 자기 쌍극자모멘트를 갖게 된다. 외부 자기장에 대한 이러한 정렬은 반자성 물질과는 반대이다.

> 상자성체를 외부 자기장 $\vec{B}_{ext}$에 놓으면, 자기 쌍극자모멘트가 $\vec{B}_{ext}$의 방향으로 정렬한다. 외부 자기장이 불균일하면 상자성체는 외부 자기장이 약한 *쪽에서* 강한 *쪽으*로 끌려간다.

N개의 원자가 있는 상자성체 시료의 자기쌍극자가 완벽하게 정렬할 수만 있으면, 자기 쌍극자모멘트의 크기는 $N\mu$가 될 것이다. 그러나 원자는 열적 요동에 의한 충돌로 서로 에너지를 주고받으며 정렬을 흩뜨려 놓아 시료의 자기 쌍극자모멘트가 줄어들게 된다.

▸ ***열적 요동.*** 열적 요동의 중요성은 두 가지 에너지를 비교하여 알 수 있다. 하나는 식 19.4.2로 주어지는데, 온도 T에 있을 때 원자 하나의 평균 병진 운동에너지 $K(=\frac{3}{2}kT)$이다. 여기서 k는 Boltzmann 상수(1.38×10^{-23} J/K)이고, T는 켈빈단위이다(섭씨온도가

아님). 다른 하나는 식 28.8.4로부터 유도되는데, 원자 하나가 외부 자기장에 있을 때, 원자의 자기 쌍극자모멘트가 외부 자기장에 평행인가, 반평행인가에 따라 갖게 되는 에너지차 $\Delta U_B (= 2\mu B_{\text{ext}})$이다. (낮은 에너지상태는 $-\mu B_{\text{ext}}$이고 높은 에너지상태는 $+\mu B_{\text{ext}}$이다.) 아래에서 보이겠지만, 보통의 온도와 자기장 세기에서 $K \gg \Delta U_B$이다. 따라서 충돌하는 동안의 에너지 전달은 자기 쌍극자모멘트의 정렬을 심각하게 방해하여 시료의 자기 쌍극자모멘트는 $N\mu$보다 훨씬 작아진다.

▸***자기화.*** 주어진 상자성체 시료가 어느 정도까지 자기화되는가는 자기 쌍극자모멘트와 부피 V의 비율로 나타낼 수 있다. 이 벡터량은 단위부피당 자기 쌍극자모멘트로서 시료의 **자기화량** $\vec{M}$이라고 하며, 그 크기는 다음과 같다.

$$M = \frac{\text{측정된 자기모멘트}}{V}. \tag{32.7.1}$$

$\vec{M}$의 단위는 $\text{A}\cdot\text{m}^2/\text{m}^3 = \text{A/m}$이다. 원자들의 자기 쌍극자모멘트가 완벽하게 정렬하면 시료가 *포화되었다*고 말하는데, 최대값 $M_{\max} = N\mu/V$에 해당한다.

1895년에 Pierre Curie는 상자성체 시료의 자기화가 외부 자기장 $\vec{B}_{\text{ext}}$의 크기에 직접 비례하고 온도(켈빈단위)에는 반비례하는 것을 실험적으로 발견하여 다음과 같이 나타내었다.

$$M = C\frac{B_{\text{ext}}}{T}. \tag{32.7.2}$$

식 32.7.2는 *Curie의 법칙*이고, C는 *Curie 상수*라고 한다. B_{ext}가 증가하면서 원자의 자기 쌍극자모멘트가 정렬하는 경향이 있어서 M이 증가할 것이고, 반면 T는 열적 요동으로 정렬을 방해하여 M을 감소시킬 것이므로 Curie의 법칙은 이치에 맞는다. 그러나 Curie의 법칙은 B_{ext}/T의 비가 너무 크지 않은 경우에만 잘 맞는 근사식이다.

그림 32.7.1은 상자성 황화칼륨크롬염 시료에 대해 비율 $M/M_{\max}$를 B_{ext}/T의 함수로 나타낸 그래프이다. 이 시료에서 크롬 이온은 상자성체다. 이런 그래프를 *자기화 곡선*이라 부른다. Curie의 법칙에 대한 직선은 왼쪽, 즉 B_{ext}/T가 0.5 T/K 아래 부근에서 실험결과와 잘 맞는다. 모든 실험결과와 잘 맞는 곡선은 양자물리학에 근거하여 얻은 것이다. 곡선의 오른쪽 부분은 포화값으로, 매우 낮은 온도에서 조차 아주 강한 자기장(지구 자기장의 100000배 정도)이 필요하기 때문에 구현하기가 매우 어렵다.

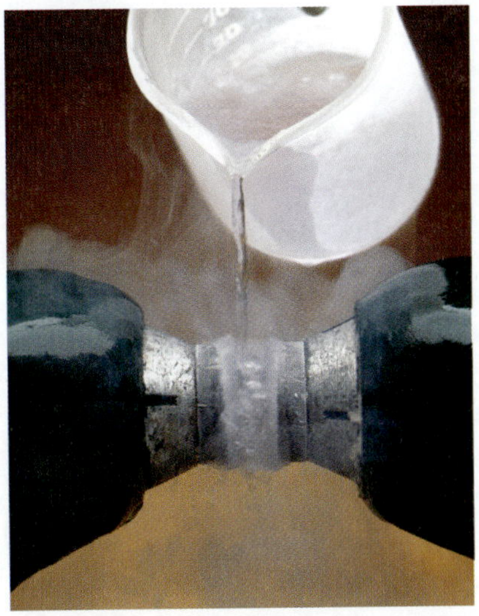

Richard Megna/Fundamental Photographs

액체 산소를 자석 사이에 부으면 상자성체인 액체 산소가 자석에 끌리기 때문에 자석의 두 극 사이에 떠 있게 된다.

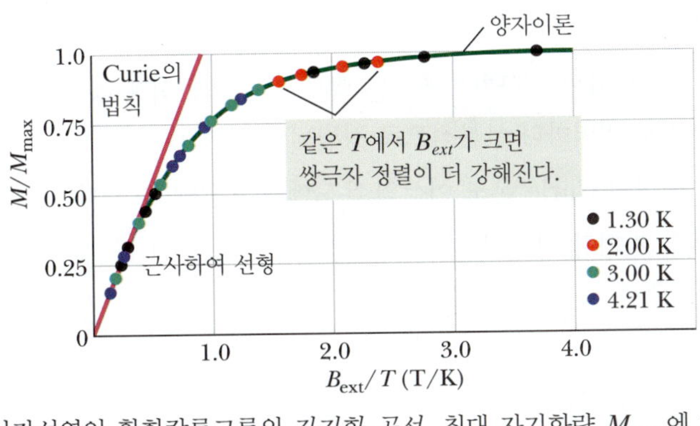

그림 32.7.1 ▸ 상자성염인 황화칼륨크롬의 *자기화 곡선*. 최대 자기화량 $M_{\max}$에 대한 자기화량의 비율 $M/M_{\max}$를 온도에 대한 외부 자기장의 비 B_{ext}/T의 함수로 그린 그래프. Curie의 법칙은 왼쪽에서 잘 맞고, 양자이론은 모든 실험결과와 잘 맞는다. W. E. Henry의 측정에 근거하였다.

확인문제 32.7.1

그림은 막대자석의 S극 부근에 놓여 있는 두 개의 상자성 공이다. (a) 공에 미치는 자기력과 (b) 공들의 자기 쌍극자모멘트는 각각 막대자석 쪽으로 향하는가, 막대자석으로부터 멀어지는가? (c) 공 1에 미치는 자기력은 공 2에 미치는 것보다 큰가, 작은가, 아니면 같은가?

보기문제 32.7.1 자기장 내에 있는 상자성기체의 에너지

실온($T = 300$ K)에 있는 상자성 기체가 크기 $B = 1.5$ T의 균일한 외부 자기장에 놓여 있다. 기체 원자들의 자기 쌍극자모멘트는 $\mu = 1.0\mu_B$이다. 기체원자의 평균 병진 운동에너지 K를 계산하고 원자의 자기 쌍극자모멘트 정렬이 외부 자기장과 평행일 때와 반평행일 때의 에너지차 ΔU_B를 구하여라.

요점

(1) 기체 내 원자의 평균 병진 운동에너지 K는 기체의 온도에 의존한다. (2) 외부 자기장 $\vec{B}$ 안에서 자기쌍극자 $\vec{\mu}$의 퍼텐셜에너지 U는 $\vec{\mu}$와 $\vec{B}$ 사이의 각도 θ에 의존한다.

풀이: 식 19.4.2에서 다음과 같다.

$$K = \tfrac{3}{2}kT = \tfrac{3}{2}(1.38 \times 10^{-23}\text{ J/K})(300\text{ K})$$
$$= 6.2 \times 10^{-21}\text{ J} = 0.039\text{ eV}. \quad \text{(답)}$$

식 28.8.4($U_B = -\vec{\mu}\cdot\vec{B}$)로부터 평행한 정렬($\theta = 0°$)과 반평행한 정렬($\theta = 180°$) 사이의 에너지차 ΔU_B는 다음과 같다.

$$\Delta U_B = -\mu B\cos 180° - (-\mu B\cos 0°) = 2\mu B$$
$$= 2\mu_B B = 2(9.27 \times 10^{-24}\text{ J/T})(1.5\text{ T})$$
$$= 2.8 \times 10^{-23}\text{ J} = 0.000\,17\text{ eV}. \quad \text{(답)}$$

여기서 K는 ΔU_B의 약 230배이다. 따라서 충돌에 의한 원자끼리의 에너지교환으로 외부 자기장과 나란한 자기 쌍극자모멘트의 정렬상태를 쉽게 돌려놓을 수 있다. 즉, 외부자기장에 의해 정렬되어 낮은 에너지 상태에 있던 원자가 부근의 원자와의 충돌 때문에 자기쌍극자가 높은 에너지 상태로 옮겨갈 수 있는 충분한 에너지를 얻을 확률이 높다. 상자성 기체에 나타나는 자기 쌍극자모멘트는 원자의 자기 쌍극자모멘트가 부분적으로 정렬하며 생기는 것이다.

▶ 교육용 비디오는 웹사이트 www.wiley.com에서 볼 수 있다.

32.8 ▸ 강자성

학습목표 *Learning Objectives*

이 단원을 읽은 후 다음을 이해해야 한다.

32.8.1 강자성은 교환결합이라고 부르는 양자역학적 상호작용 때문에 생긴다.

32.8.2 온도가 물질의 Curie 온도보다 높아질 때 강자성이 사라지는 이유를 설명한다.

32.8.3 강자성 시료의 자기화와 원자의 자기모멘트 사이의 관계를 구한다.

32.8.4 주어진 온도, 주어진 자기장 안에 있는 강자성 시료에 대해 쌍

요점 *Key Ideas*

1. 강자성 물질 안의 자기 쌍극자모멘트는 외부 자기장에 의해 정렬될 수 있고, 외부 자기장이 없어져도 영역마다 부분적으로 정렬되어 있다.
2. 정렬상태는 물질의 Curie 온도 이상의 온도에서는 없앨 수 있다.
3. 불균일한 외부 자기장 안에서 강자성 물질은 자기장이 더 큰 영역(구역)으로 끌려간다.

▶ 강자성

일상의 대화에서 자기에 관해서 말할 때는 거의 대부분 막대자석이나 (냉장고에 붙어 있는) 납작한 자석을 염두에 두고 있다. 즉, 약하거나 일시적으로 나타나는 반자성이나 상자성이 아니라, 강한 영구자성을 띠는 강자성을 생각하는 것이다.

철, 코발트, 니켈, 가돌리늄, 디스프로슘과 이런 원소를 포함하고 있는 합금이 강자성을 보이는데, 한 원자의 전자스핀이 다른 원자의 전자스핀과 상호작용하는 *교환결합*이라 불리는 양자물리학적 효과 때문이다. 그 결과로 열적 요동에 의한 원자끼리의 막충돌에도 불구하고 원자의 자기 쌍극자모멘트가 정렬상태를 유지하는 것이다. 이러한 지속적인 정렬이 강자성체로 하여금 영구자성을 갖도록 한다.

▸**열적 요동.** 강자성 물질의 온도가 *Curie* 온도라고 부르는 임계값 이상이 되면, 교환결합은 작동을 멈춘다. 그러면 대부분의 물질은 단순히 상자성이 된다. 즉, 쌍극자는 아직도 외부 자기장 방향으로 정렬하려는 경향을 갖지만 그 크기가 훨씬 약해서 열적 요동이 정렬을 방해 할 수 있다. 철의 Curie 온도는 1043 K(= 770°C)이다.

▸**측정.** 철과 같은 강자성체의 자기화는 *Rowland 고리*(그림 32.8.1 참조)라고 부르는 장치를 이용하여 측정할 수 있다. 측정하고자 하는 물질로 단면이 원모양인 얇은 토로이드 심을 만든다. 1차코일 P는 단위길이당 n번 감아 심을 감싸게 하고 전류 i_P가 흐르도록 한다(코일은 기본적으로 긴 솔레노이드를 원모양으로 굽힌 것이다). 심이 존재하지 않는다면 코일 안의 자기장의 크기는 식 29.4.3으로부터 다음과 같다.

$$B_0 = \mu_0 i_P n. \tag{32.8.1}$$

그러나 심이 존재하기 때문에, 코일 안의 자기장 $\vec{B}$는 보통 $\vec{B}_0$보다 매우 크다. 이 자기장의 크기를

$$B = B_0 + B_M \tag{32.8.2}$$

으로 쓸 수 있으며, B_M은 심이 자기장에 기여하는 크기이다. B_M은 철 원자의 자기 쌍극자모멘트가 정렬하였기 때문에 생기며, 이는 교환결합과 걸어준 자기장 B_0에 기인하고 철의 자기화량 M에 비례한다. 즉, B_M은 철의 단위부피당 자기 쌍극자모멘트에 비례한다. B_M을 결정하기 위해서는 2차코일 S를 사용하여 B를 측정하고, 식 32.8.1로부터 B_0를 계산하여 식 32.8.2에서 구한다.

그림 32.8.2는 Rowland 고리로 측정한 강자성체의 자기화 곡선이다. $B_{M,\max}$를 B_M의 최대값이라 할 때, $B_M/B_{M,\max}$의 비를 B_0에 대해서 그렸다. 곡선은 상자성 물질에 대한 자기화곡선인 그림 32.7.1과 비슷하다. 두 곡선 모두 걸어준 자기장이 물질의 원자 자기 쌍극자모멘트를 어디까지 정렬해 줄 수 있는지 보여준다.

그림 32.8.2에 나타낸 강자성 심의 경우에 자기 쌍극자모멘트의 정렬은 $B_0 \approx 1 \times 10^{-3}$ T일 때 70% 정도이다. B_0가 1 T까지 증가하면, 거의 완전히 정렬한다(그러나 B_0 = 1 T에서 완전한 포화는 매우 얻기 어렵다).

자기구역

Curie 온도 아래에서 강자성체의 교환결합은 인근의 자기쌍극자를 강하게 정렬시킨다. 그렇다면 왜 물질들은 자기장 B_0가 걸려 있지 않은 경우에도 자연적으로 포화되어 있지 않을까? 즉, 왜 모든 쇳조각은 그 자체로 강한 자석이 아닐까?

이것을 이해하기 위하여 단결정 상태인 강자성체의 시료를 생각해 보자. 시료를 구성하는 원자들의 배치(결정격자)는 시료의 전체 부피를 통하여 규칙성이 깨어지지 않은 상태이다. 그러한 결정이 정상상태에 있을 때는 많은 *자기구역*으로 구성된다. 주어진 영역 안에서는 본질적으로 원자의 자기쌍극자가 완벽하게 정렬되어 있다. 그러나 구역끼리는 서로 정렬되어 있지 않기 때문에 결정체 전체로 보자면 구역끼리 서로 상쇄할 것이다.

극자의 방향과 관련된 에너지와 열 운동을 비교한다.

32.8.5 Rowland 고리를 설명하고 그려본다.

32.8.6 자기영역을 설명한다.

32.8.7 외부 자기장 안에 놓인 강자성 시료에 대해 자기장과 자기 쌍극자모멘트의 상대적인 방향을 구한다.

32.8.8 불균일한 자기장 안에 있는 강자성 시료의 운동을 기술한다.

32.8.9 균일한 자기장 안에 있는 강자성 물체에 대해 토크와 방향에너지를 계산한다.

32.8.10 자기이력과 자기이력 고리에 대해 설명한다.

32.8.11 자철광의 근원을 알아본다.

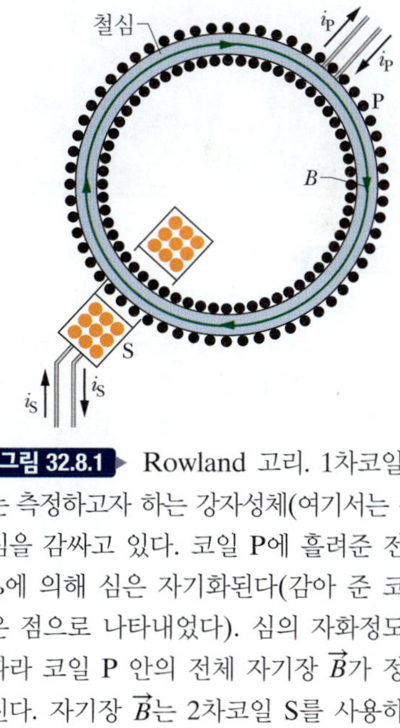

그림 32.8.1 Rowland 고리. 1차코일 P는 측정하고자 하는 강자성체(여기서는 철) 심을 감싸고 있다. 코일 P에 흘려준 전류 i_P에 의해 심은 자기화된다(감아 준 코일은 점으로 나타내었다). 심의 자화정도에 따라 코일 P 안의 전체 자기장 $\vec{B}$가 정해진다. 자기장 $\vec{B}$는 2차코일 S를 사용하여 측정한다.

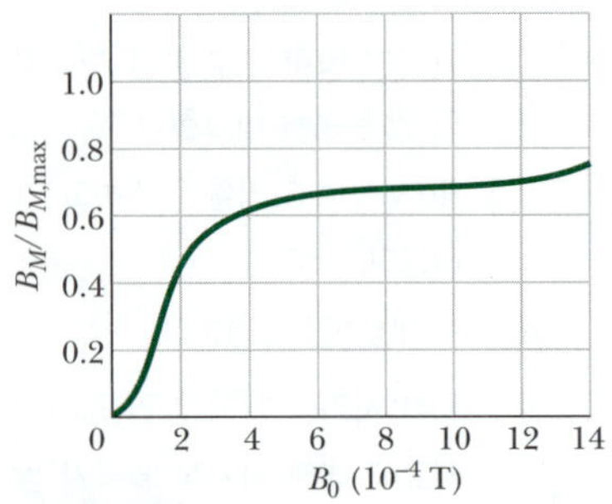

그림 32.8.2 그림 32.8.1의 Rowland 고리 내 강자성 물질에 대한 자기화곡선. 세로축의 1.0은 물질의 원자 자기 쌍극자모멘트가 완전히 정렬(포화)한 것이다.

Courtesy Ralph W. DeBlois

그림 32.8.3 단결정 니켈의 구역무늬 사진. 흰 선은 구역 경계를 나타낸다. 사진에 그려 넣은 흰색 화살표는 구역의 자기 쌍극자모멘트이다. 알짜 자기장(모든 구역의 벡터합)이 0이면 결정체 전체는 자기화되지 않은 것이다.

그림 32.8.3은 니켈 단결정의 자기구역을 확대한 사진이다. 이것은 결정의 표면 위에 곱게 간 쇳가루의 콜로이드 현탁액을 분사하여 만든 것이다. 구역의 경계는 좁은 영역인데, 이것은 자기쌍극자의 정렬이 한 구역의 어떤 한 방향으로부터 다른 구역의 다른 방향으로 변하는 곳으로서, 매우 강한 자기장이 집중되어 있으며 불균일한 곳이다. 현탁액 콜로이드 입자들은 이 경계지역에 끌려들어 흰 선으로 보인다(그림 32.8.3에서는 구역 경계의 모든 곳이 분명히 보이지는 않는다). 그림의 화살표처럼 각 구역의 원자 자기쌍극자가 완벽하게 정렬하더라도, 전체적으로는 결정의 자기모멘트 합이 매우 작은 값만을 가질 수도 있다.

사실 보통의 쇳조각은 단결정이 아니고 일정하지 않게 배치되어 있는 많은 작은 결정의 집합체이다. 이런 것을 *다결정 고체*라 부른다. 각각의 작은 결정은 그림 32.8.3처럼 다양한 방향을 갖는 구역으로 배열되어 있다. 만일 이러한 시료를 크기가 점점 커지는 외부 자기장에 놓으면, 두 가지 효과에 의해 그림 32.8.2처럼 자기화가 일어난다. 한 가지 효과는, 외부 자기장 방향의 구역은 크기가 확장되고 그렇지 않은 구역의 크기는 줄어드는 것이다. 두 번째 효과는 한 구역 내에 있는 자기쌍극자가 하나씩 외부 자기장의 방향에 가깝도록 방향을 바꾸는 것이다.

교환결합과 자기구역의 변화는 다음 결과를 초래한다.

외부 자기장 $\vec{B}_{\text{ext}}$에 놓아둔 강자성 물질은 $\vec{B}_{\text{ext}}$ 방향으로 강한 자기 쌍극자모멘트를 갖게 된다. 외부 자기장이 불균일하면 강자성 물질은 자기장이 약한 지역*으로부터* 강한 지역을 *향하여* 끌려간다.

지구 자기장을 기록한 벽화

지구자기장은 느리지만 연속적으로 변하기 때문에 나침반이 가리키는 방향 또한 변한다. 여러 이유로 연구자는 과거 특정 시간에 북쪽 방향을 알고자 하지만, 나침반 방향에 대한 역사적인 기록은 드물다. 그러나 어떤 그림은 도움을 줄 수 있다. 예를 들어 그림 32.8.4에 나타낸 Vatican (Bibliotheca Apostolica Vaticana)의 벽화는 1740년에 그렸을 때 북쪽 방향을 충실하게 기록하였다.

그림의 빨간 물감에는 철의 산화물인 적철광이 들어 있다. 각각의 조각은 특정한 자기쌍극자모멘트를 갖는 단일 영역으로 이루어져 있다. 화가의 물감을 보면 액체 안에 여러 고체 물질이 떠있다. 물감을 벽화를 만들 때 벽에 바르면, 액체 안에 있는 각각의 조각은 회전하여 쌍극자모멘트가 지구자기장과 나란하게 된다. 물감이 마르면 자기모멘트는 고정되어 그림을 그렸을 때 지구자기장의 방향을 기록하게 된다. 그림 32.8.5는 1740년에 그린 벽화의 자기모멘트가 정렬한 것을 나타내고, 지자기 북극의 방향을 N_{1740}으로 표시하였다.

연구자는 벽화를 그린 시간에 지구자기장의 방향을 그림에 있는 자기모멘트의 방향을 결정하여 결정할 수 있다. 끈적끈적한 작은 테이프를 벽화 부분에 조심스럽게 붙여서 테이프의 방향을 수평 방향과 현재 지자기장의 북극(N_{today})에 대해 조심하여 측정한다. 테이프를 벽에서 떼어내면 그림의 얇은 층이 붙어 있다. 실험실에서 테이프 부분을 그 그림 껍질에 있는 자기모멘트의 방향을 결정하는 장치에 놓는다. 벽화와 많은 다른 자료에 의한 증거로 인해 역사상 지자기북극의 방향이동을 볼 수 있었다.

그림 32.8.4 Vatican 벽화의 빨간 물감을 이용하여 1740년에 벽화를 그렸을 때 북쪽 방향을 결정한다.

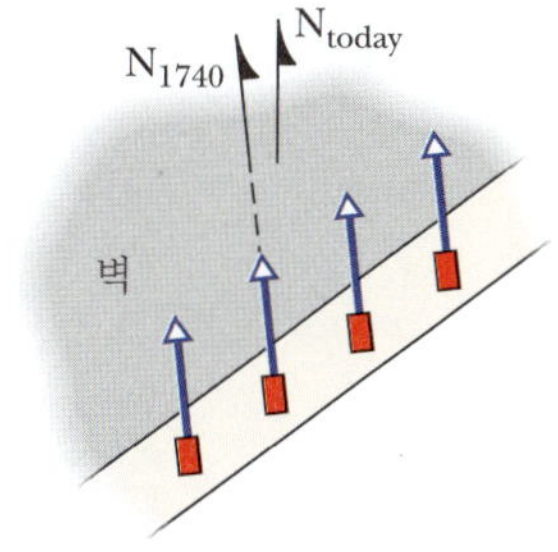

그림 32.8.5 끈적끈적한 테이프로 벽화에서 떼어낸 그림의 얇은 층의 단면을 위에서 본 그림. 빨간 물감 안에 있는 적철광 조각의 자기모멘트는 벽화를 그렸을 때 지구자기장의 방향을 향한다. (수평 나침판으로 나타낸) 지자기북극은 현재와 1740년에 대해 나타내었다.

이력곡선

외부 자기장 B_0가 증가하다가 다시 감소하는 동안 강자성 물질의 자기화 곡선은 그대로 되짚어 가지 않는다. 그림 32.8.6은 Rowland 고리를 다음과 같이 작동시키는 동안의 B_M 대 B_0의 그래프이다. (1) 철이 자기화되지 않은 상태에서 시작하여(점 a), $B_0(=\mu_0 in)$가 점 b에 해당되는 값을 가질 때까지 토로이드의 전류를 증가시킨다. (2) 토로이드의 전류를(따라서 B_0를) 0으로 줄인다(점 c). (3) 토로이드 전류의 방향을 바꾸어 B_0의 크기가 점 d에 해당하는 값을 가질 때까지 증가시킨다. (4) 전류를 다시 0으로 감소시킨다(점 e). (5) 전류의 방향을 다시 한번 바꾸어 점 b에 도달하도록 한다.

그림 32.8.6에서 곡선이 제자리로 되짚어 가지 않는 특성을 **이력**이라고 하고, 곡선 *bcdeb*를 *이력곡선*이라고 한다. 한 가지 주목해야 할 점은 토로이드에 전류가 흐르지 않는데도 점 c와 점 e에서 철심이 자기화되어 있다는 것이다. 이것이 우리에게 익숙한 영구자성 현상이다.

이력현상은 자기구역의 개념을 통해서 이해할 수 있다. 구역경계의 움직임과 구역방향의 재배치는 분명히 가역적이지 않다. 걸어준 자기장 B_0가 증가하고 다시 초기값으로 감소할 때, 구역들은 원래의 배치대로 완전히 되돌아가지 않고, 처음 증가했을 때의 정렬 상태의 일부분을 "기억"하고 있다. 자기물질의 이러한 기억현상은 자기테이프나 디스크 같은 자기정보 저장장치에는 본질적인 것이다.

이러한 구역정렬의 기억은 자연적으로 일어날 수도 있다. 번개가 땅을 통해서 여러 구불구불한 경로로 흘러가는 전류가 강한 자기장을 만들어서 가까이에 있는 바위의 강자성 물질을 갑자기 자기화시킬 수 있다. 이력현상 때문에 그러한 바위 물질은 번개가 그친 후(전류가 사라진 후)에도 일부분이 자기화된 상태로 남는다. 바위 조각들은 최종에 노출된 후 풍화작용으로 부서지고 조각나서 자철석이 된다.

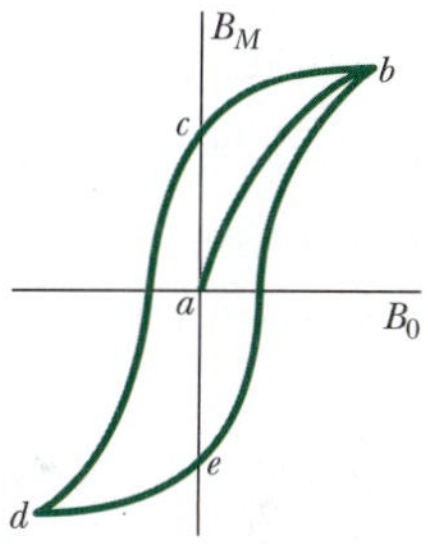

그림 32.8.6 강자성 시료에 대한 자기화 곡선(ab)과 이력곡선($bcdeb$).

확인문제 32.8.1

강자성물질 시료가 충분히 얇아서 평면으로 생각할 수 있다. 처음에 비자기화된 시료를 크기가 천천히 증가하는 자기장 B_0를 가하여 자화시켰다. 위나 아래로 향하는 영역의 쌍극자를 이 그림에서 자기화가 되는 세 단계로 나타내었다. (a) 가한 자기장은 위 방향인가, 아래 방향인가? (b) 가한 자기장의 크기에 따라 큰 것부터 단계를 나열하여라.

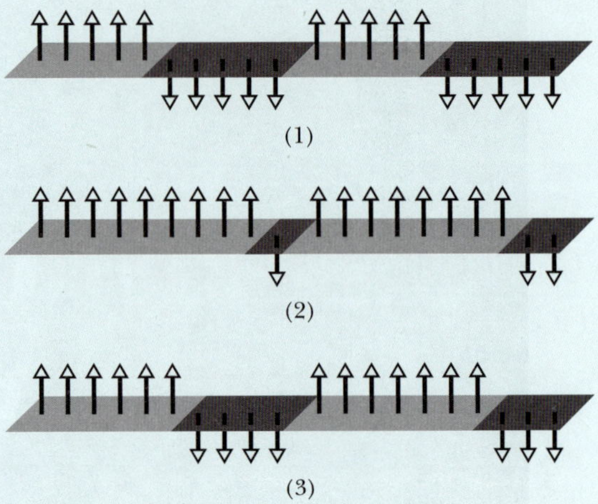

보기문제 32.8.1 나침반 바늘의 자기 쌍극자모멘트

순수한 철(밀도 7900 kg/m^3)로 만든 나침반 바늘의 길이 L은 3.0 cm이고 너비는 1.0 mm이며 두께는 0.50 mm이다. 철원자의 자기 쌍극자모멘트의 크기는 $\mu_{Fe} = 2.1 \times 10^{-23}$ J/T이다. 바늘의 원자가 10%만큼 정렬하여 자기화되었다면, 바늘의 자기 쌍극자모멘트 $\vec{\mu}$의 크기는 얼마인가?

요점

(1) 바늘에 들어 있는 모든 N개 원자가 정렬하여 가지게 되는 자기 쌍극자모멘트의 크기는 $N\mu_{Fe}$이다. 그러나 바늘은 10%만큼만 정렬되어 있다(막 정렬한 나머지 모멘트는 $\vec{\mu}$에 기여하지 않는다). 따라서 다음과 같다.

$$\mu = 0.10N\mu_{Fe}. \tag{32.8.3}$$

(2) 바늘에 들어 있는 원자의 수 N은 바늘의 질량으로부터 다음과 같이 구할 수 있다.

$$N = \frac{\text{바늘의 질량}}{\text{철원자의 질량}}. \tag{32.8.4}$$

***N* 구하기:** 부록 F에도 철 원자의 질량은 나오지 않는다. 그러나 몰질량 M은 나와 있다. 따라서 다음과 같이 구할 수 있다.

$$\text{철원자의 질량} = \frac{\text{철의 몰질량 } M}{\text{Avogadro수 } N_A}. \tag{32.8.5}$$

그러면 식 32.8.4를 바늘의 질량 m, 몰질량 M, Avogadro수 N_A로 나타내면 다음과 같다.

$$N = \frac{mN_A}{M}. \tag{32.8.6}$$

바늘의 질량 m은 밀도와 부피의 곱이다. 부피는 계산하면 1.5×10^{-8} m^{3}이므로 바늘의 질량은 다음과 같다.

$$\begin{aligned}\text{바늘의 질량 } m &= (\text{바늘의 밀도})(\text{바늘의 부피}) \\ &= (7900 \text{ kg/m}^3)(1.5 \times 10^{-8} \text{ m}^3) \\ &= 1.185 \times 10^{-4} \text{ kg}.\end{aligned}$$

식 32.8.6에 m의 값과 M에 55.847 g/mol(= 0.055 847 kg/mol), N_A에 6.02×10^{23}을 대입하면 다음과 같다.

$$\begin{aligned}N &= \frac{(1.185 \times 10^{-4} \text{ kg})(6.02 \times 10^{23})}{0.055\,847 \text{ kg/mol}} \\ &= 1.2774 \times 10^{21}.\end{aligned}$$

***μ* 구하기:** 이것과 μ_{Fe}의 값을 식 32.8.3에 대입하면 다음을 얻는다.

$$\begin{aligned}\mu &= (0.10)(1.2774 \times 10^{21})(2.1 \times 10^{-23} \text{ J/T}) \\ &= 2.682 \times 10^{-3} \text{ J/T} \approx 2.7 \times 10^{-3} \text{ J/T}.\end{aligned}$$ (답)

▶ 교육용 비디오는 웹사이트 www.wiley.com에서 볼 수 있다.

정리 및 요약 _Review & Summary

▸***자기장에 대한 Gauss의 법칙*** 가장 간단한 자기구조는 자기쌍극자이다. 자기홀극은 (우리가 아는 한) 존재하지 않는다. 자기장에 대한 **Gauss의 법칙**

$$\Phi_B = \oint \vec{B} \cdot d\vec{A} = 0 \qquad (32.1.1)$$

은 임의의 (닫힌) Gauss면을 통과하는 알짜 자기다발이 0이라는 뜻이다. 이것은 자기홀극이 존재하지 않는다는 것을 암시한다.

▸***Maxwell에 의한 Ampere의 법칙의 확장*** 변화하는 전기다발은 자기장 $\vec{B}$를 유도한다. Maxwell의 법칙

$$\oint \vec{B} \cdot d\vec{s} = \mu_0 \varepsilon_0 \frac{d\Phi_E}{dt} \quad \text{(Maxwell의 유도법칙)} \qquad (32.2.2)$$

은 닫힌 고리를 따라 유도된 자기장과 고리를 통과하는 변화하는 전기다발 Φ_E의 관계이다. Ampere의 법칙 $\oint \vec{B} \cdot d\vec{s} = \mu_0 i_{enc}$(식 32.2.3)는 닫힌 고리에 둘러싸인 전류 i_{enc}가 만드는 자기장을 정해 준다. Maxwell의 법칙과 Ampere의 법칙은 다음과 같이 하나의 식으로 쓸 수 있다.

$$\oint \vec{B} \cdot d\vec{s} = \mu_0 \varepsilon_0 \frac{d\Phi_E}{dt} + \mu_0 i_{enc}$$

$$\text{(Ampere-Maxwell의 법칙)}. \qquad (32.2.4)$$

▸***변위전류*** 변화하는 전기장이 만드는 가상의 *변위전류*를 다음과 같이 정의한다.

$$i_d = \varepsilon_0 \frac{d\Phi_E}{dt}. \qquad (32.3.1)$$

그러면 식 32.2.4는 다음과 같다.

$$\oint \vec{B} \cdot d\vec{s} = \mu_0 i_{d,enc} + \mu_0 i_{enc}$$

$$\text{(Ampere-Maxwell의 법칙)}. \qquad (32.3.2)$$

여기서 $i_{d,enc}$는 적분경로로 둘러싸인 변위전류이다. 변위전류의 개념은 축전기를 통해 흐르는 전류가 연속적이라고 생각할 수 있도록 해준다. 그러나 변위전류는 전하가 옮겨가는 것은 *아니다*.

▸***Maxwell 방정식*** 표 32.3.1의 Maxwell 방정식은 전자기학을 종합한 것이고 광학을 포함한 전자기학의 근본이다.

▸***지구자기장*** 지구자기장은 지구의 자기쌍극자가 만드는 것으로 자기 쌍극자모멘트는 지구의 자전축과 각도 11.5°를 이룬다. 그리고 자기쌍극자의 남극은 북반구에 있다. 지면 어느 지점에서라도 그 지역의 자기장 방향은 *자기편각*(지리적 북극으로부터 왼쪽 혹은 오른쪽으로의 각도)과 *자기경사각*(수평으로부터의 위쪽 혹은 아래쪽 각도)으로 정해진다.

▸***스핀 자기 쌍극자모멘트*** 전자는 *스핀 각운동량*(*스핀*) $\vec{S}$라고 부르는 고유한 각운동량을 가지고 있는데 이것에 의한 *스핀 자기 쌍극자모멘트* $\vec{\mu}_s$는 다음과 같다.

$$\vec{\mu}_s = -\frac{e}{m}\vec{S}. \qquad (32.5.1)$$

z축 방향으로 측정한다고 할 때, S_z 성분은

$$S_z = m_s \frac{h}{2\pi}, \qquad m_s = \pm\tfrac{1}{2} \qquad (32.5.2)$$

로 주어지는 값만을 가질 수 있다. 여기서 $h(= 6.63 \times 10^{-34}\ \text{J} \cdot \text{s})$는 Planck 상수이다. 마찬가지로 전자의 스핀 자기 쌍극자모멘트 $\vec{\mu}_s$는 그 자체로는 측정할 수 없으나 한 성분은 측정할 수 있다. z축 방향의 성분은 다음과 같다.

$$\mu_{s,z} = \pm\frac{eh}{4\pi m} = \pm\mu_B. \qquad (32.5.3, 32.5.5)$$

여기서 μ_B는 *Bohr 자기량*이고 다음과 같다.

$$\mu_B = \frac{eh}{4\pi m} = 9.27 \times 10^{-24}\ \text{J/T}. \qquad (32.5.4)$$

외부 자기장 $\vec{B}_{ext}$ 안에서 스핀 자기 쌍극자모멘트의 방향에 대한 퍼텐셜에너지 U는 다음과 같다.

$$U = -\vec{\mu}_s \cdot \vec{B}_{ext} = -\mu_{s,z}B_{ext}. \qquad (32.5.6)$$

▸***궤도 자기 쌍극자모멘트*** 원자 내의 전자는 *궤도 각운동량* $\vec{L}_{orb}$와 다음과 같은 *궤도 자기 쌍극자모멘트* $\vec{\mu}_{orb}$을 가지고 있다.

$$\vec{\mu}_{orb} = -\frac{e}{2m}\vec{L}_{orb}. \qquad (32.5.7)$$

궤도 각운동량은 양자화되어

$$L_{orb,z} = m_\ell \frac{h}{2\pi},$$

$$m_\ell = 0, \pm1, \pm2, \cdots, \pm(\text{최대값}) \qquad (32.5.8)$$

으로 주어지는 값만을 가질 수 있다. 이와 관련된 궤도 자기 쌍극자모멘트는 다음과 같다.

$$\mu_{orb,z} = -m_\ell \frac{eh}{4\pi m} = -m_\ell \mu_B. \qquad (32.5.9, 32.5.10)$$

외부 자기장 $\vec{B}_{ext}$ 안에서 궤도 자기 쌍극자모멘트의 방향에 대한 퍼텐셜에너지 U는 다음과 같다.

$$U = -\vec{\mu}_{orb} \cdot \vec{B}_{ext} = -\mu_{orb,z}B_{ext}. \qquad (32.5.11)$$

▸***반자성*** *반자성 물질*은 외부 자기장 안에 있을 때에만 자성을 나타낸다. 외부 자기장의 반대 방향으로 자기 쌍극자모멘트를 생성한다. 외부 자기장이 불균일하면 반자성체는 외부 자기장이 큰 지역으로부터 밀린다.

▸***상자성*** *상자성 물질*의 각 원자는 영구 자기 쌍극자모멘트 $\vec{\mu}$를 가지고 있으나, 외부 자기장 $\vec{B}_{ext}$ 안에 있지 않는 한 자기 쌍극자모멘트의 방향이 막방향이므로 전체적으로는 자기장을 가지고 있지 않다. 그러나 외부 자기장 $\vec{B}_{ext}$는 부분적으로 원자의 자기 쌍극자모멘트를 정

렬시켜서 $\vec{B}_{ext}$ 방향으로 알짜 자기 쌍극자모멘트를 만들 수 있다. 부피 V 안에 정렬되는 정도를

$$M = \frac{\text{측정된 자기모멘트}}{V} \qquad (32.7.1)$$

로 주어지는 *자기화량* M으로 측정한다.

시료에 들어 있는 모든 N개 원자의 자기쌍극자가 정렬하면 시료는 포화되었다고 하고 여기에 해당되는 최대 자기화 값은 $M_{max} = N\mu/V$이다. 작은 B_{ext}/T 값에 대하여 근사식으로

$$M = C\frac{B_{ext}}{T} \quad \text{(Curie의 법칙)} \qquad (32.7.2)$$

이다. 여기서 T는 (켈빈) 온도이고 C는 물질의 *Curie 상수*이다.

균일하지 않은 외부 자기장 안에서 상자성 물질은 자기장이 더 큰 지역으로 끌린다.

▸**강자성** *강자성물질* 내부의 자기쌍극자모멘트는 외부 자기장에 의해 정렬하고, 외부 자기장을 제거한 후 영역에 따라 부분적으로 정렬한다(자기구역). 물질의 *Curie 온도*보다 높은 온도에서는 정렬이 사라진다. 균일하지 않은 외부 자기장 안에서 강자성물질은 더 큰 자기장 지역으로 끌린다.

연습문제 _Problems

E Easy M Medium H Hard CALC Requires calculus BIO Biomedical application

1 M CALC *균일한 전기다발.* 그림 32.1에서 반지름이 $R = 3.50$ cm의 원형 영역을 통하여 균일한 전기다발이 지면에서 나오는 방향을 향한다. 그 영역을 통과하는 전체 전기다발은 $\Phi_E = (3.00 \text{ mV m/s})t$이며, t의 단위는 초이다. 지름거리가 (a) 2.00 cm와 (b) 5.00 cm인 곳에 유도되는 자기장의 크기는 얼마인가?

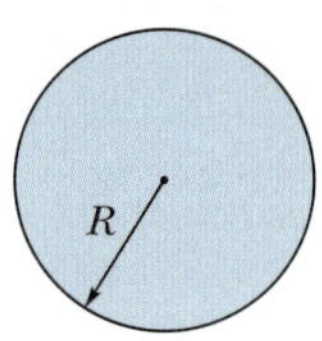

그림 32.1 연습문제 1~8

2 M *불균일한 전기다발.* 그림 32.1에서 반지름 $R = 3.50$ cm의 원형 영역을 통하여 전기다발이 지면에서 나오는 방향을 향한다. 반지름 r의 동심원으로 둘러싸인 다발은 $r \le R$에서 $\Phi_{E,enc} = (0.600 \text{ V}\cdot\text{m/s})(r/R)t$이며, t의 단위는 초이다. 반지름이 (a) 2.00 cm와 (b) 5.00 cm인 곳에 유도되는 자기장의 크기는 얼마인가?

3 M *균일한 전기장.* 그림 32.1에서 균일한 전기장이 반지름 $R = 3.5$ cm의 원형 영역을 통하여 지면에서 나오는 방향을 향한다. 전기장의 크기는 $E = (4.50 \times 10^{-3} \text{ V/m}\cdot\text{s})t$이며, t의 단위는 초이다. 반지름이 (a) 2.00 cm와 (b) 5.00 cm인 곳에 유도되는 자기장의 크기는 얼마인가?

4 M CALC *불균일한 전기장.* 그림 32.1에서 전기장이 반지름 $R = 3.50$ cm의 원형 영역에서 지면에서 나오는 방향을 향한다. 전기장의 크기는 지름거리 $r \le R$에서 $E = (0.500 \text{ V/m}\cdot\text{s})(1 - r/R)t$이며, t의 단위는 초이다. 반지름이 (a) 2.00 cm와 (b) 5.00 cm인 곳에 유도되는 자기장의 크기는 얼마인가?

5 M *균일한 변위전류 밀도.* 그림 32.1에서 반지름 $R = 3.50$ cm의 원형 영역을 통하여 변위전류가 지면에서 나오는 방향을 향한다. 변위전류의 밀도는 $J_d = 6.00 \text{ A/m}^2$로 균일하다. 반지름이 (a) 2.00 cm와 (b) 5.00 cm인 곳에 변위전류가 만드는 자기장의 크기는 얼마인가?

6 M *균일한 변위전류.* 그림 32.1에서 반지름 $R = 3.50$ cm의 원형 영역을 통하여 균일한 변위전류 $i_d = 0.500$ A가 지면에서 나오는 방향을 향한다. 반지름이 (a) 2.00 cm와 (b) 5.00 cm인 곳에 변위전류가 만드는 자기장의 크기는 얼마인가?

7 M CALC *불균일한 변위전류밀도.* 그림 32.1에서 반지름 $R = 3.50$ cm의 원형 영역을 통하여 변위전류가 지면에서 나오는 방향을 향한다. 변위전류의 밀도는 $J_d = (4.00 \text{ A/m}^2)(1 - r/R)$이며, r은 반지름으로 $r \le R$이다. 반지름이 (a) 2.00 cm와 (b) 5.00 cm인 곳에 변위전류가 만드는 자기장의 크기는 얼마인가?

8 M *불균일한 변위전류.* 그림 32.1에서 반지름 $R = 3.00$ cm의 원형 영역을 통하여 변위전류가 지면에서 나오는 방향을 향한다. 변위전류의 크기는 $i_d = (5.00 \text{ A})(r/R)$이며, r은 반지름으로 $r \le R$이다. 반지름이 (a) 2.00 cm와 (b) 5.00 cm인 곳에서 i_d가 만드는 자기장의 크기는 얼마인가?

9 E 그림 32.2는 반자성 물질에 대한 고리모형(고리 L)이다. (a) 막대자석이 물질의 안과 주변에 만드는 자기장선을 그려라. (b) 고리의 알짜 자기 쌍극자모멘트 $\vec{\mu}$의 방향, (c) 고리에 흐르는 전류 i의 방향(그림에서 시계방향 혹은 반시계방향), (d) 고리에 미치는 자기력의 방향은 무엇인가?

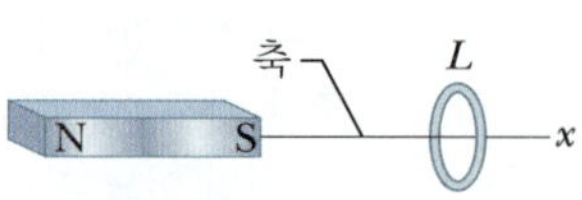

그림 32.2 연습문제 9

10 M 강자성의 원인으로 32.8단원에서 설명한 교환결합은 두 자기쌍극자 사이의 자기 상호작용이 아니다. 이것을 보이기 위해 (a) 1.5×10^{-23} J의 자기 쌍극자모멘트를 가진 원자(코발트)로부터 자기 쌍극자의 축을 따라 10 nm 떨어진 거리에서 자기장의 크기와 (b) 이런 자기장에서 동일한 두 번째 쌍극자를 뒤집는 데 필요한 최소 에너

지를 각각 구하여라. (c) 위 (b)의 결과를 평균 병진운동에너지 0.040 eV와 비교하면 어떤 결론을 얻을 수 있는가?

11 E 전자의 스핀 자기쌍극자모멘트의 z 성분이 외부 자기장에 대해 평행일 때와 반평행일 때의 에너지 차이는 얼마인가? 외부자기장은 크기가 0.45 T이고 z축에 평행이다.

12 E 면적이 2.95×10^5 km^{2}인 미국 아리조나 지역 지구자기장 수직 성분의 평균값이 43 μT(아래쪽 방향)라고 가정하자. (이 지역을 제외한) 나머지 지구 표면을 통과하는 알짜 자기다발의 (a) 크기와 (b) 방향(안으로 혹은 밖으로)은 무엇인가?

13 M CALC 그림 32.3에서 평행한 원형 극판 사이의 전기장 크기는 $E = (4.0 \times 10^5) - (6.0 \times 10^4 t)$이고, E의 단위는 V/m, t의 단위는 초이다. $t = 0$일 때 $\vec{E}$는 위쪽 방향이다. 극판의 면적은 7.0×10^{-2} m^{2}이다. $t \geq 0$일 때 극판 사이에서 변위전류의 (a) 크기와 (b) 방향(위 혹은 아래)은 무엇인가? (c) 유도 자기장의 방향은 그림에서 시계방향인가, 반시계방향인가?

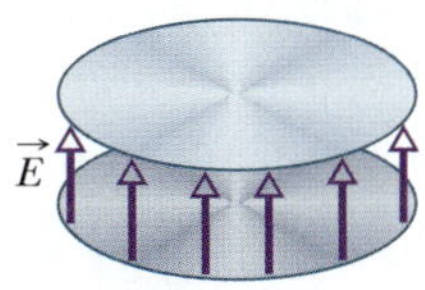

그림 32.3 연습문제 13

14 E CALC 반지름 R인 원판으로 이루어진 평행판축전기를 충전하고 있다. 변위전류밀도의 크기는 $r \leq R$에서 $J_d = \varepsilon_0(dE/dt)$임을 보여라.

15 M Gauss면은 원통 모양으로 양 끝면의 반지름은 12.0 cm이고 길이는 80.0 cm이다. 한쪽 끝면을 통해서 안쪽으로 들어가는 자기다발은 25.0 μWb이다. 다른 쪽 끝면에서는 2.00 mT의 균일한 자기장이 그 면에 수직으로 밖을 향하고 있다. 굽은 옆면을 통해 지나는 알짜 자기다발의 (a) 크기와 (b) 방향(안쪽 또는 바깥쪽)은 무엇인가?

16 M 원판의 반지름이 R = 1.20 cm인 평행판축전기를 15.0 A의 전류로 방전시킨다. 극판 사이의 중심축에 중심이 있는 반지름 $R/3$의 고리를 생각하자. (a) 고리에 둘러싸인 변위전류는 얼마인가? 최대 유도 자기장의 크기가 12.0 mT일 때 축전기 틈의 (b) 안과 (c) 밖의 각각 어느 반지름에서 유도 자기장의 크기가 3.00 mT인가?

17 E CALC 원형 평행판축전기의 중심축으로부터 지름거리 6.0 mm인 지점에서 유도자기장이 1.2×10^{-7} T이다. 극판의 반지름은 2.5 mm이다. 극판 사이에서 전기장의 변화율 $d\vec{E}/dt$는 얼마인가?

18 E 원자의 고유 자기쌍극자모멘트 값이 1.0×10^{-23} J/T인 상자성 기체에 0.40 T의 자기장을 걸었다. 자기장 안에서 쌍극자를 뒤집는데 필요한 에너지와 원자의 평균 병진운동에너지가 같은 온도는 얼마인가?

19 M CALC 그림 32.4처럼 균일한 전기장 $\vec{E}$가 갑자기 사라진다. 수직축의 눈금은 $E_s = 6.0 \times 10^5$ N/C고, 수평축의 눈금은 t_s = 24.0 μs이다. 그래프에 나타낸 a, b, c 시간 구간에서 전기장에 수직인 면적 1.6 m^{2}를 통과하는 변위전류의 크기를 구하여라, (구간 끝에서의 변화는 무시한다.)

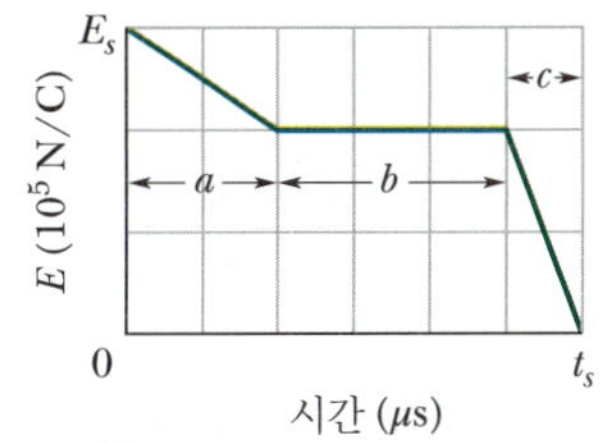

그림 32.4 연습문제 19

20 E CALC 원판의 반지름이 0.10 m인 평행판축전기가 방전되고 있다. 반지름 0.20 m의 원형 고리가 축전기와 중심이 같고 극판 사이 중간에 있다. 고리를 지나는 변위전류는 3.0 A이다. 극판 사이의 전기장은 어떤 비율로 변하는가?

21 E 주사위의 다섯 개 각각의 면을 통과하는 자기다발이 $\Phi_B = \pm N$ Wb이고, N (1부터 5까지)은 각 면의 점이 나타내는 숫자이다. 다발은 N이 짝수이면 양이고(밖으로), N이 홀수이면 음(안으로)이다. 주사위의 여섯 번째 면을 통과하는 다발은 얼마인가?

22 M CALC 원판의 지름이 20 cm인 평행판 축전기가 대전될 때 극판 사이에서 변위전류의 전류밀도 크기는 30 A/m^{2}로 균일하다. (a) 극판 사이에서 대칭축으로부터 r = 50 mm인 곳에 생기는 자기장의 크기 B를 구하여라. (b) 극판 사이에서 dE/dt를 구하여라.

23 H CALC 그림 32.5에 나타낸 대로 z축에 평행이며, $4r$만큼 떨어진 두 도선에 서로 반대 방향으로 같은 크기의 전류 i가 흐른다. 반지름 r, 길이 L인 원통을 z축을 축으로 하고, 도선의 중간에 놓았다. (a) 자기에 대한 Gauss의 법칙을 사용하여 x축 위쪽 원통면의 반을 지나 밖으로 나가는 알짜 다발에 대한 표현식을 유도하여라. (*힌트*: 원통 안에 놓여 있는 xz면의 부분을 통과하는 다발을 구하여라).

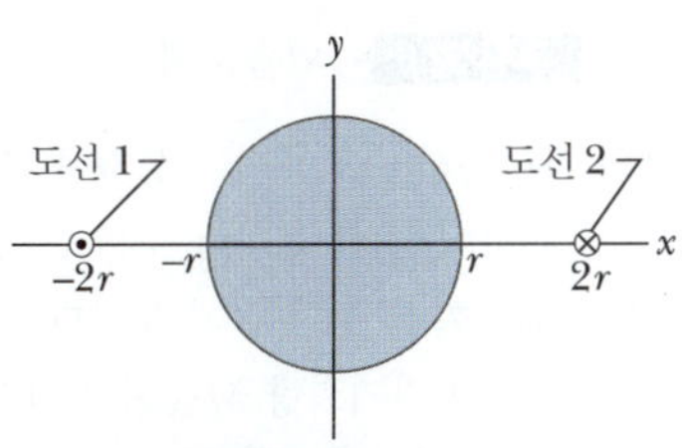

그림 32.5 연습문제 23

24 E 원자 내 전자의 자기양자수가 $m = 0$이면 (a) $L_{orb,z}$와 (b) $\mu_{orb,z}$의 성분은 얼마인가? 이 원자가 크기 55 mT, z축 방향의 외부 자기장 $\vec{B}$ 안에 있을 때, (c) $\vec{\mu}_{orb}$와 관련된 에너지 U_{orb}와 (d) $\vec{\mu}_s$와 관련된 에너지 U_{spin}은 얼마인가? 전자가 $m = -3$을 갖는 경우 (e) $L_{orb,z}$, (f) $\mu_{orb,z}$, (g) U_{orb}, (h) U_{spin}은 얼마인가?

25 M 지구의 자기쌍극자모멘트 크기는 8.0×10^{22} J/T이다. (a) 이 원인이 지구 중심에 있는 자화된 철로 이루어진 구에 의한 것이라면 반지름은 얼마인가? (b) 공은 지구 부피 중 얼마를 차지하는가? 자기쌍극자가 완전히 정렬해 있다고 가정하자. 지구 내핵의 밀도는 14 g/cm^{3}이다. 철 원자 하나의 자기쌍극자모멘트는 2.1×10^{-23} J/T이다,

(*참조*: 지구의 내핵은 사실 액체와 고체가 섞여 있는 것으로 생각되며 철은 그 일부분이다. 하지만 지구자기의 원인을 영구자석이라고 생각하는 것은 여러 가지 이유로 제외되었다. 한 가지 이유는 온도는 분명히 Curie 온도보다 높다는 것이다).

26 **M** 강자성 니켈의 포화자기화 M_{max}는 4.70×10^5 A/m이다. 니켈 원자 하나의 자기쌍극자모멘트를 구하여라. (니켈의 밀도는 8.90 g/cm^{3}이고 몰질량은 58.71 g/mol이다.)

27 **M** 그림 32.6*a*에서 비저항 1.62×10^{-8} Ω m의 도선에 전류 i가 흐르고 있다. 그림 32.6*b*는 전류의 크기를 시간 t의 함수로 나타낸 그래프이다. 수직축의 눈금은 $i_s = 10.0$ A이고, 수평축의 눈금은 $t_s = 50.0$ ms이다. 점 P는 도선의 중심으로부터 반지름이 6.00 mm인 곳이다. (a) $t = 20$ ms (b) $t = 40$ ms (c) $t = 60$ ms일 때 도선의 실제 전류 i가 점 P에 만드는 자기장 $\vec{B}_i$의 크기를 구하여라. 다음으로 이 전류를 일으키는 전기장이 도선 내에 한정되어 있다고 가정한다. (d) $t = 20$ ms (e) $t = 40$ ms (f) $t = 60$ ms일 때 각각 도선의 변위전류 i_d가 점 P에 만드는 자기장 $\vec{B}_{id}$의 크기를 구하여라. $t = 20$ s일 때 P점에서 (g) $\vec{B}_i$와 (h) $\vec{B}_{id}$의 (지면에 대한) 방향은 무엇인가?

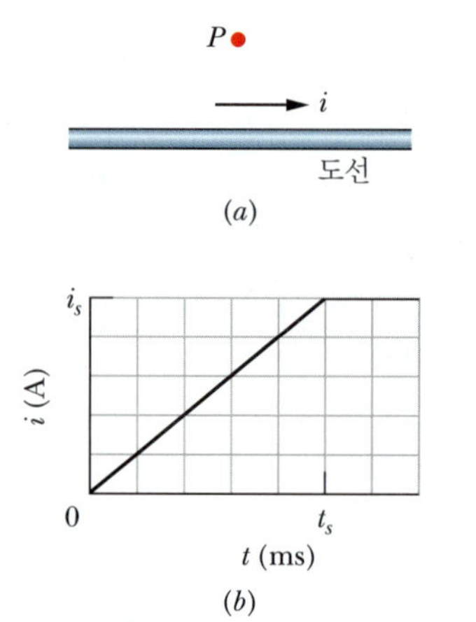

그림 32.6 연습문제 27

28 **E** 그림 32.7.1의 자화곡선이 적용되는 상자성 물질 시료가 Curie 법칙을 따르는지 보기 위하여 실험을 한다. 시료를 실험 내내 일정하게 유지되는 0.50 T의 균일한 자기장 안에 놓았다. 그리고 10 K에서 300 K에 걸친 온도 범위에서 자기화량 M을 측정한다. 이런 조건에서 Curie 법칙이 옳다고 확인할 수 있는가?

29 **M** 원판의 반지름이 40 mm인 평행판 축전기가 6.0 A의 전류로 방전되고 있다. 축전기 극판 사이의 (a) 안과 (b) 밖 어느 곳에서 유도 자기장의 크기가 최대값의 60%가 되는가? (c) 최대값은 얼마인가?

30 **E** (a) $m_\ell = 1$과 (b) $m_\ell = -2$인 전자의 궤도 자기 쌍극자모멘트의 z성분을 측정한 값은 얼마인가?

31 **M** 그림 32.7는 상자성 물질의 자기화곡선이다. 수직축의 눈금은 $a = 0.15$이고, 수평축의 눈금은 $b = 0.30$ T/K이다. μ_{sam}은 측정한 물질의 알짜 자기모멘트이고 μ_{max}는 가능한 최대 알짜 자기모멘트이다. 시료를 온도 2.00 K에서 0.800 T의 균일한 자기장 안에 놓으면 Curie 법칙에 의한 μ_{sam}/μ_{max}의 비율은 얼마인가?

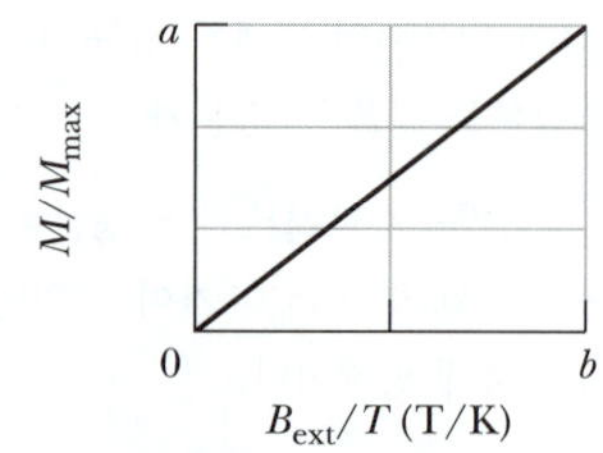

그림 32.7 연습문제 31

32 **M** 길이 6.00 cm, 반지름 3.00 mm이고, (균일한) 자화량 2.70×10^3 A/m인 자석 막대가 나침반 바늘처럼 그 중심에 대하여 돌 수 있다. 막대를 크기 45.0 mT의 균일한 자기장 $\vec{B}$ 안에 자기쌍극자모멘트의 방향은 $\vec{B}$와 각도 68.0°를 이루도록 놓았다. (a) $\vec{B}$에 의해 막대에 작용하는 토크 크기는 얼마인가? (b) 각도가 34.0°로 변하면 막대의 자기 퍼텐셜에너지는 얼마나 변하는가?

33 **H** **CALC** 그림 32.8에서 반지름 $R = 18.0$ cm인 원판으로 만든 축전기를 기전력 $\mathscr{E} = \mathscr{E}_m \sin \omega t$인 기전력샘에 연결하였다. 여기서 $\mathscr{E}_m = 220$ V, $\omega = 130$ rad/s이다. 변위전류의 최대값은 $i_d = 9.20$ μA이다. 극판 가장자리에서 전기장의 모서리 효과는 무시한다. (a) 회로에 흐르는 전류 i의 최대값은 얼마인가? (b) Φ_E를 극판 사이의 전기장 다발이라고 할 때 $d\Phi_E/dt$의 최대값은 얼마인가? (c) 극판 사이의 간격 d는 얼마인가? (d) 극판 사이 중심으로부터 거리 $r = 11.0$ cm인 판 사이에서 $\vec{B}$의 최대 크기를 구하여라.

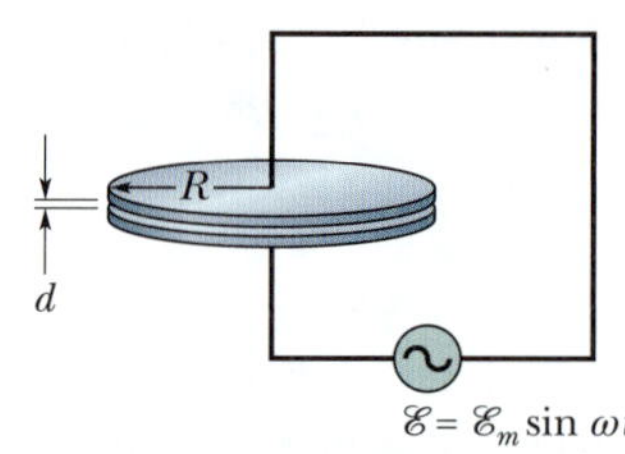

그림 32.8 연습문제 33

34 **M** **CALC** 평행판축전기에서 원판의 반지름은 $R = 40$ mm이고 판 사이의 거리는 5.0 mm이다. 그리고 최대값이 150 V이고 진동수 60 Hz로 진동하는 퍼텐셜이 판 사이에 걸려 있다. 즉, 다음과 같다.

$$V = (150 \text{ V}) \sin[2\pi(60 \text{ Hz})t].$$

(a) $r = R$에 생기는 최대 유도자기장 $B_{max}(R)$을 구하여라. (b) $0 < r < 10$ cm에 대해 $B_{mx}(r)$의 그래프를 그려라.

35 **E** 그림 32.9에 폐곡면을 나타내었다. 반지름 2.0 cm인 위의 평면을 따라 밖으로 향하는 크기 0.60 T인 수직 자기장이 있다. 평평한 바닥면을 통해 밖으로 0.70 mWb의 자기다발이 나간다. 휘어진 옆면을 지나는 자기다발의 (a) 크기와 (b) 방향은(안쪽 혹은 바깥쪽) 무엇인가?

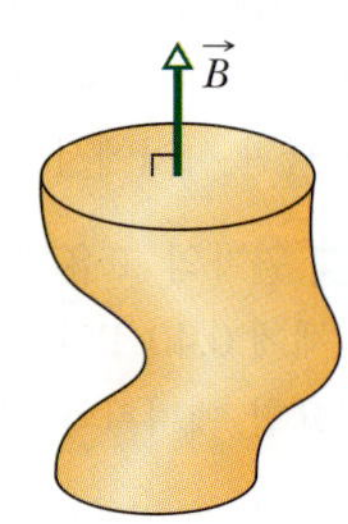

그림 32.9 연습문제 35

36 **E** New Hampshire에서 1912년에 지구자기장의 평균 수평성분은 16 μT였고, 평균 경사각도는 70°였다. 이에 해당하는 지구자기장

의 크기는 얼마인가?

37 M CALC 그림 32.10의 평행판축전기의 판은 한 변의 길이가 $L = 1.0$ m인 정사각형이다. 3.5 A의 전류로 축전기를 대전시켜 판 사이에 균일하고, 판에 수직인 전기장 $\vec{E}$를 만든다. (a) 판 사이의 변위전류 i_d는 얼마인가? (b) 이 영역의 dE/dt는 얼마인가? (c) 점선으로 둘러싸인 한 변이 $d = 0.50$ m인 정사각형 영역의 변위전류는 얼마인가? (d) 점선 경로를 따라 계산한 $\oint \vec{B} \cdot d\vec{s}$의 값은 얼마인가?

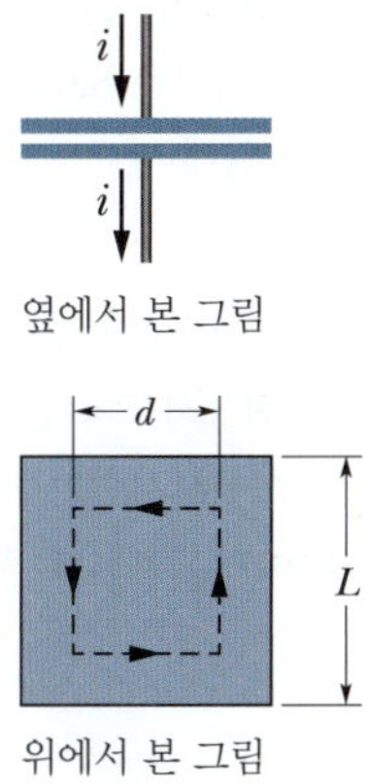

그림 32.10 연습문제 37

38 M CALC 은으로 만든 도선의 비저항은 $\rho = 1.62 \times 10^{-8}\ \Omega$ m이고, 단면적은 5.00 mm^{2}이다. 도선에 흐르는 전류는 균일하며 전류가 50 A일 때 2000 A/s의 비율로 변하고 있다. (a) 도선에 흐르는 전류가 100 A일 때 도선 안에서 (균일한) 전기장의 크기는 얼마인가? (b) 그 시간에 도선 내의 변위전류는 얼마인가? (c) 도선으로부터 거리 r인 곳에서 변위전류가 만드는 자기장과 전류가 만드는 자기장 크기의 비율은 얼마인가?

39 E 한 변의 길이가 L인 정사각형 판으로 만든 축전기가 1.2 A의 전류로 방전되고 있다. 그림 32.11은 축전기의 안쪽에서 한 극판을 바라본 그림이다. 직사각형 점선 경로를 나타내었다. $L = 12$ cm, $W = 4.0$ cm, $H = 2.0$ cm일 때 점선 경로를 따라 $\oint \vec{B} \cdot d\vec{s}$의 값은 얼마인가?

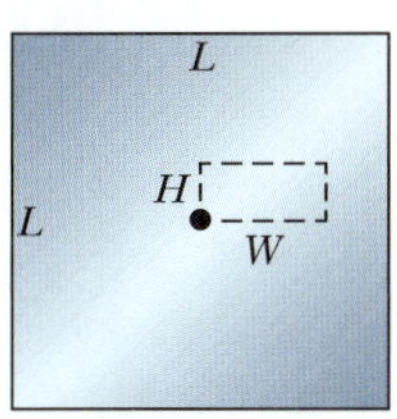

그림 32.11 연습문제 39

40 E CALC 전기용량 2.0 μF인 평행판축전기 극판 사이의 퍼텐셜차를 어떤 비율로 변화시켜야 2.5 A의 변위전류를 만들 수 있는가?

41 M 그림 32.12의 회로는 스위치 S, 24.0 V의 이상적인 전지, 20.0 MΩ의 저항과 공기를 채운 축전기로 구성되어 있다. 축전기는 반지름 5.00 cm의 평행한 원형 극판이 3.00 mm 떨어져 있다. $t = 0$일 때 스위치 S를 닫으면 축전기가 대전되기 시작한다. 극판 사이의 전기장은 균일하다. $t = 250\ \mu$s일 때 축전기 안의 반지름 3.00 cm인 곳에서 축전기 내부의 자기장 크기는 얼마인가?

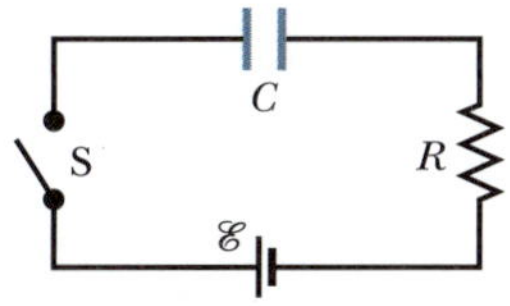

그림 32.12 연습문제 41

42 E z축 방향의 자기장 $\vec{B}$ 안에 전자를 놓았다. 전자의 스핀 자기쌍극자모멘트 z 성분이 $\vec{B}$와 평행일 때와 반평행일 때의 에너지 차이가 9.00×10^{-25} J이다. $\vec{B}$의 크기는 얼마인가?

43 E 그림 32.13a는 한 원자의 허용된 두 에너지값(준위)을 한 축에 그린 것이다. 원자를 0.300 T의 자기장 안에 넣으면, $\vec{\mu}_{orb} \cdot \vec{B}$와 관련된 에너지에 의해서 그림이 32.13$b$로 변한다. ($\vec{\mu}_s$는 무시한다.) E_1 준위는 변하지 않았지만, E_2 준위는 (가깝게 위치한) 세 준위로 갈라진다. (a) 에너지준위 E_1, (b) 에너지준위 E_2와 관련된 m_ℓ의 허용된 값은 각각 무엇인가? (c) 세 개로 갈라진 준위의 에너지 간격은 몇 줄(J)인가?

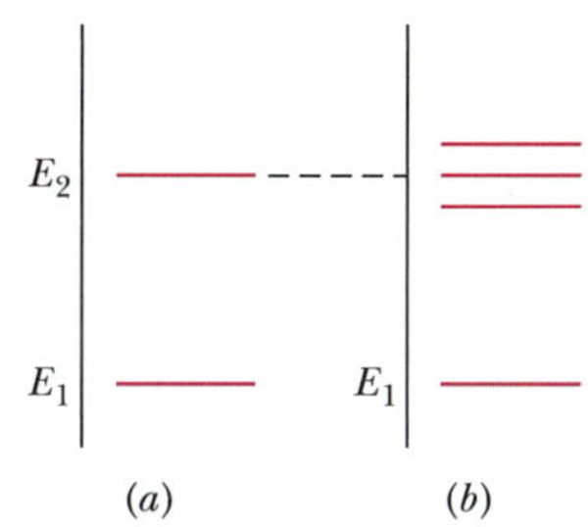

그림 32.13 연습문제 43

44 E 그림 32.7.1의 자기화 곡선이 적용되는 상자성물질 시료가 상온(300 K)에 있다. 시료의 자기포화 정도가 (a) 50%와 (b) 90%가 되는 자기장의 크기는 얼마인가? (c) 이 자기장은 실험실에서 얻을 수 있는가?

45 H 단위부피당 N개의 원자가 있고, 각 원자의 자기쌍극자모멘트는 $\vec{\mu}$인 고체를 생각하자. $\vec{\mu}$의 방향은 외부 자기장 $\vec{B}$에 대해 평행이거나 반평행만 가능하다고 하자. (이것은 $\vec{\mu}$가 전자의 스핀인 경우에 해당한다.) 통계역학에 따르면 원자가 에너지 U인 상태에 있을 확률은 $e^{-U/kT}$에 비례하며, T는 절대온도이고 k는 Boltzmann 상수이다. 에너지 U는 $-\vec{\mu} \cdot \vec{B}$이므로 자기쌍극자모멘트가 $\vec{B}$에 평행인 원자의 비율은 $e^{\mu B/kT}$에 비례하고 자기쌍극자모멘트가 $\vec{B}$에 반평행인 원자의 비율은 $e^{-\mu B/kT}$에 비례한다. (a) 이 고체의 자기화 크기는 $M = N\mu \tanh(\mu B/kT)$임을 보여라. 여기서 $\tanh(x) = (e^x - e^{-x})/(e^x + e^{-x})$이다. (b) (a)의 결과는 $\mu B \ll kT$인 극한에서 $M = N\mu^2 B/kT$임을 보여라. (c) (a)의 결과는 $\mu B \gg kT$인 극한에서 $M = N\mu$임을 보여라. (d) (b)와 (c)는 모두 정성적으로 그림 32.7.1과 일치함을 보여라.

46 H CALC 질량 m, 전하량 e의 전자가 반지름이 r인 핵 주변의 원궤도를 돌고 있다. 여기에 균일한 자기장 $\vec{B}$를 궤도평면에 수직으로 가한다. 궤도의 반지름이 변하지 않고, 전자의 속력은 자기장 $\vec{B}$에 의해서 조금만 변한다고 가정하자. 이 자기장에 의한 전자의 궤도 자기쌍극자모멘트의 변화량에 대한 표현식을 구하여라.

47 E CALC 전기용량이 C인 평행판축전기의 변위전류를 $i_d = C(dV/dt)$로 쓸 수 있음을 보여라. 여기서 V는 극판 사이의 퍼텐셜차이다.

48 M 운동에너지 K_e인 전자가 양의 z축 방향인 균일한 자기장에 수직인 원궤도를 따라 운동하고 있다. 전자의 운동은 자기장에 의한 힘에 의해서만 영향을 받는다. (a) 궤도운동에 의한 자기쌍극자모멘트의 크기는 $\mu = K_e/B$이고, 그 방향은 $\vec{B}$와 반대임을 보여라. 같은 상황에서 운동에너지가 K_i인 양이온의 자기쌍극자모멘트의 (b) 크기와 (c) 방향은 무엇인가? (d) 이온화된 기체가 5.3×10^{21}개/m^{3}의 전자와, 같은 밀도의 이온으로 구성되어 있다. 전자의 평균 운동에너지는 6.2×10^{-20} J이고 이온의 평균 운동에너지는 7.6×10^{-21} J이라고 하자. 기체가 1.2 T의 자기장 안에 있을 때 자기화량을 구하여라.

49 M 쇠막대에 들어 있는 철 원자 하나의 자기 쌍극자모멘트의 크기는 2.1×10^{-23} J/T이다. 쇠막대의 길이는 5.0 cm이고 단면적은 0.80 cm^{2}이며, 자기쌍극자모멘트가 모두 정렬되어 있다고 가정한다. (a) 막대의 자기쌍극자모멘트는 얼마인가? (b) 크기 1.5 T의 외부 자기장에 수직으로 자석을 잡고 있으려면 토크를 얼마나 작용해야 하는가? (철의 밀도는 7.9 g/cm^{3}이다)

50 E 원통 막대 모양인 자석의 길이는 4.00 cm, 지름은 1.00 cm이다. 이 자석은 5.30×10^3 A/m로 균일하게 자기화되어 있다. 자석의 자기쌍극자모멘트는 얼마인가?

51 M 탄광과 시추공에서 한 측정에 의하면 지구 내부의 온도는 깊이에 따라 평균 30°C/km의 비율로 증가한다고 한다. 표면온도를 10°C라고 가정하면 어느 깊이에서 철은 강자성을 잃는가? (철의 Curie 온도는 압력에 따라 거의 변하지 않는다.)

52 M CALC Rowland 고리는 강자성 물질로 만든다. 그 단면은 원이고 안쪽 반지름은 5.0 cm, 바깥쪽 반지름은 6.0 cm이며, 도선은 350번 감았다. (a) 토로이드의 자기장 크기가 $B_0 = 0.20$ mT로 유지되려면 감은 도선에는 얼마의 전류가 흘러야 하는가? (b) 토로이드를 감싸는 2차코일은 50번 감았고 저항은 8.0 Ω이다. 이 B_0 값에 대하여 $B_M = 800B_0$이면, 토로이드 코일에 전류가 켜질 때 2차코일을 통하여 움직이는 전하는 얼마인가?

53 M 나침반을 수평면에 놓고 바늘이 평형위치에 있도록 한 후 나침반을 살짝 건드려서 바늘이 진동하도록 한다. 진동수는 0.400 Hz이다. 나침반이 있는 위치에서 지구자기장의 수평성분은 18.0 μT이다. 바늘의 자기모멘트가 0.680 mJ/T일 때, 바늘의 (수직)회전축에 대한 회전관성은 얼마인가?

제 33 장

전자기파

Electromagnetic Waves

33.1 ▸ 전자기파

요점 *Key Ideas*

1. 전자기파는 진동하는 전기장과 자기장으로 이루어져 있다.
2. 전자기파의 다양한 가능한 진동수로 스펙트럼을 이루며, 그중 작은 부분이 가시광선이다.
3. x축으로 진행하는 전자기파의 전기장 $\vec{E}$와 자기장 $\vec{B}$의 크기는 다음과 같이 x와 t에 의존한다.

   $$E = E_m \sin(kx - \omega t)$$

   와 $$B = B_m \sin(kx - \omega t).$$

   여기서 E_m과 B_m은 $\vec{E}$와 $\vec{B}$의 크기이다. 전기장은 자기장을 유도하고, 자기장은 전기장을 유도한다.
4. 진공에서 전자기파의 속력은 c이고, 다음과 같이 쓸 수 있다.

   $$c = \frac{E}{B} = \frac{1}{\sqrt{\mu_0 \varepsilon_0}}.$$

   여기서 E와 B는 진동하는 장의 크기이다.

학습목표 *Learning Objectives*

이 단원을 읽은 후 다음을 이해해야 한다.

33.1.1 전자기파 스펙트럼에서 AM 라디오, FM 라디오, 텔레비전, 적외선, 가시광선, 자외선, x선과 감마선의 (길고 짧은) 상대적인 파장을 이해한다.

33.1.2 *LC* 진동자와 안테나에 의한 전자기파의 전달을 기술한다.

33.1.3 *LC* 진동자에 의한 파동 전달에서 진동자의 유도용량 L, 전기용량 C, 각진동수 ω와 방출되는 파동의 진동수 f, 파장 λ 사이의 관계를 구한다.

33.1.4 진공 (그리고 공기 중에서) 전자기파의 속도를 구한다.

33.1.5 전자기파는 어떤 매질도 필요하지 않고 진공에서 진행할 수 있다.

33.1.6 전자기파의 속력, 파동이 이동한 직선거리와 이동하는 데 필요한 시간 사이의 관계를 구한다.

33.1.7 전자기파의 진동수 f, 파장 λ, 주기 T, 각진동수 ω와 속력 c 사이의 관계를 구한다.

33.1.8 전자기파는 전기장과 자기장의 성분이 (a) 이동 방향에 수직이고 (b) 서로 수직이고 (c) 같은 진동수와 위상을 갖는 사인파동이다.

33.1.9 전자기파의 전기장과 자기장의 성분은 위치와 시간의 함수인 사인함수이다.

▶ 어떤 물리현상을 다루는가?

오늘날의 정보화시대는 거의 전적으로 전자기학에 기초를 두고 있다. 싫든 좋든 간에 TV, 전화, 인터넷을 통해 전 세계와 연결되어 있으며, 항상 TV, 라디오, 전화기 등에서 흘러나오는 전자기파에 묻혀서 살고 있다.

40년 전에는 제아무리 미래를 잘 예견하는 공학자도 정보소자를 이용한 전 세계의 인터넷 연결은 상상도 못했다. 현재의 공학자는 다가올 40년 뒤 전 세계의 정보망 연결이 어떤 형태로 이루어질 것인가를 가시화하는 데 도전하고 있다. 이러한 도전과 접해 볼 수 있는 시발점은 전자기파의 이해이다. 시적인 표현으로 *Maxwell의 무지개*라고 부르는 전자기파는 매우 다양하게 존재한다.

▶ Maxwell의 무지개

James Clerk Maxwell이 이룬 가장 뛰어난 업적은(32장 참조) 빛이 전기장과 자기장의 진행파동(**전자기파**)이고 가시광선을 연구하는 학문인 광학이 전자기학의 한 분야임을

33.1.10 광속 c, 유전상수 ε_0, 투자상수 μ_0 사이의 관계를 구한다.

33.1.11 의의 순간과 위치에서 전기장의 크기 E, 자기장의 크기 B와 광속 c 사이의 관계를 구한다.

33.1.12 광속 c, 전기장 진폭 E와 자기장 진폭 B의 비율 사이의 관계를 유도하는 것을 설명한다.

밝힌 것이다. 이번 장에서는 전기와 자기의 현상에 대한 논의를 마무리하면서 광학의 기초를 다질 것이다.

1800년대 중반 Maxwell이 생존해 있을 때에는 오로지 가시광선, 적외선, 자외선만을 전자기파로 알고 있었다. 그러나 Maxwell의 연구에 자극받은 Heinrich Hertz가 오늘날 라디오파로 알려진 파동을 발견하였고 실험을 통하여 이 파동이 광속으로 진행한다는 것을 밝혀냈다. 이를 통해 이 파동은 가시광선과 같은 기본적인 성질을 가진다는 것을 암시한다.

그림 33.1.1에서 보듯이 "Maxwell의 무지개"라고 부르는 전자기파로 이루어진 넓은 영역의 *스펙트럼*이 있다. 우리가 얼마나 넓은 영역의 스펙트럼에 펼쳐진 전자기파에 묻혀서 살고 있는지 생각해 보아라. 태양은 인류가 진화하고 적응해 온 환경을 조성해 준 전자기파의 중요한 원천이다. 또한 라디오파와 텔레비전 신호가 인체를 관통하여 지나간다. 레이더와 전화기의 마이크로파도 있다. 전구와 가열된 자동차의 엔진, x선 장치, 번개, 땅속에 묻혀 있는 방사성 물질로부터 나오는 전자기파도 있다. 게다가 우리 은하의 별을 비롯한 다른 물체와 다른 은하계로부터 날아오는 전자기파도 있다. 1950년경 이래 지구에서 송신한 텔레비전 신호는 지구에 가장 근접한 400여 개의 별 주위를 도는 행성에 살지도 모르는 발달된 문명을 갖고 있는 생물체에게 희미하게나마 우리의 소식을 담아 보내고 있다.

그림 33.1.1의 파장과 진동수의 눈금은 각각 10배씩 변하도록 표기하였다. 눈금의 양쪽 끝은 한계가 없다. 즉, 전자기파가 가질 수 있는 파장에는 최대값이나 최소값이 존재하지 않는다.

그림 33.1.1의 전자기 스펙트럼 중 어떤 영역은 *x선* 또는 *라디오파*처럼 친숙한 이름으로 부른다. 스펙트럼의 이름은 어떤 종류의 전자기파 샘과 검출기들이 많이 쓰는 파장의 영역을 대략적으로 정의한다. 그림 33.1.1에서 텔레비전과 AM 라디오로 이름이 붙어 있는 영역은 특별한 목적으로 법에 의해 할당된 파장대이다. 전자기 스펙트럼은 연속적이고 모든 전자기파는 *진공*에서 광속 c로 진행한다.

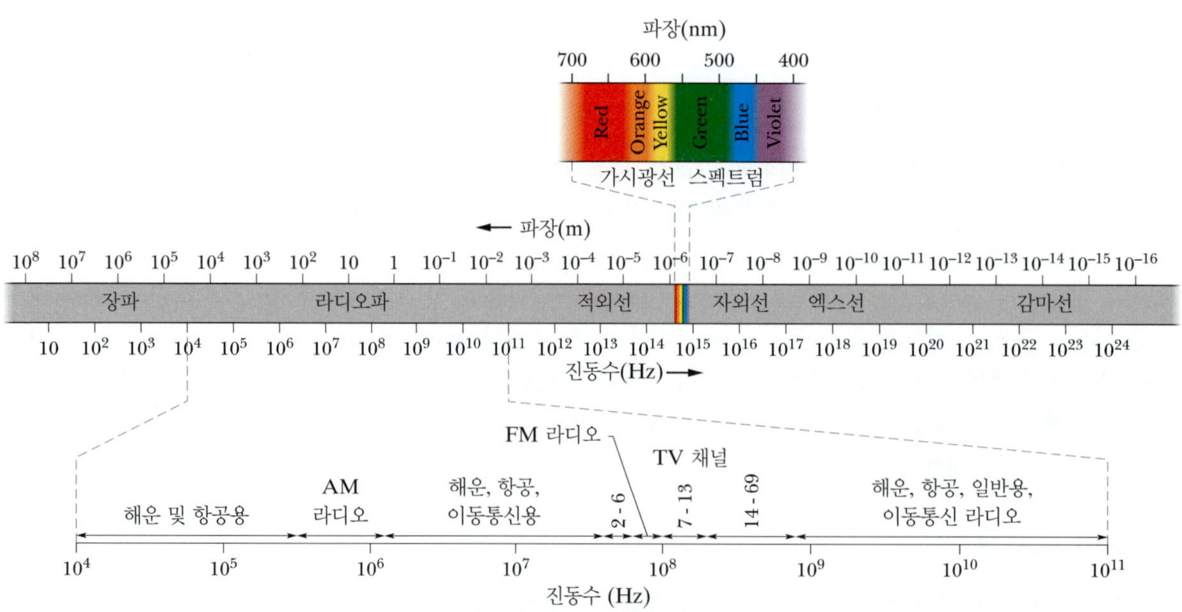

그림 33.1.1 전자기 스펙트럼

전자기 스펙트럼에서 눈으로 볼 수 있는 영역은 특히 중요하다. 그림 33.1.2는 여러 파장의 빛에 대해서 눈이 반응하는 상대적 감도이다. 눈에 보이는 파장영역의 중심은 황록색으로 보이는 약 555 nm 영역이다.

가시광선 영역의 양 끝에서는 눈의 상대적 감도가 점근적으로 0에 접근하므로, 가시광선 스펙트럼의 한계는 명확히 정의되지 않는다. 임의로 눈의 상대적 감도가 최대값의 1%로 떨어지는 점을 시력의 한계로 정의한다면 가시영역은 430 nm부터 690 nm가 될 것이다. 그러나 빛이 충분히 세다면 이 경계를 조금 넘어서도 맨눈으로 전자기파를 감지할 수 있다.

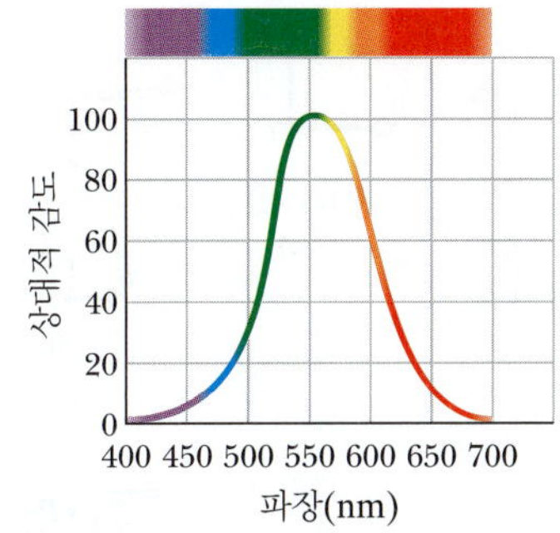

그림 33.1.2 전자기파의 파장에 따른 보통 사람 눈의 상대적 감도. 사람의 눈이 감지하는 전자기 스펙트럼의 영역을 *가시광선*이라고 부른다.

진행하는 전자기파의 정성적 이해

X선, 감마선, 가시광선 등을 포함한 일부 전자기파는 양자 물리학이 지배하는 원자 또는 핵 크기의 샘에서 *방출된다*. 여기서는 그 외의 다른 전자기파가 어떻게 발생하는지에 대해서 논의한다. 문제를 간단히 하기 위하여 파장이 약 1 m 정도 되는 스펙트럼 영역만 다루겠다. 이 영역의 *빛을 내는 샘*은 거시적이고, 적당한 크기를 갖고 있다.

그림 33.1.3은 이러한 파동이 만들어지는 과정을 대략적으로 보여준다. 가장 중요한 부분은 각진동수 ω $(= 1/\sqrt{LC})$를 결정해 주는 LC *진동자*이다. 이 회로에서 전하와 전류는 그림 31.1과 같은 진동수로서 사인함수 모양으로 변한다. 회로에서 발생하는 열 손실과 전자기파 에너지의 손실을 보충하기 위하여 교류 발전기 같은 외부 샘이 반드시 포함되어야 한다.

그림 33.1.3의 LC 진동자는 *안테나*에 이어진 전송선과 변압기로 연결되어 있으며 안테나는 두 개의 가늘고 단단한 도체 막대로 되어 있다. 이 연결을 통하여 진동자의 전류가 사인모양으로 변하면, 전하는 주어진 각진동수 ω로 안테나의 막대를 따라 사인모양으로 진동하게 된다. 막대 속 전하의 운동에 의한 전류도 각진동수 ω로 크기와 방향이 사인모양으로 변한다. 안테나 방향의 전기 쌍극자모멘트는 크기와 방향이 사인모양으로 변하여 안테나는 전기쌍극자의 효과를 낸다.

쌍극자모멘트의 크기와 방향이 변하기 때문에, 쌍극자가 만드는 전기장의 크기와 방향도 변한다. 또한 전류가 변하므로 전류가 만드는 자기장도 크기와 방향이 변한다. 그렇지만 전기장과 자기장의 변화가 모든 곳에서 동시에 일어나는 것은 아니다. 이러한 변화는 광속 c로 안테나로부터 바깥으로 퍼져간다. 이 파동의 각진동수는 LC 진동자와 똑같은 ω이다.

▸***전자기파.*** 그림 33.1.4에서 한 파장의 전자기파가 먼 지점 P(그림 33.1.3 참조)를 지나가는 동안 시간에 따라 변하는 전기장 $\vec{E}$와 자기장 $\vec{B}$의 크기와 방향을 볼 수 있다. 그림 33.1.4의 각 부분에서 전자기파는 지면에 수직으로 나오는 방향으로 진행한다(점 P는 샘으로부터 충분히 멀리 떨어져 있어서 그림 33.1.3에 그려진 파동의 곡률이 무시할

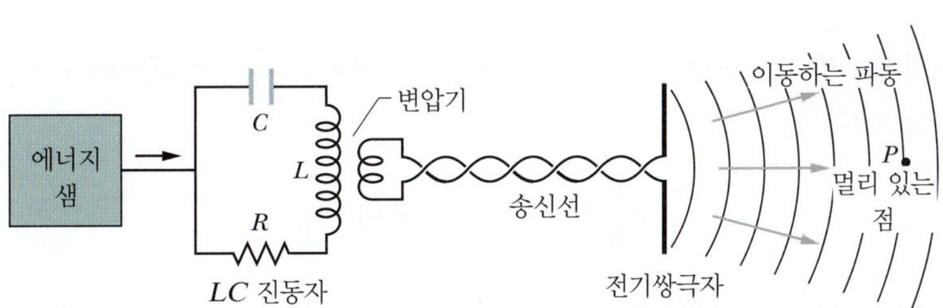

그림 33.1.3 단파영역의 전자기파 발생 장치. LC 진동자가 전자기파를 발생시키는 안테나에 사인모양의 전류를 만든다. 샘에서 멀리 떨어진 점 P를 지나가는 파동을 감지할 수 있는 검출기가 있다.

수 있을 정도로 작다고 생각하자. 이렇게 곡률을 무시할 수 있는 파동을 평면파라고 부르며 *평면파*는 기술하기가 쉽다). 그림 33.1.4에 나타낸 전자기파의 몇 가지 특징을 주목하자. 이러한 특징은 파동이 어떻게 만들어졌든 상관이 없다.

1. 전기장 $\vec{E}$와 자기장 $\vec{B}$의 방향은 파동의 진행방향에 대해 항상 수직이다. 따라서 이들은 16장에서 논의했듯이 *가로파동*이다.

2. 전기장과 자기장은 항상 서로 수직이다.

3. 벡터곱 $\vec{E} \times \vec{B}$의 방향은 항상 전자기파의 진행방향과 같다.

4. 전기장과 자기장은 16장에서 논의한 가로파동처럼 항상 사인모양으로 변화한다. 게다가 이들 전기장과 자기장은 동일한 진동수와 동일한 *위상*을 갖는다.

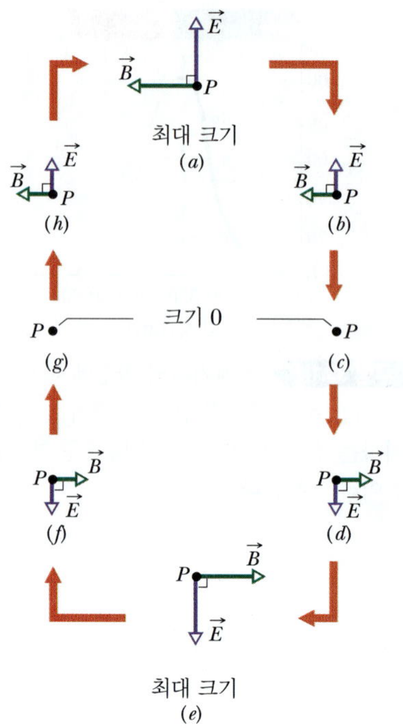

그림 33.1.4 (a)~(h) 전자기파의 한 파장이 그림 33.1.3의 먼 지점 P를 지나갈 때 전기장 $\vec{E}$와 자기장 $\vec{B}$가 변화하는 모습. 전자기파는 지면에서 수직으로 나오는 방향으로 진행한다. 전기장과 자기장은 크기와 방향이 모두 사인모양으로 변한다. 전기장과 자기장은 항상 서로 직각을 이루며 파동의 진행방향에 대해서도 수직이다.

이러한 특징을 유지하며 전자기파가 P를 향하여 x축 양의 방향으로 진행하고, 그림 33.1.4에서 전기장이 y축과 평행하게 진동하며, 자기장이 z축과 평행하게 진동한다고 가정하자(오른손 좌표계 사용). 그러면 위치 x와 시간 t에 따라 변하는 사인모양의 함수를 이용하여 다음과 같이 전기장과 자기장을 쓸 수 있다.

$$E = E_m \sin(kx - \omega t). \tag{33.1.1}$$

$$B = B_m \sin(kx - \omega t). \tag{33.1.2}$$

여기서 E_m과 B_m은 각각 전기장과 자기장의 진폭이고 ω와 k는 각각 파동의 각진동수와 각파동수이다. 이 식으로부터 전기장과 자기장이 전자기파를 형성할 뿐 아니라 이들이 별도로 파동을 이룬다는 것을 알 수 있다. 식 33.1.1은 전자기파의 *전기장 성분*이고 식 33.1.2는 *자기장 성분*이다. 앞으로 논의하겠지만 이 두 파동의 성분은 서로 독립적으로 존재할 수 없다.

▸ ***파동속력.*** 식 16.1.13에 의하면 파동의 속력은 ω/k이다. 그러나 전자기파인 경우 (진공에서의) 파동의 속력을 나타내는 기호로 v보다 c를 사용한다. 다음 절에서 다음과 같은 c의 값을 구할 것이다.

$$c = \frac{1}{\sqrt{\mu_0 \varepsilon_0}} \quad \text{(전자기파의 속력).} \tag{33.1.3}$$

여기서 c의 크기는 3.0×10^8 m/s이다. 따라서 다음과 같이 요약할 수 있다.

가시광선을 포함한 모든 전자기파는 진공에서 똑같은 속력 c로 진행한다.

그리고 전자기파의 속력 c가 다음과 같이 전기장의 진폭과 자기장 진폭의 비와 같다는 것도 설명할 것이다.

$$\frac{E_m}{B_m} = c \quad \text{(진폭의 비).} \tag{33.1.4}$$

식 33.1.1을 식 33.1.2로 나누고 식 33.1.4를 대입하면 임의의 한 점에서 전기장의 크기와 자기장 크기의 비도 다음과 같이 언제나 광속 c와 같다.

$$\frac{E}{B} = c \quad \text{(크기의 비)}. \tag{33.1.5}$$

▸***광선과 파동면.*** 그림 33.1.5a처럼 *광선*(파동의 진행방향을 나타내는 직선) 또는 *파동면*(전자기파의 전기장 성분 크기가 같은 점으로 구성된 가상의 면)을 사용해 전자기파를 나타낼 수 있다. 그림 33.1.5a에 있는 두 개의 파동면은 서로 한 파장 $\lambda(= 2\pi/k)$만큼 떨어져 있다(레이저 빔처럼 거의 비슷한 방향으로 진행하는 파동은 *광선*으로 나타낼 수 있다).

▸***파동 그리기.*** 전자기파는 그림 33.1.5b처럼 나타낼 수도 있다. 이 그림은 한순간의 전기장과 자기장 벡터를 "순간사진"처럼 나타낸 것이다. 벡터의 머리를 잇는 곡선은 식 33.1.1과 33.1.2에서 주어진 사인모양의 진동이다. 파동의 성분인 $\vec{E}$와 $\vec{B}$는 위상이 똑같고, 서로 수직이며, 각각은 파동의 진행방향과 수직이다.

그림 33.1.5b는 주의해서 해석해야 한다. 16장에서 논의했던 팽팽한 줄에 형성되는 가로파동에 관한 비슷한 그림을 상기해 보자. 그 그림은 파동이 진행하면서 줄의 한 부분이 위아래로 움직이는 모습이었다(*매질이 실제로 움직인다*). 이에 비해 그림 33.1.5b는 좀 더 추상적이다. 그림 33.1.5b가 나타내는 순간 전기장과 자기장은 각각 x축을 따라 각 지점에서 특정한 크기와 방향(하지만 언제나 x축과 직각을 이루며)을 갖고 있다. 각 지점에서 한 쌍의 화살표로 이들 벡터량을 나타내도록 정하고, 서로 다른 위치에서 서로 다른 길이의 화살표를 x축과 직각을 이루며 x축으로부터 멀어지는 방향으로 마치 장미 줄기에 난 가시처럼 그려야만 한다. 그러나 화살표는 x축 위의 각 점에서 장의 값을 나타낼 뿐이다. 화살표나 사인모양의 곡선 어느 것도 매질이 x축에 수직으로 운동한다는 것을 나타내는 것이 아니다. 또한 화살표가 x축 위의 점과 x축에서 떨어져 있는 점을 연결하는 것도 아니다.

▸***피드백.*** 그림 33.1.5와 같은 그림은 실제로는 매우 복잡한 상황을 형상화하는 데 도움이 된다. 먼저 자기장을 생각해 보자. 자기장이 사인모양으로 변화하므로 (Faraday의 유도법칙에 따라) 역시 자기장에 수직인 방향을 따라 사인모양으로 변하는 전기장을 유도한다. 그러나 전기장이 사인모양으로 변하므로 (Maxwell의 유도법칙에 따라) 역시 전기장에 수직인 방향을 따라 사인모양으로 변하는 자기장을 유도한다. 전기장과 자기장은 이러한 상호유도를 통해 계속해서 서로를 만들어 내고 결국 전기장과 자기장이 사

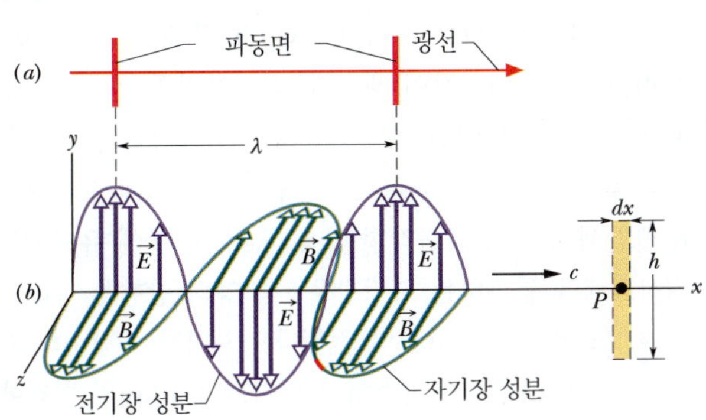

그림 33.1.5 (*a*) 광선과 두 개의 파동면으로 나타낸 전자기파. 파동면은 한 파장 λ만큼씩 떨어져 있다. (*b*) x축 위치에 따라 전자기파의 전기장 $\vec{E}$와 자기장 $\vec{B}$를 "순간사진"으로 나타낸 그림. 파동이 점 P를 지나가는 동안 전기장과 자기장은 그림 33.1.4와 같이 변한다. 파동의 전기장 성분은 오직 전기장으로만, 자기장 성분은 오로지 자기장으로만 이루어져 있다. 점 P에서 파선으로 된 직사각형은 그림 33.1.6에서 사용할 것이다.

인모양으로 변화하면서 전자기파를 형성하여 진행한다. 이 놀라운 결과가 없다면 우리는 사물을 볼 수 없을 것이다. 그리고 지구의 온도를 유지하기 위해서는 태양에서 나오는 전자기파가 필요하므로 이러한 결과 없이는 우리가 존재할 수조차 없을 것이다.

매우 신기한 파동

16장과 17장에서 논의한 파동이 진행하기 위해서는 *매질*이 있어야 한다. 이러한 파동은 끈, 지구, 공기 등의 매질을 타고 전파된다. 그러나 전자기파(*빛*)가 진행하는 데는 매질이 필요 없다. 실제로 전자기파는 공기나 유리와 같은 매질 속으로도 전달되지만 진공으로 이루어진 별과 지구 사이의 공간도 통과할 수 있다.

1905년에 Einstein이 논문을 발표한 지 오랜 시간이 지난 뒤에 특수 상대성이론을 받아들이면서부터 비로소 광속을 특별한 것으로 인식하게 되었다. 광속은 어떤 기준계에서 측정하여도 기준계에 상관없이 항상 동일하다는 특이한 현상이 그중 한 가지의 이유이다. 만약 일정한 축을 따라 빛을 내보내고 같은 축을 따라 빛과 같은 방향 또는 반대 방향을 따라 서로 다른 속도로 움직이고 있는 여러 명의 사람이 광속을 측정하더라도 이들이 잰 광속은 모두 *똑같을* 것이다. 이는 똑같은 상황에서 다른 종류의 파동을 가지고 실험한 경우와 전혀 다른 놀라운 결과이다. 전자기파가 아닌 다른 파동의 경우 파동의 전파 속력은 파동에 대한 관측자의 상대속도에 따라 다르게 측정되기 때문이다.

오늘날에는 진공 속에서의 빛(전자기파)의 속력을 이용하여 길이의 기본단위인 미터를 정의하고 있다. 진공 속에서의 광속은 정확히 다음과 같다.

$$c = 299\ 792\ 458\ \text{m/s}.$$

사실 빛의 펄스가 한 지점에서 다른 한 지점으로 이동한 시간을 측정하였다면 광속을 재는 것이라기보다는 오히려 두 지점 사이의 거리를 재는 것이 된다.

▶ 진행하는 전자기파의 정량적 이해

이 절에서는 식 33.1.3과 33.1.4를 유도하고 나아가 이보다 훨씬 더 중요한 전기장과 자기장의 상호유도를 배울 것이다.

식 33.1.4와 유도 전기장

그림 33.1.6에 점선으로 그린 너비 dx, 높이 h의 직사각형은 x축의 점 P에서 xy 평면 위에 고정되어 있다(그림 33.1.5b의 오른쪽 참조). 전자기파가 직사각형을 통과하여 오른쪽으로 움직이면 직사각형을 통과하는 자기다발 Φ_B가 변하고, 직사각형 영역에는 (Faraday의 유도법칙에 따라) 유도 전기장이 생긴다. 직사각형의 두 긴 변에 생긴 유도 전기장을 각각 $\vec{E}$와 $\vec{E} + d\vec{E}$라고 하자. 사실 유도 전기장은 전자기파의 전기장 성분이다.

진동하는 자기장이 진동하고 수직인 전기장을 유도한다.

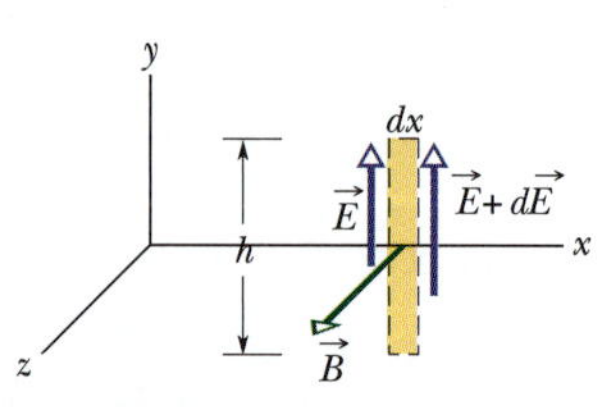

그림 33.1.6 ▶ 전자기파가 그림 33.1.5b의 점 P를 통과하여 오른쪽으로 진행하면 점 P에 중심을 둔 직사각형을 통과하는 자기장 $\vec{B}$가 사인모양으로 변화하면서 직사각형의 네 변을 따라 전기장을 유도한다. 그림에 나타낸 순간에 $\vec{B}$의 크기가 감소하므로 유도 전기장의 크기는 직사각형의 왼쪽보다 오른쪽에서 더 크다.

그림 33.1.5b에서 자기장 성분 중 y축으로부터 멀리 떨어져 있는 빨간색으로 표시한 부분을 주목하여라. 빨간색 부분이 직사각형을 통과하는 순간에 유도되는 전기장을 고려해 보자. 이 순간 직사각형을 통과하는 자기장은 z축 양의 방향을 향하고 크기가 작아진다(크기는 빨간 부분이 도착하기 직전에 더 컸었다). 자기장이 감소하고 있기 때문에 직사각형을 통과하는 자기다발 Φ_B 역시 감소하고 있다. Faraday의 법칙에 따르면 자기다발의 변화를 반대하는 방향으로 유도 전기장이 생겨서 z축 양의 방향으로 자기장 $\vec{B}$가 생성된다.

Lenz의 법칙에 의하면, 직사각형의 경계에 가상의 도선이 있다고 가정할 때, 반시계 방향으로 유도 전류가 생긴다. 물론 도선은 실제 존재하지 않지만 이와 같은 분석은 유도

전기장 벡터 $\vec{E}$와 $\vec{E} + d\vec{E}$(이때 $\vec{E} + d\vec{E}$는 $\vec{E}$보다 크다)가 그림 33.1.6과 같은 방향으로 향한다는 사실을 알려준다. 그렇지 않다면 알짜 유도 전기장이 직사각형의 변을 따라 반시계방향으로 생기지 않을 것이다.

▸***Faraday의 법칙.*** 이제 그림 33.1.6의 직사각형 네 변을 따라서 반시계방향으로 다음과 같이 Faraday의 유도법칙을 적용해 보자.

$$\oint \vec{E} \cdot d\vec{s} = -\frac{d\Phi_B}{dt}. \tag{33.1.6}$$

$\vec{E}$와 $d\vec{s}$가 서로 수직하므로 직사각형의 윗변과 밑변에서의 적분값은 0이다. 그러면 전체의 적분은 다음과 같다.

$$\oint \vec{E} \cdot d\vec{s} = (E + dE)h - Eh = h\,dE. \tag{33.1.7}$$

직사각형 안에서 $\vec{B}$의 크기는 B이고 직사각형의 면적이 $h\,dx$이므로 직사각형을 통과하는 자기다발 Φ_B는 다음과 같다.

$$\Phi_B = (B)(h\,dx). \tag{33.1.8}$$

이제 식 33.1.8을 t로 미분하면

$$\frac{d\Phi_B}{dt} = h\,dx\,\frac{dB}{dt} \tag{33.1.9}$$

이고, 식 33.1.7과 33.1.9를 식 33.1.6에 대입하면 다음을 얻는다.

$$h\,dE = -h\,dx\,\frac{dB}{dt}$$

즉

$$\frac{dE}{dx} = -\frac{dB}{dt}. \tag{33.1.10}$$

사실 식 33.1.1과 33.1.2가 암시하듯이 B와 E는 모두 x와 t의 함수이다. 그러나 dE/dx를 계산할 때 식 33.1.6은 "순간사진"이므로 t를 상수라고 가정한다. 또한 dB/dt는 주어진 위치(그림 33.1.5b의 점 P)에서 B의 시간변화율을 구하는 것이므로 x를 상수(특별한 값)로 가정한다. 이런 조건하에서의 미분을 *편미분*이라고 하며 식 33.1.10을 다시 쓰면 다음과 같다.

$$\frac{\partial E}{\partial x} = -\frac{\partial B}{\partial t}. \tag{33.1.11}$$

그림 33.1.6의 직사각형에서 E의 크기는 x에 따라 증가하지만 B의 크기는 t에 따라 감소하므로 이 식에서 음의 부호는 꼭 필요하다.

식 33.1.1로부터 얻은

$$\frac{\partial E}{\partial x} = kE_m \cos(kx - \omega t)$$

와 식 33.1.2로부터 얻은

$$\frac{\partial B}{\partial t} = -\omega B_m \cos(kx - \omega t)$$

를 이용하면 식 33.1.11은 다음과 같다.

$$kE_m \cos(kx - \omega t) = \omega B_m \cos(kx - \omega t). \tag{33.1.12}$$

진행파에서 ω/k는 파동의 속력 c이므로 식 33.1.12를 다음과 같이 쓸 수 있다.

$$\frac{E_m}{B_m} = c \qquad \text{(진폭의 비)}. \tag{33.1.13}$$

이것이 바로 식 33.1.4이다.

식 33.1.3과 유도 자기장

진동하는 전기장은 진동하고 수직인 자기장을 유도한다.

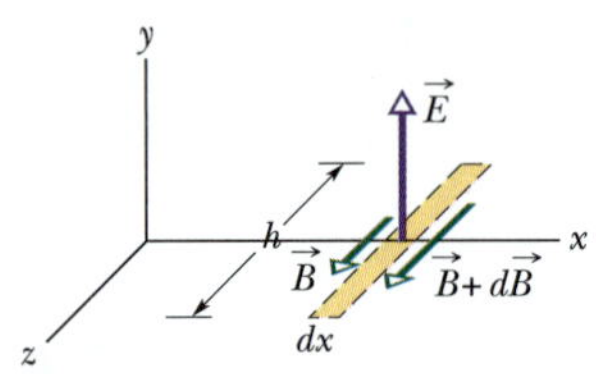

그림 33.1.7 그림 33.1.5b의 점 P에 위치한 직사각형을 통과하는 전기장의 사인 모양 변화가 직사각형의 네 변을 따라 자기장을 유도한다. 그림에 나타낸 순간은 그림 33.1.6과 같은 순간이다. $\vec{E}$의 크기가 감소하므로 유도 자기장의 크기는 직사각형의 왼쪽보다 오른쪽이 더 크다.

그림 33.1.7은 그림 33.1.5b의 점 P에서 xz 평면 위에 점선으로 그린 또 다른 직사각형이다. 전자기파가 직사각형을 통해 오른쪽으로 움직여 나간다면 직사각형을 통한 전기다발 Φ_E가 변하고, Maxwell의 유도법칙에 의해서 직사각형의 네 변을 따라 유도 자기장이 생길 것이다. 이때의 유도 자기장은 전자기파의 자기장 성분이다.

그림 33.1.6의 자기장이 형성되는 순간에 그림 33.1.7의 직사각형을 통과하는 전기장은 그림 33.1.5b에 그린 방향을 향할 것이다. 그 순간에 그림 33.1.6의 자기장이 감소하고 있다는 점에 유의하자. 전기장과 자기장과의 위상은 동일하므로 그림 33.1.7의 전기장도 역시 감소하고 직사각형을 통과하는 전기다발 Φ_E도 감소해야 한다. 그림 33.1.6에 적용했던 것과 같은 이유로 변하는 전기다발 Φ_E는 그림 33.1.7의 방향으로 자기장 $\vec{B}$와 $\vec{B} + d\vec{B}$(이때 $\vec{B} + d\vec{B}$는 $\vec{B}$보다 크다)를 유도할 것이다.

▸***Maxwell의 법칙.*** 그림 33.1.7에 점선으로 그린 직사각형의 네 변을 따라서 반시계 방향으로 다음과 같이 Maxwell의 유도법칙을 적용해 보자.

$$\oint \vec{B} \cdot d\vec{s} = \mu_0 \varepsilon_0 \frac{d\Phi_E}{dt}. \tag{33.1.14}$$

여기서는 직사각형의 짧은 변에 대한 스칼라곱이 0이기 때문에 긴 변만이 적분에 기여할 것이다. 적분을 계산하면 다음과 같다.

$$\oint \vec{B} \cdot d\vec{s} = -(B + dB)h + Bh = -h\,dB. \tag{33.1.15}$$

또한 E가 직사각형 안에서 $\vec{E}$의 평균값이라면 직사각형을 통과하는 다발 Φ_E는 다음과 같다.

$$\Phi_E = (E)(h\,dx). \tag{33.1.16}$$

식 33.1.16을 t에 대해서 미분하면 다음을 얻는다.

$$\frac{d\Phi_E}{dt} = h\,dx\,\frac{dE}{dt}.$$

이 식과 식 33.1.15를 식 33.1.14에 대입하면

$$-h\,dB = \mu_0 \varepsilon_0 \left(h\,dx\,\frac{dE}{dt} \right)$$

를 얻고, 식 33.1.11처럼 편미분 부호로 바꾸면 다음과 같다.

$$-\frac{\partial B}{\partial x} = \mu_0 \varepsilon_0 \frac{\partial E}{\partial t}. \tag{33.1.17}$$

그림 33.1.7의 직사각형 내부에 있는 점 P에서 x가 증가하면 B는 증가하지만 E는 t에 대

해 감소하므로 이 식에서도 음의 부호가 꼭 필요하다.

식 33.1.1과 식 33.1.2를 이용하여 식 33.17을 계산하면

$$-kB_m \cos(kx - \omega t) = -\mu_0\varepsilon_0\omega E_m \cos(kx - \omega t)$$

를 얻고, 이를 다시 정리하면 다음과 같다.

$$\frac{E_m}{B_m} = \frac{1}{\mu_0\varepsilon_0(\omega/k)} = \frac{1}{\mu_0\varepsilon_0 c}.$$

이를 식 33.13과 조합하면 곧바로

$$c = \frac{1}{\sqrt{\mu_0\varepsilon_0}} \qquad \text{(파동 속력)} \qquad (33.1.18)$$

을 얻는데, 이는 식 33.1.3과 일치한다.

확인문제 33.1.1

그림 (1)은 그림 33.1.6과는 다른 순간에 동일한 직사각형을 통과하는 자기장 $\vec{B}$이다. $\vec{B}$는 xz 평면에서 z축에 평행하게 놓여 있고, 크기가 증가하고 있다. (a) (그림 33.1.6에서와 같은 방식으로) 유도되는 전기장의 방향과 상대적인 크기를 그려서 그림 (1)을 완성하여라. (b) 그림 (1)과 같은 순간에 전자기파의 전기장을 그림 (2)에 그려라. 역시 (그림 33.1.7에서와 같은 방식으로) 유도되는 자기장의 방향과 상대적 크기를 그려라.

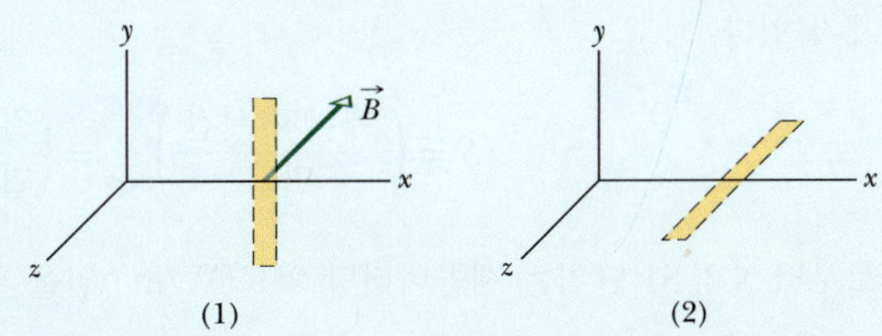

33.2 ▸ 에너지 수송과 Poynting 벡터

요점_Key Ideas

1. 전자기파에 의해 전달되는 단위면적당 에너지가 전달되는 비율은 Poynting 벡터 $\vec{S}$로 주어진다.

$$\vec{S} = \frac{1}{\mu_0}\vec{E} \times \vec{B}.$$

$\vec{S}$의 방향(따라서 파동의 이동과 에너지 전달 방향)은 $\vec{E}$와 $\vec{B}$에 모두 수직인 방향이다.

2. 에너지가 전달되는 단위면적당 비율의 평균값은 S_{avg}이다. 이 양은 파동의 세기 I라고 한다.

$$I = \frac{1}{c\mu_0}E^2_{rms}.$$

여기서 $E_{rms} = E_m/\sqrt{2}$이다.

3. 전자기파의 점광원은 등방적인 파동을 방출한다. 즉 모든 방향으로 같은 세기로 방출

학습목표_Learning Objectives

이 단원을 읽은 후 다음을 이해해야 한다.

33.2.1 전자기파는 에너지를 전달한다.

33.2.2 표적에 대해 전자기파의 단위면적당 에너지 전달률은 전기장 $\vec{E}$와 자기장 $\vec{B}$의 벡터곱과 관련된 Poynting 벡터 $\vec{S}$로 주어진다.

33.2.3 Poynting 벡터에 벡터곱을 적용하여 전자기파의 진행방향(따라서 에너지 전달 방향)을 결정한다.

33.2.4 순간적인 전기장 $\vec{E}$의 크기로 전자기파의 에너지 흐름의 순

간적 비율 S를 계산한다.

33.2.5 전자기파의 전기장 성분에 대해 rms 값 E_{rms}와 진폭 E_m 사이의 관계를 구한다.

33.2.6 전자기파의 세기 I를 에너지 전달로 표현한다.

33.2.7 전자기파의 세기 I, 전기장의 rms 값 E_{rms}와 진폭 E_m 사이의 관계를 구한다.

33.2.8 평균일률 P_{avg}, 에너지 전달 ΔE, 전달하는 시간 Δt 사이의 관계를 구하고, 순간일률 P와 에너지 전달률 dE/dt 사이의 관계를 구한다.

33.2.9 등방적인 점광원에 대해 설명한다.

33.2.10 등방적인 점광원에 대해 방출률 P, 측정점까지의 거리 r, 그 점에서의 세기 I 사이의 관계를 구한다.

33.2.11 에너지 보존 관점에서 등방적인 점광원으로부터의 세기가 $1/r^2$로 감소하는 이유를 설명한다.

한다. 일률 P_s인 점광원에서 거리 r 떨어진 곳의 파동의 세기는 다음과 같다.

$$I = \frac{P_s}{4\pi r^2}.$$

▶ 에너지 수송과 Poynting 벡터

일광욕을 해본 사람은 누구나 전자기파가 에너지를 수송할 수 있고 전자기파가 닿는 몸에 에너지를 전달한다는 것을 알고 있다. 전자기파의 단위면적당 에너지 수송률은 벡터 $\vec{S}$로 나타내고, 이런 특성을 처음 연구한 John Henry Poynting (1852~1914)의 이름을 따서 **Poynting 벡터**라고 부르며, 다음과 같이 정의한다.

$$\vec{S} = \frac{1}{\mu_0}\vec{E} \times \vec{B} \quad \text{(Poynting 벡터)}. \tag{33.2.1}$$

한편 크기 S는 주어진 순간에 전자기파가 단위면적에 전달하는 에너지율과 다음과 같은 관계가 있다.

$$S = \left(\frac{\text{에너지/시간}}{\text{면적}}\right)_{\text{순간}} = \left(\frac{\text{일률}}{\text{면적}}\right)_{\text{순간}}. \tag{33.2.2}$$

이로부터 $\vec{S}$의 SI 단위는 제곱미터당 와트(W/m^2)임을 알 수 있다.

어느 점에서 전자기파의 Poynting 벡터 $\vec{S}$가 가리키는 방향은 파동의 진행방향과 그 점에서의 에너지 수송방향을 나타낸다.

전자기파에서 $\vec{E}$와 $\vec{B}$는 서로 수직이므로 $\vec{E} \times \vec{B}$의 크기는 EB이다. 따라서 $\vec{S}$의 크기는 다음과 같다.

$$S = \frac{1}{\mu_0}EB. \tag{33.2.3}$$

여기서 S, E, B는 모두 순간적인 값이다. E와 B는 서로 밀접하게 관련되어 있으므로 그 중 하나인 E만 고려하도록 한다. 이는 전자기파를 검출하는 대부분의 검출기가 파동의 자기성분보다는 전기성분을 이용하기 때문이다. 식 33.1.5의 $B = E/c$를 이용하여 식 33.2.3은 전기장에 관한 항으로 다음과 같이 쓸 수 있다.

$$S = \frac{1}{c\mu_0}E^2 \quad \text{(순간적인 에너지 흐름률)}. \tag{33.2.4}$$

▸***세기.*** $E = E_m \sin(kx - \omega t)$를 식 33.2.4에 대입하면 에너지 수송률에 관한 식을 시간의 함수로 구할 수 있다. 그러나 실제로 더 유용한 것은 주어진 시간 동안의 평균 에너지 수송량이다. 이를 위해 시간 평균한 S값(S_{avg}) 또는 파동의 **세기**라고 부르는 I를 알아야 한다. 식 33.2.2으로부터 세기 I는

$$I = S_{avg} = \left(\frac{\text{에너지/시간}}{\text{면적}}\right)_{avg} = \left(\frac{\text{일률}}{\text{면적}}\right)_{avg} \tag{33.2.5}$$

임을 알 수 있다. 따라서 식 33.2.4로부터 다음을 얻는다.

$$I = S_{avg} = \frac{1}{c\mu_0}[E^2]_{avg} = \frac{1}{c\mu_0}[E_m^2 \sin^2(kx - \omega t)]_{avg}. \tag{33.2.6}$$

한 주기 동안 $\sin^2\theta$의 평균값은 1/2이다(그림 31.5.1 참조). 그리고 전기장의 *제곱평균제곱근*(rms) 값인 새로운 양 E_{rms}를 다음과 같이 정의한다.

$$E_{rms} = \frac{E_m}{\sqrt{2}}. \tag{33.2.7}$$

그러면 식 33.2.6을 다음과 같이 쓸 수 있다.

$$I = \frac{1}{c\mu_0}E_{rms}^2. \tag{33.2.8}$$

혹시 $E = cB$이고 c는 매우 큰 수이므로 전기장과 관련된 에너지는 자기장과 관련된 에너지보다 훨씬 크다고 결론을 내릴지도 모른다. 하지만 이런 판단은 옳지 않다. 실제로 전기장이 갖는 에너지와 자기장이 갖는 에너지는 정확하게 똑같다. 이 사실을 보여주기 위하여 전기장의 에너지밀도 $u\ (= \frac{1}{2}\varepsilon_0 E^2)$를 나타내는 식 25.4.5에 E 대신 cB를 대입하면 다음을 얻는다.

$$u_E = \tfrac{1}{2}\varepsilon_0 E^2 = \tfrac{1}{2}\varepsilon_0 (cB)^2.$$

식 33.1.3을 이용해 위 식에서 c를 바꾸면 다음과 같다.

$$u_E = \tfrac{1}{2}\varepsilon_0 \frac{1}{\mu_0\varepsilon_0}B^2 = \frac{B^2}{2\mu_0}.$$

식 30.8.3에 의하면 자기장 $\vec{B}$의 에너지밀도 u_B가 $B^2/2\mu_0$이므로, 전자기파가 진행하는 모든 곳에서 $u_E = u_B$임을 알수 있다.

거리에 따른 세기의 변화

실제 전자기복사의 광원까지의 거리에 따른 세기의 변화는, 탐조등처럼 빛을 특별한 방향으로 쏘는 경우 종종 복잡한 문제가 되기도 한다. 그러나 어떤 경우에는 복사샘이 빛을 한 점에서 사방으로 균일하게(*등방적으로*) 방출하는 *점원*이라고 가정할 수 있어서 세기가 모든 방향으로 같다. 그림 33.2.1은 어떤 순간에 등방적 점원 S로부터 퍼져나가는 공 모양인 파동면의 단면이다.

전자기파가 점원으로부터 퍼져나가는 과정에서 에너지가 보존된다고 가정하자. 그리고 그림 33.2.1처럼 점원이 반지름 r인 가상의 공 중심에 있다고 가정하자. 점원이 방출하는 모든 에너지는 이 공을 통과해야만 한다. 그러므로 전자기파 복사가 공의 표면에 전달하는 에너지율은 점원이 내놓는 에너지율(점원의 일률 P_s)과 같아야만 한다. 공의 표면적 $4\pi r^2$을 이용하면 측정한 공 표면의 세기 I(단위부피당 일률)는 다음과 같다.

$$I = \frac{\text{일률}}{\text{면적}} = \frac{P_s}{4\pi r^2}. \tag{33.2.9}$$

식 33.2.9는 등방적 점원에서 나오는 전자기복사의 세기는 복사샘으로부터의 거리 r의

광원 S가 방출하는 에너지는 반지름 r인 구를 통과해야 한다.

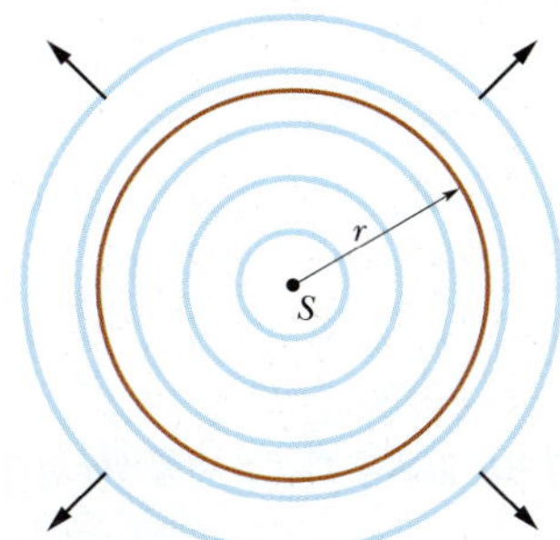

그림 33.2.1 점원 S가 전자기파를 모든 방향으로 균일하게 방출하고 있다. 공 모양을 한 파동면이 S에 중심을 둔 반지름 r인 가상의 구를 통과해 가고 있다.

제곱에 반비례하여 감소한다는 뜻이다.

확인문제 33.2.1

오른편 그림은 특정한 순간에 한 점을 지나는 전자기파의 전기장이다. 에너지는 z축 음의 방향으로 전달된다. 이때 같은 지점에서 자기장은 어느 방향을 향하는가?

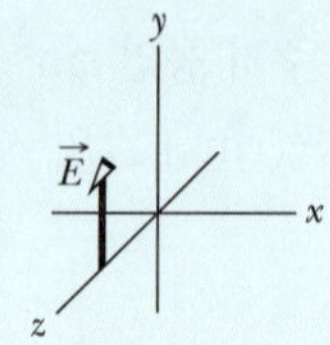

보기문제 33.2.1 **광파: 전기장과 자기장의 평균값**

북극성을 바라볼 때, 431 ly 거리의 별에서 태양 일률(P_{sun} = 3.90×10^{26} W)의 2.2×10^3배 비율로 에너지를 방출하는 빛을 보는 것이다. 대기권의 흡수를 무시하고, 직접 눈으로 들어오는 전기장과 자기장의 rms 값을 구하여라.

요점

1. 전기장의 rms 값인 E_{rms}는 빛의 세기 I와 식 33.2.8($I = E_{rms}^2/c\mu_0$)의 관계가 있다.
2. 광원이 무한히 멀리 떨어져 있으므로 모든 빛은 같은 세기로 모든 방향으로 방출되고, 광원에서 거리 r인 곳에서 빛의 세기 I는 식 33.2.9($I = P_s/4\pi r^2$)의 관계가 있다.
3. 어느 순간 어느 곳에서 전자기파의 전기장과 자기장의 크기는 광속 c와 식 33.1.5($E/B = c$)의 관계가 있다. 따라서 이 장의 rms 값 또한 식 33.1.5의 관계가 있다.

전기장: 처음의 두 요점을 함께 쓰면 다음을 얻는다.

$$I = \frac{P_s}{4\pi r^2} = \frac{E_{rms}^2}{c\mu_0}$$

와

$$E_{rms} = \sqrt{\frac{P_s c\mu_0}{4\pi r^2}}.$$

위 식에 $P_s = (2.2 \times 10^3)(3.90 \times 10^{26}\text{ W})$, $r = 432\text{ ly} = 4.08 \times 10^{18}$ m와 다른 상수값을 넣으면, 다음과 같다.

$$E_{rms} = 1.24 \times 10^{-3}\text{ V/m} \approx 1.2\text{ mV/m}.$$ (답)

자기장: 식 33.1.5에서 다음과 같다.

$$B_{rms} = \frac{E_{rms}}{c} = \frac{1.24 \times 10^{-3}\text{ V/m}}{3.00 \times 10^8\text{ m/s}} = 4.1 \times 10^{-12}\text{ T} = 4.1\text{ pT}.$$

전기장과 자기장을 직접 비교할 수 없다: E_{rms} (= 1.2 mV/m)는 보통의 실험실에서 측정할 수 있는 양이지만, B_{rms} (= 4.1 pT)는 엄청나게 작은 양이다. 이 때문에 대부분의 전자기파 검출기는 파동의 전기장 성분을 측정한다. 그러나 전자기파의 전기장 성분이 자기장 성분보다 "강하다"고 말할 수 없다. 서로 다른 단위의 두 물리량을 직접 비교할 수 없기 때문이다. 하지만 각각의 평균 에너지가 같기 때문에 파동의 전파라는 관점에서는 전기장과 자기장은 모두 동등하다.

교육용 비디오는 웹사이트 www.wiley.com에서 볼 수 있다.

33.3 ▸ 복사압

학습목표 *Learning Objectives*

이 단원을 읽은 후 다음을 이해해야 한다.

33.3.1 힘과 압력을 구별한다.

33.3.2 전자기파는 운동량을 전달하고 표적에 힘과 압력을 가할 수 있다.

요점 *Key Ideas*

1. 전자기파가 어떤 표면에 도달하면 그 표면에 힘과 압력을 가한다.
2. 복사가 모두 표면에 흡수되면 그 힘은

$$F = \frac{IA}{c} \qquad \text{(전부 흡수)}$$

이다. 여기서 I는 파동의 세기이고, A는 파동의 경로에 수직인 표면의 면적이다.

3. 복사가 원래 경로에서 반대로 전부 반사되면 힘은 다음과 같다.

$$F = \frac{2IA}{c} \qquad \text{(경로 반대쪽으로 전부 반사)}.$$

4. 복사압 p_r은 단위면적당 힘이다.

$$p_r = \frac{I}{c} \qquad \text{(전부 흡수)}$$

이고

$$p_r = \frac{2I}{c} \qquad \text{(경로 반대쪽으로 전부 반사)}.$$

33.3.3 표적의 면적과 수직인 전자기파 빔에 대해 면적, 파동의 세기, 표적에 작용하는 힘 사이의 관계를 전부 흡수하는 경우와 전부 반사하는 경우에 대해 구한다.

33.3.4 표적의 면적과 수직인 전자기파 빔에 대해 파동의 세기, 표적에 작용하는 압력 사이의 관계를 전부 흡수하는 경우와 전부 반사하는 경우에 대해 구한다.

▶ 복사압

전자기파는 선운동량을 갖고 있으므로 물체에 빛을 쪼여주면 압력(즉 복사압)이 가해진다. 그러나 사진 찍을 때 사진기 불빛을 맞으면서 아무런 힘도 느끼지 못하는 것을 생각해 보면 복사압의 크기가 매우 작다.

압력에 대한 공식을 구하기 위하여 어떤 물체에 빛과 같은 전자기 복사빔을 시간 Δt 동안 비추어 보자. 또한 물체가 자유롭게 움직일 수 있으며 복사는 물체에 의해 완전히 **흡수된다**고 가정하자. 이는 시간간격 Δt 동안 복사에너지가 ΔU만큼 물체에 전달된다는 뜻이다. Maxwell은 물체가 전자기파로부터 선운동량도 얻는 것을 보여주었다. c가 광속일 때 물체의 운동량 변화량 Δp는 에너지 변화량 ΔU와 다음과 같은 관계가 있다.

$$\Delta p = \frac{\Delta U}{c} \qquad \text{(전부 흡수)}. \tag{33.3.1}$$

물체의 운동량이 변화하는 방향은 물체가 흡수하는 *입사광선*의 방향과 같다.

복사가 물체에 의해 흡수되지 않고 **반사**되는 경우도 있다. 즉, 복사가 물체와 충돌한 후 되튀어나와서 새로운 방향으로 진행할 수도 있다. 만약 복사가 반사되어 원래 경로를 따라 거꾸로 되돌아간다면 물체의 운동량 변화의 크기는 다음과 같이 두 배가 된다.

$$\Delta p = \frac{2\,\Delta U}{c} \qquad \text{(원래 경로로 되돌아가는 완전반사)}. \tag{33.3.1}$$

젖은 찰흙 덩어리 같은 완전 비탄성체의 공이 물체에 들러붙을 때와 비교하여 완전 탄성체의 테니스공이 물체와 충돌한 후 튀어나올 때 물체의 운동량 변화가 두 배로 되는 것과 비슷하다. 물체에 입사한 전자기파 복사가 일부는 흡수되고 일부는 반사된다면 물체의 선운동량 변화는 $\Delta U/c$와 $2\,\Delta U/c$ 사이의 값을 갖는다.

▸ ***힘.*** Newton의 제2법칙으로부터 선운동량 변화는 힘과 다음의 관계가 있다.

$$F = \frac{\Delta p}{\Delta t}. \tag{33.3.3}$$

세기 I의 복사가 물체에 작용하는 힘에 대한 표현식을 구하기 위하여 복사의 진행방향과 수직이고 면적이 A인 평평한 면을 생각해 보자. 세기 I는

$$I = \frac{\text{일률}}{\text{면적}} = \frac{\text{에너지/시간}}{\text{면적}}$$

임을 유의하자. 시간간격 Δt 동안 면적 A에 전해지는 에너지는 다음과 같다.

$$\Delta U = IA\,\Delta t. \tag{33.3.4}$$

만약 에너지가 표면에 완전히 흡수된다면 식 33.3.1에 의해 $\Delta p = IA\,\Delta t/c$이므로 면적 A에 작용하는 힘의 크기는 식 33.3.3에 따라 다음과 같다.

$$F = \frac{IA}{c} \qquad \text{(완전흡수)}. \tag{33.3.5}$$

비슷한 방법을 이용하면 복사가 원래 진행경로를 따라 완전히 반사되는 경우에 식 33.29에 의해 $\Delta p = 2IA\,\Delta t/c$이므로 식 33.3.3은 다음과 같다.

$$F = \frac{2IA}{c} \qquad \text{(원래 경로로 되돌아가는 완전반사)}. \tag{33.3.6}$$

만약 표면에 입사한 복사 중 일부가 흡수되고 일부만 반사된다면 면적 A에 작용하는 힘의 크기는 IA/c와 $2IA/c$ 사이가 된다.

▸***압력.*** 복사가 물체에 주는 압력(단위면적당 힘)을 복사압 p_r이라고 부른다. 식 33.3.5와 33.3.6의 양변을 각각 A로 나누면 다음과 같이 복사압을 구할 수 있다.

$$p_r = \frac{I}{c} \qquad \text{(완전 흡수)}. \tag{33.3.7}$$

그리고

$$p_r = \frac{2I}{c} \qquad \text{(원래 경로로 되돌아가는 완전반사)}. \tag{33.3.8}$$

복사압의 기호 p_r을 운동량의 기호 p와 혼동하지 않도록 주의하여라. 14장에 나온 유체의 압력과 마찬가지로 복사압의 SI 단위는 파스칼(Pa)이라고 부르는 제곱미터당 뉴턴(N/m^2)이다.

레이저 기술이 발전하면서 과학자들이 사진기 불빛보다 훨씬 강한 복사압을 만들 수 있게 되었다. 레이저광선은 작은 전구의 필라멘트로부터 얻을 수 있는 빛의 다발과는 달리 지름이 단지 몇 파장 정도밖에 되지 않는 작은 점에 집중시키는 것이 가능하게 되었기 때문이다. 따라서 많은 양의 에너지를 작은 물체에 전달하는 것이 가능하게 되었다.

➡ 확인문제 33.3.1

빛을 완전히 흡수하는 표면 전체에 세기가 균일한 빛이 수직으로 입사한다. 만일 표면적이 줄어든다면 (a) 복사압과 (b) 복사힘은 각각 증가하는가, 감소하는가, 아니면 불변인가?

33.4 ▸ 편광

학습목표_Learning Objectives

이 단원을 읽은 후 다음을 이해해야 한다.

33.4.1 편광된 빛과 비편광된 빛을 구별한다.

요점_Key Ideas

1. 전자기파는 전기장 벡터가 모두 진동면이라고 부르는 한 평면 위에 있을 때 편광되었다고 한다. 일상적인 빛은 편광되어 있지 않다. 즉 비편광되었다는 것은 편광이 마구잡이로 되어 있다는 것이다.

2. 편광판이 빛이 지나는 경로에 있을 때 편광판의 방향과 평행한 빛의 전기장 성분만 이 판을 통과한다. 편광 방향에 수직인 성분은 흡수된다. 편광판으로부터 나오는 빛은 편광판의 편광 방향과 평행하게 편광된다.
3. 원래 빛이 초기에 편광되어 있지 않으면 투과 세기 I는 원래 세기 I_0의 절반이다.

$$I = \tfrac{1}{2}I_0.$$

4. 원래 빛이 초기에 편광되어 있으면 투과 세기는 원래 빛의 편광 방향과 판의 편광 방향 사이의 각도 θ에 의존한다.

$$I = I_0 \cos^2 \theta.$$

33.4.2 빔에 대해 편광된 빛과 비편광된 빛을 나타내는 그림을 그린다.
33.4.3 빔을 편광판에 쪼였을 때 판의 기능을 편광 방향(혹은 축)과 흡수되는 전기장의 성분과 투과되는 성분으로 설명한다.
33.4.4 편광판에서 나오는 빛에 대해 판의 편광방향에 대한 상대적인 편광을 구한다.
33.4.5 편광판에 수직으로 입사되는 빔에 대해 절반규칙과 코사인 제곱규칙을 사용할 때 이 적용 방법을 구별한다.
33.4.6 편광판과 검광판을 구분한다.
33.4.7 두 판이 교차되었다는 것의 의미를 설명한다.
33.4.8 빔이 여러 편광판을 통과할 때 판 하나하나를 지날 때마다 투과 세기와 편광을 구한다.

편광

영국의 VHF 텔레비전 안테나는 수직으로 놓여 있는 반면에 미국에서는 수평으로 놓여 있다. 왜냐하면 TV 신호를 실어 나르는 전자기파의 진동방향이 다르기 때문이다. 영국에서는 송신기가 수직으로 **편광된** 파동을 내보내도록 설계한다. 즉, 전기장이 수직으로 진동한다. 따라서 입사하는 텔레비전파의 전기장이 안테나에 전류를 생성하려면(그래서 텔레비전에게 신호를 전달해 주려면) 안테나를 수직으로 놓아야 한다. 미국에서는 파동이 수평으로 편광되어 있다.

그림 33.4.1a는 전기장이 수직인 y축을 따라 진동하는 전자기파이다. $\vec{E}$ 벡터를 포함하는 평면을 전자기파의 **진동평면**이라고 부른다(따라서 전자기파는 y 방향으로 *평면편광되었다*고 말한다). 전자기파의 *편광*을 그림 33.4.1b처럼 (진동평면을 정면에서 보았을 때) 전기장이 진동하는 방향으로 나타낸다. 그림 33.4.1b에서 수직선상에 그린 화살표는 전자기파의 전기장이 수직으로 진동하는 것을 나타낸다. 즉 전기장은 y축을 따라 위아래로 방향을 바꾸며 계속 변화한다.

편광된 빛

TV 방송국에서 보내는 전자기파는 모두 같은 방향으로 편광되지만 (태양 또는 전구와 같이) 흔히 쓰이는 광원에서 나오는 전자기파는 **막편광** 또는 **비편광**되어 있다. 즉, 어떤 주어진 점에서 전기장은 파동의 진행방향에 대해 수직인 평면상에서 방향을 마구잡이로 바꾼다. 따라서 어떤 시간간격 동안 정면에서 진동방향을 나타내려면 그림 33.4.1b처럼 간단히 하나의 화살표로 그릴 수 없고 그림 33.4.2a처럼 수많은 화살표로 나타내야만 한다.

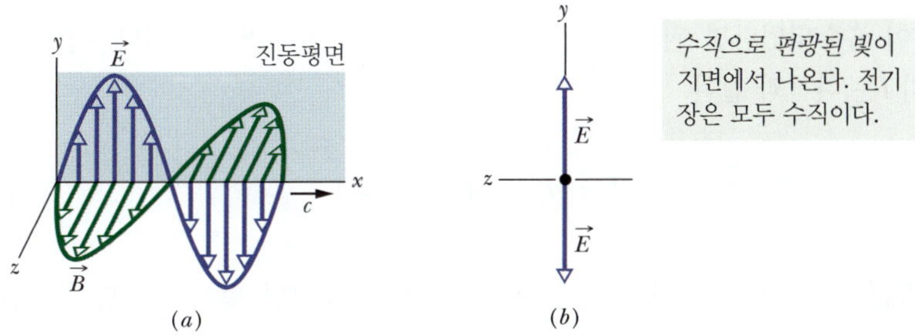

그림 33.4.1 (*a*) 편광된 전자기파의 진동평면. (*b*) 편광을 나타내기 위하여 진동평면을 정면에서 바라보았다. 화살표는 전기장의 진동방향을 나타낸다.

비편광된 빛이 지면에서 나온다. 전기장은 모두 한 평면 위에서 모든 방향을 향한다.

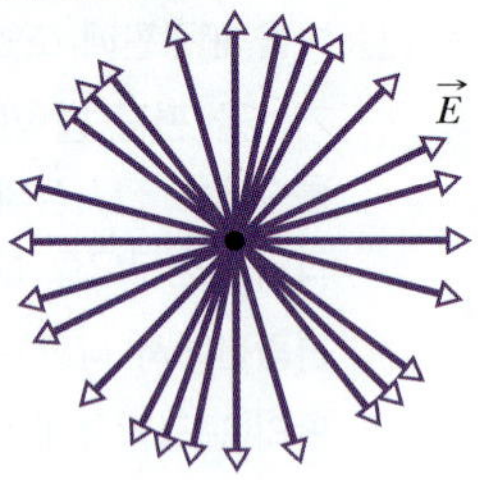

이것이 비편광된 빛을 빨리 나타내는 방법이다.

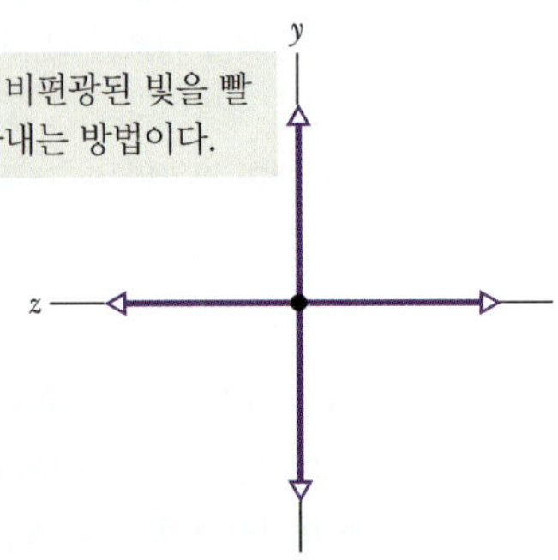

그림 33.4.2 (*a*) 전기장의 진동방향이 마구잡이인 전자기파로 구성된 비편광된 빛. 여기서 모든 파동은 같은 방향(지면에서 나오는 방향)으로 진행하고 있고 같은 진폭 E를 갖고 있다. (*b*) 비편광된 빛을 나타내는 두 번째 방법. 빛은 진동평면이 서로 수직인 두 개의 편광된 파동의 중첩이다.

원칙적으로 그림 33.4.2*a*의 복잡한 그림은 각 전기장을 y성분과 z성분으로 나누어 간단히 그릴 수 있다. 그러면 파동의 알짜 y성분은 y축에 평행하게 진동하고 알짜 z성분은 z축에 평행하게 진동한다. 따라서 비편광된 빛은 그림 33.4.2*b*처럼 한 쌍의 화살표로 나타낼 수 있다. y축 위의 화살표는 전기장의 알짜 y 성분의 진동을 나타내고, z축 위의 화살표는 전기장의 알짜 z성분의 진동을 나타낸다. 이와 같이 비편광된 빛을 진동평면이 서로 수직인(한 평면은 y축을 포함하고 다른 평면은 z축을 포함) 두 개의 편광된 파동의 중첩으로 바꿀 수 있다. 이렇게 바꾸는 이유 중의 하나는 그림 33.4.2*b*를 그리는 것이 그림 33.4.2*a*를 그리는 것보다 훨씬 쉽기 때문이다.

전기장의 진동이 그림 33.4.2*a*처럼 완전한 막방향도 아니며 그림 33.4.1*b*처럼 하나의 축에 평행하지도 않은 **부분편광**된 빛의 경우에도 비슷한 그림을 그릴 수 있다. 이때는 서로 수직인 한 쌍의 화살표를 다른 것보다 더 길게 그린다.

▸***편광 방향.*** 비편광된 가시광선을 그림 33.4.3의 *편광판*을 통과시켜 편광된 빛으로 바꿀 수 있다. 시중에서 폴라로이드 또는 폴라로이드 필터로 알려진 편광판은 1932년 Edwin Land가 학부생 시절에 고안하였다. 편광판은 특정한 긴 분자를 플라스틱에 섞어 넣은 것이다. 편광판을 제작할 때 쟁기로 갈아 놓은 밭고랑처럼 평행한 줄을 따라 분자가 배열되도록 잡아당긴다. 그러면 빛이 편광판을 통과할 때 특정한 방향의 전기장 성분만 통과하고 이에 수직인 방향의 성분은 분자에 흡수되어 사라져 버린다.

앞으로는 분자를 나타내는 대신 전기장 성분이 통과하는 *편광방향*을 편광판에 나타낼 것이다.

> 편광판의 편광방향에 평행한 전기장 성분은 편광판을 통과하고 이에 수직인 성분은 흡수된다.

따라서 편광판을 통과한 빛의 전기장은 편광판의 편광방향과 평행한 성분만으로 구성되어 있다. 즉 빛은 편광판의 방향으로 편광되어 있다. 그림 33.4.3에서 수직인 전기장 성분은 편광판을 통과하고 수평한 성분은 흡수된다. 따라서 투과한 파동은 수직으로 편광된다.

판의 편광축이 수직이므로, 수직으로 편광된 빛만 나온다.

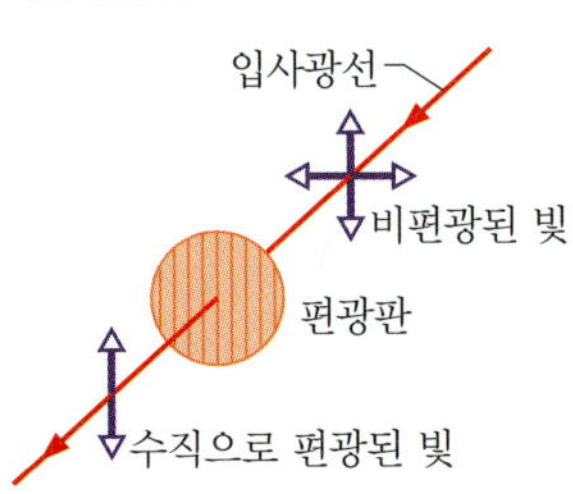

그림 33.4.3 비편광된 빛은 편광판을 통과하면서 편광된 빛이 된다. 이때 빛의 편광방향은 수직선으로 나타낸 판의 편광방향과 평행하다.

투과한 편광의 세기

이제 편광판을 투과한 빛의 세기를 고려해 보자. 먼저 그림 33.4.2*b*처럼 전기장의 진동을 y와 z성분으로 나눌 수 있는 비편광된 빛을 생각해 보자. 편광판의 편광방향을 y축으로 하면, 빛의 y성분 전기장만이 판을 통과하고 z성분은 흡수될 것이다. 그림 33.4.2*b*처럼 원래 전자기파의 편광이 무작위 방향이었다면 y성분의 합과 z성분의 합은 같게 된다. 이제 z성분이 흡수되었다면 원래 빛의 세기인 I_0의 반을 잃어버린 것이다. 결국 편광된 파동의 세기 I는 다음과 같다.

$$I = \tfrac{1}{2}I_0 \qquad \text{(절반규칙)}. \qquad (33.4.1)$$

이것을 *절반규칙*이라고 부른다. 이 규칙은 편광판에 도달한 빛이 비편광일 *때만* 적용할 수 있다.

이제 편광판에 도달하는 빛이 이미 편광되어 있다고 가정해 보자. 그림 33.4.4에서 편광판이 지면에 놓여 있고 편광된 전자기파의 전기장 성분 $\vec{E}$가 편광판을 향해 들어간다. 편광판의 편광방향을 기준으로 전기장 $\vec{E}$를 두 개의 성분으로 나눌 수 있다. 평행성분 E_y는 편광판을 투과하고 수직성분 E_z는 흡수된다. θ를 $\vec{E}$와 편광판의 편광방향 사이의 각도라면 투과한 평행성분은 다음과 같다.

$$E_y = E\cos\theta. \tag{33.4.2}$$

빛과 같은 전자기파의 세기는 전기장 크기의 제곱에 비례한다는 것을 이미 배운 바 있다(식 33.2.8, $I = E_{\rm rms}^2/c\mu_0$). 따라서 투과파의 세기 I는 E_y^2에 비례하고 입사파의 세기 I_0는 E^2에 비례한다. 따라서 식 33.4.2로부터 $I/I_0 = \cos^2\theta$, 즉

$$I = I_0\cos^2\theta \qquad \text{(코사인 제곱규칙)} \tag{33.4.3}$$

임을 알 수 있다. 이것을 *코사인제곱 규칙*이라고 부른다. 이 규칙은 편광판에 도달한 빛이 이미 편광되어 있을 경우에*만* 사용할 수 있다. 원래의 파동이 편광판의 편광방향과 평행하게 편광되었을 때(그림 33.4.3의 θ가 0° 또는 180°일 때) 투과된 세기 I는 최대값 I이고, 원래의 파동이 편광방향과 수직으로 편광되었을 때(θ가 90°일 때) I는 0이다.

▸ ***두 개의 편광판.*** 그림 33.4.5에서 처음에 비편광된 빛이 두 개의 편광판 P_1과 P_2를 통해 지나간다(종종 첫 번째 편광판을 *편광기*, 두 번째 편광판을 *검광기*라고 부른다). P_1의 편광방향이 수직이므로 P_1을 투과해 P_2로 진행하는 빛은 수직으로 편광된다. P_2의 편광방향도 역시 수직방향이라면 P_1을 투과한 모든 빛이 P_2를 투과할 것이다. 만약 P_2의 편광방향이 수평방향이라면 P_1을 투과한 빛은 P_2를 전혀 투과할 수 없을 것이다. 두 편광판의 *상대적인* 각도만을 고려해도 같은 결론에 도달할 수 있다. 두 편광방향이 서로 평행하다면 첫 번째 편광판을 통과한 모든 빛이 두 번째 편광판을 통과할 것이다(그림 33.4.6*a*). 두 편광방향이 서로 수직이라면 두 번째 편광판을 통과하는 빛은 없을 것이다(그림 33.4.6*b*). 그림 33.4.6은 편광 색안경을 이용하여 설명하는 두 가지 극단적인 경우이다. 마지막으로 그림 33.4.5의 두 편광방향이 0°부터 90° 사이의 어떤 각도를 이루고 있다면 P_1을 투과한 빛의 일부만 P_2를 투과할 것이다. 그 빛의 세기는 식 33.4.3에 의해 결정

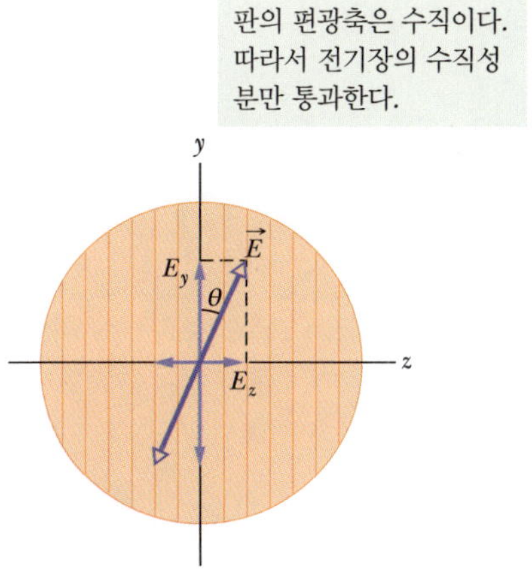

그림 33.4.4 ▸ 편광판에 접근하는 편광된 빛. 빛의 전기장 $\vec{E}$는 편광 방향에 평행한 성분인 E_y와 이에 수직인 성분 E_z로 나눌 수 있다. 성분 E_y는 편광판을 투과하고 성분 E_z는 흡수될 것이다.

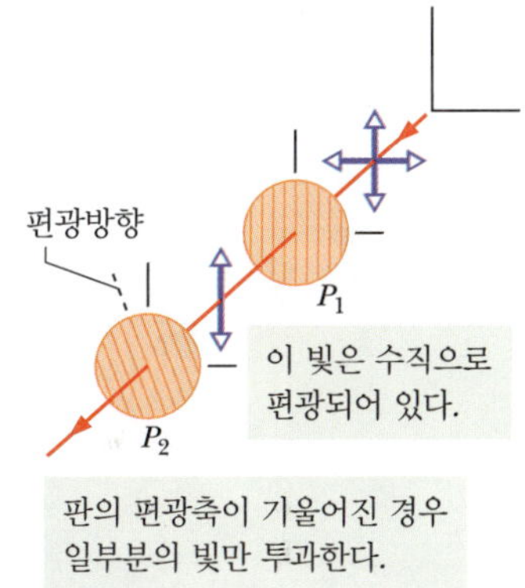

그림 33.4.5 ▸ 편광판 P_1을 투과한 빛은 수직방향의 화살표가 나타내듯이 수직으로 편광되어 있다. 이어서 편광판 P_2를 투과한 빛의 양은 그 빛의 편광방향과 P_2의 편광방향(판 위에 그려진 실선과 점선으로 나타냄) 사이의 각도로 정해진다.

Richard Megna/Fundamental Photographs

(*a*) (*b*)

그림 33.4.6 ▸ (*a*) 편광방향이 같은 두 편광판을 겹쳐도 빛을 잘 투과시킨다. (*b*) 편광방향이 서로 수직이 면 거의 모든 빛이 차단된다.

된다.

▸*다른 방법.* 빛은 편광판 이외에도, 반사(33.7단원 참조)나 원자 또는 분자에 의한 산란에 의해서도 편광될 수 있다. *산란*될 때, 빛이 분자 같은 입자에 부딪히면 모든 방향으로 퍼지게 된다. 태양광이 대기의 분자에 의해 산란되어 하늘이 밝게 보이는 것이 좋은 보기이다.

태양광선은 비편광되어 있지만, 하늘에서 오는 빛은 대기의 산란에 의해 최소한 부분적으로 편광되어 있다. 벌은 편광을 이용하여 자기 집을 찾아간다. 마찬가지로 바이킹은 높은 위도 때문에 낮에도 태양이 수평면 아래에 가려져 있는 계절에도 편광을 이용하여 항해하였다. 그들은 근청석이라고 불리는 특수한 결정을 편광된 빛에 대해 돌리면 빛의 색깔이 바뀌는 것을 발견했다. 그들은 근청석 결정으로 하늘을 관찰함으로써 수평선 아래의 태양이 있는 방향을 알 수 있었고, 그로부터 남쪽이 어느 쪽인지 알아내었다.

확인문제 33.4.1

오른편 그림에 있는 4쌍의 편광판은 그림 33.5.1*a*처럼 각각 비편광된 빛이 지나는 경로에 놓여 있다. 각 편광판의 편광방향은 x(수평)축이나 y(수직) 축을 기준으로 점선으로 표시되었다. 두 편광판을 지난 후 빛의 세기가 큰 순서대로 나열하여라.

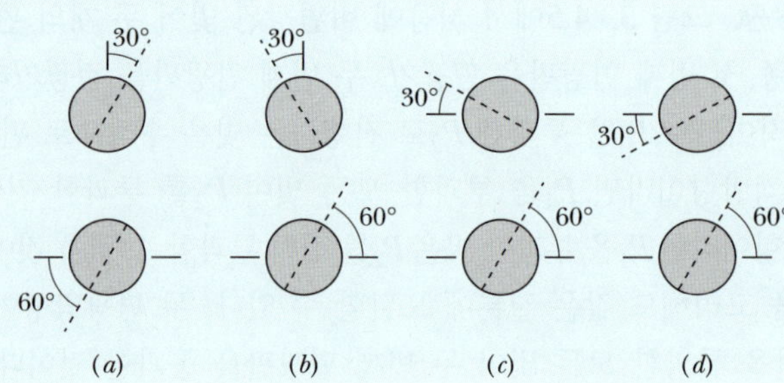

보기문제 33.4.1 세 편광판을 지날 때 편광과 세기

그림 33.4.7*a*는 비편광된 빛이 진행하는 경로에 놓여 있는 세 개의 편광판이다. 첫 번째 편광판의 편광방향은 y축과 평행하다. 두 번째 편광판의 편광방향은 y축을 기준으로 반시계방향으로 60° 기울어져 있다. 그리고 세 번째 편광판의 편광방향은 x축과 평행하다. 투과한 빛의 세기는 처음 세기 I_0의 얼마인가? 그리고 투과한 빛의 편광방향은 어느 방향인가?

요점

1. 빛이 만나는 초기 편광판부터 마지막 편광판까지 하나씩 풀어 나간다.
2. 어떤 편광판을 투과해 나오는 빛의 세기를 구하기 위하여 편광판에 도달한 빛이 비편광되었는지 또는 편광되었는지에 따라 절반규칙이나 코사인제곱 규칙을 적용한다.
3. 편광판을 투과한 빛은 항상 편광판의 편광방향으로 편광된다.

첫 번째 편광판: 초기에 입사하는 빛은 그림 33.4.2*b*의 정면에서 본 화살표 표기법을 이용하여 그림 33.4.7*b*에 그려 놓았다. 빛이 초기에 비편광되어 있으므로 첫 번째 편광판을 투과한 빛의 세기 I_1은 절반규칙(식 33.4.1)에 따라 다음과 같다.

$$I_1 = \tfrac{1}{2}I_0.$$

그리고 첫 번째 편광판의 편광방향이 y축에 평행하므로 투과된 빛의 편광방향도 그림 33.4.7*c*의 정면 그림과 같은 방향이다.

두 번째 편광판: 두 번째 편광판에 도달한 빛이 편광되어 있으므로 편광판을 투과한 빛의 세기 I_2는 코사인제곱 규칙(식 33.4.3)으로 주어진다. 이 규칙에서 각도 θ는 (y축에 평행한) 입사파와 (y축을 기준으로 반시계방향으로 60°인) 두 번째

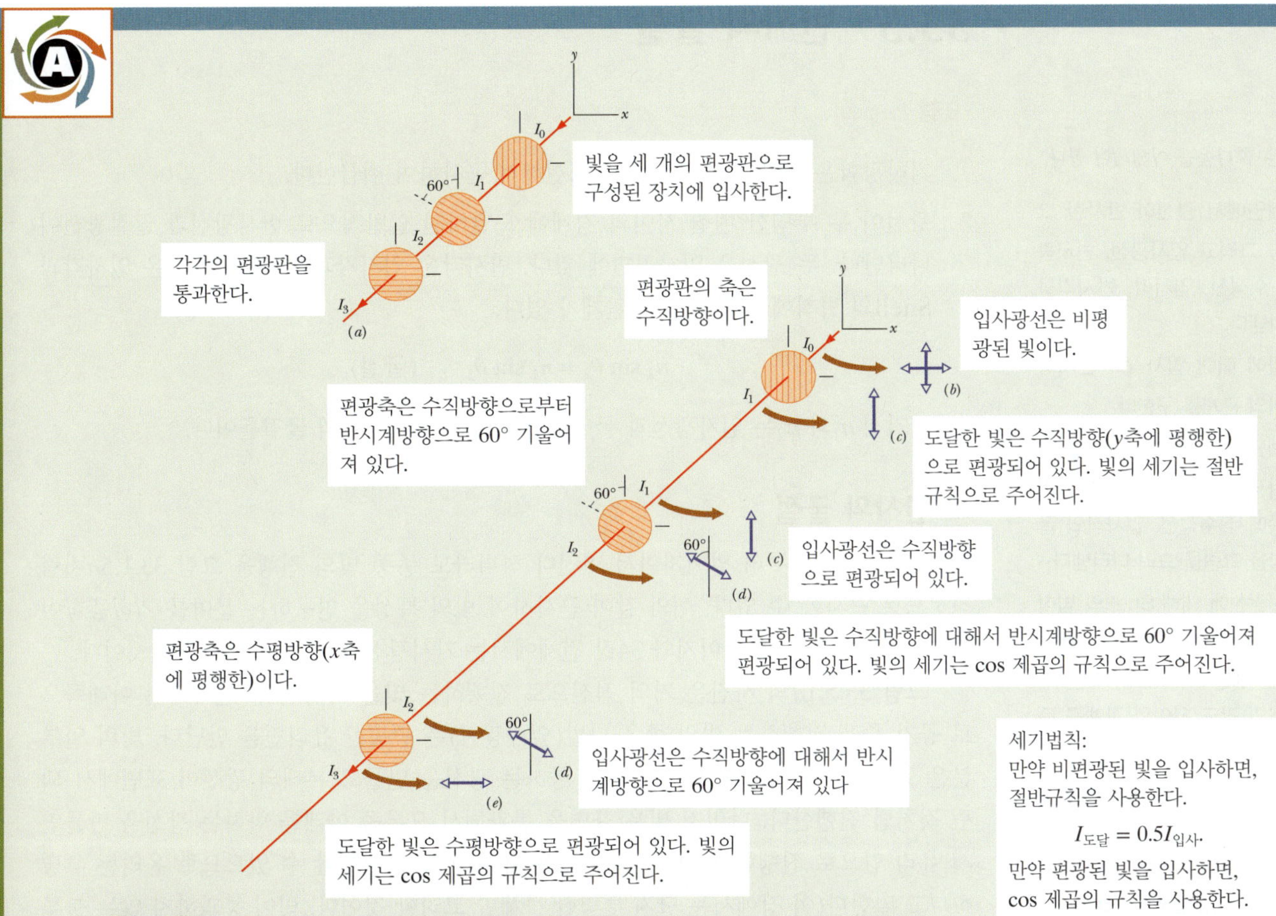

그림 33.4.7 (*a*) 세기가 I_0인 비편광된 빛이 세 개의 편광판으로 구성된 장치에 입사한다. 편광판을 투과한 빛의 세기 I_1, I_2 및 I_3이 표시되어 있다. 정면에서 보았을 때 (*b*) 원래 빛, (*c*) 첫 번째 편광판을 투과한 빛, (*d*) 두 번째 편광판을 투과한 빛, (*e*) 세 번째 편광판을 투과한 빛의 편광방향이 각각 화살표로 표시되어 있다.

편광판의 편광방향 사이의 각도이므로 60°이다(두 방향 사이의 큰 각인 120°를 사용해도 무방하다). 따라서 다음과 같다.

$$I_2 = I_1 \cos^2 60°.$$

투과한 빛의 편광은 편광판의 편광방향과 평행하다. 즉, 그림 33.4.7*d*의 정면 그림처럼 *y*축을 기준으로 반시계방향으로 60°기울어져 있다.

세 번째 편광판: 세 번째 편광판에 도달한 빛은 편광되어 있으므로 투과한 빛의 세기 I_3는 코사인제곱 규칙에 의해 결정된다. 이제 각도 θ는 입사파의 편광방향(그림 33.4.7*d*)과 (*x*축에 평행한) 세 번째 편광판의 편광방향 사이의 각도(30°)이다. 따라서 다음과 같다.

$$I_3 = I_2 \cos^2 30°.$$

세 번째 편광판을 투과하고 마지막으로 남은 빛은 *x*축에 평행하게 편광되어 있다(그림 33.4.7*e* 참조). 위 식에 먼저 I_2를 대입하고 다시 I_1을 대입하면 투과한 빛의 세기는

$$I_3 = I_2 \cos^2 30° = (I_1 \cos^2 60°) \cos^2 30°$$
$$= (\tfrac{1}{2}I_0) \cos^2 60° \cos^2 30° = 0.094 I_0$$

이므로, 결국 다음과 같다.

$$\frac{I_3}{I_0} = 0.094. \qquad \text{(답)}$$

즉, 초기 세기의 9.4%가 세 번째 편광판을 통과해 나온다(두 번째 편광판을 제거한다면 초기 세기의 몇 %가 투과할까?).

▶ **교육용 비디오는 웹사이트 www.wiley.com에서 볼 수 있다.**

33.5 ▸ 반사와 굴절

학습목표_Learning Objectives

이 단원을 읽은 후 다음을 이해해야 한다.

33.5.1 경계면에서 광선이 반사한 그림을 그리고 입사광선, 반사광선, 수직선, 입사각, 반사각을 나타낸다.

33.5.2 반사에 대해 입사각와 반사각 사이의 관계를 구한다.

33.5.3 경계면에서 광선이 굴절할 때 입사광선, 굴절광선, 경계면의 양쪽에서 수직선, 입사각와 굴절각을 그림을 그려 나타낸다.

33.5.4 굴전광선에 대해 Snell의 법칙을 사용하여 굴절률과 경계면의 한쪽에서의 각도와 다른 쪽에서의 각도 사이의 관계를 구한다.

33.5.5 휘지 않는 경로를 따라 진행하는 선을 사용하여 그림을 그리고 한 물질에서 굴절률이 더 크거나, 작거나 같은 굴절률의 두 번째 물질로 굴절될 때 굴절된 빛을 나타낸다. 그리고 각 경우에 대해 굴절률을 수직선에 가까운 쪽, 멀어지는 쪽, 혹은 전혀 변하지 않는 광선을 통해 기술한다.

33.5.6 굴절은 경계면에서만 일어나고, 물질의 내부에서는 일어나지 않는다.

33.5.7 색분산을 이해한다.

33.5.8 붉은색과 파란색(혹은 다른 색)의 빔이 경계면에서 굴절하는 경우 빛이 처음 물질에서 굴절률이 작거나 더 큰 물질로 들어갈 때 어떤 색깔이 더 많이 휘고, 굴절률이 더 큰지 구한다.

33.5.9 일차와 이차 무지개가 어떻게 만들어지는지 기술하고 왜 원호를 이루는지 설명한다.

요점_Key Ideas

1. 기하광학은 빛을 직선 광선으로 표현해서 근사하여 취급한다.
2. 광선이 두 투명한 매질 사이의 경계에 도달하면 일반적으로 반사광선과 굴절광선이 나타난다. 두 광선은 입사평면에 있다. 반사각은 입사각과 같고, 굴절각은 입사각과 Snell의 법칙에 의해 다음의 관계가 있다.

$$n_2 \sin \theta_2 = n_1 \sin \theta_1 \qquad (\text{굴절}).$$

여기서 n_1과 n_2는 입자광선과 굴절광선이 지나가는 매질의 굴절률이다.

▶ 반사와 굴절

비록 빛이 샘으로부터 멀어지면서 퍼진다 하더라도 종종 빛의 진행을 그림 33.1.5*a*처럼 직선으로 근사할 수 있다. 이와 같이 근사하여 빛의 특성을 연구하는 분야를 *기하광학*이라고 부른다. 이 장의 나머지와 34장 전체에서는 가시광선의 기하광학을 다룰 것이다.

그림 33.5.1*a*의 사진은 거의 직선으로 진행하는 빛을 나타낸다. 왼쪽에서 아래쪽으로 공기 중을 진행하는 빛의 좁은 다발(*입사광선*)은 *평평한* 유리면을 만난다. 빛의 일부분은 표면에서 **반사하여** 오른쪽 위로 향하는 광선을 만들고 본래의 광선이 표면에서 되튄 것처럼 진행한다. 나머지 빛은 표면을 통과해서 오른쪽 아래를 향하는 광선을 만들면서 유리 안으로 진행한다. 이와 같이 빛은 유리를 통해 진행할 수 있으므로 유리는 *투명하다*고 말한다(이 장에서는 단지 투명한 물체만 고려할 것이다. 빛이 통과하지 않는 불투명한 물체는 다루지 않는다).

빛이 두 매질의 *경계*면을 통과해서 진행하는 것을 **굴절**이라고 부르며 빛이 *굴절되었다*고 한다. 광선이 표면에 수직하지 않는 한 표면에서 굴절된 빛은 진행방향을 바꾼다. 따라서 광선은 굴절에 의해 "휘어졌다"고 말한다. 그림 33.5.1*a*에서 휘어짐은 표면에서만 일어남을 알 수 있다. 즉, 빛은 유리 안에서 똑바로 진행한다.

그림 33.5.1*b*에서는 사진의 광선을 *입사광선*, *반사광선*, *굴절광선*과 각각의 파동면으로 나타내고 있다. 각 광선은 반사와 굴절이 일어나는 표면의 한 점에 수직인 하나의 선(*수직선*)에 대한 기울기로 나타낸다. 그림 33.5.1*b*에서 **입사각**은 θ_1, **반사각**은 θ_1', 굴

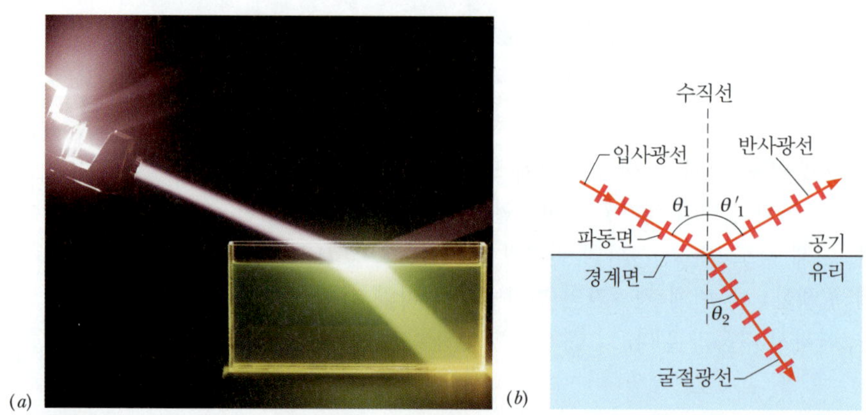

그림 33.5.1 ▸ (*a*) 입사광선이 유리의 수평면에서 반사 및 굴절하는 모습을 보여주는 사진. (*b*) 광선을 이용하여 (*a*)를 나타낸 그림. 입사각(θ_1), 반사각(θ_1'), 굴절각(θ_2)이 표시되어 있다.

절각은 θ_2이고 모두 *수직선을 기준으로* 측정한다. 입사광선과 수직선을 포함하는 면을 *입사평면*(그림 33.5.1b에서는 지면)이라고 부른다.

실험으로부터 다음의 두 법칙이 반사와 굴절 현상을 기술한다는 것을 알 수 있다.

▸***반사법칙:*** 반사광선은 입사평면의 안에 놓이고 (수직선에 대한) 반사각은 입사각과 똑같다. 그림 33.5.1b에서 다음과 같다.

$$\theta'_1 = \theta_1 \qquad \text{(반사)}. \tag{33.5.1}$$

(반사각은 언제나 입사각과 같으므로 이제부터는 반사각에서 ' ' '부호를 떼어버릴 것이다.)

▸***굴절법칙:*** 굴절광선은 입사평면 안에 있고 굴절각 θ_2는 입사각 θ_1과 다음의 관계가 있다.

$$n_2 \sin\theta_2 = n_1 \sin\theta_1 \qquad \text{(굴절)}. \tag{33.5.2}$$

여기서 n_1과 n_2는 각각 굴절에 관여한 매질의 차원이 없는 상수이고 이를 **굴절률**이라고 부른다. **Snell의 법칙**이라고 부르는 이 식을 35장에서 유도할 것이다. 그때 나오겠지만 v가 매질 안에서의 빛의 속력이고 c가 진공에서의 빛의 속력이라 할 때 매질의 굴절률은 c/v와 같다.

진공 및 여러 흔한 물질의 굴절률이 표 33.5.1에 있다. 진공에서의 n은 정확히 1로 정의한다. 공기 중에서 n은 1.0에 매우 가깝다(우리는 종종 이 근사를 이용할 것이다). 굴절률이 1보다 작은 물질은 없다.

굴절각 θ_2를 입사각 θ_1과 비교하기 위하여 식 33.5.2를 다음과 같이 다시 쓸 수 있다.

$$\sin\theta_2 = \frac{n_1}{n_2}\sin\theta_1. \tag{33.5.3}$$

그러면 θ_2의 상대적인 값이 n_1과 n_2의 상대적인 값에 의존함을 알 수 있다.

1. n_2가 n_1과 같다면 θ_2가 θ_1과 같다. 이 경우에는 그림 33.5.2a처럼 굴절된 광선은 *방향을 바꾸지 않고* 계속 진행한다.

2. n_2가 n_1보다 크다면 θ_2가 θ_1보다 작다. 이 경우에는 그림 33.5.2b처럼 굴절된 광선이 수직선 방향 쪽으로 꺾인다.

표 33.5.1 물질의 굴절률[a]

매질	굴절률	매질	굴절률
진공	정확히 1	보통 유리	1.52
공기(STP)[b]	1.00029	소금	1.54
물(20°C)	1.33	폴리스티렌	1.55
아세톤	1.36	이황화탄소	1.63
에틸알코올	1.36	무거운 납유리	1.65
설탕물(30%)	1.38	사파이어	1.77
비결정수정	1.46	가장 무거운 납유리	1.89
설탕물(80%)	1.49	다이아몬드	2.42

[a]파장 589 nm(노란 소듐 빛)에 대한 굴절률

[b]STP는 "표준 온도(0°C)와 압력(1 atm)"을 의미함.

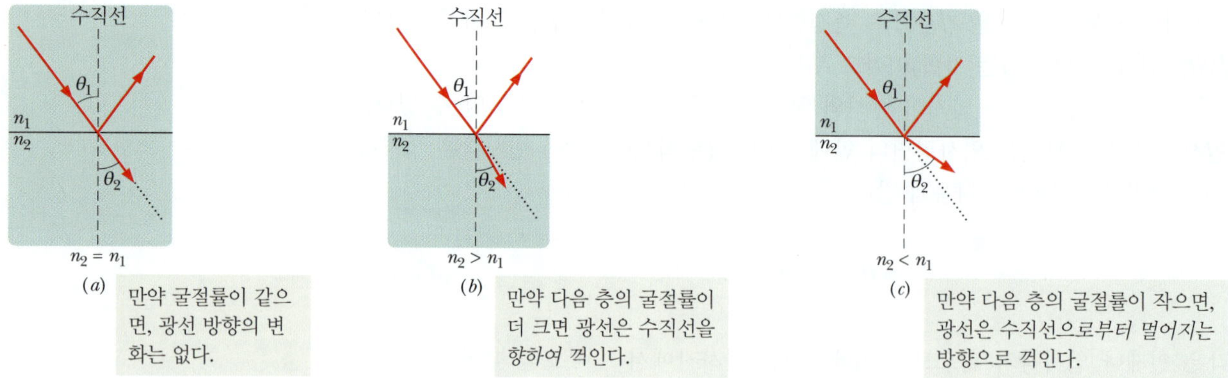

그림 33.5.2 굴절률 n_1의 물질에서 굴절률 n_2의 물질로 굴절하는 빛. (*a*) $n_1 = n_2$일 때 광선은 꺾이지 않는다. 굴절광선은 *꺾이지 않고* 입사광선과 같은 방향(점선)으로 진행한다. (*b*) $n_2 > n_1$일 때 광선은 수직선을 향하여 꺾인다. (*c*) $n_2 < n_1$일 때 광선은 수직선으로부터 멀어지는 방향으로 꺾인다.

3. n_2가 n_1보다 작다면 θ_2가 θ_1보다 크다. 이 경우에는 그림 33.5.2*c*처럼 굴절된 광선이 수직선 방향으로부터 멀어지는 쪽으로 꺾인다.

다만 굴절광선이 입사광선과 수직선에 대해 같은 쪽에 놓일 정도로 광선이 꺾이지는 *못한다.*

색의 분산

진공 이외의 매질에서 빛의 굴절률 n은 빛의 파장에 따라 다르다. 이것은 광선이 여러 파장으로 구성되어 있을 때 굴절되는 표면에서 각각 다른 각도로 굴절된다는 뜻이다. 즉, 빛이 굴절에 의해 퍼지게 된다. 이러한 빛의 퍼짐을 **색의 분산**이라고 부른다. "색"은 각각의 파장에 해당하는 색을 말하며, "분산"은 파장 또는 색에 따른 빛의 퍼짐을 말한다. 그러나 그림 33.5.1과 33.5.2에서 같은 색 또는 파장으로 구성된 *단색광*이 굴절할 때에는 색의 분산이 일어나지 않는다.

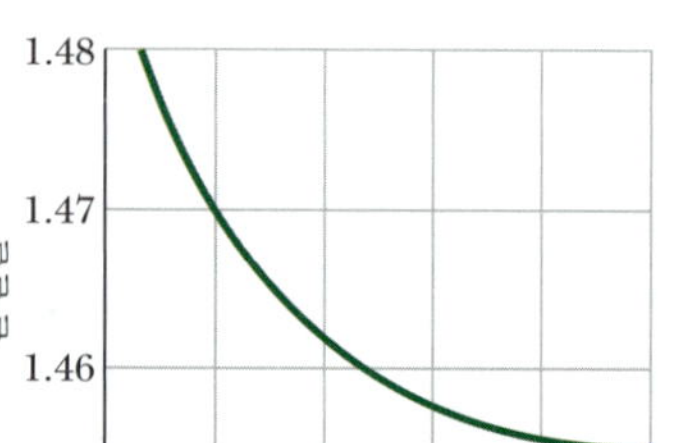

그림 33.5.3 석영에서 파장에 따른 굴절률 함수. 이 그래프는 석영에 빛이 들어갈 때나 나올 때 굴절률이 상대적으로 더 큰 짧은 파장의 빛이 긴 파장의 빛보다 더 많이 꺾인다.

일반적으로 주어진 매질의 굴절률은 긴 파장(빨간빛)보다는 짧은 파장의 빛(푸른빛)에서 *더 크다.* 예컨대, 그림 33.5.3은 석영의 굴절률이 빛의 파장에 따라 어떻게 변하는지를 보여준다. 이러한 파장에 따른 굴절률의 의존성은 푸른빛과 빨간빛으로 구성된 광선이 공기에서 용융 석영으로 또는 반대로 진행하는 경우에 굴절되는 표면에서 푸른색 성분이 빨간색 성분보다 더 많이 꺾어지게 된다.

*백색광*은 대략 균일한 세기를 가진 가시광선 영역의 모든(또는 거의 모든) 색 성분으로 구성되어 있다. 이러한 빛을 볼 때, 각각의 색보다는 오히려 흰색을 느끼게 된다. 그림 33.5.4*a*에서 공기 중의 백색광이 유리표면에 입사한다. (이 책의 면이 흰색이므로 백색광은 회색 광선으로 표현하였다. 또한 단색광은 일반적으로 빨간색 광선으로 표현하였다.) 그림 33.5.4*a*에서는 굴절된 빛 중 빨간빛과 푸른색 빛만을 보여주고 있다. 푸른색 성분이 빨간색 성분보다 더 많이 휘어지기 때문에 푸른색 성분의 굴절각 θ_{2b}는 빨간색 성분의 굴절각 θ_{2r}보다 *더 작다*(각도는 표면의 수직선을 기준으로 측정함을 명심하여라). 그림 33.5.4*b*는 반대로 유리 안의 백색광이 유리와 공기의 경계면으로 입사하는 것을 보여준다. 마찬가지로 파란색 성분이 빨간색 성분보다 더 많이 휘어진다. 그러나 이번에는 θ_{2b}가 θ_{2r}보다 더 크다.

색의 분산을 확대하기 위해서 그림 33.5.5*a*처럼 삼각기둥 모양의 고체 유리프리즘을 사용할 수도 있다. 첫 번째 표면에서 분산된 빛은 두 번째 표면에서의 분산으로 인해 더

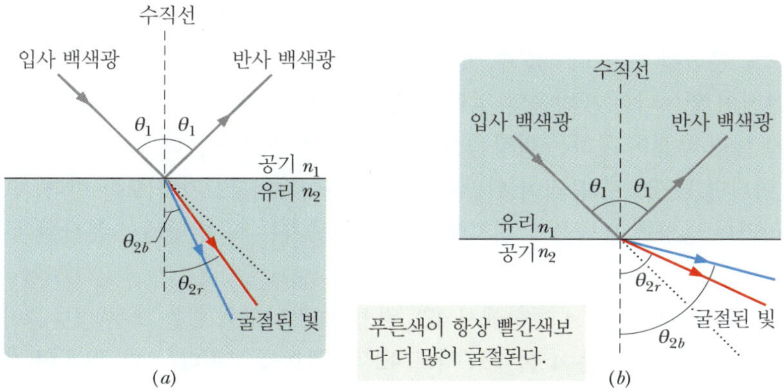

그림 33.5.4 백색광의 색 분산. 파란색 성분이 빨간색 성분보다 더 많이 휘어진다. (*a*) 공기에서 유리로 진행할 때, 푸른색 성분이 더 작은 굴절각으로 통과한다. (*b*) 유리에서 공기로 진행할 때, 푸른색 성분이 더 큰 굴절각으로 통과한다. 각각의 점선은 굴절되지 않은 빛이 진행할 때의 경로이다.

Courtesy Bausch & Lomb

(*a*)

(*b*)

그림 33.5.5 (*a*) 삼각 프리즘은 백색광을 구성하는 각각의 색 성분을 분산시킨다. (*b*) 색 분산은 첫 번째 표면에서 일어나고 두 번째 표면에서 더 커진다.

욱더 퍼지게 된다.

무지개

무지개는 가장 매혹적인 색분산 현상이다. (눈에 보이는 모든 색깔을 포함하고 있는 백색광인) 햇빛이 빗방울을 비추면 빛의 일부가 빗방울에 들어가면서 굴절되고, 내부에서 한 번 반사된 후 공기 중으로 나가면서 다시 굴절된다. 그림 33.5.6*a*는 그림의 왼쪽 지평선상에 태양이 있는 상황을 그린 것이다(즉, 햇빛은 지면에 평행하다). 첫 번째 굴절이 일어나면 빛은 각각의 색 성분으로 분산되고, 두 번째 굴절로 분산이 더욱 심하게 일어난다. (그림 33.5.6*a*에는 빨간색 성분과 푸른색 성분만 표시되었다.) *점 A*는 관측자가 있는 점 *O*를 기준으로 *태양의 반대편에 있는 점이다*. 점 *O*에서 점 *A*를 향한 직선을 기준으로

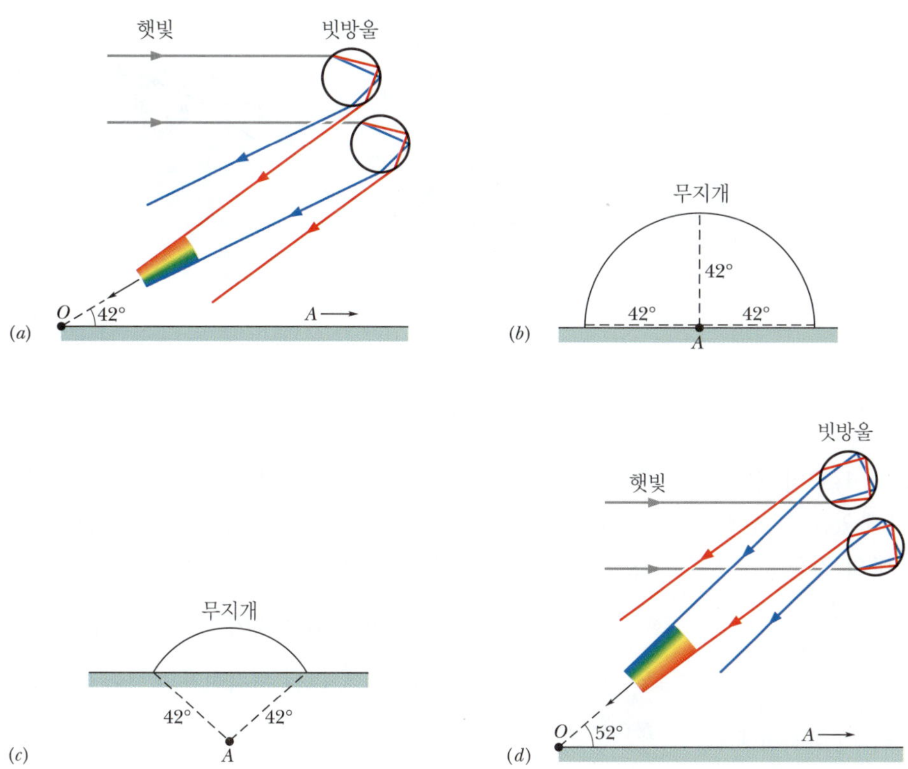

그림 33.5.6 (*a*) 햇빛이 빗방울에 굴절되어 들어갔다가 공기 중으로 나올 때의 색 분산으로 무지개가 생긴다. 태양 반대편의 점 *A*는 광선과 평행한 지평선상에 있고, 무지개는 지평선과 각도 42°를 이루는 곳에 생긴다. (*b*) 각도 42°를 이루는 곳의 모든 빗방울이 무지개를 만든다. (*c*) 태양이 더 높은 곳에 있을 때의 무지개 원호. (*d*) 색 분산이 2차 무지개를 만든다.

42° 위 방향의 위치에 빗방울이 분포해 있다면 관측자는 태양광이 빗방울에 의해 각각의 색 성분으로 분산된 무지개를 볼 수 있다.

색 분산이 일어나는 빗방울의 정확한 위치를 알아보자. 태양을 등지고 서서, 관측자의 그림자 머리 부분이 향하는 방향을 향해 두 팔을 나란히 뻗는다. 그 후 오른팔을 위 또는 좌우 아니면 빗각으로 움직여 왼팔과 오른팔 사이각이 42°가 되도록 한다. 만일 오른팔이 가리키는 방향에 빗방울이 위치해 있다면 관측자는 그 방향에서 분산된 무지개 빛깔을 볼 수 있다.

관측자를 중심으로 점 A 방향에서 42° 위 방향의 위치에 있는 모든 빗방울이 무지개를 만들기 때문에 무지개는 A 둘레로 각도 42°의 원호를 그린다(그림 33.5.6*b* 참조). 그리고 무지개의 꼭대기는 지평선에서 42°보다 높은 곳에 위치할 수 없다. 태양이 지평선 위로 떠 있을 때 점 A의 방향은 지평선 아래를 향하므로 호의 길이가 줄어들고 높이가 낮아진 무지개만 관측할 수 있다(그림 33.5.6*c* 참조).

이와 같이 빗방울의 내부에서 빛이 한 번만 반사되어 생긴 무지개를 *1차 무지개*라고 부른다. 그림 33.5.6*d*는 빗방울의 내부에서 빛이 두 번 반사되어 생기는 *2차 무지개*이다. 2차 무지개는 점 A 방향에서 52° 위 방향의 위치에 생긴다. 2차 무지개는 1차 무지개보다 더 넓고 더 흐리기 때문에 관측하기가 쉽지 않다. 그림 33.5.6의 *a*와 *d*를 비교해 보면 2차 무지개의 색깔이 1차 무지개의 순서를 거꾸로 뒤집은 것임을 알 수 있다.

빗방울 내부에서 빛이 서너 번 반사되어 생기는 무지개는 태양이 있는 방향에 나타나기 때문에 태양광에 가려서 보이지 않는다. 그 이상 반사되어 생기는 무지개는 태양이 없는 방향에 나타날 수 있지만 관측하기에 너무 희미하다. 하지만 특별한 기술을 사용해 사진을 찍었다.

확인문제 33.5.1

아래 그림 중에 물리적으로 가능한 굴절이 있는가? 있다면 어느 것인가?

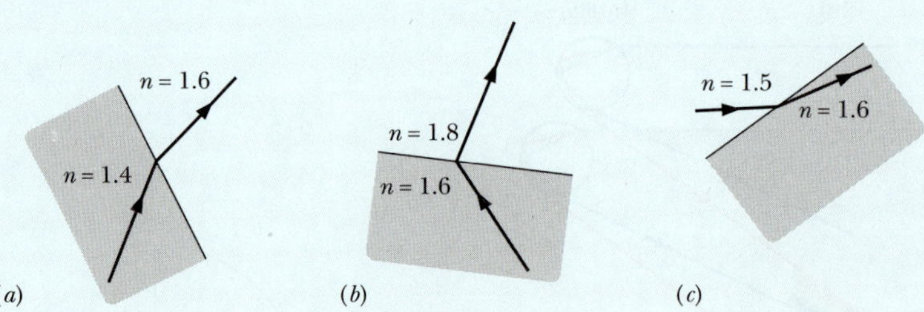

보기문제 33.5.1 단색광의 반사와 굴절

(a) 그림 33.5.7*a*에서 단색광이 굴절률 $n_1 = 1.33$인 매질 1과 굴절률 $n_2 = 1.77$인 매질 2의 경계면 위에 있는 점 A에서 반사하고 굴절한다. 입사광선은 표면과 50°의 각도를 이룬다. 점 A에서 반사각과 굴절각은 각각 얼마인가?

요점

(1) 반사각은 입사각과 같다. 두 각도는 광선과 반사점에 그은 수직선과의 사이각이다. (2) 굴절률(n_1과 n_2)이 다른 두 매질의 경계면에 도달한 빛의 일부는 다음과 같은 Snell의 법칙, 즉 식 33.5.2에 따라 굴절한다.

$$n_2 \sin \theta_2 = n_1 \sin \theta_1. \qquad (33.5.4)$$

두 각도 또한 광선과 굴절점에 그은 수직선과의 사이각이다.

풀이: 그림 33.5.7*a*의 점 A에서 수직선은 그 점을 통과하는

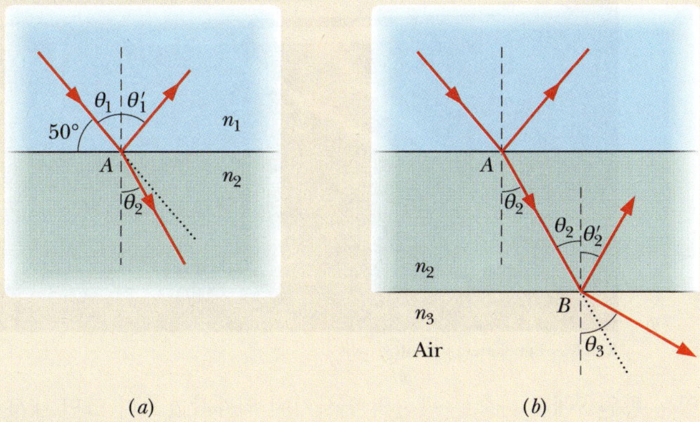

그림 33.5.7 (a) 매질 1과 2의 경계면 위에 있는 점 A에서 빛이 반사하고 굴절한다. (b) 매질 2를 통과한 광선이 매질 2와 3(공기)의 경계면 위에 있는 점 B에서 반사하고 굴절한다. 긴 점선은 수직선이고 점선은 입사광선의 연장선이다.

파선으로 그려져 있다. 입사각 θ_1은 문제에서 주어진 50°가 아니라 90° − 50° = 40°이다. 따라서 반사각은 다음과 같다.

$$\theta'_1 = \theta_1 = 40°. \quad \text{(답)}$$

매질 1에서 매질 2로 들어가는 광선은 두 매질의 경계면 위에 있는 점 A에서 굴절한다. 마찬가지로 굴절이 일어나는 점의 수직선과 광선이 이루는 사이각을 측정해야 한다. 그림 33.5.7a에서 굴절각은 θ_2로 표시되어 있다. 식 33.5.4를 θ_2에 관하여 풀면 다음과 같다.

$$\theta_2 = \sin^{-1}\left(\frac{n_1}{n_2}\sin\theta_1\right) = \sin^{-1}\left(\frac{1.33}{1.77}\sin 40°\right)$$
$$= 28.88° \approx 29°. \quad \text{(답)}$$

이 결과는 광선이 수직선에 대해 40°에서 29°로 바뀌면서 꺾였다는 뜻이다. 굴절각이 입사각보다 작은 이유는 빛이 경계면을 통하여 진행할 때 굴절률이 더 큰 매질로 들어가기 때문이다. *주의:* 광선은 수직선을 지나지 *않고* 그림 33.5.7a의 왼편에만 나타난다.

(b) 점 A에서 매질 2로 들어간 광선은 그림 33.5.7b처럼 매질 2와 3(공기) 사이의 경계면 위에 있는 점 B에 도달한다. 점 B의 경계면은 점 A의 경계면과 평행하다. 점 B에서 일부 빛은 반사하고 나머지는 공기 중으로 굴절한다. 반사각은 얼마인가? 또한 공기로 나오는 굴절각은 얼마인가?

풀이: 먼저 점 B에서의 각도 중 하나와 점 A에서 알려진 각도를 연관시킬 필요가 있다. 따라서 점 B의 경계면이 점 A의 경계면과 평행하므로 그림 33.5.7b에서 점 B의 입사각은 굴절각 θ_2와 같다. 반사에 대해서는 반사법칙을 이용하면 된다. 결국 점 B의 반사각은 다음과 같다.

$$\theta'_2 = \theta_2 = 28.88° \approx 29°. \quad \text{(답)}$$

다음으로 매질 2에서 공기로 나가는 광선은 점 B에서 굴절각 θ_3로 굴절한다. 따라서 다시 Snell의 굴절법칙을 적용하면, 식 33.5.2는 다음과 같이 쓸 수 있다.

$$n_3 \sin\theta_3 = n_2 \sin\theta_2. \tag{33.5.5}$$

이것을 θ_3에 대해서 풀면 다음을 얻는다.

$$\theta_3 = \sin^{-1}\left(\frac{n_2}{n_3}\sin\theta_2\right) = \sin^{-1}\left(\frac{1.77}{1.00}\sin 28.88°\right)$$
$$= 58.75° \approx 59°. \quad \text{(답)}$$

따라서 광선이 수직선에 대해 29°에서 59°로 바뀌면서 수직선으로부터 멀어지는 방향으로 꺾였다. 왜냐하면 빛이 경계면을 통하여 진행할 때 굴절률이 더 작은 매질(공기)로 들어가기 때문이다.

▶ **교육용 비디오는 웹사이트 www.wiley.com에서 볼 수 있다.**

33.6 ▸ 내부 전반사

요점_*Key Ideas*

1. 굴절률이 감소하는 경계를 지나는 파동은 입사각이 임계각 θ_c를 넘으면 전반사가 일어난다.

$$\theta_c = \sin^{-1}\frac{n_2}{n_1} \quad \text{(임계각)}.$$

학습목표_*Learning Objectives*

이 단원을 읽은 후 다음을 이해해야 한다.

33.6.1 전반사를 그림을 그려 설명하고, 입사각, 임계각과 경계면 양쪽의 굴절률의 상대값을 표시한다.

33.6.2 임계각에서 입사에 대한 굴절

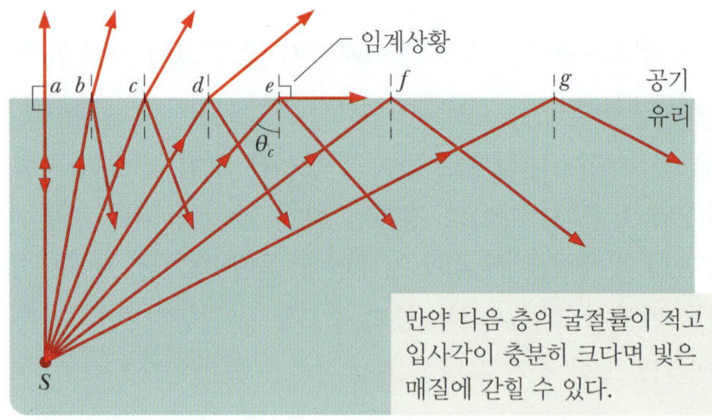

(a)

(b)

Ken Kay/Fundamental Photographs

각을 구한다.

33.6.3 주어진 쌍의 귤절률에 대해 임계각을 계산한다.

그림 33.6.1 (a) 유리 안에 있는 광원 S에서 나오는 광선의 입사각이 임계각 θ_c보다 크면 내부 전반사가 일어난다. 임계각에서 굴절광선은 공기와 유리의 경계면을 따라 진행한다. (b) 물통 속에서의 내부 전반사 사진.

내부 전반사

그림 33.6.1*a*는 유리 안에 있는 점광원 *S*에서 나오는 단색광이 유리와 공기의 경계면으로 들어가는 모습이다. 수직한 광선 *a*의 일부는 반사하고 나머지는 경로의 변화 없이 공기 중으로 진행한다.

더 큰 입사각으로 진행하는 광선 *b*부터 광선 *e*까지 광선도 경계면에서 반사하고 굴절한다. 그러나 입사각이 증가함에 따라 굴절각이 증가하여 광선 *e*에서는 90°가 된다. 이것은 굴절광선이 경계면을 따라 진행한다는 뜻이다. 이때의 입사각을 **임계각** θ_c라고 부른다. 광선 *f*와 광선 *g*처럼 입사각이 θ_c보다 큰 경우에는 굴절 없이 *모든* 광선이 반사된다. 빛이 모두 유리 안에 있으므로 이런 현상을 **내부 전반사**라고 부른다.

θ_c를 구하기 위하여 식 33.5.2를 이용한다. 임의로 아래첨자 1은 유리를 나타내고 아래첨자 2는 공기를 나타낸다고 가정하고, θ_1에 θ_c를, θ_2에 90°를 각각 대입하면

$$n_1 \sin \theta_c = n_2 \sin 90° \qquad (33.6.1)$$

이므로, 다음을 얻는다.

$$\theta_c = \sin^{-1} \frac{n_2}{n_1} \quad \text{(임계각)}. \qquad (33.6.2)$$

사인 값은 1을 넘을 수 없으므로 이 식에서 n_2는 n_1보다 클 수 없다. 이 제한으로부터 입사광선이 굴절률이 더 작은 매질에 있을 경우에 내부 전반사가 일어날 수 없음을 알 수 있다. 그림 33.6.1*a*에서 광원 *S*가 공기 중에 있었다면 공기와 유리의 경계면으로 입사하는 (*f*와 *g*를 포함한) 모든 광선의 일부는 반사되고 일부는 굴절될 것이다.

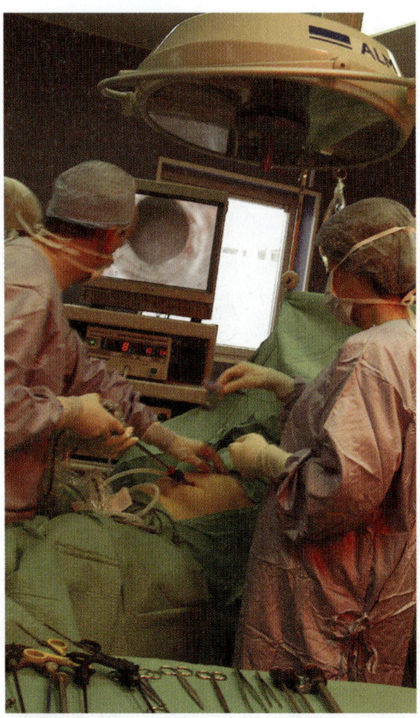
LAURENT/BSIP/Alamy Images

그림 33.6.2 동맥검사에 사용하는 내시경.

내부전반사는 의학기술에서 많이 이용한다. 예를 들어 내과 의사는 목, 위나 대장 내부를 광섬유로 만든 내시경으로 볼 수 있다. 광섬유 일부는 인체 안으로 빛을 보내고, 일부는 그 영상을 받아 모니터에 나타낸다(그림 33.6.2). 의사는 궤양, 암이나 심지어는 불법 밀수품도 볼 수 있다. 내시경은 곡선 경로를 따라 휘어지지만 내부전반사 때문에 이를 따라 빛이 지나간다. 이러한 광학적 특징이 또한 혁명적인 *로봇 보조수술에도 사용된다.* 인체 내부 시술을 위해 의사는 수술 부분을 더이상 길게 째거나 갈비뼈를 부술 필요가 없다. 그 대신 수술 기구를 작은 절개 부분(*단일포트*)을 통해 몸 안으로 집어넣는다. 이 기구에는 조명과 영상 수집을 위한을 위한 광섬유와 수술을 위한 도구가 포함되어 있다(그

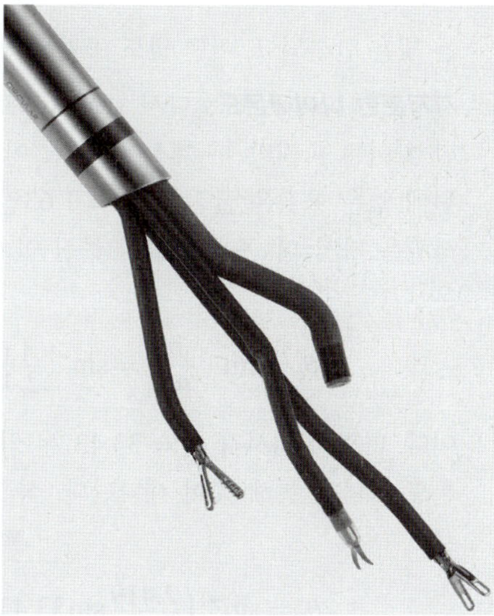

Intuitive Surgical Inc.

그림 33.6.3 단일포트(단일절개) 작업에 사용하는 Intuitive Surgical Inc.의 da Vinci 기구. 3차원 카메라는 위 부분에 있고, 여러 수술 도구는 다른 부분에 붙어 있다.

림 33.6.3). 단일포트 기구를 이용하면 담낭제거수술을 한 환자는 2주일이 아니라 두 시간 만에 퇴원할 수 있다. 또한 가령 심장과 같은 섬세한 작업은 더 이상 손떨림이나 의사의 피로로 지장을 받지 않는다.

확인문제 33.6.1

플라스틱 안에서 백색광을 플라스틱과 외부 공기 사이의 경계면에 입사한다. 입사각이 노란빛에 대한 임계각과 같을 때 빨강 혹은 파랑 중 어떤 색깔이 내부전반사를 일으키는가?

보기문제 33.6.1 내부전반사로 인한 반지에 있는 다이아몬드의 반짝임

반지에 있는 다이아몬드의 목적은 물론 반짝이게 하는 것이다. 다이아몬드를 자르는 기술의 요점은 윗면과 옆면을 통해 들어오는 모든 빛이 이 표면을 통해 나가도록 만들어 반짝이게 하는 것이다. 그림 33.6.4에 반짝이도록 자른 다이아몬드를 지나는 조각의 단면 부분을 나타낸다. 윗면에 있는 점 A에 광선이 들어온다. 이런 형태의 단면에서 위와 바닥면의 수직선은 48.84°로 표시한 곳에서 만난다. 점 B에서 적어도 일부의 빛은 반사하여 다이아몬드를 적당하게 떠나지만, 일부는 굴절하고, 따라서 다이아몬드에서 새나간다. A에서 입사각디 $\theta_1 = 40°$인 광선을 고려하자. 바닥면 옆에 공기($n_4 = 1.00$)가 있다면 빛은 새나가는가? 기름투성이 때($n_4 = 1.63$)로 표면을 칠하면 빛이 새나가는가? 다이아몬드의 굴절률은 2.419이다.

요점

굴절률이 다른(n_1과 n_2) 두 물질 사이의 경계면에 빛이 도달하면 일부 혹은 모든 빛이 반사된다. 전반사가 일어나려면 (1) 입사광은 큰 굴절률($n_1 > n_2$)의 물질에 있고 (2) 입사각은 식 33.6.2에 있는 임계값을 넘어야 한다.

$$\theta_c = \sin^{-1}\frac{n_2}{n_1}.$$

이 두 조건을 만족하지 않으면 빛의 일부는 Snell의 법칙(식 33.5.2)에 의해 경계면에서 굴절된다.

$$n_2 \sin \theta_2 = n_1 \sin \theta_1.$$

깨끗한 다이아몬드: 점 B에서 빛이 새나갈 수 있는지 보기 위해 점 A에서 점 B로 빛을 따라가야 한다. 점 A에서 입사한 빛

은 다른 쪽 경계면에 있는 물질(다이아몬드, $n_{dia} = 2.419$)의 굴절률보다 *작은* 굴절률을 갖는 물질(공기, $n_1 = 1.00$) 안에 있다. 따라서 빛의 일부는 경계면을 지나 굴절하고(반사된 부분은 그림에 나타내지 않았다), Snell의 법칙으로부터 굴절각도 θ_2는 다음과 같다.

$$\theta_2 = \sin^{-1}\left(\frac{n_1}{n_2}\sin\theta_1\right) = \sin^{-1}\left(\frac{1.00}{2.419}\sin 40°\right)$$
$$= 15.41°.$$

이제 점 C에서 48.84°로 주어진 각도는 삼각형 ABC의 *외각*임을 주목하여라. 따라서 (부록 E로부터)

$$\theta_2 + \theta_1 = 48.84°,$$

즉

$$\theta_3 = 48.84° - \theta_2 = 48.84° - 15.41°$$
$$= 33.43°$$

으로 쓸 수 있다. 이것은 점 B에서 입사각이다. 이제 입사광은 경계면 반대편에 있는 물질(공기)보다 굴절률이 큰 물질(다이아몬드) 안에 있다. 그러나 점 B에서 Snell의 법칙을 적용하면

$$\theta_4 = \sin^{-1}\left(\frac{2.419}{1.00}\sin 33.43°\right) \qquad (33.6.3)$$

을 얻는다. 이 값에 해당하는 각도는 없다. 왜냐하면 빛은 임계값

$$\theta_c = \sin^{-1}\frac{n_4}{n_{dia}} = \sin^{-1}\frac{1.00}{2.419} = 24.4°$$

보다 큰 각도로 입사하기 때문이다. 따라서 B에 도달하는 모든 빛은 반사되고, 어떤 빛도 공기로 새나가지 않는다.

지저분한 다이아몬드: 다시 A에서 B로 빛을 따라가고, 유일한 차이는 마지막 두 계산에 있다. 이제 B에서 경계면 반대편에 있는 물질은 굴절률 $n_4 = 1.63$인 더러운 때가 있다. 입사광은 다시 더 큰 굴절률의 물질 안에 있지만, 이제 임계각은

$$\theta_c = \sin^{-1}\frac{n_4}{n_{dia}} = \sin^{-1}\frac{1.63}{2.419} = 42.4°$$

이다. 따라서 입사각 $\theta_4 = 33.43°$는 임계각보다 *작고*, 다이아몬드 바닥을 통해 빛이 새나간다. 식 33.6.3으로부터 굴절각은

$$\theta_4 = \sin^{-1}\left(\frac{2.419}{1.63}\sin 33.43°\right) = 54.8°$$

이다. 따라서 다이아몬드를 반짝거리게 하려면 윗면과 아랫면을 모두 깨끗하게 해야 한다.

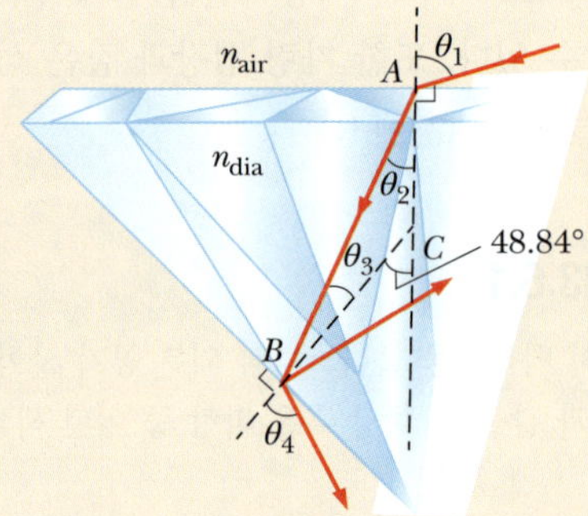

그림 33.6.4 반짝거리도록 자른 다이아몬드 꼭대기에서 들어오는 빛. 빛은 점 B가 있는 바닥면에서 새나갈 수 있는가?

33.7 ▸ 반사에 의한 편광

학습목표 *Learning Objectives*

이 단원을 읽은 후 다음을 이해해야 한다.

33.7.1 비편광된 빛이 경계면으로부터 반사를 통해 편광된 빛으로 어떻게 변환되는지 그림을 그려 설명한다.

33.7.2 Brewster 각도에 대해 설명한다.

33.7.3 Brewster 각도와 경계면 양쪽의 굴절률 사이의 관계를 구한다.

요점 *Key Ideas*

1. 만일 경계면에 Brewster 각도 θ_B로 빛이 입사하면 반사 파동은 벡터 $\vec{E}$가 입사평면에 수직한 완전 편광된 빛이 된다. 여기서

$$\theta_B = \tan^{-1}\frac{n_2}{n_1} \qquad \text{(Brewster 각도)}$$

이다.

▶ 반사에 의한 편광

수면에서 반사된 햇빛을 볼 때 시선을 중심으로 선글라스에서 사용하는 것과 같은 편광판의 편광축을 돌리면 눈에 들어오는 빛의 양을 조절할 수 있다. 왜냐하면 수면에서 반사

된 빛이 부분적으로 또는 완전히 편광되기 때문이다.

그림 33.7.1은 비편광된 광선이 유리 표면에 입사하는 그림이다. 빛의 전기장 벡터를 두 성분으로 나누어 보자. 입사면과 지면에 수직인 성분을 *수직성분*이라 하고, 그림에서 (마치 벡터의 꼭지를 보는 것처럼) 점으로 표시하였다. 입사면과 지면에 평행한 *수평성분*은 화살표로 표시하였다. 입사광선은 비편광되어 있으므로 두 성분의 크기가 같다.

일반적으로 반사된 빛은 크기가 다른 두 성분을 가지고 있다. 이것은 한 방향으로 진동하는 전기장이 다른 방향으로 진동하는 전기장의 진폭보다 커서 빛이 부분적으로 편광되었다는 뜻이다. 하지만 빛이 특정한 각도(*Brewster 각도* θ_B)로 입사할 때는 그림 33.7.1처럼 반사된 빛은 수직성분만 가지고 있다. 반사된 빛은 완전히 편광되어 전부 입사면에 수직하다. 수평성분은 사라지는 것이 아니고 수직성분의 일부와 함께 유리 속으로 굴절된다.

▸***편광선글라스.*** 25.5단원에서 다룬 유리, 물, 그리고 다른 유전물질은 빛을 반사하여 부분적으로 또는 완전히 편광시킨다. 이러한 물질의 표면에서 반사된 빛은 표면에 밝은 부분(눈부심)으로 눈에 들어온다. 그림 33.7.1처럼 표면이 지면에 평행이면 반사된 빛의 편광도 부분적으로 또는 완전히 지면에 평행하다. 이러한 표면에서 반사된 빛의 눈부심을 없애기 위해서 선글라스 렌즈(편광판)의 편광방향은 지면에 수직이다.

33.7.4 편광 선글라스의 기능에 대해 설명한다.

Brewster의 법칙

빛이 Brewster 각 θ_B로 입사하는 경우, 반사광선과 굴절광선이 서로 수직이라는 것이 실험적으로 밝혀졌다. 그림 33.7.1에서 반사각은 θ_B이고 굴절각은 θ_r이므로 다음 식이 성립한다.

$$\theta_B + \theta_r = 90°. \tag{33.7.1}$$

이때 두 각도는 식 33.5.2와 관계가 있다. 식 33.5.2의 아래첨자 1을 입사하고 반사되는 빛이 통과하는 물질로 정하면

$$n_1 \sin\theta_B = n_2 \sin\theta_r \tag{33.7.2}$$

로 쓸 수 있다. 두 식을 연립하면

$$n_1 \sin\theta_B = n_2 \sin(90° - \theta_B) = n_2 \cos\theta_B \tag{33.7.3}$$

이고, 이 식을 정리하면 다음과 같다.

$$\theta_B = \tan^{-1}\frac{n_2}{n_1} \quad \text{(Brewster 각)}. \tag{33.7.4}$$

(이제 식 33.7.4의 아래첨자에 의미가 있음을 주의하여라.) 만약 입사하고 반사되는 빛이 *공기 중*에 있다면 n_1은 1로 근사하고 n_2는 n으로 바꾸면 식 33.7.4는 다음과 같다.

$$\theta_B = \tan^{-1} n \quad \text{(Brewster의 법칙)}. \tag{33.7.5}$$

식 33.7.4를 간단히 한 이 식은 **Brewster의 법칙**으로 알려져 있다. Brewster 각 θ_B는 1812년에 실험적으로 이 현상을 발견한 David Brewster의 이름을 붙였다.

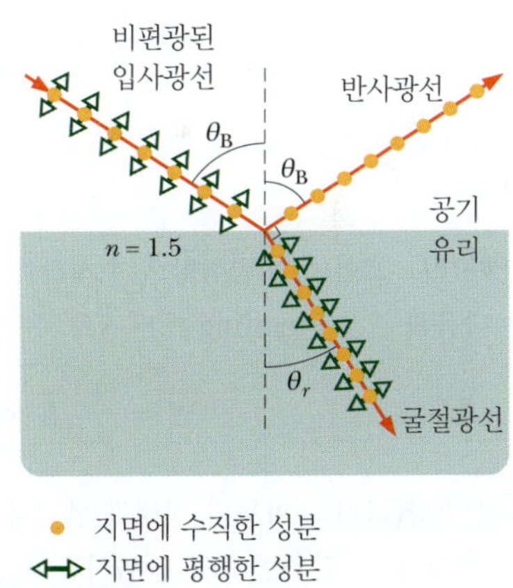

그림 33.7.1 비편광된 빛이 Brewster 각 θ_B로 유리에 입사한다. 광선을 따라서 전기장이 지면(입사, 반사, 굴절광선이 이루는 평면)에 수직한 성분과 평행한 성분으로 분해되어 있다. 반사된 빛은 지면에 수직인 성분으로만 구성되어 있으므로 수직 방향으로 편광되어 있다. 굴절된 빛은 원래의 지면에 평행한 성분과 비중이 작은 지면에 수직한 성분으로 구성되어 있어서 부분적으로 편광되어 있다.

확인문제 33.7.1

그림에서 굴절률이 n_1인 물질 1에서 광선이 굴절률 n_2인 물질 2로부터 Brewster 각도로 반사한다. (a) n_2가 n_1보다 작고 n_2를 점점 증가시켜 n_1보다 크게 만들 수 있다. Brewster 각도에는 어떤 변화가 있는가? (b) 물질 1이 공기이면 Brewster 각도의 최소값 $\theta_{B,min}$은 (대략) 어떤 값이 가능한가?

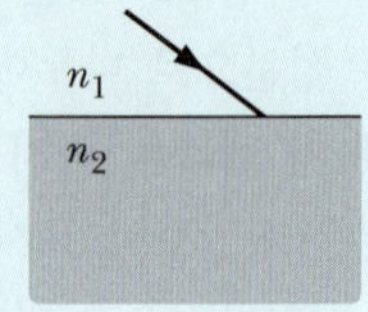

정리 및 요약 _Review & Summary

▸전자기파 전자기파는 진동하는 전기장과 자기장으로 구성되어 있다. 다양한 진동수의 전자기파가 *스펙트럼*을 이루고, 이 중 일부분이 가시광선에 해당한다. 전자기파가 x축으로 진행할 때 전기장 $\vec{E}$와 자기장 $\vec{B}$의 크기는 x와 t에 의존한다.

$$E = E_m \sin(kx - \omega t)$$

와

$$B = B_m \sin(kx - \omega t). \qquad (33.1.1, 33.1.2)$$

여기서 E_m과 B_m은 각각 $\vec{E}$와 $\vec{B}$의 진폭이다. 진동하는 전기장은 자기장을 유도하고, 역으로 진동하는 자기장은 전기장을 유도한다. 진공에서 전자기파의 속력은 c이며, 다음과 같다.

$$c = \frac{E}{B} = \frac{1}{\sqrt{\mu_0 \varepsilon_0}}. \qquad (33.1.5, 33.1.3)$$

여기서 E와 B의 크기는 동시에 같은 곳에서 측정한 (0이 아닌) 값이다.

▸에너지 흐름 단위면적당 단위시간에 전자기파가 전달하는 에너지는 다음과 같은 Poynting 벡터 $\vec{S}$로 주어진다.

$$\vec{S} = \frac{1}{\mu_0} \vec{E} \times \vec{B}. \qquad (33.2.1)$$

$\vec{S}$의 방향(그리고 파동의 진행과 에너지의 전달 방향)은 $\vec{E}$와 $\vec{B}$에 모두 수직이다. 단위면적당 단위시간에 전달되는 에너지의 시간평균 S_{avg}를 파동의 *세기* I라고 한다.

$$I = \frac{1}{c\mu_0} E_{rms}^2. \qquad (33.2.8)$$

여기서 $E_{rms} = E_m/\sqrt{2}$이다. *점광원은 등방적으로*(모든 방향에 동일한 세기로) 전자기파를 복사한다. 출력이 P_s인 광원에서 거리가 r인 위치에 있는 파동의 세기는 다음과 같다.

$$I = \frac{P_s}{4\pi r^2}. \qquad (33.2.9)$$

▸복사압 어떤 표면이 전자기복사를 받으면 표면에 힘과 압력이 가해진다. 표면이 복사를 완전히 흡수하면, 힘은 다음과 같다.

$$F = \frac{IA}{c} \quad \text{(완전흡수)}. \qquad (33.3.5)$$

여기서 I는 복사의 세기이고 A는 복사경로에 수직인 표면의 면적이다. 만일 복사가 전부 반사되어 원래의 경로를 따라 되돌아 나가면, 힘은 다음과 같다.

$$F = \frac{2IA}{c} \quad \text{(원래 경로로 되돌아가는 완전반사)}. \qquad (33.3.6)$$

복사압 p_r은 다음과 같은 단위면적당 가해지는 힘이다.

$$p_r = \frac{I}{c} \quad \text{(완전흡수)}. \qquad (33.3.7)$$

그리고

$$p_r = \frac{2I}{c} \quad \text{(원래 경로로 되돌아가는 완전반사)}. \qquad (33.3.8)$$

▸편광 전자기파의 모든 전기장이 하나의 *평면(진동면)* 위에 있는 경우에 전자기파가 **편광되었다**고 한다. 정면에서 보았을 때 장은 파동이 지나가는 경로에 수직인 한 축에 평행한 방향으로 진동한다. 일반적인 광원에서 나오는 빛은 편광되어 있지 않다. 즉, **비편광** 또는 **막편광**되어 있다. 정면에서 보았을 때 장은 파동이 지나가는 경로에 수직인 모든 가능한 축에 평행한 방향으로 진동한다.

▸편광판 빛이 지나는 경로에 편광판이 놓여 있으면 편광판의 **편광방향**에 평행한 전기장 성분만이 편광판을 *통과한다*. 수직인 성분은 흡수된다. 편광판을 통과한 빛은 편광판의 편광방향에 평행하게 편광된다.

만일 원래의 빛이 비편광되었다면, 편광판을 통과한 빛의 세기 I는 원래 세기 I_0의 절반이다.

$$I = \tfrac{1}{2} I_0. \qquad (33.4.1)$$

원래 빛이 편광되었다면, 편광판을 통과한 빛의 세기는 원래 빛의 편광방향과 편광판의 편광방향의 사이각 θ에 다음과 같이 의존한다.

$$I = I_0 \cos^2 \theta. \qquad (33.4.3)$$

▸기하광학 *기하광학*에서는 파동인 빛을 직진하는 광선으로 보고 근사하여 취급한다.

▸반사와 굴절 일반적으로 두 매질의 경계면에 도달한 빛은 **반사광선**과 **굴절광선**으로 갈라진다. 두 광선은 입사면 위에 있다. **반사각**은 입

사각과 같고, **굴절각**은 Snell의 법칙을 따라 다음과 같이 입사각에 의해 결정된다.

$$n_2 \sin\theta_2 = n_1 \sin\theta_1 \qquad (\text{굴절}). \qquad (33.5.2)$$

여기서 n_1과 n_2는 입사광선과 굴절광선이 지나는 매질의 굴절률이다.

▸***내부 전반사*** 전자기파가 굴절률이 작은 매질로 들어갈 때, 경계면에서 입사각이 다음과 같은 **임계각** θ_c보다 크면 **내부 전반사**가 일어난다.

$$\theta_c = \sin^{-1}\frac{n_2}{n_1} \qquad (\text{임계각}). \qquad (3.6.2)$$

▸***반사에 의한 편광*** 비편광된 빛이 경계에 다음과 같은 **Brewster 각** θ_B으로 입사하면, 반사된 빛은 입사면에 수직인 $\vec{E}$만 남게 되어 완전히 **편광된다**.

$$\theta_B = \tan^{-1}\frac{n_2}{n_1} \qquad (\text{Brewster 각}). \qquad (3.7.4)$$

연습문제 _Problems

E Easy M Medium H Hard CALC Requires calculus BIO Biomedical application

1 E 그림 33.11에서 세기가 24 W/m^{2}인 편광되지 않은 광선을 y축에 평행한 방향으로 y축에 대하여 각각 $\theta_1 = 70°$와 $\theta_2 = 90°$의 각도를 이루는 두 개의 편광판으로 구성된 편광 장치를 향해 쏜다. 이 장치를 통과한 빛의 세기는 얼마인가?

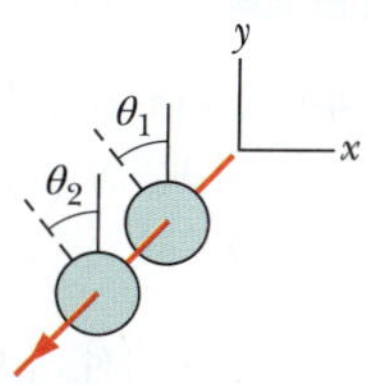

그림 33.1 연습문제 1, 2, 3

2 E 그림 33.1에서 세기가 17 W/m^{2}이고 y축 방향으로 편광된 광선을 두 개의 편광판으로 구성된 편광장치를 향해 쏜다. 두 편광판의 편광 방향은 y축에 대하여 그림처럼 각각 $\theta_1 = 70°$와 $\theta_2 = 90°$의 각도를 이루고 있다. 이 장치를 통과한 빛의 세기는 얼마인가?

3 M 그림 33.1에서 비편광된 빛을 두 개의 편광판에 쏜다. 두 편광판의 편광방향 θ_1, θ_2는 y축 양의 방향에서 반시계 방향으로 측정한 각도이다(그림의 각도는 실제와 다르다). 이때 각도 θ_1은 고정되어 있고, θ_2는 변한다. 그림 33.2는 두 번째 편광판을 통과한 빛의 세기를 θ_2의 함수로 그린 것이다. (세기 축의 눈금은 나타내지 않았다.) $\theta_2 = 90°$일 때 처음 빛의 세기의 몇 퍼센트가 편광장치를 통과하는가?

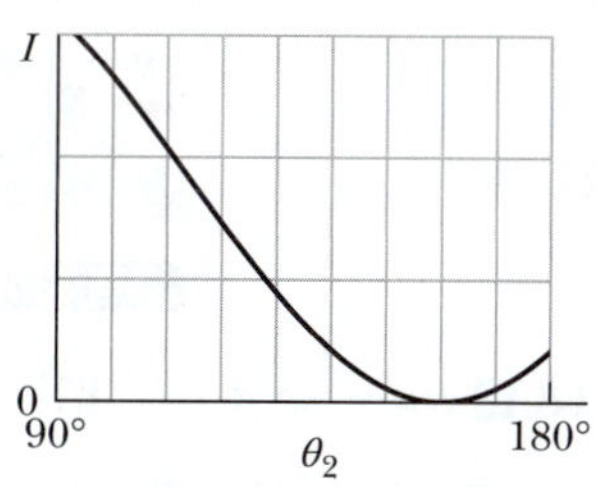

그림 33.2 연습문제 3

4 M 태양에서 지구 대기권 바로 바깥에 있는 평면에 수직으로 내리쬐는 빛의 세기는 1.4 kW/m^{2}이다. (a) 들어오는 빛을 완전히 흡수한다고 가정할 때 이 표면에 작용하는 복사압 p_r을 구하여라. (b) 이 압력과 해수면의 대기압 1.0×10^5 Pa의 비율을 구하여라.

5 M 그림 33.3에서 세 개의 편광판에 비편광된 빛을 쏜다. 편광방향 θ_1, θ_2, θ_3은 y축 양의 방향을 기준으로 반시계 방향으로 측정한 각도이다(그림의 각도는 실제와 다르다). 각도 θ_1, θ_3은 고정되어 있고, θ_2는 변한다. 그림 33.4는 투과한 빛의 세기를 θ_2의 함수로 나타낸 그래프이다. (세기 축의 축척은 표시되어 있지 않다). $\theta_2 = 30°$일 때, 세 편광판을 투과한 빛의 세기는 초기 빛의 세기의 몇 퍼센트인가?

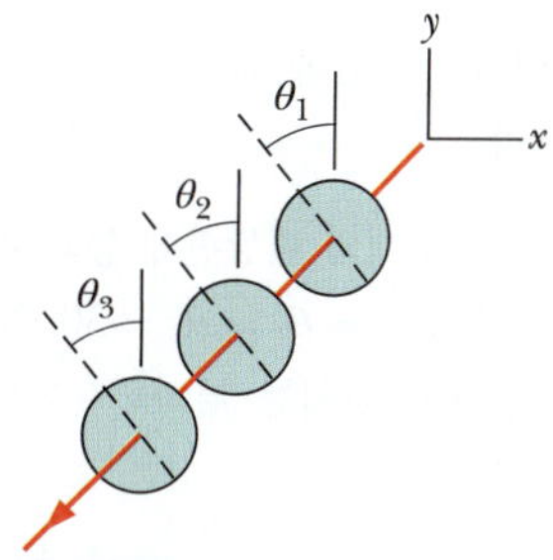

그림 33.3 연습문제 5, 6, 7

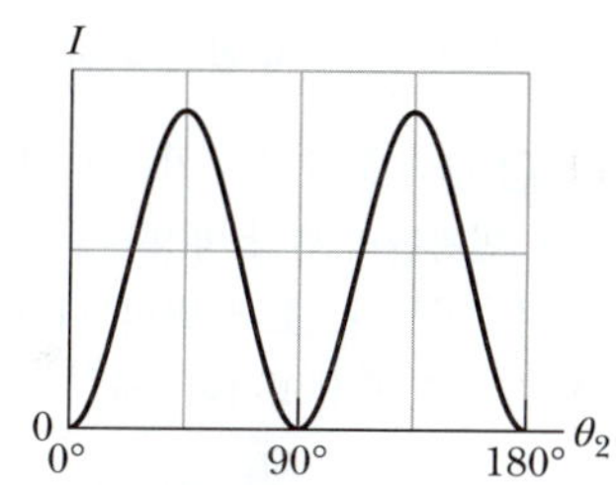

그림 33.4 연습문제 5

6 M 그림 33.3의 세 개의 편광판에 비편광된 빛을 쏘면, 초기의 빛 세기의 0.120만큼 투과한다. 첫 번째와 세 번째 편광판의 편광 방향은 각각 $\theta_1 = 0°$와 $\theta_3 = 90°$이다. 두 번째 편광판의 편광 방향인 θ_2 ($< 90°$)의 가능한 값 중 (a) 작은 것과 (b) 큰 것을 구하여라.

7 M 그림 33.3에서 비편광된 빛을 세 개의 편광판에 쏜다. 편광 방향 θ_1, θ_2, θ_3은 y축 양의 방향을 기준으로 반시계 방향으로 측정한 각도이다(그림에서 각도의 크기는 실제와 다르다). 각도 θ_1, θ_3은 고정되어 있고, θ_2는 변한다. 그림 33.5는 편광판 3을 투과한 빛의 세기를 θ_2의 함수로 나타내는 그래프이다. (세기 축의 축척은 표시되어 있지 않다.) $\theta_2 = 90°$일 때, 투과한 빛의 세기는 초기 빛의 세기의 몇 퍼센트인가?

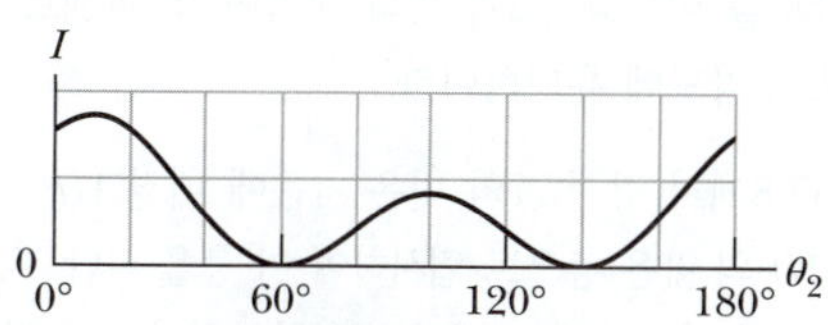

그림 33.5 연습문제 7

8 E (a) 물에서 반사한 빛이 완전히 편광되기 위한 입사각은 얼마인가? (b) 이 각도는 빛의 파장에 의존하는가?

9 M 그림 33.6에서 광선이 공기에서 삼각형 유리 프리즘의 한 면에 입사한다. 입사각이 θ를 조절하여 프리즘에서 나오는 빛도 다른 면의 수직선에 대해 같은 각도 θ를 이룬다. 유리 프리즘의 굴절률 n이 다음과 같음을 증명하여라.

$$n = \frac{\sin \frac{1}{2}(\psi + \phi)}{\sin \frac{1}{2}\phi}.$$

여기서 ϕ는 프리즘의 꼭지점의 내각이고 ψ는 *편향각*이라고 부르는 입사광선과 프리즘으로부터 나오는 광선 사이의 각도이다. (이 경우 편향각 ψ는 최소값이 되고, 이를 *최소편향각*이라고 부른다.)

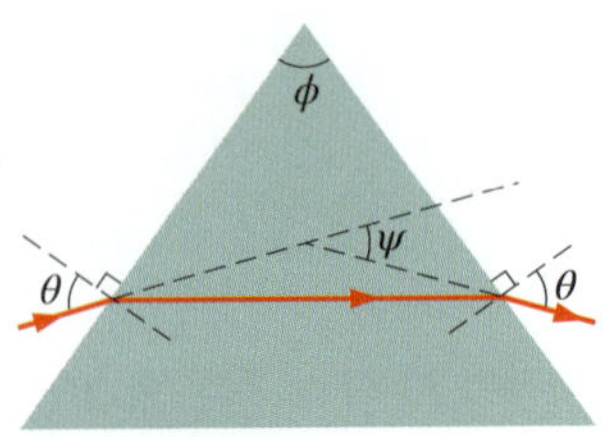

그림 33.6 연습문제 9, 10

10 M 그림 33.6에서 프리즘의 꼭지각이 $\phi = 60.0°$이고, 굴절률은 $n = 1.60$이다. (a) 왼쪽 면에서 입사한 광선이 오른쪽으로 나올 수 있는 최소입사각 θ를 구하여라. (b) 그림 33.6처럼 한쪽 면의 입사각과 다른 면의 굴절각이 같기 위한 θ를 구하여라.

11 E 그림 33.7에서 처음에 비편광된 빛을 세 개의 편광판에 통과시킨다. 편광판의 편광 방향은 y축 방향에 대하여 $\theta_1 = \theta_2 = \theta_3 = 30°$의 각도를 이룬다. 초기 빛의 세기의 몇 퍼센트가 장치를 투과하는가? (*힌트*: 각도에 유의하여라.)

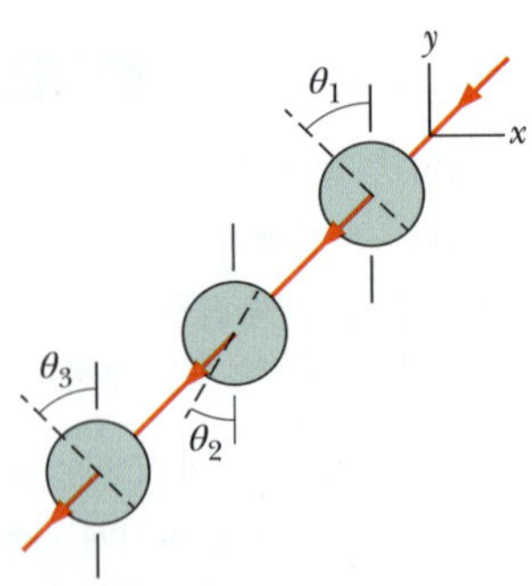

그림 33.7 연습문제 11, 12

12 E 그림 33.7에서 초기에 비편광된 빛이 세 개의 편광판을 통과한다. 편광판의 편광 방향은 y축 방향에 대하여 각각 $\theta_1 = 40°$, $\theta_2 = 30°$, $\theta_3 = 40°$의 각도를 이룬다. 초기 빛의 세기의 몇 퍼센트가 장치를 투과하는가? (*힌트*: 각도에 유의하여라.)

13 M 그림 33.8에서 광선 A의 빛은 처음에 매질 1($n_1 = 1.60$)에서 매질 2($n_2 = 1.80$)의 얇은 층으로 입사하여 이 층을 지난 후, 매질 2와 매질 3($n_3 = 1.40$)의 경계면에 임계각으로 입사한다. (a) 입사각도 θ_A의 값은 얼마인가? (b) θ_A가 감소하면 매질 3으로 굴절되는 빛이 있는가?

광선 B의 빛이 매질 1에서 굴절하여 얇은 층을 지나 매질 2와 3 사이의 경계면에 임계각으로 입사한다. (c) 입사각도 θ_B는 얼마인가? (d) θ_B가 감소하면 매질 3으로 굴절되는 빛이 있는가?

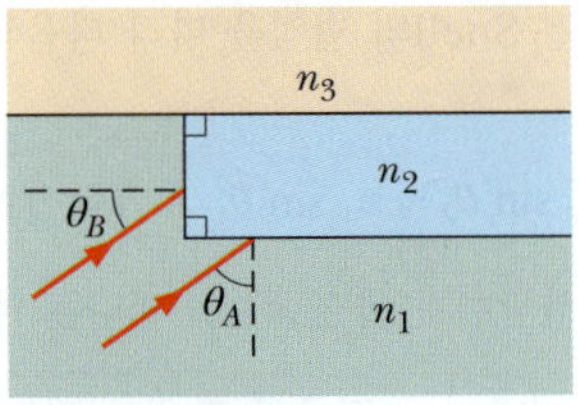

그림 33.8 연습문제 13

14 E 500 W의 전구에서 2.0 m 떨어진 곳에서의 복사압을 구하여라. 빛은 전구에서 모든 방향으로 균일하게 나오고, 복사압이 미치는 면이 전구를 향하고 있으며, 빛을 완전히 흡수한다고 가정한다.

15 E 그림 33.9는 서로 수직인 두 평면거울 A와 B에서 광선이 반사되는 모습이다. 입사광선 i와 마지막 반사광선 r' 사이의 각도를 구하여라.

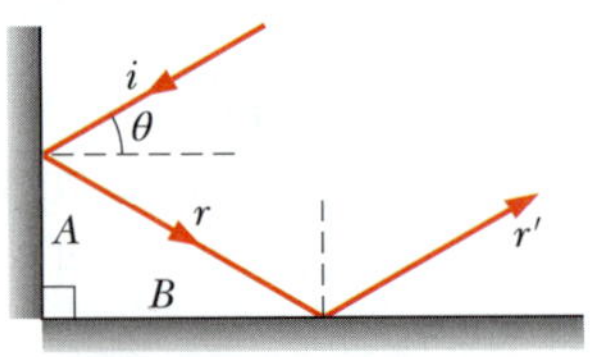

그림 33.9 연습문제 15

16 M 등방적 점광원으로부터 10 m 떨어진 곳에서 전기장의 최대값은 4.0 V/m이다. (a) 자기장의 최대값과 (b) 빛의 평균세기는 얼마인가? (c) 광원의 일률은 얼마인가?

17 M 그림 33.10에서 광선이 점 P에서 꼭지각이 90°인 프리즘에 입사각 θ로 들어가서, 일부는 점 Q에서 굴절각 90°로 굴절한다. (a) 프리즘의 굴절률을 θ의 함수로 나타내어라. (b) 굴절률이 가질 수 있는 최대값을 구하여라. 점 P에서 입사각이 (c) 조금 커지거나 (d) 조금 작아지면 점 Q에서 광선이 공기 중으로 나오는가?

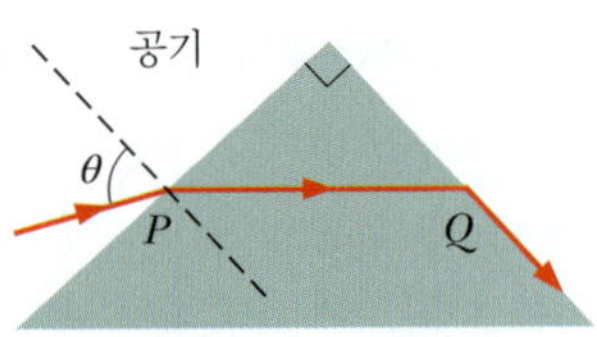

그림 33.10 연습문제 17

18 E B_m이 3.5×10^{-4} T인 평면 전자기파의 세기는 얼마인가?

19 M 그림 33.11에 길이 2.00 m의 막대가 수영장 바닥으로부터 수면 위 40.0 cm 높이까지 수직으로 서 있다. 태양광선은 수면과 $\theta = 55.0°$의 각도로 들어온다. 수영장 바닥에서 막대 그림자의 길이는 얼마인가?

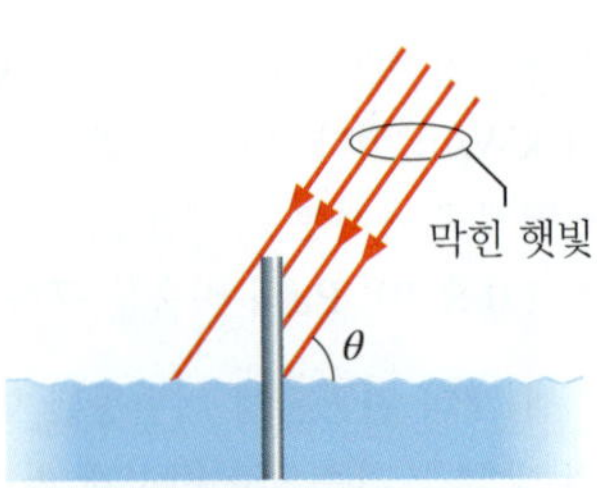

그림 33.11 연습문제 19

20 E 헬륨-네온 레이저는 중심 파장이 632.8 nm인 가는 영역의 붉은 빛을 방출하고, (그림 33.1.1에 나타낸 크기에서 보듯이) "파장의 폭"은 0.0100 nm인 붉은 빛을 방출한다. 이에 대응하는 "진동수의 폭"은 얼마인가?

21 M 그림 33.12에서 빛이 공기에서 굴절률이 1.56인 투명한 플라스틱 토막에 각도 θ_1으로 입사한다. 나타낸 크기는 $H = 2.00$ cm, $W = 3.00$ cm이다. 빛이 내부를 지나다가 경계면을 만나면 (토막 내부에서) 반사하고 일부는 (공기로) 굴절한다. 이것을 *첫 번째 반사*라고 하자. 토막 내부로 반사된 빛이 다시 공기와 경계면을 만나 반사하는 것을 *두 번째 반사*라고 하자. $\theta_1 = 40°$일 때 어느 면에서 (a) 첫 번째 반사와 (b) 두 번째 반사가 일어나는가? 굴절이 일어난다면 (c) 첫 번째 반사와 (d) 두 번째 반사에서 굴절각은 각각 얼마인가? 굴절하지 않으면 "없음"이라고 답하여라. 만일 $\theta_1 = 70°$이면 어느 면에서 (e) 첫 번째 반사와 (f) 두 번째 반사가 일어나는가? 굴절이 일어난다면 (g) 첫 번째 반사와 (h) 두 번째 반사에서 굴절각은 각각 얼마인가?

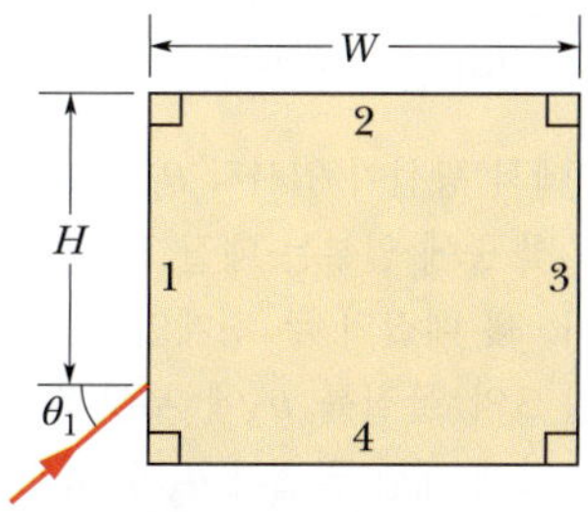

그림 33.12 연습문제 21

22 E 평면 라디오파에서 전기장 성분의 최대값은 7.50 V/m이다. (a) 자기장 성분과 (b) 파동 세기의 최대값을 계산하여라.

23 M 그림 33.13에 빛이 두 매질의 경계면에 입사각 $\theta_1 = 48.0°$로 입사한다. 그 빛 중 일부는 아래 세 개의 매질 층을 지나고, 또 다른 일부는 위로 반사되어, 공기 속으로 들어간다. $n_1 = 1.30$, $n_2 = 1.40$, $n_3 = 1.32$, $n_4 = 1.45$일 때 (a) 공기 중에서 θ_5와 (b) 마지막 층에서 θ_4는 얼마인가?

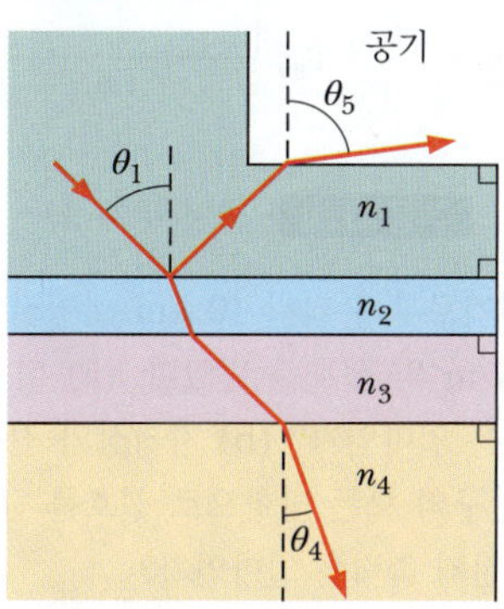

그림 33.13 연습문제 23

24 E 그림 33.1.2를 참고하여 눈의 감도가 최대값의 절반이 되는 파장 중 (a) 작은 것과 (b) 큰 것을 근사적으로 구하여라. 눈은 어떤 빛에 가장 민감한가? 그 빛의 (c) 파장 (d) 진동수 (e) 주기를 구하여라.

25 M 각도 크기는 제대로 나타내지 않은 그림 33.14의 광선 그림에서 빛이 진행하여 매질 2와 3 사이의 경계에서 임계각으로 입사한다. 각도는 $\phi = 60.0°$이고 굴절률은 $n_1 = 1.70$, $n_2 = 1.65$이다. (a) 굴절률 n_3와 (b) 각도 θ를 구하여라. (c) θ가 줄어들면 매질 3으로 굴절되는가?

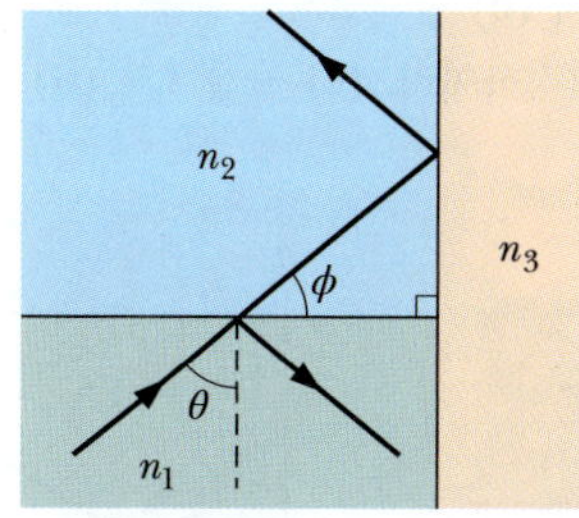

그림 33.14 연습문제 25

26 M CALC 파장 500 nm, 출력 200 W의 빛을 등방적으로 방출하는 광원이 있다. 검출기가 광원에서 200 m 떨어진 지점에 있다. 검출기 위치에서 자기장의 변화율 $\partial B/\partial t$의 최대값은 얼마인가?

27 M 그림 33.15에서 광선이 유리 프리즘($n = 1.63$)의 면 ab에 수직으로 입사한다. 유리 프리즘이 (a) 공기, (b) 물 속에 있을 때 각각 ac면에서 전반사가 일어날 수 있는 ϕ의 최대값을 구하여라.

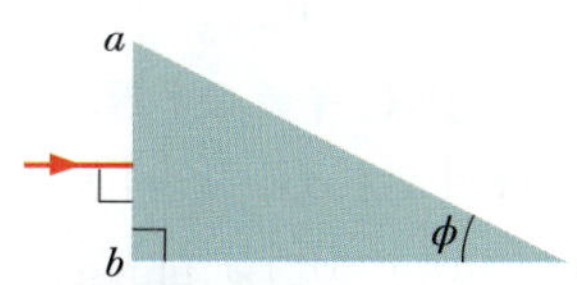

그림 33.15 연습문제 27

28 E 최대 전기장의 크기가 2.00×10^{-4} V/m인 평면 전자기파가 있다. 자기장 진폭을 구하여라.

29 M 그림 33.16에 빛이 처음에 매질 1에서 매질 2로 굴절하여, 매질 2와 매질 3의 경계면에 임계각으로 입사한다. 각 매질의 굴절률은 $n_1 = 1.60$, $n_2 = 1.50$, $n_3 = 1.20$이다. (a) 각도 θ는 얼마인가? (b) θ가 증가하면 매질 3으로 굴절되는 빛이 있는가?

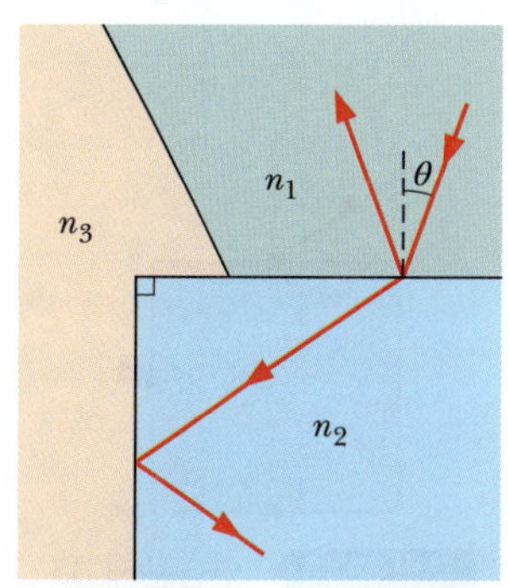

그림 33.16 연습문제 29

30 M 위쪽으로 향하는 복사힘과 아래쪽으로 향하는 중력이 평형을 이루도록 등방적 점광원의 0.500 m 위에 빛을 완전히 흡수하는 작은 공을 띄우려고 한다. 공의 밀도는 19.0 g/cm^{3}이고, 반지름은 3.00 mm이다. (a) 필요한 광원의 출력은 얼마인가? (b) (a)와 같은 광원이 있어도 공이 불안정한 이유는 무엇인가?

31 E 그림 33.17a에 물속에서 광선이 아래 물질의 경계면에 각도 θ_1으로 입사하고, 그중 일부는 굴절한다. 두 가지 물질을 선택할 수 있다. 그림 33.17b는 각 물질의 입사각 θ_1에 대한 굴절각 θ_2의 관계를 나타내는 그래프이다. 수직축의 눈금은 $\theta_{2s} = 90°$이다. 계산하지 않고 (a) 물질 1의 굴절률과 (b) 물질 2의 굴절률이 물의 굴절률($n = 1.33$)보다 큰지, 작은지 결정하여라. (c) 물질 1과 (d) 물질 2의 굴절률은 얼마인가?

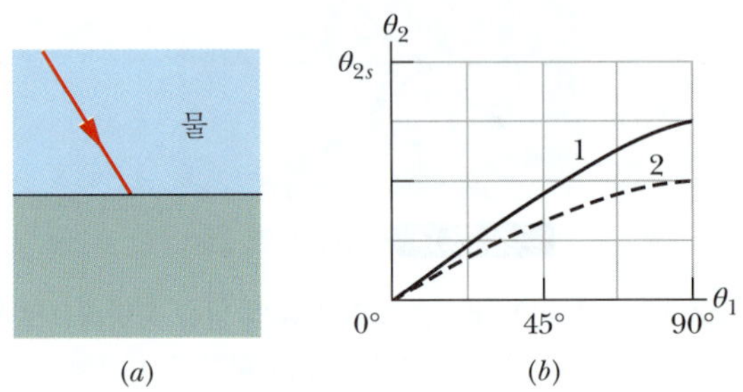

그림 33.17 연습문제 31

32 M 빛을 반사하는 얇은 막으로 만든 돛을 써서 태양 복사압으로 추진되는 우주선을 만들자는 제안이 있었다. 태양에 의한 복사압과 중력이 상쇄되려면 돛이 얼마나 커야 하는가? 우주선과 돛을 합한 질량이 1000 kg이고 돛은 완전반사하며, 이동 방향은 태양광에 수직 방향이라고 가정한다. 필요한 정보는 부록 C를 참조하여라. (돛이 문제의 답보다 크다면 태양으로부터 밀려나갈 것이다.)

33 M *네모난 빗방울이 만드는 무지개.* 빗방울의 단면이 정사각형이고, 한 면이 항상 지면에 수평으로 떨어지는 초현실적인 세상을 가정하자. 그림 33.18에서 이렇게 떨어지는 빗방울의 한 점 P에 태양광선이 입사각 $\theta = 70.0°$로 입사한다. 빛의 일부는 빗방울 속으로 굴절하여 점 A에 도달한다. 도달한 빛의 일부는 공기 중으로 굴절해 나가고, 나머지는 반사하여 점 B에 도달한다. 다시 점 B에서 일부는 굴절하여 공기 중으로 굴절하고, 나머지는 반사한다. (a) 점 A와 (b) 점 B에서 각각 나오는 빨간빛($n = 1.331$)과 파란빛($n = 1.343$) 사이의 각도 차이는 얼마인가? (예컨대 점 A에서 나오는 빛의 각도 차이가 무지개의 각도폭이다)

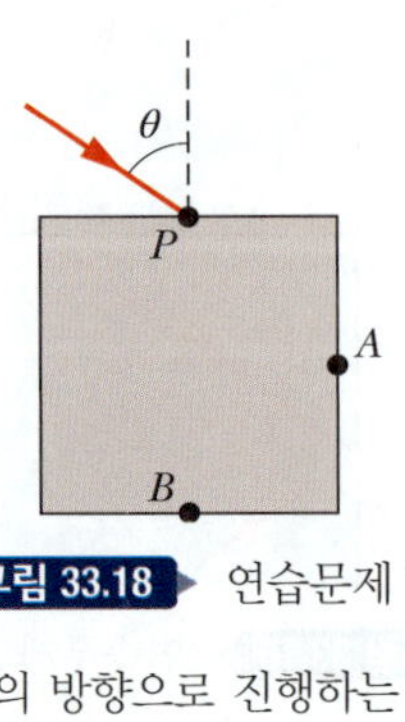

그림 33.18 연습문제 33

34 E 진공에서 x축 양의 방향으로 진행하는 평면 전자기파의 전기장 성분은 $E_x = E_y = 0$, $E_z = (3.5 \text{ V/m}) \cos[(\pi \times 10^{15} \text{ s}^{-1})(t - x/c)]$이다. (a) 자기장 성분의 진폭은 얼마인가? (b) 자기장은 어느 축에 평행하게 진동하는가? (c) 점 P에서 전기장 성분은 z축 양의 방향을 향할 때 이 점에서 자기장 성분은 어느 방향을 향하는가?

35 M 그림 33.19a에서 광선이 물질 1에서 $\theta_1 = 30°$의 입사각으로 경계면에 입사한다. 물질 2로 빛이 굴절하는 정도는 부분적으로 물질 2의 굴절률에 의존한다. 그림 33.19b는 가능한 n_2의 범위에서 굴절각 θ_2에 대한 n_2의 그래프이다. 수직축의 눈금은 $\theta_{2a} = 20.0°$와 $\theta_{2b} = 40.0°$이다. (a) 물질 1의 굴절률은 얼마인가? (b) 입사각이 60°로 변하고, $n_2 = 2.4$일 때 θ_2는 얼마인가?

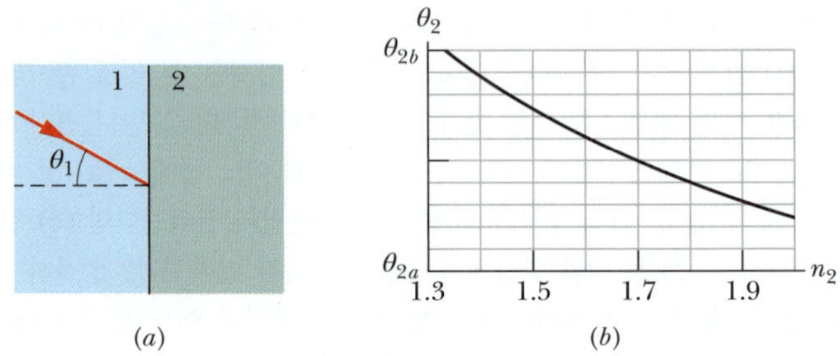

그림 33.19 연습문제 35

36 E (굴절률 1.33인) 물속을 진행하는 빛이 (굴절률 1.65인) 유리판에 입사한다. 반사광선이 완전히 편광되기 위한 입사각을 구하여라.

37 M 그림 33.20a에서 광선이 입사각 $\theta_1 = 40°$로 매질 1에서 경계면으로 입사한다. 그 빛 중에 일부는 매질 2에 들어가고, 그 중 일부는 매질 3으로 들어간다. 세 매질의 두 경계면은 서로 평행이다. 광선의 마지막 방향은 매질 3의 굴절률 n_3에 부분적으로 의존한다. 그림 33.20b는 가능한 n_3 값에 대한 굴절각 θ_3의 그래프이다. 수직축의 눈금은 $\theta_{3a} = 30.0°$와 $\theta_{3b} = 50.0°$이다. (a) 매질 1의 굴절률은 얼마인가? 혹은 더 이상의 정보 없이는 알 수 없는가? (b) 매질 2의 굴절률은 얼마인가? 혹은 더 이상의 정보 없이는 알 수 없는가? (c) 만일 $\theta_1 = 70°$로 변하고, $n_3 = 2.4$이면 θ_3는 얼마인가?

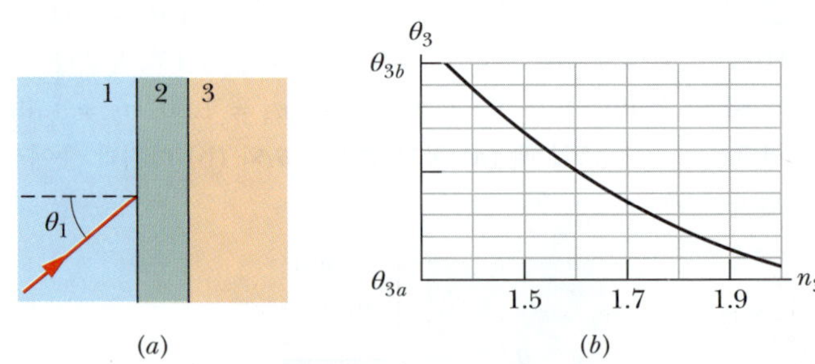

그림 33.20 연습문제 37

38 M 라디오 송신기로부터 거리 10 km 떨어진 곳을 날고 있는 비행기가 세기 30 μW/m^{2}의 신호를 받았다. (a) 비행기에서 수신한 신호의 전기장의 진폭은 얼마인가? (b) 자기장의 진폭은 얼마인가? (c) 송신기가 지면 위 반구의 모든 방향으로 신호를 균일하게 방출한다고 가정하면 송신기의 전체 출력은 얼마인가?

39 M 그림 33.21은 단순화시킨 광섬유를 나타낸다. 이것은 플라스틱 심($n_1 = 1.60$)과 플라스틱 겉껍질($n_2 = 1.53$)로 이루어졌다. 광섬유의 한쪽 끝에서 빛이 각도 θ로 입사하여 심과 겉껍질의 경계에 있

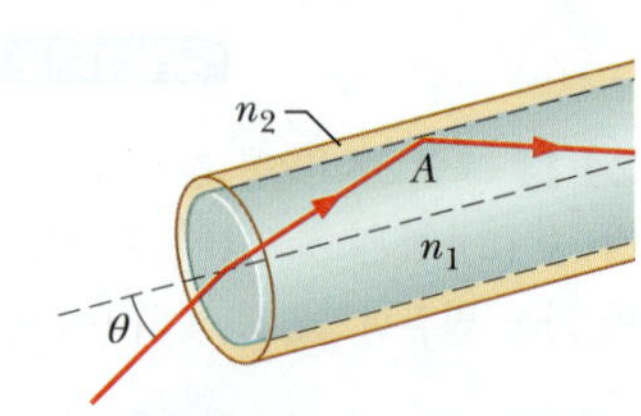

그림 33.21 연습문제 39

는 점 A에서 내부 전반사를 한다. (따라서 경계면을 지나면서 빛의 손실은 없다). 점 A에서 내부 전반사가 일어나는 θ값 중에 최대값은 얼마인가?

40 E 두 손바닥 사이가 1.0 나노광초(빛이 1.0 ns 동안 이동하는 거리)만큼 떨어져 있다면 손을 대략 얼마나 벌리고 있는 것인가?

41 M 그림 33.22에서 광선이 공기에서 굴절률이 $n_2 = 1.5$인 매질 2의 평평한 층으로 입사한다. 매질 2 아래에 있는 매질 3의 굴절률은 n_3이다. 광선은 공기와 매질 2의 경계면에 Brewster 각으로 입사하고, 매질 2와 매질 3의 경계면에서도 Brewster 각으로 입사한다. n_3는 얼마인가?

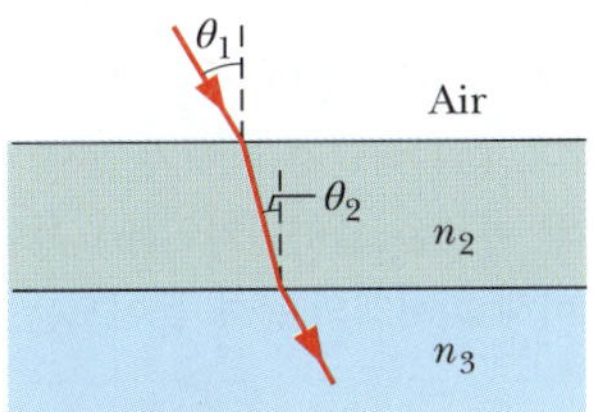

그림 33.22 연습문제 41

42 E 태양으로부터 (대기권 바로 바깥쪽에 있는) 지구에 내리쬐는 빛의 세기는 1.4 kW/m^{2}이다. (a) 지구(대기를 포함하여)가 태양광에 수직으로 놓여 있는 평면 원판이고, 입사한 빛을 완전히 흡수한다고 가정하여 지구에 미치는 복사압을 구하여라. (b) 이 힘과 태양과 지구 사이의 중력에 의한 인력의 비율을 계산하여라.

43 M SETI(외계문명 탐사) 계획의 책임자인 Frank D. Drake는 "푸에르토리코의 Arecibo에 있는 거대한 전파망원경(그림 33.23)은 지면 전체에 걸쳐 1 pW의 신호만 들어와도 감지할 수 있다"고 했다. (a) 지름 300 m의 Arecibo 안테나가 받는 신호의 일률은 얼마인가? (b) 이러한 신호를 등방적으로 방출하는 샘이 은하계 중심에 있다면 샘의 출력은 얼마인가? 은하계 중심은 2.2×10^4 광년 떨어져 있다. 1 광년(ly)은 빛이 1년 동안 진행하는 거리이다.

Courtesy of SRI International, USRA, UMET

그림 33.23 연습문제 43. Arecibo에 있는 전파망원경

44 E 물의 표면에서 120 cm 아래에 점광원이 있다. 빛이 물에서 나올 때 수면에 생기는 원의 지름을 구하여라.

45 M 그림 33.24에서 출력이 6.50 W이고, 지름이 $D = 2.60$ mm인 레이저가 빛을 완전히 반사하는 원통의 아랫면(지름 $d < 2.60$ mm)을 비춘다. 원통의 밀도가 1.20 g/cm^{3}일 때, 중력과 복사에 의한 힘이 평형을 이루어 둥둥 떠다니기 위한 원통의 높이 H를 구하여라.

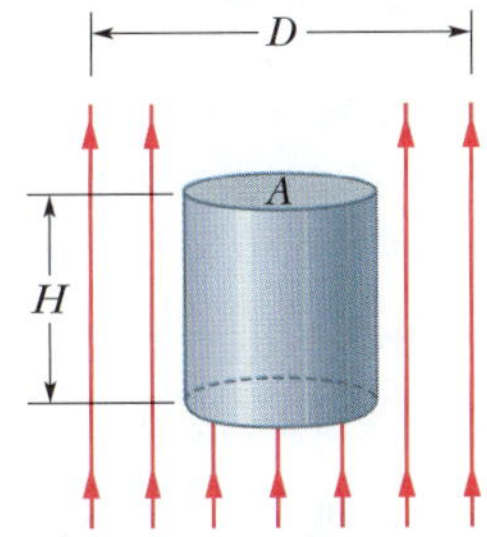

그림 33.24 연습문제 45

46 M 메기가 잔잔한 호수의 수면 1.50 m 아래에 있다. (a) 메기는 수면 위의 원을 통해서만 물 밖 세상을 볼 수 있다. 원의 지름은 얼마인가? (b) 만일 메기가 아래로 내려가면 원의 지름은 커지는가, 작아지는가, 그대로인가?

47 M *유리창에 의한 빛의 분산*. 그림 33.25는 백색광이 입사각 $\theta = 40°$로 보통 유리창에 입사하는 단면도이다. 유리창의 경우 가시광선 영역의 푸른색 쪽 끝에서는 굴절률이 1.524이고, 빨간색 쪽 끝에서는 1.509이다. 창의 두 면은 평행이다. (a) 빛이 창으로 들어갈 때와 (b) 창을 통과해 나올 때 빛은 각각 얼마의 각도로 퍼지는가? (*힌트*: 창문을 통해서 물체를 볼 때 그림 33.5.5처럼 색깔이 퍼지는가?)

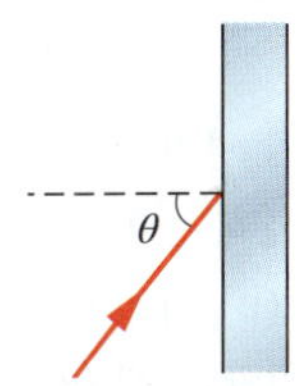

그림 33.25 연습문제 47

48 M 지구 대기권의 바로 바깥에서 태양광의 세기는 1.40 kW/m^{2}이다. 평면파로 가정하고 태양광선의 (a) E_m, (b) B_m을 계산하여라.

49 E 빛을 완전히 흡수하는 면적 $A = 2.0$ cm^{2}의 검은 판이 사진기에서 나오는 세기 13 W/m^{2}의 빛을 가로막았다. 이때 판에 미치는 복사압을 구하여라.

50 E Seafarer 계획은 지하에 면적이 10000 km^{2}인 거대한 안테나를 건설하는 야심적인 계획이다. 그 목적은 잠수함이 깊이 잠수할 때 신호를 전달하는 것이다. 유효 파장이 지구 반지름의 1.0×10^4배라면 방출되는 복사의 (a) 진동수와 (b) 주기는 얼마인가? 보통 전자기파는 바닷물과 같은 도체에 깊이 침투하지 못해서 일반적인 신호는 잠수함에 도달하지 못한다.

51 E 파장이 550 nm(즉, 가시광선)인 전자기파를 발생하는 진동자에서 30 pF의 축전기에 연결된 유도기의 유도용량은 얼마인가?

52 E 벤젠의 굴절률은 1.8이다. 벤젠에서 벤젠 위에 있는 평평한 물의 층을 향해 나가는 광선의 임계각은 얼마인가?

53 E 고출력 레이저는 복사압을 이용하여 플라스마(대전된 입자로

이루어진 기체)를 압축할 때 사용한다. 최대 출력 1.5×10^3 MW의 레이저 펄스를 전자밀도가 높은 플라스마의 1.5 mm^2 면적에 집중시켰다. 플라스마가 모든 빛을 원래 경로를 되돌아가도록 완전반사할 때 플라스마에 작용하는 압력을 구하여라.

54 E 지구의 텔레비전 방송국이 1.0 MW의 출력으로 모든 방향으로 균일하게 전파를 보내는 점광원으로 가정한다. 태양계와 가장 가까운 별인 4.3광년(ly) 떨어져 있는 Proxima Centauri에 도착한 신호의 세기는 얼마인가? (이 거리에 있는 외계인은 엑스파일을 시청할 수 있을지도 모른다.) 1광년은 빛이 1년 동안 진행하는 거리이다.

55 H 혜성이 태양 주위를 돌 때, 혜성 표면의 얼음이 증발하면서 얼음 속에 갇혀 있던 먼지 입자와 이온이 떨어져 나온다. 이온은 대전되어 있으므로 대전된 *태양풍*의 영향으로 태양의 지름 방향 바깥쪽으로 힘을 받으므로 직선 *이온 꼬리*가 생긴다(그림 33.26). (전기적으로 중성인) 먼지 입자는 태양광의 복사힘 때문에 태양의 반대쪽으로 밀려난다. 먼지 입자가 공 모양이고 밀도는 4.0×10^3 kg/m^3이며, 태양광을 완전히 흡수한다고 가정하자. (a) 반지름이 얼마이면 먼지 입자가 그림의 경로 2처럼 직선 경로를 따르는가? (b) 만약 반지름이 (a)에서 구한 값보다 커지면 태양에서 멀어지는 경로 1을 따르는가? 아니면 태양 쪽으로 휘는 경로 3을 따르는가?

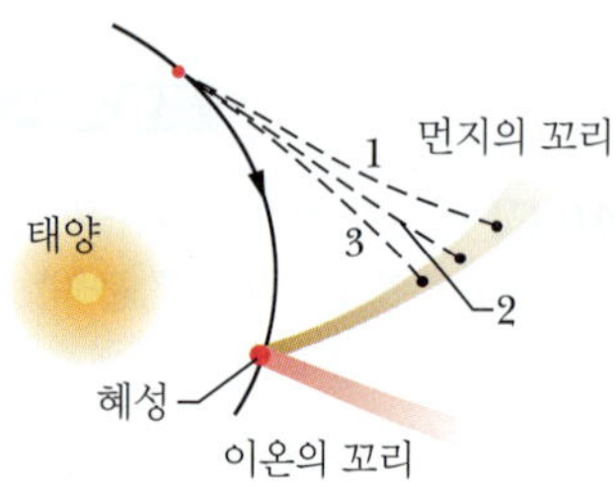

그림 33.26 연습문제 55

56 M CALC 파장 3.0 m의 평면 전자기파가 x축 양의 방향으로 진공에서 이동한다. 전기장의 진폭은 420 V/m이고, y축에 평행하게 진동한다. 파동의 (a) 진동수, (b) 각진동수, (c) 각파동수는 얼마인가? (d) 자기장 성분의 진폭은 얼마인가? (e) 자기장은 어느 축에 평행하게 진동하는가? (f) 파동의 단위면적당 에너지흐름의 시간평균은 제곱미터당 몇 W인가? 파동이 2.0 m^2의 표면에 균일하게 입사하고, 표면이 파동을 전부 흡수한다면 (g) 시간당 표면에 전달되는 선운동량과 (h) 복사압은 얼마인가?

57 E 그림 33.27의 직육면체 금속 탱크에 액체를 꼭대기까지 가득 채웠다. 관측자 O는 탱크의 꼭대기와 같은 높이에 눈을 두고 보면, 아래쪽 구석에 있는 점 E를 간신히 볼 수 있다. 액체의 꼭대기 표면에서 O를 향해 굴절된 광선을 나타내었다. D = 65.0 cm, L = 1.10 m이면 액체의 굴절률은 얼마인가?

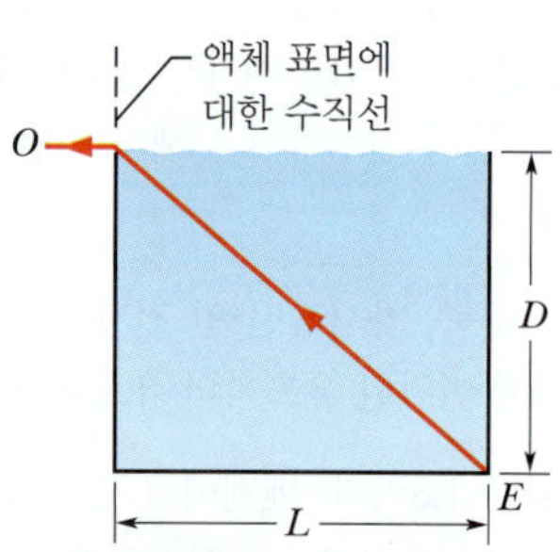

그림 33.27 연습문제 57

58 E 빛이 진공에서 유리판으로 입사한다. 진공에서 수직면에 대한 입사각은 35.0°이고, 유리 안에서는 수직면에 대한 굴절각은 21.0°이다. 유리의 굴절률은 얼마인가?

59 M 출력 7.00 mW, 파장 633 nm의 작은 레이저에서 빛이 나온다. 빛의 경로에 지름 1266 nm의 공을 놓고, 레이저 단면의 지름이 공의 지름과 일치하도록 초점을 맞춘다(가늘게 만든다). 공은 빛을 완전히 흡수하고, 공의 밀도는 5.00×10^3 kg/m^3이다. (a) 공의 위치에서 빛의 세기는 얼마인가? 공에 미치는 (b) 복사압과 (c) 복사힘의 크기는 얼마인가? (d) 공의 가속도 크기는 얼마인가?

60 M 해변의 태양광선은 백사장과 물에서 반사하면서 부분적으로 편광되어 있다. 해질 무렵 어느 해변에서 태양광선 속의 전기장 벡터의 수평성분이 수직성분의 1.7배였다. 수평성분을 막는 색안경을 쓰고서 있는 피서객이 있다. (a) 색안경을 끼기 전에 비해 피서객의 눈에 들어오는 빛의 세기의 비율은 얼마인가? (b) 사람이 옆으로 누웠다. 색안경을 끼기 전에 비해 피서객의 눈에 들어오는 빛의 세기의 비율은 얼마인가?

61 E 그림 33.28*a*에서 아래 쪽 물질에서 광선이 물의 경계면에서 각도 θ_1으로 입사하고, 그중 일부는 물속으로 굴절한다. 이때 두 가지 물질을 선택할 수 있다. 그림 33.28*b*는 각 물질에 대한 굴절각 θ_2와 입사각 θ_1의 관계를 나타내는 그래프이다. 수평축의 눈금은 θ_{1s} = 90°이다. 계산 없이 (a) 물질 1과 (b) 물질 2의 굴절률이 각각 물의 굴절률(n = 1.33)보다 큰가, 작은가? (c) 물질 1과 (d) 물질 2의 굴절률은 각각 얼마인가?

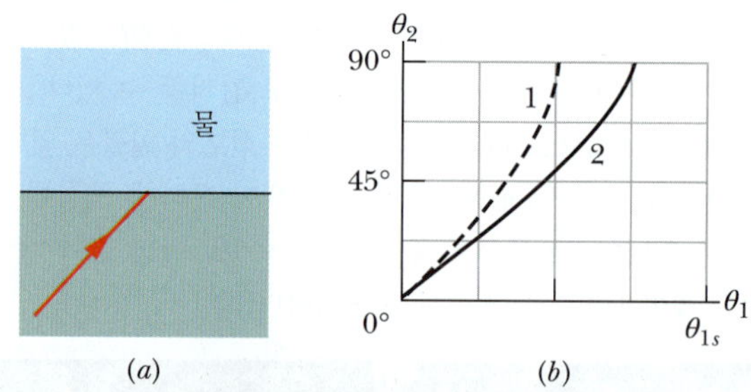

그림 33.28 연습문제 61

62 M 하나 이상의 편광판을 이용하여 편광된 빛의 편광 방향을 90° 돌리려고 한다. (a) 이때 최소한 몇 개의 편광판이 필요한가? (b) 투과한 빛의 세기가 원래 빛의 세기의 60% 이상이 되게 하려면 최소한 몇 개의 편광판이 필요한가?

63 E 그림 33.1.3의 진동자-안테나 장치가 방출하는 전자기파의 파장은 얼마인가? 이때 L = 0.253 μH이고 C = 45.0 pF이다.

64 M 평면 전자기파가 평평한 표면에 수직으로 입사할 때, 표면에서 복사압은 입사광선의 에너지 밀도와 같음을 증명하여라. (이 복사압과 에너지밀도 사이의 관계는 얼마나 많은 에너지가 반사되었는가에 상관없이 성립한다.)

65 M (우주인을 포함하여) 질량이 1.5×10^3 kg인 우주비행선이 무중력상태로 우주 공간에서 떠돌고 있다. 우주인이 출력 25 kW의 레이

저를 켜면 방출된 레이저광선이 가지고 나가는 선운동량에 의해 1.0일 동안 우주선이 얻는 속력은 얼마인가?

66 M 세기가 6.0 mW/m^2인 비편광된 빛이 그림 33.4.3과 같은 편광판을 통과한다. (a) 투과한 빛에서 전기장 성분의 진폭은 얼마인가? (b) 편광판이 빛의 일부를 흡수하면서 받게 되는 복사압은 얼마인가?

67 M 편광된 빛을 두 개의 편광판에 쏜다. 입사한 빛의 편광 방향에 대하여 첫 번째 편광판의 편광 방향은 각도 θ를 이루고, 두 번째 편광판은 90°의 각도를 이룬다. 입사된 세기의 0.20만큼 두 편광판을 투과한다면 각도 θ는 얼마인가?

68 E 파장 0.26 μm의 네오디뮴-유리 레이저는 1.0 ns 동안 일률이 85 TW인 펄스를 방출한다. 하나의 펄스에 들어 있는 에너지는 얼마인가?

69 M 등방적 점광원의 세기 I는 광원으로부터 거리 r의 함수로 결정된다. 그림 33.29는 I와 거리 제곱의 역수 r^{-2}에 대한 그래프이다. 수직축의 눈금은 $I_s = 400\ W/m^2$이고, 수평축의 눈금은 $r_s^{-2} = 8.0\ m^{-2}$이다. 광원의 일률은 얼마인가?

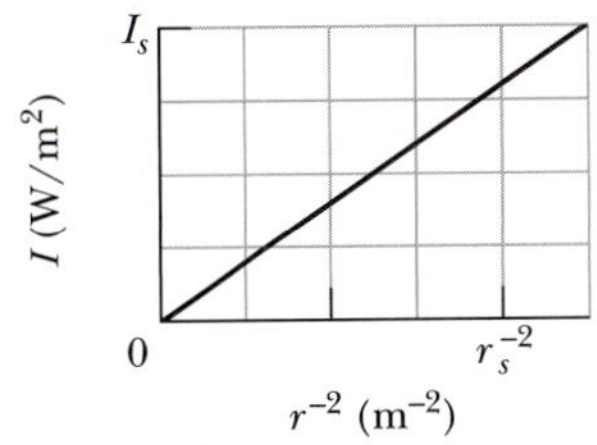

그림 33.29 연습문제 69

70 M 부분 편광된 광선은 편광된 빛과 비편광된 빛의 혼합으로 생각할 수 있다. 이 광선을 편광 필터로 통과시킨다고 하자. 그리고 편광 필터를 광선과 수직으로 유지하면서 360° 돌렸다. 투과한 빛의 세기가 필터를 회전시키는 동안 4.0배만큼 변한다면 원래 광선 세기의 몇 퍼센트가 편광된 빛에 의한 것인가?

제 34장

영상

Images

34.1 ▸ 영상과 평면거울

요점_Key Ideas

1. 영상은 빛에 의에 물체가 복제된 것이다. 영상이 표면에 형성되면 실상이고 관측자가 없더라도 존재할 수 있다. 영상을 볼 때 관측자의 시각기관이 필요하면 그 영상은 허상이다.
2. 평면(평평한) 거울은 광원에서 나오는 광선의 방향을 바꾸어(물체라고 부르는) 광원의 허상을 만들 수 있다. 이 영상은 반사된 광선을 연장하여 서로 지나는 곳에서 볼 수 있다. 거울로부터 물체거리 p와 거울로부터(겉보기) 영상거리 i는 다음의 관계가 있다.

$$i = -p \qquad \text{(평면거울)}.$$

물체거리 p는 양수이다. 허상에 대한 영상거리 i는 음수이다.

학습목표_Learning Objectives

이 단원을 읽은 후 다음을 이해해야 한다.

34.1.1 허상과 실상을 구분한다.

34.1.2 도로에서 흔히 보는 신기루를 설명한다.

34.1.3 평면거울에 의해 점광원이 반사되는 것을 광선그림으로 그리고 물체거리와 영상거리를 나타낸다.

34.1.4 적절한 대수부호를 사용하여 물체거리 p와 영상거리 i 사이의 관계를 구한다.

34.1.5 이등변삼각형 형태의 거울 미로에서 보는 통로에 대한 보기를 들어 본다.

▶ 어떤 물리현상을 다루는가?

물리학에서는 굴절법칙과 같이 빛의 특성을 설명하는 법칙을 밝혀내는 것을 기본적인 목표로 한다. 그러면서도 이러한 법칙을 응용하는 방법을 찾아내고자 한다. 예를 들어, 영상의 형성은 광학의 가장 중요한 응용 중 하나이다. 1824년에 최초로 사진기를 이용하여 영상을 찍었을 때에는 단지 신기한 실험에 불과했지만, 오늘날 사진은 생활의 일부가 되었다. 오늘날 거대한 산업으로 발전한 텔레비전, 컴퓨터, 영화, 애니메이션 등은 광학적 영상을 주된 매체로 한다. 인공위성이 보내는 사진은 군사적으로 중요할 뿐 아니라, 환경문제를 연구하는 데에도 도움을 준다. 감시용 카메라는 범죄를 줄이는 데에 공헌했지만, 사생활 침해라는 또 다른 문제를 낳았다. 생물학자와 의공학자는 망막에 맺힌 영상이 어떻게 뇌에서 시각정보로 해석되는지 아직 정확히 이해하지 못하지만, 뇌의 시각중추에 전기적 자극을 가함으로써 맹인이 마음속에 영상을 만들어 내도록 하는 데에 성공했다.

이번 장에서는 먼저 영상을 정의하고, 그 종류를 나누어 볼 것이며, 영상을 만들어 낼 수 있는 몇 가지 기본적인 방법에 대해서 공부할 것이다.

▶ 두 종류의 영상

어떤 물체, 예컨대 펭귄을 본다는 것은 눈이 펭귄에서 나오는 빛을 받아서 안구 뒤쪽에 있는 망막으로 보낸다는 뜻이다. 망막신경의 자극은 결국 뇌의 시각중추에 전달되어 시각정보로 처리된다. 이 정보로부터 물체의 모서리, 방향, 감촉, 모양 등을 알 수 있으므로 펭귄의 **영상**(광선이 재현한 원래의 모양)을 인식한다. 즉, 펭귄에서 나온 광선으로부터 펭귄이 있다는 것을 알 수 있다.

펭귄에서 나온 광선이 눈에 직접 들어오지 않고, 거울에 반사되거나 쌍안경의 렌즈를 통해 굴절되어 들어온 경우에도 시각기관은 위와 같은 과정을 되풀이한다. 그러나 이 경우에는 반사 또는 굴절된 광선으로부터 시각정보를 얻기 때문에, 실제 펭귄의 위치와 인식한 위치가 다를 수 있다.

예를 들어 광선이 평면거울에 반사되어 눈에 들어왔다면, 펭귄은 거울 뒤에 있는 것처럼 보일 것이다. 물론 거울 뒤에는 아무 것도 없고, 펭귄의 영상은 인식 속에만 존재한다. 이런 영상을 **허상**이라 하고, 거울 뒤에 펭귄의 허상이 존재한다고 한다.

이에 반해 **실상**은 종이나 영화자막 같은 스크린에 실제로 맺힌 영상이다. 영화관에서 영화를 볼 때는 실상을 본다. 실상은 허상과 달리 인식여부와 상관없이 존재한다. 실상과 허상에 대해 자세히 논의하기 전에 자연에서 나타나는 허상을 살펴보자.

신기루

허상의 가장 흔한 보기 중 하나는 무더운 여름날 길 위에 앞에 있는 것처럼 보이지만, 절대로 도달할 수 없는 물웅덩이는 일종의 착시현상인 *신기루*이다. 실제 신기루는 길을 향해서 낮게 입사한 광선이 만든 허상이다(그림 34.1.1*a* 참조). 광선이 길바닥에 가까워질수록, 광선이 통과하는 공기는 길바닥의 높은 온도 때문에 점점 따뜻해진다. 공기의 온도가 올라가면 공기의 밀도가 낮아지면서 굴절률이 감소한다. 이와 같이 광선이 진행할수록 매질의 굴절률이 줄어들기 때문에 광선은 수평방향으로 꺾인다(그림 34.1.1*b* 참조).

광선이 길을 따라 수평으로 진행하는 동안에는 광선의 아랫부분이 윗부분에 비해서 따뜻한 공기를 지나기 때문에 진행속도가 상대적으로 빠르다(그림 34.1.1*c* 참조). 즉, 이번에는 광선이 위로 꺾인다. 일단 광선이 위를 향해 진행하면, 다시 지면과의 거리에 따른 공기온도의 변화와 그에 따른 굴절률 감소 때문에 위 방향으로 점점 더 많이 꺾인다(그림 34.1.1*d* 참조).

이때 길 위를 운전해 가면서 솟아오르는 광선을 보는 사람은 광선의 굽은 경로를 알지 못하고, 단순히 길바닥으로부터 광선이 나왔다고 생각한다. 특히 굴절된 광선이 푸르스름한 빛을 띠고 있다면 신기루는 푸르스름한 물웅덩이처럼 보일 것이다. 대부분의 경우 길 위의 더운 공기는 불안정하게 요동치기 때문에 신기루는 흔들리는 것처럼 보여서 마치 물이 출렁이는 것처럼 착각하기 쉽다. 그러나 신기루는 따뜻한 길바닥에 의해 형성된 허상일 뿐이다. 신기루를 향해 다가가면, 굴절된 빛을 더 이상 볼 수 없게 되고 허상, 즉 신기루는 사라진다.

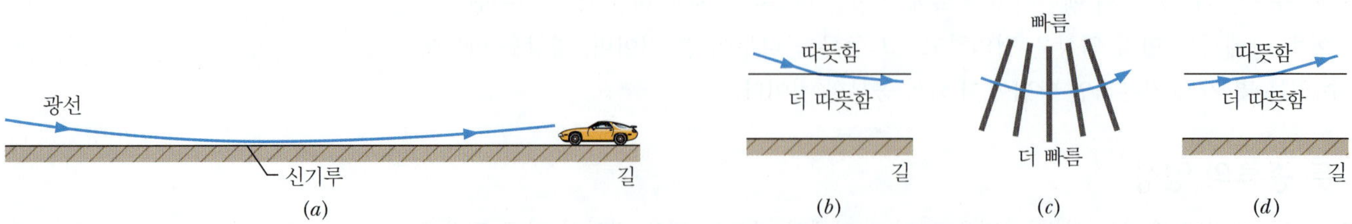

그림 34.1.1 (*a*) 낮은 하늘의 영역에서 들어온 광선은 길바닥에 의해서 데워진 공기 때문에 실제로 길바닥에 부딪치지 않고 꺾이므로, 광선을 보는 사람은 길 위에 물웅덩이가 있는 것으로 착각한다. (*b*) 길 위 공기의 온도 차이에 따른 가상의 경계면에서 길바닥을 향해 입사한 광선이 꺾인다. (*c*) 길에 가까운 곳의 공기 온도가 높기 때문에 그 곳을 지나는 파동면의 아래쪽이 더 빨리 진행하여 광선의 진행방향이 위쪽으로 꺾인다. (*d*) 온도가 높은 부분에서 낮은 부분으로 솟아오르는 광선이 가상의 경계면에서 꺾이는 모습.

▶ 평면거울

입사한 광선을 사방으로 퍼뜨려 보내거나 흡수하지 않고, 일정한 방향으로 반사하는 표면을 **거울**이라고 한다. 반짝이는 금속표면은 거울이 될 수 있지만 벽돌은 그렇지 못하다. 이번 절에서는 (평평한 반사하는 표면인) **평면거울**이 만들어 내는 영상에 대해 공부한다.

그림 34.1.2의 평면거울로부터 거리가 p인 광원 O(광학에서는 이를 "*물체*"라고 부른다)에서 출발한 광선이 거울면에서 반사된다. 거울에 입사한 빛은 O에서 퍼져 나오는 광선으로, 반사한 빛은 거울에서 퍼져 나오는 광선으로 표시되어 있다. 반사된 광선을 뒤로 (거울 반대편으로) 연장하면, 거울 뒤로 거리 i인 곳에서 만난다.

이때 그림 34.1.2의 거울을 들여다보는 사람의 시각기관은 눈으로 들어온 광선이 공통으로 지나는 점을 찾아내서, 그곳에 물체 O의 영상 I를 만들어 낸다. 이때 *영상은 하나의 점*이 된다. 그러나 빛이 실제로 이 점을 지나지는 않으므로 이 영상은 허상이다(실상인 경우에는 빛이 실제로 그 점을 지난다).

▸***광선 추적.*** 그림 34.1.3에는 그림 34.1.2의 많은 광선 중 둘만 있다. 그 중 하나는 거울면 위의 점 b에 수직으로 입사하고, 다른 하나는 다른 점 a에 각도 θ로 입사한다. 이들 광선의 연장선을 점선으로 표시했다. 직각삼각형 $aOba$와 $aIba$는 한 변을 공유하고 대응하는 세 각이 모두 같으므로, 서로 합동이다. 따라서 다음과 같다.

$$Ib = Ob. \tag{34.1.1}$$

여기서 Ib와 Ob는 각각 영상과 물체에서 거울까지의 거리이다. 식 34.1.1은 물체와 영상에서 거울까지의 거리가 같다는 뜻이다. 부호에 관한 규칙에 따라 *물체거리* p는 양수로, 평면거울에서와 같은 *허상거리* i는 음수로 한다. 즉, 식 34.1.1에서 $|i| = p$로 쓸 수 있으므로 다음을 얻는다.

$$i = -p \qquad \text{(평면거울).} \tag{34.1.2}$$

그림 34.1.4처럼 반사된 광선 중 눈에 들어오는 것은 서로 가까이 있으며, 눈동자보다도 작은 거울 조각만이 실제 영상을 만드는 데 쓰인다. 한 눈을 가리고 연필 끝처럼 작은 물체를 거울로 들여다보며, 그 영상이 보이지 않을 때까지 손톱을 거울 위에서 움직이는 실험을 해 보자. 실제로 영상을 만드는 데 쓰인 거울은 아주 작은 부분이라는 것을 확인할 수 있을 것이다.

크기가 있는 물체

그림 34.1.5에 똑바로 선 화살표로 표시한 물체 O가 거울로부터 거리 p인 곳에 놓여 있다. 물체의 각 부분을 그림 34.1.2와 34.1.3의 광원으로 생각할 수 있다. 거울을 들여다보면 이들 작은 부분의 허상이 모여서 만든, 물체의 허상 I가 거울 뒤쪽으로 거리 i인 곳에

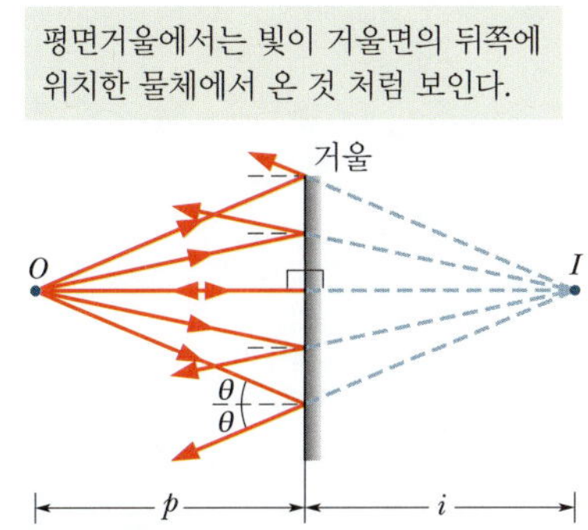

그림 34.1.2 광학에서 *물체*라고 부르는 광원 O가 평면거울로부터 p만큼 떨어져 있다. O에서 출발해서 거울에서 반사된 광선의 일부가 눈에 들어오면, 거울 뒤 i만큼 떨어진 곳에 광원 O의 영상 I가 있다고 인식한다. 이 경우 I는 O의 허상이다.

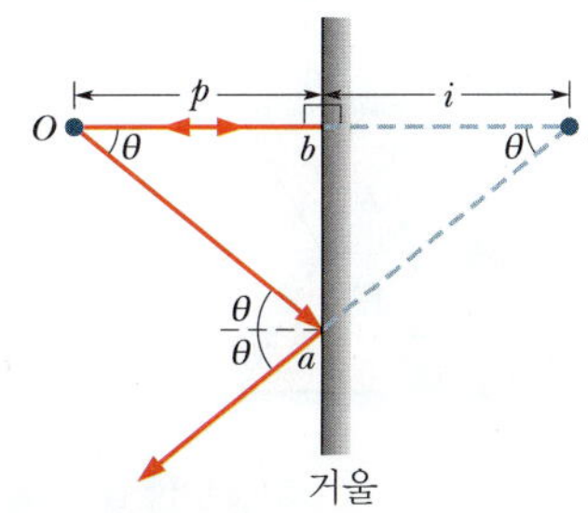

그림 34.1.3 그림 34.1.2의 여러 광선 중 특정한 두 광선. 광선 Oa는 거울면에 수직한 직선과 각도 θ를 이루며, 광선 Ob는 거울에 대해서 수직이다.

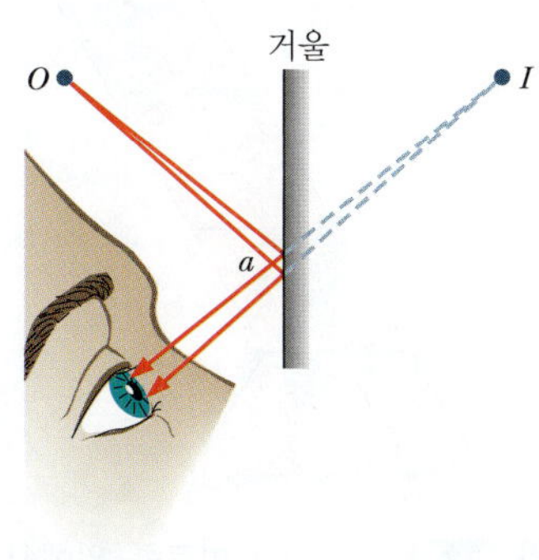

그림 34.1.4 물체 O에서 나온 광선 중 일부만이 거울면에 반사한 후 눈에 들어온다. 이 과정에 사용되는 거울면은 점 a 근처의 작은 부분이다. 빛은 거울면 뒤의 점 I에서 나오는 것처럼 보인다.

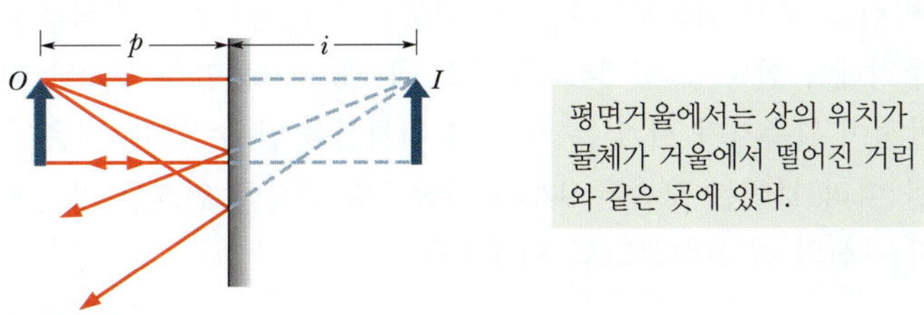

그림 34.1.5 크기가 있는 물체 O와 평면거울에 비친 물체의 허상 I.

그림 34.1.6 거울미로.

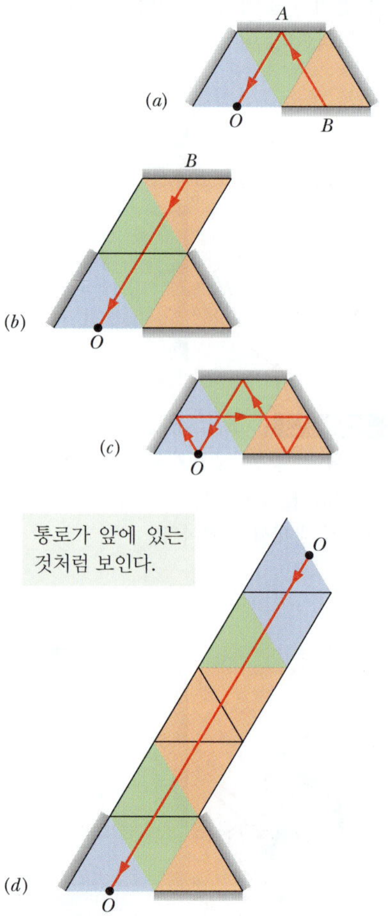

그림 34.1.7 (*a*) 거울미로를 위에서 바라본 모습. 거울 *B*에서 출발한 광선은 거울 *A*에서 반사된 다음 관측자 *O*에 도착한다. (*b*) 거울 *B*가 거울 *A*의 뒤에 있는 것처럼 보인다. (*c*) 관측자가 바라보는 광선은 관측자로부터 출발했다. (*d*) 관측자는 미로를 따라 열려 있는 통로의 끝에 자신이 서 있는 것을 본다. (점 *O*에서 나가는 두 번째 통로를 찾을 수 있는가?)

있는 것처럼 보인다. 거리 i와 p 사이의 관계는 식 34.1.2와 같다.

크기가 있는 물체의 영상 위치도 그림 34.1.2와 같은 방법을 써서 찾아 낼 수 있다. 물체의 꼭대기로부터 출발해서 거울에 반사된 광선을 뒤로 연장하여 교차점을 찾아내고, 물체의 맨 아래 점에 대해서도 같은 방법으로 교차점을 찾는다. 이렇게 해보면 그림 34.1.5처럼 허상 I는 물체 O와 모양과 *크기*가 같음을 알 수 있다.

거울미로

그림 34.1.6과 같은 거울미로는 바닥부터 천장까지 모두 거울로 덮여 있다. 이러한 거울미로 속을 걸을 때 모든 방향에서 반사된 몽타주를 보게 된다. 그러나 어떤 방향으로는 마치 미로를 빠져나갈 수 있는 통로 같은 길이 보인다. 그렇지만 통로를 따라가 보면 거울만 나타난다. 거울미로 속의 통로는 환상일 뿐이다.

그림 34.1.7*a*는 서로 다른 색깔로 칠한 정삼각형의 마루 위에 거울면을 수직하게 세워놓은 간단한 거울미로를 위에서 내려다본 모습이다. 거울미로의 중앙 입구 O 지점에서서 미로를 들여다본다고 하자. 대부분의 방향으로는 혼란스러운 모습이 보일 뿐이다. 그러나 그림 34.1.7*a*의 화살표 방향을 따라서는 매우 흥미로운 상황이 벌어진다. 그 방향을 따라가 보면, 거울 B의 중앙에서 출발한 광선이 거울 A의 중앙에서 반사되어 O로 향함을 알 수 있다(반사과정에서 광선은 반사법칙을 따르며, 여기서는 입사각과 반사각 모두 30°이다).

이 방향을 바라보는 사람은 광선이 거울 A의 뒤로부터 왔다고 생각한다. 즉, 거울 A의 *뒤쪽*으로 거울 A와 B 사이의 거리만큼 떨어진 곳에 있는 거울 B의 허상을 본다(그림 34.1.7*b* 참조). 즉, 거울미로에서 이 방향으로 바라보는 사람은 네 조각의 정삼각형 바닥이 연결된 통로가 있다고 착각한다.

그러나 실제 광선은 거울 B에서 *출발*하지 않았고, 단지 거울 B에서 반사되었을 뿐이다. 광선의 출발점을 찾기 위해서는 각각의 거울면에 대해서 반사법칙을 적용하면서 광선을 거꾸로 추적해야 한다. 그림 34.1.7*c*처럼 네 개의 거울면을 차례로 되짚어보면, 결국 광선의 출발점이 관측자가 서 있는 바로 그 위치임을 알 수 있다. 거울미로를 따라, 열려 있는 통로를 따라 보이는 모습은 9개의 정삼각형 조각을 연결한 거리만큼 떨어진 곳에 있는 관측자 자신의 허상이다(그림 34.1.7*d*).

확인문제 34.1.1

그림처럼 거리가 d인 평행한 두 거울면이 있다. 거울 A로부터 거리 $0.2d$인 곳에 광원 O가 놓여 있다. 각각의 거울면에 의해서 광원의 *첫 번째* 영상(거울 뒤 가장 가까운 곳에 맺힌 영상)이 만들어진다. 그 다음에는 첫 번째 영상을 물체로 하는 *두 번째* 영상이 만들어지고, 다시 두 번째 영상을 물체로 하는 *세 번째* 영상이 만들어지는 식으로 이 과정이 반복된다. 거울 A 뒤에 위치한 첫 번째, 두 번째, 세 번째 영상의 위치를 각각 구하여라.

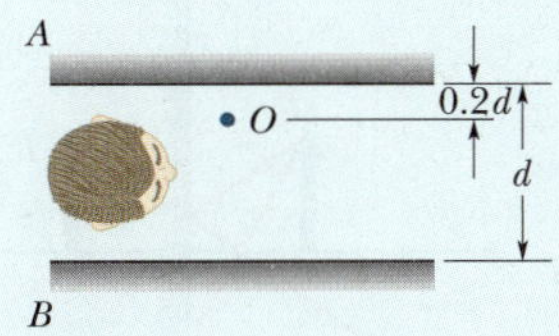

34.2 ▸ 구면거울

요점_Key Ideas

1. 구면거울은 구면의 일부로 만들어졌고 오목(곡률 반지름 r이 양수), 볼록(r이 음수), 평면(평평하고, r이 무한대)거울이 있다.
2. 평행광선을 (구면) 오목거울의 중심축에 평행하게 보내면 거울로부터 거리 f(양수)인 곳의 공통점(실초점 F)을 지난다. (구면) 볼록거울로 광선을 보내 반사 광선을 뒤로 연장하면 거울로부터 거리 f(음수)인 곳의 공통점(허초점 F)을 지난다.
3. 오목거울은 (물체가 초점 밖에 있으면) 실상을 만들고, (물체가 초점 안에 있으면) 허상을 만든다.
4. 볼록거울은 허상만을 만든다.
5. 거울방정식은 물체의 거리 p, 거울의 초점거리 f, 곡률반지름 r, 영상거리 i 사이의 관계를 나타낸다.

$$\frac{1}{p}+\frac{1}{i}=\frac{1}{f}=\frac{2}{r}.$$

6. 물체의 가로배율 m은 영상높이 h'를 물체높이 h로 나눈 비율이고

$$|m|=\frac{h'}{h}$$

물체거리 p, 영상거리 i와는 다음의 관계가 있다.

$$m=-\frac{i}{p}.$$

학습목표_Learning Objectives

이 단원을 읽은 후 다음을 이해해야 한다.

34.2.1 오목 구면거울과 볼록 구면거울을 구분한다.

34.2.2 오목, 볼록거울에 대해 처음에 중심축과 평행한 광선의 반사에 대해 광선그림을 그리고, 이 광선이 초점을 어떻게 만드는지 보이고 영상이 실상인지 허상인지 구별한다.

34.2.3 실초점과 허초점을 구별하고, 어느 것이 어느 거울에 해당하는지 구하고, 각 초점길이와 관련된 부호를 구한다.

34.2.4 구면거울의 초점거리와 반지름 사이의 관계를 구한다.

34.2.5 "초점 안에"와 "초점 밖에"라는 용어를 의미를 이해한다.

34.2.6 오목거울의 (a) 초점 안에 (b) 초점 밖에 있는 물체에 대해 영상을 찾기 위해 적어도 두 광선의 반사를 이용하여 그리고, 영상의 형태와 방향을 구한다.

34.2.7 오목거울에 대해 실상과 허상의 위치와 방향을 구분한다.

34.2.8 볼록거울 앞에 있는 물체에 대해 영상을 찾기 위해 적어도 두 광선의 반사를 이용하여 그리고, 영상의 형태와 방향을 구한다.

▶ 구면거울

이번에는 굽은 거울면이 만드는 영상에 대해 공부해 보자. 특히 구면거울, 즉 거울면이 구면의 일부인 경우를 공부한다. 평면거울도 무한히 큰 *곡률 반지름*을 가진 구면거울로 생각할 수 있다.

34.2.9 어떤 거울이 실상과 허상 모두를 만들고, 어떤 거울이 허상만을 만드는지 알아 본다.

34.2.10 실상과 허상의 거리 i의 부호를 구한다.

34.2.11 볼록, 오목, 평면거울에 대해 초점거리 f, 물체 거리 p, 영상거리 i 사이의 관계를 구한다.

34.2.12 가로배율 m, 영상높이 h', 물체높이 h, 영상거리 i, 물체거리 p 사이의 관계를 구한다.

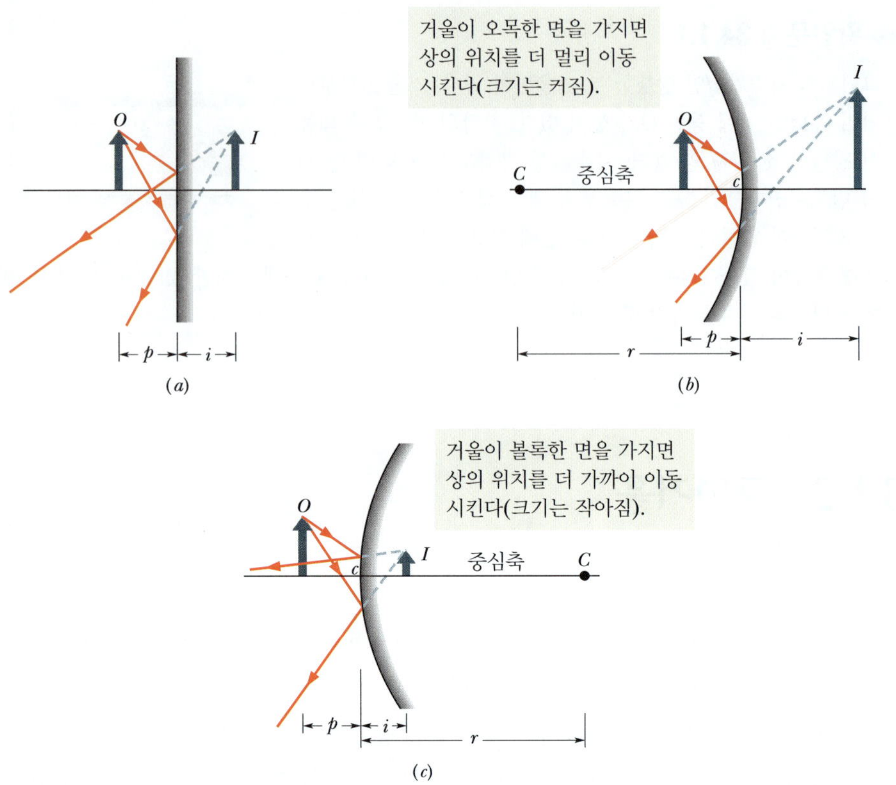

그림 34.2.1 (*a*) 평면거울이 만드는 물체 O의 허상 I. (*b*) 거울면이 들어가 오목거울이 되면 영상은 거울에서 멀어지며 커진다. (*c*) 거울면이 튀어나와 볼록거울이 되면 영상은 거울에 가까워지고 작아진다.

구면거울 만들기

그림 34.2.1*a*의 평면거울을 그림 34.2.1*b*처럼 *오목하게* 구부리면 **오목거울**이 된다. 곡면의 곡률에 따라 거울이 갖는 특성과 거울이 맺는 영상의 형태가 다음과 같이 변한다.

1. 평면거울의 *곡률중심* C는 거울면에서 무한히 멀리 떨어진 곳에 있으나 오목거울의 곡률중심은 거울 앞의 유한한 거리에 있다(곡률중심은 거울면을 일부로 하는 구의 중심이다).
2. 거울을 통해 들여다 볼 수 있는 영역을 *시야*라고 하는데, 오목거울의 시야는 평면거울의 시야보다 좁다.
3. 평면거울에 의한 영상의 거리는 물체의 거리와 같지만 오목거울이 만드는 영상은 물체보다 더 멀리 있다. 즉 $|i|$가 더 크다.
4. 평면거울이 만드는 영상의 크기는 물체의 크기와 같지만 오목거울이 만드는 영상은 물체보다 더 크다. 이를 이용해서 오목거울을 면도용 거울로 사용한다. 이 거울은 더 큰 얼굴영상을 만든다.

한편 그림 34.2.1*c*처럼 거울면을 *볼록하게* 구부리면 **볼록거울**이 된다. 볼록거울에서는 (1) 곡률중심 C가 거울 *뒤에* 있고, (2) 시야가 *넓어지며*, (3) 영상이 거울에 더 *가까워지고*, (4) 영상이 *작아진다*. 상점의 감시용 거울을 볼록거울로 만들면 넓은 영역을 볼 수 있다(그림 34.2.2).

sangfoto/iStock/Getty Images

그림 34.2.2 혼합거울을 이용하여 트럭이나 버스 운전자는 차 앞의 사각지대에 있는 보행자를 볼 수 있다.

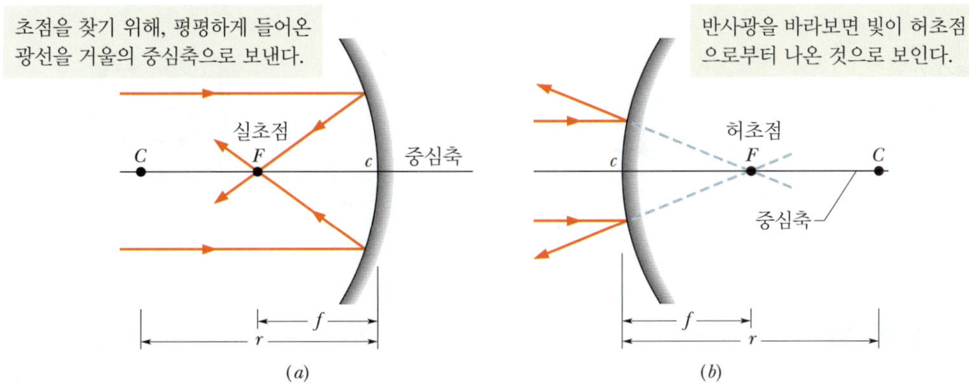

그림 34.2.3 (*a*) 오목거울에 평행하게 입사한 광선은 반사 후 거울 앞 실초점 *F*에 모인다. (*b*) 볼록거울에 평행하게 입사한 광선은 반사 후 거울 뒤의 허초점 *F*에서 퍼져 나오는 것처럼 보인다.

구면거울의 초점

평면거울에서 영상거리 i는 물체거리 p와 항상 같다. 구면거울에서 영상거리와 물체거리 사이의 관계를 확인하기 위해서, 먼저 구면거울의 *중심축*을 따라 무한히 멀리 떨어져 있는 물체 O를 고려해 보자. 중심축은 거울면의 중심 c와 곡률중심 C를 연결하는 선이다. 물체에서 퍼져 나온 빛이 아주 멀리 떨어진 거울에 도착할 때에는, 평면파의 형태로 중심축을 따라 진행한다. 즉, 거울에 입사하는 물체의 광선은 모두 중심축에 평행하다.

▸***초점 형성.*** 오목거울의 경우, 그림 34.2.3*a*처럼 광선 중 중심축 근처의 광선들은 반사 후 공통점 F를 지난다. 만약 F에 작은 종잇조각을 놓으면, 멀리 떨어진 물체 O의 영상이 그 위에 맺힐 것이다. F를 오목거울의 **초점**이라 하고, 거울면의 중심 c에서 F까지의 거리를 **초점거리** f라고 한다.

볼록거울로 오목거울을 대신하면, 평행하게 입사한 광선은 반사 후 공통점을 지나지 않고 그림 34.2.3*b*처럼 퍼져나간다. 이때 거울을 들여다보면 이들 광선이 거울 뒤의 한 점으로부터 나오는 것처럼 보인다. 이렇게 반사된 광선을 거울 뒤로 연장했을 때 지나는 공통점이 볼록거울의 초점 F이고, 거울로부터 이 점까지의 거리가 초점거리 f이다. 오목거울의 경우와 달리 볼록거울 뒤의 초점 F에는 종이를 놓아도 영상이 맺히지 *않는다*.

▸***두 가지 형태.*** 오목거울의 진짜 초점과 볼록거울의 겉보기 초점을 구별하기 위해서 전자를 *실초점*, 후자를 *허초점*이라 부른다. 그리고 오목거울의 초점거리는 양수로 볼록거울의 초점 거리는 음수로 한다. 오목, 볼록에 상관없이 구면거울의 초점거리 f는 곡률반지름 r과 다음과 같은 관계가 있다.

$$f = \tfrac{1}{2}r \qquad \text{(구면거울)}. \tag{34.2.1}$$

여기서 r은 오목거울에 대해서는 양수, 볼록거울에 대해서는 음수이다.

구면거울이 만드는 영상

▸***안쪽.*** 구면거울에 대한 초점을 정의하면 오목, 볼록 구면거울에 대해 영상거리 i와 물체거리 p 사이의 관계를 구할 수 있다. 먼저 물체 O를 오목거울의 *초점 안에* 놓아 보자. 즉 거울과 초점 F 사이에 물체 O를 놓는다(그림 34.2.4*a*). 이때 거울에서 O의 허상을 볼 수 있다. 영상은 거울 뒤에 있는 것처럼 보이며 물체와 같은 방향이다.

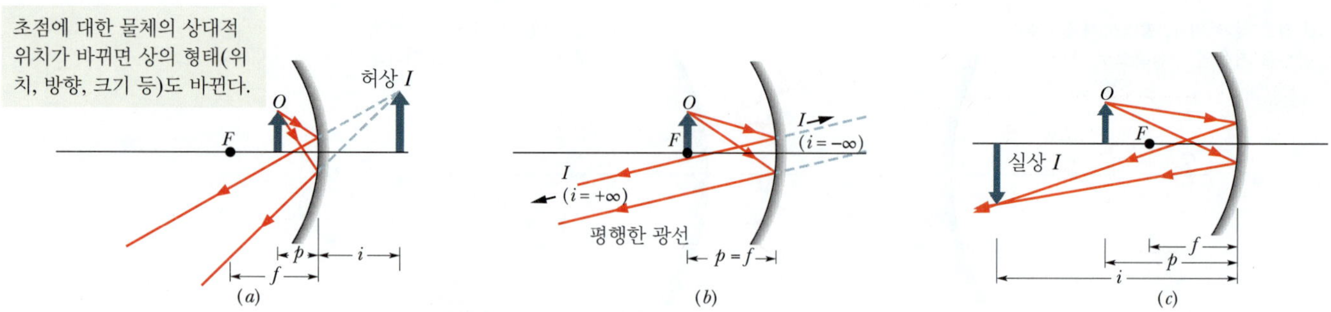

그림 34.2.4 (*a*) 오목거울의 초점보다 가까이 있는 물체 O와 허상 I. (*b*) 물체가 초점 F에 있는 경우. (*c*) 초점보다 멀리 있는 물체 O와 실상 I.

물체를 거울로부터 더 멀리 가져가 초점 위에 놓으면(그림 34.2.4*b* 참조), 거울 뒤의 영상은 점점 멀어져 결국 무한히 멀어진다. 이때 물체의 한 점을 출발해 거울에 반사된 광선은 모두 평행하고, 거울 앞이나 뒤에서 O의 실상 또는 허상을 만들지 못한다.

▸***바깥쪽.*** 물체를 *초점 밖에* 놓으면, 즉 거울에서 초점보다 더 멀리 물체를 놓으면, 거울에 의해 반사된 광선이 거울 앞에 물체 O의 *거꾸로 선* 실상을 만든다(그림 34.2.4*c*). 물체 O가 초점 F 밖에서 거울로부터 멀어지는 쪽으로 이동하면, 영상 I는 무한대인 곳에서부터 거울면을 향해 움직인다. 이때 영상이 맺히는 곳에 종이를 놓으면 그 위에 실제로 물체의 모양이 보이며, 물체에서 퍼져 나온 광선이 오목거울에 반사되어 한곳에 모임을 알 수 있다. 물론 이 때의 영상은 실상이며, 부호규칙에 따라 거울로부터 영상까지의 거리 i는 평면거울에서 본 허상의 경우와는 반대로 양수로 한다. 구면거울에서 영상의 위치에 대해 다음과 같이 일반화할 수 있다.

실상은 거울면을 중심으로 물체가 있는 편에, 허상은 그 반대편에 만들어진다.

▸***중요한 식.*** 34.6단원에서 증명하겠지만 물체로부터 나오는 광선이 거울의 중심축과 이루는 각도가 작을 때에는, 물체거리 p, 영상거리 i, 거울의 초점거리 f 사이에 다음과 같은 간단한 관계식이 성립한다.

$$\frac{1}{p} + \frac{1}{i} = \frac{1}{f} \quad \text{(구면거울)}. \tag{34.2.2}$$

그림 34.2.4에서는 이해를 돕기 위해서 광선과 중심축 사이의 각도를 과장해서 그렸다. 위 식은 오목, 볼록, 평면거울 모두에 대해서 성립한다. 위 식과 부호에 관한 규칙으로부터 볼록거울과 평면거울의 영상은 물체의 위치에 상관없이 항상 허상임을 알 수 있다. 그림 34.2.1*c*에서 알 수 있듯이 이 허상은 항상 거울 뒤에 있고, 물체와 같은 방향으로서 있다.

▸***배율.*** 거울의 중심축에 수직한 방향으로 측정한 영상 또는 물체의 크기를 높이라고 부른다. 물체의 높이를 h, 영상의 높이를 h'이라 했을 때, 비율 h'/h를 거울의 **가로배율** m이라 한다. 영상이 물체와 같이 바로 서 있는가, 거꾸로인가에 따라 가로배율이 각각 양과 음의 부호를 갖도록 정의한다. m의 절대값만을 고려하면

표 34.2.1 거울과 관련된 물리량의 요약

거울의 형태	물체의 위치	영상			부호			
		위치	형태	방향	f	r	i	m
평면	아무 곳							
오목	F 안쪽							
	F 바깥쪽							
볼록	아무 곳							

$$|m| = \frac{h'}{h} \qquad (\text{가로배율}) \tag{34.2.3}$$

이고, 이번 절의 마지막에서 m이 다음과 같음을 증명하겠다.

$$m = -\frac{i}{p} \qquad (\text{가로배율}). \tag{34.2.4}$$

평면거울에서 $i = -p$이며 $m = +1$이다. 배율 1이란 영상과 물체의 크기가 같다는 뜻이다. 양의 부호는 영상과 물체의 방향이 같다는 뜻이다. 그림 34.2.4c에서 오목거울의 배율은 $m \approx -1.5$ 정도이다.

▸**표.** 식 34.2.1에서 식 34.2.4까지의 식은 평면거울, 볼록 또는 오목 구면거울 모두에 대해서 성립한다. 이 식 이외에도 거울에 대해서 여러 가지를 배웠으며, 그 내용을 표 34.2.1에 요약해 둘 필요가 있다. 영상의 위치에는 영상이 거울면에 대해서 물체와 *같은* 쪽에 있는지 *반대쪽*에 있는지 나타낸다. 영상의 종류에는 *허상*인지 *실상*인지, 그리고 영상의 방향에는 영상이 *같은* 방향인지, *뒤집혀져* 있는지를 나타낸다. 부호에는 각 물리량의 부호를 쓰되, 부호가 항상 일정하게 결정되지 않는 경우에는 ±라고 쓴다.

광선추적법으로 영상의 위치 찾기

그림 34.2.5a와 b에는 오목거울 앞에 물체 O가 있다. 다음의 네 가지 광선 중 두 광선을 추적하여 *광선 그림*을 그려 교차점을 찾으면, 중심축 위에 있지 않은 점의 영상 위치를 찾을 수 있다.

1. 중심축에 평행하게 입사한 광선은 반사 후 초점을 지나간다(그림 34.2.5a의 1번 광선).

2. 초점을 지나서 거울에 입사한 광선은 반사 후 중심축에 평행하게 진행한다(그림 34.2.5a의 2번 광선).

3. 곡률중심 C를 지나서 거울에 입사한 광선은 반사 후 입사경로로 진행한다(그림 34.2.5b의 3번 광선).

4. 거울이 중심축과 만나는 곳에서 반사된 광선은 중심축에 대해 대칭적인 경로로 진행한다(그림 34.2.5b의 4번 광선).

한 점의 영상은 선택한 두 특별한 광선의 교차점에 있다. 그러면 축 위에 있지 않은 두 개 이상의 점(예를 들어 축에서 가장 멀리 떨어진 점)의 영상 위치를 구하면 물체의 영상을 구할 수 있다. 이 방법을 볼록거울에 적용하려면, 그림 34.2.5c, d처럼 위의 네 경우를 적절히 수정해야 한다.

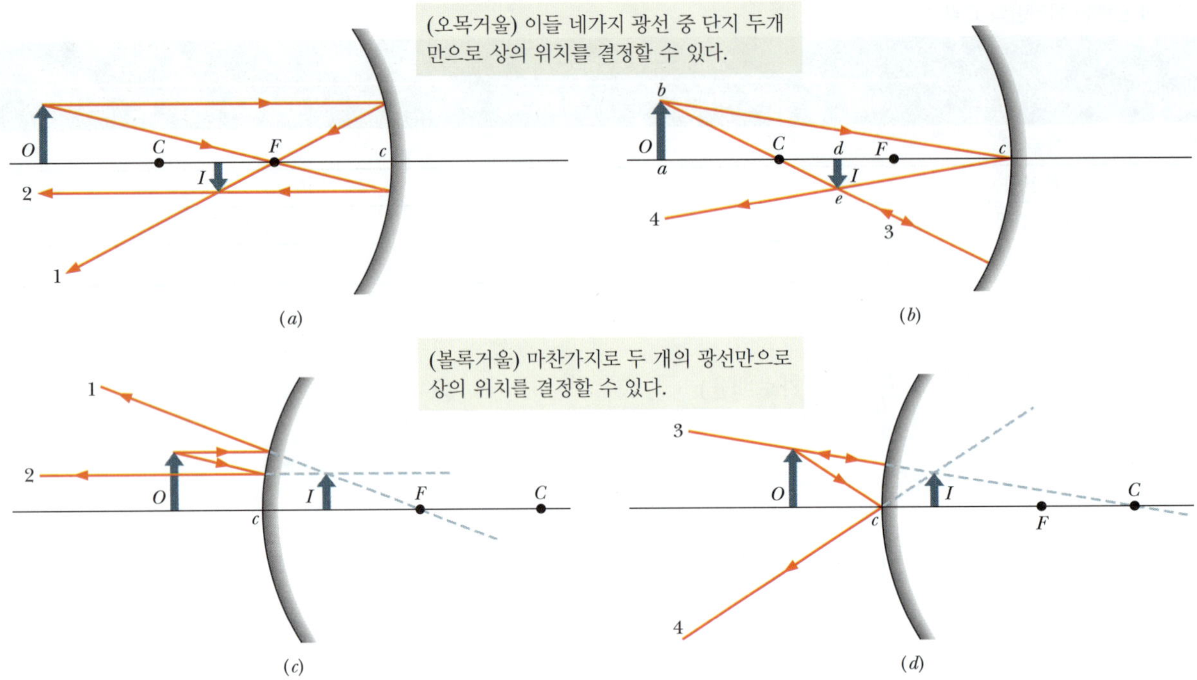

그림 34.2.5 (*a*, *b*) 물체의 오목거울에 비친 영상을 찾는 데 쓸 수 있는 네 가지 광선. 그림의 영상은 거꾸로 선 실상이며 물체보다 작다. (*c*, *d*) 물체의 볼록거울에 비친 영상을 찾는 데 쓸 수 있는 네 가지 광선. 그림의 영상은 똑바로 선 허상이며 물체보다 작다[그림 (*c*)의 2번 광선은 거울 뒤의 초점을 향해 입사한다. 그림 (*d*)의 3번 광선은 거울 뒤의 곡률중심 *C*를 향해 입사한다].

그림 34.2.6 London에 있는 Walkie Talkie 건물에서 반사되는 눈이 멀 정도의 강한 빛.

오목거울의 곡면이 연속적일 필요는 없다. 그 대신 더 큰 오목면에 평평한 반사면을 배열하여 만들 수도 있다. 예를 들어 그림 34.2.6에 초기 통신장치인 모양을 닮아서 Walkie Talkie라고 부르는 20 Frenchurch Street에 있는 London의 고층 건물의 한쪽 면을 나타내었다. 태양을 마주 보는 면은 평평한 유리창이 오목하게 모여 태양빛을 일부는 반사하고, 초점에 모이게 한다. 건물을 완성한 직후, 이 거대한 오목거울이 빛을 길 위에 매우 강력하게 초점을 맞출 수 있어서 보행자는 눈을 보호해야 하고, 주차된 차나 다른 물체는 녹고, (시범에서 보인 것처럼) 보행로에 놓은 프라이팬에서 달걀을 요리할 수 있다는 것을 알게 되었다. 눈부심을 없애기 위해 결국 창문을 햇빛 가리개로 막았다.

녹내장과 공기를 불어내는 안압측정기

실명의 최대 원인인 녹내장은 눈 내부의 액체가 시신경에 작용하는 양안간 압력(interocular pressure, IOO)이라고 부르는 압력이 이상할 정도로 높아서 시신경에 손상을 줄 때 일어난다. 이 신경은 망막으로부터 뇌의 시각중심으로 영상에 대한 정보를 전달한다. 손상은 천천히 일어나서 결국 시력을 잃는 것을 자각할 수 없을 수도 있다. 눈과 접촉하지 않고 IOP를 측정하는 한 가지 방법은 공기를 불어내는 *안압측정기*(그림 34.2.7)이다. 환자가 앉아서 장치를 눈의 각막 근처에 놓으면 투명한 볼록한 구조를 통해 빛이 눈으로 들어가 망막에 도달한다. 이 장치에서 각막에 짧은 시간 동안 각막이 평평해질 정도의 압력으로 공기를 불고, 약간 더 안으로 밀어 각막이 순간적으로 오목하게 만든다. 이 모양의 변화를 관찰하기 위해 장치에서 각막으로 평행광선을 쏘고 각막이 반사한 빛의 세기를 측정한다. 처음에 어떤 빛은 장치에 있는 빛 측정기로 반사해 들어간다(그림 34.2.8a). 각막이 평평해지면 세기는 증가하고 각막이 평평할 때 최대값이 된다(그림 34.2.8c). 최대 세기에 도달할 때 필요한 시간을 측정하여 장치는 IOP를 계산할 수 있다.

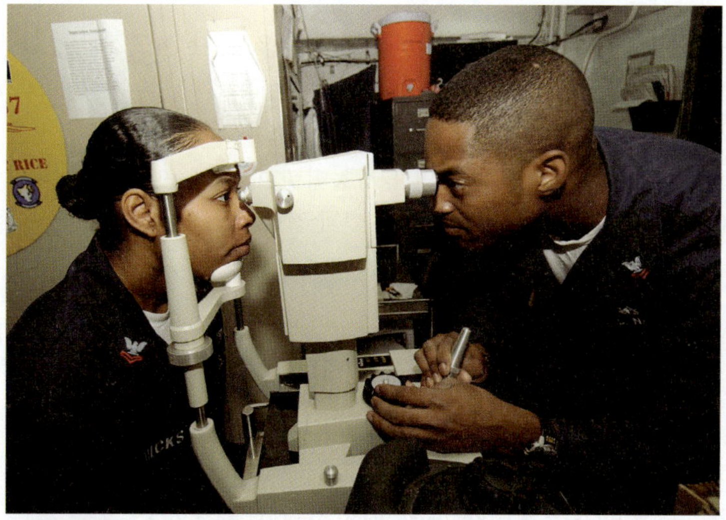
PJF Military Collection/Alamy Stock Photo

그림 34.2.7 녹내장을 검사하기 위해 양안간 압력을 측정할 때 사용하는 공기를 불어내는 안압측정기.

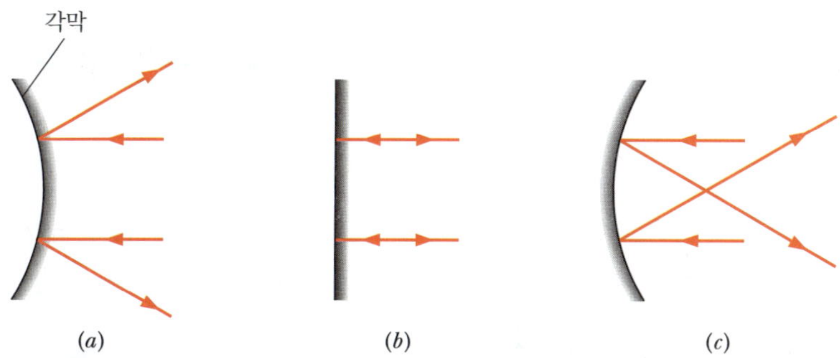

그림 34.2.8 (a) 안압측정기 안에 있는 빛 측정기로 돌아가는 반사된 빛. (b) 각막이 순간적으로 평평해질 때 반사가 가장 밝다. (c) 각막이 오목해지면 반사는 다시 퍼지게 된다.

식 34.2.4의 증명

이제 거울에 반사된 물체의 가로배율에 대한 식 34.2.4 ($m = -i/p$)를 유도해 보자. 그림 34.2.5b의 4번 광선은 점 c에서 중심축에 대하여 같은 각도로 반사되어 나간다.

그림에서 두 직각삼각형 abc와 dec는 닮은꼴이므로 다음과 같다.

$$\frac{de}{ab} = \frac{cd}{ca}.$$

일단 부호를 무시하면, 좌변은 거울의 가로배율 m이다. 거꾸로 선 영상에 대해서는 배율을 음으로 하는 관례에 따라 이 경우 배율을 $-m$으로 한다. 한편, $cd = i$, $ca = p$이므로

$$m = -\frac{i}{p} \quad \text{(가로배율)} \qquad (34.2.5)$$

를 얻는다. 이것이 바로 증명하고자 했던 관계식이다.

확인문제 34.2.1

구면거울의 축 위에 있는 박쥐가 배율 $m = -4$로 확대되어 보인다. 이때 박쥐의 영상은 (a) 실상인가, 허상인가? (b) 똑바로 서 있는가, 거꾸로 서 있는가? (c) 거울면을 중심으로 박쥐와 같은 쪽에 있는가, 반대쪽에 있는가?

보기문제 34.2.1 구면거울에 의해 생기는 상

높이 h의 독거미가 초점거리의 절대값($|f|$)이 40 cm인 구면거울 앞에 있다. 거울에 비친 독거미는 똑바로 서 있고, 키는 $h' = 0.20\ h$이다.

(a) 거미의 상은 실상인가, 허상인가? 영상은 거울 앞에 있는가, 뒤에 있는가?

이유: 거미의 영상이 거미(물체)와 같은 방향이므로 거미의 영상은 허상이며, 거울 뒤쪽에 있다(표 34.2.1을 이미 정리해 놓았다면, 이 문제를 쉽게 풀 수 있을 것이다).

(b) 이때 구면거울은 오목한가, 볼록한가? 초점거리의 부호는 무엇인가?

요점

오목거울, 볼록거울 모두 허상을 만들 수 있으며, 일반적으로 거미의 영상이 허상이라는 것만으로는 거울이 오목한지, 볼

록한지 알 수 *없다*. 마찬가지로 또한 식 34.2.1이나 34.2.2를 이용하기에는 문제에 주어진 정보가 충분하지 않다. 그러나 배율에 관한 정보를 이용하면 이 문제를 해결할 수 있다.

풀이: 주어진 정보에 의하면 영상높이 h'이 물체높이 h의 0.20배이므로, 식 34.2.3에 따라 다음과 같다.

$$|m| = \frac{h'}{h} = 0.20.$$

물체와 영상의 방향이 같으므로 $m = +0.20$이며, 이를 식 34.2.4에 대입하면

$$i = -0.20p$$

를 얻는다. 하지만 이것은 f를 구하는 데 별 도움이 되지 않아 보인다. 그러나 이를 식 34.2.2에 대입하면

$$\frac{1}{f} = \frac{1}{i} + \frac{1}{p} = \frac{1}{-0.20p} + \frac{1}{p} = \frac{1}{p}(-5+1)$$

을 얻는다. 즉, 다음과 같다.

$$f = -p/4.$$

여기서 p가 양수이므로 f는 음수가 되어야 한다. 따라서 문제의 거울은 볼록거울이며, 초점거리는 다음과 같다.

$$f = -40\text{ cm}.$$ (답)

▶ **교육용 비디오는 웹사이트 www.wiley.com에서 볼 수 있다.**

34.3 ▸ 굴절구면

학습목표_*Learning Objectives*

이 단원을 읽은 후 다음을 이해해야 한다.

34.3.1 구면에 의한 광선의 굴절로 물체의 실상과 허상을 만들 수 있다. 이 상은 양쪽 면의 굴절률, 표면의 곡률반지름 r과 물체가 오목한 면, 혹은 볼록한 면을 향하는지에 의존한다.

34.3.2 구면 굴절표면의 중심축에 있는 물체의 한 점에 대해 여섯 가지 일반적인 배열에서 광선이 굴절하는 모양을 그리고, 영상이 실상인지 허상인지 구별한다.

34.3.3 굴절구면에 대해 물체와 같은 쪽에 나타나는 상의 형태와 반대쪽에 나타나는 형태를 구한다.

34.3.4 굴절구면에 대해 두 굴절률, 물체거리 p, 영상 거리 i, 곡률반지름 r 사이의 관계를 구한다.

34.3.5 오목 굴절구면과 볼록 굴절구면을 향하는 물체에 대해 반지름 r의 부호를 구한다.

요점_*Key Ideas*

1. 빛을 굴절시키는 한 구면으로 상을 만들 수 있다.
2. 물체거리 p, 영상거리 i, 표면의 곡률반지름 r 사이에는 다음의 관계가 있다.

$$\frac{n_1}{p} + \frac{n_2}{i} = \frac{n_2 - n_1}{r}.$$

여기서 n_1은 물체가 있는 물질의 굴절률이고, n_2는 표면에서 반대쪽에 있는 물질의 굴절률이다.

3. 물체를 향하는 표면이 볼록하면 r은 양수이고, 오목하면 r은 음수이다.
4. 표면에 대해 물체 쪽에 생기는 영상은 허상이고 반대쪽의 영상은 실상이다.

▶▶ 굴절구면

이번 절에서는 반사에 의한 영상의 형성 대신에, 유리처럼 투명한 물질의 표면에서 일어나는 굴절에 의한 영상의 형성에 대해서 공부한다. 특히 경계면이 구면으로 주어진 경우만을 고려할 것이며, 구면의 곡률 반지름을 r, 곡률중심을 C라고 한다. 굴절률 n_1의 매질에 놓여 있는 광원 O에서 퍼져 나온 빛이, 굴절률 n_2의 매질을 향해서 구면으로 굴절해 들어간다.

여기서 알고자 하는 바는 굴절해 들어간 광선이 실상을 만드는가, 허상을 만드는가이다. 실상의 경우에는 따로 관측자를 가정할 필요가 없으나, 허상의 경우에는 퍼져 나오는 광선으로부터 영상을 인식하는 관측자가 필요하다. 어떤 영상이 맺힐 것인가는 두 매질의 굴절률 n_1, n_2와 경계면의 기하학적 모양에 따라 결정된다.

그림 34.3.1은 여섯 가지 가능한 경우이다. 각각의 그림에서 굴절률이 큰 매질을 진하게 그렸으며, 물체 O는 굴절면의 왼쪽인 굴절률 n_1의 매질에 놓고, 대표적인 광선을 표시했다(이 대표 광선과 중심축을 지나는 광선 두 개만 있으면 영상의 위치를 결정할 수 있다).

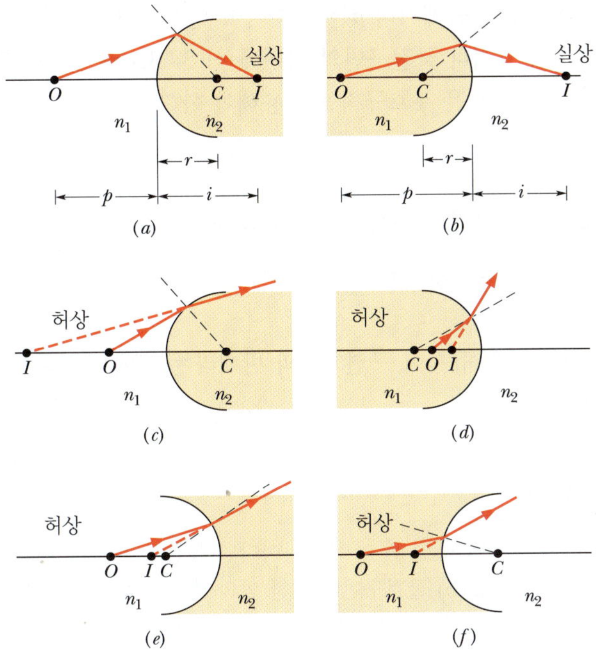

그림 34.3.1 반지름 r, 곡률중심 C인 구표면을 통한 굴절에 의해 영상이 만들어지는 여섯 가지 가능한 방법. 표면 양쪽에는 굴절률 n_1, n_2인 매질이 있다. 점 물체 O는 항상 표면의 왼쪽에 있는 n_1인 매질 안에 있다. 굴절률이 작은 물질은 그림자가 없다(이것을 공기라고 생각하고, 다른 매질은 유리라고 생각한다). (a)와 (b)에는 실상이 있다. 다른 네 가지 상황에서는 허상이 형성된다.

이 곤충은 2500만 년 동안 호박에 싸여 있었다. 이 곤충을 굴절 곡선구면을 통해 보기 때문에 상의 위치는 곤충의 위치와 일치하지 않는다(그림 34.4.1d 참조).

각각의 광선이 굴절해 들어가는 지점에서 굴절구면에 대한 수직선은 곡률중심 C에서 이 지점을 향해 뻗어 나오는 직선이다. 굴절률이 큰 매질로 들어가는 경우에 광선은 수직선에 가까운 쪽으로 꺾이며, 굴절률이 작은 매질로 들어가면 먼 쪽으로 꺾인다. 굴절 광선이 축 방향으로 진행하면, (그림에 보이지 않은) 다른 광선과 함께 축 위에 실상을 만든다. 만약 축으로부터 멀어지는 방향으로 진행하면 광선은 실상을 만들지 못하지만, 다른 광선과 함께 관측자가 알아 볼 수 있는 허상을 만들 수 있다.

굴절광선이 축을 *향하는*, 즉 그림 34.3.1의 a와 b의 경우에는 거리 i에 실상 I가 만들어진다. 그림 c와 d는 허상이 만들어지는 경우이다. 이들 네 경우에는 물체가 굴절구면으로부터 멀리 *떨어져* 있을 때에는 실상이, 가까울 때에는 허상이 만들어진다. 그러나 그림 34.3.1의 e와 f에서는 물체의 위치에 상관없이 광선은 항상 축으로부터 멀어지며 허상을 만든다.

굴절구면에 의한 영상은 반사된 영상과 비교해서 다음과 같은 중요한 차이가 있다.

실상은 굴절구면의 반대편에 형성되며, 허상은 굴절구면을 중심으로 물체와 같은 편에 형성된다.

34.6단원에서 물체의 광선이 굴절구면의 중심축과 이루는 각도가 크지 않을 때 다음과 같은 관계식이 성립함을 증명할 것이다.

$$\frac{n_1}{p} + \frac{n_2}{i} = \frac{n_2 - n_1}{r}. \tag{34.3.1}$$

거울의 경우와 마찬가지로, 물체거리 p는 양수이며 영상거리 i는 실상과 허상에 대해서 각각 양수와 음수이다. 그러나 굴절구면의 경우에 식 34.3.1을 제대로 적용하려면, 곡률 반지름 r에 대해서 다음과 같은 부호규칙을 적용해야 한다.

물체가 바라보는 굴절구면이 볼록구면이면 곡률 반지름의 부호는 양이고, 오목구면이면 음이다.

위의 굴절구면에 대한 부호 규칙이 구면거울과 반대라는 점에 유의하여라. 시험 볼 때에는 혼동할 수 있다.

확인문제 34.3.1

표면이 오목한 유리 조형물 앞에 벌 한 마리가 날아다닌다. (a) 그림 34.3.1의 어떤 부분이 이와 같은 상황에 해당하는가? (b) 굴절구면에 의한 벌의 영상은 허상인가, 실상인가? 상의 위치는 어느 쪽인가? (c) 벌과 같은 면(공간)에 있는가 다른 반대쪽 면에 있는가?

보기문제 34.3.1 물에 반이 잠긴 눈에 생기는 영상

물 위에서 완벽한 시력을 가져도 물속에서 보는 것은 어렵다. 그 이유는 물이 눈에 들어오는 빛의 굴절에 영향을 끼치는 것과 관련이 있다. 공기 중의 굴절은 적절하지만, 물속에서는 매우 잘못될 수 있다. 그러나 *Anableps anableps*(그림 34.3.2)라는 특별한 물고기는 눈의 일부는 수면 위에 놓고 헤엄을 쳐서 물 위와 아래를 동시에 볼 수 있다. 그림 34.3.3에 물고기 눈을 지나는 수직 단면을 나타내었고, 수면에서 두 부분의 반쪽으로 분리된 것을 보이기 위해 다른 색깔의 띠로 나타내었다. 눈의 앞부분(각막)은 반지름 r = 1.95 mm, 굴절률 n_2 = 1.335인 볼록구면 모양의 표면이다. 각막에서 굴절로 인해 시각 정보처리가 시작되는 눈 뒤쪽의 망막 뒤에 *실상*을 만들기 위해 눈에서 초점을 맞추는 것이 첫 번째 단계이다. 각막 면에 물체거리 p = 0.200 m에 벌레가 있을 때 공기(n_1 = 1.000)와 물(n = 1.333)에 있는 각막의 굴절에 의한 영상거리 i는 얼마인가?

그림 34.3.2 수면 위와 아래를 모두 볼 수 있는 물고기.

요점

(1) 물체와 영상은 물체를 바라보는 볼록면인 굴절표면의 반대쪽에 있으므로 상황은 (실상에 대해서는) 그림 34.3.1*a*, (허상에 대해서는) 그림 34.3.1*c*의 상황과 같다. (2) 영상거리와 물체거리 사이의 관계는 식 34.3.1에 있다.

풀이: 식 34.3.1을 i에 대해 풀면

$$i = \frac{n_2}{\frac{n_2 - n_1}{r} - \frac{n_1}{p}}.$$

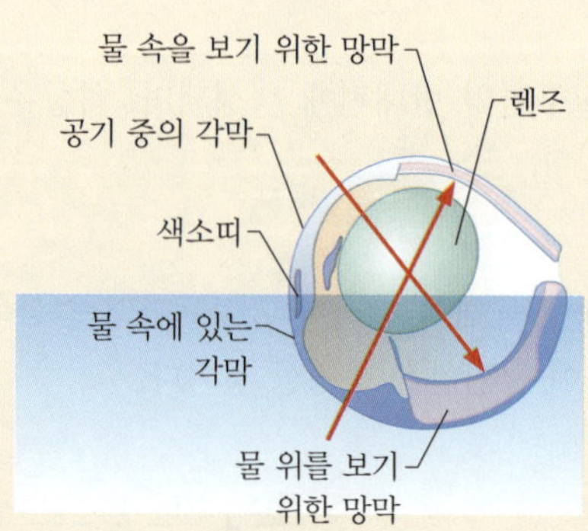

그림 34.3.3 수면 위와 아래를 모두 볼 수 있는 눈의 단면.

을 얻는다. 주어진 값을 대입하고 공기의 굴절률 n_1 = 1.000을 대입하면 다음을 얻는다.

$$i = \frac{1.335}{\frac{1.335 - 1.000}{0.00195} - \frac{1.000}{0.200}}$$

$$= 8.00 \text{ mm.}$$ (답)

물의 굴절률 n_1 = 1.333을 이용하여 이 계산을 다시 하면 다음을 얻는다.

$$i = \frac{1.335}{\frac{1.335 - 1.333}{0.00195} - \frac{1.333}{0.200}}$$

$$= -0.237 \text{ m.}$$ (답)

빛이 각막에서 굴절된 후 망막에 최종 실상을 만들기 위해 렌즈에서 더 굴절한다. (렌즈의 기능은 다음 절에서 논의한다.) 첫 번째 답은 (요구한 대로 실상임을 의미하는) 양수이고 눈 지름의 약 두 배이다. 따라서 빛을 망막에 집중하는 렌즈의 역할은 그렇게 크지 않다. 왜냐하면 대부분의 굴절은 각막에서 일어나기 때문이다. 두 번째 답은 매우 다르다. 그 답은 (허상을 의미하는) 음수이고, 훨씬 크다. 따라서 망막에 실상을 맺으려면 렌즈가 더 많이 집중시켜야 한다. 공기가 빛을 웬만큼 집중시키고, 물에서 오는 빛을 더 강하게 집중시키려면 *Anableps anableps*의 눈 렌즈는 달걀 모양이고, 위보다 아래쪽 반의 곡률이 더 크다.

34.4 ▸ 얇은 렌즈

요점_Key Ideas

1. 이 절은 주로 대칭적인 구면을 이루는 렌즈에 대해 고려한다.
2. 평행광선이 중심축에 평행하게 수렴렌즈로 진행하면, 굴절광선은 렌즈로부터 (양수인) 초점거리 f에 있는 한 점(실초점 F)에 모인다. 수렴렌즈를 통과할 때에는 굴절광선을 거꾸로 연장하면 렌즈로부터 (음수인) 초점거리 f에 있는 한 점(허초점 F)에 모인다.
3. 수렴렌즈는 (물체가 초점 밖에 있으면) 실상을 만들고, (물체가 초점 안쪽에 있으면) 허상을 만든다.
4. 발산렌즈는 허상만을 만든다.
5. 렌즈 앞에 있는 물체에 대해 물체거리 p와 영상거리 i는 렌즈의 초점거리 f, 굴절률 m, 곡률반지름 r_1, r_2 사이에 다음 관계가 있다.

$$\frac{1}{p} + \frac{1}{i} = \frac{1}{f} = (n-1)\left(\frac{1}{r_1} - \frac{1}{r_2}\right).$$

6. 물체의 가로배율 m의 크기는 영상높이 h'을 물체 높이 h로 나눈 비율이다.

$$|m| = \frac{h'}{h}.$$

그리고 물체거리 p와 영상거리 i로 표현하면 다음과 같다.

$$m = -\frac{i}{p}.$$

7. 중심축이 같은 렌즈계에 대해 첫 번째 렌즈가 만드는 영상은 두 번째 렌즈에 대해 물체로 작용한다. 다음도 마찬가지이고, 전체 배율은 각 배율의 곱이다.

학습목표_Learning Objectives

이 단원을 읽은 후 다음을 이해해야 한다.

34.4.1 수렴렌즈와 발산렌즈를 구분한다.

34.4.2 수렴, 발산렌즈에 대해 처음에 중심축에 평행한 광선에 대한 광선 그림을 그리고 어떻게 초점을 맺는지, 어느 영상이 실상이고, 허상인지 밝혀낸다.

34.4.3 실초점과 허초점을 구분하고, 상황에 따라 어느 것이 어느 형태의 렌즈에 해당하는지 구하고, 영상의 방향을 구한다.

34.4.4 수렴렌즈의 초점 (a) 안쪽과 (b) 바깥쪽에 있는 물체에 대해 적어도 두 광선을 그려 영상을 구하고, 각 초점거리와 관련된 부호를 결정한다.

34.4.5 수렴렌즈에 대해 실상과 허상의 위치와 방향을 구별한다.

34.4.6 발산렌즈 앞의 물체에 대해 적어도 두 광선을 그려 영상을 구하고, 영상의 형태와 방향을 구한다.

34.4.7 어떤 렌즈가 실상과 허상을 만드는지, 어떤 렌즈가 허상만을 만드는지 알아본다.

34.4.8 실상과 허상에 대해 영상거리 i

▶ 얇은 렌즈

중심축을 공유하는 두 굴절구면을 갖는 투명한 물체를 **렌즈**라고 한다. 공유하는 중심축의 부호를 구한다.

34.4.9 수렴, 발산렌즈에서 초점거리 f, 물체거리 p, 영상거리 i 사이의 관계를 구한다.

34.4.10 가로배율 m, 영상높이 h', 물체높이 h, 영상거리 i, 물체거리 p사이의 관계를 구한다.

34.4.11 렌즈 제작자의 식을 적용하여 초점거리와 (공기 안에 있다고 가정하는) 렌즈의 굴절률과 렌즈 두 면의 곡률 반지름 사이의 관계를 구한다.

34.4.12 렌즈 1 앞에 물체가 있는 다중렌즈 계에 대해 렌즈 1이 만드는 영상을 구하고, 이를 이용하여 렌즈 2에 대한 물체 등을 구한다.

34.4.13 다중렌즈 계에서 각 렌즈가 만드는 배율로 (마지막 영상의) 전체 배율을 결정한다.

은 렌즈의 중심축이다. 렌즈를 공기 중에 놓으면 빛은 공기로부터 렌즈로 굴절해 들어와, 이를 통과한 후 다시 공기로 굴절해 나가며, 두 굴절구면에서 빛의 진행방향이 바뀐다.

중심축에 평행하게 입사한 광선이 렌즈를 지난 후 한 점에 모이면 **수렴렌즈**, 퍼져 나가면 **발산렌즈**라고 부른다. 물체가 렌즈 앞에 있으면, 물체에서 나온 광선이 렌즈에 의해 굴절되어 영상을 맺을 수 있다.

▸***렌즈 식.*** 이번 절에서는 특히 **얇은 렌즈**에 대해서 배울 것이다. 렌즈의 두께가 물체거리 p, 영상거리 i, 그리고 렌즈 굴절구면의 곡률 반지름, 모두보다 작은 렌즈를 얇은 렌즈라 한다. 물체에서 나온 광선이 렌즈의 중심축과 이루는 각도가 크지 않을 때만 고려한다(그림에서는 과장되어 있다). 34.6단원에서 이와 같은 광선에 대해 얇은 렌즈는 초점거리가 f라는 것을 증명할 것이다. 또한, i와 p 사이에는 구면거울의 경우와 같이 다음의 관계식이 성립한다.

$$\frac{1}{f} = \frac{1}{p} + \frac{1}{i} \qquad \text{(얇은 렌즈)}. \qquad (34.4.1)$$

굴절률이 n인 얇은 렌즈가 공기 중에 있을 때, 초점거리 f는 다음 식을 만족한다.

$$\frac{1}{f} = (n-1)\left(\frac{1}{r_1} - \frac{1}{r_2}\right) \qquad \text{(공기 중의 얇은 렌즈)}. \qquad (34.4.2)$$

위 식을 *렌즈 제작자 공식*이라고 부른다. 여기서 r_1과 r_2는 각각 물체를 향한 굴절구면과 반대편 굴절구면의 곡률 반지름이다. 물체 쪽에서 보아서 볼록한 굴절구면의 곡률 반지름은 양수, 오목한 굴절구면의 곡률 반지름은 음수로 한다. 이는 34.3단원에서 구한 구면거울에 대해서 사용한 부호에 관한 규칙과 반대임에 주목하여라. 렌즈가 굴절률 1이 아닌 (식용유와 같은) 굴절률이 $n_{매질}$인 매질 안에 있으면, 식 34.4.2의 n을 $n/n_{매질}$로 바꾸어야 한다. 식 34.4.1과 34.4.2의 이유를 기억해야 한다.

렌즈가 물체의 영상을 만드는 것은 굴절현상 때문이며, 굴절은 매질의 굴절률 주위 매질의 굴절률과 다를 때에만 일어난다.

▸***초점 형성.*** 그림 34.4.1a는 *양쪽 면*이 볼록한 얇은 렌즈이다. 중심축에 평행하게 입사한 광선은 그림 34.4.1b처럼 렌즈를 지나며 두 번 굴절한다. 두 번 굴절한 광선은 렌즈 중심으로부터 거리가 f인 공통점 F_2를 지난다. 따라서 렌즈는 수렴렌즈이며, (광선이 실

Courtesy Matthew G. Wheeler

얼음으로 만든 수렴렌즈로 햇빛을 모아 불을 붙이고 있다. 렌즈는 평평한 얼음을 오목한 그릇 면에 맞도록 녹여서 만들었다.

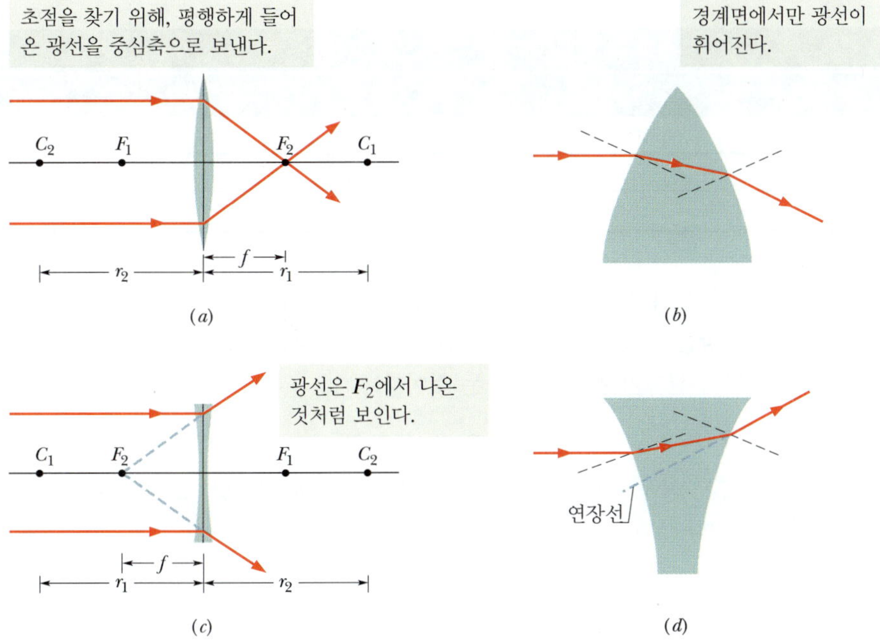

그림 34.4.1 (a) 중심축에 평행하게 입사한 광선은 수렴렌즈에 의해 굴절되어 실초점 F_2를 지난다. 렌즈는 그림보다 얇고, 렌즈를 지나는 수직선 정도의 폭으로 생각하면 된다. (b) 수렴렌즈의 위 부분을 확대한 그림. 렌즈 굴절구면에 수직한 방향을 점선으로 표시했다. 두 번의 굴절을 통해서 광선이 아래로 꺾이며 중심 축을 향한다. (c) 중심축에 평행하게 입사한 광선은 발산렌즈에 의해 퍼져나가며, 연장선들이 허초점 F_2를 지난다. (d) 발산렌즈의 위 부분을 확대한 그림. 두 번의 굴절을 통해서 광선이 위로 꺾이며 중심축에서 멀어지는 방향을 향한다.

제로 지나가므로) F_2는 실초점이고, 초점거리는 f이다. 광선이 반대편에서 중심축에 평행하게 입사한 경우에는 F_1이 초점이다. 얇은 렌즈에서는 이들 두 초점의 초점거리가 같다.

▸***부호, 부호, 부호.*** 수렴렌즈의 초점에 맺히는 영상은 실상이므로, 오목거울의 실초점처럼 초점거리 f를 양수로 한다. 그러나 광학에서 부호는 다루기 힘들다. 따라서 이것을 식 34.4.2에서 확인해보아야 한다. f가 양수일 때 이 식의 좌변이 양수라면 우변의 부호는 무엇인가? 각 항마다 살펴볼 것이다. 유리를 비롯한 물질의 굴절률 n은 1보다 크므로 $(n - 1)$은 양수이다. 물체 쪽에서 보았을 때, 첫 번째 굴절구면은 볼록하고, 두 번째 굴절구면은 오목하다. 따라서 r_1은 양수이고 r_2는 음수이며, $(1/r_1 - 1/r_2)$는 양수이다. 즉, 식 34.4.2도 수렴렌즈의 초점거리를 양수로 주므로 부호규칙의 일관성을 확인할 수 있다.

그림 34.4.1*c*는 양쪽 면이 오목한 얇은 렌즈이다. 중심축에 평행하게 입사한 광선은 그림 34.4.1*d*처럼 렌즈를 지나며 두 번 굴절한다. 두 번 굴절한 광선은 공통점을 지나지 못하고 *퍼져나간다*. 따라서 발산렌즈이며, 광선의 연장선이 만나는 F_2는 *허초점*이다(발산하는 광선에 눈을 대보면 마치 광원에서 나오는 것처럼 F_2에서 밝은 점을 보게 될 것이다). 초점거리 f는 부호규칙에 따라서 음수이다. 광선이 반대편에서 입사한 경우에는 렌즈를 중심으로 한 F_2의 대칭점인 F_1이 허초점이다.

얇은 렌즈가 만드는 영상

이제 수렴렌즈와 발산렌즈가 만드는 영상에 대해 생각해보자. 그림 34.4.2*a*에는 수렴렌즈의 초점 F_1 밖에 물체 O가 있다. 그림에 나타낸 두 광선으로부터 거꾸로 선 실상 I가 렌즈의 반대편에 생기는 것을 알 수 있다.

그림 34.4.2*b*처럼 물체가 초점 F_1의 안쪽에 있으면, 렌즈가 만드는 영상은 똑바로 선 허상이며, 물체와 같은 편에 생긴다. 즉, 수렴렌즈는 물체가 초점보다 밖에 있느냐, 안에 있느냐에 따라 실상 또는 허상을 만든다.

그림 34.4.2*c*에서 물체 O가 발산렌즈 앞에 있다. 발산렌즈는 물체가 초점보다 안에 있건 밖에 있건 상관없이, 항상 같은 방향의 허상을 물체와 같은 편에 만든다.

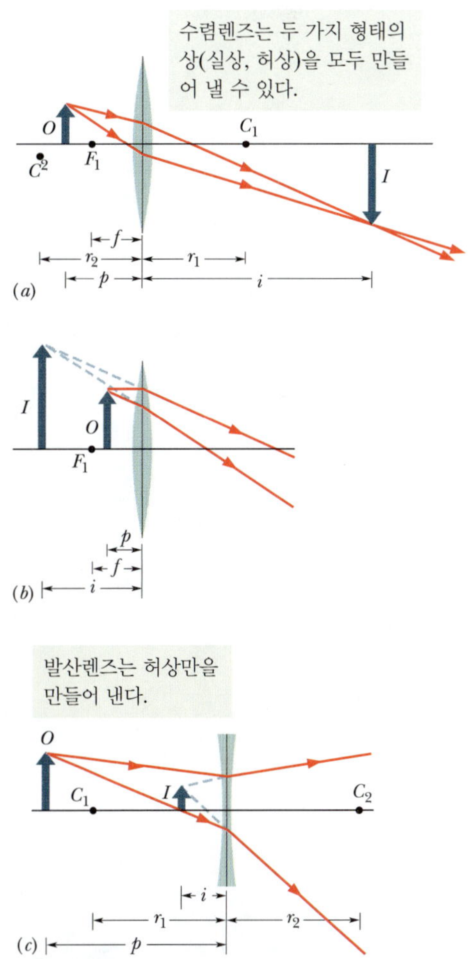

그림 34.4.2 (a) 물체 O가 수렴렌즈의 초점 F_1 밖에 있을 때에는 거꾸로 선 실상 I가 생긴다. (b) O가 초점보다 안에 있으면 같은 방향의 허상이 생긴다. (c) 발산렌즈의 영상 I는 O가 렌즈의 초점 안쪽이든 바깥쪽이든 물체의 위치에 상관없이 항상 같은 방향의 허상이다.

표 34.4.1 얇은 렌즈와 관련된 물리량의 요약

렌즈의 형태	물체의 위치	영상			부호		
		위치	종류	모양	f	i	m
수렴	F 안쪽						
	F 바깥쪽						
발산	아무 곳						

구면거울처럼, 영상이 실상이면 영상거리 i를 양수로, 허상이면 음수로 한다. 단, 주의할 것은 거울의 실상은 거울면 앞에 생기지만, 렌즈의 실상은 렌즈의 반대편에 생기며, 허상에 대해서도 위치 관계가 서로 반대라는 것이다.

렌즈가 만드는 실상은 렌즈를 중심으로 물체의 반대편에 생기고, 허상은 물체와 같은 편에 생긴다.

구면거울처럼 수렴렌즈와 발산렌즈의 가로배율 m은 식 34.2.3과 식 34.2.4로 주어진다.

이번 절에서 얇은 렌즈에 대해서 여러 가지를 배웠으며, 그 내용을 *대칭적*으로 생긴 (양쪽 면이 모두 볼록이거나 오목인) *얇은 렌즈*에 대한 표 3.4.1를 채워서 요약해 둘 필요가 있다. 영상의 위치에는 영상이 렌즈에 대해서 물체와 *같은 쪽*에 있는지, *반대쪽*에 있는지 쓴다. 영상의 종류에는 *실상*인지 *허상*인지, 그리고 영상의 모양에는 영상이 *같은* 방향인지, *다*른 방향인지를 쓴다.

광선추적법으로 영상의 위치 찾기

그림 34.4.3a에는 수렴렌즈의 초점 F_1 밖에 물체 O가 있다. 다음의 세 가지 특별한 광선 중 두 광선을 추적하여 교차점을 찾으면, 중심축 위에 있지 않은 점(예를 들어 그림 34.4.3a의 화살표의 끝)의 영상 위치를 찾을 수 있다. 세 광선은 다음과 같다.

1. 중심축에 평행하게 입사한 광선은 초점 F_2를 지나간다(그림 34.4.3a의 1번 광선).
2. 초점 F_1을 지나서 렌즈에 입사한 광선은 중심축에 평행하게 진행한다(그림 34.4.3a의 2번 광선).
3. 렌즈의 중심을 지나서 입사한 광선은 경로의 변화 없이 직진한다(그림 34.4.3a의 3번 광선). 왜냐하면 광선이 통과하는 두 면이 거의 평행하기 때문이다.

점의 영상은 렌즈의 먼 곳에서 광선이 교차하는 곳에 있다. 물체의 영상은 두 개 이상의 점에 대한 영상을 찾아서 구할 수 있다.

그림 34.4.3b는 세 가지 특별한 광선의 연장선으로부터 수렴렌즈의 초점 F_1 안쪽에 있는 물체의 영상을 찾아내는 방법이다. 여기서 2번 광선은 진행방향의 반대쪽으로 연장한 선이 초점을 지나는 경우를 고려한 것이다.

발산렌즈가 만드는 영상의 위치를 찾기 위해서는 그림 34.4.3c의 세 가지 광선을 사용한다. 여기서 1번과 2번 광선은 연장선이 각각 렌즈 앞, 뒤의 초점을 지나는 경우를 고려한 것이다.

두 렌즈의 조합

같은 중심축 상에 있는 두 개의 렌즈(두 렌즈의 조합) 앞에 하나의 물체가 놓여있다. 가능한 여러 두 렌즈의 조합이 그림 34.4.4에 그려져 있다. 크기는 고려하지 않는다. 각각

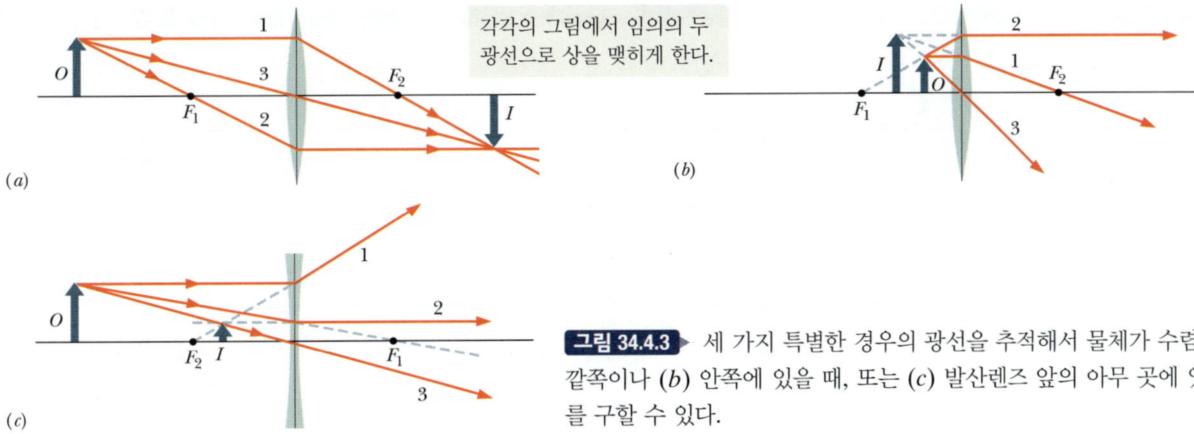

그림 34.4.3 세 가지 특별한 경우의 광선을 추적해서 물체가 수렴렌즈 초점의 (a) 바깥쪽이나 (b) 안쪽에 있을 때, 또는 (c) 발산렌즈 앞의 아무 곳에 있을 때 영상의 위치를 구할 수 있다.

의 경우 렌즈 1의 왼쪽편에 물체가 놓여 있고, 렌즈의 초점 안쪽이나 바깥쪽에 있는 경우는 제외한다. 광선 추적법을 이용하면 어떤 두 렌즈의 조합에서도 적용되지만, 여기서는 다음의 간단한 두 단계를 이용하여 상을 구해보자.

- ***1 단계*** 렌즈 2를 무시할 때, 식 34.4.1를 이용하여 렌즈 1로부터 만들어지는 상 I_1을 구한다. 먼저 상이 렌즈의 왼쪽과 오른쪽 중 어느 쪽에 있는지 정하고, 실상인지 허상인지 정한 다음 그것이 물체와 같은 원점을 갖도록 I_1을 적당히 그린다. 이 과정은 그림 34.4.3a의 위쪽에 나타나 있다.
- ***2 단계*** 렌즈 1를 무시하고, 상 I_1을 렌즈 2의 *물체*로 다룬다. 식 34.4.1를 이용하여 렌즈 2로부터 만들어지는 상 I_2를 구한다. 이것이 두 렌즈의 조합이 만들어내는 최종 영상이다. 상 I_2를 그리는 과정은 1 단계의 I_1을 그리는 과정과 같다. 이 과정은 그림 34.4.4a의 아래쪽에 나타나 있다.

이로써 두 렌즈의 조합을 단일렌즈의 법칙을 이용하여 쉽게 다룰 수 있다. 단, 상 I_1이 렌즈 2의 오른편에 있을 때(렌즈 2를 지나갈 때)에는 적용되지 않는다. I_1은 여전히 렌즈 2의 물체로 다루지만, 물체의 거리 p_2를 음수로 다루면 식 34.4.1을 적용하여 I_2를 구할 수 있다. 그러면 다른 예시들처럼 상의 위치 i_2가 양수라면 상은 실상이고, 이 렌즈 조합의 오른편에 맺히게 된다. 예시는 그림 34.4.4b에 그려져 있다.

이와 같은 단계별 과정은 둘 이상의 많은 수의 렌즈조합에도 적용 가능하다. 또한 렌즈가 아닌 거울조합의 경우에도 역시 적용된다. 렌즈의 조합(또는 렌즈와 거울의 조합)에 총 배율 M은 식 34.2.5($m = -i/p$)에서 주어지는 각 렌즈의 배율의 곱과 같다. 그러므로 두 렌즈의 조합에서는

$$M = m_1 m_2 \tag{34.4.3}$$

와 같다. M이 양수이면 최종으로 맺히는 상은 물체와 같은 방향, M이 음수이면 반대방향에 위치한다. p_2가 음수인 경우, 그림 34.4.4b와 같이 최종 상의 방향은 M의 부호로 쉽게 결정할 수 있다.

→ 확인문제 34.4.1

대칭형 얇은 렌즈의 초점 바깥쪽 1.0 cm 떨어진 곳에 위치한 지문의 영상이 +0.2의 배율로 만들어졌다. 이때 영상은 (a) 허상인가, 실상인가? (b) 바로 서 있는가, 거꾸로인가? (c) 렌즈는 어떤 형태의 렌즈인가?

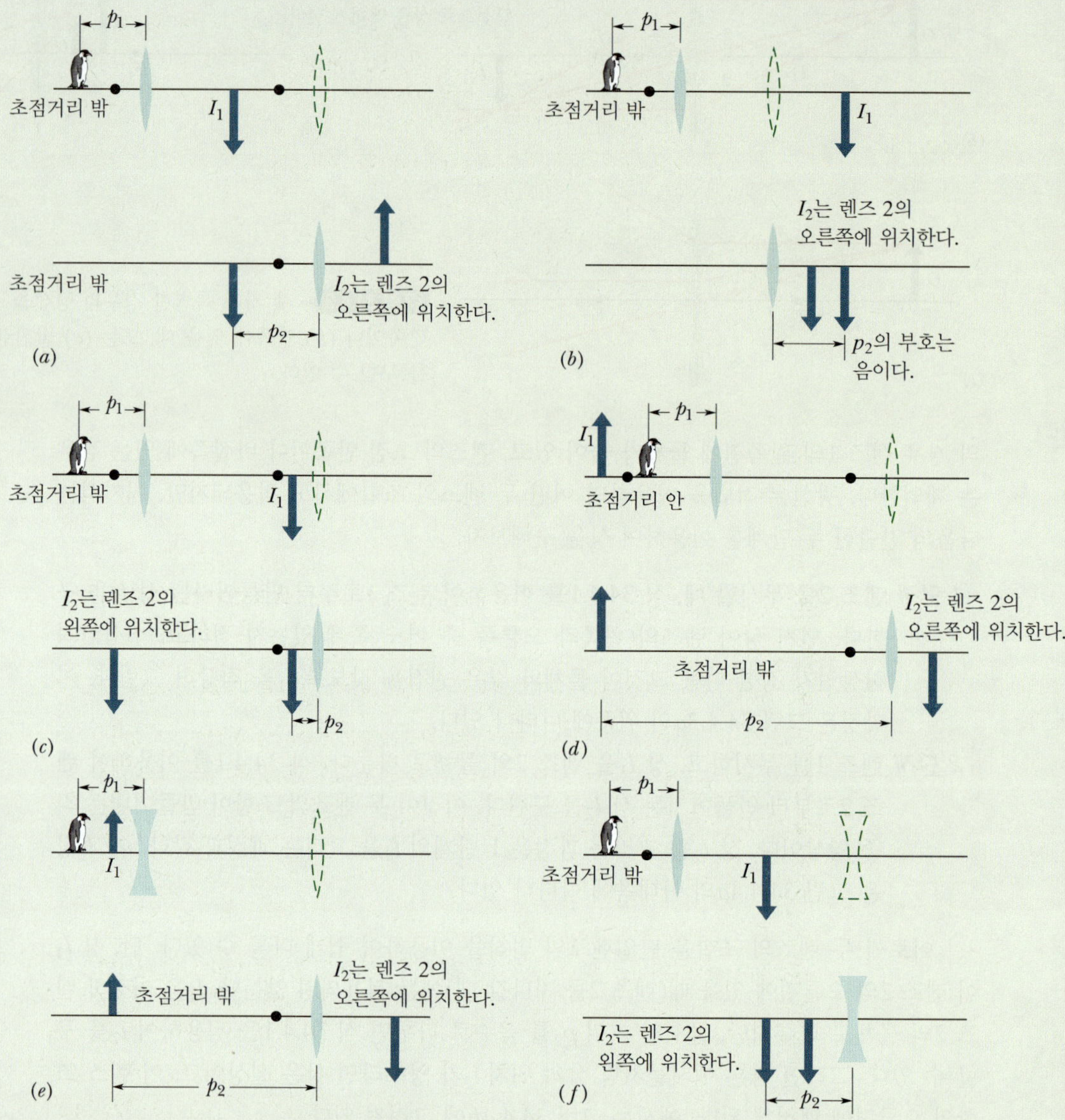

그림 34.4.4 두 렌즈의 조합 가능한 여러 가지 경우를 나타내었다. 물체는 렌즈 1의 왼쪽에 있고 크기는 고려하지 않는다. 1 단계에서는 렌즈 2(눈금으로 표시)를 무시하고 렌즈 1만 있다고 간주한다. 이후, 2단계에서는 렌즈 1(표시하지 않음)을 무시하고 렌즈 2만 있다고 간주한다. 이로써 얻을 수 있는 최종적인 상은 2단계에서 렌즈 2에 의해 만들어지는 상이다.

보기문제 34.4.1 대칭형의 얇은 렌즈의 조합에 의해 생기는 상

먹이를 찾고 있는 사마귀가 대칭형의 얇은 렌즈 앞 20 cm인 곳에 있다. 렌즈의 가로배율은 $m = -0.25$이고, 렌즈의 굴절률은 1.65이다.

(a) 렌즈가 만드는 영상의 종류(허상, 실상), 렌즈의 형태(수렴, 발산), 초점에 대한 사마귀의 상대위치, 렌즈에 대한 영상의 위치, 영상의 방향 등을 밝혀라.

이유: 문제에 주어진 m에서 많은 사실을 알 수 있다. 먼저 식 34.2.4($m = -i/p$)에서 다음과 같다.

$$i = -mp = 0.25p.$$

계산을 끝내지 않고도 답을 알 수 있다. 물체거리 p가 양수이므로 i 역시 양수이다. 즉, 사마귀의 영상은 실상이다. 이는 렌즈가 수렴렌즈이고(수렴렌즈만이 실상을 만든다), 사마귀가 초점거리 밖에 있다는 뜻이다. 따라서 사마귀의 영상은 거꾸로 선 모양이며, 렌즈 반대편에 형성된다.

(b) 렌즈면의 두 곡률 반지름을 구하여라.

요점

1. 렌즈가 대칭형이므로 앞, 뒷면의 곡률 반지름 r_1(물체에 가까운 표면), r_2는 크기 r로 같다.
2. 수렴렌즈이므로, 물체 쪽에서 보았을 때 앞면은 볼록, 뒷면은 오목하므로, $r_1 = +r$, $r_2 = -r$이다.

3. (렌즈의 곡률반지름에 관한 유일한 식인) 렌즈 제작자 공식 34.4.2를 써서 곡률 반지름과 f 사이의 관계를 구한다.

4. 식 34.4.1을 써서 f를 물체거리 p와 영상거리 i로 표현한다.

풀이: p는 문제에 주어졌으며, i는 (a)에서 사용한 배율에 관한 공식으로부터 다음과 같이 구한다.

$$i = (0.25)(20 \text{ cm}) = 5.0 \text{ cm}.$$

식 34.4.1을 써서

$$\frac{1}{f} = \frac{1}{p} + \frac{1}{i} = \frac{1}{20 \text{ cm}} + \frac{1}{5.0 \text{ cm}}$$

로부터 $f = 4.0$ cm를 얻는다. 이제 식 34.4.2에서

$$\frac{1}{f} = (n-1)\left(\frac{1}{r_1} - \frac{1}{r_2}\right) = (n-1)\left(\frac{1}{+r} - \frac{1}{-r}\right)$$

이므로, 주어진 값을 대입하면 다음과 같다.

$$\frac{1}{4.0 \text{ cm}} = (1.65 - 1)\frac{2}{r}.$$

이 식을 풀면 다음을 얻는다.

$$r = (0.65)(2)(4.0 \text{ cm}) = 5.2 \text{ cm}.$$ 답

보기문제 34.4.2 얇은 두 렌즈의 조합에 의해 생기는 상

그림 34.4.5a에서 초점거리가 각각 $f_1 = +24.0$ cm, $f_2 = +9.0$ cm이고, 공통의 중심축을 따라 $L = 10$ cm 떨어져 있는 두 렌즈의 조합 앞에 계란 모양의 고추씨 O_1이 놓여 있다. 고추씨는 렌즈 1로부터 6.0 cm 떨어져 있다. 영상은 어디에 맺히는가?

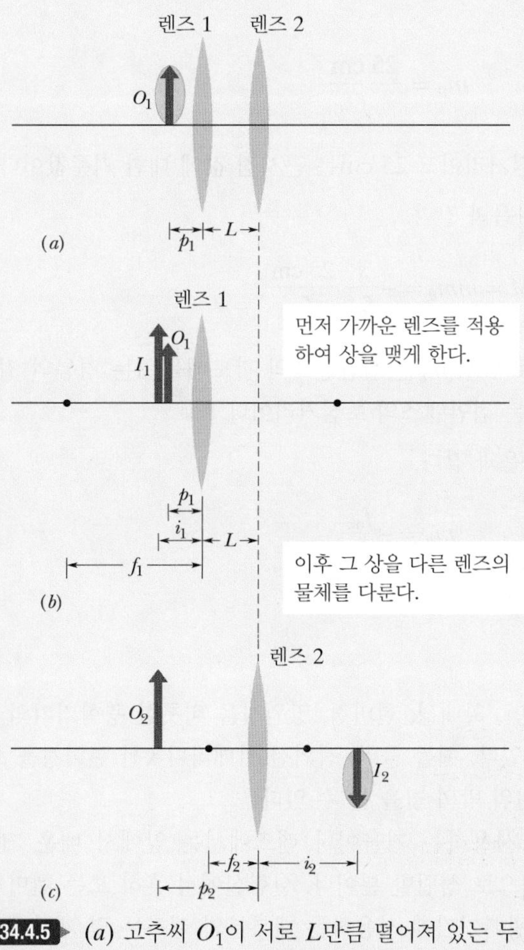

그림 34.4.5 (a) 고추씨 O_1이 서로 L만큼 떨어져 있는 두 렌즈의 조합 앞쪽 거리 p_1인 곳에 있다. 화살표가 고추씨의 서 있는 모양을 나타낸다. (b) 렌즈 1이 만드는 영상 I_1. (c) 영상 I_1이 렌즈 2의 물체 O_2로 작용해서 렌즈조합 전체가 만드는 영상 I_2.

요점

고추씨에서 나와서 두 렌즈를 지나는 광선을 추적하여 영상의 위치를 찾을 수 있다. 그러나 여기서는 렌즈 하나씩 차례로 계산하여 영상의 위치를 구하겠다. 고추씨에 가까운 렌즈부터 시작해 보자. 찾고자 하는 최종 영상은 렌즈 2가 만드는 영상 I_2이다.

렌즈 1: 먼저 렌즈 2를 무시하고 렌즈 1이 만드는 O_1의 영상을 구해 보자. 렌즈 1에 대해서 식 34.4.1을 쓰면 다음과 같다.

$$\frac{1}{p_1} + \frac{1}{i_1} = \frac{1}{f_1}.$$

렌즈 1에 대한 물체 O_1은 고추씨이고, 렌즈로부터 6.0 cm 떨어져 있다. 따라서 $p_1 = +6.0$ cm이다. 여기에 주어진 f_1 값을 대입하면

$$\frac{1}{+6.0 \text{ cm}} + \frac{1}{i_1} = \frac{1}{+24 \text{ cm}}$$

이므로, $i = -8.0$ cm를 구할 수 있다.

이 결과는 영상 I_1이 렌즈 1로부터 8.0 cm 떨어져 있으며, 허상임을 의미한다(영상이 허상이므로 고추씨가 렌즈 1의 초점 안쪽에 있는 것으로부터도 알 수 있었다). I_1은 허상이므로 그림 34.4.5b에 나타내었듯이 물체와 같은 편에 있고 바로 서 있다.

렌즈 2: 두 번째 단계에서는 렌즈 1은 무시하고 영상 I_1을 렌즈 2의 물체 O_2로 삼는다. 물체 O_2는 렌즈 2의 초점 밖에 있

으므로, 렌즈 2가 만드는 I_2는 실상이고, 거꾸로 서 있으며, 렌즈를 중심으로 O_2의 반대편에 있으리라 추측할 수 있다. 이 추측을 확인해 보자.

그림 34.4.5c로부터 물체 O_2와 렌즈 2 사이의 거리 p_2는 다음과 같다.

$$p_2 = L + |i_1| = 10\text{ cm} + 8.0\text{ cm} = 18\text{ cm}.$$

따라서 렌즈 2에 대해서 식 34.4.1을 쓰면

$$\frac{1}{+18\text{ cm}} + \frac{1}{i_2} = \frac{1}{+9.0\text{ cm}}$$

이므로, 다음을 얻는다.

$$i_2 = +18\text{ cm}.$$ (답)

답이 양의 부호라는 사실은 렌즈 2가 만드는 영상 I_2는 실상이고, 거꾸로 서 있으며, 그림 34.4.5c에 나타내었듯이 O_2의 반대인 렌즈 2쪽에 있다. 이로써 상이 상의 위치에 놓인 카드에 나타날 것이다.

▶ 교육용 비디오는 웹사이트 www.wiley.com에서 볼 수 있다.

34.5 ▸ 광학기기

학습목표_Learning Objectives

이 단원을 읽은 후 다음을 이해해야 한다.

34.5.1 근시점을 구한다.

34.5.2 그림을 그려 간단한 확대경의 기능을 설명한다.

34.5.3 각도배율을 구한다.

34.5.4 간단한 확대경의 초점에 있는 물체에 대한 각도배율을 결정한다.

34.5.5 그림을 그려 복합현미경을 설명한다.

34.5.6 복합현미경의 전체 배율은 접안렌즈에 의한 각도배율과 대물렌즈의 가로배율로 구한다.

34.5.7 복합현미경의 전체 배율을 계산한다.

34.5.8 그림을 그려 굴절망원경을 설명한다.

34.5.9 굴절망원경의 각도배율을 계산한다.

요점_Key Ideas

1. 간단한 확대경의 각도배율은

$$m_\theta = \frac{25\text{ cm}}{f}$$

로 주어진다. f는 렌즈의 초점거리이고 25 cm는 근시점 값에 대한 기준값이다.

2. 복합현미경의 전체 배율은 다음과 같다.

$$M = mm_\theta = -\frac{s}{f_{ob}}\frac{25\text{ cm}}{f_{ey}}.$$

여기서 m은 대물렌즈의 가로배율, m_θ는 접안렌즈의 각도배율, s는 경통의 길이, f_{ob}는 대물렌즈의 초점거리, f_{ey}는 접안렌즈의 초점거리이다.

3. 굴절망원경의 각도배율은 다음과 같다.

$$m_\theta = -\frac{f_{ob}}{f_{ey}}.$$

▶ 광학기기

눈은 매우 훌륭한 광학기관이지만, 확대경, 현미경, 망원경을 비롯한 광학기기의 도움으로 그 기능을 크게 개선시킬 수 있다. 예를 들어, 적외선 카메라나 x선 현미경을 쓰면 맨눈으로는 볼 수 없는 가시광선 범위 밖의 빛을 볼 수 있다.

현대의 대부분 광학기기에 사용하는 거울이나 렌즈에서는 앞에서 배운 거울이나 얇은 렌즈에 관한 법칙이 근사적으로 성립할 뿐이다. 실험실에서 흔히 보는 현미경의 렌즈는 결코 "얇지" 않다. 그리고 광학기기에 사용하는 대부분의 렌즈는 몇 개가 조합되어 만들어진 복합형이며, 굴절구면 또한 정확한 구면이 아니다. 그러나 이번 절에서 배우는 세 가지 광학기기에 대해서는, 이해를 돕기 위해, 얇은 렌즈의 공식이 적용된다고 가정하겠다.

간단한 확대경

물체가 *근시점*이라고 부르는 P_n 사이에 있으면, 정상적인 사람의 눈에서는 망막에 선명한 물체의 영상이 만들어진다. 물체가 근시점보다 가까이 있으면, 망막의 영상은 초점을 잃고 흐려진다. 근시점은 나이에 따라 변하고, 일반적으로 사람으로부터 멀어진다. 각자의 근시점을 알려면 안경이나 콘택트렌즈를 벗고 한쪽 눈을 감은 채 이 책이 흐릿하게 보일 때까지 눈 쪽으로 가져가 보아라. 그때가 근시점이다. 여기서는 20세의 평균 근시점보다 약간 큰 25 cm를 근시점으로 잡겠다.

그림 34.5.1*a*에는 근시점 P_n에 물체 O가 놓여 있다. 망막에 형성된 물체의 크기는 눈을 중심으로 한 물체의 각도 θ에 의해 결정된다. 그림 34.5.1*b*처럼 물체를 눈 가까이 가져오면, 각도가 커져서 물체를 더 자세히 볼 것 같지만, 실제로는 물체가 근시점 안에 있으므로 *초점*을 잃게 된다.

이때 그림 34.5.1*c*처럼, 물체 O가 초점 바로 안쪽에 위치하도록 수렴렌즈를 놓고 물체를 들여다보면, 다시 선명한 영상을 볼 수 있다. 여기서 보는 영상은 렌즈가 만든 O의 허상이다. 허상은 근시점 밖에 있으며, 눈은 이를 무리 없이 잘 볼 수 있다.

여기서 허상이 눈을 중심으로 만드는 각도 θ'은, 눈이 렌즈의 도움 없이 선명한 영상을 만들 수 있는 경우 얻을 수 있는 최대 각도 θ보다 더 크다. 이로부터, 앞에서 배운 가로배율과는 별도로, *각도배율* m_θ를 다음과 같이 정의할 수 있다.

$$m_\theta = \theta'/\theta.$$

즉, 확대경의 각도배율은 렌즈를 통해 본 물체가 눈을 중심으로 만드는 각도와 물체가 근시점에 있을 때의 각도를 비교하는 양이다.

그림 34.5.1에서 물체 O가 렌즈의 초점에 있다 하고, 작은 각도 θ에 대해 $\tan\theta$를 θ로, $\tan\theta'$을 θ'으로 근사하여

$$\theta \approx h/25\text{ cm} \qquad \text{및} \qquad \theta' \approx h/f$$

를 얻는다. 따라서 다음과 같다.

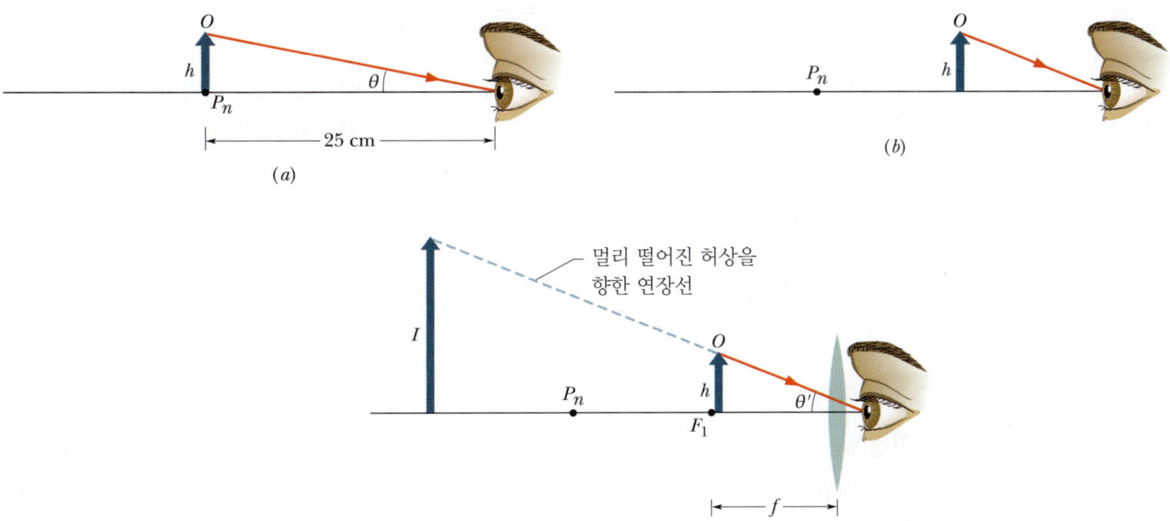

그림 34.5.1 (*a*) 높이 h의 물체 O가 근시점에 놓여 있을 때, 눈을 중심으로 각도 θ를 만든다. (*b*) 물체가 근시점보다 가까워지면, 각도는 커지지만 눈이 물체의 선명한 영상을 만들 수 없다. (*c*) 물체가 수렴렌즈의 초점 바로 안에 위치하도록 눈과 물체 사이에 렌즈를 놓는다. 이때 렌즈가 만드는 영상은 근시점 밖에 있으며, 이 영상에 대한 각도 θ'은 (*a*)에서의 각도보다 크다.

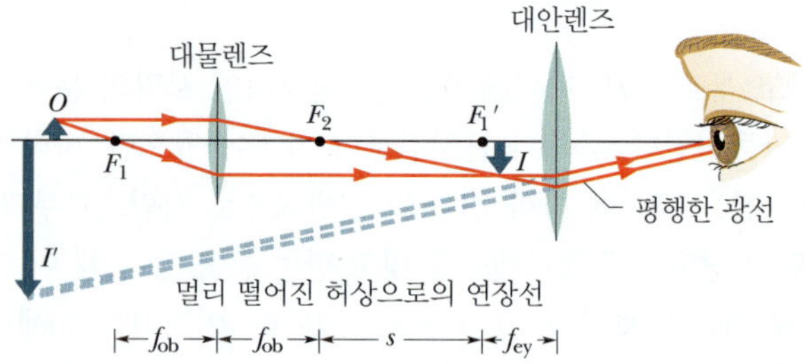

그림 34.5.2 얇은 렌즈로 만든 복합현미경의 원리(실제 축척과 다르게 그려졌다). 대물렌즈는 물체 O의 영상 I를 대안렌즈의 초점 F_1'의 바로 안쪽에 만든다. 영상 I는 대안렌즈의 물체 역할을 하며, 관측자는 허상 I'을 본다. 대물렌즈의 초점거리는 f_{ob}, 대안렌즈의 초점거리는 f_{ey}, 경통의 길이는 s이다.

$$m_\theta \approx \frac{25\text{ cm}}{f} \quad \text{(간단한 확대경).} \tag{34.5.1}$$

복합현미경

그림 34.5.2는 얇은 렌즈로 만든 복합현미경이다. 복합현미경은 초점거리 f_{ob}의 *대물렌즈*(앞에 있는 렌즈)와 f_{ey}의 *대안렌즈*(눈 근처의 렌즈)로 만들었으며, 대물렌즈에 아주 가까이 놓여 있는 작은 물체를 관찰하는 데 쓰인다.

관측하고자 하는 물체 O를 대물렌즈의 초점 F_1 바로 밖에 놓는다. 이때 렌즈로부터 물체까지의 거리 p는 f_{ob}로 근사할 수 있다. 이제 두 렌즈 사이의 거리를 조절해서 대물렌즈가 만드는 확대된 거꾸로 선 실상이 대안렌즈의 초점 F_1'의 바로 안쪽에 놓이도록 한다. 그림 34.5.2에서 현미경 *경통의 길이* s는 f_{ob}에 비해 훨씬 크므로 대물렌즈와 영상 I 사이의 거리 i는 s로 근사할 수 있다.

i와 p에 대한 근사결과와 식 34.2.4을 써서 대물렌즈의 가로배율을 구하면 다음과 같다.

$$m = -\frac{i}{p} = -\frac{s}{f_{ob}}. \tag{34.5.2}$$

이때 대물렌즈의 영상 I가 대안렌즈의 초점 F_1'의 안쪽에 있으므로 대안렌즈는 확대경의 역할만 하며, 관측자는 거꾸로 선 허상을 본다. 이런 현미경의 배율은 식 34.5.2로 주어지는 대물렌즈의 가로배율 m과 식 34.5.1로 주어지는 대안렌즈의 각도배율 m_θ의 곱이다. 즉, 다음과 같다.

$$M = mm_\theta = -\frac{s}{f_{ob}}\frac{25\text{ cm}}{f_{ey}} \quad \text{(현미경).} \tag{34.5.3}$$

굴절망원경

망원경에는 여러 복잡한 형태가 있으나, 이번 절에서 배울 형태는 그림 34.5.3처럼 대물렌즈와 대안렌즈로 만든 간단한 굴절망원경이다. 현미경과 마찬가지로 실제 망원경을 구성하는 렌즈는 복잡한 복합렌즈이다.

현미경과 망원경은 비슷한 구조이다. 그러나 망원경은 현미경과는 반대로 은하계, 별 등 매우 멀리 떨어진 큰 물체를 관측하기 위한 것이다. 이런 차이 때문에 그림 34.5.3의 망원경에서는 대물렌즈의 초점 F_2와 대안렌즈의 초점 F_1'이 일치하지만, 그림 34.5.2

의 현미경에서는 이들 두 점이 경통의 길이 s만큼 떨어져 있다.

그림 34.5.3a에서 보면 멀리서 온 광선은 대물렌즈를 지나 망원경의 축과 각도 θ_{ob}를 이루며, 두 렌즈의 공통초점인 F_2 또는 F_1'에 거꾸로 선 실상을 맺는다. 이 영상이 대안렌즈의 물체 역할을 하며, 관측자는 멀리 떨어져 있는 (여전히 거꾸로 선) 허상 I'을 본다. 여기서 영상을 정의하는 광선은 망원경의 축과 θ_{ey}를 이룬다.

망원경의 각도배율 m_θ는 θ_{ey}/θ_{ob}이다. 그림 34.5.3b처럼 중심축 근처를 지나는 광선에 대해서는 $\theta_{ob} = h'/f_{ob}$, $\theta_{ey} \approx h'/f_{ey}$로 근사할 수 있으므로 다음과 같다.

$$m_\theta = -\frac{f_{ob}}{f_{ey}} \quad \text{(망원경)}. \tag{34.5.4}$$

여기서 음의 부호는 허상 I'이 거꾸로 서 있다는 뜻이다. 말로 표현하면 망원경의 각도배율은 망원경이 만드는 상이 만드는 각도와 망원경 없이 보이는 멀리 있는 물체가 만드는 각도를 비교하는 것이다.

위에서 고려한 배율은 망원경의 성능을 규정하는 많은 요소 중 하나이며, 실제로 고배율은 비교적 쉽게 얻을 수 있다. 그러나 멀리 떨어져 있는 은하계처럼 희미한 물체를 관측하려면, 망원경의 *집광력*이 중요한 변수이며, 영상이 얼마나 밝은지 결정한다. 이것은 멀리 떨어진 은하계와 같이 희미한 물체를 보는 데 중요하고, 대물렌즈의 지름을 크게 할수록 좋아진다. 또다른 중요한 요소는 관측자로부터 멀리 떨어져 있으나 서로 가까이 붙어 있어서, 각각을 식별하기 힘든 쌍둥이 별 같은 물체를 두 개의 별로 구별해 내는 *분해능*이다. 또한 *시야*는 중요한 설계 변수 중의 하나이다. 좁은 시야를 차지하는 은하계를 관측하는 망원경과, 넓은 시야를 가로지르는 별똥별을 관측하는 망원경은 서로 다를 것이다.

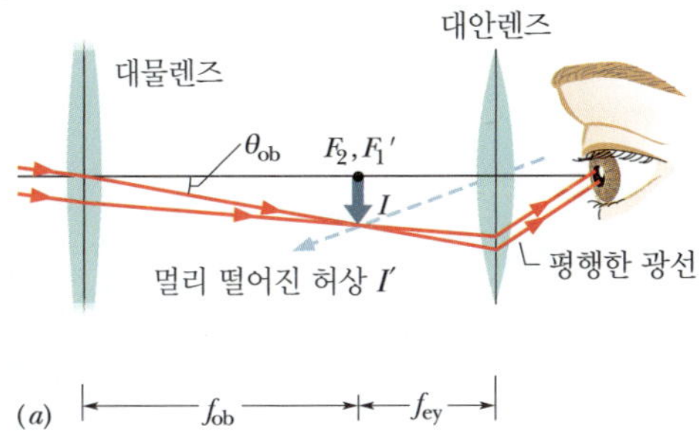

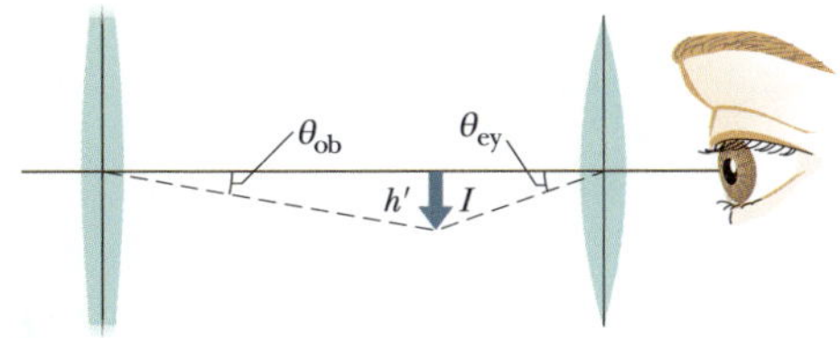

그림 34.5.3 (*a*) 얇은 렌즈로 만든 굴절망원경의 원리. 멀리 떨어진 물체에서 나온 평행한 광선이 대물렌즈에 의해 굴절되어 영상 I를 맺는다(물체의 다른 쪽 끝은 망원경의 축 위에 있다고 가정한다). 대물렌즈와 대안렌즈의 공통초점 F_2, F_1'에 만들어진 영상 I는 대안렌즈의 물체 역할을 하며, 관측자는 멀리 떨어진 허상 I'을 본다. 대물렌즈의 초점거리는 f_{ob}, 대안렌즈의 초점거리는 f_{ey}이다. (*b*) 영상 I의 높이는 h'이고, 이 영상의 대물렌즈를 중심으로 한 각도는 θ_{ob}, 대안 렌즈를 중심으로 한 각도는 θ_{ey}이다.

이 밖에도 망원경을 설계할 때에는 실제 렌즈가 이상적인 얇은 렌즈와 다르다는 사실도 고려해야 한다. 완벽한 구면으로 된 렌즈는 선명한 영상을 맺지 못하며, 이런 현상을 *구면수차*라고 부른다. 또한 렌즈 재질의 굴절률은 입사하는 빛의 파장에 따라 변하며, 서로 다른 파장의 빛은 한 초점에 모아지지 않는다. 이런 현상을 *색수차*라고 한다.

이 간단한 논의로는 절대로 천체망원경을 만들 때 매개변수를 전부 포함시킬 수는 없다. 다른 많은 것이 포함되어야 한다. 다른 고성능 광학기기에 대해서도 비슷한 목록을 만들 수 있다.

광학적 신경촬영

기능성 근적외선 측정기(fNIRS)를 사용할 때 사람은 파장이 650에서 950 nm인 근적외선 영역의 빛을 내는 LED가 있는 머리에 꼭맞는 모자를 쓴다(그림 34.5.4). 빛은 표피, 두개골과 뇌의 바깥층(1에서 2 cm)을 뚫고 들어가서 헤모글로빈에 의해 흡수되거나 산란된다. 혈액 안의 헤모글로빈은 허파에서 신체의 다른 부분으로 산소를 운반할 수 있다. 흡수와 산란은 산소가 없는 헤모글로빈(Hb)과 산소가 있는 헤모글로빈(HbO)에 대해 다르게 일어난다. 사람이 뿌옇고 희미한 물체에서 유형이 있는 영상으로 바꾸어 볼 때 뇌에서 영상을 만드는 부분에 산화헤모글로빈(HbO)이 증가한다. 이 HbO의 변화는 산란되는 빛의 양으로 알 수 있다. 연구자는 fNIRS를 이용하

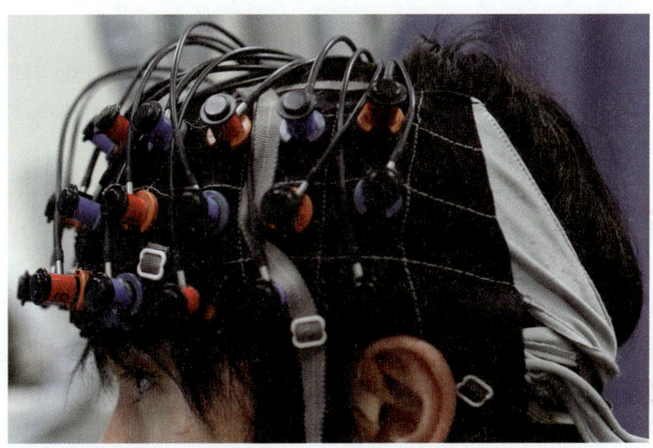

Bloomberg/Getty Images

그림 34.5.4 뇌의 광학적 영상촬영을 위한 모자.

여 어떤 행동이 뇌의 어떤 부분을 활성화시키는가 하는 지도를 만드는 데 이용한다. 뇌의 "안쪽을 보는" 다른 방법에 비해 fNIRS의 장점은 침투하지 않고, 값싸면 상대적으로 쉽게 운반할 수 있어서, 이 장치는 야구장에서 비행기 조종석에 이르는 어떤 곳에서도 사용할 수 있다.

확인문제 34.5.1

이 절에서 설명한 복합현미경과 굴절망원경을 고려하자. (a) 현미경과 (b) 망원경으로 관측한 사람에게 어떤 형태의 영상을 만드는가? (c) 물체의 초점과 대안초점의 간격이 필요한 기구는 어느 것인가?

34.6 ▸ 세 가지 증명

구면거울의 공식(식 34.2.2)

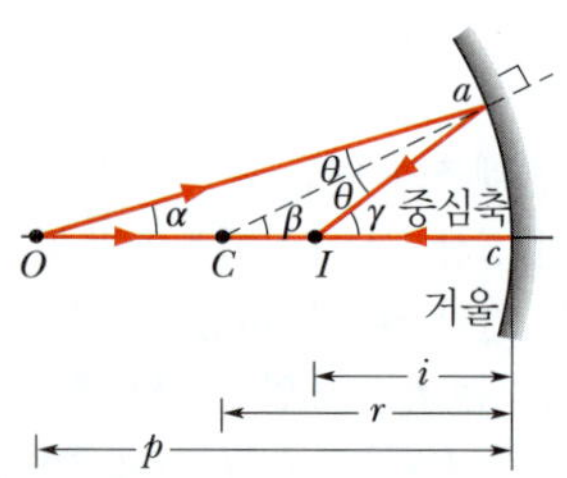

그림 34.6.1 오목한 구면거울이 점광원 O의 실상 I를 만드는 경우.

그림 34.6.1에 오목한 구면거울과 거울의 중심축을 따라 곡률중심 C의 바깥쪽에 위치한 점 물체 O가 있다. 축과 각도 α를 이루며 O에서 나온 광선이 거울면의 a에서 반사되어 축과 I에서 만난다. O에서 나와 축을 따라 진행하는 또 다른 광선은 거울면 c에서 반사되어, 다시 축을 따라 되돌아 와서 I를 지난다. 따라서 두 광선이 같은 점을 지나므로 I는 O의 영상이다. 실제로 광선이 I를 지나고 있으므로 I는 *실상*이다. 이때 거울면에서 상까지의 거리 i를 구해 보자.

삼각형에 관한 정리에 의하면, 삼각형의 외각은 반대쪽 두 내각의 합과 같다. 이를 그림 34.6.1의 삼각형 OaC와 OaI에 적용하면 다음과 같다.

$$\beta = \alpha + \theta \qquad \text{및} \qquad \gamma = \alpha + 2\theta.$$

이들 두 식에서 θ를 없애면 다음을 얻는다.

$$\alpha + \gamma = 2\beta. \tag{34.6.1}$$

한편 각 α, β, γ를 라디안으로 나타내면 다음과 같다.

$$\alpha \approx \frac{\widehat{ac}}{cO} = \frac{\widehat{ac}}{p}, \qquad \beta = \frac{\widehat{ac}}{cC} = \frac{\widehat{ac}}{r},$$
$$\gamma \approx \frac{\widehat{ac}}{cI} = \frac{\widehat{ac}}{i}. \tag{34.6.2}$$

여기서 문자기호 위의 둥근 선은 호의 길이를 뜻한다. 호 $\widehat{ac}$의 곡률중심이 C이므로 β에 대한 표현만이 정확하다. 그러나 α와 γ에 대한 표현도 이들 각도가 작은 경우(즉, 광선이 구면의 축 근처로 진행하는 경우)에 어림잡아 옳다. 식 34.6.2를 식 34.6.1에 대입하고, 식 34.2.1을 이용해서 r을 $2f$로 바꾸어 호 $\widehat{ac}$를 없애면, 증명하고자 했던 식 34.2.2를 유도할 수 있다.

굴절구면의 공식(식 34.3.1)

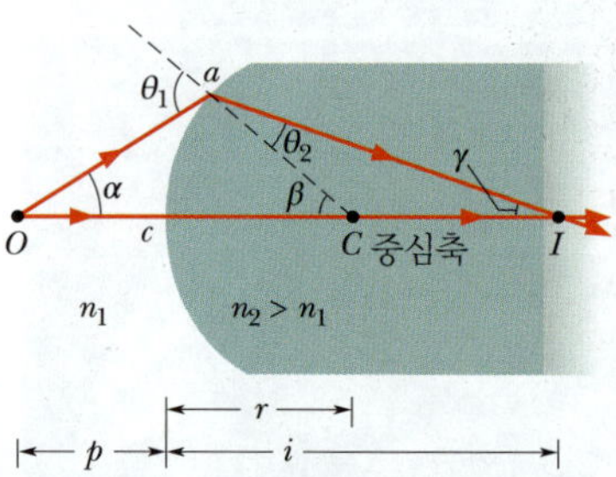

그림 34.6.2 두 매질의 경계면을 이루는 볼록한 구면에서의 굴절에 의해 점광원 O의 실상 I가 생긴다.

그림 34.6.2의 광원 O에서 나온 광선은 구면의 a에 입사해서 식 33.5.2에 따라 다음과 같이 굴절해 들어간다.

$$n_1 \sin\theta_1 = n_2 \sin\theta_2.$$

각도 α가 작으면, θ_1과 θ_2도 작으며, 이들 각도의 사인함수 값을 각도로 바꿀 수 있다. 이런 근사식을 적용하면 위의 식은 다음과 같다.

$$n_1\theta_1 \approx n_2\theta_2. \tag{34.6.3}$$

두 내각의 합이 한 외각과 같다는 정리를 삼각형 COa와 ICa에 적용하면

$$\theta_1 = \alpha + \beta \qquad \text{및} \qquad \beta = \theta_2 + \gamma \tag{34.6.4}$$

이고, 이를 써서 식 34.6.3의 θ_1과 θ_2를 소거하면

$$n_1\alpha + n_2\gamma = (n_2 - n_1)\beta \tag{34.6.5}$$

를 얻는다. 이제 각도 α, β, γ를 라디안으로 나타내면 다음과 같다.

$$\alpha \approx \frac{\widehat{ac}}{p}; \qquad \beta = \frac{\widehat{ac}}{r}; \qquad \gamma \approx \frac{\widehat{ac}}{i}. \tag{34.6.6}$$

위의 식 중 각도 β에 대한 표현만이 정확하다. 각도 α와 γ에 대한 식은 I와 O가 호 $\widehat{ac}$의 곡률중심이 아니므로 정확한 표현은 아니지만, 각도가 작을 때(광선이 구면의 축 근처로 진행할 때)에 근사적으로 맞는다. 식 34.6.6을 식 34.6.5에 대입하면, 식 34.3.1을 얻을 수 있다.

얇은 렌즈의 공식(식 34.4.1 및 식 34.4.2)

이 공식을 유도하기 위해서는 렌즈의 두 곡면을 별개의 굴절구면으로 생각하고, 첫 번째 굴절구면에 의한 영상을 두 번째 굴절구면의 물체로 이용한다.

먼저 그림 34.6.3a처럼 왼쪽과 오른쪽 구면의 곡률 반지름이 각각 r'과 r''이고 길이 L의 두꺼운 "렌즈"를 고려한다. 점광원 O'이 왼쪽 면에 가까이 위치해 있다. O'을 출발해서 중심축을 따라 진행하는 광선은 렌즈를 통과하는 동안 휘지 않고 곧바로 진행한다.

중심축과 각도 α를 이루며 광원 O'을 출발한 광선은 왼쪽 구면과 a'에서 만나, 굴절해 들어가 오른쪽 구면과 a''에서 만난다. 여기서 다시 굴절된 광선은 중심축을 따라 진행한 광선과 I''에서 교차하며 O'의 영상을 형성한다.

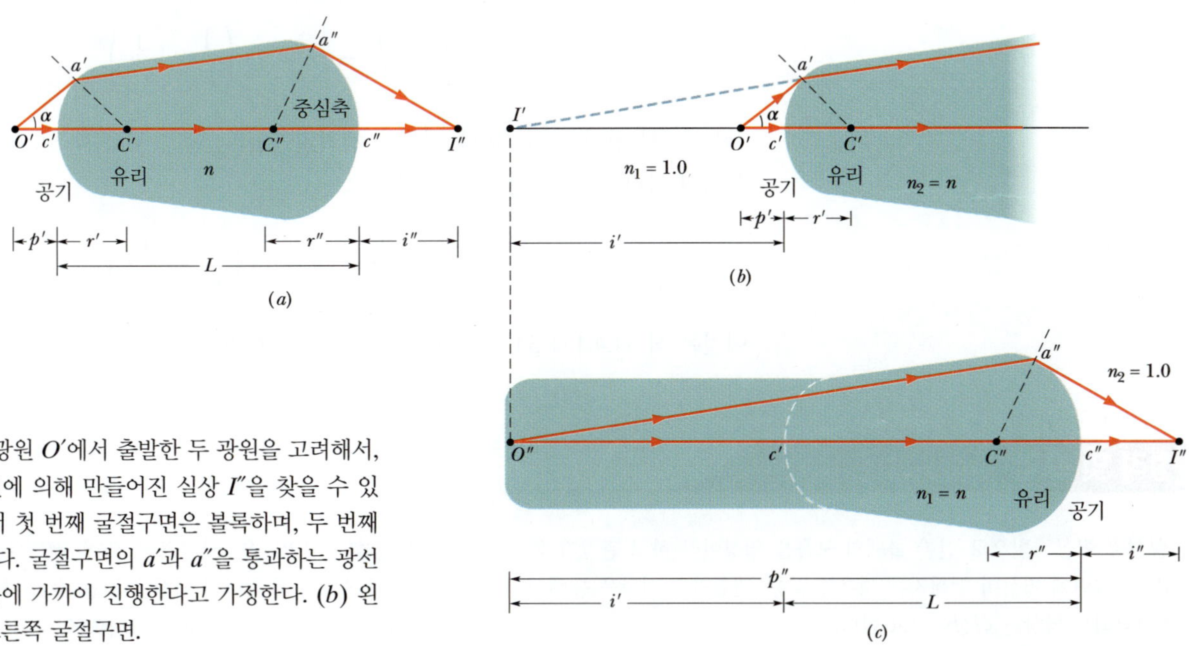

그림 34.6.3 (a) 광원 O'에서 출발한 두 광원을 고려해서, 렌즈의 두 굴절구면에 의해 만들어진 실상 I''을 찾을 수 있다. 광원의 관점에서 첫 번째 굴절구면은 볼록하며, 두 번째 굴절구면은 오목하다. 굴절구면의 a'과 a''을 통과하는 광선은 실제로는 중심축에 가까이 진행한다고 가정한다. (b) 왼쪽 굴절구면. (c) 오른쪽 굴절구면.

그림 34.6.3b의 왼쪽 면에 의해서 O'의 허상 I'이 만들어짐을 알 수 있다. I'의 위치를 찾기 위해서 다음의 식 34.3.1을 이용한다.

$$\frac{n_1}{p} + \frac{n_2}{i} = \frac{n_2 - n_1}{r}.$$

$n_1 = 1$이라 놓고, n_2로는 유리의 굴절률 n을 이용한다. 영상거리가 음수로 주어짐에 유의하면 (즉, 그림 34.6.3b에서 $i = -i'$) 다음을 얻는다.

$$\frac{1}{p'} - \frac{n}{i'} = \frac{n-1}{r'}. \tag{34.6.7}$$

(음의 부호를 집어넣었으므로 i'은 양수이다.)

이제 그림 34.6.3c의 두 번째 굴절구면을 고려해 보자. a''에 있는 관측자의 입장에서 첫 번째 굴절구면의 존재는 중요하지 않으며, 두 번째 굴절구면 왼쪽의 매질은 유리로 채워져 있고, a''에 입사한 광선은 그림 34.6.3b의 I'에서 나온 것처럼 보일 것이다. 즉, 첫 번째 굴절구면에 의한 허상 I'이 두 번째 굴절구면에 대한 실제 광원의 역할을 한다. 두 번째 굴절구면으로부터이 광원까지의 거리는 다음과 같이 주어진다.

$$p'' = i' + L. \tag{34.6.8}$$

식 34.3.1을 두 번째 굴절구면에 적용할 때에는 유리에서 공기로의 굴절이므로, $n_1 = n$, $n_2 = 1$이라고 놓는다. 식 34.6.8을 이용하면, 식 34.3.1은 다음과 같다.

$$\frac{n}{i' + L} + \frac{1}{i''} = \frac{1-n}{r''}. \tag{34.6.9}$$

이제 그림 34.6.3a의 "렌즈"의 두께 L이 p', i', p'', i'', r', r''에 비해서 훨씬 작다고 가정하고 무시한다. 이것이 *얇은 렌즈의 근사방법*이다. 식 34.6.9에서 $L = 0$으로 놓고, 우변을 정리하면

$$\frac{n}{i'} + \frac{1}{i''} = -\frac{n-1}{r''} \tag{34.6.10}$$

이다. 식 34.6.7과 식 34.6.10을 더하면 다음을 얻는다.

$$\frac{1}{p'} + \frac{1}{i''} = (n-1)\left(\frac{1}{r'} - \frac{1}{r''}\right).$$

끝으로, 첫 번째 굴절구면에 대한 물체거리를 p라 하고, 두 번째 굴절구면으로부터 영상까지의 거리를 i라 하면 다음을 얻는다.

$$\frac{1}{p} + \frac{1}{i} = (n-1)\left(\frac{1}{r'} - \frac{1}{r''}\right). \tag{34.6.11}$$

이것은 식 34.4.1과 34.4.2와는 약간의 표현변화가 있다.

정리 및 요약 _Review & Summary

▸***실상과 허상*** 빛으로 인한 물체의 모습을 영상이라 하고 관찰자 없이도 스크린에 영상이 맺혀지는 경우를 *실상*, 관찰자의 시각을 통해서만 성립되는 영상을 *허상*이라고 한다.

▸***영상의 형성*** *구면거울*, *굴절구면*, *얇은 렌즈*를 이용하면 물체에서 나오는 빛의 경로를 추적하여 영상을 찾을 수 있다. 꺾인 빛이 다시 한 점에서 만날 경우 실상이, 경로의 반대편 연장선이 만나는 경우 허상

이 맺어진다. 경로가 구면거울이나 굴절구면, 얇은 렌즈의 *중심축*에 가까울 경우 *물체거리* p(양수)와 *영상거리* i(실상의 경우 양수, 허상의 경우 음수) 사이에 다음의 식이 성립한다.

1. 구면거울:

$$\frac{1}{p}+\frac{1}{i}=\frac{1}{f}=\frac{2}{r}. \qquad (34.2.2,\ 34.2.1)$$

여기서 f는 거울의 초점거리, r은 곡률 반지름이다. *평면 거울*인 경우 $r\to\infty$이므로 $p=-i$이다. 거울면을 기준으로 실상은 물체가 놓인 쪽에 허상은 그 반대쪽에 있다.

2. 구형 굴절곡면:

$$\frac{n_1}{p}+\frac{n_2}{i}=\frac{n_2-n_1}{r} \quad \text{(단일표면)}. \qquad (34.3.1)$$

여기서 n_1은 굴절곡면을 기준으로 물체 쪽의 굴절률, n_2는 반대쪽의 굴절률이고 r은 곡률 반지름이다. 물체가 볼록곡면을 향할 경우 r은 양수, 오목곡면을 향할 경우 r은 음수이다. 굴절곡면을 기준으로 실상은 물체의 반대쪽에 허상은 물체가 있는 쪽에 생긴다.

3. 얇은 렌즈:

$$\frac{1}{p}+\frac{1}{i}=\frac{1}{f}=(n-1)\left(\frac{1}{r_1}-\frac{1}{r_2}\right). \qquad (34.4.1,\ 34.4.2)$$

여기서 f는 렌즈의 초점거리, n은 렌즈의 굴절률, r_1과 r_2는 렌즈 양면의 곡률 반지름이며 물체를 향한 면이 볼록곡면인 경우 양수, 오목곡면인 경우 음수이다. 실상은 렌즈를 기준으로 물체의 반대편에, 허상은 같은 편에 생긴다.

▸ ***가로배율*** 구면거울이나 얇은 렌즈의 경우 *가로배율*은

$$m=-\frac{i}{p} \qquad (34.2.4)$$

이고, 배율 m은 다음과 같다.

$$|m|=\frac{h'}{h}. \qquad (34.2.3)$$

여기서 h와 h'은 중심축으로부터 측정한 물체와 영상의 높이이다.

▸ ***광학기기*** 사람의 눈을 돕는 대표적 광학기기를 살펴보자.

1. 확대경. 확대경의 *각도배율* m_θ는 다음과 같다.

$$m_\theta=\frac{25\text{ cm}}{f}. \qquad (34.5.1)$$

여기서 f는 확대경의 초점거리이다. 25 cm라는 거리는 전통적으로 정해진 값으로 20세의 사람의 전형적인 근시점보다 조금 더 길다.

2. 복합확대경. 복합현미경의 *전체 배율* M은 다음과 같다.

$$M=mm_\theta=-\frac{s}{f_{ob}}\frac{25\text{ cm}}{f_{ey}}. \qquad (34.5.3)$$

여기서 m은 대물렌즈의 가로배율, m_θ는 대안렌즈의 각도 배율, s는 경통의 길이, f_{ob}와 f_{ey}는 각각 대물렌즈와 대안 렌즈의 초점거리이다.

3. 굴절망원경. *각도배율* m_θ는 다음과 같다.

$$m_\theta=-\frac{f_{ob}}{f_{ey}}. \qquad (34.5.4)$$

연습문제 _Problems

E Easy M Medium H Hard CALC Requires calculus BIO Biomedical application

1 M 그림 34.1은 물체를 구면거울의 중심축을 따라 움직이며 가로배율 m을 물체거리 p의 함수로 측정한 그래프이다. 수평축의 눈금은 10.0 cm이다. 물체가 거울에서 p_s = 30.0 cm 떨어져있을 때 물체의 배율은 얼마인가?

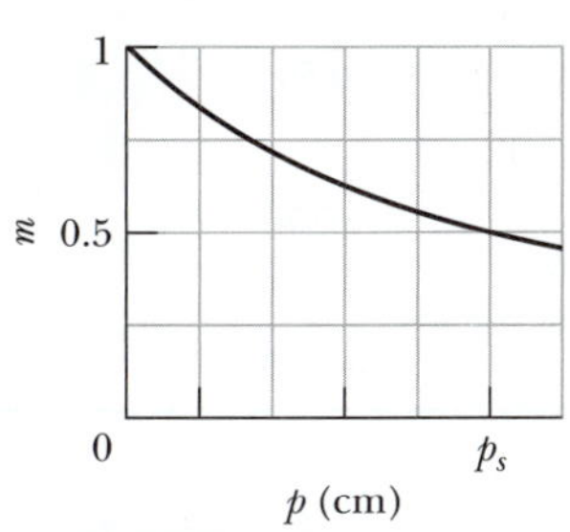

그림 34.1 연습문제 1

2~7 M 물체 O가 구면거울의 중심축 위에 있다. 이 경우 표 34.1에 물체거리 p_s(센티미터), 거울의 종류, (부호에 상관없이 센티미터로) 초점거리와 거울 사이의 거리를 표시한 것이다. (a) (부호를 포함한) 곡률 반지름 r, (b) 영상거리 i, (c) 가로배율 m을 구하여라. 영상은 (d) 실상(R)인가, 허상(V)인가? (e) 물체 O에 비해 거꾸로 선 영상(I)인가, 바로 선 영상(NI)인가? (f) 영상의 위치는 거울에서 O와 *같은 쪽*인가, *반대쪽*인가?

8 E 카메라를 통해 평면거울에 비친 새의 영상을 보고 있다. 카메라는 거울 앞 5.30 m 지점에 있고, 새는 카메라 높이에서 카메라의 오른쪽으로 5.00 m, 거울로부터는 3.30 m 되는 지점에 있다. 거울에 생긴 새의 영상의 겉보기 위치와 카메라 사이의 거리는 얼마인가?

9 E 그림 34.2는 렌즈의 중심축을 따라 물체를 움직일 때 물체거리 p의 함수로 가로배율 m을 측정한 그래프이다. p는 p_s = 20.0 cm까지 측정한다. 물체가 렌즈에서 45 cm 떨어져 있을 때 가로배율은 얼마인가?

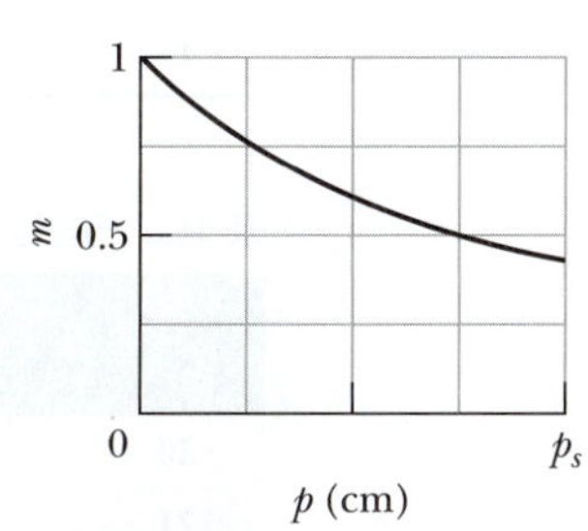

그림 34.2 연습문제 9

10 E 굴절률 1.5인 유리로 만든 이중 볼록렌즈가 있다. 한 면은 다른 면에 비해 곡률 반지름이 1.5배이며 초점거리는 70 mm이다. 이 경우

표 34.1 연습문제 2~7: 구면거울. 이 문제의 조건 참조.

	p	거울	(a) r	(b) i	(c) m	(d) R/V	(e) I/NI	(f) side
2	+14	오목, 12						
3	+12	오목, 10						
4	+6.0	볼록, 10						
5	+20	오목, 36						
6	+10	오목, 18						
7	+20	볼록, 35						

(a) 작은 쪽과 (b) 큰 쪽의 곡률 반지름은 얼마인가?

11 E 물체를 구면거울의 중심축을 따라 움직이며 가로배율 m을 측정한다. 그림 34.3은 가로배율 m을 물체거리 p의 함수로 측정한 그래프이며 $p_a = 2.0$ cm에서 $p_b = 8.0$ cm까지 측정하였다. $p = 16.0$ cm일 때 m은 얼마인가?

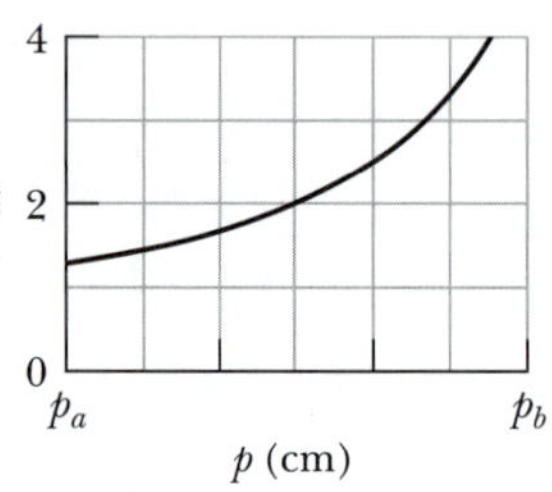

그림 34.3 연습문제 11

12~17 M *추가 거울문제*. 구면 혹은 평면거울의 중심축 위에 물체 O가 있다. 이 상황에서 표 34.2는 (a) 거울의 종류, (b) 초점거리 f, (c) 곡률 반지름 r, (d) 물체거리 p, (e) 영상거리 i, (f) 가로배율 m에 대한 문제이다. (모든 거리는 센티미터이다.) 또한 (g) 실상(R) 또는 허상(V)인지 (h) 거꾸로 선 영상(I) 또는 바로 선 영상(NI)인지 (i) 물체 O와 *같은* 쪽인지 *반대쪽*인지 나타낸다. 빈칸을 채우고 부호만 빠진 경우 부호를 정하여라.

18 E 굴절률 1.5의 유리로 렌즈를 만들었다. 렌즈의 한쪽은 평면이고 다른 쪽은 곡률 반지름 25 cm의 볼록면이다. (a) 렌즈의 초점거리 i를 구하여라. (b) 물체가 렌즈 앞에 50 cm 떨어져 있으면 영상의 위치는 어디인가?

19 E 구면거울의 중심축에 있던 물체를 중심축에서 거울로부터 70 cm 이동하며 영상거리 를 측정하였다. 그림 34.4는 i를 물체거리 p에 대해 $p_s = 40$ cm까지 나타낸 그래프이다. $p = 100$ cm일 때 i를 구하여라.

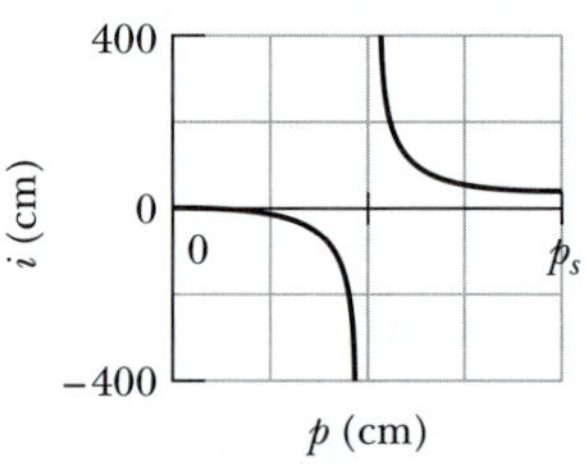

그림 34.4 연습문제 19

20~25 M 굴절구면. 굴절구면의 중심축 위에 물체 O를 놓았다. 표 34.3은 이 상황에서 물체가 있는 지점의 굴절률 n_1에 대해 (a) 굴절구면 반대편의 굴절률 n_2, (b) 물체거리 p, (c) 굴절구면의 곡률 반지름 r, (d) 영상거리 i를 각각 표시한다. (모든 거리는 cm이다.) 표의 빈칸을 채워 넣고, 영상이, (e) 실상(R) 또는 허상(V)인지, (f) 영상의 위

표 34.2 연습문제 12~17: 거울문제 추가. 문제의 조건 참조.

	(a) 종류	(b) f	(c) r	(d) p	(e) i	(f) m	(g) R/V	(h) I/NI	(i) 위치
12	오목	20		+12					
13				+22		0.50		I	
14			−40		−12				
15				+30		−0.70			
16		+20		+40					
17		20				+0.20			

표 34.3 연습문제 20-25: 굴절구면. 문제 조건 참조.

	n_1	(a) n_2	(b) p	(c) r	(d) i	(e) R/V	(f) 위치
20	1.0	1.5	+15	+30			
21	1.0	1.5	+12		−13		
22	1.5		+100	−30	+600		
23	1.5	1.0	+50	+30			
24	1.5	1.0		−25	−7.5		
25	1.5	1.0	+12		−6.0		

치가 물체와 *같은 쪽*인지, *반대쪽*인지 답하여라.

26 E 물체를 얇은 렌즈 중심축에 놓고 중심축을 따라 70 cm 멀어지게 하면서 영상거리 i를 측정하였다. 그림 34.5는 i를 p_s = 40 cm까지 물체거리 p의 함수로 측정한 그래프이다. p = 100 cm일 때 영상거리는 얼마인가?

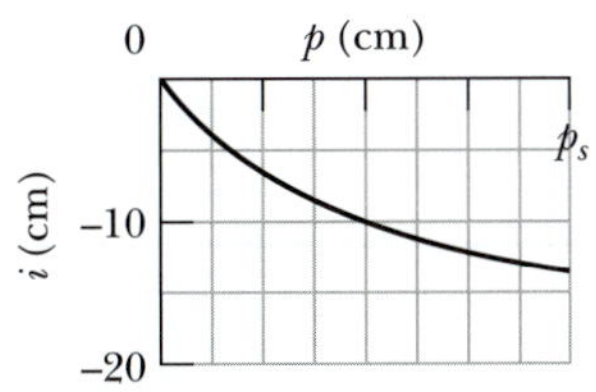

그림 34.5 연습문제 26

27 M 그림 34.6은 평면거울 M이 복도 끝에 있는 복도를 위에서 내려다본 모습이다. 강도 B가 거울 중심을 향해 복도를 따라 살짝 들어온다. d = 4.0 m이면 처음으로 경비원 S가 강도를 볼 수 있을 때 강도는 거울에서 얼마나 떨어져 있는가?

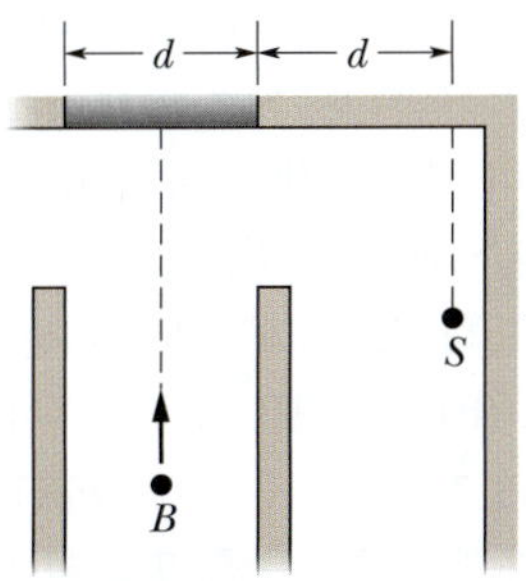

그림 34.6 연습문제 27

28 M 그림 34.7에서 평행광선 레이저 빔이 굴절률 n인 투명한 구슬을 지나고 있다. (a) 구슬 뒷면에 초점이 맺어지는 경우 굴절률은 얼마인가? (b) 만약 가능하다면 구슬 중심에 초점이 맺히게 하는 굴절률은 얼마인가?

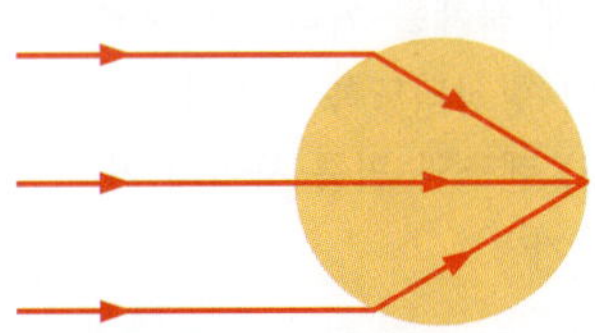

그림 34.7 연습문제 28

29 E 눈높이 위치의 평면거울 앞 15 cm 떨어진 지점에 나방이 있고, 그 뒤로 거울에서 30 cm 떨어진 지점에서 사람이 바라본다. 거울에 생기는 나방의 겉보기 영상과 눈 사이의 거리는 얼마인가?

30~35 M *얇은 렌즈*. 대칭인 얇은 렌즈의 중심축에 물체 O가 있다. 표 34.4는 물체거리 p(cm로), 렌즈의 종류(수렴렌즈는 C, 발산렌즈는 D로 표시), (부호 없이 cm로) 렌즈와 초점 사이의 거리를 나타낸다. 부호를 고려하여 (a) 영상거리 i와 (b) 물체의 가로배율 m을 구하여라. 또 영상이 (c) 실상(R) 또는 허상(V)인지 (d) 거꾸로 선 영상(I) 또는 바로 선 영상(NI)인지 (e) 물체 O와 *같은 쪽*인지 *반대쪽*인지를 표시하여라.

36 E 물체가 얇은 렌즈의 중심축 위에 있고 중심축을 따라 멀어지도록 하며 영상거리 i를 측정하였다. 그림 34.8은 i를 p_s = 60 cm까지 물체거리 p의 함수로 측정한 그래프이다. p = 120 cm일 때 영상거리를 구하여라.

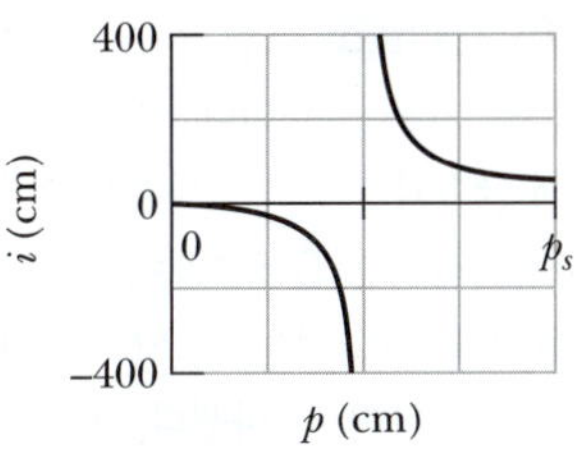

그림 34.8 연습문제 36

37 E 스크린에서 44 cm 떨어진 지점에 밝은 슬라이드를 놓았다. 초점거리 10 cm인 렌즈를 사용해서 스크린에 영상을 맺게 하려면 렌즈를 (슬라이드와 스크린 사이) 어느 지점에 놓아야 하는가?

38~43 M *추가 렌즈문제*. 물체 O를 얇은 대칭적인 렌즈의 중심축 위에 놓았다. 이 상황에 대해서 표 34.5에 (a) 렌즈의 종류를 수렴(C) 혹은 발산 (D) (b) 초점거리 f, (c) 물체의 거리 p, (d) 영상의 거리 i, (e) 가로배율 m 값이 있다. (모든 거리는 cm이다.) 이 표는 또한 영상이 (f) 실상(R) 또는 허상(V)인지 (g) 거꾸로 선 영상(I) 또는 바로 선 영상(NI)인지 (h) O와 렌즈의 *같은 쪽* 또는 *반대쪽*에 있는지를 써 놓았다. 부등식으로만 주어진 값을 포함하여 빠진 부분을 채워라. 부호만 빠진 경우에 대하여는 부호를 추가하여라.

44 E 그림 34.5.2와 같은 형태의 현미경에서 대물렌즈의 초점거리가 4.00 cm이고 대안렌즈의 초점거리가 8.00 cm이다. 두 렌즈 사이의 거리는 25.0 cm이다. (a) 경통 길이 s는 얼마인가? (b) 그림 34.5.2에서 영상 I가 초점거리 F'_1의 바로 안쪽에 있다면 물체는 대물렌즈로부터 얼마나 멀리 있는가? 그때 (c) 대물렌즈의 가로배율 m_θ, (d) 대안렌즈의 각도배율 (e) 현미경 전체의 배율 M은 얼마인가?

표 34.4 연습문제 30~35: 얇은 렌즈. 문제의 조건 참조

	p	렌즈	(a) i	(b) m	(c) R/V	(d) I/NI	(e) 위치
30	1.0	1.5	+15	+30			
31	1.0	1.5	+12		−13		
32	1.5		+100	−30	+600		
33	1.5	1.0	+50	+30			
34	1.5	1.0		−25	−7.5		
35	1.5	1.0	+12		−6.0		

표 34.5 연습문제 38~43: 추가 렌즈문제. 문제의 조건 참조.

	(a) 종류	(b) f	(c) p	(d) i	(e) m	(f) R/V	(g) I/NI	(h) 위치
38		+10	+4.0					
39		20	+7.0		<1.0		NI	
40			+16		+0.20			
41			+16		−0.20			
42			+10		−0.40			
43	C	10	+15					

45 M BIO 그림 34.9a는 사람 눈의 기본 구조이다. 빛이 각막에서 굴절되어 눈으로 들어간 후 형태가(따라서 빛을 모으는 능력이) 근육으로 조절되는 렌즈(수정체)에 의해 방향이 더 바뀐다. 여기서 각막과 수정체를 하나의 얇은 유효렌즈로 다룰 수 있다(그림 34.9b). "정상"인 눈은 멀리 떨어진 물체 O에서 나오는 평행광선을 눈의 뒤쪽에 있는 시각 정보 처리가 시작되는 망막의 한 점에 모을 수 있다. 그렇지만 물체가 눈 가까이에 오면 근육은 광선이 망막에 거꾸로 된 실상을 형성하도록 수정체의 형태를 바꾸어야 한다(그림 34.9c). (a) 그림 34.9a와 b의 평행광선에 대해 눈의 얇은 유효렌즈의 초점거리 f가 2.50 cm라고 하자. 거리 p = 60.0 cm 떨어진 물체를 선명하게 보기 위한 유효렌즈의 초점거리 f'은 얼마인가? (b) 초점거리 f'을 만들기 위해 근육은 수정체의 곡률 반지름을 증가시켜야 하는가, 감소시켜야 하는가?

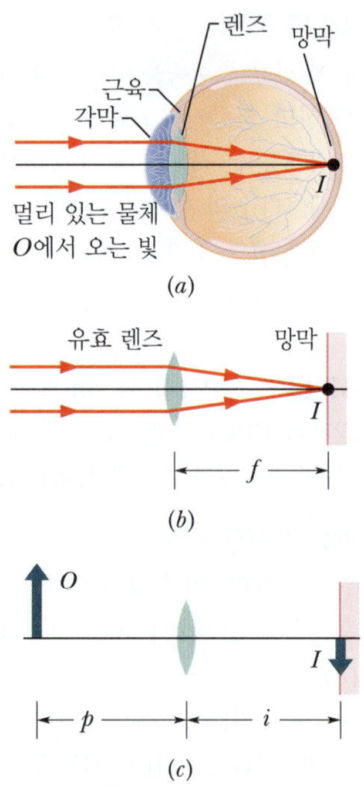

그림 34.9 연습문제 45

46 M CALC (a) 광원이 곡률 반지름 r인 구면거울의 중심축을 따라 의 속력으로 거울 쪽으로 움직인다. 이때 이 점의 영상은 속력

$$v_I = -\left(\frac{r}{2p - r}\right)^2 v_O$$

로 움직인다는 것을 보여라. 여기서 p는 주어진 시간에 광원과 거울 사이의 거리이다. (b) 거울이 오목하고 r = 15 cm이며, v_O = 5.0 cm/s라고 하자. p = 30 cm일 때(초점에서 멀리 떨어진 경우) (c) p = 8.0 cm(초점 바로 바깥쪽)일 때, (d) p = 10 mm(거울 바로 근처)일 때 각각 v_I를 구하여라.

47~52 M *곡률 반지름이 주어진 렌즈.* 물체 O가 얇은 렌즈의 중심축에서 렌즈 앞에 있다. 이 상황에 대해 표 34.6에 물체거리 p, 렌즈의 굴절률 n, 가까운 쪽 렌즈 표면의 곡률 반지름 r_1, 먼 쪽 렌즈 표면의 곡률 반지름 r_2의 값이 있다. (모든 거리의 단위는 cm이다.) 부호를 포함하여 (a) 영상거리 i, (b) 가로배율 m을 구하여라. 또한 영상이 (c) 실상(R) 또는 허상(V)인지 (d) 거꾸로 선 영상(I) 또는 바로 선 영상(NI)인지 (e) 물체 O와 렌즈의 *같은 쪽* 또는 *반대쪽*에 있는지를 결정하여라.

53 M 그림 34.10a는 오래된 필름 사진기의 기본 구조이다. 렌즈는 사진기의 뒤에 있는 필름 위에 영상을 만들기 위해 앞뒤로 움직일 수 있다. 렌즈와 필름 사이의 거리 i가 f = 5.0 cm로 정해진 사진기는 멀리 떨어진 물체 O에서 나오는 평행광선을 그림처럼 필름 위의 한 점으로 수렴시킨다. 이제 물체를 거리 p = 200 cm까지 가까이 가져오고, 거꾸로 된 실상이 형성되도록 렌즈와 필름 사이의 거리를 조절한다(그림 34.10b). (a) 렌즈와 필름 사이의 거리 i는 얼마인가? (b) 거리 i는 얼마나 변했는가?

표 34.6 연습문제 47~52: 곡률 반지름이 주어진 렌즈. 문제의 조건 참조.

	p	n	r_1	n_2	(a) i	(b) m	(c) R/V	(d) I/NI	(e) 위치
47	+35	1.65	+35	∞					
48	+85	1.55	+30	−42					
49	+5.0	1.70	+10	−12					
50	+20	1.50	−15	−25					
51	+8.0	1.50	+30	−30					
52	+35	1.70	+42	+33					

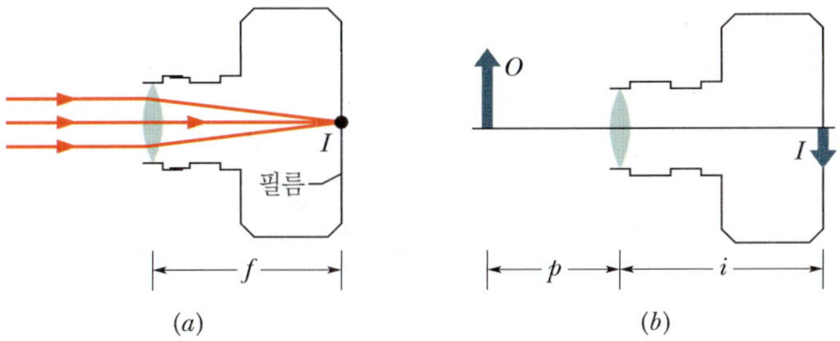

그림 34.10 연습문제 53

54 E 천체망원경의 각도배율이 30이고 대물렌즈의 지름이 75 mm이면 망원경의 축 위의 멀리 떨어진 광원으로부터 대물렌즈에 들어가는 모든 빛을 모을 수 있는 대안렌즈의 최소 지름은 얼마인가?

55 H 그림 34.11에서 깊이가 $d_2 = 200$ cm인 수영장의 수면 위로 $d_1 = 300$ cm 되는 지점에 전등이 있다. 수영장 바닥이 거울로 되어 있다. 전등의 영상은 거울 아래 얼마의 거리에 생기는가? (*힌트*: 광선이 전구를 지나는 수직축에 가깝다고 가정하고, 작은 각도 근사 $\sin\theta \approx \tan\theta \approx \theta$를 이용하여라.)

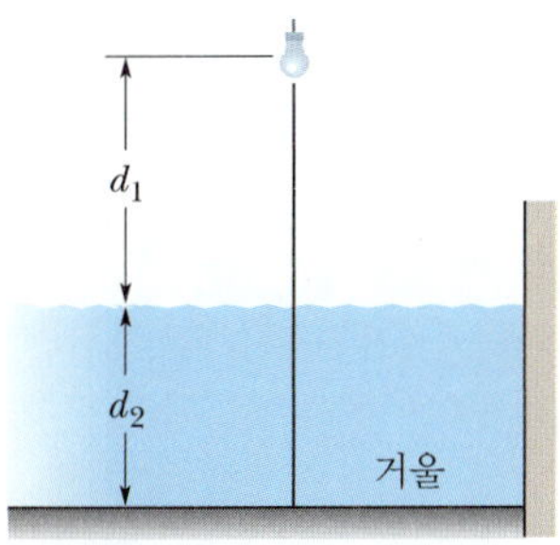

그림 34.11 연습문제 55

56 E 면도용 오목거울의 곡률 반지름은 35.0 cm이다. 사람 얼굴의 (똑바로 서있는) 영상이 실제보다 1.75배 크게 보이는 위치에 거울이 있다면 거울과 얼굴 사이의 거리는 얼마인가?

57 M 그림 34.12에 (나타내지 않은) 어떤 렌즈가 만드는 물체 O의 거꾸로 선 실상 I가 있다. 렌즈의 중심축으로부터 측정한 물체-영상 사이의 거리는 $d = 50.0$ cm이다. 영상의 크기는 물체의 절반이다.

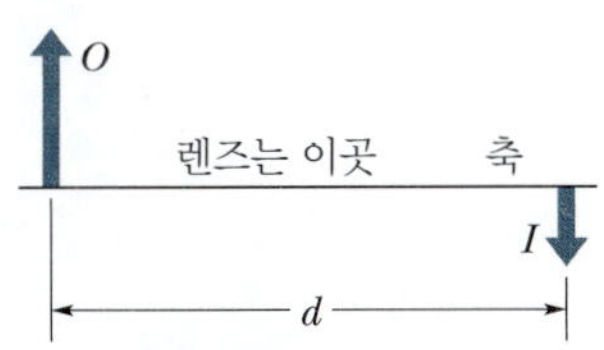

그림 34.12 연습문제 57

(a) 이런 영상을 만드는 렌즈는 어떤 종류인가? (b) 물체는 렌즈로부터 얼마나 멀리 떨어져 있어야 하는가? (c) 렌즈의 초점거리는 얼마인가?

58 M 한 물체가 어떤 복합현미경의 대물렌즈에서 10.0 mm인 곳에 있다. 렌즈는 서로 300 mm 떨어져 있고 중간에 생긴 상은 대안렌즈로부터 50.0 mm 떨어져 있다. 현미경의 전체 배율은 얼마인가?

59~64 M *두 렌즈의 조합.* 그림 34.13에서 막대 O(물체)가 상자로 표시한 지역에 있는 두 개의 얇은 대칭 렌즈의 공통 중심축 위에 서 있다. 렌즈 1은 물체거리가 p_1인 O에 가까운 상자 위치에 있다. 렌즈 2는 렌즈 1에서 거리 d인 멀리 있는 상자의 위치에 있다. 표 34.7에는 여러 가지 렌즈의 조합과 cm 단위로 주어진 거리가 있다. 렌즈의 종류가 수렴렌즈는 C, 발산렌즈는 D로 표시되어 있다. C와 D 뒤의 숫자는 렌즈와 한 초점 사이의 거리이다(초점거리의 적절한 부호는 표시되지 않았다).

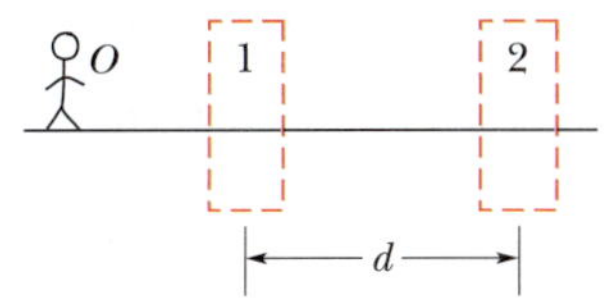

그림 34.13 연습문제 59~64

(a) 렌즈 2가 만드는 영상(계가 만드는 최종 영상)에 대한 영상거리 i_2, (b) 부호를 포함한 계의 전체 가로배율 M을 구하여라. 그리고 최종 영상이 (c) 실상(R) 또는 허상(V)인지 (d) 물체에 대해 거꾸로(I) 또는 바로(NI)인지 (e) 렌즈 2에서 물체 O와 *같은 쪽* 또는 *반대쪽*에 있는지 결정하여라.

65 M 그림 34.14에서 등방 점광원 S는 스크린 A에서 d만큼 떨어져 있고, (S와 같은 높이에 있는) 점 P에서 빛의 세기 I_P를 측정한다. 평면거울 M을 S 뒤에 d인 곳에 놓았다. 거울 때문에 I_P는 몇 배로 늘어나는가?

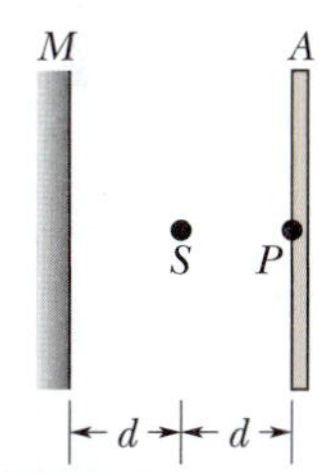

그림 34.14 연습문제 65

66 M 반지름이 $R = 5.0$ cm이고 굴절률이 1.6인 유리구가 있다. 유리구를 구의 중심에서 2.0 cm 떨어진 지점에 있는 평면을 따라 절단하여 두께가 $h = 3.0$ cm인 문진을 만들었다. 문진을 책상 위에 놓고,

표 34.7 연습문제 59-64: 두 렌즈의 조합. 문제의 조건 참조.

	p_1	렌즈 1	렌즈 2	(a) i_2	(b) M	(c) R/V	(d) I/NI	(e) 위치
59	+10	C, 15	C, 10					
60	+12	C, 8.0	C, 5.0					
61	+8.0	D, 6.0	C, 8.0					
62	+20	C, 9.0	C, 7.0					
63	+15	C, 12	C, 12					
64	+4.0	C, 6.0	D, 8.0					

책상에서 바로 위로 d = 8.0 cm인 지점에서 내려다본다(그림 34.15). 문진을 통해 볼 때 책상은 얼마나 멀리 떨어져 있는 것으로 보이는가?

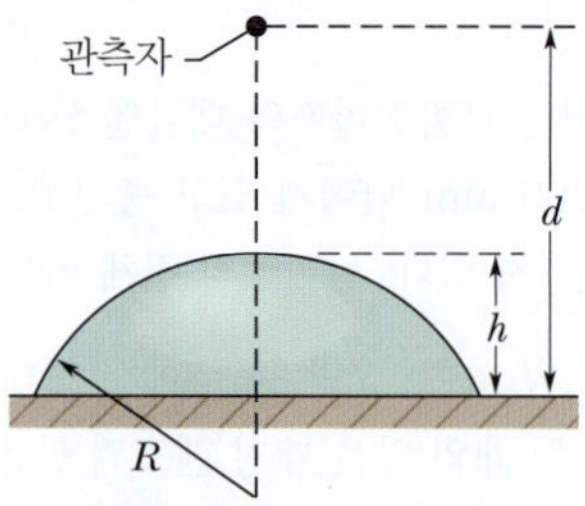

그림 34.15 연습문제 66

67 E 초점거리가 85 mm인 (한 개의) 렌즈가 있는 영화 카메라로 27 m 떨어져 있는 사람을 찍었다. 사람의 키가 180 cm라면 필름에 담긴 영상의 높이는 얼마인가?

68 E 물체를 얇은 렌즈의 중심축을 따라 움직이며 가로배율 m을 측정한다. 그림 34.16은 m을 p_s = 8.0 cm까지 물체거리 p의 함수로 측정한 그래프이다. 물체가 렌즈로부터 16.0 cm 떨어져 있을 때 배율은 얼마인가?

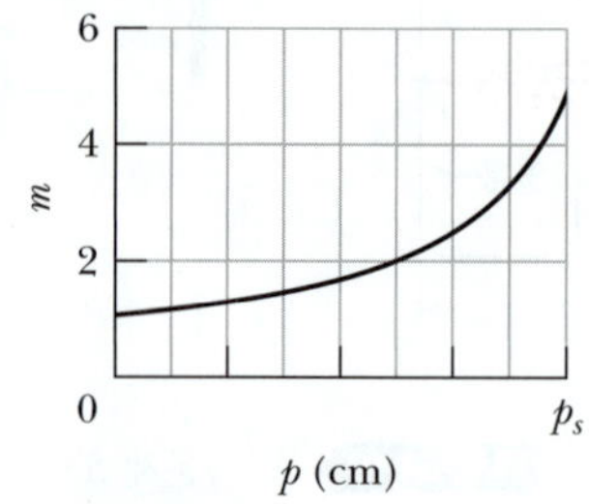

그림 34.16 연습문제 68

69 E 초점거리 30.0 cm인 얇은 렌즈를 사용하여 태양의 영상을 스크린에 맺게 하였다. 영상의 지름은 얼마인가? (태양에 대한 자료는 부록 C를 참조하여라.)

70 M BIO 근시점 P_n이 25 cm인 사람이 초점거리가 12 cm인 간단한 돋보기를 눈에 가까이 대고 골무를 바라본다. 영상이 (a) P_n과 (b) 무한대에 있는 경우 골무의 각도배율은 얼마인가?

제 35 장

간섭

Interference

35.1 ▸ 빛의 파동현상

요점_Key Ideas

1. 빛을 포함한 파동의 삼차원 전달은 Huygens의 원리로 예측할 수 있다. 이 원리는 파동의 모든 점은 구면 이차파동의 점원으로 작용한다는 것이다. 시간 t가 지난 후 파면의 새 위치는 이 이차파동에 접하는 면이 될 것이다.
2. 굴절법칙은 임의의 물질의 굴절률은 $n = c/v$라고 가정하면 Huygens의 원리로부터 유도할 수 있다. 여기서 v는 매질 내에서의 광속이고 c는 진공에서의 광속이다.
3. 매질 내의 빛의 파장 λ_n은 매질의 굴절률에 의존한다.

$$\lambda_n = \frac{\lambda}{n}.$$

여기서 λ는 진공에서의 파장이다.

4. 이 의존성 때문에 두 파동이 다른 굴절률을 갖는 다른 물질을 통과하면 두 파동 사이의 위상차가 변할 수 있다.

학습목표_Learning Objectives

이 단원을 읽은 후 다음을 이해해야 한다.

35.1.1 그림을 그려 Huygens의 원리를 설명한다.

35.1.2 몇 개의 간단한 그림을 그려 파면이 경계면에서 수직선과 어떤 각도로 지날 때 파면 속도의 점진적인 변화로 굴절을 설명한다.

35.1.3 진공에서 광속 c, 물질 내에서 광속 v와 물질의 굴절률 n 사이의 관계를 구한다.

35.1.4 물질 내의 길이 L, 그 물질 내의 광속, 광펄스가 L을 지나가는 시간 사이의 관계를 구한다.

35.1.5 Snell의 굴절법칙을 적용한다.

35.1.6 빛이 경계면을 지나며 굴절할 때 진동수는 변하지 않지만 파장과 유효속력은 변한다.

35.1.7 진공에서의 파장 λ, 물질 내에서 파장 λ_n(내부 파장)과 물질의 굴절률 n 사이의 관계를 구한다.

35.1.8 주어진 길이의 물질 내의 빛에 대해 그 길이에 맞는 내부 파장의 개수를 계산한다.

35.1.9 두 빛의 파동이 다른 굴절률의 다른 물질을 통과하고 만날 때 위상차를 결정하고 이로 인한 간섭을 최대 밝기, 중간 밝기, 어두움으로 해석한다.

35.1.10 17.3절(음파, 여기서는 광파)의 학습목표를 적용하여 다른

▶ 어떤 물리현상을 다루는가?

물리학에서 추구하는 중요한 목표 가운데 하나는 빛의 본성을 이해하는 것이지만 빛은 복잡하기 때문에 그 목표를 달성하기가 쉽지 않고 아직 완전하게 달성하지도 못하고 있다. 그런데 이러한 복잡성은 바로 빛의 응용성이 많다는 사실을 뜻하기도 하며, 가장 많은 응용 가능성은 바로 빛의 **광학적 간섭**과 관련이 있다.

자연은 색채를 띠는 데 광학적 간섭을 사용하고 있다. 예를 들면, *Morpho* 나비의 날개는 위에서 바로 보면 표면에서 반사되는 빛의 간섭으로 인해 청록색으로 보이지만, 표면 바로 아래의 칙칙하고 어두운 갈색이 실제 색깔이다(그림 35.1.1 참조). 더구나, 가장 바깥 표면은 색채변이를 하므로 보는 각도를 달리하거나 나비가 날갯짓을 할 때마다 다양한 색깔을 볼 수 있다. 위조지폐를 구별하기 위해 많은 화폐의 잉크에서 비슷한 색채변이를 사용한다. 지폐를 복사기로 색깔을 복사하면 단지 한 방향에서만 재생하므로 시야각도를 바꾸어 일어나는 색체변이를 재생할 수 없다.

광학적 간섭의 기본적인 물리를 이해하기 위해, 빛을 광선으로 다루는 기하광학의 단순성을 접어두고 빛의 파동성에 주목해야 한다.

▶ 빛은 파동이다

빛의 파동이론을 처음으로 제안한 사람은 1678년 네덜란드의 물리학자인 Christian

길이의 경로를 지나고 만나는 두 파동의 위상차와 간섭을 구한다.

35.1.11 같은 파장의 두 파동 사이의 초기 위상차가 주어졌을 때 이 파동이 다른 경로길이를 지나고 다른 굴절률의 물질을 지났을 때 위상차를 결정한다.

35.1.12 무지개는 광학적 간섭의 보기이다.

Philippe Colombi/PhotoDisc/Gatty Images, Inc.

그림 35.1.1 *Morpho* 나비의 날개표면이 파랗게 보이는 것은 광학적인 간섭 효과 때문이며, 바라보는 각도에 따라서 색깔이 변한다.

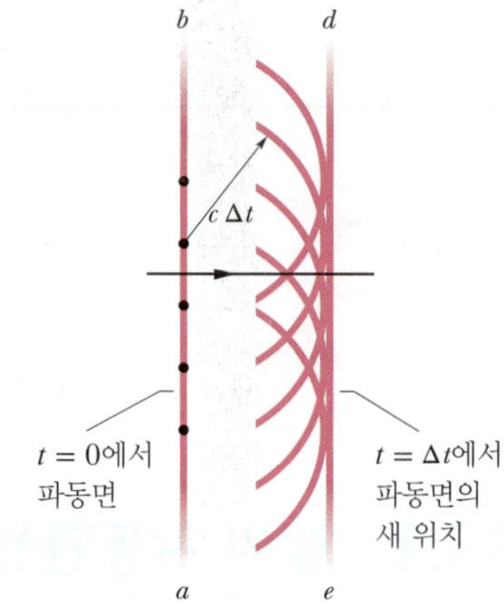

그림 35.1.2 Huygens의 원리에 따라 진공 중에서 평면파가 진행하는 모습.

Huygens이다. 나중에 제안된 Maxwell의 전자기파 이론만큼 포괄적이지는 못하지만 수학적으로 단순하기 때문에 경우에 따라 쓸모가 많다. Huygens 이론의 가장 큰 장점은 반사법칙과 굴절법칙을 파동으로 설명하고 굴절률에 물리적 의미를 준다는 것이다.

Huygens 이론에 의하면 파동의 현재 위치를 알면 기하학적 조합에 의해 일정한 시간 후 파동의 위치를 알 수 있다. 이 조합은 다음과 같은 **Huygens의 원리**에 기초를 두고 있다.

> 파동면의 모든 점은 2차 구면파의 점원이 된다. 시간 t 후의 파동면은 2차 파동의 접면이 된다.

간단한 예로 그림 35.1.2의 왼쪽에 진공 중에서 오른쪽으로 진행하는 평면파의 현재 파동면을 지면에 수직인 면 ab로 나타내었다. 시간 Δt 후의 파동면을 알아보기 위하여 시간 $t = 0$에서 방출되는 2차 구면파의 점원이 되는 평면 ab 위의 점 몇 개를 생각해 보자. 시간 Δt에 모든 2차 구면파의 반지름은 $c\,\Delta t$이다(여기서 c는 광속이다). 시간 Δt에서 파동면들에 접면인 평면 de를 그리면 평면은 시간 Δt에서 평면파의 파동면이 되는데 이는 평면 ab와 평행하며 수직거리가 $c\,\Delta t$ 떨어져 있다.

굴절법칙

Huygens의 원리를 써서 식 33.5.2의 굴절법칙, 즉 Snell의 법칙을 유도해 보자. 그림 35.1.3에서 몇 개의 파동면이 공기(매질 1)와 유리(매질 2)의 경계면에서 굴절한다. 매질 1에서 파장 λ_1만큼 떨어진 입사광선의 파동면을 고려한다. 공기 중의 속력이 v_1, 유리 속의 속력을 v_2라 하고, 실제 그렇듯이 $v_2 < v_1$이라고 가정하자.

그림 35.1.3a에서 각도 θ_1은 파동면과 경계면 사이의 각도로서 파동면의 *수직선*(즉, 입사광선)과 경계면의 *수직선* 사이의 각도와 같다. 즉, θ_1은 입사각이다.

파동이 유리로 이동할 때 그림 35.1.3b에서 점 e에 있는 Huygens 파동은 점 e에서 λ_1 떨어진 점 c로 진행할 것이다. 이렇게 진행하는 데 필요한 시간간격은 진행거리를 파동의 속력으로 나눈 값, 즉 λ_1/v_1이다. 이 시간 동안 점 h에 있는 Huygens 파동은 줄어든

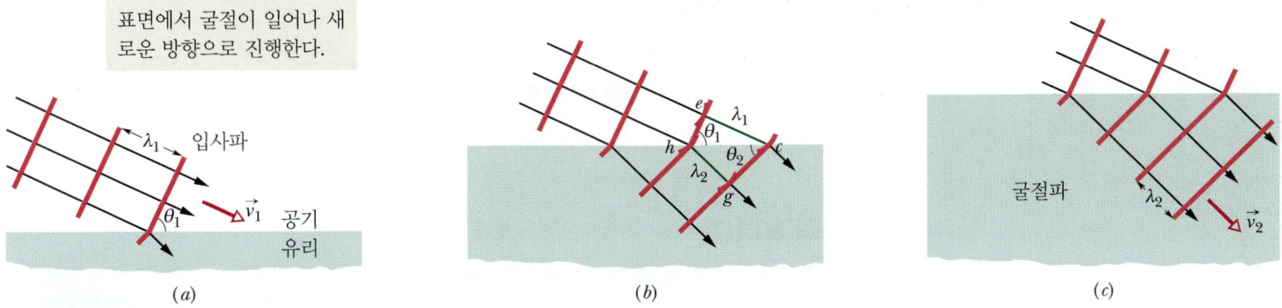

그림 35.1.3 ▸ Huygens의 원리에 따라 공기와 유리의 경계면에서 굴절된 평면파. 유리 내에서의 파장은 공기 중에서보다 작다. 간단히 나타내기 위하여 반사파는 그리지 않았다. (*a*)에서 (*c*)까지의 그림은 굴절의 세 연속적인 단계를 나타낸 것이다.

속력 v_2와 파장 λ_2로 점 g를 통과하여 진행할 것이다. 즉, 시간간격은 λ_2/v_2이다. 두 시간 간격을 같게 놓으면

$$\frac{\lambda_1}{\lambda_2} = \frac{v_1}{v_2} \tag{35.1.1}$$

을 얻는다. 결국 두 매질에서 빛의 파장은 각 매질에서의 속력에 비례한다.

Huygens의 원리에 의하면 굴절된 파동면은 h에 중심을 갖는 반지름 λ_2의 원호 위 점 g에서의 접면이 된다. 굴절된 파동면은 또한 e에 중심을 둔 반지름 λ_1의 원호 위 점 c에서의 접면이 된다. 그러면 반사된 파동면은 보여진 것처럼 향하게 된다. 굴절된 파동면과 경계면 사이의 각도 θ_2가 실제 굴절각이다.

그림 35.1.3*b*에서 직각삼각형 *hce*와 *hcg*에 대하여 다음과 같이 쓸 수 있다.

$$\sin\theta_1 = \frac{\lambda_1}{hc} \qquad (\text{삼각형 } hce)$$

와

$$\sin\theta_2 = \frac{\lambda_2}{hc} \qquad (\text{삼각형 } hcg).$$

첫 번째 식을 두 번째 식으로 나누면 다음과 같다.

$$\frac{\sin\theta_1}{\sin\theta_2} = \frac{\lambda_1}{\lambda_2} = \frac{v_1}{v_2}. \tag{35.1.2}$$

각 매질에 대한 **굴절률** n을 진공에서의 속력과 매질 내에서 속력의 비로 다음과 같이 정의할 수 있다.

$$n = \frac{c}{v} \qquad (\text{굴절률}). \tag{35.1.3}$$

따라서, 공기와 유리 두 매질에서는 각각 다음과 같다.

$$n_1 = \frac{c}{v_1} \text{와} \quad n_2 = \frac{c}{v_2}.$$

이제 식 35.1.2를 다시 쓰면

$$\frac{\sin\theta_1}{\sin\theta_2} = \frac{c/n_1}{c/n_2} = \frac{n_2}{n_1}$$

이므로, 다음의 굴절법칙을 얻는다.

$$n_1 \sin \theta_1 = n_2 \sin \theta_2 \qquad (\text{굴절률}). \tag{35.1.4}$$

확인문제 35.1.1

그림에 나란한 경계면을 통과하는 단색광을 나타내었다. a에서 출발하여 b, c를 지나 다시 물질 a로 들어간다. 빛의 속력이 가장 빠른 물질부터 순서대로 나열하여라.

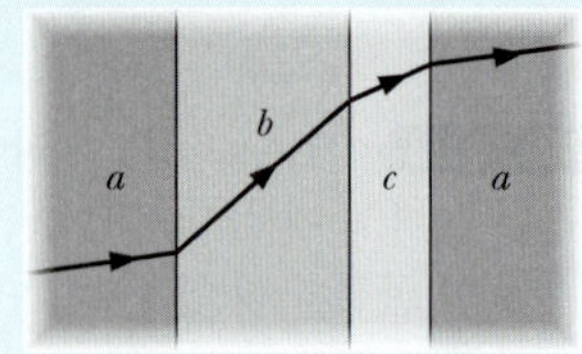

파장과 굴절률

경계면을 지나 빛이 한 매질에서 다른 매질로 진행할 때 속력이 변한다는 것은 곧 빛의 파장이 변한다는 뜻이다. 또한 식 35.1.3에 따르면 매질 안에서 속력은 매질의 굴절률에 의존한다. 즉, 매질 안에서 빛의 파장은 매질의 굴절률에 의존한다. 진공에서 단색광의 파장을 λ, 속력을 c라 하고, 굴절률 n의 매질 내에서의 파장을 λ_n, 속력을 v이라고 하자. 이제 식 35.1.1은

$$\lambda_n = \lambda \frac{v}{c} \tag{35.1.5}$$

로 쓸 수 있다. 여기에 식 35.1.3을 써서 v/c 대신 $1/n$을 넣으면 다음과 같다.

$$\lambda_n = \frac{\lambda}{n}. \tag{35.1.6}$$

이 식은 매질에서 빛의 파장과 진공에서 파장 사이의 관계이다. 따라서 매질의 굴절률이 클수록 빛의 파장이 짧아진다.

다음으로 굴절률 n인 매질 안에서 빛의 진동수를 f_n이라고 하자. 그러면 식 16.1.13 ($v = \lambda f$)의 일반적인 관계로부터

$$f_n = \frac{v}{\lambda_n}$$

라고 쓸 수 있다. 식 35.1.3과 35.1.6을 대입하면 다음을 얻는다.

$$f_n = \frac{c/n}{\lambda/n} = \frac{c}{\lambda} = f.$$

여기서 f는 진공에서 빛의 진동수이다. 따라서 비록 매질 안에서 빛의 속력과 파장은 진공에서와는 다르지만, *매질 안에서 빛의 진동수는 진공에서와 같다.*

굴절률의 차이 때문에 광선 간의 위상 차이가 생긴다.

▸위상차. 빛의 파장이 식 35.1.6처럼 굴절률에 의존한다는 사실은 빛의 간섭에서 매우 중요하다. 예를 들어 그림 35.1.4에서 *광선파동*(즉 광선으로 표현되는 파동)의 파장 λ가 같고, 처음에 공기($n \approx 1$)에서 위상이 같다. 한 파동은 굴절률 n_1인 길이 L의 매질 1을 지나고, 다른 파동은 굴절률 n_2인 같은 길이 L의 매질 2를 지난다. 파동이 두 매질로 들어갈 때는 동일한 파장 λ지만, 두 매질 안에서 파장이 다르기 때문에 두 파동의 위상은 일치하지 않는다.

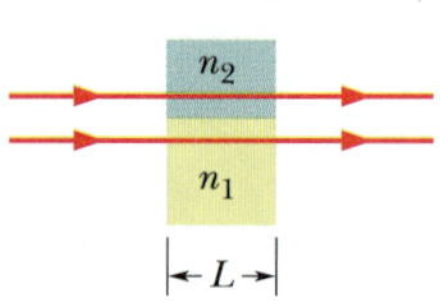

그림 35.1.4 두 광선이 굴절률이 다른 두 매질을 통과한다.

굴절률이 서로 다른 매질을 파동이 통과하면 두 파동 사이의 위상차가 달라진다.

곧 배우겠지만 위상차의 변화는 파동이 같은 위치에 도달했을 때 생기는 간섭의 주요 원인이다.

위상차를 파장으로 나타내기 위하여 길이 L의 매질 1에 들어 있는 파장의 개수 N_1을 세어 보자. 식 35.1.6으로부터 매질 1에서의 파장은 $\lambda_{n1} = \lambda / n_1$이므로 다음과 같다.

$$N_1 = \frac{L}{\lambda_{n1}} = \frac{Ln_1}{\lambda}. \tag{35.1.7}$$

마찬가지로 길이 L의 매질 2에서 파장 $\lambda_{n2} = \lambda / n_2$이므로 파장의 수 N_2는 다음과 같다.

$$N_2 = \frac{L}{\lambda_{n2}} = \frac{Ln_2}{\lambda}. \tag{35.1.8}$$

두 파동의 위상차를 알아내기 위해 N_1과 N_2의 차이를 계산해 보자. $n_2 > n_1$이라고 가정하면

$$N_2 - N_1 = \frac{Ln_2}{\lambda} - \frac{Ln_1}{\lambda} = \frac{L}{\lambda}(n_2 - n_1) \tag{35.1.9}$$

을 얻는다.

만약에 식 35.1.9로부터 45.6파장에 해당하는 위상차를 얻었다면, 처음에 같은 위상이던 두 파동 중 하나를 45.6파장만큼 이동시킨 것과 같다. 그런데 45와 같은 정수배의 파장만큼 파동을 이동시키면 위상이 같아지므로 사실은 0.6과 같은 소수점 이하의 숫자가 중요하다. 즉, 45.6파장의 위상차는 0.6파장의 *유효 위상차*와 마찬가지이다.

0.5파장의 위상차는 정반대의 위상상태이다. 이런 위상차를 갖는 같은 진폭의 두 파동이 같은 위치에 도달하면 완전 소멸간섭을 일으켜 어두운 무늬를 만든다. 반면 0.0이나 0.1파장 정도의 위상차라면 보강간섭을 일으켜서 밝은 무늬를 만든다. 0.6파장의 위상차는 중간 경우이지만 소멸간섭에 더 가깝기 때문에 희미한 무늬를 만든다.

위상차는 라디안이나 각도로도 표시할 수 있다. 한 파장의 차이는 2π 라디안, 즉 $360°$의 위상차와 같다.

▸***경로차.*** 17.3절에서 음파에 대해 논의했듯이 처음에 어떤 위상차로 시작한 두 파동은 서로 만나기 전에 다른 길이의 경로를 지나면 위상차가 달라질 수 있다. (그 형태가 무엇이든 간에) 파동에서는 경로차 ΔL, 더 중요한 것은 ΔL이 파동의 파장 λ와 어떻게 비교하느냐는 것이 가장 중요한 요점이다. 식 17.3.5와 17.3.6을 보면 빛에 대해서는

$$\frac{\Delta L}{\lambda} = 0, 1, 2, \ldots \quad \text{(완전 보강간섭)} \tag{35.1.10}$$

일 경우 완전 보강간섭(최대 밝기)이 일어나고,

$$\frac{\Delta L}{\lambda} = 0.5, 1.5, 2.5, \ldots \quad \text{(완선 상쇄간섭)} \tag{35.1.11}$$

일 경우 완선 상쇄간섭(어두움)이 일어난다. 중간 값에 대해서는 중간 정도의 간섭이 일어나고 밝기도 중간 정도이다.

그림 35.1.5 1차 무지개와 그 아래의 희미한 부차적인 무지개띠는 모두 광학적인 간섭현상에 의한 것이다.

무지개와 광학적 간섭

33.5단원에서 햇빛이 빗방울을 통과할 때 어떻게 무지개가 생기는지 논의하면서 백색광이 빗방울 한 개에 입사하는 간단한 경우로 다루었다. 실제로, 햇빛은 해를 보고 있는 빗방울의 모든 면을 따라 들어간다. 여기서 이들 파동이 빗방울을 어떻게 진행하여 나아가는지, 어떻게 빠져나오는지 등에 대해서는 논의할 수 없으나, 빗방울 안에서 입사 파동의 다른 부분은 서로 다른 경로를 진행한다는 사실을 알 수 있다. 즉, 파동이 서로 다른 위상으로 빗방울을 빠져나온다. 그러므로 어떤 각도에서 나오는 빛의 위상이 같아서 보강간섭을 하는지 알 수 있다. 무지개는 이런 보강간섭의 결과이다. 예를 들어, 빨간 빛깔의 무지개는 바라보는 방향에서 각각의 물방울로부터 나온 빨간빛 파동의 위상이 일치하여 보강간섭한 결과이다. 각각의 빗방울에서 다른 방향으로 나오는 빛 파동은 여러 가지 다른 위상을 갖는다. 이는, 각 물방울 속에서 여러 가지 다른 경로를 지나기 때문이다. 이 빛은 밝지도 않고 색이 다채롭지 않아서 인지할 수 없다.

1차 무지개의 아래 부분을 주의 깊게 살펴보면 운이 좋은 경우에 희미한 반원형의 *부차적인* 색깔을 볼 수 있다(그림 35.1.5 참조). 무지개의 커다란 원호와 마찬가지로 부차적인 띠도 각각의 물방울에서 나온 파동이 거의 위상이 일치하면서 보강간섭을 일으켜서 나타나는 것이다. 2차 무지개의 위를 자세히 살펴보면, 더 많은 부차적인 무지개띠를 볼 수 있다. 이와 같은 두 종류의 무지개와 두 종류의 부차적인 무지개띠는 자연적으로 일어나는 광학적 간섭현상의 좋은 보기이며 빛이 파동으로 이루어져 있다는 자연적인 증거가 된다는 점을 기억하자.

확인문제 35.1.2

그림 35.4의 빛은 파장과 진폭이 같고 처음에 위상도 같다. (a) 위쪽 물질에는 7.60파장이 들어가고 아래 물질에는 5.50파장이 들어간다면 어느 물질의 굴절률이 더 큰가? (b) 광선들이 약간 비스듬하여 멀리 있는 스크린의 같은 점에서 만나서 간섭한다면 가장 밝은 무늬, 밝은 중간 밝기, 어두운 중간 밝기, 가장 어두운 무늬 중 어떤 무늬가 생기는가?

보기문제 35.1.1 굴절률의 차이로 인한 두 파동의 위상차

그림 35.1.4에서 진폭과 위상차가 같은 두 광선이 매질 1과 2에 입사하기 전의 파장이 550.0 nm라 하자. 매질 1은 공기이며 매질 2는 굴절률이 1.600이고 두께가 2.600 μm인 투명한 플라스틱 박막이다.

(a) 매질을 통과한 파동의 위상차를 파장, 라디안 및 각도로 표시하여라. 유효 위상차는 몇 파장에 해당하는가?

요점

굴절률이 다른 매질을 통과하면 두 파동의 위상차가 달라진다. 매질이 다르면 파장이 달라지기 때문이다. 각 매질에 들어 있는 파장의 수를 계산하고 이 숫자들을 뺌으로써 위상차를 계산할 수 있다.

풀이: 두 매질에서 파동의 진행거리가 같으면 식 35.1.9로부터 답을 얻을 수 있다. 여기서 $n_1 = 1.000$(공기), $n_2 = 1.600$, $L = 2.600\ \mu\text{m}$, $\lambda = 550.0$ nm이다. 따라서 식 35.1.9로부터 다음을 얻는다.

$$\begin{aligned} N_2 - N_1 &= \frac{L}{\lambda}(n_2 - n_1) \\ &= \frac{2.600 \times 10^{-6}\ \text{m}}{5.500 \times 10^{-7}\ \text{m}}(1.600 - 1.000) \\ &= 2.84. \end{aligned}$$ (답)

즉, 매질을 통과한 광선의 위상차는 2.84파장이다. 1.0파장이 2π 라디안이나 360°와 같으므로 위상차를 다음과 같이 쓸 수 있다.

$$\text{위상차} = 17.8\text{라디안} \approx 1020°.$$ (답)

유효 위상차는 *파장으로 표시된* 실제 위상차의 소수점 이하 부분이다. 따라서

유효 위상차 = 0.84파장 (답)

이며, 5.3 라디안 또는 300°와 같다. *주의*: 라디안이나 도로 나타낸 위상차의 소수점 아래 부분으로 유효 위상차를 취해서는 *안 된다*. 예컨대 위에서 위상차가 17.8라디안이라고 해서 유효 위상차를 0.8라디안으로 취하면 *안 된다*.

(b) 두 광선이 멀리 떨어진 스크린의 한 점에 입사한다면 그 점에서 어떤 간섭이 일어나는가?

이유: 유효 위상차를 두 극단의 간섭과 비교해야 한다. 여기서 0.84파장의 위상차는 0.5(가장 어두운 완전 소멸간섭)와 1.0(가장 밝은 완전 보강간섭) 파장 사이에 있으나 1.0파장에 더 가깝다. 즉, 완전 보강간섭에 더 가까운 간섭을 일으켜서 비교적 밝은 무늬를 만든다.

교육용 비디오는 웹사이트 www.wiley.com에서 볼 수 있다.

35.2 ▸ Young의 간섭 실험

요점_*Key Ideas*

1. Young의 간섭 실험에서 빛은 한 슬릿을 지나 두 슬릿이 있는 스크린 위에 쪼여진다. 이 슬릿을 떠나는 빛은 (회절에 의해) 퍼지고, 스크린 뒤의 지역에 간섭이 일어난다. 간섭에 의한 무늬가 관측용 스크린에 만들어진다.
2. 최대, 최소 세기가 일어날 조건은 다음과 같다.

$$d \sin\theta = m\lambda, \qquad m = 0, 1, 2, \ldots \text{ (최대 – 밝은 무늬)}.$$

$$d \sin\theta = (m + \tfrac{1}{2})\lambda, \qquad m = 0, 1, 2, \ldots \text{ (최소 – 어두운 무늬)}.$$

여기서 θ는 빛의 경로가 중심축과 이루는 각도이고, d는 슬릿 사이의 간격이다.

학습목표_*Learning Objectives*

이 단원을 읽은 후 다음을 이해해야 한다.

35.2.1 가는 슬릿에 의한 빛의 회절과, 슬릿이 가늘어질 때 나타나는 효과를 기술한다.

35.2.2 그림을 그려 단색광을 사용한 이중슬릿 간섭 실험에서 간섭 형태가 만들어지는 것을 설명한다.

35.2.3 파동이 Young의 실험과 같이 다른 길이의 경로를 지날 때 두 파동의 위상차는 달라질 수 있다.

35.2.4 이중슬릿 실험에서 경로차 ΔL, 파장 λ 사이의 관계를 적용하고, 그 결과를 간섭(최대 밝기, 중간 밝기, 어두움)으로 해석한다.

35.2.5 이중슬릿 간섭무늬의 한 점에 대해 그 점에 이르는 광선의 경로차 ΔL을 슬릿 간격 d와 그 점의 각도 θ로 표현한다.

35.2.6 Young의 실험에서 슬릿 간격 d, 빛의 파장 λ, 간섭무늬의 최소(어두운 무늬)의 각도 θ와 최대(밝은 무늬)의 각도 θ 사이의 관계를 구한다.

35.2.7 이중슬릿 간섭무늬를 그리고, 중심에 무엇이 있으며 여러 밝고 어두운 무늬를 어떻게 부르는지 ("첫 번째 최대"와 "3차"

▶ 회절

이 절에서는 빛이 파동이라는 것을 처음으로 증명한 실험에 대해 논의할 것이다. 이 논의를 준비하기 위해 36장에서 충분히 다룰 현상인 빛의 **회절**이라는 개념을 도입해야 한다. 파동의 파장과 비슷한 크기의 구멍이 뚫린 장벽을 통과한 빛은 장벽 너머로 퍼져나간다. 즉 장벽을 *에워싸고* 돌아 나간다. 회절 현상은 그림 35.1.2에서 Huygens의 원리에 따라 퍼져나가는 파동의 모양을 그린 것과 같은 방법으로 이해할 수 있다. 회절 현상은 빛뿐만 아니라 모든 파동에서 일어난다. 그림 35.2.1은 물통의 얕은 수면을 따라 진행하는 물결

George Resch/Fundamental Photographs

그림 35.2.1 ▸ 물결파의 회절 현상. 장벽에 난 좁은 구멍을 통과한 물결파가 끝점을 회절하며 오른쪽으로 퍼져나간다.

등) 나타낸다.

35.2.8 이중슬릿 스크린과 상이 맺히는 스크린 사이의 거리 D, 간섭무늬에서 한 점의 각도 θ와 무늬의 중심으로부터 그 점까지의 거리 y 사이의 관계를 구한다.

35.2.9 이중슬릿 간섭무늬에서 d 혹은 λ를 바꿀 때 나타나는 효과를 구하고, 이 무늬의 각도 한계가 어떻게 결정되는지 알아본다.

35.2.10 Young의 실험에서 한 슬릿 위에 투명한 물질을 놓을 때 주어진 무늬가 간섭무늬의 중심에 오려면 두께나 굴절률이 얼마가 되어야 하는지 결정한다.

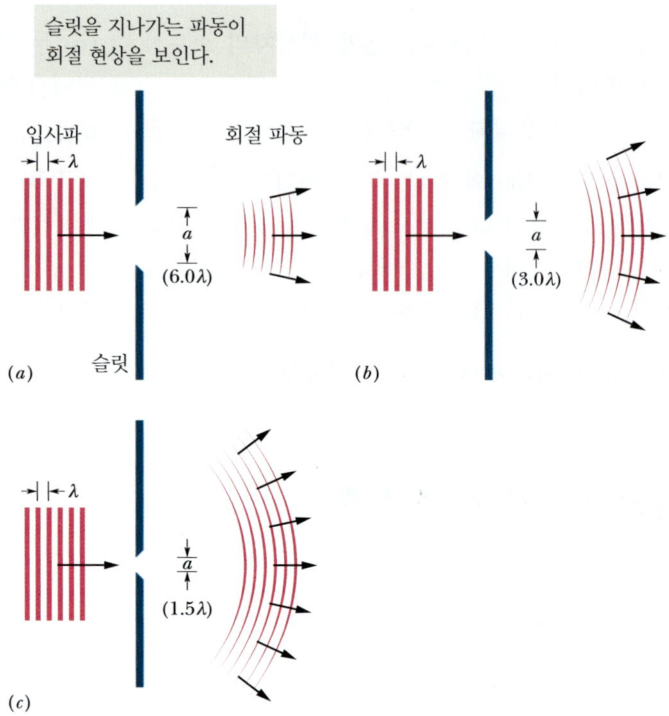

그림 35.2.2 개략적으로 그린 회절 현상. 슬릿의 너비 a가 파장 λ보다 작을수록 회절은 뚜렷해진다. (a) 슬릿의 너비 $a = 6.0\lambda$, (b) $a = 3.0\lambda$, (c) $a = 1.5\lambda$. 세 경우 모두 스크린과 슬릿은 지면에 수직인 방향으로는 충분히 길다고 가정한다.

파이다. 장벽에 있는 입구를 지나는 해수 파동의 회절로 인해 장벽이 보호하려고 하는 해변의 침식이 증가한다.

그림 35.2.2a는 너비 $a = 6.0\lambda$의 슬릿을 통과하는 파장 λ의 평면파이다. 그림에서 파동은 슬릿을 지나 퍼져나간다. 그림 35.2.2b($a = 3.0\lambda$)와 35.2.2c($a = 1.5\lambda$)를 보면 슬릿이 좁을수록 퍼져나가는 정도, 즉 회절이 심해진다.

기하광학에서는 전자기파를 직선 광선으로 표현하기 때문에 회절 현상을 설명하는 데 한계가 있다. 실제로 직선 광선을 만들기 위해 좁은 슬릿 혹은 여러 개의 좁은 슬릿으로 빛을 통과시키더라도 회절 때문에 실패할 수밖에 없다. 좁은 광선을 만들려고 슬릿을 좁게 만들수록 오히려 회절 현상이 크게 나타난다. 따라서 기하광학은 빛의 경로에 빛의 파장보다 크기가 훨씬 큰 물체가 있는 경우에만 성립한다.

Young의 간섭실험

1801년에 Thomas Young은 다른 과학자들이 생각했던 바와 달리 빛이 파동임을 증명하였다. 그는 수면파, 음파, 또는 다른 모든 유형의 파동처럼 빛이 간섭함을 보였다. 그는 태양광의 평균 파장을 잴 수 있었는데, 그가 잰 570 nm는 현재 공인된 555 nm와 놀라울 정도로 가깝다. 여기서는 빛의 간섭에 관한 Young의 실험을 살펴보기로 한다.

그림 35.2.3은 Young 실험의 배치도이다. 멀리 떨어진 단색 광원으로부터 빛이 스크린 A의 슬릿 S_0에 입사한다. 슬릿을 통과한 빛은 휘어지며 퍼져나가서 스크린 B의 S_1과 S_2에 도달한다. 두 슬릿에서 회절된 빛은 스크린 B에서 구면파를 만들어 두 슬릿에서 나오는 파동이 서로 간섭한다.

그림 35.2.3은 중첩되는 파동의 간섭을 보여준다. 그러나 관측용 스크린 C가 빛을

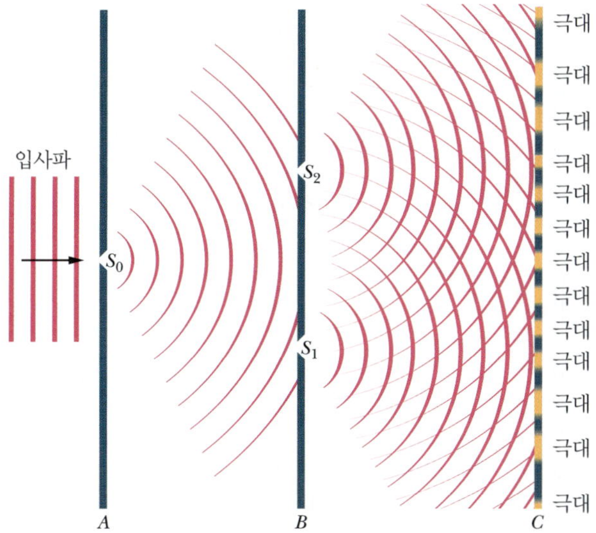

그림 35.2.3 Young의 간섭실험에서 입사한 단색광은 구면파의 광원이 되는 슬릿 S_0에 의하여 회절된다. 이 빛은 다시 스크린 *B*에서 광원의 역할을 하는 슬릿 S_1과 S_2에 의하여 회절되며, 다시 두 개의 점광원으로 작용한다. 슬릿 S_1과 S_2에서 퍼져나온 빛은 겹치고, 간섭현상을 일으켜 스크린 *C*에서 최대와 최소를 보여주는 간섭무늬를 만든다. 스크린 *B*와 *C* 사이에서 S_2를 중심으로 하는 동심의 파동면들은 슬릿 S_2만이 열려 있는 경우에 파동의 모습이고, S_1을 중심으로 하는 동심의 파동면들은 슬릿 S_1만이 열려 있는 경우에 파동의 모습이다.

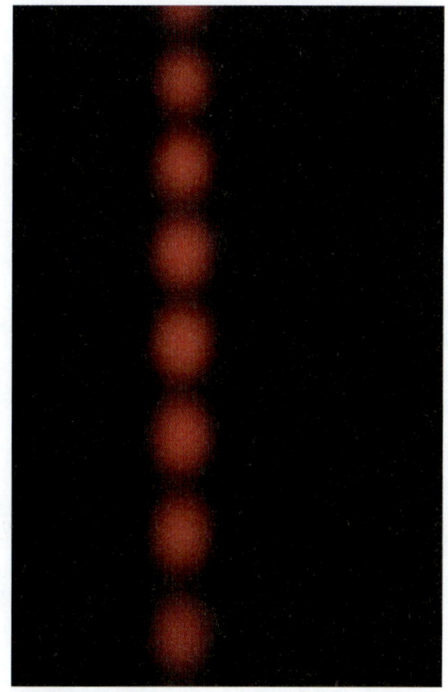

Courtesy Jearl Walker

그림 35.2.4 그림 35.2.3의 배열이지만 더 짧은 슬릿으로 만든 간섭무늬의 사진. (그림은 스크린 *C*의 일부분을 앞에서 본 모습이다.) 번갈아 나타나는 극대 극소를 (이것이 의류나 융단에 사용하는 장식용 무늬와 비슷하므로) *간섭무늬*라고 한다.

차단하지 않는 한 간섭에 대한 증거를 볼 수 없다. 최대 간섭이 일어나는 지점에서는 *밝은 간섭무늬*가 만들어진다. 밝은 간섭무늬(극대점) 사이에는 완전 소멸간섭으로 생긴 *어두운 간섭무늬*(극소점)가 있다(*극대*와 *극소*는 무늬의 중심 지역을 의미한다). 스크린 위의 밝고 어두운 무늬 모양이 바로 **간섭무늬**이다. 그림 35.2.4는 그림 35.2.3의 스크린 *C*의 왼쪽에서 본 간섭무늬의 사진으로서, 간섭현상의 명백한 증거이다.

간섭무늬의 위치

*Young의 이중슬릿 간섭실험*에서 만들어지는 간섭무늬의 위치는 어떻게 결정될까? 이를 알기 위해 그림 35.2.5*a*를 고려해 보자. 여기서 단색광이 스크린 *B*의 슬릿 S_1과 S_2를 통과하며 회절되어 스크린 *C*에 간섭무늬를 만든다. 슬릿의 중간과 스크린 사이에 기준이 되는 중심축을 그리자. 그리고 중심축으로부터 각도 θ만큼 떨어진 임의의 점 *P*를 생각하자. 이 점에 아래 슬릿에서 나온 광선 r_1과 위 슬릿에서 나온 광선 r_2가 도달한다.

▸ ***경로차.*** 두 파동은 같은 입사파의 일부이므로 두 슬릿을 통과할 때는 서로의 위상이 일치한다. 그러나 슬릿을 통과한 두 파동이 점 *P*에 도달하기까지 지나는 거리가 서로 다르다. 이런 경우에 17.3단원처럼 다음과 같은 결론에 도달할 수 있다.

> 두 파동이 서로 다른 거리만큼 진행하면 위상차가 생긴다.

위상차는 두 파동의 *경로차* ΔL에 의존한다. 같은 위상으로 시작해서 ΔL의 경로차가 나도록 진행한 후 한 점에 도달하는 두 파동을 생각해 보자. ΔL이 0이거나 파장의 정수배이면 같은 위상으로 그 점에 도달하므로 완전 보강간섭을 일으킨다. 그림 35.2.5의 광선 r_1과 r_2의 경우가 이러하다면 점 *P*에서 밝은 무늬에 속한다. 반면에 ΔL이 반 파장의 홀수

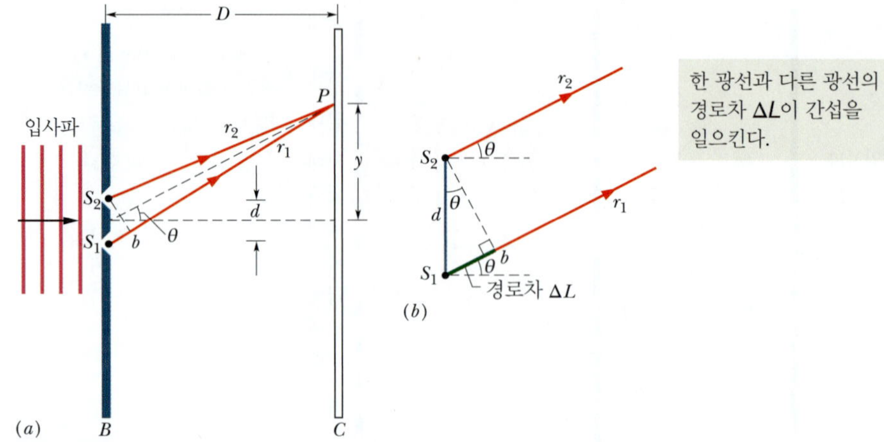

그림 35.2.5 (*a*) 슬릿 S_1과 S_2에서 나오는 두 파동이 중심축으로부터 거리 y인 스크린 위의 점 P에서 만난다. P의 위치는 각도 θ로 쓸 수 있다. (*b*) $D \gg d$이면 광선 r_1과 r_2가 평행하고 중심축과 θ를 이룬다고 근사할 수 있다.

배라면 두 파동은 반대 위상으로 도달하여 완전 소멸간섭을 일으킨다. 이 경우 광선 r_1과 r_2는 점 P에서 어두운 무늬를 만들게 된다(물론 간섭이 중간의 경우가 있고, 따라서 P에서 중간 정도의 밝기가 된다). 따라서 다음과 같이 요약할 수 있다.

> Young의 이중슬릿 간섭실험에서 화면에 나타나는 간섭무늬의 밝기는 그 점에 도달하는 광선의 경로차 ΔL로 결정된다.

▸***각도.*** 간섭무늬의 위치는 중심축과 이루는 각도 θ로 표시할 수 있다. θ를 알아내려면 ΔL과 연관지어야 한다. 먼저 그림 35.2.5*a*의 점 b에서 점 P까지 거리가 S_2에서 P까지의 거리와 같게 되는 광선 r_1 위의 점 b를 찾는다. 그러면 두 광선의 경로차는 S_1에서 b까지의 거리가 된다.

S_1에서 b까지의 거리와 θ 사이의 관계를 알아내는 것은 복잡하지만 슬릿에서 스크린까지의 거리 D가 슬릿 사이의 거리 d보다 훨씬 크다고 하면 간단해진다. 그런 경우에는 광선 r_1과 r_2가 평행하고 중심축과 각도 θ를 이루는 것으로 근사할 수 있다(그림 35.2.5*b* 참조). 또한 S_1, S_2와 b가 이루는 삼각형도 직각삼각형으로 근사해서 S_2에서의 각도를 θ로 잡을 수 있다. 이때 $\sin\theta = \Delta L/d$이므로 경로차는 다음과 같이 쓸 수 있다.

$$\Delta L = d \sin\theta \qquad (\text{경로차}). \tag{35.2.1}$$

밝은 무늬인 경우에 ΔL이 0이거나 파장의 정수배이다. 따라서 식 35.2.1에서

$$\Delta L = d \sin\theta = (\text{정수})(\lambda) \tag{35.2.2}$$

이므로, 다음을 얻는다.

$$d \sin \theta = m\lambda, \quad m = 0, 1, 2, \ldots \quad (\text{극대점—밝은 무늬}). \tag{35.2.3}$$

어두운 무늬인 경우에는 ΔL이 반 파장의 홀수배이다. 따라서 식 35.2.1에서

$$\Delta L = d \sin \theta = (\text{홀수})(\tfrac{1}{2}\lambda) \tag{35.2.4}$$

이므로, 다음을 얻는다.

$$d \sin \theta = (m + \tfrac{1}{2})\lambda, \quad m = 0, 1, 2, \ldots \quad (\text{극소점—어두운 무늬}). \tag{35.2.5}$$

식 35.2.3과 35.2.5를 써서 간섭무늬의 각도 θ, 즉 간섭무늬의 모든 위치를 알아낼 수 있고, m으로 간섭무늬의 번호를 매길 수 있다. 예를 들어, $m = 0$일 때 식 35.2.3에 따르면 $\theta = 0$의 위치, 즉 중심축 위에 밝은 무늬가 있음을 알 수 있다. 이러한 *중앙극대*는 두 슬릿에서 나온 파동들의 경로차가 $\Delta L = 0$인, 즉 위상차가 0이 되는 점이다.

예를 들어 $m = 2$일 때, 식 35.2.3에 의하면 *밝은* 무늬가 각도

$$\theta = \sin^{-1}\left(\frac{2\lambda}{d}\right)$$

로, 중심축의 위와 아래쪽에 있음을 알 수 있다. 두 슬릿에서 나오는 파동들은 $\Delta L = 2\lambda$, 즉 두 파장만큼의 위상차를 갖는 무늬를 만든다. 이러한 간섭무늬를 *2차 밝은무늬*($m = 2$를 뜻한다), 또는 *2차극대*(중앙극대로부터 두 번째 밝은 간섭무늬)라고 말한다.

$m = 1$일 때, 식 35.2.5에 의하면 어두운 간섭무늬는 각도

$$\theta = \sin^{-1}\left(\frac{1.5\lambda}{d}\right)$$

로, 중심축의 위와 아래쪽에 있음을 알 수 있다. 두 슬릿에서 나온 파동들은 $\Delta L = 1.5\lambda$, 즉 1.5 파장에 대응하는 위상차를 가지고 두 간섭무늬의 자리에 도달한다. 이러한 간섭무늬은 중심축으로부터 두 번째로 어두운 무늬이므로 *2차 극소점*이라고 부른다. 왜냐하면 중심축으로부터 *두 번째 어두운 무늬*이기 때문이다(첫 번째 어두운 무늬, 즉 첫 번째 극소점은 식 35.2.5에서 $m = 0$의 위치에 있다).

▸***가까이 있는 스크린.*** 식 35.2.3과 35.2.5는 $D \gg d$인 경우에 대하여 유도하였다. 그러나 이 식은 수렴렌즈를 슬릿과 스크린 사이에 설치하고 스크린을 슬릿에 더 가까이, 렌즈의 초점으로 이동시켜도 성립한다(이때 스크린은 렌즈의 *초점평면*, 즉 초점에서 중심축에 수직인 평면에 있다고 한다). 수렴렌즈의 기본 특성은 서로 평행한 모든 광선을 초점평면의 한 점에 모으는 것이다. 따라서 초점평면에 놓여 있는 화면에 도달하는 광선은 슬릿을 떠날 때 정확하게 평행하다. 따라서 그림 34.14a처럼 처음부터 평행한 광선을 렌즈로 한 점(초점)에 모은 것과 마찬가지다.

→ 확인문제 35.2.1

그림 35.2.5a에서 점 P가 (a) 세 번째 극대점인 경우와 (b) 세 번째 극소점인 경우에 각각 ΔL은 파장의 몇 배이며, 위상차는 파장의 단위로 얼마인가?

보기문제 35.2.1 이중 슬릿 간섭무늬

그림 35.2.5a의 스크린 C에서 간섭무늬의 중앙 근처에 있는 서로 이웃한 두 극대점 사이의 거리는 얼마인가? 빛의 파장 λ는 546 nm, 슬릿의 간격 d는 0.12 mm, 슬릿과 스크린 사이의 거리 D는 55 cm이다. 그림 35.2.5의 θ는 충분히 작아서 $\sin\theta \approx \tan\theta \approx \theta$($\theta$를 라디안으로 표시할 때)로 근사할 수 있다고 가정한다.

요점

(1) 극대점이 간섭무늬의 가운데 부근에 있도록 작은 m값을 선택하면, 그림 35.2.5a에서 간섭무늬의 중앙으로부터 극대점까지의 수직거리 y_m이 중심축과 이루는 각도 θ와 다음과 같은 관계가 있다.

$$\tan\theta \approx \theta = \frac{y_m}{D}.$$

(2) 식 35.2.3으로부터 m번째 극대점에 대한 각도 θ는 다음과 같다.

$$\sin\theta \approx \theta = \frac{m\lambda}{d}.$$

풀이: θ에 대한 두 식을 같게 놓고 y_m에 대하여 풀면

$$y_m = \frac{m\lambda D}{d} \tag{35.2.6}$$

를 얻는다. 마찬가지로 $m + 1$번째 극대에서는 다음과 같다.

$$y_{m+1} = \frac{(m+1)\lambda D}{d}. \tag{35.2.7}$$

이제 식 35.2.6에서 식 35.2.7을 빼면 서로 이웃한 두 극대점 사이의 거리를 다음과 같이 얻는다.

$$\Delta y = y_{m+1} - y_m = \frac{\lambda D}{d}$$

$$= \frac{(546 \times 10^{-9}\ \text{m})(55 \times 10^{-2}\ \text{m})}{0.12 \times 10^{-3}\ \text{m}}$$

$$= 2.50 \times 10^{-3}\ \text{m} \approx 2.5\ \text{mm}. \quad \text{(답)}$$

그림 35.2.5a에서 d와 θ가 충분히 작으면 간섭무늬 사이의 거리는 m과 무관하다. 즉, 간섭무늬는 등간격이다.

▶ 교육용 비디오는 웹사이트 www.wiley.com에서 볼 수 있다.

35.3 ▸ 간섭과 이중슬릿의 세기

학습목표_Learning Objectives

이 단원을 읽은 후 다음을 이해해야 한다.

35.3.1 결맞은 빛과 결맞지 않은 빛을 구분한다.

35.3.2 한 점에 도달하는 두 빛에 대해 전기장의 성분을 시간과 위상상수의 함수로 쓴다.

35.3.3 두 파동의 위상차는 간섭을 결정한다.

35.3.4 이중슬릿 무늬의 한 점에서 도달하는 파동의 위상차로 세기를 계산하고, 위상차와 무늬의 점을 나타내는 각도 θ 사이의 관계를 구한다.

35.3.5 위상자 그림을 사용하여 둘 이상의 빛이 한 점에 도달할 때 합성파동(진폭과 위상상수)을

요점_Key Ideas

1. 두 빛이 한 점에서 만나 간섭을 하면 이 사이의 위상차는 시간에 대해 일정하다. 즉 파동은 결맞아야 한다. 두 결맞은 파동이 만나면 합성 세기는 위상자를 이용하여 구할 수 있다.
2. Young의 간섭 실험에서 각각의 세기가 I_0인 두 빛에 의해 화면에 나타나는 합성 세기 I는 다음과 같다.

$$I = 4I_0\cos^2 \tfrac{1}{2}\phi, \quad \text{여기서 } \phi = \frac{2\pi d}{\lambda}\sin\theta.$$

▶ 결맞음

그림 35.2.3의 스크린 C에 간섭무늬가 생기려면 스크린 위의 점 P에 도달하는 광선이 시간에 따라 변하지 않는 위상차를 가져야 한다. 그림 35.2.3이 바로 그 경우인데 슬릿 S_1과 S_2를 통과하는 파동은 슬릿을 비추는 한 빛의 일부분이기 때문이다. 이때 빛이 완전히 **결맞다**고 한다.

▸***햇빛과 손톱.*** 태양광은 부분적으로만 결맞다. 즉, 두 지점에 도달한 태양광은 두 지점이 매우 가까운 경우에만 결맞다. 밝은 태양광 아래서 손톱을 가까이서 보면 손톱이 얼

룩져 보이는 무늬를 볼 수 있다. 왜냐하면 손톱 위 매우 가까운 곳에서 산란되는 빛이 눈에서 간섭을 일으킬 만큼 충분히 결맞기 때문이다. 이중슬릿 실험의 슬릿은 충분히 가깝지 않으므로 두 슬릿을 통과한 태양광은 사실상 **결맞지 않다**. 결맞는 빛을 얻으려면 태양광을 그림 35.2.3처럼 단일슬릿으로 통과시켜야 한다. 이때 단일슬릿은 매우 좁으므로 통과하는 빛은 결맞다. 게다가 슬릿이 좁으므로 회절에 의하여 결맞는 빛이 이중슬릿 실험의 양쪽 슬릿에 도달하게 된다.

▸***결맞지 않은 광원.*** 만일 이중슬릿을 똑같은 두 개의 백열등과 같은 독립된 광원으로 바꾸어 놓으면 광원에서 방출된 파동의 위상차는 마구잡이로 빠르게 변할 것이다(왜냐하면 마구 움직이는 수많은 원자에 의해서 나노초 정도의 짧은 시간 동안에 빛이 방출되기 때문이다). 그 결과 스크린 위의 모든 점에서 두 파동은 완전 보강간섭에서 완전 소멸간섭에 이르기까지 마구잡이로 빠르게 변할 것이다. 눈과 대부분의 광학 검출기는 이 정도로 빠른 변화를 따르지 못하므로 간섭무늬를 볼 수 없다. 결국 간섭무늬가 사라지고 스크린은 균일한 밝기로 보일 것이다.

▸***결맞은 광원.*** *레이저*는 원자가 서로 동조하는 방식으로 빛을 방출하므로 빛이 결맞다는 점에서 보통의 광원과 다르다. 게다가 레이저 빛은 거의 단색광이며, 거의 퍼지지 않고 좁은 광선으로 방출되고, 빛의 파장 정도의 폭 안에 모을 수도 있다.

이중슬릿 간섭무늬의 세기

식 35.2.3과 35.2.5는 그림 35.2.5의 스크린 C에 생기는 이중슬릿 간섭무늬의 극대점과 극소점의 위치를 각도 θ의 함수로 쓴 수식이다. 여기서는 무늬의 세기 I를 θ의 함수로 나타내고자 한다.

두 슬릿을 떠나는 광선은 같은 위상이다. 그러나 두 슬릿에서 나오는 광선이 점 P에 도달할 때는 위상이 일치하지 않는다. 점 P에서 광선의 전기장 성분은 위상이 다르므로, 다음과 같이 서로 다르게 쓸 수 있다.

$$E_1 = E_0 \sin \omega t \tag{35.3.1}$$

와

$$E_2 = E_0 \sin(\omega t + \phi). \tag{35.3.2}$$

여기서 ω는 파동의 각진동수이고 ϕ는 파동 E_2의 위상상수이다. 두 파동의 진폭은 E_0로 같고 위상차는 ϕ이다. 이때 위상차가 변하지 않으므로 파동은 결맞다. 두 파동이 점 P에서 만나면 빛의 세기 I가

$$I = 4I_0 \cos^2 \tfrac{1}{2}\phi \tag{35.3.3}$$

로 주어지며, 위상차는 다음과 같이 쓸 수 있다.

$$\phi = \frac{2\pi d}{\lambda} \sin \theta. \tag{35.3.4}$$

식 35.3.3에서 I_0는 한 슬릿이 닫혀 있을 때 다른 슬릿에서 나와서 스크린에 도달하는 빛의 세기이다. 파장의 크기에 비해서 슬릿이 매우 좁아서, 단일슬릿에 의한 빛의 세기가 무늬를 관찰하는 스크린의 모든 영역에서 거의 일정하다고 가정한다.

그림 35.2.5에서 각도 θ에 따라 변하는 빛의 세기를 나타내는 식 35.3.3과 35.3.4는 극대점과 극소점의 위치에 대한 정보도 담고 있다. 이 정보를 끄집어내어 그 위치에 대한

구하고, 이 결과를 이용하여 세기를 결정한다.

35.3.6 빛의 각진동수 ω와 파동을 나타내는 위상자의 각속력 ω 사이의 관계를 적용한다.

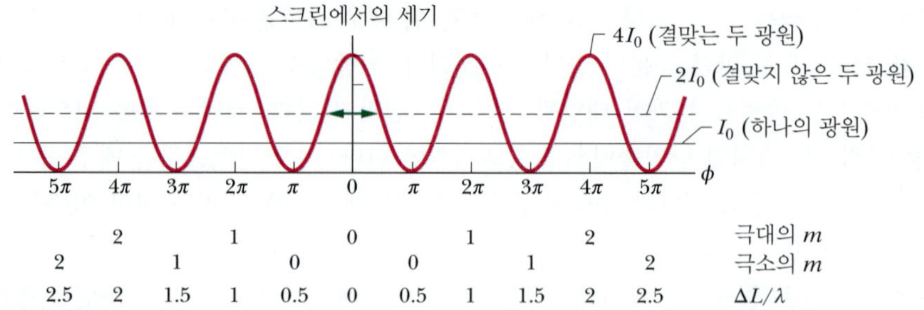

그림 35.3.1 이중슬릿 간섭무늬의 세기를 두 파동의 위상차로 나타낸 식 35.22의 그래프. I_0는 슬릿 하나를 가렸을 때 스크린에 나타나는 균일한 세기이다. 간섭무늬의 평균 세기는 $2I_0$이며 결맞는 빛에 대한 *극대값*은 $4I_0$이다.

식을 구할 수 있는지 알아보자.

▸**극대.** 식 35.3.3에 따르면 극대점은

$$\tfrac{1}{2}\phi = m\pi, \quad m = 0, 1, 2, \ldots . \tag{35.3.5}$$

일 때 나타난다. 이 결과를 식 35.3.4에 대입하면 다음을 얻는다.

$$2m\pi = \frac{2\pi d}{\lambda}\sin\theta \quad (m = 0, 1, 2, \ldots)$$

즉,

$$d\sin\theta = m\lambda, \quad m = 0, 1, 2, \ldots \quad (\text{극대}). \tag{35.3.6}$$

이 결과는 앞에서 구한 극대점의 위치에 대한 식 35.2.3와 정확히 일치한다.

▸**극소.** 극소점은

$$\tfrac{1}{2}\phi = (m + \tfrac{1}{2})\pi, \quad m = 0, 1, 2, \ldots . \tag{35.3.7}$$

일 때 나타난다. 이 결과를 식 35.2.4에 대입하면 다음을 얻는다.

$$d\sin\theta = (m + \tfrac{1}{2})\lambda, \quad m = 0, 1, 2, \ldots \quad (\text{극소}). \tag{35.3.8}$$

이 결과도 앞에서 구한 극소점의 위치에 대한 식 35.3.5와 정확히 일치한다.

식 35.3.3을 그래프로 나타낸 그림 35.3.1은 스크린에서 두 파동의 위상차에 따른 이중슬릿 간섭무늬의 세기를 보여준다. 그림의 실선은 I_0로서, 슬릿 하나를 가렸을 때의 (균일한) 빛의 세기이다. 식 35.3.3과 그림에서 세기 I는 극소 0과 극대인 $4I_0$ 사이에서 변함을 알 수 있다.

두 슬릿에서 나오는 파동이 *결맞지 않아서* 그 사이에 일정한 위상 관계가 없으면 간섭무늬가 생기지 않으며, 빛의 세기는 그림 35.3.1의 점선처럼 스크린의 모든 점에서 일정한 값 $2I_0$를 갖는다.

간섭은 에너지를 만들거나 없애지 않고 단지 재분포시킬 뿐이다. 그러므로 광원이 결맞든 결맞지 않든 *평균* 세기는 같아야 한다. 이는 식 35.3.3으로부터 쉽게 알 수 있다. 즉, 코사인 제곱 함수의 평균값 $\frac{1}{2}$을 대입하면 $I_{avg} = 2I_0$이다.

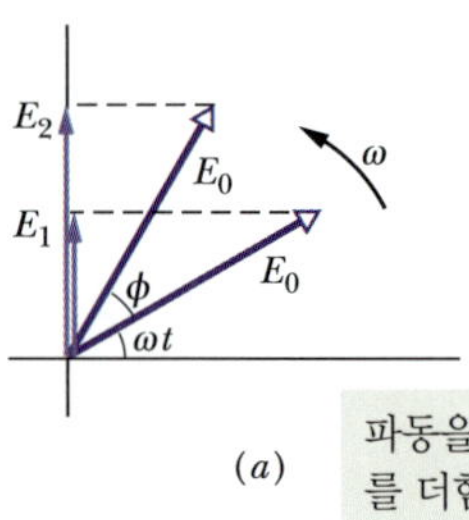

파동을 나타내는 위상자를 더함으로써 더해진 파동을 알 수 있다.

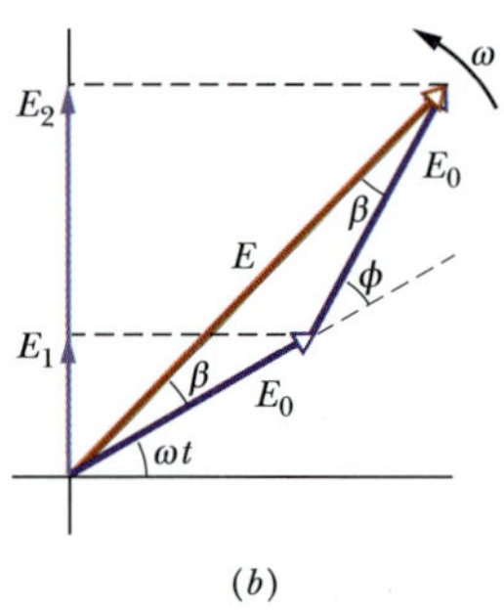

그림 35.3.2 (*a*) 식 35.20과 식 35.21로 주어지는 전기장 성분을 나타내는 위상자. 두 위상자의 크기는 모두 E_0이고 각속도 ω로 회전한다. 위상차는 ϕ이다. (*b*) 위상자를 벡터적으로 더하면 진폭이 E이고 위상상수가 β인 합성파동을 얻는다.

식 35.3.3과 35.3.4의 증명

16.6단원에서 설명한 위상자 방법을 사용하여 식 35.3.1과 식 35.3.2로 주어지는 전기장 성분 E_1과 E_2를 더해 보자. 그림 35.3.2*a*에서 E_1과 E_2 성분을 가진 파동은 원점 주위를 각속도 ω로 회전하는 크기 E_0의 위상자로 표시한다. 임의의 시간에서 E_1과 E_2의 값은 위상자를 수직축에 투영한 값이다. 그림 36.3.2*a*는 임의의 시간 t에 대하여 위상자와 투영

값이다. 식 35.20과 36.21에 따라 E_1에 대한 위상자의 회전각은 ωt이고 E_2에 대한 위상자의 회전각은 $\omega t + \phi$(E_1에서 위상변화된 것이다)이다. 각각의 위상자가 회전할 때, 수직축에 투영된 값은 식 35.3.1과 35.3.2의 사인 함수가 시간에 따라 변하는 것같이 시간에 따라 변화한다.

그림 35.2.5의 임의의 점 P에서 전기장 성분 E_1과 E_2를 더하려면 그림 35.3.2b처럼 위상자의 벡터합을 구하면 된다. 벡터합의 크기는 점 P에서 더해진 파동의 진폭 E이며 그 파동의 위상상수는 β이다. 그림 35.3.2b에서 진폭 E를 구하기 위해 먼저 β로 표시한 두 각도는 이등변삼각형의 밑각이므로 서로 같다. 삼각형에서 외각(그림 35.3.2b의 ϕ)은 마주 보는 두 내각의 합($\beta + \beta$)과 같으므로 $\beta = \frac{1}{2}\phi$임을 알 수 있다. 따라서 다음과 같다.

$$\begin{aligned} E &= 2(E_0 \cos \beta) \\ &= 2E_0 \cos \tfrac{1}{2}\phi. \end{aligned} \tag{35.3.9}$$

이제 양변을 제곱하면 다음을 얻는다.

$$E^2 = 4E_0^2 \cos^2 \tfrac{1}{2}\phi. \tag{35.3.10}$$

▸***세기.*** 한편 식 33.3.5에서 전자기파의 세기는 진폭의 제곱에 비례하므로, 그림 35.3.2b에서 더하는 진폭이 E_0인 파동들의 세기는 각각 I_0이고, I_0는 E_0^2에 비례하므로 더해진 파동의 세기 I는 E^2에 비례한다. 따라서 다음과 같다.

$$\frac{I}{I_0} = \frac{E^2}{E_0^2}.$$

식 35.3.10을 이 식에 대입하여 정리하면 다음을 얻는다.

$$I = 4I_0 \cos^2 \tfrac{1}{2}\phi.$$

이 식이 바로 증명하려 했던 식 35.3.3이다.

아직 그림 35.2.5의 스크린 위의 점 P에 도달하는 파동들의 위상차 ϕ와, 그 점의 위치를 표시하는 각도 θ 사이의 관계를 증명하는 것이 남아 있다.

식 35.3.2의 위상차 ϕ는 그림 35.2.5b의 경로차 S_1b와 관련된다. 만일 S_1b가 $\frac{1}{2}\lambda$라면 ϕ는 π인 반면, S_1b가 λ라면 2π이다. 이로부터

$$(\text{위상차}) = \frac{2\pi}{\lambda}(\text{경로차}) \tag{35.3.11}$$

임을 알 수 있다. 그림 35.2.5b에서 경로차 S_1b는 $d \sin \theta$(직각삼각형의 한 변)이므로 스크린 위의 점 P에 도달하는 두 파동 사이의 위상차이에 대한 식 35.3.11은 다음과 같다.

$$\phi = \frac{2\pi d}{\lambda} \sin \theta.$$

이 식이 바로 P에서 ϕ와 θ 사이의 관계를 증명하려 했던 식 35.3.4이다.

둘 이상 파동의 합

일반적인 경우 어느 점에서 사인모양으로 변하는 둘 이상 파동의 합을 구할 수 있다. 그 절차는 다음과 같다.

1. 더하려는 위상자를 차례로 그린다. 인접한 위상자의 위상관계를 유지하며 서로 끝이 연결되도록 그린다.

2. 벡터합을 그린다. 벡터합의 길이가 더해진 위상자의 진폭이다. 벡터합과 첫 번째 위상자 사이의 각도가 더해진 파동의 첫 번째 위상자에 대한 위상이다. 벡터합으로 구한 위상자를 수직축에 투영하면 더해진 파동의 시간에 따른 변화를 구할 수 있다.

확인문제 35.3.1

네 쌍의 빛이 스크린의 어떤 점에서 각각 만난다. 빛의 파장은 모두 같고, 만나는 점에서 진폭과 위상차는 각각 (a) $2E_0$, $6E_0$, π rad, (b) $3E_0$, $5E_0$, π rad, (c) $9E_0$, $7E_0$, 3π rad, (d) $2E_0$, $2E_0$, 0 rad이다. 만나는 점에서 빛의 세기가 큰 순서대로 네 쌍을 나열하여라(*힌트*: 위상자를 그려라).

보기문제 35.3.1 위상자를 이용한 세 빛의 결합

세 개의 파동이 결합하여 어떤 점에서의 전자기장 성분이 아래와 같다.

$$E_1 = E_0 \sin \omega t,$$
$$E_2 = E_0 \sin(\omega t + 60°),$$
$$E_3 = E_0 \sin(\omega t - 30°).$$

그 점에서 합성성분 $E(t)$를 구하여라.

요점

합성파동은 다음과 같다.

$$E(t) = E_1(t) + E_2(t) + E_3(t).$$

여기서 합을 구하기 위해 위상자 방법을 사용할 수 있고, 어떤 시간 t에서도 위상자를 자유롭게 구할 수 있다.

풀이: 문제를 간단히 하기 위해 $t = 0$에서 세 개의 파동을 나타내는 위상자가 그림 35.3.3과 같다고 하자. 세 개의 위상자는 벡터 계산이 가능한 계산기를 쓰거나 각 성분별로 합을 구하여 계산할 수 있다. 성분별로 합을 구하면, 수평성분은

$$\sum E_h = E_0 \cos 0 + E_0 \cos 60° + E_0 \cos(-30°) = 2.37E_0$$

이고, $t = 0$에서 수직성분의 합은 다음과 같다.

$$\sum E_v = E_0 \sin 0 + E_0 \sin 60° + E_0 \sin(-30°) = 0.366E_0.$$

합성파동 $E(t)$의 진폭 E_R은

파동을 나타내는 위상자를 더함으로써 더해진 파동을 알 수 있다.

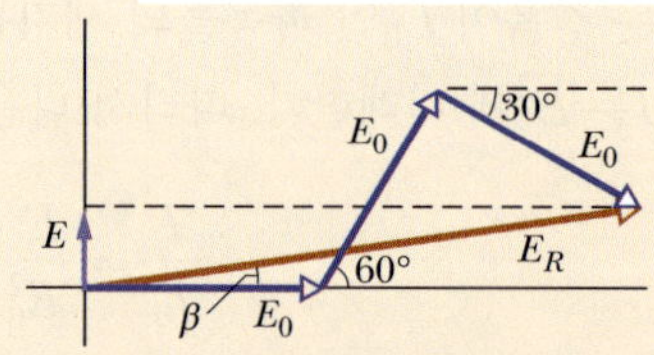

그림 35.3.3 $t = 0$에서, 진폭이 동일하고 위상이 각각 0°, 60°, −30°인 세 개의 파동을 나타내는 위상자 그림. 합하면 진폭 E_R, 각도 β인 위상자가 된다.

$$E_R = \sqrt{(2.37E_0)^2 + (0.366E_0)^2} = 2.4E_0$$

이고, E_1을 나타내는 위상자에 대한 위상각 β는 다음과 같다.

$$\beta = \tan^{-1}\left(\frac{0.366E_0}{2.37E_0}\right) = 8.8°.$$

따라서 합성파동 $E(t)$는 다음과 같다.

$$E = E_R \sin(\omega t + \beta)$$
$$= 2.4E_0 \sin(\omega t + 8.8°). \quad \text{(답)}$$

그림 35.3.3에서 각도 β의 해석에 유의하여라. 네 개의 위상자가 원점에 대해 한 개의 묶음으로 E_R과 E_1 사이의 각도를 일정하게 유지하면서 회전하고 있다. E_R과 수평축 사이의 각도가 반드시 β를 유지하지는 않는다.

▶ 교육용 비디오는 웹사이트 www.wiley.com에서 볼 수 있다.

35.4 ▸ 박막간섭

요점_Key Ideas

1. 빛이 얇고 투명한 박막에 입사하면 빛은 표면의 위에서 반사하며 간섭한다. 거의 수직으로 입사할 때 *공기 중에 있는 박막*으로부터 반사된 빛의 최대, 최소 세기에 대한 파장의 조건은 다음과 같다.

$$2L = (m + \tfrac{1}{2})\frac{\lambda}{n_2}, \qquad m = 0, 1, 2, \ldots \quad \text{(극대 − 공기 중에서 밝은 영역)},$$

$$2L = m\frac{\lambda}{n_2}, \qquad m = 0, 1, 2, \ldots \quad \text{(극소 − 공기 중에서 어두운 영역)}.$$

여기서 n_2는 박막의 굴절률, L은 두께, λ는 공기 중에서 빛의 파장이다.

2. 박막이 공기가 아닌 매질 사이에 끼워져 있다면 밝고 어두운 박막에 대한 식은 상대적인 굴절률에 따라 바뀔 수 있다.

3. 다른 굴절률의 매질 경계면에 입사한 빛이 작은 굴절률 안에 있는 경우 반사하면 반사파은 π 라디안, 즉 반 파장의 위상차가 생긴다. 그 외의 경우 반사에 의한 위상변화는 없다. 굴절할 때는 위상 변화가 없다.

학습목표_Learning Objectives

이 단원을 읽은 후 다음을 이해해야 한다.

35.4.1 박막간섭에 대한 장치를 그리고 (박막에 수직으로 들어오지만 분명하게 보이기 위해 약간 기울어지게 그린) 입사광과 굴절광을 표시하고, 두께와 세 굴절률을 나타낸다.

35.4.2 반사가 위상변화를 일으키는 조건을 구하고, 위상변화의 값을 구한다.

35.4.3 반사파의 간섭을 결정하는 세 요소는 다음과 같다. 반사 위상 변화, 경로차, (박막의 굴절률로 정해지는) 내부파장.

35.4.4 박막에 대해 반사 위상변화와 (*반사*파동이 위상이 같거나 반대, 혹은 *전달된* 파동의 위상이 같거나 반대와 같은) 원하는 결과를 이용하여 두께 L, (공기에서 측정한) 파장 λ, 박막의 굴절률 n이 만족하는 식을 결정하고 응용한다.

35.4.5 공기 중에서 (가시광선의 파장보다 훨씬 작은 두께인) 매우 얇은 박막에 대해 왜 막이 항상 어두운지 설명한다.

35.4.6 쐐기 모양의 박막의 양 끝에서 두께 L, (공기에서 측정한) 파장 λ, 박막의 굴절률 n이 만족하는 식을 결정하고 박막 전체에 나타나는 밝은 영역과 어두운 영역의 개수를 센다.

▶ 박막간섭

햇빛이 비눗방울이나 기름박막에 비칠 때 보이는 색깔은 투명한 박막의 앞면과 뒷면에서 반사되는 빛의 간섭에 의한 것이다. 비눗방울이나 기름막의 두께는 보통 가시광선의 파장 정도이다. (더 두꺼우면 빛의 결맞음이 깨져서 간섭무늬가 나타나지 않는다.)

그림 35.4.1에서는 멀리 떨어진 광원에서 나오는 파장 λ의 밝은 빛이 균일한 두께 L과 굴절률 n_2의 투명한 박막을 비추고 있다. 박막의 양쪽이 모두 공기이므로 $n_1 = n_3 = 1.0$으로 가정한다. 간단하게 하기 위해 광선이 박막에 거의 수직이라고 가정한다($\theta \approx 0$). 박막을 거의 수직으로 보는 관측자에게 박막은 밝게 보일지, 어둡게 보이는지 관심이 있다. (막을 밝게 비추는데 어떻게 어두울 수 있을까? 곧 알게 될 것이다.)

광선 i로 표시하는 입사광선은 점 a에서 박막의 앞쪽(그림의 왼쪽)을 만나고 동시에

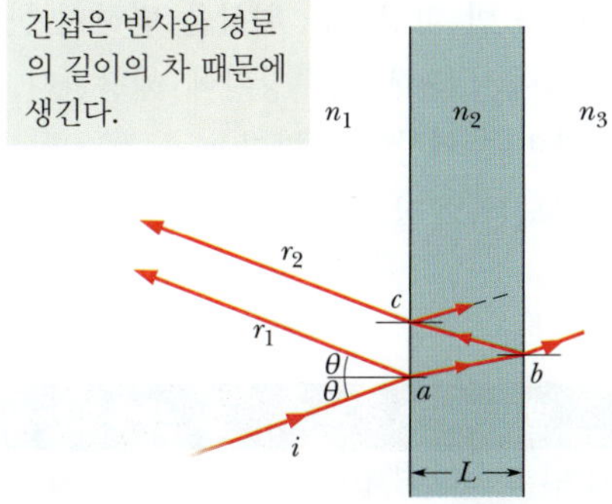

그림 35.4.1 ▸ 광선 i로 표시한 빛이 두께가 L이고 굴절률이 n_2인 박막에 입사한다. 광선 r_1과 r_2는 박막의 앞면과 뒷면에서 반사된 빛이다(세 광선 모두 박막에 거의 수직이다). 광선 r_1과 r_2의 간섭은 서로의 위상차에 의존한다. 왼쪽에 있는 매질의 굴절률 n_1은 오른쪽에 있는 매질의 굴절률 n_3와 다를 수 있으나 지금은 두 매질 모두 공기인 경우로 $n_1 = n_3 = 1.0$이고 n_2보다 작다고 가정한다.

반사와 굴절을 한다. 반사광선 r_1이 관측자의 눈에 도달한다. 굴절광선은 박막을 지나 점 b에서 반사와 굴절을 한다. b에서 반사된 광선은 점 c로 되돌아와 반사와 굴절을 한다. 광선 r_2로 표시하는 점 c에서 굴절된 광선은 관측자의 눈에 도달한다.

광선 r_1과 r_2가 눈에서 위상이 완전히 일치하면 보강간섭하여 박막의 ac 영역은 밝게 보인다. 위상이 완전히 반대이면 *비록 밝게 비추어도* 상쇄간섭하여 ac 영역은 어둡게 보인다. 중간의 위상차에서는 중간 정도의 밝기이다.

▸***요점.*** 따라서 관측자에게 어떻게 보이냐 하는 것은 광선 r_1과 r_2의 위상차가 결정한다. 두 광선 모두 같은 광선 i에서 나오지만 r_2의 경로는 박막을 두 번 지나가는 반면에 (a에서 b, 그리고 b에서 c), r_1의 경로는 박막을 지나가지 않는다. 입사각 θ는 거의 0이므로 광선 r_1과 r_2의 경로차는 거의 $2L$이다. 그러나 두 파동의 위상차를 알아내기 위하여 단순히 경로차 $2L$과 동등한 파장 λ의 개수만 알아내어서는 안 된다. 이것은 두 가지 이유로 불가능하다. (1) 경로차는 공기가 아닌 매질에서 일어난다. (2) 파동의 위상을 변화시키는 반사가 일어난다.

> 두 파동 중 하나 또는 두 파동이 반사되면 두 파동의 위상차가 달라질 수 있다.

반사 때문에 생기는 위상의 변화를 논의해 보자.

반사에 의한 위상변화

경계면에서의 굴절은 위상차를 만들지 않으나, 경계면 양쪽의 굴절률에 따라 반사할 때 위상차가 생길 수 있다. (펄스가 느리게 진행하는) 선밀도가 큰 줄과 (펄스가 빨리 진행하는) 선밀도가 작은 줄 사이에서 파동의 펄스가 반사될 때 그림 35.4.2처럼 위상이 변한다.

그림 35.4.2a에서 밀도가 큰 줄에서 비교적 느리게 진행하는 펄스가 밀도가 작은 줄과의 경계에 도달하면 펄스는 위상이 바뀌지 않으면서 부분적으로 투과되고 부분적으로 반사된다. 빛이라면 입사파가 굴절률 n (n이 크면 속력이 느리다)이 큰 매질에서 진행하는 상황과 같다. 이 경우 경계에서 반사되는 파동에 위상차가 생기지 않는다. 즉, *반사에 의한 위상변화*는 0이다.

그림 35.4.2b에서 밀도가 작은 줄을 따라 더 빨리 진행하는 펄스가 밀도가 큰 줄과의 경계에 도달하면 펄스는 다시 부분적으로 투과되고 부분적으로 반사된다. 투과된 펄스는 입사된 펄스와 같은 위상을 가지나 반사된 펄스는 뒤집히게 된다. 사인파동에서 이런 반전은 위상차 π 라디안, 즉 반 파장만큼 위상을 변하게 한다. 빛이라면 입사파가 굴절률이 작은(속력이 큰) 매질에서 진행하는 상황에 해당한다. 이 경우 경계에서 반사되는 빛은 π 라디안, 즉 반 파장만큼 위상이 변한다.

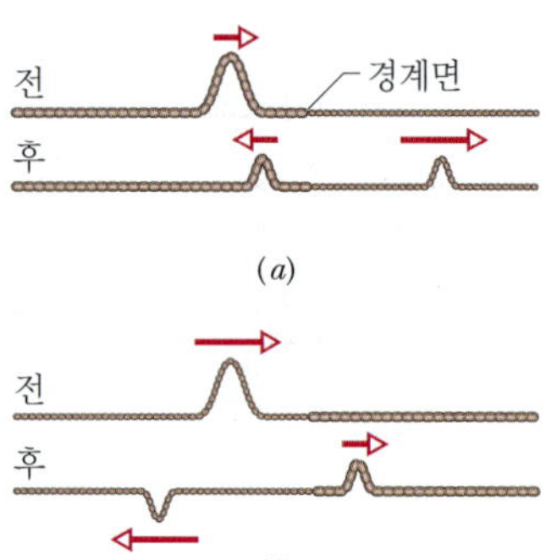

그림 35.4.2 선밀도가 다른 두 줄의 경계에서 펄스가 반사될 때 위상이 변한다. 파동의 속력은 선밀도가 작은 줄에서 더 크다. (a) 선밀도가 큰 줄에서 펄스가 입사한다. (b) 선밀도가 작은 줄에서 펄스가 입사한다. 이 경우에만 반사된 펄스의 위상이 변한다.

이상의 결과를 빛이 반사되는 매질의 굴절률과 관련하여 요약하면 아래와 같다.

반사	반사에 의한 위상변화
작은 굴절률의 매질에서	0
큰 굴절률의 매질에서	0.5파장

박막간섭에 관한 식

이 장에서 두 파동 사이에 위상차가 생길 수 있는 다음의 세 경우를 살펴보았다.

1. 반사
2. 길이가 다른 경로를 진행하는 두 파동
3. 굴절률이 다른 매질을 따라 진행하는 두 파동

그림 35.4.1처럼 빛이 박막에서 반사되어 r_1과 r_2의 파동을 만들 때는 위의 세 가지 모두가 해당된다. 이것을 하나하나 살펴보자.

▸***반사에 의한 변화.*** 그림 35.4.1에서 일어나는 두 반사를 살펴보자. 앞쪽 경계면의 점 a에서 (공기 중의) 입사파는 더 큰 굴절률을 가진 매질로부터 반사되므로 반사파 r_1은 0.5파장만큼 위상이 변한다. 뒤쪽 경계면의 점 b에서는 입사파가 더 작은 굴절률을 갖는 매질로부터 반사되므로 반사파는 위상이 변하지 않으므로, 광선 r_2에는 반사에 의한 위상변화가 없다. 그림 35.4.3의 간단한 그림이 나타내는 내용을 표 35.4.1의 첫 줄에 정리하였다. 반사에 의한 위상변화의 결과로 광선 r_1과 r_2의 파동은 0.5파장의 위상차를 가지므로 위상이 완전히 반대가 된다.

▸***경로차.*** 이제 광선 r_2가 박막을 두 번 통과하여 생기는 경로차 $2L$을 고려해 보자(표 35.4.1의 둘째 줄). r_1과 r_2의 파동들의 위상이 일치하여 완전 보강간섭을 일으키려면 경로차 $2L$이 추가적으로 0.5, 1.5, 2.5 등의 파장만큼의 위상차를 만들어야 한다. 그래야만 알짜 위상차가 파장의 정수배가 된다. 따라서 밝은 박막에 대하여는

$$2L = \frac{\text{홀수}}{2} \times \text{파장} \quad (\text{보강간섭}) \tag{35.4.1}$$

이어야 한다. 여기서 필요한 파장은 $2L$의 경로가 지나가는 굴절률이 n_2인 매질에서의 빛의 파장 λ_{n2}이다. 따라서 식 35.4.1을 다음과 같이 쓸 수 있다.

$$2L = \frac{\text{홀수}}{2} \times \lambda_{n2} \quad (\text{보강간섭}). \tag{35.4.2}$$

반면에 파동이 완전 소멸간섭을 일으키도록 반대위상이 되려면 경로차 $2L$이 위상차를 만들지 않거나 1, 2, 3, ⋯ 파장만큼의 위상차를 만들어야 한다. 그래야만 알짜 위상차가 반파장의 홀수배가 된다. 따라서 어두운 박막에 대해서는 다음과 같다.

$$2L = \text{정수} \times \text{파장} \quad (\text{소멸간섭}). \tag{35.4.3}$$

여기서 파장은 $2L$을 포함하는 매질에서의 파장 λ_{n2}이다. 따라서 이번에는 다음과 같다.

$$2L = \text{정수} \times \lambda_{n2} \quad (\text{소멸간섭}). \tag{35.4.4}$$

이제 식 35.1.6($\lambda_n = \lambda/n$)을 써서 박막 내부의 광선 r_2의 파장을

$$\lambda_{n2} = \frac{\lambda}{n_2} \tag{35.4.5}$$

로 쓸 수 있다. 여기서 λ는 진공(또는 근사적으로 공기)에서의 입사광선의 파장이다. 식 35.4.5를 35.4.2에 대입하고 "홀수/2"를 $(m + \frac{1}{2})$로 바꾸면 다음과 같다.

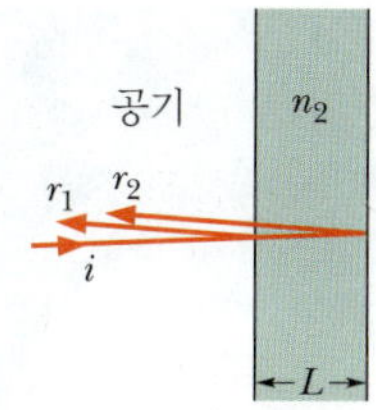

그림 35.4.3 ▸ 공기 중에서 박막의 반사.

표 35.4.1 공기 중에서의 박막간섭(그림 35.4.3)[a] 요약

	r_1	r_2
반사에 의한 위상변화	0.5파장	0
경로차	2L	
경로차가 생기는 구간의 굴절률	n_2	
보강간섭[a]	$2L = \frac{\text{홀수}}{2} \times \frac{\lambda}{n_2}$	
소멸간섭[a]	$2L = \text{정수} \times \frac{\lambda}{n_2}$	

[a] $n_2 > n_1$이고 $n_2 > n_3$인 경우

Richard Megna/Fundamental Photographs

그림 35.4.4 수직한 고리에 걸쳐 있는 비눗물 막으로부터 빛의 반사. 윗부분은 너무 얇아서 반사광선은 완전 소멸간섭을 하여 어둡게 보인다. 막의 나머지 부분은 색깔을 띤 간섭무늬 또는 띠이지만, 액체가 중력에 의하여 아래로 끌리므로 막 내부의 액체의 순환에 의하여 얼룩져 보인다.

$$2L = \left(m + \tfrac{1}{2}\right)\frac{\lambda}{n_2}, \quad m = 0, 1, 2, \ldots \quad \text{(극대, 공기 중에서 밝은 박막)}. \tag{35.4.6}$$

마찬가지로 "정수"를 m으로 바꾸면 식 35.4.4는 다음과 같다.

$$2L = m\frac{\lambda}{n_2}, \quad m = 0, 1, 2, \ldots \quad \text{(극소, 공기 중에서 어두운 박막)}. \tag{35.4.7}$$

박막의 두께 L이 주어지면, 식 35.4.6과 35.4.7의 m값에 따라 박막이 밝고 어둡게 보이게 하는 파장을 구할 수 있다. 중간의 파장은 중간의 밝기로 보인다. 한편 파장 λ가 주어지면, 식 35.4.6과 35.4.7의 m값에 따라 밝고 어둡게 보이게 하는 박막의 두께를 구할 수 있다. 중간 두께는 중간 밝기로 보인다.

▸***주의.*** (1) 공기에 둘러싸인 박막에 대해 식 35.4.6은 밝은 반사에 해당하고, 식 35.4.7은 반사가 없는 것에 해당한다. 통과하는 빛에 대해서는 이 식의 역할이 뒤바뀐다(결국 빛이 밝게 반사되려면 전달되지 말아야 하고, 그 역도 성립한다). (2) 굴절률의 값이 달라지면 식의 역할이 바뀔 수 있다. 주어진 굴절률에 대해서는 표 35.4.1에 깔려있는 사고과정을 거쳐야 하며, 특히 어느 식이 밝은 반사에 해당하고, 어느 식이 어떤 반사도 없는지 알기 위해 반사에 의한 위상변화를 결정해야 한다. (3) 식의 굴절률은 박막의 굴절률이고, 여기에서 경로차가 생긴다.

λ보다 훨씬 얇은 두께의 박막

박막이 너무 얇아서 L이 λ보다 훨씬 작을 때, 예컨대 $L < 0.1\lambda$인 경우에는 특별한 현상이 일어난다. 이때는 경로차 $2L$은 무시할 수 있고 r_1과 r_2 사이의 위상차는 반사에 의한 위상차에*만* 기인한다. 반사에 의해 0.5파장의 위상차가 생기는 그림 35.4.3에서, 박막의 두께가 $L < 0.1\lambda$이면 r_1과 r_2는 위상이 반대가 되고 박막을 비추는 빛의 파장이나 심지어 세기에 관계없이 박막은 어둡게 된다. 이와 같이 특별한 상황은 식 35.4.7에서 $m = 0$에 대응한다. 따라서 $L < 0.1\lambda$가 되는 두께를 식 35.4.7에서 $m = 0$인 최소 두께로 간주할 수 있다. 이때 박막을 어둡게 하는 다음 번 두께는 $m = 1$에 해당한다.

그림 35.4.4는 두께가 위에서 아래로 갈수록 증가하는 수직 비눗물 막이다. 밝은 백색광이 비눗물 막을 비춘다. 그러나 윗부분은 너무 얇아서 어둡다. (좀 더 두꺼운) 중간 영역에서 무늬 또는 띠가 보이는데 그 색깔은 주로 특정한 두께에 대하여 반사광선이 완전 보강간섭을 하는 파장에 의존한다. (가장 두꺼운) 막의 바닥으로 갈수록 무늬 간격은 점점 좁아지고 색은 중첩되어 희미해진다.

나비, 잉크와 페인트에 의한 색이동

박막간섭으로 인해 색이 보이는 표면은 보는 각도에 따라 색깔이 변한다. 왜냐하면 색깔은 표면을 보는 방향이 바뀌면 색조가 변하기 때문이다. *Morpho* 나비 날개의 윗면(그림 35.1.1)의 색조 변화는 날개 위의 투명한 칸막이처럼 생긴 물질이 만든 얇은 계단 모양에서(그림 35.4.5) 빛이 반사하여 박막간섭을 일으키기 때문이다. 이 계단 모양은 날개에 수직으로 뻗은 나무에서 넓고, 평평한 가지가 뻗어 있는 구조처럼 배열되어 있다.

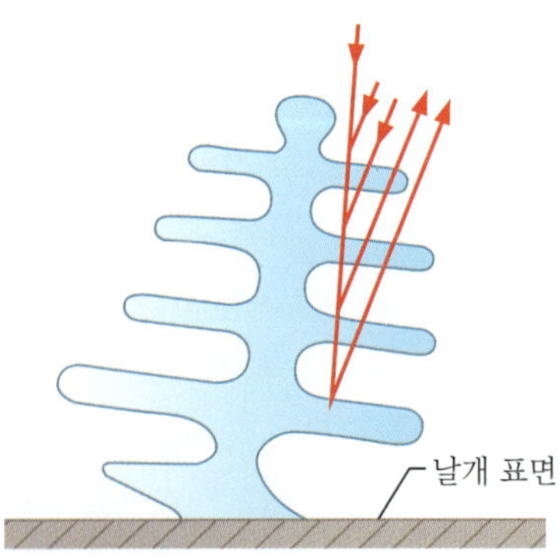

그림 35.4.5 *Morpho* 나비 날개에서 위로 뻗은 반사 구조. 투명한 "계단"의 꼭대기에서 반사되어 날개에 간섭색이 생긴다.

백색광을 날개 위에서 바로 아래로 비출 때 이 계단 모양을 바로 아래로 본다고 하자. 그러면 계단 모양에서 눈으로 반사된 빛은 가시광선 스펙트럼의 청녹 영역에서 완전

PublicDomainPictures/17903/Pixabay

그림 35.4.6 오른쪽 아래의 숫자에 색이동 잉크를 사용한다.

보강간섭을 일으킨다. 스펙트럼의 반대쪽에 있는 황적 영역의 빛은 중간 정도의 간섭만 하기 때문에 더 약하다. 따라서 날개 윗면은 청녹색으로 보인다.

날개로부터 반사된 빛을 다른 방향에서 보면 빛은 계단 모양을 통해 기울어진 경로를 따라 이동한다. 그러면 완전보강간섭을 일으키는 파장은 바로 위에서 반사된 빛의 파장과 비교하면 다소 다르다. 따라서 움직이는 날개를 볼 때 보는 각도가 변하면 날개가 가장 밝은 색깔은 약간 바뀌어 날개의 색조 변화를 만든다.

지폐, 자동차, 기타 등의 물체에서 사용하는 색이동 잉크와 페인트는 *Morpho* 나비 날개의 색이동과 거의 같은 방법으로 작용한다. 그림 35.4.6에 미국 지폐를 나타내었다. 오른쪽 아래 구석에 있는 숫자를 바로 위에서 내려다보면 붉은색 또는 적황색이다. 지폐를 기울여 옆에서 보면 녹색으로 변한다. 복사기를 이용하면 한 방향에서 본 색깔만을 복사하기 때문에 보는 방향을 바꿀 때 변하는 색깔은 복사할 수 없다. 따라서 색이 변하는 잉크로 인해 위조지폐를 만드는 것이 더 어려워졌다.

그림 35.4.7*a*에 지폐에서 사용하는 잉크층의 단면을 나타내었다. 색이동은 보통 잉크 안에 떠다니는 여러 층의 조각 때문에 일어난다. 그림 35.4.7*b*에 한 조각의 단면을 나타내었다. 조각 위의 보통 잉크에서 통과하는 빛은 크롬(Cr), 불화마그네슘(MgF_2), 알루미늄(Al)의 얇은 층을 지난다. Cr 층은 약한 거울로 작용하고, Al 층은 더 좋은 거울이고, MgF_2 층은 비누막처럼 작용한다. 그 결과로 층 사이의 각 경계면에서 위로 반사된 빛은 다시 정상 잉크를 지나고, 관측자의 눈에서 간섭한다. 완전보강간섭을 일으키는 색깔은 MgF_2의 두께 L에 의존한다. 색이동을 하는 잉크로 인쇄한 미국 지폐에서 L값은 지폐를 바로 아래로 내려다볼 때 빨간색 혹은 적황색이 완전보강간섭을 하도록 정했다. 관측자가 지폐를 기울여서 각각의 조각이 기울어졌을 때 조각에서 관측자에 도달하는 빛 중 녹색이 보강간섭을 한다. 따라서 보는 각도를 변화시키면 관측자는 색깔을 변하게 할 수 있다. 다른 나라에서는 그 지폐의 색깔이 다른 색이동이 일어나도록 박막 조각을 다르게 제작한다.

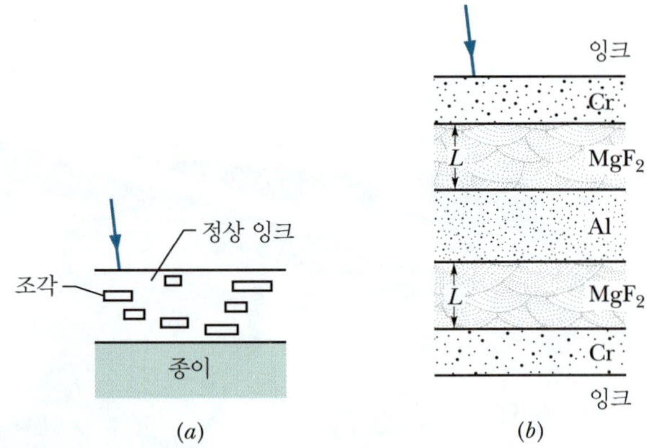

그림 35.4.7 (*a*) 지폐의 색이동 잉크는 보통 잉크 안에 떠다니는 여러 층의 박막 조각으로 이루어져 있다. (*b*) 조각 하나의 단면. 빛은 다섯 층을 통과하고, 각 경계면에서 반사한다. 이 반사된 광선 파동의 간섭으로 인한 색은 불화마그네슘 층의 두께 L로 결정된다.

확인문제 35.4.1

오른편 그림은 두께 L의 박막에서 빛이 수직으로 반사하는 네 가지 경우이다. 각 박막의 굴절률은 그림에 나타내었다. (a) 어느 경우에 반사한 두 광선의 반사에 의한 위상차가 0이 되는가? (b) 경로차 $2L$이 0.5파장의 위상차를 준다면, 어느 경우에 박막이 어둡게 보이는가?

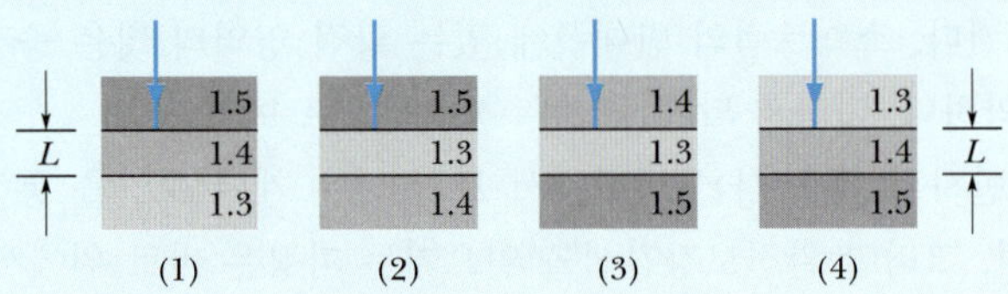

보기문제 35.4.1 공기 중 수막의 박막간섭

파장이 400에서 690 nm 범위인 가시광선 영역에서 세기가 균일한 백색광이 수막에 수직으로 입사하고 있다. 공기 중에 떠 있는 수막의 굴절률은 $n_2 = 1.33$이고 두께는 320 nm이다. 수막에 의해 반사된 빛 중 관찰자가 볼 때 가장 밝은 파장을 구하여라.

요점

수막에서 반사된 빛의 위상이 서로 같게 되는 파장의 빛이 가장 밝다. 이들 파장을 주어진 두께 L과 굴절률 n_2에 관계시키는 식은 이 특별한 박막에 대해 반사에 의한 위상변화에 따라 식 35.4.6 혹은 35.4.7이다.

풀이: 어떤 식이 필요한지 결정하려면 표 35.4.1과 같은 표를 완성해야 한다. 수막의 좌우에 공기가 닿아 있기 때문에 여기 상황은 그림 35.4.3과 완전히 같고 표는 표 35.4.1과 같다. 표 35.4.1에 따르면

$$2L = \frac{\text{홀수}}{2} \times \frac{\lambda}{n_2}$$

의 조건을 만족할 때 반사된 광선의 위상이 같게 되어 수막이 밝게 보인다. 즉, 식 35.4.6인

$$2L = (m + \tfrac{1}{2})\frac{\lambda}{n_2}$$

를 만족해야 한다. 이를 파장 λ에 대해 풀고, L과 n_2를 대입하면 다음을 얻는다.

$$\lambda = \frac{2n_2L}{m + \frac{1}{2}} = \frac{(2)(1.33)(320\text{ nm})}{m + \frac{1}{2}} = \frac{851\text{ nm}}{m + \frac{1}{2}}.$$

$m = 0$인 경우, $\lambda = 1700$ nm로서 적외선 영역이다. $m = 1$이면 $\lambda = 567$ nm로서 노란색–녹색 영역으로 가시광선 빛띠에서 중간 근처이다. $m = 2$이면 $\lambda = 340$ nm이다. 그러므로 관찰자가 보는 가장 밝은 파장은 다음과 같다.

$$\lambda = 567\text{ nm}. \quad \text{(답)}$$

▶ **교육용 비디오는 웹사이트 www.wiley.com에서 볼 수 있다.**

보기문제 35.4.2 코팅된 유리 렌즈의 박막간섭

렌즈 표면의 반사를 감소시키기 위해 유리 렌즈의 한쪽 면에 MgF_2를 입혔다(그림 35.4.8 참조). MgF_2의 굴절률은 1.38이고 유리의 굴절률은 1.50이다. 가시광선 중심 파장(λ = 550 nm)의 반사를 없앨 수 있는 박막의 최소 두께는 얼마인가? 빛은 렌즈의 표면에 수직으로 입사한다고 가정하자.

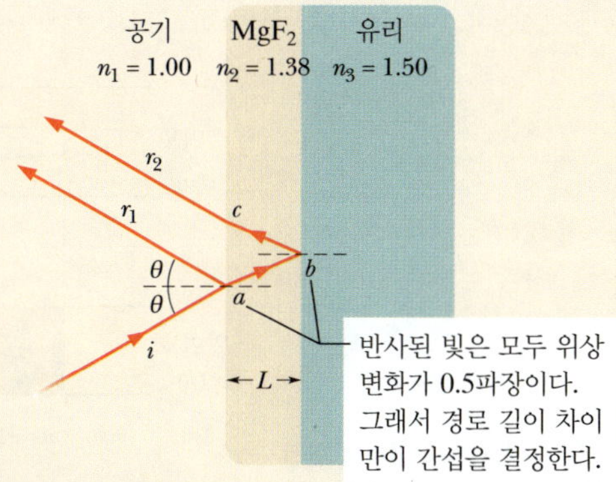

그림 35.4.8 유리로부터 (특정한 파장의) 원하지 않는 반사는 적절한 두께의 MgF_2 박막을 입혀서 줄일 수 있다.

요점

박막의 두 경계에서 반사되는 파동이 정확히 반대 위상이 되는 두께 L에서 반사가 감소한다. L을 주어진 파장 λ와 박막의 굴절률 n_2와 연관 짓는 식은 경계에서의 위상변화에 따라 식 35.4.6 또는 식 35.4.7이다.

풀이: 어떤 식이 필요한지 결정하려면 표 35.4.1과 같은 표를 완성해야 한다. 첫 번째 경계면에서 입사광선은 (박막) MgF_2보다 굴절률이 작은 공기 중에 있다. 따라서 표를 만들 때 r_1 아래에 0.5를 넣어야 한다(광선 r_1의 파장이 첫 번째 경계면에서 0.5λ만큼 이동하기 때문이다). 두 번째 경계면에서는 입사광선이 경계면의 반대편에 있는 유리보다 굴절률이 작은 MgF_2에 있다. 표를 만들 때 r_2 아래에 0.5를 넣어야 한다.

두 경계면에서 모두 반 파장의 위상변화가 일어나므로 두 파동 r_1과 r_2는 같은 위상을 갖는다. 반사광선들이 *반대 위상*을 가지려면 경로차 $2L$은 다음과 같이 반 파장의 홀수배가 되어야 한다.

$$2L = \frac{\text{홀수}}{2} \times \frac{\lambda}{n_2}.$$

이는 바로 (공기 사이이 있는 밝은 박막에 대해서이지만 이 배열에서는 어두운 박막의 경우인) 식 35.4.6이다. 이 식을 L에 대하여 풀면 렌즈와 막으로부터의 반사를 없애는 두께

$$L = (m + \tfrac{1}{2})\frac{\lambda}{2n_2}, \quad m = 0, 1, 2, \ldots . \quad (35.4.8)$$

를 얻는다. 박막의 최소 두께를 구하기 위해 식 35.4.8에 $m = 0$을 대입하여 L에 대하여 풀면 다음을 얻는다.

$$L = \frac{\lambda}{4n_2} = \frac{550\text{ nm}}{(4)(1.38)} = 99.6\text{ nm}. \quad \text{(답)}$$

▶ 교육용 비디오는 웹사이트 www.wiley.com에서 볼 수 있다.

보기문제 35.4.3 틈이 있는 투명한 플라스틱 관에서의 박막간섭

그림 35.4.9a는 투명한 틈이 파인 플라스틱판이다(쐐기 모양의 두께는 과장되게 그렸다). 파장 λ = 632.8 nm의 넓게 퍼진 빨간색 광선이 아래 방향으로 (입사각이 0°) 판의 위쪽을 통해 입사한다. 약간의 빛은 공기 틈 위아래의 표면에서 반사되는데 박막처럼 작용하는 공기 틈은 L_L부터 L_R까지 균일하게 점차 넓어진다(공기 틈 위아래의 플라스틱 층은 박막으로 작용하기에는 너무 두껍다). 판을 내려다보는 관측자는 공기 틈을 따라 여섯 개의 어두운 무늬와 다섯 개의 밝은 빨간색 무늬를 본다. 공기 틈을 따라서 두께 변화 $\Delta L(= L_R - L_L)$은 얼마인가?

요점

(1) 밝은 간섭무늬는 틈의 위와 아래의 경계면에서 반사되는 파동의 간섭에 의해 생긴다. (2) 간섭무늬의 밝기는 공기 틈의 두께 변화에 의존한다. 어떤 두께에서는 파동의 위상이 일치하여 밝은 무늬(빨간색)를 만들며, 다른 두께에서는 위상이 반대가 되어 어두운 무늬를 만든다.

반사과정: 밝은 무늬보다 어두운 무늬의 수가 많으므로 어두운 무늬가 공기 틈의 왼쪽과 오른쪽 끝에 만들어진다고 가정할 수 있다. 따라서 간섭무늬는 그림 35.4.9b와 같다.

공기 틈의 윗면과 아랫면에서의 반사과정을 확인하기 위하여 그림 35.4.9c처럼 두께가 L인 임의의 한 점에서 생각해

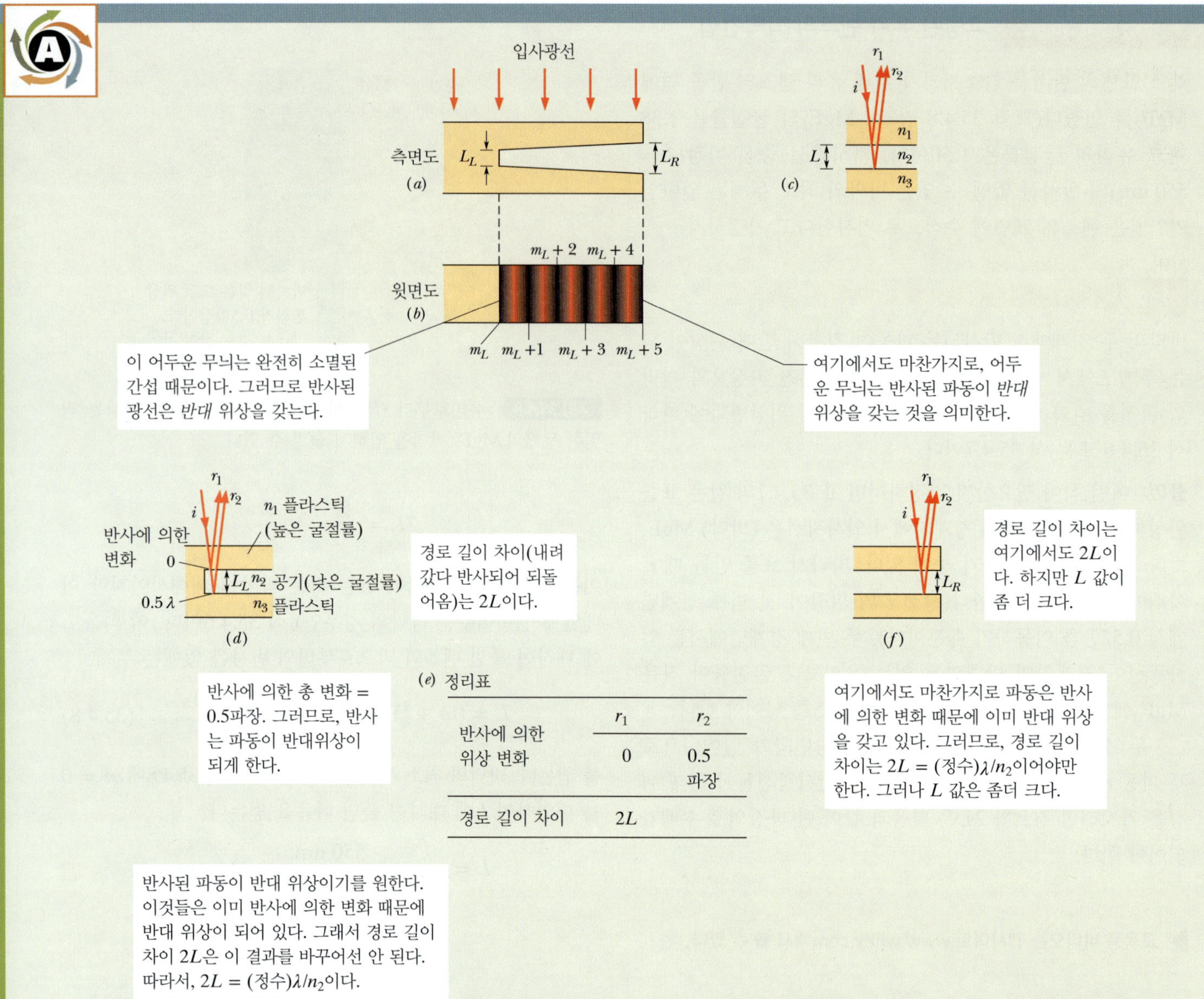

그림 35.4.9 (*a*) 빨간색 광선이 투명한 플라스틱판에 파인 쐐기꼴의 얇은 공기 틈으로 입사한다. 틈의 왼쪽 두께는 L_L이며 오른쪽 두께는 L_R이다. (*b*) 판을 위에서 본 그림. 공기 틈 부분에 여섯 개의 어두운 무늬와 다섯 개의 밝은 간섭무늬가 생긴다. (*c*) 입사광선 i와 반사광선 r_1 및 r_2, 그리고 공기 틈 부분의 두께 L, (*d*) 공기 틈이 왼쪽 끝의 반사광선, (*f*) 공기 틈이 오른쪽 끝의 반사광선, (*e*) 정리표.

보자. 그리고 어두운 무늬를 만드는 공기 틈의 왼쪽 끝의 반사를 고려한다.

어두운 무늬를 만들려면 그림 35.4.9*d*의 광선 r_1과 r_2의 위상이 서로 반대여야 한다. 박막의 두께 L과 빛의 파장 λ, 박막의 굴절률 n_2를 관계 짓는 식은 반사에 의한 위상변화에 따라 식 35.4.6 또는 35.4.7이다. 틈의 왼쪽 끝에서 어느 공식이 어두운 무늬를 주는지를 보기 위해서는 그림 35.4.9*e*에 있는 표 35.4.1과 같은 표를 만들어야 한다.

틈의 위쪽 경계면에서 입사광선은 굴절률이 공기보다 큰 플라스틱에 있다. 따라서 표의 r_1 아래에 0을 채운다. 틈의 아래쪽 경계면에서는 입사광선이 굴절률이 작은 공기에 있으므로 표의 r_2 아래에 0.5파장을 기입한다. 따라서 반사에 의해 두 광선의 파동은 반대 위상을 갖는 것을 알 수 있다. 그러므로 반사로 인한 위상차는 0.5파장이다.

왼쪽 끝의 반사(그림 35.4.9d): 공기 틈의 왼쪽 끝에서는 반사에 의한 위상 변화로만 어두운 무늬가 생기는데, 이 조건을 바꾸는 경로차가 생기지 말아야 한다. 그러므로 왼쪽 끝에서 경로 차이 $2L$은 다음과 같이 주어져야 한다.

$$2L = 정수 \times \frac{\lambda}{n_2}$$

이며, 이는 식 35.4.7에서 다음과 같다.

$$2L = m\frac{\lambda}{n_2}, \quad m = 0, 1, 2, \ldots. \qquad (35.4.9)$$

오른쪽 끝의 반사(그림 35.4.9f): 식 35.4.9는 틈의 왼쪽 끝뿐만 아니라 틈을 따라서 오른쪽 끝을 포함해서 어두운 무늬가 생기는 곳에서는 어디서나 성립한다. 물론 각 무늬에 대응되는 m값은 다르다. 가장 작은 m값은 어두운 무늬가 보이는 곳 중 가장 얇은 두께에 해당되고, 틈의 간격이 두꺼워짐에 따라 m이 1씩 늘어난다. 왼쪽 끝에서의 m값을 m_L이라 하면, 그림 35.4.9b의 오른쪽 끝에 생기는 어두운 무늬는 왼쪽 끝에서 다섯 번째이므로, 오른쪽 끝에서는 $m_L + 5$이다.

두께차: 공기틈의 왼쪽과 오른쪽 끝에서의 두께차 ΔL을 구하려면 식 35.4.9를 L_L과 L_R에 대하여 풀면 다음과 같다.

$$L_L = (m_L)\frac{\lambda}{2n_2}, \qquad L_R = (m_L + 5)\frac{\lambda}{2n_2}. \qquad (35.4.10)$$

이제 틈 안에 있는 공기에 대하여 $n_2 = 1.00$과 $\lambda = 632.8 \times 10^{-9}$ m를 대입하면 다음을 얻는다.

$$\Delta L = L_R - L_L = \frac{(m_L + 5)\lambda}{2n_2} - \frac{m_L\lambda}{2n_2} = \frac{5}{2}\frac{\lambda}{n_2}$$
$$= 1.58 \times 10^{-6} \text{ m}.$$

(답)

▶ **교육용 비디오는 웹사이트 www.wiley.com에서 볼 수 있다.**

35.5 ▸ Michelson 간섭계

요점_Key Ideas

1. Michelson의 간섭계에서 빛은 두 빔으로 나뉘고 다른 경로를 지난 후 다시 합쳐진다.
2. 이 빛이 만드는 간섭무늬는 이 경로의 길이와 경로의 굴절률에 의존한다.
3. 굴절률 n, 두께 L인 투명한 물질이 한 경로에 있으면 다시 합쳐진 빔에서 (파장으로 측정한) 위상차는 다음과 같다.

$$위상차 = \frac{2L}{\lambda}(n - 1).$$

여기서 λ는 빛의 파장이다.

학습목표_Learning Objectives

이 단원을 읽은 후 다음을 이해해야 한다.

35.5.1 그림을 그려 간섭계가 어떻게 작동하는지 설명한다.

35.5.2 투명한 물질을 간섭계의 한쪽 빔에 집어넣었을 때 (파장으로 측정한) 빛의 위상변화, 물질의 두께와 굴절률 사이의 관계를 구한다.

35.5.3 간섭계에 대해 거울이 움직인 거리와 이로 인해 생긴 간섭무늬의 이동 사이의 관계를 구한다.

Michelson 간섭계

간섭계는 간섭무늬를 이용하여 길이 또는 길이의 변화를 매우 정밀하게 측정할 수 있는 장치이다. 여기서는 1881년에 A. A. Michelson이 처음 만든 장치를 설명하겠다.

그림 35.5.1에서 광원 S의 점 P를 떠나 *빔 분할기* M에 도달하는 빛을 고려하자. 빔 분할기는 입사한 빛의 반은 투과시키고 나머지 반은 반사시키는 거울이다. 그림에서 거울의 두께를 무시한다. 따라서 빛은 두 파동으로 나뉜다. 한 파동은 투과되어 거울 M_1으로 진행하고 다른 파동은 반사되어 거울 M_2로 간다. 파동들은 거울들에서 완전 반사되어 입사 경로로 되돌아가 망원경 T에 도달한다. 관측자는 굽은 간섭무늬나 또는 얼룩말 무늬 같은 대략 직선형의 간섭무늬를 본다.

▸ ***거울의 이동.*** 두 파동이 망원경에서 재결합할 때 두 파동의 경로차는 $2d_2 - 2d_1$이며, 경로차가 바뀌면 눈에 도달하는 두 파동의 위상차가 생기게 된다. 예를 들어 거울 M_2

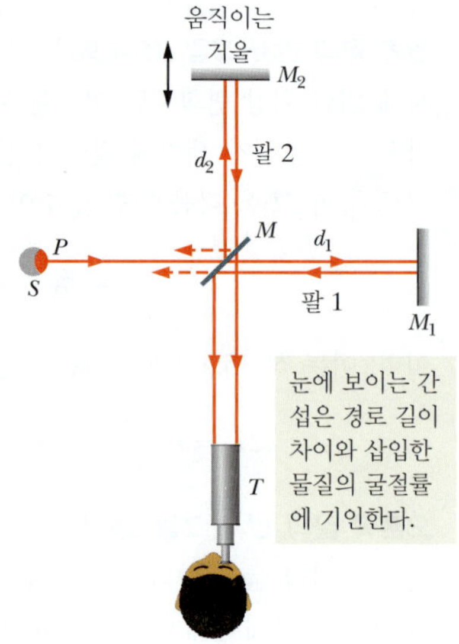

그림 35.5.1 광원 S의 한 점 P에서 출발한 빛의 경로를 보여주는 Michelson 간섭계. 빛은 거울 M에 의하여 두 개의 경로로 갈라지는데, 이들은 거울 M_1과 M_2에서 반사되어 M과 망원경 T로 들어온다. 관측자는 망원경을 통해 간섭무늬를 본다.

가 거리 $\frac{1}{2}\lambda$만큼 움직이면 λ만큼 경로차가 생겨서 간섭무늬는 한 단계 이동한다. (마치 얼룩말의 검은 줄무늬가 인접한 검은 줄무늬가 있었던 곳으로 이동하는 것 같이) 마찬가지로 거울 M_2가 거리 $\frac{1}{4}\lambda$만큼 움직이면 (각각의 검은 줄무늬가 인접한 흰 줄무늬가 있었던 곳으로 이동하는 것 같이) 간섭무늬는 절반 이동한다.

▸***삽입.*** 간섭무늬의 이동은 두 경로 중 하나(예를 들어 M_1의 경로)에 얇고 투명한 물질을 삽입해도 일어난다. 물질의 두께를 L, 굴절률 n이라면 물질을 왕복하는 경로 안의 파장수는 식 35.1.7로부터 다음과 같다.

$$N_m = \frac{2L}{\lambda_n} = \frac{2Ln}{\lambda}. \tag{35.5.1}$$

물질을 삽입하기 전에 길이 $2L$의 공기 중에서의 파장수는 다음과 같다.

$$N_a = \frac{2L}{\lambda}. \tag{35.5.2}$$

물질을 삽입하면 거울 M_1에 의하여 되돌아온 빛에는

$$N_m - N_a = \frac{2Ln}{\lambda} - \frac{2L}{\lambda} = \frac{2L}{\lambda}(n-1) \tag{35.5.3}$$

에 해당하는 (파장수로 표시한) 위상변화가 생긴다.

한 파장의 위상차가 생길 때마다 간섭무늬는 한 단계씩 이동한다. 따라서 물질이 간섭무늬를 이동시키는 개수를 세어 이 수를 식 35.5.3의 $N_m - N_a$에 대입하면 물질의 두께 L을 λ로 표시할 수 있다.

▸***길이의 표준.*** 이 방법을 쓰면 물질의 두께를 빛의 파장수로 표시할 수 있다. Michelson의 시대에는 파리 근교의 Sèvres에 보관된 금속원기의 두 눈금 사이의 길이를 1 m로 하는 길이의 국제단위계를 채택했었다. Michelson은 간섭계를 써서 이 길이가 카드뮴 광원에서 나오는 붉은 단색광 파장의 1533163.5배와 같음을 보였다. 이와 같은 세밀한 측정으로 Michelson은 1907년 노벨물리학상을 수상하였다. 그의 업적을 바탕으로 1961년에는 길이의 금속원기를 폐기하고, 미터를 빛의 파장수로 다시 정의하게 되었다. 1983년에는 광속을 써서 길이의 새로운 표준이 채택되었다.

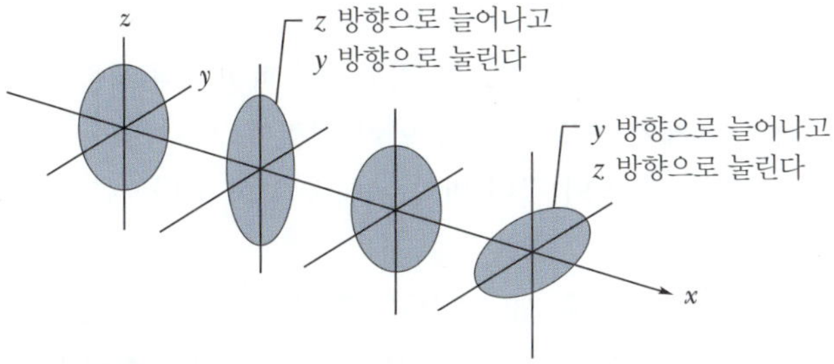

그림 35.5.2 중력파가 공간을 누르고 잡아당긴다.

중력파 검출

질량이 큰 한 쌍의 천체가 서로 돌고 있을 때 이 운동으로 인해 주위 공간의 중력을 연속적으로 변화시키고, 이 변화가 *중력파*의 형태로 바깥으로 진행한다. 파동은 진행 방향에 수직인 방향을 따라 공간 자체가 진동하는 것이다. 파동은 공간을 한 방향으로 약간 누르면서, 다른 방향으로는 잡아당기고, 누르는 것과 잡아당기는 것이 바뀐다(그림 35.5.2). 이 파동은 1916년에 Albert Einstein이 예측하였지만, 그를 포함한 대부분의 물리학자는 진동이 작아 검출하는 것은 불가능하다고 생각했다.

1972년 MIT의 Rainer Weiss는 레이저를 광원으로 하는 큰 Michelson 간섭계를 이용하면 이 파동을 관측할 수 있을 것이라고 제안하였다. 이 제안은 Livingston, Louisinana(그림 35.5.3)와 Hanford, Washington에 건설된 Laser Interferometer Gravitational-Wave Observatory (LIGO)의 기초가 되었다. 각 팔은 길이 4 km인 진공관으로 이루어져 있다. Weiss의 관점에서는 만일 중력파가 LIGO를 따라 이동하

Xinhua/Alamy Stock Photo

그림 35.5.3 Livingston, Louisiana에 있는 LIGO 시설. 사진에 있는 한 팔은 왼쪽으로 뻗어 있고, 다른 팔은 위 방향으로 향한다.

면 팔의 길이를 주기적으로 변화시켜, 번갈아 한 팔을 누르고 다른 팔은 잡아당긴다. 이 변화는 간섭계에서 나오는 빛을 주기적으로 변화시켜 파동이 존재한다는 신호를 보낸다. 그러나 결과에서 잡음을 제거하기 위해 십 년이 걸렸다. 왜냐하면 파동이 너무 약해서 누르고 잡아당겨서 생기는 각 팔의 길이 변화는 대략 양성자 반지름의 1/200이기 때문이다.

2015년에 장치를 개선한 후 두 개의 LIGO 장치가 중력파를 검출하였다. 계산에 의하면 이 중력파는 1.3×10^9 광년인 곳에 태양질량의 29배인 질량과 태양질량의 36배인 질량인 두 블랙홀이 합쳐질 때 나온 것이었다. 파동은 광속으로 지구까지 이동하므로 1.3×10^9년 전에 합쳐진 것이다.

첫 번째 검출한 이후 중성자쌍과 블랙홀쌍이 합쳐질 때 생기는 많은 중력파를 LIGO와 이태리 시설인 Virgo에서 검출하였다. 더 많은 시설을 만들고 있다. 이 시설은 우주를 관측하는 새로운 방법을 제공하고, 파동으로부터 블랙홀과 중성자별을 더 잘 이해할 수 있다. 2017년에 Weiss, 칼텍에 있는 Kip S. Thorne과 Barry C. Barish는 중력파 검출에 대한 업적으로 노벨물리학상을 수상하였다.

확인문제 35.5.1

(a) Michelson 간섭계의 한 팔의 길이가 3.0 λ만큼 늘어나면, 간섭무늬는 몇 개나 이동하는가? (b) 한 팔에 수직으로 투명한 물질을 집어넣었을 때 이 팔을 따라 파장수가 4.0만큼 증가한다면 간섭무늬는 몇 개나 이동하는가?

정리 및 요약 _Review & Summary

▸ *Huygens의 원리* *Huygens의 원리*를 이용하여 빛을 포함한 3차원 파동의 전파를 예측할 수 있다. 이 원리에 따르면, 파동면의 모든 점은 2차 파동의 점원이 된다. 시간 t가 흐른 후에 새로운 파동면의 위치는 이렇게 발생한 2차 파동의 접면이 된다.

임의의 매질 내에서 빛의 속력이 v이고 진공에서 광속을 c라고 할 때, 매체의 굴절률을 $n = v/c$라고 하면, 굴절법칙을 Huygens의 원리로부터 유도할 수 있다.

▸ *파장과 굴절률* 굴절률이 n인 매질에서의 파장을 λ_n이라고 하면 다음의 관계가 성립한다.

$$\lambda_n = \frac{\lambda}{n}. \tag{35.1.6}$$

여기서 λ는 진공에서의 빛의 파장이다. 이런 의존성 때문에, 두 빛이 굴절률이 다른 매질을 지나면 두 파동의 위상차가 변한다.

▸ *Young의 실험* **Young의 간섭실험**에서 단일 슬릿을 지난 빛은 스크린에 있는 두 개의 슬릿에 입사한다. 두 슬릿을 지난 빛은 회절에 의해 퍼져서 스크린 뒤쪽 영역에서 간섭현상이 생기고, 간섭무늬가 스크린에 나타난다.

스크린에서 빛의 세기는 두 슬릿에서 그 점까지의 거리에 부분적으로 의존한다. 경로차가 파장의 정수배이면 파동이 보강간섭하여 세기의 극대가 발생한다. 경로차가 반파장의 홀수배이면 상쇄간섭에 의해 세기의 극소가 발생한다. 세기의 극대와 극소의 조건은 다음과 같다.

$$d \sin\theta = m\lambda, \quad m = 0, 1, 2, \ldots \quad \text{(극대점, 밝은 무늬)}, \tag{35.2.3}$$

$$d \sin\theta = (m + \tfrac{1}{2})\lambda, \quad m = 0, 1, 2, \ldots \quad \text{(극소점, 어두운 무늬)}. \tag{35.2.5}$$

여기서 θ는 빛의 경로와 중간축 사이의 각도이고 d는 슬릿 사이의 거리이다.

▸ *결맞음* 한 점에서 만나는 두 빛이 인지할 수 있을 정도로 간섭하려면 두 빛 사이의 위상차가 일정하여야 한다. 즉, 파동이 **결맞아야** 한다. 결맞는 두 파동이 만날 때, 합성파동의 세기는 위상자를 사용하여 알아낼 수 있다.

▸ *이중슬릿 간섭무늬의 세기* Young의 간섭실험에서 세기가 각각 I_0인 두 파동이 합해져서 간섭무늬를 만들 때, 스크린에서의 세기 I는 다음과 같다.

$$I = 4I_0 \cos^2 \tfrac{1}{2}\phi, \quad \phi = \frac{2\pi d}{\lambda}\sin\theta. \qquad (35.3.3, 35.3.4)$$

극대와 극소의 위치를 찾아내는 식 35.2.3과 35.2.5는 이 관계식에 포함되어 있다.

▸***박막간섭*** 빛이 투명한 박막에 입사하면 앞면과 뒷면에서 반사하는 빛이 간섭한다. *공기 중에 있는 박막*에 빛이 거의 수직으로 입사하는 경우에 세기의 극대와 극소의 위치는 다음과 같다.

$$2L = (m + \tfrac{1}{2})\frac{\lambda}{n_2}, \quad m = 0, 1, 2, \ldots$$

(극대, 공기 중에서 밝은 박막), (35.4.6)

$$2L = m\frac{\lambda}{n_2}, \quad m = 0, 1, 2, \ldots$$

(극소, 공기 중에서 어두운 박막). (35.4.7)

여기서 n_2는 박막의 굴절률, L은 박막의 두께, λ는 공기에서의 빛의 파장이다.

굴절률이 다른 매질 사이의 표면으로 입사된 빛이 반사된 후 굴절률이 낮은 매질에 있다면 반사된 파는 위상이 π rad(반 파장)만큼 바뀐다. 반대로 빛이 반사된 후 굴절률이 높은 매질에 있다면 반사에 의한 위상변화가 없다. 굴절은 위상변화를 일으키지 않는다.

▸***Michelson 간섭계*** *Michelson 간섭계*에서 빛은 두 광선으로 갈라져서 길이가 다른 경로를 지난 다음에 다시 합쳐짐으로써 간섭이 발생하여 무늬가 생긴다. 두 광선 중 하나의 경로를 변경하여 발생하는 무늬의 변화에서 무늬의 개수를 셈으로써 거리를 파장의 단위로 정확하게 얻을 수 있다.

연습문제 _Problems

E Easy M Medium H Hard CALC Requires calculus BIO Biomedical application

1 E 그림 35.1에서 라디오파 진동수 영역의 두 점원 S_1과 S_2가 거리 $d = 3.0$ m만큼 떨어져서 같은 위상으로 파장 $\lambda = 0.50$ m의 전자기파를 방출하고 있다. 검출기가 두 점원을 포함하는 평면 위에서 두 점원의 주위를 큰 원형 궤도로 돌고 있다. 극대점 몇 개를 검출하는가?

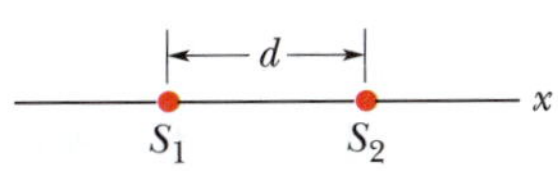

그림 35.1 연습문제 1, 2

2 M 그림 35.1에서 두 개의 광원 S_1과 S_2가 파장이 λ인 위상이 같은 빛을 등방적으로 방출한다. 두 광원은 x축 위에서 거리 d만큼 떨어져 있고, 검출기는 두 광원의 중점이 중심인 큰 원 위에서 움직인다. x축 위의 광원 좌우의 두 지점을 포함해서 모두 22개의 지점에서 세기가 0이 되는 것을 확인하였다. d/λ 값은 얼마인가?

3 M 그림 35.2에서 y축을 따라 2.70 μm 떨어져 있는 두 개의 등방적 광원(S_1과 S_2)이 파장 500 nm의 빛을 같은 위상과 진폭으로 방출한다. x축 위에 좌표 x_P인 점 P에 검출기가 있다. 검출된 빛이 소멸간섭에 의해 최소가 되는 x_P의 최대값을 구하여라.

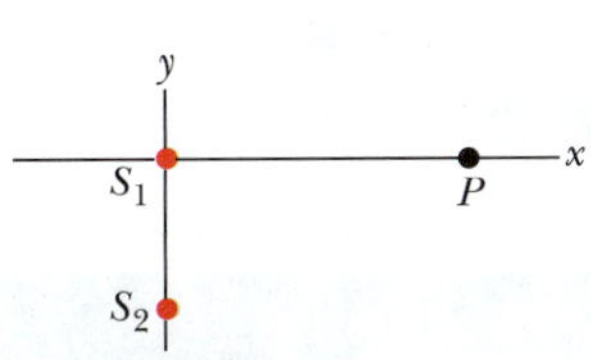

그림 35.2 연습문제 3, 4

4 H 그림 35.2에 파장 600 nm의 빛을 같은 진폭과 위상으로 방출하는 두 광원(S_1과 S_2)이 있다. 검출기가 있는 점 P는 광원 S_1을 지나는 x축 위에 있다. 두 광원으로부터 나와 점 P에 도달하는 빛 사이의 위상차 ϕ를 $x = 0$부터 $x = +\infty$까지 점 P를 움직여가면서 측정하였다. 그림 35.3은 $x_s = 10 \times 10^{-7}$ m까지 측정한 결과이다. $+\infty$까지 갈 때 S_1에서 나온 광선과 S_2에서 나온 광선이 점 P에서 정확히 위상이 반대가 되는 x의 최대값은 얼마인가?

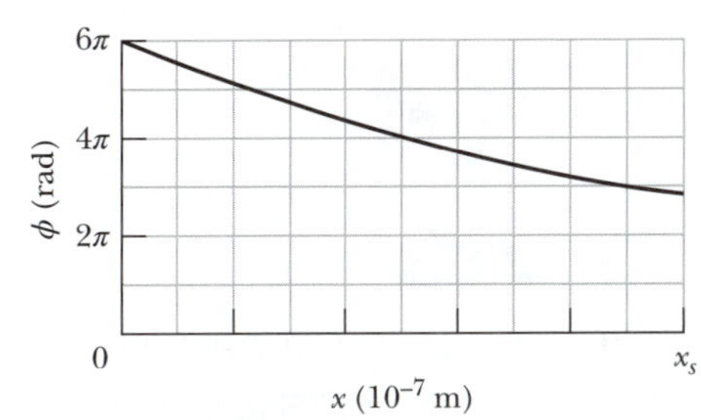

그림 35.3 연습문제 4

5~10 M *박막에 의한 반사.* 그림 35.4에서 (더 두꺼운) 물질 1과 3 사이에 놓인 물질 2의 얇은 층에 빛이 수직으로 입사한다. (분명하게 보이기 위해 광선을 약간 기울여 나타내었다.) 광선 r_1과 r_2가 간섭하고, 여기서는 최대, 최소 간섭만을 고려해 보자. 이 상황에서 표 35.1에 세 물질의 굴절률 n_1, n_2, n_3, 간섭 형태, nm 단위로 표시된 박막의 두께 L 및 공기에서 빛의 파장 λ를 표시하였다. λ가 없는 곳에는 가시광선 범위 내의 파장으로 채워라. L이 빠져 있는 곳에는 해당하는 두께 중 두 번째로 작은 값, 혹은 세 번째로 작은 값을 표시된 대로 채워 넣어라.

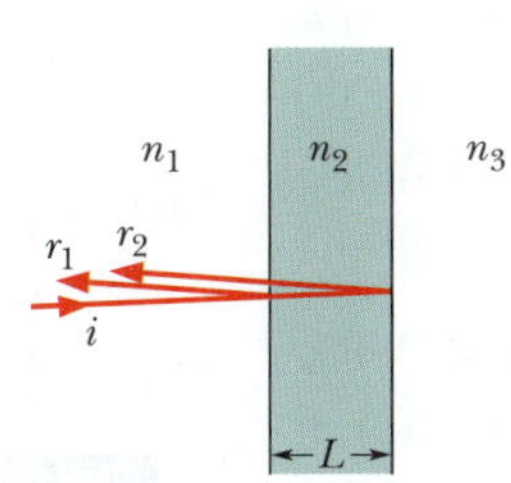

그림 35.4 연습문제 5~10

표 35.1 연습문제 5~10. 박막에 의한 반사. 이 문제에 대한 조건 참조.

	n_1	n_3	n_3	종류	L	λ
5	1.68	1.59	1.50	극소	두 번째	480
6	1.55	1.60	1.33	극대	300	
7	1.60	1.40	1.80	극소	180	
8	1.50	1.34	1.42	극대	두 번째	417
9	1.55	1.60	1.33	극대	세 번째	460
10	1.68	1.59	1.50	극소	430	

11 M 그림 35.5에서 Michelson 간섭계의 한쪽에 길이 $d = 5.0$ cm의 밀폐된 통이 있다, (통의 양 끝에 있는 유리창의 두께는 무시할 수 있다.) 파장 $\lambda = 500$ nm인 빛을 사용한다. 통에서 공기를 빼내는 동안 50개의 밝은 무늬가 지나간다. 이 결과로부터 대기압에서 공기의 굴절률을 유효숫자 여섯 자리까지 구하여라.

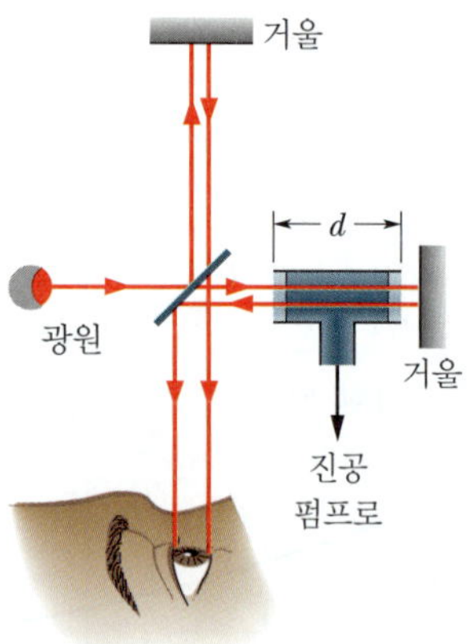

그림 35.5 연습문제 11

12 M 세 개의 전자기파가 x축 위의 점 P를 통과하여 진행한다. 세 전자기파는 모두 y축에 평행하게 편광되었고, 그 지점에서 전기장의 진폭은 다음과 같다. 점 P에서 합성파동의 전기장 크기를 구하여라.

$$E_1 = (20.0\ \mu\text{V/m})\sin[(2.0\times10^{14}\ \text{rad/s})t],$$
$$E_2 = (10.0\ \mu\text{V/m})\sin[(2.0\times10^{14}\ \text{rad/s})t + 45.0°],$$
$$E_3 = (10.0\ \mu\text{V/m})\sin[(2.0\times10^{14}\ \text{rad/s})t - 45.0°].$$

13 M 그림 35.6에서 두 개의 광선이 나타낸 여러 평면에서 반사되면서 다른 경로를 따라 진행하고 있다. 광선의 파장은 520.0 nm이고 처음에는 위상이 같다. 최종적으로 이 지역을 빠져나온 파동의 위상이 완전히 반대가 되는 (a) L의 최소값, (b) 두 번째로 작은 값을 구하여라.

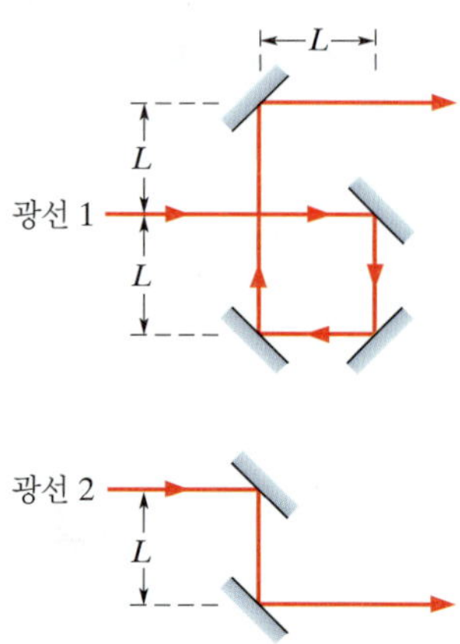

그림 35.6 연습문제 13

14 E 노란색 소듐 빛의 파장은 공기 중에서 589 nm이다. (a) 진동수는 얼마인가? (b) 굴절률 1.60인 유리 안에서 파장은 얼마인가? (c) (a)와 (b)의 결과로부터 유리 안에서 광속을 구하여라.

15 E 그림 35.7에서 광선 r_1을 따라 빛이 거울에서 한 번 반사하고, 광선 r_2를 따르는 빛은 같은 거울에서 두 번 반사하고, 거리 L 떨어진 작은 거울에 한 번 반사한다. (광선이 약간 기울어진 것은 무시한다.) 빛의 파장은 460 nm이고 처음에는 위상이 같다. (a) 반사된 두 광선의 위상이 완전히 반대가 되는 L의 최소값은 얼마인가? (b) 처음에 이 L값의 위치에 놓인 작은 거울을 큰 거울에서 먼 쪽으로 움직여서 반사된 두 광선의 위상이 다시 완전히 반대가 되게 하려면 작은 거울을 얼마나 멀리 옮겨야 하는가?

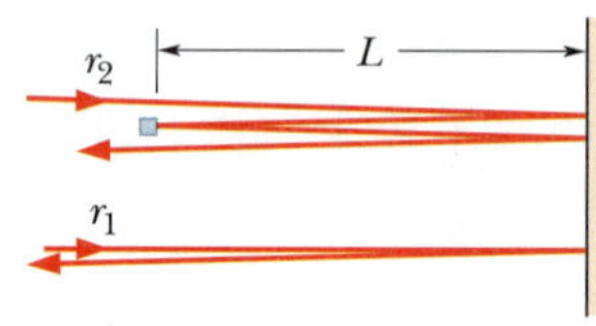

그림 35.7 연습문제 15, 16

16 E 그림 35.7에서 광선 r_1은 큰 거울에서 한 번 반사하고, 광선 r_2는 큰 거울에서 두 번 반사하고, 거리 L인 곳에 있는 작은 거울에서 한 번 반사한다. (광선이 약간 기울어지는 것은 무시한다). 빛의 파장은 λ이고 처음에는 위상이 정확히 반대였다. 반사된 두 광선의 위상이 정확하게 같게 되는 (a) L/λ의 최소값 (b) 두 번째로 작은 값 (c) 세 번째로 작은 값을 구하여라.

17~22 M *박막 투과.* 그림 35.8에서 빛이 (더 두꺼운) 물질 1과 3 사이에 놓인 얇은 박막에 수직으로 입사한다. (그림에서는 광선이 약간 비스듬하게 그렸다.) 빛의 일부는 광선 3(물질 2의 내부에서 반사하지 않음)과 광선 4(물질 2의 내부에서 두 번 반사)로 물질 3에 들어간다. 광선 r_3와 r_4는 간섭하고, 여기서는 극대와 극소만 고려한다. 이 상황에서 표 35.2에 각각의 문제에 대해 굴절률 n_1, n_2, n_3, 간섭의 형태, 나노미터로 쓴 박막의 두께 L, 나노미터로 쓴 공기 중에서 측정한 빛의 파장 λ을 나타내었다. λ가 빠진 곳에는 가시광선 영역의 파장을 써라. L이 빠진 곳에는 나타낸 대로 두 번째 혹은 세 번째로 얇은 두께를 써라.

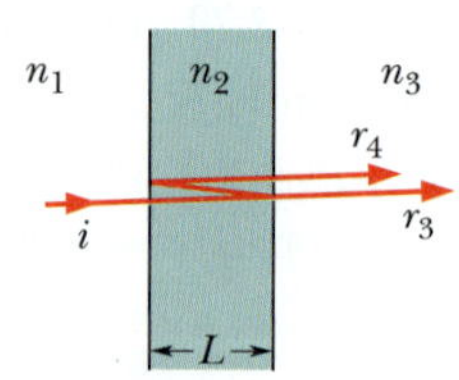

그림 35.8 연습문제 17~22

표 35.2 연습문제 17~22. 박막의 투과. 이 문제에 대한 조건 참조.

	n_1	n_3	n_3	종류	L	λ
17	1.55	1.60	1.33	극소	300	
18	1.32	1.75	1.39	극소	세 번째	400
19	1.68	1.59	1.50	극대	390	
20	1.50	1.34	1.42	극대	390	
21	1.32	1.75	1.39	극소	340	
22	1.68	1.59	1.50	극대	두 번째	350

23 M 위상자 방법을 사용하여 $y_1 = 10 \sin \omega t$, $y_2 = 18 \sin(\omega t + 30°)$, $y_3 = 5.0 \sin(\omega t - 45°)$의 합을 구하여라.

24 M 그림 35.9에서 광선이 경계면이 서로 나란히 겹친 다섯 개의 층을 $\theta_1 = 40°$의 각도로 입사한다. 층 1과 3은 $L_1 = 20\ \mu m$, $L_3 = 25\ \mu m$, $n_1 = 1.6$, $n_3 = 1.45$이다. (a) 빛이 오른쪽의 공기로 나오는 각도를 구하여라. (b) 빛이 3번 층을 지나가는 데 시간이 얼마나 걸리는가?

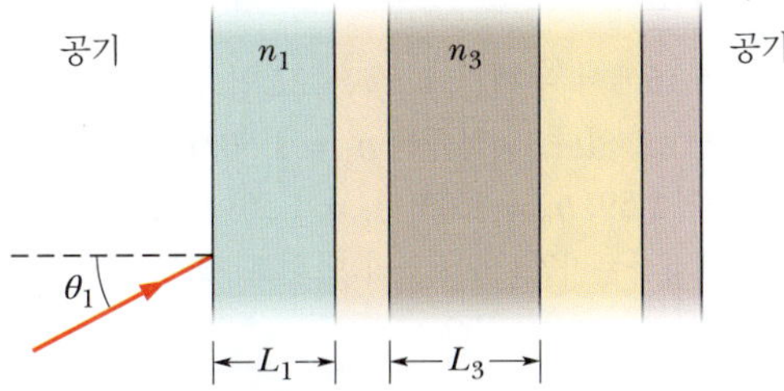

그림 35.9 연습문제 24

25 E 평평한 유리판(n = 1.50)에 투명한 물질(n = 1.25)의 박막을 입혀서 파장이 500 nm인 빛의 반사를 간섭으로 제거하려고 한다. 박막의 두께는 최소한 얼마이어야 하는가?

26 M 그림 35.10에서 파장 500 nm의 넓은 광선빔을 왼쪽 끝이 닿아 있는 한 쌍의 유리판 위에서 위쪽 판 아래로 입사한다. 판 사이의 공기층이 박막층으로 작용하여 판 위에서 보면 간섭무늬가 보인다. 처음에는 왼쪽 끝에 어두운 무늬가 있고 오른쪽 끝에 밝은 무늬가 있으며, 양 끝의 무늬 사이에는 9개의 어두운 무늬가 나타난다. 두 판 사이의 벌어진 각도를 일정한 속도로 천천히 줄이면 오른쪽 끝에서는 매 15.0초마다 밝은 무늬와 간섭무늬가 바뀐다. (a) 오른쪽 끝 간격의 변화율은 얼마인가? (b) 왼쪽과 오른쪽이 모두 어두운 무늬를 보이고 두 무늬 사이에는 5개의 어두운 무늬가 나타나려면 판 사이의 간격을 얼마나 줄여야 하는가?

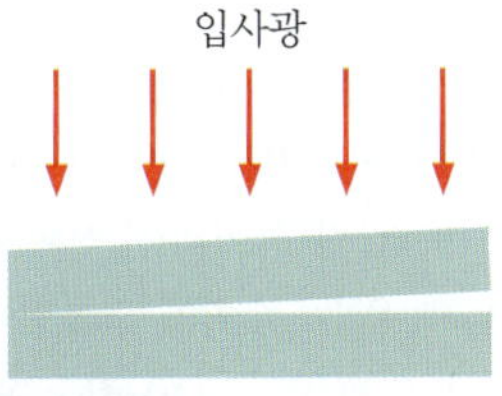

그림 35.10 연습문제 26~30

27 M 그림 35.10에서 현미경 슬라이드 두 개를 한쪽 끝은 닿게 하고 다른 끝은 벌어지게 하였다. 파장 600 nm의 빛을 수직 아래로 비추고 위에서 보면 1.2 mm 간격의 어두운 무늬를 볼 수 있다. 슬라이드 사이의 각도는 얼마인가?

28 M 그림 35.10에서 단색광의 넓은 광선빔이 쐐기 모양의 공기층을 사이에 두고 고정된 두 유리판 위에서 수직으로 지난다. 공기가 박막으로 작용하는 쐐기에서 반사된 빛을 관측하면 쐐기의 길이 방향으로 4002개의 어두운 무늬가 보인다. 판 사이의 공기를 빼서 진공으로 만들면 어두운 무늬가 4000개만 보인다. 실험 결과로부터 공기의 굴절률을 유효숫자 여섯 자리까지 계산하여라.

29 M 그림 35.10에서 파장 638 nm의 넓은 광선빔이 한 쌍의 유리판의 위 판을 행해 바로 아래로 입사한다. 유리판의 길이는 120 mm이고, 왼쪽은 서로 닿고 오른쪽은 48.0 μm 벌어졌다. 두 판 사이의 공기층이 박막으로 작용한다. 위에서 아래로 내려다볼 때 몇 개의 밝은 무늬가 나타나는가?

30 M 두 개의 직사각형 유리판(n = 1.60)의 모서리가 한쪽은 닿아 있고 다른 쪽은 떨어져 있다(그림 35.10). 파장 600 nm의 빛이 위쪽에서 위 판에 수직으로 입사한다. 판 사이의 공기층이 박막으로 작용한다. 위쪽에서 볼 때 9개의 어두운 무늬와 8개의 밝은 무늬를 관찰하였다. 벌어진 쪽의 모서리를 1200 nm 더 벌려 놓으면 위 판을 통해 몇 개의 어두운 무늬를 볼 수 있는가?

31 E 빛은 다이아몬드에서보다 사파이어에서 얼마나 더 빠르게 진행하는지 m/s로 나타내어라. 표 33.5.1을 참조하여라.

32 M 같은 파장 λ = 450 nm의 두 광선은 처음에 위상이 같다. 그리고 그림 35.11에 나타낸 대로 플라스틱 층을 통해 진행한다. 여기서 $L_1 = 4.00\ \mu m$, $L_2 = 3.50\ \mu m$와 $n_1 = 1.40$, $n_2 = 1.60$이다. (a) 두 광선이 모두 플라스틱에서 나왔을 때 위상차를 λ의 배수로 나타내어라. (b) 두 파동이 같은 점에 같은 진폭으로 도달한다면 두 파동은 완전 보강간섭인가, 완전 소멸간섭인가, 완전 보강간섭에 가까운 중간상태인가, 완전 소멸간섭에 가까운 중간상태인가?

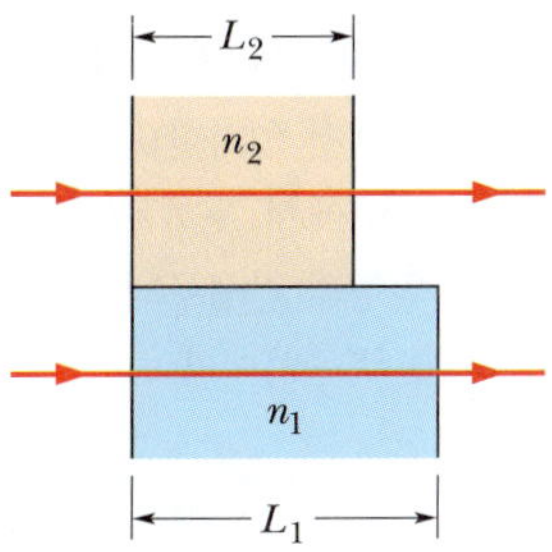

그림 35.11 연습문제 32

33 E 두 물질 사이에 끼어 있는 수평 박막에 백색광을 수직 아래로 보낸다. 가장 위에 있는 물질의 굴절률은 1.80, 박막의 굴절률은 1.70, 가장 아래 물질의 굴절률은 1.50이고 박막의 두께는 5.80×10^{-7} m이다. 박막 위에서 관찰자가 완전 보강간섭을 볼 수 있는 가시광선 영역(400에서 700 nm)의 파장 중에서 (a) 긴 파장과 (b) 짧은 파장을 구하여라. 두 물질과 박막을 가열하면 박막의 두께가 증가한다. (c) 완전 보강간섭을 하는 빛은 더 긴 파장인가, 더 짧은 파장인가?

34 M 그림 35.12에서 점원 A와 B는 파장 400 m의 라디오파를 방출한다. A에서 방출한 파동의 위상은 B에서 방출된 것보다 90° 앞선다. A에서 검출기 D까지 거리 r_A가 이에 해당하는 r_B보다 150 m 더 길다. 검출기 D에서 두 파동의 위상차는 얼마인가?

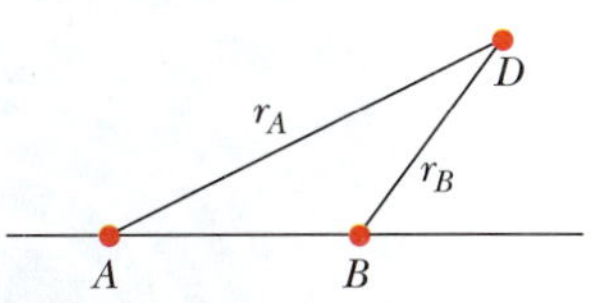

그림 35.12 연습문제 34

35 H 이중슬릿 간섭실험에서 한쪽 슬릿을 가리기 위해 얇은 운모 조각(n = 1.58)을 이용한다. 원래 7번째 밝은 무늬(m = 7)가 스크린의 중심점으로 이동하였다. 파장이 λ = 450 nm라면 운모의 두께는 얼마

인가?

36 H 액체 박막이 수평의 원형 고리에 걸려 공기 중에 있다. 파장 550 nm인 광선빔을 박막에 수직으로 입사시키며 반사세기 I를 측정한다. 그림 35.13은 시간 t의 함수로 나타낸 빛의 세기 I이다. 수평축의 눈금은 $t_s = 20.0$ s이다. 박막의 양면에서 증발이 일어나므로 세기가 변화된다. 박막은 평평하고 양면은 평행이며 반지름은 1.80 cm, 굴절률은 1.40이라고 가정한다. 그리고 박막의 부피는 일정한 비율로 감소한다고 가정한다. 이 부피감소율을 구하여라.

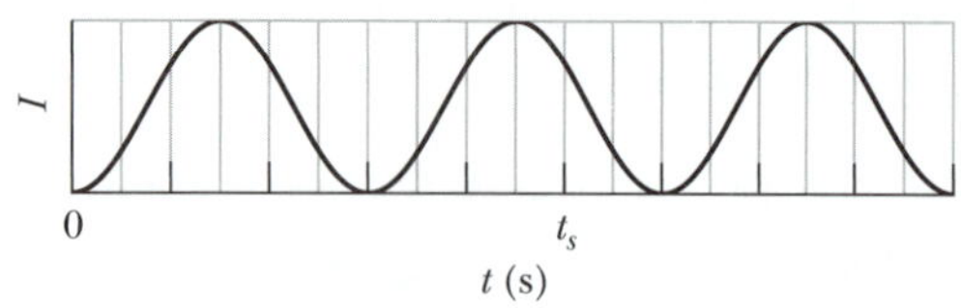

그림 35.13 연습문제 36

37 M 그림 35.1.4에서 두 파동의 공기 중 파장은 $\lambda = 500$ nm라고 하자. (a) $n_1 = 1.50$, $n_2 = 1.60$, $L = 8.50\ \mu$m (b) $n_1 = 1.62$, $n_2 = 1.72$, $L = 8.50\ \mu$m (c) $n_1 = 1.59$, $n_2 = 1.79$, $L = 3.25\ \mu$m일 때 두 광선의 위상차를 λ의 배수로 나타내어라. (d) 세 경우 모두 매질을 지나간 두 광선이 같은 점에 (같은 진폭으로) 도달할 때 그 지점에서 빛이 밝은 순서대로 나열하여라.

38 M 그림 35.14a에서 편평한 유리판 위에 곡률 반지름 R인 렌즈를 놓고, 파장 λ인 빛을 수직 위에서 입사한다. 그림 35.14b(렌즈 위에서 찍은 사진)는 렌즈와 판 사이에서 두께 d가 변하는 공기막에 의한 (*Newton 고리*로 알려진) 원형의 간섭무늬를 나타낸다. $r/R \ll 1$을 가정하여 간섭극대의 반지름 r을 구하여라.

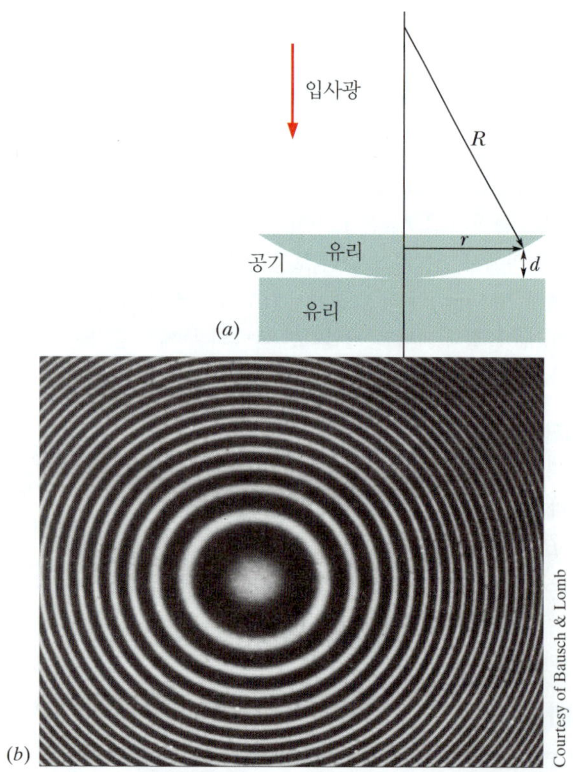

그림 35.14 연습문제 38~40

39 M Newton 고리 실험에서(연습문제 38 참조) 렌즈의 지름은 20 mm이고, 곡률 반지름은 $R = 5.0$ m이다. $\lambda = 480$ nm인 경우 (a) 공기 중에서 (b) 물속($n = 1.33$)에서 몇 개의 밝은 고리가 생기는가?

40 M Newton 고리 실험장치는 렌즈의 곡률 반지름을 결정하는 데 사용한다(그림 35.14와 연습문제 38 참조). n번째와 $(n + 20)$번째 밝은 고리의 반지름은 파장이 500 nm일 때 각각 0.162 cm와 0.368 cm이다. 렌즈 아래 면의 곡률 반지름을 구하여라.

41 E 그림 35.15에서 두께가 L 혹은 $2L$인 플라스틱 층을 두 개의 빛 펄스가 지나가고 있다. 굴절률은 $n_1 = 1.50$, $n_2 = 1.70$, $n_3 = 1.60$, $n_4 = 1.45$, $n_5 = 1.59$, $n_6 = 1.65$, $n_7 = 1.50$이다. (a) 어느 펄스가 더 짧은 시간에 통과하는가? (b) L/c의 단위로 펄스가 지나가는 시간차를 구하여라.

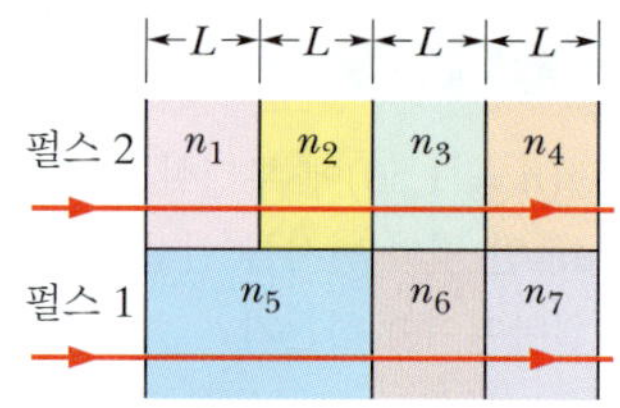

그림 35.15 연습문제 41

42 M 그림 35.1.4에서 공기 중의 파장이 500 nm인 두 파동의 처음 위상이 일치한다고 가정하자. 한 광선은 굴절률이 $n_1 = 1.60$이고, 두께가 L인 유리를 지나간다. 다른 광선은 두께가 같고 굴절률이 $n_2 = 1.50$인 플라스틱을 지나간다. (a) 최종적으로 두 파동의 위상차가 5.65 라디안이 되는 L의 최소값은 얼마인가? (b) 두 파동이 한 점에 같은 진폭으로 도달한다면 두 파동은 완전 보강간섭인가, 완전 소멸간섭인가, 완전 보강간섭에 가까운 중간상태인가, 완전 소멸간섭에 가까운 중간상태인가?

43 M 그림 35.16에서 두 개의 등방적인 광원 S_1과 S_2에서 파장 λ의 빛이 같은 위상과 진폭으로 방출되고 있다. 두 광원은 $2d = 6.00\lambda$ 떨어져 있다. 광원을 거리 $D = 18.0\lambda$인 곳에 x축 위에 있는 스크린에 평행으로 놓았다. 원점은 두 광원 사이의 수직이등분선 위에 있다. 그림에서 두 광선이 위치 x_P에 있는 점 P에 도달한다. (a) 두 광선의 위상차가 최소가 되는 x_P값은 얼마인가? (b) 최소 위상차를 λ의 배수로 구하여라. (c) 위상차가 최대가 되는 x_P값을 구하여라. (d) 최대 위상차와 (e) $x_P = 6.00\lambda$일 때 위상차를 λ의 배수로 구하여라. (f) $x_P = 6.00\lambda$일 때 점 P에서의 세기는 최대, 최소, 최대에 가까운 중간값, 또는 최소에 가까운 중간값 중 어떤 것인가?

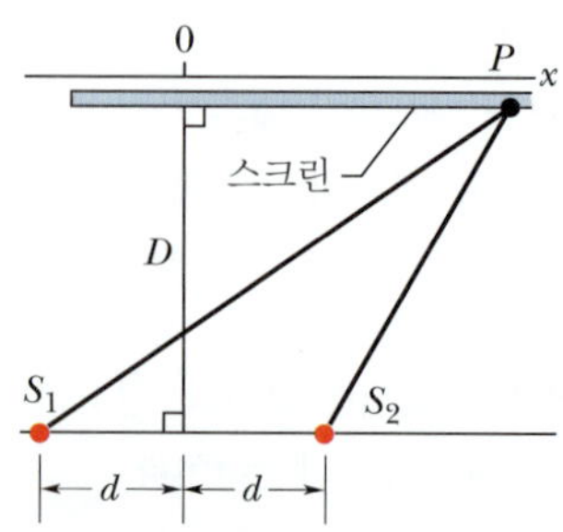

그림 35.16 연습문제 43

44 M 그림 35.1.4에서 공기 중의 파장이 420 nm인 두 빛의 처음 위상차가 π 라디안이라고 하자. 매질의 굴절률은 $n_1 = 1.45$, $n_2 = 1.65$이다. 빛이 두 매질을 통과한 후 위상이 정확하게 일치하기 위한 두께 L의 (a) 가장 작은 값과 (b) 두 번째로 작은 값은 각각 얼마인가?

45 E 그림 35.17a에서 매질 1에서 광선이 경계면과 30° 각도로 입사한다. 입사광선의 굴절은 매질 2의 굴절률 n_2에 의존한다. 그림 35.17b는 가능한 n_2값의 영역인 $n_a = 1.30$에서 $n_b = 1.90$까지 n_2에 대한 굴절각 θ를 나타낸 그래프이다. 매질 1 안에서 광속은 얼마인가?

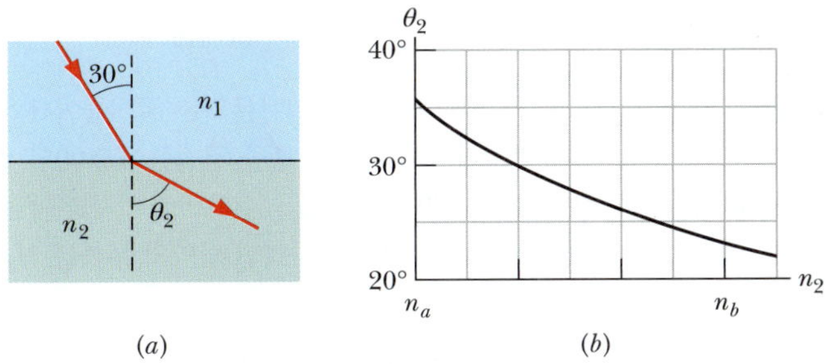

그림 35.17 연습문제 45

46 E 파장 420 nm의 빛이 공중에 떠있는 비누막($n = 1.33$)에 수직으로 입사한다. (a) 비누막에서 반사되어 완전 보강간섭이 일어나기 위한 비눗막의 두께 중 (a) 가장 작은 값과 (b) 두 번째로 작은 값을 구하여라.

47 M 그림 35.18에서 파장 500 nm의 넓은 광선빔이 굴절률이 1.50인 쐐기 모양의 박막에 90°로 입사한다. 통과한 빛은 박막의 길이 방향으로 10개의 밝은 무늬와 9개의 어두운 무늬를 만든다. 왼쪽에서 오른쪽으로 막의 두께 변화는 얼마인가?

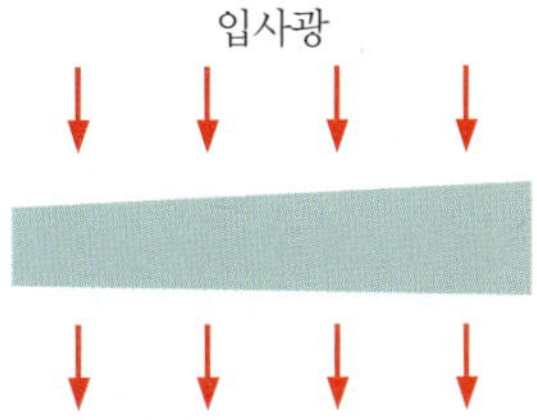

그림 35.18 연습문제 47

48 E Michelson 간섭계(그림 35.5.1)에서 거울 M_2가 0.233 mm 움직일 때 밝은 무늬 820개가 지나간다. 이 간섭무늬를 만드는 빛의 파장은 얼마인가?

49 E 그림 35.2.5의 이중슬릿 실험에서 각도 θ가 20.0°, 슬릿의 간격은 5.00 μm, 파장은 $\lambda = 500$ nm이다. (a) 멀리 있는 스크린의 점 P에 광선 r_1과 r_2가 도달할 때 위상차를 λ의 배수로 나타내어라. (b) 위상차는 라디안으로 얼마인가? (c) 점 P가 어느 극대 또는 극소 위에 있는지, 또는 어느 극대와 극소 사이에 있는지 결정하여라.

50 E 이중슬릿 구조에서 슬릿 사이의 간격이 슬릿을 지나가는 빛의 파장의 120배이다. (a) 중앙 극대와 인접한 극대 사이의 분리각은 몇 라디안인가? (b) 슬릿에서 50.0 cm 떨어진 스크린에서 이 극대무늬 사이의 거리는 얼마인가?

51 E 어떤 액체 속에서 (소듐 등에서 나오는) 노란빛의 속력은 2.00×10^8 m/s이다. 액체의 굴절률은 얼마인가?

52 E 파장이 600 nm인 녹색 단색광이 7.70 μm 떨어진 두 개의 평행한 좁은 슬릿을 비추고 있다. 3차($m = 3$) 밝은 간섭무늬의 각변위(그림 35.2.5의 θ)를 (a) 라디안과 (b) 도(°)로 구하여라.

53 M 두꺼운 유리판($n = 1.50$)에 아세톤 박막($n = 1.25$)을 입혔다. 백색광이 박막에 수직으로 입사할 때 600 nm에서 완전 상쇄간섭이 일어나고 700 nm에서 완전 보강간섭이 일어난다. 아세톤 박막의 두께를 구하여라.

54 M 그림 35.2.5의 이중슬릿 실험에서 스크린까지의 거리는 $D = 4.00$ m이고, 간섭무늬의 중심에서 점 P까지의 거리는 $y = 16.0$ cm, 슬릿의 간격은 $d = 4.50$ μm, 파장 λ는 580 nm이다. (a) 점 P가 어느 극대 또는 극소 위에 있는지, 또는 어느 극대와 극소 사이에 있는지 결정하여라. (b) 무늬의 중심에서의 세기 I_{cen}에 대한 점 P에서의 세기 I_P의 비율은 얼마인가?

55 M 그림 35.2.5의 이중슬릿 실험에서 점 P에 도달하는 파동의 전기장 성분은 다음과 같다.

$$E_1 = (2.00\ \mu\text{V/m}) \sin[(1.26 \times 10^{15})t],$$
$$E_2 = (2.00\ \mu\text{V/m}) \sin[(1.26 \times 10^{15})t + 39.6\ \text{rad}].$$

여기서 t의 단위는 초이다. (a) 점 P에서 합성된 전기장 성분의 진폭은 얼마인가? (b) 간섭무늬 중심에서의 세기 I_{cen}에 대한 점 P에서의 세기 I_P의 비율을 구하여라. (c) 점 P가 어느 극대 또는 극소 위에 있는지, 또는 어느 극대와 극소 사이에 있는지 설명하여라. 전기장에 대한 위상자 그림에서 (d) 위상자는 원점 주위로 어떤 비율로 회전하는가? (e) 위상자 사이의 각도는 얼마인가?

56 M 이중슬릿 간섭실험에 450 nm 파장에 대한 4차 극대점이 $\theta = 90°$에서 나타났다. (a) 3차 극대가 나타나지 않는 가시광선 (400 nm에서 700 nm)의 파장 범위를 찾아라. 4차 극대가 모든 가시광선 영역이 나타나지 않게 하기 위해서는 (b) 슬릿의 간격을 늘여야 하는가, 줄여야 하는가? (c) 슬릿의 간격은 최소한 얼마나 변화시켜야 하는가?

57 E 소듐 빛($\lambda = 589$ nm)에 대한 이중슬릿 실험에서 분리각이 3.50×10^{-3} 라디안인 간섭무늬가 생긴다. 어떤 파장에 대하여 분리각이 5.00% 더 커지는가?

58 M 이중슬릿 실험에서 슬릿의 간격은 5.0 mm이고 스크린에서 1.2 m 떨어져 있다. 스크린에는 두 종류의 간섭무늬가 나타난다. 하나는 파장 480 nm의 빛에 의한 것이고 다른 하나는 파장 600 nm의 빛에 의한 것이다. 두 간섭무늬의 3차($m = 3$) 밝은 무늬 사이의 간격은 얼마인가?

59 M 공기 중의 비누막에 수직으로 입사한 백색광이 반사하여 600 nm에서는 극대, 450 nm에서는 극소를 나타내고, 그 사이에는 극소가 없다. 박막의 굴절률이 $n = 1.33$일 때 박막이 균일하다고 가정하면 그 두께는 얼마인가?

60 E 공기 중에 있는 500 nm 두께의 비누막(n = 1.40)에 백색광을 수직으로 비춘다. 300 nm부터 700 nm의 범위에서 반사된 빛이 (a) 완전 보강간섭을 일으키는 파장은 몇 개인가? (b) 완전 소멸간섭을 일으키는 파장은 몇 개인가?

61 M 진동수가 같은 두 파동의 진폭은 각각 2.00과 4.00이다. 위상차가 60.0°인 지점에서 간섭을 한다. 합성파동의 진폭은 얼마인가?

62 M 소듐은 파장 λ_1 = 588.9950 nm와 λ_2 = 589.5924 nm의 빛을 방출한다. 소듐에서 나오는 빛을 Michelson 간섭계(그림 35.5.1)에서 사용한다. 그중 한 파장에 대한 간섭무늬가 움직이는 개수가 다른 파장에 대한 간섭 무늬 이동 개수보다 2.00개가 많으려면 M_2를 얼마나 움직여야 하는가?

63 M 고장난 유조선에서 등유(n = 1.20)가 페르시아 만으로 유출되어 바닷물 위 (n = 1.30)에 큰 기름막을 형성하였다. (a) 해가 머리 위에 있을 때, 상공에 있는 비행기에서 아래로 똑바로 두께가 500 nm인 기름막을 내려다본다면 보강간섭으로 가장 밝은 반사를 일으키는 가시광선의 파장은 얼마인가? (b) 이번에는 같은 지역의 수중에서 스쿠버 다이빙을 하고 있다면 가장 강하게 투과되는 가시광선의 파장은 얼마인가?

64 M 공기 중에 있는 두께 272.7 nm의 박막에 백색광을 수직으로 비춘다. 백색광은 가시광선 전체 영역의 파장 성분이 있다. 박막에 의해 반사된 빛 중 파장 600.0 nm인 빛이 완전 보강간섭을 한다. 반사광에서 완전 소멸간섭을 하는 빛의 파장은 얼마인가? (*힌트*: 굴절률에 대해 적당한 가정을 해야 한다.)

65 E 다음 두 양의 합 y를 구하여라.

$$y_1 = 6.0 \sin \omega t, \quad y_2 = 8.0 \sin(\omega t + 30°).$$

66 E 이중슬릿에 의한 소듐 빛(λ = 589 nm)의 간섭무늬의 각도 간격이 0.40°이다. 이 장치를 물속(n = 1.33)에 넣으면 간섭무늬의 각도 간격은 얼마인가?

67 E 파장 500 nm의 청록색 빛으로 Young의 간섭실험을 한다. 슬릿의 간격은 1.20 mm이고 스크린은 슬릿으로부터 6.00 m 떨어져 있다. 간섭무늬의 중심 근처에서 밝은 간섭무늬 사이의 간격을 구하여라.

68 E 옷의 장식용으로 사용되는 모조 다이아몬드는 굴절률이 1.50인 유리의 일종이다. 더 반짝거리게 하려면 종종 굴절률이 2.00인 일산화규소 박막을 입힌다. 파장 500 nm의 빛을 수직으로 입사할 때 박막 양면에서 반사된 빛이 완전 보강간섭을 하려면 박막의 두께는 최소한 얼마가 되어야 하는가?

69 E 굴절률 n = 1.40의 박막을 Michelson 간섭계의 한쪽 광학 경로에 수직으로 놓았다. 이때 파장 589 nm의 빛에 대해 5.0개의 밝은 무늬가 움직였다면 박막의 두께는 얼마인가?

70 M 유리판을 덮고 있는 균일한 기름막 위에 단색의 평면파가 수직으로 입사하고 있다. 광원의 파장은 연속적으로 조절할 수 있다. 반사된 빛의 완전 소멸간섭은 500 nm와 700 nm에서 관찰되었으며 그 사이의 어떤 파장에서도 관측되지 않았다. 기름의 굴절률이 1.30이고 유리의 굴절률이 1.50일 때 기름막의 두께를 구하여라.

제 36장

회절

Diffraction

36.1 ▸ 단일 슬릿 회절

요점_Key Ideas

1. 파동이 모서리, 장애물 혹은 구멍을 지나갈 때 그 크기가 파동의 파장과 비슷하면 파동은 진행하면서 퍼져나가고, 그 결과 간섭이 일어난다. 이러한 간섭 현상을 회절이라고 한다.
2. 빛이 너비 a인 길고 가는 슬릿을 통과하면 화면에 단일 슬릿 회절을 나타내어 중심 최대(밝은 무늬)와 다른 극대값이 나타난다. 이 밝은 무늬는 중심축에 대해 각도 θ인 곳의 극소 사이에 있다.

$$a \sin \theta = m\lambda, \qquad m = 1, 2, 3, \ldots \qquad \text{(극소)}.$$

3. 극대는 극소 사이에 근사적으로 가운데에 있다.

학습목표_Learning Objectives

이 단원을 읽은 후 다음을 이해해야 한다.

36.1.1 좁은 구멍이나 모서리에 의한 빛의 회절과, 이에 의한 간섭무늬를 기술한다.

36.1.2 Fresnel의 밝은 점이 나타나는 실험에 대해 기술한다.

36.1.3 그림을 그려 단일 슬릿 회절 실험에 대한 배열에 대해 기술한다.

36.1.4 그림을 그려 슬릿 너비를 같은 영역으로 나누면 회절무늬의 극소값을 주는 각도에 대한 식을 얻게 되는지 설명한다.

36.1.5 가는 직사각형 슬릿이나 물체의 너비 a, 파장 λ, 회절무늬에서 극소가 나타나는 임의의 각도 θ, 화면까지의 거리, 무늬의 중심과 극소까지의 거리 사이의 관계를 구한다.

36.1.6 단색광에 대한 회절무늬를 그리고, 중심에 무엇이 있는지와 ("첫 번째 극소"와 같은) 여러 밝고 어두운 무늬를 부르는 방법을 구한다.

36.1.7 빛의 파장이나 회절 구멍이나 물체의 너비를 변화시킬 때 회절무늬가 어떻게 변하는지 알아 본다.

▶ 어떤 물리현상을 다루는가?

빛이 좁은 슬릿을 지날 때나 (곧 논의하겠지만) 좁은 장애물 또는 모서리를 지날 때 발생하는 회절 현상을 이해하고 사용하는 것이 빛을 연구하는 데 매우 중요하다. 사실 앞 장의 Young의 실험에서 빛이 슬릿을 통해 어떻게 퍼지는지, 즉 회절하는지 살펴볼 때 회절 현상을 약간 다루었다. 슬릿을 지날 때의 회절 현상은 간섭무늬를 만들기 때문에 단순한 퍼짐보다는 훨씬 복잡한 현상이다. 빛이 다양한 응용성을 가지는 이유는 이러한 복잡성 때문이다. 빛이 슬릿이나 장애물을 통과할 때의 회절 현상은 물리학적 가치만 있는 것이 아니라, 전 세계적으로 수많은 과학자와 공학자가 응용하고 있으므로, 그 가치는 헤아리기 어렵다.

회절 현상의 응용을 논의하기에 앞서, 먼저 회절 현상이 왜 빛의 파동성에서 비롯되는지를 논의해 보자.

▶ 회절과 빛의 파동이론

35장에서 회절 현상을 빛이 좁은 슬릿에서 나오면서 퍼지는 현상이라고 정성적으로 정의하였다. 그러나 단순한 빛의 퍼짐뿐만 아니라 빛의 간섭으로 **회절무늬**가 생기게 된다. 예를 들어 멀리 떨어진 광원(또는 레이저)에서 나온 단색광이 좁은 슬릿을 통과한 후 스크린 위에 만드는 회절무늬는 그림 36.1.1과 같다. 회절무늬는 넓고 밝은 중앙의 극대무늬와 이를 중심으로 양쪽으로 좁고 다소 약한 극대(**2차극대** 또는 **버금극대**) 무늬로 구성되어 있다. 극소무늬는 극대무늬 사이에 있다. 빛은 어두운 영역으로 확장해 들어가지만 빛의 파동은 서로 상쇄된다.

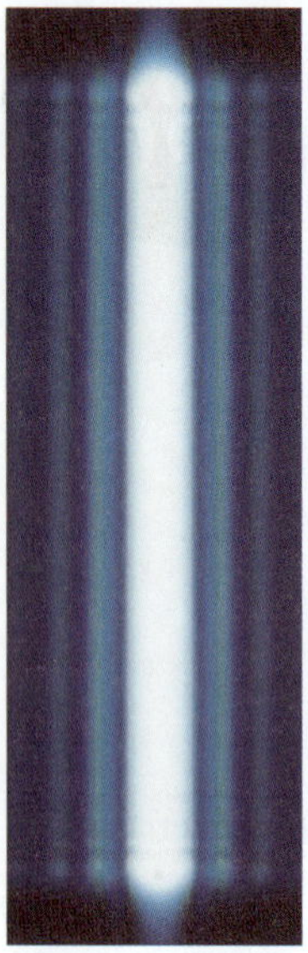

Ken Kay/Fundamental Photographs

그림 36.1.1 빛이 좁고 수직한 슬릿을 통과하여 스크린에 만드는 회절무늬. 회절에 의해 빛은 슬릿의 긴 변에 수직한 방향으로 퍼져나간다. 이때 넓은 중앙극대와 다소 약하고 좁은 2차(버금)극대, 극대와 극대 사이의 극소로 이루어진 간섭무늬를 만든다.

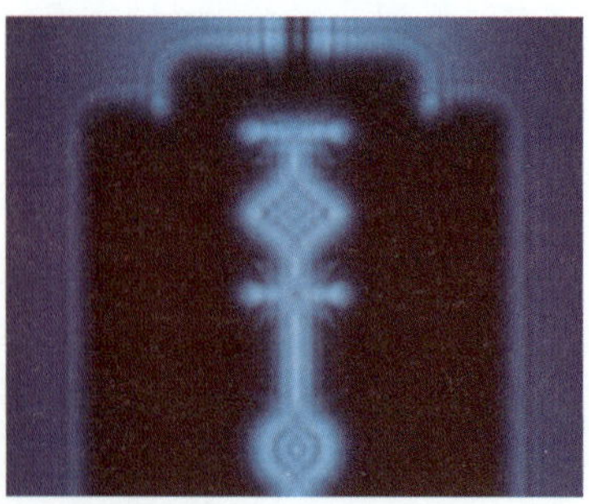

Ken Kay/Fundamental Photographs

그림 36.1.2 단색광이 만드는 면도날의 회절무늬. 밝고 어두운 선이 번갈아 나타난다.

이와 같은 회절무늬는 기하광학적 원리만으로는 전혀 예상할 수 없다. 즉, 빛이 직진한다면, 입사광선 중 슬릿을 통과한 광선만 스크린에 도달하기 때문에, 결국 선명하고 밝은 슬릿모양이 스크린에 나타날 것이다. 그러나 사실은 그렇지 않다. 35장에서 설명한 것처럼 기하광학은 빛의 특성에 관한 일종의 근사적인 원리이다.

▸***모서리.*** 빛의 회절은 빛이 좁은 구멍(예컨대 슬릿이나 바늘구멍)을 통과하는 경우에 국한하여 일어나는 현상이 아니다. 회절 현상은 빛이 그림 36.1.2처럼 면도날의 모서리를 지나는 경우에도 일어난다. 특히 면도날의 안과 밖에서 극대무늬와 극소무늬가 면도날의 끝머리와 나란하게 생긴다. 빛이 통과함에 따라 왼편의 수직 모서리는 빛을 좌우로 퍼지게하여 간섭을 일으키므로, 결국 왼쪽 모서리를 따라 회절무늬가 형성된다. 실제로 무늬의 가장 오른쪽은 기하광학적인 면도날 그림자의 위치에 형성된다.

▸***부유물.*** 회절 현상의 흔한 예는, 맑고 푸른 하늘을 쳐다볼 때 작은 조각이나 털 같은 것이 시야에 떠다니는 것을 보는 것이다. 이러한 *부유물*은 빛이 눈알의 대부분을 차지하는 투명한 물질, 즉 유리체액에 있는 작은 침전물의 가장자리를 지날 때 나타난다. 부유물처럼 보이는 것은 침전물에 의한 회절무늬가 망막에 맺힌 것이다. 만약 빛이 눈에 평면파로 들어오게 작은 구멍을 통해서 본다면, 회절무늬의 극대와 극소를 일일이 구별할 수 있다.

▸***응원단원.*** 회절은 파동의 특성이다. 빛이 파동이기 때문에 회절이 생기며 다른 종류의 파동에서도 생긴다. 예컨대, 축구경기장에서 회절 현상을 직접 경험할 수 있다. 응원단원이 수천 명의 웅성거리는 관중을 향해 소리를 지르면, 음파가 응원단원의 작은 입을 통해 나오면서 회절하므로 그 외침을 거의 들을 수 없다. 이러한 소리가 퍼져서 관중에게 음파가 거의 도달하지 못하기 때문이다. 회절 현상을 줄이기 위해 메가폰에 입을 대고 소리를 지르면 음파가 훨씬 넓은 메가폰의 입구를 통해 나간다. 따라서 퍼짐이 줄어들면서 훨씬 더 큰 소리가 관중에 전달된다.

Fresnel의 밝은 점

회절 현상은 빛의 파동이론으로 설명할 수 있다. 17세기 후반 Huygens가 제창한 후 123년이 지나서 Young이 이중 슬릿 간섭실험으로 빛의 간섭현상을 설명하는 데 사용했던 파동이론은, 빛을 알갱이의 흐름으로 여겼던 Newton의 입장과 상반되어, 제대로 인정받기까지 많은 시간이 걸렸다.

19세기 초 Newton의 입장이 프랑스 과학계에서 압도적인 지지를 받고 있을 무렵에 공학자 Augustin Fresnel은 군복무를 수행하면서 광학연구에 전념하고 있었다. Fresnel은 빛의 파동성을 믿었기 때문에 자신의 실험결과를 파동이론으로 설명한 논문을 프랑스 학술원 논문집에 발표하였다.

Newton의 입장을 지지하는 학자들이 우세했던 학술원은 1819년에야 비로소 파동이론을 심각하게 다루게 되어 회절을 주제로 한 논문을 현상 공모하였다. 결국 Fresnel이 이 상을 받게 되었으나 Newton 지지자들은 쉽게 수용하거나 침묵하지 않았다. 이들 중 한 사람인 S. D. Poisson은 만일 Fresnel 이론이 맞는다면 빛을 공에 비출 때 공 가장자리 부분을 통과하는 빛은 그림자 안쪽으로도 퍼지게 되어 그림자의 중심 부분에 밝은 점이 형성되어야 한다고 주장하였다. 포상위원회는 그의 예측을 시험하기 위한 실험을 수행하여, 오늘날 *Fresnel의 밝은 점*이라고 부르는 예측결과가 실제로 나타나는 것을 확인하였다(그림 36.1.3 참조). 이와 같이 직관에 반하고 또 예상하기 어려운 예측이 실험적으로 증명되었으므로, 그러한 예측을 가능하게 한 파동이론은 절대적인 신뢰를 받게 되었다.

▶ 단일 슬릿이 만드는 회절: 극소 위치

그림 36.1.4처럼 불투명한 스크린 B에 있는 너비가 a인 길고 가는 하나의 슬릿에서 파장 λ의 평면파가 어떻게 회절하는지 살펴보자. 그림에서 슬릿의 길이는 지면에 수직인 방향이고 입사하는 파동면은 스크린 B와 나란하다. 회절한 빛이 스크린 C에 도달하면, 슬릿 내의 다른 점에서 온 파동이 서로 간섭을 일으켜서 밝고 어두운 무늬(극대와 극소)로 이루어진 회절무늬를 만든다. 무늬의 위치를 찾기 위하여 이중 슬릿이 만드는 간섭무늬를 찾은 방법을 이용한다. 그러나 회절 현상을 수학적으로 분석하는 것이 어려우므로 어두운 무늬, 즉 극소 무늬에 관한 식을 먼저 구하고자 한다.

먼저 그림 36.1.1의 회절무늬 중앙에 밝은 무늬가 형성되는 이유를 살펴보자. 이는 슬릿의 모든 점에서 출발하는 Huygens 파동이 무늬의 중심에 도달하기까지 같은 거리를 진행하여 중심에서 모두 동일한 위상을 갖기 때문이다. 또한 중심 밖에 있는 다른 밝은 무늬는 근사적으로 서로 이웃하는 두 어두운 무늬의 중간에 위치한다는 것을 정성적으로 알 수 있다.

▶ ***짝짓기.*** 어두운 무늬를 찾기 위하여 슬릿을 통과한 광선을 적절히 짝짓고, 이것이 서로 상쇄되는 조건을 찾는 방법을 사용하겠다. 그림 36.1.4의 방법으로 첫 번째 어두운 무늬가 자리 잡은 점 P_1의 위치를 구해 보자. 우선 슬릿을 너비가 $a/2$인 두 영역으로 나누자. 여기서 r_1은 위 영역의 끝점에서 P_1까지의 광선이고, r_2는 아래 영역의 끝점에서 P_1까지의 광선이다. 또한, 중심축은 슬릿의 중간점에서 스크린 C 위의 점 P_0까지의 연장선이며 점 P_1은 중심축과 각도 θ를 이룬다고 하자.

▶ ***경로차.*** 광선 r_1과 r_2의 두 파동은 슬릿을 통과하는 순간에는 동일 파동면 위에 있으므로 슬릿에서 같은 위상을 갖는다. 그러나 첫 번째 어두운 무늬를 만들기 위해서 P_1에 도달할 때 두 파동의 위상이 $\lambda/2$만큼 달라야 하므로, 광선 r_2는 광선 r_1보다 P_1에 도달하기까지 더 긴 거리를 가야 한다. 결국 두 파동의 경로차 때문에 점 P_1에서 두 파동의 위상차가 생기는 것이다. 이 경로차는 광선 r_2의 직선 위에서 광선 r_1의 길이와 b에서 P_1까지의 거리가 같은 점 b를 찾아 비교해 보면 쉽게 알 수 있다. 따라서 두 광선의 경로차는 슬릿의 중심에서 점 b까지의 거리이다.

그림 36.1.4처럼 스크린 C를 스크린 B에 가까이 놓으면, C에 만들어지는 회절무늬를 수학적으로 계산하기가 매우 어렵다. 그러나 슬릿과 스크린 사이의 거리 D가 슬릿의 너비 a에 비해 매우 크다면, 두 광선 r_1과 r_2는 모두 중심축에 대해 θ의 각도로 나란하게 되어(그림 36.1.5 참조) 계산이 쉬워진다. 즉, 점 b와 슬릿의 꼭대기 및 슬릿의 중점이 만드는 삼각형은 한 내각이 θ인 직각삼각형으로 어림할 수 있으므로 두 광선 r_1과 r_2 사이의 경로차는 $(a/2)\sin\theta$이다.

▶ ***첫 번째 극소.*** 이와 같은 분석은 각 영역의 서로 대응되는 두 점에서 점 P_1에 이르는 모든 광선에 대해서 똑같이 적용할 수 있다. 한 쌍의 광선은 모두 같은 경로차 $(a/2)\sin\theta$를 갖는다. 이 경로차를 $\lambda/2$로 놓으면(첫 번째 어두운 무늬를 위한 조건)

Courtesy of Jearl Walker

그림 36.1.3 원판이 만드는 회절무늬. 동심원을 이루는 고리모양의 회절무늬와 원 중심의 밝은 점을 볼 수 있다. 이 결과는 원판을 사용하여 얻은 것이지만, 원판과 위원회에서 사용하였던 공은 단면적이 같은 모양이므로, Fresnel의 이론을 시험한 위원회의 실험과 근본적으로 같다.

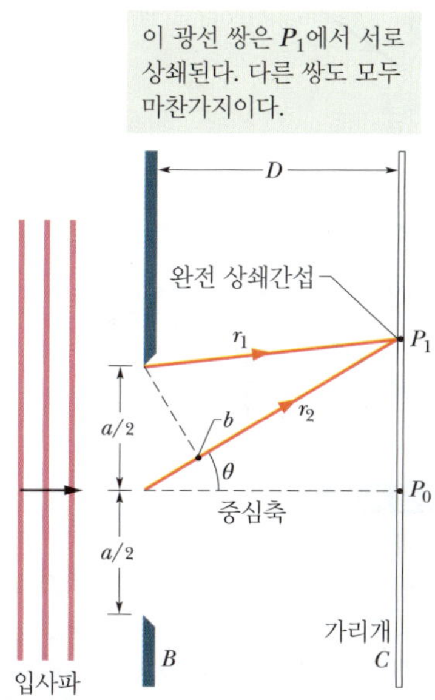

그림 36.1.4 너비가 $a/2$인 두 영역의 끝점에서 나오는 파동은 스크린 C 위의 점 P_1에서 완전 소멸간섭을 일으킨다.

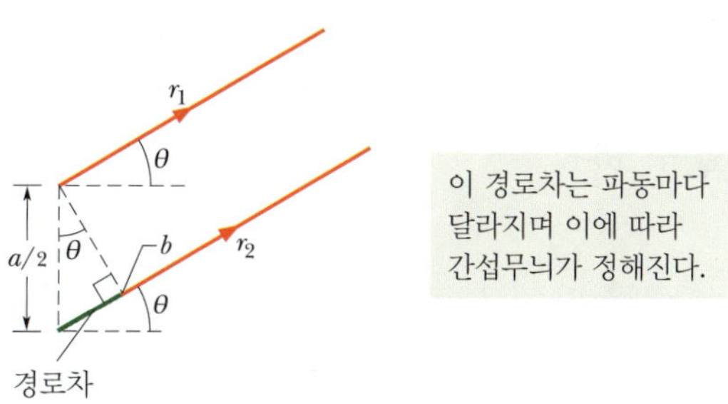

그림 36.1.5 $D \gg a$인 경우 광선 r_1과 r_2는 중심축에 대해 θ의 각도를 이루며 거의 나란하다.

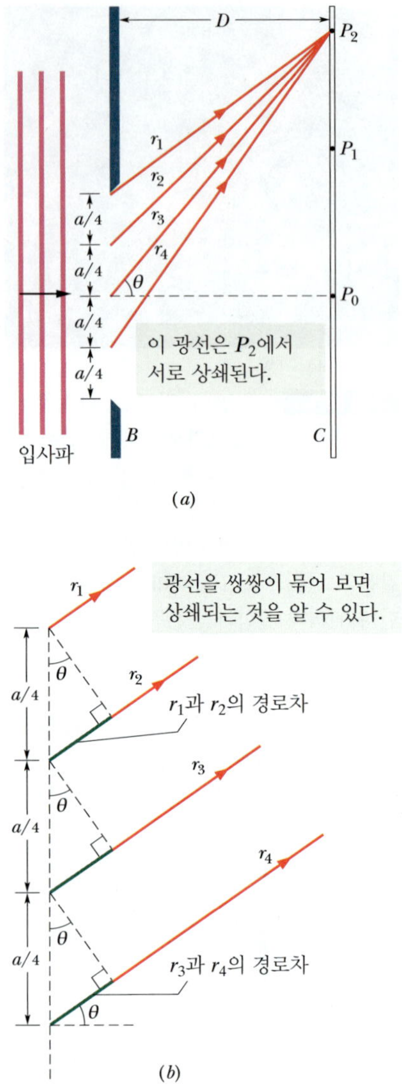

그림 36.1.6 (*a*) 너비가 *a*/4인 네 영역의 위쪽 끝점에서 나오는 파동은 점 P_2에서 완전 소멸간섭을 일으킨다. (*b*) $D \gg a$인 경우 근사적으로 광선 r_1, r_2, r_3, r_4 모두 중심축과 θ의 각도를 이루며 서로 나란하다.

$$\frac{a}{2}\sin\theta = \frac{\lambda}{2}$$

이므로 다음 식을 얻는다.

$$a\sin\theta = \lambda \qquad \text{(첫 번째 극소)}. \tag{36.1.1}$$

슬릿의 너비 a와 파장 λ가 주어졌을 때, 식 36.1.1로부터 중심축의 위와 (대칭성에 의해) 아래로 첫 번째 어두운 무늬가 생기는 위치에 대한 각도 θ를 구할 수 있다.

▸***슬릿 가늘게 하기.*** 파장을 고정시키고 $a > \lambda$의 조건을 유지하면서 슬릿의 너비를 좁혀가면 첫 번째 어두운 무늬가 일어나는 각도가 커지게 된다. 즉, 회절무늬는 슬릿의 너비가 *좁아질수록 더 넓어진다.* 특히, $a = \lambda$인 경우 첫 번째 어두운 무늬는 90°에 위치한다. 첫 번째 어두운 무늬는 중앙 밝은 무늬의 가장자리를 표시하므로, 이 경우 중앙의 밝은 무늬는 스크린의 전 영역을 차지한다.

▸***두 번째 극소.*** 중심축 위와 아래의 두 번째 어두운 무늬를 찾는 방법은, 그림 36.1.6*a*처럼 슬릿을 너비가 *a*/4인 *네* 영역으로 나누는 것을 빼면 첫 번째 어두운 무늬를 찾는 방법과 같다. 각 영역의 위쪽 끝점에서 두 번째 어두운 무늬가 나타나는 점 P_2까지 이어진 광선을 r_1, r_2, r_3, r_4라고 하자. 어두운 무늬가 형성되려면 r_1과 r_2, r_2와 r_3 그리고 r_3와 r_4의 경로차가 모두 $\lambda/2$이어야 한다.

$D \gg a$인 경우에 네 광선은 중심축과 θ의 각도를 이루며 서로가 거의 나란하다. 각 광선의 경로차를 구하기 위하여 그림 36.1.6*b*처럼 각 광선에 수직한 선을 연장하여 한 꼭지각이 같은 직각삼각형을 만들 수 있다. 각각의 삼각형에서 한 변이 경로차에 해당된다. 이들 가운데서 가장 위의 삼각형을 생각해 보면 r_1과 r_2의 경로차가 $(a/4)\sin\theta$이고, 또한 아래 삼각형의 경우도 r_3과 r_4의 경로차가 $(a/4)\sin\theta$이다. 이웃한 두 영역 안에서 서로 대응되는 한 쌍을 이루는 두 점에서 나오는 광선 사이의 경로차는 항상 $(a/4)\sin\theta$이다. 이와 같이 모든 경우에서 경로차가 $\lambda/2$이기 때문에

$$\frac{a}{4}\sin\theta = \frac{\lambda}{2}$$

이므로 결국 다음의 결과를 얻는다.

$$a\sin\theta = 2\lambda \qquad \text{(두 번째 극소)}. \tag{36.1.2}$$

▸***모든 극소.*** 이와 같이 슬릿을 더 많은 영역으로 나누면 회절이 만드는 어두운 무늬의 위치를 모두 찾아낼 수 있다. 항상 짝수 개의 영역으로 나누어 그 영역 안의 파동을 위에서처럼 짝지을 수 있다. 따라서 중심축의 위와 아래의 어두운 무늬의 위치에 관한 일반적 관계식이 다음과 같음을 증명할 수 있다.

$$a\sin\theta = m\lambda \quad (m = 1, 2, 3, \ldots) \qquad \text{(극소–어두운 무늬)}. \tag{36.1.3}$$

이 결과를 다음과 같이 이해할 수 있다. 그림 36.1.5처럼 슬릿의 너비가 a인 삼각형을 그려 보면 슬릿의 꼭대기 광선과 바닥 광선의 경로차가 $a\sin\theta$인 것을 알게 될 것이다. 따라서 식 36.1.3을 다음과 같이 설명할 수 있다.

> 단일 슬릿 회절에서 꼭대기 광선과 바닥 광선의 경로차($a\sin\theta$)가 λ, 2λ, $3\lambda\cdots$ 일 때 어두운 무늬가 생긴다.

두 파동의 경로차가 파장의 정수배일 때 두 파동은 정확하게 같은 위상이기 때문에 위의 설명은 잘못된 것처럼 보일 수 있다. 그러나 각각의 파동에 대하여 이들과 정확하게 위상이 반대되는 파동이 존재하기 때문에 *각각의* 광선은 다른 광선과 상쇄되어 결과적으로 어둡게 된다(정확하게 위상이 반대되는 두 파동은 다른 파동과는 우연히 위상이 같을지라도 항상 서로 상쇄되어 진폭이 0인 파동이 된다).

▸***렌즈 사용하기.*** 식 36.1.1, 36.1.2, 36.1.3은 모두 $D \gg a$인 경우에 유도한 것이다. 이 결과는 볼록렌즈를 슬릿의 바로 뒤에 놓고 스크린을 렌즈의 초점면에 놓았을 경우에도 성립한다. 슬릿을 떠나 스크린 위의 한 점에 도달하는 광선은 슬릿 뒤에서 정확하게 서로 나란하기 때문이다. 광선들은 그림 34.4.1*a*에서 처음에 평행하게 진행하다가 볼록렌즈에 의해 초점으로 모이는 광선과 같다.

확인문제 36.1.1

푸른빛을 좁고 긴 슬릿을 비추어 스크린에 회절무늬를 만들었다. (a) 빛을 노란색으로 바꾸었을 때, (b) 슬릿의 너비를 줄였을 때 각각 회절무늬가 밝은 중앙으로부터 확장(극대와 극소가 중앙에서 멀어짐)되는가, 수축되는가?

보기문제 36.1.1 백색광에 의한 단일 슬릿 회절무늬

너비 a의 슬릿에 백색광을 비추었다.

(a) 빨간색 빛의 파장이 $\lambda = 650$ nm라고 할 때 $\theta = 15°$에서 첫 번째 극소가 일어나기 위한 값을 구하여라.

요점

회절이 파장에 따라 다르게 나타나며, 식 36.1.3($a \sin\theta = m\lambda$)에 따라 정해진 위치에 극소무늬가 생긴다.

풀이: 식 36.1.3에서 첫 번째 극소는 $m = 1$인 경우이다. 따라서 θ와 λ에 대해 풀면 다음을 얻는다.

$$a = \frac{m\lambda}{\sin\theta} = \frac{(1)(650\text{ nm})}{\sin 15°} = 2511\text{ nm} \approx 2.5\ \mu\text{m}. \quad \text{(답)}$$

입사한 빛을 퍼지게 하기 위해서는(첫 극소까지 ±15°) 슬릿의 너비가 파장의 4배 정도로 미세해야 한다. 머리카락의 평균 지름이 100 μm이므로 슬릿의 너비는 상당히 좁다.

(b) (a)의 경우와 같이 빨간색 빛의 첫 번째 극소가 일어나는 위치(15°)에 첫 번째 극대가 일어나는 파장 λ'을 구하여라.

요점

파장 λ'의 극대는 어림잡아 첫 번째 극소와 두 번째 극소의 중간에 생긴다.

풀이: 첫 번째 극소와 두 번째 극소는 식 36.1.3에서 $m = 1$과 $m = 2$로 놓고 각각 얻을 수 있다. 따라서 $m = 1.5$를 식 36.1.3에 넣으면

$$a \sin\theta = 1.5\lambda'$$

이고, 주어진 값을 대입하여 λ'에 대해서 풀면 다음과 같이 *큰 오차 없이* 극대의 위치를 구할 수 있다.

$$\lambda' = \frac{a\sin\theta}{1.5} = \frac{(2511\text{ nm})(\sin 15°)}{1.5} = 430\text{ nm}. \quad \text{(답)}$$

이 파장의 빛은 보라색이다. 파장이 430 nm인 빛의 첫 번째 극대 위치는 슬릿의 너비와 상관없이 항상 650 nm의 첫 번째 극소 위치와 일치한다. 하지만 둘이 겹치는 위치에 해당하는 각도 θ는 슬릿의 너비에 의존한다. 만일 슬릿의 너비가 상대적으로 좁아지면 둘이 일치하는 각도가 더 커질 것이다. 또한 그 역도 성립한다.

▶ **교육용 비디오는 웹사이트 www.wiley.com에서 볼 수 있다.**

36.2 ▸ 단일 슬릿 회절의 세기

학습목표_Learning Objectives

이 단원을 읽은 후 다음을 이해해야 한다.

36.2.1 가는 슬릿을 같은 너비의 여러 영역으로 나누고, 이웃한 영역의 파동에 대한 위상차를 스크린의 한 점에 대한 각도 θ로 나타낸다.

36.2.2 단일 슬릿 회절에서 중심 극대와 한쪽으로 몇 개의 극소와 극대에 대한 위상자 그림을 그리고 이웃한 위상자 사이의 위상차를 나타내고, 어떻게 알짜 전기장을 계산하는지 설명하며, 이에 해당하는 회절무늬의 부분을 구한다.

36.2.3 무늬의 점에서 알짜 전기장으로 회절무늬를 기술한다.

36.2.4 회절무늬에서 한 점으로 향하는 각도 θ와 그 점에서 세기 I 사이를 편리하게 연결시켜 주는 α를 구한다.

36.2.5 회전무늬에서 각도가 주어진 한 점에서 세기 I를 무늬의 중심에서의 세기 I_m으로 계산한다.

요점_Key Ideas

1. 회절무늬의 주어진 각도 θ에서 세기는 다음과 같다.

$$I(\theta) = I_m\left(\frac{\sin\alpha}{\alpha}\right)^2.$$

여기서 I_m은 무늬의 중심에서 세기이고

$$\alpha = \frac{\pi a}{\lambda}\sin\theta$$

이다.

▶ 단일 슬릿 회절의 세기(정성적 분석)

36.1절로부터 단일 슬릿이 만드는 회절무늬의 극소 위치에 해당되는 각도 θ를 모두 알 수 있다. 이제 좀 더 일반적인 문제에 대해 생각해 보자. 무늬의 세기 $I(\theta)$를 θ의 함수로 나타내고자 한다.

이를 위해 그림 36.1.4의 슬릿을 N개의 작은 영역 Δx로 나누고 각 영역의 파동을 Huygens의 파동으로 취급한다. 중심축에서 θ 방향에 위치하는 임의의 점 P에 도달하는 파동을 겹쳐서 최종 파동의 전기장 진폭 E_θ를 구한다. 점 P에서 빛의 세기는 전기장 진폭의 제곱에 비례한다.

E_θ를 계산하기 위해서 파동 사이의 위상 관계를 알 필요가 있다. 중요한 점은 일반적으로 파동이 P에 도달하며 지나는 다른 거리 때문에 다른 위상이 생긴다는 것이다. 이웃하는 영역으로부터 오는 파동의 위상차는

$$(\text{위상차}) = \left(\frac{2\pi}{\lambda}\right)(\text{경로차})$$

이고, 각도 θ에 위치하는 점 P에 대해, 이웃하는 영역으로부터의 파동의 경로차는 $\Delta x\sin\theta$이므로, 파동 사이의 위상차는 다음과 같다.

$$\Delta\phi = \left(\frac{2\pi}{\lambda}\right)(\Delta x\sin\theta). \tag{36.2.1}$$

P에 도달하는 파동의 전기장 진폭이 ΔE로 같다고 하자. 점 P에서 최종 전기장의 진폭 E_θ를 구하기 위해 위상자를 이용하여 각 파동의 진폭 ΔE를 더한다. 즉, 각 영역의 파동에 해당하는 N개의 위상자를 그려서 더한다.

▸***중심 극대.*** 그림 36.1.4의 중심축 $\theta = 0$에 있는 점 P_0에 도달하는 파동의 위상차는 식 36.2.1에 따라 0이다. 즉, 모든 파동은 같은 위상으로 도달한다. 그림 36.2.1a는 이에 해당하는 위상자 그림이다. 이웃하는 위상자는 이웃하는 영역에서 온 파동이고 머리에서 꼬리로 연결되어 있다. 파동 사이에 위상차가 없으므로 위상자 사이의 각도는 0이다. P_0에서 최종 전기장의 진폭 E_θ는 모든 위상자의 벡터합으로 얻어진다. 이러한 위상자의 배열이 E_θ가 가질 수 있는 가장 큰 값이다. 이 값이 E_m이라면 $\theta = 0$일 때 E_θ의 값이 바로 E_m이다.

다음으로 중심축과 작은 각도 θ를 이루는 점 P를 생각해 보자. 식 36.2.1로부터 이웃

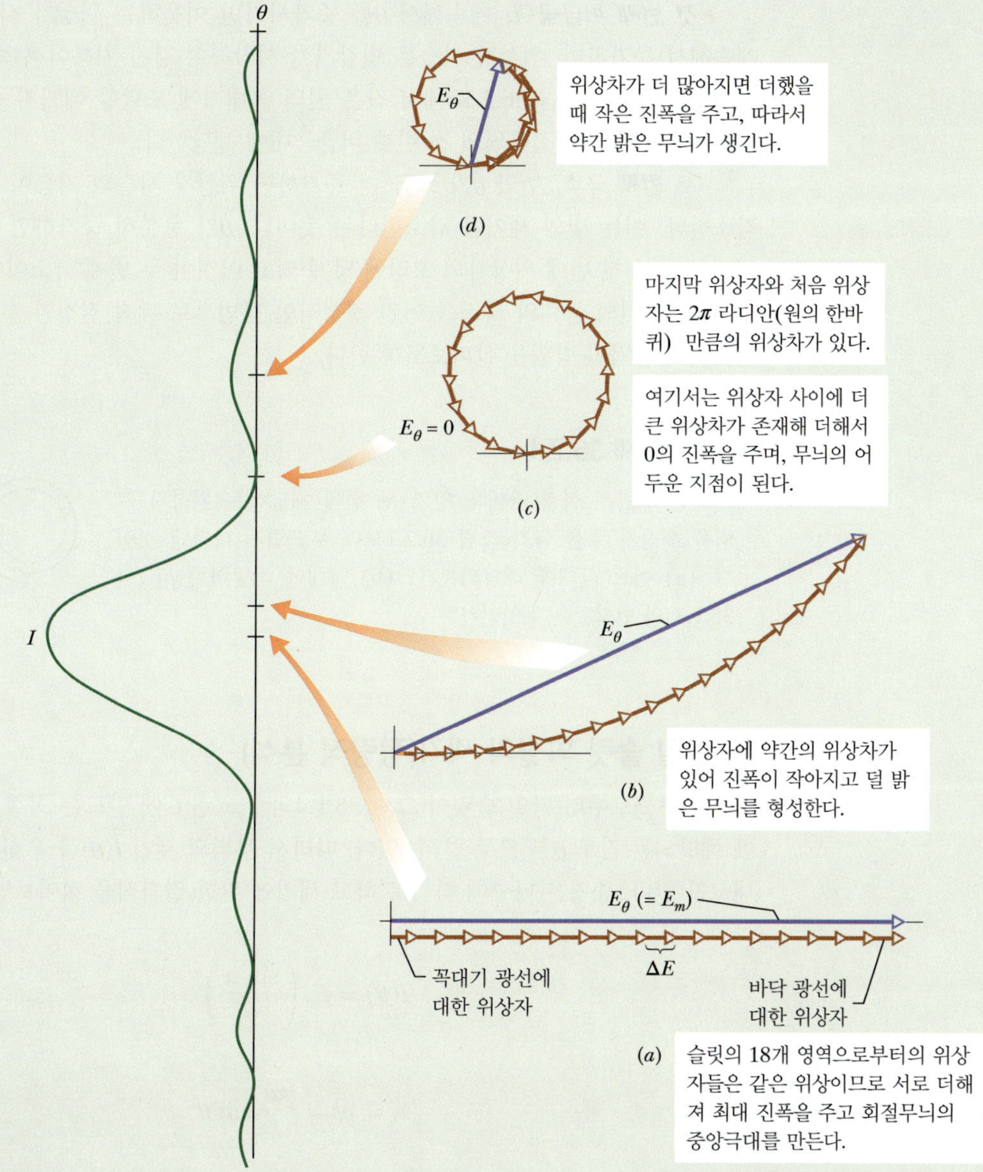

그림 36.2.1 단일 슬릿을 N = 18 위상자, 즉 18개 영역으로 쪼갠 경우에 해당하는 위상자 그림. 최종 전기장의 진폭 E_θ를 (*a*) $\theta = 0$의 중앙극대, (*b*) 중심축에 대해 작은 각도 θ를 이루는 스크린 위의 한 점, (*c*) 첫 번째 극소, (*d*) 첫 번째 극대에 대해 각각 나타내었다.

하는 영역의 파동 사이의 위상차는 더 이상 0이 아님을 알 수 있다. 그림 36.2.1*b*는 이에 대응하는 위상자 그림이다. 전과 같이 위상자는 머리에서 꼬리로 연결하고 이웃하는 위상자 사이의 각도는 $\Delta\phi$이다. 새 위치에서 전기장의 진폭 E_θ는 위상자의 벡터합이며 그림 36.2.1*a*의 것보다 작다. 이는 점 P에서의 빛의 세기가 점 P_0에서의 값보다 작다는 뜻이다.

▸***첫 번째 극소.*** 만약 각도 θ를 계속 증가시키면 위상자 사이의 각도 $\Delta\phi$도 증가하고 위상자로 된 사슬은 완전히 감겨서 그림 36.2.1*c*처럼 마지막 위상자의 머리가 첫 위상자의 꼬리에 닿을 수 있다. 이때 E_θ는 0이며, 곧 빛의 세기가 0이라는 뜻이다. 이는 회절무늬의 첫 극소값 또는 어두운 무늬에 해당한다. 첫 위상자와 마지막 위상자 사이의 위상차는 2π 라디안이며 이는 슬릿 꼭대기의 광선과 바닥의 광선 사이의 경로차가 한 파장이라

는 뜻이다. 이것이 회절의 첫 극소값을 갖는 조건임은 이미 살펴보았다.

▸**첫 번째 버금극대.** 계속해서 θ를 증가시키면 이웃하는 위상자 사이의 각도 $\Delta\phi$도 계속해서 증가하며, 위상자 사슬은 덧감기기 시작하여 감긴 지름이 수축하게 된다. 전기장의 진폭 E_θ는 그림 36.2.1d에서 작은 원의 꼭대기에 도달할 때까지 증가한다. 이러한 위상자의 배열은 회절무늬의 첫 번째 버금극대에 해당한다.

▸**두 번째 극소.** 만약 θ가 조금 더 증가하면 위상자 사슬의 지름이 수축되므로 E_θ가 감소한다. 이는 빛의 세기가 감소한다는 뜻이다. θ가 충분히 증가하면 마지막 위상자의 머리가 다시 첫 번째 위상자의 꼬리에 닿게 되고 이것이 두 번째 극소이다.

회절무늬의 극대와 극소를 이런 정성적인 방법으로 계속 결정할 수 있지만, 다음 절에서는 정량적인 방법을 살펴보도록 한다.

확인문제 36.2.1

오른편 그림은 회절 극대의 양옆 두 점에 해당하는 위상자 그림을 위상자 수를 늘려 그림 36.2.1보다 부드럽게 나타낸 것이다. (a) 어느 극대에 해당되는가? (b) 극대에 해당하는 m (식 36.1.3)의 어림값은 무엇인가?

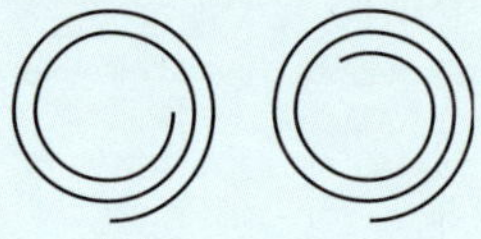

단일 슬릿 회절의 세기(정량적 분석)

식 36.1.3으로부터 단일 슬릿이 그림 36.1.4의 스크린 C에 만드는 회절무늬의 극소 위치에 해당되는 각도 θ를 모두 알 수 있다. 따라서 무늬의 세기 $I(\theta)$를 우선 θ의 함수로 나타내고자 한다. 증명은 나중에 하기로 하고 세기에 관한 결과식을 적어보면 다음과 같다.

$$I(\theta) = I_m\left(\frac{\sin\alpha}{\alpha}\right)^2. \qquad (36.2.2)$$

여기서

$$\alpha = \tfrac{1}{2}\phi = \frac{\pi a}{\lambda}\sin\theta \qquad (36.2.3)$$

이다. α는 스크린의 위치를 결정하는 각도 θ와 그 위치에서 빛의 세기 $I(\theta)$와의 관계를 맺어주는 편리한 변수이다. I_m은 세기 $I(\theta)$의 최대값이며 $\theta = 0$인 중심 극대의 크기이다. 식 36.2.3에서 ϕ는 너비가 a인 슬릿의 꼭대기와 바닥에서 출발하는 두 광선의 위상차이다.

식 36.2.2를 살펴보면 최소 세기는

$$\alpha = m\pi \quad (m = 1, 2, 3, \ldots) \qquad (36.2.4)$$

일 때 일어남을 알 수 있다. 이 결과를 식 36.2.3에 대입하면

$$m\pi = \frac{\pi a}{\lambda}\sin\theta \quad (m = 1, 2, 3, \ldots)$$

이므로, 다음을 얻는다.

$$a\sin\theta = m\lambda \quad (m = 1, 2, 3, \ldots) \quad (\text{극소–어두운 무늬}). \qquad (36.2.5)$$

이 식은 앞에서 유도한 극소 위치에 관한 식 36.1.3과 일치한다.

▸**그림.** 그림 36.2.2는 슬릿의 너비가 $a = \lambda$, $a = 5\lambda$, $a = 10\lambda$일 때, 식 36.2.2와

36.2.3을 이용하여 계산한 회절무늬의 세기이다. 슬릿의 너비가 증가하면 슬릿을 통과한 빛이 덜 퍼져나가기 때문에, *중앙 회절 극대*의 너비가 좁아진다. 이때 두 번째 극대의 너비도 좁아진다. 그러다가 파장 λ보다 슬릿의 너비 a가 상당히 커지면 두 번째 극대가 사라질 것이다. 즉, 더 이상 단일슬릿이 만드는 회절무늬를 볼 수 없다. 다만 그림 36.1.2의 면도날 가장자리에 보이는 회절무늬처럼 넓은 슬릿의 가장자리에 의한 회절무늬가 나타날 것이다.

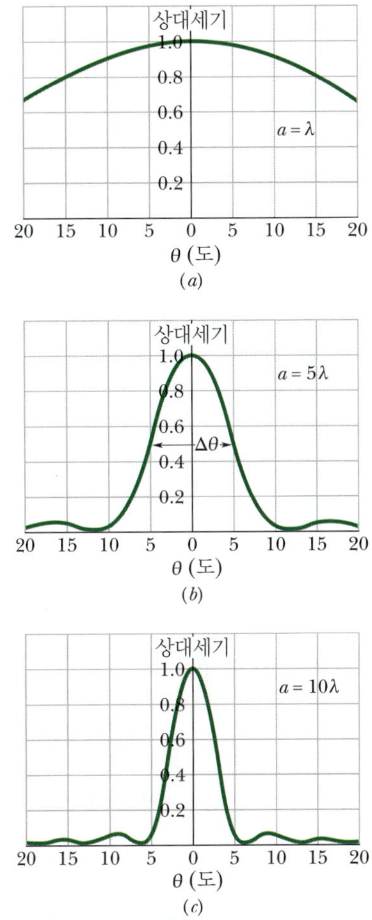

그림 36.2.2 세 개의 서로 다른 a/λ 값에 대한 단일 슬릿 회절무늬의 상대세기의 분포. 슬릿의 너비가 클수록 중앙극대의 너비가 좁아진다.

식 36.2.2와 36.2.3의 증명

회절무늬의 각 점에서의 세기에 대한 식을 구하기 위해 그림 36.2.1과 같이 슬릿을 많은 영역으로 나누고 이들 영역에 대응하는 위상자를 계산해 모두 더한다. 그림 36.2.3에서 위상자의 원호는 그림 36.1.4의 스크린에서 특정한 각도 θ에 위치한 점 P에 도달하는 파동을 나타낸다. 점 P에서 중첩된 파동의 진폭 E_θ는 이러한 위상자들의 벡터합이다. 만일 그림 36.1.4의 슬릿을 한없이 작은 너비 Δx를 갖는 영역으로 나누어 가면 그림 36.2.3에 있는 위상자의 호는 원호와 가깝게 된다. 그 원호의 반지름을 그림에서 R로 표시하였다. 이때 호의 길이는 중심 회절무늬의 진폭인 E_m이어야 한다. 왜냐하면 원호를 직선으로 펼친다면 그림 36.2.1a의 위상자의 배열을 얻어야 되기 때문이다(그림 36.2.3 맨 아래의 화살표).

그림 36.2.3의 아래쪽 부분의 각도 ϕ는 원호 E_m의 왼쪽과 오른쪽 끝에 위치한 두 미소벡터 사이의 위상차이다. 기하학을 이용하면 각도 ϕ가 그림 36.2.3에 R로 표시한 두 반지름의 사이각과 같다는 것을 알 수 있다. 그림에서 ϕ를 이등분한 점선은 두 개의 합동 직각삼각형을 만든다. 이때 각각의 삼각형에서

$$\sin \tfrac{1}{2}\phi = \frac{E_\theta}{2R} \tag{36.2.6}$$

의 관계가 성립한다. E_m을 호의 전체 길이로 보고, 각도 ϕ를 라디안으로 쓰면 다음과 같다.

$$\phi = \frac{E_m}{R}.$$

R을 없애기 위하여 위의 두 식을 결합하면 다음을 얻는다.

$$E_\theta = \frac{E_m}{\frac{1}{2}\phi} \sin \tfrac{1}{2}\phi. \tag{36.2.7}$$

▸***세기.*** 33.2단원에서 전자기파의 세기는 전기장 크기의 제곱에 비례함을 설명하였다. 따라서 (무늬 중심에서의) 최대 세기 I_m은 E_m^2에 비례하고, 임의의 각도 θ에서의 세기 $I(\theta)$는 E_θ^2에 비례한다. 즉, 다음과 같이 쓸 수 있다.

$$\frac{I(\theta)}{I_m} = \frac{E_\theta^2}{E_m^2}. \tag{36.2.8}$$

E_θ에 대해 식 36.2.7을 이용하고 $\alpha = \frac{1}{2}\phi$를 대입하여 무늬의 세기를 θ의 함수로 얻는다.

$$I(\theta) = I_m \left(\frac{\sin\alpha}{\alpha}\right)^2.$$

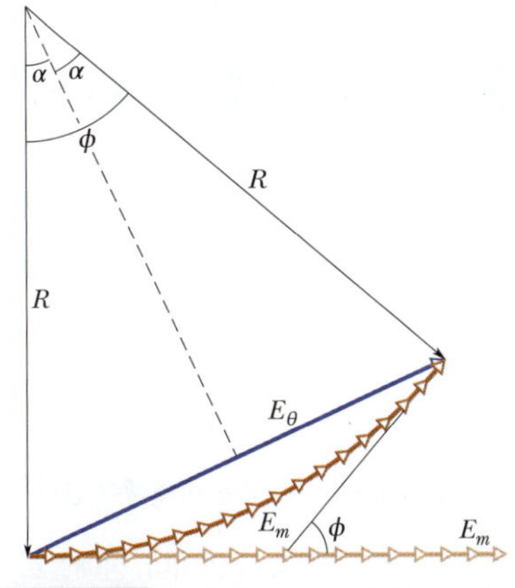

그림 36.2.3 단일 슬릿 회절무늬의 세기를 계산하기 위한 것으로 그림 36.2.1b에 해당한다.

두 번째 식은 α와 θ 사이의 관계를 찾는 것이다. 슬릿의 꼭대기점과 바닥점에서 출발한 두 광선 사이의 위상차 ϕ는 식 36.2.1을 이용하여 두 광선 사이의 경로차와 연관지을 수 있으므로 다음과 같이 쓸 수 있다.

$$\phi = \left(\frac{2\pi}{\lambda}\right)(a \sin\theta).$$

여기서 a는 분할된 미소 영역의 너비 Δx의 합이다. 그런데 $\phi = 2\alpha$이므로, 이 결과가 증명하고자 하는 식 36.2.3과 같음을 알 수 있다.

확인문제 36.2.2

파장이 각각 650 nm와 430 nm인 두 빛을 단일 슬릿 실험에서 각각 사용하였다. 그림은 두 회절무늬를 빛의 세기 I 대 각도 θ의 함수로 나타낸 것이다. 만약 두 빛을 동시에 사용한다면, 복합된 회절무늬가 (a) 각도 A와 (b) 각도 B에서 각각 어떤 색깔로 보일까?

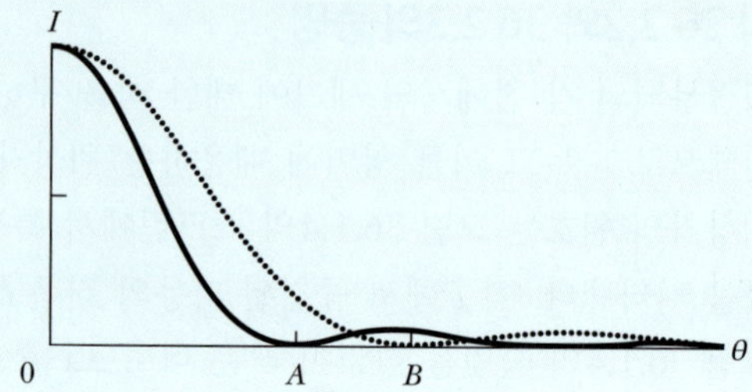

보기문제 36.2.1 단일 슬릿 간섭무늬에서 극대의 세기

그림 36.1.1의 단일 슬릿 회절무늬에서 처음 세 개의 2차극대의 세기를 중앙극대의 세기에 대한 비로 나타내어라.

요점

2차극대가 근사적으로 서로 이웃하는 두 극소의 중간쯤에 있고 극소 위치의 조건은 식 36.2.4($\alpha = m\pi$)이다. 따라서 2차극대가 일어나는 위치는 a를 라디안으로 나타낼 때 다음과 같다.

$$a = (m + \tfrac{1}{2})\pi \quad (m = 1, 2, 3, \ldots).$$

식 36.2.2를 통해 회절무늬의 임의의 점에서 세기 I를 중심극대의 세기 I_m으로 나타낼 수 있다.

풀이: 2차극대의 a값을 식 36.2.2에 대입하여 중앙의 최대 세기 I_m과 다음과 같이 연관지을 수 있다.

$$\frac{I}{I_m} = \left(\frac{\sin\alpha}{\alpha}\right)^2 = \left(\frac{\sin(m+\frac{1}{2})\pi}{(m+\frac{1}{2})\pi}\right)^2 \quad (m = 1, 2, 3, \ldots).$$

$m = 1$인 경우가 첫 번째 2차극대에 해당하며, 상대세기는 다음과 같다.

$$\frac{I_1}{I_m} = \left(\frac{\sin(1+\frac{1}{2})\pi}{(1+\frac{1}{2})\pi}\right)^2 = \left(\frac{\sin 1.5\pi}{1.5\pi}\right)^2$$
$$= 4.50 \times 10^{-2} \approx 4.5\%. \quad \text{(답)}$$

또한 $m = 2$와 $m = 3$인 경우 상대세기는 다음과 같다.

$$\frac{I_2}{I_m} = 1.6\% \quad \text{및} \quad \frac{I_3}{I_m} = 0.83\%. \quad \text{(답)}$$

이 결과로부터 알 수 있듯이 계속되는 2차극대의 세기가 매우 빠르게 감소한다. 그림 36.1.1은 이를 보이기 위해 의도적으로 과다 노출하여 찍은 사진이다.

▶ 교육용 비디오는 웹사이트 www.wiley.com에서 볼 수 있다.

36.3 ▸ 원형구멍에 의한 회절

학습목표_Learning Objectives

이 단원을 읽은 후 다음을 이해해야 한다.

36.3.1 작은 원형 구멍이나 장애물로부터 생기는 회절무늬를 기술하고 그림을 그린다.

요점_Key Ideas

1. 지름 d인 원형 구멍이나 렌즈에 의한 회절로 인해 중심의 극대와 동심원으로 나타나는 극대, 극소가 생긴다. 각도 θ에서 첫 번째 극소가 나타나는 조건은 다음과 같다.

$$\sin\theta = 1.22\frac{\lambda}{d} \quad \text{(첫 번째 극소–원형 구멍).}$$

2. Rayleigh 기준에 의하면 한 회절의 중심 극대값이 다른 회절은 첫 번째 극소에 있을 때 겨우 분해 가능하다. 그 각도의 분리는

$$\theta_R = 1.22\frac{\lambda}{d} \quad \text{(Rayleigh의 기준)}$$

보다 작아야 한다. 여기서 d는 빛이 통과하는 구멍의 지름이다.

36.3.2 작은 원형 구멍이나 장애물에 의해 생긴 회절에 대해 첫 번째 극소까지의 각도 θ, 빛의 파장 λ, 구멍의 지름 d, 스크린까지의 거리 D, 회절무늬의 중심과 극소 사이의 거리 y의 관계를 구한다.

36.3.3 점 물체의 회절무늬에 대해 논의하여 어떻게 회절이 물체의 시각 분해능을 제한하는지 설명한다.

36.3.4 Rayleigh의 분해능에 대한 기준에 의해 겨우 분해할 수 있는 두 점 물체 사이의 (근사적인) 각도를 구한다.

36.3.5 Rayleigh 기준에서 각도 θ_R, 빛의 파장 λ, 구멍의 지름 d(예를 들어 눈동자의 지름), 두 먼 점 물체가 만드는 각도 θ, 이 물체까지의 거리 L 사이의 관계를 구한다.

원형 구멍에 의한 회절

여기서는 빛이 통과할 수 있는 원형 집광렌즈와 같은 원형구멍이 만드는 회절을 생각해 보자. 그림 36.3.1은 대단히 먼 곳에 위치한 별과 같은 광원을 볼록렌즈로 집광할 때 렌즈의 초점면에 만들어지는 영상의 사진이다. 이 모양은 기하광학적으로 예측되는 단순한 점이 아니고 약한 밝기를 갖는 부차적인 동심원 무늬로 둘러싸인 형태이다. 이 영상은 그림 36.1.1과 같은 회절 현상으로 이해할 수 있다. 다만 슬릿의 모양은 긴 네모꼴이 아니고 지름 d의 원형이다.

지름 d의 원형구멍이 만드는 회절무늬에서 첫 번째 극소가 일어나는 각도는 수학적 분석을 통해 다음과 같음을 증명할 수 있다.

$$\sin\theta = 1.22\frac{\lambda}{d} \quad \text{(첫 번째 극소-원형 구멍)}. \tag{36.3.1}$$

여기서 θ는 중심축으로부터 원형 극소점까지의 사이각이다. 이 결과를 너비 a의 슬릿이 만드는 회절무늬의 첫 번째 극소에 관한 식 36.1.1

$$\sin\theta = \frac{\lambda}{a} \quad \text{(첫 번째 극소-단일 슬릿)} \tag{36.3.2}$$

과 비교해 보면, 슬릿의 모양이 다르기 때문에 상수 1.22가 붙은 것만 다르고 나머지는 서로 같다.

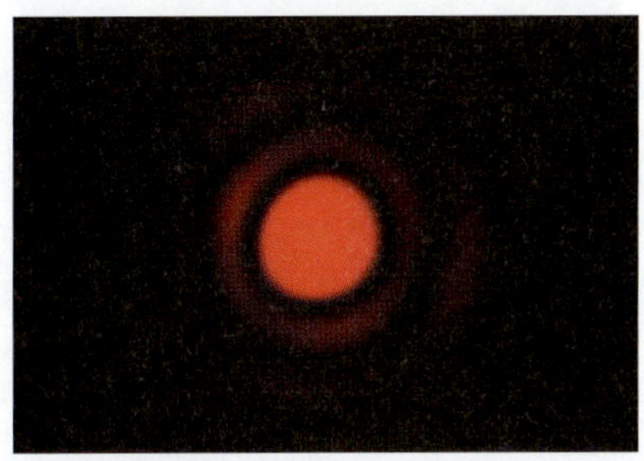

Courtesy of Jearl Walker

그림 36.3.1 원형구멍이 만드는 회절무늬. 중앙의 원형극대와 동심원 고리모양에 유의하여라. 이 사진은 중앙극대에 비해 훨씬 약한 2차극대의 고리들을 잘 보이게 하기 위해 과다노출 방식으로 촬영한 것이다.

분해능

렌즈의 영상에 회절무늬가 나타난다는 사실은 분리각이 작고 먼 거리에 있는 두 물체를 *분해*(구별)하고자 할 때 중요해진다. 그림 36.3.2는 세 가지 다른 경우로서 분리각이 작고 먼 곳에 위치한 별과 같은 두 개의 점 물체가 눈에 나타나는 모습과 밝기이다. 그림 36.3.2a에서는 두 물체가 회절 때문에 구별되지 않는다. 왜냐하면 두 회절무늬의 중앙극대가 서로 많이 겹쳐 있어서 두 개의 점 물체로 분해할 수 없기 때문이다. 그림 36.3.2b에서는 두 물체를 간신히 분해할 수 있고, 그림 36.3.2c에서는 충분히 분해할 수 있다.

그림 36.3.2b처럼 두 광원 사이의 특정한 분리각에서는, 한 점원의 회절무늬 중앙극대가 다른 광원의 회절무늬 첫 번째 극소와 일치한다. 이러한 분해능의 조건을 **Rayleigh의 기준**이라고 한다. 식 36.3.3으로부터 이 기준에 따라 간신히 분해될 수 있는 분리각 θ_R이

$$\theta_R = \sin^{-1}\frac{1.22\lambda}{d}$$

임을 알 수 있다. 이때의 각도는 대단히 작으므로 각도를 라디안으로 나타낼 때, $\sin\theta_R$을 θ_R로 바꾸어 다음과 같이 쓸 수 있다.

$$\theta_R = 1.22\frac{\lambda}{d} \quad \text{(Rayleigh의 기준)}. \tag{36.3.3}$$

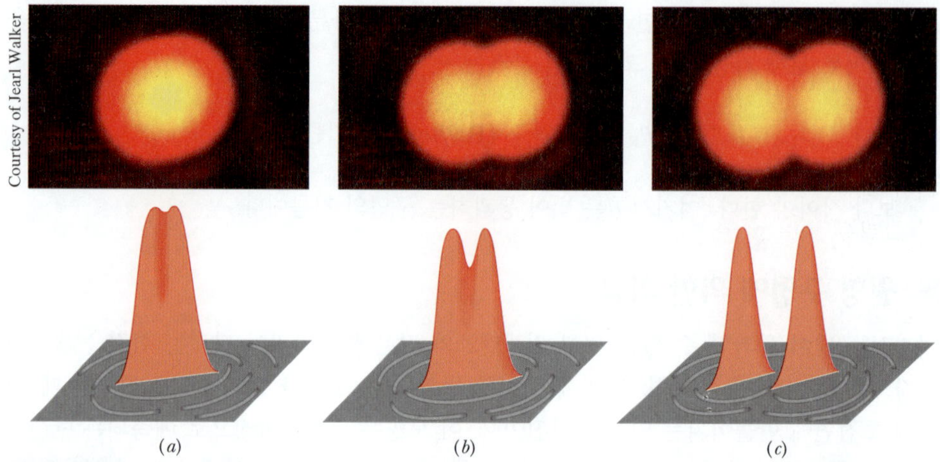

그림 36.3.2 위: 집광렌즈로 얻은 두 광원(별)의 영상. 아래: 영상의 세기. (*a*) 두 광원 사이의 분리각이 너무 작아서 구별이 불가능하다. (*b*) 간신히 구별이 가능하다. (*c*) 분명히 구별이 가능하다. (*b*)의 경우에, 한 회절무늬의 중앙극대가 다른 회절무늬의 극소와 일치하는 Rayleigh의 기준을 만족한다.

▸***사람의 시각.*** 분해능은 광원과 주변의 상대적인 밝기, 광원과 관측자 사이 공기층의 난기류, 관측자의 시각 기능 등 여러 가지 요인에 의존하기 때문에, Rayleigh의 기준은 근사식이다. 실제로 사람이 분해할 수 있는 최소 분리각은 식 36.3.3에 주어진 것보다 약간 크다. 하지만 식 36.3.3을 정확한 기준으로 삼기로 한다. 즉, 물체 사이의 분리각 θ가 θ_R보다 크면 두 물체를 분해할 수 있고 이보다 작으면 불가능하다.

우리의 눈 대신에 렌즈로 분리각이 작은 물체를 분해하려면 회절무늬의 크기를 되도록 작게 하는 것이 바람직하다. 식 36.3.3에 의하면 렌즈의 지름을 크게 하거나 파장이 짧은 빛을 사용하면 된다. 이런 이유로 자외선은 보통 현미경과 함께 쓰이는데, 이는 자외선의 파장이 가시광선보다 짧기 때문이다.

Maximilien Luse, *The Seine at Herblay*, 1890 Musée d'Orsay, Paris, France. Photo by Erich Lessing/Art Resource

그림 36.3.3 Maximilien Luce의 점묘화 *The Seine at Herblay*는 수천 개의 점으로 구성되어 있다. 관람자가 그림에 가까울 때, 점과 그 색깔이 보인다. 보통의 관람 거리에서는 점이 구별 안 되고 섞여 보인다.

▸***점묘법.*** Rayleigh의 기준으로 그림 36.3.3과 같은 점묘법 그림에서 겪는 색깔의 착시현상을 설명할 수 있다. 이런 그림은 보통의 붓 사용방식으로 그린 것이 아니라 색깔을 띤 수많은 작은 점으로 그린 것이다. 점묘법 그림에서 한 가지 놀라운 것은 그림과의 거리가 변함에 따라 그림의 색상이 눈치채지 못할 정도로 미묘하게 변한다는 것이다. 이러한 색상변화는 색깔을 띤 점을 분해할 수 있는지의 여부와 관련이 있다. 충분히 가까이서 그림을 보면 이웃한 점의 분리각 θ가 θ_R보다 크기 때문에 모든 점이 구별된다. 그때 보이는 색깔은 실제로 사용한 색이다. 그러나 충분히 멀리서 그림을 보면 분리각 θ가 θ_R보다 작아지며 개개의 점은 구별되지 않는다. 결국, 각 점에서 출발한 빛이 우리의 눈 안으로 들어오면서 혼합되어 보는 사람의 시각 신경계가 원래의 점에는 없는 색깔을 인식하게 된다. 점묘파 화가는 이러한 방식으로 자신만의 예술적 색상을 창조하였다.

확인문제 36.3.1

눈동자에 의한 회절로 두 개의 붉은 점을 간신히 구별할 수 있다고 하자. 주변의 조명을 증가시켜서 눈동자의 지름을 줄어들게 만들면, 점에 대한 분해능이 향상되는가, 나빠지는가? 오로지 회절만 고려하여라(실험으로 답을 확인해 볼 수 있다).

보기문제 36.3.1 점묘법은 눈에서의 회절 현상을 이용한다

그림 36.3.4*a*는 점묘화의 색점을 나타낸 것이다. 점의 중심간 평균 거리를 $D = 2.0$ mm라고 하자. 그리고 눈동자의 지름을 $d = 1.5$ mm, 점 사이를 구별할 수 있는 최소 분리가 Rayleigh의 기준이라고 하자. 그림의 점을 구별할 수 없게 하는 최소 관찰거리는 무엇인가?

요점

그림에 가까이 있을 때 분해할 수 있는 이웃하는 두 점을 생각해 보자. 그림에서 멀어져 갈 때, 시야의 분리각이 아래에 표기한 Rayleigh의 기준에서 주어진 각도보다 작아질 때까지 그 점들을 계속 구별할 수 있다.

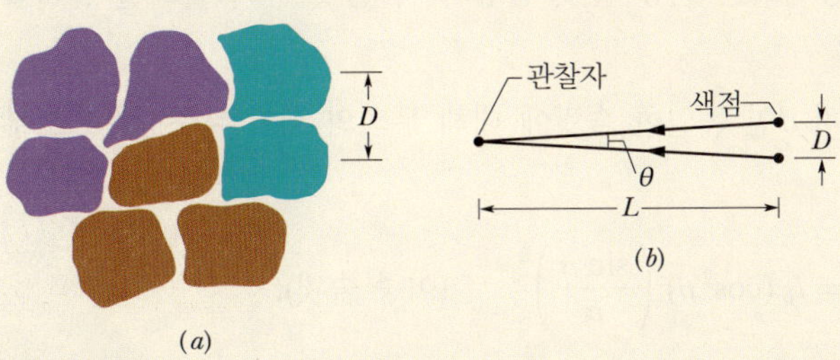

그림 36.3.4 (*a*) 점묘화의 색점. D는 점 사이의 평균 중심거리이다. (*b*) 두 점 사이의 거리 D, 분리각 θ, 점으로부터의 거리 L.

$$\theta_R = 1.22\frac{\lambda}{d}. \tag{36.3.4}$$

풀이: 옆에서 본 그림 36.3.4*b*는 점 사이의 분리각 0, 중심 사이의 거리 D, 점으로부터의 거리 L을 나타낸다. D/L이 작으므로 각도 θ 역시 작아서 다음과 같이 근사할 수 있다.

$$\theta = \frac{D}{L}. \tag{36.3.5}$$

식 36.3.5의 θ를 식 36.3.4의 θ_R과 같게 놓고 L에 대해 풀면 다음과 같다.

$$L = \frac{Dd}{1.22\lambda}. \tag{36.3.6}$$

식 36.3.6은 λ가 작아질 때, L이 커진다는 뜻이다. 따라서 그림에서 멀어질 때, 이웃하는 두 붉은 점이 두 푸른 점보다 먼저 구별이 불가능해진다. 어떤 색의 점에 대해서도 구별할 수 없는 최소 거리를 구하기 위해에 400 nm(보라색)와 주어진 값을 식 36.3.6에 대입하면 다음을 얻는다.

$$L = \frac{(2.0\times10^{-3}\text{ m})(1.5\times10^{-3}\text{ m})}{(1.22)(400\times10^{-9}\text{ m})} = 6.1\text{ m}. \quad \text{(답)}$$

이 거리 이상일 때에는 이웃하는 모든 점의 색깔이 섞여 보인다. 이때에 관람자가 느끼는 색깔은 실제로 그곳에 존재하지 않을 수 있는 혼합된 색깔이다.

▶ **교육용 비디오는 웹사이트 www.wiley.com에서 볼 수 있다.**

▶ 보기문제 36.3.2 멀리 있는 두 물체를 구별하기 위한 Rayleigh 기준

지름 $d = 32$ mm이고 초점거리 $f = 24$ cm인 집광렌즈를 사용하여 물체의 영상을 얻고자 한다. 이때 사용하는 빛의 파장은 $\lambda = 550$ nm이다.

(a) 렌즈의 회절을 고려할 때 멀리 있는 두 물체에 대해 Rayleigh의 기준을 만족시키는 분리각은 얼마인가?

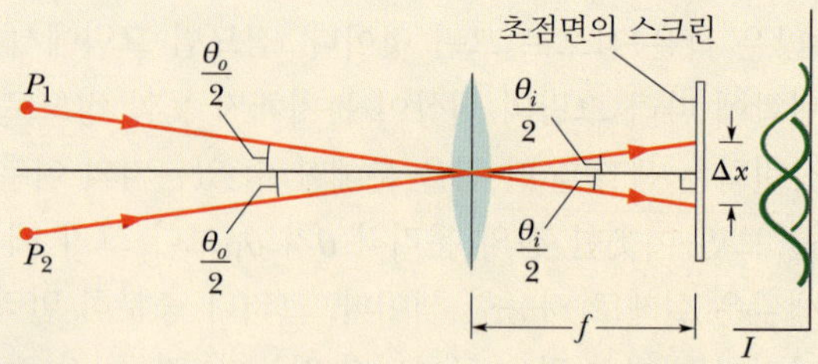

그림 36.3.5 멀리 떨어진 두 물체 P_1, P_2에서 나온 빛이 집광렌즈를 통과하여 렌즈의 초점면에 놓여 있는 스크린에 영상을 맺는다. 이 그림에는 각각의 물체에서 나오는 대표적인 광선만 그렸다. 영상은 점이 아니라 대략적인 세기와 함께 오른쪽에 그려진 회절무늬이다.

요점

그림 36.3.5에서 렌즈의 초점에 있는 스크린, 렌즈, 멀리 떨어진 두 물체 P_1과 P_2를 볼 수 있다. 오른쪽은 렌즈가 만드는 중앙극대를 포함한 회절무늬의 세기 분포이다. 두 물체의 분리각 θ_o가 상의 분리각 θ_i와 동일하다는 것에 주목하여라. 따라서 분해능에 대한 Rayleigh의 기준을 만족시키려면 렌즈 양쪽의 분리각이 (작은 각도에 대해) 식 36.3.3을 만족해야 한다.

풀이: 식 36.3.3에 주어진 값을 대입하면 분리각은 다음과 같다.

$$\theta_o = \theta_i = \theta_R = 1.22\frac{\lambda}{d}$$
$$= \frac{(1.22)(550 \times 10^{-9}\text{ m})}{32 \times 10^{-3}\text{ m}} = 2.1 \times 10^{-5}\text{ rad.} \quad \text{(답)}$$

그림 36.3.5에 나타낸 한 곡선상의 극대는 다른 곡선의 첫 번째 극소 위에 놓인다.

(b) 렌즈의 초점면 위의 회절무늬에서 두 중앙극대의 중심 사이의 거리 Δx를 구하여라(즉, 두 곡선에서 *중앙* 봉우리 사이의 거리이다).

풀이: 그림 36.3.5처럼 렌즈와 스크린 사이의 삼각형으로부터 $\theta_i/2 = \Delta x/2f$를 알 수 있다. $\tan\theta \approx \theta$로 근사하면

$$\Delta x = f\theta_i \tag{36.3.7}$$

이고, 여기서 θ_i는 라디안 값이다. 그러면 다음을 얻는다.

$$\Delta x = (0.24\text{ m})(2.1 \times 10^{-5}\text{ rad}) = 5.0\ \mu\text{m.} \quad \text{(답)}$$

▶ 교육용 비디오는 웹사이트 www.wiley.com에서 볼 수 있다.

36.4 ▸ 이중 슬릿에 의한 회절

학습목표_Learning Objectives

이 단원을 읽은 후 다음을 이해해야 한다.

36.4.1 이중 슬릿 실험에 대한 그림에서 각 슬릿을 지나는 회절이 어떻게 이중 슬릿 간섭무늬를 수정하는지 설명하고, 회절 윤곽선, 중심 봉우리, 윤곽선의 버금 봉우리를 구한다.

36.4.2 이중 슬릿 회절무늬의 주어진 한 점에서 세기 I를 무늬 중심에서의 세기 I_m을 이용해 계산한다.

요점_Key Ideas

1. 두 슬릿을 통과하는 파동에서는 이중 슬릿 간섭과 각 슬릿에 의한 회절이 결합되어 나타난다.
2. 너비 a, 중심 사이의 거리 d인 동일한 슬릿에 대해 무늬의 세기는 중심축으로부터의 각도 θ에 따라 변화한다.

$$I(\theta) = I_m(\cos^2\beta)\left(\frac{\sin\alpha}{\alpha}\right)^2 \quad \text{(이중 슬릿).}$$

여기서 I_m은 무늬 중심의 세기이다. α, β는 다음과 같다.

$$\beta = \left(\frac{\pi d}{\lambda}\right)\sin\theta,$$

그리고

$$\alpha = \left(\frac{\pi a}{\lambda}\right)\sin\theta.$$

▶ 이중 슬릿에 의한 회절

35장에서 이중 슬릿 실험에 사용한 슬릿의 너비 a는 빛의 파장에 비해 대단히 작다고 가정하였다. 즉, $a \ll \lambda$이다. 이와 같이 좁은 슬릿의 경우 각 슬릿이 만드는 회절무늬의 중앙극대 부분은 스크린 전체를 차지한다. 더욱이 두 슬릿에서 나오는 빛의 세기는 근사적으로 서로 같으므로 밝은 간섭무늬를 만든다(그림 35.3.1 참조).

그러나 가시광선을 사용해서는 $a \ll \lambda$의 조건을 만들기가 어렵다. 비교적 너비가 넓은 슬릿의 경우 두 슬릿에서 나오는 빛의 간섭은 세기가 고르지 않은 간섭무늬를 만든다. 즉, 이중 슬릿이 만드는 간섭무늬의 (35장에 논의된) 밝기는 이 장에서 설명한 각 슬릿을 통과해 나오는 빛의 회절에 의해 영향을 받는다.

▸***그림.*** 예를 들어 그림 36.4.1a는 슬릿의 너비가 매우 작은 경우($a \ll \lambda$)에 이중 슬릿이 만드는 간섭무늬이다. 밝은 간섭무늬는 모두 같은 세기를 갖는다. 그림 36.4.1b는 단일 슬릿이 만드는 회절무늬이다. 넓은 중앙극대와 ±17° 각도를 이루는 곳에서 약한 2차극대를 볼 수 있다. 그림 36.4.1c는 두 슬릿이 만드는 최종적인 간섭무늬이다. 이 무늬는 그림 36.4.1a의 세기곡선에 그림 36.4.1b의 세기곡선을 *곱한* 형태이다. 결국 각 무늬의 위치는 변하지 않고 단지 세기만 변한다.

▸***사진.*** 그림 36.4.2a는 이중 슬릿의 간섭과 회절무늬의 실제 사진이다. 한쪽 슬릿을 막는다면 그림 36.4.2b와 같은 단일 슬릿 회절무늬가 생긴다. 그림 36.4.2a와 36.4.1c, 그림 36.4.2b와 36.4.1b의 대응 관계를 주목하여라. 그림을 비교할 때, 그림 36.4.2는 밝기가 희미한 중앙극대 이외의 극대가 나타나도록 과다노출시킨 것이다.

36.4.3 이중 슬릿 회절무늬의 세기에 대한 식에서 어느 부분이 두 슬릿 사이의 간섭에 해당하고, 어느 부분이 각 슬릿에 의한 회절에 해당하는지 구분한다.

36.4.4 이중 슬릿 회절에 대해 비율 d/a, 단일 슬릿 회절무늬에서 회절 극소의 위치 사이의 관계를 구하고, 회절 윤곽선의 중심 봉우리와 옆의 버금 봉우리 안에 이중 슬릿의 극대 개수를 센다.

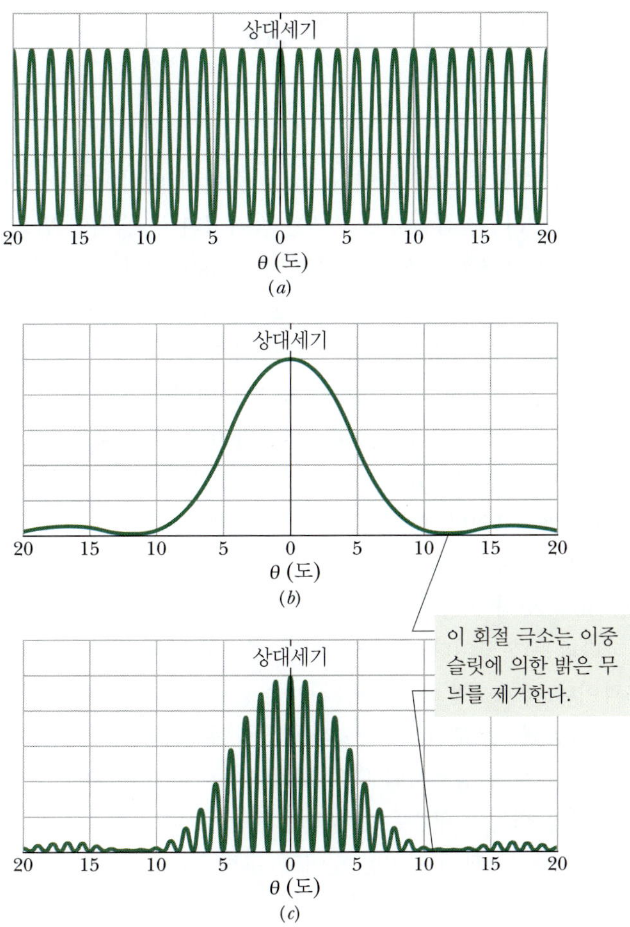

그림 36.4.1 ▸ (a) 너비가 매우 좁은 이중 슬릿 간섭실험에서 예상되는 균일한 세기분포. (b) 너비 a의 단일 슬릿이 만드는 회절의 세기분포. (c) 너비 a의 이중 슬릿이 만드는 세기분포. (b)의 곡선은 이중 슬릿 무늬의 세기를 제한하는 윤곽선이다. 예를 들어 12° 근처에서 나타나는 첫 번째 극소는 그곳의 이중 슬릿 무늬를 없애버린다.

(a)

(b)

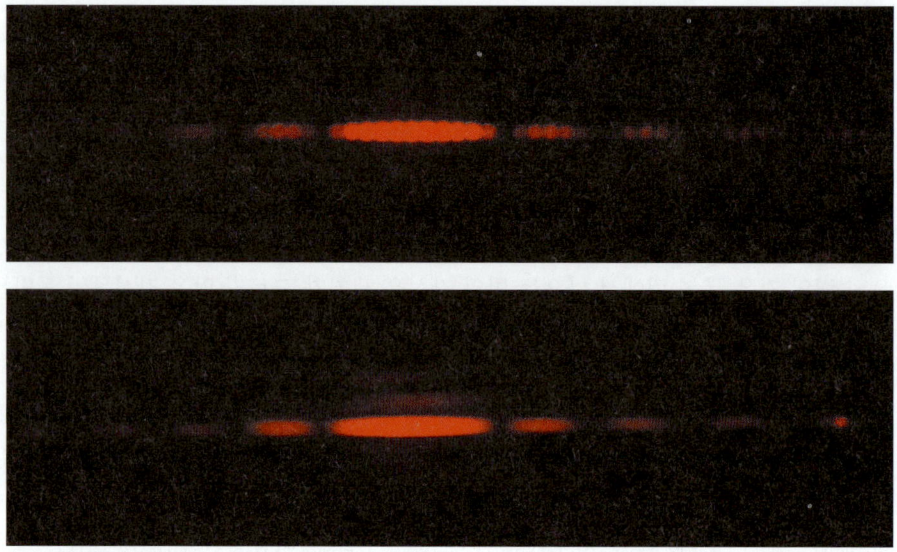

Courtesy of Jearl Walker

그림 36.4.2 (*a*) 이중 슬릿이 만드는 간섭무늬. 그림 36.4.1*c*와 비교하여라. (*b*) 단일 슬릿 회절무늬. 그림 36.4.1*b*와 비교하여라.

▸***세기.*** 회절 효과를 고려하여 이중 슬릿이 만드는 간섭무늬의 세기를 식으로 쓰면

$$I(\theta) = I_m(\cos^2\beta)\left(\frac{\sin\alpha}{\alpha}\right)^2 \quad \text{(이중 슬릿)} \qquad (36.4.1)$$

이고, α와 β는 다음과 같다.

$$\beta = \frac{\pi d}{\lambda}\sin\theta, \qquad (36.4.2)$$

$$\alpha = \frac{\pi a}{\lambda}\sin\theta. \qquad (36.4.3)$$

여기서 d는 두 슬릿의 중심 사이의 거리이고 a는 슬릿의 너비이다. 식 36.4.1의 우변은 I_m과 두 인자의 곱이다. (1) *간섭인자* $\cos^2\beta$는 간격 d의 두 슬릿이 만드는 간섭에 의한 것이다(식 35.3.3 및 식 35.3.4 참조). (2) *회절 인자* $[\sin\alpha/\alpha]^2$은 너비 α의 단일 슬릿이 만드는 회절에 의한 것이다(식 36.2.2 및 식 36.2.3 참조).

두 인자를 살펴보자. 식 36.4.3에서 $a \to 0$인 극한에서는 $\alpha \to 0$이고 $(\sin\alpha)/\alpha \to 1$이다. 그러면 식 36.4.1은 무한히 작은 너비를 갖는 슬릿의 경우가 되며 간격 d인 이중 슬릿이 만드는 간섭무늬의 표현식으로 바뀐다. 마찬가지로 식 36.4.2에서 $d = 0$으로 두면 두 슬릿은 하나가 되어 결국 너비 a의 단일 슬릿으로 바뀐다. 식 36.4.2에 $d = 0$를 대입하면 $\beta = 0$이고 $\cos^2\beta = 1$이다. 이 경우 역시 식 36.4.1은 너비 a의 단일 슬릿이 만드는 회절무늬의 표현식으로 바뀐다.

▸***용어.*** 그림 36.4.2*a*의 이중 슬릿 회절무늬는 식 36.4.1로 주어지며 간섭과 회절이 서로 혼합되어 나타나는 현상이다. 둘 다 주어진 점에서 다른 위상을 갖는 파동의 결합으로 인한 중첩효과이다. $a \ll \lambda$인 조건에서의 이중 슬릿 실험과 같이, 일정한 수(작은 수)의 결맞고 분리된 파동샘으로부터 나오는 파동의 중첩으로 나타나는 현상을 *간섭*이라고 부른다. 그러나 단일 슬릿의 경우처럼 단일 파동면에서 나오는 파동의 중첩현상은 *회절*이라고 부른다. 간섭과 회절의 구분은 단정적인 것이 아니고 다소 임의적이며 편의적인 것이다. 이들은 둘 다 중첩효과에 기인한 것이고, 그림 36.4.2*a*처럼 동시에 나타난다.

확인문제 36.4.1

이중슬릿 회절무늬의 양쪽 면에 첫 번째로 나타나는 회절극소는 어떤 각도 θ에서 네 번째 옆에 있는 밝은 무늬와 겹친다. (a) 중앙회절 윤곽 안에 밝은 무늬는 몇 개인가? (b) 일치하는 곳을 다섯 번째 옆에 있는 밝은 무늬에 있게 하려면 슬릿 간격을 얼마나 변화시켜야 하는가? (c) 슬릿 간격 대신 슬릿의 폭을 변화시켜 이동시키려면 폭은 얼마나 변해야 하는가?

보기문제 36.4.1 각 슬릿의 회절이 고려된 이중 슬릿 실험

이중 슬릿 실험에서 빛의 파장 λ는 405 nm, 슬릿의 간격 d는 19.44 μm, 슬릿의 너비 a는 4.050 μm이다. 두 슬릿에서 나오는 빛의 간섭과 각 슬릿을 통해 나오는 빛의 회절 또한 고려하자.

(a) 회절 윤곽선의 중앙극대에는 몇 개의 밝은 간섭무늬가 있는가?

요점

실험에서 광학무늬를 만드는 두 물리현상을 분석해 보자.

1. *단일 슬릿 회절*: 중앙극대 영역의 끝은 슬릿이 만드는 회절무늬의 첫 번째 극소 위치이다(그림 36.4.1 참조). 극소의 위치는 식 36.1.3($a \sin \theta = m\lambda$)에서 구할 수 있다. 이 식은 단일 슬릿 회절을 의미하는 첨자 1과 함께 $a \sin \theta = m\lambda$로 쓸 수 있다. 회절무늬의 첫 번째 극소 위치를 구하기 위하여 $m_1 = 1$을 대입하면 다음과 같다.

$$a \sin \theta = \lambda. \tag{36.4.4}$$

2. *이중 슬릿 간섭*: 이중 슬릿이 만드는 간섭무늬의 밝은 무늬들의 위치는 식 35.2.3에서 다음과 같다.

$$d \sin \theta = m_2\lambda \quad (m = 1, 2, 3, \ldots). \tag{36.4.5}$$

여기서 아래첨자 2는 이중 슬릿 간섭을 뜻한다.

풀이: 식 36.4.5를 36.4.4로 나누고 m_2에 대해서 풀면 이중 슬릿의 무늬에서 회절의 첫 번째 극소 위치를 다음과 같이 구할 수 있다.

$$m_2 = \frac{d}{a} = \frac{19.44\ \mu\text{m}}{4.050\ \mu\text{m}} = 4.8.$$

위 결과로부터 $m_2 = 4$는 중앙 밝은 무늬($m_2 = 0$)를 제외한 네 번째 무늬로서 4개의 밝은 간섭무늬가 단일 슬릿 회절무늬의 중앙극대 영역에 있다는 뜻이고, 다섯 번째 무늬인 $m_2 = 5$는 중앙극대 영역에 들어가지 않는다. 중앙의 회절 윤곽선 안에는 밝은 무늬($m_2 = 0$)와 중앙의 양쪽에 각각 4개($m_2 = 4$)의 밝은 무늬가 존재한다. 따라서 회절 윤곽선의 중앙극대 영역에는 이중 슬릿이 만드는 밝은 간섭무늬가 모두 9개 들어 있다. 그림 36.4.3은 중앙의 밝은 무늬의 한쪽에 있는 2차 밝은 무늬의 위치와 상대 세기이다.

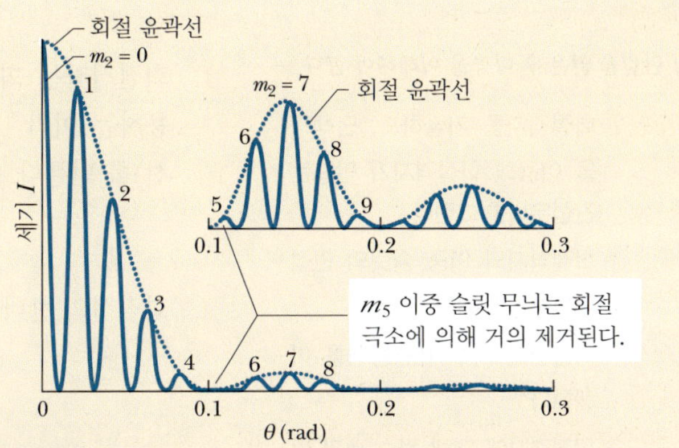

그림 36.4.3 이중 슬릿 간섭무늬의 상대세기. 점선은 회절 윤곽선이다. 아래 그림을 확장하여 그린 위의 그림은 중앙극대의 옆에 있는 첫 번째와 두 번째 버금극대의 회절 윤곽선 안에 있는 세기의 변화를 나타낸다.

(b) 얼마나 많은 밝은 간섭무늬가 회절 윤곽선의 첫 번째 버금극대 안에 들어 있는가?

요점

중앙극대의 옆에 위치하는 첫 번째 버금극대의 바깥쪽 한 계는 회절의 두 번째 극소 위치라는 것이다. 회절의 두 번째 극소 위치를 구하기 위하여 식 $a \sin \theta = m_1\lambda$에 $m_1 = 2$를 대입하면 다음과 같다.

$$a \sin \theta = 2\lambda. \tag{36.4.6}$$

풀이: 식 36.4.5를 36.4.6으로 나누면 다음을 얻는다.

$$m_2 = \frac{2d}{a} = \frac{(2)(19.44\ \mu\text{m})}{4.050\ \mu\text{m}} = 9.6.$$

위 결과는 두 번째 회절 극소가 10번째($m_2 = 10$) 밝은 간섭무늬(식 36.4.5 참조) 바로 앞에 있다는 뜻이다. 따라서 첫 번째 버금극대에는 이중 슬릿 간섭무늬에서 얻어진 다섯 번째의 밝은 무늬($m_2 = 5$)부터 아홉 번째 밝은 무늬($m_2 = 9$)까지 들어 있다(그림 36.4.3의 위 그림 참조). 다섯 번째의 밝은 무늬는 첫 번째 회절 극소에 의해 거의 제거되므로 이를 제외하면, 첫 번째 버금극대에는 4개의 밝은 무늬만 나타난다.

▶ 교육용 비디오는 웹사이트 www.wiley.com에서 볼 수 있다.

36.5 ▸ 회절격자

학습목표_Learning Objectives

이 단원을 읽은 후 다음을 이해해야 한다.

36.5.1 회절격자를 기술하고, 단색광을 이용해 회절격자가 만드는 간섭무늬를 그린다.

36.5.2 회절격자와 이중 슬릿의 간섭무늬를 구분한다.

36.5.3 회절선과 차수라는 용어를 이해한다.

36.5.4 회절격자에 대해 차수 m과 밝은 선을 만드는 광선의 경로차의 관계를 구한다.

36.5.5 회절격자에 대해 슬릿 간격 d, 각도 θ와 무늬의 밝은 회절선과 그 회절선의 차수 m, 빛의 파장 λ 사이의 관계를 구한다.

36.5.6 주어진 회절격자에 대해 최대 차수가 있는 이유를 설명한다.

36.5.7 회절격자 무늬에서 회절선의 반너비에 대한 식을 유도한다.

36.5.8 회절격자 무늬에서 주어진 각도에서 회절선의 반너비를 계산한다.

36.5.9 회절격자에서 슬릿의 수를 늘리는 것의 장점을 설명한다.

36.5.10 격자분광기가 어떻게 작동하는지 설명한다.

요점_Key Ideas

1. 회절격자는 회절극대를 분리하고, 나타내어 입사파를 파장성분으로 분리하는 데 사용하는 여러 "슬릿"의 모임이다. N(다중) 슬릿의 회절에 의해 각도 θ에서 극대(회절선)를 만든다.

$$d \sin \theta = m\lambda, \quad m = 1, 2, 3, \ldots \qquad \text{(극대)}.$$

2. 회절선의 반너비는 어두워지는 점으로부터 중심까지의 각도이고 다음과 같다.

$$\Delta\theta_{\mathrm{hw}} = \frac{\lambda}{Nd \cos \theta} \qquad \text{(반너비)}.$$

▶ 회절격자

빛을 방출하고 흡수하는 물체나 빛 자체를 연구하는 데 유용한 실험 도구 중의 하나가 **회절격자**이다. 이러한 장치는 그림 35.3.1처럼 이중 슬릿을 확장한 것과 비슷하지만, 흔히 격자라고 부르는 mm당 수천 개의 슬릿이 있다. 그림 36.5.1은 다섯 개의 슬릿이 있는 이상적인 회절격자이다. 단색광이 회절격자를 통과하면 빛의 파장을 분석할 수 있는 좁은 간섭무늬가 스크린에 나타난다(회절격자는 그림 36.5.1의 슬릿과 같이 배열된 좁고 나란한 줄이 나 있는 불투명한 면일 수도 있다. 빛은 열린 슬릿을 지나가는 것이 아니라, 줄로부터 산란되어 간섭무늬를 만든다).

▸***무늬.*** 회절격자에 단색광을 입사시키면서 슬릿의 수를 2개부터 점차적으로 N개까지 늘리면, 세기분포는 이중 슬릿에 의한 그림 36.4.1c보다 더 복잡하게 변하다가, 결국에는 그림 36.5.2a처럼 단순한 그래프가 된다. 그림 36.5.2b는 헬륨-네온 레이저의 빨간 단색광을 사용할 때 스크린에 생기는 무늬이다. 극대는 매우 좁고(*회절선*이라 부른다)

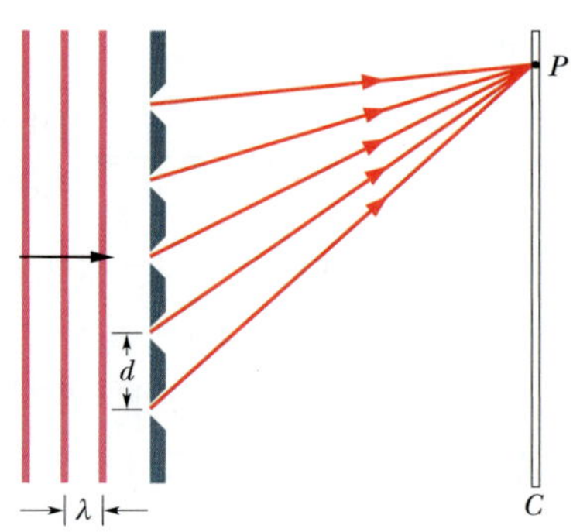

그림 36.5.1 ▸ 다섯 개의 줄만 있는 이상적인 회절격자와 먼 곳의 스크린 C에서 나타나는 간섭무늬.

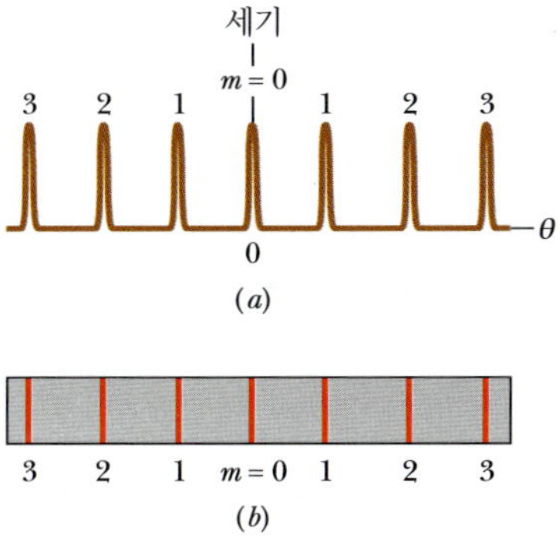

그림 36.5.2 (*a*) 많은 슬릿을 가진 회절격자가 만드는 세기분포는 좁고 뾰족한 모양으로 이루어져 있다. 차수 *m*을 나타내는 번호가 표시되어 있다. (*b*) 스크린에 나타난 밝은 무늬를 회절선이라고 부르며, 차수가 *m*으로 표시되어 있다.

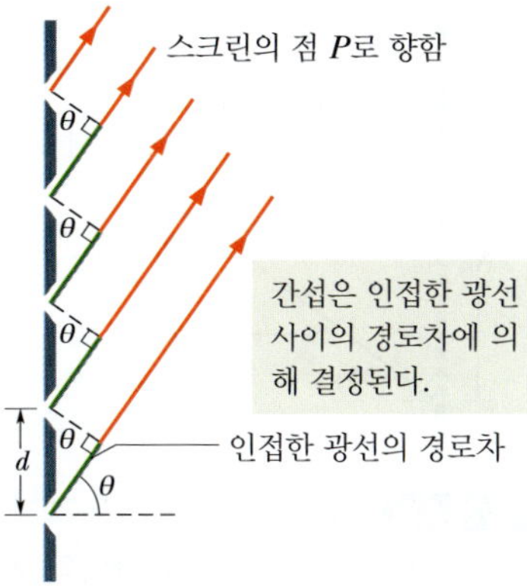

그림 36.5.3 회절격자에서 멀리 떨어진 점 *P*에 도달하는 광선은 거의 나란하다. 두 인접한 광선 사이의 경로차는 $d \sin \theta$이다(격자는 지면에 수직방향으로 연장되어 있다).

상대적으로 넓은 어두운 영역에 의해서 분리되어 있다.

▸**수식.** 스크린에 나타나는 밝은 회절선의 위치를 찾기 위하여 비슷한 방법을 사용하고자 한다. 스크린 위의 어떤 점 *P*에 도달하는 광선이 격자를 떠날 때 거의 나란하게 만들기 위하여 스크린이 격자에서 충분히 멀리 떨어져 있다고 가정하자(그림 36.5.3 참조). 또한 회절격자의 인접한 줄의 각 쌍을 이중 슬릿의 간섭으로 취급하고 격자 사이의 간격 d를 *격자간격*이라 하자. 즉, 전체 너비 w에 N개의 격자가 있다면 격자간격은 $d = w/N$이다. 한편 인접한 광선 사이의 경로차는 $d \sin \theta$(그림 36.5.3 참조)이다. 여기서 θ는 회절격자의 중심축에서 점 *P*에 이르는 각도이다. 인접한 광선의 경로차가 파장의 정수배라면, 즉

$$d \sin \theta = m\lambda \quad (m = 1, 2, \ldots) \qquad \text{(극대-회절선)} \qquad (36.5.1)$$

조건을 만족한다면, 점 *P*에서 하나의 회절선이 나타날 것이다. 여기서 λ는 빛의 파장이다. 다른 정수 m은 다른 회절선을 만든다. 그림 36.5.2처럼 이러한 정수가 각각 회절선을 표시할 수 있다. 이 정수를 *차수*라고 부르고, 회절선은 0차 회절선(중앙 회절선, $m = 0$), 1차 회절선($m = 1$), 2차 회절선($m = 2$) 등으로 부른다.

▸***파장 결정하기.*** 식 36.5.1을 $\theta = \sin^{-1}(m\lambda/d)$로 바꾸면, 주어진 회절격자에서 중심축과 어떤 회절선(가령, 3차 회절선)에 이르는 직선이 이루는 사이각이 사용된 빛의 파장에 따라 달라진다는 것을 알 수 있다. 따라서 알려지지 않은 파장의 빛이 회절격자를 통과하였을 때, 높은 차수의 회절선에 대한 각도를 측정하면 식 36.5.1로부터 미지의 파장을 알아낼 수 있다. 이와 동일한 방법으로 여러 개 빛의 파장을 구별해 낼 수도 있다. 비록 같은 식과 파장의 의존성이 적용된다 하더라도, 35.2단원에 있는 이중 슬릿으로는 이러한 작업이 불가능하다. 이중 슬릿 간섭에서는 서로 다른 파장의 빛이 만들어내는 밝은 무늬(회절선)들이 너무 심하게 중복되어 있어서 구별되지 않기 때문이다.

회절선의 너비

다른 파장이 만드는 회절선을 분해하기 위한 회절격자의 성능은 회절선의 너비에 의존한다. 중심 회절선($m = 0$에서 무늬)의 *너비의 반에* 대한 표현과 높은 차수 선의 너비의 반에 대한 표현을 유도해 보자. 중심 회절선의 **반너비**는 $\theta = 0$인 중심 회절선으로부터 밖으로 나가면서 끝나면서 어두워지면서 첫 극소가 시작되는 각도 $\Delta\theta_{hw}$로 정의한다(그림 36.5.4). 이러한 극소에서는 회절격자의 N개 슬릿으로부터의 N개의 광선이 서로 상쇄될 것이다. (중심 회절선의 실질적인 너비는 물론 $2(\Delta\theta_{hw})$이지만, 보통 너비의 반으로 비교한다.)

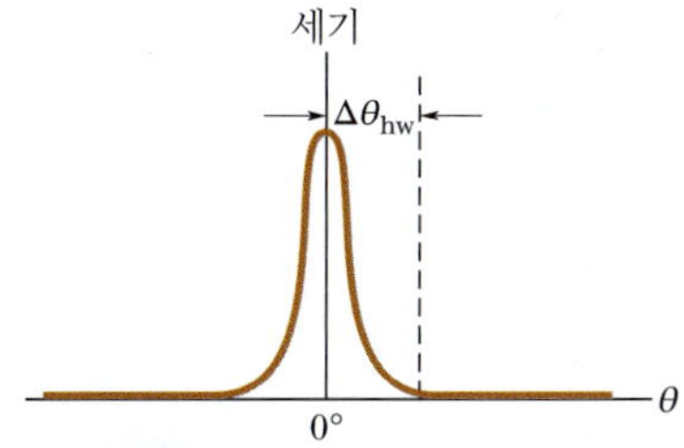

그림 36.5.4 중앙 회절선의 반너비각 $\Delta\theta_{hw}$는 그림 36.19*a*처럼 θ의 함수로 세기 I를 그렸을 때 이 선의 중심으로부터 인접한 극소까지의 너비이다.

36.1단원에서 단일 슬릿의 회절이 만드는 무수히 많은 광선의 상쇄에 관하여 논하

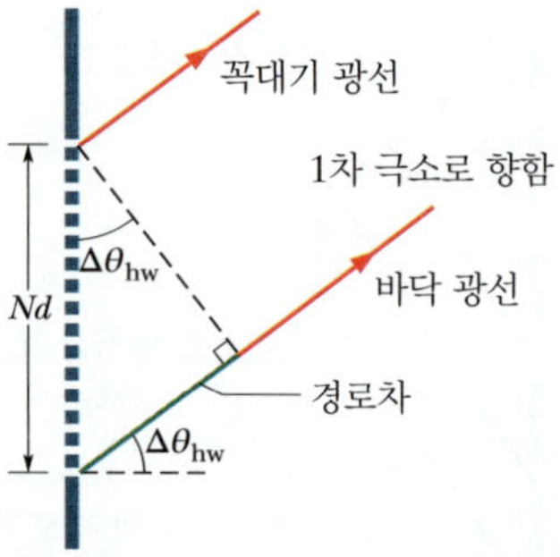

그림 36.5.5 N개의 격자가 있는 회절 격자에서 꼭대기와 바닥 격자 사이의 거리는 Nd이다. 이 격자를 통과하는 꼭대기와 바닥 광선 사이의 경로차는 $Nd \sin \Delta\theta_{hw}$이다. 여기서 $\Delta\theta_{hw}$는 1차 극소에 대한 각도이다(각도를 명료하게 보이려고 과장하여 그렸다).

였다. 두 상황의 유사성에 비추어 회절에서 1차 극소를 찾기 위한 식 36.1.3을 여기서 사용할 수 있다. 꼭대기 광선과 바닥 광선의 경로차가 파장 λ와 같을 때 1차 극소가 일어난다. 단일 슬릿 회절에서 이러한 차이는 $a \sin \theta$이다. N개의 격자를 가진 회절 격자에서 인접하는 격자와의 거리가 d일 때, 꼭대기와 바닥 격자 사이의 거리는 Nd(그림 36.5.5)이고 꼭대기와 바닥 광선 사이의 경로 차는 $Nd \sin \Delta\theta_{hw}$이다. 따라서 1차 극소는

$$Nd \sin \Delta\theta_{hw} = \lambda \tag{36.5.2}$$

에서 일어난다. $\Delta\theta_{hw}$가 작기 때문에 $\sin \Delta\theta_{hw} = \Delta\theta_{hw}$(라디안 값)이다. 이것을 식 36.5.2에 대입하면 중앙선의 반너비는 다음과 같다.

$$\Delta\theta_{hw} = \frac{\lambda}{Nd} \quad \text{(중앙선의 반너비)}. \tag{36.5.3}$$

다른 선들의 반너비는 중심축에 대한 선의 위치에 의존하며, 이에 대한 관계식은

$$\Delta\theta_{hw} = \frac{\lambda}{Nd \cos \theta} \quad (\theta\text{에서 회절선의 반너비}) \tag{36.5.4}$$

임을 증명 없이 사용하겠다. 빛의 파장 λ와 격자간격 d를 고정시키면, 격자의 수 N이 늘어남에 따라 선의 너비가 줄어든다. 즉, 격자의 수 N을 증가시킬수록 회절선이 더욱 예리해져서 중복이 덜하기 때문에 파장을 식별하기가 쉬워진다.

회절격자 분광기

회절격자는 전구에서 별까지 다양한 광원에서 방출되는 빛의 파장을 결정하는 데 많이 이용한다. 그림 36.5.6은 이 목적으로 이용하는 간단한 *회절격자 분광기*이다. 광원 S에서 나온 빛은 렌즈 L_1에 의해 렌즈 L_2의 초점면에 놓여 있는 수직 슬릿 S_1에 모인다. *시준기* C에서 나오는 빛은 평면파이며, 회절격자 G에 수직으로 입사하면서 회절무늬를 만든다. $m = 0$ 차수의 경우에는 회절격자의 중심축인 $\theta = 0$에 0차의 회절무늬를 만든다.

그림 36.5.6에서 망원경 T의 각도 θ를 바꾸어주면, 그 위치의 스크린에 나타나게 될 회절무늬를 관찰할 수 있다. 망원경의 렌즈 L_3는 각도 θ(또는 약간 크거나 작은 각도)로 회절된 빛을 망원경 내의 초점면 FF'으로 모은다. 이렇게 모은 영상을 접안렌즈 E를 통해 확대하여 관찰한다.

망원경의 각도 θ를 바꾸면서 회절무늬 전체를 관찰할 수 있다. $m = 0$을 제외한 모든 차수의 경우에 입사된 빛은 빛의 파장(색)에 따라 분리되어 퍼지므로 식 36.5.1을 이용하여 광원에서 방출된 빛의 파장이 얼마인지를 알 수 있다. 만일 광원이 띄엄띄엄(불연속적으로) 떨어져 있는 파장의 빛을 방출한다면, 주어진 차수 m에 대응되는 각도로 망원경을 수평면에서 회전시킴으로써 각 파장에 해당하는 수직한 색선을 볼 수 있다. 이때 장파장의 선보다 단파장의 선이 더 작은 각도 θ에서 관찰된다.

▸**수소.** 가령 수소 기체로 채워진 수소램프에서 나오는 빛은 가시광선 영역에 속하는 4개의 특정한 파장으로 구성되어 있다. 사람의 눈으로 직접이 빛을 본다면 백색으로 보이지만, 이 빛을 회절격자 분광기를 통해 관찰하면 여러 차수에서 이러한 파장에 대응되는 4개의 색선을 구별할 수 있다(이러한 선들을 *방출선*이라고 한다). 그림 36.5.7에 4개의 차수가 있다. 중심 차수($m = 0$)에서는 4개의 파장에 해당되는 선이 중복되어 $\theta = 0$에서 흰색 단일선을 형성한다. 높은 차수에서는 색이 서로 분리된다.

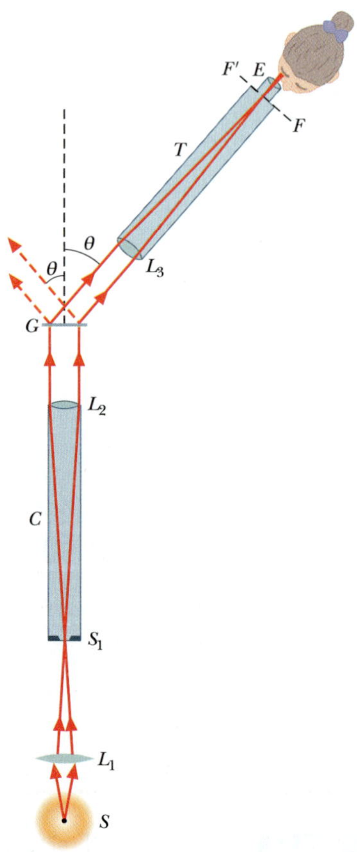

그림 36.5.6 광원 S에서 방출되는 빛의 파장을 분석하기 위해 사용하는 간단한 구조의 회절격자 분광기.

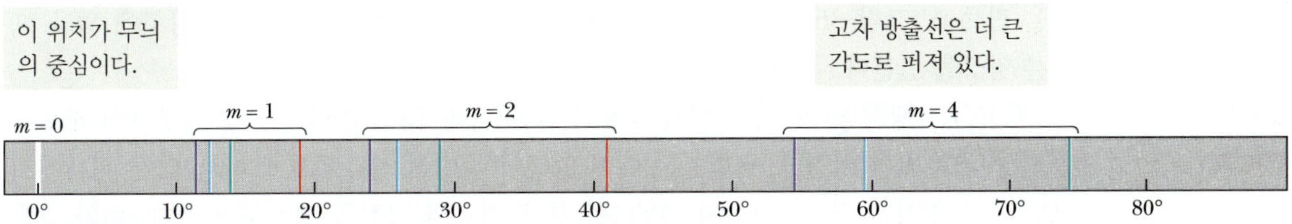

그림 36.5.7 수소에서 방출되는 0차, 1차, 2차, 4차 가시광선 방출선. 큰 각도에서 선은 더 멀리 분리된다(여기에는 나타나 있지 않지만 큰 각도에서는 선이 넓고 어두워진다).

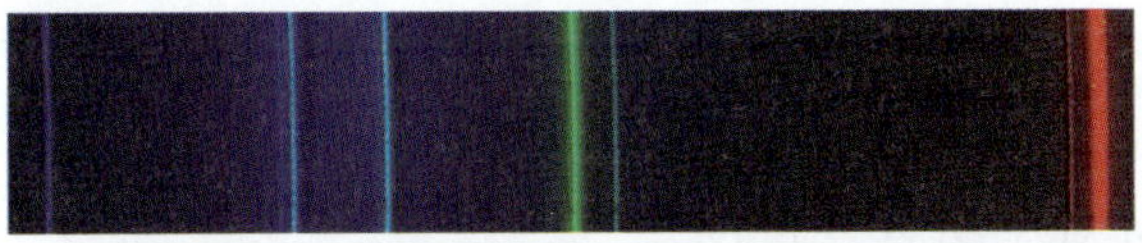

Department of Physics, Imperial College/Science Photo Library/Photo Researchers, Inc.

그림 36.5.8 회절격자 분광기를 통해 나타난 카드뮴의 가시광선 방출선.

그림 36.5.7에는 명료하게 표현하기 위하여 3차를 나타내지 않았지만, 실제로는 2차나 4차와 중복되어 있다. 4차의 빨간색 선은 여기에 사용된 회절격자에 의해서는 형성되지 않기 때문에 보이지 않는다. 즉, $m = 4$에서 빨간색 파장에 해당하는 각도 θ를 찾기 위해 식 36.5.1을 풀면 $\sin\theta$의 값이 1보다 커야 하기 때문에 존재하지 않는다. 이러한 회절격자는 4차에 대해 *불완전하다*고 말한다. 간격 d가 더 넓은 회절격자에서는 그림 36.5.7보다 무늬들이 덜 분리되기 때문에 4차가 완전할 수도 있다. 그림 36.5.8은 카드뮴에서 방출된 가시광선 방출선의 사진이다.

광변환 그래픽

물체에서 산란된 레이저 빛을 감광판 위에 쏘아 홀로그램을 만든다. 일단 홀로그램을 만들면 물체의 영상은 같은 형태의 레이저 빛을 홀로그램에 쪼여 볼 수 있다. 보통의 사진과는 달리 홀로그램 영상은 깊이가 있고, 홀로그램을 보는 각도를 변화시키면 물체를 보는 면이 변화하므로 눈을 사로잡는다.

홀로그램은 신용카드와 다른 종류의 개인카드의 위조를 막는 이상적인 방법으로 알고 있다. 그러나 몇 가지 단점이 있다. (1) 홀로그램 영상은 결맞고, 한 방향에서 입사한 레이저 빛으로 볼 때만 선명하게 보인다. 그러나 상점의 보통 불빛으로 보면 뿌옇게("우유빛"으로) 보인다. (이와 같이 *퍼진 빛*은 결맞지 않고, 여러 방향에서 입사한다.) 따라서 상점 직원이 자세히 살펴보아도 이 영상이 합법적인 홀로그램인지 확인하기 어렵다. (2) 홀로그램은 실제 물체의 사진이기 때문에 쉽게 위조할 수 있다. 위조범은 물체의 모형을 만들고, 홀로그램을 만들어 신용카드 홀로그램에 붙이기만 하면 된다.

stu49/Alamy Stock Photo

그림 36.5.9 OVG가 있는 카드.

현재 대부분의 신용카드와 많은 신분증에는 장치 안에 넣은 격자에 의해 퍼진 빛을 회절시켜 얻은 영상인 *광변환 그래픽*(*optically variable graphics*, OVG)이 있다(그림 36.5.9). 격자는 수백 차수, 심지어는 수천 차수의 다른 빛을 보낸다. 카드를 보는 사람은 이 차수의 일부를 보고, 결합된 빛은 예컨대 신용카드 상표의 일부분에 대한 허상을 만든다. 예를 들어 그림 36.5.10a에서 점 a에 있는 격자는 보는 사람이 A의 방향에 있을 때 어떤 영

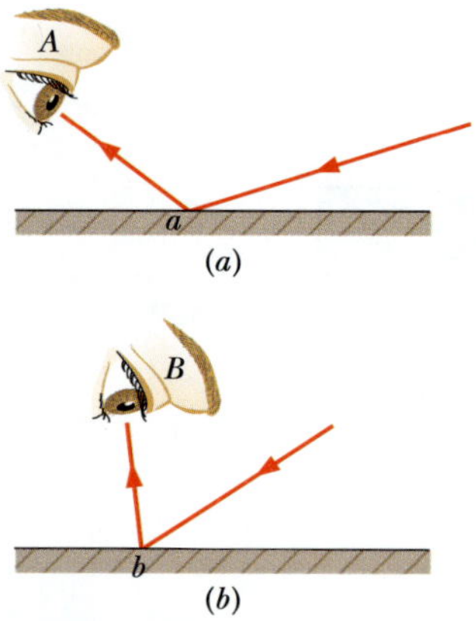

그림 36.5.10 (*a*) OVG 장치의 표면에 있는 점 *a*에서 격자는 *A* 방향에 있는 사람에게 빛을 보내 특정한 허상을 만든다. (*b*) 점 *b*에 있는 격자는 *B* 방향에 있는 사람에게 빛을 보내 다른 허상을 만든다.

상을 만들고, 그림 36.5.10*b*에서 점 *b*에 있는 격자는 보는 사람이 *B*의 방향에 있을 때 다른 영상을 만든다.

OVG는 광학공학자가 주어진 상표와 같은 그래픽으로부터 역으로 작업해야 하므로 만드는 것이 훨씬 어렵다. 공학자는 어떤 영상이 주어진 시각에서 보이고, 다른 시각에서 보면 다른 영상을 볼 수 있는지 OVG를 통해 격자의 성질을 결정해야 한다. 이와 같은 작업은 복잡한 컴퓨터 프로그램이 필요하다. 일단 만들어지면 OVG 구조는 매우 복잡해서 이것을 위조하는 것은 매우 어렵다.

확인문제 36.5.1

그림은 회절격자에 의해 만들어진 빨간 단색광의 다른 차수의 회절선들이다. (a) 회절무늬의 중심이 왼쪽인가, 오른쪽인가? (b) 녹색 단색광을 사용한다면 같은 차수의 회절선의 반너비는 더 큰가, 더 작은가, 아니면 같은가?

36.6 ▸ 회절격자: 분산과 분해능

학습목표_Learning Objectives

이 단원을 읽은 후 다음을 이해해야 한다.

36.6.1 분산은 다른 파장과 관련된 회절선이 분리되어 퍼져 있는 것이다.

36.6.2 분산 D, 파장차 $\Delta\lambda$, 각 분리 $\Delta\theta$, 슬릿 간격 d, 차수 m과 이 차수에 해당하는 각도 θ 사이의 관계를 구한다.

36.6.3 슬릿 간격을 변화시킬 때 회절격자의 분산에 대한 효과를 구한다.

36.6.4 회절선을 분해하기 위해서는 회절격자가 구별할 수 있도록 만들어야 한다.

36.6.5 분해능 R, 파장차 $\Delta\lambda$, 평균파장 λ_{avg}, 줄의 개수 N과 차수 m 사이의 관계를 구한다.

36.6.6 슬릿의 개수 N이 증가할 때 분해능 R에 미치는 영향을 구한다.

요점_Key Ideas

1. 회절격자의 분산 D는 $\Delta\lambda$만큼 다른 두 파장에 대해 회절격자가 만드는 회절선의 각도 분리 $\Delta\theta$에 대한 척도이다. 차수 m, 각도 θ인 경우 분산은 다음과 같다.

$$D = \frac{\Delta\theta}{\Delta\lambda} = \frac{m}{d\cos\theta} \qquad \text{(분산)}.$$

2. 회절격자의 분해능 R은 두 비슷한 파장의 방출선을 구별할 수 있는 능력에 대한 척도이다. $\Delta\lambda$만큼 다르고, 평균값이 λ_{avg}인 두 파장의 빛에 대해 분해능은 다음과 같다.

$$R = \frac{\lambda_{avg}}{\Delta\lambda} = Nm \qquad \text{(분해능)}.$$

▶ 회절격자: 분산과 분해능

분산

회절격자 분광기처럼 비슷한 파장들을 구별하는 데 유용하려면 회절격자가 서로 다른 파장에 의한 회절선을 멀리 분리해 내야 한다. **분산**이라고 일컫는 이 퍼짐을 다음과 같이 정의한다.

$$D = \frac{\Delta\theta}{\Delta\lambda} \qquad \text{(분산의 정의)}. \tag{36.6.1}$$

여기서 $\Delta\theta$는 파장이 $\Delta\lambda$만큼 다른 두 빛의 회절선의 분리각이다. D가 크면 클수록 파장이 $\Delta\lambda$만큼 다른 두 방출선 사이의 거리가 커진다. 아래에서 보다시피, 각도 θ에서 회절격자의 분산은 다음과 같다.

$$D = \frac{m}{d\cos\theta} \qquad \text{(격자의 분산)}. \tag{36.6.2}$$

따라서 더 큰 분산을 얻기 위해서는 더 작은 회절격자의 간격 d와 더 높은 차수 m을 사용해야 한다. 분산은 회절격자의 수 N과는 무관하다. SI 단위계에서 분산은 미터당 도(°) 또는 미터당 라디안의 단위이다.

Kristen Brochmann/Fundamental Photographs

콤팩트디스크에서 너비 0.5 μm의 줄이 회절격자로 작용한다. 만약 백색광을 디스크에 비추면 회절한 빛은 회절무늬가 복합된 색선을 나타낸다.

분해능

파장이 비슷한 회절선을 *분해*해 내기 위해서는 회절선이 가능한 한 가늘어야 한다. 다르게 표현해서, 회절격자가 큰 **분해능** R을 가져야 하며, 이를 다음과 같이 정의한다.

$$R = \frac{\lambda_{avg}}{\Delta\lambda} \quad \text{(분해능의 정의)}. \tag{36.6.3}$$

여기서 λ_{avg}는 겨우 분해할 수 있는 두 방출선의 평균값이고 $\Delta\lambda$는 이들의 파장의 차이이다. R이 크면 클수록 두 방출선이 더 가깝더라도 분해가 가능한 것이다. 아래에서 보이겠지만 회절격자의 분해능은 다음과 같이 간단히 쓸 수 있다.

$$R = Nm \quad \text{(격자의 분해능)}. \tag{36.6.4}$$

결국 높은 분해능을 얻기 위해서는 회절격자의 수가 많아야 한다.

식 36.6.2의 증명

식 36.6.2를 증명하기 위해서 회절격자가 만드는 회절무늬에서 회절선의 위치를 주는 다음의 식 36.5.1에서 시작하자.

$$d \sin\theta = m\lambda.$$

θ와 λ를 변수로 간주하고 위 식을 미분하면

$$d(\cos\theta)\, d\theta = m\, d\lambda$$

이고, 충분히 작은 각에 대해서 미분을 작은 변화량으로 다시 쓰면

$$d(\cos\theta)\, \Delta\theta = m\, \Delta\lambda \tag{36.6.5}$$

이다. 이를 정리하여 다시 쓰면 다음과 같다.

$$\frac{\Delta\theta}{\Delta\lambda} = \frac{m}{d\cos\theta}.$$

좌변은 D의 정의(식 36.6.1)이므로 결국 식 36.6.2를 얻는다.

식 36.6.4의 증명

회절격자가 만드는 회절무늬에서 회절선의 위치에 관한 식 36.5.1에서 나온 식 36.6.5에서 시작해 보자. 여기서 $\Delta\lambda$는 회절격자에 의해 회절한 두 파동의 파장의 차이이고 $\Delta\theta$는 회절무늬에서 회절선의 분리각이다. 만약 $\Delta\theta$가 두 선을 분해할 수 있는 최소 분리각이면, Rayleigh의 기준으로부터 이 분리각은 식 36.5.4에 주어진 회절선의 반너비와 같아야 한다. 즉,

$$\Delta\theta_{hw} = \frac{\lambda}{Nd\cos\theta}$$

이어야 한다. $\Delta\theta_{hw}$를 식 36.6.5의 $\Delta\theta$에 대입하면

표 36.6.1 세 회절격자[a]

회절격자	N	d(nm)	θ	D (°/μm)	R
A	10,000	2,540	13.4°	23.2	10,000
B	20,000	2,540	13.4°	23.2	10,000
C	10,000	1,360	25.5°	46.3	10,000

[a] $\lambda = 589$ nm와 $m = 1$에 대한 자료이다.

$$\frac{\lambda}{N} = m\,\Delta\lambda$$

를 얻고, 이로부터 다음을 얻는다.

$$R = \frac{\lambda}{\Delta\lambda} = Nm.$$

이 식이 바로 유도하고자 한 식 36.6.4이다.

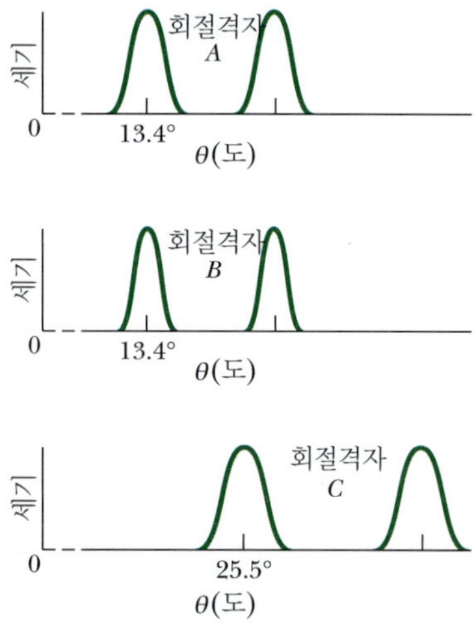

그림 36.6.1 표 36.1의 회절격자에 두 파장의 빛을 보냈을 때 얻은 무늬. 회절격자 B는 최대 분해능을 갖고 회절격자 C는 최대 분산을 갖는다.

분산과 분해능의 비교

회절격자의 분해능을 분산과 혼동하지 말아야 한다. 표 36.6.1에 주어진 세 가지 회절격자에 파장이 $\lambda = 589$ nm인 빛을 쪼이고 1차(식 36.5.1에서 $m = 1$) 회절한 빛을 관찰한다. 표의 D와 R값은 식 36.6.2와 식 36.6.3으로 계산한 것이다(D를 계산할 때 미터당 라디안을 마이크로미터당 도(°)로 환산할 필요가 있다).

표 36.6.1에 있는 조건에서 회절격자 A와 B는 *분산* D가 같고 A와 C는 *분해능* R이 같다.

그림 36.6.1은 $\lambda = 589$ nm 근처의 두 파장 λ_1과 λ_2가 회절격자에 의해 회절되는 세기를 나타낸 것이다. 회절격자 B는 더 큰 분해능으로 좁은 회절선을 만들고 그림에 나타낸 것보다 더 파장이 비슷한 선도 구별할 수 있다. 회절격자 C는 더 큰 분산으로 선 사이의 분리각을 더욱 크게 한다.

확인문제 36.6.1

불투명한 테이프로 격자의 반을 가리면 격자의 분해능 R은 어떻게 되는가?

보기문제 36.6.1 회절격자의 분산과 분해능

너비 $w = 25.4$ mm의 회절격자에 1.26×10^4개의 줄이 그어져 있다. 소듐 등에서 나오는 노란 빛을 수직으로 쪼였다. 이 빛은 (소듐 이중항으로 알려진) 파장 589.00 nm와 589.59 nm의 매우 가까이 있는 방출선을 포함하고 있다.

(a) 파장 589.00 nm인 빛에 대해(회절무늬의 중심으로부터 양쪽에) 첫 번째 극대가 일어나는 각도는 얼마인가?

요점

회절격자에서 만들어지는 극대는 식 36.5.1($d \sin\theta = m\lambda$)로 결정된다.

풀이: 격자간격 d는 다음과 같다.

$$d = \frac{w}{N} = \frac{25.4 \times 10^{-3}\ \text{m}}{1.26 \times 10^4} = 2.016 \times 10^{-6}\ \text{m} = 2016\ \text{nm}.$$

첫 번째 극대는 $m = 1$에 해당한다. 식 36.5.1에 d와 m에 이 값을 대입하면 다음을 얻는다.

$$\theta = \sin^{-1}\frac{m\lambda}{d} = \sin^{-1}\frac{(1)(589.00\text{ nm})}{2016\text{ nm}}$$
$$= 16.99° \approx 17.0°. \quad \text{(답)}$$

(b) 격자의 분산을 이용하여 1차에서 두 회절선 사이의 분리 각도를 계산하여라.

요점

(1) 1차에서 두 회절선 사이의 분리각도 $\Delta\theta$는 식 36.6.1 $(D = \Delta\theta/\Delta\lambda)$에 의하면 파장차 $\Delta\theta$와 격자의 분산 D에 의존한다. (2) 분산 D는 구하고자 하는 곳의 각도 θ에 의존한다.

풀이: 1차에서 두 소듐 선은 충분히 서로 가까워서 D를 계산할 때 (a)에서 구한 두 선 중의 하나에 대한 $\theta = 16.99°$를 쓴다고 가정한다. 그러면 식 36.6.2에 의해 다음과 같이 분산을 얻는다.

$$D = \frac{m}{d\cos\theta} = \frac{1}{(2016\text{ nm})(\cos 16.99°)}$$
$$= 5.187 \times 10^{-4}\text{ rad/nm}.$$

식 36.6.1과 나노미터로 쓴 $\Delta\lambda$로부터 다음을 얻는다.

$$\Delta\theta = D\,\Delta\lambda = (5.187 \times 10^{-4}\text{ rad/nm})(589.59 - 589.00)$$
$$= 3.06 \times 10^{-4}\text{ rad} = 0.0175°. \quad \text{(답)}$$

이 결과는 격자간격 d에 의존하지만 격자 안에 있는 줄 수에는 의존하지 않는다는 것을 보여준다.

(c) 1차에서 소듐 이중항을 분해할 수 있는 격자 줄 수의 최소값은 얼마인가?

요점

(1) 임의의 차수 m에서 격자의 분해능은 식 36.6.4$(R = Nm)$에 의하면 줄 수 N으로 정해진다. (2) 분해될수 있는 최소 파장차 $\Delta\lambda$는 식 36.6.3$(R = \lambda_{avg}/\Delta\lambda)$에 의하면 평균 파장과 격자의 분해능 R에 의존한다.

풀이: 소듐 이중항이 겨우 분해되려면 $\Delta\lambda$는 분리된 파장인 0.59 nm이어야 하고, λ_{avg}는 평균 파장인 589.30 nm가 되어야 한다. 따라서 소듐 이중항을 분해할 수 있는 격자의 최소 줄 수는 다음과 같다.

$$N = \frac{R}{m} = \frac{\lambda_{avg}}{m\,\Delta\lambda}$$
$$= \frac{589.30\text{ nm}}{(1)(0.59\text{ nm})} = 999\text{개의 줄.} \quad \text{(답)}$$

▶ **교육용 비디오는 웹사이트 www.wiley.com에서 볼 수 있다.**

36.7 ▸ X선 회절

요점_*Key Ideas*

1. X선을 결정 구조에 쏘이면 Bragg 산란이 일어나며, 이것은 결정 원자가 평행한 평면에 있다고 생각하면 가장 쉽게 시각화할 수 있다.

2. 간격 d인 결정면으로부터 파장 λ의 x선이 산란할 때 산란된 세기가 극대가 되는 각도 θ는 다음과 같다.

$$2d\sin\theta = m\lambda, \quad m = 1, 2, 3, \ldots \qquad \text{(Bragg의 법칙)}.$$

학습목표_*Learning Objectives*

이 단원을 읽은 후 다음을 이해해야 한다.

36.7.1 X선은 전자기파 스펙트럼에 어느 부분에 있는지 대략 구한다.

36.7.2 단위세포를 정의한다.

36.7.3 반사 평면(혹은 결정면)과 원자평면 간격을 정의한다.

36.7.4 이웃한 두 평면에서 산란되는 두 광선을 그리고 계산에 사용되는 각도를 나타낸다.

36.7.5 결정에 의한 x선 산란의 세기 극대에 대하여 원자 평면 간격 d, 산란각도 θ, 차수 m, x선의 파장 λ 사이의 관계를 구한다.

▶▶ X선 회절

X선은 파장이 1 Å (10^{-10} m) 정도인 전자기파이다. 이것을 가시광선의 중심에 있는 파장 550 nm($= 5.5 \times 10^{-7}$ m)의 빛과 비교해 보자. 그림 36.7.1은 가열된 필라멘트 F에서 전자가 튀어나와 전기퍼텐셜차 V로 가속되어 금속표적 T를 때릴 때 x선이 발생하는 장치를 나타낸 그림이다.

X선 영역의 파장을 구별하는 데는 광학용 회절격자를 사용할 수 없다. 파장 $\lambda = 1$ Å

36.7.6 단위세포 그림이 주어지면 원자평면 간격을 어떻게 결정하는지 보인다.

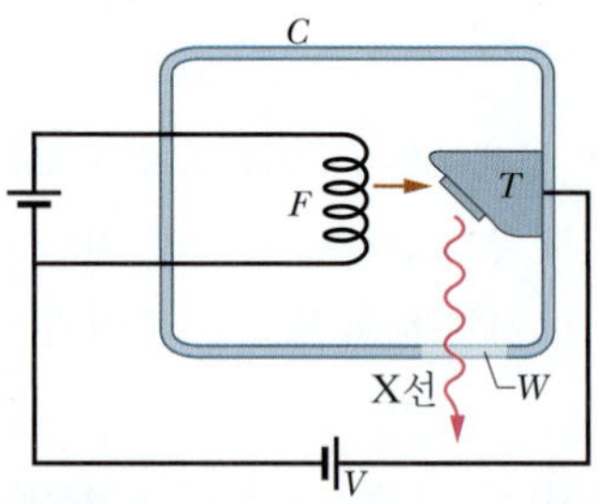

그림 36.7.1 X선은 전자가 가열된 필라멘트 F를 떠나 전기퍼텐셜차 V로 가속되어 금속표적 T를 때릴 때 발생한다. 진공장치 C의 "창" W는 x선에 대해 투명하다.

(= 0.1 nm)과 d = 3000 nm에 대해서 식 36.5.1에 의하면 1차극대는

$$\theta = \sin^{-1}\frac{m\lambda}{d} = \sin^{-1}\frac{(1)(0.1\text{ nm})}{3000\text{ nm}} = 0.0019^\circ$$

에 생긴다. 이것은 중앙극대와 너무 가깝다. $d \approx \lambda$인 회절격자가 바람직하지만 x선의 파장은 원자의 지름과 비슷하므로 이런 회절격자를 기계적으로 만드는 것은 불가능하다.

1912년에 독일의 물리학자 Max von Laue는 규칙적인 원자배열을 갖는 결정고체가 x선에 대한 자연적인 3차원 회절격자가 될 수 있다고 생각하였다. 그가 착안한 것은 소금(NaCl) 같은 고체에서 기본단위 원자(*단위세포*)의 배열이 계속 반복된다는 것이다. 그림 36.7.2*a*는 NaCl 결정의 한 부분과 기본단위이다. 단위세포는 각 변이 a_0인 정육면체이다.

X선이 NaCl의 결정에 들어오면 x선은 *산란된다*. 즉, 결정 구조에 의해 모든 방향으로 방향이 바뀌어 나간다. 어떤 방향으로는 산란된 파동이 소멸간섭을 일으켜서 극소 세기를 나타내고, 다른 방향으로는 보강간섭을 일으켜서 극대 세기를 나타낸다. 이런 산란과 간섭은 일종의 회절이다.

▸***가상적인 평면.*** 결정에 의한 x선의 회절 과정은 복잡하지만, 극대는 마치 x선이 결정원자가 이루는 *평행한 반사평면*(*결정면*)에서 반사하는 것처럼 정해진 방향에서 나타난다(x선이 실제로 반사되는 것은 아니나, 이 가상평면을 이용하여 회절 과정을 쉽게 분석하려는 것이다).

그림 36.7.2*b*는 *원자평면 간격*이 d인 세 개의 반사평면에서 입사광선이 반사되는 모습이다. 광선 1, 2, 3은 각각 첫 번째, 두 번째, 세 번째 면에서 반사된다. 각 반사에서 입

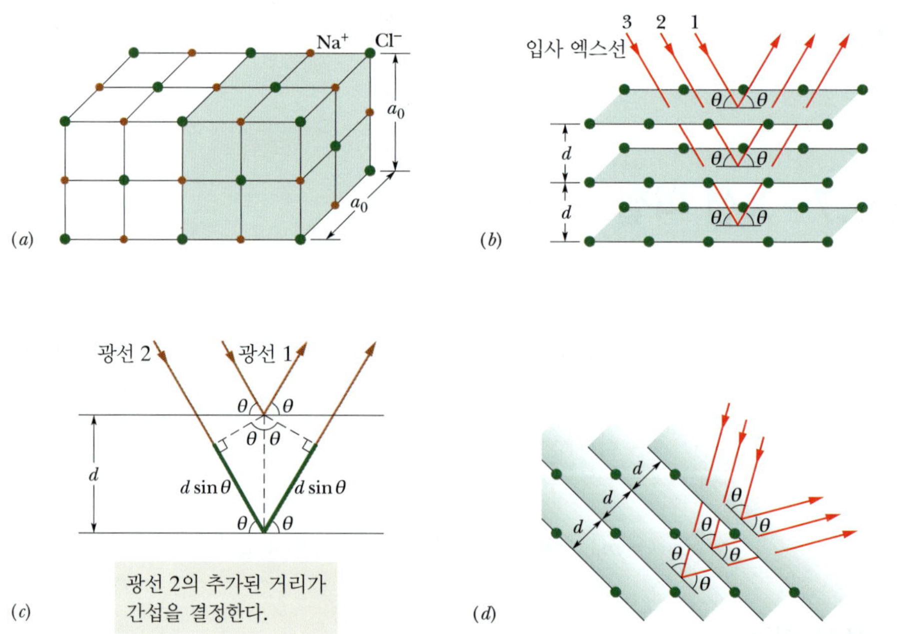

그림 36.7.2 (*a*) 정육면체 구조의 NaCl. 소듐과 염소 이온, (색칠한) 단위세포가 표시되어 있다. (*b*) 입사하는 x선은 (*a*)의 구조에 의해 회절한다. X선은 일련의 평행한 반사평면에서 반사하는 것처럼 회절한다. 이때 입사각과 반사각은 같다. 두 각은 면의 수직선에 대한 각도가 아니고 반사평면과 이루는 각도로 정의한다. (*c*) 두 이웃하는 면에서 반사될 때의 경로차는 $2d\sin\theta$이다. (*d*) 같은 구조에 대해 다른 각도로 들어오는 x선. 다른 평행한 반사평면이 이 x선을 반사한다.

사각과 반사각은 θ이다. 광학에서의 관례와는 다르게 이 각들은 면의 수직이 아닌, *면과* 이루는 각도로 정의한다. 그림 36.7.2*b*에서는 원자평면 간격이 단위세포의 크기 a_0와 같다.

그림 36.7.2*c*는 이웃하는 두 평면에서의 반사를 옆에서 본 모습이다. 광선 1과 2의 파동은 결정에 같은 위상으로 도착한다. 결정에 의한 x선의 회절 극대를 설명하기 위해 반사와 반사평면이 정의되었으므로 파동들은 반사된 후에도 같은 위상을 가져야 한다. 광선과 다르게 x선은 결정에 들어가며 굴절하지 않는다. 게다가 굴절률을 정의하지도 않는다. 이런 선이 같은 위상이 되기 위해서는 경로차가 x선 파장의 정수배가 되어야 한다.

▸***회절 방정식.*** 그림 36.7.2*c*에 수직선을 그리면 경로차가 $2d \sin \theta$임을 알 수 있다. 이는 그림 36.7.2*b*에 있는 어떤 두 반사평면에 대해서도 마찬가지이다. 따라서 x선 회절의 극대 조건으로 다음을 얻는다.

$$2d \sin \theta = m\lambda \quad (m = 1, 2, 3, \ldots) \quad \text{(Bragg의 법칙)}. \tag{36.7.1}$$

여기서 m은 극대의 차수이다. 식 36.7.1을 가리켜 이 식을 처음으로 유도한 영국의 물리학자 W. L. Bragg의 이름을 따서 **Bragg의 법칙**이라고 한다(그와 그의 아버지는 결정 구조에 관한 연구에서 x선을 사용한 공로로 1915년 노벨 물리학상을 수상하였다). 식 36.7.1의 입사와 반사각을 가리켜 *Bragg 각*이라 한다.

X선이 결정에 입사하는 각도에 관계없이 일련의 반사평면에서 반사한다고 말하고, 이에 대해 Bragg의 법칙을 사용할 수 있다. 그림 36.7.2*d*에 있는 결정 구조는 그림 36.7.2*a*의 것과 똑같지만 그림 36.7.2*b*와 x선이 입사하는 방향이 다르다. 새로운 각도로 회절하는 것을 Bragg의 법칙을 써서 설명하기 위해서는 다른 원자평면 간격 d, 다른 Bragg각 θ를 갖는 다른 일련의 반사평면이 필요하다.

▸***단위세포의 결정.*** 그림 36.7.3에서 원자평면 간격과 단위세포의 크기 a_0가 어떻게 연관되는지 알 수 있다. 그림에 주어진 특별한 반사평면의 집합에 대해, 피타고라스 정리에 따라

$$5d = \sqrt{\tfrac{5}{4}a_0^2}$$

즉, 다음과 같다.

$$d = \frac{a_0}{\sqrt{20}} = 0.2236a_0. \tag{36.7.2}$$

그림 36.7.3은 x선 회절을 측정하였을 때 원자평면 간격으로 어떻게 단위세포의 크기를 알 수 있는지 보여준다.

X선 회절은 x선의 빛띠와 결정의 원자배열을 연구하는 데 매우 강력한 수단이다. X선의 빛띠를 연구하기 위해서는 원자평면 간격 d를 이미 알고 있는 특별한 종류의 면을 선택한다. 이 면은 파장에 따라 x선을 다른 각도로 반사시킨다. 다양한 각도로 측정할 수 있는 검출기를 사용하여 거기에 도달하는 x선의 파장을 결정한다. 단일 파장의 x선으로 결정을 연구할 때는 다양한 평면의 간격뿐만 아니라 단위세포의 구조도 연구할 수 있다.

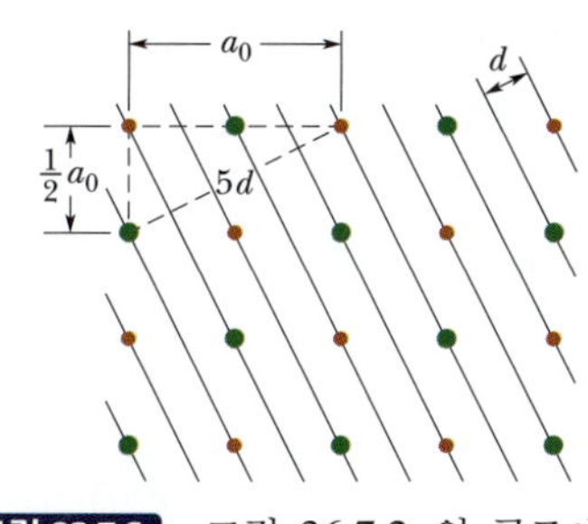

그림 36.7.3 ▸ 그림 36.7.2*a*의 구조에 있는 일련의 반사평면 및 원자평면 간격과 단위세포의 크기 a_0의 관계를 찾는 방법.

확인문제 36.7.1

그림에 결정 내부의 특정 반사평면에 의해 단색 x선빔에 대해 회절할 때 그 회절각도에 대한 세기를 나타내었다. x선의 관련된 경로차에 따라 세 개의 세기 최대값을 큰 것부터 차례로 나열하여라.

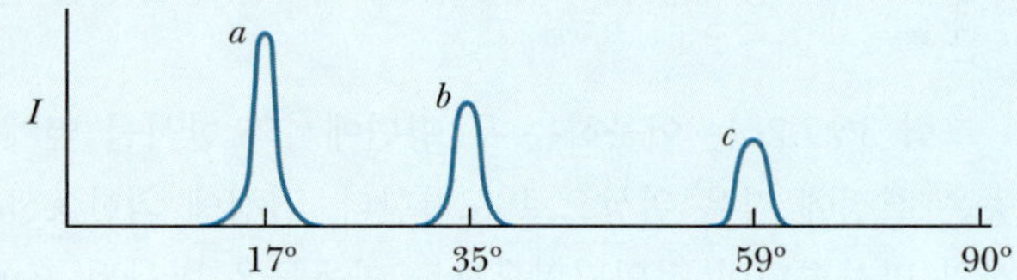

정리 및 요약 _Review & Summary

▸***회절 현상*** 파동이 모서리, 장애물, 또는 파동의 파장과 비슷한 크기의 구멍을 지날 때 퍼지면서 간섭을 일으킨다. 이런 현상을 **회절**이라고 한다.

▸***단일 슬릿에 의한 회절*** 파동이 너비 a의 길고 좁은 단일 슬릿을 통과하면, 스크린에 **단일 슬릿 회절무늬**를 만든다. 이 무늬는 중앙극대와 극소들로 분리된 여러 극대를 나타내며, 극소가 중심축에 대해 갖는 각도 θ는 다음을 만족한다.

$$a \sin\theta = m\lambda \quad (m = 1, 2, 3, \ldots) \qquad (\text{극소}). \quad (36.1.3)$$

임의의 각도 θ에서 회절무늬의 세기는 다음과 같다.

$$I(\theta) = I_m\left(\frac{\sin\alpha}{\alpha}\right)^2, \quad \alpha = \frac{\pi a}{\lambda}\sin\theta. \qquad (36.2.2,\ 36.2.3)$$

여기서 I_m은 중앙에서의 세기이다.

▸***원형구멍에 의한 회절*** 원형구멍이나 지름 d의 렌즈에 의한 회절은 중앙에 극대와 동심원으로 놓인 극대와 극소를 만든다. 1차 극소를 이루는 각도 θ는 다음을 만족한다.

$$\sin\theta = 1.22\frac{\lambda}{d} \qquad (\text{첫 번째 극소–원형 구멍}). \quad (36.3.1)$$

▸***Rayleigh의 기준*** *Rayleigh의 기준*은 한 물체의 중앙 회절 극대가 다른 물체의 첫 번째 극소에 놓일 때에 두 물체가 겨우 분별될 수 있다는 기준이다. 분리각은 적어도

$$\theta_R = 1.22\frac{\lambda}{d} \qquad (\text{Rayleigh의 기준}) \qquad (36.3.3)$$

이어야 하며, d는 빛이 지나는 구멍의 지름이다.

▸***이중 슬릿의 회절*** 너비가 a이고 간격이 d인 두 슬릿을 지나는 파동이 회절무늬를 만들 때 각도 θ에서 세기 I는 다음과 같다.

$$I(\theta) = I_m(\cos^2\beta)\left(\frac{\sin\alpha}{\alpha}\right)^2 \qquad (\text{이중 슬릿}). \quad (36.4.1)$$

여기서 $\beta = (\pi d/\lambda)\sin\theta$이며 α는 단일 슬릿에서 정의한 것과 같다.

▸***회절격자*** *회절격자*는 회절 극대를 분리함으로써 입사파를 파장의 성분에 따라 분리하는 데 쓰이는 일련의 "슬릿"이다. N개의 슬릿이 만드는 회절은

$$d\sin\theta = m\lambda \quad (m = 1, 2, 3, \ldots) \qquad (\text{극대}) \quad (36.5.1)$$

일 때 극대선을 보이고, 회절선의 **반너비**는 다음과 같다.

$$\Delta\theta_{hw} = \frac{\lambda}{Nd\cos\theta} \qquad (\text{반너비}). \quad (36.5.4)$$

회절격자는 분산 D와 분해능 R은 다음과 같다.

$$D = \frac{\Delta\theta}{\Delta\lambda} = \frac{m}{d\cos\theta}, \qquad (36.6.1,\ 36.6.2)$$

그리고

$$R = \frac{\lambda_{avg}}{\Delta\lambda} = Nm. \qquad (36.6.3,\ 36.6.4)$$

▸***X선 회절*** 결정의 규칙적인 원자배열은 x선과 같은 단파장의 파동에 대해서 3차원 회절격자이다. 이때 원자들은 원자평면 간격 d의 반사평면 위에 정렬된 것으로 시각화할 수 있다. 보강간섭에 의한 회절 극대는 이러한 면에 대해 측정했을 때 입사파의 방향과 x선의 파장 λ가 다음의 **Bragg의 법칙**을 만족할 때에 일어난다.

$$2d\sin\theta = m\lambda \quad (m = 1, 2, 3, \ldots) \qquad (\text{Bragg의 법칙}). \quad (36.7.1)$$

연습문제 _Problems

E Easy M Medium H Hard CALC Requires calculus BIO Biomedical application

1 M 그림 36.1에서 파장 0.130 nm의 x선이 결정의 윗면 및 반사평면과 각도 $\theta = 45.0°$를 이루며 NaCl 결정에 입사한다. 반사평면의 면간격은 $d = 0.252$ nm이다. 결정은 지면에 수직인 축에 대해 각도 ϕ만큼 회전시켜 반사평면이 회절 극대를 만들도록 한다. 결정을 시계방

향으로 돌릴 때 이를 만족하는 두 각도 중에 ϕ의 (a) 작은 각도와 (b) 큰 각도, 그리고 결정이 반시계방향으로 돌 때 ϕ의 (c) 작은 각도와 (d) 큰 각도를 구하여라.

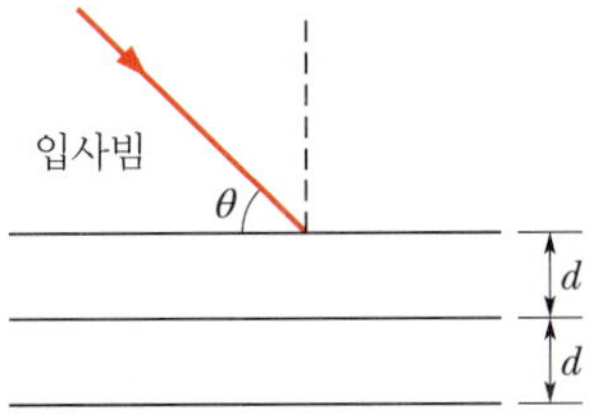

그림 36.1 연습문제 1, 2

2 M 95.0 pm부터 140 pm 범위의 x선이 면 간격이 d = 260 pm의 반사 평면에 대해 그림 36.1에서 각도 θ = 45.0°로 입사한다. 회절된 빔이 극대가 되는 (a) 최대 파장 λ와 (b) 이에 대한 차수 m (c) 최소 파장 λ와 (d) 이에 대한 차수 m을 구하여라.

3 M 파장 600 nm의 빛이 회절격자에 수직으로 입사한다. 이웃하는 두 극대는 sin θ = 0.2와 sin θ = 0.3인 각도에서 일어났다. 4차 극대는 관찰되지 않았다. (a) 이웃한 슬릿 사이의 간격은 얼마인가? (b) 슬릿의 최소 너비는 얼마인가? 이 슬릿 간격을 갖는 회절격자가 만드는 극대의 (c) 가장 큰, (d) 두 번째 큰, (e) 세 번째로 큰 차수 m은 얼마인가?

4 E 소듐 등에서 나오는 589 nm의 빛이 너비 80 mm, 격자수 40000개의 회절격자를 수직으로 비춘다. 1차 회절의 (a) 분산 D와 (b) 분해능 R, 2차 회절의 (c) D와 (d) R, 3차 회절의 (e) D와 (f) R을 구하여라.

5 M 진동수 3000 Hz, 속력 343 m/s인 음파가 스피커 상자의 직사각형 구멍을 통해 길이 d = 100 m의 큰 음악당 안으로 회절되어 들어간다. 구멍은 가로가 30.0 cm로 벽에서 115 m 떨어져 있다(그림 36.2). 벽면을 따라서 중심축에서 얼마나 멀리 있는 청중이 회절의 첫 극소에 위치하여 소리를 듣는 데에 어려움이 있는가? (반사는 무시한다.)

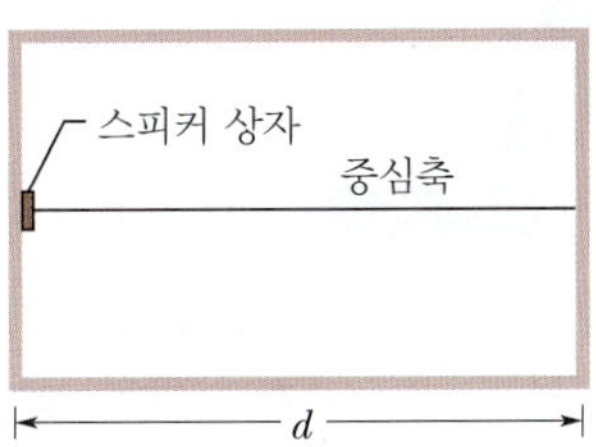

그림 36.2 연습문제 5

6 E BIO 중심 사이의 거리가 4.0 mm인 작은 구멍들이 있는 음향 타일로 큰 방의 벽을 덮었다. 타일로부터 얼마나 먼 거리에서 각각의 구멍을 구별할 수 있는가? 이상적인 조건을 가정하고, 관찰자 눈동자의 지름은 4.0 mm이고 방안 빛의 파장이 550 nm라고 가정한다.

7 E 그림 36.3은 결정에 의해 x선 빔이 회절할 때 세기와 각위치 θ에 대한 그래프이다. 수평축의 눈금은 θ_s = 2.00°이다. 빔은 두 파장으로 되어 있고 반사평면의 간격은 0.94 nm이다. 이 빔에서 (a) 짧은 파장과 (b) 긴 파장은 무엇인가?

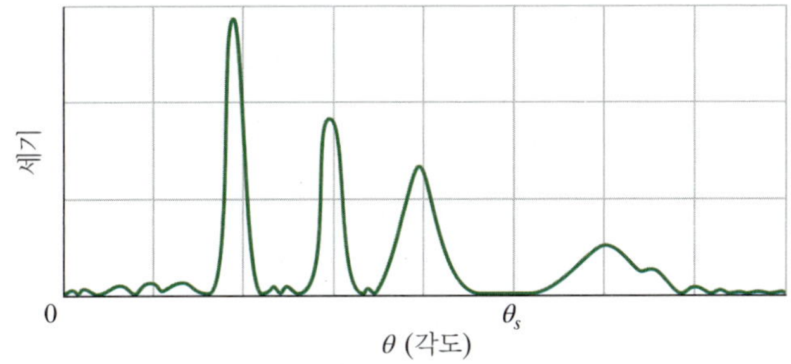

그림 36.3 연습문제 7

8 M 그림 35.2.5의 이중슬릿 간섭실험에서 슬릿의 너비는 12.0 μm, 간격은 24.0 μm이며, 파장은 500 nm이고, 스크린까지의 거리는 4.00 m이다. I_P를 스크린에서 높이 y = 70.0 cm에 있는 점 P에서의 세기라고 하자. (a) I_P와 중심에서의 세기 I_m과의 비율을 구하여라. (b) 이중슬릿 간섭무늬에서 P가 어느 극대 또는 극소 위에 있는지, 또는 어느 극대와 극소 사이에 있는지 결정하여라. (c) 마찬가지로 회절무늬에서 P가 어느 극소 위에 있는지, 또는 어느 극소 사이에 있는지 결정하여라.

9 M BIO 길앞잡이(그림 36.4)의 날개는 얇은 층에 의한 간섭으로 색깔을 띤다. 게다가 이 층은 너비가 60 μm인 서로 다른 색깔을 띠는 조각으로 만들어져 있다. 보이는 색깔은 방향에 따라 변하는 박막 간섭에 의한 색깔의 점묘화적인 혼합의 결과이다. Rayleigh의 기준에 의하면 날개로부터 대략 얼마의 거리에서 다른 색깔의 조각을 구별할 수 있는가? 빛의 파장은 500 nm라 하고 눈동자의 지름은 3.00 mm라고 하자.

Kjell B. Sandved/Bruce Coleman, Inc./Photoshot Holdings Ltd.

그림 36.4 연습문제 9. 길앞잡이는 박막간섭에 의한 색의 점묘화적 혼합에 의해 색깔을 띤다.

10 M (a) λ = 550 nm, d = 0.150 mm, a = 30.0 μm인 이중슬릿이 만드는 회절무늬 중앙의 양쪽에 있는 첫 번째 회절 윤곽선의 극소 안에 몇 개의 밝은 간섭무늬가 있는가? (b) 중앙 간섭무늬의 세기와 세 번째 밝은 무늬의 세기의 비율을 구하여라.

11 E 가시광선이 1 mm당 격자가 350개 있는 회절격자에 수직으로 입사한다. 5차 회절에서 볼 수 있는 가장 긴 파장은 무엇인가?

12 M 1 mm당 격자가 350개 있는 회절격자에 백색광을 수직으로 비춘다. 격자에서 30.0 cm 떨어진 스크린에 빛띠가 나타난다. 한 변이 10.0 mm인 정사각형 구멍을, 안쪽의 변이 빛띠의 중앙극대에서 50.0 mm 떨어져 있으며 평행하도록 스크린에 뚫었다. 구멍을 통과하는 파장 중에 (a) 가장 짧은 것과 (b) 가장 긴 것은 무엇인가?

13 M 그림 36.5에서 파장은 0.260 nm이고, 각도 θ는 윗면에 대해 63.8°를 이룰 때 반사평면에서 1차 반사가 일어난다. 이때 단위세포의 크기 a_0는 얼마인가?

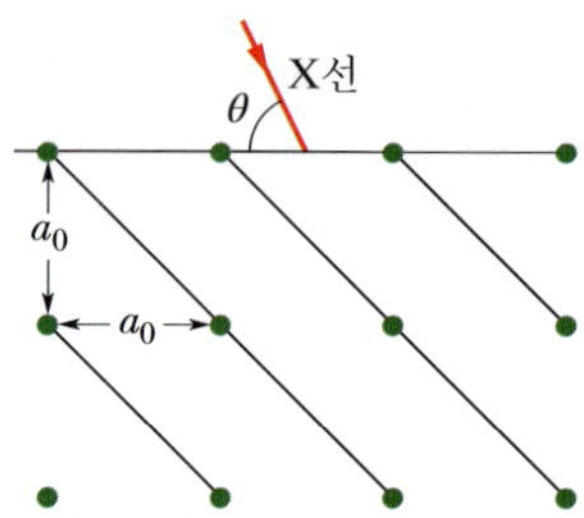

그림 36.5 연습문제 13

14 E 이중슬릿 실험에서 슬릿의 간격 d가 슬릿의 너비 w의 3.00배이다. 몇 개의 밝은 간섭무늬가 중앙 회절 윤곽선 안에 있는가?

15 E 그림 36.1.4의 단일슬릿 회절 실험에서 빛의 파장은 500 nm, 슬릿의 너비는 6.00 μm, 스크린까지의 거리는 D = 2.50 m이다. y축의 원점이 회절무늬의 중앙에 있고 스크린을 따라 위로 뻗어있다. 그리고 I_P는 y = 15.0 cm에 있는 점 P에서 빛의 세기라고 하자. (a) I_P와 중앙극대의 세기 I_m의 비율은 얼마인가? (b) P가 어떤 극대와 극소 사이에 있는지, 또는 어떤 극소 사이에 있는지 그 위치를 결정하여라.

16 E (a) 파장 415.496 nm와 415.487 nm를 2차에서 구별하기 위해서 3.60 cm의 회절격자에는 선이 몇 개나 있어야 하는가? (b) 어떤 각도에서 2차 극대가 나타나는가?

17 M 가시광선의 영역을 430 nm에서 680 nm라고 가정한다. 1차 빛띠가 20.0°까지 퍼져 있다면 1 mm당 회절격자의 개수는 몇 개인가?

18 M 두 파장 λ_1 = 400 nm와 λ_2 = 500 nm를 포함하는 광선이 1 mm당 210개의 격자가 있는 회절격자를 수직으로 비춘다. (a) 두 파장의 두 번째 극대 사이의 분리각도는 얼마인가? (b) 두 극대가 겹치는 가장 작은 각도는 얼마인가? (c) 회절무늬에 두 파장 모두가 존재할 수 있는 최대 차수는 무엇인가?

19 M *Babinet의 원리.* 평행한 단색광이 지름 $x \gg \lambda$의 구멍을 비춘다. 점 P는 먼 스크린(그림 36.6a) 위에 기하학적인 그림자 위치에 있다. 그림 36.6b에 나타낸 회절을 일으키는 두 물체를 번갈아 구멍 위에 놓는다. 물체 A는 그 위에 구멍이 있는 불투명한 원판이고 B는 A의 "사진 원판" 모양이다. 중첩의 개념을 이용하여 점 P에서의 세기가 A와 B에 대해서 같음을 보여라.

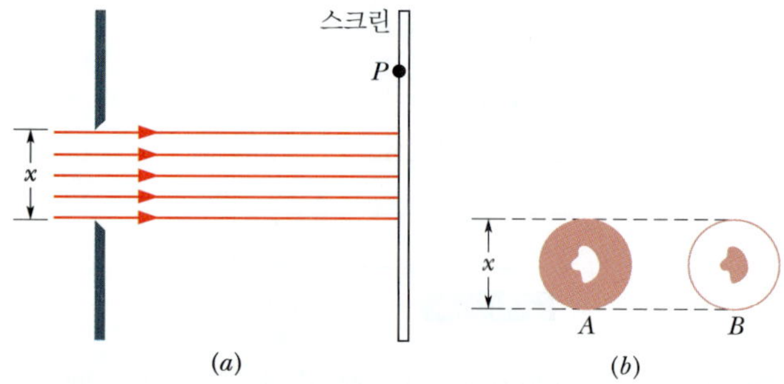

그림 36.6 연습문제 19

20 E BIO 다가오는 자동차의 두 전조등 사이의 거리는 1.4 m이다. 전조등을 눈으로 분리할 수 있는 (a) 분리각과 (b) 최대 거리를 구하여라. 눈동자의 지름은 5.0 mm이고, 빛의 파장은 500 nm이다. Rayleigh의 기준에 의한 분해능은 회절 효과에 의해서만 영향을 받는다고 가정한다.

21 M 철사(또는 지름이 작은 물체)를 제조할 때 제품의 굵기를 계속 검사할 목적으로 레이저를 이용한다. 철사가 레이저 광선을 가로막아 철사 지름이 너비인 단일슬릿처럼 회절무늬를 만든다(그림 36.7). 632.8 nm의 헬륨-네온 레이저를 사용하고, 스크린이 L = 1.20 m 떨어진 곳에 회절무늬를 만든다고 하자. 원하는 철사의 지름이 1.37 mm이면 (중앙 극대의 양쪽에 있는) 두 10차 극소 사이의 거리는 얼마인가?

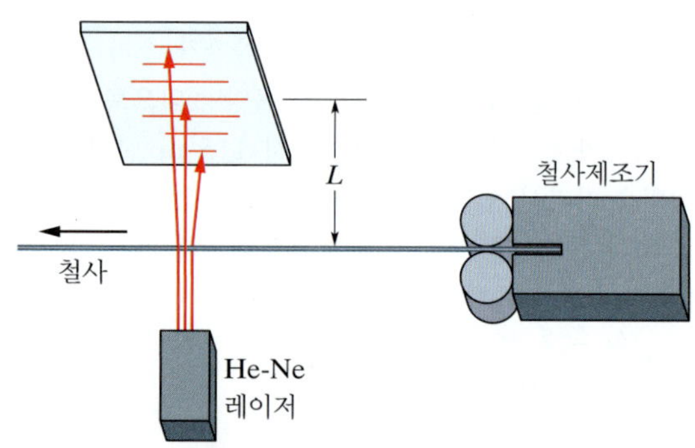

그림 36.7 연습문제 21

22 E 소듐 빛띠의 D선은 파장이 589.0 nm와 589.6 nm의 이중선이다. 2차 빛띠에서 이중선을 구별하기 위해 필요한 회절격자의 최소 격자개수는 몇 개인가?

23 M 파장 440 nm의 빛이 이중슬릿을 통과하며 만드는 회절무늬의 세기를 θ의 함수로 그림 36.8에 나타내었다. (a) 슬릿의 너비와 (b) 슬릿 사이의 거리를 구하여라. (c) 그림에 나타난 m = 1과 m = 2에 해당하는 간섭무늬의 세기를 계산하여 확인하여라.

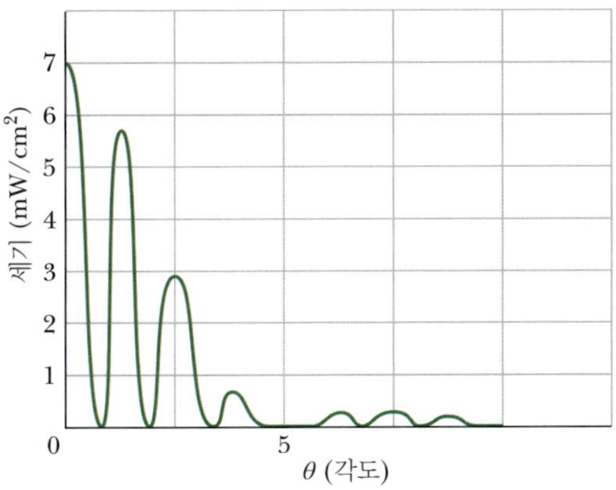

그림 36.8 ▶ 연습문제 23

24 M 상용 감시(첩보)위성에 있는 망원경은 지상에 있는 85 cm의 작은 물체를 구별할 수 있고(Google Earth 참조), 군사 위성에 있는 망원경은 10 cm의 작은 물체도 구별할 수 있다고 한다. 물체의 분해능이 전적으로 Rayleigh의 기준에 의해 결정되고, 대기의 난기류에 의한 영향은 없다고 가정하자. 또한 위성은 450 km 고도에 있고 사용하는 가시광선은 550 nm라고 하자. (a) 85 cm 분해능과 (b) 10 cm 분해능을 위해 망원경의 지름은 각각 얼마이어야 하는가? (c) 난기류가 분해능을 나쁘게 하는 것은 사실이고 Hubble 우주망원경의 지름이 2.4 m라는 점을 감안할 때, (b)의 답과 군사 감시위성의 분해능을 달성하는 방법에 대해 무엇을 말할 수 있는가?

25 E 20.0 mm의 전체 너비에 5000개의 격자를 갖는 회절격자에 장 589 nm의 빛을 수직으로 입사한다. 멀리 있는 스크린에 극대가 나타나는 (a) 가장 큰, (b) 두 번째로 큰, (c) 세 번째로 큰 θ 값은 무엇인가?

26 M 핵에너지를 이용한 x선 레이저는 2000 km 떨어진 거리에서 대륙간 탄도탄을 파괴할 수 있는 강력한 무기이다. X선 레이저의 한 가지 제한은 회절에 의한 광선의 퍼짐과 이에 따라 세기가 약해지는 것이다. 1.10 nm의 파장에서 작동하는 레이저를 고려하자. 광선을 내쏘는 부분의 지름은 0.200 mm이다. (a) 레이저로부터 2000 km 떨어진 표적물에서 중앙 광선의 지름을 구하여라. (b) 표적물에서 광선의 세기와 발사하는 부분에서 광선의 세기 비율을 구하여라. (레이저는 우주공간에서 발사되어 대기에 의한 흡수는 무시한다.)

27 E BIO 우주비행사가 450 km 상공의 우주비행선에서 지구를 내려다볼 때, Rayleigh의 기준이 분해능을 결정한다고 가정하자. (a) 이상적인 가정 하에서 우주비행사가 구별할 수 있는 지구 위의 가장 작은 크기를 추정하여라. 우주비행사 눈동자의 지름은 5 mm이고 파장은 550 nm이다. (b) 우주비행사는 중국의 만리장성(그림 36.9)을 식별할 수 있는가? 만리장성의 길이는 3000 km 이상이고 바닥의 너비는 5에서 10 m이고, 위쪽 너비는 4 m이고, 높이는 8 m이다. (c) 우주비행사는 지구 위 고등생물의 자취를 식별할 수 있는가?

그림 36.9 ▶ 연습문제 27. 만리장성

28 E 파장 590 nm의 평면파가 너비 $a = 0.40$ mm의 슬릿에 입사한다. 스크린과 슬릿 사이에 초점거리 +50 cm의 얇은 볼록렌즈를 놓고 빛을 스크린에 모은다. (a) 화면과 렌즈 사이의 거리를 구하여라. (b) 스크린의 회절무늬에서 중심과 첫 번째 극소 사이의 거리를 구하여라.

29 M (a) 단일슬릿 회절무늬 중 최대 세기가 나타나는 α 값은 α에 대한 식 36.2.2를 미분하여 0으로 놓으면 유도되는 관계식 $\tan \alpha = \alpha$에서 찾을 수 있음을 보여라. 이 관계를 만족하는 α값을 얻기 위해서 $y = \tan \alpha$와 직선 $y = \alpha$를 그려서 만나는 점을 찾든지, 계산기로 시행착오를 통해 계산할 수 있다. 그 다음 $\alpha = (m + \frac{1}{2})\pi$로부터 α에 대하여 단일슬릿 무늬에서의 극대를 주는 m값을 결정하여라. (이 m값은 극대가 극소 사이의 정중앙에 오는 것이 아니기 때문에 정수가 *아니다*.) (b) 최소인 α와 (c) 관련된 m 값, (d) 두 번째로 작은 α, (e) 이와 관련된 m, (f) 세 번째로 작은 α, (g) 이와 관련된 m을 구하여라.

30 E 회절효과만으로 분해 여부가 결정된다고 가정할 때, 팔로마 산의 200 in.(= 5.1 m) 망원경으로 분해가능한 달 표면 두 점 사이의 거리는 얼마인가? 지구에서 달까지의 거리는 3.8×10^5 km이고 빛의 파장은 550 nm이다.

31 E 그림 36.10은 파장 630 nm를 사용한 단일슬릿 회절 실험에서 α와 $\sin \theta$의 관계이다. 수직축의 눈금은 $\alpha_s = 12$ rad이다. (a) 슬릿의 너비는 얼마인가? (b) (회절무늬의 중심에 대해 양쪽을 모두 세어) 회절 극소는 모두 몇 개인가? (c) 극소가 되는 최소각과 (d) 최대각은 각각 얼마인가?

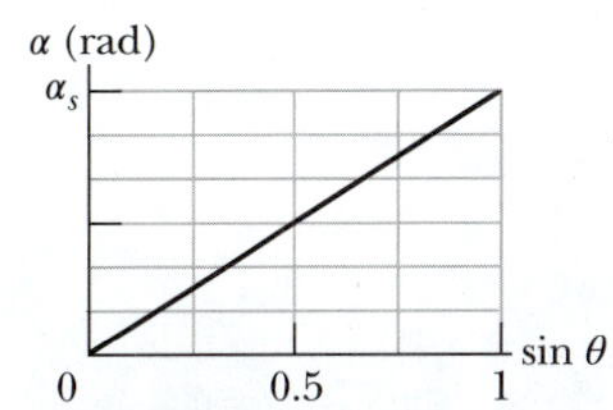

그림 36.10 ▶ 연습문제 31

32 M 460.0 nm에서 640.0 nm의 파장으로 이루어진 광선빔을 1 mm당 160개의 격자가 있는 회절격자에 수직으로 비춘다. (a) 다른 차수와 겹치게 되는 가장 낮은 차수는 무엇인가? (b) 전체 파장 영역이 존재하는 가장 높은 차수는 무엇인가? 이 가장 높은 차수에 대해 어떤 각도에서 (c) 460.0 nm와 (d) 640.0 nm의 선이 각각 나타나는가? (e) 460.0 nm의 빛이 나타나는 가장 큰 각도는 무엇인가?

33 E BIO 슈퍼맨이 지름 4.0 mm의 눈동자로 파장 0.10 nm의 x선을 볼 수 있다면 얼마나 높은 고도에서 영웅과 악당을 구별할 수 있는가? 구별하기 위해서는 4.0 cm 떨어진 점을 분해할 수 있어야 한다.

34 M (a) 이중슬릿 실험에서 회절이 다섯 번째 밝은 간섭무늬를 제거하는 d와 a의 최대 비율은 얼마인가? (b) 어떤 다른 밝은 간섭무늬 또한 제거되는가? (c) (정확하게) 이 밝은 무늬를 제거하도록 회절을 일으키는 d와 a의 다른 비율은 몇 개나 있는가?

35 H 원형 장애물은 ($\theta = 0$ 근처를 제외하고) 지름이 같은 원형구멍과 동일한 회절무늬를 만든다. 공중에 떠 있는 작은 물방울이 이러한 원형 장애물의 예이다. 안개와 같은 떠 있는 물방울 사이로 달을 보면, 많은 물방울이 만드는 회절무늬를 볼 수 있다. 물방울에 의한 중앙극대가 달을 둘러싼 흰 부분을 이루며 영상을 흐리게 만든다. 그림 36.11은 흐려진 달의 사진이다. 달 주위에 두 개의 희미한 색깔을 나타내는 고리가 있다(그중 큰 것은 너무 흐려서 이 사진에서는 잘 안보일 수 있다). 작은 고리는 물방울에 의한 중앙극대의 바깥쪽 둘레에 있고 큰 고리는 2차 극대 중 가장 작은 것의 바깥쪽 둘레에 있다(그림 36.3.1). 이 고리는 회절 극소(어두운 고리)의 옆에 있어서 색깔을 볼 수 있다. (다른 회절무늬 부분에 있는 색깔은 너무 많이 겹쳐서 보이지 않는다).

(a) 회절 극대 바깥쪽 둘레의 고리는 무슨 색깔인가? (b) 그림 36.17의 중앙극대 주의의 색깔을 띤 고리의 각지름은 각도 0.50°인 달의 1.35배이다. 물방울의 지름이 대략 같다고 가정한다. 물방울의 지름을 근사적으로 구하여라.

Pekka Parvianen/Science Source

그림 36.11 연습문제 35. 달 주위의 코로나는 공기 중의 물방울에 의한 회절무늬가 중첩되어 나타난다.

36 E 단일슬릿에 파장이 λ_a와 λ_b인 빛을 비춘 결과, 파장 λ_a의 첫 번째 회절 극소가 파장 λ_b의 두 번째 회절 극소의 위치와 같았다. (a) $\lambda_b = 450$ nm라면 λ_a는 무엇인가? 파장 λ_b의 어떤 차수 m_b의 극소가, 파장 λ_a의 차수 (b) $m_a = 2$, (c) $m_a = 3$의 극소와 겹치는가?

37 M BIO *부유물.* 특정한 물체가 없는 밝은 곳을 바라볼 때 생기는 부유물은 사람 눈의 대부분을 차지하는 유리체에 생긴 불순물이 만든 회절무늬이다. 바늘구멍으로 바라보면 회절무늬가 선명해진다. 마찬가지로 작은 원형구멍으로 보아도 결점의 크기를 짐작할 수 있다. 불순물에 의한 회절무늬가 원형구멍으로 생긴다고 가정하자. 회절무늬에서 첫 번째 극소의 크기가 원형구멍의 크기와 같아질 때까지 눈(혹은 눈의 렌즈)에서 원형구멍까지의 거리 L을 조절하여 그림 36.12a처럼 눈에서 $L' = 2.0$ cm에 있는 망막에 지름 D'의 영상이 맺히도록 조절한다. 이때 수정체 양쪽의 각도는 서로 같다. 가시광선의 파장은 $\lambda = 500$ m라고 가정한다. 원형구멍의 지름은 $D = 2.0$ mm이고, 눈까지의 거리는 $L = 45.0$ cm이며, 결점은 망막 앞 $x = 6.0$ mm인 곳에 있다(그림 36.12b). 불순물의 지름은 얼마인가?

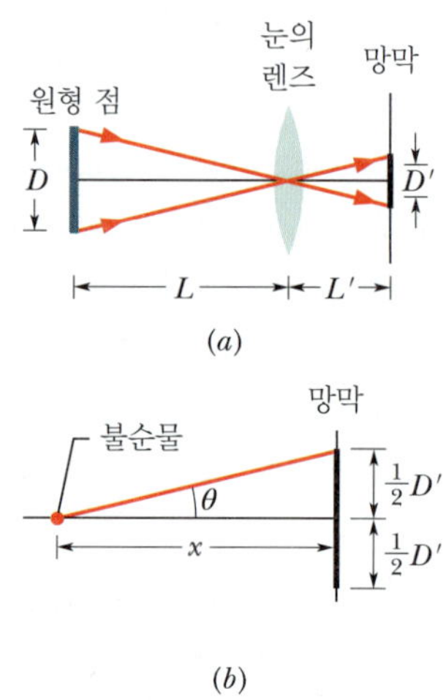

그림 36.12 연습문제 37

38 M 회절격자 슬릿의 너비는 500 nm, 간격은 900 nm이다. 파장 $\lambda = 600$ nm의 빛을 수직으로 회절격자를 비춘다. (a) 전체 회절무늬에 몇 개의 극대가 있는가? (b) 회절격자에 1000개의 슬릿이 있다면 1차 회절선의 너비각은 얼마인가?

39 M 삼중슬릿 "격자"의 세기에 관한 다음 식을 유도하여라.

$$I = \tfrac{1}{9}I_m(1 + 4\cos\phi + 4\cos^2\phi).$$

여기서 $\phi = (2\pi \sin\theta)/\lambda$이고 $a \ll \lambda$이다.

40 M 기체 방전관에서 나오는 빛이 슬릿 간격 2.06 μm의 회절격자에 수직으로 입사한다. 이때 날카로운 빨간색의 극대 무늬가 $\theta = \pm 17.6°$, 37.3°, −37.1°, 65.2°, −65.0°에서 실험적으로 발견되었다. 이 결과를 가장 잘 만족시키는 빨간색 빛의 파장을 구하여라.

41 M 그림 36.13은 파장 440 nm를 사용한 이중슬릿 간섭실험에서 식 36.4.2에 주어진 β와 $\sin\theta$의 그래프이다. 수직축의 눈금은 $\beta_s = 80.0$ rad이다. (a) 슬릿의 간격은 얼마인가? (b) (무늬의 양쪽을 모두

세어) 간섭의 극대는 모두 몇 개인가? (c) 극대값의 최소각과 (d) 극소값의 최대각은 얼마인가? 어떤 간섭의 극대도 회절 극소에 의해 완전히 제거되지 않는다고 가정한다.

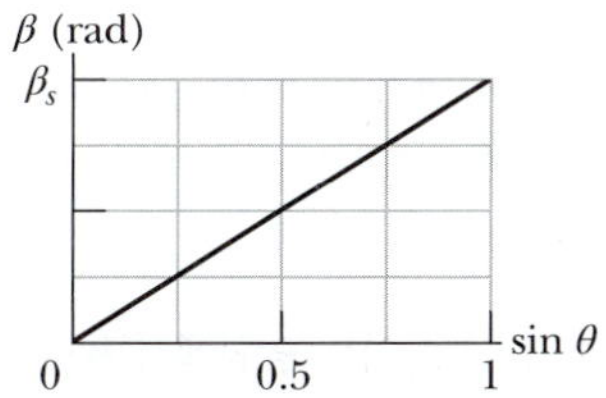

그림 36.13 연습문제 41

42 M (a) 피츠버그의 Allegheny 관측소에 있는 Thaw 굴절망원경에 의해 두 별이 겨우 분해되었을 때, 이들 사이의 분리각은 얼마인가? 렌즈의 지름은 76 cm, 초점거리는 14 m이며, $\lambda = 550$ nm이다. (b) 두 별이 지구로부터 14 광년 떨어져 있다고 하면 이들 사이의 거리는 얼마인가? (c) 이 망원경에 의한 별 하나의 영상에 대해 망원경 렌즈의 초점면 위에 놓인 감광판에서 측정한 회절무늬의 첫 번째 어두운 고리의 지름을 구하여라. 영상의 구조는 전적으로 렌즈 구멍의 회절에 의한 것이지 렌즈의 "오류"에 의한 영향은 없다고 가정한다.

43 E BIO 포식자를 혼란시키기 위해 어떤 열대성 딱정벌레는 회절격자로 배열된 비늘에 의한 간섭으로 색깔을 띤다. (비늘은 빛을 통과시키는 대신 빛을 내보낸다.) 입사광선이 회절격자에 수직이고 파장이 550 nm 일 때, (중앙극대의 양쪽에 놓인) 1차 극대 사이의 각도가 약 26°이다. 딱정벌레에 있는 격자의 간격은 얼마인가?

44 E 슬릿과 스크린 사이의 거리가 40 cm이고 파장이 420 nm일 때, 단일슬릿 회절무늬에서 첫째와 다섯째 극소의 거리가 0.35 mm이다. (a) 슬릿의 너비는 얼마인가? (b) 첫 번째 회절 극소가 생기는 각도 θ는 얼마인가?

45 M 중앙극대 회절선의 온너비는 빛의 세기가 중심 최고값의 반이 되는 두 위치 사이의 각도차로 정의한다(그림 36.2.2*b* 참조). (a) $\sin^2 \alpha = \alpha^2/2$일 때 빛의 세기가 최대값의 반이 됨을 증명하여라. (b) $\alpha = 1.39$ rad(약 80°)가 (a) 방정식의 해가 됨을 증명하여라. (c) 온너비는 $\Delta\theta = 2\sin^{-1}(0.442\lambda/a)$임을 증명하여라. 여기서 a는 슬릿의 너비이다. 슬릿의 너비가 (d) 1.00λ, (e) 5.00λ, (f) 10.0λ일 때 중앙극대의 온너비를 계산하여라.

46 E BIO 이상적인 조건을 가정하여 지상의 관측자가 화성표면 위에 떨어져 있는 두 물체를 (a) 맨눈으로 볼 때와 (b) 팔로마 산에 있는 200 in.(= 5.1 m)의 망원경으로 볼 때 각각 분해 가능한 거리를 구하여라. 화성까지의 거리는 8.0×10^7 km, 눈동자의 지름은 5.0 mm, 빛의 파장은 550 nm이다.

47 E 회절격자에 1 mm당 600개의 선이 있고 전체 너비는 4.8 mm이다. (a) 파장 $\lambda = 500$ nm의 빛을 사용할 때 3차에서 회절격자가 구별할 수 있는 가장 작은 파장 간격은 얼마인가? (b) 몇 개의 더 높은 차수의 극대를 볼 수 있는가?

48 E 결정에서 1차 Bragg 반사가 4.2°에서 일어난다면 같은 반사평면으로부터 생기는 2차 Bragg 반사는 어느 각도에서 생기는가?

49 M 한 면이 그림 36.7.2*a*와 같은 2차원 정사각형 결정구조가 있다고 하자. 반사평면 사이의 최대 원자 평면 간격은 단위세포의 길이 a_0과 같다. (a) 두 번째, (b) 세 번째, (c) 네 번째, (d) 다섯 번째, (e) 여섯 번째로 큰 원자 평면 간격을 각각 구하고 그려라. (f) (a)에서 (e)까지 구한 결과가 다음 식과 같음을 보여라.

$$d = \frac{a_0}{\sqrt{h^2 + k^2}}.$$

h와 k는 서로소이다(즉, 1 이외에는 공약수가 없다).

50 E 단일 파장의 광선이 그림 35.2.5와 같은 이중슬릿에 수직으로 입사한다. 슬릿의 너비는 각각 50 μm이고, 슬릿의 간격은 0.30 mm이다. 회절무늬 양쪽의 1차 극소 사이에 몇 개의 완전한 밝은 간섭무늬가 나타나는가?

51 E 460 nm의 단색광을 좁은 너비의 슬릿에 입사했더니 회절무늬의 가장 밝은 곳의 좌우에 나타나는 첫 번째 극소 사이의 각도가 1.20°였다. 슬릿의 너비를 구하여라.

52 M 밀리미터파 레이더는 보통 마이크로파 레이더보다 폭이 좁은 광선을 만들어서 공격용 미사일에 쉽게 공격당하지 않는 장점이 있다. (a) 지름 60.0 cm의 원형 안테나로부터 220 GHz의 레이더 전자기파가 발생하였을 때 중앙극대의 좌우에 있는 첫 번째 극소 사이의 사이각을 구하여라. (이 진동수는 빛이 대기층을 통과할 때 흡수가 작은 "창"과 일치한다.) (b) 더 전통적인 지름 2.3 m, 파장 1.6 cm의 파동을 방출하는 원형 안테나인 경우에 첫 번째 극소 사이의 사이각 2θ는 얼마인가?

53 E 1 mm당 350개의 격자가 있는 회절격자가 있다. 이 회절격자가 만드는 회절무늬에서 가시광선의 전 파장 영역(400~700 nm)이 모두 존재하는 차수는 중앙 차수인 $m = 0$를 제외하고 모두 몇 개인가?

54 E 이중슬릿 간섭무늬에서 9개의 밝은 무늬가 회절 윤곽선의 두 번째 봉우리 안에 놓여 있고, 회절 극소는 이중슬릿 간섭무늬 극대와 일치한다. 슬릿 간격과 슬릿 너비의 비율은 얼마인가?

55 E 단일슬릿의 1차 회절 극소가 $\theta = 55.0°$에 있을 때 슬릿의 너비와 파장의 비율은 얼마인가?

56 E BIO (a) 붉은 모래알을 겨우 구별할 수 있는 위치에 있으려면 모래알에서 얼마나 떨어져 있어야 하는가? 눈동자 지름은 1.5 mm이고 모래알은 반지름 45 μm로 둥글고, 모래알에서 나오는 빛은 650 nm라고 하자. (b) 모래가 파랗고 그 파장이 400 nm라고 할 때 (a)의 답이 더 커지는가, 작아지는가?

57 E BIO *안구 원광*. 어두운 밤에 밝은 실외등의 어두운 주변 배경에 실외등을 둘러싼 밝고 어두운 고리를 볼 수 있다. 이는 그림 36.3.1의 원형 회절무늬와 같으며 중앙극대는 실외등과 겹친다. 이 고리들은 관찰자의 눈에 있는 각막이나 렌즈 안의 구조에 의해 생기는 회절무늬이다. 실외등이 500 nm의 빛을 내고 첫 번째 어두운 고리가 2.5°의 각도에 있다면 회절을 일으키는 눈 구조의 지름은 얼마인가?

58 M (a) 잠수함을 탐지하기 위해 물속의 음원으로 사용하는 지름 60 cm의 원형막이 진동수 30 kHz로 진동한다. 음원에서 멀리 떨어진 곳에서 소리의 세기 분포는 원형막과 같은 지름을 갖는 원형구멍이 만드는 회절무늬와 같다. 물속에서 음속이 1450 m/s일 때, 원형 막에 수직인 방향과 1차 극소가 생기는 방향 사이의 각도는 얼마인가? (b) (가청)진동수 1.0 kHz의 음원에 대해서 이와 같은 극소가 존재하는가?

59 E 어떤 회절격자의 3차 빛띠를 이용하여 소듐의 이중선(589.00 nm와 589.59 nm)을 볼 때 수직 방향에서 15°에 겨우 분리되어 보였다. (a) 회절격자의 간격과 (b) 회절격자의 전체 너비를 구하여라.

60 E 파장 A의 x선이 결정면에 대해 입사각 23°에서 1차 반사(Bragg 법칙 회절)를 한다. 파장 85 pm의 x선 입사각 60°에서 3차 반사를 한다. 두 x선이 같은 반사평면에서 반사한다고 가정할 때 (a) 원자 평면 간격과 (b) 파장 A를 구하여라.

61 E 파장 538 nm의 단색광을 너비 0.025 mm의 슬릿에 비춘다. 슬릿과 스크린은 4.0 m 떨어져 있다. 스크린에서 중앙극대로부터 2.2 cm 떨어진 점에 대해 (a) 그 점의 각도 θ (b) α (c) 그 점에서의 세기와 중앙극대의 세기의 비율을 구하여라.

62 E 일반적인 텔레비전에서 신호는 송신탑에서 집의 수신기로 전달된다. 수신기가 언덕이나 건물에 가려 송신탑에서 보이지 않아도 신호가 장애물을 충분히 회절하여 진행하므로 장애물의 그늘진 영역에서도 신호를 받을 수 있다. 현재 텔레비전 신호의 파장은 약 50 cm이지만, 송신탑에서 전송될 미래 디지털 텔레비전 신호는 약 10 mm 정도이다. (a) 파장의 변화가 장애물의 그림자 영역으로 신호를 보내는 회절을 증가시키는가, 감소시키는가? 신호가 두 건물 사이 5.0 m 정도의 공간을 지난다고 가정하자. 중앙극대(첫 극소 위치까지)의 퍼짐은 파장이 (b) 50 cm일 때와 (c) 10 mm일 때 각도로 얼마인가?

63 M 단색광이 회절격자를 수직으로 비출 때 각도 θ에서 회절선을 만든다. (a) 선의 반너비와 회절격자의 분해능의 곱은 무엇인가? (b) 파장 420 nm의 빛에 대해 슬릿의 간격이 900 nm인 회절격자의 1차 회절에서 이 곱을 계산하여라.

64 E 해군 순양함의 레이더는 지름 2.3 m의 원형 안테나를 통해 파장 1.6 cm의 전자기파를 보낸다. 7.0 km의 거리에서 레이더가 두 쾌속정을 구별할 수 있는 쾌속정 사이의 최소 거리는 얼마인가?

65 E 441 nm의 단색광이 좁은 너비의 슬릿에 입사한다. 슬릿에서 2.00 m 떨어진 곳에서 중심 극대와 두 번째 극소무늬의 위치 사이의 거리가 2.00 cm이다. (a) 두 번째 극소에 해당하는 회절 각도 θ를 구하여라. (b) 슬릿의 너비를 구하여라.

66 E 단일 파장의 x선이 면간격 46.0 pm의 반사평면에 대해 30.0°의 각도로 NaCl 결정에 입사한다. 이 평면으로부터의 반사가 1차라면 x선의 파장은 얼마인가?

67 E 수소와 중수소가 섞여 있는 광원에서 평균 파장이 656.3 nm이고 파장차가 0.100 nm인 두 빨간색 빛이 나온다. 1차에서 두 선을 구별할 수 있는 회절격자 개수의 최소값을 구하여라.

68 E 589 nm의 단색광을 너비 0.15 mm의 슬릿에 비춘다. 회절무늬가 나타나는 스크린 위의 점 P를 고려하자. 이 점은 슬릿의 중심축에 대해 $\theta = 30°$인 곳에 있다. 점 P에 도달하는 슬릿의 꼭대기와 중심점으로부터 만들어지는 Huygens 파동 사이의 위상차를 구하여라(*힌트*: 식 36.2.1 참조).

69 E 이중슬릿이 만드는 회절무늬에서 중앙 회절 윤곽선 안에 9개의 밝은 간섭무늬가 있고, 첫 번째 회절 극소의 위치는 정확히 밝은 무늬와 일치하여 밝은 무늬가 사라진다고 하자. 회절 윤곽선의 첫 번째와 두 번째 극소 사이에는 몇 개의 밝은 간섭무늬가 있는가?

70 E 1 cm당 1000개의 줄이 있는 너비 2.00 cm의 회절격자가 있다. 500 nm의 입사광선에 대해 2차에서 회절격자가 구별할 수 있는 파장의 차이의 최소값은 얼마인가?

71 E 방해석에서 0.30 nm 간격의 반사평면으로부터 파장 25 pm의 x선이 반사될 때 최소 Bragg각은 얼마인가?

72 E 파장 0.12 nm의 x선이 불화리튬 결정으로부터 2차 Bragg 각도 28°로 반사한다. 결정에서 반사평면의 원자평면 간격은 얼마인가?

73 E 589 nm의 단색광을 너비 1.50 mm의 슬릿에 비추고 회절무늬를 3.00 m 떨어진 스크린에서 보았다. 중앙극대의 같은 쪽에 있는 첫 번째와 세 번째 회절 극소 사이의 거리는 얼마인가?

제 37 장

상대론

Relativity

37.1 ▸ 동시성과 시간팽창

요점_Key Ideas

1. Einstein의 특수상대론은 두 가설에 근거를 두고 있다. (1) 물리법칙은 모든 관성계에 있는 관측자에게 동일하다. (2) 진공에서의 광속은 어떤 방향으로 보든 관성좌표계에서 같은 값 c이다.
2. 사건은 세 공간좌표와 한 시간좌표로 결정된다. 특수상대론의 임무는 서로 균일한 운동을 하는 두 관측자가 사용하는 좌표계 사이의 관계를 구하는 것이다.
3. 두 관측자가 상대운동을 하면 이 관측자는 일반적으로 두 사건이 동시에 일어났다는 사실에 동의하지 않는다.
4. 한 관성좌표계에서 같은 장소에서 두 사건이 연속하여 일어나면 이 사건이 일어난 곳에서 한 시계로 측정한 이 사이의 시간간격 Δt_0는 이 사건 사이의 고유시간이다. 이 좌표계에 대해 상대적으로 움직이는 좌표계의 관측자는 항상 *더 큰* 시간간격의 값 Δt를 측정한다. 이를 시간팽창이라고 한다.
5. 두 좌표계 사이의 상대속력을 v라고 하면

$$\Delta t = \frac{\Delta t_0}{\sqrt{1-(v/c)^2}} = \frac{\Delta t_0}{\sqrt{1-\beta^2}} = \gamma\,\Delta t_0$$

의 관계를 얻는다. 여기서 $\beta = v/c$는 속력 맺음변수이고, $\gamma = 1/\sqrt{1-\beta^2}$는 Lorentz 인자이다.

학습목표_Learning Objectives

이 단원을 읽은 후 다음을 이해해야 한다.

- **37.7.1** (특수) 상대론의 두 가설을 알아보고, 이것이 적용되는 좌표계의 형태를 구한다.
- **37.7.2** 광속이 궁극의 속력이라는 것을 알고, 그 근사값을 알아본다.
- **37.7.3** 사건의 시공간좌표를 어떻게 3차원 시계의 배열과 측정 막대로 측정할 수 있는지 설명하고, 이것이 어떻게 신호가 관측자에게 이동하는 시간을 제거하는지 설명한다.
- **37.7.4** 시공간의 상대성은 상대적인 운동을 하는 두 좌표계 *사이*에 측정을 전달하는 것과 관련이 있지만 각 좌표계 안에서는 여전히 고전적 운동학과 Newton 역학을 사용한다.
- **37.7.5** 상대 운동하는 좌표계에 대해 한 좌표계에서 동시에 일어나는 사건은 다른 좌표계에서는 일반적으로 동시가 아니다.
- **37.7.6** 두 사건 사이에 시간과 공간이 얽혀 있다는 것이 의미하는 바를 설명한다.
- **37.7.7** 두 사건의 시간간격이 고유시간이 되는 조건을 구한다.
- **37.7.8** 두 사건의 시간간격이 한 좌표계에서 측정한 고유시간이라면 그 간격을 다른 좌표계에서 측정하면 더 크다(팽창한다).
- **37.7.9** 고유시간 Δt_0, 팽창한 시간 Δt,

▶ 어떤 물리현상을 다루는가?

물리학에서 중요한 분야의 하나는 **상대론**이다. 이 분야는 사건, 즉 발생하는 일에 대한 측정과 관계가 있다. 언제 어디서 사건이 발생하는지, 시간과 공간상에서 두 사건이 얼마나 떨어져 있는지가 연구대상이다. 또한 상대론은 이러한 측정결과가 서로 상대적으로 움직이는 좌표계 사이에서 어떻게 변환되는지를 다룬다(그래서 *상대론*이라고 이름을 붙였다).

4.6단원과 4.7단원에서 다루었듯이 기준계의 변환과 운동에 관한 분야는 1905년 당시의 물리학자에게 잘 알려져 있는 일상적인 현상이었다. 그럴 즈음에 Einstein(그림 37.1.1)은 자신의 **특수 상대성이론**을 발표하였다. 특수라는 수식어는 이 이론이 **관성기준계**만을 다룬다는 것을 의미하는데, 관성기준계란 Newton의 법칙이 성립하는 기준계를 말한다(Einstein의 *일반 상대성이론*은 기준계가 가속되는 보다 일반적인 상황을 다

두 좌표계 사이의 상대속력 v 사이의 관계를 구한다.

37.7.10 상대속력 v, 속력 맺음변수 β, Lorentz 인자 γ 사이의 관계를 구한다.

CORBIS/Corbis via Getty Images

그림 37.1.1 유명해지기 시작할 무렵의 Einstein.

룬다. 이 장에서 *상대성*이란 용어는 관성기준계만을 의미한다).

상대성에 관한 과거의 생각이 모든 사람에게 너무도 익숙하여 의심의 여지가 없는 상식이라고 인식되었음에도 불구하고, Einstein은 간단한 두 개의 가설에 근거하여 상식이 잘못되었다는 것을 보임으로써 과학계를 뒤흔들어 놓았다. 과거의 잘못된 생각은 사람이 천천히 움직이는 물체만을 경험하면서 생겨난 것이었다. 이와 달리 모든 가능한 속력에서 정확한 것으로 밝혀진 Einstein의 상대론은 어느 누구도 경험해 보지 못한 기묘한 효과를 예측한다.

▸***얽힘.*** 특히, 공간과 시간이 얽혀 있어서, 두 사건 사이의 시간간격은 두 사건이 얼마나 멀리 떨어져 있는지에 따라 정해지며, 두 사건 사이의 공간적 간격도 그 사이의 시간간격이 얼마인지에 따라 정해진다는 것을 Einstein은 보여주었다. 그 결과는 서로 상대적으로 움직이는 관측자에게 다르게 나타난다. 예를 들어, 시간은 기계적으로 째깍거리는 시계처럼 같은 속력으로 진행되는 것이 아니다. 시간의 속력은 신축적이고, 상대운동은 시간이 흘러가는 빠르기를 변화시킬 수 있다. 1905년 이전의 어느 누구도 상상하지 못했던 일이다. 그러나 상대론으로 상식을 새롭게 바꾼 오늘날의 과학자나 공학자는 이를 당연한 것으로 받아들인다. 예를 들어 NAVSTAR 인공위성의 GPS를 다루는 공학자라면 상대론(특수 상대론과 일반상대론 모두)을 항상 사용해야 한다. 왜냐하면 시간의 속력이 인공위성과 지면에서 서로 다르기 때문이다. 만일 공학자가 상대론적 효과를 고려하지 않는다면 GPS는 하루도 못 가 무용지물이 될 것이다.

특수상대론이 어렵다는 평판을 받지만 수학적으로는 결코 어려운 것이 아니다. 적어도 여기서는 그렇다. 그러나 한 사건을 *누가* 측정하며, 그 측정이 *어떻게* 이루어졌는지에 대해 대단히 주의하여야 한다는 점에서는 상대론이 어렵다. 또한 그 결과가 우리의 경험과 모순되기 때문에 어려울 수도 있다.

상대론의 가설

Einstein 이론의 근거가 되는 다음과 같은 상대론의 두 가설을 살펴보자.

1. 상대성 가설: 물리법칙은 모든 관성기준계의 관측자에게 동일하다. 특별히 선호할 만한 좌표계는 없다.

Galileo는 *역학법칙*이 모든 관성기준계에서 동일하다고 가정하였다(Newton의 제1법칙은 바로 이 가정의 결과이다). Einstein은 이를 전자기학과 광학을 비롯하여 물리학의 모든 법칙에 적용되는 개념으로 확장하였다. 이 가설은 모든 물리량의 측정값이 모든 관성기준계의 관측자에게 동일하다는 것이 아니다. 대부분은 서로 다르다. 이 가설은 이러한 측정값을 서로 관련시켜 주는 *물리법칙*이 동일하다는 뜻이다.

2. 광속 불변의 가설: 진공에서 광속은 모든 관성기준계에서 모든 방향에 대하여 동일한 c이다.

이 가설은 모든 관성기준계의 어느 방향에서나 동일한 *궁극적 속력* c가 자연에 존재한다는 것이다. 빛은 우연히도 궁극적 속력으로 이동한다. 그렇지만 에너지나 정보를 전달하는 어떠한 것도 이 한계를 초과할 수 없다. 더구나 아무리 오랫동안 가속된다 하더라도 질량을 가진 입자는 궁극적 속력 c에 이를 수 없다(불행하게도 많은 공상과학소설에서 나오는 빛보다 빠른 워프드라이브는 불가능하다).

이러한 두 가설은 철저하게 검증되었으며, 지금까지 어떠한 예외도 발견된 바 없다.

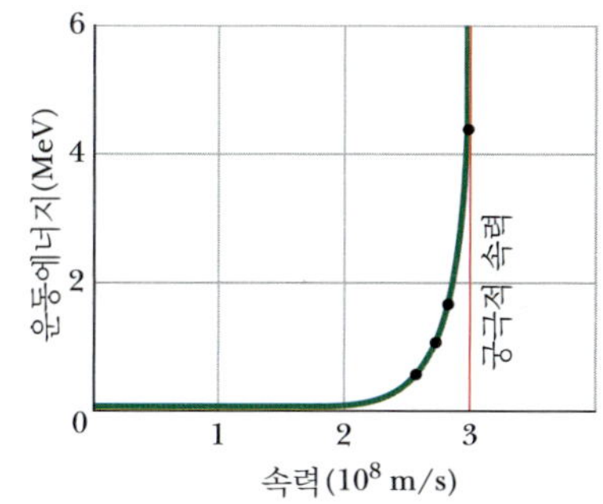

그림 37.1.2 그림의 점은 전자의 운동에너지를 전자 속력의 함수로 나타낸 것이다. 아무리 많은 에너지가 전자에(혹은 질량을 가진 다른 입자에) 가해진다 하더라도, 그 속력은 결코 궁극적 속력 c와 같아지거나 그 이상일 수 없다. (점을 통과하는 곡선은 Einstein 특수상대론의 예상값이다.)

궁극적 속력

가속되는 전자의 속력에 한계가 있다는 것은 W. Bertozzi가 1964년에 수행한 실험에서 밝혀졌다. 그는 전자를 여러 가지 다른 속력으로 가속시키면서 서로 다른 방법으로 운동에너지를 측정하였다(그림 37.1.2 참조). 그는 매우 빠른 전자에 가해지는 힘이 증가할 때, 전자의 운동에너지는 급격하게 증가하지만 속력은 별로 증가하지 않는다는 것을 발견하였다. 전자는 광속의 0.999 999 999 95배까지 가속되었다. 이 값은 광속에 가까운 것이기는 하지만 궁극적인 속력 c에는 못 미치는 것이다.

궁극적인 속력은 정확하게 다음과 같이 정의한다.

$$c = 299\,792\,458 \text{ m/s}. \tag{37.1.1}$$

주의: 이 책에서는 지금까지 c를 3.0×10^8 m/s로 근사하였지만, 이 장에서는 종종 정확한 값을 사용할 것이다. 필요할 때 쓰기 위해 각자의 계산기 메모리에 이 값을 저장하는 것이 좋겠다.

광속 불변의 가설에 대한 검증

광속이 모든 관성기준계에서 동일하다면 움직이는 광원에서 나오는 광속은 정지해 있는 광원에서 나오는 광속과 동일해야 한다. 이러한 주장은 고도의 정확도를 지닌 실험에서 직접적으로 확인되었다. 이 경우 광원은 입자가속기에서 충돌로 생성된 불안정하고 금방 붕괴되는 *중성 파이온*이었다. 이 입자는 다음과 같이 두 감마선으로 붕괴된다.

$$\pi^0 \rightarrow \gamma + \gamma. \tag{37.1.2}$$

감마선은 전자기 빛띠의 아주 높은 진동수에 해당하므로 가시광선과 마찬가지로 광속 불변의 가설을 따른다(이 장에서는 가시광선인지 아닌지에 관계없이 모든 전자기파를 빛이라고 부를 것이다).

제네바 근처에 있는 유럽 입자물리학 연구소인 CERN의 물리학자들은 1964년의 실험에서 실험실 좌표계에 대하여 0.999 75c의 속력으로 움직이는 파이온 다발을 만들어냈다. 그리고 빠르게 움직이는 광원에서 방출되는 감마선의 속력을 측정하였다. 그들은 파이입자에서 방출되는 광속이 실험실 좌표계에 대하여 정지하여 있는 파이입자에서 방출되는 광속, 즉 c와 같다는 사실을 발견하였다.

사건의 측정

사건이란 어떤 일이 일어나는 것이며, 관측자는 이 사건에 세 개의 공간좌표와 하나의 시간좌표를 부여할 수 있다. 여러 가지의 가능한 사건 중에는 (1) 조그마한 전구의 점멸, (2) 두 입자의 충돌, (3) 빛의 특정한 점 통과, (4) 폭발, (5) 초침이 시계 둘레의 어떤 점에 이르는 것 등이 있다. 어떤 관성기준계에 고정되어 있는 한 관측자는 가령 사건 A에 대하여 표 37.1.1에 주어진 좌표를 부여할 것이다. 상대론에서는 공간과 시간이 서로 얽혀 있기 때문에, 이를 합하여 *시공간*좌표로 기술할 수 있다. 좌표계 자체는 관측 기준계의 일부분이다.

표 37.1.1 사건 A의 기록

좌표	값
x	3.58 m
y	1.29 m
z	0 m
t	34.5 s

하나의 사건은 서로 다른 관성기준계에 속해 있는 여러 명의 관측자에 의해 기록될 수 있다. 일반적으로 다른 관측자는 같은 사건에 대하여 다른 시공간좌표를 부여할 것이다. 여기서 하나의 사건이 특정한 관성기준계에 속하지 않는다는 점에 주의하여야 한다. 하나의 사건은 단지 무언가가 일어난다는 것뿐이며, 어떤 기준계의 누구라도 사건을 탐지하여 시공간 좌표를 부여할 수 있다.

▸***전파 시간.*** 좌표를 부여한다는 것은 실제 문제에서는 복잡해질 수 있다. 예컨대, 오전 9시 정각에 관측자의 오른쪽 1 km 되는 곳에서 풍선이 터지고, 왼쪽 2 km 되는 곳에서 폭죽이 터졌다고 하자. 그러나 9시 정각에는 이 사건에서 출발한 빛이 아직 도착하지 않았기 때문에 9시 정각에 이를 감지할 수 없다. 폭죽에서 나오는 빛이 더 멀리 이동하여야 하기 때문에 그 빛은 터진 풍선에서 나오는 빛보다 관측자에 더 늦게 도착한다. 실제의 시간을 구분하여 두 사건에 9시 정각을 부여하려면 빛이 전파되는 시간을 계산하고 도착시간에서 이를 빼야 한다.

이러한 과정은 보다 실제적인 상황에서는 아주 귀찮은 일이 될 수 있으며, 따라서 사건에서 관측자에 이르는 전파 시간에 대한 염려를 저절로 해소시킬 수 있는 보다 쉬운 방식이 필요하다. 이를 위해서는 관측자의 관성기준계 위에 측정막대와 시계로 이루어져 있는 가상의 격자를 설치하여야 한다. (이 격자는 관측자와 함께 움직인다.) 이러한 설치가 부자연스러워 보이기는 하지만 많은 혼동과 계산을 덜어주며, 또한 다음과 같이 공간좌표, 시간좌표, 시공간좌표의 설정이 가능하다.

1. **공간좌표.** 측정막대로 빽빽이 이루어진 3차원 격자가 설치된 관측자의 좌표계를 상상할 수 있다. 각 축에 대해 평행한 막대의 집합이 하나씩 있다. 막대가 축을 따라 부여되는 좌표값을 준다. 가령 어떤 사건이 조그마한 전구가 켜지는 것이라면, 사건의 위치를 지정하기 위해서 관찰자는 전구가 위치하는 곳의 세 공간좌표를 읽기만 하면 된다.

2. **시간좌표.** 시간좌표를 위해서는 측정막대로 이루어진 격자의 각 교차점이 작은 시계를 포함하고 있다고 생각하면 된다. 관측자는 사건에서 발생하는 빛으로 시계를 읽으면 된다. 그림 37.1.3은 시계로 이루어진 정글짐 같은 계의 한 단면과 측정막대이다.

   시계 격자는 반드시 적절하게 동기화되어야 한다. 동일한 시계를 모아서 모두 같은 시간으로 맞춰 놓은 다음에 그들을 각자의 위치로 옮기는 것은 적당하지 않다. 시계를 움직이면 시간의 진행속도가 변할지도 모르기 때문이다. (사실 변하게 된다.) 반드시 시계를 제자리에 갖다 놓은 *다음에* 동기화하여야 한다.

   무한한 속력으로 신호를 보낼 수 있는 방법이 있기만 하다면 동기화는 간단한 일일 것이다. 그러나 어떠한 신호도 그렇지 않다. 이때 빛을 사용하여 동기화 신호를 보내야 한다. 왜냐하면 진공 중에서 빛은 가능한 속력의 최대값인 궁극적 속력 c로 전달되기 때문이다.

   빛 신호를 사용하여 시계 격자를 동기화할 수 있는 여러 가지 방법 중의 하나는 다음과 같다. 관측자는 각 시계마다 한 명씩 조수를 배정하여 도움을 받아야 한다. 관측자는 원점으로 선택된 지점에 서서, 원점에서의 시계가 $t = 0$일 때 빛을 보낸다. 빛이 조수의 위치에 도달하였을 때, 조수는 그곳의 시계를 $t = r/c$가 되게 맞춰 놓는다. 여기서 r은 조수와 원점 사이의 거리이다. 그러면 시계가 동기화된다.

3. **시공간좌표.** 이제 관측자는 어떤 사건에 가장 근접해 있는 시계에 나타나는 시간과 근처의 측정막대에서 측정한 위치를 기록하는 것만으로 그 사건에 시공간좌표를 부여할 수 있다. 두 사건이 있는 경우, 관측자는 그들 가까이에 위치하는 시계에서의 시간차

우리는 이 격자배열을 이용해 시공간 좌표를 부여한다.

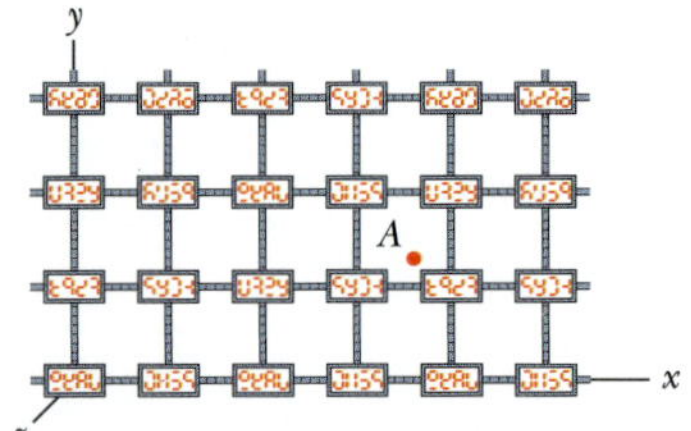

그림 37.1.3 ▸ 시계와 측정막대로 이루어진 3차원 격자의 한 단면. 격자를 이용하여 관측자는 점 A에서 빛이 반짝이는 사건에 시공간좌표를 부여할 수 있다. 그 사건의 공간좌표는 대략 $x = 3.6$ 격자 길이, $y = 1.3$ 격자 길이, $z = 0$이다. 시간좌표는 빛이 반짝이는 순간 A에 가장 인접한 시계에 나타난 시각이다.

로 시간간격을 알 수 있으며, 가까이에 위치하는 막대의 좌표값의 차이로부터 공간적 간격을 알 수 있다. 이렇게 함으로써 사건으로부터 관측자에 이르는 신호의 전파 시간을 계산하는 실제적인 문제에서 벗어날 수 있다.

▶ 동시성의 상대성

관측자 철수가 빨간 사건과 푸른 사건이라는 독립된 두 사건이 동시에 일어난 것으로 알고 있다고 하자. 철수에 대하여 일정한 속력 $\vec{v}$로 움직이는 또 다른 관측자 영희도 같은 두 사건들을 기록한다고 하자. 영희도 두 사건이 동시에 일어난 것으로 알게 될까?

일반적으로 그렇지 않다.

> 두 관측자가 상대적으로 운동하고 있다면, 일반적으로 두 사건이 동시에 일어났는지에 대한 두 관찰자의 의견은 다르다. 한 관측자가 두 사건이 동시적으로 일어났다고 한다면, 다른 관측자는 아니라고 한다.

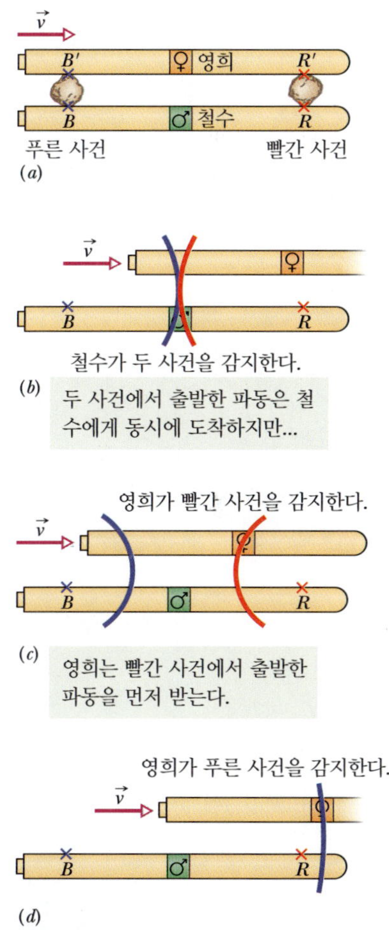

그림 37.1.4 철수와 영희의 우주비행선과 철수의 시각에서 본 사건의 발생. 영희의 우주비행 선은 속도 $\vec{v}$로 직선운동한다. (*a*) 빨간 사건은 위치 *RR*′에서, 푸른 사건은 위치 *BB*′에서 일어난다. 각 사건은 빛의 파동을 보낸다. (*b*) 철수가 빨간 사건과 푸른 사건에서 출발한 파동을 동시에 감지한다. (*c*) 영희가 빨간 사건에서 출발한 파동을 감지한다. (*d*) 영희가 푸른 사건에서 출발한 파동을 감지한다.

이때 한 관측자가 맞고 다른 관측자가 틀렸다고 말할 수 없다. 그들의 관측 결과는 동등하게 정당하며, 어느 하나를 다른 것보다 더 선호할 이유가 없다.

하나의 자연적인 사건에 대하여 두 개의 모순적인 진술이 맞을 수 있다는 것이 Einstein 이론의 외관상 기묘한 결론 중 하나이다. 그러나 17장에서 모순적인 결론에 이르지 않은 채 또 다른 방식으로 운동이 측정에 영향을 미치는 것을 논의하였다. Doppler 효과에서 관측자가 측정하는 음파의 진동수는 관측자와 음원의 상대적 운동에 따라 달라진다. 즉, 상대적으로 움직이는 두 관측자는 같은 파동에 대해 서로 다른 진동수를 측정하지만, 두 관측은 모두 옳은 것이다.

따라서 다음과 같이 결론 내릴 수 있다.

> 동시성은 관측자의 운동에 따라 달라지는 것으로서 절대적인 개념이 아니라 상대적인 개념이다.

관측자 사이의 상대속력이 광속보다 훨씬 작다면, 동시성에서 어긋나는 정도는 알아챌 수 없을 정도로 매우 작을 것이다. 일상생활은 모두 이런 경우에 해당한다. 이 때문에 동시성의 상대성이 생소한 것이다.

동시성에 대한 보다 정교한 논의

시계나 측정막대를 직접 포함시키지 않고, 상대론의 가설에 근거하여 한 문제를 살펴봄으로써 동시성의 상대성이라는 개념을 알아보자. 그림 37.1.4는 철수의 우주비행선과 영희의 우주비행선을 나타내는데, 긴 우주비행선은 관측자 철수와 영희에게 관성기준계의 역할을 한다. 두 관측자는 각자 자신의 우주비행선 중앙에 있으며, *철수*의 우주비행선은 *영희*의 우주비행선에 대해 공통의 x축을 따라 상대속력 $\vec{v}$로 멀어져 간다. 그림 37.1.4*a*는 두 관측자와 우주비행선이 나란히 정렬되어 있는 순간이다.

두 개의 큰 운석이 우주비행선들에 부딪히고, 하나는 빨간 섬광을 내고(빨간 사건) 다른 하나는 푸른 섬광을 낸다(푸른 사건)고 하자. 이때 두 사건이 반드시 동시적으로 일어날 필요는 없다. 각 사건이 두 우주비행선에 남기는 흔적의 위치는 RR'과 BB'이다.

두 사건으로부터 전파되는 파동면이 그림 37.1.4*b*처럼 철수에게 동시에 도착하였다고 하자. 또한 그런 일이 있고 나서 철수는 자신의 우주비행선에 남겨진 흔적을 관찰하고서, 두 사건이 일어났던 순간에 흔적의 위치 B와 R 사이의 중간 지점에 정확히 있었다는 것을 알게 되었다고 하자. 따라서 철수는 이렇게 말할 것이다.

철수: 푸른 사건과 빨간 사건에서 나온 빛은 나에게 동시에 도달하였다. 나는 두 광원의 중간 위치에 있었다는 사실을 우주비행선에 남은 흔적으로부터 알 수 있다. 따라서 빨간 사건과 푸른 사건은 동시적인 사건이었다.

그림 37.1.4에서 알 수 있듯이 빨간 사건에서 출발한 파동면과 영희는 서로 다가가지만 푸른 사건에서 출발한 파동면과 영희는 *같은 방향*으로 움직이고 있다. 따라서 빨간 사건에서 출발한 파동면은 푸른 사건에서 출발한 파동면보다 영희에게 *먼저* 도달한다. 이때 그녀는 이렇게 말할 것이다.

영희: 빨간 사건에서 출발한 빛은 푸른 사건에서 출발한 빛보다 나에게 먼저 도착했다. 우주비행선에 남은 흔적으로부터 나 역시 두 광원의 중간 위치에 서 있었다는 것을 알게 되었다. 따라서 두 사건은 동시적이지 않다. 빨간 사건이 먼저 일어났고 푸른 사건은 나중에 일어났다.

위의 두 보고는 서로 일치하지 않는다. 그럼에도 불구하고 두 관측자 *모두* 옳다.

주의하여야 할 점은 각 사건의 위치에서 퍼져나가는 파동면은 오직 하나뿐이라는 것과 광속 불변의 가설이 요구하는 바와 같이 *파동면은 양쪽의 기준계에서 모두 같은 속력 c로 전파된다는 것이다*.

두 운석의 충돌이 영희에게 동시적인 사건으로 보이게끔 두 우주비행선에 충돌할 수도 있다. 그러나 철수는 두 사건이 동시적이지 않다고 말할 것이다.

▶ 시간의 상대성

서로 상대적으로 움직이는 관측자가 측정한 두 사건 사이의 시간간격은 일반적으로 서로 다르다. 왜 그럴까? 사건이 공간적으로 떨어져 있으면 관측자가 측정하는 시간간격에 영향을 줄 수 있기 때문이다.

> 두 사건 사이의 시간간격은 시간과 공간 모두에서 얼마나 떨어져 있는가에 따라 결정된다. 즉, 사건의 시간적 분리와 공간적 분리는 서로 얽혀 있다.

이 절에서는 보기를 통하여 이러한 얽힘을 살펴보겠다. 다만 *두 관측자 중의 한 관측자에게는 두 사건이 동일한 장소에서 일어나는 것으로 제한한다*. 37.3단원에 가서 보다 일반적인 것을 다루겠다.

그림 37.1.5*a*는 영희가 수행하는 실험이다. 여기서 영희와 실험장치(광원, 거울 및 시계)는 기차역에 대하여 일정한 속도 $\vec{v}$로 움직이는 기차 위에 있다. 광원 B를 떠나(사건 1), 수직 위 방향으로 가다가, 거울에서 수직 아래 방향으로 반사되고, 다시 광원으로 되돌아오는 빛을 감지한다(사건 2). 영희는 두 사건 사이의 시간간격 Δt_0를 측정하는데, 이는 다음 식과 같이 광원과 거울 사이의 거리에 관련이 있다.

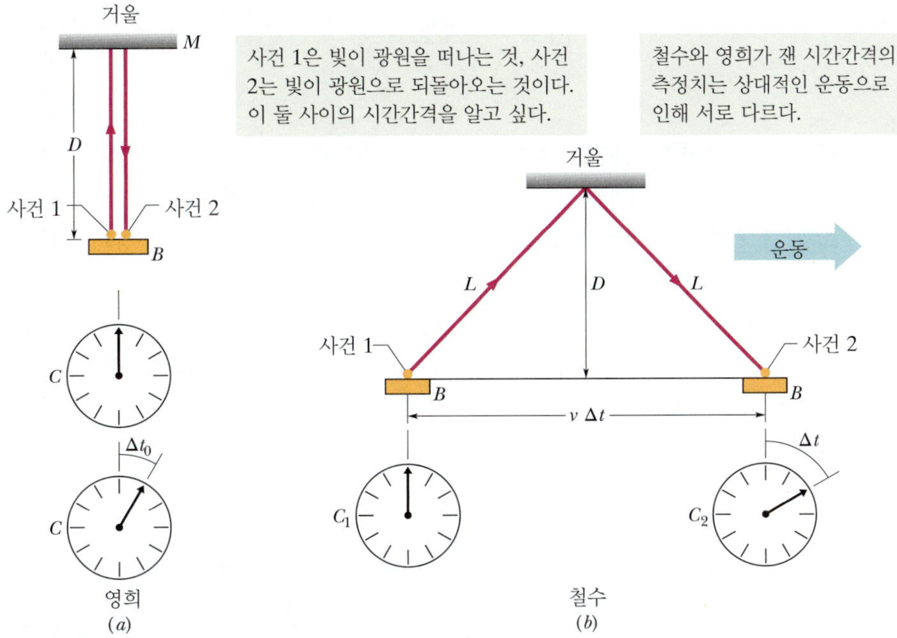

그림 37.1.5 (*a*) 기차를 타고 있는 영희는 기차 위에 있는 하나의 시계 C를 사용하여 사건 1과 사건 2 사이의 시간간격 Δt_0를 측정한다. 그 시계가 두 번 그려져 있는데 첫 번째 시계는 사건 1에 사용한 것이고 두 번째 시계는 사건 2에 사용한 것이다. (*b*) 사건이 일어나는 동안 역에서 바라보고 있는 철수가 두 사건 사이의 시간간격을 측정하려면 두 개의 동기화된 시계 C_1과 C_2가 필요하다. C_1은 사건 1에, C_2는 사건 2에 사용하며, 그가 측정한 시간간격은 Δt이다.

$$\Delta t_0 = \frac{2D}{c} \qquad (\text{영희}). \tag{37.1.3}$$

두 사건은 영희의 기준계에서 볼 때 동일한 장소에서 발생하며, 시간간격을 측정하기 위해서는 그 위치에 있는 시계 C 하나만이 필요하다. 그림 37.1.5*a*에서 시계 C는 두 번 나타나는데 이는 측정한 시간간격의 처음과 끝을 나타낸다.

이제 기차가 지나가는 역에 서 있는 철수는 동일한 두 사건을 어떻게 측정하게 되는지 살펴보자. 빛이 움직이는 동안 실험장치가 기차와 함께 움직이기 때문에 철수는 그림 37.1.5*b*에 나타난 빛의 경로를 본다. 철수의 기준계에서 두 사건은 서로 다른 장소에서 일어난다. 따라서 두 사건 사이의 시간간격을 측정하려면 두 개의 동기화된 시계 C_1과 C_2를 각 사건에 하나씩 사용하여야 한다. Einstein의 광속 불변의 가설에 따르면 빛은 영희와 철수에게 같은 속력 c로 진행한다. 그러나 빛은 사건 1과 2 사이에서 거리 $2L$만큼 이동하여야 한다. 따라서 철수가 측정하는 두 사건 사이의 시간간격은

$$\Delta t = \frac{2L}{c} \qquad (\text{철수}) \tag{37.1.4}$$

인데, 여기서

$$L = \sqrt{(\tfrac{1}{2}v\,\Delta t)^2 + D^2} \tag{37.1.5}$$

이므로, 식 37.1.3을 대입하면 다음과 같다.

$$L = \sqrt{(\tfrac{1}{2}v\,\Delta t)^2 + (\tfrac{1}{2}c\,\Delta t_0)^2}. \tag{37.1.6}$$

식 37.1.4와 37.1.6에서 L을 없애고 Δt에 관해 풀면 다음을 얻는다.

$$\Delta t = \frac{\Delta t_0}{\sqrt{1 - (v/c)^2}}. \quad (37.1.7)$$

식 37.1.7을 이용하여 철수가 측정한 두 사건 사이의 시간간격 Δt와 영희가 측정한 Δt_0를 비교할 수 있다. 이 식에서 v는 c보다 작기 때문에 분모는 언제나 1보다 작다. 따라서 Δt는 Δt_0보다 커야 한다. 즉, 철수가 측정한 두 사건 사이의 시간간격은 영희가 측정한 것보다 *크다*. 철수와 영희는 *같은* 두 사건 사이의 시간간격을 측정하지만, 그 사이의 상대적 운동 때문에 그들이 측정하는 값은 *달라진다*. 따라서 상대적 운동은 두 사건 사이에 흘러가는 시간의 속도를 변화시킬 수 있다는 결론에 도달한다. 이러한 효과는 결정적으로 두 관측자 모두에게 광속이 동일하다는 사실 때문에 일어난다.

철수와 영희가 수행한 측정을 다음과 같이 구분할 수 있다.

관성기준계 안의 동일한 장소에서 두 사건이 발생하였을 때, 그 기준계에서 측정한 사건들 사이의 시간간격을 **고유시간 간격** 또는 **고유시간**이라고 한다. 다른 관성기준계에서 측정한 두 사건의 시간간격은 항상 고유시간보다 늘어난다.

따라서 영희는 고유시간을 측정하며 철수는 더 긴 시간간격을 측정한다. 고유시간보다 시간이 늘어나는 현상을 **시간팽창**이라고 한다.

수식을 간단하게 하기 위해, 다음과 같이 식 37.1.7에서 단위가 없는 비 v/c는 **속력맺음변수** β로, 또한 식 37.1.7의 단위가 없는 제곱근의 역수를 **Lorentz 인자** γ로 쓴다.

$$\gamma = \frac{1}{\sqrt{1-\beta^2}} = \frac{1}{\sqrt{1-(v/c)^2}}. \quad (37.1.8)$$

이 식을 이용하여 식 37.1.7을 다음과 같이 쓸 수 있다.

$$\Delta t = \gamma \, \Delta t_0 \qquad \text{(시간팽창)}. \quad (37.1.9)$$

속력 맺음변수 β는 언제나 1보다 작고, v가 0이 아닌 한 Lorentz 인자 γ는 언제나 1보다 크다. 그러나 v가 $0.1c$보다 크지 않은 한 γ와 1 사이의 차이는 거의 없다. 일반적으로 v가 $0.1c$보다 작은 경우에는 '고전적인 상대론'으로도 충분하지만, v가 이보다 더 큰 경우에는 특수 상대론을 사용하여야 한다. 그림 37.1.6처럼 γ의 값은 β가 1에 접근하면서 급격히 증가한다. 따라서 철수와 영희의 상대속력이 크면 클수록 철수가 측정하는 시간간격은 더욱 더 커지게 되어, 궁극적으로 충분히 큰 속력에서는 시간간격이 "영원"하게 된다.

속력맺음변수가 1.0에 가까워지면, 즉 속력이 c에 근접하면 Lorentz 인자는 무한대에 접근한다.

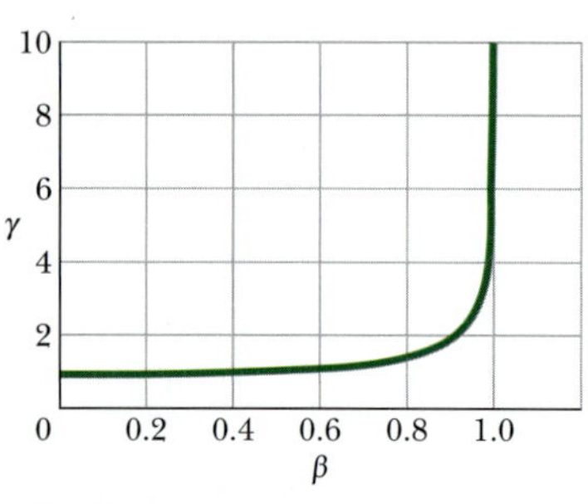

그림 37.1.6 속력맺음변수 $\beta(= v/c)$의 함수로 나타낸 Lorentz 인자.

철수가 영희보다 긴 시간간격을 측정한다는 것을 영희가 어떻게 이해할 수 있는지에 대해 의아해할 수 있다. 철수는 그의 시계 C_1과 C_2가 동기화되어 있다고 주장하지만 영희가 보기에 두 시계는 동기화되지 못한 것이기 때문에, 철수의 측정이 영희에게는 전혀 놀라운 것이 아니다. 상대운동을 하고 있는 관측자는 일반적으로 동시성에 대해 일치된 의견을 갖지 못한다는 점에 주의하여야 한다. 이 보기에서 철수는 사건 1이 일어났을 때 그의 두 시계가 동시적으로 같은 시각을 표시하였다고 주장한다. 그러나 영희에게 철수의 시계 C_2는 동기화의 과정 중에 빨리 가도록 맞춰져 있었다. 즉, 철수가 사건 2의 장소에서 사건 2의 시간을 읽을 때, 영희가 보기에는 그가 너무 큰 시간을 읽는 것이 되며, 이것 때문에 영희가 측정한 두 사건 사이의 간격보다 철수가 측정한 시간간격이 더 큰 것이다.

시간팽창에 대한 두 가지 검증

1. 미시적시계. *뮤온*이라 불리는 입자는 불안정하다. 즉, 뮤온은 만들어지고 다른 입자로 *붕괴*될 때까지 매우 짧은 시간 동안만 존재한다. 뮤온의 *수명*은 생성(사건 1)과 붕괴(사건 2) 사이의 시간간격이다. 뮤온이 정지해 있고 정지된 시계로 뮤온의 수명을 측정하면 평균 수명은 2.200 μs이다. 이때 사건 1과 사건 2는 뮤온 자신의 기준계에서 동일한 장소에서 발생하므로 이 값이 바로 고유시간이다. 고유시간을 Δt_0라고 쓰며 고유시간이 측정되는 기준계를 뮤온의 *정지계*라고 한다.

가령 뮤온이 실험실에 대하여 움직인다면, 실험실의 시계로 측정한 뮤온의 수명은 보다 긴 평균 수명을 보여야 한다. 이러한 결론을 검증하기 위하여 실험실 시계에 대하여 $0.9994c$의 속력으로 운동하는 뮤온의 수명을 측정하였다. 식 37.1.8로부터 $\beta = 0.9994$일 때, 이 속력에 대한 Lorentz 인자는

$$\gamma = \frac{1}{\sqrt{1-\beta^2}} = \frac{1}{\sqrt{1-(0.9994)^2}} = 28.87$$

이므로, 식 37.1.9로부터 팽창된 평균 수명은 다음과 같아야 한다.

$$\Delta t = \gamma\, \Delta t_0 = (28.87)(2.200\ \mu\text{s}) = 63.51\ \mu\text{s}.$$

실제로 측정한 값은 이 결과와 실험오차 범위 안에서 일치하였다.

2. 거시적 시계. J. Hafele와 R. Keating은 1971년 10월에 정말 힘든 실험을 수행하였다. 그들은 네 개의 이동 가능한 원자시계를 여객기에 싣고 각 방향으로 한 번씩 두 번 세계를 일주하였다. 그들의 목적은 "거시시계로 Einstein의 상대론을 검증하는 것"이었다. 방금 보았던 바와 같이 Einstein 이론의 시간팽창에 대한 예측이 미시적으로는 확인되었으나, 실제의 시계를 사용하여 확인된다면 대단히 마음 놓이는 일이 될 것이다. 그러한 거시적 측정은 고도로 정확한 현대의 원자시계로만 가능하다. 그들은 이론의 예측을 10%의 오차 안에서 확증하였다(시간의 진행속도가 시계에 작용하는 중력의 영향을 받는다는 Einstein의 *일반*상대론도 이 실험에 적용하였다).

몇 년 후 메릴랜드 대학의 물리학자는 보다 정확하게 비슷한 실험을 하였다. 그들은 원자시계를 싣고 체사피크 만을 15시간 동안 계속 돌면서 1% 이하의 오차로 시간팽창을 검증하는 데 성공하였다. 오늘날에는 시간의 눈금을 맞추는 등의 목적으로 원자시계를 한 지역에서 다른 지역으로 이동시킬 때 항상 운동으로 인한 시간팽창을 고려한다.

확인문제 37.1.1

기찻길 옆에 있다 보면 그림과 같이 상대론적으로 지나가는 화차에 깜작 놀라곤 한다. 이 안에서 어느 사람이 레이저를 화차의 앞에서 뒤로 쏜다. (a) 이 레이저에서 나온 빛의 속력을 밖에 서 있는 관측자가 측정한 결과는 기차 안의 사람이 측정한 속력보다 큰가, 작은가, 아니면 같은가? (b) 기차 안의 사람이 측정한 빛의 이동시간은 고유시간인가? (c) 기차 안의 사람이 측정한 이동시간과 관측자가 측정한 이동시간이 식 37.1.9와 관계가 있는가?

보기문제 37.1.1 지구로 귀환하는 우주여행자의 시간팽창

우주비행선이 상대속력 0.9990c로 지구를 스쳐간다. 우주비행선의 시간으로 10.0년 동안 여행한 후 LP13에서 멈추어 섰다가 같은 상대속력으로 여행하여 지구로 되돌아온다. 돌아오는 여행도 우주비행선 시간으로 10.0년이 걸린다. 우주비행선의 여행을 지구에서 측정한다면 왕복 여행은 얼마 걸리는가? (정지, 회전, 다시 속력을 얻는 것 등과 관련되는 가속의 효과는 무시한다.)

요점

지구 바깥쪽으로 가는 여행을 먼저 고려한다.

1. 이 문제는 두 개의 관성기준계에서 측정하는 사건과 관계가 있다. 하나는 지구에 있는 계이고 또 하나는 우주비행선에 있는 계이다.

2. 바깥쪽으로 가는 여행은 두 개의 사건을 포함한다. 하나는 지구에서 출발하는 여행의 시작이고 또 하나는 LP13에 도착하는 여행의 끝이다.

3. 바깥쪽으로 가는 여행에서 우주비행선에서 측정한 10.0년이라는 시간은 두 사건 사이의 고유시간 Δt_0이다. 왜냐하면 두 사건은 우주비행선의 기준계에서 보았을 때 같은 장소에서 일어났기 때문이다.

4. 시간팽창에 관한 식 37.1.9($\Delta t = \gamma \Delta t_0$)에 따르면 바깥쪽으로 가는 여행에서 지구에서 측정한 시간간격 Δt는 반드시 Δt_0보다 커야 한다.

풀이: 식 37.1.8과 37.1.9를 이용하면 다음을 얻는다.

$$\Delta t = \frac{\Delta t_0}{\sqrt{1-(v/c)^2}}$$

$$= \frac{10.0\text{ y}}{\sqrt{1-(0.9990c/c)^2}} = (22.37)(10.0\text{ y}) = 224\text{년}.$$

돌아오는 여행에서도 같은 상황의 같은 값을 사용하게 되므로, 왕복여행은 우주비행선의 시간으로 20년이 걸리지만, 지구에서 측정한 지구시간은 다음과 같다.

$$\Delta t_{\text{total}} = (2)(224\text{ y}) = 448\text{ 년}.$$ (답)

다시 말해 우주비행선의 승객은 20년의 나이를 먹지만 지구에서는 448년의 나이를 먹게 된다. 과거로 여행할 수는 없지만, 고속의 상대운동을 하면서 시간의 진행 속도를 조절하면 지구의 미래로 여행할 수도 있을 것이다.

보기문제 37.1.2 상대론적 입자의 시간팽창과 비행거리

양전하 케이온(K^+)이라고 알려진 기본 입자는 불안정해서 다른 입자들로 *붕괴*(또는 변환)한다. 붕괴는 마구잡이로 일어나지만 이 입자는 정지해 있을 때, 즉 케이온의 정지계에서 측정했을 때 평균 수명은 0.1237 μs이다. 이 입자가 실험실의 기준계에 대해 0.990c의 속력으로 운동한다면, 평균 수명 동안 날아갈 수 있는 거리는 *고전물리학*을 따를 때와 특수상대론을 따를 때 얼마나 달라지는가? (고전물리학은 그 속력이 c보다 훨씬 작은 경우에는 좋은 어림이지만 특수상대론은 물리적으로 가능한 모든 속력에 대하여 정확하다.)

요점

1. 케이온 관성기준계와 실험실 관성기준계에서 문제를 살펴본다.

2. 이 문제는 두 가지의 사건을 다루는데 하나는 케이온이 운동을 시작할 때(케이온이 생성된 때)이고 나머지 하나는 운동의 마지막(케이온의 수명이 끝날 때)이다.

3. 두 사건 사이에서 케이온이 이동한 거리는 케이온의 속력 v와 이동시간으로 나타낼 수 있다.

$$v = \frac{\text{거리}}{\text{시간간격}}. \tag{37.1.10}$$

이러한 요점을 염두에 두고 고전물리학과 특수상대론의 경우에 대해 각각 풀어보자.

고전물리학: 고전물리학에서 거리와 시간간격(식 37.1.12)은 케이온 계에서 측정하든 실험실 계에서 측정하든 상관없다. 따라서 측정이 행해진 계에 주의할 필요가 없다. 케이온의 운동거리는 다음과 같다.

$$d_{\text{cp}} = v\,\Delta t. \tag{37.1.11}$$

고전물리학에서 Δt는 어느 계이든 상관없이 같은 값을 갖는 두 사건 사이의 시간간격이다. 식 37.1.12에 속력 v에 0.990c와 Δt에 0.1237 μs를 대입하면 다음을 얻는다.

$$d_{cp} = (0.990c)\,\Delta t = (0.990)(299\,792\,458\text{ m/s})(0.1237\times 10^{-6}\text{ s}) = 36.7\text{ m.}$$ 답

이는 고전물리학이 c에 가까운 속력에서도 정확하다면 케이온이 운동하게 될 거리이다.

특수상대론: 특수상대론에서는 속력이 c에 가까운 경우에는 식 37.1.10의 거리와 시간간격이 모두 *같은* 기준계에서 측정하여야 한다. 따라서 *실험실 계에서 측정한* 케이온의 실제 운동거리 d_{sr}은 다음과 같다.

$$d_{sr} = v\,\Delta t. \tag{37.1.12}$$

특수상대론에서 Δt는 *실험실 계에서 측정*한 두 사건 사이의 시간간격이다.

식 37.1.12에서 d_{sr}을 계산하기 전에 Δt를 알아야 한다. 여기서 주어진 시간 0.1237 μs는 케이온 계에서 같은 장소에서 발생한 두 사건 사이의 시간간격이므로 고유시간 Δt_0이다. 따라서 실험실 계에서 측정한 시간간격 Δt를 구하려면, 시간팽창에 관한 식 37.1.9($\Delta t = \gamma\Delta t_0$)를 이용하여야 한다. 식 37.1.8과 37.1.9를 사용하여 Δt를 구하면 다음과 같다.

$$\Delta t = \frac{\Delta t_0}{\sqrt{1-(v/c)^2}} = \frac{0.1237\times 10^{-6}\text{ s}}{\sqrt{1-(0.990c/c)^2}} = 8.769\times 10^{-7}\text{ s.}$$

이는 케이온의 고유수명보다 7배 정도 길다. 즉, 실험실 계에서 케이온의 수명은 자신의 계에서의 수명보다 7배 정도 늘어난다. 실험실 계에서의 운동거리 d_{sr}을 식 37.1.12에서 구하면 다음과 같다.

$$d_{sr} = v\,\Delta t = (0.990c)\,\Delta t = (0.990)(299\,792\,458\text{ m/s})(8.769\times 10^{-7}\text{ s}) = 260\text{ m.}$$ 답

이는 d_{cp}의 7배 정도이다. 이 보기문제에서 살펴본 것과 같이 특수상대론을 증명하는 실험은 물리 실험실에서 수십 년 전부터 일상적으로 행해지고 있다. 고속으로 운동하는 입자를 사용하는 과학기구나 의료기구를 설계하거나 만들어내는 모든 공학적 과정에서는 반드시 상대론을 고려해야 한다.

▶ **교육용 비디오는 웹사이트 www.wiley.com에서 볼 수 있다.**

37.2 ▸ 길이의 상대성

요점 _Key Ideas_

1. 물체가 정지한 관성좌표계에 있는 관측자가 특정한 물체의 길이 L_0를 고유길이라고 한다. 이 길이에 평행하게 이 좌표계에 상대적으로 움직이는 계 안의 관측자는 항상 더 짧은 길이를 측정하며, 이를 길이 수축이라고 한다.
2. 계의 상대속력이 v이면 줄어든 길이 L과 고유길이 L_0 사이에는 다음의 관계가 있다.

$$L = L_0\sqrt{1-\beta^2} = \frac{L_0}{\gamma}.$$

여기서 $\beta = v/c$는 속도 맺음변수이고, $\gamma = 1/\sqrt{1-\beta^2}$는 Lorentz 인자이다.

학습목표 _Learning Objectives_

이 단원을 읽은 후 다음을 이해해야 한다.

37.2.1 시공간의 분리는 얽혀 있으므로 물체 길이를 측정하면 상대운동을 하는 두 좌표계에서 다르다.

37.2.2 측정한 길이가 고유길이가 되는 조건을 구한다.

37.2.3 한 좌표계에서 측정한 길이가 고유길이이면 이 길이에 *평행하게* 상대 운동하는 다른 좌표계에서 측정한 길이는 작다(줄어들었다).

37.2.4 줄어든 길이 L, 고유길이 L_0, 두 좌표계 사이의 상대속도 v 사이의 관계를 구한다.

▶ 길이의 상대성

정지해 있는 막대의 길이를 재고자 한다면, 정지한 긴 자를 사용하여 막대의 양 끝점의 위치를 확인하고 두 값의 차이를 구하면 된다. 그러나 막대가 움직이고 있다면 양 끝점의 위치를 (막대의 기준계에서) *동시에* 확인하여야 한다. 그렇지 않으면 측정한 값을 길이라고 할 수 없다. 그림 37.2.1은 움직이는 펭귄의 앞에서 뒤에 이르는 길이를 재고자 할 때, 펭귄의 앞과 뒤의 위치를 서로 다른 시간에 측정해서는 안 된다는 것을 보여준다. 동시성은 상대적인 것이며 길이의 측정은 동시성과 관계되기 때문에 길이는 상대적인 양이어야 하고 실제로도 그렇다.

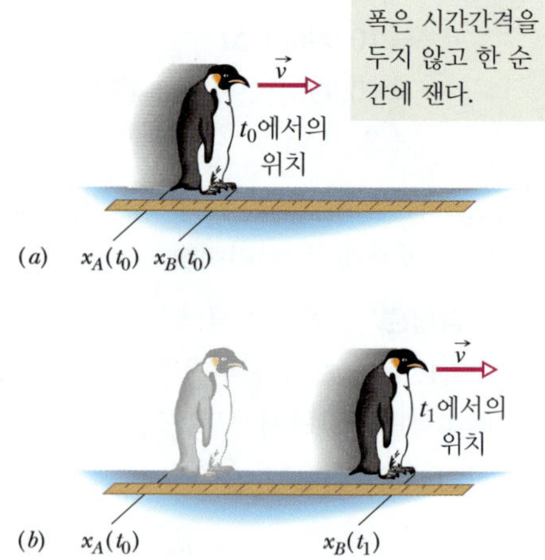

그림 37.2.1 펭귄이 움직일 때, 펭귄의 앞에서 뒤까지의 길이를 재려고 한다면, 앞과 뒤의 위치를 관측자의 기준계에서 (*b*)처럼 다른 시간에 표시하지 말고 (*a*)처럼 동시에 표시하여야 한다.

막대가 정지해 있을 때, 즉 관측자와 막대가 막대의 정지계에 같이 있을 때 측정한 막대의 길이를 L_0라고 하자. 이와는 달리 관측자와 막대가 *막대의 길이방향으로* 속력 v로 상대운동을 하고 있다면, 동시적 측정으로 얻게 될 길이는 다음과 같다.

$$L = L_0\sqrt{1-\beta^2} = \frac{L_0}{\gamma} \qquad \text{(길이수축)}. \tag{37.2.1}$$

Lorentz 인자 γ는 언제나 1보다 크기 때문에, 상대운동을 하고 있다면, L은 L_0보다 작다. 상대운동 때문에 *길이수축*이 일어나고 L은 *수축길이*이다. 속력 v가 커질수록 수축이 많이 일어난다.

물체의 정지계에서 측정한 물체의 길이 L_0를 **고유길이** 또는 **정지길이**라고 한다. 측정하고자 하는 길이의 방향과 *평행*하게 상대운동을 하는 어떤 기준계에서 길이를 측정하더라도 고유길이보다 항상 작다.

이러한 길이수축은 상대운동을 하는 방향에서만 일어난다. 또한, 측정한 길이가 반드시 막대나 원 같은 한 물체의 길이여야 하는 것은 아니다. 그 대신 같은 정지계에서 두 물체 사이의 길이(혹은 거리)일 수도 있다. 예를 들어 (서로 상대적으로 근사하여 정지 상태에 있는) 태양과 근처의 별 사이의 거리여도 된다.

과연 움직이는 물체가 *실제*로 줄어들까? 실제 관측과 측정에 근거를 둔 것이므로, 측정의 결과가 일관성이 있고 어떤 오차도 발견되지 않는다면, 관측하고 측정한 것이 실제이다. 그런 의미에서 물체는 실제로 줄어든다. 그러나 보다 정확한 표현은 물체가 줄어드는 것으로 *측정된다*는 것이다.

가령 막대의 수축된 길이를 측정한다고 할 때, 막대와 함께 움직이는 관측자는 우리의 측정에 대하여 어떻게 이야기할까? 관측자는 우리가 막대 양 끝의 위치를 동시적으로 측정하지 않는다고 볼 것이다(서로 상대적으로 움직이는 관측자는 동시성에 대해 동의하지 않는다는 것을 기억하자). 관측자가 볼 때, 우리는 막대 앞의 위치를 먼저 정하고 잠시 뒤에 막대 뒤의 위치를 정한다. 이 때문에 우리가 측정한 길이는 고유길이보다 짧아질 것이다.

식 37.2.1의 증명

길이수축은 시간팽창의 직접적인 결과이다. 두 관측자를 다시 한번 생각해 보자. 이번에는 기차역을 통과하는 열차에 타고 있는 영희와 기차역에 서 있는 철수가 탑승장의 길이를 측정하려고 한다. 철수에게 탑승장은 정지하고 있기 때문에 줄자를 사용하여 탑승장의 길이가 고유길이 L_0임을 알아낸다. 철수는 또한 기차 위의 영희가 이 거리를 $\Delta t = L_0/v$의 시간 동안 통과한다는 것을 안다. 여기서 v는 기차의 속력이므로 다음 식이 성립한다.

$$L_0 = v\,\Delta t \qquad (\text{철수}). \tag{37.2.2}$$

시간간격을 정의하는 두 사건(영희가 탑승장의 뒤쪽 끝을 통과하는 사건과 영희가 탑승장의 앞쪽 끝을 통과하는 사건)이 다른 장소에서 일어났기 때문에 시간간격 Δt는 고유시간이 아니고, 따라서 Δt를 측정하기 위하여 철수는 두 개의 동기화된 시계를 사용하여야 한다.

그러나 영희에게 플랫폼은 뒤로 움직인다. 철수가 측정한 두 사건이 영희의 기준계에서는 *같은 장소에서* 일어난다. 영희는 하나의 정지된 시계로 그 시간을 잴 수 있으므로, 그녀가 잰 시간간격 Δt_0는 고유시간이다. 따라서 영희에게 플랫폼의 길이 L은 다음과 같다.

$$L = v\,\Delta t_0 \qquad (\text{철수}). \tag{37.2.3}$$

식 37.2.3을 37.2.2로 나누고, 시간팽창에 대한 식 37.1.9를 사용하면

$$\frac{L}{L_0} = \frac{v\,\Delta t_0}{v\,\Delta t} = \frac{1}{\gamma}$$

을 얻으므로,

$$L = \frac{L_0}{\gamma} \tag{37.2.4}$$

에서 길이수축에 관한 식 37.2.1을 얻는다.

확인문제 37.2.1

그림에 우주선의 길이 방향으로 움직이는 x축 위에 정지한 같은 길이의 세 막대를 나타내었다. 그리고 우주선은 거의 광속으로 x축에 평행으로 움직이는 동안 관측자를 지나간다. (a) 관측자가 측정했을 때 길이가 큰 것부터 막대를 나열하여라. (b) 막대 2가 처음에 정지했을 때 x축과 각도 θ_0를 이룬다. 막대가 운동하면 막대의 각도를 측정하면 θ_0보다 큰가, θ_0보다 작은가, 아니면 여전히 θ_0인가?

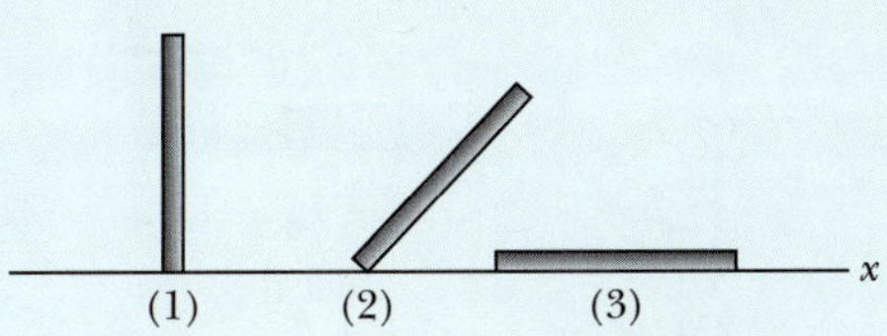

보기문제 37.2.1 각 기준계에서 본 시간팽창과 길이 수축

그림 37.2.2처럼 A에 있는 영희와 고유길이 $L_0 = 230$ m인 철수의 우주비행선이 일정한 상대속력 v로 스쳐간다. 영희는 우주비행선이 그녀를 지나가는 (즉, B의 통과에서 C의 통과까지) 시간간격을 3.57 μs로 측정한다. 영희와 우주비행선 사이의 상대속력을 광속 c로 나타내어라.

요점

속력 v는 광속 c에 가깝다고 가정하자.

1. 이 문제는 두 개의 관성기준계를 포함하고 있다. 하나는 영희에게 있는 기준계이고 또 하나는 철수와 철수의 우주비행선에 있는 기준계이다.
2. 이 문제는 두 개의 사건을 포함하고 있다. 첫 번째는 점 B가 영희를 지나가는 것(그림 37.2.2a)이고 두 번째는 점 C가 영희를 지나는 것(그림 37.2.2b)이다.
3. 둘 중 어느 한 기준계에 대해 다른 기준계는 속력 v로 지나가고 두 사건 사이에서 일정한 거리를 움직인다. 따라서

$$v = \frac{\text{거리}}{\text{시간간격}} \tag{37.2.5}$$

이다. 속력 v가 광속 c에 가깝다고 가정하였으므로 식 37.2.5에 나타난 거리와 시간간격이 *같은* 기준계에서 측정되어야 함에 유의하여야 한다. 그렇지 않으면 속력은 아무 의미가 없다.

풀이: 측정과 관련하여 어느 기준계를 사용하여도 된다. 영희의 기준계에서 측정한 두 사건 사이의 시간간격 Δt가 3.57 μs라는 것을 알고 있으므로, 그녀의 기준계에서 측정한 두 사건 사이의 거리 L을 사용하도록 하자. 그러면 식 37.2.5는 다음과 같다.

$$v = \frac{L}{\Delta t}. \tag{37.2.6}$$

L값을 모르더라도 주어진 L_0와 연관시킬 수 있다. 철수의 기준계에서 측정한 두 사건 사이의 거리는 우주비행선의 고유길이 L_0이다. 영희의 기준계에서 측정한 길이 L은 길이 수축에 관한 식 37.2.1($L = L_0/\gamma$)에 따라 L_0보다 작아야 한다. 따라서 식 37.2.6과 37.1.8을 이용하면

$$v = \frac{L_0/\gamma}{\Delta t} = \frac{L_0\sqrt{(1-(v/c)^2}}{\Delta t}$$

이고, 이 식을 v에 대해 풀면 다음을 얻는다.

$$\begin{aligned} v &= \frac{L_0 c}{\sqrt{(c\,\Delta t)^2 + L_0^2}} \\ &= \frac{(230\text{ m})c}{\sqrt{(299\,792\,458\text{ m/s})^2(3.57\times10^{-6}\text{ s})^2 + (230\text{ m})^2}} \\ &= 0.210c. \end{aligned}$$

(답)

여기서 영희와 철수의 상대적 운동만이 문제가 된다는 점에 주목하여야 한다. 영희나 철수가 가령 우주정거장에 대해 정지해 있는지의 여부와는 상관없다. 그림 37.2.2a와 37.2.2b에서 영희는 정지한 것으로 간주했지만, 우주비행선이 정지해 있고 영희가 비행선을 지나 왼쪽으로 움직인다고 보아도 된다. 사건 1은 영희와 점 B가 일치했을 때이고(그

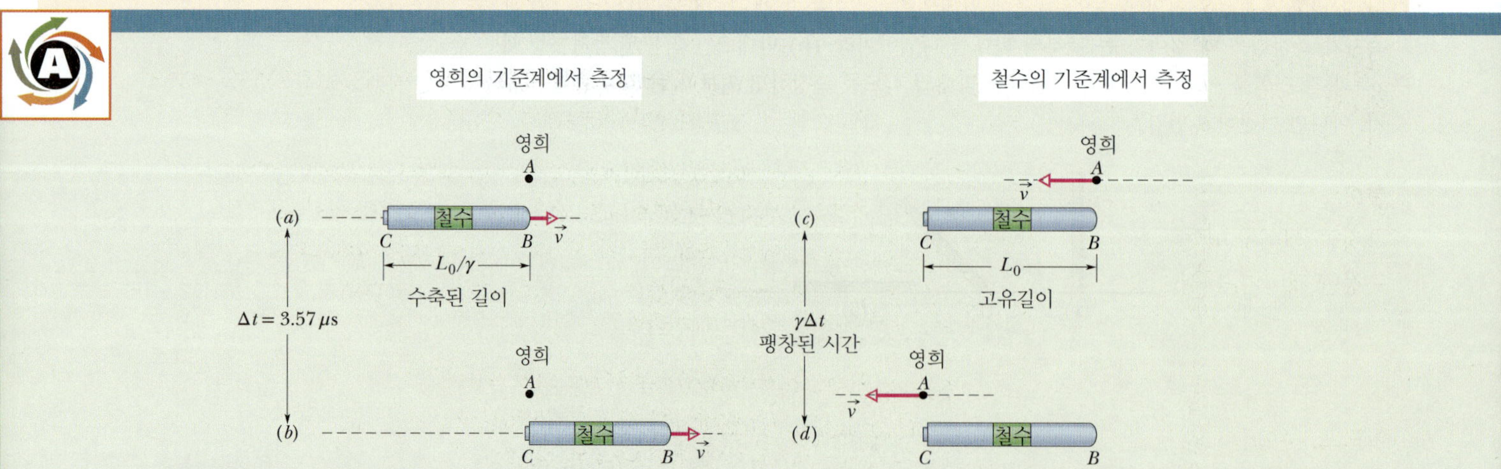

그림 37.2.2 (a)~(b) 사건 1은 점 B가 점 A에 있는 영희를 지나갈 때이고, 사건 2는 점 C가 영희를 지나갈 때이다. (c)~(d) 영희가 점 B를 지나갈 때가 사건 1이고 점 C를 지나갈 때가 사건 2이다.

림 37.2.2c) 사건 2는 영희와 점 C가 일치했을 때이다(그림 37.2.2d). 그렇지만 여기서는 철수의 측정값을 쓰고 있다. 두 사건 사이의 길이는 철수의 기준계에서 비행선의 고유길이인 L_0이고 시간간격은 영희의 측정값인 Δt가 아니고 팽창된 시간간격 $\gamma\Delta t$이다.

철수의 측정값을 식 37.2.5에 대입하면 다음의 결과를 얻는다.

$$v = \frac{L_0}{\gamma\Delta t}.$$

이것은 영희의 측정값을 이용해 얻은 것과 일치한다. 따라서 두 기준계 모두에서 같은 결과 $v = 0.210c$를 얻는데, *단 두 기준계의 측정값이 서로 뒤섞이지 않도록 유의해야 한다.*

보기문제 37.2.2 초신성 탈출에 관련된 시간팽창과 길이 수축

갑자기 폭발한 초신성 근처에 있던 우주비행선이 초신성의 폭발로 분출되는 고속의 물질을 피하여 탈출하려고 한다. 우주비행선의 Lorentz 인자 γ는 근처에 있는 별의 관성기준계에 대하여 22.4이다.

(a) 안전한 거리에 도달하기 위해서 우주비행선은 근처에 있는 별의 관성기준계에서 측정하였을 때의 거리 9.00×10^{16} m를 비행하여야 한다. 이 기준계에서 측정할 경우 얼마나 오랫동안 비행을 해야 하는가?

요점

2장에서 논의하였듯이 임의의 거리를 일정한 속력 v로 이동하는 데 걸리는 시간은 다음과 같은 속력의 정의에서 찾을 수 있다.

$$\textit{거리} = \frac{\text{거리}}{\text{시간간격}}. \tag{37.2.7}$$

별에 대한 상대적인 Lorentz 인자 γ가 22.4로 큰 값이므로 그림 37.1.6처럼 상대속력 v가 광속 c에 아주 가까우므로 아예 c로 근사할 수 있다. 즉, $v \approx c$이면 식 37.2.7에 있는 거리와 시간간격이 *같은* 기준계에서 측정한 값이다.

풀이: 주어진 비행거리(9.00×10^{16} m)는 별의 기준계에서 측정한 것이고 마찬가지로 시간간격 Δt도 같은 기준계에서 측정한 것이다. 따라서

$$\begin{pmatrix}\text{별에 대한}\\ \text{시간간격}\end{pmatrix} = \frac{(\text{별에 대한 거리})}{c}$$

이므로, 주어진 거리를 위 식에 대입하면 다음을 얻는다.

$$\begin{pmatrix}\text{별에 대한}\\ \text{시간간격}\end{pmatrix} = \frac{9.00 \times 10^{16}\ \text{m}}{299\,792\,458\ \text{m/s}}$$

$$= 3.00 \times 10^{8}\ \text{s} = 9.51\text{년}. \quad \text{(답)}$$

(b) 우주비행선의 기준계에서 여행시간은 얼마인가?

요점

1. 이제는 다른 기준계에서 측정된 시간간격을 원한다는 것이다. 따라서 자료를 별의 기준계에서 우주비행선의 기준계로 변환시켜야 한다.
2. 별의 기준계에서 측정한 여행거리 9.00×10^{16} m는 고유길이이다. 여행거리의 두 끝이 기준계에서 정지하고 있기 때문이다. 우주비행선의 기준계에서는 별의 기준계와 여행거리의 두 끝이 상대속력 $v \approx c$로 움직인다.
3. 수축된 거리 L_0/γ를 측정하는 것이지 고유길이 L_0를 측정하는 것이 아니다.

풀이: 이제 식 37.2.7을

$$(\text{시간간격}) = \frac{(\text{거리})}{\text{c}} = \frac{L_0/\gamma}{c}$$

로 쓸 수 있고, 주어진 값을 넣으면 다음과 같다.

$$(\text{시간간격}) = \frac{(9.00 \times 10^{16}\ \text{m})/22.4}{299\,792\,458\ \text{m/s}}$$

$$= 1.340 \times 10^{7}\ \text{s} = 0.425\text{년}. \quad \text{(답)}$$

(a)에서 별에 대한 기준계에서는 9.51년이 지났지만, 우주비행선의 기준계에서는 단지 0.425년만 걸린다는 것을 알게 되었고, 이는 상대적인 운동에 의한 거리의 수축에 따른 결과이다.

▶ 교육용 비디오는 웹사이트 www.wiley.com에서 볼 수 있다.

37.3 ▸ Lorentz 변환

학습목표_Learning Objectives

이 단원을 읽은 후 다음을 이해해야 한다.

37.3.1 상대운동하는 계에서 한 계의 사건 위치를 다른 계로 변환할 때 Galileo 변환식을 적용한다.

37.3.2 Galileo 변환은 느린 상대속력에 대해서는 근사적으로 맞지만, 임의의 물리적으로 가능한 속력에 대해서는 Lorentz 변환이 맞는 변환이다.

37.3.3 상대속력 v인 두 계에서 측정한 두 사건의 시공간 간격에 대해 Lorentz 변환을 적용한다.

37.3.4 Lorentz 변환으로부터 시간팽창과 길이수축에 대한 식을 유도한다.

37.3.5 Lorentz 변환으로부터 두 사건이 한 좌표계에서 동시에 일어나지만 공간적으로 떨어져 있는 경우 상대운동하는 다른 계에서는 동시일 수 없다.

요점_Key Ideas

1. Lorentz 변환식은 두 관성계 S와 S'에 있는 관측자에게 보이는 단일 사건의 시공간 좌표 사이의 관계를 맺어준다. 관성계 S'은 S에 대해 속도 v로 양의 x와 x'축으로 움직인다. 네 좌표는 다음과 같은 관계가 있다.

$$x' = \gamma(x - vt),$$
$$y' = y,$$
$$z' = z,$$
$$t' = \gamma(t - vx/c^2).$$

▸ Lorentz 변환

그림 37.3.1은 관성기준계 S에 대해 공통 수평축(x와 x'으로 표시) 양의 방향으로 상대속력 v로 움직이는 관성기준계 S'을 보여준다. S에 있는 관측자는 어떤 사건의 시공간좌표를 x, y, z, t라 하고, S'에 있는 다른 관측자는 이 사건의 시공간좌표를 x', y', z', t'이라고 한다. 이들 좌표값은 어떻게 연관될까? 운동과 수직한 y와 z 좌표는 운동에 영향을 받지 않는다고 하자(증명이 필요함). 그러면 x와 x', t와 t' 사이의 관계로 축소된다.

Galileo 변환식

Einstein이 특수상대론을 발표하기 전에는, 네 좌표가 다음과 같은 *Galileo 변환식*으로 관련된다고 생각하였다.

$$x' = x - vt, \quad t' = t \qquad \text{(Galileo 변환식: 작은 속력에서 근사적으로 맞는다.)} \qquad (37.3.1)$$

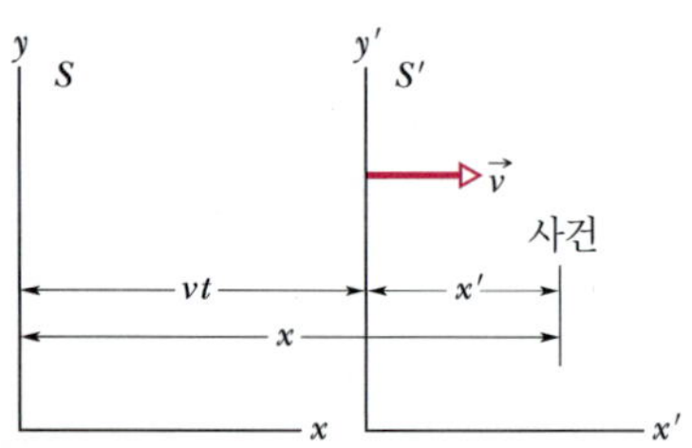

그림 37.3.1 ▸ 두 관성기준계. 계 S'은 계 S에 대해 상대속도 $\vec{v}$로 움직인다.

(이 식은 S와 S'의 원점이 일치할 때, $t = t' = 0$이라는 가정 하에 쓴 것이다.) 그림 37.3.1로 첫 번째 식을 증명할 수 있다. 두 번째 식은 양쪽의 기준계에 있는 관측자에게 시간이 같은 속도로 진행된다는 뜻이다. Einstein 이전의 과학자에게 이 식은 너무도 자명하였기 때문에 심지어는 언급되지도 않을 정도였다. 물론 속력 v가 c에 비해 매우 작을 때에는 식 37.3.1이 일반적으로 잘 성립한다.

Lorentz 변환식

식 37.3.1은 속력 v가 c보다 작을 때 성립하지만, 사실 임의의 속력에 대해서는 맞지 않고, v가 약 $0.10c$보다 커지면 틀리게 된다. 임의의 물리적으로 가능한 속력에 대해 맞는 식은 **Lorentz 변환식***또는 간단히 Lorentz 변환이라고 부른다. 이 식은 상대론의 가설로부터 유도할 수 있지만, 여기서는 그 대신 이 식을 먼저 조사하고, 이것이 동시성, 시간팽창, 길이수축과 잘 맞는다는 것을 증명하여 정당화할 것이다. 그림 37.3.1(사건 1)에서 S와 S'의 원점이 일치할 때 $t = t' = 0$이라고 가정하면 임의의 다른 사건의 시공간 좌표는 다음과 같이 쓸 수 있다.

*왜 *Einstein 변환식*이라고 부르지 않는지 (그리고 γ가 왜 *Einstein 인자*가 아닌지) 궁금할 것이다. 사실은 H. A. Lorentz가 Einstein이 발표하기 전에 이 공식을 모두 유도하였다. 그러나 그는 이 공식이 시공간의 특성을 설명하는 공식이라는 과감한 해석을 하지 못했다. Einstein이 처음 제시한 해석이 상대론의 가장 핵심적인 내용이다.

$$\begin{aligned} x' &= \gamma(x - vt), \\ y' &= y, \\ z' &= z, \\ t' &= \gamma(t - vx/c^2). \end{aligned} \qquad \text{(Lorentz 변환식: 모든 물리적으로 가능한 속력으로 맞는다.)} \tag{37.3.2}$$

공간좌표 x와 시간좌표 t가 첫 번째와 마지막 식에서 묶여서 나타나는 것에 주목하여라. 이 시공간의 얽힘이 당대의 많은 학자가 오랫동안 거부했던 Einstein의 이론이 주는 주된 내용이다.

상대론 방정식은 c가 무한대로 가는 극한에서 고전방정식이 되어야 한다는 요구조건을 만족시켜야 한다. 즉, 광속이 무한히 커지면 모든 유한한 속력은 "작은" 값이 될 것이고 고전방정식은 정확한 것이 될 것이다. 식 37.3.2에서 c를 무한대로 보내면 γ는 1에 접근하므로 기대한 대로 Galileo 변환식 37.3.2이 된다.

식 37.3.2는 주어진 x와 t에 대하여 x'과 t'을 알고자 할 때 편리한 형식으로 표현되어 있다. 그러나 다른 방식으로 표현할 수도 있는데, 이를 위해 식 37.3.2를 x와 t에 대해 풀면 다음과 같다.

$$x = \gamma(x' + vt') \quad \text{및} \quad t = \gamma(t' + vx'/c^2). \tag{37.3.3}$$

이를 비교해 보면, 식 37.3.2와 37.3.3의 어느 식에서 출발하든지 (′) 부호가 있는 변수와 없는 변수를 서로 바꾸고 상대속도 v의 부호를 바꾸면 된다는 것을 알 수 있다(예를 들어 계 S'이 그림 37.3.1에서와 같이 좌표계 S에 있는 관찰자에 대해 양의 속도로 움직인다면, 좌표계 S는 좌표계 S'에 있는 관찰자에 대해 음의 속도로 움직이는 셈이다).

첫 사건이 S와 S'의 원점이 $t = t' = 0$을 지나는 것이면 식 37.3.2로 두 번째 사건의 좌표를 구할 수 있다. 그러나 일반적으로 첫 사건을 이와 같이 지나가는 것으로 제한하고 싶지는 않다. 그러므로 Lorentz 변환을 임의의 사건 1과 2의 쌍의 S에 있는 관측자가 측정한 시공간 좌표차

$$\Delta x = x_2 - x_1 \quad \text{및} \quad \Delta t = t_2 - t_1$$

와 S'에 있는 관측자가 측정한 시공간 좌표차

$$\Delta x' = x'_2 - x'_1 \quad \text{및} \quad \Delta t' = t'_2 - t'_1$$

으로 다시 쓰도록 하자. 표 37.3.1에서는 사건의 쌍을 분석하기에 적합한 형식으로 Lorentz 변환식이 표현되어 있다. 표의 변환식은 식 37.3.2와 37.3.3의 네 변수에 대해 (Δx나 $\Delta x'$과 같은) 그 차이값을 대입함으로써 간단히 유도할 수 있다.

주의: 이러한 차이값을 대입할 때, 반드시 일관성이 있어야 하며 처음 사건에 대한 값과 두 번째 사건에 대한 값을 섞지 말아야 한다. 또한 Δx가 음수라면 대입하면서 음의 부호가 포함되는지 확인하여야 한다.

표 37.3.1 사건의 쌍에 대한 Lorentz 변환식

1. $\Delta x = \gamma(\Delta x' + v\,\Delta t')$	1′. $\Delta x' = \gamma(\Delta x - v\,\Delta t)$
2. $\Delta t = \gamma(\Delta t' + v\,\Delta x'/c^2)$	2′. $\Delta t' = \gamma(\Delta t - v\,\Delta x/c^2)$

$$\gamma = \frac{1}{\sqrt{1-(v/c)^2}} = \frac{1}{\sqrt{1-\beta^2}}$$

계 S'은 계 S에 대해 상대속도 v로 움직인다.

확인문제 37.3.1

그림 37.3.1에서 계 S'의 계 S에 대한 상대속도는 $0.90c$이다. 계 S'에 있는 관측자가 측정한 결과, 시공간좌표 (5.0 m, 20 ns)에서 노란 사건(Y)이, (−2.0 m, 45 ns)에서 초록 사건(G)이 일어난다. 계 S에 있는 관측자가 두 사건의 시간간격 $\Delta t_{GY} = t_G - t_Y$를 구하고자 한다. (a) 표 37.3.1에 있는 수식 중 어떤 것을 사용해야 하는가? (b) 수식의 오른편 괄호 안에 있는 v와 Lorentz 인자에 $+\,0.90c$와 $-0.90c$ 중 어느 것을 대입해야 하는가? 괄호 안에 있는 (c) 첫 번째와 (d) 두 번째 항에는 각각 어떤 값을 대입해야 하는가?

Lorentz 방정식의 결과

앞에서 가설에 직접적으로 근거한 논증으로 유도하였던 결론들을 표 37.3.1의 변환식을 사용하여 확인하여 보자.

동시성

표 37.3.1의 2번 식

$$\Delta t = \gamma \left(\Delta t' + \frac{v\,\Delta x'}{c^2} \right) \tag{37.3.4}$$

을 고려하자. 두 사건이 그림 37.3.1의 좌표계 S'의 서로 다른 위치에서 일어났다면 이 식의 $\Delta x'$은 0이 아니다. 그러므로 S'에서 그 사건들이 동시적이어서 $\Delta t' = 0$이라 하더라도 그 사건들은 좌표계 S에서 동시적이지 않다. (이 사실은 37.1단원의 결과와 일치한다.) S에서 사건 사이의 시간간격은 다음과 같다.

$$\Delta t = \gamma \frac{v\,\Delta x'}{c^2} \qquad (S'\text{에서 동시에 일어난 사건}).$$

따라서 공간좌표의 차이 $\Delta x'$은 시간좌표의 차이 Δt를 준다.

시간팽창

이제 두 사건이 S'의 같은 장소($\Delta x' = 0$)에서 다른 시간($\Delta t' \neq 0$)에 발생하였다고 하자. 그러면 식 37.3.4는

$$\Delta t = \gamma\,\Delta t' \qquad (S'\text{에서 같은 곳에서 일어난 사건}) \tag{37.3.5}$$

이므로, 시간이 늘어남을 확인할 수 있다. 두 사건이 S'의 같은 장소에서 일어났기 때문에 그들 사이의 시간간격 $\Delta t'$은 그곳에 위치하는 하나의 시계로 측정할 수 있다. 이러한 조건에서 측정된 시간간격은 Δt_0로 표시되는 고유시간이다. 따라서 식 37.3.5는

$$\Delta t = \gamma\,\Delta t_0 \qquad (\text{시간팽창})$$

로 쓸 수 있으며, 식 37.1.9와 정확하게 일치한다. 따라서 시간팽창은 보다 일반적인 Lorentz 변환식의 특별한 경우이다.

길이수축

표 37.3.1의 식 1′인

$$\Delta x' = \gamma(\Delta x - v\,\Delta t) \tag{37.3.6}$$

를 살펴보자. 어떤 막대가 그림 37.3.1의 x와 x'축에 평행하게 놓여 있고 기준계 S'에서 정지해 있다면, S'에 있는 관찰자는 막대의 길이를 쉽게 잴 수 있다. 즉, 막대 양 끝의 좌표값을 빼주기만 하면 된다. 이렇게 측정한 $\Delta x'$이 막대의 고유길이 L_0이다. 왜냐하면 막대가 정지한 좌표계에서 측정했기 때문이다.

그 막대가 좌표계 S에서 움직인다고 하자. 그러면 좌표계 S에서 막대 끝점의 좌표가 *동시적으로* 측정되었을 때에만, 즉 $\Delta t = 0$일 때에만 Δx가 막대의 길이가 된다. 이에 따라 식 37.3.6에서 $\Delta x' = L_0$, $\Delta x = L$, $\Delta t = 0$이라면

$$L = \frac{L_0}{\gamma} \quad \text{(길이수축)} \tag{37.3.7}$$

이므로, 길이수축에 관한 식 37.2.1과 정확히 같다. 따라서 길이단축은 보다 일반적인 Lorentz 변환식의 특별한 경우이다.

보기문제 37.3.1 Lorentz 변환과 사건 순서 뒤집기

지구의 우주비행선 한 척이 행성 P1407에 있는 기지를 점검하러 보내졌는데 행성의 달에는 적대적인 Reptulian 전투부대가 살고 있다. 우주비행선이 직선 경로로 행성을 지나고 나서 달을 통과한 후 Reptulian 부대로부터 고에너지의 마이크로파가 분출되는 것을 검출하였다. 그리고 1.10초 후에 Reptulian 부대로부터 우주비행선의 기준계에서 측정한 거리로 4.00×10^8 m 떨어진 기지에서 폭발이 일어났다. Reptulian이 명백히 기지를 침범한 것이므로 우주비행선은 그들과의 대결을 위한 준비를 시작한다.

(a) 행성과 달에 대한 우주비행선의 상대속력은 $0.980c$이다. 행성과 달의 관성기준계에서 측정된 마이크로파 분출과 폭발의 거리와 시간간격은 어떻게 되는가?

요점

1. 이 문제는 행성과 달의 기준계와 우주비행선의 기준계라는 두 기준계에서의 측정을 다루고 있다.

2. 이 문제는 서로 다른 두 사건을 다룬다. 하나는 마이크로파의 분출이고 다른 하나는 폭발이다.

3. 우주비행선 기준계에서 측정한 두 사건의 시공간 거리를 행성과 달의 기준계에서 측정한 값으로 변환시켜야 한다.

우주비행선 기준계: 이 변환을 다루기 전에 좌표계의 표시법에 유의하자. 일단 그림 37.3.2처럼 상황을 설정하자. 따라서 우주비행선의 기준계 S는 정지하여 있고 행성과 달의 기준계 S'은 양의 속도로 오른쪽으로 움직인다. (이것은 임의의 선택이다. 그 대신에 행성과 달의 기준계가 정지해있다고 할 수도 있다. 그러면 그림 37.3.2에 있는 $\vec{v}$를 기준계 S에 붙여서 왼쪽으로의 운동을 나타낸다. 따라서 v는 음의 값이다. 두 결과는 모두 같을 것이다.) 아래첨자 b와 e를 각각 두 사건, 마이크로파 분출과 기지 폭발을 나타낸다고 하자. 그러면 주어진 값은 다음과 같이 모두 기준계에서 측정한 것이다.

상대적 운동은 사건 사이의 시간간격을 변화시키고 심지어 시간 순서를 바꾸기도 한다.

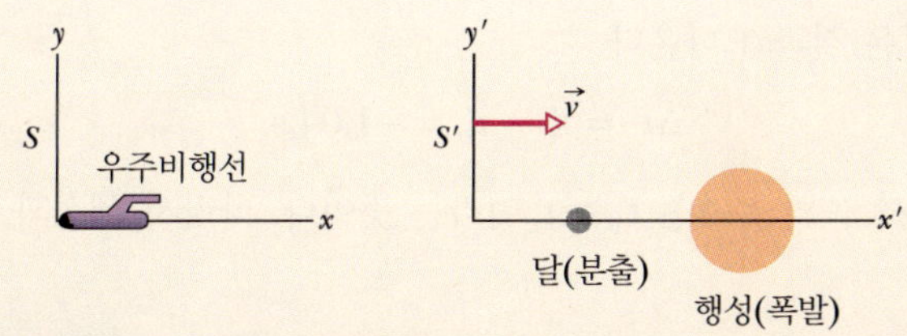

그림 37.3.2 기준계 S'의 행성과 달은 기준계 S의 우주비행선에 대해 상대속력 v로 오른쪽으로 움직인다.

$$\Delta x = x_e - x_b = +4.00 \times 10^8 \text{ m}$$

와

$$\Delta t = t_e - t_b = +1.10 \text{ s}.$$

여기서 Δx는 양수인데, 이는 그림 37.3.2에서 보듯이 좌표 x_e가 x_b보다 더 크기 때문이다. 마찬가지로 Δt도 양수인데, 이는 t_e가 t_b보다 더 크기(더 나중이기) 때문이다.

행성-달 기준계: 이제 기준계 S에서의 값을 행성과 달의 기준계 S'의 값으로 변환시켜서 $\Delta x'$과 $\Delta t'$을 구해 보자. 한 쌍에 대한 사건을 고려하므로 표 37.3.1에서 식 1′과 2′을 선택하면

$$\Delta x' = \gamma(\Delta x - v\,\Delta t) \tag{37.3.8}$$

와

$$\Delta t' = \gamma\left(\Delta t - \frac{v\,\Delta x}{c^2}\right) \tag{37.3.9}$$

이고, 여기서 $v = +0.980c$이므로, Lorentz 인자는

$$\gamma = \frac{1}{\sqrt{1-(v/c)^2}} = \frac{1}{\sqrt{1-(+0.980c/c)^2}} = 5.0252$$

이다. 따라서 식 37.3.8은

$$\Delta x' = (5.0252)[4.00 \times 10^8 \text{ m} - (+0.980\,c)(1.10 \text{ s})]$$
$$= 3.86 \times 10^8 \text{ m}$$ (답)

이고, 식 37.3.9는 다음과 같다.

$$\Delta t' = (5.0252)\left[(1.10 \text{ s}) - \frac{(+0.980c)(4.00 \times 10^8 \text{m})}{c^2}\right]$$
$$= -1.04 \text{ s}.$$ (답)

(b) $\Delta t'$이 음의 값을 갖는다는 것은 무슨 의미인가?

이유: (a)의 표현 방식을 따라야 한다. 처음에 마이크로파 분출과 폭발의 시간간격을 어떻게 정의하였는지 다시 한번 살펴보면 $\Delta t = t_e - t_b = +1.10$ s이다. 표현방식에서 모순이 없으려면 $\Delta t'$의 정의는 반드시 $t'_e - t'_b$이어야 한다. 따라서 다음과 같은 결과가 나온다.

$$\Delta t' = t'_e - t'_b = -1.04 \text{ s}.$$

여기서 음의 부호는 $t'_b > t'_e$이라는 뜻이다. 따라서 행성과 달의 기준계에서는 폭발이 일어나고 1.04 s *후에* 분출된 것으로 측정된 것이지, 우주비행선에서 관측한 폭발 *이전* 1.04 s에 측정한 것이 아니다.

(c) 분출이 폭발의 원인인가? 아니면 그 반대인가?

요점

행성-달 기준계에서 측정한 사건의 순서와 우주비행선 기준계에서 측정한 사건의 순서는 반대이다. 어느 하나의 기준계에서라도 두 사건 사이에 인과관계가 있으려면 그 정보는 반드시 한 사건에서 그 사건이 일으킨 다른 사건으로 전해져야 한다.

속력 확인: 먼저 필요한 정보의 속력을 검토해 보자. 우주비행선의 기준계에서 이 속력은 다음과 같다.

$$v_{\text{info}} = \frac{\Delta x}{\Delta t} = \frac{4.00 \times 10^8 \text{ m}}{1.10 \text{ s}} = 3.64 \times 10^8 \text{ m/s}.$$

그러나 이 속력은 광속 c를 넘기 때문에 불가능한 값이다. 행성-달 기준계에서도 3.70×10^8 m/s로 역시 불가능한 값이다. 따라서 어느 한 사건도 다른 사건을 일으키지 않았다. 즉, 둘은 서로 *관계없는* 사건이다. 우주비행선은 Reptulian 부대와 대결해서는 안 된다.

▶ **교육용 비디오는 웹사이트 www.wiley.com에서 볼 수 있다.**

37.4 ▸ 속도의 상대성

학습목표 *Learning Objectives*

이 단원을 읽은 후 다음을 이해해야 한다.

37.4.1 그림을 그려 상대운동을 하는 두 좌표계에 대해 입자의 속도를 측정하기 위한 배열을 설명한다.

37.4.2 상대운동을 하는 두 좌표계 사이의 상대론적 속도변환에 대한 관계를 구한다.

요점 *Key Ideas*

1. 입자가 관성좌표계 S'에서 양의 x' 방향으로 속력 u'으로 움직이고 있다. 좌표계 S'은 두 번째 관성좌표계 S에 대해 x 방향과 평행한 속력 v로 움직이고 있다. S에서 측정한 입자의 속력은 다음과 같다.

$$u = \frac{u' + v}{1 + u'v/c^2} \qquad \text{(상대론적 속력)}.$$

▶ 속도의 상대성

두 관측자가 움직이는 입자의 속도를 서로 다른 관성기준계 S와 S'에서 측정할 때, Lorentz 변환식을 이용하여 비교하여 보자. 이때 S'은 S에 대하여 상대속도 v로 움직인다고 하자.

그림 37.4.1의 x와 x'축에 평행하게 일정한 속도로 움직이는 입자가 움직이면서 두 신호를 보낸다고 하자. 각 관측자는 두 사건 사이의 공간간격과 시간간격을 측정한다. 이때의 네 측정값은 표 37.3.1의 식 1과 식 2에 의하여 다음과 같은 관계가 있다.

$$\Delta x = \gamma(\Delta x' + v\,\Delta t')$$

와

$$\Delta t = \gamma\left(\Delta t' + \frac{v\,\Delta x'}{c^2}\right).$$

여기서 첫 번째 식을 두 번째 식으로 나누면 다음을 얻는다.

$$\frac{\Delta x}{\Delta t} = \frac{\Delta x' + v\,\Delta t'}{\Delta t' + v\,\Delta x'/c^2}.$$

또한 오른쪽 항의 분모와 분자를 $\Delta t'$으로 나누면 다음을 얻는다.

$$\frac{\Delta x}{\Delta t} = \frac{\Delta x'/\Delta t' + v}{1 + v(\Delta x'/\Delta t')/c^2}.$$

미분극한에서 $\Delta x/\Delta t$는 S에서 측정된 입자의 속도 u이며, $\Delta x'/\Delta t'$은 S'에서 측정한 입자의 속도 u'이므로

$$u = \frac{u' + v}{1 + u'v/c^2} \quad \text{(상대론적 속도 변환)} \qquad (37.4.1)$$

과 같은 상대론적 속도 변환식이 된다(*주의*: 속도에 대한 올바른 부호를 넣어야 한다). 이 식은 $c \to \infty$ 극한에서

$$u = u' + v \quad \text{(고전적 속도 변환식)} \qquad (37.4.2)$$

인 고전적 변환식, 또는 Galileo 변환식으로 귀착된다. 다시 말해 식 37.4.1은 물리적으로 가능한 모든 속력에서 정확하지만, 식 37.4.2는 광속 c보다 훨씬 작은 속력의 영역에서만 어림잡아 정확하다.

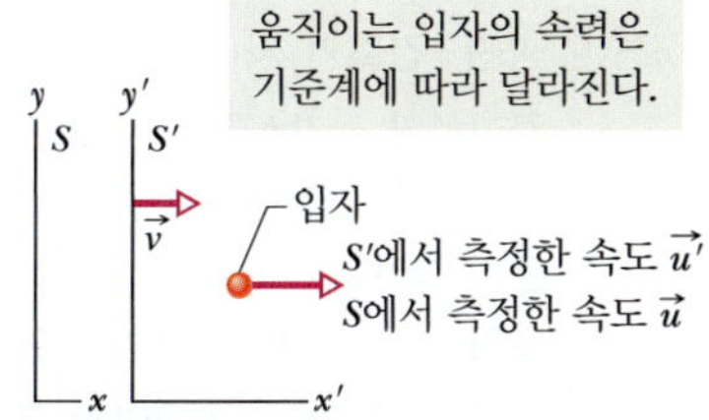

그림 37.4.1 기준계 S'이 기준계 S에 대하여 상대속도 $\vec{v}$로 움직인다. 어떤 입자가 기준계 S'에 대하여 $\vec{u}'$으로 움직이고 기준계 S에 대해서는 $\vec{u}$로 움직인다.

확인문제 37.4.1

그림에 x축을 따라 움직이는 우주선과 소행성을 나타내었다.

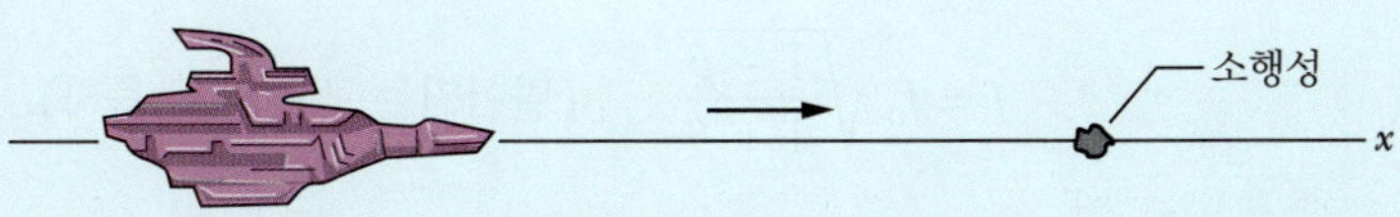

또한 한 사람이 정찰선을 타고 이 축을 따라 움직인다. 네 가지 상황에서 이 사람에 대한 우주선의 속도와 우주선에 대한 소행성의 속도는 이 순서로 (a) $+0.4c$, $+0.4c$ (b) $+0.5c$, $+0.3c$ (c) $+0.9c$, $-0.1c$ (d) $+0.3c$, $+0.5c$. 이 상황을 사람에 대한 소행성의 속도 크기를 큰 것부터 나열하여라.

37.5 ▸ 빛의 Doppler 효과

요점_Key Ideas

1. 광원과 검출기가 상대적으로 움직일 때 광원이 정지한 계에서 측정한 빛의 파장은 고유파장 λ_0이다. 관측된 파장 λ는 광원-검출기 사이의 거리가 증가하거나 감소할 때 길어지거나(적색편이) 짧아진다(청색편이).
2. 거리가 증가하면 파장은 다음의 관계가 있다.

학습목표_Learning Objectives

이 단원을 읽은 후 다음을 이해해야 한다.

37.5.1 광원이 있는 좌표계(정지계)에서 측정한 빛의 진동수는 고유진동수이다.

37.5.2 광원-검출기 사이의 간격이 증가하거나 감소할 때 검출된 진동수가 고유진동수보다 커졌는지 작아졌는지 구하고, 상대 속력이 증가함에 따라 변화의 증가를 구하고 청색변이와 적색변이라는 용어를 적용한다.

37.5.3 지름속력을 구한다.

37.5.4 광원-검출기 사이의 간격이 증가하거나 감소할 때 고유진동수 f_0, 관측진동수 f, 지름속력 v 사이의 관계를 구한다.

37.5.5 진동수 변화와 파장 변화에 대한 식을 서로 전환한다.

37.5.6 지름속력이 광속보다 매우 작을 때 파장 변화 $\Delta\lambda$, 고유파장 λ_0, 지름속력 v 사이의 관계를 구한다.

37.5.7 (소리가 아닌) 빛에 대해 광원의 속도가 광원과 검출기를 잇는 선과 수직 방향이더라도 진동수 변화가 일어나는데, 이는 시간팽창에 의한 효과이다.

37.5.8 가로 Doppler 효과에서 관측진동수 f, 고유진동수 f_0, 상대속력 v 사이의 관계를 구한다.

$$\lambda = \lambda_0 \sqrt{\frac{1+\beta}{1-\beta}} \qquad \text{(광원과 검출기가 분리될 때).}$$

여기서 $\beta = v/c$이고, v는 (광원과 검출기를 잇는 선을 따르는 방향의) 지름속력이다. 거리가 줄어들면 기호 β 앞의 부호가 바뀐다.

3. c보다 매우 작은 속력에 대해 Doppler 파장변화 $\Delta\lambda = \lambda - \lambda_0$의 크기는 근사적으로 v와 다음의 관계가 있다.

$$v = \frac{|\Delta\lambda|}{\lambda_0} c \quad (v \ll c).$$

4. 광원의 상대운동이 광원과 검출기를 잇는 직선이 수직하면 관측된 진동수 f와 고유진동수 f_0 사이에는 다음의 관계가 있다.

$$f = f_0 \sqrt{1-\beta^2}.$$

이 가로 Doppler 효과는 시간팽창에 의한 것이다.

빛의 Doppler 효과

공기 중에서 전달되는 음파의 Doppler 효과(관측진동수의 변화)는 17.7단원에서 논의하였다. 음파의 경우 Doppler 효과는 두 속도, 즉 음원의 속도와 공기에 대한 관측자의 속도에 따라 달라진다. 여기서 공기는 음파를 전달하는 매질이다. 이러한 상황은 빛에는 해당되지 않는다. 빛은 매질 없이 진공을 통하여 전파될 수 있기 때문이다. 빛의 Doppler 효과는 어느 기준계에서 측정한 것이든 상관없이 광원과 관측자 사이의 상대속도 $\vec{v}$에 의해서만 결정된다. 광원의 고유진동수, 즉 광원의 정지계에 있는 관찰자가 측정하는 **고유진동수**를 f_0라 하고, 정지계에 대해 상대속도 $\vec{v}$로 움직이는 관찰자가 감지하는 진동수를 f라고 하자. 속도 $\vec{v}$의 방향이 광원으로부터 멀어져 가는 경우, 진동수 f는 다음과 같이 주어진다.

$$f = f_0 \sqrt{\frac{1-\beta}{1+\beta}} \qquad \text{(멀어지는 광원과 관측자).} \qquad (37.5.1)$$

여기서 β는 v/c이다.

빛을 측정할 때에는 진동수보다는 보통 파장을 측정하므로 식 37.5.1에서 f를 c/λ로, f_0를 c/λ_0로 바꾸어 다시 쓰자. 여기서 λ는 **측정된 파장**이고 λ_0는 고유파장(f_0와 관련된 파장)이다. 양변에서 c를 상쇄시키면 다음을 얻는다.

$$\lambda = \lambda_0 \sqrt{\frac{1+\beta}{1-\beta}} \qquad \text{(멀어지는 광원과 관측자).} \qquad (37.5.2)$$

$\vec{v}$의 방향이 광원을 향하면 식 37.5.1과 3.5.2에서 기호 β 앞의 부호를 바꾼다.

거리가 빨리 증가할수록 (분자는 더하고 분모에서는 빼므로) 식 37.5.2를 보면 측정된 파장은 고유파장보다 길다는 것을 알 수 있다. 이와 같은 Doppler 이동은 *적색편이*라고 한다. 여기서 *적색*이란 측정된 파장이 붉거나 보인다는 의미는 아니다. 이 용어는 단지 적색은 가시광선 스펙트럼에서 *긴* 파장 쪽에 있기 때문에 기억하기 쉽도록 이름 붙인 것이다. 따라서 λ가 λ_0보다 길다. 마찬가지로 거리가 빨리 줄어들면 λ는 λ_0보다 짧고, Doppler 이동은 *청색편이*라고 한다.

느린 속력의 Doppler 효과

속력이 느린 경우($\beta \ll 1$)에, 식 37.5.1을 β에 관한 멱급수로 전개하면 근사적으로 다음과 같다.

$$f = f_0(1 - \beta + \tfrac{1}{2}\beta^2) \qquad \text{(멀어져 가는 광원과 관측자, } \beta \ll 1\text{).} \qquad (37.5.3)$$

느린 속력에서 음파의 Doppler 효과에 관한 식은 처음 두 항에서는 이 식과 같지만 세 번째 항에서는 다른 식으로 전개된다. 따라서 낮은 속력에서 상대론적 효과는 β^2항에서 처음으로 나온다.

경찰의 레이더 장치는 마이크로파 Doppler 효과를 이용하여 자동차의 속력 v를 측정한다. 레이더 장치에서 특정 진동수 f_0의 마이크로파 광선이 길을 따라서 방출된다. 이 장치를 향하는 자동차는 광선을 가로막게 되는데, 이 경우 자동차의 움직임 때문에 Doppler 효과가 있어서 진동수가 변화하게 된다. 자동차는 광선을 레이더 장치 쪽으로 반사한다. 자동차가 레이더 장치 쪽으로 움직이기 때문에 장치의 검출기는 더 변화된 진동수의 마이크로파를 검출하게 된다. 이 장치는 검출된 진동수 f와 f_0를 비교하여 자동차의 속력 v를 계산한다.

천문학적 Doppler 효과

별이나 은하, 또는 다른 광원에 대한 천문학적 관측에서는, 우리에게 도달하는 빛의 *Doppler 효과*를 측정함으로써 광원이 얼마나 빨리 접근하거나 멀어지는지를 알 수 있다. 어떤 별이 우리에 대해 상대적으로 정지해 있다면, 거기서 오는 빛은 특정한 고유진동수 f_0로 감지될 것이다. 그러나 그 별이 우리로부터 멀어지거나 가까워진다면, f_0에서 Doppler 효과만큼 이동한 진동수 f의 빛을 감지하게 된다. Doppler 효과는 우리를 향하거나 우리에게서 멀어지는 별의 운동, 즉 별의 *지름방향* 운동 때문에 생겨난다. Doppler 효과를 측정함으로써 결정되는 속력은 단지 별의 *지름방향 속력* v일 뿐이다.

어떤 별(또는 임의의 광원)이 우리로부터 멀어져가고 있고 지름방향 속력 v가 충분히 작아서(β가 충분히 작아서) 식 37.5.3의 β^2항을 무시할 수 있다면 다음을 얻는다.

$$f = f_0(1 - \beta). \qquad (37.5.4)$$

빛이 포함되는 천문학적 관측에서는 흔히 진동수보다 파장을 사용한다. 식 37.5.4를 다시 쓰면

$$\frac{c}{\lambda} = \frac{c}{\lambda_0}(1 - \beta)$$

이므로, 다음과 같다.

$$\lambda = \lambda_0(1 - \beta)^{-1}.$$

β가 작다고 가정했기 때문에 $(1 - \beta)^{-1}$을 멱급수로 전개하여 β의 1차항까지만 남기면

$$\lambda = \lambda_0(1 + \beta)$$

이므로, 다음을 얻는다.

$$\beta = \frac{\lambda - \lambda_0}{\lambda_0}. \qquad (37.5.5)$$

β를 v/c로 바꾸고 $\lambda - \lambda_0$를 $|\Delta\lambda|$로 바꾸면 다음과 같다.

$$v = \frac{|\Delta\lambda|}{\lambda_0}c \qquad (\text{광원의 지름방향 속력, } v \ll c). \qquad (37.5.6)$$

여기서 $\Delta\lambda(= |\lambda - \lambda_0|)$는 광원 *파장의 Doppler 이동*이다. 절대값 부호가 있으므로 이동의 크기만을 고려한다. 식 37.5.6은 $v \ll c$일 때만 근사식으로 사용할 수 있다. 이 조건 하에서 식 37.5.6은 광원이 우리에게 가까이 혹은 멀어져 갈 경우에 다 사용할 수 있다.

확인문제 37.5.1

오른편 그림은 한 광원이 기준계 S에서 측정하였을 때 고유진동수 f_0로 빛을 내면서 속력 $c/4$로 오른쪽으로 움직이는 것을 보여준다. 또한 그림에 하나의 빛 검출기가 있는데 이 검출기는 방출된 빛의 진동수 f가 $f>f_0$인 것으로 측정한다. (a) 검출기는 왼쪽으로 움직이는가, 아니면 오른쪽으로 움직이는가? (b) 기준계 S에서 측정된 검출기의 속도는 $c/4$보다 큰가, 작은가, 아니면 같은가?

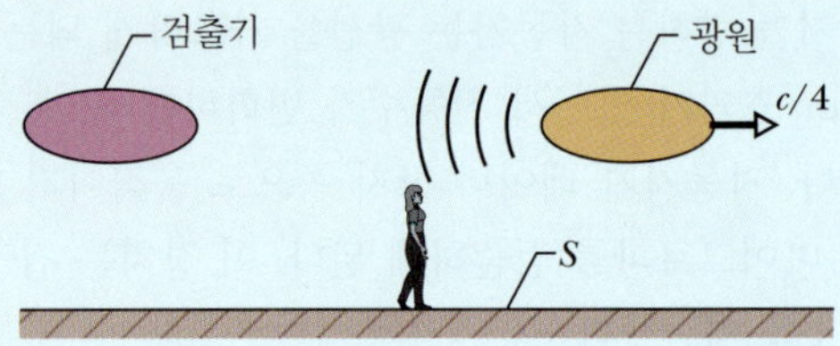

가로 Doppler 효과

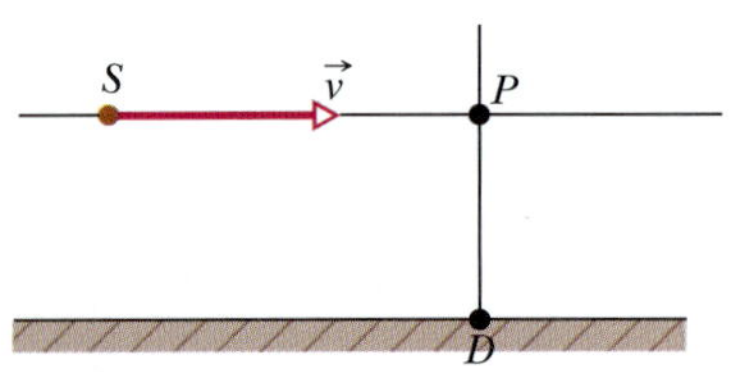

그림 37.5.1 광원 S가 D에 있는 관측자를 속도 $\vec{v}$로 지나간다. 특수상대론은 광원이 점 P를 지나가는 순간에도 가로 Doppler 효과가 있다는 것을 예측하는데, 이 지점에서 광원의 운동방향은 관측자의 위치와 광원의 위치를 잇는 선에 수직하다. 고전 이론은 이러한 효과를 예측하지 못한다.

17장을 포함하여 지금까지는 파동샘과 관측자가 똑바로 멀어지거나 가까워지는 경우만을 논의하였다. 그림 37.5.1은 파동샘 S가 관측자 D를 지나가는 다른 상황을 보여준다. S가 P에 도달하였을 때 속도는 S와 D를 잇는 직선에 수직하며, 그 순간 S는 D에서 멀어지지도 않고 가까워지지도 않는다. 파동샘이 진동수 f_0의 음파를 발산한다면, 관측자가 음원인 점 P에 보낸 음파를 받을 때에는 (Doppler 효과 없이) f_0의 진동수를 감지하게 된다. 그러나 파동샘이 빛을 보내는 경우에는 **가로 Doppler 효과**라고 하는 Doppler 효과가 존재한다. 이런 경우에 광원이 점 P에 보낸 빛의 진동수는

$$f = f_0\sqrt{1-\beta^2} \qquad (\text{가로 Doppler 효과}) \qquad (37.5.7)$$

로 관측된다.

느린 속력의 경우($\beta \ll 1$), 이를 β에 대한 멱급수로 전개하여 근사하면 다음과 같다.

$$f = f_0(1 - \tfrac{1}{2}\beta^2) \qquad (\text{작은 속력}). \qquad (37.5.8)$$

여기서 첫 항은 음파의 경우에도 예상되는 것이어서 느린 속력의 광원과 관측자에 대한 상대론적 효과는 다시 β^2항에서 나타난다.

원칙적으로는 경찰의 레이더 장치는 자동차가 레이더 광선에 수직으로 움직여도 자동차의 속력을 결정할 수 있다. 그러나 빠른 자동차에 대해서도 β는 작기 때문에 식 37.5.8에서 보듯이 상대론적인 항인 $\beta^2/2$는 가로 Doppler 효과에서는 매우 작다. 따라서 $f \approx f_0$이고 레이더 장치는 속력이 0이라고 계산할 것이다.

가로 Doppler 효과는 실제로 시간팽창에 대한 또 다른 검증이다. 식 37.5.7을 진동수가 아니라 방출되는 빛의 진동주기 T로 쓴다면, $T = 1/f$이므로 다음과 같다.

$$T = \frac{T_0}{\sqrt{1-\beta^2}} = \gamma T_0. \qquad (37.5.9)$$

여기서 T_0는 파동샘의 **고유주기**이다. 주기는 시간간격이기 때문에 식 37.1.9와 비교하면 식 37.5.9가 바로 시간팽창임을 알 수 있다.

37.6 ▸ 운동량에 대한 새로운 관점

요점_Key Ideas

1. 질량 m인 입자의 선운동량 $\vec{p}$, 운동에너지 K, 전체에너지 E에 대한 다음의 정의는 임의의 물리적으로 가능한 속력에 대해 맞는다.

$$\vec{p} = \gamma m \vec{v} \qquad \text{(운동량)},$$
$$E = mc^2 + K = \gamma mc^2 \qquad \text{(전체에너지)},$$
$$K = mc^2(\gamma - 1) \qquad \text{(운동에너지)}.$$

   여기서 γ는 입자의 운동에 대한 Lorentz 인자이고, mc^2은 물체의 질량과 관련된 *질량에너지*, 혹은 *정지에너지*이다.

2. 이 식으로부터 다음의 관계를 얻는다.

$$(pc)^2 = K^2 + 2Kmc^2$$

   과

$$E^2 = (pc)^2 + (mc^2)^2.$$

3. 입자계가 화학적 혹은 핵반응을 일으킬 때 반응의 Q는 계의 전체 질량에너지 변화에 음의 부호를 붙인 것이다.

$$Q = M_ic^2 - M_fc^2 = -\Delta M\, c^2.$$

   여기서 M_i는 반응 전 계의 전체 질량이고 M_f는 반응 후 전체 질량이다.

학습목표_Learning Objectives

이 단원을 읽은 후 다음을 이해해야 한다.

37.6.1 운동량과 운동에너지에 대한 고전적인 표현은 작은 속력에 대해 근사적으로 맞지만, 상대론적 표현은 임의의 물리적으로 가능한 속력에 대해 맞다.

37.6.2 운동량, 질량과 상대속력에 대한 관계를 구한다.

37.6.3 물체는 질량과 관련된 질량에너지(혹은 정지에너지)를 갖는다.

37.6.4 전체에너지, 정지에너지, 운동에너지, 운동량, 질량, 속력, 속력맺음변수와 Lorentz 인자 사이의 관계를 구한다.

37.6.5 운동에너지를 고전적, 상대론적으로 표현했을 때 운동에너지를 비율 v/c(속력과 광속의 비율)의 함수로 그린다.

37.6.6 외부력이 한 일과 이로 인한 운동에너지의 변화 사이의 관계를 맺는 일-운동에너지 정리를 적용한다.

37.6.7 반응에 대해서 Q 값과 질량에너지 변화 사이의 관계를 구한다.

37.6.8 반응에 대해 Q의 부호 사이의 연관관계를 구하고, 반응에 의해 에너지가 방출되는지 흡수하는지 결정한다.

▶ 운동량에 대한 새로운 관점

서로 다른 관성기준계에 있는 여러 명의 관측자가 두 입자 사이의 고립된 충돌을 측정한다고 하자. 고전역학에서는 충돌하는 입자의 속도가 다르게 관측된다 하더라도 관측자 모두는 운동량 보존법칙이 성립한다는 것을 발견한다. 즉, 그들은 입자계 전체의 운동량은 충돌 전후에 같다는 것을 알게 된다.

상대론은 이러한 상황에 어떤 영향을 미칠까? 입자의 운동량 $\vec{p}$가 질량과 속도의 곱 $m\vec{v}$로 정의된다는 것을 바꾸지 않는다면 서로 다른 기준계의 관측자에게 전체 운동량은 보존되지 *않는다*. 따라서 보존법칙을 유지하려면 운동량을 새로 정의해야 한다.

양의 x 방향으로 일정한 속력 v로 운동하는 입자를 고려해 보자. 시간 Δt 동안 입자가 Δx의 거리를 운동한다면, 고전적으로 운동량의 크기는 다음과 같다.

$$p = mv = m\frac{\Delta x}{\Delta t} \qquad \text{(고전적 운동량)}. \tag{37.6.1}$$

운동량을 상대론적으로 표현하기 위해 다음과 같이 정의하자.

$$p = m\frac{\Delta x}{\Delta t_0}.$$

앞에서와 마찬가지로 Δx는 관측자가 본 운동하는 입자의 이동거리이다. Δt_0는 그 거리를 이동하는 데 걸리는 시간이기는 하지만, 운동하는 입자를 보는 관측자가 측정한 시간이 아니라 입자와 함께 움직이는 관측자가 측정한 시간이다. 입자와 함께 움직이는 관측자에게 입자는 정지해 있으므로, 측정한 시간은 고유시간이다.

시간팽창의 공식 $\Delta t = \gamma \Delta t_0$(식 37.1.9)를 사용하면 다음과 같이 쓸 수 있다.

$$p = m\frac{\Delta x}{\Delta t_0} = m\frac{\Delta x}{\Delta t}\frac{\Delta t}{\Delta t_0} = m\frac{\Delta x}{\Delta t}\gamma.$$

여기서 $\Delta x/\Delta t$는 입자의 속도 v이므로 결국 다음과 같다.

$$p = \gamma m v \qquad \text{(운동량)}. \tag{37.6.2}$$

식 37.6.1의 고전적 정의식과 이 식의 차이는 Lorentz 인자뿐이지만 그 차이가 중요하다. 고전적 운동량과 달리 상대론적 운동량은 v가 c에 접근함에 따라 무한대의 값이 된다.

위의 정의를 벡터로 일반화하면 다음과 같다.

$$\vec{p} = \gamma m \vec{v} \qquad \text{(운동량)}. \tag{37.6.3}$$

이 식은 물리적으로 가능한 모든 속력에 대해 정확한 정의식이다. 속력이 c보다 훨씬 작은 경우, 이 식은 운동량에 대한 고전적 정의($\vec{p} = m\vec{v}$)와 같다.

에너지에 대한 새로운 관점

질량에너지

화학은 화학반응에서 에너지와 질량이 개별적으로 보존된다는 가정과 함께 발달하였다. 1905년에 Einstein은 상대론의 결과로 질량을 에너지의 다른 형태라고 생각할 수 있다는 것을 보여주었다. 결국 에너지 보존법칙은 실제로 질량-에너지 보존법칙이다.

*화학반응*에서 다른 형태의 에너지로 전환되는 질량의 크기는 총질량의 극히 작은 부분이기 때문에, 대단히 정밀한 저울로도 질량변화를 측정한다는 것이 거의 불가능하다. 질량과 에너지는 정말로 각각 개별적으로 보존되는 것처럼 *보인다*. 그러나 *핵반응*에서 방출되는 에너지는 보통 화학반응에서 방출되는 에너지의 수백만 배에 달하므로 질량의 변화를 쉽게 측정할 수 있다.

물체의 질량 m과 동등한 질량에너지 E_0는 다음과 같은 관계가 있다.

$$E_0 = mc^2. \tag{37.6.4}$$

아래첨자 0을 빼고는 역사상 가장 잘 알려진 방정식이다. 물체의 질량과 관련된 에너지를 **질량에너지** 또는 **정지에너지**라고 한다. 정지에너지란 이름은 물체가 정지하고 있는 경우에도 단지 질량 때문에 갖게 되는 에너지라는 것을 암시한다(이 책의 수준을 넘어서 물리학을 더 공부하게 되면 질량과 에너지 사이의 관계에 대해 보다 정밀한 논의를 보게 될 것이다. 심지어 이 관계식이 무엇이며 어떤 의미가 있는지에 대해 엇갈린 의견이 존재하기도 한다).

표 37.6.1은 몇 가지 물체의 질량에너지 근사값이다. 동전 하나의 질량에너지도 엄청난 것이어서 이에 상응하는 전기에너지는 그 가격이 10억 원이 넘는다. 미국이 1년 동안

표 37.6.1 몇 가지 물체의 질량에너지

물체	질량(kg)	동등한 에너지	
전자	$\approx 9.11 \times 10^{-31}$	$\approx 8.19 \times 10^{-14}$ J	($\approx$ 511 keV)
양성자	$\approx 1.67 \times 10^{-27}$	$\approx 1.50 \times 10^{-10}$ J	($\approx$ 938 MeV)
우라늄 원자	$\approx 3.95 \times 10^{-25}$	$\approx 3.55 \times 10^{-8}$ J	($\approx$ 225 GeV)
먼지	$\approx 1 \times 10^{-13}$	$\approx 1 \times 10^{4}$ J	($\approx$ 2 kcal)
1센트 동전	$\approx 3.1 \times 10^{-3}$	$\approx 2.8 \times 10^{14}$ J	($\approx$ 78 GW·h)

생산하는 전기량은 겨우 수백 킬로그램의 물질의 질량에 해당한다.

식 37.6.4를 계산할 때, SI 단위계는 그 자체가 너무 커서 잘 쓰지 않고, 다음과 같이 질량에는 원자질량단위를, 에너지에는 전자볼트를 주로 사용한다.

$$1\ \text{u} = 1.660\,538\,86 \times 10^{-27}\ \text{kg}, \tag{37.6.5}$$

$$1\ \text{eV} = 1.602\,176\,462 \times 10^{-19}\ \text{J}. \tag{37.6.6}$$

식 37.6.5와 37.6.7의 단위를 사용하면 상수 c^2을 다음과 같이 쓸 수 있다.

$$\begin{aligned} c^2 &= 9.314\,940\,13 \times 10^{8}\ \text{eV/u} = 9.314\,940\,13 \times 10^{5}\ \text{keV/u} \\ &= 931.494\,013\ \text{MeV/u}. \end{aligned} \tag{37.6.7}$$

전체에너지

식 37.6.4가 나타내는 물체의 질량에너지 E_0는 물체가 정지하든지 운동하든지 상관없이 물체의 질량 m과 직접 관련된다. 물체가 운동한다면 운동에너지 K의 형태로 에너지가 추가된다. 물체의 퍼텐셜에너지가 0이라면, 물체의 전체에너지는 다음과 같이 질량에너지와 운동에너지의 합이다.

$$E = E_0 + K = mc^2 + K. \tag{37.6.8}$$

여기서 증명을 하지는 않겠지만, 물체의 전체에너지는 물체의 운동에 대한 Lorentz 인자를 γ라 할 때 다음과 같이 주어진다.

$$E = \gamma mc^2. \tag{37.6.9}$$

7장부터 지금까지 입자나 입자계의 전체에너지가 변하는 많은 예를 다루었지만, 질량에너지의 변화는 없거나 무시할 정도로 작기 때문에 다루지 않았다. 질량에너지의 변화를 무시할 수 없는 경우에도 전체에너지 보존법칙은 그대로 성립한다. 그러므로 질량에너지에 어떤 일이 일어나든 상관없이 8.5단원에서의 다음 법칙은 그대로 성립한다.

*고립된 계*의 전체에너지는 변하지 않는다.

예를 들어 고립된 계에서 상호작용하는 두 입자의 전체 질량에너지가 감소한다면, 계의 다른 형태의 에너지가 증가하여 전체에너지가 변하지 않아야 한다.

▸***Q값.*** 화학반응이나 핵반응을 하는 계의 경우에, 반응으로 인한 전체 질량에너지의

변화량을 흔히 Q값으로 나타낸다. 즉, 반응에 대한 Q 값에 대해서는

$$(\text{계의 초기 전체 질량에너지}) = (\text{계의 최종 전체 질량에너지}) + Q$$

이므로, 다음과 같이 쓸 수 있다.

$$E_{0i} = E_{0f} + Q. \tag{37.6.10}$$

식 37.6.4($E_0 = mc^2$)를 이용하면서 초기 총질량 M_i와 최종 총질량 M_f로 다시 쓰면 다음과 같다.

$$M_i c^2 = M_f c^2 + Q,$$

즉

$$Q = M_i c^2 - M_f c^2 = -\Delta M\, c^2. \tag{37.6.11}$$

여기서 반응에 의한 질량의 변화는 $\Delta M = M_f - M_i$이다.

반응결과 질량에너지가 반응결과물의 운동에너지로 변환되었다면, 계의 전체 질량에너지 E_0(즉, 전체 질량 M)는 줄고 Q는 양이 된다. 이와 달리 반응의 운동에너지가 질량에너지로 변하는 반응이라면, 계의 전체 질량에너지 E_0(즉, 전체 질량 M)는 늘고 Q는 음이 된다.

예를 들어 두 개의 수소 핵이 *융합반응*을 거치면서 결합하여 하나의 핵을 형성하고 두 입자를 방출하는 경우를 살펴보자.

$$^1\text{H} + {}^1\text{H} \rightarrow {}^2\text{H} + e^+ + \nu.$$

여기서 ^{2}H는 (양성자뿐만 아니라 중성자가 하나 더 있는) 수소 핵이다. e^+는 양전자이고, ν는 중성미자이다. 이때 결과물인 하나의 핵과 방출된 두 입자의 전체 질량에너지는 처음 두 수소 핵의 전체 질량에너지보다 작다. 따라서 핵융합반응에서 Q 값은 양이 되어, 핵융합반응으로 에너지가 *방출*된다고 말한다. 태양에서 일어나는 수소의 핵융합은 우리에게 빛을 보내 주고 지구의 생명을 유지시켜 주는 중요한 과정의 하나이다.

운동에너지

질량이 m이고 속력이 v인 물체의 운동에너지 K를 7장에서

$$K = \tfrac{1}{2}mv^2 \tag{37.6.12}$$

으로 정의했다. 그러나 고전적인 이 식은 속력이 광속보다 극히 작은 경우에만 잘 맞는 근사식일 뿐이다.

이제 속력이 c에 근접하는 경우를 포함한 물리적으로 가능한 모든 속력에 대하여 정확한 운동에너지에 관한 표현을 구해 보자. 식 37.6.8을 K에 대해 풀고 식 37.6.9에서 E를 대입하면 다음과 같다.

$$\begin{aligned} K &= E - mc^2 = \gamma mc^2 - mc^2 \\ &= mc^2(\gamma - 1) \qquad \text{(운동에너지).} \end{aligned} \tag{37.6.13}$$

여기서 $\gamma\ (= 1/\sqrt{1-(v/c)^2})$은 물체의 운동에 대한 Lorentz 인자이다.

그림 37.6.1은 식 37.6.13의 정확한 정의와 식 37.6.12의 고전적 근사식으로 계산한

전자의 운동에너지를 나타낸 것이다. 그래프의 왼쪽 부근에서, 즉 낮은 속력에 대응하는 부분에서 두 결과는 일치한다. 즉, 식 37.6.12로 주어지는 고전적 표현을 사용하여 운동에너지를 계산하는 것이 타당하다는 것을 알 수 있다. 그러나 그래프의 오른쪽에서는 두 결과가 상당히 다르다. 속력 맺음변수 v/c가 1.0에 접근함에 따라 운동에너지의 고전적 값은 적당히 증가하는 데에 그치지만, 상대론적 정의를 따르는 값은 극단적으로 변화하여, v/c가 1.0에 접근함에 따라 무한대의 값을 갖는다. 따라서 물체의 속력이 광속에 가까워지면 식 37.6.13을 사용하여 운동에너지를 계산해야만 한다.

▸***일.*** 그림 37.6.1은 물체의 속력을 1% 증가시키기 위하여 물체에 하는 일에 대한 정보도 알려 준다. 필요한 일 W는 물체의 운동에너지의 변화 ΔK와 같다. 만일 그 변화가 그림 37.6.1의 왼쪽인 저속 영역에서 일어난다면 필요한 일이 크지 않지만, 그 변화가 그림 37.6.1의 오른쪽의 고속 영역에서 일어난다면 속력이 증가함에 따라 운동에너지 K가 급격하게 증가하기 때문에 필요한 일이 엄청나게 커지게 된다. 물체의 속력을 c로 증가시키기 위해서는 원리상 무한대의 에너지가 필요하며, 이는 불가능한 일이다.

전자나 양성자 또는 다른 기본입자의 운동에너지는 흔히 전자볼트의 단위로 나타낸다. 예를 들어 20 MeV의 운동에너지를 갖는 전자를 20 MeV 전자라고 한다.

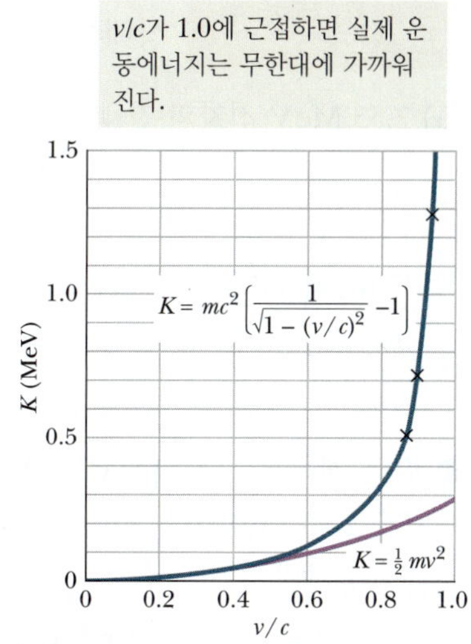

그림 37.6.1 전자의 운동에너지에 대한 고전적 식 37.6.13과 상대론적 식 37.6.12를 v/c의 함수로 나타낸 그림. 왼쪽의 저속 영역에서는 두 곡선이 일치하지만, 오른쪽 고속 영역에서는 상당히 달라진다. 그림의 × 표시는 실험값으로서, 상대론적 곡선과 잘 일치하고 고전적 곡선과는 맞지 않는다.

운동량과 운동에너지

고전역학에서 입자의 운동량 p는 mv이고 운동에너지 K는 $\frac{1}{2}mv^2$이다. 두 식에서 v를 소거하면 운동량과 운동에너지 사이에

$$p^2 = 2Km \qquad \text{(고전적)} \qquad (37.6.14)$$

이 성립한다. 한편 운동량과 운동에너지에 대한 상대론적 운동량 정의 식 37.6.2와 상대론적 운동에너지 정의 식 37.6.13에서 역시 v를 없애면

$$(pc)^2 = K^2 + 2Kmc^2 \qquad (37.6.15)$$

과 같은 상대론적 관계식을 얻는다. 식 37.6.8을 이용하여 이 식을 입자의 전체에너지 E와 운동량 p에 관해 다시 쓰면 다음과 같다.

$$E^2 = (pc)^2 + (mc^2)^2. \qquad (37.6.16)$$

그림 37.6.2의 직각삼각형이 이 관계식을 기억하는 데 도움을 줄 수 있다. 또한 삼각형에서 다음을 알 수 있다.

$$\sin\theta = \beta \quad \text{및} \quad \cos\theta = 1/\gamma. \qquad (37.6.17)$$

한편 식 37.6.16에서 pc는 에너지 E와 같은 단위를 가진다는 것을 알 수 있다. 따라서 운동량 p의 단위는 에너지를 c로 나눈 것으로 쓸 수 있다. 입자물리학에서 운동량은 흔히 MeV/c 또는 GeV/c의 단위로 나타낸다.

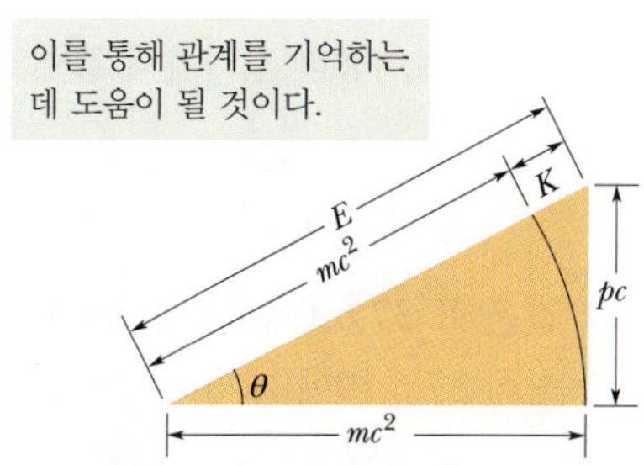

그림 37.6.2 전체에너지 E, 질량에너지 mc^2, 운동에너지 K 및 운동량 p 사이의 상대론적 관계를 보여 주는 삼각형.

➡ 확인문제 37.6.1

1 GeV 전자의 (a) 운동에너지와 (b) 전체에너지가 각각 1 GeV 양성자보다 큰가, 작은가, 아니면 같은가?

보기문제 37.6.1 상대론적 전자의 에너지와 운동량

(a) 2.53 MeV 전자의 전체에너지 E는 얼마인가?

요점

식 37.6.8에 따라 전체에너지 E는 전자의 질량에너지(또는 정지에너지) mc^2과 운동에너지의 합으로 다음과 같다.

$$E = mc^2 + K. \quad (37.6.18)$$

풀이: 문제에서 "2.53 MeV"전자라는 표현은 전자의 운동에너지가 2.53 MeV라는 뜻이다. 부록 B에 있는 전자의 질량값을 사용하면

$$mc^2 = (9.109 \times 10^{-31}\ \text{kg})(299\ 792\ 458\ \text{m/s})^2 = 8.187 \times 10^{-14}\ \text{J}$$

이므로, 이 결과를 1.602×10^{-13} J/MeV로 나누어 주면 0.511 MeV를 얻는데 이것이 전자의 질량에너지이다(표 37.6.1의 값과 일치). 따라서 식 37.6.18에 따라 다음을 얻는다.

$$E = 0.511\ \text{MeV} + 2.53\ \text{MeV} = 3.04\ \text{MeV}.$$ (답)

(b) 전자의 운동량의 크기 p는 MeV/c의 단위로 어떻게 되는가? (c는 빛의 속력을 나타내는 기호이지 그 자체가 단위는 아니다.)

요점

식 37.6.16에서 전체에너지 E와 질량에너지 mc^2으로부터 p를 구할 수 있다.

$$E^2 = (pc)^2 + (mc^2)^2.$$

풀이: 이를 pc에 대해 풀면

$$pc = \sqrt{E^2 - (mc^2)^2} = \sqrt{(3.04\ \text{MeV})^2 - (0.511\ \text{MeV})^2} = 3.00\ \text{MeV}$$

이고, 양변을 c로 나누면 다음을 얻는다.

$$p = 3.00\ \text{MeV}/c.$$ (답)

보기문제 37.6.2 에너지와 여행 시간의 놀라운 차이

우주에서 지구로 오는 우주비행선에 있는 양성자의 에너지 중 현재까지 검출된 가장 높은 운동에너지는 3.0×10^{20} eV이다(한 숟가락의 물을 몇 도 데울 수 있는 에너지이다).

(a) 지면에 있는 검출기에 대한 양성자의 Lorentz 인자 γ와 속력 v는 얼마인가?

요점

(1) 식 37.6.9($E = \gamma mc^2$)를 이용해서 양성자의 Lorentz 인자 γ와 양성자의 전체에너지 E를 연관시킨다. (2) 양성자의 전체에너지는 질량에너지 mc^2과 운동에너지 K의 합이다.

풀이: 이를 이용하면 다음과 같이 쓸 수 있다.

$$\gamma = \frac{E}{mc^2} = \frac{mc^2 + K}{mc^2} = 1 + \frac{K}{mc^2}. \quad (37.6.19)$$

그 값은 표 37.6.1에서 938 MeV이다. 이 값과 운동에너지의 값을 식 37.6.19에 대입하면 다음과 같다.

$$\gamma = 1 + \frac{3.0 \times 10^{20}\ \text{eV}}{938 \times 10^6\ \text{eV}} = 3.198 \times 10^{11} \approx 3.2 \times 10^{11}.$$ (답)

이 γ값은 너무 커서 식 37.1.8을 이용하여 v를 구하기는 어렵다. 굳이 계산기로 β값을 구하면 실질적으로 1이라는 답을 얻어서 v는 거의 c가 되지만, 그보다 좀 더 정확한 답을 구하려면 식 37.1.8을 $1 - \beta$에 대해서 풀어야 한다. 우선

$$\gamma = \frac{1}{\sqrt{1-\beta^2}} = \frac{1}{\sqrt{(1-\beta)(1+\beta)}} \approx \frac{1}{\sqrt{2(1-\beta)}}$$

로 쓸 수 있다. 여기서 β는 거의 1이므로 $1 + \beta$를 2로 놓았다. (서로 매우 가까운 두 수를 더한 뒤 반올림할 수 있지만 빼서 반올림할 수는 없다.) 구하고자 하는 속도는 $1 - \beta$항에 있다. 위 식을 $1 - \beta$에 대하여 풀면

$$1 - \beta = \frac{1}{2\gamma^2} = \frac{1}{(2)(3.198 \times 10^{11})^2} = 4.9 \times 10^{-24} \approx 5 \times 10^{-24}$$

이므로,

$$\beta = 1 - 5 \times 10^{-24}$$

이고, $v = \beta c$임을 이용하면 결국 다음을 얻는다.

$$v \approx 0.999\ 999\ 999\ 999\ 999\ 999\ 999\ 995c.$$ (답)

(b) 양성자가 우리 은하의 지름(9.8×10^4광년)을 가로지르는

다고 가정하자. 지구와 은하의 기준계에서 볼 때 가로지르는 데 걸리는 시간은 대략 얼마인가?

이유: 지극히 상대론적으로 운동하는 양성자는 거의 광속 c로 운동한다는 것을 위에서 알 수 있었다. 한편 1광년의 정의는 빛이 1년 동안 가는 거리이므로 빛이 9.8×10^4광년을 여행하는 데에는 9.8×10^4년이 필요하다. 양성자도 거의 비슷한 시간이 거릴 것이다. 그러므로 지구와 은하의 기준계에서 볼 때 양성자가 여행하는 데 걸리는 시간은 다음과 같다.

$$\Delta t = 9.8 \times 10^4 \text{ y}.$$ (답)

(c) 양성자의 기준계에서 볼 때 이 여행은 얼마나 걸리는가?

요점

1. 이 문제는 두 관성기준계에서 측정된 양을 포함하고 있다. 하나는 지구-은하 기준계이고 다른 하나는 양성자에 붙은 기준계이다.
2. 이 문제는 두 사건을 포함하고 있다. 하나는 양성자가 은하의 지름 한쪽 끝을 지나가는 것이고 두 번째는 양성자가 지름의 다른 반대쪽 끝을 지나가는 것이다.
3. 양성자의 기준계에서 본 두 사건의 시간간격은 고유시간 간격 Δt_0이다. 왜냐하면 사건이 이 기준계의 같은 장소(양성자 자신의 위치)에서 일어났기 때문이다.
4. 식 37.1.9($\Delta t = \gamma \Delta t_0$)의 시간팽창에 대한 공식에 따르면 지구-은하 기준계에서 측정된 시간간격 Δt를 이용하여 고유시간 Δt_0를 구할 수 있다. (이 식을 쓸 수 있는 것은 시간 측정값 중 하나가 고유시간이기 때문이다. Lorentz 변환을 써도 같은 식을 얻을 수 있다.)

풀이: 식 37.1.9를 Δt_0에 대하여 풀고 (a)와 (b)에서 구한 γ와 Δt를 대입하면 다음을 얻는다.

$$\Delta t_0 = \frac{\Delta t}{\gamma} = \frac{9.8 \times 10^4 \text{ y}}{3.198 \times 10^{11}} = 3.06 \times 10^{-7} \text{ y} = 9.7 \text{ s}.$$ (답)

우리의 기준계에서는 98 000년이 걸리지만 양성자의 기준계에서는 9.7초밖에 안 걸린다. 이 장의 처음에서 언급하였듯이 상대적인 운동은 시간의 빠르기를 바꿀 수 있고 그러한 극단적인 한 예를 여기서 살펴보았다.

▶ **교육용 비디오는 웹사이트 www.wiley.com에서 볼 수 있다.**

정리 및 요약 _Review & Summary

▸***가설*** Einstein의 **특수 상대성이론**은 두 가지의 가설에 바탕을 두고 있다.

1. 물리법칙은 관성기준계에 있는 모든 관측자에게 동일하다. 특별히 선호할 만한 좌표계는 없다.
2. 진공에서 광속은 모든 관성기준계에서 모든 방향에 대하여 동일한 c이다.

진공에서의 광속 c는 궁극적인 속도로서 에너지나 정보를 지닌 그 어떠한 것도 광속을 초과할 수 없다.

▸***사건의 좌표*** 세 개의 공간좌표와 하나의 시간축이 한 사건의 좌표를 결정한다. 특수상대론에서 한 가지 과제는 서로 일정한 운동을 하는 두 관찰자에 의해 정해진 좌표를 서로 연결시키는 것이다.

▸***동시에 일어난 사건*** 만일 두 관측자가 서로 상대적으로 운동을 하고 있으면 임의의 두 사건이 동시에 일어났는지 아닌지에 대하여 일치할 수 없다. 한 관측자가 다른 두 장소에 있는 두 사건이 동시에 일어났다고 하면 다른 관측자는 그렇지 않다고 할 것이다. 동시성은 절대적인 개념이 아니라 관측자의 운동에 의존하는 개념이다. 이 동시성의 상대성은 바로 광속 c가 유한하기 때문에 생기는 결과이다.

▸***시간팽창*** 한 관성기준계에서 두 연속적인 사건이 같은 장소에서 일어난다면 하나의 시계로 측정한 두 사건의 시간간격 Δt_0는 두 사건 사이의 **고유시간**이다. *이 관성기준계에 대해 상대적인 운동을 하는 기준계에서는 더 큰 시간간격을 측정할 것이다.* 상대속도 v로 움직이는 관측자에게 측정된 시간간격은 다음과 같다.

$$\Delta t = \frac{\Delta t_0}{\sqrt{1-(v/c)^2}} = \frac{\Delta t_0}{\sqrt{1-\beta^2}} = \gamma\, \Delta t_0 \quad \text{(시간팽창)}. \qquad (37.1.7\text{~}37.1.9)$$

여기서 $\beta = v/c$로서 **속력 맺음변수**이고 $\gamma = 1/\sqrt{1-\beta^2}$은 **Lorentz 인자**이다. 시간팽창의 중요한 결과는 정지한 관측자가 움직이는 시계를 측정하면 시계가 느리게 간다는 것이다.

▸***길이수축*** 정지해 있는 기준계에 있는 관측자가 측정한 물체의 길이

L_0를 **고유길이**라고 부른다. *이 기준계에 대하여 길이 방향으로 상대적으로 움직이는 관측자에게는 길이가 짧은 것으로 측정된다.* 상대속력 v로 움직이는 관측자가 측정하는 길이는 다음과 같다.

$$L = L_0\sqrt{1-\beta^2} = \frac{L_0}{\gamma} \quad \text{(길이수축)}. \qquad (37.2.1)$$

▸**Lorentz 변환** *Lorentz 변환*은 서로 다른 두 관성기준계 S와 S'이 속도 v로 양의 x와 x' 방향으로 각각 움직일 때 두 기준계에 있는 관측자들이 본 하나의 사건에 대한 시공간좌표의 변환에 관한 수식이다. 네 좌표 사이에는 다음과 같은 관계가 있다.

$$\begin{aligned} x' &= \gamma(x - vt), \\ y' &= y, \\ z' &= z, \\ t' &= \gamma(t - vx/c^2). \end{aligned} \qquad (37.3.2)$$

▸**속도의 상대성** 관성기준계 S'에서 어떤 입자가 속력 u'으로 양의 x' 방향으로 운동하고 있고, 이 기준계가 두 번째 기준계 S에서 볼 때 x'축 방향으로 속력 v를 가지고 움직인다고 하자. 그러면 S에서 측정된 입자의 속력는 다음과 같다.

$$u = \frac{u' + v}{1 + u'v/c^2} \quad \text{(상대론적 속도)}. \qquad (37.4.1)$$

▸**상대론적 Doppler 효과** 광원과 검출기가 서로 다가올 때 광원이 정지한 계에서 측정한 빛의 파장은 *고유파장* λ_0이다. 검출된 파장 λ는 광원-검출기 거리가 증가하느냐, 감소하느냐에 따라 길어지거나(*적색편이*) 짧아진다(*청색편이*). 거리가 멀어지면 파장은 다음과 같이 주어진다.

$$\lambda = \lambda_0\sqrt{\frac{1+\beta}{1-\beta}} \quad \text{(광원과 검출기 사이가 멀어질 때)}. \qquad (37.5.2)$$

여기서 $\beta = v/c$이고, v는 (광원과 검출기를 잇는 직선을 따르는) 상대 지름속력이다. 이 거리가 감소하면 기호 β 앞의 부호가 바뀐다. c보다 훨씬 작은 속력에 대해서 Doppler 파장 이동($\Delta\lambda = \lambda - \lambda_0$)은 근사하여 v와 다음의 관계가 있다.

$$v = \frac{|\Delta\lambda|}{\lambda_0}c \quad (v \ll c). \qquad (37.5.6)$$

▸**가로 Doppler 효과** 광원의 상대적인 운동방향이 광원과 관측자를 연결하는 선과 수직이라면 측정된 진동수 f와 고유진동수 f_0 사이에는 다음의 관계가 있다.

$$f = f_0\sqrt{1-\beta^2}. \qquad (37.5.7)$$

▸**운동량과 에너지** 다음과 같이 정의된 선운동량, 운동에너지, 그리고 전체에너지는 질량이 m인 입자의 물리적으로 가능한 모든 속력에서 유효하다.

$$\vec{p} = \gamma m\vec{v} \quad \text{(운동량)}, \qquad (37.6.3)$$

$$E = mc^2 + K = \gamma mc^2 \quad \text{(전체에너지)}, \qquad (37.6.8,\ 37.6.9)$$

$$K = mc^2(\gamma - 1) \quad \text{(운동에너지)}. \qquad (37.6.13)$$

여기서 γ는 입자의 운동에 의한 Lorentz 인자이고, mc^2은 *질량에너지* 혹은 *정지에너지*라고 부른다. 위의 식으로부터 다음을 얻는다.

$$(pc)^2 = K^2 + 2Kmc^2, \qquad (37.6.15)$$

$$E^2 = (pc)^2 + (mc^2)^2. \qquad (37.6.16)$$

하나의 계를 이루는 입자가 화학반응 또는 핵반응을 일으키면 반응의 Q값은 전체 질량에너지 변화의 음의 값으로서 다음과 같다.

$$Q = M_ic^2 - M_fc^2 = -\Delta M\, c^2. \qquad (37.6.11)$$

여기서 M_i는 반응 전 계의 전체질량이고 M_f는 반응 후 계의 전체 질량이다.

연습문제 _Problems

E Easy M Medium H Hard CALC Requires calculus BIO Biomedical application

1 M 아스피린 한 알의 질량은 320 mg이다. 이 질량에 해당되는 에너지로 자동차는 몇 킬로미터를 주행할 수 있는가? 자동차의 연비는 15.00 km/L이고, 이 자동차에서 사용하는 휘발유의 연소열은 3.65×10^7 J/L로 가정한다.

2 *시간은 짧다.* 거의 광속으로 이동할 수 있는 우주선의 선장을 생각하자. 그림 37.1에 있는 모항에서 시작하여 먼 기지까지 여행시간을 최소화하는 경로를 선택해야 한다. 지도에는 그 지역을 지배하는 외계인과 협상한 허용된 경로를 나타내고, 각 갈래점 사이의 경로는 이 경로를 따라 사용하는 Lorentz 인자 γ로 표시하였다. 갈래점의 정지좌표계에서 이웃한 갈래점은 거리 L이나 $2L$ 만큼 떨어져 있다. γ가 변할 때 가속에 필요한 시간은 고려하지 않는다. (a) 먼저 Lorentz 인자 γ로 이동할 때 지도 위의 거리 L은 어떤 거리로 측정하는가? (b) 이 여행에 필요한 측정 시간은 얼마인가? (*힌트*: 주어진 임의의 Lorentz 인자에 대해 우주선은 이 거리를 거의 광속으로 지난다.) 다음 질문에서는 여행시간을 L/c의 배수로 유효숫자 네 자리까지 구하여라. (c) 합류점 U에서 시작하여 여행시간을 최소화하려면 다음 세 합류점은 무엇이어야 하고, 이때 여행시간은 얼마인가? (d) 여행시간을 최소화하기 위한 다음 두 합류점은 무엇이고, 여행시간은 얼마인가? (e) 여행시간을 최소화하기 위한 다음 다섯 개의 합류점은 무엇이어야 하고

E(먼 기지)에 도착하면 이때 시간은 얼마인가? (f) 전체 여행시간은 얼마인가?

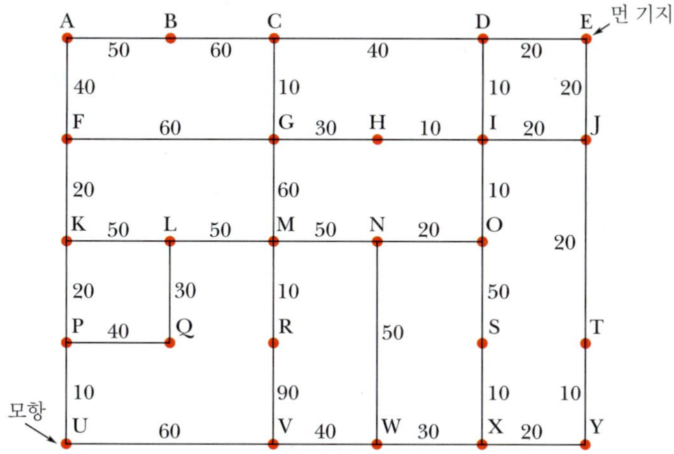

그림 37.1 연습문제 2

3 M (a) $K = 3.00\ E_0$, (b) $E = 3.00\ E_0$일 때, 입자의 β 값은 얼마인가?

4. *초광속 분출*. 그림 37.2*a*는 한 은하에서 방출되는 이온화된 기체 덩어리의 경로이다. 이온기체 덩어리는 지구 방향과 θ의 각도를 이루는 일정한 속도 $\vec{v}$로 움직이며 가끔 방출하는 섬광을 지구에서 관측한다. 그림 37.2*a*에는 두 개의 섬광이 나타나고, 섬광 근처의 정지기준계에서 측정하는 두 섬광의 시간 간격은 t이다. 섬광은 그림 37.2*b*에서도 나타나는데 여기서는 섬광 1이 지구에 먼저 도착하고 섬광 2가 나중에 도착하여 두 섬광이 한 필름에 찍혔을 때이다. 두 섬광 사이에 이온 기체 덩어리가 비행한 겉보기 간격 D_{app}은 지구의 관찰자가 보는 이온 기체 덩어리의 비행거리이다. 따라서 이온 기체 덩어리의 겉보기 속력은 $V_{app} = D_{app}/T_{app}$이다. (a) D_{app}과 (b) T_{app}을 v, t, θ의 함수로 나타내어라. (c) $v = 0.980c$이고 $\theta = 30.0°$일 경우 V_{app}을 구하여라. (빛보다 빠른) 초광속 분출이 처음으로 발견되었을 때 정확한 기하학적 배열을(그림 37.2*a*) 이해하기 전까지는 특수 상대성이론을 따르지 않는 것처럼 보였다.

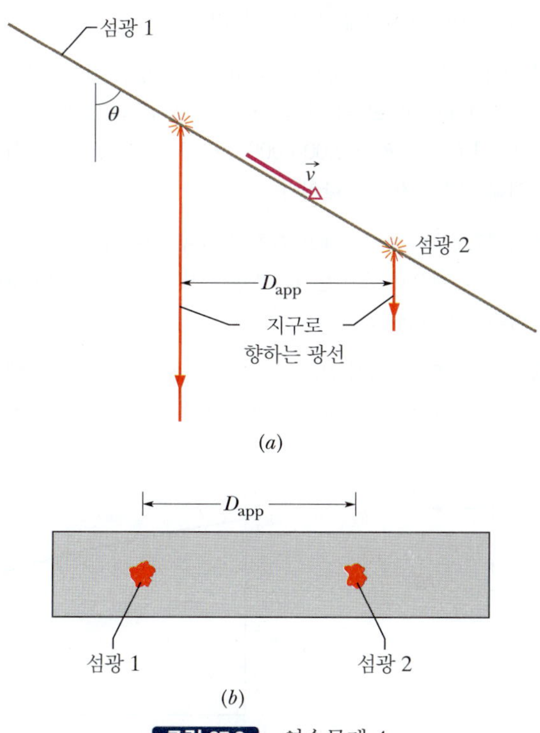

그림 37.2 연습문제 4

5 M CALC 퀘이사는 초기 생성 과정에 있는 활발한 은하의 핵을 이루는 것으로 여기고 있다. 전형적인 퀘이사는 에너지를 10^{41} W의 비율로 방출한다. 이러한 에너지를 방출하기 위하여 퀘이사의 질량은 단위시간당 얼마나 줄어드는가? 결과를 태양질량/년의 단위로 나타내어라. 태양질량 단위는($1\ \text{smu} = 2.0 \times 10^{30}$ kg) 태양의 질량이다.

6. *차고 안의 자동차 문제*. 철수는 고유길이가 $L_c = 30.5$ m나 되는 전 세계에서 가장 긴 리무진을 구입하였다. 그림 37.3*a*는 리무진이 고유길이 $L_g = 6.00$ m의 차고 앞에 주차되어 있는 모습이다. 차고는 (열린 것으로 나타낸) 앞문과 (닫힌 것으로 나타낸) 뒷문이 있다. 리무진은 당연히 차고보다 길다. 그러나 차고를 소유하고 있는 영희는 상대론적 길이 수축에 대해 알고 있어서 철수에게 리무진을 차고 안에 넣고 문을 닫을 수 있을 거라고 내기를 건다. 철수는 상대론까지 배우기 전에 물리 과목을 취소했기 때문에 그러한 일은 원리적으로도 불가능하다고 말한다.

영희의 계획을 분석하기 위하여 리무진의 뒤 범퍼 쪽이 $x_c = 0$인 x_c 축을 정하고, 차고에는 지금은 열려 있는 앞쪽 문이 $x_g = 0$인 x_g 축을 정한다. 철수는 리무진을 속도 0.9980c로 차고의 앞문을 향하여 운전한다고 가정하자. (이것은 물론 기술적으로도, 경제적으로도 불가능하다.) 철수는 x_c 기준계에서 정지해 있고 영희는 x_g 기준계에서 정지해 있다.

여기서 고려해야 할 두 가지 사건이 있다. *사건 1*은 리무진의 뒤 범퍼가 차고의 앞문을 지나가고 앞문이 닫히는 것이다. 이 사건의 시간이 철수와 영희 두 사람에게 모두 0이라고 하자. 즉, $t_{g1} = t_{c1} = 0$이다. 이 사건은 $x_c = x_c = 0$일 때에 일어난다. 그림 37.10*b*는 x_g 기준계에서 관찰한 사건 1을 나타낸다. 사건 2는 리무진의 앞 범퍼가 차고의 뒷문에 도달하고, 그 문이 열리는 것이다. 그림 37.10*c*는 x_g 기준계에서 관찰한 사건 2를 나타낸다.

영희에 의하면 (a) 리무진의 길이, (b) 사건 2의 시공간좌표 x_{g2}와 (c) t_{g2}는 얼마인가? (d) 리무진이 차고 안에서 두 문이 잠겨 있을 동안 "갇혀"있게 되는 시간은 얼마인가? 이제 이 상황을 x_c 기준계에서 생각해 보면 차고가 속력 $-0.9980c$로 다가오는 것이다. 철수에 따르면 (e) 지나가는 차고의 길이, (f) 사건 2의 시공간좌표 x_{c2}와 (g) t_{c2}는 얼마인가? (h) 두 문이 모두 닫힌 상태에서 리무진이 차고 안에 갇혀 있는 상황이 발생하는가? (i) 어느 사건이 먼저 발생하는가? (j) 철수의 입장에서 사건 1과 2를 그림으로 나타내어라. (k) 두 사건 사이에 인과관계가 있는가? 즉, 어느 한 사건이 다른 사건의 원인이 되는가? (l) 누가 내기에서 이기는가?

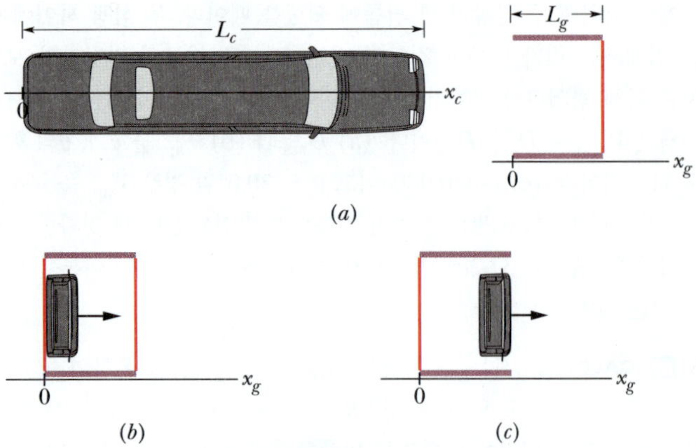

그림 37.3 연습문제 6

7 E 은하 A는 우리 은하로부터 속력 $0.40c$로 멀어지는 것으로 알려져 있다. 정확히 반대쪽에 있는 은하 B도 역시 같은 속력으로 멀어지는 것으로 발견되었다. 은하 A에 있는 관측자가 보는 (a) 우리 은하와 (b) 은하 B가 멀어지는 속도는 c의 몇 배인가?

8 M 식 37.6.13의 마지막 부분에 있는 입자의 운동에너지 항에 이항정리(부록 E)를 적용하여라. (a) 전개한 처음 두 항을 써서 운동에너지가

$$K = (\text{첫 번째 항}) + (\text{두 번째 항})$$

의 형식을 갖는다는 것을 보여라. 여기서 첫 번째 항은 운동에너지에 대한 고전적 표현이고 두 번째 항은 고전적 표현에 대한 1차 수정항이다. 입자가 전자이고 속력이 $c/20$라고 가정하면 (b) 고전적 항과 (b) 1차 수정항의 값은 얼마인가? 전자의 속력이 $0.80c$이면 (c) 고전적 항과 (d) 1차 수정항의 값은 얼마인가? 어떤 속력변수 β에 대해 1차 수정항의 값이 고전적 값의 10%보다 크게 되는가?

9 M 우주 여행자가 지구를 떠나 26.00광년 떨어져 있는 베가 별을 향해 $0.9950c$의 속력으로 움직인다. (a) 그가 베가 별에 도착하였을 때와 (b) 지구의 관측자가 여행자로부터 도착하였다는 연락을 수신하였을 때 각각 지구의 시계로는 얼마의 시간이 흘러갔는가? (c) 여행자가 지구를 떠날 때보다 베가 별에 도착하였을 때 (여행자의 좌표계에서 측정했을 때) 얼마나 더 나이를 먹었을 것이라고 지구의 관측자는 계산하는가?

10 E Lorentz 인자가 각각 (a) 1.020 000 0, (b) 10.000 000, (c) 100.000 00, (d) 1000.000 0일 때 속력변수 β를 유효숫자 여덟 자리까지 계산하여라.

11 M *사건의 상대론적 뒤바뀜.* 그림 37.4a와 37.4b는 프라임으로 표시한 기준계가 프라임이 없는 기준계를 공통인 양의 x축 및 x'축 방향으로 크기 v인 일정한 상대속도로 운동하는 상황을 나타낸다. 영희는 프라임이 없는 기준계에 정지해 있고, 상대론을 잘 아는 철수는 프라임이 있는 기준계에 정지해 있다. 그림은 또한 두 기준계에서 관찰된 아래와 같은 두 사건의 시공간좌표이다.

사건	영희	철수
A	(x_A, t_A)	(x'_A, t'_A)
B	(x_B, t_B)	(x'_B, t'_B)

영희의 기준계에서는 사건 A가 B보다 먼저 일어나는데, 시간 간격은 $\Delta t = t_B - t_A = 1.00\ \mu$s이고 공간 간격은 $\Delta x = x_B - x_A = 400$ m이다. 철수가 보는 두 사건의 시간 간격을 $\Delta t'$이라고 하자. (a) $\Delta t'$을 속력변수 $\beta\ (= v/c)$와 주어진 자료로 나타내어라. β의 범위가 (b) 0부터 0.01(v가 0부터 $0.01c$인 느린 속력)일 때와 (c) 0.1부터 1(v가 $0.1c$부터 최대값 c인 빠른 속력)일 때 각각 β에 대한 $\Delta t'$의 그래프를 그려라. (d) 어떤 β에서 $\Delta t' = 0$이 되는가? 어떤 범위의 β에서 철수가 관찰한 사건 A와 B의 순서가 (e) 영희와 같거나 (f) 영희와 반대인가? (g) 사건 A가 사건 B의 원인이 될 수 있거나, 그 반대일 수 있는가? 설명하여라.

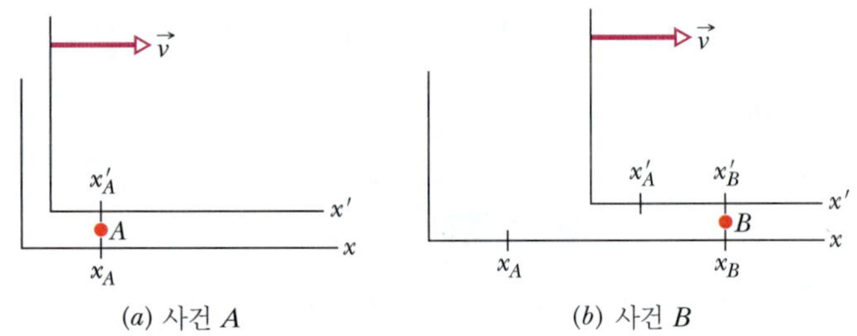

그림 37.4 연습문제 11, 12

12 M CALC 그림 37.4에서 지나가는 두 기준계에서 사건 A와 B가 다음과 같은 시공간좌표에서 일어난다. 프라임이 없는 기준계에서는 $(x_A,\ t_A)$와 $(x_B,\ t_B)$이고 프라임이 있는 기준계에서는 $(x'_A,\ t'_A)$와 $(x'_B,\ t'_B)$이다. 프라임이 없는 기준계에서 $\Delta t = t_B - t_A = 1.00\ \mu$s이고 $\Delta x = \ x_A = 400$ m이다. (a) $\Delta x'$을 속력변수 β와 주어진 자료로 표현하여라. β값의 범위가 (b) 0부터 0.01일 때와 (c) 0.1부터 1일 때 각각 β에 대한 $\Delta x'$의 그래프를 그려라. (d) $\Delta x'$이 최소가 되는 β의 값은 얼마인가? (e) 그 최소값은 얼마인가?

13 M 전자의 질량은 $9.10938188 \times 10^{-31}$ kg이다. 전자의 운동에너지가 $K = 2.000\ 000\ 0$ keV일 때 (a) γ와 (b) β, $K = 2.000\ 000\ 0$ MeV일 때 (c) γ와 (d) β, $K = 2.000\ 000\ 0$ GeV일 때 (e) γ와 (f) β를 유효숫자 여덟 자리까지 계산하여라.

14 E 식 37.5.6이 성립한다고 가정할 경우 얼마나 빠르게 움직이면 빨간색 빛이 녹색으로 보이는가? 빨간색 빛의 파장은 620 nm, 녹색 빛의 파장은 540 nm이다.

15 M 그림 37.5a에 입자 P는 기준계 S와 S'의 x축과 x'축에 평행하게 운동하고, 기준계 S'에 대하여 어떤 속도로 운동하고 있다. 기준계

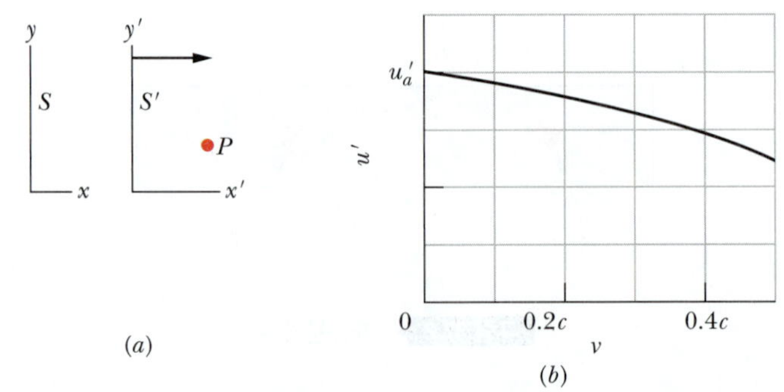

그림 37.5 연습문제 15

S'은 기준계 S의 x축과 평행하게 속도 v로 운동한다. 그림 37.5b는 S'에서 본 입자의 속도 u'을 v의 함수로 나타낸 그래프이다. 수직축의 눈금은 $u'_a = 0.800c$이다. (a) $v = 0.90c$일 때 (b) $v \to c$일 때 u'의 값은 얼마인가?

16 M 운동에너지가 5.00 MeV인 전자(E_0 = 0.510 998 MeV)의 (a) γ와 (b) β, 같은 에너지의 양성자(E_0 = 938.272 MeV)의 (c) γ와 (d) β, 같은 에너지의 알파입자(E_0 = 3727.40 MeV)의 (e) γ와 (f) β를 유효숫자 네 자리까지 계산하여라.

17 M 28.4단원에서 전하 q, 질량 m의 입자가 속도 $\vec{v}$로 균일한 자기장 $\vec{B}$에 수직으로 입사할 때 반지름 $r = mv/|q|B$인 원운동을 하는 것을 보였다. 그리고 운동의 주기 T는 속력 v와 무관하다. 이 두 결과는 $v \ll c$일 경우에만 근사적으로 맞다. 상대론적인 속력에서는 반지름에 대하여 다음의 정확한 수식을 사용하여야 한다.

$$r = \frac{p}{|q|B} = \frac{\gamma mv}{|q|B}.$$

(a) 위의 수식과 주기 T의 정의($T = 2\pi r/v$)를 이용하여 주기에 대한 정확한 표현식을 구하여라. (b) T는 v와 무관한가? 10.0 MeV의 전자가 2.20 T의 균일한 자기장 내에서 원운동을 한다면 (c) 28장에서 계산한 반지름, (d) 정확한 반지름, (e) 28장에서 계산한 주기, (f) 정확한 주기는 무엇인가?

18 M 그림 37.3.1에서 관측자 S는 섬광 두 개를 본다. 큰 섬광은 x_1 = 1280 m에서 번쩍이고 조금 후 작은 섬광은 x_2 = 480 m에서 반짝인다. 두 섬광 사이의 시간간격을 $\Delta t = t_2 - t_1$이라고 하자. 다른 관측자 S'에게 두 섬광이 동일한 x' 좌표에서 번쩍이기 위한 Δt의 최소값은 얼마인가?

19 M 기준계 S에서 막대가 일정한 속력 v로 막대의 길이 방향인 x축에 평행하게 움직인다. 기준계 S에 있는 관측자가 막대의 길이 L을 측정한다. 그림 37.6은 β의 범위에 대한 막대의 길이 L과 속력 변수 β와의 관계를 나타낸다. 수직축의 눈금은 L_a = 1.00 m이다. $v = 0.96c$일 때 L은 얼마인가?

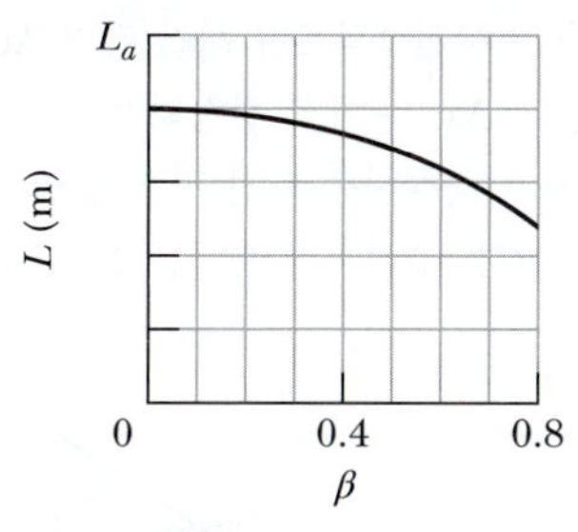

그림 37.6 연습문제 19

20 M 우주선을 타고 지구에서 직선으로 일정한 속력으로 (우주선에서 측정한) 6개월 동안 여행을 하고 다시 같은 속력으로 돌아온다. 이렇게 하여 정확히 500년이 지난 미래의 지구에 도착하고 싶다. (a) 이 여행의 속력변수 β 값을 유효숫자 여덟 자리까지 계산하여라. (b) 직선으로 여행을 하는 것과 그렇지 않은 것이 문제가 되는가?

21 M 그림 37.3.1에서 관측자 S는 섬광 두 개를 본다. 큰 섬광은 x_1 = 1200 m에서 번쩍이고, 6.00 μs 후에 작은 섬광이 x_2 = 480 m에서 반짝인다. 다른 관측자 S'이 관측해보니 두 섬광이 같은 좌표 x'에서 번쩍인다. (a) S'의 속력변수는 얼마인가? (b) S'은 x축 양의 방향으로 이동하는가, 음의 방향으로 이동하는가? S'에게 (c) 어느 섬광이 먼저 번쩍이는가? (d) 두 섬광 사이의 시간 간격은 얼마인가?

22 M *혹성탈출*이라는 영화와 소설의 전제는 동면하는 우주비행사가 지구의 미래로 여행하여 인류의 문명이 원숭이의 문명으로 바뀐 시대에 도달하는 것이다. 특수 상대성이론만을 고려할 때 우주비행사가 100년 동안 잠을 자면서 지구에 대한 상대속력 0.9990c로 지구에서 멀어지는 방향으로 가다가 다시 되돌아오면 얼마나 먼 미래의 지구에까지 우주비행사가 다다를 수 있는가?

23 E 그림 37.7은 대략 3×10^8광년 떨어져 있는 은하 NGC 7319에서 지구에 도달하는 빛의 파장과 세기이다. 가장 강한 빛은 NGC 7319 안에 있는 산소에서 나오는 것이다. 실험실에서 방출되는 빛의 파장은 λ = 513 nm이지만 NGC 7139에서 오는 빛의 파장은 Doppler 효과로 인해 525 nm로 이동하였다(NGC 7319에서 방출되는 모든 빛의 파장은 이동하였다). (a) NGC 7319의 지구에 대한 지름 방향 속력은 얼마인가? (b) 상대운동은 지구에 가까워지는가, 멀어지는가?

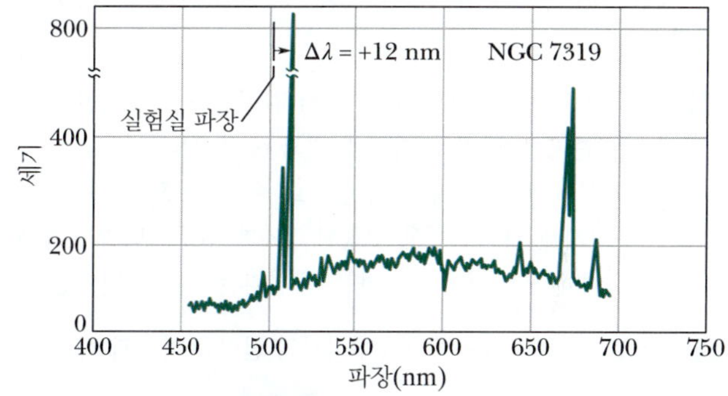

그림 37.7 연습문제 23

24 E 그림 37.4.1에서 기준계 S'은 S에 대하여 상대속도 $0.80c\hat{i}$로 움직이고, 한 입자는 공통된 축인 x와 x'에 평행으로 운동하고 있다. S'에 있는 관측자는 입자의 속도를 $0.47c\hat{i}$로 측정한다. 기준계 S'에 있는 관측자가 측정한 c의 단위로 표시한 입자의 속도는 (a) 상대론적 속도변환과 (b) 고전적 속도변환에 따라 어떻게 되는가? S'에서 입자의 속도를 $-0.47c\hat{i}$로 측정하였다고 하자. 이제 S에 있는 관측자에 따르면 입자의 속도는 (c) 상대론적 속도변환과 (d) 고전적 속도변환에 따라 어떻게 측정하는가?

25 M 이 책을 읽는 도중에도 책의 지면을 통해 우주선에 포함된 양성자가 종이의 왼쪽에서 오른쪽으로 상대속력 v와 전체에너지 12.00 nJ로 지나간다. 관측자가 측정한 종이의 너비는 21.0 cm이다. (a) 양성자의 기준계에서 본 너비는 얼마인가? (b) 화면의 기준계와 (c) 양성자의 기준계에서 측정된 시간 간격은 얼마인가?

26 M (a) 1.00몰의 TNT가 폭발하면서 방출하는 에너지는 3.40 MJ이다. TNT의 몰질량은 0.227 kg/mol이다. 1.80×10^{14} J의 에너지를 방출하기 위해서는 얼마나 많은 양의 TNT가 있어야 하는가? (b) 배

낭에 넣을 수 있는 양인가, 아니면 트럭이나 기차가 필요한가? (c) 핵폭탄의 폭발할 때 0.080%의 질량이 에너지로 변환된다고 하자. 1.90×10^{14} J의 에너지를 방출하기 위한 핵물질의 무게는 얼마인가? (d) 배낭에 넣을 수 있는 양인가, 아니면 트럭이나 기차가 필요한가?

27 **E** 관성기준계 S'이 기준계 S에 대해 속력 $0.70c$로 움직인다. (그림 37.3.1) $t = t' = 0$일 때 $x = x' = 0$이다. 두 개의 사건을 기록하였다. 기준계 S에서 사건 1은 $t = 0$일 때 원점에서 일어났고, 사건 2는 $x = 4.0\ \mu$s일 때 $x = 3.0$ km에서 일어났다. S'에 있는 관측자에게 (a) 사건 1의 시간과 (b) 사건 2의 시간은 얼마인가? (c) 두 관측자에게 두 사건은 같은 순서로 일어나는가, 반대로 일어나는가?

28 **E** 길이 250 m의 우주비행선이 속력 $0.740c$로 시간 측정장치를 지나간다. (a) 시간 측정장치에서 측정한 우주비행선의 길이는 얼마인가? (b) 시간측정 장치에 있는 시계가 우주비행선의 맨 앞이 지나가고 나서 맨 끝이 지나갈 때까지 측정하는 시간 간격은 얼마인가?

29 **M** 시계가 x축을 따라 속력 $0.700c$로 운동하고, 원점을 지날 때 시간은 0이다. (a) 시계의 Lorentz 인자를 계산하여라. (b) $x = 180$ m를 지날 때 시각은 얼마인가?

30 **E** 전자의 질량은 $9.109\ 381\ 88 \times 10^{-31}$ kg이다. 운동에너지가 $K = 150.000$ MeV일 때 유효숫자 여섯 자리까지 (a) γ와 (b) β 값을 구하여라.

31 **M** 함대의 (정지 기준계에서 측정한) 길이가 1.00광년인 우주비행선 함대가 기준계 S에 있는 기지에 대해 속력 $0.800c$로 움직인다. S에 대해 연락선이 함대 뒤 끝에서 앞으로 속력 $0.950c$로 이동한다. (a) 연락선의 정지계, (b) 함대에 고정된 정지계, (c) 지면 기준계 S에 있는 관측자에 대해 연락선이 이동하는 데 걸리는 시간은 얼마인가?

32 **E** 반응 $p + {}^{19}F \rightarrow \alpha + {}^{16}O$에서 각각의 질량은 다음과 같다.

$$m(\text{p}) = 1.007825\ \text{u}, \qquad m(\alpha) = 4.002603\ \text{u},$$
$$m(\text{F}) = 18.998405\ \text{u}, \qquad m(\text{O}) = 15.994915\ \text{u}.$$

이 자료로부터 반응의 Q값을 구하여라.

33 **M** 질량이 m인 입자의 전체 에너지가 정지에너지의 4.00배가 되려면 입자의 운동량은 얼마이어야 하는가?

34 **E** 그림 37.3.1에서 두 기준계의 원점이 $t = t' = 0$일 때에 일치하고, 상대속력은 $0.90c$이다. 기준계 S에 있는 관측자에 의하면 두 개의 작은 운석이 좌표 $x = 100$ km, $t = 200\ \mu$s에서 서로 충돌한다. 기준계 S'에 있는 관측자가 측정하는 사건의 (a) 공간좌표와 (b) 시간좌표는 얼마인가?

35 **E** 정지한 뮤온의 평균 수명은 2.2000 μs이다. 지구에서 측정한 우주선 고속 뮤온의 평균 수명은 14.000 μs이다. 지구에서 볼 때 우주선 뮤온의 속력변수 β를 유효숫자 다섯 자리까지 구하여라.

36 **M** 그림 37.3.1과 같이 기준계 S'에 있는 철수가 기준계 S에 있는 관측자를 두 계에 공통인 x축과 x'축 방향으로 지나간다. 철수는 세 개의 미터 막대를 가지고 있다. 막대 1은 x'축, 막대 2는 y'축, 막대 3은 z'축에 평행이다. 그의 손목시계로 15.0초를 셀 때 관측자는 30.0초로 측정한다. 관측자가 지나가는 동안 두 사건이 일어난다. 관측자가 측정했을 때 사건 1은 $x_1 = 33.0$ m에서 $t_1 = 22.0$ ns일 때 일어나고, 사건 2는 $x_2 = 53.0$ m, $t_2 = 62.0$ ns일 때 일어난다. 관측자의 측정에 따르면 (a) 막대 1 (b) 막대 2 (c) 막대 3의 길이는 얼마인가? 철수에 따르면 사건 1과 사건 2의 (d) 공간 간격과 (e) 시간 간격은 얼마인가? (f) 어느 사건이 먼저 일어났는가?

37 **E** 운동에너지 7.70 MeV인 알파입자가 정지해 있는 ${}^{14}N$ 원자핵과 충돌하여 원자핵 ${}^{17}O$와 양성자로 변환된다. 양성자는 운동에너지 4.44 MeV로 알파입자가 입사하는 방향에 대해 90°로 방출된다. 알파입자의 질량은 4.00260 u, ${}^{14}N$는 14.00307 u, 양성자는 1.007825 u, ${}^{17}O$는 16.99914 u이다. MeV의 단위로 (a) 산소 핵의 운동에너지, (b) 이 반응의 Q 값은 얼마인가? (*힌트*: 입자의 속력은 c에 비해 매우 작다.)

38 **M** 지구로부터 속력 $0.20c$로 멀어져가는 우주비행선이 있다. 우주비행선에 탑승한 사람에 의하면 뒷부분에 있는 광원이 파장 450 nm의 빛을 방출한다. 지구에서 우주비행선을 보는 사람에게 (a) 파장과 (b) 보이는 색깔(푸른색, 녹색, 노란색, 또는 빨간색)은 무엇인가?

39 **E** 별 Q_1은 우리로부터 속력 $0.700c$로 멀어지고 있고, 방향은 같지만 더 가까이 있는 별 Q_2는 속력 $0.400c$로 멀어지고 있다. 기준계 Q_1에 있는 관측자가 측정한 Q_2의 속력은 광속 c의 몇 배인가?

40 **M** 뮤온의 질량은 전자질량의 207배이고, 정지한 뮤온의 평균 수명은 2.20 μs이다. 어떤 실험에서 실험실 안을 이동하는 뮤온의 평균 수명이 8.00 μs로 측정되었다. 이동하는 뮤온에 대한 (a) β, (b) K, (c) p (MeV/c의 단위로)는 얼마인가?

41 **M** 우주비행선의 길이가 정확하게 정지 길이의 절반이다. (a) 관측자의 기준계에 대한 우주비행선의 속력변수 β의 값을 유효숫자 세 자리까지 구하여라. (b) 우주비행선의 시계는 관측자의 시계에 대해 얼마나 느리게 가는가?

42 **M** 그림 37.3.1처럼 기준계 S'이 어떤 속도로 기준계 S를 지나간다. S'에 있는 관측자는 사건 1과 2가 시간 간격 $\Delta t'$만큼 떨어져 측정한다. 그러나 공간 간격 $\Delta x'$은 아직 결정되지 않았다. 그림 37.8은 기준계 S에 있는 관측자가 측정하는 시간 간격 Δt를 $\Delta x'$의 영역에 대해 $\Delta x'$의 함수로 그래프이다. 추직축의 눈금은 $\Delta t_a = 6.00\ \mu$s이다. $\Delta t'$은 얼마인가?

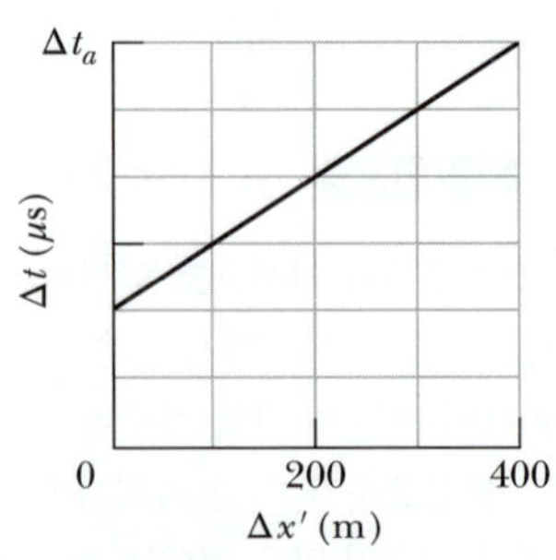

그림 37.8 연습문제 42

43 E (a) $0.20c$부터 $0.21c$까지 (b) $0.98c$부터 $0.99c$까지 전자의 속력을 증가시키는 데 필요한 일은 얼마인가? 속력의 증가는 두 경우 모두 $0.01c$임을 주목하여라.

44 E 소듐 등이 일정한 속력 $0.200c$로 움직이면서 수평 방향으로 원운동을 하며, 고유파장 $\lambda_0 = 589.00$ nm의 빛을 방출한다. 원의 중심에 있는 검출기가 빛의 파장 λ를 측정한다. 파장이동의 값 $\lambda - \lambda_0$는 얼마인가?

45 M (a) 다음 식을 증명하여라.

$$m = \frac{(pc) - K^2}{2Kc^2}.$$

여기서 p은 입자의 질량, K는 운동량의 크기, m는 운동에너지이다. (b) 입자의 속력이 느린 경우 우변을 m으로 근사할 수 있음을 보여라. (c) $K = 55.0$ MeV이고 $p = 121$ MeV/c이면 입자의 질량과 전자질량의 비율 m/m_e는 얼마인가?

46 M 불안정한 고에너지 입자가 검출기 안으로 들어가서 붕괴되기 전에 1.20 mm의 궤적을 남겼다. 입자의 검출기에 대한 상대속력은 $0.992c$이다. 고유수명은 얼마인가? 즉, 입자가 검출기에 대해 정지해 있다면 붕괴되지 않고 얼마나 오래 존재할 수 있는가?

47 E 한 사람이 두 개의 섬광 전구를 동시에 켜고자 하는데 큰 섬광은 자신의 기준계 원점에서, 작은 섬광은 $x = 30.0$ km에서 만들려고 한다. x축 양의 방향으로 $0.300c$의 속력으로 움직이는 다른 관측자도 이 섬광을 본다. (a) 움직이는 관측자가 보는 두 사건의 시간 간격은 얼마인가? (b) 관찰자는 어느 섬광이 먼저 발생했다고 하는가?

48 M 우리 은하의 중심은 약 23000광년 떨어져 있다. (a) (은하계 기준계에서 측정한) 23000광년을 (여행자의 기준계에서) 정확하게 25년 만에 여행하기 위해서 필요한 속력변수 β를 유효숫자 여덟 자리까지 계산하여라. (b) 여행자의 기준계에서 측정하였을 때, 여행하면서 지나치게 되는 은하계의 크기를 광년의 단위로 얼마인가?

49 E 처녀자리에 있는 한 은하에서 오는 빛의 특정 파장이 지구에 있는 같은 광원에서 오는 빛의 파장보다 0.4% 더 길게 관측된다. (a) 지구에 상대적인 은하의 지름 방향 속력은 얼마인가? (b) 은하는 지구로 다가오는가, 멀어지는가?

50 E 기준계 S'에 있는 막대가 x'축과 30°의 각도를 이루고 있다. 이 기준계가 다른 기준계 S의 x축에 평행하게 움직이고 기준계 S에 대한 상대속력이 $0.95c$이면, 기준계 S에서 측정한 막대의 길이는 얼마인가?

51 E $\beta = 0.999\,987$의 전자가 실험실에 있는 진공관의 축을 따라 움직이고 있다. 진공관에 대해 정지해 있는 실험실의 관측자 S가 측정한 진공관의 길이는 2.50 m이다. 그러나 전자에 대해 정지해 있는 다른 관측자 S'에게는 진공관이 속력 $v(= \beta c)$로 움직인다. 관측자 S'가 측정하는 진공관의 길이는 얼마인가?

52 E 정지한 전자를 다음의 속력으로 증가시키기 위하여 필요한 일은 얼마인가? (a) $0.600c$, (b) $0.990c$, (c) $0.9990c$.

53 M 그림 37.3.1과 같이 기준계 S'이 속력 v로 다른 기준계 S를 공통의 x'축 x과 방향으로 지나고 있다. S'에 타고 있는 관측자는 손목시계로 어떤 시간 간격을 측정한다. 대응하는 시간 간격을 기준계 S에 있는 다른 관측자가 측정한 값을 Δt라고 하자. 그림 37.9는 Δt와 속력변수 β의 관계를 나타낸 그래프이다. 수직축의 눈금은 $\Delta t_a = 14.0$ s이다. $v = 0.96c$이면 Δt 값은 얼마인가?

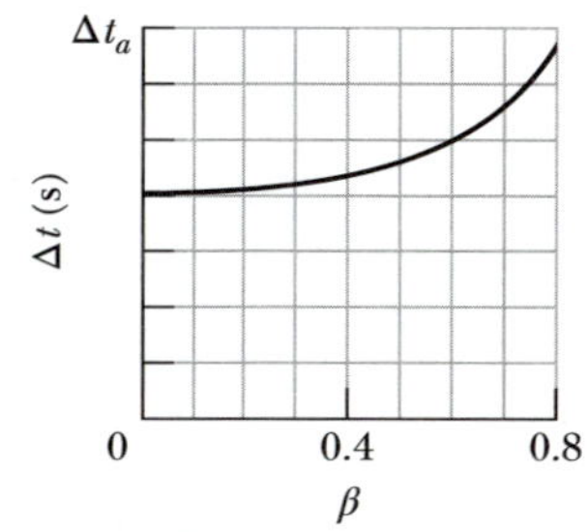

그림 37.9 연습문제 53

54 E (질량 11.996 71 u의) ^{12}C 핵 하나를 세 개의 (각각 질량 4.00151 u인) ^4He 핵으로 쪼개는 데 필요한 최소 에너지는 얼마인가?

55 E 지구로부터 속력 $0.900c$로 멀어져가는 우주비행선이 (우주비행선의 기준계에서) 진동수 85.0 MHz인 전자기파로 지구에 보낸다. 이 신호를 받으려면 지구에 있는 수신기는 어떤 진동수에 맞추어져 있어야 하는가?

56 E 관측자 S가 기준계 x축 위 $x = 3.00 \times 10^8$ m에서 $t = 2.50$ s일 때 어떤 사건이 일어났다고 보고한다. 다른 관측자 S'과 그녀의 기준계는 x축 양의 방향으로 속력 $0.300c$로 움직인다. 그리고 $t = t' = 0$일 때 $x = x' = 0$이다. S'이 측정하는 사건의 (a) 공간좌표와 (b) 시간좌표는 얼마인가? S'이 x축 음의 방향으로 운동한다면 S'이 측정하는 사건의 (c) 공간좌표와 (d) 시간좌표는 얼마인가?

57 M *미래로의 귀환*: 아버지의 나이가 딸보다 20.00살 많다고 하자. 그는 지구의 밖으로 1000년 동안 여행을 하고 또 다른 1000년 동안 지구로 귀환하는 여행을 하여(두 시간 모두 아버지가 측정함) 딸보다 20.0살 *더 젊게* 되려고 한다. 이 여행의 (지구에 대한) 속력변수 β값은 얼마이어야 하는가?

58 M 정지길이가 400 m인 우주비행선의 어느 기준계에 대한 속력이 $0.82c$이다. 작은 운석 역시 이 기준계에 대해서 $0.82c$의 속력으로 우주비행선 궤도의 반대 방향으로 지나가고 있다. 우주비행선에서 보았을 때 운석이 우주비행선을 지나는 데 걸리는 시간은 얼마인가?

59 M 해발 120 km의 지구 대기권의 상층부에 있는 입자와 고에너지 우주선 입자와의 충돌에서 파이 입자가 만들어진다. 파이입자의 전체 에너지 E는 1.50×10^5 MeV이고 수직 아래로 떨어진다. 파이 입자의 정지기준계에서 볼 때 파이 입자는 생성되고 35.0 ns 후에 붕괴한다. 지구에서 보았을 때 해발 어느 높이에서 붕괴가 일어나는가? 파이 입자의 정지에너지는 139.6 MeV이다.

60 E 입자가 기준계 S'의 x'축을 따라 속도 $0.40c$로 운동하고 있다. 기준계 S'은 다른 기준계 S에 대하여 상대속도 $0.70c$로 움직인다. S에서 본 입자의 속도는 얼마인가?

61 M 어느 입자의 질량은 m이고 운동량의 크기는 mc이다. (a) β, (b) γ, (c) K/E_0의 비율은 얼마인가?

62 E 기준계 S에서 x축에 평행한 막대가 $0.639c$의 속력으로 길이 방향으로 움직이고 있다. 막대의 정지길이는 1.50 m이다. 기준계 S에서 측정한 길이는 얼마인가?

찾아보기

Index

ㄷ

ㄹ

ㅁ

ㅂ

ㅅ

ㅇ

ㅈ

ㅊ

K

L

M

N

O

P

R

S

X

Y

기타